EUROPA-FACHBUCHREIHE
für metalltechnische Berufe

Prüfungsbuch Metall

24. neu bearbeitete Auflage

Technologie
Technische Mathematik
Arbeitsplanung
Wirtschafts- und Sozialkunde

Fragen · Antworten · Erklärungen · Testaufgaben
Prüfungseinheiten · Lösungen

VERLAG EUROPA-LEHRMITTEL · Nourney, Vollmer GmbH & Co.
Düsselberger Straße 23 · 42781 Haan-Gruiten

Europa-Nr.: 10269

Autoren des Prüfungsbuches Metall:

Heinzler, Max	Dipl.-Ing. (FH), Studiendirektor	Wangen im Allgäu
Ignatowitz, Eckhard	Dr.-Ing., Studienrat	Waldbronn
Pollert, Achim	Dipl.-Handelslehrer	Bad Wildungen
Schilling, Karl	Studiendirektor	Augsburg

Lektorat und Leitung des Arbeitskreises:
Karl Schilling

Bildbearbeitung:
Zeichenbüro des Verlages Europa-Lehrmittel, Leinfelden-Echterdingen

Das vorliegende Buch wurde auf der **Grundlage der neuen amtlichen Rechtschreibregeln** erstellt.

24. Auflage 2000
Druck   5 4 3 2 1
Alle Drucke derselben Auflage sind parallel einsetzbar, da sie bis auf die Korrektur von Druckfehlern untereinander unverändert sind.

ISBN 3-8085-1124-9

© 2000 by Verlag Europa-Lehrmittel, Nourney, Vollmer GmbH & Co., 42781 Haan-Gruiten
http://www.europa-lehrmittel.de
Satz: IMO-Großdruckerei, 42279 Wuppertal
Druck: Tutte Druckerei GmbH, 94121 Salzweg-Passau

Die vorliegende Auflage PRÜFUNGSBUCH METALL bezieht sich auf die Lerninhalte der FACHKUNDE METALL (Gesamtausgabe). Das Prüfungsbuch begleitet die FACHKUNDE METALL als wertvolle Hilfe zur Kontrolle der Lernziele, kann aber auch unabhängig von dieser zusammen mit anderen Fachbüchern gleicher Zielsetzung benutzt werden.

Das PRÜFUNGSBUCH METALL dient zur Kenntnisfestigung vor **Klassenarbeiten** in Berufs- und Fachschulen sowie zur Vorbereitung auf **Zwischen- und Abschlussprüfungen** für Facharbeiter, Techniker und Meister.

Die Themenbereiche oder Aufgaben, die Inhalt der Zwischenprüfung sein können, sind am Rand mit einem farbigen **ZP** gekennzeichnet.

Der Inhalt des Buches umfasst den gesamten Prüfungsstoff für metalltechnische Berufe. Der Schwerpunkt der Inhalte liegt auf dem Sachgebiet **Technologie**. Daneben enthält das Buch auch Aufgaben zur **Technischen Mathematik**, zur **Arbeitsplanung** und zur **Wirtschafts- und Sozialkunde**. Der gesamte Inhalt der Teile I bis IV ist nach Sachgebieten gegliedert und erlaubt damit ein gezieltes Vorbereiten auf einzelne Wissensbereiche.

Teil I   Technologie

Teil I enthält alle **Wiederholungsfragen** aus der FACHKUNDE METALL und zusätzlich **ergänzende Fragen** und **Testaufgaben** mit Auswahlantworten. Zu den Fragen sind, farblich abgesetzt, die Antworten gegeben. Zusätzliche Erläuterungen und eine reichhaltige Ausstattung mit Bildern vertiefen den Lernerfolg.

Teil II   Technische Mathematik

Teil II enthält eine Sammlung von Aufgaben mit Lösungsvorschlägen und Testaufgaben zur **Technischen Mathematik**. Der Lösungsweg ist in Teilschritte, angefangen von der Grundformel bis zum Endergebnis, so aufgegliedert, dass er vom Lernenden nachvollzogen werden kann.

Teil III   Arbeitsplanung

Teil III enthält Testaufgaben zur **Arbeitsplanung,** deren Inhalt und Schwierigkeitsgrad dem Niveau von Zwischen- und Abschlussprüfungen angepasst ist.

Teil IV   Wirtschafts- und Sozialkunde

Teil IV ist eine Sammlung von Fragen und Testaufgaben zur **Wirtschafts- und Sozialkunde**. Die umfangreichen Erläuterungen in den Lösungsvorschlägen stellen eine wertvolle Hilfe bei der Vorbereitung auf Prüfungen aller Art dar.

Teil V   Prüfungseinheiten

Dieser Teil besteht aus einer Zusammenstellung von **neun Prüfungseinheiten.**

Acht dieser Prüfungseinheiten sind in einen Teil 1 (Testaufgaben mit Auswahlantworten) und einen Teil 2 mit ungebundenen Fragen untergliedert. Die Prüfungseinheiten sind in Aufbau und Inhalt den Prüfungsrichtlinien der Ausbildungsordnungen sowie den **Abschlussprüfungen der PAL** (Prüfungsaufgaben- und Lehrmittelentwicklungsstelle, Stuttgart) angeglichen.

Eine zusätzliche **integrierte Prüfungseinheit** enthält **projektbezogene Aufgaben** aus den Sachgebieten Technologie, Technische Mathematik und Arbeitsplanung.

Teil VI   Lösungen

In Teil VI sind alle **Lösungen** zu den Testaufgaben und Prüfungseinheiten enthalten.

Die Prüfungseinheiten und die Lösungen sind perforiert und können aus dem Buch leicht herausgetrennt werden. Sie sind deshalb auch als **Klassenarbeiten** und zur unmittelbaren Prüfungsvorbereitung verwendbar.

Die am Schluss eingefügte **Punkte-Noten-Tabelle** und ein **Umrechnungsschlüssel,** der im Mittel den Schlüsseln der Industrie- und Handelskammern entspricht, geben dem Lernenden die Möglichkeit, seine Leistungen sofort selbst zu kontrollieren und auch zu bewerten.

Sommer 2000   Die Autoren

Inhaltsverzeichnis

Teil I   Aufgaben zur Technologie

Teil II Aufgaben zur Technischen Mathematik

Teil III Aufgaben zur Arbeitsplanung

Teil IV Aufgaben zur Wirtschafts- und Sozialkunde

Teil V Prüfungseinheiten

Teil VI Lösungen

Teil I   Aufgaben zur Technologie

1   Längenprüftechnik und Qualitätssicherung

1.1 Größen und Einheiten

1   Welche Basisgrößen sind im Internationalen Einheitensystem festgelegt?

Im Internationalen Einheitensystem SI (System International) sind folgende Basisgrößen festgelegt:

- die Länge l
- die Masse m
- die Zeit t
- die thermodynamische Temperatur T
- die elektrische Stromstärke I
- die Lichtstärke I_v

2   Wie groß ist die Gewichtskraft der Masse m = 1 kg?

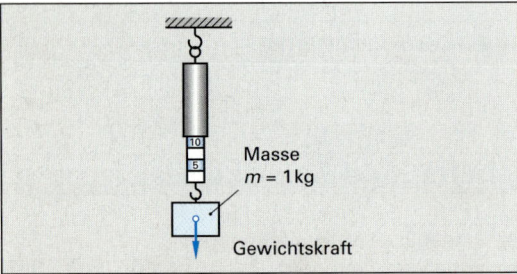

Masse
m = 1 kg

Gewichtskraft

Die Gewichtskraft der Masse m = 1 kg beträgt
$F = m \cdot g = 1\ kg \cdot 9,81\ m/s^2 =$ **9,81 N**

T1 Bei welcher Temperatur liegt angenähert der absolute Nullpunkt? Bei ...

a) 0 °C
b) 273 K
c) 273 °C
d) 0 K
e) 100 °C

T2 Welche der angegebenen Einheiten ist *keine* Basiseinheit im Internationalen Einheitensystem SI?

a) Meter
b) Ampere
c) Newton
d) Kelvin
e) Sekunde

1.2 Grundlagen der Längenprüftechnik

Fragen aus Fachkunde Metall, Seite 15

1   Warum ist bei Aluminiumwerkstücken die Abweichung von der Bezugstemperatur messtechnisch besonders problematisch?

Aluminium hat gegenüber Stahl, aus dem die Maßverkörperungen hergestellt werden, einen größeren Längenausdehnungskoeffizienten. Dies bedeutet, dass sich die Maße von Werkstück und Maßverkörperung unterschiedlich ändern, wenn die Bezugstemperatur nicht eingehalten wird.

Beim Messen von Werkstücken aus Stahl ist die Abweichung von der Bezugstemperatur weniger problematisch: Weil Werkstück und Messgerät etwa den gleichen Längenausdehnungskoeffizienten besitzen, ist die Messabweichung minimal.

2   Wie groß ist näherungsweise die Längenänderung je Grad Celsius bei einem Parallelendmaß von 100 mm Länge?

Das aus Stahl hergestellte Parallelendmaß hat einen Längenausdehnungskoeffizienten α = 0,000012/°C. Die Längenänderung beträgt somit
$\Delta l = l_1 \cdot \alpha \cdot \Delta t$
$\Delta l = 100\ mm \cdot 0,000012/°C \cdot 1\ °C$
$= 0,00115\ mm =$ **1,15 µm**

3   Wie können Messabweichungen durch das Aufbiegen eines Messstatives vermieden werden?

Messabweichungen durch Aufbiegen werden vermieden, wenn die Messkraft beim Einmessen so groß ist wie beim Messvorgang.

Das Einmessen kann mit Endmaßen erfolgen.

4   Warum ist die Messmittelfähigkeit nicht mehr gegeben, wenn die Messunsicherheit 20% der Toleranz beträgt (u = ± 0,2 · T)?

Der messtechnisch sichere Bereich wird bei einer Messunsicherheit von 20% der Toleranz unzulässig verkleinert.

Die Messunsicherheit sollte nicht mehr als 10% der Toleranz betragen.

5 Eine Bohrung wird mit der Messunsicherheit $u = \pm 5$ μm gemessen. In welchem Bereich kann das tatsächliche Bohrungsmaß liegen, wenn der angezeigte Wert 25,020 mm beträgt?

Das Bohrungsmaß kann zwischen 25,015 und 25,025 mm liegen.

6 Bei einer Umdrehung einer Exzenterwelle steigt die Anzeige bis zum Maximalwert 7,202 mm. Welche Anzeige erhält man, wenn bei dieser Position der Exzenterwelle der Messbolzen abgehoben wird und danach mit herausgehendem Bolzen gemessen wird?

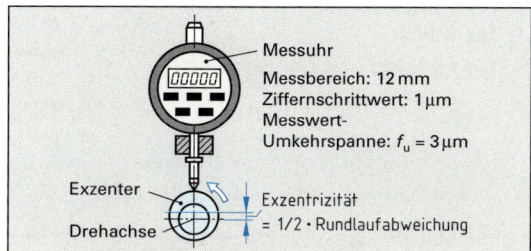

Messuhr
Messbereich: 12 mm
Ziffernschrittwert: 1 μm
Messwert-
Umkehrspanne: $f_u = 3$ μm

Exzenter
Drehachse
Exzentrizität
= 1/2 · Rundlaufabweichung

Bei einer Messwertumkehrspanne $f_u = 3$ μm beträgt der angezeigte Maximalwert 7,205 μm.

Die Messwertumkehrspanne wird verursacht durch die unterschiedliche Reibung bei hineingehendem und herausgehendem Messbolzen.

7 An einem Werkstück ist das Maß 2,620 mm zu prüfen (Toleranz T = 1 μm). Die Messeinrichtung soll aus einem Langweg-Messtaster mit pneumatischer Abhebevorrichtung und einem Anzeigegerät bestehen.

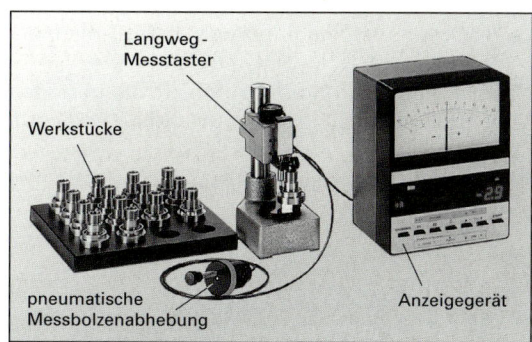

Langweg-
Messtaster

Werkstücke

pneumatische
Messbolzenabhebung

Anzeigegerät

Der Hersteller gibt zum Messtaster folgende technische Daten an:

Messbereich Meb: 4 mm
Wiederholbarkeit f_w: 0,02 μm
Maximale Abweichung der Anzeige: ± 0,4 μm

a) Wie kann die Wiederholbarkeit durch zufällige Abweichungen unter Werkstattbedingungen geprüft werden?

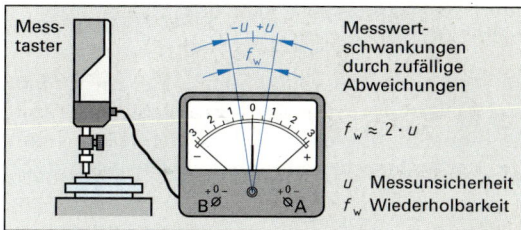

Mess-
taster

Messwert-
schwankungen
durch zufällige
Abweichungen

$f_w \approx 2 \cdot u$

u Messunsicherheit
f_w Wiederholbarkeit

Mit Hilfe von Endmaßen wird das Maß 2,620 mm hergestellt. Dann werden mindestens 10 Messungen aus einer Richtung durchgeführt. Die maximale Differenz aus diesen Messungen ergibt die Wiederholbarkeit.

b) Warum sind bei Vergleichsmessungen mit dem Messtaster beim Anwender größere systematische Abweichungen von der Anzeige zu erwarten als im Abweichungsdiagramm des Herstellers?

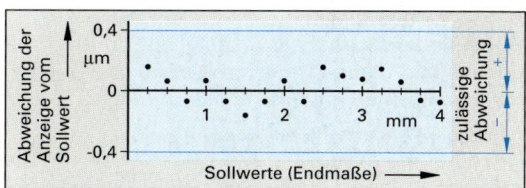

Abweichung der
Anzeige vom
Sollwert

zulässige
Abweichung

Sollwerte (Endmaße)

Größere systematische Abweichungen beim Anwender treten auf, wenn z.B. die Bezugstemperatur nicht genau eingehalten wird oder wenn die Messgeräte eventuell abgenutzt sind.

c) Wie kann ein Abweichungsdiagramm aufgenommen werden?

Die Erstellung eines Abweichungsdiagramms erfolgt, indem man die systematischen Abweichungen im ganzen Messbereich prüft.

d) Wie ist die Fähigkeit (Eignung) der Messeinrichtung im Verhältnis zur Toleranz zu beurteilen?

Die Messunsicherheit u sollte $\pm 0,1 \cdot$ T nicht übersteigen. Bei einer Toleranz von 1 μm beträgt $u = \pm 0,1$ μm. Bei der vom Hersteller angegebenen maximalen Abweichung von $\pm 0,4$ μm ist der Taster zum Messen nicht geeignet.

e) Welchen Vorteil erhält man durch die Nullung der Anzeige nach der Einstellung des Prüfmaßes mit Endmaßen?

Der Messwert kann schnell und sicher abgelesen werden.

f) Wie lautet das Messergebnis bei der im Bild dargestellten Anzeige einschließlich der maximalen Abweichung laut Hersteller, wenn die Nullung beim Prüfmaß 15,010 erfolgte?

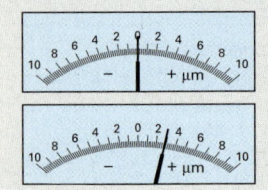

Nullung der Anzeige
mit Endmaßkombination
15,010 mm
(≙ Prüfmaß am Werkstück)

Unterschiedsmessung
Maßabweichung am
Werkstück

Das Ergebnis lautet: 15,010 mm + 0,003 mm ± 0,0004 mm = 15,0126... 15,0134 mm.

Ergänzende Fragen zu Grundlagen der Längenprüftechnik

8 Was versteht man unter Prüfen?

Durch Prüfen kann man feststellen, ob ein Prüfgegenstand den geforderten Maßen und geometrischen Formen entspricht.

Prüfen wird unterteilt in Messen und Lehren.

9 Was versteht man unter der Messunsicherheit?

Zufällige und nicht erfassbare systematische Abweichungen.

Bei Werkstattmessungen mit richtig ausgewählten und geprüften Messgeräten bleiben die Abweichungen innerhalb der zulässigen Grenzen.

10 Wie entstehen Messabweichungen durch Parallaxe beim Ablesen eines Messschiebers?

Messabweichungen durch Parallaxe entstehen, wenn der Beobachter unter schrägem Blickwinkel abliest.

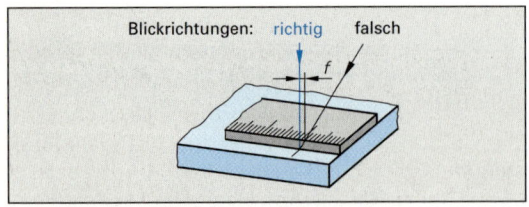

Messabweichungen, die durch Parallaxe entstehen, gehören zu den zufälligen Abweichungen.

11 In welchem Fall gilt ein Messmittel als fähig?

Ein Messmittel gilt als fähig (geeignet), wenn die Unsicherheit des Messergebnisses höchstens ± 10% der Maßtoleranz beträgt.

Die Auswahl der Messmittel richtet sich in erster Linie nach der vorgegebenen Maßtoleranz und den Einsatzbedingungen.

T3 Was versteht man unter Prüfen?
    Unter Prüfen versteht man ...

a) das Honen und Läppen
b) das Messen und Lehren
c) das Feinbohren und Feindrehen
d) das Rollieren
e) das Polieren und Schwabbeln

T4 Was versteht man unter Messen?
    Messen ist ...

a) das Feststellen von absolut genauen Größen
b) ein zahlenmäßiges Vergleichen einer unbekannten Größe mit einer Einheit
c) das Ermitteln der Nennmaße mit Messzeugen
d) das Lehren von Abmaßen
e) das Ermitteln von Übermaßen

T5 Was versteht man unter Lehren?
    Beim Lehren ...

a) erhält man Zahlenwerte
b) stellt man das Maß mit einem Messschieber fest
c) vergleicht man ein unbekanntes Maß mit einer Einheit
d) stellt man fest, ob das Prüfobjekt die geforderten Bedingungen in Bezug auf Größe und Form erfüllt
e) vergleicht man eine unbekannte Größe mit einer Einheit

T6 Wie groß ist die genormte Bezugstemperatur in der Messtechnik?

a) 0 °C
b) 10 °C
c) 15 °C
d) 20 °C
e) 25 °C

1.3 Längenprüfmittel

ZP Lehren

Fragen aus Fachkunde Metall, Seite 17

1 Was versteht man unter Messen und was unter Lehren?

Messen ist ein Vergleichen einer Länge oder eines Winkels mit einem Messgerät. Lehren ist Vergleichen des Prüfgegenstandes mit einer Lehre.

Das Ergebnis beim Messen ist ein Messwert. Beim Lehren wird festgestellt, ob der Prüfgegenstand eine vorgeschriebene Grenze, z.B. eine Länge oder eine Form, über- oder unterschreitet.

15.12.01

2 Warum eignet sich das Prüfen mit Lehren nicht zur Qualitätslenkung, z.B. beim Drehen?

Zur Qualitätssicherung benötigt man Prüfmittel, die Messwerte liefern. Mit ihnen kann die Zustellung, z.B. beim Drehen, bestimmt werden.

Lehren ergibt keine Messwerte. Das Prüfergebnis ist Gut oder Ausschuss.

15.12.01

3 Warum entspricht eine Grenzrachenlehre nicht dem Taylorschen Grundsatz?

Mit der Grenzrachenlehre kann nur das Maß, nicht aber die Form geprüft werden.

Kurze Außendurchmesser an Werkstücken können mit Lehrringen auf Maß und Form geprüft werden.

4 Woran erkennt man die Ausschussseite eines Grenzlehrdornes?

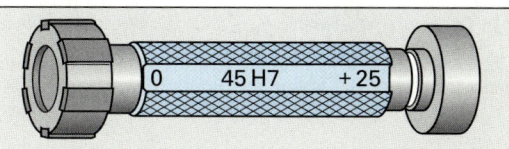

```
0    45 H7    + 25
```

An der roten Farbkennzeichnung, am kurzen Prüfzylinder und am eingravierten oberen Grenzabmaß.

Die Ausschussseite ist außerdem mit dem Wort „Ausschuss" gekennzeichnet. *15.12.01*

5 Warum verschleißt die Gutseite einer Grenzlehre schneller als die Ausschussseite?

Die Gutseite gleitet bei jeder Prüfung über die Messflächen des Werkstücks, die Ausschussseite lediglich bei Ausschussteilen.

15.12.01

Ergänzende Frage zu Lehren

6 Welche Arten von Lehren unterscheidet man?

Man unterscheidet Maß-, Form- und Grenzlehren.

Maßlehren sind Teile eines Lehrensatzes, bei dem das Maß von Lehre zu Lehre zunimmt, z.B. Parallelendmaße. Formlehren ermöglichen z.B. die Prüfung von Winkeln und Rundungen nach dem Lichtspaltverfahren. Grenzlehren verkörpern Höchstmaße und Mindestmaße, z.B. Grenzlehrdorne.

Mechanische Messgeräte   **ZP**

Fragen aus Fachkunde Metall, Seite 24

1 Aus welchen Parallelendmaßen lässt sich das Maß 97,534 mm zusammensetzen?

1,004 + 1,030 + 1,500 + 4,000 + 90,000= 97,534 mm

Man beginnt mit der letzten Ziffer des Maßes, d.h. mit dem kleinsten Endmaß. *12.12.01*

2 Worin unterscheiden sich Parallelendmaße der Genauigkeitsgrade K und 0?

Die Toleranzen der Endmaße sind beim Genauigkeitsgrad K kleiner.

Endmaße mit dem Genauigkeitsgrad K werden zum Kalibrieren anderer Endmaße, solche mit dem Genauigkeitsgrad 0 zum Kalibrieren von Messgeräten verwendet.

15.12.01

3 Welche Vorteile haben Endmaße aus Keramik?

Endmaße aus Keramik besitzen eine stahlähnliche Wärmedehnung und eine hohe Verschleißfestigkeit. Sie sind korrosionsbeständig, benötigen keine besondere Pflege und verschweißen nicht.

12.12.01

4 Warum dürfen Stahlendmaße nicht tagelang angesprengt bleiben?

Es besteht die Gefahr, dass sie kaltverschweißen.

Stahlendmaße sollten höchstens 8 Stunden angesprengt bleiben. *12.12.01*

5 Welche Messabweichungen können bei Messschiebern auftreten?

Systematische und zufällige Messabweichungen.

Systematische Abweichungen entstehen durch zu hohe Messkraft (Kippfehler) und durch schräges Ansetzen der Messschenkel. Zufällige Abweichungen werden durch Schmutz, Grate, Abnutzung und falsches Ablesen verursacht.

6 Welche Vorteile haben digital arbeitende Messschieber und Messschrauben?

Durch die digitale Anzeige sind Ablesefehler kaum möglich.

Die Anzeige kann an beliebiger Stelle auf Null gestellt werden. Mit einem Datenausgang ist die Übertragung der Werte auf einen Rechner möglich.

7 Mit einem digital anzeigenden Messschieber sollen Abstände von Bohrungen mit gleichem Durchmesser gemessen werden. Welcher Messvorgang ist am zweckmäßigsten?

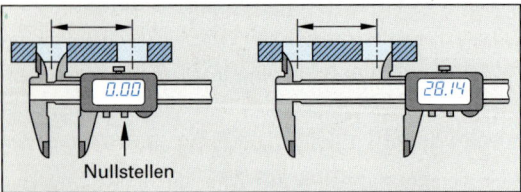

Nullstellen

Zunächst wird der Durchmesser einer Bohrung gemessen und die Anzeige auf Null gestellt. Anschließend wird der größte Abstand der Bohrungen gemessen.

8 Mit einer Messuhr soll das Werkstückmaß 30 mm geprüft werden. Wie wird die Messung durchgeführt?

Das Werkstückmaß wird mit Hilfe eines Endmaßes eingestellt. Dabei wird die Messuhr auf Null gestellt. Beim Prüfen der Werkstücke kann deren Maß als Maßunterschied vom eingestellten Maß direkt abgelesen werden.

Im Gegensatz zur Absolutmessung treten bei der Unterschiedsmessung durch den kleinen Messbolzenweg auch kleinere Messabweichungen auf.

9 Warum soll bei Messuhren nur in einer Bewegungsrichtung des Messbolzens gemessen werden?

Die mechanische Übersetzung der Messbolzenbewegung verursacht eine Reibung, die bei hineingehendem Messbolzen größer ist und dadurch die Messkraft erhöht. Bei herausgehendem Messbolzen ist die Messkraft durch die geringere Reibung kleiner. Aus diesem Grund werden bei hineingehendem und herausgehendem Messbolzen unterschiedliche Werte angezeigt.

Der Unterschied in der Anzeige ist die Messwertumkehrspanne f_u.

10 Warum sind bei Rundheits- und Rundlaufprüfungen Feinzeiger günstiger als Messuhren?

Mit Feinzeigern sind Rundheits- und Rundlaufabweichungen genauer feststellbar als mit Messuhren.

Feinzeiger sind die genauesten mechanischen Längenmessgeräte.

11 Welche Aufgabe hat die Kupplung der Messschraube?

Die Kupplung der Messschraube begrenzt die Messkraft auf 5 bis 10 N.

Infolge der geringen Steigung der Messspindel wird die Drehkraft übersetzt, sodass ohne Kupplung sehr große Messkräfte wirksam würden.

12 Wie kann das Abweichungsdiagramm einer Bügelmessschraube ermittelt werden?

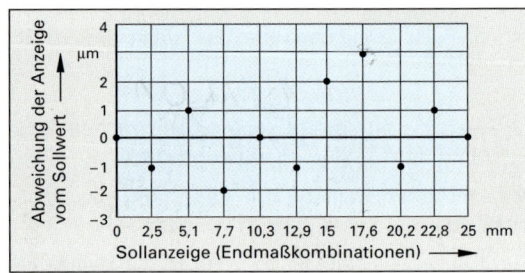

Das Abweichungsdiagramm wird durch Prüfung der systematischen Abweichungen im ganzen Messbereich ermittelt. Dabei werden die Abweichungen der Anzeige von den z.B. durch Endmaße vorgegebenen Sollwerten ermittelt und in ein Diagramm übertragen.

Die Sollwerte sind so zu wählen, dass die Messspindel bei verschiedenen Drehwinkeln geprüft wird.

13 Eine Bügelmessschraube mit dem Messbereich bis 25 mm zeigt den Messwert 17,60 mm an. Aus dem Abweichungsdiagramm (Aufgabe 12) ist die Abweichung von der Anzeige zu entnehmen und das richtige Maß des Werkstückes anzugeben.

Beim Messwert 17,60 mm weicht die Anzeige um + 3 μm vom Sollwert ab. Damit beträgt das Werkstückmaß 17,597 mm.

Um das Werkstückmaß zu erhalten, müssen positive Abweichungen vom Messwert subtrahiert, negative Abweichungen zum Messwert addiert werden.

Ergänzende Fragen zu mechanischen Messgeräten

14 Welche Eigenschaften besitzen Endmaße aus Hartmetall?

Endmaße aus Hartmetall haben einen 20fach höheren Verschleißwiderstand und eine um 50% geringere Wärmedehnung als Stahlendmaße.

15 Welche Messungen können mit Messschiebern durchgeführt werden?

Mit Messschiebern können Innen-, Außen- und Tiefenmessungen durchgeführt werden.

Der Messschieber ist wegen der vielseitigen Messmöglichkeiten und der einfachen Handhabung das wichtigste Messgerät im Metallgewerbe.

16 Welche Vorteile besitzen Messschieber mit elektronischer Ziffernanzeige?

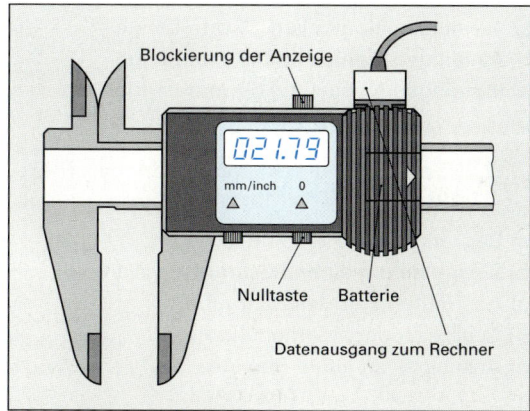

Solche Messschieber zeigen die Messwerte durch Leuchtziffern an. Dadurch werden Ablesefehler vermieden.

Durch Tasten lassen sich außerdem die Anzeige auf Null stellen und Messwerte speichern.

17 Wie können Messabweichungen beim Messen mit Bügelmessschrauben entstehen?

Messabweichungen können durch Fehler, die im Messgerät ihre Ursache haben, wie z.B. Steigungsfehler und Spiel in der Messspindel, Unparallelität und Unebenheit der Messflächen, entstehen. Weitere Ursachen sind Fehler in der Anwendung, z.B. Verkanten des Werkstücks, Aufbiegen des Bügels durch zu hohe Messkraft, Abweichen von der Bezugstemperatur, Schmutz oder Grat am Werkstück sowie Ablesefehler.

18 Aus welchen wesentlichen Teilen besteht die Bügelmessschraube?

Wesentliche Teile sind Bügel mit Amboss, Skalenhülse, Messspindel, Skalentrommel und Kupplung.

Damit die Messkraft einen bestimmten Wert nicht überschreitet, besitzen Messschrauben meist eine Kupplung.

19 Welches Teil dient als Maßverkörperung bei der Messschraube?

Als Maßverkörperung dient die geschliffene Messspindel.

Die Messspindel ist das bewegliche Teil des Messgerätes und vergrößert durch ein Gewinde mit meist 0,5 mm Steigung die Anzeige.

20 Wie wird bei Messuhren der Messbolzenweg in eine drehende Bewegung umgewandelt und vergrößert?

Die Umwandlung der Bewegung erfolgt durch Zahnstange und Zahnrad, die Vergrößerung durch ein Zahnradgetriebe.

21 Wozu werden Fühlhebelmessgeräte verwendet?

Fühlhebelmessgeräte werden für Rundlaufprüfungen sowie zum Ausrichten und Zentrieren von Werkstücken verwendet.

Fühlhebelmessgeräte besitzen einen schwenkbaren Messfühler.

22 Welches sind die genauesten mechanischen Längenmessgeräte?

Die genauesten mechanischen Längenmessgeräte sind die Feinzeiger (Feintaster) mit einem Skalenteilungswert von meist 1 μm.

Feinzeiger besitzen ein Hebelsystem, das über Zahnradsegmente und Ritzel die Messbolzenbewegung auf den Zeiger überträgt.

T7 Wozu benötigt man unter anderem Parallelendmaße? Zum ...

a) Kontrollieren anderer Messgeräte
b) Messen der Endgeschwindigkeit
c) Messen der Rautiefen
d) Begrenzen des Quervorschubes bei Drehmaschinen
e) Messen der Enddrehzahl

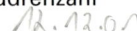

T8 Wofür eignen sich Grenzrachenlehren? Grenzrachenlehren eignen sich zum ...

a) Messen von Wellen
b) Messen von Bohrungen
c) Prüfen von Wellen
d) Prüfen von Bohrungen
e) Feststellen der Wellentoleranz

T9 Was ist beim Gebrauch einer Grenzrachenlehre zu beachten?

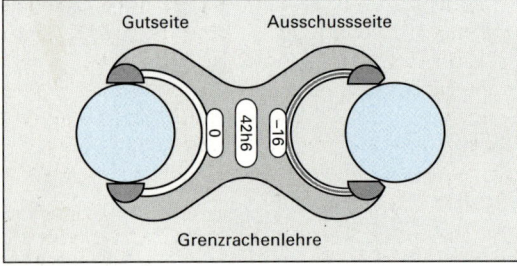

a) Die Grenzrachenlehre muss Handwärme haben
b) Die Gutseite darf nicht über das Werkstück gehen
c) Die Ausschussseite muss über das Werkstück gehen
d) Gut- und Ausschussseite müssen über das Werkstück gehen
e) Keine der genannten Antworten ist richtig

T10 Wozu dient der Nonius? Er dient ...

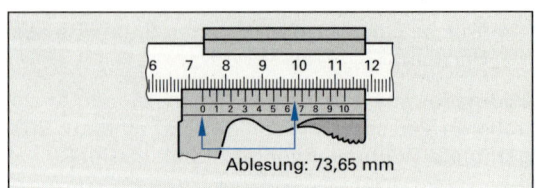

Ablesung: 73,65 mm

a) zum Messen von Kegeln
b) als Hilfsmaßstab auf einem Messzeug
c) als Hilfsgerät zum Messen von Zylindern
d) als Hilfsgerät zum Messen von Rundungen
e) zum Messen von Drehzahlen

T11 Wie erreicht man eine Ablesegenauigkeit von 0,1 mm auf einem Messschieber? Durch einen ...

a) 9-teiligen Nonius auf 10 mm Länge
b) 19-teiligen Nonius auf 20 mm Länge
c) 10-teiligen Nonius auf 9 mm Länge
d) 49-teiligen Nonius auf 45 mm Länge
e) 49-teiligen Nonius auf 50 mm Länge

T12 Wozu dient die Kupplung an der Messschraube? Sie dient zum ...

a) Begrenzen der Messkraft
b) Einstellen auf einen bestimmten Wert
c) Ausrichten der Messschraube
d) Ausgleich der Wärmedehnung
e) Anschluss an einen Rechner

T13 Wozu benutzt man Messuhren? Zum ...

a) Einstellen der Messzeit
b) Durchführen von Vergleichsmessungen
c) Messen von Schnittgeschwindigkeiten
d) Messen der Drehzahl
e) Feststellen des Nennmaßes

T14 Welche Eigenschaften besitzen Feinzeiger *nicht?* Feinzeiger ...

a) sind die genauesten mechanischen Längenmessgeräte
b) besitzen meist einen Skalenteilungswert von 1 μm
c) besitzen meist einen Anzeigebereich von 10 μm
d) besitzen einen Zeigerausschlag von 360°
e) eignen sich zur Prüfung der Rundheit

T15 Welches Prüfmittel eignet sich *nicht* zum Messen?

a) Messschieber
b) Maßstab
c) Messuhr
d) Feinzeiger
e) Grenzrachenlehre

15.12.01

Pneumatische, elektrische und elektronische Messgeräte

Fragen aus Fachkunde Metall, Seite 28

1 Warum kann man mit pneumatischen Messgeräten auch bei laufender Maschine messen?

Der Messwertaufnehmer misst berührungsfrei. Nicht festsitzender Schmutz, Kühlflüssigkeit oder Öl werden weggeblasen und beeinträchtigen das Messergebnis nicht.

Beim pneumatischen Messen benutzt man als Messmittel Druckluft mit einem Messdruck von 0,75 bis 2 bar.

2 Wie ändert sich die Anzeige beim Hineingehen eines positiv gepolten induktiven Tasters?

Bei positiver Polarität ergibt ein hineingehender Messtaster eine positive (steigende) Anzeige.

3 In welchen Messgeräten werden opto-elektronische Wegmesssysteme eingesetzt?

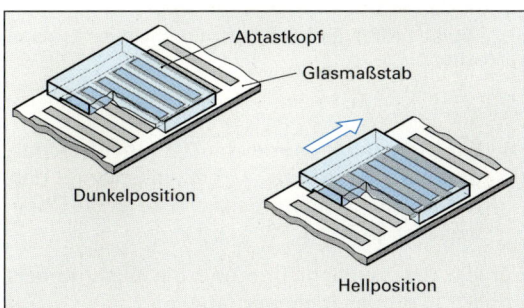

Opto-elektronische Wegmessgeräte werden in Langhub-Messgeräten wie Messtastern und Koordinatenmesssystemen eingesetzt.

4 Welche Antastmöglichkeiten gibt es bei vertikalen Längenmessgeräten?

Das Antasten kann durch starres Antasten, durch dynamisches Antasten sowie durch messendes Antasten erfolgen.

Vertikale Längenmesser sind durch das eingebaute Wegmesssystem ihrer Funktion nach Einkoordinaten-Messgeräte.

5 Welche Vorteile haben Koordinatenmessgeräte?

Im Vergleich zu konventionellen Prüfverfahren entfällt bei Koordinatenmessgeräten das Ausrichten der Werkstücke. Gekrümmte Flächen können formgeprüft werden. Der Messablauf kann bei Koordinatenmessgeräten automatisiert werden.

Mit Messprogrammen kann die Werkstücklage durch Antasten weniger Punkte ermittelt und im Rechner gespeichert werden.

Ergänzende Fragen zu pneumatischen, elektrischen und elektronischen Messgeräten

6 Wie arbeiten pneumatische Messgeräte?

Pneumatische Messgeräte erfassen Druck- oder Durchflussänderungen in Abhängigkeit vom Strömungswiderstand an der Messdüse.

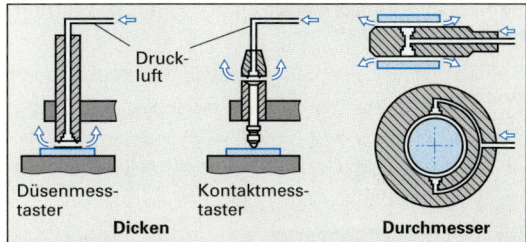

Durch einen veränderten Staudruck am Messwertaufnehmer, hervorgerufen durch Maßabweichungen, entsteht am Zeigergerät eine Druckdifferenz bzw. an einem Skalengerät eine Änderung der durchströmenden Luftmenge.

7 Welche Vorteile besitzen Messgeräte mit induktivem Messsystem?

Die elektronische Längenmessung mit induktiven Messtastern weist folgende Vorteile auf: Hohe Empfindlichkeit; relativ großer Anzeigebereich; kleine Messabweichung; die kleinen Messtaster können nahe beieinander an schwer zugänglichen Stellen eingebaut werden; Möglichkeit, zwei Messwerte durch Summen- oder Differenzbildung mit einander zu vergleichen; Verwendung des Messsignals zum Sortieren, Klassieren und Protokollieren.

Die Messgeräte bestehen aus dem Aufnahmewandler (Messtaster), dem Messverstärker und dem Anzeigegerät.

8 Welches sind die wichtigsten Bauteile bei Messgeräten mit opto-elektronischen Messsystemen?

Die wichtigsten Bauteile sind der Glasmaßstab mit inkrementaler Teilung und der Messkopf.

Der Messkopf misst durch Zählen der Einzelsignale den Verfahrweg.

1.4 Oberflächenprüfung

Fragen aus Fachkunde Metall, Seite 32

1 Welche Ursachen können Welligkeit und Rautiefe eines Drehteiles haben?

Welligkeit wird z.B. verursacht durch Schwingungen des Werkzeuges oder des Werkstückes, große Rautiefe durch die Form der Werkzeugschneide, durch große Zustellung oder großen Vorschub.

Welligkeit und Rauheit bewirken eine Abweichung des Werkstücks von der geometrisch idealen Form.

15. 12.01

2 Welche Anteile des Istprofils sind beim Rauheitsprofil (R-Profil) elektrisch herausgefiltert?

Beim Rauheitsprofil werden die Welligkeitsanteile herausgefiltert.

Rauheit entsteht beim Spanen durch den Vorschub und die Spanbildung.

3 Wie kann die Rauheit ohne Messgerät ermittelt werden?

Durch Oberflächenvergleich mit dem Fingernagel oder einem Plättchen als Prüfmuster und einem Oberflächen-Vergleichsmuster. *15 12.01*

Mit diesen Verfahren können von erfahrenen Prüfern noch Rauheitsunterschiede von 2 μm festgestellt werden.

4 Welches Tastsystem ist im Bild dargestellt und welche Vorteile und Nachteile hat es?

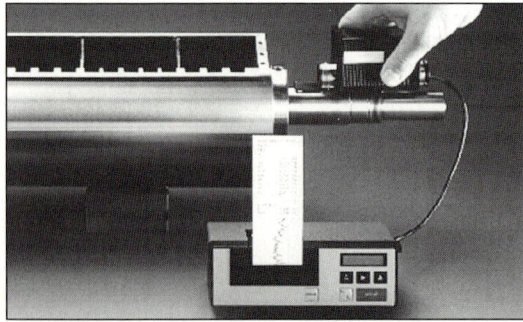

Das Bild zeigt ein Oberflächenmessgerät mit Profilschreiber.

Das Gerät ist tragbar und somit überall einzusetzen. Nachteilig ist, dass es wegen der fehlenden mechanischen Geradführung nur die Rautiefe voll erfasst, die Welligkeit durch die Gleitkufe teilweise „ausfiltert" und Formabweichungen nicht erfassen kann.

5 Welche Profilform ist plateauförmig und welche Eigenschaften hat eine solche Oberfläche?

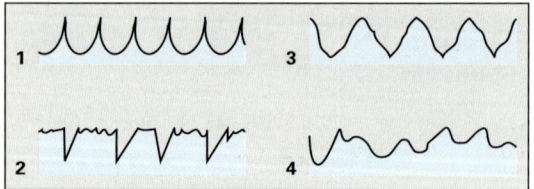

Die Profilform Nr. 2 ist plateauförmig.

Solche Oberflächen haben einen kleinen Spitzenbereich, einen hohen Traganteil und ausreichend große Riefen für die Ölaufnahme.

6 Warum liegt nur ein R_Z-Wert in den Bildern (Aufgabe Nr. 5) unter 1 μm?

Die anderen Profilformen weisen jeweils hohe Einzelrautiefen auf, so dass sich ein großer Wert für die gemittelte Rautiefe ergibt.

Die gemittelte Rautiefe R_Z ist der Mittelwert aus 5 Einzelrautiefen.

7 Welcher Oberflächenmesswert ändert sich durch einen Kratzer auf einer polierten Oberfläche am stärksten?

Die stärkste Veränderung durch den Kratzer erfährt der Wert R_{max}.

R_{max} ist die größte Einzelrautiefe innerhalb der Gesamtmessstrecke.

8 Ein Werkstück wurde mit 0,2 mm Vorschub gedreht. Mit welcher Grenzwellenlänge und mit welcher Gesamtmessstrecke ist die Oberfläche zu prüfen?

Für die Grenzwellenlänge und die Gesamtmessstrecke l_m gibt es Richtwerttabellen.

Wahl der Grenzwellenlänge λ_c			
Rillenabstand Vorschub mm	R_Z μm	λ_c mm	l_m mm
0,032 bis 0,1	bis 0,5	0,25	1,25
0,1 bis 0,32	0,5 bis 10	0,8	4
0,32 bis 1	10 bis 50	2,5	12,5

Daraus wird für einen Vorschub von 0,2 mm eine Grenzwellenlänge λ_c = 0,8 mm und eine Gesamtmessstrecke l_m = 4 mm abgelesen.

Ergänzende Fragen zur Oberflächenprüfung

9 Wie unterscheiden sich die Begriffe „wirkliche Oberfläche" und „Istoberfläche"?

Die wirkliche Oberfläche weist fertigungsbedingte Abweichungen von der geometrisch idealen Oberfläche auf. Die Istoberfläche ist die messtechnisch erfasste Oberfläche.

10 Welche Ursache kann eine Gestaltabweichung 1. Ordnung haben?

Gestaltabweichungen 1. Ordnung können z.B. durch Führungsfehler oder Durchbiegung einer schweren Welle bei der Bearbeitung auf einer Drehmaschine verursacht werden.

Folgen der Gestaltabweichung 1. Ordnung sind z.B. Unebenheit, Unrundheit oder Tonnenform (statt Zylinderform).

11 Wie arbeiten Oberflächenmessgeräte nach dem Tastschnittverfahren?

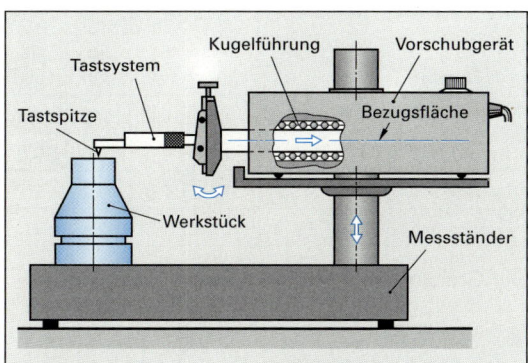

Die Gestaltabweichungen der Oberfläche werden mit einer Diamantspitze erfasst.

Ein Vorschubgerät führt das Tastsystem über die Oberfläche. Dabei werden Lageänderungen der Tastspitze in elektrische Signale umgewandelt und an das Anzeigegerät oder den Profilschreiber weitergeleitet.

12 Welche Rauheitsmessgrößen verwendet man bevorzugt?

Folgende Rauheitsmessgrößen werden bevorzugt verwendet:

- der Mittenrauwert R_a
- die gemittelte Rautiefe R_z
- die maximale Rautiefe R_{max}
- die Glättungstiefe R_p
- der Traganteil t_{pi}

Die Rauheitsmessgrößen werden aus dem Rauheitsprofil ermittelt und in µm angegeben.

13 Welches Oberflächenprofil sollten hochbelastete Gleit- oder Wälzflächen besitzen?

Hochbelastete Gleit- oder Wälzflächen sollten ein plateauförmiges Profil mit einem kleinen Spitzenbereich, einem großen Traganteil und ausreichend große Riefen für die Ölaufnahme besitzen.

14 Wie wird die zulässige gemittelte Rautiefe nach DIN ISO 1302 in einer Zeichnung angegeben?

Unter dem Querstrich des entsprechenden Sinnbilds trägt man das Kurzzeichen und den entsprechenden Wert ein.

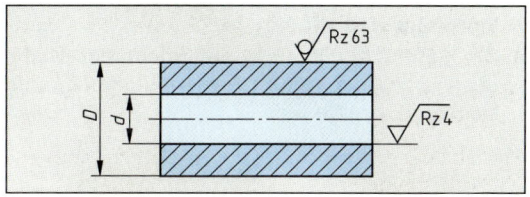

Außendurchmesser D:
spanlos hergestellte Oberfläche mit gemittelter Rautiefe kleiner oder gleich 63 µm.

Innendurchmesser d:
spanend hergestellte Oberfläche mit gemittelter Rautiefe kleiner oder gleich 4 µm.

15 Welche Eigenschaften soll eine Schmier-Gleitfläche aufweisen und welche Kenngrößen der Oberfläche sind für diese Eigenschaften wichtig?

Für Schmier-Gleitflächen werden gute Tragfähigkeit und gute Ölhaftung gefordert. Kenngrößen sind: für die Tragfähigkeit der Traganteil, für die Ölhaftung die Rautiefe.

T16 Was bedeutet die folgende Zeichnungsangabe?

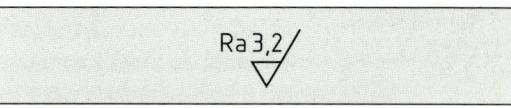

a) Größte zulässige Rockwellhärte: 3,2 N/mm^2
b) Größter zulässiger Mittenrauwert: 3,2 µm
c) Größte zulässige gemittelte Rautiefe: 3,2 µm
d) Größter zulässiger Radius: 3,2 mm
e) Keine der genannten Antworten ist richtig

T17 Welche Antwort zum Bild ist richtig?

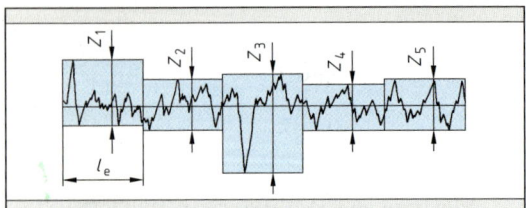

a) Die Werte $Z_1 ... Z_5$ zeigen die Glättungstiefe der Einzelmessstrecken

b) Der Wert Z_3 entspricht dem Mittenrauwert

c) Aus den Werten $Z_1 ... Z_5$ kann die gemittelte Rautiefe berechnet werden

d) Die maximale Rautiefe ist der fünfte Teil der Einzelrautiefen $Z_1 ... Z_5$

e) Die gemittelte Rautiefe entspricht der Hälfte des Wertes aus größter Einzelrautiefe (Z_3) und kleinster Einzelrautiefe (Z_4)

T18 Welche Abbott-Kurve entspricht etwa dem gezeigten Oberflächenprofil?

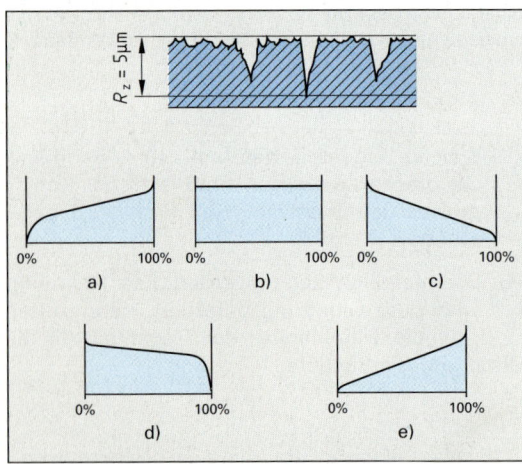

T19 Welcher Faktor hat bei spanender Fertigung keinen Einfluss auf die Oberflächenrauheit?

a) Der Schneidstoff

b) Der Schneidenradius

c) Die Kühlschmierung

d) Der Spanwinkel

e) Die Toleranz

1.5 Toleranzen und Passungen

Fragen aus Fachkunde Metall, Seite 40

1 Wodurch wird die Lage der Toleranzfelder zur Nulllinie festgelegt?

Die Lage der Toleranzfelder zur Nulllinie wird durch das Grundabmaß festgelegt.

Das Grundabmaß ist das der Nulllinie am nächsten liegende Abmaß.

2 In einer Zeichnung steht für die Maße ohne Toleranzangabe der Hinweis: ISO 2768 – f. Welche Grenzmaße darf das Nennmaß 25 haben?

Allgemeintoleranzen für Längenmaße

Toleranz-klasse		Grenzabmaße in mm für Nennmaßbereich in mm				
		0,5 bis 3	über 3 bis 6	über 6 bis 30	über 30 bis 120	über 120 bis 400	über 400 bis 1000
f	fein	± 0,05	± 0,05	± 0,1	± 0,15	± 0,2	± 0,3
m	mittel	± 0,1	± 0,1	± 0,2	± 0,3	± 0,5	± 0,8
c	grob	± 0,2	± 0,3	± 0,5	± 0,8	± 1,2	± 2
v	sehr grob	–	± 0,5	± 1	± 1,5	± 2,5	± 4

Die Grenzmaße sind 24,9 mm und 25,1 mm.

3 Von welchen Werten hängt die Toleranzgröße bei ISO-Toleranzangaben ab?

Die Toleranzgröße bei ISO-Toleranzangaben hängt vom Toleranzgrad und vom Nennmaß ab.

4 Für welche Anwendungsgebiete werden hauptsächlich die Toleranzgrade 5 ... 11 verwendet?

Die Toleranzgrade 5 ... 11 werden hauptsächlich im Werkzeug-, Maschinen- und Fahrzeugbau verwendet.

Die Auswahl der Toleranzgrade hängt von der Funktion des herzustellenden Bauteiles ab.

5 Welche Passungsarten unterscheidet man?

Man unterscheidet Spiel-, Übermaß- und Übergangspassungen.

Bei Übergangspassungen kann Spiel oder Übermaß auftreten.

6 Welcher Unterschied besteht zwischen den Passungssystemen Einheitsbohrung und Einheitswelle?

Beim Passungssystem Einheitsbohrung werden alle Bohrungsmaße mit dem Grundabmaß H, beim Passungssystem Einheitswelle alle Wellen mit dem Grundabmaß h gefertigt.

7 In einer Zeichnung ist die Passungsangabe $\varnothing$40H7/m6 eingetragen. Mit Hilfe eines Tabellenbuches sind eine Abmaßtabelle zu erstellen sowie Höchstspiel und Höchstübermaß zu berechnen.

Passmaß	ES, es μm	EI, ei μm
$\varnothing$ 40H7	+25	0
$\varnothing$ 40m6	+25	+9

$P_{SH} = G_{oB} - G_{uW} = 40{,}025$ mm $- 40{,}009$ mm
$= \mathbf{0{,}016}$ **mm**

$P_{ÜH} = G_{uB} - G_{oW} = 40{,}000$ mm $- 40{,}025$ mm
$= \mathbf{-\,0{,}025}$ **mm**

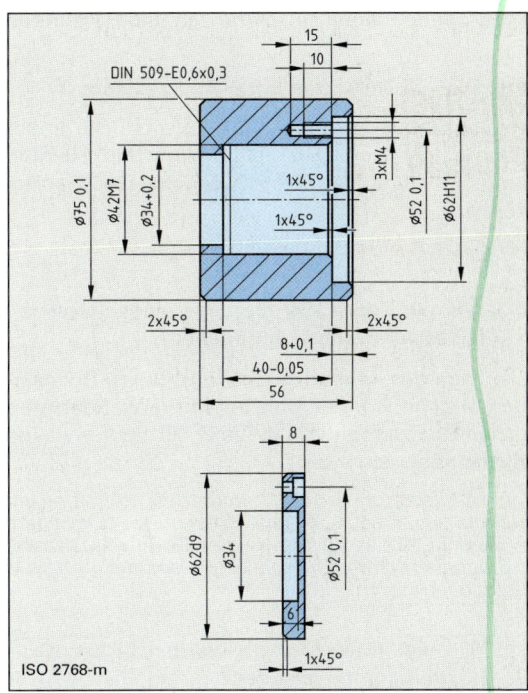
ISO 2768-m

8 Für die Übermaßpassung 36H7/r6 sind mit Hilfe eines Tabellenbuches die Grenzabmaße zu bestimmen und die Toleranzfelder der Passung in einer Skizze grafisch darzustellen.

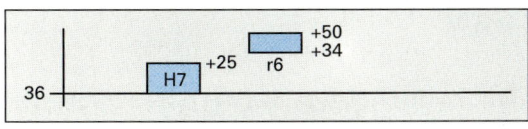

ES = +25 μm $\quad$ es = +50 μm
EI = 0 μm $\quad$ ei = +34 μm

9 Für die Laufrolle und den Deckel (Bilder auf der rechten Seite) sind zu bestimmen

a) die Höchst- und Mindestmaße sowie die Toleranz für 6 Maße nach freier Wahl

Werkstückmaß	Höchstmaß	Mindestmaß	Toleranz
$\varnothing$42H7	42,025 mm	42,000 mm	0,025 mm
56	56,3 mm	55,7 mm	0,6 mm
$\varnothing$62d9	61,900 mm	61,826 mm	0,074 mm
8	8,2 mm	7,8 mm	0,4 mm
40-0,05	40,00 mm	39,95 mm	0,05 mm
$\varnothing$75±0,1	75,1 mm	74,9 mm	0,2 mm

b) das Höchst- und Mindestspiel für die Passung des Deckels in der Laufrolle

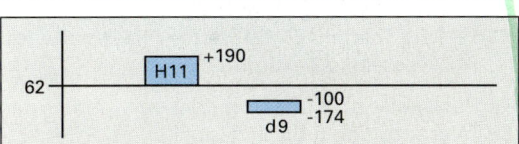

$P_{SH} = G_{oB} - G_{uW} = 62{,}190$ mm $- 61{,}826$ mm
$= \mathbf{0{,}364}$ **mm**

$P_{SM} = G_{uB} - G_{oW} = 62{,}000$ mm $- 61{,}900$ mm
$= \mathbf{0{,}100}$ **mm**

c) das Höchstspiel und das Höchstübermaß zwischen dem Außenring des einzubauenden Wälzlagers und der Bohrung 42N7 der Laufrolle. Der Außendurchmesser des Wälzlagers ist mit 42 – 0,011 toleriert.

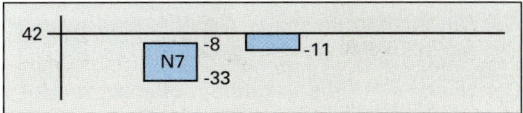

$P_{SH} = G_{oB} - G_{uW} = 42{,}000$ mm $- 41{,}989$ mm
$= \mathbf{0{,}011}$ **mm**

$P_{ÜH} = G_{uB} - G_{oW} = 41{,}975$ mm $- 42{,}000$ mm
$= \mathbf{-\,0{,}025}$ **mm**

Ergänzende Fragen zu Toleranzen und Passungen

10 Was versteht man unter Austauschbau?

Austauschbau bedeutet, dass Werkstücke unabhängig von ihrer Herstellungsart und Herstellungszeit ohne Nacharbeit ausgetauscht werden können.

Für diesen Austauschbau sind Passungen erforderlich.

11 Wie wird nach ISO die Lage eines Toleranzfeldes zur Nulllinie angegeben?

Die Lage des Toleranzfeldes wird durch Buchstaben angegeben. Für Bohrungen verwendet man große Buchstaben von A bis Z, für Wellen kleine Buchstaben von a bis z.

Für die Toleranzgrade 6 bis 11 wurden die Toleranzen um die Grundabmaße ZA, ZB und ZC bzw. za, zb zc erweitert. Außerdem gibt es für alle Nennmaße Toleranzklassen, die symmetrisch zur Nulllinie liegen und mit JS bzw. js bezeichnet werden.

12 Wie viel Toleranzgrade werden in der ISO-Normung unterschieden?

Man unterscheidet 20 Toleranzgrade, welche mit den Zahlen 01, 0, 1 bis 18 angegeben werden.

Die größere Zahl entspricht immer der größeren Toleranz.

13 Welche Toleranzgrade sind für Passmaße im Maschinenbau bestimmt?

Für Passmaße im Maschinenbau verwendet man die Toleranzgrade 5 bis 11 (Tabelle).

Anwendungsgebiete der ISO-Toleranzgrade							
ISO-Toleranzgrade	5	6	7	8	9	10	11
Anwendungsgebiete	Werkzeugmaschinen, Maschinen- und Fahrzeugbau						
Fertigungsverfahren	Reiben, Drehen, Fräsen, Schleifen, Feinwalzen						

Die Toleranzgrade 01, 0, 1 bis 4 werden im Lehrenbau, die Toleranzgrade 12 bis 18 für Schmiede- und Gussteile verwendet.

14 Wie werden nach DIN die Allgemeintoleranzen in Zeichnungen angegeben?

Der Hinweis auf die Allgemeintoleranzen erfolgt meist im Schriftfeld in der Spalte „Zulässige Abweichung" z.B. durch die Angabe „ISO 2768-m".

Man unterscheidet bei den Allgemeintoleranzen vier Toleranzklassen:
fein (f), mittel (m) grob (c) und sehr grob (v).

T20 Auf einer Zeichnung ist das Maß 70 eingetragen. Wie wird dieses Maß bezeichnet?

a) Istmaß
b) Höchstmaß
c) Mindestmaß
(d) Nennmaß
e) Übermaß

T21 Auf der Zeichnung steht die Angabe ∅ 70H7. Was erkennt man am Buchstaben H?

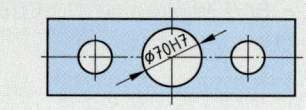

a) Die Größe der Rautiefe
b) Die Lage des Toleranzfeldes zum Istmaß
c) Das Grundabmaß der Bohrung
d) Die Größe der zulässigen Toleranz
e) Den Toleranzgrad der Bohrung

T22 Welche Passung gehört zum ISO-Passungssystem Einheitswelle?

a) F8/h6
b) P8/d9
c) H7/f7
d) H7/g6
e) D7/r6

T23 Welche Aussage über das ISO-Passungssystem Einheitsbohrung ist *falsch*?

a) Alle Bohrungen erhalten das Grundabmaß H
b) Das Mindestmaß der Bohrung entspricht dem Nennmaß
c) Das Höchstmaß der Bohrung entspricht dem Nennmaß plus Toleranz
d) Das Mindestmaß der Bohrung ist kleiner als das Nennmaß
e) Das Höchstmaß der Bohrung ist größer als das Nennmaß

T24 Beim ISO-Passungssystem Einheitswelle gilt für das Wellenmaß:

a) oberes Grenzabmaß = 0
b) unteres Grenzabmaß = 0
c) Nennmaß = Mindestmaß
d) Nennmaß < Mindestmaß
e) Nennmaß > Höchstmaß

T25 Welche Passungsart ergibt die Angabe Ø 40H7/f7?

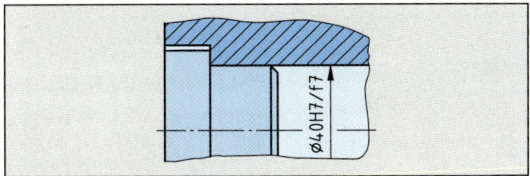

a) Übergangspassung
b) Übermaßpassung
c) Spielpassung
d) Feinpassung
e) Grobpassung

T26 Welche Buchstaben kennzeichnen beim ISO-Passungssystem Einheitswelle die Bohrungen für Spiel?

a) A bis H
b) J bis K
c) M bis N
d) P bis R
e) S bis ZC

T27 Was versteht man bei den Passungen unter „Toleranzklasse"?

a) Benennung für eine Kombination eines Grundabmaßes mit einem Toleranzgrad
b) Größe des Spieles
c) Qualität des Werkstoffes
d) Angabe der Passungsverhältnisse der gefügten Teile
e) Größe des Aufmaßes

T28 Wie groß ist das Höchstspiel der Paarung Bohrung Ø 63 (Abmaße: + 0,25; + 0,1) mit der Welle Ø 63 (Abmaße: − 0,1; − 0,25)?

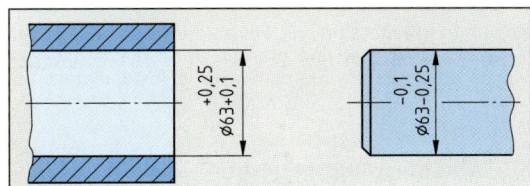

a) 0,1 mm
b) 0,25 mm
c) 0,3 mm
d) 0,35 mm
e) 0,5 mm

T29 Wie groß ist das Höchstübermaß der Passung Ø 30H7/r6 (H7: 0; + 0,021; r6: + 0,041; + 0,028)?

a) 0,006 mm
b) 0,021 mm
c) 0,025 mm
d) 0,028 mm
e) Keine der genannten Antworten ist richtig

T30 Was bedeuten bei ISO-Toleranzkurzzeichen die Großbuchstaben?

a) Lage des Wellentoleranzfeldes zur Nulllinie
b) Lage des Bohrungstoleranzfeldes zur Nulllinie
c) Toleranzklasse
d) Größe der Toleranzen
e) Größe der Abmaße

T31 Wie groß ist die Toleranz bei der Maßangabe Ø 20 + 0,018/− 0,003?

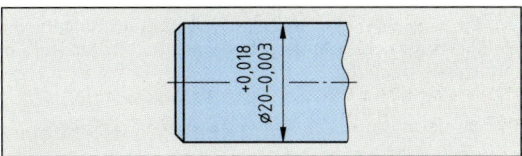

a) 0,005 mm
b) 0,006 mm
c) 0,011 mm
d) 0,021 mm
e) Keine der genannten Angaben ist richtig

T32 Was bestimmt die Zahl 7 beim Passmaß 63H7?

a) Lage des Wellentoleranzfeldes zur Nulllinie
b) Lage des Bohrungstoleranzfeldes zur Nulllinie
c) Größe des Wellentoleranzfeldes
d) Größe des Bohrungstoleranzfeldes
e) Differenz zwischen Nennmaß und Istmaß

T33 Wie werden Allgemeintoleranzen nach DIN ISO 2768 auf der Zeichnung angegeben?

a) Auf der Zeichnung erfolgt keine Angabe
b) Jedes Maß der Zeichnung erhält die Zusatzangabe + 0,2 mm
c) Jedes Maß der Zeichnung erhält die Zusatzangabe ± 0,1 mm
d) Z.B. durch den Hinweis „ISO 2768-mittel"
e) Durch den Hinweis „Abmaße nach ISO 2768 sehr fein"

1.6 Form- und Lageabweichungen

Fragen aus Fachkunde Metall, Seite 50

1   Welche Fertigungseinflüsse führen zu Form- und Lageabweichungen

Form- und Lageabweichungen bei der Fertigung werden z.B. verursacht durch Schneidstoffverschleiß, Bearbeitungswärme, Werkzeugführung, Eigenspannungen im Werkstück, Spannkräfte, Abdrängkräfte und falsche Aufspannung.

Die Maß- und Formabweichungen von Werkstücken beeinflussen die Fügbarkeit mit anderen Bauteilen stärker als die Oberflächengüte.

2   Warum soll man Form- und Lageabweichungen an möglichst vielen Stellen des tolerierten Elementes messen?

Alle Stellen des tolerierten Elementes müssen sich innerhalb der Toleranzzone befinden.

Wird nur an wenigen Stellen gemessen, so besteht die Gefahr, dass sich Teile des Elementes außerhalb der Toleranzzone befinden.

3   Beim Schleifen eines Zylinders entsteht eine leicht tonnenförmige Abweichung.
Liegt die Zylinderform aufgrund der gemessenen Durchmesser noch in der Toleranz von 0,01 mm?

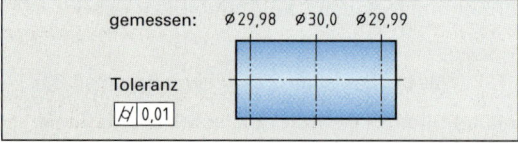

gemessen: ⌀29,98   ⌀30,0   ⌀29,99

Toleranz $\diagup$ 0,01

Die Zylinderform muss zwischen zwei koaxialen Zylindern liegen, die voneinander einen radialen Abstand von 0,01 mm haben. Mit $D = 30,000$ mm ($R = 15,000$ mm) und $d = 29,98$ mm ($r = 14,99$ mm) beträgt die maximale Abweichung 0,01 mm; die Zylinderform liegt somit gerade noch innerhalb der Toleranz.

4   Wie wird eine Getriebewelle funktionsgerecht geprüft?

Bei einer Getriebewelle müssen Rundlaufprüfungen durchgeführt werden. Dazu werden die Lagerzapfen zweckmäßigerweise in Prismen gelegt.

Rundlaufabweichungen sind eine Folge von Lageabweichungen der Drehachsen (Koaxialität) und eventuell auch Rundheitsabweichungen.

5   An einer gedrehten Buchse wird eine Rundheitsabweichung von 7 µm gemessen.

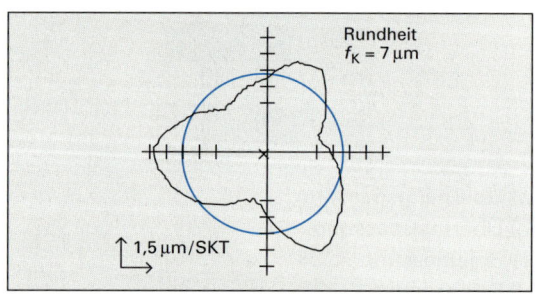

Rundheit
$f_K = 7\,µm$

1,5 µm/SKT

a) Wodurch kann die Abweichung entstanden sein?

Die Rundheitsabweichung kann durch zu starkes Spannen im Dreibackenfutter entstanden sein.

b) Welche Anzeigenänderung ist bei einer Dreipunktmessung mit einem 90°-Prisma zu erwarten?

Die Anzeigenänderung bei einem 90°-Prisma beträgt 7 µm.

6   Wie können Kegelabweichungen gemessen werden?

Kegelabweichungen sind am einfachsten mit pneumatischen Messgeräten feststellbar.

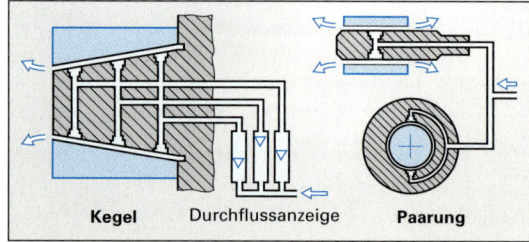

Kegel   Durchflussanzeige   **Paarung**

Kegelmessgeräte sind mit Feinzeigern oder induktiven Tastern ausgerüstet und messen entweder den Kegelwinkel oder zwei Prüfdurchmesser in festgelegtem Abstand.

7   Warum genügt es nicht, Präzisionsgewinde nur mit Lehren zu prüfen?

Gewindelehren prüfen nur die Austauschbarkeit von Gewinden.

Ein Gewinde, das „lehrenhaltig" ist, kann Durchmesser- und Flankenwinkelfehler haben, die sich auf die Flankenberührung ungünstig auswirken.

8 Wie können Gewinde mit der Dreidraht-Methode gemessen werden?

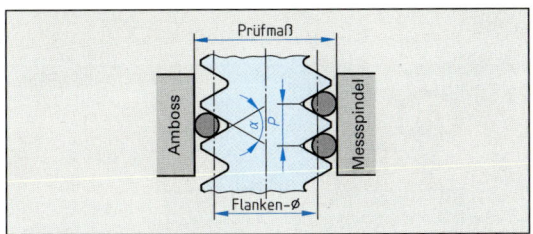

Auf der einen Seite des Gewindes wird ein Messdraht, auf der gegenüberliegenden Seite werden zwei Messdrähte in die Gewindegänge gelegt. Dann wird mit einer Messschraube gemessen.

Ergänzende Fragen zu Form- und Lageabweichungen

9 Welche Abweichungen eines Elementes von seiner geometrisch idealen Form werden mit Formtoleranzen begrenzt?

Formtoleranzen begrenzen die Abweichungen in Bezug auf die Geradheit ihrer Achsen, die Ebenheit ihrer Flächen, die Rundheit der Umlauflinien ihrer Oberflächen und die Exaktheit ihrer Form.

Formtoleranzen können deshalb in Flachform-, Rundform- und Profilformtoleranzen eingeteilt werden.

10 Was versteht man unter dem Begriff „Toleranzzone"?

Die Toleranzzone ist der Bereich, innerhalb dessen sich alle Punkte eines geometrischen Elementes (z.B. Linie, Fläche) befinden müssen.

Die Toleranzzone für eine Fläche z.B. befindet sich zwischen zwei gedachten Ebenen, die im Abstand t parallel zueinander verlaufen. Alle Punkte der Werkstückoberfläche müssen zwischen diesen beiden Ebenen liegen.

11 Was bedeutet die Zeichnungsangabe?

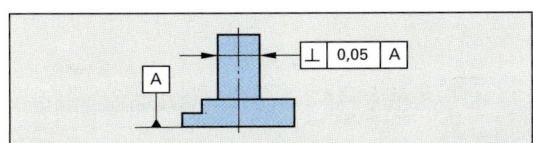

Die tolerierte Achse muss zwischen zwei parallelen, zur Bezugsfläche A und zur Pfeilrichtung senkrechten Ebenen im Abstand $t = 0,05$ mm liegen.

Die angegebene Lagetoleranz ist eine Richtungstoleranz.

12 Welche Bedeutung hat die Zeichnungsangabe?

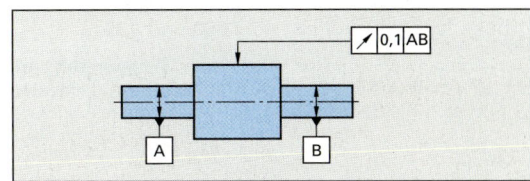

Bei Drehung um die gemeinsame Bezugsachse A–B darf die Rundlaufabweichung in jeder senkrechten Messebene $T = 0,1$ mm nicht überschreiten.

Die angegebene Lagetoleranz ist eine Lauftoleranz.

13 Mit welchen Messgeräten können Ebenheit und Parallelität geprüft werden?

Zum Prüfen der Ebenheit können z.B. Haarlineale oder Planglasplatten verwendet werden.

Die Parallelitätsprüfung erfolgt mit anzeigenden Messgeräten, wie z.B. Messuhr oder Feinzeiger.

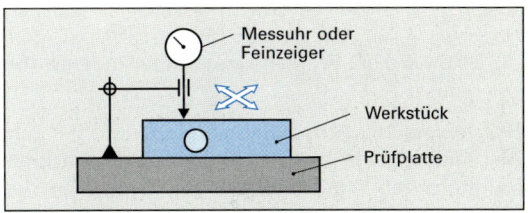

14 Wozu dienen Haarlineale?

Haarlineale dienen zum Prüfen der Ebenheit von Flächen.

Dazu wird das Lineal in verschiedene Richtungen über die ganze Fläche geführt. Unebenheiten werden durch einen Lichtspalt sichtbar.

15 Wofür werden Richtwaagen verwendet?

Mit Richtwaagen kann man prüfen, ob eine Fläche waagrecht oder senkrecht ausgerichtet ist.

Richtwaagen werden hauptsächlich für den Zusammenbau und die Aufstellung von Maschinen benützt.

16 Mit welcher Genauigkeit zeigt eine Richtwaage Abweichungen an?

Je nach Empfindlichkeit werden noch Abweichungen von 0,01 mm auf 1 m Länge angezeigt.

Der Skalenteilungswert einer Richtwaage entspricht der Abweichung, die eine Verlagerung der Blase um einen Teilstrich an der Röhrenlibelle bewirkt.

17 Für welche Winkel gibt es zur Winkelprüfung Formlehren?

Am gebräuchlichsten sind 90°-Winkel. Daneben gibt es feste Winkel mit 45°, 60° und 135°.

Der Form nach unterscheidet man Flachwinkel, Anschlagwinkel und Haarwinkel. Sonderformen der festen Winkel sind die Schleiflehren für Werkzeuge.

18 Für welche Zwecke verwendet man Universalwinkelmesser?

Universalwinkelmesser werden für genauere Winkelmessungen verwendet, weil auf diesen Messgeräten neben den Winkelgraden auch Winkelminuten abgelesen werden können.

Der Universalwinkelmesser besteht aus zwei festen und einem beweglichen Messschenkel, einer Vollkreisskale, je einem zwölfstelligen Nonius links und rechts vom Nullstrich und einer Feststellschraube.

19 Wie wird bei Winkelmessern die Anzeige abgelesen?

Bei einfachen Winkelmessern entspricht beim Messen spitzer Winkel der Messwert der Anzeige. Bei stumpfen Winkeln muss zur Ermittlung des Messwertes der angezeigte Wert von 180° abgezogen werden.

Bei Universalwinkelmessern zählt man zuerst an der Hauptskale von 0 ausgehend bis zum Nullstrich des Nonius die Winkelgrade und liest dann am Nonius in der gleichen Ableserichtung die Winkelminuten ab.

Optische Universalwinkelmesser arbeiten mit Glasskalen und Lupen (Skalenteilungswert = 5′). Nach dem Einstellen der Messschenkel kann der Messwert bei Durchlicht einfach abgelesen werden.

20 Womit werden Kegel geprüft?

Außenkegel werden mit Kegellehrhülsen, Innenkegel mit Kegellehrdornen geprüft.

Vor dem Prüfen bringt man einen dünnen Fettkreidestrich am Werkstückkegel bzw. am Lehrdorn in axialer Richtung an und verdreht dann Werkstück und Lehre gegeneinander. Wenn der Strich gleichmäßig verwischt wird, trägt der Kegel auf der ganzen Länge.

21 Welchen Vorteil besitzt das Sinuslineal?

Mit ihm lassen sich beliebige Winkel zwischen 0° und 60° mit hoher Genauigkeit einstellen und prüfen.

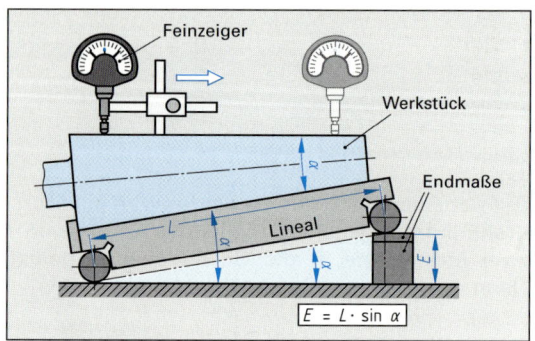

Das Sinuslineal besteht aus einem Lineal und zwei Rollen (Zylinderendmaße), die mit dem Lineal fest verbunden sind. Die Neigung wird durch Unterlegen von Parallelendmaßen eingestellt.

22 Mit welchen Geräten können Kegel gemessen werden?

Die Messung erfolgt mit pneumatischen Messgeräten oder mit Kegelmessgeräten.

Kegelmessgeräte sind mit Feinzeigern oder induktiven Tastern ausgerüstet.

23 Welches sind die Kegel-Prüfgrößen?

Kegelprüfgrößen sind:
- die Kegel-Durchmesser D und d,
- die Kegellänge L,
- der Kegelwinkel α,
- die Kegelverjüngung C
- Formabweichungen und Rautiefe der Mantelfläche.

24 In welchen Fällen werden Gewinde gemessen?

Eine Gewindemessung erfolgt nur bei Präzisionsgewinden, wie z.B. bei Messspindeln und Vorschubspindeln.

Das Messen von Gewinden ist teuer.

25 Durch welche Bestimmungsgrößen sind Gewinde festgelegt?

Die Bestimmungsgrößen für Gewinde sind:

- Außendurchmesser
- Flankendurchmesser
- Kerndurchmesser
- Steigung
- Flankenwinkel

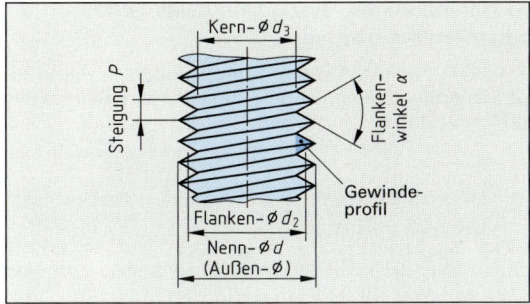

Flankendurchmesser, Flankenwinkel und Steigung sind entscheidend für die Güte eines Gewindes.

26 Welchen Nachteil hat das Lehren von Gewinden?

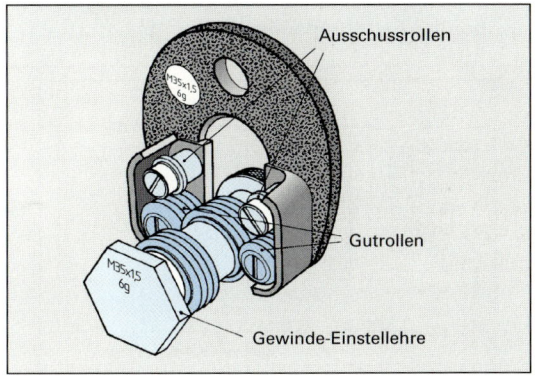

Mit Gewindelehren wird die Gängigkeit eines Gewindes geprüft. Lehrenhaltige Gewinde können Fehler aufweisen, die mit einer Gewindelehre nicht feststellbar sind: Steigungs-, Durchmesser- und Flankenwinkelfehler.

Die Gewindeprüfung durch Lehren ist jedoch sehr einfach.

27 Welche Gewindelehren unterscheidet man?

Für Außengewinde unterscheidet man Gewindelehrringe und Gewinde-Grenzrachenlehren, für Innengewinde Gewindelehrdorne und Gewinde-Grenzlehrdorne.

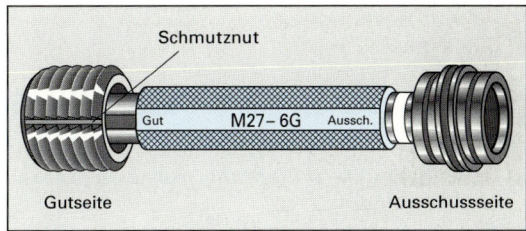

Gewinde-Grenzrachenlehren und Gewinde-Grenzlehrdorne vereinigen die Gut- und Ausschussseite.

28 Wie können Steigungsprüfungen bei Gewinden durchgeführt werden?

Steigungsprüfungen können mit Gewindekämmen, mit Messschiebern oder Gewindemessgeräten mit Feinzeigern sowie mit Koordinatenmessgeräten durchgeführt werden.

Mit Gewindekämmen wird auf Lichtspalt geprüft. Mit Messschiebern oder Gewindemessgeräten misst man den Abstand mehrerer Gewindegänge und teilt den Messwert durch die Anzahl der Gewindegänge.

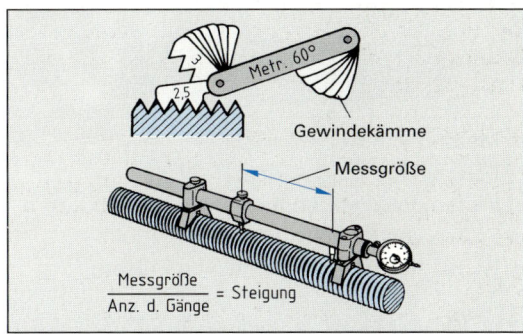

T34 Welche Aussage über das Prüfen von Form- und Lagetoleranzen ist richtig?

a) Die Ebenheit einer Fläche kann nur mit einem Haarlineal geprüft werden

b) Die Winkligkeit kann mit einer Planglasplatte geprüft werden

c) Bei der Winkelprüfung wird die Lage von Kanten und Flächen geprüft

d) Mit Richtwaagen können Steilkegel geprüft werden

e) Mit festen Winkeln können nur Winkelabweichungen über 2° festgestellt werden

T35 Mit welchem Messgerät werden im allgemeinen Winkel übertragen?

a) Zentrierwinkel

b) Kegellehre

c) Streichmaß

d) Winkelmesser

e) Sinuslineal

T36 Welche Aussage zur Gewindeprüfung ist falsch?

a) Gewindelehren prüfen die Austauschbarkeit von Gewinden

b) Der Gewindegrenzlehrdorn besitzt eine Gutseite und eine Ausschussseite

c) Mit Gewinde-Gutlehrringen wird die Aufschraubbarkeit auf das Gewinde geprüft

d) Gewinde-Ausschusslehrringe sind rot gekennzeichnet und schmaler ausgeführt als Gutlehrringe

e) Gewinde-Grenzrachenlehren besitzen Prüfbacken

T37 Wozu benötigt man einen Kegellehrdorn? Zum ...

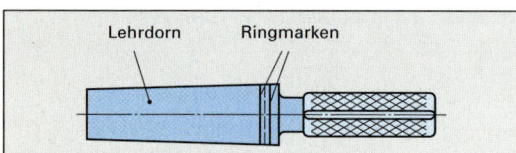

a) Messen von Außenkegeln

b) Messen von Innenkegeln

c) Prüfen der Werkzeugkegel von Spiralbohrern

d) Prüfen von Innenkegeln

e) Prüfen der Werkzeugkegel von Fräsern

T38 Wozu können Kegellehrhülsen verwendet werden? Zum ...

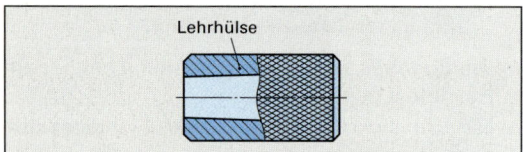

a) Prüfen von Innenkegeln bei Werkstücken

b) Messen der Außenkegel von Spiralbohrern

c) Messen von Formabweichungen von Innen- und Außenkegeln

d) Prüfen der Werkzeugkegel von Fräsern

e) Messen der Kegelabweichung

1.7 Qualitätssicherung

Fragen aus Fachkunde Metall, Seite 59

1 Welche Vorteile hat die Stichprobenprüfung gegenüber einer 100%-Prüfung?

Die Vorteile der Stichprobenprüfung sind: weniger monotone Arbeit, geringere Kosten, geringere Datenmengen, einzig sinnvolles Verfahren bei zerstörender Prüfung.

Trotz des geringen Prüfumfanges ermöglicht die Stichprobenprüfung eine schnelle und sichere Beurteilung großer Prüflose.

2 Welche Störeinflüsse können im Fertigungsprozess auftreten?

Störeinflüsse im Fertigungsprozess sind z.B. Mitarbeiterwechsel, Wärmegang der Maschine, Verschleiß und Materialwechsel.

Das Langzeitverhalten eines Fertigungsprozesses wird durch die Prozessfähigkeit beschrieben.

3 Welche Elemente enthalten CAQ-Systeme?

CAQ-Systeme erfassen die Qualitätsdaten, z.B. die Entwicklung, die Prüfplanung, den Wareneingang, die Prüfung in der Fertigung und die Analyse von Fehlern.

4 Welche Vorteile hat die Qualitätsregelkarte bei der Fertigungsüberwachung?

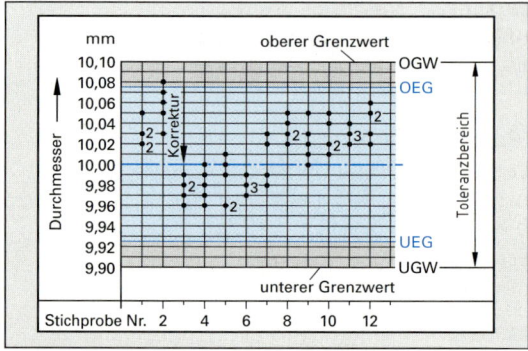

Durch die Qualitätsregelkarte kann die Fertigung einfach und wirkungsvoll überwacht werden.

Die Qualitätsregelkarte zeigt den zeitlichen Verlauf der Merkmalswerte, den jeweiligen Ist-Zustand der Qualität und das Auftreten von systematischen Einflüssen (Störgrößen).

5 Welche Maßnahmen sind zu ergreifen, wenn im Prozessverlauf Werte die Eingriffsgrenzen überschreiten?

Bei Überschreiten der Eingriffsgrenzen müssen alle seit der letzten Stichprobe gefertigten Teile aussortiert und die Störgrößen beseitigt werden.

Die Eingriffsgrenzen sind so zu wählen, dass bei störungsfreier Fertigung 99% aller Messwerte in diesem Bereich liegen.

6 Welche Stichprobenfolge im Bild zeigt einen „Trend" und welche einen „Run" an?

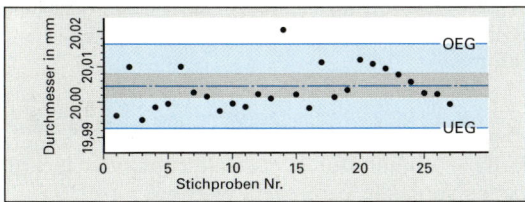

Einen Trend zeigt die Stichprobenfolge bei den Stichproben von 21 bis 27, einen Run bei den Stichproben von 7 bis 13.

Unter einem Trend versteht man 7 hintereinander steigende oder fallende Werte. Bei einem Run liegen 7 hintereinander liegende Werte oberhalb oder unterhalb der Mittellinie.

Ergänzende Fragen zur Qualitätssicherung

7 Wovon hängen die Marktchancen eines Produktes hauptsächlich ab?

Die Marktchancen eines Produktes hängen hauptsächlich von der Gebrauchstauglichkeit, der Qualität, dem Preis bzw. dem Preis-Leistungsverhältnis, dem Liefertermin und dem Kundendienst ab.

8 Welche Aufgabe hat die Qualitätslenkung?

Durch die Qualitätslenkung wird der Produktionsprozess überwacht und gesteuert, um eine gleich bleibend hohe Produktqualität sicherzustellen.

Zur Qualitätslenkung bedient man sich häufig der Methode der statistischen Prozesslenkung, die Stichprobenergebnisse zur Produktlenkung einsetzt.

9 Was sind messbare Qualitätsmerkmale?

Messbare Qualitätsmerkmale sind z.B. Länge, Lage, Form, Rautiefe, Leistung und Energiebedarf.

Messbare Merkmale können durch Lehren oder Messgeräte erfasst werden.

10 Woraus entsteht Produktqualität?

Produktqualität entsteht aus Arbeitsqualität.

Fehlervermeidung ist wirtschaftlicher als Fehlerbeseitigung.

11 Was wird durch die Qualitätsprüfung festgestellt?

Durch die Qualitätsprüfung wird festgestellt, inwieweit ein Produkt die Qualitätsforderungen erfüllt.

Die Qualitätsprüfung umfasst die Prüfplanung, die Prüfausführung und die Prüfdatenverarbeitung.

12 Was wird bei der Prüfplanung festgelegt?

Bei der Prüfplanung werden z.B. die Prüfmittel und die Prüfhäufigkeit festgelegt.

Prüfanweisungen beschreiben Art und Umfang der durchzuführenden Prüfungen.

T39 Welches Prüfmittel kann bei der Prüfung der eingetragenen Werkstückmaße verwendet werden?

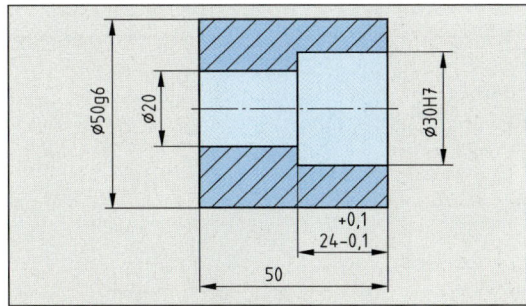

a) ⌀ 50g6: Messschieber

b) ⌀ 20: Grenzrachenlehre

c) ⌀ 30H7: Grenzlehrdorn

d) 24+0,1/–0,1: Innenmessschraube

e) 50: Grenzrachenlehre

T40 Welche Aussage über die Stichprobenprüfung im Vergleich zur 100%-Prüfung ist *falsch*? Bei der Stichprobenprüfung ...

a) sind die Kosten geringer

b) werden alle Werkstücke geprüft

c) ist der Prüfumfang geringer

d) sind die anfallenden Datenmengen geringer

e) ist die Anwendung zerstörender Prüfverfahren möglich

T41 Welches ist kein messbares Qualitätsmerkmal? Die ...

a) Länge eines Werkstücks
b) Form eines Werkstücks
c) die Funktion einer Maschine
d) Rautiefe einer Werkstückoberfläche
e) Leistung einer Maschine

T42 Zur Qualitätsplanung gehört *nicht* die ...

a) Auswahl der Qualitätsmerkmale
b) Endprüfung eines Werkstücks
c) Festlegung der zulässigen Merkmalswerte
d) Prüfung, ob die Qualitätsmerkmale eindeutig definiert sind
e) Freigabe von Erstmustern

T43 Welche Aussage über die dargestellten Bilder ist richtig?

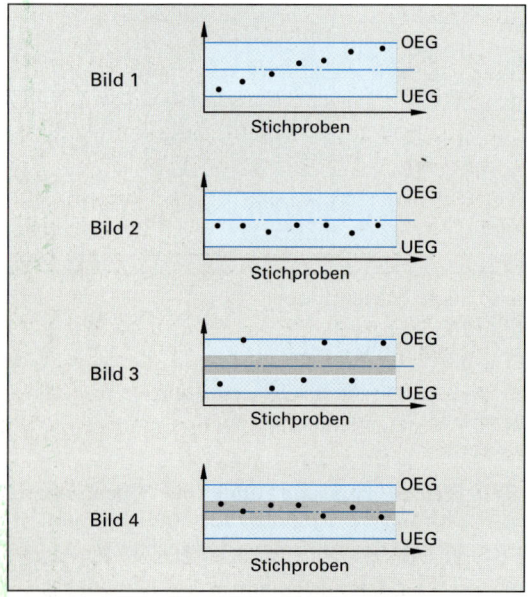

a) Die Bilder 1 und 3 zeigen einen Run
b) Die Bilder 1 und 2 zeigen einen Middle Third
c) Die Bilder 2 und 4 zeigen einen Trend
d) Die Bilder 1 und 4 zeigen einen Run
e) Die Bilder 3 und 4 zeigen einen Middle Third

2 Fertigungstechnik

2.1 Arbeitssicherheit   ZP

Fragen aus Fachkunde Metall, Seite 61

1   Welche Sicherheitszeichen unterscheidet man?

Bei den Sicherheitszeichen unterscheidet man Gebots-, Verbots-, Warn- und Rettungszeichen.

Gebotszeichen sind rund und blau-weiß gehalten
Verbotszeichen sind rund und weiß-rot-schwarz gehalten
Warnzeichen sind dreieckig und gelb-schwarz gehalten
Rettungszeichen sind quadratisch oder rechteckig und grün-weiß gehalten

2   Wodurch können Unfälle verursacht werden?

Unfälle können durch menschliches oder technisches Versagen verursacht werden.

Unfallursachen durch menschliches Versagen sind z.B. Unkenntnis der Gefahr, Gedankenlosigkeit und Leichtsinn. Technisches Versagen kann z.B. durch Werkstoffermüdung auftreten. *3.1.2002*

3   Wodurch werden Gefahren für Gesicht und Augen verhindert?

Durch Schutzbrillen, Schutzschilder und Schutzschirme kann die Gefahr für Gesicht und Augen verhindert werden.

Jeder Betriebsangehörige muss die Unfallverhütungsvorschriften kennen und genau beachten. *3.1.2002*

4   Was ist bei der Benutzung elektrischer Betriebsmittel zu beachten?

Elektrische Betriebsmittel mit beschädigten Anschlussleitungen dürfen nicht benutzt werden. Beschädigte Geräte bzw. Anschlussleitungen dürfen nur von Fachleuten repariert werden. *3.1.2002*

Ergänzende Fragen zur Arbeitssicherheit

5   Welchen Zweck hat die Unfallverhütung am Arbeitsplatz?

Durch Unfallverhütung am Arbeitsplatz sollen Menschen und Einrichtungen vor Schaden bewahrt werden.

Berufsgenossenschaften erlassen für jeden Berufszweig Unfallverhütungsvorschriften. *3.1.2002*

6   Wie sehen Verbotszeichen aus?

Verbotszeichen sind rund und zeigen die verbotene Handlung als schwarzes Schild auf weißem Grund mit roter Umrandung.

Ein roter Querbalken durchkreuzt die verbotene Handlung.

7   Durch welche vorbeugenden Sicherheitsmaßnahmen können Unfälle vermieden werden?

Unfälle können durch Beseitigung der Gefahren, durch Abschirmen und Kennzeichnen von Gefahrenstellen und durch Verhinderung der Gefährdung vermieden werden.

Jeder Mitarbeiter eines Betriebes ist verpflichtet, an der Verhütung von Unfällen mitzuarbeiten.

8   Wie heißen einige Gebote der Unfallverhütung?

- Beim Arbeiten an Maschinen und bewegten Teilen muss eng anliegende Schutzkleidung getragen werden.
- Räder, Spindeln, Wellen und ineinander greifende Teile sind abzudecken, damit niemand erfasst wird.
- Sicherheitseinrichtungen und Schutzvorrichtungen dürfen nicht entfernt werden.
- Beschäftigte mit langen Haaren müssen Kopfbedeckungen tragen.
- Beim Schleifen ist eine Schutzbrille zu tragen.
- Ventile und Anschlüsse an Sauerstoffflaschen sind frei von Fett und Öl zu halten.
- Gasflaschen sind beim Transport mit einer Schutzkappe zu versehen.
- Elektrische Sicherungen dürfen nicht geflickt werden.
- Jede Verletzung ist sofort fachgerecht zu versorgen.

Unfälle verhüten ist besser als Unfälle vergüten!

T 44 Welche Aussage über die Unfallverhütung ist _falsch_?

a) Verkehrswege stets freihalten!
b) Mängel an Maschinen und Werkzeugen sofort dem Vorgesetzten melden!
c) Beim Schleifen Schutzbrille tragen!
d) Sauerstoffflaschen sind frei von Fett und Öl zu halten!
e) Bei kleinen blutenden Wunden die Wunde sofort unter einen Wasserstrahl halten!

2.2 Gliederung der Fertigungsverfahren

Fragen aus Fachkunde Metall, Seite 63

1   Welche Hauptgruppen der Fertigungsverfahren gibt es?

Die Hauptgruppen der Fertigungsverfahren sind Urformen, Umformen, Trennen, Fügen, Beschichten und Stoffeigenschaft ändern.

Bei den einzelnen Hauptgruppen können Form und Zusammenhalt des Werkstoffes geschaffen, geändert, beibehalten, vermehrt oder vermindert werden.

2   Welche Fertigungsverfahren schaffen einen Stoffzusammenhalt?

Ein Stoffzusammenhalt wird z.B. durch die Fertigungsverfahren Gießen, Extrudieren, Sintern und elektrolytisches Abscheiden geschaffen.

Bei diesen Fertigungsverfahren entsteht aus formlosem Stoff ein fester Körper.

3   Welche Fertigungsverfahren gehören zur Hauptgruppe Trennen?

Zur Hauptgruppe Trennen zählen z.B. Schneiden, Drehen, Bohren, Sägen, Schleifen, Abtragen und Abschrauben.

4   Welche Fertigungsverfahren gehören zur Hauptgruppe Fügen?

Zur Hauptgruppe Fügen zählen z.B. Kleben, Löten, Schweißen, Einpressen und Einlegen.

Durch Fügen werden zwei oder mehr Werkstücke miteinander verbunden.

Ergänzende Fragen zu Fertigungsverfahren

5   Welche Fertigungsverfahren vermindern den Stoffzusammenhalt?

Fertigungsverfahren, die den Stoffzusammenhalt vermindern, sind z.B. Fräsen, Drehen, Sägen, Abschrauben.

Durch solche Fertigungsverfahren werden Werkstoffe oder Werkstückteile getrennt.

6   Zu welcher Hauptgruppe gehören die Fertigungsverfahren Druckumformen und Zugumformen?

Diese Fertigungsverfahren gehören zur Hauptgruppe Umformen.

Beim Umformen wird die Form eines festen Körpers durch plastisches Umformen verändert.

7 Zu welchem Fertigungsverfahren gehört das Schrauben?

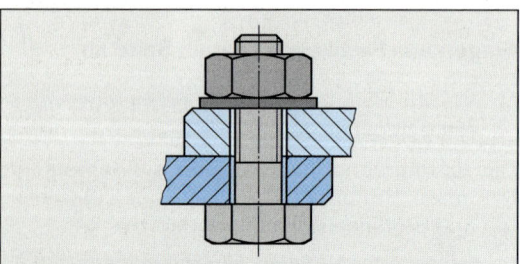

Schrauben gehört zur Hauptgruppe Fügen.

Durch Schrauben werden Werkstücke miteinander verbunden.

3. 1. 2002

8 Zu welcher Hauptgruppe zählen die Fertigungsverfahren Galvanisieren und thermisches Spritzen?

Diese Fertigungsverfahren zählen zur Hauptgruppe Beschichten. *3. 1. 2002*

Beim Beschichten wird formloser Stoff als festhaftende Schicht auf ein Werkstück aufgebracht.

9 Wie können die Stoffeigenschaften eines festen Körpers geändert werden?

Die Stoffeigenschaften können geändert werden durch Umlagern, Aussondern oder Einbringen von Stoffteilchen.

Ein Umlagern von Stoffteilchen findet statt z.B. beim Härten, ein Aussondern beim Entkohlen und ein Einbringen beim Nitrieren.

T45 Zu welcher Hauptgruppe der Fertigungsverfahren gehört das Drehen? Zur Hauptgruppe ...

a) Urformen
b) Fügen
c) Trennen
d) Beschichten
e) Umformen

T46 Welches Fertigungsverfahren gehört *nicht* zur Hauptgruppe Fügen?

a) Schrauben
b) Auftragschweißen
c) Weichlöten
d) Schmelzschweißen
e) Hartlöten

2.3 Urformen durch Gießen

ZP

Fragen aus Fachkunde Metall, Seite 69

1 Aus welchen Gründen werden Werkstücke durch Gießen hergestellt?

Werkstücke werden gegossen, wenn ihre Herstellung durch andere Fertigungsverfahren unwirtschaftlich oder nicht möglich ist oder wenn besondere Eigenschaften des Gusswerkstoffs, wie z.B. gute Gleiteigenschaften, ausgenutzt werden sollen.

Beim Gießen wird flüssiger Werkstoff in Formen gegossen; dort erstarrt er zu einem Gussstück.

2 Warum sind die Modellmaße größer als die Maße des herzustellenden Gussstücks?

Die Modellmaße sind deshalb größer, weil das in die Form gegossene Metall beim Abkühlen schwindet.

Würde das Schwindmaß bei der Herstellung des Modells nicht berücksichtigt, so wäre das Gussstück zu klein.

3 Wozu benötigt man beim Gießen Kerne?

Kerne dienen zum Aussparen von Hohlräumen in Gussstücken.

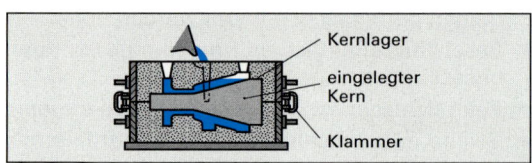

Die Kerne werden in den Kernlagern befestigt und fixiert.

4 Wie werden Gussstücke durch Feingießen hergestellt?

Beim Feingießen werden zunächst die aus Wachs oder Kunststoff hergestellten Modelle zu einer Modelltraube zusammengesetzt. Durch Tauchen in einer Aufschlämmung aus keramischer Masse und anschließendes Trocknen erhält die Traube einen feinkeramischen Überzug. Durch Ausschmelzen wird der Modellwerkstoff entfernt. Die nun hohle Form wird, damit sie die zum Gießen erforderliche Festigkeit bekommt, bei etwa 1000 °C gebrannt. Anschließend wird der Formhohlraum mit Schmelze ausgegossen.

5 Welche Vorteile hat das Vollformgießen?

Das Modell, das aus Kunststoff-Hartschaum besteht, ist leicht herstellbar. Zudem ist der Abguss gratfrei.

6 Welches Gießverfahren eignet sich zur Herstellung dünnwandiger Werkstücke bei großen Stückzahlen?

Das Druckgießen

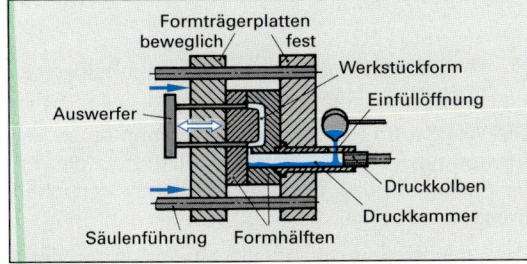

Beim Druckgießen wird die Metallschmelze unter Druck und mit großer Geschwindigkeit in eine zwei- oder mehrteilige Form gepresst.

7 Welche Fehler können beim Einformen, Gießen und Erstarren von Gussstücken auftreten?

Fehler, die beim Einformen vorkommen können, sind Schülpen und versetzter Guss.
Fehler beim Gießen und Erstarren sind Schlackeneinschlüsse, Gashohlräume (Gasblasen), Lunker, Seigerungen und Gussspannungen.

Ergänzende Fragen zu Urformen durch Gießen

8 Was versteht man in der Gießereitechnik unter einem Modell?

Ein Modell ist eine um das Schwindmaß vergrößerte Nachbildung des Werkstücks zur Herstellung einer Gießform.

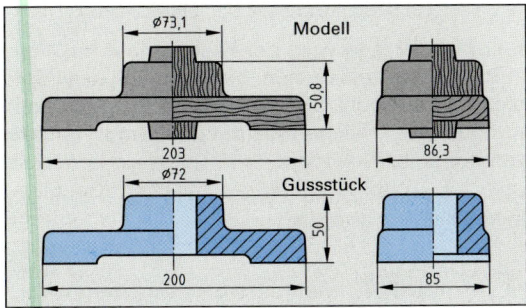

Man unterscheidet zwischen Dauermodellen und verlorenen Modellen.

9 Wie wird eine Sandform hergestellt?

Sandformen stellt man durch Einformen eines Modells oder mit Schablonen her.

10 Warum besitzt eine Form außer dem Einguss meist auch Speiser?

Durch Speiser kann beim Füllen der Form die Luft entweichen. Außerdem fließt aus ihnen flüssiges Metall in die erstarrende Form nach. Dadurch werden Lunker vermieden.

Die Querschnitte der Speiser müssen so groß sein, dass in ihnen das flüssige Metall zuletzt erstarrt.

11 Was versteht man unter Kastenformerei?

Unter Kastenformerei versteht man das Einformen des Modells in einem Formkasten, der mindestens aus Ober- und Unterkasten besteht.

Ober- und Unterkasten werden beim Zusammensetzen durch Zapfen und Ösen in ihrer Lage zueinander festgelegt.

12 Welche Vorteile bietet das Modellausschmelzverfahren?

Beim Modellausschmelzverfahren besitzen die Gussstücke hohe Oberflächengüte und Maßhaltigkeit. Außerdem sind sie gratfrei.

Das Modell besteht aus einem niedrigschmelzenden Werkstoff, z.B. Wachs oder Kunststoff. Nach dem Einformen wird das Modell aus der Form ausgeschmolzen.

13 Woraus bestehen die Modelle beim Vollformgießen?

Die Modelle bestehen aus Kunststoffen, die bei Gießtemperatur rückstandslos vergasen, z.B. Polystyrol-Hartschaum (Handelsbezeichnung: Styropor).

Das Modell verbleibt in der Form und vergast durch die Wärme des flüssigen Gießmetalls.

14 Wie erfolgt das Schleudergießen?

Beim Schleudergießen wird das flüssige Metall in eine sich schnell drehende Stahlform gegossen.

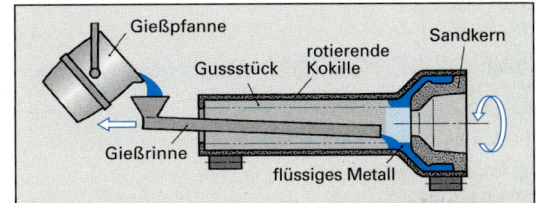

Durch die Fliehkraft wird das Gießmetall gleichmäßig an der Innenwand der Form verteilt. Dort erstarrt es.

15 Welche Vor- und Nachteile hat die Sandform gegenüber einer Kokille?

Die Sandform ist billiger, kann aber nur einmal verwendet werden. Die Oberflächen der Gussstücke werden nicht so sauber und ihre Form nicht so genau.

Beim Ausformen des Gussstücks wird die Sandform zerstört; der Sand kann wieder verwendet werden.

16 Welche Werkstoffe eignen sich zum Gießen?

Zum Gießen eignen sich Eisen-Gusswerkstoffe sowie Kupfer-, Zinn-, Zink-, Blei-, Aluminium- und Magnesium-Gusslegierungen.

Gusswerkstoffe sollen dünnflüssige Schmelzen bilden, damit sie die Formen gut ausfüllen. Da nicht alle Metalle diese Eigenschaft besitzen, sollten nur Gusslegierungen verwendet werden.

17 Was versteht man unter einem Lunker?

Ein Lunker ist ein Hohlraum in einem Gussstück, der durch den ungenügenden Nachfluss von Gusswerkstoff beim Schwinden entsteht.

Lunker können durch entsprechend große und richtig angeordnete Speiser vermieden werden.

T47 Welche Aussage trifft für das Formmaskenverfahren zu?

a) Es ist nicht für alle gießbaren Werkstoffe geeignet
b) Es ist nicht für die Herstellung von Hohlkörpern geeignet
c) Die Gussteile sind rau und wenig maßhaltig
d) Die Gussteile haben saubere Oberflächen und gute Maßhaltigkeit
e) Die Formmaske kann mehrfach verwendet werden

T48 Welche Werkstoffe eignen sich *nicht* für Druckgussteile?

a) Aluminiumlegierungen
b) Gusseisen
c) Magnesiumlegierungen
d) Kupferlegierungen
e) Zink

2.4 Umformen

Werkstoffverhalten und Umformverfahren   ZP

Fragen aus Fachkunde Metall, Seite 71

1 Wie verhalten sich die Werkstoffe beim Umformen?

Die Werkstoffe setzen dem Umformen einen Verformungswiderstand entgegen. Um eine dauernde Formänderung der Werkstücke zu erreichen, müssen sie plastisch verformt werden.

Das Umformen erfolgt im Bereich zwischen der Streckgrenze R_e und der Zugfestigkeit R_m.

2 Welche Unterschiede bestehen zwischen Warm- und Kaltumformen?

Warmumformen erfolgt im Bereich der Schmiedetemperatur. Mit kleinen Umformkräften sind große Formänderungen erreichbar. Beim Kaltumformen werden große Umformkräfte benötigt. Die erreichbaren Formänderungen sind verhältnismäßig klein.

Durch Warmumformen werden Festigkeit und Dehnung des Werkstoffs nicht verändert. Kaltumformung dagegen bewirkt durch Gefügeänderung eine Erhöhung der Festigkeit und eine Verringerung der Dehnung.

Ergänzende Fragen zum Werkstoffverhalten und zu Umformverfahren

3 Welche Vorteile bietet das Umformen?

Beim Umformen wird der Faserverlauf im Werkstück nicht unterbrochen; die Festigkeit des Werkstoffs wird erhöht. Es können schwierige Formen mit guter Oberflächenqualität und engen Toleranzen hergestellt werden.

Beim Umformen wird der Werkstoff in eine andere geometrische Form gebracht.

4 In welche Gruppen werden die Umformverfahren unterteilt?

Zu den Umformverfahren zählen das Druckumformen, das Zugumformen, das Zugdruckumformen, das Biegeumformen und das Schubumformen.

Zum Druckumformen gehören z.B. das Walzen und das Strangpressen, zum Zugdruckumformen das Tiefziehen.

5 In welchem Bereich des Spannungs-Dehnungs-Diagramms erfolgt das Umformen?

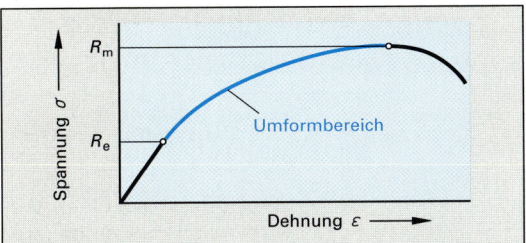

Das Umformen erfolgt zwischen der Streckgrenze R_e und der Zugfestigkeit R_m.

Werkstoffe mit niedriger Streckgrenze und hoher Dehnung lassen sich deshalb besonders gut umformen.

6 Welchen Zweck hat das Zwischenglühen beim Kaltumformen?

Durch Zwischenglühen wird die beim Kaltumformen entstandene Kaltverfestigung beseitigt.

Zwischenglühen ist ein Rekristallisationsglühen.

T49 Welche Aussage über das Kaltumformen ist falsch?

a) Die Dehnung wird verringert
b) Es können enge Maßtoleranzen eingehalten werden
c) Die Oberflächen verzundern nicht
d) Die Umformkräfte sind gering
e) Die Festigkeit wird erhöht

ZP Biegeumformen, Zugdruckumformen

Fragen aus Fachkunde Metall, Seite 77

1 Was versteht man beim Biegen unter der neutralen Faser?

Die neutrale Faser ist diejenige Werkstückfaser, die beim Biegen weder gestreckt noch gestaucht wird.

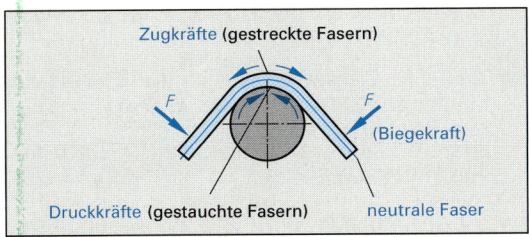

Die neutrale Faser liegt bei großem Biegeradius ungefähr in der Mitte des Werkstücks, bei kleinem Biegeradius mehr an der Innenseite.

2 Wie viel Meter Draht sind für die Herstellung von 8000 Haltern bereitzustellen?

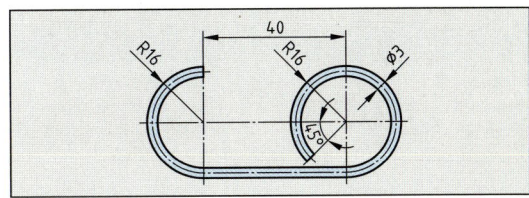

$$l = n \cdot (l_1 + l_2 + l_3)$$

$$l = n \cdot \left(\frac{d_{m1} \cdot \pi}{2} + l_2 + \frac{d_{m2} \cdot \pi \cdot \alpha}{360°} \right)$$

$$l = 8000 \cdot \left(\frac{29 \cdot \pi}{2} + 40 + \frac{29 \cdot \pi \cdot 315°}{360°} \right) \text{mm} = \mathbf{1322\ m}$$

3 Ein Rundstab ($d = 8$ mm) aus Aluminium wird zu einem 3/4-Ring mit dem Außendurchmesser $D = 140$ mm gebogen. Zu berechnen sind:

a) die Länge der neutralen Faser

$$l = \frac{D_m \cdot \pi \cdot \alpha}{360°} = \frac{132\,\text{mm} \cdot \pi \cdot 270°}{360°} = \mathbf{311\ mm}$$

b) das Volumen des Ringes

$$V = A \cdot l \qquad V = \frac{d^2 \cdot \pi}{4} \cdot l$$

$$V = \frac{(8\ \text{mm})^2 \cdot \pi}{4} \cdot 311\ \text{mm} = \mathbf{15633\ mm^3}$$

c) seine Masse

$$m = V \cdot \varrho$$
$$m = 15{,}633\ \text{cm}^3 \cdot 2{,}7\ \text{g/cm}^3 = \mathbf{42{,}2\ g}$$

4 Das Rahmenprofil aus USt1404 soll durch Biegen hergestellt werden. Zu ermitteln sind:

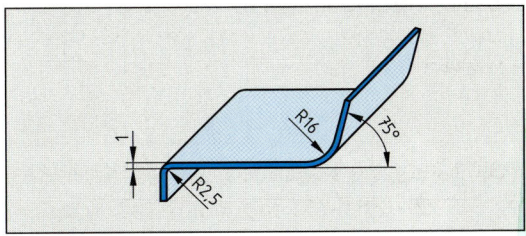

a) das Verhältnis $r_2 : s$

$r_2 : s = 2{,}5\ \text{mm} : 1\ \text{mm} = 2{,}5$ (links)
$r_2 : s = 16\ \text{mm} : 1\ \text{mm} = 16$ (rechts)

b) der Rückfederungsfaktor k_R

$k_R = 0,99$ (links) $k_R = 0,96$ (rechts)

c) die Winkel α_1 am Werkzeug

$$\alpha_{1\,links} = \frac{\alpha_2}{k_R} = \frac{90°}{0,99} = \mathbf{90,9°}$$

$$\alpha_{1\,rechts} = \frac{\alpha_2}{k_R} = \frac{75°}{0,96} = \mathbf{78,1°}$$

d) die Radien am Werkzeug

$r_1 = k_R \cdot (r_2 + 0,5 \cdot s) - 0,5 \cdot s$

$r_{1\,links} = 0,99 \cdot (2,5\ mm + 0,5 \cdot 1\ mm) - 0,5 \cdot 1\ mm$
    $= \mathbf{2,47\ mm}$

$r_{1\,rechts} = 0,96\ (16\ mm + 0,5 \cdot 1\ mm) - 0,5 \cdot 1\ mm =$
    $= \mathbf{15,34\ mm}$

5 Für einen Fensterrahmen soll das Profil aus AlMgSi1w gebogen werden. Zu bestimmen sind:

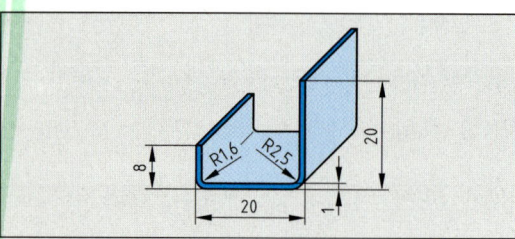

a) die gestreckte Länge nach Tabelle

Ausgleichswerte v für Biegewinkel $\alpha = 90°$

Biege-radius r in mm	Ausgleichswert v je Biegestelle in mm für Blechdichte s in mm						
	0,4	0,6	0,8	1	1,5	2	2,5
1	1,0	1,3	1,7	1,9	–	–	–
1,6	1,3	1,6	1,8	2,1	2,9	–	–
2,5	1,6	2,0	2,2	2,4	3,2	4,0	4,8
4	–	2,5	2,8	3,0	3,7	4,5	5,2

$L = l_1 + l_2 + l_3 - n_1 \cdot v_1 - n_2 \cdot v_2$
$L = (8 + 20 + 20)\ mm - 1 \cdot 2,4\ mm = \mathbf{43,5\ mm}$

b) das Verhältnis $r_2{:}s$

$r_{2\,links} : s = 1,6\ mm : 1\ mm = \mathbf{1,6\ mm}$
$r_{2\,rechts} : s = 2,5\ mm : 1\ mm = \mathbf{2,5\ mm}$

c) die Rückfederungsfaktoren nach Tabelle

Rückfederungsfaktoren k_R

Werkstoff der Biegeteile	Verhältnis $r_2 : s$							
	1	1,6	2,5	4	6,3	10	16	25
	Rückfederungsfaktor k_R							
USt1404	0,99	0,99	0,99	0,98	0,97	0,97	0,96	0,94
X12CrNi18 8	0,99	0,98	0,97	0,95	0,93	0,89	0,84	0,76
CuZn33F29	0,97	0,97	0,96	0,95	0,94	0,93	0,89	0,86
CuNi18Zn20	–	–	–	0,97	0,96	0,95	0,92	0,87
Al99w	0,99	0,99	0,99	0,99	0,98	0,98	0,97	0,97
AlCuMg1	0,98	0,98	0,98	0,98	0,97	0,97	0,96	0,95
AlMgSi1w	0,98	0,98	0,97	0,96	0,95	0,93	0,90	0,86

$k_{R\,links} = 0,98$ $k_{R\,rechts} = 0,97$

d) die Winkel α_1 am Werkzeug

$$\alpha_1 = \frac{\alpha_2}{k_R} = \frac{90°}{0,98} = \mathbf{91,83°}\ \text{(links)}$$

$$\alpha_1 = \frac{\alpha_2}{k_R} = \frac{90°}{0,97} = \mathbf{92,78°}\ \text{(rechts)}$$

e) die Rundungen r_1 am Werkzeug

$r_1 = k_R \cdot (r_2 + 0,5 \cdot s) - 0,5 \cdot s$
$r_{1\,links} = 0,98 \cdot (1,6 + 0,5 \cdot 1)\ mm - 0,5 \cdot 1\ mm = \mathbf{1,56\ mm}$
$r_{1\,rechts} = 0,97 \cdot (2,5 + 0,5 \cdot 1)\ mm - 0,5 \cdot 1\ mm = \mathbf{2,41\ mm}$

6 Welches sind die wichtigsten Verfahren des Zugdruckumformens?

Die wichtigsten Verfahren des Zugdruckumformens sind das Durchziehen, das Tiefziehen und das Drücken.

Beim Zugdruckumformen wird das Werkstück durch gleichzeitig wirkende Zug- und Druckkräfte umgeformt.

7 Wie groß muss der Ziehspalt beim Tiefziehen sein?

Der Ziehspalt muss etwas größer als die Blechdicke sein.

Die Größe des Ziehspaltes kann für die verschiedenen Werkstoffe Tabellen entnommen werden.

8 Warum kann das Ziehverhältnis nicht beliebig groß sein?

Bei zu großem Ziehverhältnis reißen die Werkstücke am Boden.

Das Ziehverhältnis ist ein Maß für die Formänderung eines Bleches beim Tiefziehen.

9 Ein Becher aus RRSt1405 mit dem Innendurchmesser *d* = 120 mm soll aus einer Ronde
(Zuschnitt) mit dem Durchmesser *D* = 260 mm
tiefgezogen werden.

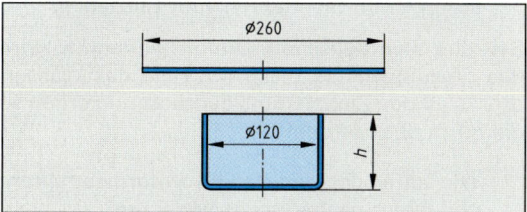

Zu bestimmen sind:
a) das erreichbare Ziehverhältnis $\beta_{1\,max}$

Werkstoffe zum Tiefziehen			
	erreichbares Ziehverhältnis		
Ziehwerkstoff	Erstzug	1. Weiterzug	
		ohne	mit
		Zwischenglühen	
FeP01A (USt1203)	1,8	1,2	1,6
RRSt1404, RRSt1405	2,0	1,3	1,7
X15CrNiSi25-20	2,0	1,2	1,8

$\beta_{1\,max}$ = 2 (nach Tabelle)

**b) die Anzahl der notwendigen Züge ohne
Zwischenglühen nach Tabelle**

$$\beta_1 = \frac{D}{d_1} \qquad d_1 = \frac{D}{\beta_1} = \frac{260 \text{ mm}}{2} = \mathbf{130 \text{ mm}}$$

$$\beta_2 = \frac{d_1}{d_2} = \frac{130 \text{ mm}}{120 \text{ mm}} = \mathbf{1,08}$$

Möglich wäre ein Ziehverhältnis β_2 = 1,3. Damit
sind nur 2 Züge erforderlich.

c) die Höhe des Bechers

$$A_1 = \frac{D^2 \cdot \pi}{4} \qquad A_2 = \frac{d^2 \cdot \pi}{4} + d \cdot \pi \cdot h$$

$$A_2 = A_1$$

$$\frac{d^2 \cdot \pi}{4} + d \cdot \pi \cdot h = \frac{D^2 \cdot \pi}{4}$$

$$h = \frac{\dfrac{D^2 \cdot \pi}{4} - \dfrac{d^2 \cdot \pi}{4}}{d \cdot \pi} = \frac{\dfrac{(260 \text{ mm})^2 \cdot \pi}{4} - \dfrac{(120 \text{ mm})^2 \cdot \pi}{4}}{120 \text{ mm} \cdot \pi}$$

$$= \mathbf{110,8 \text{ mm}}$$

10 Die Abdeckhaube aus AlMg1w soll durch Tiefziehen hergestellt werden. Wie groß sind:

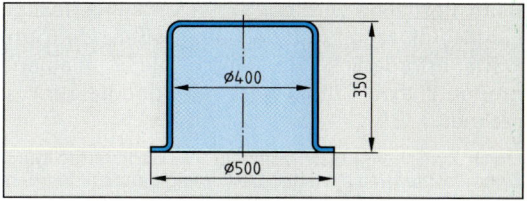

a) der Durchmesser des Zuschnittes

$$A_1 = \frac{d^2 \cdot \pi}{4} + d_1 \cdot \pi \cdot h$$

$$A_1 = \frac{(50 \text{ cm})^2 \cdot \pi}{4} + 40 \text{ cm} \cdot \pi \cdot 35 \text{ cm}$$

$$A_1 = 6361,7 \text{ cm}^2$$

$$A_2 = A_1 \qquad A_2 = \frac{D^2 \cdot \pi}{4}$$

$$D = \sqrt{\frac{4 \cdot A_2}{\pi}} = \sqrt{\frac{4 \cdot 6361,7 \text{ cm}^2}{\pi}} = \mathbf{90 \text{ cm}}$$

b) das erreichbare Ziehverhältnis β_1

$\beta_{1\,max}$ = 1,85 (nach Tabellenbuch)

c) die Anzahl der notwendigen Züge

$$\beta_1 = \frac{D}{d_1}; \quad d_1 = \frac{D}{\beta_1} = \frac{900 \text{ mm}}{1,85} = 486 \text{ mm}$$

$$\beta_2 = \frac{d_1}{d_2} = \frac{486 \text{ mm}}{400 \text{ mm}} = \mathbf{1,22}$$

Möglich wäre ein Ziehverhältnis von 1,3 (ohne
Zwischenglühen). Damit sind nur 2 Züge erforderlich.

11 Ein durch Tiefziehen hergestellter Napf zeigt
am Boden Risse, ein anderer am oberen Ende
der Zarge senkrechte Falten. Welche Ursachen für diese Fehler können vorliegen?

Ursache für Bodenreißer können sein: zu enger
Ziehspalt, zu große Niederhalterkraft, zu kleine
Rundungen an der Ziehmatrize und am Stempel,
zu hohe Ziehgeschwindigkeit, zu großes Ziehverhältnis.

Ursache für die senkrechten Falten können sein:
zu weiter Ziehspalt, zu kleine Niederhalterkraft, zu
große Rundungen an der Ziehmatrize.

12 Warum ist beim Tiefziehen das Ziehverhältnis für die Folgezüge kleiner als beim Erstzug?

Beim Tiefziehen wird der Werkstoff kaltverfestigt. Für die Folgezüge sind deshalb größere Umformkräfte erforderlich. Bei einem gleich bleibend großen Ziehverhältnis wäre mit Bodenreißern zu rechnen.

Durch Zwischenglühen kann die Werkstoffverfestigung zumindest teilweise wieder rückgängig gemacht werden, so dass dann größere Ziehverhältnisse möglich sind.

Ergänzende Fragen zum Biege- und Zugdruckformen

13 Warum muss ein Biegeteil zur Erzielung des richtigen Biegewinkels überbogen werden?

Das Biegeteil muss überbogen werden, weil es nach dem Biegen wieder etwas zurückfedert.

Die Rück- oder Auffederung ist bei elastischen Werkstoffen und bei großen Biegeradien besonders groß.

14 Welche Ursachen hat die beim Biegen dicker Profile auftretende Querschnittsveränderung?

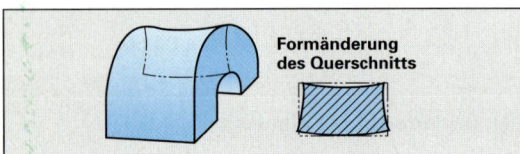

Formänderung des Querschnitts

Die Querschnittsveränderung beruht auf dem Strecken der äußeren Werkstofffaser und auf dem Stauchen der inneren Fasern. Der Querschnitt wird außen schmaler und innen breiter.

T50 Was versteht man unter Tiefziehen? Formen eines Hohlkörpers aus einem Blechzuschnitt ...

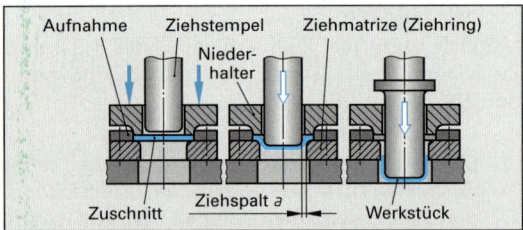

Aufnahme   Ziehstempel   Ziehmatrize (Ziehring)
Niederhalter
Zuschnitt   Ziehspalt *a*   Werkstück

a) ohne beabsichtigte Änderung der Blechdicke
b) mit wesentlicher Verringerung der Blechdicke am Boden
c) mit wesentlicher Verringerung der Blechdicke an der Zarge
d) mit wesentlicher Verringerung der Blechdicke an der gesamten Oberfläche
e) mit wesentlicher Vergrößerung der Blechdicke am Boden

Hydraulisches Umformen, Durchziehen, Drücken

Fragen aus Fachkunde Metall, Seite 78

1 Wodurch unterscheiden sich die hydraulischen Umformverfahren vom Tiefziehen?

Bei den hydraulischen Umformverfahren wird das umzuformende Blech mit Hilfe des Wasserdrucks an den Ziehstempel gedrückt und erhält so die Form des Stempels.

2 Wie unterscheiden sich Hydroformverfahren und hydromechanisches Verfahren?

Beim Hydroformverfahren trennt eine Gummimembran das Wirkmedium Wasser vom umzuformenden Blech.

Beim hydromechanischen Verfahren fehlt die Gummimembran; der Wasserdruck wirkt unmittelbar auf das Blech.

3 Welche Werkstücke können vorteilhaft durch Durchziehen hergestellt werden?

Mit Durchziehen können vorteilhaft Drähte, Flachprofile und Rohre hergestellt werden.

Durchziehen ist eine Zug-Druckumformung durch ein sich verengendes Werkzeug.

4 Warum treten beim Drücken im Werkstück Zug- und Druckkräfte auf?

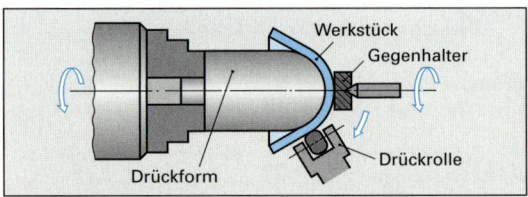

Werkstück
Gegenhalter
Drückrolle
Drückform

Zugkräfte entstehen, weil der Werkstoff beim Umformen im Außenbereich verlängert wird; Druckkräfte entstehen, weil der Werkstoff im Innenbereich verkürzt wird.

Ergänzende Frage zum hydraulischen Umformen

5 Welches sind die Vorteile der hydraulischen Umformverfahren?

Die Vorteile sind:
- hohe Standmengen
- geringer Ausschuss
- gute Einstellbarkeit
- gute Oberflächenbeschaffenheit
- günstiges Ziehverhältnis
- einfacher Werkzeugwechsel

Druckumformen

Fragen aus Fachkunde Metall, Seite 81

1 Wodurch kommen die guten Festigkeitseigenschaften gesenkgeschmiedeter Werkstücke zustande?

Wegen des nicht unterbrochenen Faserverlaufs besitzen gesenkgeschmiedete Werkstücke bessere Festigkeitseigenschaften als Werkstücke, bei denen durch spanende Formgebung die Werkstofffasern zerschnitten sind.

Durch Gesenkschmieden lassen sich Werkstücke herstellen, die höchsten Beanspruchungen gewachsen sind.

2 Welche Vorteile bietet das Gesenkformen?

Durch Gesenkformen können kompliziert geformte, hochbeanspruchte Werkstücke maßgenau und kostengünstig hergestellt werden.

Die Werkstoffverluste beim Gesenkformen sind gering.

3 Wodurch unterscheidet sich das Freiformen vom Gesenkformen?

Während beim Freiformen der Werkstoff beim Umformvorgang frei fließen kann, ist er beim Gesenkformen ganz oder zu einem wesentlichen Teil durch eine Form, dem Gesenk, umschlossen. Gesenkgeformte Werkstücke sind deshalb form- und maßgenau.

Freiformen wird bei der Herstellung von Einzelstücken und zum Vorformen von Gesenkschmiedestücken angewandt.

4 Warum darf unterhalb der Endschmiedetemperatur nicht mehr geschmiedet werden?

Die Formbarkeit wird durch die niedrige Temperatur so gering, dass der Werkstoff beim Schmieden Risse bekommt.

Das Schmieden soll grundsätzlich von der Ausgangstemperatur bis zur Endtemperatur durchgehend erfolgen. Dadurch erhält man ein besonders feinkörniges Gefüge.

5 Der Kopf von Zylinderschrauben wird aus Stangenmaterial durch Kaltverformung hergestellt. Wie groß ist die Ausgangslänge l_1 des Stangenmaterials für eine Schraube?

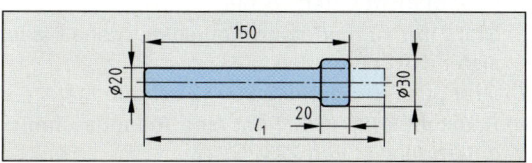

$$V_1 = \frac{D^2 \cdot \pi}{4} \cdot h = \frac{(30 \text{ mm})^2 \cdot \pi}{4} \cdot 20 \text{ mm}$$

$$= 14137 \text{ mm}^3 \qquad V_1 = V_2$$

$$V_2 = \frac{d^2 \cdot \pi}{4} \cdot x$$

$$x = \frac{4 \cdot V_2}{d^2 \cdot \pi} = \frac{4 \cdot 14137 \text{ mm}^3}{(20 \text{ mm})^2 \cdot \pi} = 45 \text{ mm}$$

$$l_1 = 150 \text{ mm} + 45 \text{ mm} = \textbf{195 mm}$$

6 Eine Rolle wird gratfrei und ohne Abbrand in einem Gesenk warmgepresst. Welche Länge l_1 muss das Rohrstück mit dem Durchmesser 60 mm haben?

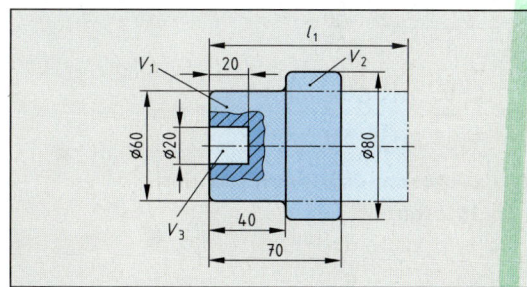

$$V = V_1 + V_2 - V_3$$

$$V_1 = \frac{d^2 \cdot \pi}{4} \cdot h = \frac{(60 \text{ mm})^2 \cdot \pi}{4} \cdot 40 \text{ mm}$$

$$= 113097 \text{ mm}^3$$

$$V_2 = \frac{D^2 \cdot \pi}{4} \cdot h = \frac{(80 \text{ mm})^2 \cdot \pi}{4} \cdot 30 \text{ mm}$$

$$= 150797 \text{ mm}^3$$

$$V_3 = \frac{d_1 \cdot \pi}{4} \cdot h = \frac{(20 \text{ mm})^2 \cdot \pi}{4} \cdot 20 \text{ mm} = 6283 \text{ mm}^3$$

$$V = 113097 \text{ mm}^3 + 150797 \text{ mm}^3 - 6283 \text{ mm}^3$$
$$= 257611 \text{ mm}^3$$

$$V = \frac{d^2 \cdot \pi}{4} l_1$$

$$l_1 = \frac{4 \cdot V_1}{d^2 \cdot \pi} = \frac{4 \cdot 257610{,}6 \text{ mm}^3}{(60 \text{ mm})^2 \cdot \pi} = \textbf{91 mm}$$

7 An Rundstahlstücke mit einem Durchmesser von 16 mm werden 14 mm lange Sechskantköpfe ohne Grat und Abbrand angestaucht. Wie groß ist die Zuschlagslänge l_1 des Ausgangsteiles, wenn der Sechskant eine Schlüsselweite von 22 mm hat?

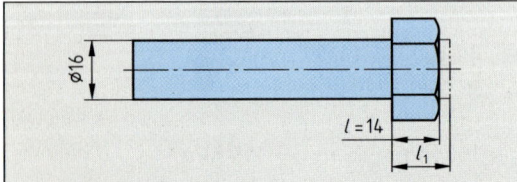

$V_1 = A \cdot l = D^2 \cdot 0,866 \cdot l$

$\quad = (22 \text{ mm})^2 \cdot 0,866 \cdot 14 \text{ mm} = 5868 \text{ mm}^3$

$V_1 = V_2$

$V_2 = \dfrac{d^2 \cdot \pi}{4} \cdot x$

$x = \dfrac{4 \cdot V_2}{d^2 \cdot \pi} = \dfrac{4 \cdot 5868 \text{ mm}^3}{(16 \text{ mm})^2 \cdot \pi} = 29,2 \text{ mm}$

$l_1 = x - 14 \text{ mm} = 29,2 \text{ mm} - 14 \text{ mm}$

$\quad = \mathbf{15,2 \text{ mm}}$

Ergänzende Fragen zum Druckumformen

8 Wovon hängt die Schmiedbarkeit eines Stahles ab?

Die Schmiedbarkeit eines Stahles ist hauptsächlich vom Kohlenstoffgehalt abhängig.

Die Stähle sind umso besser schmiedbar, je geringer ihr C-Gehalt ist.

9 Welche Metalle sind schmiedbar?

Gut schmiedbar sind Stähle mit niedrigem C-Gehalt sowie Aluminium und Kupfer und deren Legierungen.

Voraussetzungen für eine gute Schmiedbarkeit ist, dass die Umformbarkeit des Metalles beim Erwärmen stark zunimmt.

10 Was versteht man unter der Anfangsschmiedetemperatur?

Die Anfangsschmiedetemperatur ist die Temperatur, auf die das Werkstück zum Schmieden angewärmt wird.

Beim Überschreiten der Anfangsschmiedetemperatur wird der Stahl überhitzt, das Gefüge wird grobkörnig.

11 Welche Vorteile hat das Gesenkformen?

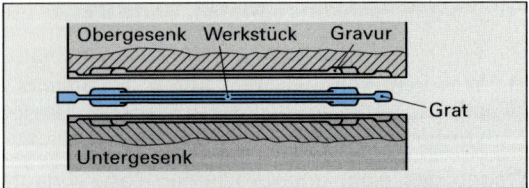

Beim Gesenkformen wird das Werkstück in einer meist zweiteiligen Stahlform, dem Gesenk, maschinell geformt. Die Schmiedestücke sind maßgenau und haben eine hohe Festigkeit.

Gesenkformen wird besonders bei der Herstellung von Massenteilen angewandt.

12 Wie können die beim Schmieden entstandenen Spannungen beseitigt werden?

Die beim Schmieden entstandenen Spannungen können durch gleichmäßiges und langsames Abkühlen oder auch durch nochmaliges Glühen (Spannungsarmglühen) beseitigt werden.

Zu rasches Abkühlen geschmiedeter Werkstücke verhindert man zweckmäßig durch Abdecken mit Sand oder Asche.

T51 Welchen Einfluss hat der Kohlenstoffgehalt auf die Schmiedbarkeit des Stahles?

a) Höherer Kohlenstoffgehalt bedingt bessere Schmiedbarkeit

b) Der C-Gehalt beeinflusst die Schmiedbarkeit nicht

c) Je niedriger der C-Gehalt, desto höher die Anfangsschmiedetemperatur

d) der C-Gehalt muss über 1,5% liegen

e) Keine der genannten Antworten ist richtig

T52 Welcher der angegebenen Werkstoffe ist *nicht* schmiedbar?

a) S235JR (St37-2)   b) Al99,9

c) AlCuMg   d) CuZn37

e) GG-25

T53 Welche Aussage über das Schmieden ist richtig?

a) Schmieden ist eine spanende Formung

b) Bei geschmiedeten Werkstücken wird der Faserverlauf nicht unterbrochen

c) Stahl mit zu niedrigem Kohlenstoffgehalt lässt sich nicht schmieden

d) Grauguss ist oberhalb 900 °C schmiedbar

e) Baustahl S185 (St33) hat eine Anfangsschmiedetemperatur von 723 °C

Eindrücken, Durchdrücken, Fließpressen, Umformmaschinen

Fragen aus Fachkunde Metall, Seite 84

1   Welche Verfahren unterscheidet man beim Umformen durch Eindrücken?

Beim Eindrücken unterscheidet man Verfahren mit drehender und mit geradliniger Bewegung.

Zum Verfahren mit drehender Bewegung zählen z.B. Rändeln und Gewindefurchen, zum Verfahren mit geradliniger Bewegung Körnen und Anreißen.

2   Wie werden Profile, z.B. für Fensterrahmen, vorteilhaft hergestellt?

Profile für Fensterrahmen werden vorteilhaft durch Strangpressen hergestellt.

Beim Strangpressen drückt ein Stempel den erwärmten Werkstoff durch eine Matrize zu einem Strang.

3   Nach welchem Verfahren kann man Tuben herstellen?

Tuben werden durch Fließpressen hergestellt.

Der Werkstoff wird dabei in kaltem Zustand durch den Spalt zwischen Stempel und Matrize hindurchgedrückt.

4   Welche Werkstoffe eignen sich zum Fließpressen?

Blei, Zinn, Kupfer, Aluminium, Aluminiumlegierungen, weiche Cu-Zn-Legierungen und Stahl mit geringem Kohlenstoffgehalt und großer Dehnung.

Allgemein sollen die Werkstoffe eine niedrige Streckgrenze und eine hohe Dehnung besitzen.

5   Für welche Umformarbeiten werden Maschinenhämmer eingesetzt?

Maschinenhämmer werden zum Freiformschmieden von größeren Schmiedeteilen verwendet.

6   Wie kann man den Hub bei Exzenterpressen verstellen?

Durch das Verdrehen der Exzenterbuchse wird die Exzentrizität und damit der Hub verstellt.

Die Hubgröße kann bei Exzenterpressen stufenlos verstellt werden. Die Hublage kann durch Verdrehen der Kugelspindel im Pleuelstangenkopf eingestellt werden.

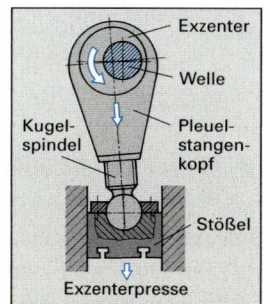

Exzenterpresse

7   Welche Vorteile haben hydraulische Pressen im Vergleich zu mechanischen Pressen?

● Bei hydraulischen Pressen ist die Pressenkraft während des gesamten Stößelweges konstant oder kann stufenlos eingestellt werden.

● Der Kolben des Hydraulikzylinders ist direkt mit dem Pressenstößel verbunden. Dadurch wird der Einbau im Maschinengestell verhältnismäßig einfach.

● Für schwierige Schneid- und Umformarbeiten können auch mehrere hydraulische Antriebselemente in einer Maschine untergebracht werden.

Ergänzende Fragen zum Fließ- und Strangpressen

8   Wie erfolgt die Umformung des Werkstoffes beim Fließpressen?

Der Werkstoff wird in kaltem Zustand durch den Spalt zwischen einem Stempel und einer Matrize hindurchgedrückt, wobei seine Fließgrenze überschritten wird.

Nur Werkstoffe mit großer Dehnung eignen sich zum Fließpressen.

T54 Welche Aussage trifft für das Strangpressen zu? Es ...

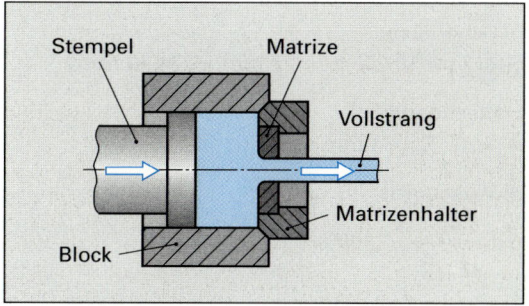

a) ist nicht für Profilformen geeignet
b) lassen sich Profile aus Gusseisen herstellen
c) ist nur für Nichteisenmetalle geeignet
d) ermöglicht eine Formung im kalten Zustand
e) ist besonders für komplizierte Profilformen geeignet

2.5 Zerteilen (Schneiden)

Fragen aus Fachkunde Metall, Seite 91

1   Wie verläuft der Schneidvorgang beim Scherschneiden?

Der Werkstoff wird zunächst elastisch verformt, dann beginnt er zu fließen. Beim Überschreiten der Scherfestigkeit erfolgt der Trennbruch.

Beim Schneidvorgang entstehen Einziehrundungen.

2   Wie groß sind Schnittkantenlänge, Scherfläche, Blechbedarf und Verschnitt für die Lasche?

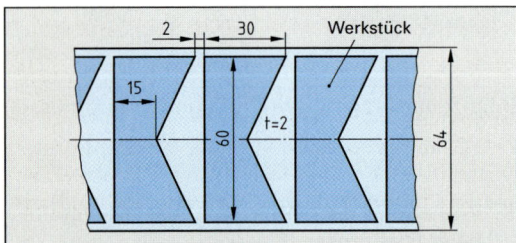

a) Schnittkantenlänge:

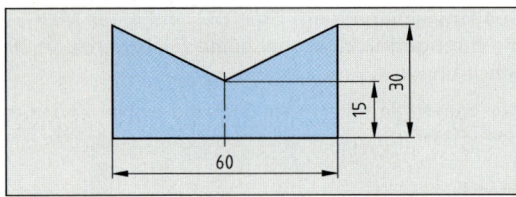

$$l = 60 \text{ mm} + 2 \cdot 30 \text{ mm} + 2 \cdot \sqrt{(30 \text{ mm})^2 + (15 \text{ mm})^2}$$
$$= 187{,}08 \text{ mm}$$

b) Scherfläche:
$S = l \cdot s = 187{,}08 \text{ mm} \cdot 2 \text{ mm} = \mathbf{374{,}16 \text{ mm}^2}$

c) Blechbedarf:
$A_0 = V \cdot B = 64 \text{ mm} \cdot 32 \text{ mm} = \mathbf{2048 \text{ mm}^2}$

d) Verschnitt:

$$\triangle A = \frac{A_0 - A}{A} \cdot 100\%$$

$$A = 2 \cdot \frac{30 \text{ mm} + 15 \text{ mm}}{2} \cdot 30 \text{ mm} = 1350 \text{ mm}^2$$

$$\triangle A = \frac{2048 \text{ mm}^2 - 1350 \text{ mm}^2}{1350 \text{ mm}^2} \cdot 100\%$$

$$= \mathbf{51{,}7\%}$$

3   Aus einem Blechstreifen der Streifenbreite $B = 80$ mm und der Dicke $t = 1{,}5$ mm werden quadratische Werkstücke mit der Kantenlänge 37 mm zweireihig ausgeschnitten. Stegbreiten und Randabstände sind gleich groß. Wie groß sind die Stegbreiten und Randabstände, die Schnittkantenlänge und die Scherfläche für ein Werkstück? Wie viele Werkstücke können aus einem Streifen der Länge 6 m hergestellt werden? Wie groß ist dabei der Verschnitt?

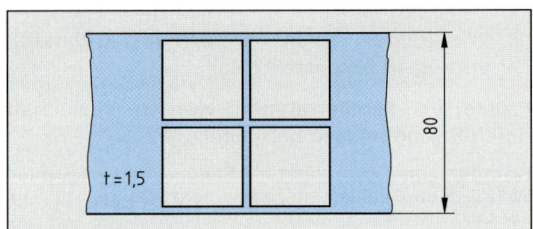

a) Stegbreite bzw. Randabstand (nach Tabellenbuch):

$e = a = \mathbf{1{,}4 \text{ mm}}$

b) Schnittkantenlänge:
$l = 4 \cdot 37 \text{ mm} = \mathbf{148 \text{ mm}}$

c) Scherfläche:
$S = l \cdot s = 148 \text{ mm} \cdot 1{,}5 \text{ mm} = \mathbf{222 \text{ mm}^2}$

d) Anzahl der Werkstücke:

$$n = \frac{2 \cdot L}{V} = \frac{2 \cdot 6000 \text{ mm}}{38{,}4 \text{ mm}} = \mathbf{312}$$

e) Verschnitt:

$$\triangle A = \frac{A_0 - A}{A} \cdot 100\%$$

$$A_0 = L \cdot B = 60000 \text{ mm} \cdot 80 \text{ mm} = 480000 \text{ mm}^2$$

$$A = l_2^2 \cdot n = (37 \text{ mm})^2 \cdot 312 = 427128 \text{ mm}^2$$

$$\triangle A = \frac{480000 \text{ mm}^2 - 427128 \text{ mm}^2}{427128 \text{ mm}^2} \cdot 100\%$$

$$= \mathbf{12{,}37\%}$$

4   Welche Sonderformen von Handscheren gibt es?

Bei den Handscheren unterscheidet man Lochscheren und Durchlaufscheren.

Lochscheren besitzen gebogene Schneidbacken.

5 Knotenbleche aus kaltgewalztem Band E335 (St60) werden durch ein Folgeschneidwerkzeug hergestellt. Im ersten Schnitt werden die Bohrung und das Vierkantloch ausgestanzt, im Folgeschnitt wird das Knotenblech ausgeschnitten.

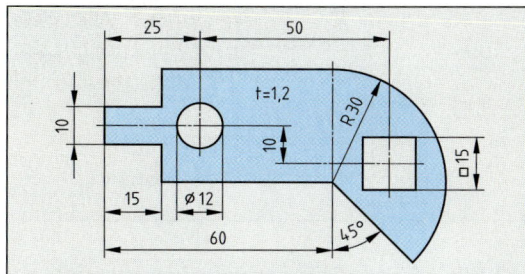

Für beide Schnitte sind zu berechnen:
a) die Schnittkantenlänge

$l_i = 12 \text{ mm} \cdot \pi + 4 \cdot 15 \text{ mm} = 97{,}7 \text{ mm}$

$l_a = 2 \cdot 60 \text{ mm} + 30 \text{ mm} + 30 \text{ mm} +$

$\dfrac{60 \text{ mm} \cdot \pi \cdot 135°}{360°} = 250{,}7 \text{ mm}$

$\boldsymbol{l} = l_i + l_a = 97{,}7 \text{ mm} + 250{,}7 \text{ mm} = \textbf{348,4 mm}$

b) die Schneidkraft

$R_m = 490 \ldots 630 \text{ N/mm}^2$

$\tau_{aB\,max} = 0{,}8 \cdot R_m = 0{,}8 \cdot 630 \text{ N/mm}^2 = 504 \text{ N/mm}^2$

$\tau_{aB\,max} = \dfrac{F}{S}$

$F = \tau_{aB\,max} \cdot S = \tau_{aB\,max} \cdot l \cdot s$

$\boldsymbol{F} = 504 \text{ N/mm}^2 \cdot 348{,}4 \text{ mm} \cdot 1{,}2 \text{ mm} = \textbf{210,7 kN}$

6 Welche Fehler am ausgeschnittenen Werkstück können auftreten, wenn der Schneidspalt zu groß gewählt wurde?

Bei zu großem Schneidspalt ist die Schnittfläche rau und brüchig; am Werkstück entsteht ein starker Grat.

7 Für die Halterung von Lichtmaschinen in Kraftfahrzeugen werden 1 mm dicke Blechteile aus Stahl (R_m = 520 N/mm²) ausgeschnitten. Wie groß muss der Schneidspalt sein (Schneidplattendurchbruch mit Freiwinkel)?

$\tau_{aB} = 0{,}8 \cdot R_m = 0{,}8 \cdot 520 \text{ N/mm}^2 = 416 \text{ N/mm}^2$

$\boldsymbol{u} = \textbf{0,04 mm}$ (nach Tabellenbuch)

8 Wie werden Schneidwerkzeuge nach ihrer Führungsart und nach dem Fertigungsablauf eingeteilt?

Nach der Führungsart unterscheidet man Schneidwerkzeuge ohne Führung und Schneidwerkzeuge mit Führung.

Nach dem Fertigungsablauf können die Schneidwerkzeuge in Einverfahren- und Mehrverfahrenschneidwerkzeuge eingeteilt werden.

Die Führung der Schneidwerkzeuge kann durch eine Führungsplatte, durch eine Schneidplatte oder durch Säulen erfolgen.

9 Wodurch unterscheiden sich Folgeschneidwerkzeuge von Gesamtschneidwerkzeugen?

Folgeschneidwerkzeuge stellen die Form eines Werkstückes durch mehrere aufeinander folgende Schnitte her.

Bei Gesamtschneidwerkzeugen werden Innen- und Außenform des Werkstückes in einer Lage des Schnittstreifens in einem Pressenhub gefertigt.

Mit Gesamtschneidwerkzeugen hergestellte Werkstücke haben geringere Lageabweichungen zwischen Innen- und Außenform.

10 Was bewirkt die Ringzacke bei Feinschneidwerkzeugen?

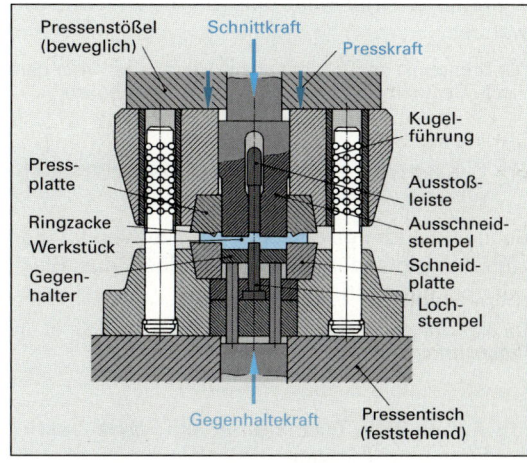

Die Ringzacke hält den Werkstoff fest und verhindert ein Abfließen aus der Scherzone.

Durch die Wirkung von Ringzacke und kleinem Schneidspalt wird der Werkstoff ohne Rissbildung und gratfrei geschnitten.

Ergänzende Fragen zu Zerteilen (Schneiden)

11 Worin besteht der Unterschied zwischen Geschlossen-Schneiden und Offen-Schneiden?

Beim Geschlossen-Schneiden ist die Schnittlinie am bearbeiteten Werkstück geschlossen, beim Offen-Schneiden ist sie offen.

Der Werkstoff wird beim Offen-Schneiden mit Scheren zerteilt.

12 Wovon hängt die Größe des Schneidspaltes ab?

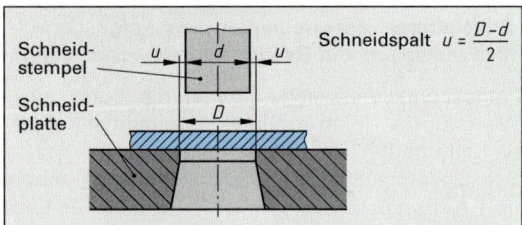

Schneidspalt $u = \dfrac{D-d}{2}$

Die Größe des Schneidspaltes ist abhängig von der Blechdicke, der Scherfestigkeit des Bleches, der geforderten Standmenge und der Qualität der Scherfläche.

Der Schneidspalt beträgt meist 0,5 bis 5% der Blechdicke.

13 Wozu wird die Durchlaufschere verwendet?

Die Durchlaufschere wird für lange, geradlinige Schnitte, die von Hand ausgeführt werden, verwendet.

Der Drehpunkt der Schere und die Hand liegen über dem Blech. Dadurch sind große Schnittflächen möglich.

14 Wozu werden Schneidwerkzeuge ohne Führung verwendet?

Schneidwerkzeuge ohne Führung verwendet man zum Ausschneiden großer Scheiben aus Blech oder bei geringen Stückzahlen.

Da die Führung des Stempels nur durch den Stößel der Presse erfolgt, muss dieser genau geführt sein.

15 Aus welchen Teilen besteht ein Schneidwerkzeug ohne Führung?

Ein Schneidwerkzeug ohne Führung besteht im Wesentlichen aus einem Stempel und einer Schneidplatte.

Häufig ist noch ein Abstreifer vorhanden.

16 Was sind Folgeschneidwerkzeuge?

Folgeschneidwerkzeuge sind Schneidwerkzeuge, welche die Form eines Werkstückes durch mehrere aufeinander folgende Schnitte herstellen.

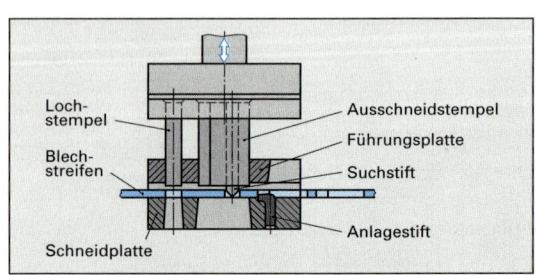

17 Wie arbeiten Gesamtschneidwerkzeuge?

Gesamtschneidwerkzeuge stellen Innen- und Außenformen eines Schnittteils mit einem Pressenhub her.

Dadurch werden Lageabweichungen zwischen Innen- und Außenformen vermieden.

18 Mit welchem Schneidwerkzeug erhält man sauber geschnittene und maßhaltige Außen- und Innenformen?

Sauber geschnittene und maßhaltige Außen- und Innenformen erhält man mit Feinschneidwerkzeugen.

Zum Feinschneiden benötigt man dreifach wirkende Pressen, die getrennte Antriebe für die Schneid-, die Gegenhalte- und die Presskraft haben.

T55 Weshalb haben die Führungssäulen eines Säulenführungsgestelles unterschiedliche Durchmesser? Sie ...

a) ergeben eine bessere Führung

b) haben geringeren Verschleiß

c) ersparen Werkstoff

d) verhindern falsches Zusammenstecken

e) benötigen kein Schmiermittel

T56 Welchen Vorteil besitzt ein Gesamtschneidwerkzeug?

a) Es eignet sich für kleine Stückzahlen

b) Stempel und Matrize müssen nicht hart sein

c) Gesamtschneidwerkzeuge sind billig

d) Alle Schneidarbeiten des Betriebes können mit einem Werkzeug durchgeführt werden

e) Innen- und Außenform eines Schnittteiles werden in einem Pressenhub hergestellt

R.11.01 alles gekonnt

2.6 Grundlagen der spanenden Formgebung

ZP Winkel an der Werkzeugschneide

Fragen aus Fachkunde Metall, Seite 93

1 Welche Eigenschaften müssen die Schneiden von Werkzeugen besitzen?

Die Werkzeugschneiden müssen hart, verschleißfest und ausreichend zäh sein. Sie sind keilförmig ausgebildet.

Für den Einsatz an Maschinen müssen die Werkzeugschneiden auch bei höheren Temperaturen verschleißfest sein.

2 Warum muss jede Werkzeugschneide einen Freiwinkel haben?

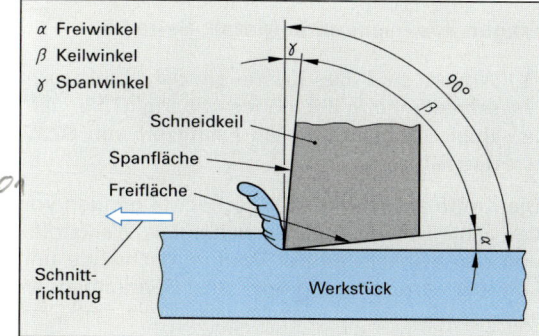

α Freiwinkel
β Keilwinkel
γ Spanwinkel

Schneidkeil
Spanfläche
Freifläche
Schnitt-richtung
Werkstück

Ohne Freiwinkel würde die Freifläche des Werkzeugs auf der bearbeiteten Werkstückoberfläche stark reiben.

3 Für welche Werkstoffe muss ein großer Span- und ein großer Freiwinkel gewählt werden?

Weiche Werkstoffe, z.B. Aluminium, erfordern einen großen Span- und Freiwinkel.

Ein großer Span- und Freiwinkel verringert den Keilwinkel und damit die Standfestigkeit der Schneide.

4 In welchen Fällen wird ein kleiner oder negativer Spanwinkel gewählt?

Für harte und spröde Werkstoffe, wie z.B. Hartguss, und bei spröden Schneidstoffen, z.B. Schneidkeramik.

Ein kleiner oder negativer Spanwinkel und ein kleiner Freiwinkel führen zu einem großen Keilwinkel und damit zu kompakten, bruchsicheren Schneiden.

5 Wie groß ist der Spanwinkel γ, wenn der Keilwinkel β = 68° und der Freiwinkel α = 10° betragen?

$$\gamma = 90° - \alpha - \beta = 90° - 10° - 68° = 12°$$

Freiwinkel, Keilwinkel und Spanwinkel betragen zusammen immer 90°.

Ergänzende Fragen zu den Winkeln an der Werkzeugschneide

6 Welche Grundform hat die Werkzeugschneide?

Die Grundform der Werkzeugschneide ist der Keil.

Er dringt in den Werkstoff ein, spaltet und trennt ihn.

7 Welche Flächen bilden den Schneidkeil an einem Werkzeug?

Die Werkzeugschneide wird durch die Kante zwischen der Spanfläche und der Freifläche gebildet. Werkzeuge können Haupt- und Nebenschneiden besitzen.

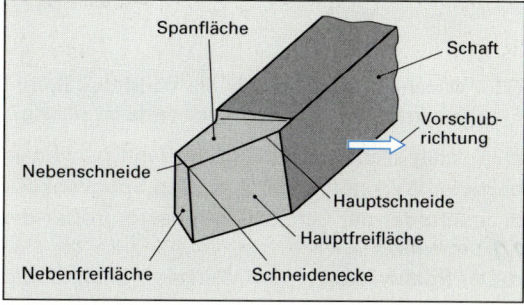

Spanfläche
Schaft
Vorschub-richtung
Nebenschneide
Hauptschneide
Hauptfreifläche
Nebenfreifläche
Schneidenecke

Die Hauptschneide weist in Vorschubrichtung. Zwischen Haupt- und Nebenschneide liegt die Schneidenecke.

8 Wie heißen die wichtigsten Winkel an der Werkzeugschneide?

Die wichtigsten Winkel sind Freiwinkel α, Keilwinkel β und Spanwinkel γ.

Die Größe der Winkel richtet sich vor allem nach dem zu bearbeitenden Werkstoff und dem Bearbeitungsverfahren.

9 Wovon hängt die erforderliche Größe des Keilwinkels ab?

Von der Härte und Festigkeit des zu bearbeitenden Werkstoffs. Für harte Werkstoffe sind große, für weiche Werkstoffe kleine Keilwinkel erforderlich.

Weiche Werkstoffe setzen dem Eindringen der Schneide nur geringen, harte Werkstoffe dagegen großen Widerstand entgegen.

10 In welchen Fällen sind große Keilwinkel erforderlich?

Bei hohen Schnittgeschwindigkeiten, unterbrochenem Schnitt und bei der Bearbeitung harter, spröder Werkstoffe.

Durch einen großen Keilwinkel wird die Bruchgefahr an der Schneidkante verringert und die Wärmeabfuhr verbessert.

11 Welche Regel gilt für die Wahl des Spanwinkels?

Der Spanwinkel wird um so größer gewählt, je weicher der Werkstoff ist.

Ein großer Spanwinkel begünstigt die Spanbildung, verringert aber die Stabilität der Schneidkante.

T57 Welche Grundregel für die Wahl des Spanwinkels einer Werkzeugschneide ist richtig?

a) Weicher Werkstoff bedingt großen Spanwinkel
b) Harter Werkstoff bedingt großen Spanwinkel
c) Je spröder der Schneidstoff, desto größer der Spanwinkel
d) Der Spanwinkel ist vom Werkstoff unabhängig
e) Der Spanwinkel ist nur vom Schneidstoff abhängig

T58 In welchem Falle ist die Reibung zwischen Werkzeugschneide und Werkstück am größten? Wenn ...

a) der Keilwinkel kleiner als 45° ist
b) der Freiwinkel besonders klein ist
c) der Freiwinkel besonders groß ist
d) der Keilwinkel über 60° beträgt
e) der Spanwinkel besonders groß ist

T59 Welcher Winkel an der Werkzeugschneide wird mit β bezeichnet? Der ...

a) Freiwinkel
b) Keilwinkel
c) Spanwinkel
d) Einstellwinkel
e) Neigungswinkel

T60 In welchen Fällen verwendet man einen negativen Spanwinkel?

a) Wenn ein großer Freiwinkel erforderlich ist
b) Wenn ein kleiner Keilwinkel gewünscht wird
c) Zur Bearbeitung weicher Werkstoffe
d) Zur Bearbeitung besonders harter und spröder Werkstoffe
e) Wenn die Schnittkraft besonders klein gehalten werden soll

Kräfte an der Werkzeugschneide

Fragen aus Fachkunde Metall, Seite 95

1 Wovon sind die Kräfte an der Werkzeugschneide beim Zerspanen abhängig? Vergleichen Sie dazu z.B. die Festigkeit von S235 und AlMg3.

Die Kräfte an der Werkzeugschneide hängen von der Festigkeit des zu bearbeitenden Werkstoffs, von den Winkeln an der Werkzeugschneide und von der Größe und Form des Spanungsquerschnitts ab.

Der Baustahl S235 hat eine Zugfestigkeit von 340 bis 470 N/mm², AlMg3 nur 180 N/mm². Daher sind die Kräfte zum Zerspanen von AlMg3 erheblich geringer.

2 Wie groß sind die trennenden Kräfte F_1 und F_2 bei dem Messerschneidwerkzeug im Bild?

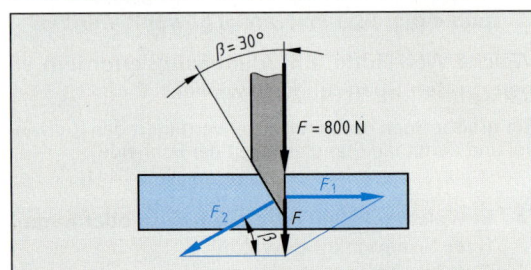

$$\tan \beta = \frac{F}{F_1};$$

$$F_1 = \frac{F}{\tan 30°} = \frac{800\ \text{N}}{0,577} = \textbf{1386 N}$$

$$\sin \beta = \frac{F}{F_2};$$

$$F_2 = \frac{F}{\sin \beta} = \frac{800\ \text{N}}{0,5} = \textbf{1600 N}$$

3 Die Schnittkraft F_c und die Vorschubkraft F_f am Zahn eines Sägeblattes sind rechnerisch zu bestimmen, wenn die Eindringkraft F = 3500 N beträgt.

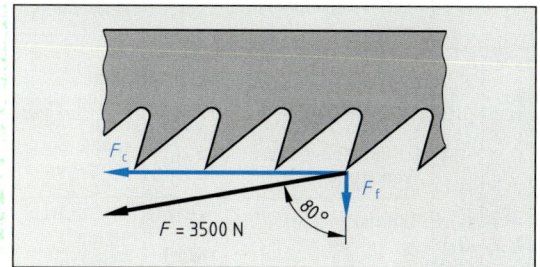

$$\sin \alpha = \frac{F_c}{F}; \qquad \cos \alpha = \frac{F_f}{F}$$

$F_c = F \cdot \sin 80° = 3500 \text{ N} \cdot 0,9848 = \textbf{3447 N}$
$F_f = F \cdot \cos 80° = 3500 \text{ N} \cdot 0,17365 = \textbf{608 N}$

4 Auf die Wendeschneidplatte eines Drehmeißels wirkt eine Zerspankraft F = 5500 N. Wie groß sind die nach unten wirkende Teilkraft F_1 und die waagerecht wirkende Teilkraft F_2? Der Winkel zwischen F und F_1 ist $\alpha = 20°$. Die Teilkräfte F_1 und F_2 sind in einem Kräfteparallelogramm darzustellen und zu berechnen.

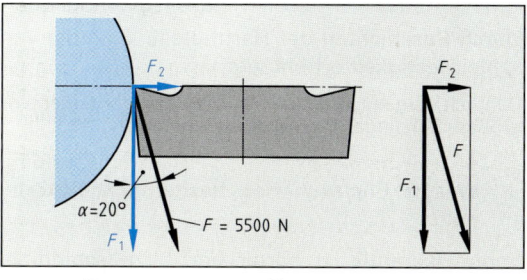

$$\sin \alpha = \frac{F_2}{F}; \qquad \cos \alpha = \frac{F_1}{F}$$

$F_1 = F \cdot \cos 20° = 5500 \text{ N} \cdot 0,9397 = \textbf{5168 N}$
$F_2 = F \cdot \sin 20° = 5500 \text{ N} \cdot 0,3420 = \textbf{1881 N}$

5 Durch welche Bewegungen zwischen Werkzeugschneide und Werkstück wird beim Senken eine stetige Spanabnahme ermöglicht?

Schnittbewegung und Vorschubbewegung ergeben zusammen den Weg der Werkzeugschneide und damit eine stetige Spanabnahme.

Spanbildung

Fragen aus Fachkunde Metall, Seite 96

1 Bei welchen Werkstoffen und Schnittdaten entstehen Reißspäne?

Reißspäne entstehen bei spröden Werkstoffen, niedrigen Schnittgeschwindigkeiten und großer Schnitttiefe.

Auch ein kleiner oder negativer Spanwinkel begünstigt die Bildung von Reißspänen.

2 Warum sind Fließspäne erwünscht?

Spanende Formgebung, bei der Fließspäne gebildet werden, ergibt hohe Oberflächengüten.

Nachteilig sind die Störung des Arbeitsablaufs durch die langen Späne und die Unfallgefahr.

3 Welche Spanformen sind günstig und welche sind ungünstig?

Kurze Wendelspäne, Spiralspäne und Bröckelspäne sind günstig, Band- und Wirrspäne sowie lange Wendelspäne sind ungünstig.

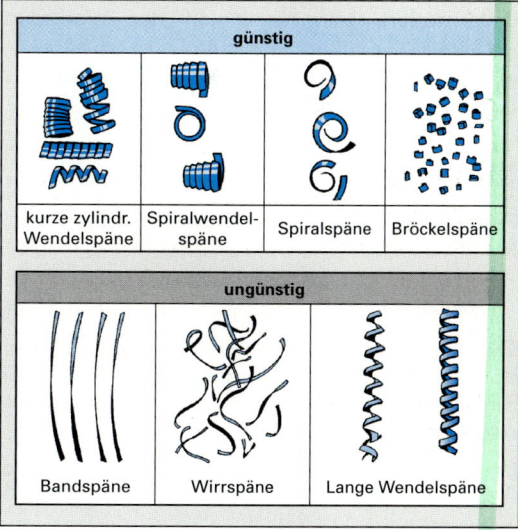

4 Wodurch kann die Spanform beeinflusst werden?

Die Spanform kann durch die Ausgestaltung der Spanformstufe beeinflusst werden.

Bei neueren Wendeschneidplatten werden eine Vielzahl unterschiedlicher Spanformstufen genutzt.

Ergänzende Fragen zur Spanbildung

5 Welche Spanarten unterscheidet man?

Man unterscheidet Reißspäne, Scherspäne und Fließspäne.

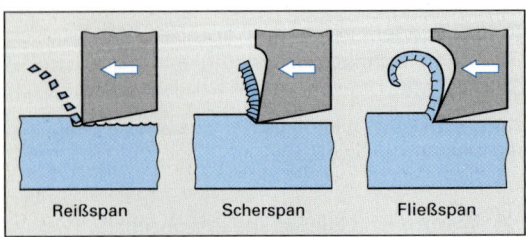

| Reißspan | Scherspan | Fließspan |

Die jeweilige Spanform hängt vom Spanwinkel, der Schnittgeschwindigkeit und der Zähigkeit des Werkstoffs ab.

T61 Welche Aufgabe haben Spanformstufen? Spanformstufen ...

a) beeinflussen die Spanform und die Spanablaufrichtung

b) werden besonders zur Bearbeitung spröder Werkstoffe eingesetzt

c) erhöhen die Standzeit der Werkzeugschneide wesentlich

d) vergrößern den Keilwinkel der Werkzeugschneide

e) werden nur zur Bearbeitung sehr weicher Werkstoffe benutzt

ZP Schneidstoffe

Fragen aus Fachkunde Metall, Seite 99

1 Welche Eigenschaften müssen Schneidstoffe besitzen?

Gute Schneidfähigkeit, hohe Anlassbeständigkeit oder Warmhärte, hohe Verschleißfestigkeit, hohe Biegebruchfestigkeit und Zähigkeit, gute Temperaturwechselbeständigkeit.

Die Anforderungen an die Schneidstoffe sind bei den modernen, leistungsfähigen Maschinen erheblich gestiegen.

2 Für welche Werkzeuge verwendet man hauptsächlich Schnellarbeitsstahl?

Für Werkzeuge, die aufgrund ihrer geringen Größe, ihrer außergewöhnlichen Form oder ihres großen Spanwinkels den Einsatz von Wendeschneidplatten nicht zulassen.

Beispiele sind Bohrer, Fräser, Profilwerkzeuge oder Werkzeuge für die Bearbeitung thermoplastischer Kunststoffe.

3 Welche Einteilung gibt es bei den Hartmetallen für die spanende Bearbeitung?

Eigenschaften	Zerspanungs-Hauptgruppen	Zerspanungs-Anwendungsgruppen	
		Kurzzeichen	Anwendung für
zunehmende Verschleißfestigkeit → / zunehmende Zähigkeit ↓	Kennfarbe blau **P** für langspanende Werkstoffe	P 01 P 10 P 20 P 30 P 40 P 50	Stahl, Stahlguss, langspanender Temperguss
	Kennfarbe gelb **M** für lang- und kurzspanende Werkstoffe	M 10 M 20 M 30 M 40	Stahl, Hartstahl, Gusseisen, NE-Metalle
	Kennfarbe rot **K** für kurzspanende Werkstoffe	K 01 K 10 K 20 K 30 K 40	Hartguss, Gusseisen, kurzspanend. Temperguss, Kunststoffe, Hartpapier

Die Hartmetalle werden in die Zerspanungshauptgruppen P, M und K eingeteilt. Diese werden wieder nach ihrer Verschleißfestigkeit und Zähigkeit in die Anwendungsgruppen 01 bis 50 unterteilt.

4 Zu welchem Zweck werden Hartmetall-Schneidplatten beschichtet?

Durch Beschichten der Hartmetalle kann die Verschleißfestigkeit erhöht werden.

Dadurch wird entweder eine höhere Standzeit oder eine größere Schnittgeschwindigkeit ermöglicht.

5 Welche Eigenschaften besitzt Schneidkeramik?

Schneidkeramik ist härter und hitzebeständiger als Hartmetalle, aber auch spröder und empfindlicher gegen Temperaturwechsel.

6 Welche Werkstoffe können mit Diamant bearbeitet werden?

Diamantbestückte Werkzeuge eignen sich zur Feinbearbeitung von NE-Metallen und ihren Legierungen, für Grauguss, Verbundwerkstoffe und Hartstoffe.

Zum Zerspanen von Stahl ist Diamant ungeeignet, weil Stahl aus dem Diamantgitter Kohlenstoff aufnimmt und dadurch starken Verschleiß (Diffusionsverschleiß) verursacht.

Ergänzende Fragen zu den Schneidstoffen

7 Welche Schneidstoffe werden zum Spanen von Metallen eingesetzt?

Zum Zerspanen von Metallen werden Schnellarbeitsstahl, beschichtete und unbeschichtete Hartmetalle, Schneidkeramik, Diamant und polykristalline Schneidstoffe eingesetzt.

Die Auswahl richtet sich vor allem nach dem zu spanenden Werkstoff und danach, welcher Schneidstoff eine geforderte Spanarbeit am wirtschaftlichsten erfüllen kann.

8 Was versteht man unter der Warmhärte eines Schneidstoffs?

Unter der Warmhärte versteht man die Härte bei höheren Temperaturen.

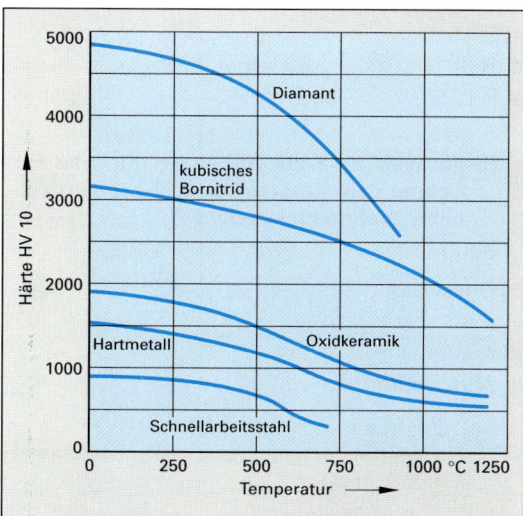

Wegen der beim Spanen entstehenden Wärme müssen die Schneidstoffe auch noch bei hohen Temperaturen eine ausreichende Härte besitzen.

9 Welche Hartmetallsorten eignen sich besonders für die Schlichtbearbeitung von Stahl und Gusseisen?

Für die Schlichtbearbeitung von Stahl und Gusseisen sind vor allem Feinkorn-Hartmetalle und Cermets geeignet.

Diese Schneidstoffe sind verschleißfester als normale Hartmetalle und kantenfester als Schneidkeramik.

10 Wovon ist die Härte und Zähigkeit der Hartmetallsorten abhängig?

Härte und Zähigkeit hängen von unterschiedlichen Gehalten der harten Carbide und des weichen Bindemetalls Cobalt ab.

Hohe Anteile von TiC, WC und TaC bewirken hohe Härte und Verschleißfestigkeit. Mit zunehmendem Cobaltgehalt nimmt die Zähigkeit zu.

11 Welche Vorteile haben beschichtete Schneidstoffe in der Zerspantechnik?

Beschichtete Schneidstoffe haben eine höhere Verschleißfestigkeit und damit eine höhere Standzeit. Sie bilden keine Aufbauschneide.

Sowohl Schnellarbeitsstähle als auch Hartmetalle können mit einer mehrlagigen Schicht aus Titancarbid, Titannitrid und Aluminiumoxid beschichtet werden.

12 Welche Vor- und Nachteile besitzt Schneidkeramik?

Vorteile:

Große Warmhärte und Verschleißfestigkeit

Nachteile:

Große Sprödigkeit und geringe Temperatur-Wechselbeständigkeit

Schneidkeramik kann bei gleichmäßigen Schnittbedingungen und ohne Kühlschmierung bei sehr hohen Schnittgeschwindigkeiten eingesetzt werden.

13 Wie sind polykristalline Schneidstoffe aufgebaut?

Sie bestehen aus einer Hartmetallunterlage, auf die zuerst eine dünne Metallschicht (Lot) aufgebracht wird. Darauf wird eine 0,5 bis 1,5 mm dicke Schicht aus polykristallinem Diamant (PKD) oder polykristallinem Bornitrid (PKB) aufgesintert.

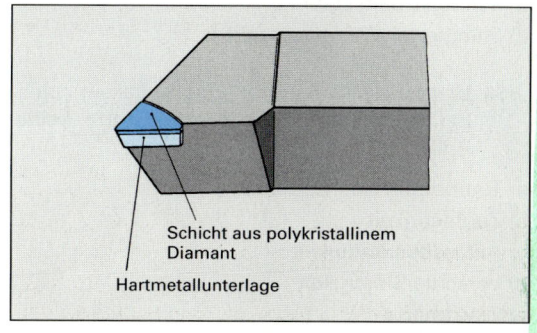

Schicht aus polykristallinem Diamant

Hartmetallunterlage

14 Aus welchen Stoffen besteht Schneidkeramik?

Schneidkeramik besteht entweder aus reinem Aluminiumoxid (Al_2O_3) oder aus einer Mischung von Aluminiumoxid mit metallischen Hartstoffen, z.B. Titancarbid oder Titancarbonitrid (Mischkeramik).

Mischkeramik besitzt eine höhere Temperaturwechselbeständigkeit als reine Oxidkeramik.

T62 Welche der genannten Eigenschaften ist bei Schneidstoffen *unerwünscht*?

a) Große Warmhärte

b) Große Verschleißfestigkeit

c) Hohe Wärmeleitfähigkeit

d) Temperaturwechselbeständigkeit

e) Große Sprödigkeit

T63 Bis zu welcher Temperatur besitzen Schnellarbeitsstähle (HSS) eine ausreichende Warmhärte?

a) 270 °C   b) 400 °C

c) 600 °C   d) 900 °C

e) 1200 °C

T64 Wofür ist Schnellarbeitsstahl besonders geeignet? Für Werkzeuge mit ...

a) Wendeschneidplatten

b) negativem Spanwinkel

c) kleinem Spanwinkel

d) großem Spanwinkel

e) Arbeitstemperaturen über 600 °C

T65 Welcher der genannten Schneidstoffe besitzt bei einer Temperatur von 600 °C die höchste Warmhärte?

a) Oxidkeramik

b) kubisches Bornitrid

c) Hartmetall

d) Schnellarbeitsstahl

e) unlegierter Werkzeugstahl

T66 Welche der genannten Eigenschaften spielt bei der Auswahl der Schneidstoffe keine Rolle?

a) Temperaturwechselbeständigkeit

b) Zugfestigkeit

c) Anlassbeständigkeit

d) Verschleißfestigkeit

e) Warmhärte

T67 Was bewirkt eine Beschichtung von Schneidstoffen z.B. mit TiN, TiC oder Al_2O_3? Durch die Beschichtung wird ...

a) die Standzeit erhöht

b) die Zähigkeit verbessert

c) das Nachschleifen erleichtert

d) die Wirkung des Kühlschmierstoffs verbessert

e) das Ausbrechen der Schneide verhindert

T68 Woraus bestehen Hartmetalle?

a) Aluminiumoxid und Metallcarbide

b) Metallcarbide und Cobalt

c) Siliciumnitrid und Stahl

d) Metalloxide und Cobalt

e) Bornitrid und Aluminiumoxid

T69 Welches sind die Zerspanungshauptgruppen der Hartmetalle?

a) P, M, K   b) H, S, T

c) H, K, S   d) A, L, S

e) P, L, S

T70 Für welchen Werkstoff ist ein mit roter Farbe und dem Kurzzeichen K10 gekennzeichneter Drehmeißel geeignet?

a) Stahl

b) Gusseisen

c) PVC

d) Kupfer

e) Aluminium

T71 Für welche Zerspanungsarbeiten ist Schneidkeramik geeignet?

a) Spanen mit unterbrochenem Schnitt

b) Schruppen mit großem Vorschub

c) Feinbearbeiten von NE-Metallen

d) Drehen und Fräsen mit fortlaufender oder aussetzender Kühlschmierung

e) Drehen und Fräsen ohne Kühlschmierung

T72 Wozu kann polykristalliner Diamant als Schneidstoff verwendet werden? Zum ...

a) Schruppen von Stahl

b) Schlichten von Stahl

c) Feinbearbeiten von NE-Metallen

d) Drehen mit unterbrochenem Schnitt

e) Feindrehen von Stahl

Wendeschneidplatten, Verschleiß und Standzeit

Fragen aus Fachkunde Metall, Seite 101

1 Welche Verschleißursachen gibt es?

Hauptursachen des Verschleißes sind der Abrieb von Schneidstoffteilchen durch die Reibung an der Span- und Freifläche und das Abtragen von Schneidstoffteilchen durch Verschweißen mit den Spänen.

2 Welche Verschleißformen unterscheidet man?

Die Hauptformen sind Freiflächenverschleiß, Kolkverschleiß und Spanflächenverschleiß.

Durch Spanflächenverschleiß und Freiflächenverschleiß wird die Schneidkante abgetragen.

3 Was bezeichnet man als Standzeit?

Als Standzeit bezeichnet man die Zeit eines Werkzeugeingriffs bis zum Erreichen des zulässigen Verschleißes.

4 Wovon ist die Standzeit abhängig?

Die Standzeit eines Schneidstoffes ist vor allem von der Schnittgeschwindigkeit, vom Schneidstoff und dem Werkstoff abhängig.

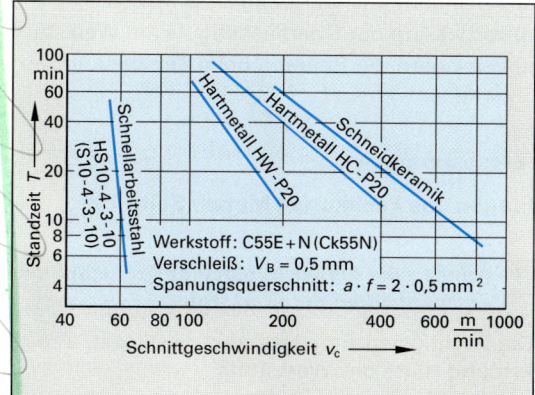

Werkstoff: C55E + N (Ck55N)
Verschleiß: $V_B = 0,5$ mm
Spanungsquerschnitt: $a \cdot f = 2 \cdot 0,5$ mm^2

Außerdem muss der richtige Spanungsquerschnitt eingehalten und für ausreichende Kühlschmierung gesorgt werden.

Ergänzende Fragen zu Wendeschneidplatten, Verschleiß und Standzeit

5 Welche Vorteile bieten Wendeschneidplatten?

Die Werkzeuge werden nicht nachgeschliffen. Die Platten können ohne Umspannen des Werkzeuges maßgenau gewendet oder ausgewechselt werden.

Wendeschneidplatten sind daher sehr wirtschaftlich.

6 Wie entsteht eine Aufbauschneide?

Durch die Schneidkraft und die Wärme verschweißen Werkstoffteilchen mit der Werkzeugschneide.

Die Aufbauschneide verändert die Winkel an der Werkzeugschneide. Sie wird durch den abfließenden Span immer wieder losgerissen, wobei Teile der Schneide ausbrechen können. Dies führt zum Verschleiß der Schneide und zu erhöhter Rautiefe am Werkstück.

7 Welchen Einfluss hat der Freiflächenverschleiß auf den Zerspanungsvorgang?

Durch den Verschleiß an der Freifläche werden die Maßhaltigkeit und die Oberflächengüte der Werkstücke verringert. Bei einer bestimmten Größe VB des Freiflächenverschleißes muss daher die Werkzeugschneide ausgetauscht werden.

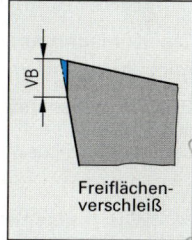

Freiflächenverschleiß

8 Was versteht man unter einer kostengünstigen Standzeit?

Diejenige Standzeit, bei der die Summe der Kosten aus Werkzeugabnutzung, Maschinenbelegungszeit und Fertigungslohn am geringsten ist.

Beispiel: Eine Erhöhung der Schnittgeschwindigkeit vergrößert zwar die Werkzeugkosten, verringert aber gleichzeitig die Maschinen- und Lohnkosten.

T73 Was versteht man unter dem Begriff Aufbauschneide?

a) Einen auf die Schneide aufgesetzten Spanformer
b) Eine Verschleißerscheinung an der Schneidkante des Werkzeuges
c) Eine festhaftende Ablagerung von Werkstoffteilchen auf der Spanfläche
d) Eine besondere Form der Spanformstufe
e) Eine aufgesetzte Wendeschneidplatte

ZP

Kühlschmierstoffe

Fragen aus Fachkunde Metall, Seite 103

1 Welche Aufgaben haben Kühlschmierstoffe?

Hauptaufgaben sind die Reibungsverminderung zwischen Werkzeug und Werkstück, die Abfuhr der Spanungswärme und das Fortspülen der Späne aus dem Arbeitsbereich.

Durch den Einsatz geeigneter Kühlschmierstoffe werden die Standzeit und das Zeitspanungsvolumen erhöht und die Güte der erzeugten Oberflächen verbessert.

2 Wodurch wird die Auswahl der Kühlschmierstoffe bestimmt?

Die Auswahl eines Kühlschmierstoffs richtet sich nach dem Fertigungsverfahren, der Schnittgeschwindigkeit, dem verwendeten Schneidstoff und dem zu zerspanenden Werkstoff.

Zusätzlich ist auf die Gesundheits- und Umweltverträglichkeit sowie auf die erforderliche Entsorgung zu achten.

3 Welche Arten von Kühlschmierstoffen gibt es?

Die Kühlschmierstoffe werden in nicht wassermischbare und wassermischbare unterteilt.

Bei den wassermischbaren Kühlschmierstoffen unterscheidet man noch in mineralölhaltige Emulsionen und mineralölfreie Lösungen.

4 Was muss bei der Entsorgung der Kühlschmierstoffe beachtet werden?

Verbrauchte Kühlschmierstoffe müssen sachgerecht entsorgt werden. Dazu gehört das Abscheiden von feinen Metall- und Feststoffteilchen in Filtern sowie das Trennen des Ölanteils aus dem Kühlschmierstoff. Die anfallenden Filterkuchen, Ölschlämme und das restliche Öl-Wasser-Gemisch sind durch Fachbetriebe zu entsorgen.

Ergänzende Fragen zu den Kühlschmierstoffen

5 In welchen Fällen werden vorwiegend wassermischbare Kühlschmierstoffe verwendet?

Wassermischbare Kühlschmierstoffe werden bei Zerspanungsaufgaben verwendet, bei denen die Kühlwirkung wichtiger ist als die Schmierwirkung.

Dies ist der Fall bei hohen Schnittgeschwindigkeiten, großer Spanleistung und großer Wärmeentwicklung.

6 Worin besteht der wesentliche Unterschied zwischen wassermischbaren und nicht wassermischbaren Kühlschmierstoffen?

Wassermischbare Kühlschmierstoffe bestehen aus Öl-in-Wasser-Emulsionen oder aus Lösungen von anorganischen Stoffen, wie Soda oder Natriumnitrid in Wasser. Bei den wassermischbaren Kühlschmierstoffen überwiegt die Kühlwirkung des Wassers.

Nicht wassermischbare Kühlschmierstoffe (Schneidöle) bestehen aus Mineralölen mit Zusätzen. Bei ihnen steht die Schmierwirkung im Vordergrund.

Wassermischbare Kühlschmierstoffe werden daher vorwiegend bei hohen Schnittgeschwindigkeiten, nicht wassermischbare Kühlschmierstoffe bei großen Schnittkräften verwendet.

T74 Welche Aussage über die Kühlschmierung von Hartmetallen ist richtig?

a) Der Kühlschmierstoff darf nur tropfenweise zugeführt werden

b) Es darf überhaupt nicht gekühlt werden

c) Es dürfen nur wasserfreie Kühlschmierstoffe verwendet werden

d) Es kann ohne Kühlschmierung oder mit fortlaufender, intensiver Kühlschmierung gespant werden

e) Es dürfen nur mineralölfreie Kühlschmierstoffe verwendet werden

T75 Welche der genannten Aufgaben kann *nicht* von Kühlschmierstoffen erfüllt werden?

a) Erhöhen der Standzeit der Werkzeugschneide

b) Erhöhen der Warmhärte eines Schneidstoffes

c) Verringern des Werkzeugverschleißes

d) Verbessern der Oberflächengüte am Werkstück

e) Verringern der Reibung beim Zerspanungsvorgang

Zerspanbarkeit

Fragen aus Fachkunde Metall, Seite 105

1 Nennen Sie die wichtigsten Einflüsse auf die Zerspanbarkeit der Werkstoffe.

Die wichtigsten Einflüsse sind Festigkeit, Zähigkeit und Härte des Werkstoffs.

Diese Eigenschaften bestimmen die Größen von Schnittgeschwindigkeit, Vorschub, Zustellung sowie die Wahl des Schneidstoffs, seiner Schneidengeometrie und des Kühlschmierstoffs.

2 Nach welchen Kriterien wird die Bewertung der Zerspanbarkeit vorgenommen?

Bewertungsgrößen der Zerspanbarkeit sind die

- Maß- und Oberflächengüte am Werkstück
- Spanbildung und Schnittkraft
- Standzeit und Verschleiß des Werkzeugs

Die Einsatzbereiche der Schneidstoffe und die Richtwerte für die Zerspanung werden nach diesen Kriterien in Versuchen ermittelt.

3 Ermitteln Sie aus den Ihnen zugänglichen Richtwerttabellen die Schnittdaten für das Drehen und Fräsen der Werkstoffe C105W1 und EN AW-AlCuMg1.

Nach dem unten abgebildeten Tabellenbuchauszug kann z.B. für das Drehen mit Hartmetall P25C bei einer Schnittgeschwindigkeit v_c = 105 m/min ein Vorschub f = 0,3...0,5 mm eingestellt werden. Für das Stirnfräsen von EN AW-AlCuMg1 mit einem Fräser aus Schnellarbeitsstahl ist bei einer Schnittgeschwindigkeit v_c = 200 bis 300 m/min ein Vorschub f_z = 0,1...0,2 mm/Zahn möglich.

Auszug aus einem Tabellenbuch

Richtwerte für das Drehen			
Werkstoff	Schneidstoff	Schnittge-schwindigkeit v_c in m/min	Vorschub f in mm
C105W1	Schnellarbeits-stahl	70 ... 50	0,1
		50 ... 30	0,5
		35 ... 25	1,0
Härte HB = 213	P25C	175	0,1 ... 0,25
		105	0,3 ... 0,5
		90	0,6 ... 1,5
EN AW-AlCuMg1	Oxidkeramik	120 ... 600	0,2 ... 0,4
	Schnellarbeits-stahl	180 ... 200	0,6
	K15C	600	... 0,1
Härte HB = 110		500	0,15 ... 0,3
		400	0,35 ... 0,6
Richtwerte für das Stirnfräsen			
Werkstoff	Schneidstoff	Schnittge-schwindigkeit v_c in m/min	Vorschub je Zahn f_z in mm
C105W1 Härte HB = 213	Schnellarbeits-stahl	25 ... 30	0,05 ... 0,2
	Hartmetall	80 ... 150	0,1 ... 0,3
		100 ... 300	0,1 ... 0,2
EN AW-AlCuMg1	Schnellarbeits-stahl	150 ... 250	0,2 ... 0,3
		200 ... 300	0,1 ... 0,2
Härte HB = 110	Hartmetall	350 ... 300	0,1 ... 0,2
		400 ... 1200	0,08 ... 0,15

2.7 Spanende Formgebung von Hand

Anreißen

Fragen aus Fachkunde Metall, Seite 106

1 Welchen Zweck hat das Anreißen?

Durch Anreißen werden Zeichnungsmaße vor der Bearbeitung auf das Werkstück übertragen.

2 Was ist beim Anreißen zu beachten?

- Die Anrisslinien sind gut sichtbar anzubringen
- Die Maße müssen genau übertragen werden
- Die Werkstücke dürfen nicht beschädigt werden.

3 Welche Anreißwerkzeuge gibt es und wozu werden sie verwendet?

- Anreißplatte als Unterlage
- Reißnadel aus Stahl, Hartmetall oder Messing sowie Bleistift zum Zeichnen von Linien
- Zirkel zum Zeichnen von Kreisen und zum Abtragen von Teilstrecken
- Körner zum Kennzeichnen von Lochmitten und Linien
- Parallel- und Höhenreißer zum Anreißen von Linien parallel zur Anreißplatte

---

Ergänzende Fragen zum Anreißen

4 Womit werden Biegelinien bei Leichtmetallblechen angerissen?

Zum Anreißen auf Leichtmetallen verwendet man den Bleistift.

Leichtmetalle, besonders ausgehärtete Al-Legierungen, sind kerbempfindlich. Daher dürfen beim Anreißen keine Kerben entstehen.

5 In welchen Fällen verwendet man eine Messingreißnadel?

Messingreißnadeln werden für dünnwandige, gehärtete oder kerbempfindliche Werkstücke verwendet.

T76 Welche Arbeit darf auf der Anreißplatte *nicht* ausgeführt werden?

a) Richten von dünnen Blechen

b) Anreißen von Tempergussstücken

c) Anreißen von Magnesiumblechen

d) Anreißen von Schablonen

e) Prüfen mit Messuhren

T77 Welche Aufgabe haben Kontrollkörner-punkte? Sie ...

a) kennzeichnen Bohrungsmittelpunkte

b) dienen als Einstichpunkte für den Zirkel

c) kennzeichnen Biegelinien auf Al-Blechen

d) erleichtern das Anlegen von Winkeln

e) kennzeichnen Anrisslinien

ZP Meißeln

Fragen aus Fachkunde Metall, Seite 107

1 Welches sind die wichtigsten Meißelarten?

Die wichtigsten Meißelarten sind:
Flachmeißel (Bild Frage 3), Kreuzmeißel, Nuten-meißel, Aushaumeißel und Trennstemmer.

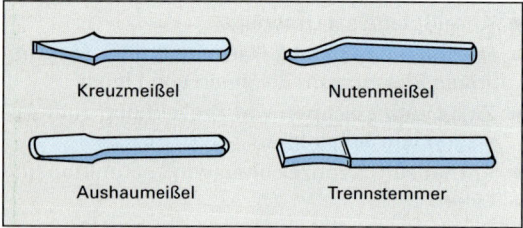

Ein Meißel besteht aus Schneide, Schaft und Kopf.

2 Wozu dient der Kreuzmeißel?

Kreuzmeißel werden zum Ausmeißeln schmaler Nuten verwendet.

Der Kreuzmeißel hat eine kurze Schneide, die quer zum Schaft liegt.

3. 1. 2001

3 Warum ist die richtige Neigung des Meißels zum Werkstück wichtig?

Durch die Meißelneigung werden Span- und Frei-winkel festgelegt.

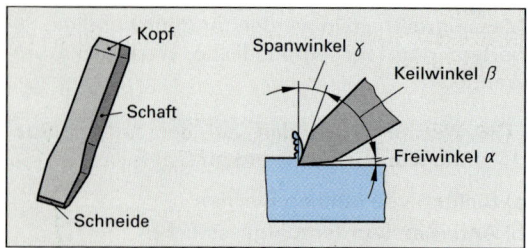

Eine zu flache Neigung führt zum Austreten des Meißels aus dem Werkstück, eine zu steile Neigung zum tiefen Eindringen des Meißels in den Werkstoff.

8 . 1. 2002

Ergänzende Fragen zum Meißeln

4 Wozu verwendet man Meißel?

Meißel werden zur Spanabnahme und zum Tren-nen von Werkstoffen verwendet.

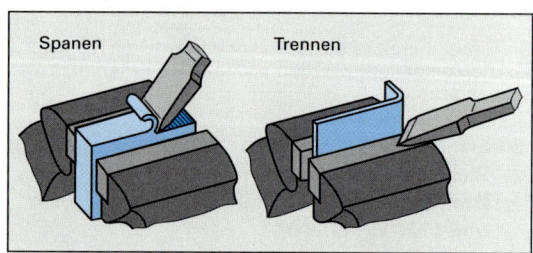

Zum Abheben von Spänen wird der Meißel schräg, zum Trennen von Werkstoffen rechtwinklig zum Werkstück gehalten.

3. 1. 2002

5 Wozu werden Trennstemmer verwendet?

Mit Trennstemmern werden die Stege zwischen Bohrlöchern durchgetrennt.

Durch die von vier Schneidkanten begrenzte Fläche wird der Werkstoff nicht zur Seite, sondern nach unten weg-gedrückt.

T78 Welcher Meißel wird im Maschinenbau *nicht* verwendet?

a) Flachmeißel   b) Kreuzmeißel

c) Spitzmeißel   d) Nutenmeißel

e) Aushaumeißel

T79 Nach welchem Gesichtspunkt wird die Größe des Keilwinkels eines Meißels aus-gewählt? Nach ...

a) der Härte des zu bearbeitenden Werkstoffs

b) der Härte des verwendeten Werkzeugs

c) dem Werkstoff des Werkzeuges

d) der Arbeitszeit

e) der Stückzahl

T80 Warum muss ein Grat am Meißelkopf un-bedingt entfernt werden? Weil ...

a) durch den Grat der Hammer zu sehr abprallt

b) der Hammer zu leicht beschädigt wird

c) der Meißel zu schwer ist

d) Verletzungen entstehen können

e) der Blick auf die Meißelschneide erschwert wird

T81 Wie wird das im Einsatz dargestellte Werkzeug bezeichnet?

a) Trennstemmer
b) Aushaumeißel
c) Flachmeißel
d) Nutmeißel
e) Kreuzmeißel

ZP **Sägen**

Fragen aus Fachkunde Metall, Seite 109

1 Welche Zahnteilung verwendet man bei dünnwandigen Werkstücken?

Für dünnwandige Werkstücke ist eine feine Zahnteilung (große Zähnezahl) erforderlich.

Eine zu grobe Zahnteilung führt bei dünnwandigen Teilen zum Einhaken und Ausbrechen der Zähne. Es sollen mindestens 3 Zähne gleichzeitig im Eingriff sein.

2 Wodurch erreicht man das Freischneiden von Sägeblättern?

Bandförmige Sägeblätter werden geschränkt oder gewellt, Metallkreissägeblätter hohlgeschliffen, gestaucht oder mit Zahnsegmenten versehen.

Gewellte Blätter sind besonders bei feinen Zahnteilungen zweckmäßig.

3 Was ist beim Ansägen eines Werkstückes mit der Bügelsäge zu beachten?

Das Ansägen soll unter kleinem Winkel und mit geringer Kraft erfolgen. Durch Anfeilen mit der Dreikantfeile kann das Ansägen erleichtert werden.

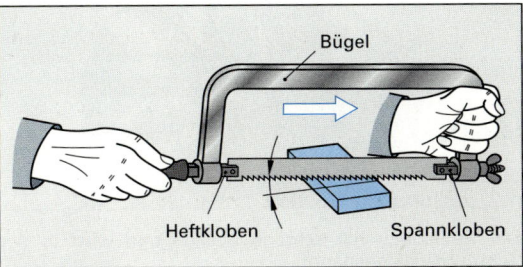

Bügel
Heftkloben   Spannkloben

Ergänzende Fragen zum Sägen

4 Wie wird bei Sägeblättern die Zahnteilung angegeben?

Angegeben wird die Zahl der Zähne je 25,4 mm (1 inch) Sägeblattlänge.

Eine große Zähnezahl entspricht einer feinen Zahnteilung.

5 Was versteht man unter einem geschränkten Sägeblatt?

Ein Sägeblatt, dessen Zähne abwechselnd nach links und rechts ausgebogen sind.

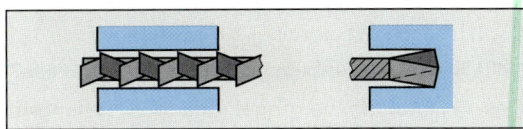

Das Schränken dient zur Sicherstellung des Freischneidens bei Sägen mit großer Zahnteilung.

T82 Welche Zahnteilung verwendet man beim Sägen dünnwandiger Rohre? Eine ...

a) grobe
b) mittlere
c) raue
d) feine
e) sehr grobe Zahnteilung

T83 Welche Behauptung über die Zähnezahl eines Handsägeblattes ist richtig? Für ...

a) dünne und harte Werkstücke muss die Zähnezahl groß sein
b) dicke und weiche Werkstücke muss die Zähnezahl groß sein
c) dünne und dünnwandige Werkstücke muss die Zähnezahl klein sein
d) harte Werkstücke muss die Zähnezahl klein sein
e) Werkstücke mit hoher Festigkeit muss die Zähnezahl klein sein

T84 Was versteht man bei einem Sägeblatt unter der Zähnezahl? Die Zähne auf ...

a) 10 mm Sägeblattlänge
b) 24,5 mm Sägeblattlänge
c) 25,4 mm Sägeblattlänge
d) 32 mm Sägeblattlänge
e) 35,4 mm Sägeblattlänge

T85 Welche Aussage über die Bogenzähne eines Sägeblattes ist richtig? Bogenzähne ...

a) werden nur für Handsägeblätter verwendet

b) werden vorwiegend für Maschinensägeblätter verwendet

c) werden nur für Kreissägeblätter verwendet

d) sind immer als Segmente eingesetzt

e) sind hohl geschliffen oder gestaucht

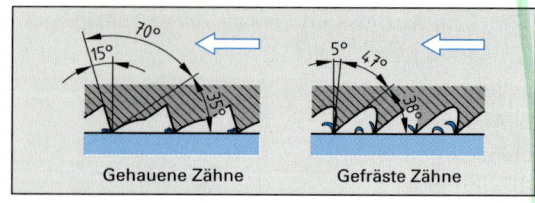

Gehauene Zähne   Gefräste Zähne

Gefräste Feilen werden zur Bearbeitung weicher Werkstoffe, wie Holz oder Kunststoffe, verwendet.

ZP Feilen

Fragen aus Fachkunde Metall, Seite 111

Ergänzende Fragen zum Feilen

1 Welche Teile unterscheidet man bei der Feile?

Das Feilenblatt, die Angel und den Feilengriff, auch Feilenheft genannt.

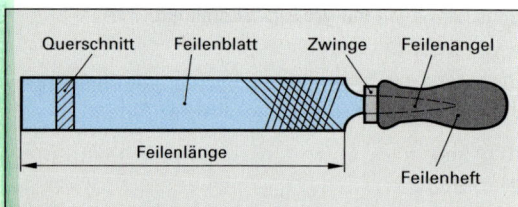

Querschnitt   Feilenblatt   Zwinge   Feilenangel

Feilenlänge

Feilenheft

Auf dem gehärteten Feilenblatt befinden sich die Zähne der Feile; die Blattlänge ist das Nennmaß der Feile.

2 Weshalb werden Feilen kreuzhiebig gehauen?

Durch den Kreuzhieb sind die Zähne in Richtung der Feilenachse seitlich versetzt. Dadurch erfolgt ein gleichmäßiger Werkstoffabtrag. Riefenbildung und einseitiges Feilen werden vermieden.

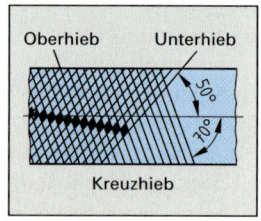

Oberhieb   Unterhieb

Kreuzhieb

Man unterscheidet den Unterhieb und den Oberhieb, die beide mit unterschiedlichem Winkel schräg zur Achse der Feile verlaufen und sich kreuzen.

3 Welche Unterschiede bestehen zwischen gehauenen und gefrästen Feilen?

Gehauene Feilen haben einen negativen Spanwinkel; sie wirken schabend. Gefräste Feilen haben einen positiven Spanwinkel bei meist großer Zahnteilung; sie wirken schneidend.

4 Welche Regeln gelten für die Auswahl der Feilen nach der Hiebzahl?

● Grober Hieb für weiche Werkstoffe, grobe Bearbeitung oder große Feillänge;

● feiner Hieb für harte Werkstoffe, feine Bearbeitung oder kurze Feillänge.

Die Hiebzahlen werden mit Nummern von 1 bis 8 bezeichnet. Je größer die Hiebzahl, desto feiner ist der Feilenhieb.

5 Welche Hiebarten unterscheidet man bei Feilen?

Man unterscheidet den Einhieb, den Kreuzhieb und den Raspelhieb.

Die Hiebart wird nach dem zu feilenden Werkstoff gewählt.

6 Wozu wird der Reifkloben verwendet?

Der Reifkloben dient zum Anfeilen von Fasen an flache Werkstücke.

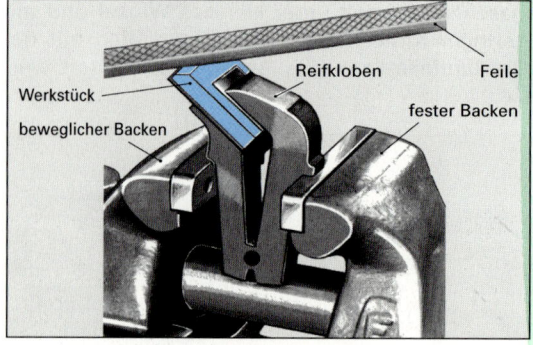

Reifkloben   Feile

Werkstück

beweglicher Backen   fester Backen

Der Reifkloben hat schräge Backen und wird in den Schraubstock gespannt.

T86 Welche Bezeichnung führt die Feilenverzahnung?

a) Raster
b) Hieb
c) Riefen
d) Furchen
e) Zähne

T87 Welche Bezeichnung kennt man bei der Unterteilung der Feilen *nicht*?

a) Hiebart
b) Hiebnummer
c) Form des Querschnitts
d) Größe der Feile
e) Härte der Feile

T88 Welche Bezeichnung ist *falsch*?

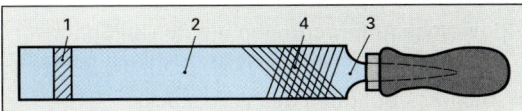

a) 1 △ Feilenquerschnitt
b) 2 △ Feilenblatt
c) 3 △ Feilenheft
d) 4 △ Feilenhieb
e) Alle Zuordnungen sind falsch

T89 Welche Behauptung über gefräste Feilen ist richtig?

a) Der Spanwinkel der Feilen ist negativ
b) Gefräste Feilen wirken schabend
c) Gefräste Feilen wirken schneidend
d) Gefräste Feilen können nur zum Schlichten verwendet werden
e) Gefräste Feilen werden nur zum Bearbeiten harter Werkstoffe verwendet

T90 Welche Hiebart ist im Bild dargestellt?

a) Unterhieb
b) Oberhieb
c) Kreuzhieb
d) Einhieb
e) Pocken oder Raspelhieb

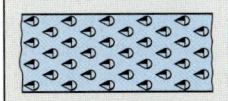

T91 Welche Regel gilt für die Auswahl der Feilen für weiche Werkstoffe?

a) Grober Hieb, kleine Hiebnummer
b) Feiner Hieb, große Hiebnummer
c) Grober Hieb, große Hiebnummer
d) Feiner Hieb, kleine Hiebnummer
e) Keine der genannten Antworten ist richtig

T92 Die Angabe der Hiebnummer 1 bei einer Feile bedeutet:

a) sehr fein
b) fein
c) halbgrob
d) grob
e) sehr grob

T93 Welches Teil spannt man beim Abschrägen von Werkstücken in den Schraubstock?

a) Feilkloben
b) Angel
c) Blatt
d) Reifkloben
e) Zwinge

T94 Welche Feilenart ist *nicht* genormt?

a) Vierkantfeile
b) Dreikantfeile
c) Schwertfeile
d) Rundfeile
e) Sechskantfeile

T95 In welchem Falle ist die Spanabnahme beim Feilen am günstigsten? Beim ...

a) vorwärts Schieben der Feile
b) rückwärts und vorwärts Stoßen der Feile
c) rückwärts Ziehen der Feile
d) rückwärts Ziehen der Feile mit großem Hieb
e) Verschieben quer zur Feilenachse

T96 Womit werden grobe Feilen gereinigt? Mit ...

a) einer Reißnadel aus Stahl
b) einer Reißnadel aus Aluminium
c) einem Stück Blei
d) einer Reißnadel aus Messing
e) einer Feilenbürste

2.8   Spanende Formgebung mit Werkzeugmaschinen

2.8.1 Bewegungen und Spanungsgrößen

1   Welche Ausgangsgrößen sind beim Zerspanungsvorgang zu beachten?

- Die erreichte Oberflächengüte und Maßgenauigkeit
- Die erforderliche Zerspankraft
- Die Standzeit des Werkzeuges
- Das erzielte Zeitspanungsvolumen und die benötigte Fertigungszeit

Die Spanungsgrößen an der Werkzeugmaschine sind so einzustellen, dass alle Ausgangsgrößen zusammen möglichst wirtschaftlich sind.

2   Was versteht man beim Spanungsvorgang unter dem Vorschub?

Der Vorschub f entspricht dem Weg des Werkzeugs in Vorschubrichtung bei einer Umdrehung, gemessen in mm.

Neben dem Vorschub je Umdrehung kann auch der Vorschub je Zahn oder die Vorschubgeschwindigkeit in mm/min angegeben werden.

T97 Welche Aussage zur Schnittgeschwindigkeit ist richtig? Bei Erhöhung der Schnittgeschwindigkeit über den empfohlenen Wert ...

a) wird die Oberflächengüte geringer
b) sinkt das Zeitspanungsvolumen
c) erhöht sich die Standzeit des Werkzeugs
d) wird die Schnitttiefe größer
e) wird der Werkzeugverschleiß größer

T98 Was wird durch das Zeitspanungsvolumen Q angegeben?

a) Die Standzeit des Werkzeugs
b) Das Volumen des größten zu bearbeitenden Werkstücks
c) Das Volumen, das innerhalb der Vorgabezeit zerspant werden kann
d) Die Zeit, die zum Zerspanen eines bestimmten Volumens erforderlich ist
e) Das Werkstoffvolumen, das innerhalb einer Minute zerspant werden kann

2.8.2 Vorrichtungen und Spannelemente an Werkzeugmaschinen

Fragen aus Fachkunde Metall, Seite 119

1   Welche Vorteile hat der Einsatz von Vorrichtungen in der spanenden Fertigung?

Vorrichtungen führen zu einer wirtschaftlicheren Fertigung durch
- Verkürzung der Fertigungszeit, insbesondere der Vorbereitungszeit (Anreißen) und der Nebenzeiten für das Spannen und Prüfen
- Verbesserung der Wiederholgenauigkeit
- einfache Bearbeitungsmöglichkeiten für schwierig geformte Werkstücke

2   Welche Anforderungen werden an Spannvorrichtungen für Werkzeugmaschinen gestellt?

- Sicheres Spannen des Werkstücks
- Geringe Werkstückverformung und hohe Wiederholgenauigkeit
- Einfache, schnelle und sichere Handhabung
- Leichter Austausch, Vielseitigkeit und Wiederverwendbarkeit der Elemente
- Möglichst geringe Vorrichtungskosten

3   Welchen Vorteil hat die Dreipunktauflage beim Spannen von Werkstücken?

Das Werkstück liegt an jedem dieser Punkte sicher auf und ist eindeutig bestimmt.

Für die Position der Punkte ist zu beachten, dass der Werkstückschwerpunkt innerhalb der durch die Auflagepunkte begrenzten Zone liegt.

4   Warum wird beim Spannen mit Flachspannern das Werkstück gleichzeitig auf den Maschinentisch gedrückt?

Durch die Schrägstellung der Spannschraube wird das Werkstück beim Spannen gegen die Anlage und gleichzeitig auf den Maschinentisch gepresst. Dies bewirkt eine nach unten gerichtete Spannkraft.

5 Erläutern Sie das Spannen mit dem Kniehebelprinzip.

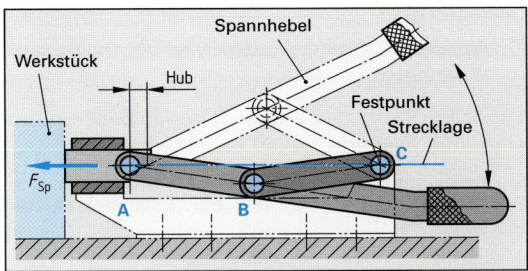

Festpunkt der Kniehebel-Spannvorrichtung ist der Gelenkpunkt C. Durch Bewegen des Spannhebels wird das Gelenk B nach oben und unten, das Gelenk A horizontal verschoben.

Kniehebelspanner erreichen die größte Spannkraft, wenn die Gelenke A, B und C fluchten. Nach dem Überschreiten der Strecklage besteht Selbsthemmung.

6 Welchen Vorteil hat der Einsatz von pendelnden Auflagen?

Pendelnde Auflagen passen sich der Werkstückform an. Sie erlauben ein Spannen ohne Verformung des Werkstücks und ohne Beschädigung der Oberfläche.

Pendelnde Auflagen bestehen meist aus abgeflachten, drehbar gelagerten Kugeln.

7 Erläutern Sie die hydraulische Kraftübersetzung beim Spannen mit dem Maschinenschraubstock.

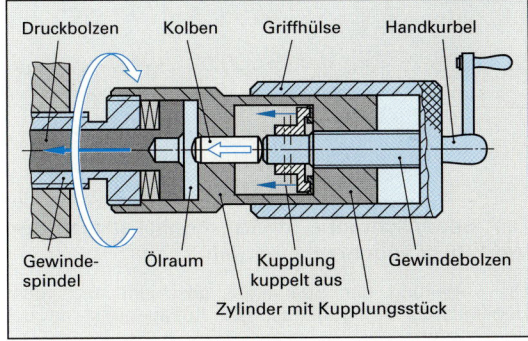

Beim Drehen der Handkurbel wird der Gewindebolzen über die Kupplung bis zum Anschlag an das Werkstück vorgeschraubt. Beim Überschreiten der Vorspannkraft löst die Kupplung aus. Der Kolben erzeugt nun einen Druck im Ölraum, der die Spannkraft verstärkt.

Die Verstärkung der Spannkraft entspricht dem Verhältnis von Zylinderquerschnitt zu Kolbenquerschnitt.

8 Welche Vorteile hat das magnetische Spannen?

Durch magnetisches Spannen können Werkstücke schnell, sicher und verzugsarm gespannt und an fünf Seiten bearbeitet werden.

Magnetisierte Werkstücke müssen nach dem Spannen entmagnetisiert werden.

9 Warum erlaubt das Spannen mit Elektro-Dauermagnetspannplatten besonders hohe Bearbeitungsgenauigkeit?

Während der Bearbeitung des Werkstücks ist die Dauermagnetspannplatte stromlos und erwärmt sich daher nicht. Es entstehen somit keine Maß- und Formfehler durch eine Wärmedehnung des Werkstücks und der Spannvorrichtung.

Das Spannen wird durch die Magnetisierung der Pole eingeleitet und durch deren Entmagnetisierung beendet.

10 Welche Vorteile haben hydraulische Spannsysteme?

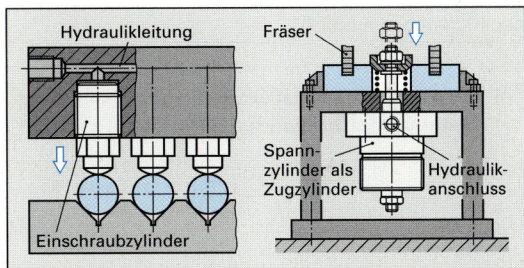

- Hohe, gleichmäßige Spannkraft bei geringem Platzbedarf und großer Steifigkeit
- Vielseitiger Einsatz
- Schneller Aufbau des Spanndrucks
- Spanndruck über Maschinensteuerung einstellbar

Hydraulische Spannsysteme bestehen aus Druckerzeuger, Steuerventilen und Spannzylindern.

11 Warum ist gerade in der Serienfertigung das hydraulische Spannen vorteilhaft?

Die Werkstücke können schnell und einfach mit gleich bleibender Spannkraft gespannt werden.

Die Spannkraft kann über die Maschinensteuerung eingestellt und überwacht werden.

12 In welchen Fällen werden Schwenkzylinder zum Spannen eingesetzt?

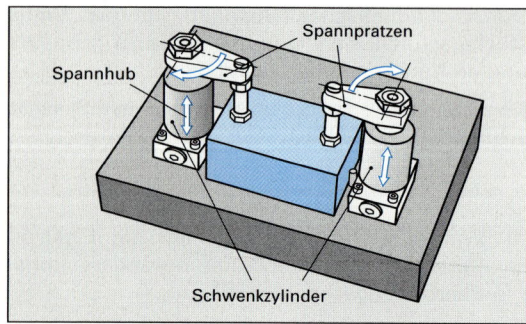

Schwenkzylinder werden eingesetzt, wenn die Spannpunkte während des Einlegens und Herausnehmens des Werkstücks frei sein müssen.

13 In welche Systeme werden Baukastenvorrichtungen unterteilt?

Bei den Baukastenvorrichtungen unterscheidet man zwischen Nutsystemen und Bohrungssystemen.

Bei Bohrungssystemen sind die Spannelemente an vorbestimmten Punkten zu befestigen. Bei Nutsystemen ist eine Verstellung der Spannelemente in zwei verschiedenen Richtungen möglich.

14 Für welche Einsatzzwecke eignen sich Baukastenvorrichtungen besonders?

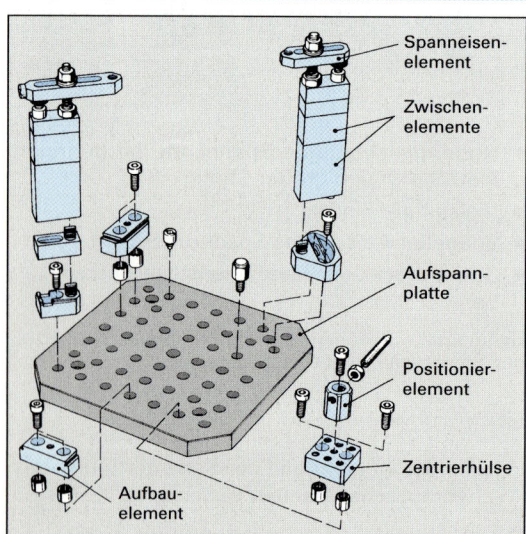

Baukastensysteme lassen sich schnell an die Werkstückformen anpassen. Sie eignen sich daher auch für kleine Serien.

Ergänzende Fragen zu Vorrichtungen und Spannelementen

15 Welche Aufgaben haben Vorrichtungen und Spannelemente?

Sie sollen Werkstücke in einer genau bestimmten, eindeutig wiederholbaren Lage festhalten.

Sie dienen zur Bearbeitung an Werkzeugmaschinen, zum Prüfen von Werkstücken und als Hilfsmittel bei der Montage.

16 Welche mechanischen Spanneinrichtungen unterscheidet man?

Spannschrauben mit Spanneisen und Spannunterlagen, Flachspanner, Kniehebel- und Exzenterspanner sowie Maschinenschraubstöcke.

17 Was ist zur Lage der Spannschraube und der Spannunterlage beim Spannen mit einem Spanneisen zu beachten?

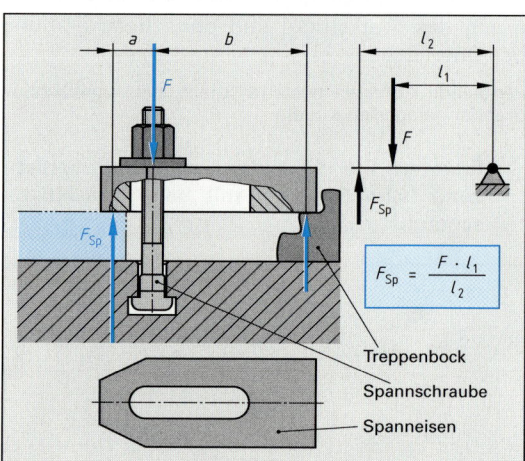

$$F_{Sp} = \frac{F \cdot l_1}{l_2}$$

Die Spannschraube muss möglichst nah am Werkstück angebracht werden.

Die Verteilung der Spannkraft geschieht nach dem Hebelgesetz. Drehpunkt ist der Auflagepunkt an der Spannunterlage.

18 Wie können Höhenunterschiede beim Spannen mit Spanneisen ausgeglichen werden?

Mit Treppenböcken oder Schraubböcken.

Treppenböcke gleichen die Höhe in groben Stufen aus, Schraubböcke sind stufenlos einstellbar.

T99 Welche Aussage zu Flachspannern (Tief-spannern) ist richtig?

a) Die Werkstücke können auf der ganzen Fläche bearbeitet werden

b) Sie dienen zum Spannen von Werkstücken mit Vertiefungen

c) Eine zusätzliche Spanneinrichtung ist zur Verhinderung von seitlichen Verschiebungen des Werkstücks nötig

d) Eine zusätzliche Spanneinrichtung ist zum Niederhalten des Werkstücks nötig

e) Flachspanner sind für alle Werkstückformen gleich gut geeignet

T100 Welchen Zweck haben Kugelscheiben und Kegelpfannen bei mechanischen Spann-elementen?

a) Sie erhöhen die Spannkraft

b) Sie erlauben eine leichte Schrägstellung des Spann-eisens

c) Sie dienen zum Spannen von gewölbten Werkstück-flächen

d) Sie erleichtern das Zentrie-ren von Rundteilen

e) Sie dienen als Ersatz für T-Nutenschrauben

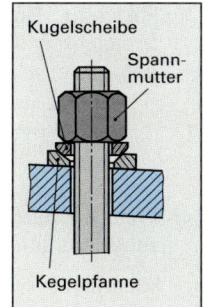

T101 Für welche Arbeiten ist das dargestellte Spannelement besonders geeignet?

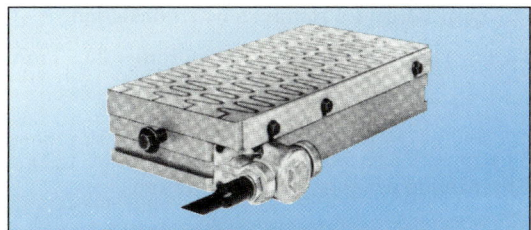

a) Zum Schleifen kleiner Teile aus Stahl

b) Für Planfräsarbeiten mit Fräskopf

c) Zum Gegenlauffräsen mit großer Spanabnahme

d) Zum Feinschleifen von Leichtmetallteilen

e) Für Fräsarbeiten mit geringer Spanabnahme an Messingteilen

T102 Wie wird das dargestellte Spannelement bezeichnet?

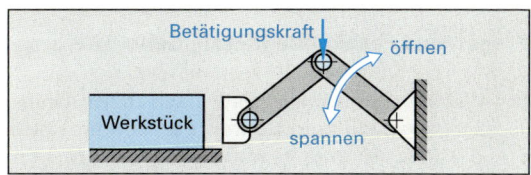

a) Exzenterspanner

b) Kurvenspanner

c) Kniehebelspanner

d) Schnellspannpratze

e) Winkelspanner

T103 Welche Aussage zur Spanneinrichtung im Bild ist richtig?

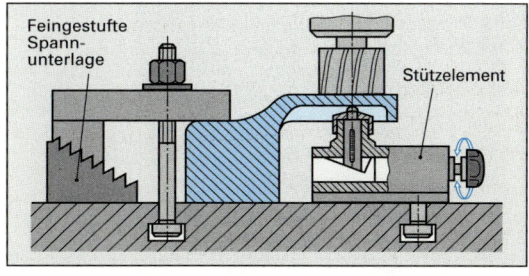

a) Die T-Nutenschraube soll möglichst nah an der Spannunterlage sein

b) Die Spannunterlage ist stufenlos höhenver-stellbar

c) Das Stützelement ist stufenlos höhenverstell-bar

d) Der Abstand zwischen T-Nutenschraube und Werkstück soll möglichst groß sein

e) Es ist ein möglichst langes Spanneisen zu wählen

T104 Welche Aussage trifft *nicht* für hydraulische Spanneinrichtungen zu? Merkmal ist ...

a) eine hohe Spannkraft

b) eine gleich große Spannkraft an allen Spann-stellen

c) ein großer Platzbedarf

d) ein schneller Aufbau des Spanndrucks

e) die Möglichkeit einer automatischen Steuerung

2.8.3 Bohren, Senken, Reiben

ZP **Bohrverfahren**

Fragen aus Fachkunde Metall, Seite 121

1 **Welche Drehzahlen sind nach dem Drehzahlschaubild zum Bohren der Durchmesser d = 5, 8, 10 und 15 mm bei v_c = 16 m/min erforderlich?**

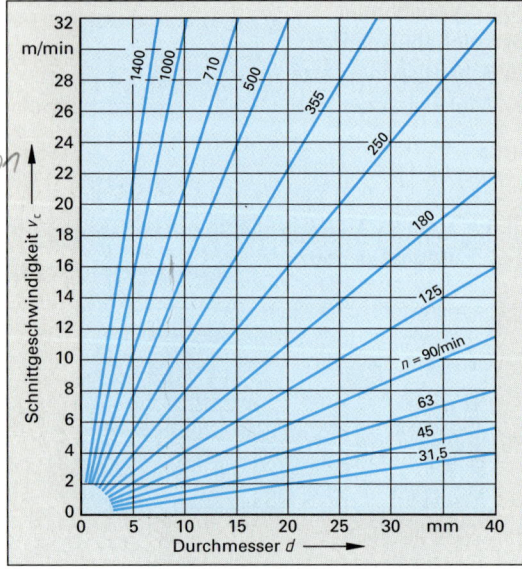

n = 1000/min, 710/min, 500/min, 355/min (Bild)

2 **An einem Maschinengehäuse aus EN-GJL-250 (GG-25) sollen die Kernlochbohrungen für die Gewindebohrungen M10 gebohrt werden.**

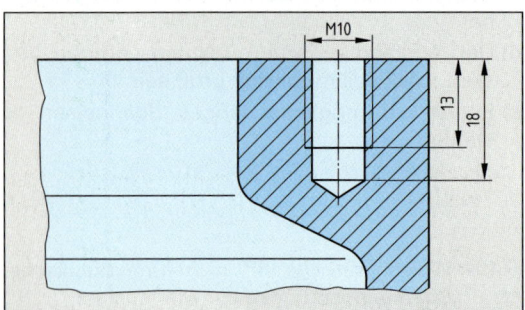

a) Wie groß müssen Schnittgeschwindigkeit und Vorschub nach der Tabelle gewählt werden?

Die Einstellwerte für den Kernlochdurchmesser d = 8,5 mm sind:

v_c = 16 m/min; f = 0,1 ... 0,2 mm (Tabelle)

Richtwerte für Spiralbohrer aus HSS

Werkstoff	Bohr-tiefe	v_c m/min	f in mm je Umdrehung für d = 4 bis 10 mm
Stahl R_m < 700 N/mm²	bis 5 · d	32	0,08 ... 0,16
	5 ... 10 · d	25	0,06 ... 0,12
Stahl R_m > 700 N/mm²	bis 5 · d	20	0,08 ... 0,16
	5 ... 10 · d	16	0,06 ... 0,12
Stahl R_m > 1000 N/mm²	bis 5 · d	12	0,05 ... 0,1
	5 ... 10 · d	10	0,04 ... 0,08
Gusseisen R_m > 250 N/mm²	bis 5 · d	16	0,1 ... 0,2
	5 ... 10 · d	12,5	0,08 ... 0,16
Temperguss und Kugelgraphitguss	bis 5 · d	20	0,1 ... 0,2
	5 ... 10 · d	16	0,08 ... 0,16
Al-Legierungen	bis 5 · d	63	0,12 ... 0,25
	5 ... 10 · d	50	0,1 ... 0,2

b) Für eine Bohrmaschine mit stufenlosem Drehzahlbereich ist die Drehzahl zu berechnen.

$$n = \frac{v_c}{\pi \cdot d} = \frac{16 \text{ m/min}}{\pi \cdot 0,0085 \text{ m}} = \textbf{600/min}$$

c) Welche Drehzahl ergibt sich nach dem Drehzahlschaubild von Frage 1?

n = 500/min

d) Wie groß ist die Vorschubgeschwindigkeit v_f in m/min?

$v_f = n \cdot f$ = 600/min · 0,15 mm = **90 mm/min**

e) Welchen Weg muss der Bohrer mit selbsttätigem Vorschub mindestens zurücklegen?

$l = L + 0,3 \cdot d$ = 18 mm + 0,3 · 8,5 mm = **20,55 mm**

Ergänzende Fragen zu Bohrverfahren

3 **In welche Gruppen werden die Fertigungsverfahren Bohren, Senken und Reiben nach Norm unterteilt?**

Die Bohrverfahren werden nach der erzielten Bearbeitungsform unterteilt in Rundbohren, Profilbohren, Schraubbohren und Plansenken.

4 Wodurch unterscheidet sich das Aufbohren vom Bohren ins Volle?

Beim Aufbohren werden mit drei- oder vierschneidigen Werkzeugen vorgefertigte Löcher in Maß, Form, Richtung sowie Oberflächengüte verbessert.
Beim Bohren ins Volle werden Löcher in massive Werkstücke gebohrt.

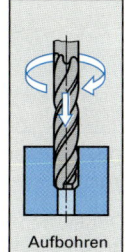
Aufbohren

T105 In welchem Bild wird das Fertigungsverfahren Profilbohren ins Volle dargestellt?

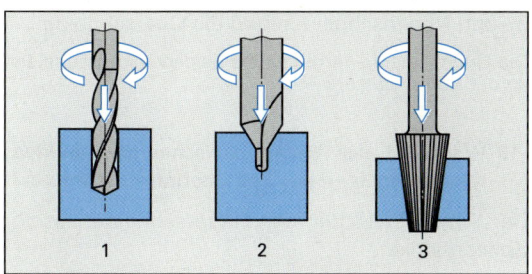

1 2 3

a) Nur Bild 1   b) Nur Bild 2
c) Nur Bild 3   d) Bilder 1 und 2
e) Bilder 2 und 3

ZP Bohrwerkzeuge

Fragen aus Fachkunde Metall, Seite 127

1 Welche verschiedenen Bohrwerkzeuge gibt es?

Man unterscheidet Spiralbohrer, Kleinstbohrer, NC-Anbohrer, Kurzstufenbohrer, Zentrierbohrer, Aufbohrer (Spiralsenker), Bohrer mit Wendeschneidplatten und Tiefbohrer.

Der Spiralbohrer ist das meist verwendete Bohrwerkzeug zum Bohren ins Volle.

2 Welche Vorteile hat der Spiralbohrer?

Die Vorteile des Spiralbohrers sind:
- günstige Winkel an den Schneiden
- gleich bleibender Durchmesser beim Nachschleifen
- gute Spannmöglichkeit
- gute Führung im Werkstück
- selbstständige Spanabfuhr und gute Kühlschmierzufuhr

3 Wie groß ist der Spitzenwinkel beim Spiralbohrer für Stahl?

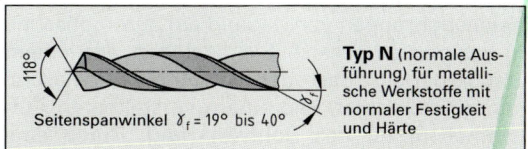

118°

Seitenspanwinkel γ_f = 19° bis 40°

Typ N (normale Ausführung) für metallische Werkstoffe mit normaler Festigkeit und Härte

Der Spitzenwinkel beträgt 118°.

4 Wie groß ist der Spitzenwinkel beim Spiralbohrer für weiche und zähe Werkstoffe?

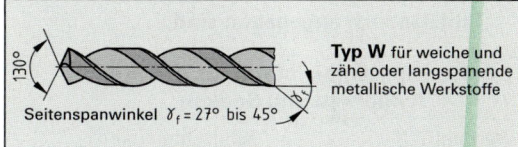

130°

Seitenspanwinkel γ_f = 27° bis 45°

Typ W für weiche und zähe oder langspanende metallische Werkstoffe

Der Spitzenwinkel beträgt 130°.

5 Welchen Winkel soll bei einem Spiralbohrer für Stahl die Querschneide mit der Hauptschneide bilden?

Der Winkel soll 55° betragen.

An dem Winkel von 55° lässt sich der richtige Anschliff des Bohrers erkennen.

6 Warum werden große Bohrer ausgespitzt?

Das Ausspitzen verringert die Länge der Querschneide und ergibt eine kleinere Vorschubkraft.

Die verbleibende Restlänge der Querschneide soll mindestens 10% des Bohrerdurchmessers betragen, damit die Bohrerspitze nicht ausbricht.

7 Wozu werden Aufbohrwerkzeuge, wie z.B. der Spiralsenker, verwendet?

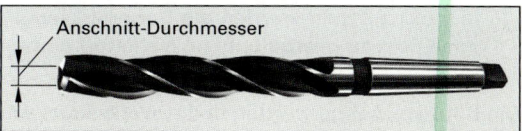
Anschnitt-Durchmesser

Mit Aufbohrern werden vorgefertigte Löcher, die nachher gerieben werden, vergrößert.

Durch die größere Schneidenzahl hat der Aufbohrer eine bessere Führung als ein Spiralbohrer.

8 Wozu werden modulare Werkzeugsysteme verwendet und wie sind sie aufgebaut?

Werkzeugsysteme werden zur Fertigung von Präzisionsbohrungen vorwiegend auf automatischen Maschinen eingesetzt. Sie bestehen aus einem Träger, der sich nach der Aufnahme der Maschinenspindel richtet, und einem verstellbaren Aufnahmekopf für das Bohrwerkzeug. Durch eine Skala mit Nonius lassen sich die Werkzeuge präzise einstellen.

Die modularen Werkzeugsysteme haben die einteiligen Bohrstangen weitgehend verdrängt.

9 Vergleichen Sie die in der Tabelle aufgeführten Kühlschmierstoffe mit denen, die in Ihrem Tabellenbuch angegeben sind.

Tabelle: Kühlschmierstoffe für das Bohren, Aufbohren und Senken	
Werkstoff	**Kühlschmierstoff**
Stahl, Kupfer, Zink, Al und Al-Legierungen, Cu-Legierungen	wassermischbare Kühlschmierstoffe
Mn-Stahl > 10% Mn	Schneidöl oder trocken
Grauguss, Temperguss	trocken oder wassermischbare Kühlschmierstoffe
Mg- und Mg-Legierungen, Duroplaste, faserverstärkte Kunststoffe	Druckluft
Ti- und Ti-Legierungen	Schneidöl
Thermoplaste	wassermischbare Kühlschmierstoffe oder Wasser

Tabellen für einzelne Bearbeitungsverfahren sind meist ausführlicher als allgemeine Tabellen.

Ergänzende Fragen zu Bohrwerkzeugen

10 In welche Typen werden die Bohrwerkzeuge nach dem zu bearbeitenden Werkstoff eingeteilt?

Die Bohrwerkzeuge werden in die Werkzeugtypen N, H und W eingeteilt.

Die verschiedenen Typen dienen zum Bearbeiten von metallischen Werkstoffen mit *normaler* Festigkeit und Härte, für *harte* und kurzspanende Werkstoffe und für *weiche* und langspanende Werkstoffe.

11 Woran ist der Bohrertyp H zu erkennen?

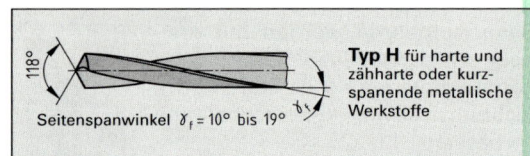

118°
Seitenspanwinkel $\gamma_f = 10°$ bis $19°$

Typ H für harte und zähharte oder kurzspanende metallische Werkstoffe

Der Spitzenwinkel ist 118°, der Seitenspanwinkel 10° bis 19°.

Durch den kleinen Seitenspanwinkel ergibt sich ein großer Keilwinkel.

12 Welche Schneiden unterscheidet man beim Spiralbohrer?

Man unterscheidet die beiden Hauptschneiden, die beiden Nebenschneiden und die Querschneide.

Die Querschneide verbindet die beiden Hauptschneiden an der Bohrerspitze.

13 Wie wird der Winkel zwischen den beiden Hauptschneiden des Spiralbohrers bezeichnet?

Der Winkel zwischen den Hauptschneiden ist der Spitzenwinkel.

Die Größe des Spitzenwinkels richtet sich nach dem Bohrertyp.

14 Wie prüft man den richtigen Anschliff des Spiralbohrers?

Zum Prüfen dienen feste oder verstellbare Schleiflehren.

Zum genauen Anschleifen der Spiralbohrer verwendet man meist besondere Schleifeinrichtungen.

15 Wozu werden Bohrer mit Wendeschneidplatten verwendet?

Bohrer mit Wendeschneidplatten dienen zum Bohren ins Volle mit hoher Schnittgeschwindigkeit.

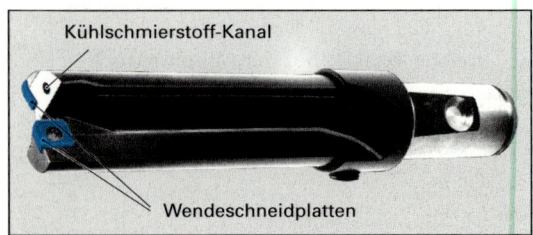

Kühlschmierstoff-Kanal

Wendeschneidplatten

Wegen der Bruchgefahr für die Schneiden darf nicht vorgebohrt werden. Die Kühlschmiermittelzufuhr erfolgt meist von innen an die Bohrerspitze.

16 Worauf ist beim Bohren tiefer Löcher besonders zu achten?

Zu achten ist auf das rechtzeitige Entfernen der Späne und auf ausreichende Kühlschmierung.

Werden die Späne nicht durch wiederholtes Zurückziehen des Bohrers aus der Bohrung entfernt, so klemmt der Bohrer und bricht.

17 Warum sollen große Löcher vorgebohrt werden?

Das Vorbohren verhindert ein Verlaufen des Bohrers und verringert die Vorschubkraft.

Der Durchmesser des Vorbohrers soll mindestens so groß sein wie die Querschneide des Bohrers, mit dem fertig gebohrt wird.

18 Worauf ist beim Einspannen von Bohrern mit kegeligem Schaft zu achten?

Zu achten ist auf unbeschädigte, saubere Schäfte, Reduzierhülsen und Aufnahmekegel.

Schon eine geringe Verschmutzung führt zum Schlagen des Bohrers und zur Beschädigung der Schäfte, Reduzierhülsen oder Spindeln.

T106 Wie heißt der Winkel, der durch die Schraubenlinie der Nebenschneide mit der Bohrerachse gebildet wird?

a) Freiwinkel
b) Seitenspanwinkel
c) Keilwinkel
d) Spitzenwinkel
e) Winkel an der Querschneide

T107 Welcher Begriff ist der Kennziffer im Bild zuzuordnen?

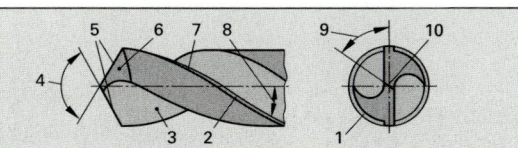

a) 1 △ Nebenschneide
b) 2 △ Führungsfase
c) 4 △ Spanwinkel
d) 7 △ Keilwinkel
e) 10 △ Hauptschneide

T108 Welcher Begriff ist der Kennziffer (Bild Frage T107) zuzuordnen?

a) 1 △ Hauptschneide
b) 1 △ Querschneide
c) 4 △ Keilwinkel
d) 6 △ Spanfläche
e) 8 △ Seitenspanwinkel

T109 Wie groß ist der mit 9 gekennzeichnete Winkel beim Spiralbohrer für Stahl (Bild Frage T107)?

a) 30°
b) 45°
c) 55°
d) 62°
e) 75°

T110 Wie groß ist der Spitzenwinkel am Spiralbohrer für Stahl?

a) 140°
b) 130°
c) 118°
d) 108°
e) 80°

T111 Wie groß ist der Spitzenwinkel am Spiralbohrer für Messing?

a) 140°
b) 130°
c) 118°
d) 108°
e) 80°

T112 Welchen Zweck hat der besondere Anschliff des abgebildeten Bohrers?

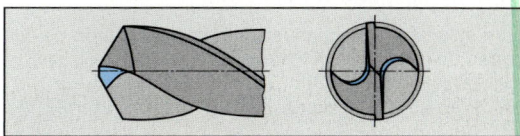

a) Verbesserung der Spanabfuhr
b) Erhöhung der Standzeit
c) Verringerung der Vorschubkraft
d) Verringerung der Schnittkraft
e) Veränderung des Bohrungsdurchmessers

T113 Welcher Schleiffehler ist im Bild dargestellt?

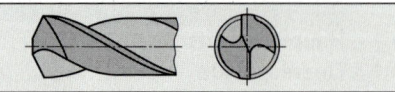

a) Freiwinkel zu groß   b) Freiwinkel zu klein
c) Spanwinkel zu groß   d) Spanwinkel zu klein
e) Spitzenwinkel zu groß

T114 Für welche Werkstoffe ist der abgebildete Spiralbohrer geeignet?

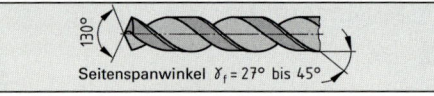

Seitenspanwinkel γ_f = 27° bis 45°

a) Stahl und Gusseisen
b) Kunststoffe mit Füllstoffen
c) Kupfer und Aluminium
d) Stahl hoher Festigkeit
e) Automatenmessing

T115 Welche Wirkung verursacht ein Spiralbohrer, dessen Schneiden ungleich lang sind?

a) Die Bohrung wird zu klein
b) Die Bohrung wird zu groß
c) Nur eine Schneide schneidet, der Bohrer wird schnell stumpf
d) Die Bohrung wird zu klein, die Schneiden werden zu schnell stumpf
e) Ungleich lange Schneiden haben keine Auswirkung

ZP Gewindebohren, Senken

Fragen aus Fachkunde Metall, Seite 130

1 Warum müssen Gewindekernlöcher angesenkt werden?

Durch Ansenken erreicht man, dass der Gewindebohrer besser anschneidet. Außerdem wird verhindert, dass der erste und der letzte Gewindegang herausgedrückt werden.

Kernlöcher für Durchgangsgewinde werden von beiden Seiten mit einem 90°-Kegelsenker angesenkt.

2 Was versteht man unter „Aufschneiden"?

Unter „Aufschneiden" versteht man das Verdrängen des Werkstoffs beim Gewindeschneiden. Gewindebohrer z.B. verdrängen den Werkstoff nach innen. Dadurch wird die Bohrung kleiner.

Kernlöcher müssen so groß wie zulässig gebohrt werden, da sonst der Gewindebohrer klemmt und bricht.

3 Worauf ist beim Schneiden von Gewinden in Grundlöcher zu achten?

Die Kernlöcher müssen tiefer als die nutzbare Gewindelänge gebohrt werden, da das Gewinde nicht bis auf den Grund der Bohrung geschnitten werden kann. Auf die Entfernung der Späne ist besonders zu achten.

Die Größe des Grundlochüberhangs kann DIN 76 entnommen werden.

4 Welche Gewindebohrerarten gibt es?

Man unterscheidet Gewindebohrersätze, Einschnittgewindebohrer, Maschinengewindebohrer und Spanlos-Gewindeformer.

Gewindebohrersätze können zwei- oder dreiteilig sein.

5 Für welche Gewinde verwendet man den zweiteiligen Gewindebohrersatz?

Zweiteilige Gewindebohrersätze werden für Feingewinde und Whitworth-Rohrgewinde verwendet.

Die Gewindetiefe dieser Gewinde ist geringer als bei Regelgewinden.

6 Welche Vorteile bieten Senker mit auswechselbaren Führungszapfen?

Auswechselbare Führungszapfen erleichtern das Nachschleifen der Senker und ermöglichen den Einsatz der Senker bei verschiedenen Bohrungsdurchmessern.

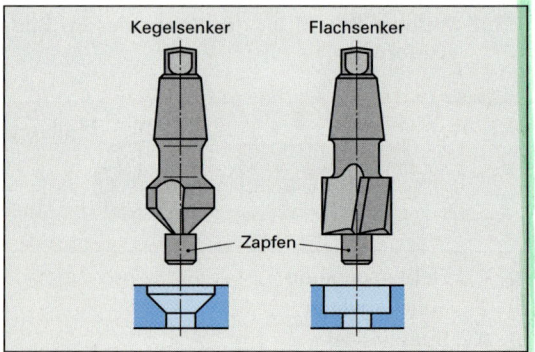

Kegelsenker   Flachsenker

Zapfen

Führungszapfen werden bei Flach- und Kegelsenkern verwendet.

7 Wozu können Kegelsenker verwendet werden?

Kegelsenker dienen zum Profilsenken kegeliger Schrauben- und Nietlöcher und zum Entgraten von Bohrungen.

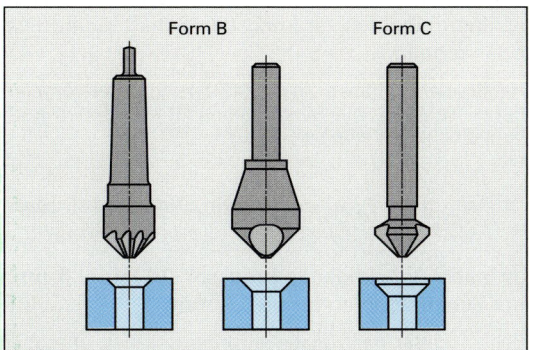

Form B   Form C

Die häufigsten Spitzenwinkel der Kegelsenker sind 60° zum Entgraten und 90° für Senkschrauben.

Ergänzende Fragen zum Gewindebohren und Senken

8 Wie können Innengewinde hergestellt werden?

Innengewinde können von Hand und auf Maschinen gebohrt oder spanlos geformt werden. Als Werkzeuge verwendet man Gewindebohrersätze, Einschnitt-Gewindebohrer, Maschinengewindebohrer oder Spanlos-Gewindeformer.

Größere Innengewinde können auch mit dem Gewindedrehmeißel, dem Gewindestrehler oder mit Wirbelwerkzeugen auf der Drehmaschine gefertigt werden.

9 Welche Arbeitsregeln sind beim Herstellen von Innengewinden zu beachten?

- Kernloch so groß wie zulässig bohren
- Kernloch beidseitig mit 90° ansenken
- Gewindebohrer genau in Richtung der Bohrungsachse ansetzen
- Späne durch Zurückdrehen öfter brechen
- ausreichend Kühlschmierstoff zuführen

Bei Grundlochbohrungen ist zusätzlich noch auf eine ausreichende Kernlochtiefe und gründliches Entfernen der Späne zu achten.

10 Wozu werden Senkwerkzeuge verwendet?

Senker dienen zum Herstellen von ebenen Auflageflächen (Plansenken und Planeinsenken) sowie zur Herstellung von kegeligen oder profilierten Senkungen (Profilsenken).

T116 Wie wird der Kernlochdurchmesser für metrische ISO-Gewinde berechnet? Kernlochdurchmesser = ...

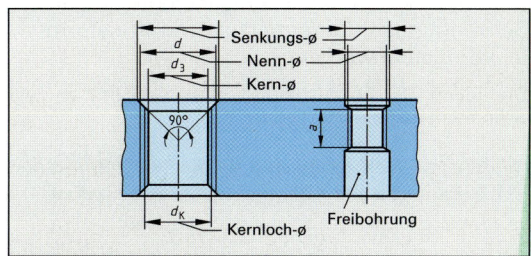

a) Kerndurchmesser
b) Kerndurchmesser + Steigung
c) Außendurchmesser x 0,7
d) Außendurchmesser - Steigung
e) Kerndurchmesser x 0,7

T117 Wozu dient ein zweiteiliger Handgewindebohrersatz? Er dient zum Bohren von ...

a) Sondergewinden aller Art
b) metrischen Feingewinden
c) Trapezgewinden
d) Sägengewinden
e) Regelgewinden mit Maschinen

T118 Warum sollen Kernlöcher angesenkt werden? Damit ...

a) sich die Späne nicht verklemmen
b) der Gewindeauslauf kürzer wird
c) man besser schmieren kann
d) man Gewinde in Grundlöcher schneiden kann
e) der Gewindebohrer besser anschneidet

Reiben

Fragen aus Fachkunde Metall, Seite 132

1 Wie unterscheiden sich Schnittgeschwindigkeit und Vorschub beim Reiben und Bohren?

Die Schnittgeschwindigkeit zum Reiben ist wesentlich niedriger, der Vorschub größer als beim Bohren.

Richtwerte für die unterschiedlichen Werkstoffe können Tabellen entnommen werden.

2   Warum verwendet man Reibahlen mit gerader Zähnezahl und ungleicher Teilung?

Die gerade Zähnezahl erleichtert das Messen des Durchmessers, durch die ungleiche Teilung sollen Schwingungen, Rattermarken und Kreisformfehler vermieden werden.

Die Teilung ist so ausgeführt, dass sich immer zwei Schneiden gegenüber liegen.

3   Welche Werkzeuge sind für die Bearbeitung der Bohrungen des Auflagewinkels erforderlich?

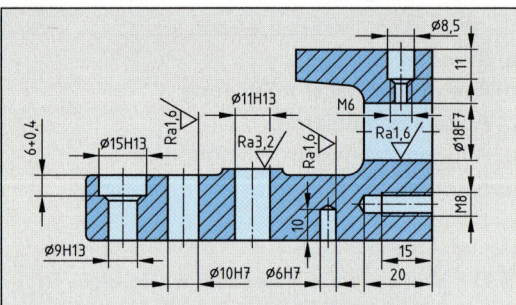

Spiralbohrer: ∅ 9 für Senkung
∅ 9,7 für Bohrung 10H7
∅ 11 für Bohrung ∅ 11
∅ 5,8 für Bohrung 6H7
∅ 6,8 für Kernloch M8
∅ 6 und ∅ 17,8 für Bohrung 18F7
∅ 5 für Kernloch M6
∅ 8,5 für Freibohrung bei M6
Senker: Flachsenker ∅ 15 mit Zapfen ∅ 9
Flachsenker ∅ 16 mit Zapfen ∅ 11
Kegelsenker 90° für Fasen, Gewinde-Bohrungen und zum Entgraten
Maschinenreibahlen: ∅ 6H7, ∅ 10H7, ∅ 18F7,
Gewindebohrer: M6, M8

Ergänzende Fragen zum Reiben

4   Welchen Zweck hat das Reiben?

Durch Reiben erhalten Bohrungen genaue Maße und hohe Oberflächengüten.

Es kann nur ein geringes Aufmaß entfernt werden. Lage und Richtung der Bohrung bleiben unverändert.

5   Weshalb haben schraubenförmig verzahnte Reibahlen meist einen Linksdrall?

Dadurch kann die Reibahle nicht in die Bohrung hineingezogen werden. Die Spanabfuhr erfolgt in Vorschubrichtung.

Für Grundlöcher dürfen Reibahlen mit Linksdrall nicht verwendet werden.

6   Wodurch unterscheiden sich Hand- von Maschinenreibahlen?

Handreibahlen haben einen langen, kegeligen Anschnitt und am Schaftende einen Vierkant zur Aufnahme des Windeisens. Der Anschnitt der Maschinenreibahlen ist kurz, der Schaft zylindrisch oder kegelig.

Handreibahlen haben eine gute Führung in der vorgefertigten Bohrung, mit Maschinenreibahlen können auch Grundlöcher gerieben werden.

7   Wie groß kann die Reibzugabe gewählt werden?

Je nach Bohrungsdurchmesser 0,1 bis 0,5 mm, bei Schälreibahlen bis zu 0,8 mm.

Bei zu großer Reibzugabe wird die Bohrung unsauber, die Reibahle neigt zum Festfressen.

T119 Warum besitzen Reibahlen meist eine ungleiche Zahnteilung?

a) Rattermarken werden vermieden

b) Sie sind leichter nachzuschleifen

c) Höhere Schnittgeschwindigkeiten sind möglich

d) Sie haben eine größere Spanleistung

e) Höhere Standzeiten werden erzielt

T120 Welches der dargestellten Werkzeuge ist eine Schälreibahle?

a) Bild 1

b) Bild 2

c) Bild 3

d) Bild 4

e) Keines der Werkzeuge

T121 Welches der oben dargestellten Werkzeuge ist eine Reibahle mit Linksdrall (Bild oben)?

a) Nur Bild 2

b) Nur Bild 3

c) Bilder 2 und 3

d) Bilder 3 und 4

e) Bilder 2 und 4

T122 Wodurch unterscheiden sich Hand- von Maschinenreibahlen? Durch ...

a) die Zähnezahl b) die Teilung
c) den Werkstoff d) den Spanwinkel
e) die Länge des Anschnitts

T123 Wie muss die Reibahle beschaffen sein, damit man eine Bohrung mit Längsnut reiben kann?

a) Gerade genutet b) Gerade Zähnezahl
c) Ungerade Zähnezahl d) Kurzer Anschnitt
e) Schraubenförmig genutet

Bohrmaschinen

Fragen aus Fachkunde Metall, Seite 133

1 Zu welchem Zweck werden Reihenbohrmaschinen eingesetzt?

Reihenbohrmaschinen werden in der Serienfertigung eingesetzt, um verschiedene Arbeitsgänge, wie Bohren, Senken oder Reiben, in einer Aufspannung des Werkstücks durchführen zu können.

Reihenbohrmaschinen besitzen mehrere nebeneinander angeordnete und getrennt einstellbare Arbeitsspindeln und einen gemeinsamen Tisch.

2 Welche bautypischen Merkmale haben Lehrenbohrwerke?

Lehrenbohrwerke sind besonders präzise, starr und schwingungsfrei gebaut und meist NC-gesteuert. Sie werden in klimatisierten Räumen verwendet.

Mit Lehrenbohrwerken lassen sich Bohrungsabstände bis zu 2 μm einhalten.

Ergänzende Frage zu Bohrmaschinen

3 Welche Unfallverhütungsvorschriften sind beim Bohren besonders zu beachten?

- Werkstücke gegen Herumreißen und Hochziehen sichern
- Beim Austritt des Bohrers aus dem Werkstück Vorschubkraft verringern
- Eng anliegende Arbeitskleidung und Haarschutz tragen
- Lange Späne durch Hochziehen des Bohrers abbrechen
- Keine Handschuhe tragen

2.8.4 Drehen

Drehverfahren

Fragen aus Fachkunde Metall, Seite 141

1 Welche Drehverfahren unterscheidet man nach der Richtung des Vorschubs?

Man unterscheidet Längsdrehen und Querdrehen.

Mit beiden Drehverfahren können zylindrische oder ebene Flächen am Drehteil erzeugt werden. Vorwiegend werden jedoch beim Längsdrehen zylindrische, beim Querdrehen ebene Flächen erzeugt.

2 Wie werden die Drehverfahren nach der erzeugten Werkstückform unterteilt?

Man unterscheidet Runddrehen, Plandrehen, Schraubdrehen, Unrunddrehen, Profildrehen und Formdrehen.

Die genaue Bezeichnung eines Verfahrens setzt sich aus der Benennung der Vorschubrichtung und der erzeugten Werkstückform zusammen, z.B. Längs-Runddrehen oder Quer-Plandrehen.

3 In welchem Verhältnis sollen beim Drehen Schnitttiefe und Vorschub stehen?

Das Verhältnis soll zwischen $a_p : f = 4:1$ bis $10:1$ liegen.

Mit diesem Verhältnis der Einstellwerte lässt sich eine gute Spanbildung erreichen.

4 Wie sind Vorschub und Schnittgeschwindigkeit beim Schlichten (Fertigdrehen) zu wählen?

Zum Schlichten wählt man einen kleinen Vorschub und eine hohe Schnittgeschwindigkeit. Eine Ausnahme bildet das Breitschlichtdrehen, bei dem mit sehr kleinen Einstellwinkeln und großem Vorschub geschlichtet wird.

Der Vorschub darf 0,05 mm nicht unterschreiten, weil sonst das Werkzeug drückt und der Verschleiß stark zunimmt.

5 Welche Einflussgrößen sind bei der Wahl der Schnittgeschwindigkeit zu berücksichtigen?

Die Wahl der Schnittgeschwindigkeit hängt vom Werkstoff, vom Schneidstoff, der Kühlschmierung, der verlangten Oberflächengüte und der Leistungsfähigkeit der Drehmaschine ab.

Richtwerte für die Wahl der Schnittgeschwindigkeit werden Tabellen entnommen und nach Richtwertgleichungen der Werkzeughersteller berechnet.

6 Wie groß sind Schnittgeschwindigkeit v_c, Drehzahl n, Schnittkraft F_c und Antriebsleistung P_e zum Drehen von 9SMn28 zu wählen: Durchmesser d = 120 mm; Schnitttiefe a_p = 4 mm; Vorschub f = 0,4 mm; Einstellwinkel $\varkappa$ = 75°; Maschinenwirkungsgrad η = 0,8 und Werkzeuge mit beschichteten Hartmetall-Schneidplatten?

Tabelle 1: Richtwerte für das Drehen mit Wendeschneidplatten HC-P20

Werkstoff	Schnitttiefe a_p mm	Schnittgeschwindigkeit v_c in m/min bei Vorschub f in mm			
		0,16	0,25	0,40	0,63
C15E (Ck 15) 15S10 9SMn28	1	474	447	420	–
	2	442	417	392	–
	4	412	389	366	345
E295 (St 50) C45E (Ck 45) 34CrMo4	1	335	300	267	–
	2	311	278	247	–
	4	288	258	229	202

Schnittgeschwindigkeit v_c = 366 m/min (Tabelle 1)

$$n = \frac{v_c}{\pi \cdot d} = \frac{366 \text{ m/min}}{\pi \cdot 0,12 \text{ m}} = \textbf{971/min}$$

Berechnung des Spanungsquerschnitts A:
$A = a_p \cdot f = 4 \text{ mm} \cdot 0,4 \text{ mm} = 1,6 \text{ mm}^2$

Berechnung der Spanungsdicke h:
$h = f \cdot \sin\varkappa = 0,4 \text{ mm} \cdot 0,9659 = 0,386 \text{ mm} \approx 0,4 \text{ mm}$

Tabelle 2: Richtwerte für die spez. Schnittkraft k_c beim Drehen

Werkstoff	spez. Schnittkraft k_c in N/mm² für die Spanungsdicke h in mm				
	0,1	0,16	0,3	0,5	0,8
E295 (St 50)	2995	2600	2130	1845	1605
C35E (Ck 35)	2700	2380	1990	1750	1540
C60E (Ck 60)	2805	2530	2185	1970	1775
9SMn28	1985	1820	1615	1485	1365
16MnCr5	2795	2425	1990	1725	1495

Spez. Schnittkraft $k_c \approx 1550 \text{ N/mm}^2$ (Tabelle 2)
Berechnung der Schnittkraft F_c
$F_c = k_c \cdot A = 1550 \text{ N/mm}^2 \cdot 1,6 \text{ mm}^2 = \textbf{2480 N}$
Berechnung der Antriebsleistung P_e

$$P_e = \frac{F_c \cdot v_c}{\eta} = \frac{2480 \text{ N} \cdot 366 \dfrac{\text{m}}{\text{min}}}{0,8 \cdot 60 \dfrac{\text{s}}{\text{min}}} = 18910 \dfrac{\text{N} \cdot \text{m}}{\text{s}} \approx \textbf{19 kW}$$

7 Wie groß sind die Schnittwerte für das Vordrehen einer rohen Welle aus C45E (Ck 45) mit beschichteten Hartmetall-Schneidplatten zu wählen?

Nach Tabelle 1 (Frage 6) ist für den Werkstoff C45E bei a_p = 4 mm und f = 0,63 mm eine Schnittgeschwindigkeit von 202 m/min zulässig. Wegen der Walzhaut muss die Schnittgeschwindigkeit auf 150 m/min herabgesetzt werden.

Tabelle 3: Korrekturfaktoren für Schnittgeschwindigkeits-Richtwerte

Einfluss auf Zerspanung	Korrekturfaktor
Schmiede-, Walz- oder Gusshaut	0,7 ... 0,8
Unterbrochener Schnitt	0,8 ... 0,9
Innendrehen	0,75 ... 0,85
Wenig stabiles Werkstück	0,8 ... 0,95
Sehr stabiles Werkstück	1,05 ... 1,2
Schlechter Maschinenzustand	0,8 ... 0,95
Sehr guter Maschinenzustand	1,05 ... 1,2

Tabelle 4: Zulässige Schneidenbelastung für Wendeschneidplatten

Schneidplatte Form mm	Größe l mm	Schnitttiefe a_p mm	Vorschub f mm	Schnittkraft F_c N
C	9	6	0,4	5 000
	12	8	0,6	10 000
	16	10	0,8	16 000
S	9	7	0,4	5 000
	12	9	0,6	10 000
	15	12	0,8	16 500
	19	14	1,0	23 000

Die Werte sind für eine wirtschaftliche Standzeit T = 15 min ermittelt. Für die verwendete Schneidplatte muss noch die zulässige Schneidenbelastung ermittelt werden (Tabelle 4). Außerdem sind die Leistungsfähigkeit der Maschine und die Stabilität der Einspannung zu überprüfen.

Ergänzende Fragen zu Grundlagen des Drehens

8 Wie kann die an der Drehmaschine einzustellende Drehzahl ermittelt werden?

Die Drehzahl wird aus der Schnittgeschwindigkeit und dem Werkstückdurchmesser errechnet oder aus einem Diagramm (Maschinentafel) entnommen.

$$n = \frac{v_c}{\pi \cdot d}$$

9 Welcher Unterschied besteht zwischen Runddrehen und Plandrehen?

Beim Runddrehen wird am Werkstück die Mantelfläche eines Zylinders, beim Plandrehen die ebene Deckfläche (Planfläche) des Zylinders erzeugt.

Bei beiden Verfahren kann die Vorschubrichtung längs oder quer zur Drehachse sein. Bevorzugt wird jedoch zum Runddrehen die Vorschubrichtung längs, zum Plandrehen quer zur Drehachse eingestellt.

10 Wodurch unterscheiden sich Formdrehen und Profildrehen?

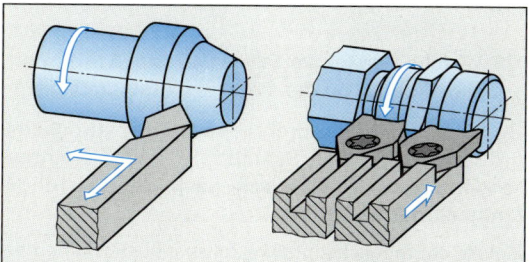

Beim Formdrehen wird die Kontur des Werkstücks durch die Steuerung der Vorschubrichtung erzeugt.

Beim Profildrehen wird die Form des Profilwerkzeuges auf der Werkstückoberfläche abgebildet. Der Vorschub ist längs oder quer zur Drehachse.

Die Vorschubsteuerung beim Formdrehen kann durch Einstellen an der Drehmaschine (Kegeldrehen), durch Nachformsteuerung oder durch numerische Steuerung des Vorschubs geschehen.

11 Wie werden die Drehverfahren nach der Lage der Bearbeitungsstelle unterteilt?

Man unterscheidet Außen- und Innendrehen.

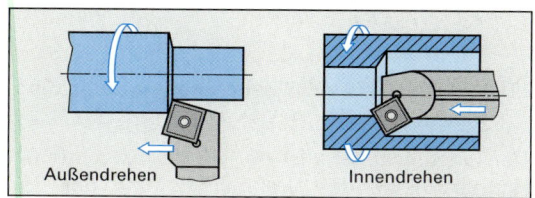

Außendrehen   Innendrehen

Im Gegensatz zum Bohren kann beim Innendrehen eine sehr kleine Lagetoleranz der Bohrungsmitte zur Außenfläche eingehalten werden.

12 Wonach richtet sich die Einstellung des Vorschubes beim Drehen?

Der Vorschub f in mm (mm je Umdrehung) wird in Abgängigkeit von der Leistungsfähigkeit der Drehmaschine und von der verlangten Oberflächengüte gewählt. Je größer der Vorschub ist, desto größer werden das Zeitspanungsvolumen Q und die Rautiefe R_t und desto kleiner wird die spezifische Schnittkraft k_c.

Daher wählt man zum Vordrehen einen möglichst großen Vorschub, zum Fertigdrehen einen Vorschub, mit dem sich die verlangte Oberflächengüte noch erreichen lässt.

13 Welche Folgen hat ein kleiner Einstellwinkel beim Längsdrehen?

Durch Vergrößerung der Spanungsbreite und Verringerung der Spanungsdicke wird die Standzeit des Drehmeißels erhöht.

Gleichzeitig steigt die Passivkraft an. Bei ausreichend stabilem Drehteil werden Einstellwinkel von 45° bis 75° gewählt.

14 Wodurch werden Form und Größe des Spanungsquerschnittes A bestimmt?

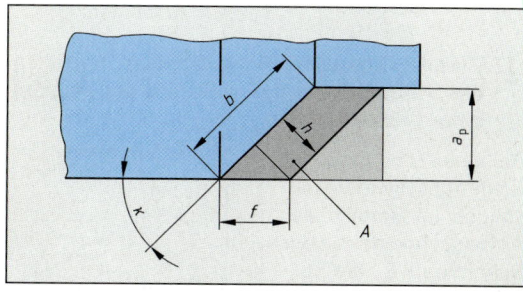

Die Form des Spanungsquerschnittes A wird durch den Einstellwinkel κ sowie durch das Verhältnis von Vorschub f und Schnitttiefe a_p bestimmt.

Die Größe des Spanungsquerschnittes kann aus dem Produkt von Vorschub mal Schnitttiefe berechnet werden. $A = a \cdot f$

Größe und Form des Spanungsquerschnittes haben wesentlichen Einfluss auf die Schnittkraft beim Drehen.

15 Was versteht man unter der spezifischen Schnittkraft k_c beim Drehen?

Die spezifische Schnittkraft k_c ist die Kraft, die zum Zerspanen eines Werkstoffes mit der Spanungsbreite $b = 1$ mm, dem Vorschub $f = 1$ mm und dem Einstellwinkel $\kappa = 90°$ erforderlich ist.

Aus der spezifischen Schnittkraft und dem Spanungsquerschnitt lässt sich die erforderliche Schnittkraft F_c errechnen.

16 Aus welchen Teilkräften setzt sich die Zerspankraft F zusammen?

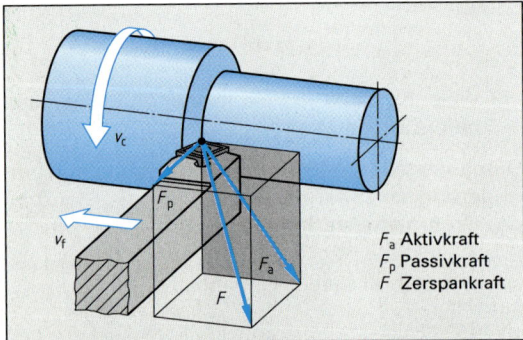

F_a Aktivkraft
F_p Passivkraft
F Zerspankraft

Die Zerspankraft F setzt sich aus der Passivkraft F_p und Aktivkraft F_a zusammen. Die Aktivkraft ist das Ergebnis aus dem Zusammenwirken von Vorschubkraft F_f und Schnittkraft F_c.

Den größten Anteil an der von der Maschine aufzubringenden Leistung hat dabei die Schnittkraft F_c.

17 Welcher Zusammenhang besteht zwischen der Schnittgeschwindigkeit und den Kräften beim Drehen?

Bei einer Erhöhung der Schnittgeschwindigkeit steigen im Bereich der Aufbauschneide die Schnittkraft F_c, die Vorschubkraft F_f und die Passivkraft F_p an. Bei einer weiteren Erhöhung gehen die Kräfte wieder zurück.

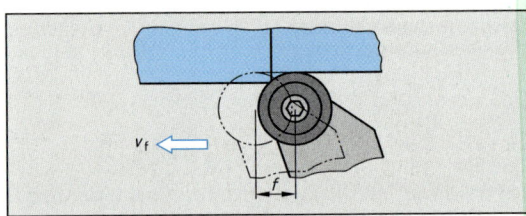

Die vorhandene Maschinenleistung lässt sich daher mit einer hohen Schnittgeschwindigkeit besser nutzen als mit niedriger Schnittgeschwindigkeit. Gleichzeitig werden Form- und Maßfehler geringer.

18 Wie wirkt sich die Schnittgeschwindigkeit beim Drehen auf die entstehende Rauheit der Werkstückoberfläche aus?

Je höher die Schnittgeschwindigkeit ist, desto geringer werden die Rauheitswerte an der Bearbeitungsfläche.

Besonders große Rauheitswerte erhält man im Bereich der Aufbauschneide. Diese Schnittgeschwindigkeit ist daher unbedingt zu vermeiden.

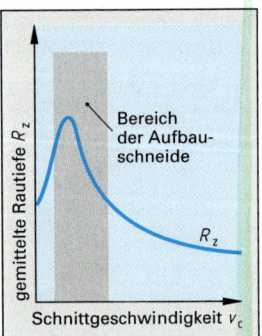

19 Welche Einstellwerte werden zum Schruppen (Vordrehen) an der Drehmaschine gewählt?

Geschruppt (vorgedreht) wird mit möglichst großem Vorschub. Schnitttiefe und Schnittgeschwindigkeit richten sich nach der Leistungsfähigkeit der Maschine.

Ziel ist, ein möglichst großes Zeitspanungsvolumen bei ausreichender Standzeit zu erreichen.

20 Was versteht man unter Breitschlichtdrehen?

Breitschlichtdrehen ist eine Schlichtbearbeitung mit sehr kleinem Einstellwinkel und großem Vorschub.

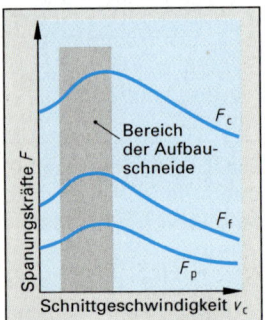

Wegen des kleinen Einstellwinkels entsteht eine große Passivkraft. Daher ist das Breitschlichtdrehen nur bei sehr stabilen Werkstücken möglich.

21 Was versteht man beim Drehen unter dem Einstellwinkel?

Der Einstellwinkel κ ist der Winkel zwischen der Hauptschneide des Drehmeißels und der Vorschubrichtung.

Durch den Einstellwinkel werden die Spanungsbreite b und die Spanungsdicke h verändert.

T124 Wie werden die Drehverfahren nach der Vorschubrichtung unterteilt?

a) Außendrehen und Innendrehen
b) Längsdrehen und Querdrehen
c) Runddrehen und Plandrehen
d) Runddrehen, Plandrehen, Formdrehen und Profildrehen
e) Wälzdrehen und Schraubdrehen

T125 Welchem Drehverfahren ist das Kegeldrehen zuzuordnen?

a) Runddrehen
b) Plandrehen
c) Schraubdrehen
d) Formdrehen
e) Profildrehen

T126 Welche Bezeichnung für die im Bild mit x und y eingetragenen Größen ist für das Querplandrehen richtig?

a) x ≙ Vorschub
   y ≙ Schnitttiefe
b) x ≙ Zustellung
   y ≙ Vorschub
c) x ≙ Schnitttiefe
   y ≙ Vorschub
d) x ≙ Spanungsbreite
   y ≙ Spanungsdicke
e) x ≙ Spanungsdicke
   y ≙ Vorschub

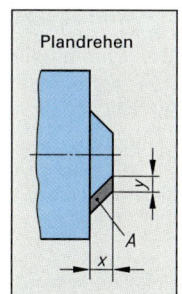

Plandrehen

A

T127 Welcher Einstellwinkel ist zum Drehen von dünnen, schlanken Drehteilen erforderlich?

a) 0°   b) 15°
c) 0° ... 45°   d) 30° ... 60°
e) 90°

T128 Welche Spanungsgrößen werden durch Veränderung des Einstellwinkels beeinflusst?

a) Schnitttiefe und Vorschub
b) Spanungsdicke und Schnitttiefe
c) Spanungsbreite und Schnitttiefe
d) Größe des Spanungsquerschnitts
e) Form des Spanungsquerschnitts

Drehwerkzeuge

Fragen aus Fachkunde Metall, Seite 144

1 Welche Schneidstoffe werden zum Drehen verwendet?

Zum Drehen verwendet man vorwiegend beschichtete Hartmetalle und Schneidkeramik.

Für kleine Werkzeuge wird noch Schnellarbeitsstahl angewandt, für schwierig zu zerspanende Werkstoffe kommen Diamant, Bornitrid und Siliciumnitrid zum Einsatz.

2 Weshalb sind zum Vordrehen große Eckenwinkel vorteilhaft?

Je größer der Eckenwinkel ist, desto geringer ist die Bruchgefahr bei hoher Schneidenbelastung.

Zum Vordrehen (Schruppen) werden meist Schneidplatten mit einem Eckenwinkel $\varepsilon \geq 80°$ eingesetzt.

3 Wie werden die Drehmeißel nach ihrer Schneidrichtung unterteilt?

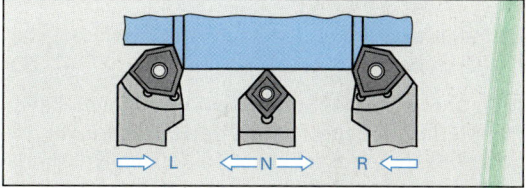

Man unterscheidet die Ausführungen R (rechtsschneidend), L (linksschneidend) und N (neutral).

4 Weshalb ist bei den meisten Dreharbeiten eine genaue Mittenlage der Drehmeißelschneide wichtig?

Bei dieser Einstellung haben Frei- und Spanwinkel ihre normale Größe und die Durchmesseränderung am Werkstück entspricht der 2-fachen Zustellung.

Beim Form- und Profildrehen bewirken Einstellungen außerhalb der Drehmitte Formfehler am Werkstück.

5 Welche Regeln gelten für das Spannen der Drehwerkzeuge?

Drehmeißel müssen kurz, fest und auf Werkstückmitte gespannt werden.

Wird dies nicht beachtet, so können Maß-, Form- und Oberflächenfehler am Werkstück entstehen.

6 Wie werden Wendeschneidplatten mit Bohrungen befestigt?

Die Schneidplatten werden mit Schrauben oder Klemmvorrichtungen befestigt.

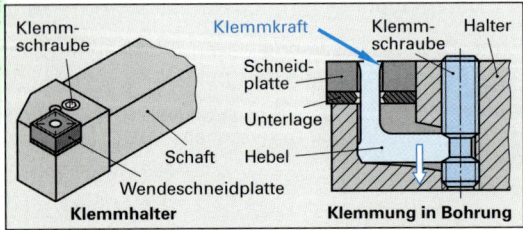

Klemmhalter   **Klemmung in Bohrung**

Ergänzende Fragen zu den Drehwerkzeugen

7 Warum ist die Schneidenecke des Drehmeißels gerundet?

Die Eckenrundung verringert die Rauheit der Werkstückoberfläche und die Bruchgefahr des Drehmeißels.

Die Wendeschneidplatten haben genormte Eckenrundungen von 0,4 bis 2,4 mm.

8 Welche Winkel unterscheidet man an der Drehmeißelschneide?

Man unterscheidet Span-, Keil- und Freiwinkel an Haupt- und Nebenschneide, den Eckenwinkel zwischen Haupt- und Nebenschneide, den Neigungswinkel und den Einstellwinkel.

9 Woran erkennt man einen rechten Drehmeißel?

Rechte Drehmeißel schneiden von rechts nach links, wenn sich das Drehwerkzeug vor der Drehmitte befindet, und von links nach rechts, wenn sich das Drehwerkzeug hinter der Drehmitte befindet.

Ist das Werkzeug nicht eingespannt, so liegt die Hauptschneide rechts, wenn der Schneidkopf zum Betrachter zeigt.

10 Worauf ist beim Programmieren eines Konturzuges zum Fertigdrehen zu achten?

Der Einstellwinkel des Drehmeißels ändert sich mit der Vorschubrichtung. Bei sehr kleinen Einstellwinkeln wird die Spanungsdicke zu gering, die Späne brechen nicht mehr und können zu Störungen führen.

Ein Einstellwinkel von 107° beim Längsdrehen geht beim Querdrehen auf 17° zurück.

11 Welchen Vorteil besitzen Drehmeißel mit einem Einstellwinkel von 107°?

Mit diesem Drehmeißel lässt sich die Kontur eines Werkstückes mit Fasen, Rundungen und Freistichen in einem Arbeitsgang fertigdrehen.

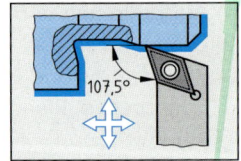

Wegen des kleinen Spitzenwinkels von 55° bis 35° sind die Schneidplatten für große Spanungsquerschnitte nicht geeignet.

12 Wozu werden Drehmeißel mit runden Wendeschneidplatten verwendet?

Sie dienen zum Breitschlichtdrehen und zum Formdrehen.

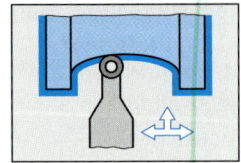

Die runde Form führt zu einer Glättung der bearbeiteten Fläche durch den großen Schneidenradius. Der Einstellwinkel ist in jeder Vorschubrichtung gleich groß.

13 Welcher Einstellwinkel ist zum Drehen rechtwinkliger Absätze erforderlich?

Der Einstellwinkel muss mindestens 90° sein, z.B. 90° bis 107°.

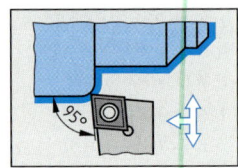

Mit Einstellwinkeln über 90°, z.B. 95°, lässt sich ein Absatz in einem Zug längs- und querdrehen.

14 Wie kann die Höhenlage der Drehmeißel eingestellt werden?

Die Höhenlage kann durch Unterlagen oder bei Schnellwechselhaltern mit Stellschrauben eingestellt werden.

Kontrolliert wird die Einstellung mit Hilfe der Zentrierspitze im Reitstock, einer Einstelllehre oder durch eine Plandrehprobe.

15 Welchen Einfluss hat die Eckenrundung eines Drehmeißels auf die theoretisch erreichbare Rautiefe?

Die theoretische Rautiefe R_{th} an der gedrehten Oberfläche lässt sich aus dem Vorschub f und der Eckenrundung r errechnen.

$$R_{th} = \frac{f^2}{8 \cdot r}$$

Die tatsächlich erreichbare Rautiefe ist, besonders bei kleinen Vorschüben, meist größer als die theoretische Rautiefe.

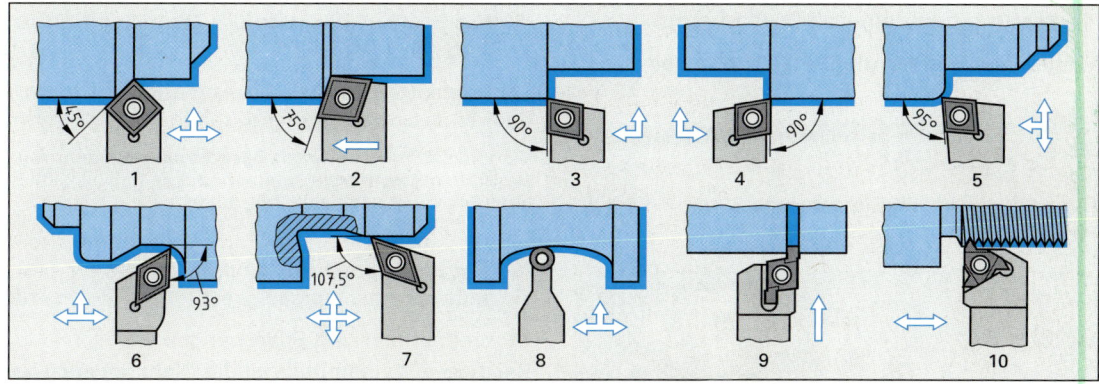

Bild zu den Testaufgaben T129 bis T136

T129 Welche Drehmeißel sind besonders zum Vordrehen mit großem Zeitspanungsvolumen geeignet (Bild oben)?

a) Nr. 1, Nr. 2, Nr. 6, Nr. 7
b) Nr. 1, Nr. 2, Nr. 8
c) Nr. 1, Nr. 2, Nr. 3, Nr. 4, Nr. 5
d) Nr. 6, Nr. 7, Nr. 8
e) Nr. 6, Nr. 7, Nr. 8, Nr. 9

T130 Welche Aussage zum Drehmeißel Nr. 2 ist richtig (Bild oben)? Der Drehmeißel ...

a) ist vorwiegend zum Schlichten (Fertigdrehen) geeignet
b) erreicht ein sehr großes Zeitspanungsvolumen
c) ist linksschneidend
d) ist zum Längs- und Querdrehen geeignet
e) ist nur zum Querdrehen geeignet

T131 Mit welchen Drehmeißeln lassen sich Formdreharbeiten ausführen (Bild oben)? Mit den Meißeln ...

a) Nr. 1, Nr. 2, Nr. 6, Nr. 7
b) Nr. 1, Nr. 2, Nr. 8
c) Nr. 5, Nr. 6, Nr. 7, Nr. 8
d) Nr. 6, Nr. 7, Nr. 8, Nr. 9
e) Nr. 1, Nr. 2, Nr. 9, Nr. 10

T132 Welcher Drehmeißel ist besonders zum Formdrehen geeignet (Bild oben)?

a) Nr. 1   b) Nr. 2
c) Nr. 3   d) Nr. 4
e) Keiner der genannten Drehmeißel

T133 Welche Aussage zum Drehmeißel Nr. 6 ist richtig (Bild oben)? Der Drehmeißel ...

a) ist vorwiegend rechtsschneidend
b) ist nur zum Querdrehen geeignet
c) ist nur zum Längsdrehen geeignet
d) ist geeignet zum Formdrehen von Konturen
e) wird meist zum Schruppen (Vordrehen) verwendet

T134 Welcher Drehmeißel ist besonders zum Breitschlichtdrehen geeignet (Bild oben)?

a) Nr. 1
b) Nr. 3
c) Nr. 5
d) Nr. 8
e) Keiner der genannten Drehmeißel

T135 Welcher Drehmeißel ist zum Einstechdrehen geeignet (Bild oben)?

a) Nr. 1
b) Nr. 5
c) Nr. 8
d) Nr. 9
e) Keiner der genannten Drehmeißel

T136 Welche Aussage zu den Drehmeißeln Nr. 6 und Nr. 7 ist richtig (Bild oben)? Die Drehmeißel ...

a) sind besonders zum Vordrehen (Schruppen) geeignet
b) erreichen ein großes Zeitspanungsvolumen
c) sind besonders zum Konturschruppen geeignet
d) sind besonders zum Konturschlichten geeignet
e) sind nur zum Querdrehen geeignet

Werkstückspannung und Dreharbeiten

Fragen aus Fachkunde Metall, Seite 154

1 Welche Drehteile werden im Dreibackenfutter gespannt?

Runde oder regelmäßig geformte 3- und 6-kantige Werkstücke.

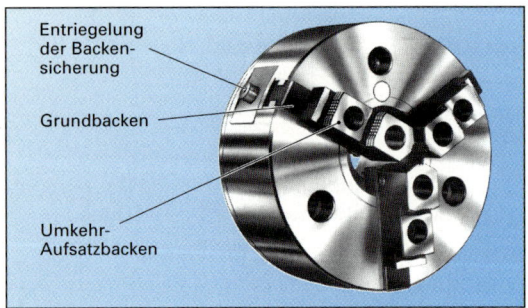

Entriegelung
der Backen-
sicherung

Grundbacken

Umkehr-
Aufsatzbacken

Dreibackenfutter sind auch zum Spannen von rundem Rohmaterial geeignet.

2 Wozu werden weiche Aufsatzbacken verwendet?

Mit weichen Aufsatzbacken werden Beschädigungen der Werkstücke vermieden. Durch Ausdrehen der Backen erreicht man eine sehr gute Rundlaufgenauigkeit und eine geringe Verformung der Werkstücke durch die Spannkraft.

Ein Absatz in der Ausdrehung ergibt einen Längsanschlag und erlaubt eine genaue Einhaltung der Drehlänge.

3 Welche Unfallverhütungsmaßnahmen sind beim Spannen im Dreibackenfutter zu beachten?

● Die Spannbacken dürfen nicht weit aus dem Futter vorstehen.
● Der Schlüssel des Drehmaschinenfutters ist immer abzuziehen.
● Längere Drehteile müssen mit der Zentrierspitze und evtl. mit dem Setzstock abgestützt werden.

4 Worauf ist beim Zentrieren zu achten?

Zentriert wird mit hoher Drehzahl, kleinem Vorschub und reichlich Schmierung.

Verwendet werden Zentrierbohrer, deren Profil der verlangten Form der Zentrierung entspricht.

5 Was ist beim Einsetzen der Zentrierspitzen zu beachten?

Zentrierspitzen und deren Aufnahmen sind vor dem Einsetzen sorgfältig zu reinigen.

Verunreinigungen bewirken, dass die eingestellten Werkstückdurchmesser nicht stimmen und beim Umspannen der Werkstücke Lagefehler entstehen.

6 Welche Spannmittel sind besonders für sehr hohe Drehzahlen geeignet?

Stirnmitnehmer und Spannzangen.

Bei diesen Spannmitteln ist die Fliehkraft auch bei hohen Drehzahlen gering, weil sie einen kleinen Durchmesser und eine geringe Masse haben.

Bei Backenfuttern werden bei hohen Drehzahlen die Backen durch die Fliehkraft nach außen gezogen; dadurch lässt die Spannkraft nach. Für sie muss daher ein Fliehkraftausgleich vorhanden sein.

7 Welche Drehteile werden auf Planscheiben gespannt?

Die Planscheibe dient zum Spannen großer und unregelmäßig geformter Werkstücke.

Nachteilig sind die Unwucht, die durch Gewichte ausgeglichen werden muss, die große Schwungmasse der Planscheibe und das zeitraubende Ausrichten der Drehteile.

8 Welche Einspannung wird gewählt, um bei einer beidseitig zu bearbeitenden Welle eine hohe Rundlaufgenauigkeit zu erzielen?

Die Werkstücke werden zwischen Spitzen gespannt.

Zum Spannen zwischen Spitzen müssen die Werkstücke beidseitig zentriert werden. Die Übertragung des Drehmoments erfolgt durch Mitnehmer.

9 In welche Richtung soll beim Längsdrehen die Vorschubkraft wirken?

Die Vorschubkraft soll möglichst in Richtung der Arbeitsspindel wirken.

Dadurch erreicht man, dass die Werkstücke aus Futtern nicht herausgezogen werden oder bei Stirnmitnehmern die Spannkraft verringert wird.

10 Welche Regeln gelten für das Spannen von Innendrehmeißeln?

Innendrehmeißel müssen so kurz wie möglich und genau auf Werkstückmitte gespannt werden.

Innendrehmeißel sind weniger stabil als Außendrehmeißel und neigen daher leicht zum Rattern.

11 Wie müssen Plandrehwerkzeuge gespannt werden?

Beim Plandrehen muss die Meißelschneide genau auf Werkstückmitte stehen.

Bei Einstellung unter Mitte bleibt ein Ansatz stehen, bei Einstellung über Mitte drückt der Drehmeißel.

12 Wie groß ist die Hauptnutzungszeit zum Plandrehen des Deckels in einem Schnitt mit $v_c = 400$ m/min, $f = 0,15$ mm und $l_a = 3$ mm (Schnittgeschwindigkeit konstant)?

Formeln:

$$L = \frac{d - d_1}{2} + l_a$$

$$d_m = \frac{d + d_1}{2}$$

$$t_h = \frac{\pi \cdot d_m \cdot L \cdot i}{n \cdot f}$$

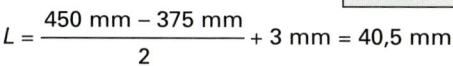

$$L = \frac{450 \text{ mm} - 375 \text{ mm}}{2} + 3 \text{ mm} = 40,5 \text{ mm}$$

$$d_m = \frac{450 \text{ mm} + 375 \text{ mm}}{2} = 412,5 \text{ mm}$$

$$\boldsymbol{t_h} = \frac{\pi \cdot 0,4125 \text{ m} \cdot 40,5 \text{ mm} \cdot 1}{400 \, \frac{m}{min} \cdot 0,15 \text{ mm}} = \boldsymbol{0,87 \text{ min}}$$

13 Eine Buchse soll allseitig in einem Schnitt mit $v_c = 110$ m/min und $f = 0,25$ mm überdreht werden. Wie groß ist die Hauptnutzungszeit bei einem An- und Überlauf von je 4 mm (Fasen bleiben unberücksichtigt, Schnittgeschwindigkeit konstant)?

Formeln:

$$L_{\text{längs}} = l + l_a + l_u;$$

$$L_{\text{plan}} = \frac{d - d_1}{2} + l_a + l_u$$

$$d_m = \frac{d + d_2}{2}$$

$$t_h = \frac{\pi \cdot d_m \cdot L \cdot i}{v_c \cdot f}$$

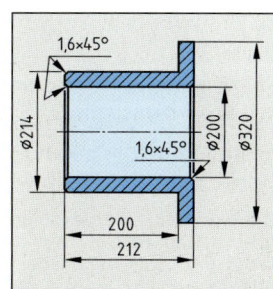

Plandrehen:

$$L_1 = \frac{320 \text{ mm} - 200 \text{ mm}}{2} + 2 \cdot 4 \text{ mm} = 68 \text{ mm}$$

$$L_2 = \frac{320 \text{ mm} - 214 \text{ mm}}{2} + 4 \text{ mm} = 57 \text{ mm}$$

$$L_3 = \frac{214 \text{ mm} - 200 \text{ mm}}{2} + 2 \cdot 4 \text{ mm} = 15 \text{ mm}$$

$$d_{m1} = \frac{320 \text{ mm} + 200 \text{ mm}}{2} = 260 \text{ mm} = 0,26 \text{ m}$$

$$d_{m2} = \frac{320 \text{ mm} + 214 \text{ mm}}{2} = 267 \text{ mm} = 0,267 \text{ m}$$

$$d_{m3} = \frac{214 \text{ mm} + 200 \text{ mm}}{2} = 207 \text{ mm} = 0,207 \text{ m}$$

$$t_{h1} = \frac{\pi \cdot 0,26 \text{ m} \cdot 68 \text{ mm} \cdot 1}{110 \, \frac{m}{min} \cdot 0,15 \text{ mm}} = 3,37 \text{ min}$$

$$t_{h2} = \frac{\pi \cdot 0,267 \text{ m} \cdot 57 \text{ mm} \cdot 1}{110 \, \frac{m}{min} \cdot 0,15 \text{ mm}} = 2,9 \text{ min}$$

$$t_{h3} = \frac{\pi \cdot 0,207 \text{ m} \cdot 11 \text{ mm} \cdot 1}{110 \, \frac{m}{min} \cdot 0,15 \text{ mm}} = 0,43 \text{ min}$$

Längsdrehen:

$$L_4 = 212 \text{ mm} + 2 \cdot 4 \text{ mm} = 220 \text{ mm}$$

$$L_5 = 200 \text{ mm} + 4 \text{ mm} = 204 \text{ mm}$$

$$L_6 = 12 \text{ mm} + 2 \cdot 4 \text{ mm} = 20 \text{ mm}$$

$$t_{h4} = \frac{\pi \cdot 0,2 \text{ m} \cdot 220 \text{ mm} \cdot 1}{110 \, \frac{m}{min} \cdot 0,15 \text{ mm}} = 8,38 \text{ min}$$

$$t_{h5} = \frac{\pi \cdot 0,214 \text{ m} \cdot 204 \text{ mm} \cdot 1}{110 \, \frac{m}{min} \cdot 0,15 \text{ mm}} = 8,31 \text{ min}$$

$$t_{h6} = \frac{\pi \cdot 0,32 \text{ m} \cdot 20 \text{ mm} \cdot 1}{110 \, \frac{m}{min} \cdot 0,15 \text{ mm}} = 1,22 \text{ min}$$

$$\begin{aligned} \boldsymbol{t_h} &= 3,37 \text{ min} + 2,9 \text{ min} + 0,43 \text{ min} + 8,38 \text{ min} \\ &\quad + 8,31 \text{ min} + 1,22 \text{ min} \\ &= \boldsymbol{24,61 \text{ min}} \end{aligned}$$

14 Ein Sonderbohrwerkzeug soll einen Werkzeugkegel (Morsekegel) MK-B4 erhalten. Wie groß sind die Kegelmaße (Tabellenbuch) und die Reitstockverstellung? Ist diese Reitstockverstellung noch zulässig?

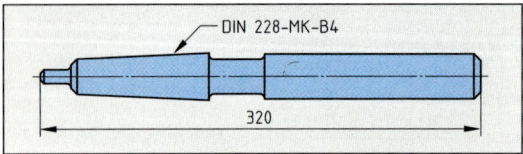

Kegelmaße (Tabellenbuch)

D = 31,6 mm; d = 25,9 mm; L = 124 mm

$$V_R = \frac{D - d}{2 \cdot L} \cdot L_w = \frac{31,6\ \text{mm} - 25,9\ \text{mm}}{2 \cdot 124\ \text{mm}} \cdot 320\ \text{mm}$$

$$= 7,355\ \text{mm}$$

$$V_{Rmax} = \frac{L_w}{50} = \frac{320\ \text{mm}}{50} = 6,4\ \text{mm}$$

Eine Reitstockverstellung um 7,355 mm ist nicht zulässig. Es ist ein anderes Kegeldrehverfahren zu wählen.

15 Welche Möglichkeiten des Kegeldrehens gibt es auf Universaldrehmaschinen?

Kegel können auf Universaldrehmaschinen durch Einstellen des Oberschlittens, mit Hilfe eines Leitlineals oder durch Verstellen des Reitstocks gefertigt werden.

16 Wie müssen Gewindedrehmeißel eingestellt werden?

Gewindedrehmeißel müssen genau auf Werkstückmitte und rechtwinklig zur Drehachse eingestellt werden.

Eine ungenaue Einstellung des Gewindedrehmeißels führt zu Formfehlern an den Gewindeflanken.

17 Womit wird beim Gewindedrehen der Vorschub erzeugt?

Der Vorschub beim Gewindedrehen erfolgt durch Wechselräder, Leitspindel und Schlossmutter.

Die Größe des Vorschubs muss in einem genauen Verhältnis zur Werkstückumdrehung stehen. Daher sind Keilriemen und Rutschkupplungen beim Vorschubantrieb nicht zulässig.

18 Welche Regeln gelten für das Spannen von Profildrehmeißeln?

Profildrehmeißel müssen genau auf Werkstückmitte gespannt werden.

Eine falsche Einstellung führt zur Verzerrung des Werkstückprofils.

19 Was ist beim Rändeln zu beachten?

Zum Rändeln wählt man eine niedrige Drehzahl, einen großen Vorschub und verwendet reichlich Kühlschmierung.

Beim Rändeln wird die Werkstückoberfläche durch die Rändelräder spanlos umgeformt.

20 Für die Fertigung der Buchse (Aufgabe 13, Seite 73) ist ein Arbeitsplan zu erstellen. Das Rohteil ist ein Rohrabschnitt mit D = 330 mm, d = 180 mm, L = 220 mm.

Arbeitsplan				
Werkstück: Buchse		**Werkstoff:** GG-20		
Nr.	Bezeichnung	v_c m/min	f mm	a_p mm
1	Spannen: Dreibackenfutter mit innengestuften Backen			
2	Plandrehen	110	0,15	1
3	Vordrehen innen auf ⌀ 199	80	0,3	4,75
4	Fertigdrehen innen	110	0,1	0,5
5	Drehen Fase innen	110	0,1	–
6	Werkstück umspannen: Spreizdorn ⌀ 200			
7	Plandrehen auf Fertiglänge	110	0,15	2
8	Vordrehen außen	80	0,8	5
9	Fertigdrehen außen	150	0,1	0,5
10	Fasen drehen	110	0,1	–

Ergänzende Fragen zur Werkstückspannung und zu Dreharbeiten

21 Welche Teile werden in die Pinole des Reitstocks gespannt?

Feste und mitlaufende Zentrierspitzen sowie Bohr-, Senk- und Reibwerkzeuge.

Die Werkzeuge werden in den Innenkegel der Pinole eingesetzt. Der Reitstock ist auf dem Drehmaschinenbett längs und quer verstellbar, die Pinole kann von Hand oder hydraulisch längs verschoben werden.

22 Wie können die Backen der Spannfutter bewegt werden?

Die Backenbewegung kann durch Planspiralen, Keilstangen oder Keilhaken erfolgen.

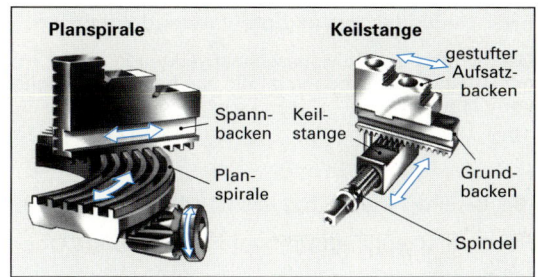

Planspiralen ergeben geringere Spannkräfte und schlechteren Rundlauf als Keilstangen. Keilhaken werden vorwiegend für Kraftspannfutter verwendet.

23 Die Bohrung eines Stehlagers soll parallel zu der ebenen Unterseite ausgedreht werden. Wie kann dieses Teil hierzu auf der Drehmaschine gespannt werden?

Die Spannung kann mit Hilfe eines Spannwinkels auf der Planscheibe erfolgen.

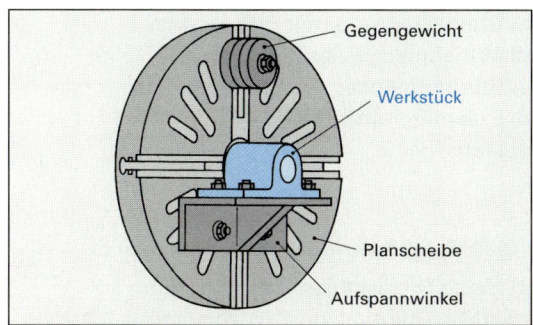

Die Planscheibe besitzt T-Nuten zur Befestigung von Spannschrauben und vier einzeln verstellbare und abnehmbare Backen.

24 Welche Zentrierspitzen eignen sich zum Drehen schnell rotierender oder schwerer Werkstücke?

Hierzu eignen sich mitlaufende Zentrierspitzen.

Bei mitlaufenden Zentrierspitzen besteht keine Reibung und damit keine Erwärmung oder Abnutzung zwischen Zentrierspitze und Zentrierbohrung.

25 In welchen Fällen werden Zentrierungen mit Schutzsenkung angewendet?

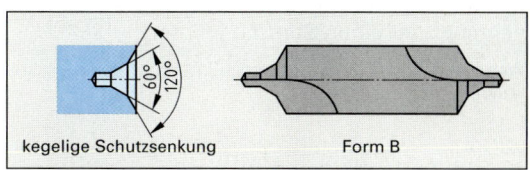

Schutzsenkungen sind erforderlich, wenn die Stirnflächen zwischen Spitzen plangedreht oder die Zentrierungen vor Beschädigungen geschützt werden sollen.

Die Schutzsenkung ist meist eine kegelige Senkung mit einem Winkel von 120°.

26 Für welche Arbeiten ist der feststehende Setzstock erforderlich?

Der feststehende Setzstock wird für die Enden- und Innenbearbeitung längerer Teile sowie zum Abstützen langer und schwerer Wellen beim Überdrehen verwendet.

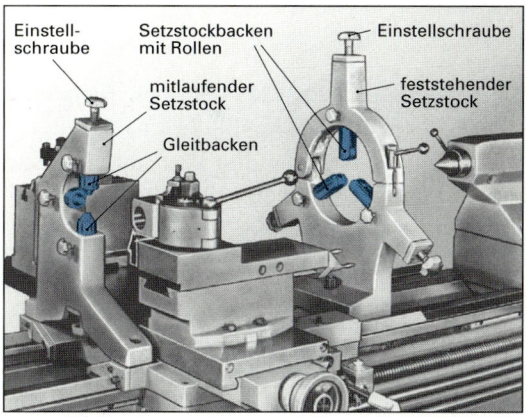

In diesen Fällen ist die Führung des Werkstückes mit der Zentrierspitze nicht möglich oder nicht ausreichend.

27 Für welche Arbeiten ist der mitlaufende Setzstock zu verwenden?

Der mitlaufende Setzstock wird zum Stützen langer und dünner Wellen beim Längsdrehen verwendet.

Der mitlaufende Setzstock wird auf dem Bettschlitten befestigt und stützt das Werkstück gegen das Abdrängen durch die Passivkraft.

28 Wodurch erfolgt die Mitnahme des Werkstücks beim Drehen zwischen den Spitzen?

Die Mitnahme erfolgt durch einen Sicherheitsmitnehmer oder einen Stirnmitnehmer.

Wegen der Unfallgefahr dürfen Mitnehmer keine vorstehenden Teile besitzen.

29 Für welche Kegelformen ist das Schwenken des Oberschlittens geeignet?

Das Schwenken des Oberschlittens wird für kurze Kegel mit beliebigem Einstellwinkel angewandt.

Der Oberschlitten ist um 360° schwenkbar. Seine Führung und damit der Vorschubweg ist relativ kurz und meist nur von Hand zu betätigen.

30 Welche Kegelformen können mit Hilfe des Leitlineals gedreht werden?

Das Leitlineal kann für Kegel mit einem Einstellwinkel bis zu 20° und mit beliebiger Länge verwendet werden.

Der Vorschub erfolgt über die Zugspindel mit dem Bettschlitten, das Leitlineal führt den Planschlitten schräg zur Drehachse.

31 Bis zu welchem Maß ist eine Reitstockverstellung zulässig?

Die Reitstockverstellung darf höchstens 2% bzw. $1/50$ der Werkstücklänge betragen.

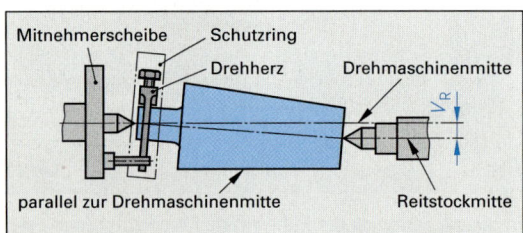

Größere Verstellung führt zu einer Beschädigung der Zentrierspitze und der Zentrierbohrung. Mit Zentrierungen der Form R ist die Führung des Werkstücks besser als mit normalen Zentrierungen.

32 Für welche Arbeiten benutzt man Drehdorne?

Drehdorne benutzt man meist für Werkstücke, bei denen ein Umspannen erforderlich ist und Außenflächen genau mit Bohrungen laufen müssen.

Es werden feste und verstellbare Drehdorne (Spanndorne) verwendet.

33 Welche Werkzeuge können zum Gewindeschneiden auf Drehmaschinen verwendet werden?

Für Innengewinde können Gewindebohrer, für Außengewinde Schneideisen, Schneidkluppen oder Gewindeschneidköpfe verwendet werden.

Die Führung der Gewindeschneidwerkzeuge erfolgt mit der Reitstockpinole oder mit Hilfe von besonderen Haltevorrichtungen.

34 Welchen Zweck hat das Rändeln?

Rändeln erzeugt auf Drehteilen eine griffige Oberfläche.

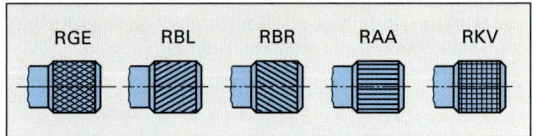

Die Fertigung der Rändel geschieht meist durch spanlose Umformung mit Rändelrädern.

T137 Welche Spanneinrichtung an der Drehmaschine besitzt einzeln verstellbare Stufenbacken und Nuten für Spannschrauben?

a) Dreibackenfutter mit Plangewinde

b) Mitnehmerscheibe

c) Stirnmitnehmer

d) Exzenterdrehkopf

e) Planscheibe

T138 Beim Zentrieren verwendet man ...

a) kleine Drehzahl, großen Vorschub

b) große Drehzahl, großen Vorschub

c) große Drehzahl, kleinen Vorschub

d) kleine Drehzahl, kleinen Vorschub

e) große Drehzahl, kleine Zustellung

T139 Eine Zentrierbohrung mit Schutzsenkung ist erforderlich bei ...

a) verschmutzter Zentrierspitze

b) Kegeldreharbeiten

c) Schrupparbeiten

d) Verwendung einer festen Zentrierspitze

e) nicht ebener Stirnfläche

T140 Ein feststehender Setzstock ist erforderlich zum ...

a) Drehen einer langen Gewindespindel

b) Kegeldrehen durch Oberschlittenverstellung

c) Ausdrehen einer Bohrung am Ende eines langen Werkstücks

d) Drehen scheibenförmiger Werkstücke

e) Drehen einer kurzen Gewindespindel

T141 Ein Stirnmitnehmer hat den Vorteil, dass ...

a) das Werkstück nicht beschädigt wird

b) das Werkstück ohne Umspannen auf der ganzen Länge überdreht werden kann

c) auch bei schweren Schnitten eine einfache Zentrierspitze in der Reitstockpinole ausreicht

d) auf Zentrierbohrungen verzichtet werden kann

e) eine halbe Zentrierspitze im Reitstock ausreicht

T142 Welche Behauptung zu dem abgebildeten Spannmittel ist richtig?

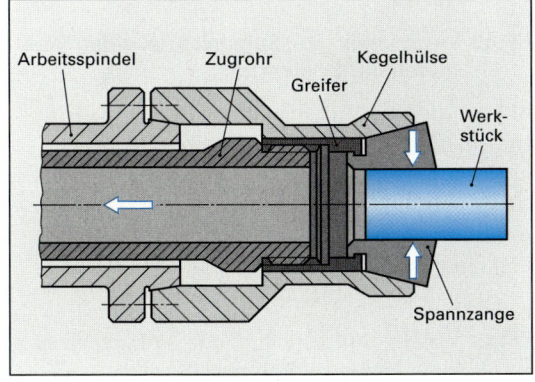

a) Es können runde, drei- und sechseckige Werkstücke gespannt werden

b) Die Spanneinrichtung ist für blanke und rohe Rundteile geeignet

c) Der Spannvorgang lässt sich nicht automatisieren

d) Die Spanneinrichtung ist für sehr hohe Spindeldrehzahlen verwendbar

e) Die erzielbare Rundlaufgenauigkeit ist gering

T143 Welche Aussage zum Plandrehen ist richtig?

a) Die Höhe der Werkzeugschneide muss genau auf Werkstückmitte stehen

b) Zum Schruppen ist eine Einstellung bis zu 2% über Mitte zulässig

c) Der Vorschub muss stets von außen in Richtung Drehmitte erfolgen

d) Der Vorschub muss stets von innen nach außen erfolgen

e) Bei konstanter Drehzahl ist auch die Schnittgeschwindigkeit gleich bleibend

T144 In welchem der Bilder ist ein Links-Rechts-Rändel (Form RGE) abgebildet?

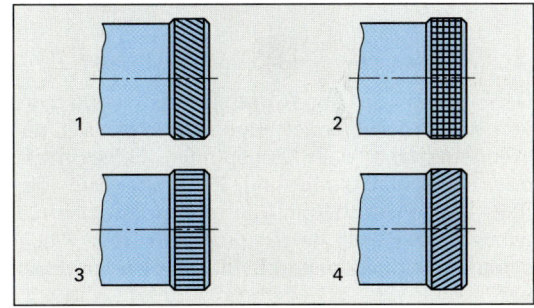

a) Bild 1   b) Bild 2

c) Bild 3   d) Bild 4

e) In keinem der Bilder

Universaldrehmaschine

Fragen aus Fachkunde Metall, Seite 157

1 Welches sind die Hauptbaugruppen einer Universaldrehmaschine?

Die Hauptbaugruppen sind Gestell, Drehmaschinenbett, Spindelstock, Werkzeugschlitten und Reitstock.

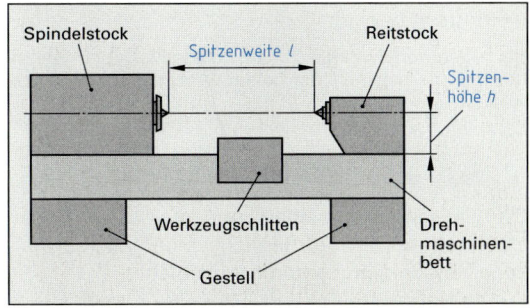

Das Drehmaschinenbett ruht auf dem Gestell und trägt auf seinen Führungsbahnen die übrigen Baugruppen.

2 Wie muss die Arbeitsspindel gelagert sein?

Die Lagerung der Arbeitsspindel muss besonders stabil und spielfrei sein.

Hierzu dienen kräftige, nachstellbare Präzisionswälzlager, die regelmäßig auf richtige Einstellung und Vorspannkraft überprüft werden müssen.

3 Aus welchen Baugruppen besteht der Werkzeugschlitten?

Der Werkzeugschlitten besteht aus Schlosskasten, Bettschlitten, Planschlitten, Oberschlitten und Spannvorrichtung.

Der Werkzeugschlitten ermöglicht den Längs- und Quervorschub der Werkzeuge beim Drehen.

4 Wie erfolgt der Antrieb des Vorschubs?

Der Antrieb für Längs- und Quervorschub wird von der Arbeitsspindel abgeleitet und über das Wendegetriebe über Zugspindel, Fallschnecke oder Rutschkupplung und Zahnräder auf den Bett- oder Planschlitten übertragen. Für das Gewindedrehen wird der Bettschlitten über Wechselräder, Leitspindel und Schlossmutter angetrieben.

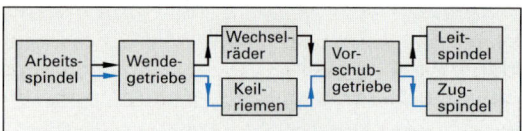

Fallschnecke oder Rutschkupplung dienen als Überlastungsschutz für den Längs- und Quervorschub. Der Antrieb beim Gewindedrehen muss schlupffrei erfolgen.

5 Wodurch unterscheiden sich Zug- und Leitspindel?

Die Zugspindel ist eine glatte Welle mit Längsnut oder Sechskantprofil, die Leitspindel eine Trapezgewindespindel.

Bei modernen Drehmaschinen wird teilweise ein Kugelgewindetrieb anstelle der beiden Vorschubspindeln verwendet.

6 Welche Aufgabe hat die Fallschnecke?

Die Fallschnecke sichert den Vorschub gegen Überlastung und ermöglicht eine Wegbegrenzung des Vorschubs durch Anschläge.

Beim Erreichen einer einstellbaren Höchstkraft springt die Fallschnecke aus dem Schneckenrad heraus und unterbricht den Vorschubantrieb.

7 Wozu dient der Reitstock?

Der Reitstock dient zum Stützen langer Drehteile, zur Aufnahme von Bohrwerkzeugen und zum Kegeldrehen.

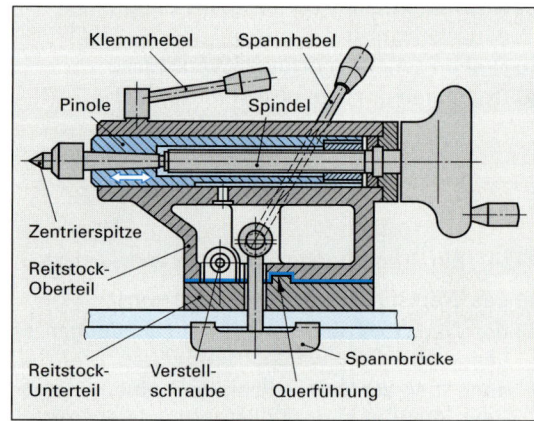

In den Werkzeugkegel der Reitstockpinole können Zentrierspitzen oder Bohrwerkzeuge eingesetzt werden. Er kann auf den Führungen des Drehmaschinenbettes verschoben und festgeklemmt sowie seitlich verstellt werden.

Ergänzende Fragen zur Universaldrehmaschine

T145 Wozu dient der Spindelstock einer Drehmaschine? Er dient zur ...

a) Lagerung der Arbeitsspindel

b) Lagerung von Leit- und Zugspindel

c) Unterstützung einer langen Spindel beim Gewindedrehen

d) Aufnahme einer mitlaufenden Zentrierspitze

e) Aufnahme von Werkstücken

T146 Welche Aufgabe hat das Wendegetriebe einer Universaldrehmaschine?

a) Umkehr der Spindeldrehrichtung

b) Umkehr der Vorschubrichtung nur beim Längsdrehen

c) Umkehr der Vorschubrichtung nur beim Querdrehen

d) Umkehr der Vorschubrichtung nur beim Gewindedrehen

e) Umkehr der Vorschubrichtung beim Längs-, Quer- und Gewindedrehen

T147 Wozu wird die Schlossmutter verwendet?

a) Vorschubantrieb beim Gewindedrehen

b) Vorschubantrieb beim Längsdrehen

c) Vorschubantrieb beim Querdrehen

d) Verriegelung des Revolverkopfs

e) Sicherung des Vorschubs gegen Überlastung

Weitere Drehmaschinen

Fragen aus Fachkunde Metall, Seite 161

1 Welche Drehteile lassen sich vorteilhaft auf numerisch gesteuerten Drehmaschinen bearbeiten?

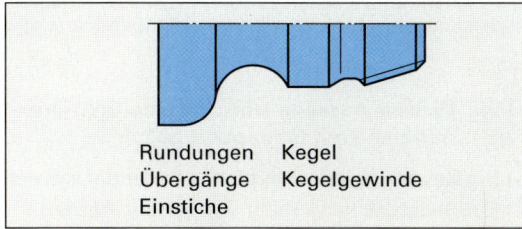

Rundungen Kegel
Übergänge Kegelgewinde
Einstiche

Herstellbar sind Drehteile auch mit nicht zylindrischen Formen, wie Kegel, Profileinstiche oder Rundungen.

Diese Formen sind ohne Umrüstung der Maschine und ohne besondere Profilwerkzeuge durch die Bahnsteuerung der Vorschübe herstellbar.

2 Warum muss der Arbeitsraum von CNC-Drehmaschinen geschlossen werden können?

Die völlig geschlossene Verkleidung ist wegen der hohen Drehzahlen zum Schutz vor herausfliegenden Spänen und spritzender Kühlschmierflüssigkeit erforderlich.

Ein Sensor verhindert das Einschalten der Maschine bei offener Schutzverkleidung.

3 Wozu wird bei CNC-Drehmaschinen die Hydraulik verwendet?

Die Hydraulik wird meist zum Spannen der Werkstücke in Kraftspannfuttern, zum Bewegen von Reitstock und Lünette sowie zum Werkzeugwechsel (Revolverkopf) verwendet.

Zur Erzeugung eines einstellbaren Hydraulikdruckes ist an der Maschine ein Hydraulikaggregat erforderlich.

4 Wie wird die Arbeitsspindel von CNC-Drehmaschinen angetrieben?

Zum Antrieb von CNC-Drehmaschinen dienen Gleichstrommotore oder frequenzgeregelte Drehstrommotore. Der Antriebsmotor der Arbeitsspindel muss stufenlos regelbar sein und eine hohe Leistung bereitstellen.

Mit stufenlosen Antrieben kann die jeweils günstigste Schnittgeschwindigkeit eingestellt werden.

5 Wie sind die Führungen bei Schrägbettmaschinen angeordnet?

Die Führungen liegen hinter der Drehachse und sind schräg angeordnet. Es sind meist kunststoffbeschichtete Flachführungen, die mit einer Abdeckung versehen sind.

Die Anordnung ermöglicht einen ungehinderten Zugang zum Arbeitsraum und bewirkt einen guten Abfluss der Späne.

6 Weshalb ist die Drehrichtung der Arbeitsspindel bei Schrägbettmaschinen meist nicht im Uhrzeigersinn?

Wenn die Werkzeuge hinter Drehmitte mit ihrer Schneide nach oben eingespannt sind, muss die Drehrichtung gegen den Uhrzeigersinn sein.

In Ausnahmefällen, z.B. beim Gewindedrehen und Gewindebohren, muss die Drehrichtung umgekehrt werden.

7 Welche Bearbeitungsmöglichkeiten bieten angetriebene Werkzeuge bei CNC-Maschinen?

Drehteile können in einer Einspannung zusätzlich mit Nuten, Querbohrungen, Lochkreisen und Anfräsungen versehen werden.

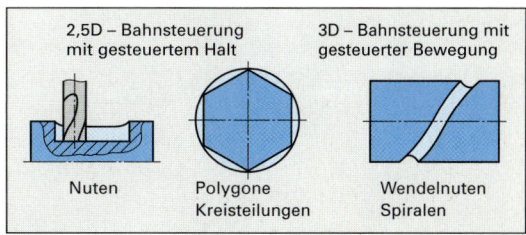

2,5D – Bahnsteuerung mit gesteuertem Halt

3D – Bahnsteuerung mit gesteuerter Bewegung

Nuten   Polygone Kreisteilungen   Wendelnuten Spiralen

Damit kann vielfach die Bearbeitung auf weiteren Maschinen eingespart werden (Komplettbearbeitung).

8 Welcher Unterschied besteht beim Vorschub-antrieb zwischen CNC-Drehmaschinen und Universaldrehmaschinen?

CNC-Drehmaschinen besitzen für jede Vorschub-richtung einen gesteuerten Antriebsmotor. Bei Universaldrehmaschinen wird der Vorschuban-trieb von der Hauptspindel abgeleitet.

Durch die gleichzeitige Steuerung von Längs- und Quer-vorschub einer CNC-Drehmaschine lassen sich ohne Umrüstung und mit einfachen Werkzeugen Kegel, Run-dungen und Kugeln fertigen.

9 Wie können Drehautomaten gesteuert wer-den?

Die Steuerung von Drehautomaten kann mecha-nisch, hydraulisch oder numerisch erfolgen.

Mechanische Drehautomaten besitzen meist mehrere Werkzeugschlitten und werden nur in der Großserienfer-tigung verwendet.

10 Was versteht man unter Frontdrehmaschi-nen?

Bei Frontdrehmaschinen sind die Bedienungsele-mente gegenüber der Planseite der Drehteile an-geordnet. Sie besitzen keinen Reitstock. Bei großen Frontdrehmaschinen ist das Maschinen-bett quer zur Drehachse angeordnet.

11 Wozu dienen Karusselldrehmaschinen?

Auf Karusselldrehmaschinen werden große, sper-rige Werkstücke bearbeitet, die sich an Maschinen mit horizontaler Spindel nur schwer spannen und ausrichten lassen.

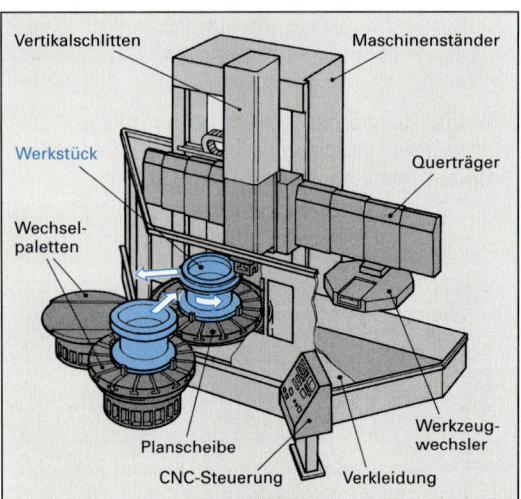

Vertikalschlitten — Maschinenständer — Werkstück — Querträger — Wechsel-paletten — Planscheibe — CNC-Steuerung — Verkleidung — Werkzeug-wechsler

Ergänzende Fragen zu Drehmaschinen

12 Welche Konstruktionsmerkmale weisen CNC-Drehmaschinen auf?

CNC-Drehmaschinen haben eine besonders stabi-le Konstruktion, hohe Antriebsleistung mit stufen-loser Drehzahlregelung, regelbare Vorschuban-triebe, einen geschlossenen Arbeitsraum und einen Mehrfachhalter für Drehwerkzeuge.

Für die Steuer- und Regelaufgaben wird die CNC-Steue-rung zusammen mit einer Hydraulikanlage verwendet.

13 Welche Vorteile besitzen Drehautomaten?

Der Fertigungsablauf erfolgt selbsttätig. Meist sind mehrere Werkzeuge gleichzeitig im Eingriff.

Die Steuerung des Ablaufes kann mechanisch, hydrau-lisch, pneumatisch, elektrisch oder elektronisch erfolgen.

T148 Welche Aussage trifft für eine CNC-Dreh-maschine mit Schrägbett zu?

a) Ein Revolverkopf kann nicht verwendet werden

b) Ein Reitstock kann nicht verwendet werden

c) Der Arbeitsraum ist schwer zugänglich

d) Der Spanabfluss wird behindert

e) Die Werkzeuge sind hinter der Drehmitte ange-ordnet

T149 Welche Aussage über Karusselldreh-maschinen ist richtig? Karusselldrehma-schinen ...

a) besitzen eine waagerechte Arbeitsspindel

b) sind besonders für hohe Drehzahlen geeignet

c) besitzen mehrere Arbeitsspindeln

d) sind besonders für große, sperrige Werkstücke geeignet

e) können nicht mit CNC-Steuerungen ausgestat-tet werden

T150 Welche Aussage über eine Frontdrehma-schine ist richtig? Frontdrehmaschinen ...

a) dienen zum Drehen langer, schlanker Drehteile

b) werden von der Planseite der Werkstücke aus bedient

c) besitzen stets mehrere Arbeitsspindeln

d) sind besonders lang

e) sind nur zum Querdrehen geeignet

2.8.5 Fräsen

Zerspanungsgrößen

Fragen aus Fachkunde Metall, Seite 167

1 Welche Wirkungen ergeben sich aus dem unterbrochenen Schnitt beim Fräsen?

Durch den unterbrochenen Schnitt schwanken die Schnittkraft und die Temperatur an der Fräserschneide.

Jede Schneide ist nur bei einem Teil einer Fräserumdrehung im Eingriff.

2 Warum sollte eine möglichst große Schnittgeschwindigkeit gewählt werden?

Hohe Schnittgeschwindigkeiten ergeben kleine Schnittkräfte, hohe Oberflächengüten und ein großes Zeitspanungsvolumen.

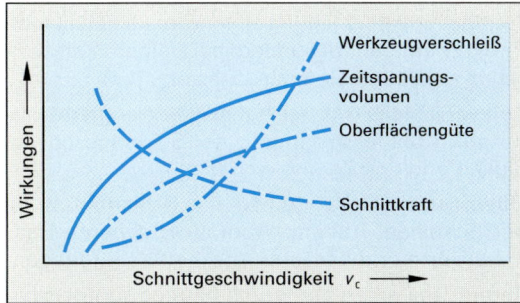

Nachteilig ist der größere Werkzeugverschleiß.

3 Wie ermittelt man die Vorschubgeschwindigkeit v_f?

Die Vorschubgeschwindigkeit beim Fräsen wird aus dem Zahnvorschub f_z, der Zähnezahl z und der Drehzahl n des Fräsers berechnet.

$$v_f = f_z \cdot z \cdot n$$

Die Vorschubgeschwindigkeit wird in mm/min angegeben und an der Maschine eingestellt.

4 Warum dürfen die Richtwerte für den Zahnvorschub f_z nicht überschritten werden?

Mit der Vergrößerung des Zahnvorschubs wachsen Spanungsdicke und Schnittkraft und damit der Werkzeugverschleiß.

Richtwerte für den Zahnvorschub können Tabellen entnommen werden.

5 Mit einem Fräskopf mit Hartmetall-Wendeschneidplatten (d = 100 mm; z = 8) soll ein 80 mm breites Werkstück aus 1C45 (C45) geschlichtet werden (v_c = 300 m/min; f_z = 0,1 mm). Wie groß sind n, f, v_f, z_e und Q, wenn a_p = 3 mm beträgt?

$$n = \frac{v_c}{\pi \cdot d} = \frac{300 \text{ m/min}}{\pi \cdot 0{,}1 \text{ m}} = \textbf{955/min}$$

$$f = f_z \cdot z = 0{,}1 \text{ mm} \cdot 8 = \textbf{0,8 mm}$$

$$v_f = f_z \cdot z \cdot n = 0{,}1 \text{ mm} \cdot 8 \cdot 955 \text{ / min} = \textbf{764 mm/min}$$

$$\sin \frac{\varphi_s}{2} = \frac{a_e}{d} = \frac{80 \text{ mm}}{100 \text{ mm}} = 0{,}8; \ \varphi_s = \textbf{106,3°}$$

$$z_e = \frac{\varphi_s \cdot z}{360°} = \frac{106{,}3° \cdot 8}{360°} = \textbf{2,4}$$

$$Q = a_p \cdot a_e \cdot v_f = 3 \text{ mm} \cdot 80 \text{ mm} \cdot 764 \frac{\text{mm}}{\text{min}} = \textbf{183,4} \frac{\textbf{cm}^3}{\textbf{min}}$$

Fräsverfahren, Fräswerkzeuge und Fräsarbeiten ZP

Fragen aus Fachkunde Metall, Seite 176

1 Wie unterscheidet sich das Umfangs-Planfräsen vom Stirn-Planfräsen?

Beim Umfangs-Planfräsen liegt die Fräserachse parallel zur Bearbeitungsfläche, beim Stirn-Planfräsen steht sie senkrecht dazu.

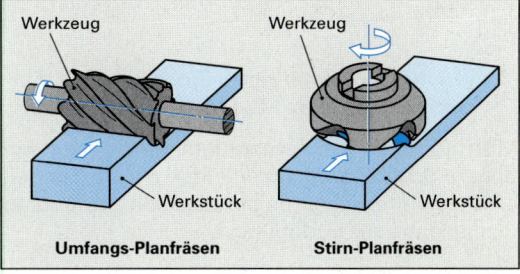

Umfangs-Planfräsen   Stirn-Planfräsen

Beim Stirn-Planfräsen erfolgt die Spanabnahme vorwiegend durch die Hauptschneiden (Umfangsschneiden) des Fräsers. Die Nebenschneiden glätten die gefräste Oberfläche.

2 Wie unterscheiden sich die Schnitt- und Vorschubbewegungen beim Gleichlauffräsen und Gegenlauffräsen?

Beim Gleichlauffräsen sind die Schnittbewegung des Werkzeugs und die Vorschubbewegung des Werkstücks gleichgerichtet, beim Gegenlauffräsen sind sie entgegengesetzt.

3 Warum ist das Stirn-Planfräsen wirtschaftlicher als das Umfangs-Planfräsen?

Beim Stirn-Planfräsen lässt sich ein größeres Zeitspanungsvolumen erreichen als beim Umfangs-Planfräsen.

Gründe:

- Es sind stets mehr Zähne gleichzeitig im Eingriff.
- Durch die höhere Werkzeugsteifigkeit können größere Kräfte übertragen werden.
- Durch den Einsatz von Wendeschneidplatten lassen sich höhere Schnittgeschwindigkeiten erreichen.

4 Nach welchen Merkmalen werden Fräser eingeteilt?

Fräswerkzeuge werden unterteilt

- nach der Art der Mitnahme des Fräsers in Aufsteck- und Schaftfräser
- nach der Lage und Form der Schneiden, z.B. Walzenfräser und Scheibenfräser
- nach dem Zweck, z.B. Nutenfräser oder Schlitzfräser

5 Welche Schneidstoffe werden zum Fräsen verwendet?

Als Schneidstoffe werden Schnellarbeitsstahl, Hartmetall, Schneidkeramik und polykristalliner Diamant (PKD) verwendet.

Hartmetall, Keramik und PKD werden meist als Wendeschneidplatten in den Grundkörper der Fräswerkzeuge eingesetzt.

6 Welche Vorteile bringt beim Fräsen der Einsatz von Hartmetall-Wendeschneidplatten?

Mit Hartmetall-Wendeschneidplatten lassen sich höhere Schnittgeschwindigkeiten als mit Schnellarbeitsstahl erzielen. Es stehen mehrere Schneiden je Platte zur Verfügung.

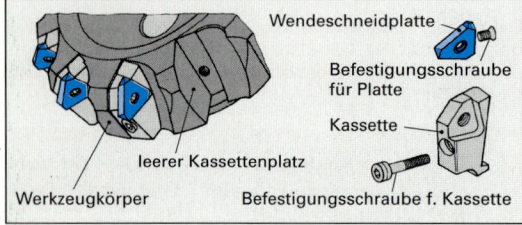

Wendeschneidplatte
Befestigungsschraube für Platte
Kassette
leerer Kassettenplatz
Werkzeugkörper
Befestigungsschraube f. Kassette

Bei Fräsköpfen mit Kassetten lassen sich in den gleichen Grundkörper unterschiedliche Wendeschneidplatten einsetzen. Damit ist eine einfache Anpassung der Werkzeuge an verschiedene Fräsarbeiten, z.B. Schruppen und Schlichten, möglich.

7 Welche Verschleißformen treten bei Wendeschneidplatten auf, welche Ursachen haben sie und wie können diese vermieden werden?

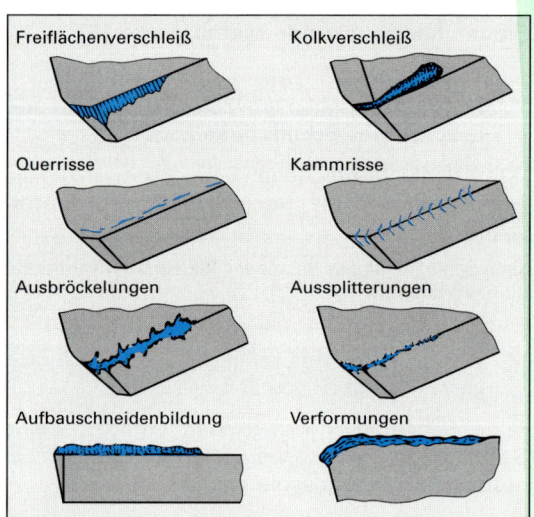

Freiflächenverschleiß
Kolkverschleiß
Querrisse
Kammrisse
Ausbröckelungen
Aussplitterungen
Aufbauschneidenbildung
Verformungen

Freiflächenverschleiß ist eine normale Verschleißform. Er entsteht besonders bei kleinem Zahnvorschub und beim Gegenlauffräsen.

Kolkverschleiß tritt bei hoher Werkzeugtemperatur auf: Abhilfe. Verringern der Schnittgeschwindigkeit und des Zahnvorschubes.

Querrisse entstehen durch die Schlagbelastung der Schneide. Abhilfe: Wahl einer zäheren Hartmetallsorte und besserer Anschnittbedingungen.

Kammrisse entstehen durch häufige Temperaturwechsel. Abhilfe: Verringern der Schnittgeschwindigkeit, Fräsen ohne Kühlschmierstoff.

Ausbröckelungen und **Absplitterungen** entstehen durch hohe Schnittkräfte und Temperaturschwankungen. Abhilfe: Wahl einer zäheren Hartmetallsorte, Verringern des Zahnvorschubs und der Schnitttiefe.

Aufbauschneiden entstehen durch zu geringe Schnittgeschwindigkeit. Abhilfe: Erhöhen der Schnittgeschwindigkeit oder Wahl einer anderen Schneidstoffsorte.

Verformungen entstehen durch hohe Schnittkräfte. Abhilfe: Verringerung des Zahnvorschubs und Wahl einer härteren Hartmetallsorte.

8 Welche Vor- und Nachteile hat der Steilkegelschaft bei der Fräserspannung?

Der Steilkegelschaft lässt sich leicht spannen und lösen. Seine Steifigkeit und Positioniergenauigkeit sind gering.

9 Welche Forderungen werden an das Spannen der Fräser gestellt?

Die Anforderungen an das Spannsystem sind:

- hohe Plan- und Rundlaufgenauigkeit
- hohe Wiederholgenauigkeit beim Werkzeugwechsel
- Hohe Steifigkeit
- Eignung für hohe Drehzahlen durch geringes Gewicht und kleine Baugröße

10 Mit einem Fräskopf mit Hartmetall-Wendeschneidplatten (d = 250 mm, 18 Schneiden) wird an einem Gehäuse eine Fläche von 560 mm Länge und 180 mm Breite geschlichtet. Gegeben sind: v_c = 160 m/min; f_z = 0,1 mm; i = 1; l_a = l_u = 1,5 mm. Zu berechnen sind n, f, L und t_h.

$$n = \frac{v_c}{\pi \cdot d} = \frac{160 \text{ m/min}}{\pi \cdot 0,25 \text{ m}} = \textbf{204 / min}$$

$$f = f_z \cdot z = 0,1 \text{ mm} \cdot 18 = \textbf{1,8 mm}$$

$$L = l + d + l_a + l_u$$
$$= 560 \text{ mm} + 250 \text{ mm} + 1,5 \text{ mm} + 1,5 \text{ mm} = \textbf{813 mm}$$

$$t_h = \frac{L \cdot i}{n \cdot f} = \frac{813 \text{ mm} \cdot 1}{204 \text{ / min} \cdot 1,8 \text{ mm}} = \textbf{2,2 min}$$

Ergänzende Fragen zu Fräsverfahren, Fräswerkzeugen und Fräsarbeiten

---

11 In welche Gruppen werden die Fräsverfahren nach der gefertigten Werkstückfläche unterteilt?

Die Fräsverfahren werden in Planfräsen, Rundfräsen, Schraubfräsen, Wälzfräsen, Profilfräsen und Formfräsen unterteilt.

Nach der Lage der Fräserachse wird noch unterteilt in Umfangs- und Stirnfräsen, nach der Vorschubrichtung in Gleich- und Gegenlauffräsen.

12 Wie unterscheiden sich die Spanformen beim Umfangs- und beim Stirnfräsen?

Beim Umfangsfräsen sind die Späne kommaförmig, beim Stirnfräsen sichelförmig mit geringem Dickenunterschied.

Wegen der gleichmäßigeren Spanungsdicke und der größeren Zahl von Zähnen, die gleichzeitig im Eingriff sind, ist das Stirnfräsen wirtschaftlicher als das Umfangsfräsen.

13 Welche Vorteile hat beim Umfangsfräsen das Gleichlauffräsen gegenüber dem Gegenlauffräsen?

Beim **Gleichlauffräsen** wird das Werkstück auf die Unterlage gedrückt. Spandicke und Schnittkraft sind beim Eintritt des Fräserzahns in das Werkstück am größten und verringern sich während der Bildung des Kommaspans. Dadurch lässt sich eine hohe Oberflächengüte erzielen.

Beim **Gegenlauffräsen** sind die Schnittkraft und die Spandicke am Ende des Kommaspans am größten. Dadurch wird das Werkstück hochgezogen. Beim Eintritt des Fräserzahns gleitet die Freifläche des Fräserzahns über die Oberfläche. Dies ergibt einen erhöhten Freiflächenverschleiß.

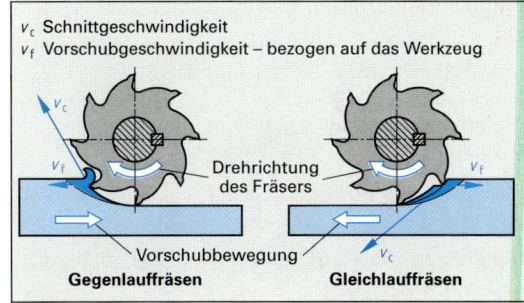

v_c Schnittgeschwindigkeit
v_f Vorschubgeschwindigkeit – bezogen auf das Werkzeug

Drehrichtung des Fräsers

Vorschubbewegung

Gegenlauffräsen   **Gleichlauffräsen**

Gegenlauffräsen ist nur vorteilhaft, wenn das Werkstück harte und verschleißend wirkende Randzonen aufweist. Für das Gleichlauffräsen muss der Tischantrieb spielfrei und gegen Mitziehen gesichert sein.

14 Welche Vorteile hat das Stirn-Planfräsen gegenüber dem Umfangs-Planfräsen?

Die Vorteile des Stirn-Planfräsens sind:

- ruhiger Lauf durch den gleichzeitigen Eingriff mehrerer Zähne und Kraftausgleich für Gleich- und Gegenlauf (Bild)
- große Werkzeugsteifigkeit
- große mittlere Spanungsdicke und damit hohes Zeitspanungsvolumen
- einfacher Einsatz von Wendeschneidplatten

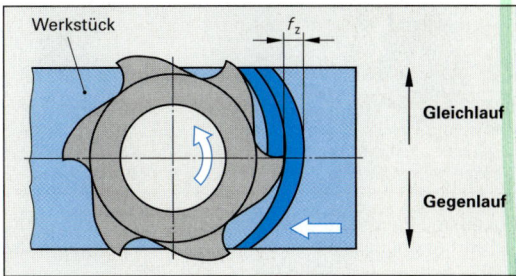

Werkstück f_z

Gleichlauf

Gegenlauf

15 Welche Fräsertypen unterscheidet man nach dem zu spanenden Werkstoff?

Man unterscheidet die Fräsertypen W (weich), N (normal) und H (hart und zäh).

Die Typen besitzen unterschiedliche Zahnteilungen und Schneidenwinkel.
Der Typ W wird für weiche Werkstoffe, z.B. Aluminium und Kupfer eingesetzt, der Typ N für Werkstoffe bis zu R_m = 1000 N/mm², der Typ H für höhere Festigkeiten.

16 Welche Fräserarten unterscheidet man nach dem Schneidenverlauf?

Man unterscheidet geradgezahnte, kreuzgezahnte und wendelgezahnte Fräser.

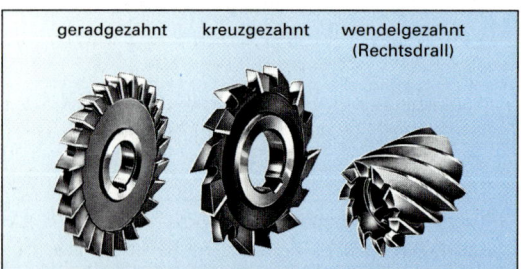

geradgezahnt   kreuzgezahnt   wendelgezahnt
(Rechtsdrall)

Wendelgezahnte und kreuzgezahnte Fräser arbeiten ruhiger als geradgezahnte, weil die Zähne nicht ruckartig eingreifen und mehr Zähne gleichzeitig im Eingriff stehen.

17 Welcher Unterschied besteht zwischen Hartmetall-Wendeschneidplatten zum Vorfräsen (Schruppen) und zum Fertigfräsen (Schlichten)?

Zum Vorfräsen verwendet man Platten mit einem Eckenradius, zum Fertigfräsen Platten mit Planfase oder Breitschlichtfase.

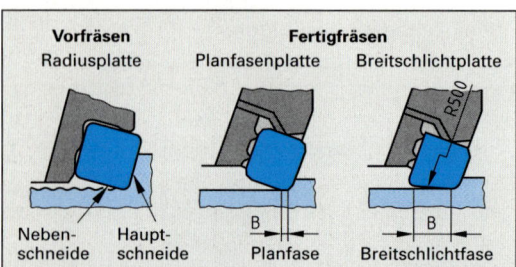

| Vorfräsen | Fertigfräsen | |
| Radiusplatte | Planfasenplatte | Breitschlichtplatte |

Neben- Haupt-
schneide schneide   Planfase   Breitschlichtfase

Platten mit Plan- oder Breitschlichtfase haben eine große Eckenrundung. Der Vorschub je Fräserumdrehung muss kleiner sein als die Breite der Schlichtfase.

T151 Welche Behauptung über das Umfangsfräsen ist richtig? Beim Umfangsfräsen ...

a) steht die Fräserachse senkrecht zur Bearbeitungsfläche
b) kann nur im Gegenlauf gefräst werden
c) bewegt sich das Werkstück; der Fräser ist in Ruhe
d) kann nur im Gleichlauf gefräst werden
e) verläuft die Fräserachse parallel zur Bearbeitungsfläche

T152 Welche Form haben die Späne beim Umfangsfräsen? Sie sind ...

a) sichelförmig   b) rechteckig
c) quadratisch   d) kommaförmig
e) trapezförmig

T153 Welche Behauptung über das Gegenlauffräsen ist *falsch*?

a) Beim Gegenlauffräsen sind Schneidrichtung des Fräsers und Vorschubrichtung des Werkstücks entgegengesetzt gerichtet
b) Beim Gegenlauffräsen dringt der Fräserzahn sofort in den Werkstoff ein
c) Beim Austreten des Fräserzahns aus dem Werkstück hat der Span seine größte Dicke erreicht
d) Beim Gegenlauffräsen dringt der Fräserzahn allmählich in den Werkstoff ein
e) Die Schneiden des Fräsers werden schneller stumpf als beim Gleichlauffräsen

T154 Welche Forderungen werden an Gleichlauffräsmaschinen gestellt?

a) Sie müssen einen Vertikalkopf besitzen
b) Die Drehrichtung der Frässpindel darf nicht umkehrbar sein
c) Sie müssen eine spielfreie Tischspindel besitzen
d) Sie müssen einen zusätzlichen Eilgang besitzen
e) Sie müssen eine zweigängige Tischspindel besitzen

T155 Welcher Werkzeugtyp wird zum Fräsen eines Stahles mit 600 N/mm² Mindestzugfestigkeit verwendet?

a) N   b) H
c) W   d) A
e) Z

T156 Es ist eine Passfeder mit einer Stirnrundung von r = 5 mm zu fräsen. Welcher Fräser ist zu verwenden?

a) Konvexer Profilfräser mit r = 5 mm

b) Scheibenfräser mit r = 5 mm

c) Schaftfräser mit d = 10 mm

d) Konkaver Profilfräser mit r = 5 mm

e) Keine der genannten Antworten ist richtig

T157 Wie wird der dargestellte Fräser benannt?

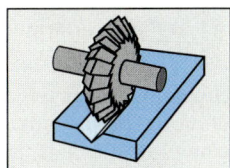

a) Winkelfräser

b) Nutenfräser

c) Prismenfräser

d) Schlitzfräser

e) Profilfräser

T158 Mit welchem Fräser kann eine Winkelführung hergestellt werden? Mit dem ...

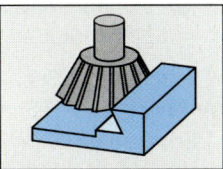

a) Walzenfräser

b) Walzenstirnfräser

c) Prismenfräser

d) Winkelstirnfräser

e) Formscheibenfräser

T159 Mit welchem Fräser kann eine Passfedernut hergestellt werden? Mit dem ...

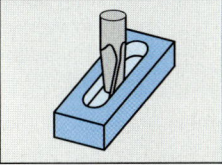

a) Walzenfräser

b) Scheibenfräser

c) Prismenfräser

d) Formscheibenfräser

e) Langlochfräser

T160 Welcher der genannten Fräser wird im allgemeinen *nicht* mit einem Aufsteckdorn gespannt?

a) Walzenfräser   b) Scheibenfräser

c) Prismenfräser   d) Walzenstirnfräser

e) Schaftfräser

T161 Welche Schneidstoffe werden bei Schneidplatten für Fräsköpfe verwendet?

a) Einsatzstähle

b) unlegierte Werkzeugstähle

c) hochfeste Vergütungsstähle

d) Hartmetalle

e) Kunststoffe

Fräsarbeiten und Fräsmaschinen

Fragen aus Fachkunde Metall, Seite 180

1 Welche Fertigungsziele sollen beim Fräsen erreicht werden?

Fertigungsziele sind hohe Werkstückqualität und gute Wirtschaftlichkeit.

Werkstückqualität erreicht man vor allem durch hohe Maß-, Form- und Lagegenauigkeit, hohe Oberflächengüte und Gratfreiheit. Wirtschaftlichkeit wird erzielt durch lange Standzeit bei hohem Zeitspanungsvolumen sowie störungsfreiem Ablauf der Fertigung.

2 Warum müssen Maschinenführer die Fähigkeit besitzen, Ursachen von Störungen zu erkennen und Abhilfe zu schaffen?

Dadurch lassen sich die Werkstückqualität und die Wirtschaftlichkeit beim Fräsen sichern.

Durch Erkennen der Störungsursache und rechtzeitige Abhilfe kann Schaden an den Werkstücken, an den Werkzeugen und an der Maschine vermieden werden.

3 Welche Maßnahmen können ergriffen werden, wenn die Antriebsleistung der Fräsmaschine nicht ausreicht?

Schnittgeschwindigkeit, Zahnvorschub und Schnitttiefe können verringert werden.

Die erforderliche Maschinenleistung hängt von der Schnittkraft, der Schnittgeschwindigkeit und dem Wirkungsgrad der Fräsmaschine ab.

$$P_e = F_c \cdot v_c \cdot \eta$$

4 Durch welche Maßnahmen kann die Oberflächengüte verbessert werden?

Eine Verbesserung der Oberflächengüte kann meist durch Erhöhung der Schnittgeschwindigkeit und Verringerung des Zahnvorschubs erreicht werden.

Voraussetzung für ausreichende Oberflächengüte ist außerdem, dass das Werkzeug schwingungsarm ist und einwandfrei rund- und planläuft.

5 Welche Abhilfe gibt es bei starkem Freiflächenverschleiß?

Starker Freiflächenverschleiß kann durch Verringern der Schnittgeschwindigkeit, Erhöhen des Zahnvorschubs oder Wahl einer verschleißfesteren Hartmetallsorte vermieden werden.

Weil der Freiflächenverschleiß beim Umfangsfräsen im Gegenlauf am größten ist, kann auch eine Änderung des Fräsverfahrens Abhilfe schaffen.

6 Wodurch können beim NC-Fräsen Konturabweichungen entstehen?

Konturabweichungen entstehen besonders bei hohen Bahngeschwindigkeiten dadurch, dass die Schlittenbewegungen den Steuerbefehlen mit einer Verzögerung folgen.

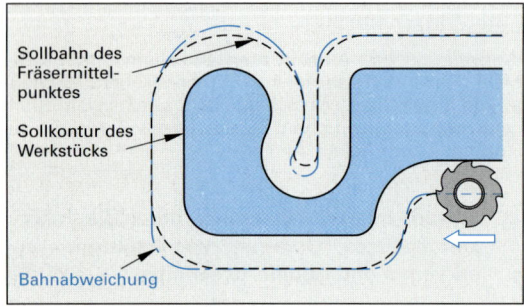

7 Wie werden Fräsmaschinen unterteilt?

Die Einteilung der Fräsmaschinen erfolgt

- nach der Bauform in Konsol-, Bett- und Sonderfräsmaschinen,
- nach der Lage der Frässpindel in Waagrecht- und Senkrechtfräsmaschinen,
- nach der Art der Steuerung in mechanisch oder numerisch gesteuerte Fräsmaschinen.

8 Welche Werkzeugmagazine unterscheidet man?

Die Werkzeuge werden bei Fräsmaschinen in Stern-, Trommel-, Ketten- oder Revolvermagazinen gespeichert.

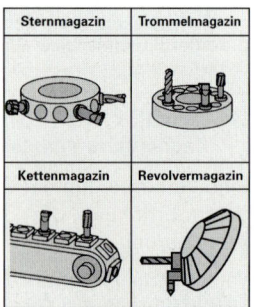

Ein Greifer entnimmt das Werkzeug aus dem Magazin und tauscht es gegen das vorher verwendete Werkzeug aus.

9 Welche Vorteile haben Bettfräsmaschinen?

Bei Bettfräsmaschinen ergeben sich im Gegensatz zu Konsolfräsmaschinen auch in den Endlagen der Schlittenbewegung keine Lageabweichungen durch das Gewicht des Maschinentisches und des Werkstücks. Die Maschine ist daher besonders zur Bearbeitung von großen und schweren Werkstücken geeignet.

Der Maschinentisch läuft auf dem im Boden verankerten Maschinenbett und ist nicht höhenverstellbar.

Ergänzende Fragen zu Fräsarbeiten und Fräsmaschinen

10 Welche Maßnahmen können gegen die Bildung von Aufbauschneiden getroffen werden?

Schnittgeschwindigkeit und Zahnvorschub müssen erhöht oder Schneidplatten mit einer anderen Geometrie gewählt werden.

Aufbauschneiden entstehen durch Verschweißen von Werkstoffteilchen mit der Schneidplatte.

11 Welche Merkmale haben Universalfräsmaschinen?

Universalfräsmaschinen haben eine waagrechte und/oder eine senkrechte Arbeitsspindel sowie einen meist um 45° schwenkbaren Tisch.

Vielfach kann der Tisch auch noch gekippt und die senkrechte Arbeitsspindel geschwenkt werden.

T162 Welche Maßnahme gegen Kolkverschleiß ist richtig?

a) Erhöhen der Schnittgeschwindigkeit
b) Verringern der Schnittgeschwindigkeit
c) Erhöhen der Schnitttiefe
d) Verringern der Schnitttiefe
e) Wahl einer zäheren Hartmetallsorte

T163 Wie kann dem Entstehen zu dünner Späne beim Fräsen einer Nut geringer Tiefe mit einem Scheibenfräser entgegen gewirkt werden?

a) Erhöhen der Schnittgeschwindigkeit
b) Erhöhen des Zahnvorschubs
c) Verringern der Schnittgeschwindigkeit
d) Verringern des Zahnvorschubs
e) Wahl eines größeren Scheibenfräsers

T164 Welche Aussage zu einer CNC-Konsolfräsmaschine ist richtig?

a) Die Maschine hat meist 2 gesteuerte Achsen
b) Die Vorschubantriebe werden von der Hauptspindel abgeleitet
c) Die Konsole ist um 45° nach beiden Seiten schwenkbar
d) Bei Verwendung eines NC-gesteuerten Rundtisches sind 4 Achsen erforderlich
e) Die Maschine wird nur als Vertikalfräsmaschine gebaut

2.8.6 Schleifen

Fragen aus Fachkunde Metall, Seite 192

1 Welche Rautiefe kann mit der Körnung 60 etwa erreicht werden?

Die erreichbare Rautiefe R_z beträgt 8 ... 1,5 μm

Körnungen und Rautiefen beim Schleifen				
Rautiefe R_z in μm	20 ... 8	8 ... 1,5	1,5 ... 0,3	0,3 ... 0,2
Körnung	8 ... 24	30 ... 60	70 ... 220	230 ... 1200

2 Welche Aufgabe hat die Bindung einer Schleifscheibe?

Die Bindung hat den Zweck, die einzelnen Körner so lange festzuhalten, bis sie stumpf geworden sind.

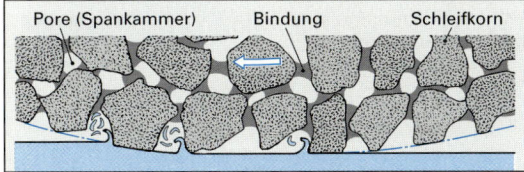

Man unterscheidet keramische Bindung, Kunstharzbindung, Metallbindung, galvanische Bindung und Gummibindung.

3 Welche Vorteile hat eine keramische Bindung beim Profilschleifen?

Scheiben mit keramischer Bindung haben Porenräume und sind gut abrichtbar.

Profilschleifscheiben werden durch Abrichten in die gewünschte Form gebracht.

4 Was versteht man unter der Härte einer Schleifscheibe?

Unter der Härte einer Schleifscheibe versteht man den Widerstand der Bindung gegen das Ausbrechen der Schleifkörner.

Die Bindungshärte wird mit den Buchstaben A (äußerst weich) bis Z (äußerst hart) gekennzeichnet.

5 Warum ist der Verschleiß auch von der Scheibenhärte abhängig?

Der Verschleiß von Schleifscheiben entsteht durch das Brechen und Ausbrechen der Körner. Weiche Scheiben haben einen größeren Verschleiß als harte, da sie die Körner leichter ausbrechen lassen.

6 Warum verwendet man für harte Werkstoffe weiche und für weiche Werkstoffe harte Schleifscheiben?

Beim Schleifen von harten Werkstoffen splittern die Körner stärker als bei weichen Werkstoffen. Die Bindung muss die stumpf gewordenen Körner rechtzeitig freigeben, damit neue Körner zum Einsatz kommen (Selbstschärfung).

Bei weichen Werkstoffen erfordern die dickeren Späne eine größere Kornhaltekraft, also härtere Schleifscheiben.

7 Warum werden beim Bohrungs- und Tiefschleifen offenporige Schleifscheiben empfohlen?

Die Poren des Gefüges bilden Spankammern und fördern die Kühlung. Dies ist besonders bei großen Kontaktlängen erforderlich, wie sie beim Bohrungs- und Tiefschleifen auftreten.

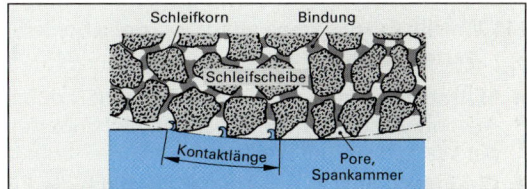

8 Welche Einstellgrößen sind bei Schleifarbeiten festzulegen?

Bei Schleifarbeiten müssen festgelegt werden:
- die Umfangsgeschwindigkeit v_s (Arbeitsgeschwindigkeit) der Schleifscheibe
- die Vorschubgeschwindigkeit v_f
- der Vorschub f (Quer- oder Längsvorschub)
- die Zustelltiefe a_e (Arbeitseingriff)

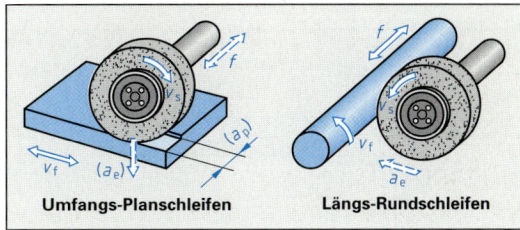

Umfangs-Planschleifen   Längs-Rundschleifen

9 Warum müssen Schleifscheiben abgerichtet werden?

Durch Abrichten werden die Schleifscheiben in die gewünschte Form gebracht und geschärft.

Das Abrichten geschieht mit Stahlrollen, einem Schärfblock oder einem Einzeldiamanten.

10 Welche Unfallverhütungsvorschriften sind beim Prüfen und Aufspannen von Schleifscheiben zu beachten?

- Durch eine Klangprobe unmittelbar vor dem Spannen wird die Schleifscheibe auf Risse geprüft.
- Die Schleifscheibe muss sich leicht auf die Spindel schieben lassen.
- Die Mindestdurchmesser der Flansche sind einzuhalten.
- Zwischen den Flanschen und der Schleifscheibe müssen elastische Zwischenlagen sein.
- Vor dem ersten Lauf muss die Scheibe ausgewuchtet werden.
- Jede neu gespannte Schleifscheibe muss mindestens 5 min mit der höchstzulässigen Drehzahl Probe laufen.

11 Welche Auswirkungen hat eine große Schleifwärme auf das Werkstück?

- Maßabweichungen und Risse entstehen durch Ausdehnen und nachfolgendes Schrumpfen der Werkstücke bei Erwärmung.
- Gefügeveränderungen entstehen durch die Erwärmung der Werkstückoberfläche. Sie führen meist zur Verringerung der Oberflächenhärte.

Eine zu große Erwärmung kann durch kleine Zustellung, kleine Kontaktlänge, ein geringes Geschwindigkeitsverhältnis, weiche Schleifscheiben und intensive Kühlschmierung vermieden werden.

12 Welche Vorteile hat das abschnittsweise Einstechschleifen (oberes Bild) gegenüber dem Längsschleifen (unteres Bild)?

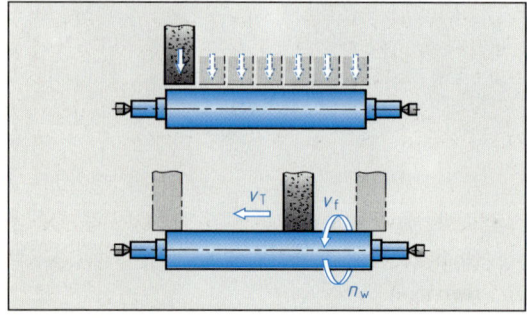

Das Einstechschleifen ist durch das hohe Zeitspanvolumen sehr wirtschaftlich.

Nach dem Einstechschleifen auf Fertigmaß wird das Werkstück durch Längsschleifen ohne Zustellung geglättet.

Ergänzende Fragen zum Schleifen

13 Welche Vorteile hat das Schleifen gegenüber anderen spanenden Fertigungsverfahren?

Vorteile des Schleifens sind gute Bearbeitbarkeit harter Werkstoffe, hohe Maß- und Formgenauigkeit und hohe Oberflächengüte.

Die Maßabweichungen beim Schleifen liegen im Bereich von IT 5 bis 6, die Oberflächengüte bei R_z = 1 … 3 μm.

14 Welcher Gruppe der Fertigungsverfahren Trennen ist das Schleifen zugeordnet?

Schleifen ist Spanen mit geometrisch unbestimmter Schneide.

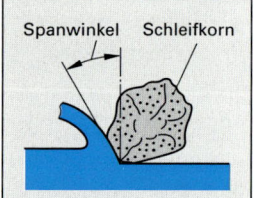

Durch die unterschiedliche Form und Lage der Körner entstehen verschieden große, meist negative Spanwinkel.

15 Für welche Werkstoffe ist Edelkorund als Schleifmittel geeignet?

Edelkorund eignet sich zum Schleifen von zähen und harten Stählen und für Glas.

Edelkorund und Normalkorund sind die am häufigsten verwendeten Schleifmittel.

16 Mit welchen Schleifmitteln können Hartmetalle bearbeitet werden?

Hartmetalle können mit Siliciumcarbid und Diamant bearbeitet werden.

Wegen ihrer Härte können Hartmetalle nicht mit Korundscheiben geschliffen werden.

17 Wie werden die Körnungen der Schleifscheiben angegeben?

Körnungen werden durch Zahlen angegeben.

Die Zahlen entsprechen der Maschenzahl des Siebes je 25,4 mm (1 inch), durch das die jeweilige Körnung gesiebt wurde.

Für Diamant und Bornitrid kann die Korngröße auch in μm angegeben werden.

18 Was versteht man unter der Körnung einer Schleifscheibe?

Unter der Körnung versteht man die Korngröße des gemahlenen Schleifmittels.

Von der gewählten Korngröße hängen die Oberflächengüte und die Schleifzeit ab.

19 Welche Ursachen hat der Verschleiß am Schleifkorn?

Mikroverschleiß wird verursacht durch Abnutzung und Absplitterung der Körner. Makroverschleiß entsteht durch Kornbruch und Kornausbruch.

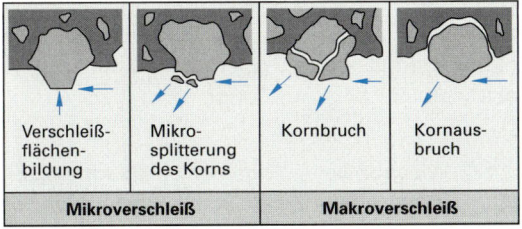

Verschleiß-flächen-bildung	Mikro-splitterung des Korns	Kornbruch	Kornaus-bruch
Mikroverschleiß		**Makroverschleiß**	

Durch das Splittern und Ausbrechen der Körner bilden sich neue Schneidkanten (Selbstschärfung der Schleifscheibe).

20 Wozu dienen die Pappscheiben an den Seitenflächen der Schleifscheiben?

Sie sollen die Unebenheiten der Schleifscheiben ausgleichen und ein gleichmäßiges Anliegen der Flansche gewährleisten.

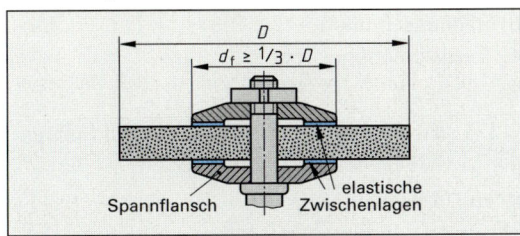

Ohne elastische Zwischenlagen können vorstehende Körner in die Scheibe gedrückt werden. Dies kann zum Zerspringen der Scheibe führen.

21 Wie wird der Härtegrad von Schleifscheiben angegeben?

Der Härtegrad von Schleifscheiben wird durch die Buchstaben von A bis Z angegeben.

Schleifscheiben von A bis D sind äußerst weich, E bis G sehr weich, H bis K weich, L bis O mittel, P bis S hart, T bis W sehr hart und X bis Z äußerst hart.

22 Wonach richtet sich die Auswahl des Schleifscheibengefüges?

Das Gefüge muss um so offener sein, je größer die Zustellung und die Vorschubgeschwindigkeit sind.

Die Spankammern müssen so groß sein, dass sie die beim Werkzeugeingriff auf der ganzen Kontaktlänge entstehenden Späne aufnehmen und anschließend wieder herausschleudern können.

23 Welche Arten von Bindungen werden hauptsächlich verwendet?

Die hauptsächlich verwendeten Bindungen sind die keramische Bindung (V), die Kunstharzbindung (B), die Metallbindung (M), die galvanische Metallbindung (G) und die Gummibindung (R).

Art und Menge des verwendeten Bindemittels beeinflussen den Härtegrad und den Verwendungszweck der Schleifkörper.

24 Wie werden die Schleifverfahren unterteilt?

Nach der Vorschubrichtung unterteilt man in Längs- und Querschleifen, nach der Wirkfläche in Umfangs- und Seitenschleifen und nach der Lage und Form der zu erzeugenden Fläche in Planschleifen, Rundschleifen, Formschleifen und Profilschleifen.

Daneben kann noch nach der Schnittgeschwindigkeit in Hochgeschwindigkeitsschleifen, nach der Zustellung in Pendel- und Tiefschleifen unterteilt werden.

25 Wie groß sollen beim Außen-Rundschleifen der Längsvorschub und die Zustellung sein?

Der Längsvorschub f wird zum Vorschleifen auf $2/3 ... 3/4$ der Scheibenbreite eingestellt, beim Fertigschleifen auf $1/4 ... 1/3$. Die Zustellung a beträgt zum Vorschleifen 0,01 ... 0,04 mm, zum Fertigschleifen 0,005 ... 0,01 mm.

Am Ende des Fertigschleifen werden meist noch ein bis zwei Durchgänge ohne Zustellung ausgeführt.

T165 Welches Schleifmittel wird zum Schleifen von Stahl meist verwendet?

a) Schmirgel

b) Edelkorund

c) Siliciumcarbid

d) Normalkorund

e) Diamant

T166 Was geben die Zahlen zur Kennzeichnung der Körnung bei Schleifscheiben an? Die Anzahl der Maschen des verwendeten Siebes auf ...

a) 1 Quadratzoll
b) 1 Quadratzentimeter
c) 1 Quadratmillimeter
d) 1 inch Sieblänge
e) 1 Zentimeter Sieblänge

T167 Welche Bindung ist für Schleifscheiben *ungeeignet*?

a) Gummibindung
b) Kunststoffbindung
c) keramische Bindung
d) metallische Bindung
e) keine der genannten ist ungeeignet

T168 Was ist beim Auswuchten einer Schleifscheibe zu beachten?

a) Die Wuchtgewichte müssen gleichmäßig verteilt sein
b) Die Wuchtgewichte müssen in einem Flansch oben, im anderen unten stehen
c) Die Schleifscheibe muss gleichmäßig pendeln
d) Die Schleifscheibe muss in jeder Stellung stehen bleiben
e) Die Schleifscheibe muss in kurzer Zeit zur Ruhe kommen

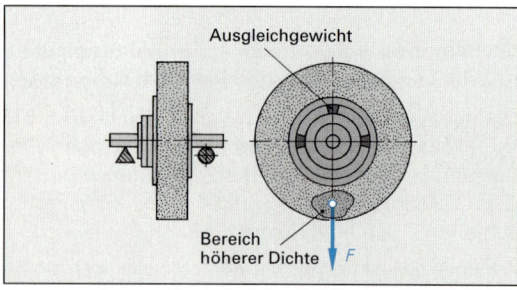

Ausgleichgewicht

Bereich höherer Dichte   F

T169 Eine Schleifscheibe trägt folgende Bezeichnung: DIN 69120-450x100x127-A60K8V35. Welche der folgenden Aussagen ist *falsch*?

a) Außendurchmesser = 450 mm
b) Breite der Scheibe = 100 mm
c) Körnung 60
d) Gefüge K
e) Zulässige Umfangsgeschwindigkeit = 35 m/s

T170 Welche Aussage zum Schleifen ist richtig?

a) Für harte Werkstoffe verwendet man harte Schleifscheiben
b) Schleifscheiben mit dem Härtegrad A sind äußerst hart
c) Für weiche Werkstoffe verwendet man harte Scheiben
d) Das Gefüge der Schleifscheiben muss umso offener sein, je kleiner die Schnitttiefe ist
e) Beim Trockenschliff dürfen keine Schutzbrillen getragen werden

T171 Welcher Kühlschmierstoff wird beim Schleifen verwendet?

a) Schleiföl   b) Bohröl
c) Bohrölemulsion   d) Schneidöl
e) Mineralöl

T172 Wie groß ist im Allgemeinen die Arbeitsgeschwindigkeit beim Schleifen von Stahl?

a) 18 m/s   b) 25 m/min
c) 35 m/s   d) 40 m/min
e) 60 mm/s

T173 Wozu wird der Schleifbock verwendet? Zum ...

a) Einstechschleifen
b) Schleifen von Hand
c) spitzenlosen Schleifen
d) Flächenschleifen
e) Trennschleifen

T174 Wie werden die Werkstücke beim Spitzenlosschleifen gespannt?

a) im Dreibackenfutter
b) mit der Magnetspannplatte
c) in der Spannzange
d) im Maschinenschraubstock
e) überhaupt nicht

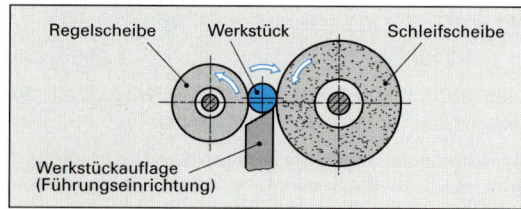

Regelscheibe   Werkstück   Schleifscheibe

Werkstückauflage
(Führungseinrichtung)

2.8.7 Feinbearbeitung

Fragen aus Fachkunde Metall, Seite 198

1 Welche Anforderungen werden an feinbearbeitete Teile gestellt?

Anforderungen an feinbearbeitete Teile sind:
- Hoher Traganteil bei Gleit- und Dichtflächen
- Kleine Rauheitswerte zur Erhöhung von Traganteil und Verschleißfestigkeit
- Hohe Maß-, Form- und Lagegenauigkeit
- Möglichst keine Gefügeänderungen in der Randzone

2 Wie entstehen die gekreuzten Bearbeitungsriefen beim Honen?

Das Werkzeug führt gleichzeitig eine Dreh- und eine Hubbewegung aus.

Der Winkel der Bearbeitungsriefen wird durch das Verhältnis von Umfangsgeschwindigkeit und Axialgeschwindigkeit bestimmt.

3 Welche Motoreigenschaften werden durch die Maßgenauigkeit und die Rautiefe der Kolbenlaufbahn beeinflusst?

Die Maßgenauigkeit und die Rautiefe bestimmen die Einlaufzeit, das Gleitverhalten, die Gasdichtheit und den Ölverbrauch der Kolbenlaufbahn.

Zu hohe Rautiefe und zu geringe Maßgenauigkeit bewirken hohen Verschleiß, hohen Ölverbrauch und geringen Wirkungsgrad. Bei zu geringer Rauheit besteht die Gefahr, dass der Schmierfilm abreißt und der Kolben frisst.

4 Wodurch kann eine tonnenförmige Zylinderabweichung beim Langhubhonen korrigiert werden?

Die Hublänge wird so weit vergrößert, dass die Honsteine oben und unten jeweils etwa die Hälfte ihrer Länge aus der Bohrung austreten.

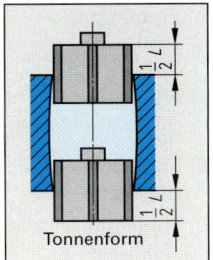

Tonnenform

Bei zylindrischen Bohrungen wird der Hub so eingestellt, dass die Hohnsteine etwa $1/3$ aus der Bohrung austreten. Durch die Vergrößerung der Hublänge wird der Abtrag an den Bohrungsenden größer.

5 Welche Wirkung hat ein großer Anpressdruck auf den Läppvorgang?

Mit steigendem Anpressdruck werden der Werkstoffabtrag und die Kornsplitterung größer.

6 Warum muss beim Läppen ein gleichmäßiger Scheibenabtrag erreicht werden?

Von der Ebenheit der Läppscheibe wird die Ebenheit der geläppten Werkstücke bestimmt.

Gekrümmte Läppscheiben ergeben auch gekrümmte Läppflächen.

7 Wie müssen Abrichtringe verteilt werden, damit eine konvexe Läppscheibe wieder eben wird?

Die Abrichtringe müssen weiter nach innen verstellt werden.

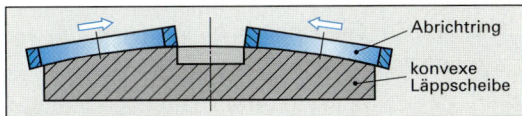

Abrichtring

konvexe Läppscheibe

Dadurch erhöht sich der Abtrag in der Mitte der Läppscheibe.

8 Wodurch unterscheiden sich das Läppen und das Honen?

Beim Läppen bewirken lose auf der Werkstückoberfläche abrollende Körner den Abtrag. Es entstehen Flächen mit ungerichteten Bearbeitungsspuren und sehr großer Maß- und Oberflächengüte.

Beim Honen werden Leisten aus gebundenem Schleifmittel verwendet. Es entstehen gekreuzte Bearbeitungsriefen mit guter Haftung für Schmierstoffe.

Ergänzende Fragen zur Feinbearbeitung

9 Was versteht man unter Honen?

Honen ist ein Feinbearbeitungsverfahren mit gebundenem Schleifmittel und ständiger Flächenberührung, bei dem gleichzeitig eine axiale und eine radiale Bewegung ausgeführt werden.

Typisch für das Honen sind die sich unter einem bestimmten Winkel kreuzenden Bearbeitungsriefen.

10 Welche Verfahren werden beim Honen unterschieden?

Man unterscheidet das Langhub- und das Kurzhubhonen.

Das Kurzhubhonen wird auch als Superfinish-Verfahren bezeichnet.

11 Welche Schleifmittelarten werden zum Honen verwendet?

Zum Honen werden vorwiegend Diamant und Bornitrid in den Korngrößen von 20 bis 100 μm verwendet.

Die Körner müssen auch bei den kleinen Anpressdrücken, die zum Honen angewandt werden, splittern und ausbrechen können, damit die Honsteine selbstschärfend wirken.

12 Weshalb werden beim Honen von Gleit- und Führungsflächen keine sehr kleinen Rauheitswerte angestrebt?

Bei zu kleinen Rauheitswerten haftet der Schmierstoff nicht genügend an der Werkstückoberfläche; die Schmierung setzt aus.

Beim Honen dieser Flächen wird meist eine gemittelte Rautiefe R_z = 1 bis 4 μm angestrebt.

13 Für welche Werkstücke ist das Kurzhubhonen geeignet?

Durch Kurzhubhonen werden vorwiegend zylindrische Außenflächen, z.B. Lagerzapfen von Wellen, bearbeitet.

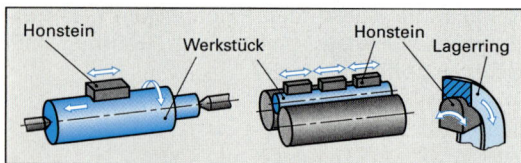

Auch die Laufbahnen von Wälzlagern können durch Kurzhubhonen feinbearbeitet werden.

14 Wie erfolgt das Kurzhubhonen?

Die Honsteine schwingen auf dem Werkstück quer zu den Riefen der Vorbearbeitung. Sie werden mit 10 bis 40 N/cm² gegen das sich drehende Werkstück gedrückt.

Durch die kurzen, schnellen Hübe werden Rauheit und Welligkeit beseitigt.

15 Was versteht man unter Läppen?

Läppen ist ein Feinbearbeitungsverfahren, bei dem mit nicht gebundenem Korn und formübertragenden Werkzeugen gearbeitet wird.

Die Körner des Läppmittels rollen zwischen dem Läppwerkzeug und dem Werkstück ab und hinterlassen in diesem kraterförmige Vertiefungen.

16 Welche Stoffe werden als Läppmittel verwendet?

Als Läppmittel werden Korund, Siliciumcarbid, Bornitrid und Diamant in Korngrößen von 5 bis 100 μm verwendet.

Das Läppmittel wird mit Wasser, Öl oder Pasten vermischt zum Läppen verwendet.

17 Wie lassen sich Oberflächengüte und Werkstoffabtrag beim Läppen beeinflussen?

Je kleiner die Korngröße ist, desto geringer sind die Rautiefe und der Werkstoffabtrag.

Ein hoher Anpressdruck vergrößert den Werkstoffabtrag und den Kornverschleiß. Je höher die Läppgeschwindigkeit ist, desto größer wird der Werkstoffabtrag.

18 Wie erfolgt das Planparallelläppen?

Beim Planparallelläppen werden gleichzeitig zwei parallele Werkstückflächen zwischen zwei Läppscheiben bearbeitet.

Typische Anwendungsbeispiele sind Abstandsringe, Dichtungsscheiben und Parallelendmaße.

T175 Welches Arbeitsverfahren zählt *nicht* zur Feinbearbeitung? Das ...

a) Langhubhonen

b) Polieren

c) Außenrundläppen

d) Kurzhubhonen

e) Planläppen

T176 Welche Schleifkörper verwendet man beim Honen?

a) Feinkörnige Flachscheiben mit kleinem Durchmesser

b) Topfscheiben

c) Tellerscheiben

d) Schleifleisten

e) Schleifstifte

2.8.8 Abtragen

Fragen aus Fachkunde Metall, Seite 202

1 In welche Gruppen werden die abtragenden Fertigungsverfahren eingeteilt?

Die abtragenden Fertigungsverfahren werden in funkenerosives Abtragen, elektrochemisches Abtragen und Abtragen durch Wärme (Entgraten, Brennschneiden) eingeteilt.

2 Welche Werkstoffe können durch funkenerosives Abtragen bearbeitet werden?

Durch funkenerosives Abtragen können alle metallischen Werkstoffe bearbeitet werden.

Das Verfahren wird vorwiegend für die Bearbeitung von Werkstücken aus gehärtetem Stahl oder Hartmetall verwendet.

3 Welche Vorteile besitzt das funkenerosive Abtragen gegenüber anderen Trennverfahren?

Die Bearbeitung ist unabhängig von der Härte und Spanbarkeit des Werkstücks möglich.

Voraussetzung ist nur, dass das Werkstück elektrisch leitend ist.

4 Welchen Vorteil bieten numerische Steuerungen beim funkenerosiven Senken?

Mit einfachen Elektrodenformen können schwierige Werkstückformen hergestellt werden.

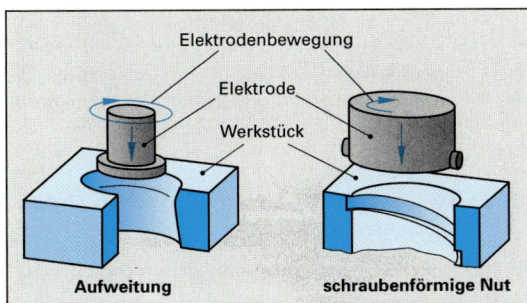

Aufweitung schraubenförmige Nut

5 Welche Vorteile bietet das elektrochemische Abtragen?

Vorteile des elektrochemischen Abtragens sind:
- Hohe Abtragleistung auch bei harten Werkstoffen
- keine Veränderung des Gefüges der Werkstücke
- kein Verschleiß der Werkzeugelektrode

Ergänzende Fragen zum Abtragen

6 Was kann durch abtragende Fertigungsverfahren erreicht werden?

Abtragende Fertigungsverfahren können zum Trennen, zur Herstellung von Formen und Profilen und zur Oberflächenbehandlung eingesetzt werden.

Das Abtragen geschieht entweder durch Wärme, durch chemische oder durch elektrochemische Vorgänge.

7 Wodurch unterscheidet sich das funkenerosive Senken vom funkenerosiven Schneiden?

Beim funkenerosiven Senken wird mit einer Formelektrode eine Vertiefung oder ein Durchbruch gefertigt. Beim funkenerosiven Schneiden werden mit Hilfe einer Drahtelektrode Durchbrüche hergestellt.

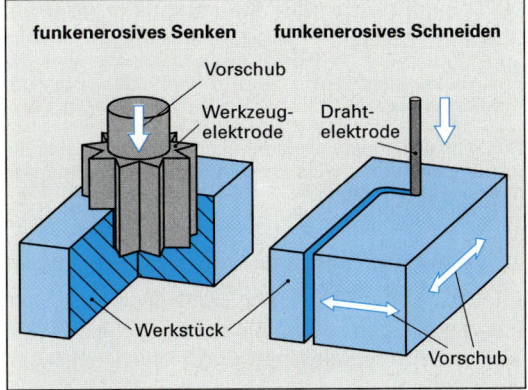

funkenerosives Senken   funkenerosives Schneiden

Vorschub

Werkzeug-elektrode   Draht-elektrode

Werkstück

Vorschub

T177 Welches Verfahren zählt _nicht_ zu den abtragenden Fertigungsverfahren?

a) Funkenerosion
b) Feinbohren
c) Elektrochemisches Abtragen
d) Thermisches Entgraten
e) Brennschneiden

T178 Mit welchem Verfahren können Durchbrüche in Hartmetall hergestellt werden? Mit dem ...

a) Läppen unter Zuhilfenahme einer Läppkluppe
b) Honen
c) funkenerosiven Abtragen
d) Feinbohren
e) Räumen

2.9 Thermisches Trennen

Fragen aus Fachkunde Metall, Seite 204

1 Welche Funktion hat die Vorwärmflamme beim autogenen Brennschneiden?

Mit der Vorwärmflamme wird der Stahl an der Anschnittstelle auf Zündtemperatur erwärmt.

Die Zündtemperatur von Stahl liegt etwa bei 1200 °C.

2 Woran erkennt man die richtige Schneidgeschwindigkeit?

Bei richtiger Schneidgeschwindigkeit ergeben sich fast senkrechte Schnittriefen.

Bei schrägen Riefen ist die Schneidgeschwindigkeit zu hoch, bei einem Schlackenbart an der Schnittunterkante zu niedrig.

3 Welche Schneidverfahren eignen sich für legierte Stähle und Nichteisen-Metalle?

Für diese Werkstoffe eignet sich das Plasma-Schmelzschneiden.

Die Schmelztemperaturen der Oxide sind höher als die der Metalle selbst. Aus diesem Grund ist autogenes Schneiden nicht möglich.

4 Für welche Werkstoffe wird das Laser-Schneiden eingesetzt?

Das Laser-Schmelzschneiden eignet sich zum Trennen von metallischen und nichtmetallischen Werkstoffen.

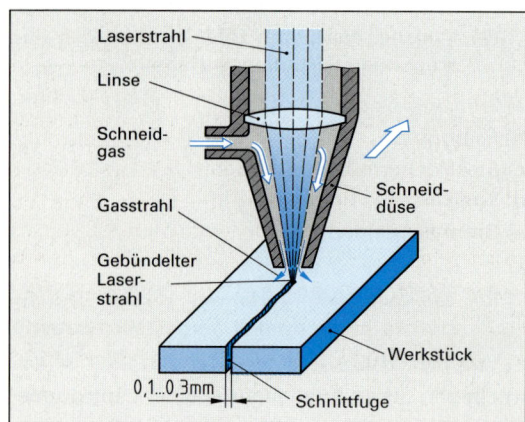

Durch die Bündelung des Laserstrahls auf einen Durchmesser von 0,1 bis 0,2 mm entsteht eine hohe Energiedichte, die den zu schneidenden Werkstoff schnell auf Schmelztemperatur bringt.

Ergänzende Fragen zum Thermischen Trennen

5 Welches sind die wichtigsten thermischen Trennverfahren?

Die wichtigsten thermischen Trennverfahren sind das autogene Brennschneiden, das Plasmaschneiden und das Laserstrahlschneiden.

6 Welche Steuerungsarten werden bei Brennschneidmaschinen verwendet?

Zum Brennschneiden werden folgende Steuerungsarten verwendet:
- halbmaschinelle Steuerung
- Magnetrollensteuerung
- fotoelektrische Steuerung
- CNC-Steuerung

Bei CNC-gesteuerten Schneidmaschinen lassen sich sehr genaue Schnitte nach vorab erstellten Schneidplänen wirtschaftlich ausführen.

7 Für welche Werkstoffe eignet sich das Plasma-Schmelzschneiden?

Das Plasma-Schmelzschneiden eignet sich zum Trennen von legierten Stählen und NE-Metallen.

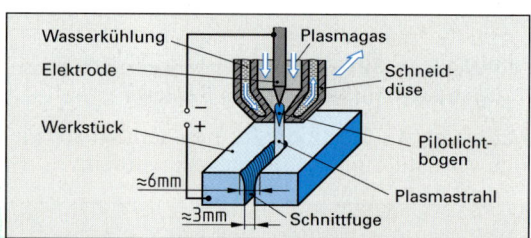

Beim Plasma-Schmelzschneiden wird ein Gasstrahl, der mit sehr hoher Temperatur und großer Geschwindigkeit auf den Werkstoff trifft, zum Trennen verwendet.

T179 Welche Aussage zum autogenen Brennschneiden ist *falsch*?

a) Autogenes Brennschneiden ist ein thermisches Trennverfahren

b) Beim autogenen Brennschneiden werden Hand- und Maschinenschneidbrenner verwendet

c) Mit der Vorwärmflamme wird der Stahl an der Anschnittstelle auf Zündtemperatur erwärmt

d) Beim autogenen Brennschneiden ist das Werkzeug ein Gasstrahl

e) Bei schrägen Schnittriefen ist die Geschwindigkeit des Schneidbrenners zu niedrig

2.10   Fügen

2.10.1 Übersicht über die Fügeverfahren

1 Welche Verbindungen sind formschlüssige Verbindungen?

Formschlüssige Verbindungen sind Passfeder-, Keilwellen-, Stift-, Bolzen-, Passschrauben- und Nietverbindungen.

Beim formschlüssigen Fügen sind die Werkstücke durch ineinanderpassende Formen verbunden.

2 Wie werden Kräfte oder Drehmomente beim kraftschlüssigen Fügen übertragen?

Beim kraftschlüssigen Fügen werden Kräfte oder Drehmomente durch Reibungskräfte übertragen, die durch das Aufeinanderpressen von Werkstücken entstehen.

Bei gleicher Anpresskraft (Normalkraft) kann mit rauen Werkstückoberflächen mehr Kraft übertragen werden als mit glatten.

T180 Welche Aussage zum Fügen ist richtig? Bild...

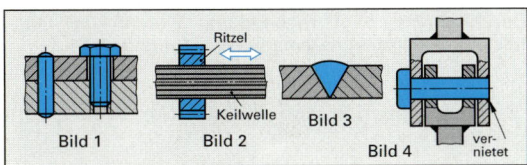

a) 1 zeigt eine bewegliche, lösbare Verbindung
b) 2 zeigt eine unlösbare, feste Verbindung
c) 3 zeigt eine bewegliche, feste Verbindung
d) 4 zeigt eine unlösbare, bewegliche Verbindung
e) 2 und Bild 4 zeigen feste Verbindungen

T181 Welche Aussage zum Fügen ist *falsch*?

a) Durch Fügen entstehen ausschließlich feste Verbindungen
b) Bei lösbaren Verbindungen können die zusammengebauten Teile ohne Zerstörung gelöst werden
c) Bei festen Verbindungen haben die Werkstücke stets die gleiche Lage zueinander
d) Bei unlösbaren Verbindungen müssen zum Zerlegen Verbindungsteile oder Bauteile zerstört werden
e) Bei beweglichen Verbindungen kann sich die Lage der gefügten Teile zueinander ändern

2.10.2 Press- und Schnappverbindungen

Fragen aus Fachkunde Metall, Seite 209

1 Welche Arbeitsregeln sind beim Anwärmen von Werkstücken für eine Pressverbindung zu beachten?

Beim Anwärmen der Werkstücke sind
● die vorgeschriebenen Anwärmtemperaturen genau einzuhalten.
● große, sperrige Teile gleichmäßig zu erwärmen.
● wärmeempfindliche Teile (z.B. Dichtungen) vor dem Erwärmen zu entfernen.

Beim Überschreiten der vorgeschriebenen Anwärmtemperatur muss mit Gefügeänderungen gerechnet werden.

2 In welchen Fällen werden Pressverbindungen durch Kühlen hergestellt?

Pressverbindungen werden durch Kühlen hergestellt, wenn Außenteile wegen ihrer Größe bzw. Form oder bei zu erwartenden Gefügeänderungen nicht erwärmt werden können.

3 Erläutern Sie Vorgang und Funktion beim hydraulischen Fügen oder Lösen einer Pressverbindung.

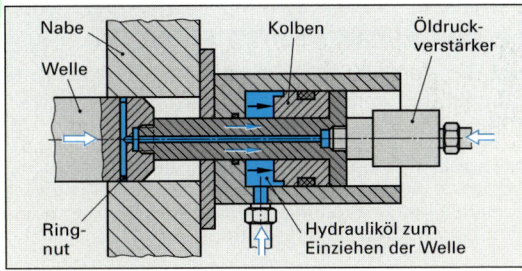

Die Welle wird zunächst bis über die Ringnut in die Nabe gefügt. Anschließend wird Hydrauliköl über die Ringnut zwischen die Passflächen gepresst. Durch den hohen Öldruck weitet sich die Nabe; die Bauteile werden voneinander getrennt. Mit einem Hydraulikkolben zieht nun die Zugstange die Welle in die richtige Position. Beim Lösen trennt das eingepresste Öl die Fügeteile; die Welle kann leicht demontiert werden.

4 Wodurch unterscheiden sich lösbare und unlösbare Schnappverbindungen?

Lösbare Schnappverbindungen besitzen Wülste, die in beiden Richtungen abgeschrägt sind. Bei unlösbaren Schnappverbindungen verhindert eine rechtwinklige Hinterschneidung das Trennen der Teile.

Ergänzende Fragen zu Press- und Schnappverbindungen

5 Wie werden Pressverbindungen hergestellt?

Pressverbindungen werden durch Längseinpressen, Schrumpfen oder Dehnen hergestellt.

Vor dem Zusammenbau besteht zwischen Außen- und Innenteil ein Übermaß.

6 Wie kann das Erwärmen des Außenteils für Schrumpfverbindungen erfolgen?

Zur Erwärmung werden induktive Anwärmgeräte, temperaturgesteuerte Anwärmplatten, aber auch Ölbäder, Heißluftöfen und Gasbrenner verwendet.

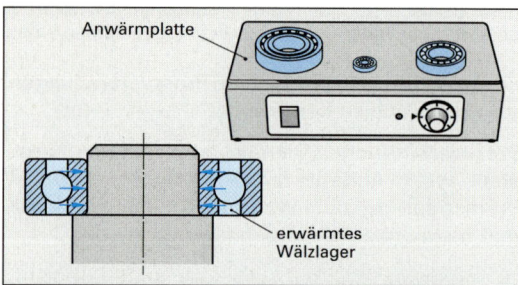

Anwärmplatte

erwärmtes Wälzlager

7 Welche Vorteile hat eine durch Kühlen hergestellte Pressverbindung gegenüber einer durch Anwärmen hergestellten?

Bei der durch Kühlen hergestellten Pressverbindung treten keine Gefügeänderungen, kein Verzundern und kein Verzug auf.

Nachteilig sind die hohen Kosten für die Kühlmittel, der begrenzte Temperaturbereich für die Abkühlung und eventuell Tieftemperaturversprödung des Werkstoffs, die zum Werkstoffbruch führen kann.

T182 Welche Antwort zu den Pressverbindungen ist richtig?

a) Pressverbindungen werden z.B. durch Erwärmen des Innenteils oder Kühlen des Außenteils hergestellt

b) Beim Längseinpressen soll die Stirnseite des Innenteils scharfkantig sein, damit vorhandene Rauheitsspitzen eingeebnet werden

c) Zur Erwärmung der Bauteile werden z.B. induktive Anwärmgeräte und Ölbäder verwendet

d) Beim hydraulischen Fügen ist die Haftkraft unmittelbar nach Wegnahme des Öldruckes in voller Höhe vorhanden

e) Pressverbindungen entstehen durch plastische Verformung von Außen- und Innenteil

2.10.3 Kleben

Fragen aus Fachkunde Metall, Seite 211

1 Weshalb sind beim Kleben große Fügeflächen wichtig?

Die Festigkeit der Klebstoffe ist gegenüber den metallischen Werkstoffen gering. Die geringere Festigkeit wird durch große Fügeflächen ausgeglichen.

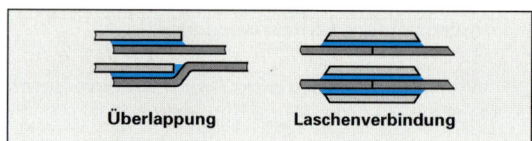

Überlappung   **Laschenverbindung**

Die Überlappungslänge muss etwa 5- bis 20mal so groß wie die Blechdicke sein.

2 Wie müssen Klebeflächen behandelt werden?

Die Klebeflächen werden durch Feinsandstrahlen oder Schmirgeln mechanisch vorbehandelt, entfettet und sorgfältig getrocknet. Anstelle der mechanischen Vorbehandlung kann eine chemische Vorbehandlung durch Beizen erfolgen.

Durch chemische Vorbehandlung werden die Oberflächen gleichzeitig gereinigt und aufgeraut.

3 Wodurch unterscheiden sich Warmkleber von Kaltklebern?

Bei Kaltklebern beträgt die Verarbeitungstemperatur 20 °C, bei Warmklebern meist 100 bis 400 °C.

Die Aushärtung der Warmkleber erfolgt in kürzerer Zeit.

4 Wovon hängt die Festigkeit einer Klebeverbindung ab?

Die Festigkeit der Klebeverbindung ist abhängig von der

● Klebstoffart (Kohäsionskräfte)

● Vorbehandlung der Klebeflächen (Adhäsionskräfte zwischen Klebstoff und Fügeflächen)

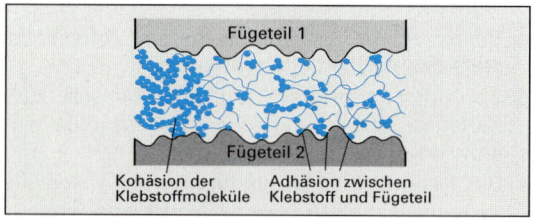

Fügeteil 1

Fügeteil 2

Kohäsion der   Adhäsion zwischen
Klebstoffmoleküle   Klebstoff und Fügeteil

Ergänzende Fragen zum Kleben

5 Wozu dienen Klebeverbindungen?

Klebeverbindungen dienen vorwiegend zum Fügen von Konstruktionsteilen, zum Sichern von Schrauben und zum Dichten von Fügeflächen.

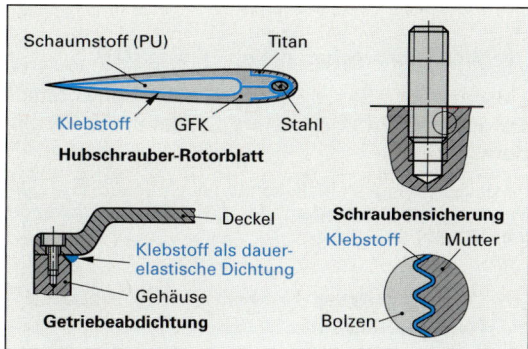

Hubschrauber-Rotorblatt

Getriebeabdichtung

Schraubensicherung

Klebeverbindungen werden z.B. im Flug- und Fahrzeugbau zum Befestigen von Bremsbelägen, im Maschinenbau zum Befestigen von Buchsen und Lagern, zum Sichern von Schrauben und zum Abdichten von Gehäusen verwendet.

6 Für welche Werkstoffe sind Klebeverbindungen geeignet?

Klebeverbindungen sind besonders für wärmebehandelte Leichtmetall- oder Stahlteile, für Schichtstoffe, Kunststoffe sowie Reibbeläge geeignet.

Durch Klebeverbindungen lassen sich sowohl gleiche als auch verschiedene Werkstoffe fügen.

7 Was sind Reaktionsklebstoffe?

Reaktionsklebstoffe sind die am häufigsten verwendeten Klebstoffe für Metalle. Sie härten durch eine chemische Reaktion aus.

Nach der Verarbeitungstemperatur werden Reaktionsklebstoffe in Warm- und Kaltkleber, nach der Zusammensetzung in Ein- und Zweikomponentenkleber unterteilt.

8 Was versteht man unter einem Zweikomponentenkleber?

Ein Zweikomponentenkleber ist ein Klebstoff, der aus zwei Bestandteilen besteht, die kurz vor der Verarbeitung vermischt werden.

Das Aushärten erfolgt durch chemische Reaktion der beiden Komponenten.

T183 Welche Aussage zur Beanspruchung einer Klebeverbindung ist richtig?

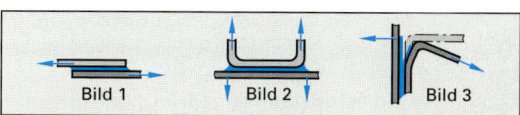

a) Bild 1 zeigt eine ungünstige Beanspruchung auf Zug

b) Bild 2 zeigt eine günstige Beanspruchung auf Druck

c) Bild 3 zeigt eine nicht zulässige Beanspruchung auf Abscherung

d) Bild 2 zeigt eine nicht zulässige Beanspruchung auf Zug

e) Bild 1 zeigt eine günstige Beanspruchung auf Abscherung

T184 Wie werden die Kleber für Metalle eingeteilt? In...

a) Thermoplaste und Duroplaste

b) natürliche und synthetische Kleber

c) Kleber für Stahl und Kleber für Nichteisenmetalle

d) Warm- und Kaltkleber

e) Plastomere und Duromere

T185 Welche Aussage über Klebeverbindungen ist *falsch*?

a) Klebeverbindungen sollen vorwiegend auf Abscherung beansprucht werden

b) Die Überlappungslänge soll höchstens 2-mal so groß wie die Blechdicke sein

c) Die Fügeflächen sollen sauber und trocken sein

d) Die Belastbarkeit hängt wesentlich von der Art der Beanspruchung ab

e) Schälbeanspruchungen führen leicht zum Aufreißen der Klebeverbindungen

T186 Welchen Vorteil hat das Kleben gegenüber dem Hartlöten?

a) Der Gefügezustand der Werkstücke wird nicht verändert

b) Klebeverbindungen sind temperaturbeständiger

c) Es ist weniger Vorarbeit für die Reinigung der Verbindungsstelle erforderlich

d) Die verbundenen Teile können schneller weiterverarbeitet werden

e) Es lassen sich höhere Festigkeitswerte erzielen

ZP 2.10.4 Löten

Fragen aus Fachkunde Metall, Seite 217

1 Was versteht man unter Löten?

Löten ist ein stoffschlüssiges Fügen und Beschichten von Werkstoffen mit Hilfe eines geschmolzenen Zusatzmetalls, dem Lot.

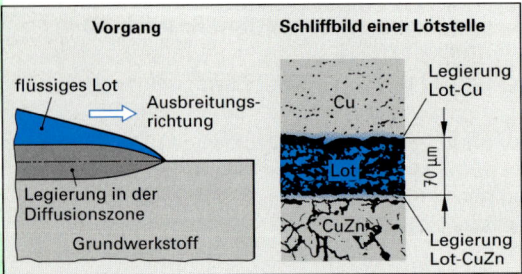

Die Werkstoffe der zu fügenden Teile (Grundwerkstoffe) werden vom Lot benetzt, ohne geschmolzen zu werden. Zwischen Lot und Grundwerkstoff tritt eine Legierungsbildung ein.

2 Welche Anforderungen können an eine Lötnaht gestellt werden?

Lötnähte müssen entweder fest oder dicht oder leitfähig für Wärme und elektrischen Strom sein.

Für Konstruktionsteile ist besonders die Festigkeit der Verbindung wichtig, im Behälterbau die Dichtheit, in der Elektrotechnik die elektrische Leitfähigkeit.

3 Was versteht man unter der Arbeitstemperatur eines Lotes?

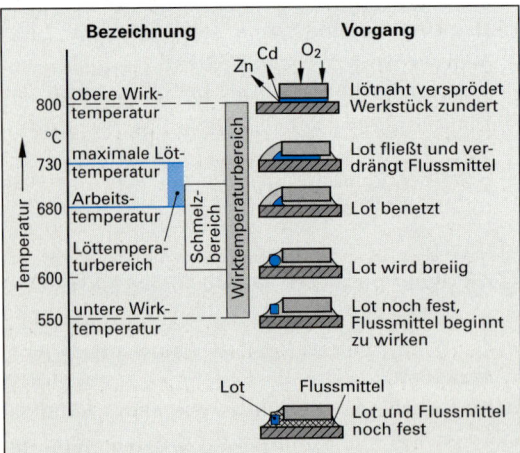

Die Arbeitstemperatur ist die niedrigste Oberflächentemperatur des Werkstückes, bei der das Lot benetzt, fließt und mit dem Grundwerkstoff legiert.

4 Wodurch unterscheidet sich das Weichlöten vom Hartlöten?

Weich- und Hartlöten unterscheiden sich in der Arbeitstemperatur. Sie liegt beim Weichlöten unter 450 °C, beim Hartlöten darüber.

Die Bezeichnung Weichlöten kommt von der geringeren Festigkeit der überwiegend verwendeten Zinn-Blei-Lote.

5 Welche Aufgaben haben Flussmittel?

Flussmittel haben die Aufgabe, an der Lötstelle Oxide zu lösen und weitere Oxidation zu verhindern.

Anstelle von Flussmitteln können auch Schutzgase oder Vakuum zum Verhindern der Oxidbildung verwendet werden.

6 Warum müssen Flussmittelreste meist entfernt werden?

Flussmittelreste können Korrosion verursachen.

Je nach Flussmittelart kann mit warmem Wasser, durch Lösungsmittel oder mechanisch gereinigt werden. Nicht korrodierend wirkende Flussmittel, wie z.B. Kollophonium, können an der Lötstelle verbleiben.

Ergänzende Fragen zum Löten

7 Welcher Unterschied besteht zwischen Lötspalt und Lötfuge?

Wenn der Zwischenraum zwischen den Fügeteilen kleiner als 0,25 mm (in Ausnahmefällen kleiner als 0,5 mm) ist, so wird er als Lötspalt bezeichnet; ist er größer als 0,5 mm, so heißt er Lötfuge.

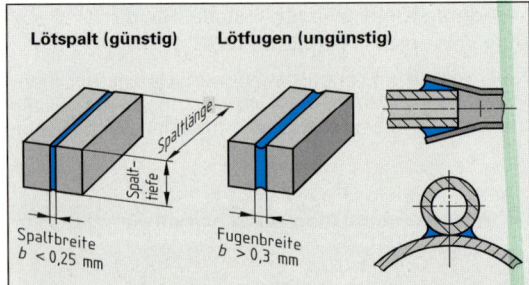

Die Breite des Zwischenraumes ist für das Eindringen des Lotes in den Spalt entscheidend. Nach Möglichkeit sollte die Lötstelle stets als Lötspalt ausgeführt werden, weil hierbei durch Kapillarwirkung das Füllen des Spaltes mit flüssigem Lot begünstigt wird.

8 Was versteht man beim Löten unter der Kapillarwirkung?

Unter der Kapillarwirkung versteht man das Hineinziehen des flüssigen Lotes in den Lötspalt.

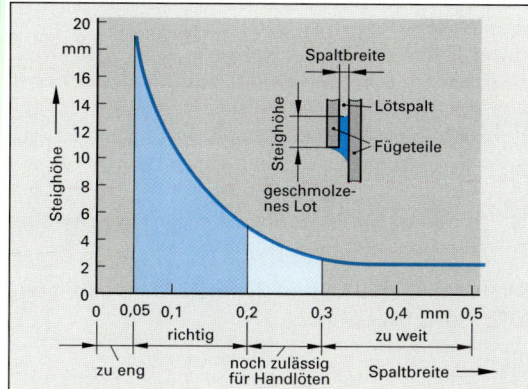

Die Kapillarwirkung ist von der Breite des Lötspaltes abhängig. Sie ist am größten bei einer Lötspaltbreite von 0,05 bis 0,2 mm.

9 Was versteht man unter einer eutektischen Legierung?

Eine eutektische Legierung besitzt im Gegensatz zu allen anderen Zusammensetzungen des Werkstoffes die niedrigste Schmelztemperatur und einen Schmelzpunkt. Alle anderen Legierungen des Systems haben einen Schmelzbereich. Eutektische Legierungen erstarren zu einem besonders feinen, regelmäßigen Gefüge.

So ist z.B. eine Legierung aus 63% Zinn und 37% Blei eine eutektische Legierung. Sie wird bei 183 °C flüssig. Andere Zinn-Blei-Legierungen werden bei dieser Temperatur zunächst breiig und erst bei einer höheren Temperatur vollständig flüssig.

10 Wie werden die Lötverfahren nach der Arbeitstemperatur unterteilt?

Die Lötverfahren werden in Weichlöten, Hartlöten und Hochtemperaturlöten unterteilt.

Die Arbeitstemperatur des Lotes muss unterhalb des Schmelzpunktes der Lötteile liegen.

11 Was versteht man unter Hochtemperaturlöten?

Hochtemperaturlöten ist ein Löten unter Schutzgas oder Vakuum bei Arbeitstemperaturen über 900 °C.

Hochtemperaturlöten ist nur in entsprechenden Öfen möglich. Als Lote werden meist Nickel-Chrom-Legierungen oder Edelmetalllegierungen großer Reinheit verwendet.

12 Was bedeutet die Bezeichnung L-Ag 12?

Es handelt sich um ein Silberlot mit 12% Silber, der Rest ist Kupfer und Zink.

Die Zahl gibt den Silbergehalt an. Silberlote können auch geringe Zusätze von Cadmium, Mangan und Nickel enthalten.

13 Was bedeutet die Bezeichnung S-Sn50Pb49Cu1?

Es handelt sich um ein Zinn-Blei-Kupfer-Weichlot mit 50% Zinn, 49% Blei und 1% Kupfer.

14 Was bedeutet die Bezeichnung F-SH 1?

Die einzelnen Angaben bedeuten:

F Flussmittel

S Schwermetall

H Hartlöten

1 Kennziffer für Wirktemperaturbereich (550 bis 800 °C)

Die Auswahl der Flussmittel erfolgt nach ihrem Wirktemperaturbereich und dem zu lötenden Werkstoff.

T187 Bis zu welcher Temperatur spricht man von Weichlöten? Bis...

a) 182 °C

b) 327 °C

c) 450 °C

d) 560 °C

e) 723 °C

T188 Welche Aufgaben haben die Flussmittel beim Löten? Sie...

a) verhindern Korrosion an der fertigen Naht

b) setzen den Schmelzpunkt des Lotes herab

c) erniedrigen die Arbeitstemperatur des Lotes

d) lösen Oxide und verhindern deren Bildung

e) erhöhen die Kapillarwirkung

T189 Welche Aussage über Flussmittel ist richtig?

a) Beim Löten an elektrischen Bauteilen darf kein Flussmittel verwendet werden

b) Flussmittelreste müssen meist entfernt werden, da sie Korrosion verursachen

c) Flussmittel verhindern Korrosion, können aber keine Oxidreste lösen

d) Für die Auswahl der Flussmittel spielt die Art des zu lötenden Werkstoffes keine Rolle

e) Flussmittel enthalten stets Säuren

2.10.5 Schweißen

Schweißverfahren und Gasschmelzsschweißen

Fragen aus Fachkunde Metall, Seite 221

1 Welche Gasdrücke werden für die Schweiß-flamme an den Arbeitsmanometern einge-stellt?

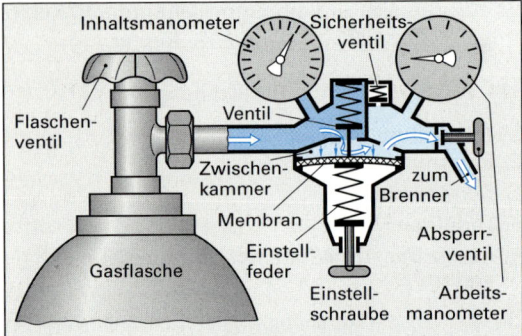

An den Arbeitsmanometern werden folgende Drücke eingestellt:

- 2,5 bar bei Sauerstoff
- 0,25 bis 0,5 bar bei Acetylen

Der hohe Druck in den Gasflaschen wird durch Druck-minderer auf den erforderlichen Arbeitsdruck reduziert.

2 Wo ist die höchste Temperatur in der Flam-me?

Die höchste Flammentemperatur wird 2 bis 4 mm vor dem Flammenkegel erreicht.

In dieser Schweißzone beträgt die Temperatur etwa 3200 °C.

3 In welchen Fällen wird nach links, in welchen nach rechts geschweißt?

Die Nachlinks-Schweißung wird bis 3 mm Blech-dicke, die Nachrechts-Schweißung über 3 mm Blechdicke angewandt.

Beim Nachlinks-Schweißen liegt das Schmelzbad außer-halb der höchsten Temperaturzone.

4 Nennen Sie Anwendungsgebiete der Acety-len-Sauerstoff-Flamme.

Die Acetylen-Sauerstoff-Flamme wird vorwie-gend zum Schweißen im Rohrleitungsbau, aber auch zum Wärmen, z.B. beim Löten, Biegen, Rich-ten, Härten, Brennschneiden und Flammspritzen, eingesetzt.

Ergänzende Fragen zu Schweißverfahren und Gasschmelzschweißen

5 Was versteht man unter Schweißen?

Schweißen ist das Fügen oder Beschichten von Werkstoffen im flüssigen oder plastischen Zu-stand unter Anwendung von Wärme oder Kraft oder von beidem, ohne oder mit Zusatzwerkstoff.

Schweißverbindungen sind wegen der festen und dich-ten Vereinigung der Grundwerkstoffe die besten unlös-baren Verbindungen.

6 In welche Hauptgruppen werden die Schweiß-verfahren eingeteilt?

Die Einteilung erfolgt in Schmelz-Schweißen und in Press-Schweißen.

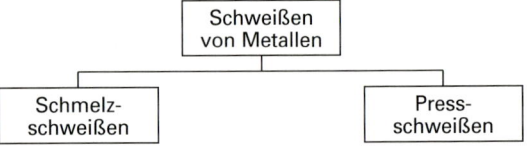

Beim Schmelzschweißen werden meist gleichartige Me-talle im flüssigen Zustand ohne Krafteinwirkung verbun-den. Beim Pressschweißen werden die Teile im teigigen Zustand ohne Zusatzwerkstoffe durch Zusammenpres-sen miteinander verbunden.

7 Welche Werkstoffe sind schweißbar?

Schweißbar sind fast alle Metalle und deren Le-gierungen sowie thermoplastische Kunststoffe.

8 Warum ist Schweißen ein bedeutendes Fü-geverfahren?

Durch Schweißen entstehen hochfeste und dich-te Verbindungen. Schweißverbindungen sind schnell und kostengünstig auszuführen und ha-ben gegenüber anderen Fügeverfahren ein gerin-ges Gewicht.

Schweißverbindungen sind die besten unlösbaren Ver-bindungen.

9 Welche Arten des Schmelzschweißens unter-scheidet man?

Man unterscheidet Gasschmelzschweißen (autoge-nes Schweißen), Lichtbogenschmelzschweißen (elektrisches Schweißen) und Strahlschweißen.

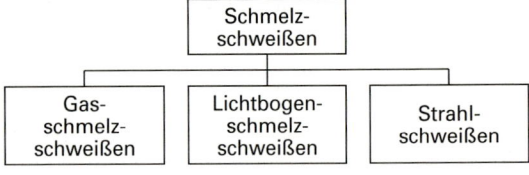

10 Was versteht man unter Schmelzschweißen?

Unter Schmelzschweißen versteht man ein Schweißverfahren, bei dem die Fügeteile an der Schweißstelle aufgeschmolzen werden. Beim Abkühlen der flüssigen Verbindungsstelle entsteht die Schweißnaht.

Beim Schmelzschweißen wird meist ein Zusatzwerkstoff (Schweißdraht, Elektrode) verwendet.

T190 Welche Kennfarbe hat eine Acetylengasflasche?

a) blau

b) grau

c) rot

d) grün

e) gelb

T191 Welche Arbeitsregel über Gasflaschen ist *falsch*?

a) Sauerstoffflaschen sind frei von Öl und Fett zu halten

b) Alle Gasflaschen sind vor starker Wärmeeinwirkung zu schützen

c) Gasflaschen sind vor Umfallen zu sichern

d) Gasflaschen dürfen nur mit aufgeschraubter Schutzkappe transportiert werden

e) Die Acetylengasentnahme darf bei einer Einzelflasche nie mehr als 3000 Liter pro Stunde betragen

Lichtbogenschweißen

Fragen aus Fachkunde Metall, Seite 224

1 Welche Aufgaben haben die Schweißstromquellen?

Die Schweißstromquellen haben die Aufgabe, den Netzstrom mit hoher Spannung und niedriger Stromstärke in einen Schweißstrom mit niedriger Spannung und hoher Stromstärke umzuwandeln.

2 Welche Stromquellen eignen sich für das Lichtbogenschweißen?

Für das Lichtbogenschweißen eignen sich als Schweißstromquellen der Schweißtransformator, der Schweißgleichrichter und der Schweißumformer.

Schweißtransformatoren erzeugen Wechselstrom, Schweißgleichrichter und Schweißumformer Gleichstrom. Neben diesen Stromquellen gibt es auch Schweißmaschinen, die wahlweise Gleichstrom oder Wechselstrom erzeugen.

3 Welche Kriterien sind bei der Auswahl einer Stabelektrode zu beachten?

Wichtige Eigenschaften einer Stabelektrode sind z.B. die mechanischen Kennwerte des Kerndrahtwerkstoffs, der Umhüllungstyp, die Qualitätsklasse und die Ausbringung.

4 Welche Aufgabe hat die Umhüllung der Stabelektrode beim Schweißen?

Die Umhüllung entwickelt beim Abschmelzen Gase, die den Lichtbogen stabilisieren, den flüssigen Werkstoffübergang und das Schmelzbad gegen die umgebende Luft abschirmen. Die abschmelzende Umhüllung schwimmt als Schlacke auf der Schweißnaht und verhindert eine schnelle Abkühlung.

5 Wie entsteht ein Lichtbogen?

Ein Lichtbogen entsteht, wenn z.B. die negativ gepolte Stabelektrode und das positiv gepolte Werkstück zunächst durch Berühren kurzgeschlossen und anschließend so voneinander getrennt werden, dass zwischen ihnen ein geringer Abstand vorhanden ist. Der beim Kurzschließen einsetzende Stromfluss erfolgt nach dem Abheben der Elektrode vom Werkstück durch eine kurze Luftstrecke und bewirkt dadurch den Lichtbogen.

6 Wie kann die Blaswirkung beim Schweißen verringert werden?

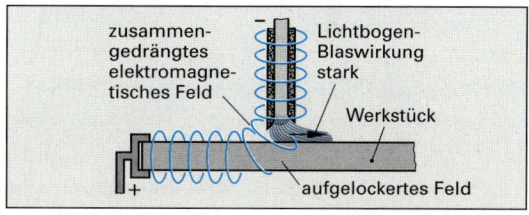

Die Blaswirkung kann verringert werden durch Neigen der Elektrode gegen die Blasrichtung, Verlegen der Polklemme am Werkstück, Ändern der Schweißrichtung, Verwendung dickumhüllter Elektroden und Schweißen mit Wechselstrom.

Je länger der Lichtbogen ist, desto stärker ist die Blaswirkung. Am Werkstückrand und in Polnähe ist sie am größten.

Ergänzende Fragen zum Lichtbogenschweißen

7 Mit welcher Spannung und Stromstärke wird beim Lichtbogenschweißen gearbeitet?

Beim Lichtbogenschweißen beträgt die Spannung 15 bis 50 Volt, die Stromstärke 60 bis 1000 Ampere.

T192 Ein Schweißgleichrichter wird mit 400 V Wechselstrom gespeist. Er liefert...

a) Gleichstrom mit hoher Spannung

b) Wechselstrom mit hoher Stromstärke

c) Wechselstrom mit hoher Spannung

d) Gleichstrom mit hoher Stromstärke

e) Drehstrom mit hoher Spannung

T193 Was gehört *nicht* zur Aufgabe der Umhüllung einer Schweißelektrode?

a) Schutz des Schmelzbades vor Sauerstoff

b) Schutz des Schmelzbades vor Stickstoff

c) Bildung von Schlacke auf der Schweißnaht

d) Zufuhr von Legierungsbestandteilen in die Schweißnaht

e) Langsame Abkühlung der Schweißnaht

Schutzgasschweißen

Fragen aus Fachkunde Metall, Seite 227

1 Welche Schutzgasschweißverfahren gibt es?

Man unterscheidet das Wolfram-Schutzgasschweißen (WSG) und das Metall-Schutzgasschweißen (MSG).

Zum Wolfram-Schutzgasschweißen zählen das Wolfram-Inertgasschweißen (WIG) und das Wolfram-Plasmaschweißen (WP). Metall-Schutzgasschweißverfahren sind das Metall-Inertgasschweißen (MIG) und das Metall-Aktivgasschweißen (MAG).

2 Wann wird beim WIG-Schweißen mit Wechselstrom und wann mit Gleichstrom geschweißt?

Wechselstrom wird meist zum Schweißen von Leichtmetallen, Gleichstrom zum Schweißen von legierten Stählen, NE-Metallen und deren Legierungen eingesetzt.

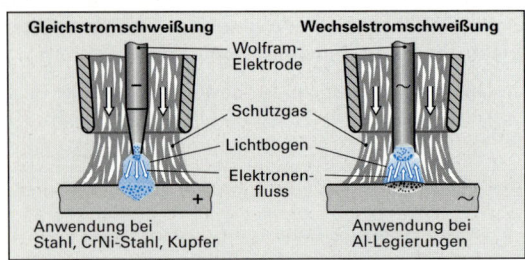

Gleichstromschweißung | Wechselstromschweißung
Wolfram-Elektrode / Schutzgas / Lichtbogen / Elektronenfluss
Anwendung bei Stahl, CrNi-Stahl, Kupfer | Anwendung bei Al-Legierungen

In der positiven Halbwelle des Wechselstromes fließen die Elektronen vom Werkstück zur Wolframelektrode und reißen dabei die hochschmelzende Oxidschicht des Leichtmetalls auf.

3 Wodurch unterscheidet sich das WIG- vom MIG- und vom MAG-Schweißverfahren?

Beim WIG-Schweißen brennt der Lichtbogen zwischen der nicht abschmelzenden Wolfram-Elektrode und dem Werkstück, während er beim MIG-und beim MAG-Schweißen zwischen einer abschmelzenden Drahtelektrode und dem Werkstück brennt.

Bei allen diesen Verfahren werden Lichtbogen und Schmelzbad durch ein Schutzgas gegen die Atmosphäre abgeschirmt.

4 Was unterscheidet das MIG- vom MAG-Schweißen?

Beim MIG-Schweißen wird ein inertes (reaktionsträges), beim MAG-Schweißen ein aktives (reaktionsfähiges) Schutzgas verwendet.

Inerte Schutzgase sind Argon und Helium, aktive Schutzgase Kohlenstoffdioxid oder Mischgase aus Argon mit Kohlenstoffdioxid oder Sauerstoff.

Ergänzende Fragen zum Schutzgasschweißen

5 Wie erfolgt das Plasmaschweißen?

Ein Plasma-Lichtbogen mit dem Plasmagas wird durch eine wassergekühlte Kupferdüse eingeschnürt. Die elektrisch leitende Gassäule, die durch den Lichtbogen hoch erhitzt wird, trifft als Plasmastrahl mit hoher Energie auf die Schweißstelle. Ein zusätzlicher Schutzgasmantel stabilisiert den Plasmalichtbogen und schützt das Schmelzbad vor der umgebenden Luft.

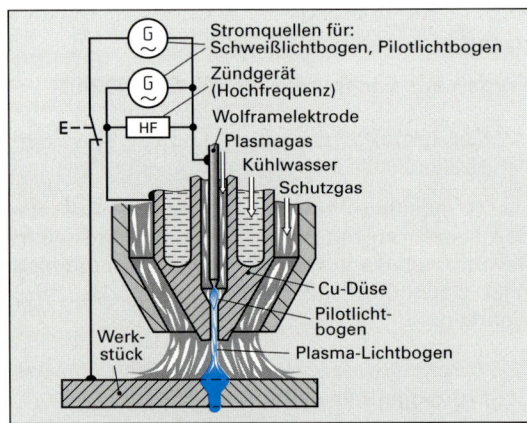

Stromquellen für: Schweißlichtbogen, Pilotlichtbogen
Zündgerät (Hochfrequenz)
Wolframelektrode
Plasmagas
Kühlwasser
Schutzgas
Cu-Düse
Pilotlichtbogen
Werkstück
Plasma-Lichtbogen

T194 Welche Schutzgase werden beim Schutzgasschweißen (SG) verwendet?

a) Sauerstoff und Kohlenstoffoxid

b) Argon und Kohlenstoffdioxid

c) Helium und Stickstoff

d) Wasserstoff und Sauerstoff

e) Propan und Sauerstoff

T195 Bei welchem Verfahren des Schutzgasschweißens ist die Elektrode zugleich Zusatzwerkstoff? Beim...

a) WSG-Schweißen

b) Wolfram-Plasmaschweißen

c) WIG-Schweißen

d) WP-Schweißen

e) MSG-Schweißen

Widerstandsschweißen

Fragen aus Fachkunde Metall, Seite 228

1 Wie entsteht eine Widerstandspressschweißverbindung?

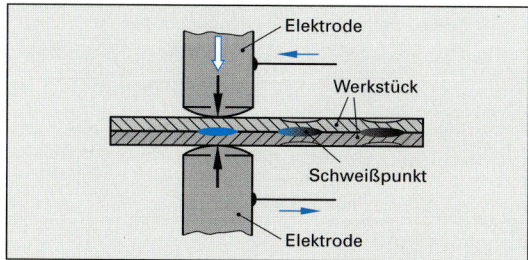

Beim Widerstandspressschweißen werden die Schweißteile von zwei wassergekühlten Kupferelektroden zusammengepresst. Durch den kurzzeitig fließenden Strom, der an der Übergangsstelle zwischen den Blechen einen hohen Widerstand erfährt, wird an dieser Stelle der Werkstoff teigig: Es entsteht ein Schweißpunkt. Viele hintereinander liegende Punkte ergeben die Schweißnaht.

Die Verbindung erfolgt ohne Zusatzwerkstoff.

2 Welche Widerstandspressschweißverfahren gibt es?

Zu den Widerstandspressschweißverfahren zählen das Punkt-, Buckel-, Rollennaht- und Abbrennstumpfschweißen.

Beim Widerstandspressschweißen müssen die Maschinen-Einstelldaten Strom, Zeit und Druck auf den Werkstoff und die Abmessungen der Schweißstelle abgestimmt sein.

Prüfen von Schweißverbindungen

Fragen aus Fachkunde Metall, Seite 230

1 Welche zerstörungsfreien Schweißnahtprüfungen gibt es?

Zerstörungsfreie Schweißnahtprüfungen sind das Farbeindringverfahren, das Magnetpulververfahren, die Ultraschallprüfung und die Durchstrahlungsprüfung (Röntgen).

2 Welche Schweißnahtfehler können mit einer Bruchprobe festgestellt werden?

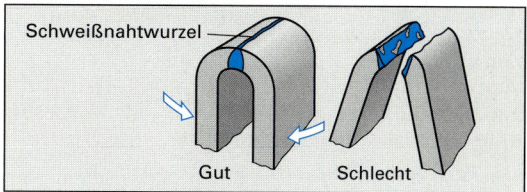

Mit der Bruchprobe können ungebundene Stellen, Schlackeneinschlüsse und Poren im Bruchgefüge festgestellt werden.

Die Schweißnaht wird im Schraubstock oder unter einer Presse so gebogen, dass die Nahtwurzel in der Zugzone liegt.

Schweißkonstruktionen

Fragen aus Fachkunde Metall, Seite 231

1 Welche Schweißangaben sind in die Schweißteilzeichnung einzutragen?

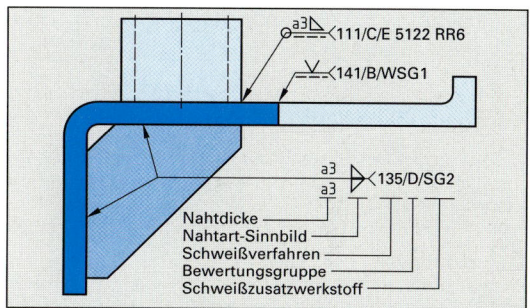

In die Schweißteilzeichnung werden Nahtart, Nahtvorbereitung, Nahtlage, Nahtquerschnitt, Schweißverfahren, Zusatzwerkstoff, bei Bedarf auch die Nachbehandlung des Bauteiles und der Prüfumfang eingetragen.

Bei umfangreichen Schweißkonstruktionen wird ein Schweißfolgeplan erstellt, in dem die Nahtfolge und die Nahtrichtung festgelegt sind.

2 Wodurch entstehen Schweißspannungen und wie werden sie abgebaut?

Beim Abkühlen der Schweißnaht und der umliegenden erwärmten Bauteilbereiche schrumpft der Werkstoff. Es entstehen Schrumpfkräfte, welche Spannungen oder Risse hervorrufen können. Zum Abbau der Spannungen werden geschweißte Teile in Öfen bei etwa 650 °C spannungsarm geglüht. Bei großen Teilen werden die kritischen Schweißzonen mit transportablen Glüheinrichtungen örtlich entspannt.

2.11 Beschichten

1 Weshalb werden Werkstücke beschichtet?

Werkstücke werden zum Korrosionsschutz, zur Verminderung des Verschleißes, zur Vorbereitung auf nachfolgende Verfahren und zur Verbesserung des Aussehens beschichtet.

In der Elektrotechnik dient das Beschichten auch zur elektrischen Isolation von Bauteilen.

2 Welche Vorteile hat das elektrostatische Lackieren gegenüber dem Spritzlackieren und dem Hochdruckspritzen?

Beim elektrostatischen Lackieren wird der fein-neblig zerstäubte Lack durch die elektrostatische Anziehung allseitig auf das Werkstück aufgetragen (Bild). Der Lackauftrag ist, im Gegensatz zum Spritzlackieren, an Ecken und Kanten besonders dick.

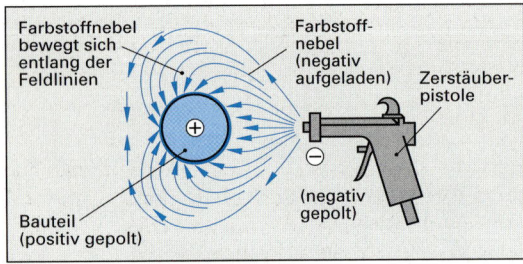

Dadurch lassen sich auch gegliederte Bauteile mit schwer zugänglichen Bauteilbereichen, wie z.B. Gehäuse und Gestelle aus Profilen, gleichmäßig beschichten. Der Lackverlust (Overspray) ist gering.

3 Wie wird das Galvanisieren durchgeführt?

Das zu beschichtende Bauteil wird in das Galvanisierbad gehängt und an die Katode (Minuspol) einer Gleichstromquelle angeschlossen (Bild). Durch die Wirkung des elektrischen Stromes scheidet sich aus dem Galvanisierbad (z.B. wässrige Kupfersulfatlösung) das Metall (z.B. Kupfer) am Bauteil ab.

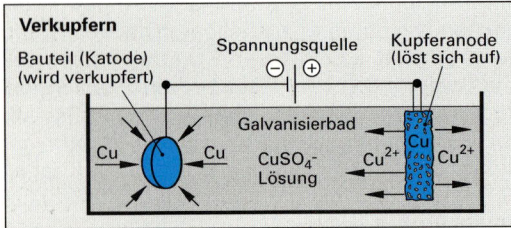

4 Was versteht man unter Emaillieren?

Das Beschichten von Bauteilen mit einer Email-schicht. Sie dient dem Korrosionsschutz.

Ein Bauteil wird emailliert durch Tauchen des Bauteils in eine Emailschlämme, Trocknen der Schicht und anschließendem Brennen zur Emailschicht.

5 Welche Bauteile werden durch CVD-Beschichten (Aufdampfen) beschichtet?

Wendeschneidplatten aus Hartmetall werden mit Hartstoffschichten aus Titancarbid, Titannitrid und Aluminiumoxid überzogen (Bild). Mikroprozessoren und optische Gläser werden mit Metallen und Metalloxiden beschichtet.

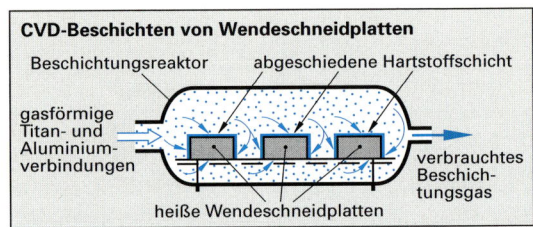

T196 Was versteht man unter Thermischem Spritzen?

a) Das Aufspritzen von geschmolzenem Beschichtungswerkstoff

b) Das Übergießen von Schweißnähten mit flüssigem Kunststoff

c) Das Aufspritzen von erwärmten Lacken

d) Das Schmelztauchen von Metallen

e) Das Galvanisieren bei erhöhten Temperaturen

T197 Welche Beschichtung wird durch Abscheiden aus dem gasförmigen Zustand hergestellt?

a) Die Lackschicht auf Karosserieblech

b) Die CVD-Beschichtung auf Wendeschneidplatten

c) Die Eloxalschicht auf Aluminium-Bauteilen

d) Die Metallschicht durch Galvanisieren

e) Die Zinkschicht auf Stahlblech

T198 Bei welchem Verfahren zum Aufbringen einer Korrosionsschutzschicht handelt es sich um ein elektrochemisches Beschichtungsverfahren?

a) Emaillieren   b) Plattieren

c) Thermisches Spritzen   d) Diffundieren

e) Galvanisieren

ZP 2.12 Fertigungsbeispiel Spannpratze

Fragen aus Fachkunde Metall, Seite 237

1 Warum wird die Spannschraube aus 16MnCr5 gefertigt?

Der Werkstoff 16MnCr5 ist ein legierter Einsatzstahl, der durch Vergüten und Einsatzhärten im Kern hohe Festigkeit und Zähigkeit sowie große Oberflächenhärte im Druckkopfbereich besitzt.

Diese Eigenschaften muss die Spannschraube haben, um den wechselnden Druckbelastungen beim Spannen der Werkstücke standhalten zu können (rechtsstehendes Bild).

2 Welche Angaben sind in einem Arbeitsplan enthalten?

Der Arbeitsplan enthält die einzelnen Arbeitsvorgänge in der Reihenfolge der Fertigung mit den dazu erforderlichen Werkzeugen, Vorrichtungen und Maschinen.

Außerdem werden im Kopf des Arbeitsplanes die Auftragsnummer, der Name des Werkstücks, der Werkstoff, die Hauptabmessungen, die Losgröße, das Gewicht und der Fertigungstermin angegeben.

3 Erstellen Sie den Arbeitsplan für die Herstellung der Spannschraube.

Arbeitsplan	Bearbeiter:	
Auftrags-Nr.: XYZ	Datum:	
Benennung: Spannschraube	Losgröße: 10	
Werkstoff und Erzeugnisform:		
Sechskant DIN 176 – 16 MnCr5 – 20	Gewicht:	
Abmessungen: 72 x 20	Termin:	
Nr.	Arbeitsvorgang	Werkzeug
10	Runddrehen auf 11,8 mm	Drehmeißel
20	Anfasen 45°	Drehmeißel
30	Gewindeschneiden	Schneideisen M12
40	Abstechen	Stechdrehmeißel
50	Runden der Kuppe	Drehmeißel
60	Vergüten und Einsatzhärten	

4 Welche Kenntnisse muss ein Sachbearbeiter in der Fertigungsplanung haben?

Er muss alle Sachfragen, die mit der Fertigung zusammenhängen, beherrschen: Auswahl der Werkstoffe und der geeigneten Erzeugnisformen, Festlegung des geeigneten Fertigungsverfahrens, der Werkzeuge und der Maschinen.

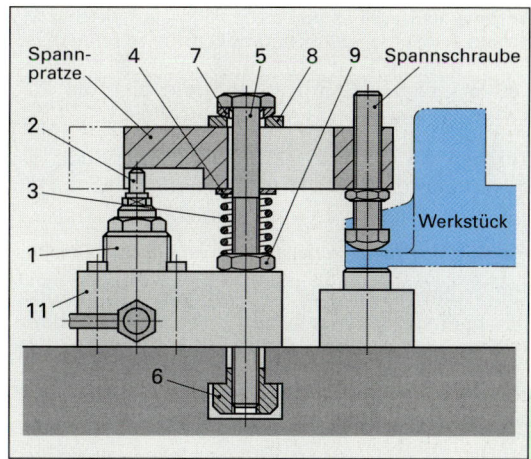

5 Warum werden die hydraulischen Spannelemente mit einer Schnellkupplung versehen? Vergleichen Sie dazu die Darstellung im Kapitel „Hydraulische Steuerungen".

Durch den Anschluss hydraulischer Spannelemente mit einer Schnellkupplung können die Spannelemente rasch von der Hydraulikleitung gelöst werden. Die Schnellkupplung sperrt die Anschlüsse beim Lösen der Schläuche ab, so dass kein Hydrauliköl auslaufen und keine Luft in das Hydrauliksystem eindringen kann.

6 Wovon hängen die einzustellende Drehzahl und der Vorschub bei der spanenden Bearbeitung ab? Begründen Sie Ihre Meinung anhand eines Tabellenbuches.

Die einzustellende Drehzahl und der Vorschub hängen vom zu spanenden Werkstoff, vom verwendeten Schneidstoff, von der verlangten Oberflächengüte, von der Leistungsfähigkeit der Maschine und von der Kühlschmierung ab.

In den Richtwerttabellen für das Drehen sind diese Einflussgrößen bei der Bestimmung der Drehzahl und des Vorschubs berücksichtigt.

Ergänzende Fragen zum Fertigungsbeispiel

7   Welche Informationen benötigt man von einem zu fertigenden Werkstück vor Beginn der Arbeitsplanung?

Es muss eine technische Zeichnung mit den Maßen des Werkstücks vorliegen und der geforderte Werkstoff muss angegeben sein.

Zusätzlich muss die zu fertigende Stückzahl (Losgröße) bekannt sein, weil es von ihr abhängt, auf welcher Maschine der Auftrag am wirtschaftlichsten zu fertigen ist.

8   In welchen Schritten vollzieht sich die Planung einer Fertigungsaufgabe?

Ausgehend von der technischen Zeichnung des zu fertigenden Bauteils wird zuerst eine grobe Planung der Arbeitsvorgänge gemacht.

Hiermit wird dann ein detaillierter Arbeitsplan erstellt.

9   Woher erhält man die geeigneten Spanungsbedingungen der auszuführenden spanenden Fertigungsverfahren?

Richtwerte für die Spanungsbedingungen können aus Tabellenbüchern entnommen werden.

Mit den dort abgelesenen Werten werden dann die Drehzahlen der Arbeitsspindel entweder berechnet oder aus Diagrammen abgelesen.

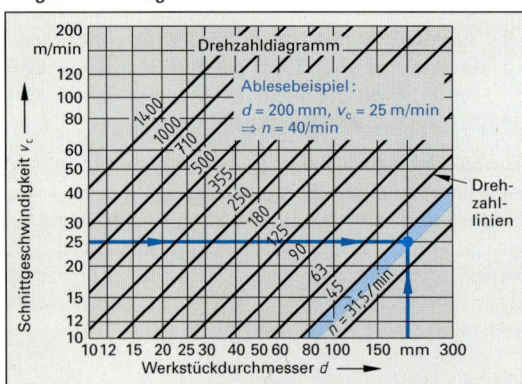

10 Welche Möglichkeiten der Einsparung gibt es bei den Fertigungskosten?

Einsparungsmöglichkeiten ergeben sich durch:
- Auswahl eines geeigneteren Ausgangsmaterials, z.B. eines vorgefertigten Rohteils
- Einsatz leistungsstärkerer Werkzeugmaschinen, z.B. mit größerer Antriebsleistung und CNC-Steuerung
- Einsatz von Vorrichtungen, z.B. zum Aufspannen mehrerer Werkstücke
- Vergabe von Teilaufträgen, wie z.B. zum Einsatzhärten, an Spezialfirmen.

T199 Was kann aus dem Drehzahl-Diagramm einer Drehmaschine abgelesen werden?

a) Die Schnittgeschwindigkeit
b) Der Vorschub
c) Die Drehzahl
d) Das Spanvolumen
e) Der Durchmesser

T200 Was gibt der Arbeitsplan an?

a) Die Arbeitszeiten des Betriebs
b) Die Arbeitsvorgänge und Werkzeuge zur Fertigung eines Werkstücks
c) Den spätesten Termin für die Fertigstellung des Auftrags
d) Die Arbeitsverteilung im Betrieb
e) Den Arbeitsumfang im Betrieb

2.13 Fertigungsbetrieb und Umweltschutz   ZP

Fragen aus Fachkunde Metall, Seite 240

1   Erläutern Sie die Forderung beim Umgang mit Schadstoffen: Vermeiden – vermindern – verwerten – entsorgen.

Beim Einsatz und Umgang mit Schadstoffen sollte folgende Rangfolge der Umwelt-Schutzmaßnahmen eingehalten werden:

1. Schadstoffe sollten möglichst vermieden werden.
2. Wenn möglich, sollte die Menge der Schadstoffe vermindert werden.
3. Technisch nicht vermeidbare Schadstoffe sollten mehrfach verwertet werden.
4. Die unvermeidbaren Schadstoffe müssen nach Gebrauch sachgemäß entsorgt werden.

2   Welche Entsorgungsaufgaben gibt es bei spanenden Fertigungsanlagen?

- Der Kühlschmierstoffnebel muss abgesaugt und abgeschieden werden.
- Die Metallspäne müssen aus dem Arbeitsbereich der Maschine entfernt und anschließend entölt werden. Die entölten Späne sind zu recyceln, der abgetrennte Kühlschmierstoff wird aufgearbeitet.
- Verbrauchter Kühlschmierstoff muss gereinigt und wieder verwertet werden. Der Kühlschmierstoffschlamm wird auf Sondermülldeponien entsorgt.

3 Welche Vorteile bietet das Pulverlackieren?

Das beim Pulverlackieren versprühte Lackpulver ist lösungsmittelfrei, sodass beim Beschichten keine Belastung der Umwelt mit Lösungsmitteln erfolgt.

Beim Pulverlackieren wird ein Pulver aus elektrostatisch aufgeladenen Lackpartikeln auf die zu beschichtenden Bauteile versprüht und bleibt dort haften. Anschließend läuft das Bauteil durch eine Einbrennkammer, wo die anhaftenden Pulverteilchen zusammenschmelzen und als Lackschicht aushärten.

4 Warum müssen Abgase aus Schweißereien und Härtereien gereinigt werden?

Abgase aus Schweißereien enthalten schwermetallhaltige Feinstäube sowie Stickoxid- und Kohlenmonoxidgase.

Abgase aus Härtereien können zusätzlich mit Dämpfen und Aerosolen von giftigen Härtesalzen und ätzenden Säuren durchsetzt sein.

Diese Schadstoffe müssen aus den Abgasen abgeschieden werden, da sie die Umwelt schädigen würden.

5 Welche Reinigungsstufen durchläuft Abwasser?

Die Reinigung von Abwässern aus Metall verarbeitenden Betrieben erfolgt in aufeinander folgenden Reinigungsstufen (Bild).

- Grobklärung
- Abscheiden von Ölrückständen
- Neutralisieren der Säuren und Laugen, Entgiften der Salze
- Ausfällen und Abscheiden der Niederschläge
- Entgiften der Reststoffe

Ergänzende Fragen zum Umweltschutz

6 Welche Umweltschutz-Gesichtspunkte sind bei der Wahl eines Fertigungsverfahrens oder eines Werkstoffs zu berücksichtigen?

Es dürfen keine giftigen Stoffe freigesetzt werden, die die Gesundheit der Mitarbeiter schädigen und die Luft, das Grundwasser und den Boden verseuchen könnten.

7 Wie werden verbrauchte Kühlschmierstoffe entsorgt?

Verbrauchte Kühlschmierstoffe sind zu sammeln und im Betrieb oder von Spezialfirmen in das Wasser und die öligen Bestandteile zu trennen.

Das Ölreste enthaltende Wasser muss in einer speziellen Abwasserreinigungsanlage geklärt werden.

T201 Welches Reinigungs- und Entfettungsmittel ist umweltschonend und nicht gesundheitsgefährdend?

a) Trichlorethylen (Tri)　　　d) Benzol

b) Perchlorethylen (Per)　　　e) Alkalische

c) Tetrachlormethan (Tetra)　　　Waschlauge

T202 Was versteht man unter Recycling?

a) Die Verbilligung der Werkstoffe durch preisgünstigen Großeinkauf

b) Die Sammlung, Aufarbeitung und Wiederverwendung von gebrauchten Stoffen

c) Die Verschwendung von Werkstoffen

d) Die Abtrennung des Kühlschmierstoffs von den Spänen

e) Die Verwendung einer Umlaufschmierung

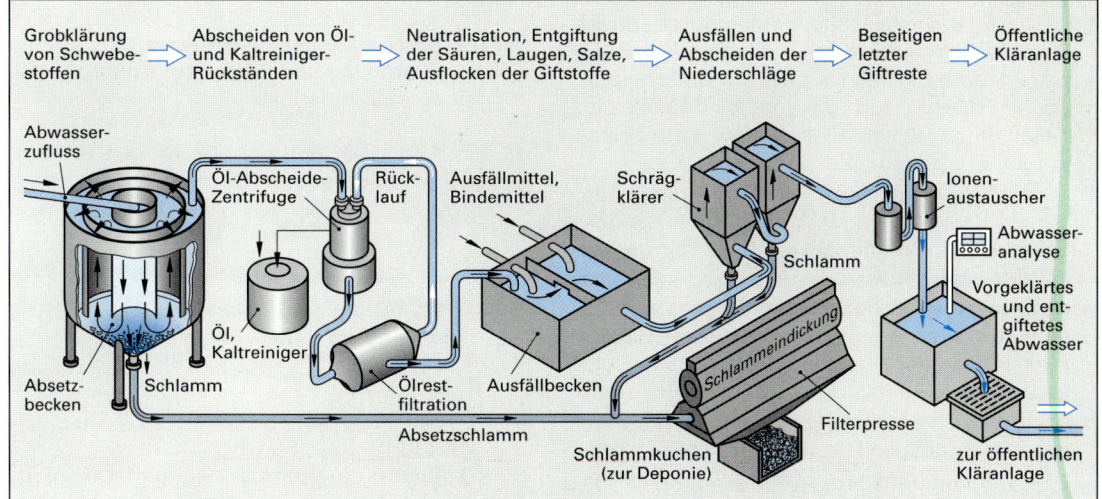

Grobklärung von Schwebestoffen ⇒ Abscheiden von Öl- und Kaltreiniger-Rückständen ⇒ Neutralisation, Entgiftung der Säuren, Laugen, Salze, Ausflocken der Giftstoffe ⇒ Ausfällen und Abscheiden der Niederschläge ⇒ Beseitigen letzter Giftreste ⇒ Öffentliche Kläranlage

Abwasserzufluss · Öl-Abscheide-Zentrifuge · Rücklauf · Ausfällmittel, Bindemittel · Schrägklärer · Ionenaustauscher · Abwasseranalyse · Vorgeklärtes und entgiftetes Abwasser · Öl, Kaltreiniger · Absetzbecken · Schlamm · Ölrestfiltration · Ausfällbecken · Schlammeindickung · Schlamm · Filterpresse · Absetzschlamm · Schlammkuchen (zur Deponie) · zur öffentlichen Kläranlage

3   Werkstofftechnik

ZP

3.1 Eigenschaften und Auswahl der Werkstoffe

Fragen aus Fachkunde Metall, Seite 248

1   Ordnen Sie die Metalle Kupfer, Eisen, Titan, Zink, Magnesium, Blei und Aluminium in die Gruppen Leichtmetalle und Schwermetalle ein.

Leichtmetalle sind:
Titan, Magnesium, Aluminium.
Schwermetalle sind:
Kupfer, Eisen, Zink und Blei.

Leichtmetalle haben eine Dichte von weniger als 5 kg/dm³, Schwermetalle haben eine Dichte von mehr als 5 kg/dm³.

2   Auf welchen Eigenschaften beruht die vielseitige Verwendung der Kunststoffe?

Die vielseitige Verwendung der Kunststoffe beruht auf ihren besonderen Eigenschaften:
- geringe Dichte
- elektrisch isolierend und wärmedämmend
- in Sorten von gummiartig bis formstabil und hart erhältlich.
- Beständig gegen viele Chemikalien

3   Welche Gesichtspunkte sind bei der Auswahl eines Werkstoffs für ein Bauteil maßgebend?

Die Auswahl eines Werkstoffs für ein bestimmtes Bauteil erfolgt nach mehreren Gesichtspunkten:
- nach den mechanisch-technologischen, physikalischen und chemisch-technologischen Eigenschaften des Werkstoffs. Sie entscheiden, ob ein Werkstoff die Funktion des Bauteils und die an ihn gestellten Anforderungen am besten erfüllt.
- nach fertigungstechnischen Gesichtspunkten. Sie entscheiden, ob ein Werkstück mit einem bestimmten Fertigungsverfahren hergestellt werden kann
- nach wirtschaftlichen Überlegungen, wie z.B. dem Werkstoffpreis, den Fertigungskosten, den Hilfsstoffkosten, den Kosten der Abfallbeseitigung.
- nach Gesichtspunkten des Umweltschutzes, wie z.B. Ungiftigkeit, umweltverträglicher Herstellung, Fertigung und Entsorgung sowie den Recyclingmöglichkeiten.

4   Aus welchen Werkstoffen könnte der Fräser und das bearbeitete Werkstück im gezeigten Bild bestehen?
Begründen Sie Ihre Antwort.

Der Fräser besteht aus Werkzeugstahl.
Werkzeugstähle sind im gehärteten Zustand hart und verschleißfest. Sie eignen sich zum Spanen von Werkstoffen.
Das bearbeitete Werkstück besteht aus einem Eisen-Gusswerkstoff.
Bauteile mit komplizierten geometrischen Formen werden aus Eisen-Gusswerkstoffen gefertigt.

5   Nennen Sie vier physikalische Eigenschaften und erläutern Sie ihre Bedeutung.

Die **Dichte** ϱ eines Stoffes gibt an, welche Masse ein Würfel eines Stoffes von 1 dm Kantenlänge hat.
Sie ist ein Maß dafür, wie schwer ein Stoff ist.

Dichte $\varrho = \dfrac{m}{V}$

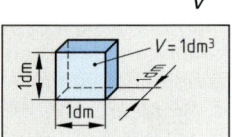

Der **Schmelzpunkt** eines Stoffes ist die Temperatur, bei der er zu schmelzen beginnt.

Die **elektrische Leitfähigkeit** ist ein Maß für die Fähigkeit eines Stoffes, den elektrischen Strom zu leiten.

Die **thermische Längenausdehnung** gibt an, um welchen Betrag sich ein Körper bei Änderung seiner Temperatur verlängert.

6   Ein Werkstück hat eine Masse von 6,48 kg und ein Volumen von 2,4 dm³.
a) Welche Dichte hat der Werkstoff des Werkstücks?
b) Um welchen Werkstoff könnte es sich handeln?

a) Aus der Beziehung $\varrho = \dfrac{m}{V}$ folgt:

$$\varrho = \frac{6{,}48 \text{ kg}}{2{,}4 \text{ dm}^3} = 2{,}7 \text{ kg/dm}^3$$

b) Es könnte sich um Aluminium handeln, da Aluminium eine Dichte von 2,7 kg/dm³ besitzt.

7 Beschreiben Sie das elastisch-plastische Verformungsverhalten eines Stahlstabs.

Biegt man einen Stahlstab nur wenig, so federt er nach Entlastung vollständig in seine Ausgangsform zurück. Er verformt sich rein elastisch.

Biegt man einen Stahlstab hingegen stark, so federt er nicht vollständig, sondern nur teilweise in seine Ausgangsform zurück (Bild). Ein Teil der Verformung bleibt dauerhaft erhalten. Er hat sich plastisch verformt.

Dieses gemischte Verhalten nennt man ein elastisch-plastisches Verformungsverhalten.

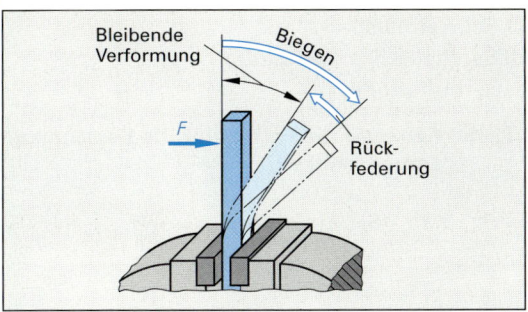

8 Was geben die Streckgrenze R_e und die Zugfestigkeit R_m eines Werkstoffs an?

Die **Streckgrenze R_e** gibt die Zugspannung an, die unmittelbar vor Beginn des Streckens im Werkstoff herrscht. Es ist die Zugspannung, die der Werkstoff ohne wesentliche plastische Verformung tragen kann.

Die Streckgrenze R_e wird in N/mm² angegeben, z.B. $R_e = 285$ N/mm².

Die **Zugfestigkeit R_m** ist die größte Zugspannung, die in einem Werkstoff herrschen kann.
Einheit der Zugspannung ist N/mm².

Beispiel: $R_m = 520$ N/mm²

Streckgrenze und Zugfestigkeit sind Kenngrößen, um die Belastbarkeit eines Werkstoffs beurteilen zu können. Sie dienen zur Berechnung der Abmessungen der Werkstücke und Bauteile.

9 Nennen Sie drei fertigungstechnische Eigenschaften.
Erläutern Sie diese Eigenschaften mit jeweils einem Werkstoff, der für dieses Fertigungsverfahren gut geeignet ist.

a) Umformbarkeit. Gut umformbar sind z.B. kohlenstoffarme Stähle. Sie eignen sich daher zum Biegeumformen (Bild).

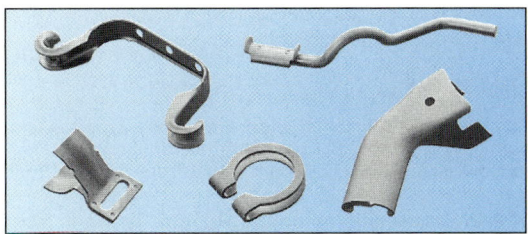

b) Zerspanbarkeit. Gut spanbar sind z.B. die Automatenstähle. Sie enthalten einen erhöhten Schwefel- und/oder Bleigehalt, der kurzbrechende Späne bewirkt (Bild).

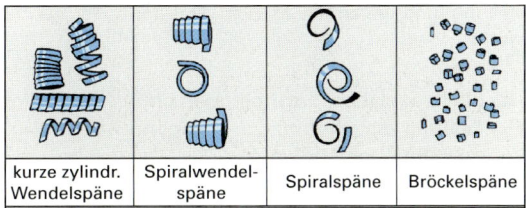

kurze zylindr. Wendelspäne	Spiralwendelspäne	Spiralspäne	Bröckelspäne

c) Härtbarkeit. Gut härtbar sind z.B. die Werkzeugstähle. Sie werden nach der Formgebung zum Werkzeug gehärtet (Bild) und erhalten dadurch ihre hohe Gebrauchshärte und Verschleißfestigkeit.

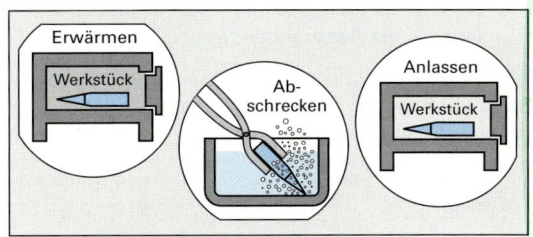

10 Wie kann die Korrosion von Metallteilen vermieden werden?

Die Korrosion von Metallteilen kann auf verschiedene Weise vermieden werden:

- durch Auswahl eines korrosionsbeständigen Werkstoffs
- durch einen korrosionsschützenden Anstrich oder eine korrosionsschützende Beschichtung.

Ergänzende Fragen zu Eigenschaften und Auswahl der Werkstoffe

11 In welchen drei Hauptgruppen teilt man die Werkstoffe ein?

Die Werkstoffe werden in Metalle, in Nichtmetalle und in Verbundwerkstoffe eingeteilt.

Metalle sind z.B. Eisen, Kupfer, Aluminium. Zu den Nichtmetallen gehören z.B. Kunststoffe, Keramiken, Glas. Verbundwerkstoffe sind z.B. Hartmetalle oder Schleifkörper.

12 Welches sind wichtige, in der Technik verwendete Hilfsstoffe?

Wichtige Hilfsstoffe sind:
Schmier- und Kühlschmierstoffe, Schleif- und Poliermittel, Reinigungs- und Löt-Hilfsmittel, Beschichtungs- und Treibstoffe.

Als Hilfsstoffe bezeichnet man Stoffe, die bei der Herstellung und Verarbeitung der Werkstoffe verbraucht werden oder zum Betreiben von Maschinen notwendig sind.

13 Nach welchen Formeln berechnet man die Dichte, die thermische Längenausdehnung und die Zugfestigkeit?

Dichte: $\varrho = \dfrac{m}{V}$

Thermische Längenausdehnung: $\Delta l = l_1 \cdot \alpha \cdot \Delta t$

Zugfestigkeit: $R_m = \dfrac{F_m}{S_o}$

14 Welche fertigungstechnischen Eigenschaften sind für die Auswahl der Werkstoffe wichtig?

Wichtige fertigungstechnische Eigenschaften sind: Gießbarkeit, Umformbarkeit, Zerspanbarkeit sowie die Schweißbarkeit.

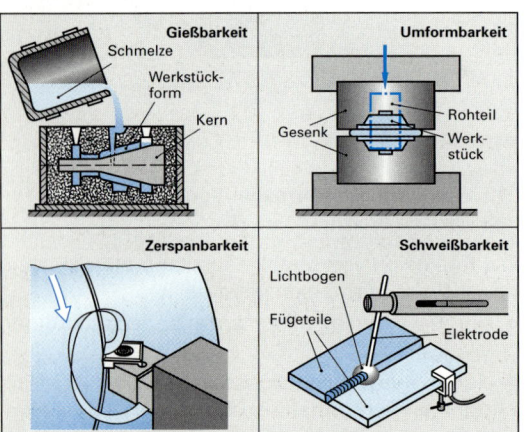

Gießbarkeit — Schmelze, Werkstückform, Kern
Umformbarkeit — Gesenk, Rohteil, Werkstück
Zerspanbarkeit
Schweißbarkeit — Lichtbogen, Fügeteile, Elektrode

T203 In welche zwei Untergruppen teilt man die Eisen-Werkstoffe ein? In...

a) Sintermetalle und Hartmetalle
b) Stahl und Eisen-Gusswerkstoffe
c) Schwermetalle und Leichtmetalle
d) Baustahl und Werkzeugstahl
e) Natur-Werkstoffe und künstliche Werkstoffe

T204 Zu welcher Gruppe der Werkstoffe gehören die Hartmetalle? Zur Gruppe der...

a) Nichtmetalle
b) Eisenmetalle
c) Schwermetalle
d) Synthetischen Werkstoffe
e) Verbundstoffe

T205 Wie lautet die Formel für die Berechnung der Zugfestigkeit?

a) $R_m = F_m \cdot S_o$ b) $R_m = \dfrac{S_o}{F_m}$

c) $R_m = \dfrac{F_m}{S_o}$ d) $R_m = \dfrac{\Delta L}{L_o}$

e) $R_m = \dfrac{F_e}{S_o}$

T206 Was beschreiben die fertigungstechnischen Eigenschaften eines Werkstoffs? Sie beschreiben...

a) die Veränderung des Werkstoffs bei Erwärmung
b) die Wirkung des Werkstoffs auf die Umwelt
c) die Eignung und das Verhalten des Werkstoffs bei der Verarbeitung
d) die Veränderung des Werkstoffs bei technischen Fehlern am Bauteil
e) das technische Verhalten des Werkstoffs bei Korrosion

T207 Welches der folgenden Bilder zeigt eine Biegebeanspruchung?

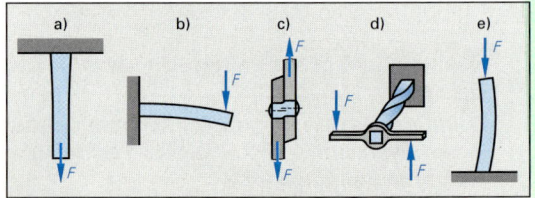

ZP 3.2 Innerer Aufbau der Metalle

Fragen aus Fachkunde Metall, Seite 253

1 Was zeigt das Gefüge eines Metalls?

Das Gefüge eines Metalls zeigt (unter dem Metallmikroskop) die Gliederung des Werkstoffs in Körner und die als dünne Linien zwischen den Körnern verlaufenden Korngrenzen (Bild).

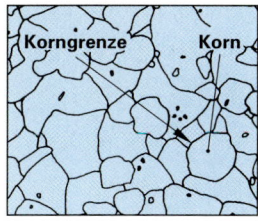

2 Wie sind die Metalle im atomaren Größenbereich aufgebaut?

Im atomaren Größenbereich sind die Metalle aus Metallionen in regelmäßiger Anordnung aufgebaut (Bild). Sie werden von einer sie umgebenden Elektronenwolke fest zusammengehalten.

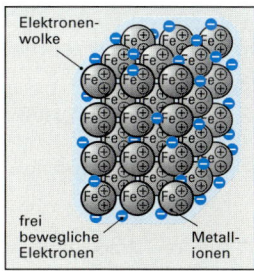

3 Welche drei Kristallgittertypen findet man bei den Metallen?

Bei den Metallen gibt es drei Gittertypen:

Das kubisch-raumzentrierte Kristallgitter

Das kubisch-flächenzentrierte Kristallgitter

Das hexagonale Kristallgitter

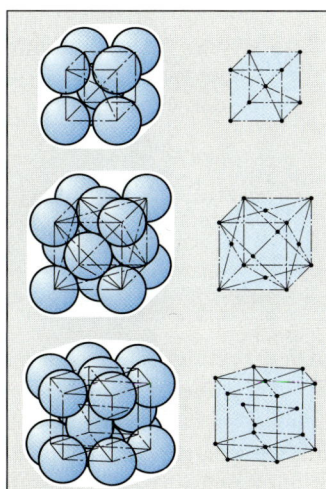

4 Welche Kristallbaufehler gibt es?

Lücken: ein Gitterplatz im Kristallgitter ist unbesetzt.

Versetzungen: eine ganze Lage von Metallionen ist eingeschoben oder fehlt.

Fremdatome: auf einem Gitterplatz oder in einem Zwischenraum sitzt ein artfremdes Metallion.

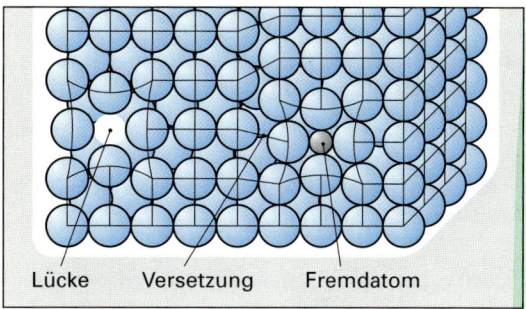

Lücke   Versetzung   Fremdatom

5 Worauf beruht die elastische und die plastische Verformbarkeit der Metalle?

Bei der **elastischen Verformung** werden die Metallionen nur geringfügig von ihrem Gitterplatz verschoben und federn bei Wegnahme der Kraft wieder in ihre Ausgangslage zurück.

Bei der **plastischen Verformung** werden die Metallionenlagen durch eine große Krafteinwirkung in eine andere stabile Anordnung verschoben. Diese Anordnung bleibt erhalten, auch wenn die Kraft weggenommen wird. Der Körper hat sich plastisch (bleibend) verformt.

6 Wie entsteht das Metallgefüge?

Das Metallgefüge entsteht beim Erstarren der Metallschmelze. Zuerst lagern sich an vielen Stellen in der Schmelze einzelne Metallionen zu Kristallisationskeimen zusammen. Von diesen Kristallisationskeimen ausgehend wachsen die Kristalle weiter, bis die ganze Schmelze aufgebraucht, d.h. erstarrt ist. Die Flächen, an denen die Kristalle zusammenstoßen, sind die Korngrenzen.

7 Wie wird das Gefüge sichtbar gemacht?

Das Metallgefüge wird durch eine besondere Technik, die **Metallographie,** sichtbar gemacht. Eine Probe des zu untersuchenden Stoffes wird auf einer Seite plan geschliffen. Diese Fläche wird poliert und mit einem geeigneten Ätzmittel angeätzt. Unter einem Metallmikroskop kann dann das Metallgefüge betrachtet werden (Bild zu Frage 1).

8 Wodurch unterscheiden sich reine Metalle und Legierungen bezüglich Gefüge und Eigenschaften?

Die reinen Metalle haben ein einheitliches (homogenes) Gefüge und besitzen eine relativ geringe Festigkeit.

Legierungen bilden entweder ein einheitliches Mischkristall-Gefüge oder ein uneinheitliches (heterogenes) Kristallgemisch-Gefüge.

Legierungen haben gegenüber den reinen Metallen verbesserte Eigenschaften: höhere Festigkeit, größere Härte, verbessertes Korrosionsverhalten.

Ergänzende Fragen zum inneren Aufbau der Metalle

9 Welchen Feinbau haben die Metalle?

Die Metalle haben einen kristallinen Feinbau.

Die kleinsten Teilchen der Metalle, die Metallionen, sind in regelmäßiger, sich immer wiederholender Anordnung gestapelt. Diese Anordnung nennt man kristallin.

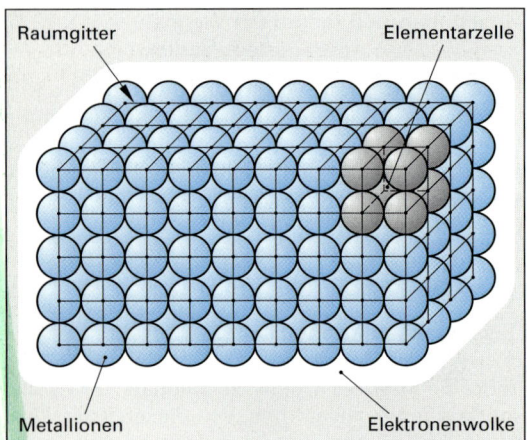

Raumgitter — Elementarzelle — Metallionen — Elektronenwolke

10 Wodurch unterscheidet sich das kubisch-raumzentrierte vom kubisch-flächenzentrierten Gitter?

Beim kubisch-raumzentrierten Gitter befindet sich ein Metallion in der Würfelmitte, beim kubisch-flächenzentrierten Gitter sitzen Metallionen auf der Flächenmitte der Würfelseiten (Bild zu Frage 3, Seite 111).

Das dritte, bei Metallen häufig vorkommende Kristallgitter ist das hexagonale Kristallgitter. Es besteht aus einem sechseckigen Prisma.

11 Was ist eine Mischkristall-Legierung?

Eine Legierung, die im kristallinen Aufbau aus Mischkristallen besteht (Bild).

Bei Mischkristallen sind die Legierungselementteilchen gleichmäßig im Kristallgitter des Grundmetalls verteilt.

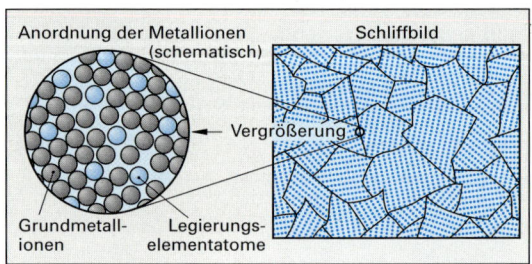

Anordnung der Metallionen (schematisch) — Schliffbild — Vergrößerung — Grundmetallionen — Legierungselementatome

T208 Welchen Kristallgittertyp hat Eisen bei Raumtemperatur?

Das Kristallgitter ist...

a) kubisch-raumzentriert

b) hexagonal

c) kubisch-flächenzentriert

d) rhombisch

e) hexagonal-raumzentriert

T209 Welchen inneren Aufbau haben die Metalle?

a) Kristallinen Aufbau

b) Amorphen Aufbau

c) Unregelmäßigen Aufbau

d) Ungeordneten Aufbau

e) Flüssigkeitsähnlichen Aufbau

T210 Welche beiden Kornformen zeigen die folgenden Bilder?

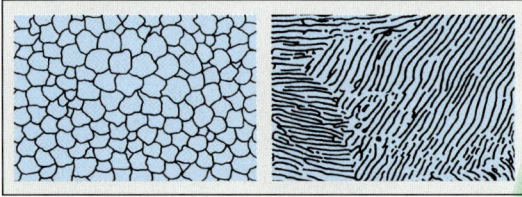

a) links: dendritisch, rechts: lamellar

b) links: globular, rechts: lamellar

c) links: lamellar, rechts: globular

d) links: polyedrisch, rechts: globular

e) links: polyedrisch, rechts: dendritisch

3.3 Stahl und Eisen-Gusswerkstoffe

ZP **Herstellung von Roheisen**

Fragen aus Fachkunde Metall, Seite 255

1 Warum ist Stahl ein so häufig verwendeter Werkstoff?

Stahl ist wegen seiner hervorragenden Festigkeitseigenschaften der in der Technik am häufigsten verwendete Werkstoff.

Außerdem ist er relativ gut zu bearbeiten und ein vergleichsweise preiswerter Werkstoff.

2 Welches sind die wichtigsten Eisenerze?

Magneteisenstein Fe_3O_4, Roteisenstein Fe_2O_3, Brauneisenstein $Fe_2O_3 \cdot H_2O$ und Spateisenstein $FeCO_3$.

Das Erz mit dem größten Eisengehalt ist Magneteisenstein Fe_3O_4.

3 Welche Erzeugnisse liefert der Hochofen?

Das Haupterzeugnis des Hochofens ist das Roheisen. Je nach Zusammensetzung (Mangan- bzw. Siliciumgehalt) erhält man Stahlroheisen bzw. Gießereiroheisen.

Nebenprodukte des Hochofens sind Schlacke und Gichtgas.

4 Suchen Sie im Fachkundebuch weitere Bauteile, bei denen die Vorteile der Stähle und Eisen-Gusswerkstoffe genutzt werden.

Beispiele:
Durch Drehen können aus Baustählen kostengünstig rotationssymmetrische Werkstücke für Maschinen gefertigt werden.

Drehteile

Aus kohlenstoffarmem Stahl können durch Biegeumformen kostengünstig Kleinteile gefertigt werden.

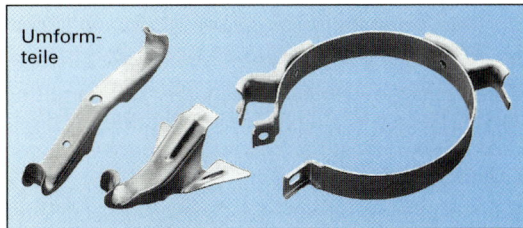

Umformteile

Aus Werkzeugstählen können durch Härten harte und verschleißfeste Werkzeuge hergestellt werden.

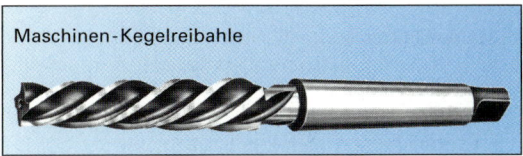

Maschinen-Kegelreibahle

Ergänzende Fragen zur Herstellung von Roheisen

5 Welche Eisenwerkstoffe bezeichnet man als Stähle?

Als Stähle bezeichnet man Eisenwerkstoffe, die für die Warmformgebung geeignet sind und nicht mehr als 2,06% Kohlenstoff enthalten.

6 Wozu wird Stahlroheisen weiterverarbeitet?

Stahlroheisen ist der Ausgangsstoff für die Stahlherstellung.

Durch Frischen wird aus Stahlroheisen Stahl erzeugt.

T211 Welches Element wird den Erzen bei der Roheisengewinnung im Hochofen entzogen?

a) Stickstoff
b) Sauerstoff
c) Kohlenstoff
d) Phosphor
e) Mangan

T212 Welches Element bewirkt bei Stahl-Roheisen das helle Bruchgefüge?

a) Chrom
b) Nickel
c) Silicium
d) Mangan
e) Phosphor

ZP Herstellung von Stahl

Fragen aus Fachkunde Metall, Seite 258

1 Was versteht man unter „Frischen" des Stahls?

Unter Frischen versteht man die Umwandlung von Roheisen in Stahl durch Ausbrennen eines Teils des Kohlenstoffs sowie der unerwünschten Eisenbegleiter.

Gefrischt wird z.B. durch Einblasen von Sauerstoff in die Roheisenschmelze.

2 Nach welchen Verfahren wird Stahl hergestellt?

Stahl wird entweder mit Sauerstoff-Blasverfahren oder mit dem Elektrostahl-Verfahren hergestellt.

3 Warum wird bei der Stahlherstellung dem Stahlroheisen zusätzlich Stahlschrott beigemischt?

Bei den Sauerstoff-Blasverfahren dient der am Ende des Blasvorgangs zugegebene Stahlschrott zum Kühlen der Schmelze.
Beim Elektrostahl-Verfahren ist Stahlschrott neben Eisenschwamm und flüssigem Roheisen Ausgangsstoff der Stahlherstellung.

Außerdem werden durch die Wiederverwendung (Recycling) von Stahlschrott Rohstoffe und Energie gespart.

4 Welche Stahlsorten werden bevorzugt im Lichtbogenofen hergestellt?

Im Lichtbogenofen werden bevorzugt legierte Qualitäts- und Edelstähle hergestellt.

In kleinen Stahlwerken, die Schrott einschmelzen, dient das Elektrostahlverfahren (mit Lichtbogenerwärmung) auch zum Erschmelzen von unlegierten Grund- und Qualitätsstählen.

5 Welchen Zweck hat die Nachbehandlung des Stahls?

Der Zweck der Stahlnachbehandlung ist die Qualitätssteigerung des Stahls.

Verfahren zur Stahlnachbehandlung sind das Desoxidieren, die Spülgasbehandlung, die Vakuumentgasung und das Umschmelzen.

6 Welche Eigenschaften haben beruhigt vergossene Stähle?

Beruhigt vergossene Stähle haben nach dem Vergießen zu Blöcken gleichmäßiges Gefüge über den ganzen Blockquerschnitt.

Durch Desoxidieren wird den Stählen Sauerstoff entzogen. Daher sind sie alterungsbeständig.

7 Wie wirkt sich die Vakuumbehandlung auf die Qualität des Stahls aus?

Vakuumbehandelte Stähle sind weitgehend frei von gelösten Gasen. Sie besitzen verbesserte Dehnbarkeit und Alterungsbeständigkeit.

Im Gegensatz dazu neigen unbehandelte Stähle, z.B. durch einen hohen Wasserstoffgehalt, zu Sprödigkeit und Alterungsunbeständigkeit.

8 Welche Vorteile hat das Stranggießen?

Das Stranggießen hat gegenüber dem Vergießen in Kokillen mehrere Vorteile:

● Der erzeugte Strang hat einen wesentlich geringeren Querschnitt als der Kokillenblock. Dadurch spart man Arbeitsgänge beim Walzen.

● Durch die rasche Abkühlung in der wassergekühlten Stranggguss-Kokille erhält der Stahl ein feineres Gefüge.

● Der Werkstoffverlust durch den „verlorenen Kopf" (Kopflunker) ist wesentlich geringer als beim Kokillenguss.

Ergänzende Fragen zur Herstellung von Stahl

9 Wie verändert sich die Zusammensetzung bei der Umwandlung von Roheisen in Stahl?

Der Kohlenstoffgehalt im Roheisen wird stark herabgesetzt, die unerwünschten Eisenbegleiter werden größtenteils entfernt.

Roheisen enthält 3% bis 5% Kohlenstoff und unerwünscht hohe Mengen an Silicium, Mangan, Schwefel und Phosphor.

10 Wie arbeitet das Sauerstoffaufblas-Verfahren (LD-Verfahren) zur Herstellung von Stahl?

Beim LD-Verfahren wird auf die im Konverter stehende Roheisenschmelze reiner Sauerstoff von oben aufgeblasen. Er verbrennt die Eisenbegleiter Kohlenstoff, Phosphor und Schwefel: Aus Roheisen wird Stahl.

Die Sauerstofflanze ist wassergekühlt, der Sauerstoff steht unter einem Überdruck von 8 bis 12 bar. Zur Kühlung der Schmelze wird während des Blasvorgangs Stahlschrott zugegeben.

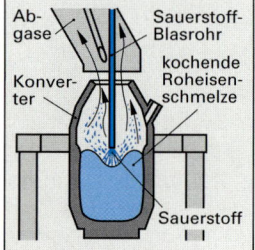

11 Wozu dient das Elektrostahl-Verfahren?

Mit dem Elektrostahl-Verfahren wird, ausgehend von einer Mischschmelze aus Stahlroheisen, Schrott und Eisenschwamm, Stahl erschmolzen (Bild).

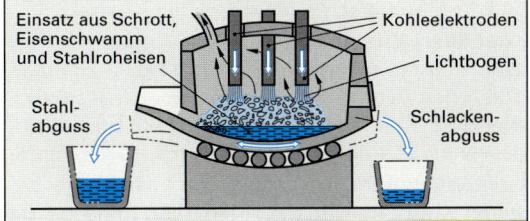

Wegen der hohen Temperaturen beim Schmelzen im Lichtbogenofen können auch Stahllegierungen mit hochschmelzenden Metallen erzeugt werden.

12 Was versteht man unter Desoxidation der Stahlschmelze (Stahlberuhigen)?

Unter Desoxidation versteht man eine geringe Zugabe von Silicium oder Aluminium zur Stahlschmelze vor dem Vergießen zu Blöcken oder Strängen.

Diese Elemente binden den beim Erstarren frei werdenden Sauerstoff. Beruhigte Stähle haben ein gleichmäßiges Gefüge und eine erhöhte Alterungsbeständigkeit.

13 Wie werden in der flüssigen Stahlschmelze gelöste Gase entfernt?

Gelöste Gase werden durch Vakuumentgasung entfernt.

Dazu wird die Stahlschmelze in einem Gefäß unter Vakuum umgegossen. Die gelösten Gase entweichen dabei aus dem flüssigen Stahl.

14 Was geschieht mit dem Stahl nach dem Frischen und der Nachbehandlung?

Er wird entweder in Kokillen zu Blöcken oder mit Stranggussanlagen zu Strängen vergossen.

Die Blöcke und Stränge dienen als Vormaterial für die weitere Verarbeitung des Stahls zu Halbzeugen.

T213 Zu welchem Zweck erfolgt die Desoxidation (Beruhigen) von Stahl? Zur...

a) Erniedrigung des Schwefel- und Phosphorgehaltes

b) Beseitigung von Gasblasen und zur Erzielung eines gleichmäßigen Gefüges

c) Zufuhr von Legierungselementen

d) Vermeidung von Spannungen im erstarrten Stahl

e) Verbesserung der Gießbarkeit des Stahls

Verarbeitung des Stahls

Fragen aus Fachkunde Metall, Seite 259

1 Welche Vorteile hat das Warmwalzen?

Beim Warmwalzen können in einem Walzgang größere Umformungen des Walzgutes als beim Kaltwalzen erzielt werden.

Außerdem bildet sich beim Warmwalzen das Werkstoffgefüge laufend neu aus, so dass warmgewalzter Stahl keine Gefügeverzerrungen und keine Kaltverfestigung aufweist.

2 Was versteht man unter Kaltband?

Kaltband ist ein zu Rollen aufgewickeltes, bandartiges Stahl-Fertigerzeugnis.

Durch das abschließende Kaltwalzen besitzt es hohe Maßgenauigkeit und Oberflächengüte.

3 Wie werden geschweißte Rohre hergestellt?

Rohre mit einem Durchmesser bis 500 mm werden durch fortlaufendes Rundwalzen eines Stahlbandes in Bandrichtung und Verschweißen der geraden Schlitznaht hergestellt (Bild).

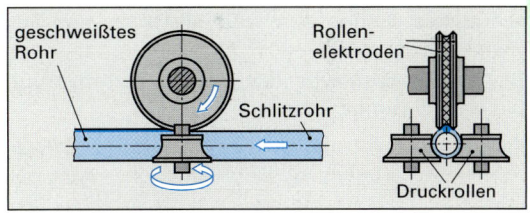

Rohre mit größerem Durchmesser werden aus Breitband entweder zu einem Rohr mit Längsnaht oder schraubenlinienförmiger Naht gebogen und die Fuge anschließend verschweißt (Bild).

Abschließend wird die Schweißnaht glatt geschliffen.

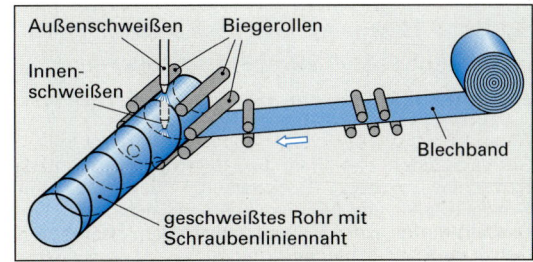

4 Warum haben die warmgewalzten Formstähle leicht schräge Flanschflächen?

Einige warmgewalzte Formstähle haben aus Festigkeits- und Steifigkeitsgründen leicht schräge Flanschflächen.

Außerdem lösen sich beim Walzen Profile mit schrägen Flächen leichter aus der Walze.

5 Bestimmen Sie die Größe der Schräge der Flansche, z.B. eines U 120, aus einem Tabellenbuch.

In Tabellenbüchern ist der Querschnitt von U-Stahl dargestellt. Daraus kann entnommen werden:

Die Schräge eines U-Profilstahls U 120 nach DIN 1026 beträgt 8%.

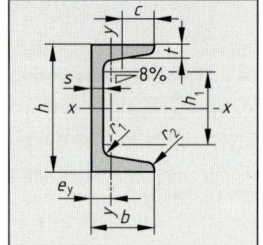

Ergänzende Fragen zur Verarbeitung des Stahls zu Fertigerzeugnissen

6 Wie verändert sich das Gefüge beim Warmwalzen bzw. beim Kaltwalzen?

Beim Warmwalzen bildet sich nach jedem Walzschritt das Gefüge durch die Walzhitze neu aus (Rekristallisation).

Beim Kaltwalzen wird das Gefüge verformt und bleibt in diesem Zustand.

Kaltgewalzte Halbzeuge sind deshalb durch die Gefügeverformung verfestigt, warmgewalzte nicht.

7 Welches sind die wichtigsten Legierungsmetalle für Stahl?

Chrom (Cr), Nickel (Ni), Mangan (Mn), Vanadium (V), Cobalt (Co), Wolfram (W), Molybdän (Mo), Aluminium (Al).

Einen ebenfalls großen Einfluss auf die Festigkeit des Stahls hat das Nichtmetall Kohlenstoff.

8 Welche Eisenbegleiter haben einen ungünstigen Einfluss auf die Stahleigenschaften?

Phosphor (P), Schwefel (S), Stickstoff (N_2), Wasserstoff (H_2).

Sie verspröden den Stahl und bewirken verminderte Kerbschlagzähigkeit, Dehnbarkeit, Schmiedbarkeit, Schweißbarkeit und Alterungsbeständigkeit.
Deshalb dürfen diese Eisenbegleiter einen bestimmten Gehalt im Stahl nicht überschreiten.

Eisen-Gusswerkstoffe   ZP

Fragen aus Fachkunde Metall, Seite 264

1 Welche Öfen werden zum Erschmelzen der Eisen-Gusswerkstoffe eingesetzt?

Es kommen verschiedene Öfen zum Einsatz:

Kupolöfen. Es sind Schachtöfen, in denen der Einsatz (Gießereiroheisen, Schrott, Koks, Zuschläge) durch den verbrennenden Koks niedergeschmolzen wird. Kupolöfen sind die am häufigsten eingesetzten Schmelzöfen für Eisen-Gusswerkstoffe.

Lichtbogenöfen. Hier brennt ein Lichtbogen zwischen Graphitelektroden und dem Einsatz. Die entstehende Wärme schmilzt den Einsatz nieder.

Induktions-Tiegelöfen. Sie bestehen aus einem Tiegelgefäß, in dem sich der Einsatz befindet, und einer den Tiegel umgebenden, Hochfrequenzstrom durchflossenen Kupferspule. Der Hochfrequenzstrom induziert im Einsatz Ströme, die den Einsatz erhitzen und niederschmelzen.

2 Welche Eigenschaften verleihen die Graphitausscheidungen dem Gusseisen mit Lamellengraphit?

Der Lamellengraphit verleiht dem Gusseisen gute Gleiteigenschaften, leichte Zerspanbarkeit und hohes Schwingungsdämpfungsvermögen.

Nachteilig ist die Kerbwirkung der Graphitlamellen (Bild), die niedrige Festigkeitswerte und Sprödigkeit zur Folge hat.

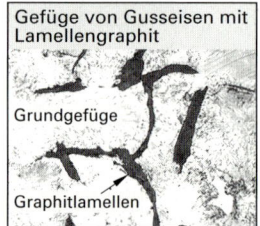
Gefüge von Gusseisen mit Lamellengraphit

Grundgefüge

Graphitlamellen

3 Welche Vorteile hat Gusseisen mit Kugelgraphit gegenüber Gusseisen mit Lamellengraphit?

Gusseisen mit Kugelgraphit (Bild) hat annähernd stahlähnliche Eigenschaften, wie z.B. Zähigkeit, hohe Festigkeit und Härtbarkeit.

Außerdem hat es den Vorteil der Formgebung durch Gießen, d.h. die Herstellung selbst kompliziertest gestalteter Werkstücke ist in einem Arbeitsgang möglich.

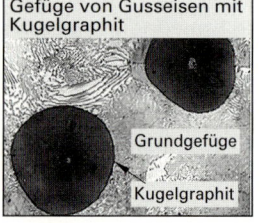
Gefüge von Gusseisen mit Kugelgraphit

Grundgefüge

Kugelgraphit

4 Welche Werkstoffe werden durch die folgenden Bezeichnungen angegeben: GG-30, GG-190 HB, GTW-40-05, GS-45?

GG-30: Gusseisen mit Lamellengraphit mit einer Mindestzugfestigkeit von 30 x 9,81 ≈ 290 N/mm^2.

GG-190 HB: Gusseisen mit Lamellengraphit mit einer Brinellhärte von HB 190.

GTW-40-05: Entkohlend geglühter Temperguss (Weißer Temperguss) mit einer Zugfestigkeit von 40 x 9,81 ≈ 390 N/mm^2 und einer Bruchdehnung von 5%.

GS-45: Stahlguss mit einer Zugfestigkeit von 45 x 9,81 ≈ 440 N/mm^2.

5 Wodurch unterscheidet sich Weißer Temperguss von Schwarzem Temperguss?

Schwarzer Temperguss (GTS), auch „nicht entkohlend geglühter Temperguss" genannt, hat eine schwarz-graue Bruchfläche. Weißer Temperguss (GTW), auch „entkohlend geglühter Temperguss" genannt, hat eine metallisch helle Bruchfläche.

Das Gefüge von GTS enthält flockenförmige Graphitausscheidungen (Temperkohle). GTW hat ein stahlähnliches Gefüge (Ferrit-Perlit) ohne Graphitausscheidungen.

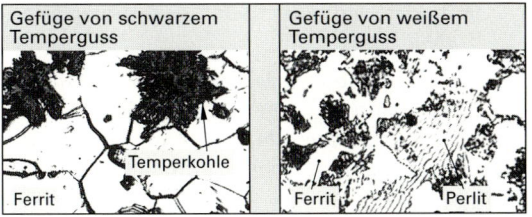

Gefüge von schwarzem Temperguss — Temperkohle — Ferrit

Gefüge von weißem Temperguss — Ferrit — Perlit

6 Welche besonderen Eigenschaften hat Stahlguss?

Stahlguss ist in Formen gegossener Stahl und hat deshalb Stahleigenschaften.
Er besitzt hohe Festigkeit und Zähigkeit (hohe Dehnfähigkeit), ist härt- und vergütbar sowie schweißbar.

Stahlguss wird für kompliziert geformte und stark belastete Werkstücke verwendet.

7 Wodurch unterscheiden sich Eisen-Guss-werkstoffe von Stahl?

In der Zusammensetzung unterscheiden sie sich durch den Kohlenstoffgehalt, der bei Eisen-Gusswerkstoffen mehr als 2,06% beträgt, während er bei Stahl darunter liegt.

Das Gefüge von Eisen-Gusswerkstoffen enthält in der Regel Graphitausscheidungen, die bei Stahl nicht vorkommen.

Daraus folgen die unterschiedlichen *Eigenschaften*: Eisen-Gusswerkstoffe haben bei lamellenförmigen Graphitausscheidungen, und der daraus sich ergebenden Kerbwirkung, niedrige Festigkeitswerte und eine verminderte Zähigkeit. Positiv sind ihre guten Gleiteigenschaften und das Dämpfungsvermögen für Schwingungen und Erschütterungen.

8 Ordnen Sie die Werkstoffe GGG-50, GS-45, GTW-40-05 und GG-25 den Bauteilen Rohrformstück, Getriebegehäuse, Werkzeugschlitten und Schraubstock zu.

GGG-50: Getriebegehäuse
Begründung: Gusseisen mit Kugelgraphit besitzt ausreichende Festigkeit und Bruchdehnung.

GS-45: Schraubstock
Begründung: Stahlguss hat eine hohe Festigkeit und Zähigkeit, sodass große Kräfte sowie Schläge ohne Bruch ertragen werden.

GTW-40-05: Rohrformstück
Begründung: Aus Temperguss können kostengünstig kleine, dünnwandige Gussteile mit hoher Festigkeit und Zähigkeit hergestellt werden.

GG-25: Werkzeugschlitten
Begründung: Gusseisen mit Lamellengraphit besitzt gute Gleiteigenschaften und kann Schwingungen dämpfen.

Ergänzende Fragen zu Eisen-Gusswerkstoffen

9 Wie hoch ist der Kohlenstoffgehalt von Gusseisen?

Er beträgt 2,6% bis 3,6%.

Je höher der C-Gehalt ist, desto dünnflüssiger ist die Gussschmelze. Mit steigendem C-Gehalt nimmt allerdings die Sprödigkeit des Gusseisens zu.

10 Welche Eisen-Gusswerkstoffe verwendet man im Maschinenbau?

Gusseisen mit Lamellengraphit, auch Grauguss genannt (GG), Gusseisen mit Kugelgraphit, auch Sphäroguss genannt (GGG), Temperguss (GT), Hartguss (GH) und Stahlguss (GS).

Beim Temperguss unterscheidet man Weißen Temperguss (GWT) und Schwarzen Temperguss (GTS). Gusseisen mit besonders feinblättrigen Graphitlamellen bezeichnet man auch als Meehanite-Guss.

11 Welche Teile werden aus Gusseisen mit Kugelgraphit gefertigt?

Gusseisen mit Kugelgraphit ist geeignet für hochbelastete Bauteile, die aus einem hochfesten und zähen Werkstoff bestehen müssen und deren schwierige geometrische Form am wirtschaftlichsten durch Gießen herstellbar ist.

Bauteile, die aus Gusseisen mit Kugelgraphit gefertigt werden, sind z.B. Turbinengehäuse, Kurbelwellen.

12 Wozu wird Temperguss verwendet?

Temperguss wird vor allem für kleine bis mittelgroße Massenteile im Maschinen- und Fahrzeugbau verwendet.

Man fertigt daraus, z.B. Hebel, Griffe, Schaltgabeln, Pleuelstangen und Fittings.

13 Was versteht man unter Stahlguss?

Stahlguss ist in Formen gegossener Stahl. Er verbindet die vorteilhaften Eigenschaften von Stahl, wie hohe Festigkeit und Zähigkeit, mit der Fertigungsmöglichkeit durch Gießen.

T214 Welches Gefüge hat Grauguss?

a) Ferrit bzw. Perlit und Graphitlamellen

b) Perlit und Graphitkugeln

c) Ferrit, Austenit und Graphit

d) Perlit und Korngrenzenzementit

e) Ferrit und Streifenzementit

T215 Was geschieht beim Tempern von Weißem Temperguss?

a) Der Werkstück-Randschicht wird Kohlenstoff entzogen

b) Der Werkstück-Randschicht wird Kohlenstoff zugeführt

c) Den Werkstücken wird Sauerstoff entzogen

d) Der Werkstück-Randschicht wird Stickstoff zugeführt

e) Es bildet sich Temperkohle

T216 Wie hoch ist der Kohlenstoffgehalt von Gusseisen mit Lamellengraphit?

a) 0,1% bis 0,8%

b) 2,6% bis 3,6%

c) 1,0% bis 2,0%

d) 0,5% bis 1,5%

e) 0,7% bis 2,0%

Kurznamen der Stähle und Eisen-Gusswerkstoffe   `ZP`

Fragen aus Fachkunde Metall, Seite 272

1 Wie setzen sich die Kurznamen für Stähle und Stahlguss nach DIN EN zusammen?

Die Kurznamen bestehen aus einem Hauptsymbol und Zusatzsymbolen.

Das **Hauptsymbol** besteht aus Kennbuchstaben für die Stahlgruppe sowie Zahlen oder Buchstaben, z.B. zur Kennzeichnung der Streckgrenze.

Die **Zusatzsymbole** enthalten Buchstaben und Ziffern zur Kennzeichnung von Eigenschaften oder Verwendungen.

Beispiel: **S235JRG2**

Hauptsymbol	Zusatzsymbol
Stahlbaustahl (S) mit 235 N/mm^2 Mindeststreckgrenze	JR: Kerbschlagarbeit 27 J bei + 20 °C
	G2: Beruhigt vergossen

2 Wodurch unterscheiden sich die Bezeichnungen der legierten von den unlegierten Stählen?

Die Bezeichnungen der *legierten Stähle* enthalten Angaben über ihre Zusammensetzung.

Bei den *unlegierten Stählen* kann die Bezeichnung entweder den Kohlenstoffgehalt (bei Qualitäts- und Edelstählen) oder die Mindeststreckgrenze (bei den Stahlbaustählen und Maschinenbaustählen) angeben.

3 Für welche Legierungselemente wird bei legierten Stählen der Multiplikator 4 verwendet?

Der Multiplikator 4 wird bei den Legierungselementen Chrom (Cr), Cobalt (Co), Mangan (Mn), Nickel (Ni), Silicium (Si) und Wolfram (W) verwendet.

Neben dem Multiplikator 4 gibt es für andere Legierungselemente die Multiplikatoren 10 und 100.

4 In welcher Reihenfolge werden bei den Schnellarbeitsstählen die Legierungselemente angegeben?

Die Legierungselementgehalte werden bei den Schnellarbeitsstählen in der Reihenfolge Wolfram-Molybdän-Vanadium-Cobalt angegeben.

Beispiel: HS 12-1-2-5 enthält 12% W, 1% Mo, 2% V und 5% Co.

5 Welche Angaben enthält der Behandlungsteil eines Kurznamens nach DIN?

Im Behandlungsteil werden der Gewährleistungsumfang, der Behandlungszustand und die sich daraus ergebenden mechanischen Eigenschaften sowie der Oberflächenzustand angegeben.

6 Was bedeuten die folgenden Kurznamen: USt37-2, Ck60, GTS-45-06, X6CrMo17, S12-1-4-5, S235JOW, S460Q, E295, DX51D, TH51, C35R, 28Mn6, HS2-9-1-8?

Alte Kurznamen nach DIN

USt37-2 unberuhigt vergossener allgemeiner Baustahl mit $37 \cdot 9{,}81$ N/mm^2 = 362,97 N/mm^2, gerundet 360 N/mm^2 Mindestzugfestigkeit, Stahlgütegruppe 2.

Ck60 Edelstahl mit niedrigem Phosphor- und Schwefel-Gehalt, 0,60% Kohlenstoff.

GTS-45-06 Schwarzer Temperguss mit 440 N/mm^2 Mindestzugfestigkeit ($45 \cdot 9{,}81$ N/mm^2 = 441,45 N/mm^2, ergibt gerundet 440 N/mm^2) und 6% Bruchdehnung.

X6CrMo17 Hochlegierter Stahl mit 0,06% Kohlenstoff, 17% Chrom und geringem Molybdängehalt.

S12-1-4-5 Schnellarbeitsstahl mit 12% Wolfram, 1% Molybdän, 4% Vanadium, 5% Cobalt.

Neue Kurznamen nach DIN EN

S235JOW Stahlbaustahl mit 235 N/mm^2 Mindeststreckgrenze, 27 J Kerbschlagarbeit bei 0 °C (JO), wetterfest (W).

S460Q Stahlbaustahl mit 460 N/mm^2 Mindeststreckgrenze, vergütet (Q).

E295 Maschinenbaustahl mit 295 N/mm^2 Mindeststreckgrenze.

DX51D Warm- oder kaltgewalzter Stahl für Flacherzeugnisse zum Kaltumformen (DX), Kennzahl 51, für Schmelztauchüberzüge geeignet (D).

TH51 Stahl für Rohre und Hohlprofile (TH), Kennzahl 51.

C35R Unlegierter Stahl mit mittlerem Mn-Gehalt < 1%, 35 : 100 = 0,35% Kohlenstoff (35), mit vorgeschriebenem Bereich des Schwefel-Gehalts (R).

28Mn6 Niedrig legierter Stahl mit einem Mangan-Gehalt > 1%, 28 : 100 = 0,28% Kohlenstoff, 6 : 4 = 1,5% Mangan.

HS2-9-1-8 Schnellarbeitsstahl mit 2% Wolfram, 9% Molybdän, 1% Vanadium, 8% Cobalt.

Ergänzende Fragen zu Kurznamen der Stähle und Eisen-Gusswerkstoffe

7 Welchen Zweck haben die genormten Werkstoffbezeichnungen?

Durch die genormten Werkstoffbezeichnungen wird zwischen Erzeuger und Verbraucher eine klare, eindeutige Verständigung in kürzester Form ermöglicht.

Die Werkstoffe werden mit Kurzzeichen (Kurznamen) oder Werkstoffnummern bezeichnet.

8 Was kann aus dem Stahl-Kurznamen S355JO abgelesen werden?

Unlegierter Baustahl mit 355 N/mm^2 Mindeststreckgrenze, Kerbschlagarbeit 27 J bei 0 °C.

9 Welchen Kurznamen hat ein unlegierter Stahlbaustahl, Mindeststreckgrenze 275 N/mm^2. Kerbschlagarbeit 27 J bei + 20 °C?

Der Kurzname lautet: S275JR

10 Welcher Stahl wird mit dem Kurznamen DD03T bezeichnet?

Stahl für Flacherzeugnisse zum kalt Umformen, warmgewalzt, Eignungszahl 03, für Rohre (T).

11 Welche Stahlsorte und welche Merkmale können aus dem Kurznamen 2C45R abgelesen werden?

Unlegierter Stahl mit einem mittleren Mu-Gehalt < 1%, Gütegruppe 2, Kohlenstoffgehalt 45 : 100 = 0,45%, vorgeschriebener Bereich des Schwefel-Gehaltes (R).

12 Was bedeutet die Werkstoffkurzbezeichnung 42CrMo4?

Niedriglegierter Stahl mit einem Mangan-Gehalt > 1%, 42 : 100 = 0,42% Kohlenstoff, 4 : 4 = 1% Chrom, geringer Molybdän-Gehalt.

13 Wie ist der Werkstoffkurzname der legierten Stähle zusammengesetzt, bei denen der Gehalt eines Legierungselementes > 5% ist?

Der Kurzname besteht aus einem vorangestellten X, der Kohlenstoffkennzahl, den chemischen Kurzzeichen der Legierungselemente und den Prozentgehalten der Legierungselemente.

Beispiel: X5CrNiMo17-12-2 ist ein hochlegierter Stahl mit 0,05% Kohlenstoff, 17% Chrom, 12% Nickel und 2% Molybdän.

14 Wie lautet der Kurzname für einen hochlegierten Stahl mit 0,5% Kohlenstoff, 20% Mangan, 14% Chrom und geringem Vanadiumgehalt?

X50MnCrV20-14.

Legierungselemente, die nur mit geringen Anteilen vorhanden sind, werden ohne Prozentangabe genannt.

15 Welche Stahlsorte und welche Zusammensetzung kann aus dem Werkstoff-Kurznamen X38CrMoV5-1 abgelesen werden?

Legierter Stahl mit 38 : 100 = 0,38% Kohlenstoff, 5% Chrom, 1% Molybdän, geringer Vanadiumgehalt.

16 Wie werden Schnellarbeitsstähle nach DIN EN bezeichnet.

Schnellarbeitsstähle werden mit dem Kennbuchstaben HS und den Prozentgehalten für die Legierungsmetalle in der Reihenfolge Wolfram, Molybdän, Vanadium und Cobalt benannt,

z.B. HS10-4-3-10.

Der Chromgehalt beträgt bei den Schnellarbeitsstählen etwa 4%, der Kohlenstoffgehalt liegt zwischen 0,7% und 1,3%. Beide werden im Kurzzeichen nicht angegeben.

17 Was bedeutet das Kurzzeichen St37-3?

Es handelt sich um eine Stahlkurzbezeichnung nach dem alten Bezeichnungssystem nach DIN. Danach ist St37-3 ein allgemeiner Baustahl mit rund 360 N/mm^2 Mindestzugfestigkeit und der Gütegruppe 3.

Die Zahl 37 gibt die Mindestzugfestigkeit in der früheren Einheit kp/mm^2 an. Das sind umgerechnet $37 \cdot 9,81$ $N/mm^2 = 363\ N/mm^2$, gerundet $360\ N/mm^2$.

18 Was bedeuten die Werkstoffbezeichnungen Ck35 und Cm35?

Es sind Stahlkurzbezeichnungen nach dem alten Bezeichnungssystem nach DIN.

Die Kurzzeichen bezeichnen unlegierte Edelstähle mit rund 0,35% Kohlenstoffgehalt.

Ck35 besitzt einen sehr kleinen Phosphor- und Schwefel-Gehalt, bei Cm35 wird ein Schwefel-Gehalt von mindestens 0,02 bis höchstens 0,035% gewährleistet.

19 Wie lautet der Kurzname für Gusseisen mit Lamellengraphit (Grauguss), der eine Mindestzugfestigkeit von 390 N/mm^2 besitzt?

Aus der Mindestzugfestigkeit 390 N/mm^2 errechnet man die Kennzahl im Kurznamen des Gusseisens mit Lamellengraphit:

390 : 9,81 = 39,76; gerundet 40

Das Kurzzeichen lautet: GG-40.

20 Wie setzen sich die Werkstoffnummern nach DIN 17007 zusammen?

Die Werkstoffnummern setzen sich zusammen aus der einstelligen Werkstoff-Hautgruppennummer, der vierstelligen Sortennummer und der zweistelligen Anhängezahl.

Bei diesem Bezeichnungssystem werden alle Angaben über die Werkstoffe durch Zahlen ausgedrückt. Es ist deshalb besonders für die Datenverarbeitung geeignet.

21 Welche Kennzahl hat die Werkstoffhauptgruppe Stahl und Stahlguss?

Die Werkstoffhauptgruppe Stahl und Stahlguss haben die Kennzahl 1.

Roh- und Gusseisen haben die Kennzahl 0, Schwermetalle und ihre Legierungen die Kennzahl 2, Leichtmetalle und ihre Legierungen die Kennzahl 3.

T217 Was bedeutet der Kurzname S355JO?

a) Stahlbaustahl mit 355 N/mm^2 Mindestzugfestigkeit.

b) Schienenstahl mit 355 N/mm^2 Mindeststreckgrenze.

c) Spannstahl mit 355 N/mm^2 Mindeststreckgrenze

d) Stahlbaustahl mit 355 N/mm^2 Mindeststreckgrenze

e) Schienenstahl mit 355 N/mm^2 Mindestzugfestigkeit

T218 Wie lautet der Kurzname (nach DIN EN) für den folgenden Stahl: Unlegierter Stahl mit einem mittleren Mn-Gehalt < 1%, C-Gehalt 0,45%, besondere Kaltumformbarkeit?

a) C45C

b) 45C

c) 45CC

d) X45C

e) CX45

T219 Welchen Kurznamen (nach DIN EN) hat folgender Werkstoff: Unlegierter Stahl mit einem Mangan-Gehalt > 1%, 0,25% Kohlenstoff, 1% Chrom, geringen Molybdän- und Schwefelgehalt?

a) X25MnCr1-1

b) 25CMnCr1-1

c) 25MnCrMo2-5

d) X25CrMoS1-1

e) 25CrMoS 4

T220 Welchen Kurznamen hat ein Schnellarbeitsstahl mit 18% Wolfram, 1% Molybdän, 2% Vanadium und 5% Cobalt (nach DIN EN)?

a) XWMoVCo18-1-2-5

b) 18WMoVCo18-1-2-5

c) HS18-1-2-5

d) W18Mo1V2Co5

e) S5-2-1-18

T221 Was geben die Zahlen in der alten Kurzbezeichnung St 37-2 nach DIN an? Die ...

a) Druckfestigkeit – Gütegruppe

b) Mindestzugfestigkeit – Gütegruppe

c) Bruchdehnung – Gütegruppe

d) chemische Zusammensetzung

e) Mindestbiegefestigkeit – Biegezahl

T222 Was besagt der vorangestellte Buchstabe X in einem Kurznamen für Stahl?

a) Werkzeugstahl

b) Die Legierungsmetalle sind mit ihrem tatsächlichen Prozentgehalt angegeben

c) Der Stahl ist härtbar

d) Der Stahl ist korrosionsbeständig

e) Der Stahl besitzt hohe Zugfestigkeit

T223 Welcher der folgenden Ausdrücke ist eine normgerechte Werkstoffnummer nach DIN EN?

a) 1.00.37

b) 100.37

c) 1 0037

d) 1.0037

e) 1.0.0.3.7

Einteilung und Verwendung der Stähle `ZP`

Fragen aus Fachkunde Metall, Seite 277

1 Wie können die Stähle nach ihrer Zusammensetzung eingeteilt werden?

Nach der Zusammensetzung und den Gebrauchseigenschaften können die Stähle in Grundstähle (immer unlegiert), unlegierte und legierte Qualitätsstähle sowie unlegierte und legierte Edelstähle eingeteilt werden.

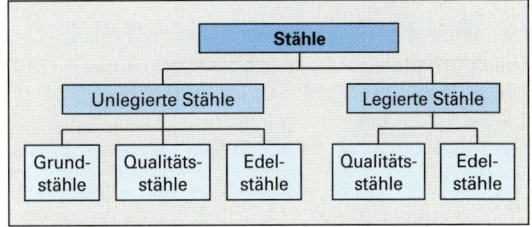

Daneben gibt es die Einteilung nach der Verwendung, z.B. in Baustähle und Werkzeugstähle.

2 Welche Eigenschaften müssen Baustähle haben?

Die Baustähle müssen Eigenschaften haben, die ihrem Verwendungszweck angepasst sind. So ist z.B. für die unlegierten Baustähle die Zugfestigkeit und der niedrige Preis entscheidend, für die Feinkornbaustähle die Festigkeit und die Schweißeignung das Wichtigste und für die Vergütungsstähle die Vergütbarkeit auf hohe Streckgrenze und Zähigkeit erforderlich.

3 Welche Zusammensetzung haben Einsatzstähle?

Einsatzstähle sind unlegierte oder niedrig legierte Stähle mit einem Kohlenstoffgehalt von weniger als 0,2%.

Beispiele für Einsatzstähle: C10E oder 15Cr3

Durch den niedrigen Kohlenstoffgehalt von weniger als 0,2% sind Einsatzstähle eigentlich nicht härtbar. Sie werden zuerst in der Randzone aufgekohlt und dann gehärtet. Diese Behandlung heißt Einsatzhärten.

4 Was versteht man unter Feinblech?

Feinbleche sind Bleche mit einer Dicke von weniger als 3 mm.

Feinbleche sind bevorzugt kaltgewalzt und bestehen aus unlegiertem oder legiertem Stahl.

5 Auf welche Weise können die Werkzeugstähle unterteilt werden?

Werkzeugstähle können entweder

- nach ihrer Zusammensetzung in unlegierte, legierte und hochlegierte Werkzeugstähle oder
- nach ihrer, bei der Verwendung zulässigen Arbeitstemperatur in Kalt-, Warm- und Schnellarbeitsstähle eingeteilt werden.

Eine zusätzliche Klassifizierung erfolgt nach dem anzuwendenden Abschreckungsmittel beim Härten in Wasserhärter, Ölhärter und Lufthärter.

6 Wozu verwendet man Warmarbeitsstähle?

Warmarbeitsstähle werden zu Werkzeugen verarbeitet, bei denen die Oberflächentemperatur im Einsatz 200 bis 400 °C beträgt. Dies sind z.B. Schmiedegesenke, Druckgießformen und Presswerkzeuge.

Warmarbeitsstähle sind legierte Stähle, wie z.B. X30WCrV9-3.

Ergänzende Fragen zur Einteilung und Verwendung der Stähle

7 Wozu werden die unlegierten Baustähle hauptsächlich verwendet?

Unlegierte Baustähle werden für normal beanspruchte Stahlkonstruktionen, Maschinenteile, Bleche, Stäbe, Nieten, Schrauben usw. verwendet.

Aus unlegierten Baustählen werden Bauteile hergestellt, die nicht für eine Wärmebehandlung vorgesehen sind.

T224 Was versteht man unter Edelstahl?

a) Nichtrostenden Stahl
b) Besonders hochfesten Stahl
c) Elektrochemisch stabilen Stahl
d) Besonders rein hergestellten Stahl mit besonderen Eigenschaften
e) Mit Silber legierten Stahl

T225 Welcher Kurzname kennzeichnet einen Einsatzstahl?

a) 35S20
b) C90W 2
c) 32CrMo12
d) 16MnCr5
e) X100CrWMo4-3

T226 Welche Eigenschaft ist bei den Feinkornstählen für ihre Verwendung entscheidend? Die...

a) Korrosionsbeständigkeit
b) Verschleißfestigkeit
c) hohe Streckgrenze und gute Schweißeignung
d) Härtbarkeit
e) Dehnbarkeit

T227 Welche Eigenschaft des Stahls wird durch steigenden C-Gehalt vermindert?

a) Zugfestigkeit
b) Scherfestigkeit
c) Zähigkeit
d) Sprödigkeit
e) Biegefestigkeit

T228 Welche Stahlsorte enthält bis 0,3% Schwefel?

a) Automatenstahl
b) Einsatzstahl
c) Vergütungsstahl
d) Federstahl
e) Nitrierstahl

T229 Wie hoch ist etwa der Kohlenstoffgehalt der Vergütungsstähle?

a) Unter 0,05%
b) 0,06 bis 0,18%
c) 0,2 bis 0,65%
d) 0,8 bis 1,7%
e) 1,8 bis 2,1%

T230 Bis zu welcher Arbeitstemperatur dürfen Schnellarbeitsstähle verwendet werden?

a) bis 200 °C   b) bis 400 °C
c) bis 500 °C   d) bis 600 °C
e) bis 700 °C

T231 Wie lautet die Kurzbezeichnung für einen Doppel T-Träger gemäß DIN 1025, Werkstoff: Stahl S275JR, Profil-Hauptmaße: Höhe = 340 mm, Länge = 5000 mm?

a) T-Profil DIN 1025 – S275JR – T340x5000
b) Z-Profil DIN 1025 – S275JR – Z340x 5000
c) U-Profil DIN 1025 – S275JR – U340x5000
d) I-Profil DIN 1025 – S275JR – I340x5000
e) I-Profil S275JR – I340x5000

3.4 Nichteisenmetalle (NE-Metalle)

Fragen aus Fachkunde Metall, Seite 288

1 Wie werden die NE-Metalle unterteilt?

Die NE-Metalle unterteilt man nach ihrer Dichte in Leichtmetalle und Schwermetalle.

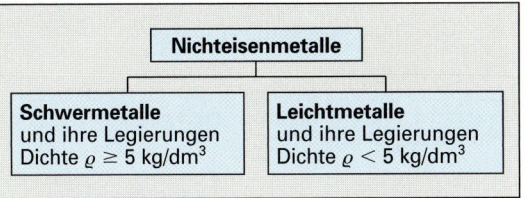

Nichteisenmetalle	
Schwermetalle und ihre Legierungen Dichte $\varrho \geq 5$ kg/dm^3	**Leichtmetalle** und ihre Legierungen Dichte $\varrho < 5$ kg/dm^3

2 Welche Eigenschaften haben die reinen Metalle im Vergleich zu ihren Legierungen?

Im Vergleich zu ihren Legierungen sind die reinen Metalle weicher, haben größere Dehnbarkeit und geringere Festigkeit.

Die meisten in der Technik verwendeten Werkstoffe sind Legierungen, da durch Legieren die Werkstoffeigenschaften verbessert werden können.

3 Wie ist die Kurzbezeichnung der NE-Metall-Legierungen aufgebaut?

Die Kurzbezeichnung der NE-Metall-Legierungen besteht im Hauptteil aus dem chemischen Symbol des Grundmetalls sowie den Symbolen der Legierungselemente mit Gehaltsangaben in Prozent.
Bei Gusslegierungen stehen vor dem Hauptteil noch Kennbuchstaben für die Herstellung und Verwendung.
Beispiel: G-AlSi12 ist eine Aluminium-Gusslegierung mit 12% Silicium.

Nachgestellte Kurzzeichen können zusätzlich besondere Eigenschaften (z.B. Festigkeit) und Behandlungszustände (z.B. Wärmebehandlung) angeben.

4 Was bedeutet die Kurzbezeichnung CuZn36Pb3?

Hierbei handelt es sich um eine Kuper-Zink-Knetlegierung mit 36% Zink und 3% Blei.

Bleihaltige CuZn-Legierungen lassen sich besonders gut spanen, da sie Bröckelspäne bilden.

5 Welche Eigenschaften haben Werkstücke aus Zink-Druckgusslegierungen?

Werkstücke aus Zink-Druckgusslegierungen sind korrosionsbeständig sowie maßgenau und haben eine hohe Oberflächengüte sowie eine mittlere Festigkeit.

Durch Druckgießen können sehr dünnwandige und feingliedrige Bauteile aus Zink-Druckgusslegierungen hergestellt werden.

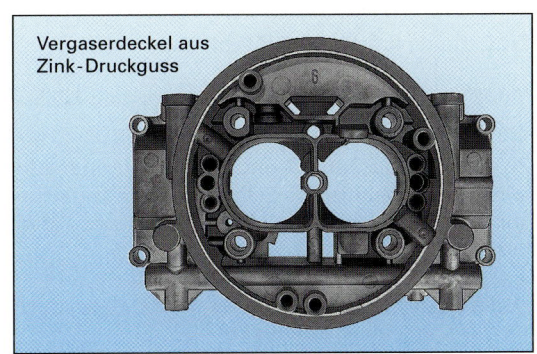

Vergaserdeckel aus Zink-Druckguss

6 Durch welche Legierungszusätze erhält man aushärtbare Aluminium-Legierungen?

Aushärtbar sind Aluminium-Legierungen mit Kupfergehalt, mit Zinkgehalt sowie mit Silicium-Magnesium-Gehalt.

Zusätzlich können noch geringe Gehalte anderer Legierungselemente vorhanden sein.

7 Was ist bei der spanenden Bearbeitung von Magnesium- und Titanlegierungen zu beachten?

Magnesium-Legierungen sind mit Werkzeugen mit großem Spanwinkel (15° bis 20°) und hoher Schnittgeschwindigkeit zu spanen.

Titanlegierungen werden mit großer Schnitttiefe, mittleren Vorschüben und niedriger Schnittgeschwindigkeit gespant.

Mg- und Ti-Legierungen werden wegen der Brandgefahr beim Spanen mit wasserfreien Kühlschmierstoffen gekühlt.

8 Welche besonderen Eigenschaften haben Titan und Titanlegierungen?

Die Besonderheit der Titanwerkstoffe liegt in der Kombination von geringer Dichte ($\varrho = 4,5$ kg/dm^3) mit großer Festigkeit, Zähigkeit, Korrosionsbeständigkeit und Warmfestigkeit.

9 Wofür verwendet man Titanwerkstoffe?

Haupteinsatzgebiet der Titanwerkstoffe sind hoch belastete Bauteile von Luft- und Raumfahrzeugen, wie z.B. Rotoren, Fahrgestelle, Triebwerksteile.

Wegen des hohen Materialpreises und der schwierigen Verarbeitung werden Titanwerkstoffe nur für Sonderzwecke eingesetzt.

Ergänzende Fragen zu NE-Metallen

10 Welche Werkstoffe zählt man zu den Nichteisenmetallen?

Zu den Nichteisenmetallen zählen alle reinen Metalle mit Ausnahme des Eisens und alle Legierungen, bei denen das Eisen nicht den größten Anteil besitzt.

11 Wodurch unterscheidet sich eine Gusslegierung von einer Knetlegierung?

Gusslegierungen haben gute Gießeigenschaften, Knetlegierungen lassen sich sowohl warm als auch kalt gut umformen.

Durch geeignete Zusammensetzung der Legierungen wird entweder die Gießbarkeit oder die Formbarkeit verbessert.

12 Welche Eigenschaften besitzt Kupfer?

Kupfer ist weich, dehnbar und hat eine geringe Festigkeit. Es besitzt sehr gute Leitfähigkeit für Elektrizität und Wärme, ist korrosionsbeständig und ergibt mit anderen Metallen technisch wertvolle Legierungen.

13 Was bedeuten die folgenden Kurzzeichen: CuZn37 und CuZn40PB2F44?

CuZn37 ist eine Kupfer-Zink-Legierung (Messing) mit 37% Zink.
CuZn40Pb2F44 ist eine Kupfer-Zink-Legierung (Messing) mit 40% Zink, 2% Blei und einer Mindestzugfestigkeit von etwa 430 N/mm² (Ursprung : 44 · 9,81 ≈ 430).

14 Wie können Kupfer-Zink-Legierungen (Messing) hart gemacht werden?

CuZn-Legierungen können durch Kaltumformen (Walzen, Ziehen, Hämmern usw.) kaltverfestigt werden.

Harte Messingbleche können aus derselben Legierung bestehen wie weiche. Sie haben ihre Härte durch das Kaltwalzen erhalten.

15 Wodurch wird hart gewordenes Messing wieder weich?

Durch Glühen bei etwa 600 °C.

Soll hartes Messing kalt umgeformt werden, so muss es vorher weichgeglüht werden.

16 Durch welche Eigenschaften zeichnen sich Kupfer-Zinn-Legierungen (Bronze) gegenüber Kupfer-Zink-Legierungen (Messing) aus?

Durch höhere Zug- und Verschleißfestigkeit, bessere Gleiteigenschaften und Korrosionsbeständigkeit.

Kupfer-Zinn-Legierungen eignen sich für Gleitteile sowie für Federn und Membranen, die korrosionsbeständig sein müssen (Bilder).

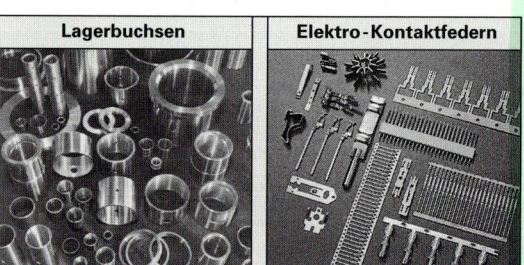

Lagerbuchsen | Elektro-Kontaktfedern

17 Wozu verwendet man Kupfer-Nickel-Zink-Legierungen (Neusilber)?

Für Reißzeuge, feinmechanische Bauteile, Bestecke, Schanktischbleche, Modeschmuck, Münzen.

Kupfer-Nickel-Zink-Legierungen besitzen eine silberhelle, anlaufbeständige Oberfläche, die sie für dekorative Zwecke einsetzbar macht.

18 Wozu wird Nickel verwendet?

Zur Herstellung von galvanischen Überzügen sowie als Legierungsbestandteil in legierten Stählen, Kupfer-Nickel-Legierungen und Kupfer-Nickel-Zink-Legierungen (Neusilber).

Vernickelte Teile sehen dekorativ aus und sind witterungsbeständig.

19 Welche Eigenschaften besitzt Zink?

Zink hat eine Dichte von 7,14 kg/dm³, eine Schmelztemperatur von 418 °C, ist in warmem Zustand gut dehnbar und besitzt gute Korrosionsbeständigkeit gegen Atmosphäreneinflüsse. Es ist das Metall mit der größten Wärmeausdehnung.

Da Zinkverbindungen giftig sind, dürfen Nahrungsmittel nicht in Zinkgefäßen oder verzinkten Gefäßen aufbewahrt werden.

20 Wozu wird Zink verarbeitet?

Bevorzugte Einsatzgebiete von Zink sind:

Beschichtungsmetall für Stahlbauteile, Legierungselement sowie Basismetall für Zink-Druckgusslegierungen.

Eine besondere Eigenschaft von Zink ist die Möglichkeit, Stahlbauteile durch Tauchen in flüssigem Zink mit einer dünnen Zinkschicht zu beschichten (Feuerverzinken).

21 Welche Dichte hat Blei?

Die Dichte von Blei beträgt $\varrho = 11,3$ kg/dm^3.

Zum Vergleich: Stahl hat eine Dichte von 7,85 kg/dm^3, Kupfer von 8,9 kg/dm^3, Aluminium von 2,7 kg/dm^3.

22 Wofür wird Blei verwendet?

Als Akkumulatorenplatten in Batterien, als Strahlenabschirmung bei Arbeiten mit Röntgenstrahlen sowie als Legierungsmetall.

Blei ist sehr weich. Röntgenstrahlen werden je nach Dicke der Bleiabschirmung stark bis ganz absorbiert.

23 Wie hoch ist der Schmelzpunkt von Zinn?

Zinn schmilzt bei 232 °C.

Wegen des niedrigen Schmelzpunktes und der guten Benetzbarkeit anderer Metalle mit flüssigem Zinn eignet sich Zinn zur Herstellung von Weichloten.

24 Welches sind die wichtigsten Zinnlegierungen?

Die Zinn-Blei-Lote (Weichlote) und die Zinn-Blei-Lagermetalle.

Zinn-Blei-Legierungen (Weißmetalle) mit bis zu 90% Zinn (Lg-Sn90) eignen sich für Gleitlager, die auf Schlag und Stoß beansprucht werden.

25 Welches sind die wichtigsten Legierungs- und Schwermetalle?

Wolfram (W), Molybdän (Mo), Chrom (Cr), Mangan (Mn), Vanadium (V) und Cobalt (Co).

Weniger häufig sind Legierungen mit Tantal (Ta), Cadmium (Cd) oder Wismut (Bi).

26 Welche Dichte und welchen Schmelzpunkt hat Aluminium?

Dichte: 2,7 kg/dm^3, Schmelzpunkt: 658 °C.

Aluminium ist ein Leichtbauwerkstoff, seine Dichte beträgt rund 1/3 der Dichte von Stahl. Wegen des niedrigen Schmelzpunktes dürfen Al-Werkstücke nicht zu stark erwärmt werden.

27 Wie hoch ist die Zugfestigkeit von Aluminium?

Gegossen: 90 N/mm^2 bis 120 N/mm^2, weichgeglüht: 65 N/mm^2, hartgewalzt: 150 N/mm^2 bis 230 N/mm^2.

Die Zugfestigkeit von unlegiertem Aluminium ist weitgehend vom Behandlungszustand abhängig. Höhere Werte der Zugfestigkeit (bis 500 N/mm^2) lassen sich nur durch Legieren erzielen.

28 Welche Korrosionseigenschaften hat Aluminium unter Atmosphäreneinfluss?

Unbehandeltes Aluminium ist an der Luft mäßig korrosionsbeständig.

Es überzieht sich unter Atmosphäreneinfluss mit einer dünnen, aber dichten und widerstandsfähigen Oxidschicht, welche das darunter liegende Metall für kurze Zeit schützt.

Einen dauerhaften Korrosionsschutz erhalten Aluminiumbauteile durch elektrochemisches Eloxieren. Hierbei wird die natürliche Oxidschicht verstärkt. Eloxierte Al-Bauteile sind im Freien dauerhaft korrosionsbeständig.

29 Unter welchen Spanungsbedingungen lassen sich Aluminium-Werkstoffe zerspanen?

Es muss mit hoher Schnittgeschwindigkeit ($v_c > 90$ m/min) gespant werden, die Werkzeuge müssen große Spanwinkel und große Spanlücken sowie große Zahnteilungen haben.

Besonders zum Spanen geeignet sind Automaten-Aluminiumlegierungen mit Zusätzen von Pb, Sn, Cd und Bi.

30 In welche Gruppen werden die Aluminiumlegierungen unterteilt?

Aluminiumlegierungen unterteilt man in Knetlegierungen und Gusslegierungen.

Weiter lassen sich noch unterscheiden: aushärtbare und nichtaushärtbare Aluminiumlegierungen. Aushärtbar können sowohl Knet- als auch Gusslegierungen sein.

31 Welches sind die wichtigsten Legierungsmetalle für Aluminium?

Magnesium, Kupfer, Silicium, Zink, Mangan und Blei.

Durch das Legieren wird vor allem die Festigkeit und die Korrosionsbeständigkeit der Aluminiumlegierungen verbessert. Aber auch andere Eigenschaften, wie z.B. die Gießbarkeit oder die Spanbarkeit, können durch die Zugabe geeigneter Legierungselemente beeinflusst werden.

32 Wozu werden Aluminium-Knetlegierungen und wozu Aluminium-Gusslegierungen verarbeitet?

Knetlegierungen werden zu Stangen, Profilen, Blechen, Drähten und Pressteilen verarbeitet, aus denen durch spanlose oder spanende Formung das fertige Werkstück entsteht.

Gusslegierungen werden durch Gießen zu kompliziert geformten Werkstücken, wie z.B. Gehäusen, verarbeitet.

33 Welche Legierungselemente bewirken die Aushärtung bei Al-Legierungen?

Kupfer, Zink sowie Magnesium mit Silicium.

Durch das Aushärten kann die Festigkeit um mehr als das Doppelte gesteigert werden.

34 Wie werden Aluminiumlegierungen ausgehärtet?

Sie werden einer Wärmebehandlung aus Lösungsglühen, Abschrecken und Auslagern unterzogen.

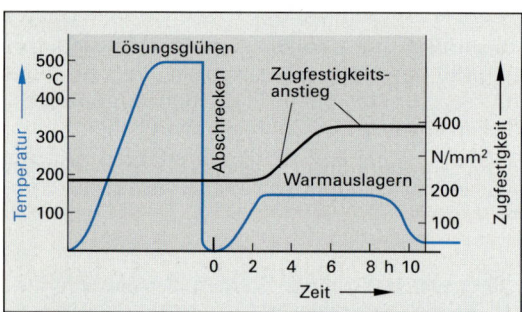

35 Wie groß sind die Dichte und die Festigkeit der Magnesiumlegierungen?

Dichte: rund 1,8 kg/dm^3,
Festigkeit: 160 N/mm^2 bis 280 N/mm^2.

Magnesiumlegierungen sind die leichtesten metallischen Konstruktionswerkstoffe.

36 Womit wird Magnesium hauptsächlich legiert?

Magnesium wird meistens mit Aluminium, Zink, Mangan und Silicium legiert.

Man erzielt dadurch Festigkeiten bis 280 N/mm^2 bei Bruchdehnungen von 2% bis 12%.

37 Welche Eigenschaften zeichnen Titanwerkstoffe aus?

Titanwerkstoffe besitzen hohe Festigkeit und Härte, Zähigkeit, geringe Dichte (ϱ = 4,5 kg/dm^3) und gute Korrosionsbeständigkeit.

38 Wie werden Titanwerkstoffe spanend geformt?

Mit großer Schnitttiefe, mittleren Vorschüben und niedriger Schnittgeschwindigkeit.

Für reichliche Kühlschmierung mit wasserfreien Kühlschmierstoffen ist zu sorgen.

39 Welche Festigkeitseigenschaften haben Titan-Legierungen?

Sie haben Festigkeiten von 540 N/mm^2 bis 1320 N/mm^2 bei Bruchdehnungen von 16% bis 4%.

In Verbindung mit ihrem geringen Gewicht eignen sie sich deshalb für hochbelastete Bauteile von Flugzeugen.

T232 Was will man bei NE-Metallen hauptsächlich durch Legieren erreichen? Man will ...

a) den Schmelzpunkt erhöhen

b) die elektrische Leitfähigkeit verbessern

c) die Korrosionsbeständigkeit vermindern

d) die Zugfestigkeit erhöhen

e) die Dehnbarkeit herabsetzen

T233 Welcher Werkstoff hat die Kurzbezeichnung CuZn40Al2?

a) Zink-Kupfer-Legierung mit 40% Kupfer, 2% Al

b) Kupferlegierung mit 40% Zn, 2% Al

c) Aluminiumlegierung mit 40% Cu und Zn sowie 20% Al

d) Zinnlegierung mit 40% Cu, 2% Al

e) Kupferlegierung mit 40% Zinn, 2% Al

T234 Welche Eigenschaft besitzt reines Kupfer im Allgemeinen *nicht*?

a) Hohe Zugfestigkeit

b) Gute Dehnbarkeit

c) Gute elektrische Leitfähigkeit

d) Gute Wärmeleitfähigkeit

e) Gute Korrosionsbeständigkeit

T235 Bei welcher Temperatur lässt sich Zink am besten biegen? Bei...

a) 20 °C   b) 60 °C
c) 120 °C   d) 250 °C
e) 345 °C

T236 Aus welchen Legierungsbestandteilen besteht Messing? Aus...

a) Cu und Sn
b) Cu und Zn
c) Cu, Sn und Pb
d) Cu, Sn und Ni
e) Cu, Zn und Ni

T237 Wodurch wird bei CuZn-Legierungen eine gute Spanbrüchigkeit erreicht? Durch...

a) hohen Cu-Gehalt
b) Zusatz von S
c) Zusatz von Ni
d) Zusatz von Pb
e) Zusatz von Sn

T238 Wie kann die Zugfestigkeit von CuZn-Legierungen verbessert werden? Durch...

a) hohen Cu-Gehalt
b) Warmumformen
c) Kaltumformen
d) Glühen und Abschrecken in Wasser
e) Glühen und langsames Abkühlen

T239 Welche der angegebenen Cu-Legierungen ist für Gleitlager am besten geeignet?

a) G-CuZn35
b) CuZn40Pb2
c) CuNi25
d) CuNi25Zn15
e) G-CuPb15Sn

T240 Welche besondere Eigenschaft besitzen Werkstücke aus Feinzink-Druckgusslegierungen?

a) Hohe Festigkeit
b) Gute Zähigkeit
c) Gute Maßgenauigkeit
d) Gute Warmfestigkeit
e) Gute Kaltformbarkeit

T241 Wofür werden Blei und Bleilegierungen _nicht_ verwendet? Für...

a) Lagermetalle
b) Wälzlagerkörper
c) Abschirmung gegen Röntgenstrahlen
d) Akkumulatorplatten
e) Kabelummantelungen

T242 Aus welchem Rohstoff (Erz) wird Aluminium gewonnen? Aus...

a) Bauxit   b) Martensit
c) Dolomit   d) Quarzsand
e) Perlit

T243 Wie groß ist die Dichte von Aluminium in kg/dm^3?

a) 1,7
b) 2,7
c) 4,5
d) 7,2
e) 7,8

T244 Welche Eigenschaften haben kupferhaltige Al-Legierungen? Sie sind...

a) korrosionsbeständig, gut gießbar
b) gut anodisch oxidierbar, weich
c) aushärtbar und hochfest
d) sehr weich, korrosionsbeständig
e) besonders gut dehnbar

T245 Welcher Werkstoff hat das Kurzzeichen MgAl8Zn?

a) Al-Legierung mit 80 N/mm^2 Mindestfestigkeit
b) Zink-Knetlegierung mit 8% Al und etwas Magnesium
c) Magnesium-Knetlegierung mit 8% Al und etwas Zink
d) Magnesium-Gusslegierung mit 8% Zink
e) Al-Knetlegierung mit 8% Magnesium und etwas Zink

T246 Welche Aussage trifft auf Titan zu?

a) Es ist leicht umformbar
b) Es ist wenig korrosionsbeständig
c) Seine Festigkeit ist gering
d) Sein Schmelzpunkt ist sehr niedrig
e) Es besitzt hohe Festigkeit und ist zäh

3.5 Sinterwerkstoffe

Fragen aus Fachkunde Metall, Seite 290

1 Wie heißen die Fertigungsstufen zur Herstellung von Sinter-Formteilen?

Die Fertigungsstufen für Sinter-Formteile sind: Pulverherstellung – Pulver mischen – Pressen der Rohlinge – Sintern der Presslinge zu Formteilen.

Bei besonders hoher Anforderung an die Maßgenauigkeit und die Oberflächengüte werden die Sinter-Formteile anschließend noch kalibriert.

Werkstücke, die hohe mechanische Belastungen tragen müssen, werden zusätzlich sintergeschmiedet, d.h. bei Rotglut in einem Schmiedegesenk gepresst.

2 Was versteht man unter Sintern?

Sintern ist eine nach Zeit und Temperatur gesteuerte Wärmebehandlung vorgepresster Rohlinge aus Metallpulver.

Dabei Verschweißen die Pulverteilchen an den Berührungsstellen zu einem festen Werkstoff. Aus den Rohlingen, die aus gepressten Pulverteilchen bestehen, werden durch Sintern die Formteile.

3 Welche Vorteile haben gesinterte Teile?

- Sie sind preisgünstig herzustellen.
- Sie brauchen nach dem Sintern entweder überhaupt nicht oder nur geringfügig nachgearbeitet werden.
- Die gewünschten Werkstoffeigenschaften können durch entsprechende Pulvermischungen eingestellt werden.
- Je nach Anforderung können Bauteile mit dichtem Gefüge (für Sinterformteile, wie Hebel, Zahnräder) oder mit hohem Porenanteil (für Filter oder tränkbare Lager) gefertigt werden.

4 Wie werden pulvermetallurgische Werkzeugstähle hergestellt?

Der Ausgangsstoff für die pulvermetallurgischen Werkzeugstähle, eine Metallpulvermischung mit der gewünschten Zusammensetzung des späteren Werkzeugstahls, wird in Stahlbehälter eingeschweißt. Diese werden evakuiert und bei Temperaturen von 1000 °C bis 1100 °C und Drücken von etwa 1000 bar in Heißpressen zu porenfreien Blöcken verdichtet. Dieses Material wird warmgewalzt und daraus dann die Werkzeuge gefertigt.

Ergänzende Fragen zu Sinterwerkstoffen

5 Bei welchen Temperaturen erfolgt das Sintern?

Das Sintern erfolgt bei 60 bis 80% der Schmelztemperatur des Sinterwerkstoffs. Sintertemperaturen: Sintereisen bzw. Sinterstahl 1000 bis 1300 °C, Sinterkupferlegierungen 600 bis 800 °C.

6 Welche Teile können *nicht* durch Sintern hergestellt werden?

Es können keine großen Werkstücke und keine Werkstücke mit quer zur Pressrichtung liegenden Bohrungen, Einstichen oder mit Gewinden hergestellt werden.

Durch Sintern werden deshalb vor allem Kleinteile hergestellt. Quer zur Pressrichtung liegende Bohrungen und Einschnitte sowie Gewinde müssen durch spanende Formung nach dem Sintern gefertigt werden.

7 Nennen Sie Bauteile, die aus Sinterwerkstoffen hergestellt werden:

- Massenformteile, wie z.B. Zahnräder, Hebel, Beschläge, aus Sinterstahl
- Hochporöse Metallfilter aus Sintermessing
- Werkzeuge aus Sinter-Werkzeugstahl
- Schmierstoffgetränkte Sintergleitlager aus Kupfer-Zinn-Legierungen (Bronze) oder Sinterstahl.

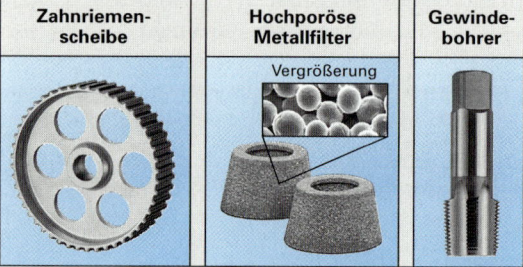

Zahnriemen-scheibe	Hochporöse Metallfilter	Gewinde-bohrer
	Vergrößerung	

T247 Welche Sinterformteile werden nach dem Sintern zusätzlich kalibriert?

Formteile mit besonders hohen Ansprüchen...

a) an die Festigkeit

b) an die Maßgenauigkeit

c) an die Dehnbarkeit

d) an das Gefüge

e) an die Porosität

3.6 Wärmebehandlung der Eisenwerkstoffe

Fe-C-Zustandsdiagramm und Gefügearten

Fragen aus Fachkunde Metall, Seite 293

1 Welches Gefüge hat Stahl mit 0,8% Kohlenstoff bei Temperaturen über bzw. unter 723 °C?

Stahl mit 0,8% Kohlenstoff hat bei Temperaturen unter 723 °C perlitisches Gefüge und bei Temperaturen über 723 °C austenitisches Gefüge.

2 Welche Gefügebestandteile enthält Gusseisen?

Gusseisen enthält die Gefügebestandteile Ferrit, Perlit und Graphit in Lamellenform.

3 Was kann man aus dem Eisen-Kohlenstoff-Zustandsdiagramm ablesen?

Aus dem Eisen-Kohlenstoff-Zustandsdiagramm kann man die Gefügeart ablesen, die in einem Eisenwerkstoff mit einem bestimmten Kohlenstoffgehalt bei einer bestimmten Temperatur vorliegt.

4 Was stellen die Linien im Fe-C-Schaubild dar?

Die Linien im Fe-C-Zustandsschaubild begrenzen die Gefügebereiche.

Beispiel: Die senkrechte Linie von der Diagramm-Basislinie bei 0,8% C bis zum Punkt S trennt den Gefügebereich Ferrit + Perlit vom Gefügebereich Perlit + Korngrenzenzementit.

5 Welche Gefügeanteile hat Stahl mit 0,4% C?

Stahl mit 0,4% Kohlenstoff hat die Gefügebestandteile Ferrit und Perlit (Bild unten).

6 Wie ändert sich das Gefüge von Stahl mit 1% Kohlenstoff beim Erwärmen von Raumtemperatur auf 1000 °C?

Stahl mit 1% Kohlenstoff hat bei Raumtemperatur ein Gefüge aus Perlit und Korngrenzenzementit.

Bei Erwärmung über 723 °C wird der Perlit in Austenit umgewandelt. Gleichzeitig beginnt die Umwandlung des Korngrenzenzementits in Austenit, die bei rund 800 °C vollständig abgelaufen ist. Bei weiterer Erwärmung bis auf 1000 °C bleibt das Austenitgefüge erhalten.

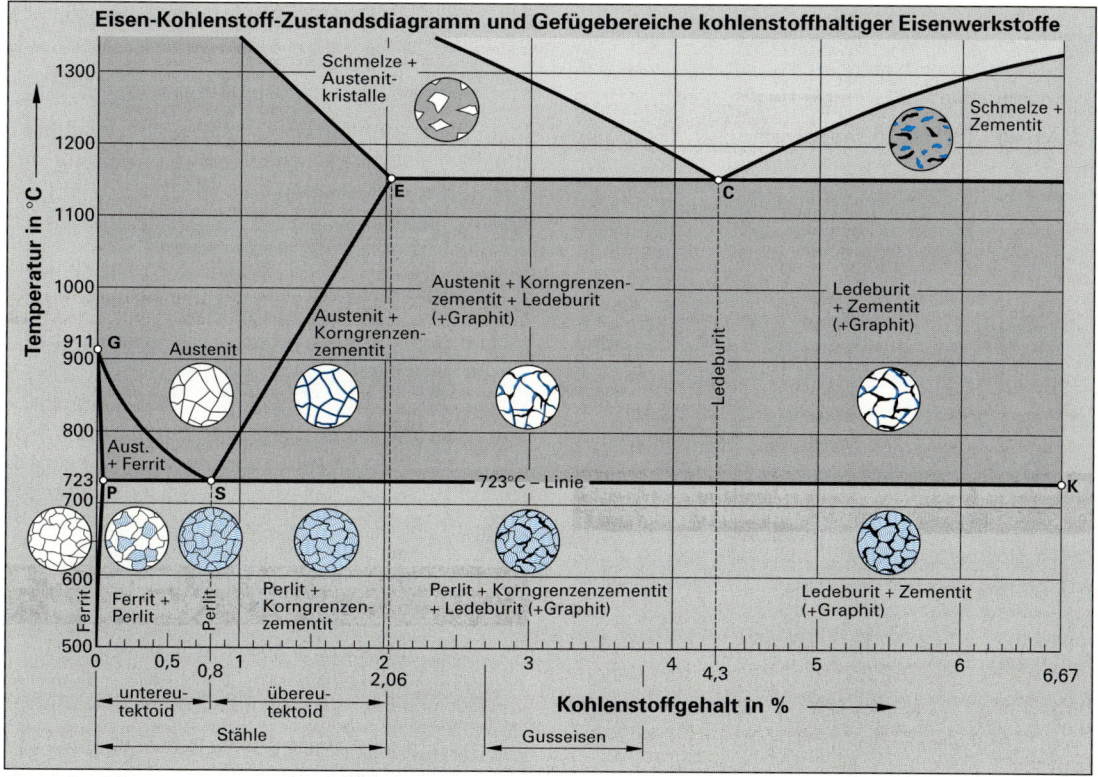

Eisen-Kohlenstoff-Zustandsdiagramm und Gefügebereiche kohlenstoffhaltiger Eisenwerkstoffe

Ergänzende Fragen zu Fe-C-Zustandsdiagramm und Gefügearten

7 Welche Gefügearten kommen in ungehärteten Stählen vor?

Ungehärtete, nicht legierte Stähle enthalten Ferrit, Perlit, Zementit sowie Mischungen dieser Gefüge.

Gehärteter Stahl enthält zudem noch Martensit, hocherhitzter oder hochlegierter Stahl Austenit.

8 In welcher Form liegt der Kohlenstoff in Stahl vor?

Im Stahl liegt Kohlenstoff in chemisch gebundener Form als Eisenkarbid Fe_3C vor.

Eisenkarbid Fe_3C wird in der Metallkunde Zementit genannt.

9 Aus welchen Bestandteilen setzt sich das Gefüge Perlit zusammen?

Perlitkörner haben eine Ferrit-Grundmasse, die mit feinem Streifenzementit durchzogen ist.

Perlitgefüge hat im Schliffbild ein perlmuttartiges Aussehen. Der Kohlenstoffgehalt von Stahl mit rein perlitischem Gefüge beträgt rund 0,8%.

10 Was bezeichnet man bei Stahl als eutektoide Zusammensetzung?

Als eutektoide Zusammensetzung bezeichnet man einen Kohlenstoffgehalt im Stahl, der zu rein perlitischem Gefüge führt. Dies entspricht einem Kohlenstoffgehalt von 0,8%.

Stahl mit mehr als 0,8% Kohlenstoff nennt man übereutektoid, Stahl mit weniger als 0,8% heißt untereutektoid.

11 Was passiert beim Überschreiten einer Gefügebegrenzungslinie im Eisen-Kohlenstoff-Zustandsdiagramm?

Das Gefüge des Werkstoffs wandelt sich um.

Bei Erwärmung von eutektoidem Stahl z.B. wandelt sich der Perlit bei Überschreiten der 723 °C-Linie in Austenit um.

12 Welche Veränderungen laufen im Kristallgitter von Stahl bei Erwärmung über 723 °C ab?

Das kubisch-raumzentrierte Gitter klappt in das kubisch-flächenzentrierte Gitter um.

Bei anschließender Abkühlung unter 723 °C läuft der Vorgang umgekehrt ab: Das kubisch-flächenzentrierte Gitter wandelt sich wieder in das kubisch-raumzentrierte Gitter zurück.

T248 Welches Gefüge hat ein Stahl mit 0,8% Kohlenstoff, der von 750 °C langsam auf 20 °C abgekühlt wurde?

a) Perlit   b) Martensit
c) Ferrit   d) Austenit
e) Zementit

T249 Welches Gefüge entsteht beim Erhitzen von Stahl mit 0,8% Kohlenstoff über eine Temperatur von 723 °C?

a) Perlit   b) Martensit
c) Ferrit   d) Austenit
e) Zementit

T250 Bei welchem Kohlenstoffgehalt der Eisenwerkstoffe liegt die Grenze zwischen Gusseisen und Stählen?

a) 2,86%   b) 0,8%
c) 2,06%   d) 4,3%
e) 1,86%

Glühen, Härten

Fragen aus Fachkunde Metall, Seite 298

1 Welche Glühverfahren gibt es?

Es gibt die Glühverfahren Spannungsarmglühen, Rekristallisationsglühen Weichglühen, Normalglühen und Diffusionsglühen.

Die einzelnen Glühverfahren unterscheiden sich durch die Glühtemperatur und die Glühdauer.

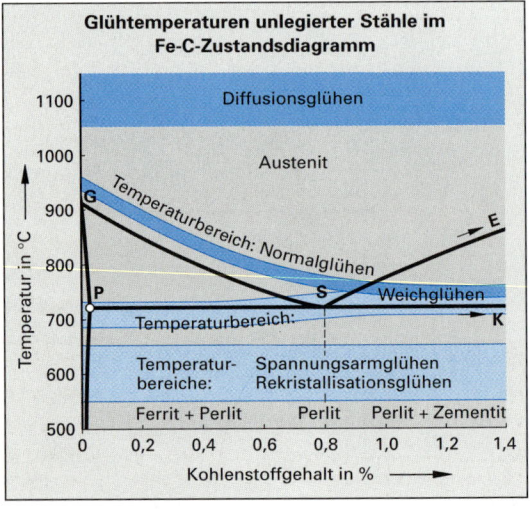

Glühtemperaturen unlegierter Stähle im Fe-C-Zustandsdiagramm

2   Wie beseitigt man grobkörniges Gefüge?

Grobkörniges Gefüge wird durch Normalglühen beseitigt.

In der Fachsprache bezeichnet man diesen Vorgang auch als „Rückfeinen".

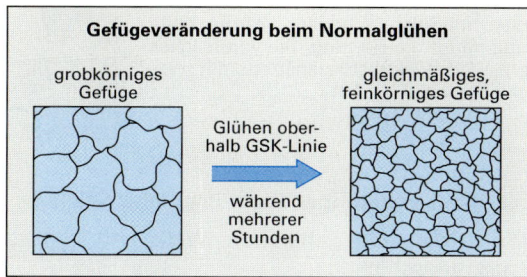

Gefügeveränderung beim Normalglühen

grobkörniges Gefüge → Glühen oberhalb GSK-Linie → während mehrerer Stunden → gleichmäßiges, feinkörniges Gefüge

3   Aus welchen Arbeitsgängen besteht das Härten?

Härten besteht aus den Arbeitsgängen Erwärmen, Halten auf Härtetemperatur und Abschrecken. Anschließend muss noch angelassen werden.

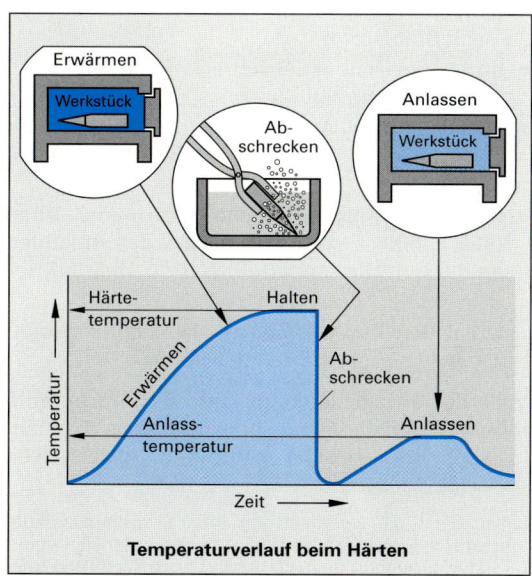

Temperaturverlauf beim Härten

4   Welches Gefüge entsteht beim Abschrecken?

Beim Abschrecken von der Härtetemperatur entsteht Martensit-Gefüge.

Martensit ist ein feinnadliges, sehr hartes Gefüge, das die Grundmasse des Werkstoffs durchzieht. Je höher der Martensitanteil, um so härter ist der Stahl.

5   Welche Härtetemperatur haben unlegierte Stähle?

Unlegierte Stähle werden bei einer Temperatur gehärtet, die rund 40 °C über der Linie GSK im Eisen-Kohlenstoff-Zustandsdiagramm liegt.

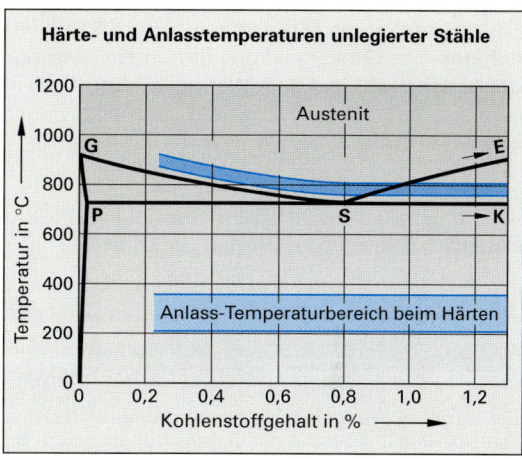

Härte- und Anlasstemperaturen unlegierter Stähle

Legierte Stähle haben höhere Härtetemperaturen. Sie werden von den Stahlherstellern angegeben.

6   Welche Abschreckmittel gibt es?

Als Abschreckmittel werden verwendet: Wasser, Öle, Wasser-Öl-Emulsionen und Wasser-Polymer-Emulsionen, Warmbad-Abschreckbäder (Salzschmelzen) sowie bewegte Luft.

Die Abschreckwirkung ist bei Wasser am stärksten, bei Luft ist sie am mildesten.

7   Wie entsteht Härteverzug?

Härteverzug entsteht durch das schroffe Abkühlen des heißen Werkstücks beim Abschrecken.

Härteverzug und Härterisse entstehen in zwei Phasen.

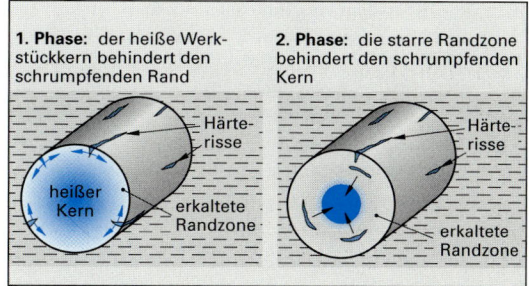

1. Phase: der heiße Werkstückkern behindert den schrumpfenden Rand

2. Phase: die starre Randzone behindert den schrumpfenden Kern

Der Vorgang läuft in zwei Phasen ab: zuerst zieht sich die abgeschreckte Randzone zusammen, während der noch heiße Werkstückkern seine ursprüngliche Größe hat und die Randzone am Schrumpfen behindert. Dies führt zu Spannungen an der Werkstoffoberfläche. Dann kühlt der Werkstückkern ab und will schrumpfen, wird aber dabei von der bereits abgekühlten starren Randzone behindert. Es entstehen Verspannungen zwischen der Randschicht und dem Werkstückkern, die Härteverzug oder sogar Härterisse zur Folge haben können.

Ergänzende Fragen zu Glühen und Härten

8 Welche Arten der Wärmebehandlung gibt es?

Glühen, Härten, Vergüten, Randschichthärten, Einsatzhärten, Nitrierhärten und Carbonitrieren.

Die einzelnen Wärmebehandlungsverfahren unterscheiden sich durch die Höhe der Temperatur sowie die Behandlungsdauer. Zusätzlich können durch die Art der Umgebung, in der die Behandlung durchgeführt wird, Veränderungen in der chemischen Zusammensetzung erzielt werden.

9 Wodurch unterscheidet sich das Glühen vom Härten?

Glühen und Härten unterscheiden sich durch die Höhe der Temperatur und die Art der Abkühlung. Beim Glühen wird langsam abgekühlt, beim Härten wird abgeschreckt.

10 Welche Vorgänge spielen sich beim Härten im Kristallgitter des Stahls ab?

Beim Abschrecken klappt das kubisch-flächenzentrierte Gitter wieder ins kubisch-raumzentrierte Gitter um (Bild). Das Kohlenstoffatom kann in der kurzen Zeit nicht aus der Gittermitte herauswandern und verspannt das Gitter. Der Stahl wird dadurch hart.

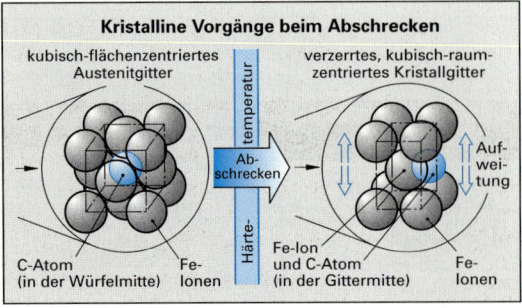

Kristalline Vorgänge beim Abschrecken

kubisch-flächenzentriertes Austenitgitter

verzerrtes, kubisch-raumzentriertes Kristallgitter

Temperatur

Abschrecken

Härte

Aufweitung

C-Atom (in der Würfelmitte)   Fe-Ionen   Fe-Ion und C-Atom (in der Gittermitte)   Fe-Ionen

11 Warum werden beim Abschrecken Werkstücke mit Grundlöchern mit dem Boden voraus eingetaucht?

Damit Luft- und Dampfblasen entweichen können.

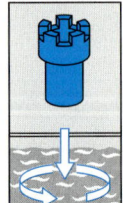

Luft- und Dampfblasen verhindern eine gleichmäßige, schnelle Wärmeabfuhr und damit die Härtung. Sie verursachen am Werkstück nicht gehärtete, d.h. weiche Stellen.

12 Was versteht man unter der Einhärtetiefe?

Die Dicke der gehärteten Werkstückrandschicht.

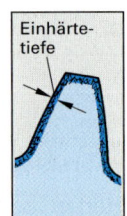

Einhärtetiefe

Durch die unterschiedlich rasche Ableitung der Wärme beim Abschrecken in der Randschicht und im Inneren des Werkstückes wird nur eine äußere Schicht des Werkstücks gehärtet.
Dies gilt nur bei unlegierten Stählen.

13 Wie erreicht man verzug- und rissfreies Härten?

Je nach Stahlsorte:
- durch ein mildes Abschreckmittel, z.B. Wasser/Öl-Emulsionen
- durch kurzes Abschrecken in Wasser und anschließendes Abkühlen im Ölbad (gebrochenes Härten)
- durch Abschrecken in einem warmen Salzbad (400 ... 500 °C) und anschließendes Abkühlen an der Luft (Stufenhärten, Warmbadhärten).

14 Welchen Einfluss haben die Legierungselemente auf das Härten der Stähle?

Viele Legierungselemente, wie z.B. Chrom, Wolfram, Mangan und Nickel bewirken, dass die Stähle auch bei weniger schroffem Abschrecken gehärtet werden.

Ursache ist die Herabsetzung ihrer kritischen Abkühlungsgeschwindigkeit zur Bildung von Martensit. Legierte Stähle brauchen deshalb nur in Öl, im Warmbad oder in bewegter Luft abgekühlt werden.

15 Welche Abschreckmittel werden beim Härten von Werkzeugstählen eingesetzt?

Wasser, Öl, Warmbad und Luft.

Unlegierte Werkzeugstähle sind Wasserhärter, niedrig legierte Werkzeugstähle Ölhärter und hoch legierte Werkzeugstähle Lufthärter.

16 Wie unterscheidet sich die Durchhärtung bei unlegierten, niedrig legierten und hoch legierten Werkzeugstählen?

Unlegierte Werkzeugstähle härten nicht durch. Die Einhärtetiefe beträgt 2 mm bis 5 mm. Niedrig legierte und hoch legierte Werkzeugstähle härten überwiegend durch.

17 Wie wirkt sich das Anlassen bei hoch legierten Werkzeugstählen aus?

Durch das Anlassen tritt bei legierten Werkzeugstählen (besonders den Schnellarbeitsstählen) eine geringe Härtesteigerung ein.

Ursache ist die Ausscheidung sehr harter Karbide während des Anlassens (Ausscheidungshärten).

T251 Bei welchem Glühverfahren wird ein durch Kraftverformung verzerrtes Gefüge beseitigt und ein neues Gefüge gebildet?

a) Weichglühen

b) Anlassen

c) Spannungsarmglühen

d) Diffusionsglühen

e) Rekristallisationsglühen

T252 In welchen Arbeitsgängen erfolgt das Härten von Stahl?

a) Erwärmen, Anlassen, Härten

b) Glühen, Abschrecken, Auslagern

c) Erwärmen, Halten, Abschrecken, Anlassen

d) Erwärmen, Abschrecken, Glühen

e) Glühen, Anlassen, Abschrecken

T253 Welches Abschreckmittel hat die schroffste Abschreckwirkung?

a) Wasser-Öl-Emulsion

b) Bewegte Luft

c) Wasser-Polymer-Emulsion

d) Wasser

e) Öl

T 254 Welcher Stahl wird nach seinem Abschreckmittel beim Härten als „Wasserhärter" bezeichnet?

a) Unlegierter Werkzeugstahl

b) Niedriglegierter Vergütungsstahl

c) Automatenstahl

d) Hochlegierter Stahl

e) Schnellarbeitsstahl

Vergüten, Härten der Randzone

Fragen aus Fachkunde Metall, Seite 304

1 Welche Eigenschaften soll ein Werkstück durch das Vergüten erhalten?

Durch Vergüten sollen die Werkstücke hohe Festigkeit und hohe Streckgrenze sowie ausreichende Zähigkeit erhalten.

2 Aus welchen Arbeitsgängen besteht das Vergüten und wodurch unterscheidet es sich vom Härten?

Vergüten besteht aus den Arbeitsgängen Härten und anschließendem Anlassen.

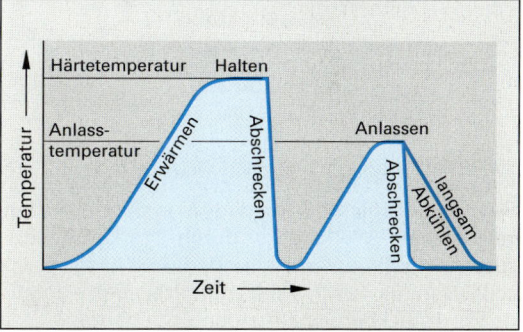

Die Anlasstemperaturen beim Vergüten sind wesentlich höher als beim Anlassen nach dem Härten.

3 Was kann aus dem Vergütungsschaubild abgelesen werden?

Aus dem Vergütungsschaubild kann abgelesen werden, welche Zugfestigkeit, welche Streck- bzw. Dehngrenze und welche Bruchdehnung ein Werkstoff durch eine bestimmte Anlasstemperatur erhält.

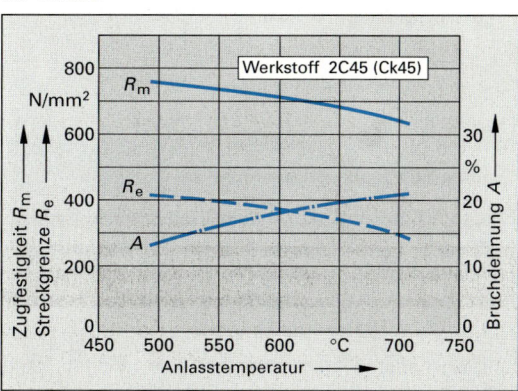

4   Welche Streckgrenze hat ein Werkstück aus dem Stahl 34Cr4, das beim Vergüten auf 550 °C angelassen wurde?

Aus dem Vergütungsschaubild (Anlassschaubild) des Stahls 34Cr4 kann abgelesen werden: Das Werkstück hat nach dem Vergüten auf 550 °C eine Streckgrenze von rund 620 N/mm².

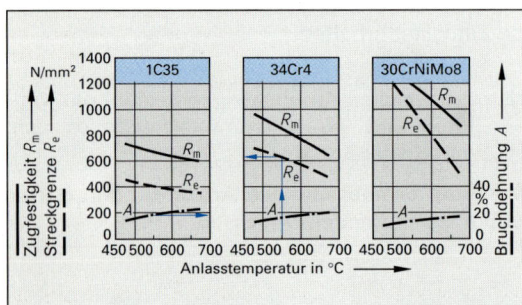

5   Wie wird das Randschichthärten ausgeführt?

Beim Randschichthärten wird eine dünne Außenschicht des Werkstücks durch starke Wärmezufuhr rasch erwärmt und durch sofort anschließendes Abschrecken gehärtet. Tiefer liegende Werkstückbereiche bleiben ungehärtet.

Die Erwärmung kann mit Flammen (Bild), durch Induktionsströme oder durch Tauchen in einem Warmbad erfolgen.

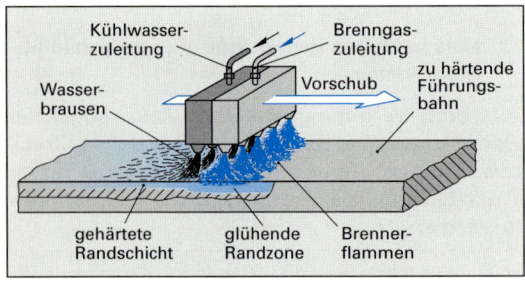

6   Wie wird beim Einsatzhärten die Härtbarkeit der Randschicht erreicht?

Einsatzstähle enthalten nur 0,1 bis 0,2 % Kohlenstoff und sind deshalb eigentlich nicht härtbar. Durch Erhöhen des Kohlenstoffgehalts in der Randzone, Aufkohlen genannt, wird dort Härtbarkeit erreicht (Bild rechts oben).

Einsatzgehärtete Werkstücke haben eine gehärtete Randzone und einen ungehärteten, zähen Werkstückkern.

7   Welche Verfahren des Aufkohlens gibt es?

Es gibt Aufkohlen im festen Einsatzmittel (Pulveraufkohlen), Aufkohlen im flüssigen Einsatzmittel (Salzbadaufkohlen) und Aufkohlen im gasförmigen Einsatzmittel (Gasaufkohlen).

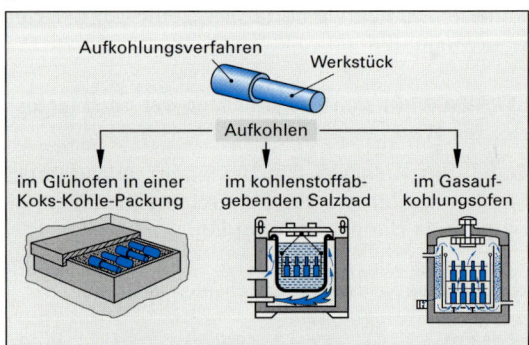

Beim Aufkohlen diffundiert Kohlenstoff in die Randzone des Werkstücks und lagert sich in das Kristallgitter ein.

8   Welche Einsatz-Härteverfahren gibt es?

Für Einsatzstähle gibt es eine Reihe von Einsatz-Härteverfahren, die sich durch unterschiedliche Temperaturführung unterscheiden, z.B.

- das Direkthärten
- das Einfachhärten
- das Härten nach isothermischer Umwandlung im Warmbad

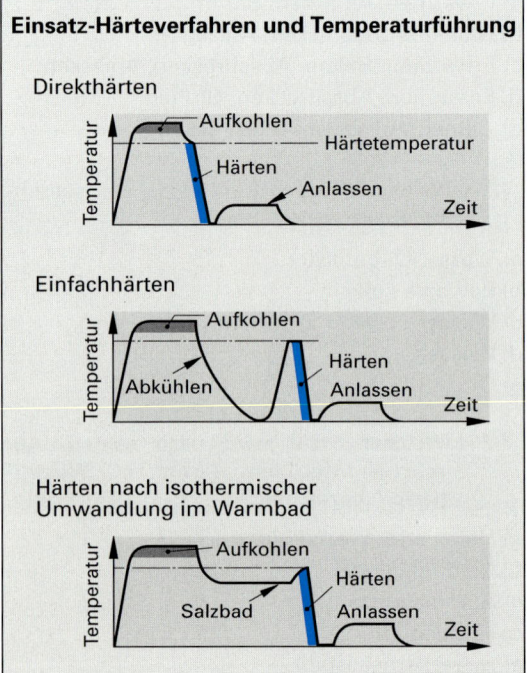

9 Was versteht man unter Nitrieren?

Nitrieren ist ein Verfahren zum Härten der Randzone eines Werkstücks durch Anreicherung mit Stickstoff.

Der Stickstoff diffundiert in die Randzone des Werkstücks und bildet dort sehr harte Nitride (Stickstoffverbindungen).

10 Welche Eigenschaften haben Nitrierschichten?

Nitrier-Härteschichten sind äußerst hart sowie verschleißfest und besitzen gute Gleiteigenschaften. Die Härte der Nitrierschicht bleibt bei Erwärmung bis rund 500 °C erhalten.

Nachteilig ist die geringe Verklammerung der Nitrierschicht mit dem Grundwerkstoff. Bei hoher Flächenpressung besteht die Gefahr des Abplatzens der Nitrierschicht.

11 Welche Gusseisensorten sind härtbar?

Härtbar sind Gusseisensorten, die aus einer perlitischen oder perlitisch-ferritischen Grundmasse bestehen und keine grobblättrigen Graphitausscheidungen besitzen. Dies sind die Gusseisensorten Meehanite-Guss (Gusseisen mit feinblättrigen Graphitlamellen, Gusseisen mit Kugelgraphit (Sphäroguss), Temperguss und Stahlguss mit perlitischer oder perlitisch-ferritischer Grundmasse.

Gusseisen wird jedoch meist im ungehärteten Zustand eingesetzt.

12 Ermitteln Sie mit einem Tabellenbuch die Härtebedingungen für einen Hammer aus dem Werkzeugstahl C80W1. Seine Oberflächenhärte soll mindestens 60 HRC betragen.

Wärmebehandlung von unlegierten Kaltarbeitsstählen							
Stahlsorte		Härten		Oberflächenhärte in HRC ≈			
				nach dem Härten	nach dem Anlassen bei		
Kurzname	Werkstoff-Nr.	Temperatur °C	Abkühlmittel		100 °C	200 °C	300 °C
C 60 W	1.1740	800...830	Öl	58	58	54	48
C 70 W2	1.1620	790...820	Wasser	64	63	60	53
C 80 W1	1.1525	780...820	Wasser	64	64	60	54
C 85 W	1.1830	800...830	Öl	63	63	59	54
C 105 W	1.1545	770...800	Wasser	65	64	62	56

Die Härtebedingungen lauten: Härtetemperatur 780 °C bis 820 °C, Abschrecken in Wasser, Anlassen auf 200 °C.

Ergänzende Fragen zum Vergüten und Härten der Randzone

13 Wie kann ein Vergütungsstahl auf eine gewünschte Festigkeit und Zähigkeit vergütet werden?

Durch Vergüten nach seinem Anlassschaubild, auch Vergütungsschaubild genannt (Seite 134).

Das Anlassschaubild eines Vergütungsstahls gibt an, welche Festigkeit, Streckgrenze und Bruchdehnung beim Anlassen mit einer bestimmten Temperatur erreicht werden kann.

14 Was sind Vergütungsstähle?

Unlegierte sowie legierte Baustähle, die durch Vergüten hohe Festigkeit sowie große Zähigkeit erlangen.

Vergütungsstähle haben meist einen Kohlenstoffgehalt von 0,2 bis 0,6%. Legierte Vergütungsstähle enthalten zusätzlich wenige Prozent an Chrom, Nickel, Molybdän oder Mangan.

15 Was ist Randschichthärten?

Unter Randschichthärten versteht man das auf die Randschicht eines Werkstücks beschränkte Härten durch schnelles Erwärmen und sofort anschließendes Abschrecken.

Dabei wird nur die Randschicht des Werkstückes gehärtet, während der Werkstückkern ungehärtet bleibt.

16 Welche Stähle eignen sich zum Einsatzhärten?

Unlegierte und niedrig legierte Stähle mit einem Kohlenstoffgehalt von 0,1% bis 0,2%.

Einsatzstähle dürfen nicht mehr Kohlenstoff enthalten, da sonst der Kern mithärtet.
Beispiel für Einsatzstähle: Ck 10, 17 Cr3, 16 Mn Cr5.

17 Welcher Wärmebehandlung werden die Nitrierstähle unterworfen?

Vor dem Nitrieren werden die Werkstücke aus Nitrierstahl vergütet, um die Festigkeit des Werkstückkerns zu verbessern. Dann wird die Oberfläche bei 500 bis 600 °C mit Stickstoff angereichert. Dabei entsteht die harte Nitrierschicht.

18 Was ist Carbonitrieren?

Carbonitrieren ist Härten einer Werkstückrandschicht durch gleichzeitiges Aufkohlen und Nitrieren.

Carbonitrierschichten sind härter als Einsatzhärte-Randschichten und haben eine besonders feste Bindung mit dem nicht gehärteten Werkstückkern.

T255 Was versteht man unter Vergüten?

a) Legieren mit anderen Metallen

b) Erwärmen mit nachfolgendem langsamen Abkühlen

c) Zuführen von Kohlenstoff

d) Härten mit nachfolgendem Anlassen auf hohe
Temperaturen

e) Härten der Werkstückrandschicht

T256 Welche Eigenschaften erhält Stahl durch das Vergüten?

a) Hohe Festigkeit und Zähigkeit

b) Glatte Oberfläche

c) Korrosionsbeständigkeit

d) Warmfestigkeit

e) Hohe Dehnbarkeit

T257 Welche Eigenschaften erhält Stahl durch Einsatzhärten?

a) Hohe Festigkeit

b) Hohe Dehnbarkeit

c) Harter Kern, weiche Randschicht

d) Er ist durchgehärtet

e) Weicher Kern, harte Randschicht

T258 Welcher Stoff wird dem Stahlwerkstück beim Nitrieren zugeführt?

a) Wasserstoff

b) Kohlenstoff

c) Stickstoff

d) Sauerstoff

e) Schwefel

T259 Welche Stahlsorte ist *nur* bei Zufuhr von Kohlenstoff härtbar?

a) Einsatzstahl

b) Kaltarbeitsstahl

c) Federstahl

d) Vergütungsstahl

e) Warmarbeitsstahl

T260 Welches Gefüge muss die Eisen-Grund-masse eines Gusseisens haben, damit es härtbar ist?

a) Ferrit

b) Austenit

c) Ferrit und Graphit

d) Perlit bzw. Ferrit-Perlit

e) Zementit

3.7 Werkstoffprüfung

Prüfung mechanischer Eigenschaften

Fragen aus Fachkunde Metall, Seite 309

1 Welche Aufgaben hat die Werkstoffprüfung?

Die wesentlichen Aufgaben der Werkstoffprüfung
sind:

- die Bestimmung der technologischen Eigenschaften der Werkstoffe, wie z.B. Festigkeit,
Härte, Verarbeitbarkeit

- die Überprüfung von Werkstücken und Bauteilen auf Fehler und Funktionstüchtigkeit

- die Ermittlung von Schadensursachen, z.B. an
einem zu Bruch gegangenen Bauteil durch Ge-
fügeuntersuchungen.

2 Welches Diagramm erhält man im Zugver-such?

Beim Zugversuch erhält man das Spannungs-
Dehnungs-Diagramm.

Fortlaufend gemessen werden beim Zugversuch die
Zugkraft und die zugehörige Verlängerung. Daraus werden die Spannungen und die zugehörigen Dehnungen
berechnet. In einem Schaubild aufgetragen, ergeben sie
das Spannungs-Dehnungs-Diagramm.

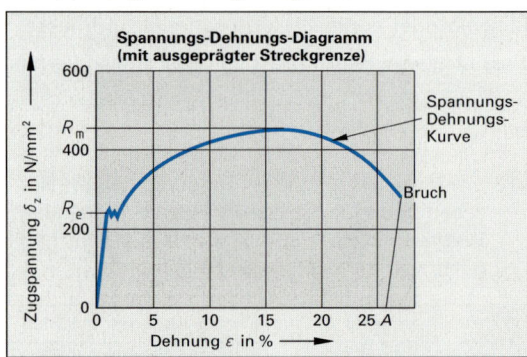

3 Welche Werkstoffkennwerte liefert der Zug-versuch eines Werkstoffs mit ausgeprägter Streckgrenze?

Der Zugversuch liefert die Kennwerte

- Zugfestigkeit R_m

- Streckgrenze R_e

- Bruchdehnung A

- Elastizitätsmodul E.

Die Werkstoffkennwerte dienen zum Berechnen der Abmessungen (Dimensionieren) von Werkstücken und Bauteilen.

4 Was gibt die 0,2%-Dehngrenze an?

Die 0,2%-Dehngrenze $R_{p0,2}$ ist ein mechanischer Werkstoffkennwert für Werkstoffe ohne ausgeprägte Streckgrenze. Sie gibt die Spannung an, bei der der Werkstoff nach Entlastung eine bleibende Dehnung von 0,2% aufweist.

Die 0,2%-Dehngrenze kann aus dem Spannungs-Dehnungs-Diagramm bestimmt werden.

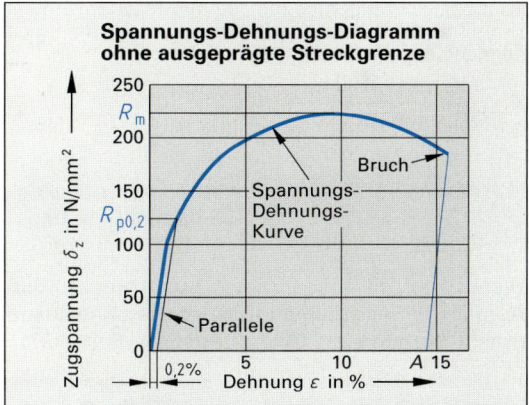

5 Wie berechnet man die Scherfestigkeit?

Die Scherfestigkeit τ_{aB} berechnet man aus der maximalen Kraft F_m, die man in einem Scherversuch (Bild) zum Abscheren einer Scherprobe mit der Querschnittsfläche S_0 benötigt.

Die Formel für die Scherfestigkeit lautet:

$$\tau_{aB} = \frac{F_m}{2 \cdot S_o}$$

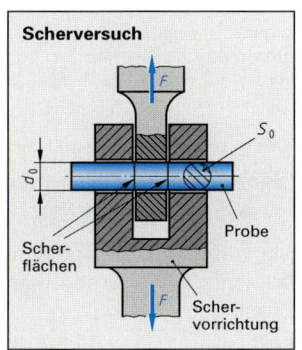

6 Wozu dienen technologische Prüfungen?

Technologische Prüfungen dienen zur Prüfung der Eignung eines Werkstoffs für eine bestimmte Anwendung oder ein mögliches Fertigungsverfahren.

Technologische Prüfungen sind z.B. der technologische Biege- und Faltversuch, der Tiefungsversuch und die Schweißnahtprüfung.

7 Wie läuft der Kerbschlagbiegeversuch nach Charpy ab?

Beim Kerbschlagbiegeversuch fällt ein Pendelhammer auf einer kreisförmigen Bahn herunter und trifft waagerecht auf eine genormte Probe mit Kerbe (Bild). Je nach Werkstoff durchschlägt er die Probe oder verformt sie und zieht sie durch die Widerlager. Die dabei verbrauchte Energie kann an einem Schleppzeiger abgelesen werden.

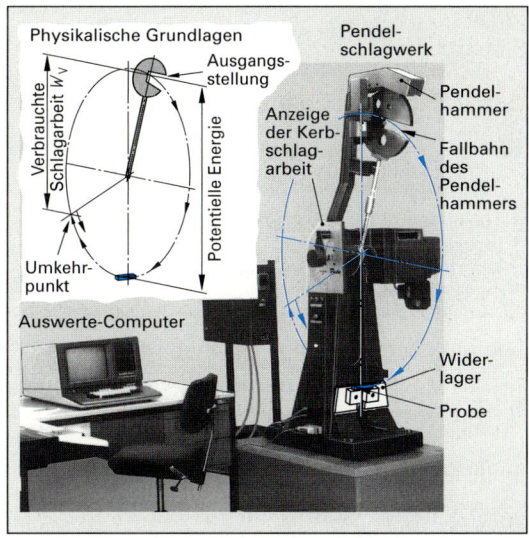

8 Der Zugversuch an einer Zugprobe mit 16 mm Anfangsdurchmesser und 80 mm Anfangsmesslänge aus Baustahl S275JR (St44-2) ergibt folgende Messwerte: Zugkraft bei der Streckgrenze F_e = 55292 N, Höchstzugkraft F_m = 96510 N, Messlänge nach dem Bruch L_u = 96,8 mm. Zu berechnen sind Streckgrenze, Zugfestigkeit und Bruchdehnung.

$$S_0 = \frac{\pi}{4} \cdot d_0^2 = \frac{\pi}{4} \cdot (16 \text{ mm})^2 = 201 \text{ mm}^2$$

Streckgrenze $\quad R_e = \dfrac{F_e}{S_0} = \dfrac{55292 \text{ N}}{201 \text{ mm}^2} = \mathbf{275} \dfrac{\mathbf{N}}{\mathbf{mm^2}}$

Zugfestigkeit $\quad R_m = \dfrac{F_m}{S_0} = \dfrac{96510 \text{ N}}{201 \text{ mm}^2} = \mathbf{480} \dfrac{\mathbf{N}}{\mathbf{mm^2}}$

Bruchdehnung $\quad A = \dfrac{L_u - L_0}{L_0} \cdot 100\%$

$$= \frac{96{,}8 \text{ mm} - 80 \text{ mm}}{80 \text{ mm}} \cdot 100\% = \mathbf{21\%}$$

9 Bei einem Zugversuch an einer Zugprobe mit 10 mm Anfangsdurchmesser und 50 mm Anfangsmesslänge erhält man bei einer Zugkraft von 5000 N eine Verlängerung der Messlänge von 0,015 mm. Welchen Elastizitätsmodul (E-Modul) hat der untersuchte Werkstoff?

Durch Umformung des Hooke'schen Gesetzes

$$\sigma_z = E \cdot \frac{\varepsilon}{100\%}$$

erhält man für den E-Modul die Formel:

$$E = \frac{\sigma_z \cdot 100\%}{\varepsilon}$$

Querschnitt der Zugprobe S_0:

$$S_0 = \frac{\pi}{4} \cdot d_0^2 = \frac{\pi}{4} \cdot (10 \text{ mm})^2 = 78,5 \text{ mm}^2$$

Zugspannung in der Zugprobe:

$$\sigma_z = \frac{F}{S_0}$$

$$\sigma_z = \frac{5000 \text{ N}}{78,5 \text{ mm}^2} = 63,66 \text{ N/mm}^2$$

Dehnung der Messlänge der Zugprobe:

$$\varepsilon = \frac{\Delta L}{L_0} \cdot 100\% = \frac{0,015 \text{ mm}}{50 \text{ mm}} \cdot 100\% = 0,03\%$$

Eingesetzt in die Formel für den E-Modul:

$$\boldsymbol{E} = \frac{\sigma_z \cdot 100\%}{\varepsilon} = \frac{63,66 \text{ N/mm}^2 \cdot 100\%}{0,03\%}$$

$$= \boldsymbol{212200 \text{ N/mm}^2}$$

Ergänzende Fragen zur Prüfung mechanischer Eigenschaften

10 Welche Werkstattprüfungen gibt es?

Werkstattprüfungen sind:

Werkstofferkennung nach dem Aussehen und durch Funkenprobe sowie Eigenschaftsprüfung durch Biege- und Bruchflächen-Prüfung.

Werkstattprüfungen sind einfache Prüfungen, die erste Hinweise auf die Zusammensetzung und die Eigenschaften eines Werkstoffes geben.

11 Was versteht man unter der Zugfestigkeit R_m?

Die Zugfestigkeit R_m gibt die höchste Zugspannung an, die der Werkstoff ertragen kann.

Die Zugfestigkeit wird berechnet aus der maximalen Zugkraft und dem Probenquerschnitt:

$$R_m = \frac{F_m}{S_0}$$

Die Einheit der Zugfestigkeit ist N/mm².

12 Was versteht man unter der Bruchdehnung A?

Die Bruchdehnung A ist die prozentuale Verlängerung des Werkstoffs nach Belastung bis zum Bruch.

Sie wird berechnet aus der Verlängerung des gebrochenen Probestabes bezogen auf seine Ausgangslänge:

$$A = \frac{\Delta L}{L_0} \cdot 100\%$$

Wird z.B. eine Zugprobe mit 100 mm Messlänge durch Zerreißen auf 130 mm verlängert, so beträgt die Bruchdehnung des Werkstoffs

$$A = \frac{130 \text{ mm} - 100 \text{ mm}}{100 \text{ mm}} \cdot 100\% = \boldsymbol{30\%}$$

13 Welche beiden Werkstofftypen gibt es bezüglich des Verlaufs der Spannungs-Dehnungs-Kurve?

Werkstoffe mit ausgeprägter Streckgrenze (Bild: Aufgabe 2, Seite 136) und Werkstoffe ohne ausgeprägte Streckgrenze (Bild: Aufgabe 4, Seite 137).

14 Mit welchem Verfahren wird die Tiefziehfähigkeit von Blechen geprüft?

Mit dem Tiefungsversuch nach Erichsen (Bild).

Als Erichsentiefung IE bezeichnet man die Tiefe der Ausbuchtung eines Bleches durch einen kugelförmigen Stempel bis zum Einreißen des Bleches.

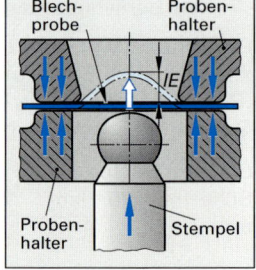

15 Was wird mit dem Kerbschlagbiegeversuch geprüft?

Mit dem Kerbschlagbiegeversuch wird die verbrauchte Schlagarbeit beim Durchschlagen einer Probe gemessen.

Sie kann als Anhaltswert für die Zähigkeit des Werkstoffs herangezogen werden.

T261 Worüber gibt die Funkenprobe bei unlegiertem Stahl Aufschluss?

a) Zugfestigkeit

b) Kohlenstoffgehalt

c) Dehnbarkeit

d) Dichte des Stahls

e) Streckgrenze

**T262　Was wird mit dem Technologischen Biege-
versuch (Faltversuch) geprüft?**

a) Das Umformvermögen

b) Das Hin- und Herbiegeverhalten

c) Die Rückfederung

d) Das Bruchverhalten

e) Die Biegefestigkeit

**T263　Welcher Werkstoffkennwert wird mit dem
Kerbschlagbiegeversuch ermittelt?**

a) Die Zugfestigkeit

b) Die Biegefestigkeit

c) Die verbrauchte Schlagarbeit

d) Die Dauerfestigkeit

e) Die Federschlaghärte

T264　Was wird durch den Zugversuch ermittelt?

a) Härte und Sprödigkeit

b) Ziehfähigkeit

c) Schlagzähigkeit

d) Zugfestigkeit, Streckgrenze, Bruchdehnung

e) Biegeverhalten

**T265　Mit welcher Formel wird die Zugspannung
σ_z berechnet?**

a) $\sigma_z = \dfrac{S_o}{F}$　　　　b) $\sigma_z = E \cdot \varepsilon$

c) $\sigma_z = F \cdot S_o$　　　　d) $\sigma_z = E/\varepsilon$

e) $\sigma_z = \dfrac{F}{S_o}$

T266　Was gibt die Streckgrenze R_e an?

a) Die Festigkeit

b) Die Spannung, ab der der Werkstoff gestreckt
wird, ohne dass die Belastung erhöht wird

c) Die Bruchbelastungsgrenze

d) Die Spannung beim Bruch

e) Die Spannung, ab der sich der Werkstoff elastisch verformt

T267　Was gibt die Zugfestigkeit R_m an?

a) Die maximale Kraft im Prüfstab

b) Die Spannung, ab der der Werkstoff „fließt"

c) Die Dehngrenze

d) Die höchste Spannung, die ein Werkstoff ertragen kann

e) Die Streckgrenze

Härteprüfung

Fragen aus Fachkunde Metall, Seite 312

1　Was versteht man unter Härte?

Härte ist der Widerstand, den ein Werkstoff dem
Eindringen eines Prüfkörpers entgegensetzt.

Zur Bestimmung der Härte eines Werkstoffs wird eine
Probe des Werkstoffs mit genormten Härteprüfverfahren
untersucht.

Die gebräuchlichsten Prüfverfahren sind die Brinell-, die
Vickers- und die Rockwellhärteprüfung.

2　Wie wird die Brinellhärteprüfung durchge-
führt?

Bei der Brinellhärte-
prüfung wird eine Ku-
gel aus Hartmetall
oder gehärtetem Stahl
mit einer bestimmten
Prüfkraft in die Werk-
stoffprobe eingedrückt
und der Durchmesser
des entstandenen Ku-
geleindrucks gemes-
sen (Bild).

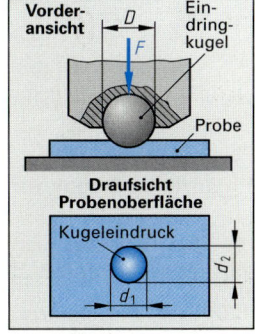

Der Brinellhärtewert
HBW oder HBS wird
entweder aus der Prüfkraft und der Kugelein-
druck-Oberfläche ermittelt oder nach Eingabe der
Werte von einem im Härteprüfgerät integrierten
Rechner bestimmt und am Bildschirm angezeigt.

3　Wozu dient die Mikrohärteprüfung?

Mit der Mikrohärteprüfung wird die Härte kleiner
Werkstoffbereiche, z.B. einzelner Gefügekörner,
eines Werkstoffs bestimmt.

Die Prüfkörpereindrücke sind so klein, dass sie unter
einem am Härteprüfgerät eingebauten Mikroskop ausge-
messen werden müssen.

4　Für welche Werkstoffe ist die Brinell- bzw. die
Vickershärteprüfung geeignet?

Die Brinellhärteprüfung ist nur zur Prüfung weicher und mittelharter Werkstoffe geeignet.

Mit der Vickershärteprüfung (Bild: Aufgabe 10,
Seite 140) können sowohl weiche als auch harte
Werkstoffe geprüft werden.

5 Welche Vorteile hat die Härteprüfung nach Rockwell gegenüber der Härteprüfung nach Brinell und Vickers?

Die Vorteile der Rockwell-Härteprüfung sind die rasche Durchführbarkeit der Prüfung und die sofortige Anzeige des Härtewertes.

Die Probe muss nicht blank geschliffen sein und der Härtewert kann direkt am Prüfgerät abgelesen werden.

6 Die Vickershärteprüfung HV 50 eines Werkstücks aus gehärtetem Stahl ergibt die Eindruckdiagonalen 0,35 mm und 0,39 mm. Wie groß ist die Vickershärte des Stahls?

Die Prüfkraft bei der Vickershärteprüfung HV 50 beträgt $F = 50 \cdot 9,81 \text{ N} = 490,5 \text{ N}$.

Der Mittelwert der Eindruckdiagonalen ist

$$d = \frac{d_1 + d_2}{2} = \frac{0,35 \text{ mm} + 0,39 \text{ mm}}{2} = 0,37 \text{ mm}$$

$$\mathbf{HV} = 0,189 \cdot \frac{F}{d^2} = 0,189 \cdot \frac{490,5}{0,37^2} = \mathbf{677}$$

Ergänzende Fragen zur Härteprüfung

7 Was bedeutet das Kurzzeichen der Härteangabe 120 HBW 5/250/30?

120 HBW Brinellhärte 120 (mit Hartmetallkugel geprüft)

     5 Kugeldurchmesser 5 mm

  250 Prüfkraft 2450 N ($\approx 250 \cdot 9,81$)

   30 Einwirkdauer 30 Sekunden

Beträgt die Einwirkdauer 10 s bis 15 s, so wird sie im Kurzzeichen weggelassen, die Härteangabe lautet dann z.B. 180 HBW 10/3000.

8 Was bedeutet das Kurzzeichen der Härteangabe 190 HV 50/30?

190 HV Vickershärte 190

  50 Prüfkraft 490 N ($\sim 50 \cdot 9,81$)

  30 Einwirkdauer 30 s

9 Wie wird die HRC-Prüfung durchgeführt?

Die HRC-Prüfung wird in folgenden Schritten durchgeführt:

1. Diamantkegel auf die Probenoberfläche aufsetzen
2. mit der Prüfvorkraft (98 N) belasten und das Anzeigegerät auf Zeigerstellung 100 stellen
3. die Prüfkraft (1373 N) aufgeben
4. die Prüfkraft abheben und den Härtewert ablesen.

10 Welche Vorteile hat die Vickershärteprüfung?

Alle Prüfungen mit dem Vickersverfahren (Bild) werden mit einem Prüfkörper durchgeführt. Es sind weiche und harte Werkstoffe prüfbar. Die Eindrucktiefe ist gering, so dass auch dünne Randschichten und sogar einzelne Gefügebestandteile geprüft werden können.

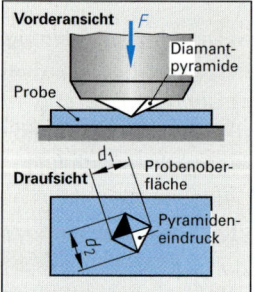

T268 Welchen Eindrückkörper benutzt man bei der Vickers-Härteprüfung?

a) Diamantkegel 120°
b) Diamantkegel 136°
c) Stahlkugel mit $\varnothing$ 5 mm
d) Diamantpyramide 136°
e) Hartmetallkugel mit $\varnothing$ 1,5 mm

T269 Welche Bedeutung hat das Kurzzeichen 640 HV 30?

a) Vickershärte 640, Prüfkraft 30 N, Einwirkdauer der Prüfkraft 10 bis 60 s
b) Vickershärte 640, Prüfkraft 294 N (30 kp), Einwirkdauer der Prüfkraft 10 bis 15 s
c) Vickershärte 640, Prüfkraft 294 N (30 kp), Einwirkdauer der Prüfkraft 10 bis 30 s
d) Vickershärte 30, Prüfkraft 640 N, Einwirkdauer der Prüfkraft 10 bis 15 s
e) Vickershärte 64, Prüfkraft 300 N, Einwirkdauer 10 bis 15 s

T270 Welche Bedeutung hat das Kurzzeichen 260 HBW 2,5/187,5/30?

a) Brinellhärte 187,5, Stahlkugel 2,5 mm Durchmesser, Prüfkraft 260 N, Prüfdauer 30 s
b) Brinellhärte 260, Hartmetallkugel, 2,5 mm Durchmesser, Prüfkraft 1840 N (187,5 kp), Prüfdauer 30 s
c) Brinellhärte 30, Stahlkugel, 2,5 mm Durchmesser, Prüfkraft 187,5 N, Prüfdauer 30 min
d) Brinellhärte 2,5, Hartmetallkugel, 260 mm Durchmesser, Prüfkraft 187,5 N, Prüfdauer 30 s
e) Brinellhärte 260, Prüfkraft 2,5 N, Hartmetallkugel, 187,5 mm Durchmesser, Prüfdauer 30 s

Dauerfestigkeitsprüfung, Bauteilprüfung

Fragen aus Fachkunde Metall, Seite 315

1 Wie sieht eine Dauerbruchfläche aus?

Dauerbrüche haben ein typisches Aussehen: Ihre Bruchfläche zeigt einen Anriss am Umfang der Bruchfläche, davon ausgehend konzentrische, halbkreisförmige Rastlinien und eine Gewaltbruch-Restfläche.

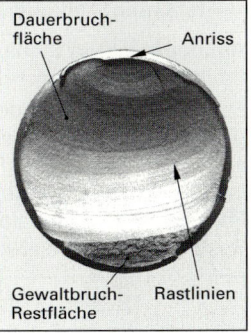
Dauerbruchfläche — Anriss
Gewaltbruch-Restfläche — Rastlinien

Durch das typische Aussehen können Dauerbrüche von Gewaltbrüchen unterschieden werden.

2 Wozu dient die Bauteil-Betriebslasten-Prüfung?

Bei der Bauteil-Betriebslasten-Prüfung werden ganze Maschinen oder Maschinenteile den im späteren Betrieb auftretenden Belastungen ausgesetzt.

Dadurch wird die Funktionstüchtigkeit und die Lebensdauer der besonders belasteten Bauteile einer Maschine geprüft.

3 Wie wird die Ultraschallprüfung durchgeführt?

Bei der Ultraschallprüfung wird der Schallkopf eines Ultraschallprüfgerätes auf das zu prüfende Werkstück aufgesetzt und das Werkstück durchschallt. Auf einem Bildschirm des Gerätes zeigen sich Werkstückfehler als Ausschläge.

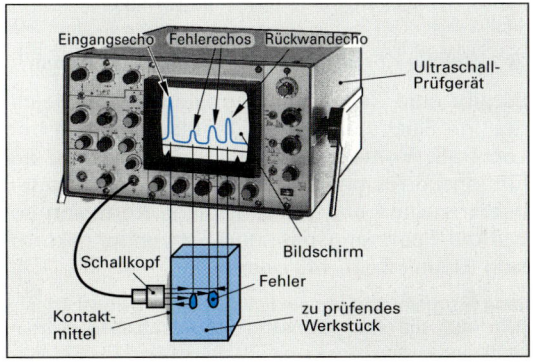
Eingangsecho Fehlerechos Rückwandecho
Ultraschall-Prüfgerät
Schallkopf
Bildschirm
Fehler
Kontaktmittel
zu prüfendes Werkstück

4 Was zeigt ein Faserverlauf bzw. ein Schliffbild?

Der **Faserverlauf** zeigt auf einer polierten und angeätzten Schlifffläche eines Werkstücks die mit dem bloßen Auge sichtbare Ausrichtung der Kristallite im Werkstoff.

Ein **Schliffbild** zeigt bei Betrachtung einer geschliffenen und angeätzten Metalloberfläche unter dem Metallmikroskop die einzelnen Gefügebestandteile des Werkstoffs, z.B. Ferrit/Perlit-Gefüge.

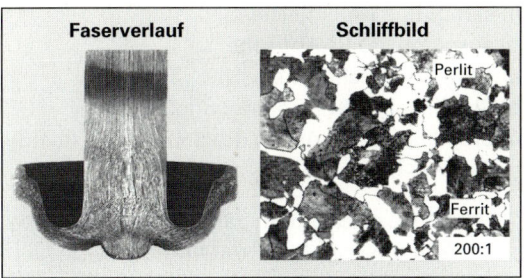
Faserverlauf Schliffbild
Perlit
Ferrit
200:1

Ergänzende Fragen zur Dauerfestigkeitsprüfung und Bauteilprüfung

5 Wozu dient der Dauerschwingversuch?

Im Dauerschwingversuch wird das Werkstoffverhalten bei lang andauernder, wechselnder Belastung geprüft.

Da viele Bauteile nicht einer konstanten Kraft, sondern wechselnden Kräften ausgesetzt sind, ist der Dauerschwingversuch ein wichtiges Prüfverfahren für wechselbelastete Bauteile.

6 Welche Werkstofffehler kann man durch die zerstörungsfreie Werkstoffprüfung feststellen?

Eingeschlossene Blasen, Risse, Lunker und Fremdstoffeinschlüsse an der Werkstückoberfläche und im Werkstückinnern.

Das Werkstück bleibt dabei vollkommen unversehrt. Durch die Prüfung entstehen keine bleibenden Spuren am Werkstück.

7 Welche Verfahren der zerstörungsfreien Prüfung gibt es?

Zerstörungsfreie Prüfverfahren sind:
● Prüfung mit Eindringverfahren
● Prüfung mit Ultraschall
● Prüfung mit Röntgen- und Gammastrahlen
● Prüfung mit dem Magnetpulververfahren

8 Welche Gefügebilder werden bei metallografischen Prüfungen dargestellt?

Gefügebilder ohne Vergrößerung: Bild des Faserverlaufs und der Baumann-Abdruck

Mikroskopische Gefügebilder: Schliffbilder (mit dem Metallmikroskop), Rasterelektronenmikroskopische Bilder (REM-Bilder).

T271 Woran erkennt man einen Ermüdungsbruch? Er hat eine ...

a) samtartige Bruchfläche

b) ausgefranste Bruchfläche

c) geneigte Bruchfläche

d) Bruchfläche mit Noppen und Zacken

e) Bruchfläche mit Anriss, Rastlinien und Restgewaltbruch

T272 Welches Verfahren zählt *nicht* zu den zerstörungsfreien Prüfverfahren?

a) Magnetpulververfahren

b) Farbeindringverfahren

c) Prüfung durch Ultraschall

d) Ölkochprobe

e) Härteprüfung nach Rockwell

T273 Was kann mit der Röntgenstrahlprüfung ermittelt werden?

a) Die Schalldämmung

b) Das Werkstoffgefüge

c) Risse und Fehler im Werkstück

d) Die Oberflächenbeschaffenheit

e) Die chemische Zusammensetzung

T274 Wozu dient die Bauteilprüfung mit Eindringverfahren?

Zur Prüfung auf

a) Werkstofflunker

b) feine Haarrisse

c) Gefügeveränderungen

d) Werkstoffzusammensetzung

e) Faserverlauf

T275 Was stellt man durch metallografische Untersuchungen fest?

a) Die Härte des Werkstoffes

b) Die Zugfestigkeit des Werkstoffes

c) Das Gefüge des Werkstoffs

d) Die magnetischen Eigenschaften

e) Die Elastizitätsgrenze

3.8 Korrosion und Korrosionsschutz

Fragen aus Fachkunde Metall, Seite 321

1 Was geschieht bei der Sauerstoffkorrosion feuchter Stahloberflächen?

Auf der feuchten Stahloberfläche kommt es durch Sauerstoffkorrosion zum Rosten des Stahls.

Es laufen dort folgende Vorgänge ab:

An vielen Stellen löst sich örtlich begrenzt (Lokalanode) das Eisen auf (Fe^{2+}) und reagiert mit dem in der Feuchtigkeit gelösten Sauerstoff zu Rost FeOOH. Er scheidet sich um die Auflösestelle als Rostring ab (Lokalkatode).

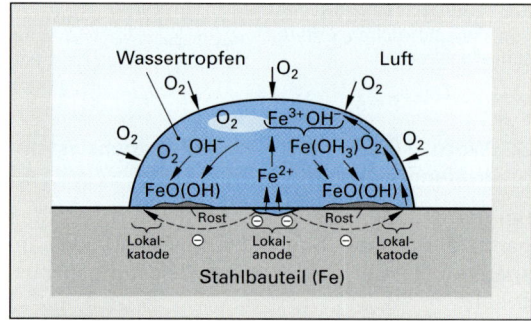

Sauerstoffkorrosion ist die übliche Korrosionsart bei Stahlbauteilen im Freien.

2 Welche elektrochemischen Vorgänge laufen an einem Korrosionselement ab?

Bei einem Korrosionselement geht das unedlere der beiden Metalle, die das Korrosionselement bilden, in Lösung. Am edleren der beiden Werkstoffe bildet sich Wasserstoff.

Durch diese Vorgänge entsteht zwischen den beiden Werkstoffen eine kleine Spannung, ein Potenzial. Die Normalpotenziale der Metalle gegen Wasserstoff sind in der Spannungsreihe der Metalle aufgetragen.

3 Welche Korrosionsarten unterscheidet man?

Es gibt eine Reihe von Korrosionsarten: Gleichmäßige Flächenkorrosion, Muldenkorrosion und Lochfraß, Kontaktkorrosion, Spaltkorrosion, Belüftungskorrosion, die selektiven Korrosionsarten interkristalline und transkristalline Korrosion sowie die Spannungsriss- und Schwingungskorrosion (Bilder: Seite 143 oben).

Jede Korrosionsart hat ein typisches Korrosionsbild, aus dem auf die Korrosionsart rückgeschlossen werden kann.

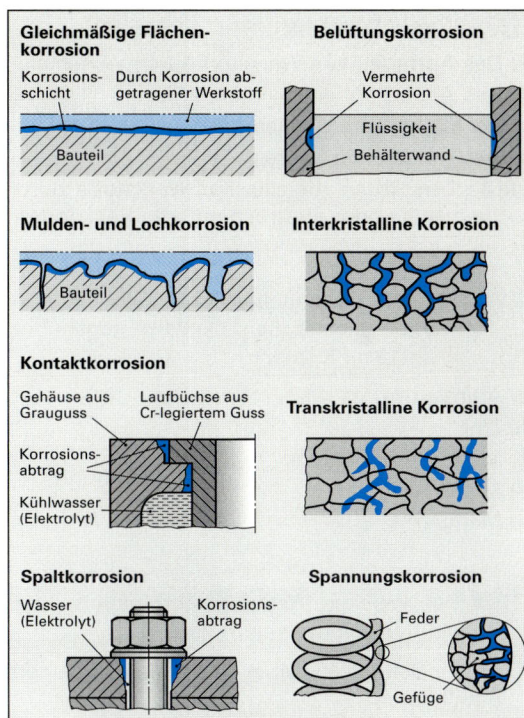

Gleichmäßige Flächenkorrosion — Korrosionsschicht, Durch Korrosion abgetragener Werkstoff, Bauteil

Belüftungskorrosion — Vermehrte Korrosion, Flüssigkeit, Behälterwand

Mulden- und Lochkorrosion — Bauteil

Interkristalline Korrosion

Kontaktkorrosion — Gehäuse aus Grauguss, Laufbüchse aus Cr-legiertem Guss, Korrosionsabtrag, Kühlwasser (Elektrolyt)

Transkristalline Korrosion

Spaltkorrosion — Wasser (Elektrolyt), Korrosionsabtrag

Spannungskorrosion — Feder, Gefüge

Ergänzende Fragen zu Korrosion und Korrosionsschutz

6 Worin besteht der Unterschied zwischen elektrochemischer und chemischer Korrosion?

Bei der elektrochemischen Korrosion laufen die Korrosionsvorgänge auf der Metalloberfläche in einer meist dünnen, leitenden Wasserschicht ab. Sie wirkt als Elektrolyt.

Bei der chemischen Korrosion reagiert der Werkstoff direkt mit dem angreifenden Wirkstoff, ohne die Mitwirkung eines Elektrolyts.

7 Unter welchen Bedingungen kommt es zur elektrochemischen Sauerstoffkorrosion?

Elektrochemische Sauerstoffkorrosion tritt auf, wenn die Oberflächen unlegierter oder niedrig legierter Stähle mit einer Feuchtigkeitsschicht bedeckt sind.

Ein mikroskopisch dünner Feuchtigkeitsfilm ist im Freien und in feuchten Räumen praktisch immer auf Metallteilen vorhanden.

8 Was ist ein Korrosionselement?

Als Korrosionselement bezeichnet man eine Stelle an einem Bauteil oder auf einer Werkstoffoberfläche, an der zwei unterschiedliche Metalle oder Gefügebestandteile und Feuchtigkeit vorhanden ist.

Ein Korrosionselement liegt z.B. an der Schadstelle einer Metallbeschichtung (oberes Bild) oder an der Berührungsstelle zweier Bauteile aus verschiedenen Metallen vor (unteres Bild).

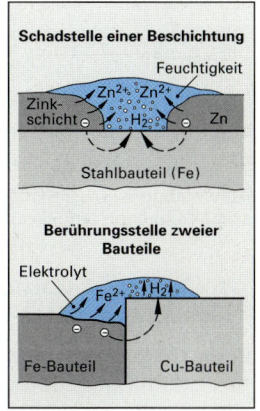

Schadstelle einer Beschichtung — Feuchtigkeit, Zinkschicht, Zn^{2+}, Zn^{2+}, H_2, Zn, Stahlbauteil (Fe)

Berührungsstelle zweier Bauteile — Elektrolyt, Fe^{2+}, H_2, Fe-Bauteil, Cu-Bauteil

4 Durch welche Maßnahmen wird Korrosion während der spanenden Fertigung vermieden?

Die Korrosion während der spanenden Fertigung wird durch Zusatz von Inhibitoren zum Kühlschmierstoff vermieden. Inhibitoren sind passivierend wirkende Öle oder Salze, die einen Schutzfilm auf dem Werkstoff bilden.

Direkt nach der spanenden Fertigung muss das Werkstück durch Trocknen und Tauchen in Korrosionsschutzöl vor Korrosion geschützt werden.

5 Wie wird die Stahloberfläche vor dem Auftrag eines Korrosionsschutzanstriches behandelt?

Die Stahloberfläche muss von Schmutz und Fett gereinigt werden, z.B. durch Waschen in Waschlauge. Eventuell vorhandener Rost wird z.B. durch Strahlen, Bürsten oder Schleifen abgetragen. Entfettet wird durch Tauchen oder Absprühen mit Waschlösungen oder einer Kaltreinigerflüssigkeit.

Ein zusätzlicher Schutz gegen Unterrosten eines Anstrichs wird durch Phosphatieren oder einen Wash-Primer-Anstrich erreicht.

9 Warum wird bei einem Riss in der metallischen Schutzschicht je nach Metallüberzug einmal die Schutzschicht und zum anderen Mal das Grundmetall angegriffen?

Angegriffen wird immer das Metall, das elektrochemisch den Minuspol bildet.

Bei Zink auf Stahl ist Zink der Minuspol, d.h. Zink wird angegriffen.

Bei Nickel auf Stahl ist Stahl der Minuspol, also wird der Stahl angegriffen.

Beide Schutzüberzüge wirken korrosionsschützend, solange sie keine Risse aufweisen.

10 Was ist selektive Korrosion?

Bei der selektiven Korrosion werden bevorzugt nur bestimmte Gefügebestandteile des Werkstoffs angegriffen und zerstört.

Verläuft die Korrosion zwischen den Kristallen, so spricht man von interkristalliner Korrosion, verläuft sie innerhalb der Kristalle, so nennt man sie transkristalline Korrosion.

11 Welche Werkstoffe sind gegenüber Reinluftatmosphäre korrosionsbeständig?

Besonders hochlegierte Chrom-Nickel-Stähle, wie z.B. X6CrNiTi18-10 oder Kupfer, Aluminium und Titan sowie deren Legierungen sind in Reinluftatmosphäre korrosionsbeständig.

12 Was versteht man unter korrosionsschutzgerechter Konstruktion?

Die Gestaltung von Bauteilen und Werkstücken nach Gesichtspunkten, die Angriffsmöglichkeiten für Korrosion vermeidet.

Zu vermeiden sind z.B. Kontaktstellen zweier unterschiedlicher Metalle, Spalte, gegliederte Oberflächen, Kerben.

13 Wie sind Korrosionsschutzanstriche aufgebaut?

Einfache Korrosionsschutzanstriche bestehen aus einem Phosphat-Haftgrund, einem Grundanstrich und einem Deckanstrich.

Aufwendige Korrosionsschutzanstriche sind aus bis zu sechs Schichten aufgebaut.

14 Wie wirkt der katodische Korrosionsschutz mit Opferanoden?

Beim Korrosionsschutz mit Opferanoden wird ein zu schützendes Bauteil, z.B. ein Pipelinerohr, leitend mit einer Magnesiumanode verbunden. Das Bauteil ist der positive Pol (Katode) dieses galvanischen Elements und wird deshalb vor Korrosion geschützt.

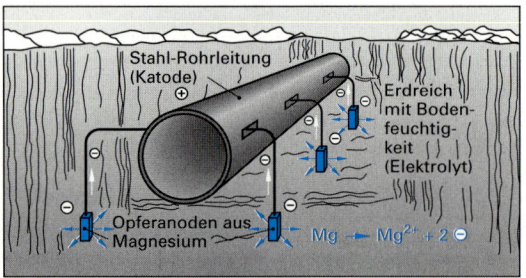

T276 Was versteht man unter Korrosion?

a) Das Abtragen von Werkstoff durch Verschleiß
b) Das Abblättern eines Farbanstrichs
c) Die Reaktion mit Sauerstoff
d) Das Auflösen in Säuren
e) Die Zerstörung metallischer Werkstoffe durch chemische oder elektrochemische Reaktionen

T277 Welches der angeführten Metalle bildet in einem galvanischen Element gegenüber Eisen den Pluspol?

a) Aluminium
b) Zink
c) Magnesium
d) Kupfer
e) Mangan

T278 Bei welcher Werkstoffkombination liegt ein Korrosionselement vor?

a) An der Schadstelle einer Lackschicht auf einem Stahlbauteil
b) An der Berührungsstelle eines Stahl- und eines Kunststoffteils
c) Zwischen den Gefügekörnern eines reinen Metalls
d) Zwischen zwei Stahlblechen, die verklebt sind
e) An der Berührungsstelle zwischen einem Aluminium- und einem Stahlbauteil

T279 Was versteht man unter transkristalliner Korrosion?

a) Korrosion zwischen verschiedenen Metallen ohne isolierende Zwischenlage
b) Korrosion zwischen Metallkristallen entlang der Korngrenze
c) Korrosion, die durch die Metallkristalle verläuft
d) Korrosion durch eingepresste Fremdmetalle
e) Keine der genannten Antworten ist richtig

T280 Bei welchen Bedingungen wird ein unlegierter Baustahl *nicht* korrodiert?

a) In Industrieluft im Freien
b) In Meerluft im Freien
c) In trockener Raumluft
d) In Meerwasser
e) In Landluft im Freien

T281 Welcher Legierungsbestandteil ist in allen nicht rostenden Stählen enthalten?

a) Mangan
b) Chrom
c) Aluminium
d) Wolfram
e) Kupfer

T282 Wie werden Werkstücke aus unlegiertem Stahl zwischen zwei spanenden Fertigungsschritten vor Korrosion geschützt?

a) Durch Abwaschen mit Wasser
b) Durch Tauchen in Korrosionsschutzöl
c) Durch Lackieren
d) Durch Eloxieren
e) Durch Galvanisieren

T283 Was versteht man unter Phosphatieren?

a) Bilden einer Phosphatschicht auf Stahl
b) Bilden einer Phosphorschicht auf Stahl
c) Anstreichen mit Phosphor
d) Galvanisieren aus einer Phosphatlösung
e) Anodisieren

T284 Was ist ein Korrosionsschutzsystem?

a) Das systematische Entrosten
b) Ein mehrschichtiger Anstrich aus Grund- und Deckbeschichtungen
c) Ein System von Korrosionsbehandlungen
d) Ein System von besonderen Wirkstoffkombinationen
e) Ein System zum Feuerverzinken

T285 Welches Metall schützt Stahl bei der Verletzung der Schutzschicht am besten vor dem Unterrosten?

a) Kupfer
b) Blei
c) Nickel
d) Zinn
e) Zink

T286 Woraus besteht eine Eloxalschicht auf einem Aluminium-Bauteil?

a) Aus Klarlack
b) Aus Al_2O_3
c) Aus FeOOH
d) Aus Korrosionsschutzöl
e) Aus Aluminium-Phosphat

3.9 Kunststoffe

Eigenschaften und Verwendung der Kunststoffe

Fragen aus Fachkunde Metall, Seite 328

1 Welche typischen Eigenschaften haben die Kunststoffe?

Die typischen Eigenschaften der Kunststoffe sind:
- geringe Dichte
- elektrisch isolierend und wärmedämmend
- verschiedene mechanische Eigenschaften von weich oder elastisch bis hart und fest
- korrosionsfest und chemikalienbeständig
- gut formbar und bearbeitbar
- glatte, dekorative Oberfläche

2 Welche Eigenschaften begrenzen die Verwendung der Kunststoffe in der Technik?

- die geringe Wärmebeständigkeit, zum Teil sogar Brennbarkeit
- die niedrige bis mittlere Festigkeit
- die Unbeständigkeit einiger Kunststoffe gegen Lösungsmittel

3 Beschreiben Sie die Bildung eines Polyethylen-Makromoleküls aus Ethylen-Molekülen.

Reaktionsfähige Ethylenmoleküle reagieren unter Aufhebung ihrer Doppelbindung miteinander und reihen sich zu Makromolekülen aneinander.

Ethylen　Ethylen　Ethylen　　　　Polyethylen

4 Was versteht man unter einer Polymerisation?

Eine Polymerisation ist ein chemischer Vorgang, bei dem aus ungesättigten Molekülen einer Monomerart durch Aufhebung der chemischen Doppelbindung Makromoleküle entstehen.

Beispiel: PVC. Aus den ungesättigten Vinylchloridmolekülen entsteht durch Aufhebung der Doppelbindung und Aneinanderreihung das Polyvinylchlorid-Makromolekül.

Vinylchlorid Moleküle　　　Polyvinylchlorid Makromolekül

5 In welche Gruppen teilt man die Kunststoffe ein?

Die Kunststoffe teilt man in der Technik nach ihren mechanischen Eigenschaften in drei Gruppen ein: Thermoplaste, Duroplaste und Elastomere.

In der Chemie unterteilt man sie auch nach ihren Herstellungsverfahren in Polymerisate, Polykondensate und Polyaddukte.

6 Warum sind Thermoplaste schweißbar, Duroplaste nicht?

Thermoplaste erweichen und schmelzen bei Erwärmung. Deshalb können sie durch Erwärmung der Fügestellen zum Schmelzen und Zusammenschweißen gebracht werden.

Duroplaste dagegen erweichen und schmelzen nicht beim Erwärmen, sondern bleiben hart.

Schweißverbindungen sind daher bei Duroplasten nicht möglich.

Werden duroplastische Kunststoffe zu stark erwärmt, so verkohlen sie.

7 Warum können Thermoplaste leicht verarbeitet werden?

Thermoplaste können leicht verarbeitet werden, weil sie in der Wärme erweichen und damit leicht umformbar und schweißbar sind.

Kunststoffbauteile aus Thermoplasten können durch Extrudieren und Spritzgießen urgeformt werden.

8 Nennen Sie fünf Thermoplaste mit Namen und Kurzbezeichnung.

Polyethylen PE
Polyvinylchlorid PVC
Polystyrol PS
Polyamide PA
Polytetrafluorethylen PTFE

9 Welches sind typische Anwendungen von Hart-PVC bzw. Weich-PVC?

Typische Anwendungen von Hart-PVC sind:
Rohre für Abwasser, Gehäuse für Apparate und Geräte, Bauprofile, Fensterrahmen.
Typische Anwendungen von Weich-PVC sind:
Flexible Schläuche, Schutzhandschuhe, die so genannten „Gummistiefel", Kabelummantelungen, Fußbodenbeläge.

10 Was versteht man unter Polymerblends?

Polymerblends sind Mischkunststoffe aus mehreren Kunststoffsorten.

Beispiel: Der ASA/PC-Blend ist ein Mischkunststoff aus dem copolymeren Kunststoff Acrylnitril/Styrol/Acrylester und dem Kunststoff Polycarbonat.

11 Wozu werden Polyamide verwendet?

Aus Polyamiden werden z.B. Zahnräder, Lagerschalen, Kugellagerkäfige, Gleitschienenbeläge, Führungsrollen, Kraftstofftanks gefertigt.

12 Warum nennt man die Duroplaste auch aushärtbare Kunststoffe bzw. Harze?

Man nennt sie aushärtbare Kunststoffe, weil die flüssigen Vorprodukte der Duroplaste durch Zugabe eines Härters oder unter Druck und Hitze erst ihre endgültige feste Gestalt als Bauteil erhalten, d.h. aushärten.

Man nennt sie wegen ihres baumharz-ähnlichen Aussehens auch Harze.

Ergänzende Fragen zu Eigenschaften und Verwendung der Kunststoffe

13 In welchen Teilschritten erfolgt die Herstellung der Kunststoffe?

Zuerst werden aus den Ausgangsstoffen Erdöl oder Erdgas reaktionsfähige Vorprodukte hergestellt, die dann in einem zweiten Produktionsprozess, z.B. durch Polymerisation, zu den Kunststoffen synthetisiert werden.

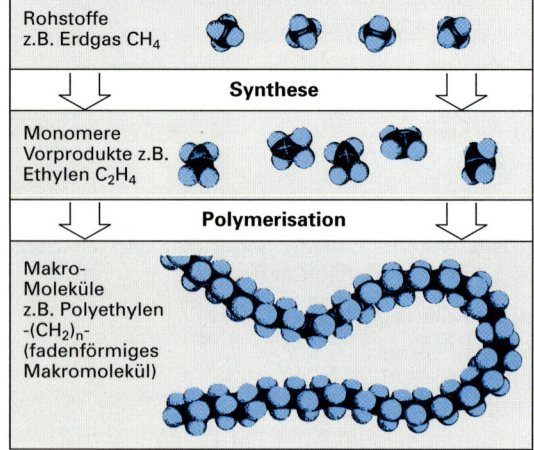

Rohstoffe z.B. Erdgas CH_4

Synthese

Monomere Vorprodukte z.B. Ethylen C_2H_4

Polymerisation

Makro-Moleküle z.B. Polyethylen -$(CH_2)_n$- (fadenförmiges Makromolekül)

14 Welche Eigenschaften haben die Thermoplaste beim Erwärmen und beim Abkühlen?

Thermoplaste erweichen bei Erwärmung und werden beim Abkühlen wieder hart.

Sie sind deshalb schmelz- und schweißbar.

Diese Eigenschaften beruhen auf dem molekularen Aufbau der Thermoplaste: Sie bestehen aus fadenförmigen Makromolekülen ohne Vernetzungsstellen.

15 Welchen inneren Aufbau haben die Duroplaste?

Duroplaste bestehen aus engmaschig miteinander vernetzten Makromolekülen.

Die Vernetzungsstellen sind unlösbar. Deshalb sind die Duroplaste durch Erwärmen nicht erweichbar sowie nicht schmelzbar und schweißbar.

16 Welches sind die besonderen Eigenschaften der Elastomere?

Sie sind gummielastisch, d.h. sie lassen sich um mehrere hundert Prozent dehnen und nehmen nach Entlastung ihre ursprüngliche Form wieder an.

Sie sind nicht warm umformbar und nicht schweißbar.

17 Wie ändert sich die Festigkeit der Kunststoffe beim Erwärmen?

Thermoplaste werden beim Erwärmen weich und sogar flüssig (linkes Bild).

Duroplaste behalten ihre ursprünglichen Festigkeitseigenschaften fast unverändert bei (rechtes Bild).

Elastomere zeigen einen etwas deutlicheren Festigkeitsabfall als Duroplaste; sie werden aber auch nicht flüssig.

Alle Kunststoffe werden beim Überschreiten der Zersetzungstemperatur zerstört.

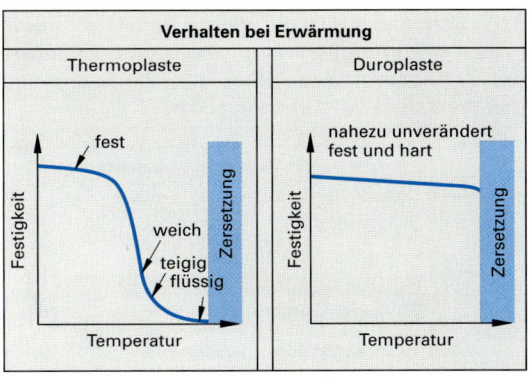

18 Welches sind die gebräuchlichsten Thermoplaste?

Polyethylen (PE), Polypropylen (PP), Polyvinylchlorid (PVC), Polystyrol (PS), Polycarbonate (PC), Polyamide (PA), Acrylglas (PMMA), Polytetrafluorethylen (PTFE).

Häufig sind die Kunststoffe nur unter ihrem Handelsnamen bekannt, ohne dass ihr eigentlicher chemischer Name genannt wird, wie z.B. Plexiglas für Acrylglas, Teflon oder Hostaflon für PTFE.

19 Welche Eigenschaften hat Polyethylen?

Polyethylen (PE) gibt es als Weich-PE und als Hart-PE. Weich-PE ist weich und flexibel, Hart-PE ist steifer, aber noch flexibel. Beide PE-Sorten sind säure- und laugenbeständig.

Polyethylen wird wegen seiner Chemikalienbeständigkeit und guten Formbarkeit zu Behältern aller Art, zu Rohren und Folien verarbeitet.

20 Welche Bauteile werden aus Polyamid (PA) gefertigt?

Aus Polyamid werden Bauteile gefertigt, die hoher Belastung ausgesetzt werden können und eine gleitfähige, abriebfeste Oberfläche haben müssen:

Lagerschalen, Gleitschienen, Steuernocken, Zahnräder, Keilriemenscheiben, Schutzhelme, Lauf- und Führungsrollen.

21 Welche besonderen Eigenschaften hat Polytetrafluorethylen (PTFE)?

Es ist temperaturbeständig bis 280 °C, besonders chemikalienfest und hat eine gleitfähige Oberfläche. Auch von Lösungsmitteln wird PTFE nicht angegriffen.

22 Welche Eigenschaften unterscheiden die Duroplaste von den Thermoplasten?

Duroplaste sind nach dem Aushärten nicht mehr erweichbar, deshalb nicht spanlos umformbar und nicht schweißbar.

Sie werden von Lösungsmitteln nicht angelöst und quellen nur schwach bei langandauernder Lösungsmitteleinwirkung.

23 Welche besonderen Eigenschaften haben die Epoxidharze?

Epoxidharze sind im flüssigen Zustand gut vergießbar und besitzen eine außerordentlich gute Haftfähigkeit mit anderen Stoffen.

Sie werden deshalb zu Klebstoffen verarbeitet sowie als Einbettmasse für Elektroteile und als Bindung für glasfaserverstärkte Kunststoffe verwendet.

T287 Was versteht man unter Polymerisation?

a) Ein Verfahren zur Feinbearbeitung von Kunststoffen

b) Die Korrosion durch elektrochemische Einflüsse

c) Die Zerlegung einer chemischen Verbindung in
ihre Elemente

d) Eine Zusammenlagerung gleichartiger Moleküle zu Makromolekülen

e) Das Strangpressen thermoplastischer Kunststoffe

T288 Was sind Thermoplaste?

a) Geräte zur Temperatursteuerung

b) Kunststoffe, die beim Erwärmen weich werden

c) Gehärtete Kunststoffe

d) Abdeckpasten beim Einsatzhärten

e) Einsatzmittel beim Warmbadhärten

T289 Welcher der genannten Kunststoffe ent-
wickelt beim Überhitzen das stechend rie-
chende, giftige Chlorgas?

a) Acrylglas (PMMA)

b) Polycarbonat (PC)

c) Polyethylen (PE)

d) Polystyrol (PS)

e) Polyvinylchlorid (PVC)

T290 Welche Aussage trifft sowohl für Thermo-
plaste als auch für Duroplaste zu?

a) Sie werden in der Wärme formbar und sind
schweißbar

b) Sie werden von Lösungsmitteln nicht angegriffen

c) Sie zerfallen bei Einwirkungstemperaturen über
300 °C

d) Sie lassen sich gut im Spritzgießverfahren formen

e) Sie erweichen *nicht* in der Wärme

T291 Welche besonderen Eigenschaften haben
Silikone?

a) Sie sind Wasser abstoßend und verhältnismäßig hoch temperaturbeständig

b) Sie sind besonders billig

c) Sie sind aus Makromolekülen mit einem
Grundgerüst aus Kohlenstoffketten aufgebaut

d) Sie bestehen aus abgewandelten Naturstoffen

e) Sie sind wenig alterungsbeständig

Verarbeitung der Kunststoffe

Fragen aus Fachkunde Metall, Seite 334

1 Welche Urformverfahren gibt es für Thermo-
plaste bzw. Duroplaste?

Urformverfahren für Thermoplaste sind Extrudieren und Spritzgießen, für thermoplastische
Schaumstoffe zusätzlich Schäumen.

Urformverfahren für Duroplaste sind Formpressen, Spritzpressen, Schäumen und in begrenztem
Maß auch Spritzgießen.

Besondere Urformverfahren für Thermoplaste sind das
Extrusionsblasen für Hohlkörper wie z.B. Fässer oder
Tanks, das Folienblasen zur Herstellung von Folien und
das Kalandrieren (Warmwalzen) von Kunststoffbahnen.

2 Wie arbeitet ein Extruder?

Der Extruder ist eine stetig arbeitende Schnecken-
strangpresse. Sie drückt die plastifizierte Kunststoffmasse durch eine Profildüse. Dort tritt die
Kunststoffmasse als endloser Strang aus und erstarrt in einer Abkühlstrecke.

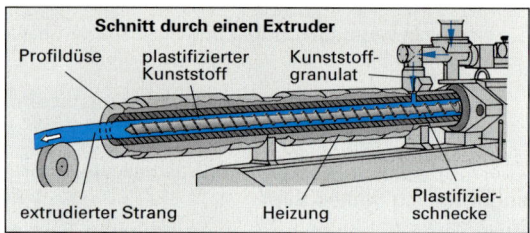

Schnitt durch einen Extruder

Profildüse   plastifizierter   Kunststoff-
              Kunststoff   granulat

extrudierter Strang   Heizung   Plastifizier-
                                   schnecke

3 Beschreiben Sie die Arbeitsweise einer
Spritzgießmaschine.

In einer Spritzgießmaschine wird die Kunststoffmasse im Plastifizierzylinder erwärmt und dadurch weich gemacht. Beim Spritzhub drückt der
Kolben des Stoßzylinders die Plastifizierschnecke
nach vorn und spritzt die weiche Kunststoffmasse
in den Werkzeughohlraum. Nach dem Erstarren
der Kunststoffmasse öffnet das Werkzeug und
das Werkstück wird ausgeworfen.

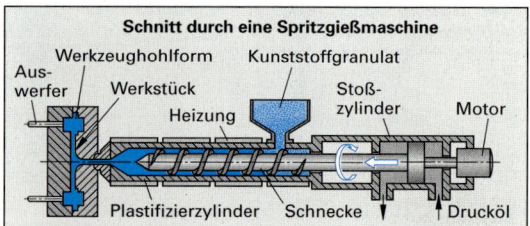

Schnitt durch eine Spritzgießmaschine

Werkzeughohlform   Kunststoffgranulat

Aus-
werfer   Werkstück   Stoß-
          Heizung   zylinder   Motor

Plastifizierzylinder   Schnecke   Drucköl

4 Welches sind die bevorzugten Verbindungstechniken bei Gehäusen aus Kunststoff?

Bauteile in Kunststoffgehäusen oder Teile von Kunststoffgehäusen werden bevorzugt durch **Schnappverbindungen** (oberes Bild) oder durch **Schraubenverbindungen** (unteres Bild) miteinander gefügt.

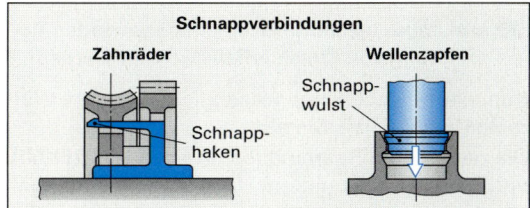

Schnappverbindungen

Zahnräder | Wellenzapfen
Schnapp-wulst
Schnapp-haken

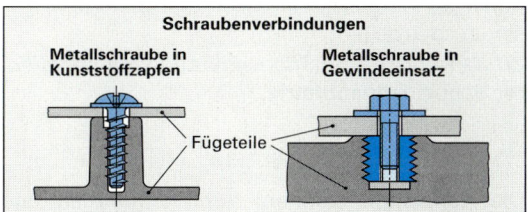

Schraubenverbindungen

Metallschraube in Kunststoffzapfen | Metallschraube in Gewindeeinsatz
Fügeteile

Fest sitzende Metallteile, wie Gewindebuchsen, Lagerschalen und Wellenzapfen, werden durch **Eingießen** unlösbar im Gehäuse verankert.

5 Welche Kunststoffe lassen sich schlecht kleben?

Schlecht oder praktisch nicht verklebbar sind die Kunststoffe Polyethylen (PE), Polypropylen (PP), und Polytetrafluorethylen (PTFE).

6 Wie schweißt man Kunststoffrohre?

Kunststoffrohre können geschweißt werden durch
● Reibschweißen
● Heizelementschweißen
● Heißgasschweißen

(siehe Bilder rechts oben)

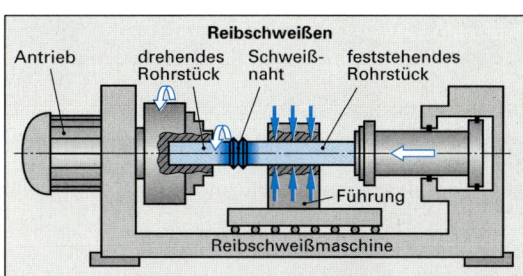

Reibschweißen

Antrieb | drehendes Rohrstück | Schweiß-naht | feststehendes Rohrstück
Führung
Reibschweißmaschine

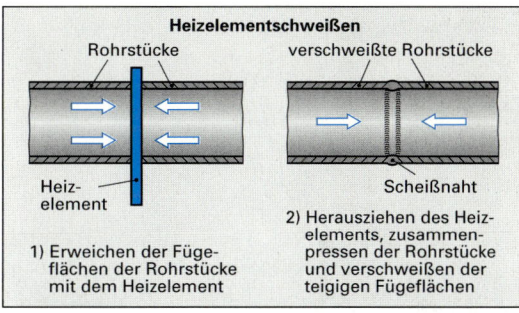

Heizelementschweißen

Rohrstücke | verschweißte Rohrstücke
Heiz-element | Scheißnaht
1) Erweichen der Füge-flächen der Rohrstücke mit dem Heizelement
2) Herausziehen des Heiz-elements, zusammen-pressen der Rohrstücke und verschweißen der teigigen Fügeflächen

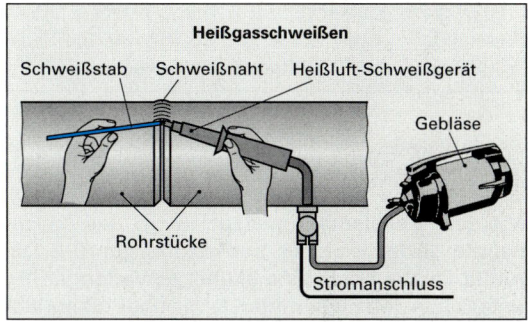

Heißgasschweißen

Schweißstab | Schweißnaht | Heißluft-Schweißgerät
Gebläse
Rohrstücke
Stromanschluss

7 Bestimmen Sie die Kunststoffart eines Kunststoffbauteils: Aussehen weiß, gummiartig, Verhalten beim Anzünden: wird nicht flüssig, nicht entzündbar, bildet weißen Rauch, Rauchschwaden sind geruchlos.

Ein Vergleich der Eigenschaften des zu bestimmenden Kunststoffs mit Eigenschaftstabellen (Tabelle unten) ergibt als Kunststoffart: **Silikongummi.**

Tabelle: Erkennungsmerkmale der Kunststoffarten (Auszug aus einer Kunststoff-Eigenschaftstabelle)			
Kunststoffart	**Aussehen, Eigenschaften, Thermoplast (T), Duroplast (D)**	**Verhalten beim Anzünden**	**Geruch der Schwaden**
Polyethylen, Polypropylen PE PP	glatte, wachsartige Oberfläche, biegsam bis steif — T	kaum entzündbar, tropft ab	schwach paraffinartig
Polyvinylchlorid PVC	Hart-PVC: hart, unzerbrechlich Weich-PVC: gummiartig — T	brennt in der Flamme, erlischt außerhalb	nach Salzsäure, typischer Beigeruch
Silikonharze bzw. Silikongummi Q	milchig weiß, zähfest bis gummiweich — D	kaum entzündbar, weißer Rauch	geruchlos

8 Welche 3 typischen Verformungsverhalten zeigen die verschiedenen Kunststoffsorten?

Es gibt bei Kunststoffen drei typische Verformungstypen (Bild):

❶ Hartsprödes Verformungsverhalten

❷ Weich-elastisches Verformungsverhalten mit ausgeprägter Streckgrenze

❸ Gummielastisches Verformungsverhalten

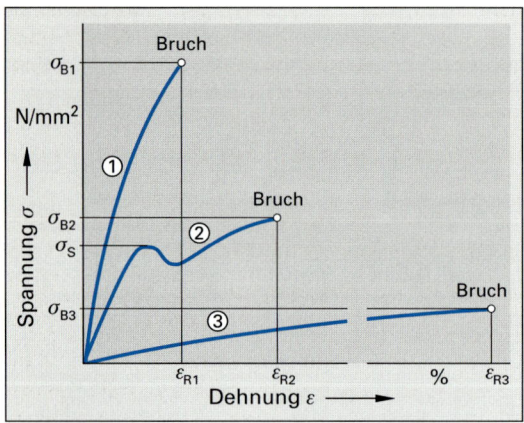

9 Welche Eigenschaft der Kunststoffe wird mit dem Zeitstand-Zugversuch geprüft?

Mit dem Zeitstand-Zugversuch wird das so genannte „Kriechen" der Kunststoffe geprüft. Darunter versteht man eine bleibende Verlängerung unter einer relativ geringen, aber über einen langen Zeitraum wirkenden Kraft.

Ergänzende Fragen zur Verarbeitung der Kunststoffe

10 Welches sind typische Extrudererzeugnisse?

Typische Extrudererzeugnisse sind:

Profile, Platten, Rohre und Stangen aus thermoplastischen Kunststoffen.

In nachgeschalteten Schneidvorrichtungen werden die Teile dann auf die gewünschte Länge zugeschnitten.

11 Wozu dient das Spritzgießen?

Durch Spritzgießen werden kompliziert geformte Thermoplast-Bauteile geringer bis mittlerer Größe in einem Arbeitsgang gefertigt.

Typische Spritzgussteile sind z.B. Eimer, Bierkästen, Gehäuse für Kleingeräte, Zahnräder.

12 Welche Kunststoff-Bauteile werden durch Warmumformen hergestellt?

Durch Warmumformen werden meist großformatige, dünnwandige Bauteile aus thermoplastischen Kunststoffen hergestellt.

Beispiele: Kühlschrankverkleidungen, Badewannen

13 Was muss bei der maschinellen spanenden Bearbeitung von Kunststoffen beachtet werden?

Kunststoffe haben eine wesentlich geringere Wärmeleitfähigkeit als Metalle.

Die geeigneten Spanungsbedingungen und Kühlverfahren, die von den Herstellern angegeben werden, sind anzuwenden. Im Allgemeinen ist bei hoher Schnittgeschwindigkeit und geringem Vorschub zu arbeiten.

Zu verwenden sind Spanwerkzeuge mit besonderer Schneidengeometrie.

14 Welche Fügeverfahren gibt es für Kunststoffe?

Die Kunststoffe können durch Schrauben und Schnappverbindungen sowie durch Nieten, Eingießen und teilweise durch Kleben verbunden werden.

Die thermoplastischen Kunststoffe können zusätzlich geschweißt werden.

15 Welche Kunststoffe lassen sich gut kleben?

Gut verklebbar sind: Polyvinylchlorid (PVC), Acrylglas (PMMA), Polystyrol (PS), Polycarbonate (PC), Epoxidharze (EP), Polyurethane (PU).

16 Wozu dient der Zeitstand-Zugversuch?

Der Zeitstand-Zugversuch dient zur Prüfung des Verformungsverhaltens (Kriechverhaltens) von Werkstoffen unter einer lang wirkenden Dauerlast.

Das Kriechen des Werkstoffs ist bei Raumtemperatur besonders bei Kunststoffen sowie bei Metallen bei hoher Temperatur zu berücksichtigen.

17 Welche Eigenschaft wird mit der Vicat-Prüfung ermittelt?

Mit der Vicat-Prüfung wird die Formbeständigkeit von Kunststoffen bei erhöhten Temperaturen geprüft.

Die gemessene Vicat-Erweichungstemperatur VST B/50 ist ein Maß für den Temperatur-Einsatzbereich eines Kunststoffes.

T292 Welche Bauteile können *nicht* durch Extrudieren hergestellt werden?

a) PVC-Fußbodenbeläge
b) Rohre
c) Polystyrol-Profile
d) Polyethylen-Fässer
e) Bohrmaschinengehäuse

T293 Welche Kunststoffe eignen sich besonders gut für das Spritzgießen?

a) Überwiegend Thermoplaste
b) Nur Epoxidharze
c) Ausschließlich Duroplaste
d) Hauptsächlich Elastomere
e) Vor allem Siliconharze

T294 Welche Vorteile hat das Spritzgießen?

a) Geringer Energieverbrauch gegenüber den anderen Formgebungsverfahren
b) Kostengünstige Fertigung komplizierter Bauteile in einem Arbeitsgang
c) Besonders flexible Fertigung kleiner Losgrößen
d) Kontinuierliche Fertigung von Stangen, Rohren, Profilen und Bändern
e) Fertigung sowohl dünner Folien als auch dicker Bänder und Platten

T295 Welche Kunststoffe können geschäumt werden?

a) Polycarbonate (PC)
b) Polytetrafluorethylen (PTFE)
c) Polystyrol (PS) und Polyurethan (PU)
d) Epoxidharze (EP) und Formaldehydharze (PF, MF, UF)
e) Silicon-Kunststoffe

T296 Welche Wärmequelle ist zum Schweißen von Thermoplasten *nicht* geeignet?

a) Heißluft
b) Reibungswärme, erzeugt durch Drehbewegung
c) Erwärmte Metallplatten
d) Elektrisch beheizte Messer
e) Propangasflamme

3.10 Verbundwerkstoffe

Fragen aus Fachkunde Metall, Seite 338

1 Welche Vorteile haben Verbundwerkstoffe gegenüber Einzelwerkstoffen?

Verbundwerkstoffe haben den Vorteil, dass in einem Werkstoff die vorteilhaften Eigenschaften mehrerer Werkstoffe vereinigt sind. Dadurch lassen sich Werkstoffeigenschaften erzielen, die ein Einzelwerkstoff nicht haben kann.

Beispiel: Hartmetalle haben sowohl die große Härte des Wolframcarbids als auch die Zähigkeit des Bindemetalls Cobalt.

2 Was sind GFK bzw. CFK?

Das Kurzzeichen GFK bedeutet *Glasfaserverstärkte Kunststoffe.*
CFK sind *Kohlenstofffaserverstärkte Kunststoffe.*
Es handelt sich dabei um Verbundwerkstoffe aus Glasfasern oder Kohlenstofffasern mit einer Kunststoffbindung.

Als Kunststoffbindung verwendet man vor allem Polyesterharze und Epoxidharze, in geringem Maß auch thermoplastische Kunststoffe wie Polyethylen, Polystyrol und Polyamide.

3 Welche Herstellungsverfahren gibt es für GFK?

Für die Herstellung von GFK-Bauteilen gibt es eine Reihe von Verfahren:

● Laminieren von Hand und mit Maschinen
● Faserharzspritzen
● Nasswickeln von Rohren und Behältern
● Profilziehen
● Schleudern von Rohren und Behältern
● Vorgemischte Verbund-Pressmassen werden durch Formpressen, Spritzpressen und Spritzgießen verarbeitet.
● Vorgefertigte Verbundlaminate werden durch Vakuumtiefziehen geformt.

4 Warum ist Hartmetall ein Verbundwerkstoff?

Hartmetall ist ein Verbundwerkstoff, weil es aus zwei oder mehr Einzelwerkstoff-Bestandteilen zusammengesetzt ist.

Es besteht aus den Hartstoffteilchen (überwiegend Wolframcarbid) sowie einer zähen Bindung aus Cobalt.

5 Beschreiben Sie zwei Schichtverbundwerkstoffe.

Schichtverbundwerkstoffe sind z.B. plattierte Bleche und Bimetalle.

Plattiertes Blech besteht aus einem preiswerten Grundwerkstoff, z.B. unlegiertem Baustahl, auf den ein dünnes Blech aus einem korrosionsbeständigen Stahl aufgewalzt ist.

Bimetall ist ein Blechstreifen, der aus zwei dünnen Blechen unterschiedlichen Materials durch Aufeinanderwalzen hergestellt wurde.

Ergänzende Fragen zu Verbundwerkstoffen

6 Welche Arten von Verbundwerkstoffen gibt es?

Man unterscheidet faserverstärkte und teilchenverstärkte Verbundwerkstoffe sowie Schichtverbundwerkstoffe und Strukturverbunde.

Die faserverstärkten Verbundwerkstoffe enthalten zur Verstärkung Fasern, bei den teilchenverstärkten Verbundwerkstoffen sind Teilchen eingelagert. Die Schichtverbundwerkstoffe und die Strukturverbunde sind aus mehreren Schichten zusammengesetzt.

7 Welche teilchenverstärkten Verbundwerkstoffe werden in der Technik häufig eingesetzt?

Kunststoff-Pressmassen, Polymerbeton, Schleifkörper und Honsteine, Hartmetalle und oxidkeramische Schneidstoffe.

Die im Verbundwerkstoff eingelagerten Teilchen sind so klein, dass man sie meistens mit dem bloßen Auge nicht sehen kann. Erst unter dem Mikroskop sind diese Werkstoffe als Verbundwerkstoffe erkennbar.

T297 Welche Eigenschaften haben glasfaserverstärkte Kunststoffe?

a) Weich und gummiartig
b) Hart und spröde
c) Gut umformbar
d) Hohe Dichte und große Dehnung
e) Hohe Zugfestigkeit und geringe Dichte

T298 Welcher Stoff ist kein Verbundwerkstoff?

a) Polymerbeton
b) Hartmetalle
c) GFK
d) PVC
e) Plattiertes Blech

3.11 Umweltproblematik der Werk- und Hilfsstoffe [ZP]

1 Nennen Sie fünf Werk- und Hilfsstoffe, von denen gesundheitsschädliche und umweltbelastende Wirkungen ausgehen können.

Werkstoffe: Blei, Cadmium, Asbest, PVC, Quecksilber, Metallstäube

Hilfsstoffe: Kaltreiniger, Kühlschmierstoffe, Härtesalze, Schutzgase zum Schweißen, Acetylengas

2 Worauf sollte bei der Auswahl von Werk- und Hilfsstoffen unter Umweltgesichtspunkten geachtet werden?

Es sollten möglichst nur Werk- und Hilfsstoffe eingesetzt werden, die nicht gesundheitsschädlich sind und die ohne Schädigung der Umwelt zu erzeugen, zu verarbeiten und zu entsorgen sind.

3 Warum bereitet das Recycling der Kunststoffe größere Probleme als das Recycling der Metalle?

Gebrauchte Kunststoff-Bauteile aus unterschiedlichen Kunststoffen können nicht zusammen verarbeitet werden. Sie müssen eine eingeprägte Sortenkennzeichnung besitzen, damit sie sortenrein zu sammeln sind und getrennt aufbereitet werden können.

T299 Warum sollten die Werk- und Hilfsstoffe recycelt werden?

a) Um bessere Produkte herzustellen
b) Um schneller zu fertigen
c) Um Kosten zu sparen und die Umwelt zu entlasten
d) Um die Gesetze zu befolgen
e) Um Energie zu sparen

T300 Wie sollte mit verbrauchten Hilfsstoffen umgegangen werden? Sie sollten …

a) verbrannt werden
b) mit Wasser verdünnt in die Kanalisation gekippt werden
c) mit Sand vermischt vergraben werden
d) ins Ausland verschifft werden
e) sortenrein gesammelt und der Herstellerfirma übergeben werden

4   Maschinen- und Gerätetechnik

ZP

4.1 Einteilung der Maschinen

Fragen aus Fachkunde Metall, Seite 344

1 Wodurch unterscheiden sich Kraftmaschinen von Arbeitsmaschinen?

Kraftmaschinen sind im Wesentlichen energieumsetzende Maschinen, während bei Arbeitsmaschinen der Stoffumsatz im Vordergrund steht.
Kraftmaschinen sind z.B. Elektromotore, Verbrennungsmotore, Hydrozylinder.
Arbeitsmaschinen sind z.B. Fördermittel und Werkzeugmaschinen.

2 Erläutern Sie den Energiefluss an einem Verbrennungsmotor.

In den Verbrennungsmotor tritt Energie in Form der im Kraftstoff chemisch gespeicherten Energie ein. Er wird durch Verbrennen im Zylinder des Motors zuerst in Wärmeenergie umgewandelt und dann über den Motorkolben in Bewegungsenergie umgesetzt.

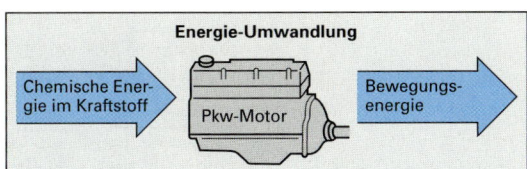

Energie-Umwandlung

Chemische Energie im Kraftstoff → Pkw-Motor → Bewegungsenergie

3 Mit welcher physikalischen Größe kann man das Arbeitsvermögen von Maschinen beschreiben?

Das Arbeitsvermögen einer Maschine wird mit der Leistung P beschrieben.
Es ist die pro Zeiteinheit t verrichtete Arbeit W. $P = \dfrac{W}{t}$

4 Was versteht man unter dem Wirkungsgrad einer Maschine?

Als Wirkungsgrad η bezeichnet man das Verhältnis der von der Maschine technisch nutzbaren Leistung P_2 zur zugeführten Leistung P_1. $\eta = \dfrac{P_2}{P_1}$

Der Wirkungsgrad η wird entweder als Dezimalbruch oder als Prozentsatz angegeben.
Beispiel: $\eta = 0{,}72$ entspricht $\eta = 72\,\%$.

5 Mit welcher Energie prallt ein Gesenkschmiedehammer auf ein Schmiedestück, wenn der Hammer ($m = 1{,}2$ t) aus 0,8 m Höhe auf das Schmiedestück fällt?

$$W_{pot} = F_G \cdot h = m \cdot g \cdot h$$

$$\boldsymbol{W_{pot}} = 1200 \text{ kg} \cdot 9{,}81\ \frac{\text{m}}{\text{s}^2} \cdot 0{,}8 \text{ m} = 9417{,}6\ \frac{\text{kg} \cdot \text{m}^2}{\text{s}^2}$$

$$= 9417{,}6 \text{ N} \cdot \text{m} = 9417{,}6 \text{ J} \approx \boldsymbol{9{,}4 \text{ kJ}}$$

6 Der Elektromotor eines Hebezeugs entnimmt während des Betriebs aus dem elektrischen Leitungsnetz eine Leistung von 8,4 kW. Der Motor und das Hebezeuggetriebe haben insgesamt einen Wirkungsgrad von 82 %. Welche Last kann das Hebezeug in 20 Sekunden auf eine Höhe von 4 m anheben?

Geg.: $P_1 = 8{,}4 \text{ kW} = 8400 \text{ W} = 8400\ \dfrac{\text{N} \cdot \text{m}}{\text{s}}$

$\eta = 0{,}82;\ \ t = 20 \text{ s};\ \ h = 4 \text{ m}$

$P_2 = \eta \cdot P_1 = 0{,}82 \cdot 8400 \text{ W} = 6888 \text{ W} = 6888\ \dfrac{\text{N} \cdot \text{m}}{\text{s}}$

$P_2 = \dfrac{W}{t} = \dfrac{F_G \cdot h}{t}$

$\Rightarrow F_G = \dfrac{P_2 \cdot t}{h} = \dfrac{6888\ \frac{\text{N} \cdot \text{m}}{\text{s}} \cdot 20 \text{ s}}{4 \text{ m}} = 34440 \text{ N}$

$F_G = m \cdot g \ \ \Rightarrow m = \dfrac{F_G}{g} = \dfrac{34440 \text{ N}}{9{,}81 \text{ N/kg}} = \boldsymbol{3511 \text{ kg}}$

Ergänzende Fragen zur Einteilung der Maschinen

7 Wie teilt man die Maschinen bezüglich ihrer Funktion systemtechnisch ein?

Man unterscheidet:
- Energieumsetzende Maschinen: Kraftmaschinen
- Stoffumsetzende Maschinen: Arbeitsmaschinen
- Informationsumsetzende Maschinen: EDV-Anlagen

8 Mit welcher Formel berechnet man die kinetische Energie eines Körpers?

Die Formel für die Berechnung der kinetischen Energie lautet: $W_{kin} = \dfrac{1}{2} \cdot m \cdot v^2$

9 Erläutern Sie den Begriff energieumsetzende Maschine am Beispiel eines Druckluftzylinders.

Die Druckluft tritt mit der in ihr gespeicherten Druck- und Strömungsenergie in den Pneumatikzylinder ein, entspannt sich im Zylinder und gibt dabei einen Teil ihrer Druckenergie über Kolben und Kolbenstange als mechanische Energie an die zu bewegenden Maschinenteile ab.

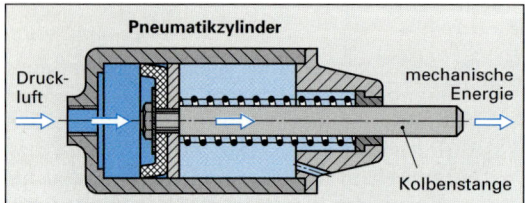

Pneumatikzylinder

Druck-luft → mechanische Energie

Kolbenstange

Energetisch betrachtet erfolgt im Pneumatikzylinder eine Umsetzung von Druck- und Strömungsenergie in Bewegungsenergie und einen geringen Anteil Wärmeenergie. Nur die Bewegungsenergie wird im Pneumatikzylinder technisch genutzt, während die Wärmeenergie technisch ungenutzt an die Umgebung abgegeben wird.

10 Was bezeichnet man als potenzielle Energie und was als Bewegungsenergie?

Potenzielle Energie ist Arbeitsvermögen, das in ruhenden Körpern gespeichert ist.

Als Bewegungsenergie (kinetische Energie) bezeichnet man das Arbeitsvermögen, das in bewegten Körpern steckt.

Das stehende Wasser in einem hochgelegenen Stausee z.B. hat potenzielle Energie (Lageenergie) gespeichert.
Ein bewegtes Maschinenteil, z.B. das rotierende Spannfutter einer Drehmaschine, besitzt Bewegungsenergie

11 Was versteht man in der Physik unter Leistung?

Leistung ist die pro Zeiteinheit verrichtete Arbeit.
Die Leistung hat die Einheit Watt (W).

$$1\ W = 1\ \frac{J}{s} = 1\ \frac{N \cdot m}{s} \qquad \begin{array}{l} 1\ kW = 1{,}36\ PS \\ 1\ PS\ = 0{,}736\ kW \end{array}$$

12 Wie wird der Wirkungsgrad angegeben?

Der Wirkungsgrad wird entweder als Dezimalzahl (z.B. 0,78) oder in Prozenten (z.B. 78%) angegeben.
In Leistungsberechnungen wird er meist als Dezimalzahl eingesetzt.

T301 Was versteht man in der Technik unter einer Kraftmaschine?

a) Eine kraftvolle Maschine
b) Eine Kraft erzeugende Maschine
c) Eine Energie umsetzende Maschine
d) Eine Stoff umsetzende Maschine
e) Eine Kraft verbrauchende Maschine

T302 Welche Maschine ist eine Kraftmaschine?

a) Brückenkran
b) Bohrmaschine
c) Härteofen
d) Verbrennungsmotor
e) Kolbenverdichter

Arbeitsmaschinen, EDV-Anlagen [ZP]

Fragen aus Fachkunde Metall, Seite 349

1 Erklären Sie den Begriff stoffumsetzende Maschine am Beispiel der im Bild gezeigten Fräsmaschine.

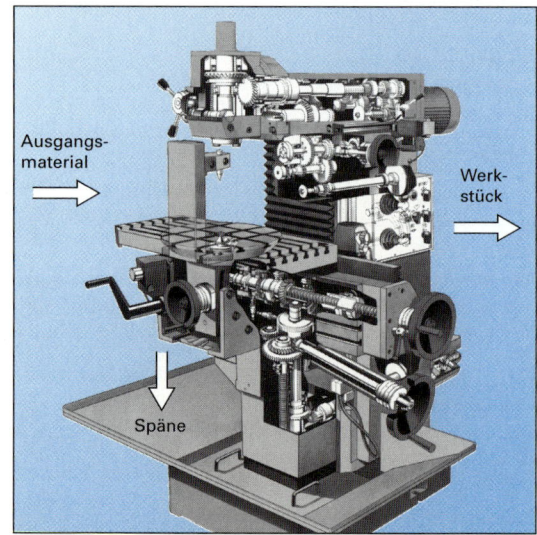

Ausgangs-material →

Werk-stück →

Späne ↓

Eine Fräsmaschine ist systemtechnisch betrachtet eine Stoff umsetzende Maschine, da der Hauptzweck der Maschine die Stoffumformung ist.

Das Ausgangsmaterial wird auf dem Fräsmaschinentisch eingespannt, dort durch den Fräser spanend umgeformt und verlässt die Maschine in Form des Werkstücks sowie der abgehobenen Späne.

2 Feuchtes Schüttgut läuft zur Trocknung auf einem Gliederförderband durch einen 12 m langen Tunnelofen. Welche Geschwindigkeit muss das Förderband haben, damit eine Trockenzeit von 1,6 Minuten erreicht wird?

$$v = \frac{s}{t} = \frac{12}{1,6 \text{ min}} = 7,5 \frac{\text{m}}{\text{min}} = \frac{7,5 \text{ m}}{60 \text{ s}} = 0,125 \frac{\text{m}}{\text{s}}$$

3 Wie groß ist die Drehzahl eines Elektromotors in 1/min, wenn er in 3 Sekunden 36 Umdrehungen ausführt?

$$n = \frac{z}{t} = \frac{36}{3 \text{ s}} = \frac{36}{3 \cdot \frac{1}{60} \text{ min}} = \frac{36}{0,05 \text{ min}} = 720 \frac{1}{\text{min}}$$

4 Mit welcher Gleichung berechnet man den Massestrom auf einem Transportband?

Der Massestrom $\dot{m}$ gibt die pro Zeiteinheit t transportierte Masse m an.

$$\dot{m} = \frac{m}{t}$$

5 Was versteht man bei Computern unter dem EVA-Prinzip?

Das EVA-Prinzip beschreibt die grundsätzliche Arbeitsweise von Datenverarbeitungsanlagen: Daten-**E**ingabe, Daten-**V**erarbeitung, Daten-**A**usgabe.

6 Welche Transportsysteme führen in der Fertigungsanlage (Bild unten) den Stofftransport durch?

Den Transport der Teile von Werkzeugmaschine zu Werkzeugmaschine führt ein schienengebundenes Paletten-Transportsystem aus.

Die Zuführung in die Einspannung der einzelnen Werkzeugmaschinen übernehmen Portallader.

Ergänzende Fragen zu Arbeitsmaschinen, EDV-Anlagen

7 Welche EDV-Maschinen spielen im Metall verarbeitenden Betrieb eine Rolle?

- Taschenrechner zum Lösen einfacher Rechenaufgaben, z.B. bei der Arbeitsvorbereitung
- Personalcomputer zur Steuerung von Maschinen und Fertigungsanlagen
- CNC-Steuerungen zur Steuerung von Werkzeugmaschinen
- CAD-Anlagen zum Anfertigen von Konstruktionszeichnungen

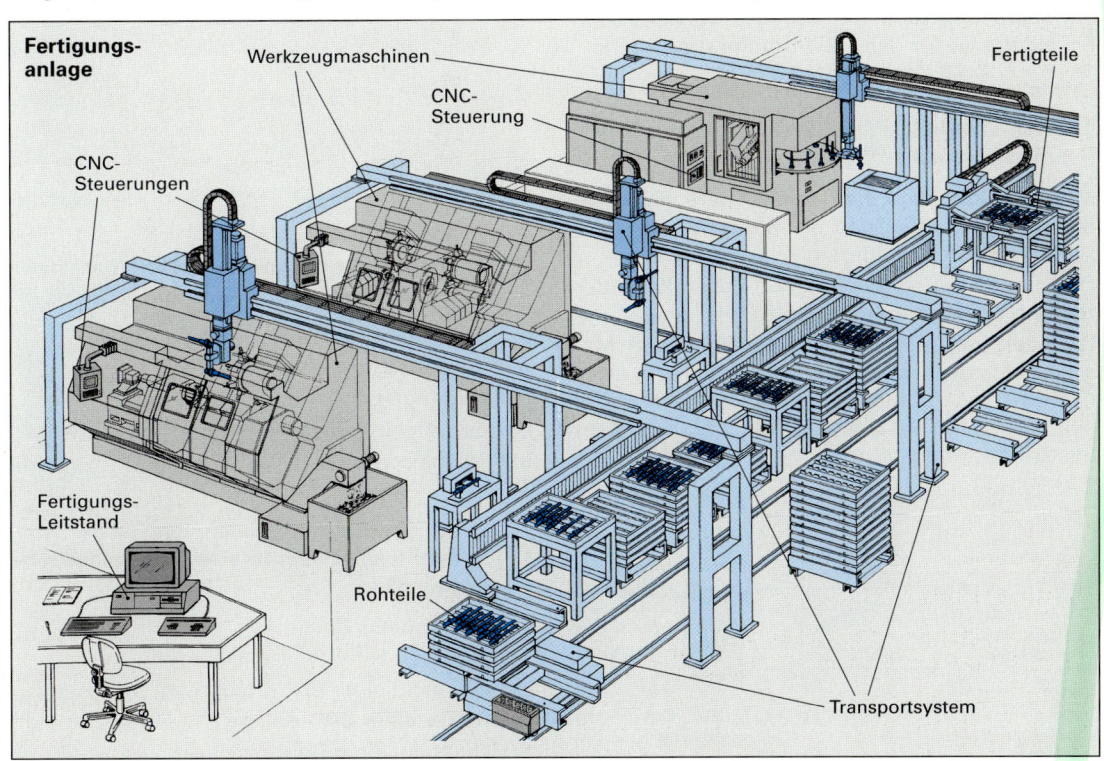

Fertigungsanlage — Werkzeugmaschinen — CNC-Steuerung — Fertigteile — CNC-Steuerungen — Fertigungs-Leitstand — Rohteile — Transportsystem

8 Zeigen Sie an einer elektrischen Hebevorrichtung die Stoffumsetzung, die Energieumsetzung und die Informationsumsetzung auf.

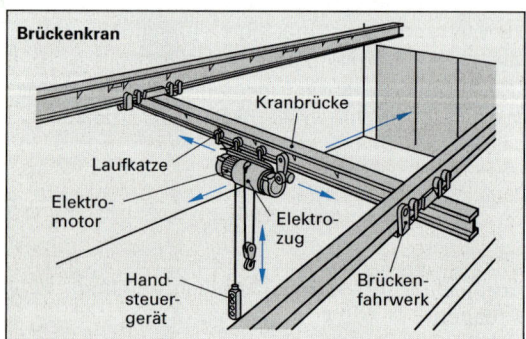

Brückenkran

Kranbrücke

Laufkatze

Elektromotor

Elektrozug

Handsteuergerät

Brückenfahrwerk

Die **Stoffumsetzung** erfolgt mit der Hebevorrichtung beim Transport einer Last an einen bestimmten Ort in der Fertigungshalle.

Die dazu erforderliche mechanische Energie wird im Elektromotor des Hebezeugs aus der elektrischen Energie des Stroms durch elektromagnetische Umwandlung (= **Energieumsetzung**) gewonnen.

Die **Informationsübermittlung** erfolgt in der Leitungsbahn vom Handsteuergerät zum Elektromotor. Hierbei werden Knopfdrücke in elektrische Schaltimpulse für den Elektromotor umgesetzt.

9 Was kann mit einer Stoffbilanz deutlich gemacht werden?

Mit einer Stoffbilanz werden die Stoffe, die in die Maschine eintreten, und die Stoffe, die die Maschine verlassen, aufgezeigt.

Die Summe der eintretenden Stoffe ist gleich der Summe der austretenden Stoffe.

Dazu zeichnet man sich um die Skizze der Maschine eine gedachte Systemgrenze in Form einer unterbrochenen Linie und trägt dort alle Stoffe ein, die in das System eintreten bzw. aus dem System austreten.

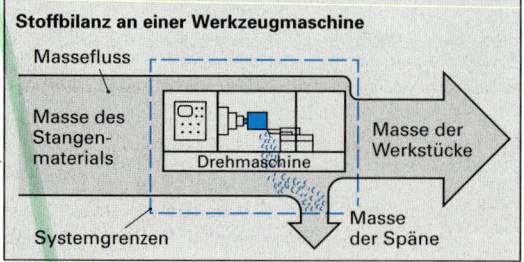

Stoffbilanz an einer Werkzeugmaschine

Massefluss

Masse des Stangenmaterials

Drehmaschine

Masse der Werkstücke

Systemgrenzen

Masse der Späne

10 Warum bezeichnet man eine Werkzeugmaschine als Arbeitsmaschine?

Arbeitsmaschinen sind Maschinen, deren Hauptzweck die Stoffumsetzung ist.

Mit Werkzeugmaschinen werden aus Rohteilen durch Stoffabtrag oder Stoffumformung Werkstücke gefertigt; es findet also Stoffumsetzung statt.

Zum Antrieb einer Werkzeugmaschine wird ebenfalls Energie umgesetzt. Moderne Werkzeugmaschinen besitzen zusätzlich einen informationsumsetzenden Maschinenteil, z.B. die Schalteinrichtung oder die CNC-Steuerung.

T303 Welche der genannten Maschinen ist eine Arbeitsmaschine?

a) Bohrmaschine

b) Elektromotor

c) Druckluftmotor

d) Taschenrechner

e) Hydrozylinder

T304 Mit welcher Formel berechnet man die Dichte eines Werkstoffes?

a) $\varrho = \dfrac{s}{V}$ b) $\varrho = m \cdot V$

c) $\varrho = \dfrac{m}{V}$ d) $\varrho = \dfrac{V}{m}$

e) $\varrho = \dfrac{m}{t}$

T305 Welche der genannten Maschinen bzw. Geräte ist *keine* EDV-Anlage?

a) CNC-Steuerung

b) Druckluftschrauber

c) Fertigungs-Leitstand

d) Auswerteeinheit einer Härteprüfmaschine

e) Personalcomputer

T306 Mit welchem der genannten Geräte kann man *keine* Daten in eine EDV-Anlage eingeben?

a) Tastatur eines Rechners

b) Steuerpult einer Pressensteuerung

c) Bedienfeld einer CNC-Steuerung

d) Drucker einer CAD-Anlage

e) Schalttafel einer Bohrmaschine

ZP

4.2 Funktionseinheiten von Maschinen und Geräten

Fragen aus Fachkunde Metall, Seite 355

1 Aus welchen Funktionseinheiten besteht eine Säulenbohrmaschine?

Funktionseinheiten einer Säulenbohrmaschine sind:

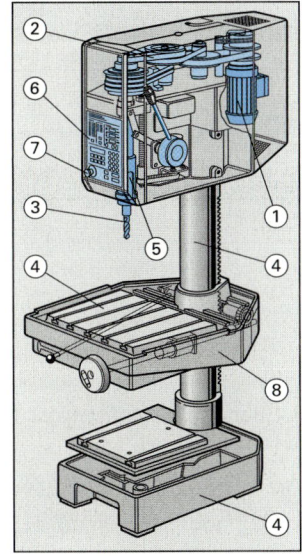

- Antriebseinheit: Elektromotor ①
- Energieübertragungseinheiten: Riementriebe ②
- Arbeitseinheit: Bohrer ③
- Stütz- und Trageinheiten: Maschinenfuß und -tisch, Säule ④
- Verbindungseinheiten: z.B. Bohrfutter ⑤
- Steuereinheit: Schalttafel ⑥
- Funktionseinheit für Arbeitssicherheit: Not-Aus-Schalter ⑦
- Funktionseinheit für den Umweltschutz: Kühlschmiermittel-Auffangwanne ⑧.

2 Nennen Sie drei Grundfunktionen bei Maschinen und die dazu verwendeten Bauelemente.

Grundfunktionen sind z.B.

Umformen: Die Drehzahlen und Drehmomente werden im Riementrieb umgeformt.

Stützen, Tragen: Das Maschinengestell trägt den Werkzeugschlitten.

Speichern: Schweißgase werden in Druckgasflaschen gespeichert.

3 Welche Aufgaben haben die Mess-, Regel- und Steuereinheiten einer CNC-Drehmaschine?

Die Messeinrichtungen messen Betriebsgrößen, wie z.B. Drehzahlen, Verfahrwege, Werkstückabmessungen.

Regeleinheiten gewährleisten die Einhaltung einer gewählten Betriebsgröße, z.B. der Drehzahl oder des Verschubwegs.

Die Steuereinheiten lassen Arbeitsgänge auf Maschinen automatisch ablaufen, z.B. eine Bearbeitungsfolge eines Werkstücks.

4 Welche Funktionseinheiten besitzen eine Klimazentrale (Bild unten) und ein Pkw (Bild Seite 158)?

Klimaanlage: Die Funktionseinheiten sind unten im Bild aufgeführt.

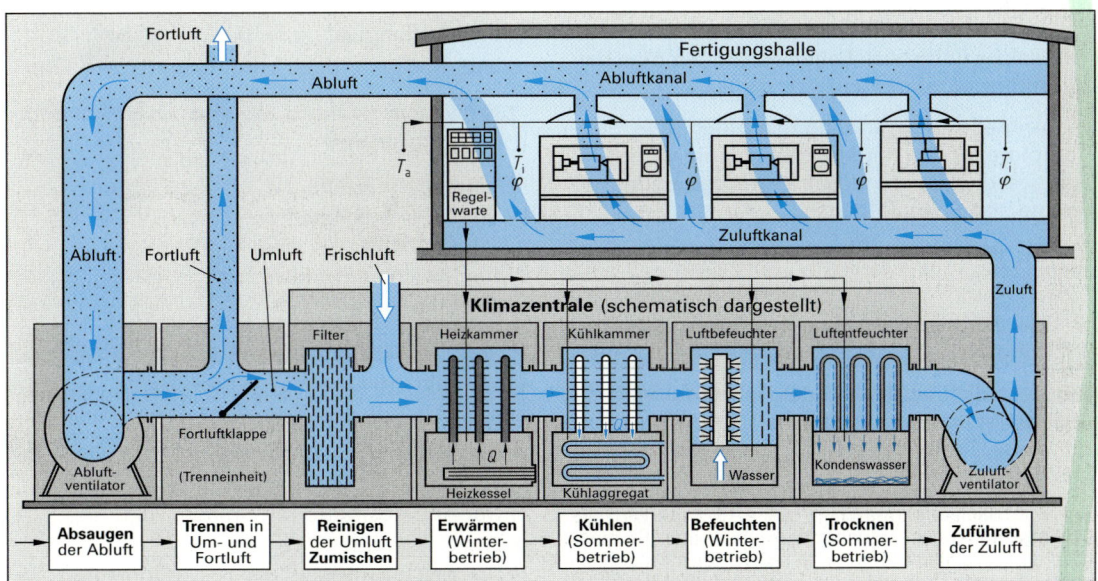

Klimazentrale einer Fertigungshalle mit den einzelnen Funktionseinheiten

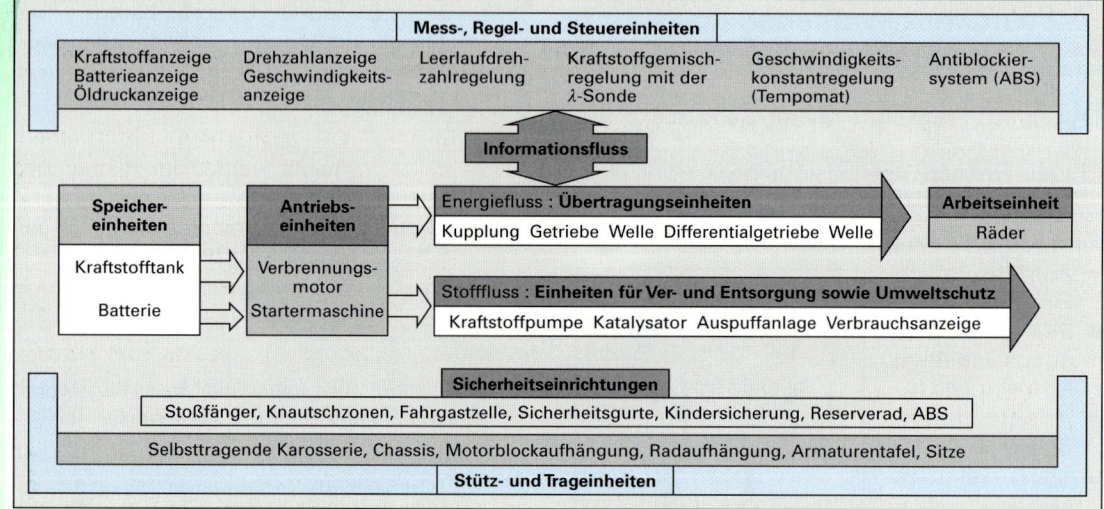

Mess-, Regel- und Steuereinheiten					
Kraftstoffanzeige Batterieanzeige Öldruckanzeige	Drehzahlanzeige Geschwindigkeits- anzeige	Leerlaufdreh- zahlregelung	Kraftstoffgemisch- regelung mit der λ-Sonde	Geschwindigkeits- konstantregelung (Tempomat)	Antiblockier- system (ABS)

Informationsfluss

Speicher- einheiten	Antriebs- einheiten	Energiefluss : Übertragungseinheiten	Arbeitseinheit
Kraftstofftank	Verbrennungs- motor	Kupplung Getriebe Welle Differentialgetriebe Welle	Räder
Batterie	Startermaschine		

Stofffluss : **Einheiten für Ver- und Entsorgung sowie Umweltschutz**
Kraftstoffpumpe Katalysator Auspuffanlage Verbrauchsanzeige

Sicherheitseinrichtungen
Stoßfänger, Knautschzonen, Fahrgastzelle, Sicherheitsgurte, Kindersicherung, Reserverad, ABS

Selbsttragende Karosserie, Chassis, Motorblockaufhängung, Radaufhängung, Armaturentafel, Sitze

Stütz- und Trageinheiten

Funktionseinheiten eines Kraftfahrzeugs

Pkw: Ein Personenkraftfahrzeug besteht aus einer Vielzahl von Funktionseinheiten, die zusammen die Gesamtfunktion erbringen (Bild oben).

Die zentrale Funktionseinheit eines Pkw's z.B. ist die Antriebseinheit, der Motor. Weitere wichtige Einheiten sind Energie-Übertragungseinheiten wie Wellen und Kupplung, Stütz- und Trageinheiten wie die Karosserie und Mess-, Regel- und Steuereinheiten wie der Tachometer.

Ergänzende Fragen zu Funktionseinheiten von Maschinen

5 Welche Antriebseinheiten verwendet man bei Werkzeugmaschinen?

Die Antriebe für Werkzeugmaschinen sind Elektromotore für den Hauptantrieb, für die Vorschubantriebe und für die Zusatzaggregate Hydraulikpumpe und Späneförderer.

Zum Einsatz kommen Drehstrommotore und Gleichstrommotore.

6 Welche Aufgabe haben die Energieübertragungseinheiten einer Maschine?

Sie leiten die Energie von der Antriebseinheit zur Arbeitseinheit und formen die Energie dabei so um, dass sie in der erforderlichen Energieform bereit steht.

Bei einer Säulenbohrmaschine (Seite 157) z.B. wird die Drehbewegung des Antriebmotors über einen Riementrieb und ein Zahnrädergetriebe auf die für die Bohraufgabe passende Drehzahl umgeformt und über die Bohrspindel zur Arbeitseinheit, dem Bohrer, geleitet.

7 Was ist die Arbeitseinheit einer Gesenkschmiedepresse?

Die Arbeitseinheit einer Gesenkschmiedepresse ist der Schmiedehammer (Bär) mit dem Schmiedewerkzeug.

8 Welche Entsorgungsvorrichtungen hat eine CNC-Drehmaschine?

CNC-Drehmaschinen besitzen an Entsorgungsvorrichtungen:
- eine geschlossene Verkleidung mit Absaugvorrichtungen für den Kühlschmierstoffnebel
- eine Auffangwanne für den Kühlschmierstoff
- einen Späneförderer zum Austrag der Späne

T307 Welches Bauteil ist eine Energieübertragungseinheit?

a) Der Elektromotor
b) Das Maschinengestell
c) Das Getriebe
d) Die Maschinenverkleidung
e) Die Steuerung

T308 Welches Bauteil ist die Arbeitseinheit einer Drehmaschine?

a) Das Maschinengestell
b) Die Arbeitsspindel mit Spannfutter sowie das Werkzeug mit der Einspannung
c) Der Antriebsmotor mit Spindel
d) Das Spannfutter
e) Die CNC-Steuerung mit den Haupt- und Vorschubantrieben

ZP **Sicherheitseinrichtungen**

Fragen aus Fachkunde Metall, Seite 357

1 Nennen Sie 3 Arten von Sicherheitsschaltern und beschreiben Sie ihre Arbeitsweise.

Der **Schlüsselschalter:** Er ist nur mit einem Schlüssel zu betätigen. Damit verhindert er die Inbetriebnahme einer Maschine durch unbefugte Personen.

Der **Not-Aus-Schalter:** Er ermöglicht im Notfall durch einen Handgriff den sofortigen Stillstand der gesamten Maschine.

Der **Zweihandschalter:** Er muss ununterbrochen gleichzeitig von beiden Händen bedient werden. Dadurch wird ein Hineinfassen in eine laufende Maschine verhindert.

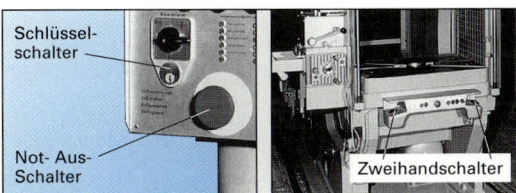

2 Welche Aufgabe haben Grenztaster?

Grenztaster begrenzen den Verfahrweg eines beweglichen Maschinenteils durch Abschalten des Verfahrantriebs.

Sie verhindern dadurch eine Beschädigung der Maschine durch das gewaltsame Auffahren des Maschinenteils.

3 Wie funktioniert eine Schutzzonen-Sicherung?

Bei der Schutzzonen-Sicherung ist in das Programm der Steuerung eine Schutzzone eingespeichert, die das Spannfutter und den Reitstock umfasst. Beim Verfahren des Werkzeugs in die Schutzzone schaltet die Maschine ab.

Die Schutzzonen-Sicherung verhindert eine Kollision des Werkzeugs mit dem Spannfutter oder dem Reitstock.

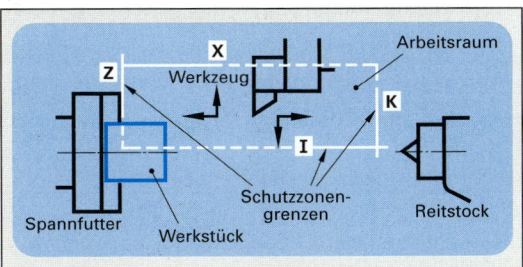

Ergänzende Fragen zu Sicherheitseinrichtungen

4 Welche Funktion hat eine Sicherheitskupplung?

Eine Sicherheitskupplung verhindert eine mechanische Überlastung von Antriebs- und Energieübertragungsbauteilen einer Maschine.

Sicherheitskupplungen sind z.B. die mechanisch wirkenden Rutschkupplungen oder die elektronisch wirkende Schleppfehlerkupplung.

5 Wie ist eine Werkzeugmaschine elektrisch abgesichert?

Die Elektromotoren für den Hauptantrieb und die Vorschubantriebe sowie für die Hydraulikpumpe und den Späneförderer sind durch Motorschutzschalter, die anderen elektrischen Bauteile, wie z.B. die CNC-Steuerung und die Beleuchtung, sind mit Überlastungssicherungen abgesichert.

Die elektrische Versorgung und Absicherung befinden sich in einem Schaltschrank der Maschine.

T309 Welche Aussage bezüglich der Bedienung einer Maschine ist *falsch?*

a) Reparaturen an der Elektrik einer Maschine sollten vom Maschinenführer ausgeführt werden

b) Bei Wartungsarbeiten ist die Maschine durch den Aus-Schalter am Bedienpult und den Hauptschalter außer Betrieb zu setzen

c) Sicherheitseinrichtungen dürfen im Fertigungsbetrieb nicht außer Kraft gesetzt werden

d) Undichtigkeiten am Hydraulikstutzen sind sofort zu beseitigen

e) Kleine Reparaturen an der Mechanik können vom Maschinenführer ausgeführt werden

T310 Was versteht man bei einer Werkzeugmaschine unter Einrichtebetrieb?

a) Das Ausrichten der Maschine nach den Hauptachsen des Fertigungsbetriebs

b) Die Installation der Maschine in der Fertigungshalle

c) Den Betrieb der Maschine kurz nach der Aufstellung der Maschine

d) Das Anfahren der Maschine nach der Aufstellung

e) Das Einrichten der Maschine auf einen neuen Fertigungsschritt

Aufstellung, Bedienung und Instandhaltung

Fragen aus Fachkunde Metall, Seite 363

1 Was kann aus dem Wartungs- und Pflegeplan einer Maschine ersehen werden?

Aus dem Wartungs- und Pflegeplan einer Maschine können die durchzuführenden Wartungsarbeiten, die entsprechenden Wartungsstellen an der Maschine und die Wartungsintervalle entnommen werden.

Die Wartungsintervalle sind meist nach Betriebsstunden eingeteilt.

2 Welche Aufgaben haben Inspektionen?

Durch Inspektionen wird der Zustand einer Maschine, insbesondere ihr Abnutzungsgrad, festgestellt und die Fertigungsqualität geprüft.

Man unterscheidet Erstinspektionen nach der Aufstellung der Maschine, Regelinspektionen in Intervallen und Sonderinspektionen bei Störungen.

3 Welche Vor- bzw. Nachteile haben die vorbeugende und die störungsbedingte Instandsetzung?

Vorteil der vorbeugenden Instandsetzung ist das Vermeiden von störungsbedingten Stillstandszeiten der Fertigungsmaschine. Nachteilig sind die höheren Kosten für die größere Anzahl von Austauschteilen.

Vorteil der störungsbedingten Instandsetzung sind niedrigere Kosten für die geringere Anzahl von Austauschteilen. Nachteilig sind häufigere Betriebsstörungen mit größeren Stillstandszeiten.

4 Wie findet man eine Störstelle?

Eine Störstelle, die zum Stillstand der Maschine geführt hat, kann ganz unterschiedlich aufgefunden werden:

Einfache Störstellen können durch Sichtprüfung, durch Störgeräuscherkennung, durch Auftreten von Überhitzung und durch Prüfung von Anzeigewerten gefunden werden.

Schwierige Störursachen müssen durch systematische Eingrenzung und Ausschluss, ggf. unter Zuhilfenahme einer Störstellensuchhilfe des Maschinenherstellers, ermittelt werden.

Moderne Maschinen besitzen ein Störstellen-Diagnosesystem, mit dem der Fehler aufgefunden werden kann.

Die Störung wird im Klartext oder mit einer Fehlernummer bzw. einem Sinnbild dargestellt.

Ergänzende Fragen

5 Was ist beim Transport einer Werkzeugmaschine zu beachten?

Vor dem Transport sind alle beweglichen Maschinenteile zu fixieren. Beim Anheben mit dem Kran sind nur die vorgesehenen Aufhängehaken zu benutzen. Zum Schieben und Ziehen darf nur am Maschinengestell angesetzt werden.

Unsachgemäßer Transport kann zur Beschädigung der Maschine oder zu Unfällen führen.

6 Was soll die Prüfung und Abnahme einer aufgestellten Werkzeugmaschine garantieren?

Prüfung und Abnahme einer Maschine sollen garantieren, dass die Arbeiten auf der Maschine mit den in der Maschinenbeschreibung angegebenen Qualitätsmerkmalen durchgeführt werden können.

Der Prüfbericht enthält z.B. bei einer CNC-Drehmaschine die Messung der Geradlinigkeit der Führungen, des Rundlaufs der Arbeitsspindel, die Positioniergenauigkeit der Achsantriebe.

7 Welche Angaben kann man einer Maschinenkarte entnehmen?

Der Maschinenkarte können entnommen werden:
- die Maschinenbezeichnung und die Type, der Hersteller und das Baujahr
- die Hauptabmessungen der Maschine und die wichtigsten Maße des Arbeitsbereiches
- das Zubehör und die Sondereinrichtungen
- die Leistungsdaten der Antriebe
- Daten über die Fertigungsleistung und für die Kalkulation.

8 Welche Arbeiten umfasst die Instandhaltung einer Werkzeugmaschine?

Die Instandhaltung umfasst:
- die regelmäßige **Wartung,** d.h. Reinigen, Schmieren, Nachstellen
- die **Inspektion** der Maschine in regelmäßigen Intervallen auf Fertigungsgenauigkeit und fehlerhafte oder verschlissene Maschinenteile
- die **Instandsetzung** bzw. der Austausch fehlerhafter Teile

Wartung	Inspektion	Instandsetzung
Reinigen	Messen	Ausbessern
Schmieren	Prüfen	Reparieren
Nachstellen	Diagnostizieren	Austauschen

Nur durch eine sachgemäße Instandhaltung kann die Betriebssicherheit und die Fertigungsqualität einer Werkzeugmaschine erhalten werden.

9 Welche Arbeitsregeln sind bei der Instandhaltung einer Werkzeugmaschine zu beachten?

- Regelmäßiges Schmieren entsprechend dem Schmierplan
- Verwendung der vorgeschriebenen Schmierstoffe
- Tägliche Reinigung der Maschine von Spänen und Kühlschmierstoffen
- Wöchentliche gründliche Reinigung
- Inspektion und Austausch der mechanischen und elektrischen Verschleißteile gemäß dem Instandhaltungsplan.

10 Womit sollte eine Maschine gereinigt werden?

Die Reinigung ist mit einem fusselfreien Putztuch durchzuführen. Keine fusselnden Putzlappen, Putzwolle oder Druckluft verwenden!

11 Was versteht man unter störungsbedingter Instandsetzung?

Bei der störungsbedingten Instandsetzung wird erst instandgesetzt, wenn eine Betriebsstörung die Fertigungsmaschine stillgelegt hat.

T311 Welche Bedingung für den Platz und die Aufstellung ist _nicht_ erforderlich, um eine hohe Arbeitsgenauigkeit und einen sicheren Betrieb einer Werkzeugmaschine zu gewährleisten?

a) Der Untergrund der Maschine darf keine Schwingungen und Erschütterungen übertragen
b) Es darf keine einseitige Erwärmung oder Abkühlung der Maschine auftreten
c) Die Maschine muss allseitig zugänglich sein
d) Die Maschine darf nicht dem Tageslicht ausgesetzt sein
e) Um die Maschine muss ein ausreichender Sicherheitsabstand zu Wänden vorhanden sein

T312 Was versteht man unter vorbeugender Instandsetzung?

a) Nach Auftreten eines Schadens wird das beschädigte Bauteil ausgewechselt
b) Verschleißteile werden in regelmäßigem Rhythmus ausgewechselt
c) Werkzeuge werden in regelmäßigen Abständen ausgewechselt
d) Die Schmierstoffe werden in regelmäßigen Abständen erneuert
e) Die Maschine wird nach einer bestimmten Zeit verschrottet

4.3 Maschinenelemente

4.3.1 Beanspruchung und Festigkeit

Fragen aus Fachkunde Metall, Seite 365

1 Welche Beanspruchungsarten unterscheidet man?

Nach der Richtung der angreifenden Kräfte unterscheidet man die Beanspruchungsarten Zug, Druck und Flächenpressung, Abscherung, Biegung und Verdrehung. Zur Beanspruchung auf Druck zählt auch die Knickung.

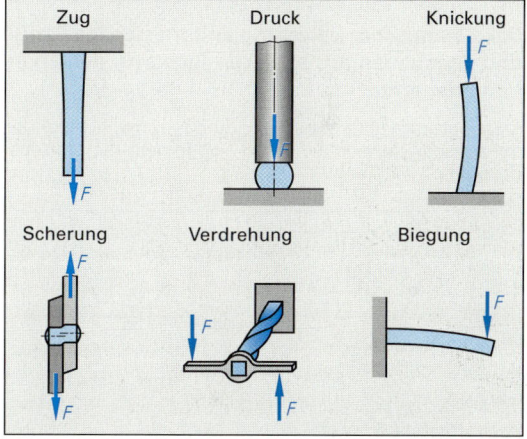

Vielfach treten zwei oder mehr Beanspruchungsarten miteinander auf. So wird z.B. eine Getriebewelle gleichzeitig auf Biegung und Verdrehung beansprucht.

2 Was versteht man unter der Festigkeit eines Werkstoffs?

Unter der Festigkeit versteht man die höchstmögliche Spannung, die im Werkstoff herrschen kann. Sie führt zum Bruch des Werkstoffes.

Jeder Beanspruchungsart wird eine Festigkeit zugeordnet, z.B. der Beanspruchungsart Zug die Zugfestigkeit, der Beanspruchungsart Druck die Druckfestigkeit.

3 Welche Maßnahmen dienen zur Verminderung der Kerbwirkung?

Die Kerbwirkung kann vermindert werden durch Rundungen anstatt scharfer Ecken an Wellenabsätzen, durch Entlastungskerben (Bild) und durch Erhöhen der Oberflächengüte.

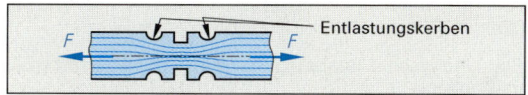

4 Warum ist die zulässige Spannung geringer als die maßgebende Grenzspannung?

Die zulässige Spannung in einem Bauteil muss aus Sicherheitsgründen wesentlich unterhalb der maßgebenden Grenzspannung liegen.

Das Verhältnis von maßgebender Grenzspannung zu zulässiger Spannung wird durch die Sicherheitszahl v angegeben.

Ergänzende Fragen zu Beanspruchung und Festigkeit

5 Was versteht man unter dynamischer Belastung?

Bei dynamischer Belastung ändern sich die Größe und gegebenenfalls auch die Richtung der Spannung dauernd.

Man unterscheidet zwischen dymanisch-schwellender, dynamisch-wechselnder und allgemein-dynamischer Belastung.

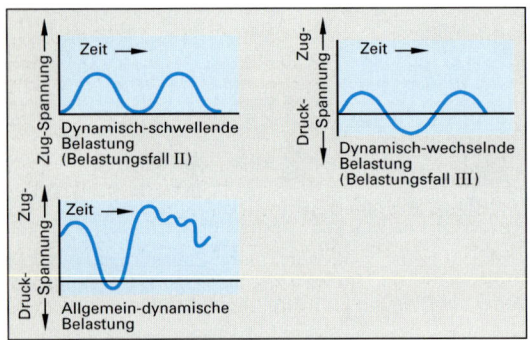

6 Wovon ist die Dauerfestigkeit eines Bauteils mit Kerbe abhängig?

Die Dauerfestigkeit ist von der Form und der Größe der Kerbe abhängig.

Als Kerben wirken vor allem Querschnittsveränderungen an Bauteilen, wie z.B. Wellenabsätze, Nuten, Eindrehungen und raue Oberflächen, Graphitlamellen in Gusseisen mit Lamellengraphit wirken wie innere Kerben.

7 Welches ist die maßgebende Grenzspannung für ein Werkstück, das statisch auf Zug beansprucht wird und das aus einem zähen Werkstoff besteht?

Die maßgebende Grenzspannung ist die Streckgrenze R_e oder die 0,2%-Dehngrenze $R_{p0,2}$.

Bei dynamischer Beanspruchung ist die Dauerfestigkeit maßgebend.

8 Wovon ist die Größe der Spannung, die in einem beanspruchten Werkstück vorhanden ist, abhängig?

Die Größe der Spannung ist in erster Linie von der auf das Werkstück einwirkenden Kraft und von der Größe des Werkstoffquerschnitts abhängig. Bei Biegung, Verdrehung und Knickung muss zusätzlich die Bauteilform berücksichtigt werden.

T313 Wie wird ein Fräserdorn beim Fräsen beansprucht? Es liegen folgende Beanspruchungsarten vor:

a) Zug und Verdrehung
b) Druck und Biegung
c) Abscherung und Druck
d) Biegung und Verdrehung
e) Flächenpressung und Druck

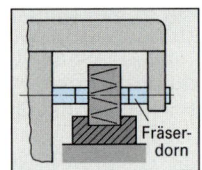

T314 Welche Belastungsart ist im Bild dargestellt? Das Bild zeigt eine …

a) statische Belastung
b) dynamisch-schwellende Belastung
c) dynamisch-wechselnde Belastung
d) allgemein-dynamische Belastung
e) dynamisch-pendelnde Belastung

T315 Nach welcher Formel berechnet man die zulässige Spannung für Bauteile aus Stahl?

a) $\sigma_{zul} = v \cdot R_e$ b) $\sigma_{zul} = \dfrac{v}{R_e}$

c) $\sigma_{zul} = \dfrac{R_e}{v}$ d) $\sigma_{zul} = R_e \cdot v$

e) $\sigma_{zul} = \dfrac{1}{R_e} \cdot v$

T316 Welche Beanspruchungsarten liegen in einem Bohrer beim Bohren vor?

a) Zug und Biegung
b) Druck und Verdrehung
c) Zug und Verdrehung
d) Druck und Abscherung
e) Zug und Druck

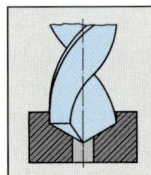

4.3.2 Funktioneinheiten zum Verbinden

Gewinde

Fragen aus Fachkunde Metall, Seite 367

1 Welches sind die wichtigsten Gewindemaße?

Die wichtigsten Gewindemaße sind der Außendurchmesser d (Nenndurchmesser), die Steigung P, der Kerndurchmesser d_3, der Flankendurchmesser d_2 und der Flankenwinkel α.

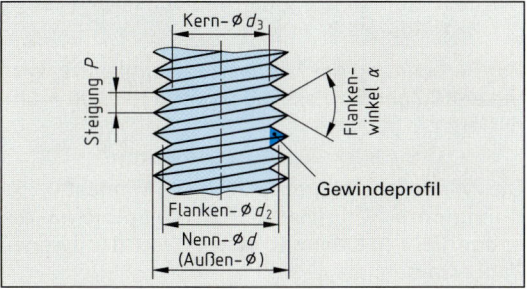

Der Steigungswinkel des Gewindes ist der vom Gewindeumfang (Flankendurchmesser · π) und der Steigung eingeschlossene Winkel (Bild rechts oben).

2 Wie werden Gewinde nach dem Verwendungszweck eingeteilt?

Nach dem Verwendungszweck unterteilt man die Gewinde in Befestigungsgewinde und Bewegungsgewinde.

3 Welche Aufgaben haben Befestigungsgewinde?

Mit Befestigungsgewinden werden Bauteile miteinander verspannt.

Schrauben und Muttern besitzen ein Befestigungsgewinde. Um ein selbstständiges Lösen zu erschweren, verwendet man für Befestigungsgewinde eingängige Spitzgewinde. Solche Gewinde besitzen einen kleinen Steigungswinkel und sind immer selbsthemmend.

Ergänzende Fragen zu Gewinde

4 Welche Gewinde unterscheidet man nach dem Gewindeprofil?

Nach dem Gewindeprofil unterscheidet man Spitz, Trapez-, Sägen-, Rund- und Sondergewinde.

Sondergewinde sind z.B. Gewinde für Kugelumlaufspindeln an Werkzeugmaschinen.

5 Wie entsteht eine Schraubenlinie?

Eine Schraubenlinie entsteht, wenn auf der Mantelfläche eines Zylinders eine schiefe Ebene aufgewickelt wird.

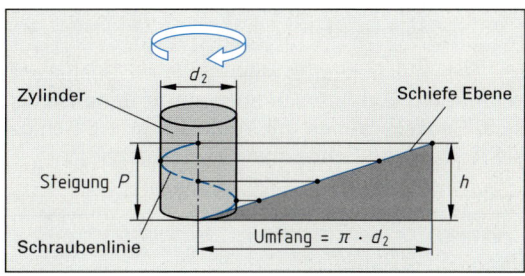

Die Höhe h der schiefen Ebene entspricht der Steigung P des Gewindes.

6 Wie erkennt man ein Linksgewinde?

Wenn eine Schraube senkrecht gehalten wird, so steigen bei einem Linksgewinde die Gewindegänge nach links an.

Linksgewinde werden verwendet, wenn sich die Schraubenverbindung bei Verwendung eines Rechtsgewindes lösen würde oder eine bestimmte Bewegungsrichtung gefordert wird.

7 Warum werden Trapezgewinde meist als Bewegungsgewinde verwendet?

Trapezgewinde besitzen eine große Steigung. Deshalb können mit ihnen kleine Drehbewegungen in große geradlinige Bewegungen umgewandelt werden.

8 Was bedeuten folgende Gewinde-Bezeichnungen: M 16, M 24 x 1,5, M 8-LH, R 1$\frac{1}{4}$, Tr 36 x 12 P4?

M 16	≙ metrisches Regelgewinde mit 16 mm Außendurchmesser;
M 24 x 1,5	≙ metrisches Feingewinde mit 24 mm Außendurchmesser und 1,5 mm Steigung;
M 8-LH	≙ metrisches Linksgewinde mit 8 mm Außendurchmesser;
R 1$\frac{1}{4}$	≙ Whitworth-Rohrgewinde mit 1$\frac{1}{4}$ inch Rohrnennweite;
Tr 36 x 12 P 4	≙ Trapezgewinde mit 36 mm Außendurchmesser des Bolzens und 12 mm Steigung, 12 : 4 = 3-gängig.

ZP **Schraubenverbindungen**

Fragen aus Fachkunde Metall, Seite 375

1 Wie können Schrauben nach der Kopfform eingeteilt werden?

Im Wesentlichen unterscheidet man Sechskantschrauben, Zylinderschrauben mit Innensechskant, Senkschrauben mit Innensechskant, Schlitzschrauben und Schrauben mit Kreuzschlitz.

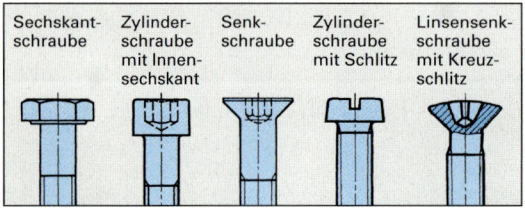

Sechskantschrauben und Zylinderschrauben mit Innensechskant sind die im Maschinenbau am häufigsten verwendeten Schrauben.

2 In welchen Fällen verwendet man Stiftschrauben?

Stiftschrauben verwendet man anstelle von Kopfschrauben, wenn die Verbindung häufig gelöst werden muss, ohne dass die Schraube herausgedreht werden soll.

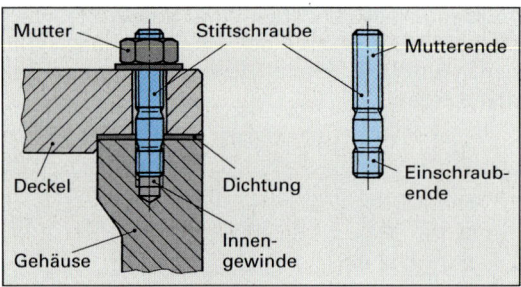

Dadurch werden die Innengewinde der Bauteile, z.B. im Motorengehäuse, geschont.

3 Wie kann erreicht werden, dass Innengewinde in Al-Legierungen große Kräfte übertragen können?

Aluminium-Bauteile mit Innengewinde, die große Kräfte übertragen sollen, werden mit einem Gewindeeinsatz versehen.

Dadurch wird die zu übertragende Kraft auf eine größere Fläche verteilt und daher die zulässige Grenzspannung nicht überschritten.

4 Warum darf die Zugspannung in einer Schraube nicht größer sein als R_e bzw. $R_{p0,2}$?

Überschreitet in einer Schraube die Zugspannung die Streckgrenze R_e bzw. die 0,2%-Dehngrenze $R_{p0,2}$, dann verlängert sich die Schraube bleibend und nimmt bei Entlastung nicht mehr ihre ursprüngliche Länge an. Die Schraubenverbindung steht dann nicht mehr unter ausreichender Vorspannung und kann sich lockern.

5 Wie groß sind Mindestzugfestigkeit und Mindeststreckgrenze einer Schraube der Festigkeitsklasse 8.8?

Zur Berechnung der Mindestzugfestigkeit R_m wird die erste Zahl der Festigkeitsklasse mit 100 multipliziert:

$$8 \cdot 100 \quad \Rightarrow \quad R_m = 800 \ N/mm^2$$

Die Mindeststreckgrenze R_e bzw. Mindest-0,2%-Dehngrenze $R_{p0,2}$ wird durch Multiplizieren der ersten Zahl mit dem 10fachen Wert der zweiten Zahl ermittelt:

$$8 \cdot 10 \cdot 8 \quad \Rightarrow \quad R_e = 640 \ N/mm^2$$

6 Welche Mindestzugfestigkeit muss eine Mutter besitzen, die zusammen mit einer Schraube der Festigkeitsklasse 10.9 verwendet wird?

Die zu einer Schraube passende Mutter muss mindestens dieselbe Festigkeitsklasse wie die Schraube besitzen. Im vorliegenden Fall muss die Mutter mindestens die Festigkeitsklasse 10 haben. Ihre Mindestzugfestigkeit beträgt
$R_m = 10 \cdot 100 \ N/mm^2 = 1000 \ N/mm^2$

7 Worin besteht der Unterschied zwischen Losdreh- und Verliersicherungen?

Losdrehsicherungen verhindern das Losdrehen der Schraubenverbindung. Dadurch bleibt die Vorspannkraft erhalten.

Verliersicherungen verhindern das Auseinanderfallen von Schraubenverbindungen. Sie halten die Schraubenverbindung zusammen, auch wenn keine Vorspannkraft mehr vorhanden ist.

Als Losdrehsicherungen verwendet man Sperrzahnschrauben, Sperrzahnmuttern und Klebstoffe. Verliersicherungen sind z.B. Sicherungsbleche, Kronenmuttern mit Splint, Muttern mit Kunststoffring, Drahtsicherungen und kunststoffbeschichtete Schrauben.

8 Warum können, wenn die Vorspannkraft F_V ganz ausgenützt wird, kleinere Schraubendurchmesser verwendet werden?

Jede Schraube hat eine von ihrem Spannungsquerschnitt abhängige maximale Vorspannkraft F_V. Wird sie voll ausgenutzt, d.h. die Schraube mit der maximalen Vorspannkraft angezogen, dann genügen Schrauben mit einem kleineren Durchmesser zum Aufbringen der Gesamtvorspannkraft einer Schraubenverbindung.

Würde man die Schrauben nur mit einem Bruchteil ihrer Vorspannkraft anziehen, so müssten Schrauben mit größerem Durchmesser zur Aufbringung der Gesamtvorspannkraft der Schraubenverbindung eingesetzt werden.

9 Zwei Platten werden mit einer Schraube M16 der Festigkeitsklasse 12.9 verbunden. Welche Sicherheit gegen R_e ist vorhanden, wenn die Vorspannkraft F_V = 110 kN beträgt?

Die Mindeststreckgrenze der Schraube beträgt:
$R_e = 12 \cdot 10 \cdot 9 \ \text{N/mm}^2 = 1080 \ \text{N/mm}^2$

Die Zugspannung im Schraubenschaft ist

$$\sigma_z = \frac{F}{A_s};$$ mit $A_s = 157 \ \text{mm}^2$ und
$F_V = 110000 \ \text{N}$ folgt

$$\sigma_z = \frac{110000 \ \text{N}}{157 \ \text{mm}^2} \approx 701 \ \text{N/mm}^2$$

Die Sicherheit wird berechnet aus:

$$\sigma_z = \frac{R_e}{\nu} \quad \Rightarrow \quad \nu = \frac{R_e}{\sigma_z}$$

$$\nu = \frac{1080 \ \text{N/mm}^2}{701 \ \text{N/mm}^2} \approx \mathbf{1{,}54}$$

10 Welches Anziehdrehmoment muss aufgebracht werden, wenn in einer Schraube M10 eine Vorspannkraft von 70 kN herrschen soll und der Wirkungsgrad η = 0,12 beträgt?

Steigung P für M 10 : P = 1,5 mm (Tabellenbuch)

$$M_A = \frac{F_V \cdot P}{2 \cdot \pi \cdot \eta} = \frac{70000 \ \text{N} \cdot 1{,}5 \ \text{mm}}{2 \cdot \pi \cdot 0{,}12}$$

$$= 139260 \ \text{Nmm} \approx \mathbf{139 \ N \cdot m}$$

Ergänzende Fragen zu Schraubenverbindungen

11 Wie können Schraubenverbindungen ausgeführt werden?

Schraubenverbindungen können mit Durchsteckschrauben, Einziehschrauben und Stiftschrauben ausgeführt werden.

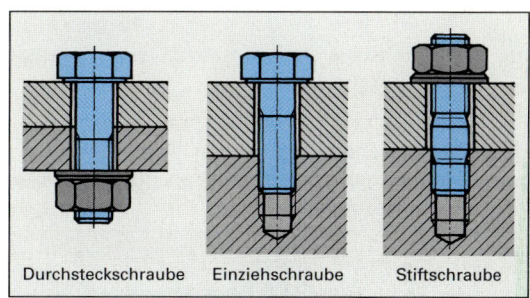

Durchsteckschraube   Einziehschraube   Stiftschraube

12 In welchen Fällen verwendet man Zylinderschrauben mit Innensechskant?

Zylinderschrauben mit Innensechskant werden verwendet, wenn die Schraubenabstände klein sind oder wenn der Schraubenkopf nicht aus dem Werkstück herausragen darf.

Zylinderschrauben mit Innensechskant werden als hochfeste Schrauben ausgeführt.

13 Welche Schraubenarten unterscheidet man nach der Schaftform?

Nach der Schaftform unterscheidet man Stiftschrauben, Dehnschrauben, Passschrauben, Gewindestifte, Blechschrauben, Bohrschrauben und Holzschrauben.

Im Unterschied zu den übrigen Schraubenarten besitzen Holzschrauben einen spitz zulaufenden Gewindeschaft.

14 Welche Form besitzen Dehnschrauben?

Dehnschrauben besitzen im Unterschied zu den übrigen Schrauben einen langen, dünnen Schaft.

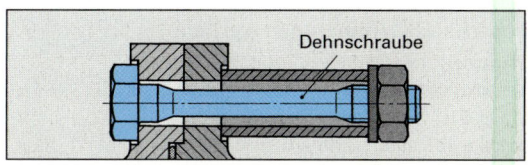

Dehnschraube

Sie werden mit großer Vorspannkraft montiert. Dabei wird der Schaft der Schraube elastisch gedehnt. Die Klemmkraft ist so groß, dass keine Schraubensicherung benötigt wird.

15 Welchen Vorteil besitzen Dehnschrauben gegenüber anderen Schrauben?

Dehnschrauben können hohe dynamische Belastungen aufnehmen.

Der lange, dünne Schraubenschaft, der unter einer großen Vorspannkraft steht, wirkt wie eine elastische Feder, die wechselnde Belastungen ausgleicht.

16 Wie groß muss die Klemmkraft einer Schraube mindestens sein?

Die Klemmkraft der Schraube muss so groß sein, dass die zwischen den beiden Werkstücken erzeugte Reibungskraft größer ist als die von außen angreifenden Querkräfte.

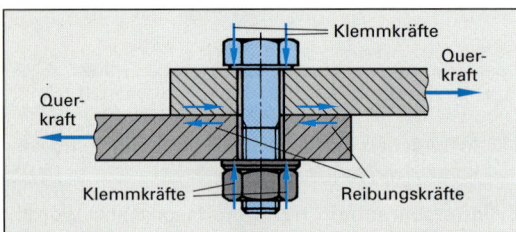

Bei zu geringer Klemmkraft wird der Schraubenschaft zusätzlich auf Abscherung beansprucht.

17 Welchen Vorteil haben spanlos hergestellte Schrauben?

Durch spanlose Formung hergestellte Schrauben besitzen durch den nicht unterbrochenen Faserverlauf eine höhere Festigkeit.

Bei den durch spanende Formung hergestellten Schrauben ist der Faserverlauf in den Gewindegängen und am Übergang vom Schaft zum Kopf durchtrennt.

18 Wozu werden Nutmuttern und wozu Hutmuttern verwendet?

Nutmuttern werden vorwiegend zum Einstellen des axialen Spiels von Wellen und Lagern verwendet. Sie dürfen nur mit passenden Hakenschlüsseln angezogen werden.

Hutmuttern werden eingesetzt, wenn verhindert werden muss, dass das Gewindeende beschädigt wird oder dass Verletzungen durch das scharfe Schraubenende entstehen.

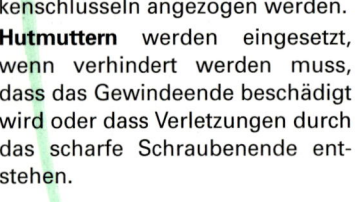

Nutmutter

Hutmutter

19 Wozu dienen Überwurfmuttern?

Überwurfmuttern werden für Rohrverschraubungen verwendet.

Die Überwurfmutter presst die beiden Rohrverschraubungsteile zusammen. Die Abdichtung kann mit oder ohne eingelegte Dichtungen erfolgen.

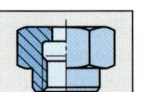

20 Was besagt folgende Schraubenbezeichnung: Sechskantschraube ISO 4014-M 12 x 50 – 12.9?

Es handelt sich um eine Sechskantschraube, die in DIN EN 24014 (ISO 4014, früher DIN 931) genormt ist. Die Schraube hat ein Gewinde M 12 und eine Länge von 50 mm.

Aus der Festigkeitsklasse 12.9 kann berechnet werden:

Mindestzugfestigkeit $R_m = 100 \cdot 12 = 1200$ N/mm^2

Mindeststreckgrenze $R_e = 12 \cdot 10 \cdot 9 = 1080$ N/mm^2

21 Welche Bedeutung hat die Angabe der Festigkeitsklasse 6 bei Muttern?

Sie gibt die Mindestzugfestigkeit der Mutter von 600 N/mm^2 an.

Die Mindestzugfestigkeit errechnet man aus der Festigkeitsklasse mal 100. Die Zugfestigkeit der Mutter muss mindestens so groß sein wie die der zugehörigen Schraube.

22 Was versteht man unter einer Setzsicherung?

Eine Setzsicherung ist eine Schraubensicherung, die Verkürzungen der Klemmlänge durch Kriechen und Setzen ausgleicht und so verhindert, dass die Vorspannkräfte zu klein werden.

Als Setzen wird das Einebnen der Oberflächenrauheiten im Gewinde und unter dem Schraubenkopf bezeichnet. Zu den Setzsicherungen zählen Spannscheiben und Tellerfedern, Federringe und Zahnscheiben.

23 Wie wirkt eine Schraubensicherung mit Klebstoff?

Die Klebstoffmasse ist als dünne, leicht formbare Schicht auf dem Schraubengewinde aufgetragen. Der Klebstoffhärter ist in winzigen Kapseln gebunden. Beim Eindrehen der Schraube platzen die Kapseln und setzen den Härter frei. Er mischt sich mit der Klebstoffgrundmasse und härtet sie aus. Dadurch wird die Schraubenverbindung verklebt und gegen Losdrehen geschützt.

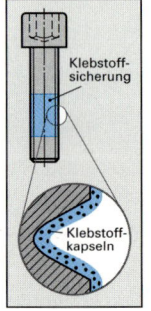

Klebstoffsicherung

Klebstoffkapseln

24 Welche Anzugsverfahren für Schraubenverbindungen unterscheidet man?

Man unterscheidet das Anziehen von Hand, das Drehmoment-Anzugsverfahren, das streckgrenzenkontrollierte Anziehen und das Winkelanzugsverfahren.

Mit streckgrenzenkontrolliertem Anziehen und mit dem Winkelanzugsverfahren werden die vorgeschriebenen Vorspannkräfte am genauesten erreicht.

T317 In einer Stückliste steht die Bezeichnung Sechskantschraube ISO 4014 – M12 x 60 – 10.9.
Was heißt M12 x 60 –10.9?

a) Metrisches Gewinde M12, 60 mm Nennlänge, Zugfestigkeit 900 N/mm^2

b) Metrisches Gewinde M12, 60 mm Nennlänge, Streckgrenze 1090 N/mm^2

c) Metrisches Gewinde M12, Nennlänge 60 bis 109 mm

d) Metrisches Gewinde M12, 60 mm Nennlänge, Zugfestigkeit 1090 N/mm^2

e) Metrisches Gewinde M12, 60 mm Nennlänge, Festigkeitsklasse 10.9

T318 Welchen Zweck hat die Verwendung eines Drehmomentschlüssels?

a) Das Eindrehen der Schraube geht schneller als mit anderen Schraubenschlüsseln

b) Durch die Verwendung des Drehmomentschlüssels wird eine Schraubensicherung eingespart

c) Die richtige Vorspannkraft der Schraube kann eingestellt werden

d) Festgefressene Schrauben können leicht gelöst werden

e) Mit dem Drehmomentschlüssel wird vorwiegend das Axialspiel von Lagerungen eingestellt

T319 Welcher der genannten Schlüssel kann nicht zum Festziehen einer Kronenmutter verwendet werden?

a) Maulschlüssel

b) Steckschlüssel

c) Ringschlüssel

d) Hakenschlüssel

e) Doppelmaulschlüssel

Stiftverbindungen   `ZP`

Fragen aus Fachkunde Metall, Seite 377

1 Wozu werden Passstifte verwendet?

Passstifte sichern die exakte Lage von Bauteilen zueinander.

Sie werden besonders dann verwendet, wenn die Verbindung großen Querkräften standhalten muss oder die Bauteile nach dem Zerlegen und dem erneuten Zusammenbau die frühere Lage zueinander genau einhalten sollen.

2 Warum werden für Grundlöcher Zylinderstifte mit Längsrillen verwendet?

Damit beim Eintreiben des Zylinderstifts die Luft aus dem Grundloch entweichen kann.

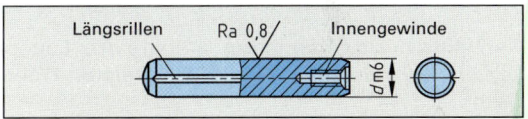

Zum Ausbau von Stiften aus Grundlöchern besitzen diese Stifte ein Innengewinde.

3 Beim Fügen eines Zylinderstiftes 8h8 mit einer Bohrung 8H7 ergibt sich eine Spielpassung. Wie groß sind Höchst- und Mindestspiel?

Für die Paarung 8H7/h8 ergeben sich nach Tabellenbuch:

Höchstmaß Bohrung: $G_{oB} = 8,015$ mm

Mindestmaß der Welle: $G_{uW} = 7,978$ mm

Höchstspiel $P_{SH} = G_{oB} – G_{uW} = 8,015$ mm – 7,978 mm
= **0,037 mm**

Mindestmaß der Bohrung $G_{uB} = 8,000$ mm

Höchstmaß der Welle $G_{oW} = 8,000$ mm

Mindestspiel: $P_{SM} = G_{uB} – G_{oW} = 8,000$ mm – 8,000 mm
= **0 mm**

4 Wie groß ist die Verjüngung von Kegelstiften?

Die Kegelverjüngung beträgt bei Kegelstiften $C = 1:50$.

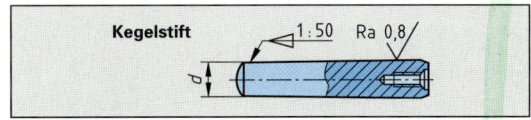

Kegelverjüngung 1:50 bedeutet:
1 mm Durchmesserunterschied auf 50 mm Länge.

Ergänzende Fragen zu Stiftverbindungen

5 Welche Stiftformen unterscheidet man?

Man unterscheidet Zylinderstifte, Kegelstifte, Kerbstifte und Spannstifte.

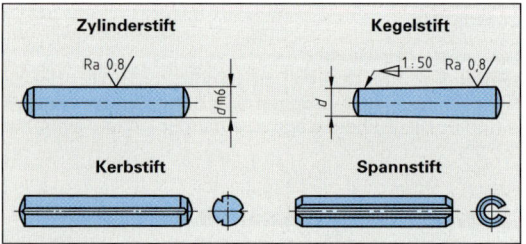

6 Worin unterscheiden sich Kerbstifte von Zylinderstiften?

Kerbstifte besitzen an ihrem Umfang drei Längskerben. Zylinderstifte haben eine glatte Oberfläche.

7 Welche Vorteile besitzen Spannstifte?

Die Aufnahmebohrung für Spannstifte muss nicht gerieben werden, die Stifte lassen sich leicht ein- und austreiben.

Bei Schraubenverbindungen können Spannstifte zur Aufnahme von Querkräften anstelle der teureren Passschrauben verwendet werden, wenn an die Genauigkeit keine großen Ansprüche gestellt werden.

T320 In welchen Fällen werden gehärtete Zylinderstifte ISO 8734 (DIN EN 28734) verwendet?

a) Für gehärtete Aufnahmebohrungen
b) Als Abscherstifte
c) Vorwiegend für nicht durchgehende Aufnahmebohrungen
d) Wenn die Bohrung nicht gerieben werden soll
e) Bei hohen Ansprüchen an die Genauigkeit und Festigkeit

T321 Bei welchem Stift ist ein Reiben der Bohrung *nicht* nötig?

a) Zylinderstift
b) Spannstift
c) Gehärteter Zylinderstift
d) Kegelstift mit Innengewinde
e) Zylinderstift mit Längsrille

Nietverbindungen

Fragen aus Fachkunde Metall, Seite 379

1 Wie können Nietverbindungen nach den an sie gestellten Anforderungen eingeteilt werden?

Nietverbindungen werden eingeteilt in:
- feste Nietverbindungen
- feste und dichte Nietverbindungen
- dichte Nietverbindungen

2 Aus welchen Werkstoffen werden Niete hergestellt?

Als Nietwerkstoffe kommen Stahl, Kupfer, CuZn-Legierungen, Aluminiumlegierungen, in Sonderfällen auch Kunststoffe und Titan zum Einsatz.

3 Warum sollen die Bauteile und die zum Fügen verwendeten Niete aus demselben Werkstoff bestehen?

Wenn die Bauteile und die Niete aus unterschiedlichen Werkstoffen bestehen, so kann es zu Kontaktkorrosion kommen.

Außerdem kann sich bei Erwärmung die Verbindung lockern, da die verschiedenartigen Werkstoffe unterschiedliche Längenausdehnungskoeffizienten besitzen.

Ergänzende Fragen zu Nietverbindungen

4 Wie wird eine Nietverbindung hergestellt und aus welchen Teilen besteht der fertige Niet?

Die Nietverbindung wird in einem vierschrittigen Herstellungsverfahren erstellt.

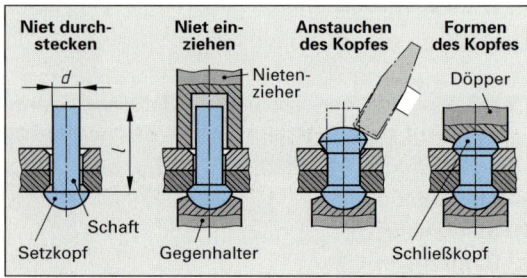

Der fertige Niet besteht aus Setzkopf, Schaft und Schließkopf.

5 Wie erfolgt jeweils die Kraftübertragung beim kalt geschlagenen und beim warm geschlagenen Niet?

Beim kalt geformten Niet erfolgt die Kraftübertragung überwiegend durch den Formschluss des Nietquerschnitts.

Beim warm geschlagenen Niet erfolgt die Kraftübertragung überwiegend durch den Kraftschluss der aufeinander gepressten Bleche.

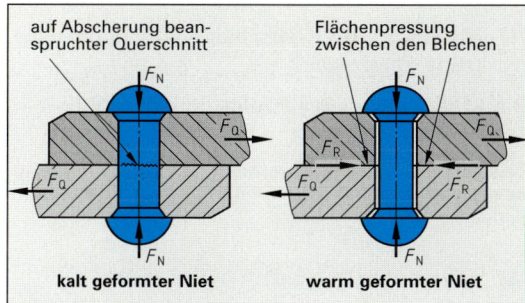

T322 Zwei Bleche aus einer Aluminiumlegierung sollen miteinander vernietet werden. Aus welchem der genannten Werkstoffe sollten die eingesetzten Niete bestehen?

a) Rein-Aluminium
b) rostfreiem Stahl
c) Messing
d) unlegiertem Stahl
e) derselben Aluminiumlegierung

T323 Welche der genannten Nietart verwendet man, wenn die Nietstelle nur von einer Seite zugänglich ist?

a) Senkniet
b) Hohlniet
c) Halbrundniet
d) Spreizniet
e) Linsenniet

T324 Welche Nietform ist in der Technik *nicht* gebräuchlich?

a) Hohlniet
b) Senkniet
c) Linsenniet
d) Halbrundniet
e) Sechskantniet

Welle-Nabe-Verbindungen

Fragen aus Fachkunde Metall, Seite 383

1 In welche Gruppen lassen sich die Welle-Nabe-Verbindungen einteilen?

Man unterscheidet Formschluss-, vorgespannte Formschluss-, Kraftschluss- und Stoffschlussverbindungen.

Bei vorgespannten Formschlussverbindungen werden die Kräfte durch Form- und Kraftschluss übertragen.

2 Welche Fügeart liegt bei einer Keilwellen-Verbindung vor?

Nach der Art der Kraftübertragung ist eine Keilwellen-Verbindung eine Formschluss-Verbindung.

Keilwellenverbindungen können radial große Kräfte übertragen und sind axial verschiebbar.

3 Worin unterscheiden sich Passfeder- und Keilverbindungen?

Passfederverbindungen sind reine Mitnehmer-Verbindungen, die Passfeder ruht unverspannt in der Wellen- und Nabennut.

Bei Keilverbindungen werden Welle und Nabe durch den eingetriebenen Keil verspannt.

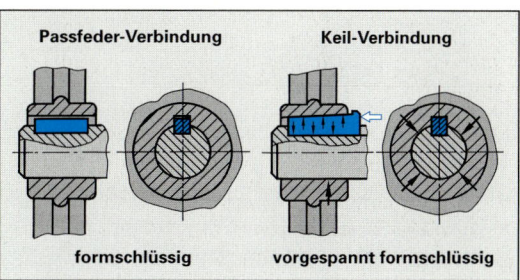

4 Wie erfolgt die Übertragung des Drehmomentes bei einer Passfederverbindung?

Die Passfeder befindet sich teils in der Wellennut, teils in der Nabennut. Das Drehmoment wird über diesen Formschluss z.B. von der Welle über die Passfeder auf die Nabe übertragen.

5 Warum sind Passfederverbindungen für stoßartige Belastungen nicht geeignet?

Für stoßartige Belastungen sind Passfederverbindungen nicht geeignet, weil dabei Passfeder und Seitenflächen der Nut plastisch verformt und damit zerstört werden können.

6 In welchen Fällen verwendet man Zahnwellen-Verbindungen?

Zahnwellen Verbindungen werden bei großen Drehmomenten, bei stoßartiger Belastung oder wenn die Bauteile bei der Montage geringfügig gegeneinander verdreht werden müssen, verwendet.

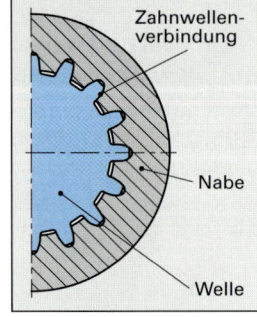

Bei gleichem Durchmesser können größere Drehmomente als mit Keilwellen übertragen werden.

7 Wie wird das Drehmoment bei einer Ringfeder-Spannverbindung übertragen?

Das Drehmoment wird durch Kraftschluss übertragen. Ringförmige, kegelige Spannelemente (Ringfedern) werden durch eine Axialkraft radial aufgeweitet bzw. zusammengedrückt und verspannen Welle und Nabe miteinander.

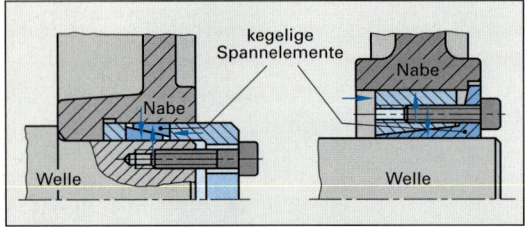

8 Warum können Polygonwellen-Verbindungen größere Drehmomente übertragen als Keilwellen-Verbindungen?

Polygonwellen-Verbindungen haben keine scharfkantigen Einschnitte, wie z.B. die Wellen- und die Nabennut bei Keilwellenverbindungen. Es treten deshalb keine Belastungseinschränkungen durch Kerbwirkung auf.

9 Auf welche Weise können Naben gegen axiales Verschieben gesichert werden?

Die Sicherung erfolgt meist formschlüssig durch genormte Sicherungselemente wie Stellringe, Kegelstifte, Sicherungsringe, Spannringe und Sicherungsscheiben oder stoffschlüssig mit Kunststoff.

Die aufnehmbaren axialen Kräfte sind von der Bauart des Sicherungselementes und von der konstruktiven Gestaltung der Maschinenteile abhängig.

10 In welchen Fällen verwendet man Stützscheiben?

Stützscheiben werden bei angefasten Wellenenden verwendet, um die Auflagefläche des Sicherungsrings am zu sichernden Maschinenteil zu vergrößern.

Ergänzende Fragen zu Welle-Nabe-Verbindungen

11 Wie werden bei Kraftschlussverbindungen die Kräfte übertragen?

Die Kraftübertragung erfolgt durch Reibung zwischen Welle und Nabe.

Beispiele für Kraftschlussverbindungen sind Klemmverbindungen, Spannbuchsen und Sternscheiben-Verbindungen.

12 Wie werden Passfedern beansprucht?

Passfedern werden auf Flächenpressung und Abscherung beansprucht.

Um die zulässigen Festigkeitswerte nicht zu überschreiten, soll die Länge der Passfeder mindestens 1,2 mal Wellendurchmesser betragen.

13 Welche Welle-Nabe-Verbindungen sind besonders für hohe Drehmomente geeignet?

Zur Übertragung hoher Drehmomente eignen sich besonders Keilwellen, Zahnwellen, Kerbverzahnungen und Polygonprofile.

Diese Verbindungen übertragen das Drehmoment über den ganzen Umfang verteilt und erzeugen keine Unwucht.

14 Was sind Stirnzahn-Verbindungen?

Stirnzahnverbindungen sind selbstzentrierende Verbindungselemente an den Stirnflächen zweier Wellen. Sie besitzen an den Planflächen radial angeordnete Zähne, die ineinander greifen.

Ein konzentrischer Zentrierring garantiert die achsenmittige Zentrierung. Eine oder mehrere Schrauben halten die Fügeteile, z.B. eine Welle und ein Kegelrad, zusammen.

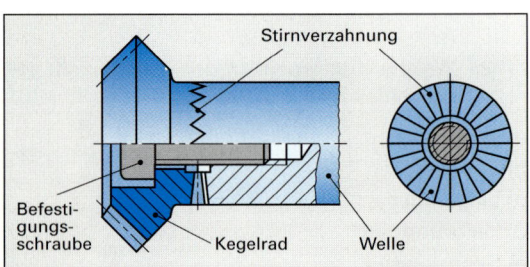

15 Wie groß ist die genormte Neigung von Keilen?

Keile haben eine Neigung von 1:100, dies entspricht 1% Neigung.
1:100 oder 1% bedeutet: 1 mm Dickenunterschied auf 100 mm Länge.

16 Wie entstehen Sternscheiben-Verbindungen?

Sternscheiben-Verbindungen entstehen durch axiales Spannen von flachkegeligen, radial geschlitzten Ringscheiben.

Durch das Verspannen richten sich die Sternscheiben auf und pressen sich gegen die Bohrung des Außenteils und gegen die Welle. Das übertragene Drehmoment ist von der Anzahl der Scheiben abhängig.

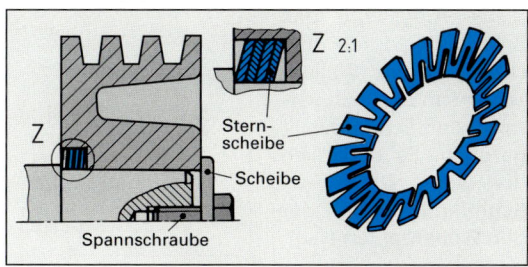

T325 Welche Aussage über Welle-Nabe-Verbindungen ist *falsch*?

a) Passfeder-Verbindungen übertragen das Drehmoment formschlüssig
b) Polygonwellen-Verbindungen sind vorgespannte Formschluss-Verbindungen
c) Ringfeder-Spannverbindungen entstehen durch gegenseitiges Verspannen ringförmiger Spannelemente
d) Keilwellen-Verbindungen werden für hochbeanspruchte Verbindungen, z.B. bei Getriebewellen, verwendet
e) Kegelverbindungen übertragen das Drehmoment kraftschlüssig

T326 Für welche Maschinenteile ist die Verbindung mit einer Scheibenfeder vorteilhaft? Für …

a) scheibenförmige Teile
b) kegelige Wellenansätze
c) lange zylindrische Wellen
d) Teile, die große Kräfte übertragen
e) Teile, die axiale Kräfte in wechselnder Richtung übertragen

4.3.3 Funktionseinheiten zum Stützen und Tragen

Reibung und Schmierstoffe

Fragen aus Fachkunde Metall, Seite 386

1 Wie groß ist die zum Verschieben eines Werkzeugschlittens erforderliche Kraft F, wenn F_N = 8 kN ist und die Reibungszahl μ = 0,09 beträgt?

Die zum Verschieben erforderliche Reibungskraft F_R berechnet man aus der Normalkraft F_N und der Reibungszahl μ.

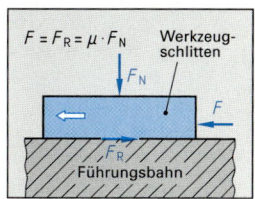

$F_R = \mu \cdot F_N = 0{,}09 \cdot 8$ kN
$= 0{,}72$ kN

2 Welche Reibungsarten unterscheidet man?

Man unterscheidet Gleitreibung, Rollreibung und Wälzreibung.

Wälzreibung ist eine Rollreibung, bei der zusätzlich Gleitreibung auftritt.

3 Welche Reibungsart tritt in einem Rillenkugellager auf?

In einem Rillenkugellager tritt Wälzreibung, d.h. eine Kombination aus Roll- und Gleitreibung auf.

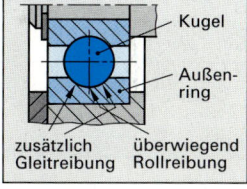

Im Rillengrund überwiegt Rollreibung, an den Rillenflanken kommt noch Gleitreibung dazu.

4 Welche Aufgaben haben Schmierstoffe?

Die wichtigsten Aufgaben der Schmierstoffe sind: Verminderung der Reibung, Dämpfung von Stößen, Korrosionsschutz, Wärmeabfuhr, Austrag von Verschleißteilen.

Zur Schmierung werden flüssige Schmierstoffe, Schmierfette, Festschmierstoffe und Gase verwendet.

5 Welche Ursachen kann das Verschweißen (Fressen) beim Gleitvorgang haben?

Das Verschweißen kann durch ungünstige Werkstoffpaarung, zu große Flächenpressung, ungeeignete Schmierstoffe und bei Versagen der Schmierung eintreten.

Durch das Verschweißen der Gleitflächen werden diese zerstört.

6 Was versteht man unter der Viskosität von Schmierstoffen?

Die Viskosität (Zähflüssigkeit) ist ein Maß für das Fließverhalten einer Flüssigkeit, z.B. eines flüssigen Schmierstoffes.

Flüssigkeiten mit hoher Viskosität sind zähflüssig, solche mit niedriger Viskosität dünnflüssig.

7 Der Lagerzapfen einer Getriebewelle (d = 50 mm) muss eine Kraft von 5 kN aufnehmen. Wie groß sind Reibungsmoment und Reibungsarbeit bei n = 350/min in 7,5 Stunden? (μ = 0,1)

Reibungsmoment:

$$M_R = F_R \cdot r = \mu \cdot F_N \cdot r$$
$$= 0,1 \cdot 5000\ N \cdot 0,025\ m$$
$$= \mathbf{12,5\ N \cdot m}$$

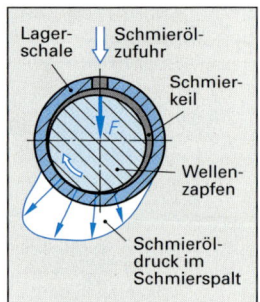

Reibungsarbeit:

$$W_R = F_R \cdot v \cdot t$$
$$\text{mit } v = \pi \cdot d \cdot n$$
$$W_R = F_R \cdot \pi \cdot d \cdot n \cdot t$$
$$= \mu \cdot F_N \cdot \pi \cdot d \cdot n \cdot t$$
$$= 0,1 \cdot 5000\ N \cdot \pi \cdot 0,050\ m \cdot 350/min \cdot 450\ min$$
$$\approx 12,370\ kN \cdot m \approx \mathbf{12370\ kJ}$$

Ergänzende Fragen zu Reibung und Schmierstoffen

8 Was versteht man unter Flüssigkeitsreibung?

Flüssigkeitsreibung ist die Reibung zwischen den sich aufeinander verschiebenden Schmierstoffmolekülen. Die Gleitflächen sind durch den Schmierstofffilm vollständig getrennt.

Der Reibungswiderstand bei Flüssigkeitsreibung ist sehr klein.

9 Welche Eigenschaften sollen Schmierstoffe besitzen?

Schmierstoffe sollen folgende Eigenschaften besitzen:

- Druckfest, alterungsbeständig
- Frei von Wasser, Säuren und festen Fremdpartikeln
- Geringe innere Reibung
- Geringe Viskositätsänderung bei Temperaturschwankungen
- Hoher Flamm-, Brenn- und Zündpunkt

Gleitlager

Fragen aus Fachkunde Metall, Seite 389

1 Welche Ursache hat das Ruckgleiten (Stick-Slip-Effekt)?

Ruckgleiten tritt auf, wenn durch mangelnde Schmierstoffzufuhr, z.B. beim Anlauf, oder beim Abreißen des Schmierfilms sich Welle und Lager zeitweise berühren.

2 Wie entsteht der Schmierfilm bei Gleitlagern mit hydrodynamischer Schmierung?

Bei Gleitlagern mit hydrodynamischer Schmierung wird das Schmieröl durch die Drehung des Wellenzapfens in den sich verengenden Schmierspalt gezogen. Es baut sich dort ein Druck im Schmierfilm auf, der den Wellenzapfen trägt.

3 Warum laufen hydrostatisch geschmierte Lager verschleißfrei?

Bei hydrostatischer Schmierung wird das Schmieröl von einer Pumpe in den Schmierspalt gepresst. Zapfen und Lagerschale berühren sich weder im Stillstand noch beim Anlaufen.

Ein Ruckgleiten (Stick-Slip) ist deshalb bei hydrostatisch geschmierten Lagern ausgeschlossen.

4 Welche Vor- und Nachteile besitzt eine hydrostatische Schmierung gegenüber einer hydrodynamischen Schmierung?

Vorteile:

- kein Verschleiß beim Anlauf
- geringe Erwärmung durch sehr kleine Reibung
- hohe Rundlaufgenauigkeit
- kein Ruckgleiten

Nachteile:

- teure Herstellung
- aufwendige Schmiereinrichtung
- sorgfältige Überwachung der Funktion erforderlich

5 Warum muss bei starker Schmierölerwärmung ein Ölkühler verwendet werden?

Das Schmieröl muss so weit zurückgekühlt werden, dass der Temperatureinsatzbereich des Öls nicht überschritten wird.

Überhitzung würde zu verminderter Schmierwirkung oder sogar zur Zersetzung des Öls und damit zum Ausfall der Schmierung führen.

6 Welche Ursachen kann eine starke Erwärmung des Schmieröles haben?

Ursachen für eine starke Schmierölerwärmung können sein:

- zu große Lagerkräfte
- unzureichende Schmierung infolge Schmierölmangel oder zu kleiner Gleitgeschwindigkeit
- Welle und/oder Lager haben eine zu raue Oberfläche
- die Umlaufgeschwindigkeit der Welle ist zu groß für das gewählte Lager

7 Wie funktioniert eine Ölumlaufschmierung?

Bei der Ölumlaufschmierung wird das Schmieröl von einer Pumpe in den Lagerspalt gepresst. Nach Durchströmen des Lagerspaltes fließt es in den Ölsammelbehälter zurück.

Hat sich das Schmieröl beim Durchströmen des Lagers stark erwärmt, so muss es durch einen Ölkühler geleitet werden.

8 Welche Werkstoffe werden als Lagerwerkstoffe verwendet?

Als Werkstoffe für Gleitlager eignen sich Legierungen aus Kupfer, Zinn, Blei, Zink und Aluminium sowie Gusseisen, Sintermetalle und Kunststoffe, wie z.B. Polyamid.

Mehrstoff-Gleitlager bestehen aus einer Stahlstützschale und mehreren dünnen Lagermetallschichten.

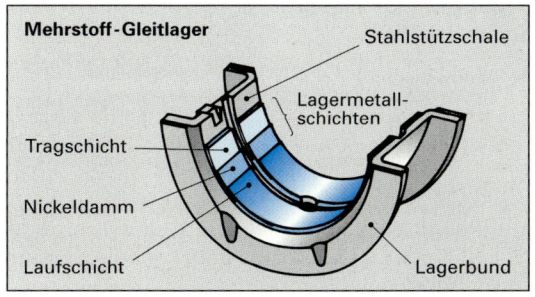

Mehrstoff-Gleitlager
Stahlstützschale
Lagermetallschichten
Tragschicht
Nickeldamm
Laufschicht
Lagerbund

9 Ein Wellenzapfen mit $d = 40$ mm dreht sich in einer Lagerschale aus GG-25. Wie groß muss die Länge l des Zapfens sein, wenn dieser eine Kraft $F = 7,5$ kN aufnehmen muss?

Die zulässige Flächenpressung von GG-25 beträgt $p_{zul} = 5$ N/mm² (aus Tabelle unten).

Aus der Gleichung für die Flächenpressung $p = F/A$ folgt: $F = p \cdot A$

Die tragende Fläche A ist die Fläche des projizierten Wellenzapfens:

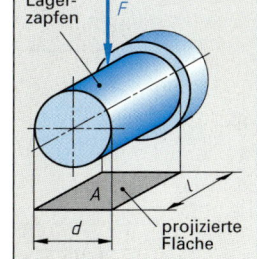

Lagerzapfen
F
A
d
l
projizierte Fläche

$$A = d \cdot l$$
$$F = p \cdot d \cdot l$$
$$\Rightarrow l = \frac{F}{p \cdot d}$$

$$l = \frac{7500 \text{ N}}{5 \text{ N/mm}^2 \cdot 40 \text{ mm}} = \mathbf{37,5 \text{ mm}}$$

10 Welcher Gleitlagerwerkstoff aus der Tabelle kann verwendet werden, wenn die Abmessungen des Lagerzapfens einer Welle $d = 30$ mm und $l = 25$ mm betragen und die Lagerstelle eine Kraft $F = 9$ kN aufnehmen muss?

Die Flächenpressung im Gleitlager beträgt

$$p = \frac{F}{A} = \frac{F}{d \cdot l}$$

$$p = \frac{9000 \text{ N}}{30 \text{ mm} \cdot 25 \text{ mm}}$$

$$= \mathbf{12 \frac{N}{mm^2}}$$

Tabelle: Zulässige Flächenpressung p_{zul}	
Gleitlager-Werkstoffe	p_{zul} N/mm²
SnSb12Cu6Pb	15
PbSb14Sn9CuAs	12,5
G-CuSn12	25
EN-GJL-250	5
PA 66	7

Als Gleitlagerwerkstoffe aus der Tabelle können PbSb14Sn9CuA, SnSb12Cu6Pb oder G-CuSn12 verwendet werden.

Ergänzende Frage zu Gleitlagern

11 Aus welchem Material können wartungsfreie Gleitlager bestehen?

Wartungsfreie Gleitlager bestehen aus:

- gleitfähigem Kunststoff, z.B. Polyamid (PA) oder Polytetrafluorethylen (PTFE)
- Schmierstoff-getränkten Sintermetallen
- porösen Sintermetallen, deren Poren mit festem Schmierstoff (z.B. PFTE oder Graphit) gefüllt sind.

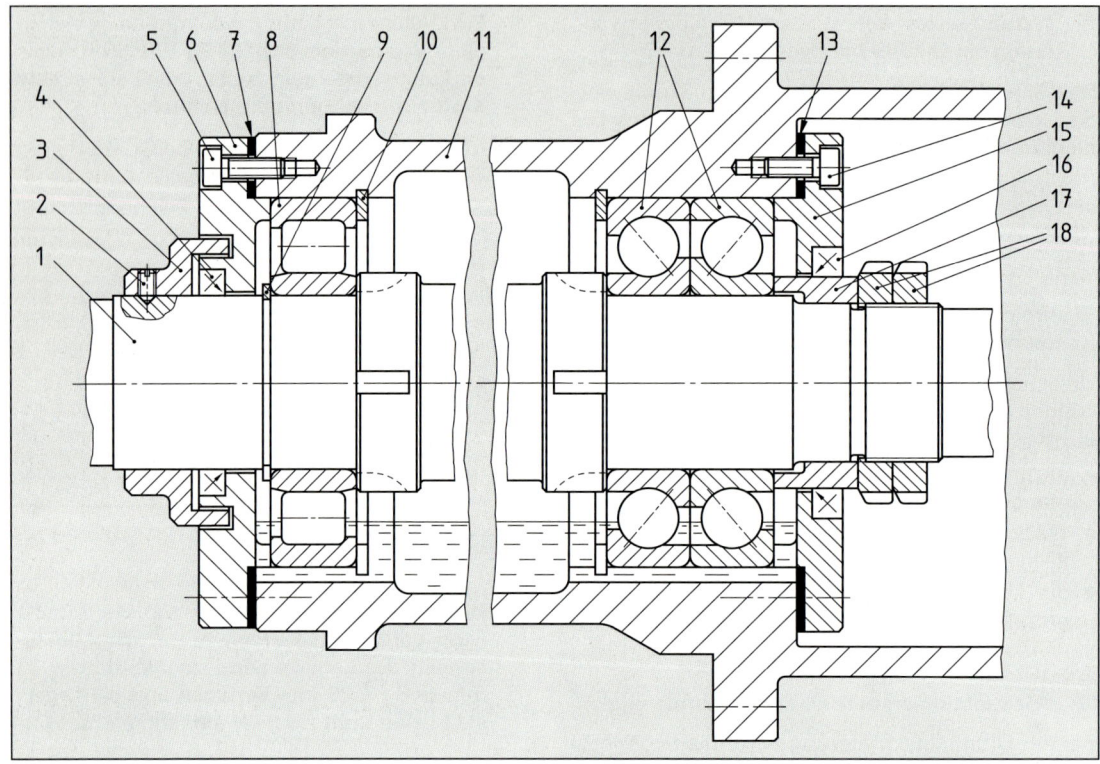

Lagerung einer Pumpenwelle

Wälzlager

Fragen aus Fachkunde Metall, Seite 394

Die Fragen 1–19 beziehen sich auf die im Bild gezeigte Pumpenwellenlagerung.

1 Welche Wälzlagerarten werden bei der Pum-
penwellenlagerung verwendet?

Für die Lagerung der Pumpenwelle sind eingebaut:
- Zwei Schrägkugellager (Pos. 12)
- Ein Zylinderrollenlager (Pos. 8)

2 Welche Lagerart wird als Loslager verwendet?

Als Loslager dient das Zylinderrollenlager (Pos. 8)

3 Warum ist bei der Pumpenwellenlagerung ein
Loslager erforderlich?

Die Pumpenwelle erwärmt sich im Betriebszu-
stand; im Stillstand kühlt sie sich auf Raumtemperatur ab. Dadurch dehnt sich bzw. schrumpft
die Welle. Ohne Ausdehnungsmöglichkeit würden sich die Wälzkörper in den Laufringen verspannen.

4 Welche Art von Schmierung wird verwendet?

Die Lager werden durch eine Ölbadtauchschmie-
rung geschmiert.

Die jeweils unteren Wälzkörper tauchen in das Ölbad ein. Durch die Drehbewegung werden alle La-
gerteile ausreichend mit Öl versorgt.

5 Aus welchem Grund ragt Pos. 3 in eine Aus-
drehung des Lagerdeckels (Pos. 6)?

Der mit der Welle umlaufende Deckel (Pos. 3) bildet mit der Ausdrehung von Pos. 6 eine Labyrinthdichtung, die das Lager vor eintretendem
Staub schützt.

Labyrinthdichtungen dichten berührungsfrei ab.

6 Welche Aufgabe haben die sinnbildlich darge-
stellten Pos. 4 und 16?

Die Pos. 4 und 16 sind Radial-Wellendichtringe.
Sie verhindern, dass Öl aus dem Lagerinnenraum
nach außen gelangen kann.

7 Welcher Lagerring von Pos. 8 hat Umfangs-last, wenn die Pumpenwelle (Pos. 1) immer in derselben Kraftrichtung belastet wird?

Der Innenring von Pos. 8 trägt Umfangslast, weil jeder Punkt dieses Rings bei einer Umdrehung des Lagers einmal belastet wird.

8 Wie wird erreicht, dass zwischen den Pos. 10, 12 und 15 kein Spiel vorhanden ist?

Spielfreiheit zwischen diesen Positionen wird durch die auf genaue Dicke geschliffene Pass-scheibe (Pos. 13) erreicht.

9 Wie wird das Lager (Pos. 8) montiert?

Nach dem Einbau des Sicherungsringes (Pos. 10) wird der Außenring des Lagers mit Käfig und Wälzkörpern bis zur Anlage am Sicherungsring gefügt. Der Innenring wird auf den entsprechenden Wellenabsatz der Pumpenwelle (Pos. 1) gefügt. Beim Einbau der Welle in das Gehäuse wird der Innenring in den Hohlraum des Wälzkörperkranzes geschoben.

10 In welcher Reihenfolge müssen die Einzelteile der Lagerung demontiert werden, wenn die Lager (Pos. 12) auszutauschen sind?

Die Demontage kann folgendermaßen erfolgen: Pos. 2 lösen, Pos. 3 nach links abziehen, Pos. 14 abschrauben, Pos. 1 mit allen auf ihr befestigten Teilen nach rechts herausziehen. Anschließend Pos. 18 abschrauben, Pos. 17, 15 und 13 nach rechts abziehen, dann Lager (Pos. 12) ausbauen.

11 Wozu dient der Gewindestift (Pos. 2)?

Der Gewindestift sichert die Lage des Labyrinthringes (Pos. 3).

12 Welche Aufgaben haben die Pos. 9 und 10?

Pos. 9 sichert die axiale Lage des Innenrings des Zylinderrollenlagers (Pos. 8).
Pos. 10 sichert die axiale Lage der Außenringe der Pos. 8 und 12.

13 Warum hat die Pumpenwelle (Pos. 1) im Bereich der Distanzbuchse (Pos. 17) einen kleineren Durchmesser als im Bereich der Pos. 12?

Die Montage der Schrägkugellager (Pos. 12) wird bei abgesetzter Welle erleichtert.

14 Wie groß sind Höchstspiel/Mindestspiel bzw. Höchstübermaß/Mindestübermaß zwischen den Lagern (Pos. 12) und dem Gehäuse (Pos. 11), wenn der Lagerring das Maß Ø 150 j6, das Gehäuse das Maß Ø 150 J6 besitzt?

Die Toleranzfelder besitzen folgende Abmaße:
Ø 150 J6 EI: - 7 μm; ES: +18 μm
Ø 150 j6 ei: - 11 μm; es: +14 μm

Daraus ergibt sich:
Höchstspiel $P_{SH} = ES - ei = 18$ μm - (- 11 μm) = 29 μm
Höchstübermaß $P_{ÜH} = EI - es = - 7$ μm - 14 μm = - 21 μm

15 Welche Forderung muss an die Oberflächen der Pumpenwelle (Pos. 1) im Bereich der Pos. 4 und an die Distanzbuchse (Pos. 17) im Bereich der Pos. 16 gestellt werden?

In den Bereichen, in denen Dichtlippen von Radial-Wellendichtringen andere Werkstücke berühren, müssen die Oberflächen bei einem Rz-Höchstwert von 4 μm drallfrei geschliffen werden und eine Härte von mindestens 45 HRC aufweisen.

16 Welche Bedeutung haben die Pfeile bei den Pos. 4 und 16?

Die Pfeile geben die Dichtrichtung an.

17 Aus welchem Grund sind die Wellenbunde der Pumpenwelle (Pos. 1), an denen die Pos. 8 und 12 anliegen, mit Nuten versehen?

Die Nuten sind zur Demontage des Lagerinnenrings der Pos. 8 bzw. zur Demontage der Lager (Pos. 12) erforderlich. Durch sie können die Haken einer Abziehvorrichtung an den Innenringplanflächen angreifen.

18 Wie kann die Montage desjenigen Laufringes von Pos. 8, der Umfangslast aufnehmen muss, erleichtert werden?

Weil der Innenring des Lagers Umfangslast aufnehmen muss, ist zwischen ihm und der Welle ein fester Sitz erforderlich. Zur Erleichterung der Montage kann der Innenring in einem Ölbad oder mit Hilfe eines elektrischen Heizgerätes auf ca. 80 bis 100 °C erwärmt werden.

19 Warum befindet sich im unteren Bereich des Gehäuses (Pos. 11) eine Nut?

Durch die Nut kann Öl, das sich zwischen den Pos. 6 und 8 bzw. zwischen den Pos. 15 und 12 befindet, wieder in den Ölsumpf zurückfließen.

20 Welche Vor- und Nachteile besitzen Wälzlager gegenüber Gleitlagern?

Vorteile der Wälzlager sind z.B.:

- geringere Reibungsverluste und geringere Wärmeentwicklung
- hohe Tragfähigkeit bei kleinen Drehzahlen
- geringer Schmierstoffverbrauch
- Austauschbarkeit durch genormte Größen

Nachteile der Wälzlager sind:

- Empfindlichkeit gegen Schmutz, Stoß und hohe Temperaturen
- höhere Geräuschentwicklung
- größerer Einbaudurchmesser
- geringere Schwingungsdämpfung

21 Warum soll der Lagerring eines Wälzlagers, der Umfanglast aufnehmen muss, mit einer Übermaßpassung gefügt werden?

Bei einer Spielpassung zwischen den Teilen würde der Ring in Laufrichtung „wandern"; Laufring und Gegenstück würden dadurch beschädigt (Passungsrost).

22 Was versteht man bei Wälzlagern unter dem Betriebsspiel?

Das Betriebsspiel ist das Spiel zwischen den Wälzkörpern und den Lagerringen, das nach der Montage im betriebswarmen Zustand vorhanden ist.

23 Was versteht man unter Punktlast?

Punktlast liegt vor, wenn die Belastung ständig auf denselben Punkt des Laufringes gerichtet ist.

Dies ist der Fall, wenn

- der Außenring im Gehäuse feststeht und der Innenring sich mit der Welle dreht (oberes Bild).
- sich der Innenring auf einer feststehenden Achse befindet und der Außenring mit der Spannrolle umläuft (unteres Bild).

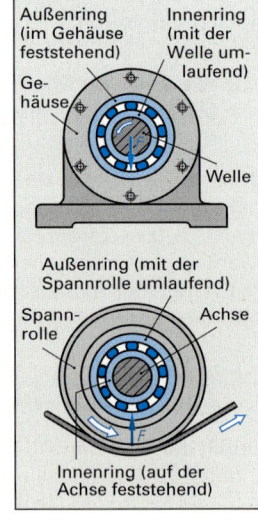

24 Worauf ist beim Einbau von Wälzlagern zu achten?

Beim Wälzlagereinbau muss beachtet werden:

- Wegen der Empfindlichkeit gegen Schmutz und Korrosion müssen die Lager bis zum Einbau in der Originalverpackung aufbewahrt werden
- Bei der Montage darf die Fügekraft nicht über die Wälzkörper übertragen werden
- Die Lager sollten mit mechanischen, besser mit hydraulischen Pressen eingebaut werden
- Größere Lagerinnenringe, die Umfangslast aufnehmen müssen, sollten vor dem Einbau erwärmt werden

25 Welche Auswirkungen auf die Lagerluft hat die Montage eines Wälzlagers, wenn beim Fügen eine Übermaßpassung entsteht?

Die Lagerluft, d.h. das zwischen den Wälzkörpern und den Lagerringen in axialer und radialer Richtung vorhandene Spiel, wird kleiner.

26 Wie können Wälzlager mit Vorspannung montiert werden?

Vorspannung (negatives Betriebsspiel) erreicht man z.B. durch axiales Verschieben einer kegeligen Spannhülse in einem kegeligen Lagerinnenring mit Hilfe einer Einstellmutter oder durch Einlegen von Passscheiben.

27 Worauf ist beim Ausbau eines Wälzlagers zu achten?

Beim Ausbau darf die Abziehkraft nicht über die Wälzkörper übertragen werden.

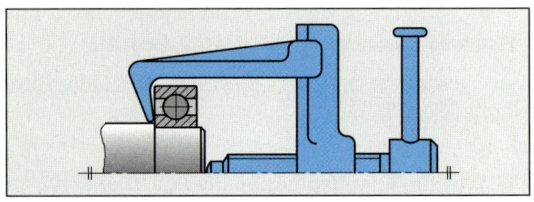

Ergänzende Frage zu Wälzlager

28 Welche Wälzkörper werden für Wälzlager verwendet?

Als Wälzkörper werden Kugeln, Zylinderrollen, Kegelrollen, Tonnenrollen und Nadelrollen verwendet.

Die Wälzkörper können ein- oder zweireihig angeordnet sein.

Führungen

Fragen aus Fachkunde Metall, Seite 397

1 Welche Eigenschaften sollen Führungen besitzen?

Führungen sollen folgende Eigenschaften aufweisen:
- hohe Führungsgenauigkeit
- Nachstellmöglichkeit
- geringe Reibung und niedriger Verschleiß
- gute Dämpfungseigenschaften
- einfache Wartung und Schmierung
- Abdichtung gegen Schmutz und Späne

2 Welche Führungen unterscheidet man nach der Form der Führungsbahn?

Nach der Form der Führungsbahn unterscheidet man
- Flachführungen
- V-Führungen
- Schwalbenschwanzführungen
- Rundführungen

Weil Flachführungen nur Kräfte senkrecht zur Führungsbahn aufnehmen können, werden sie häufig, wie z.B. bei Führungsbahnen von Drehmaschinen, mit V-Führungen kombiniert.

3 Was versteht man unter geschlossenen Führungen?

Bei geschlossenen Führungen umfasst z.B. ein Schlitten die Führungsbahn allseitig. Dadurch können Kräfte in allen Richtungen quer zur Führungsbahn übertragen werden.

4 Welche Bewegungen sind mit Rundführungen möglich?

Rundführungen gestatten Dreh- und Längsbewegungen zur Führungsbahn.

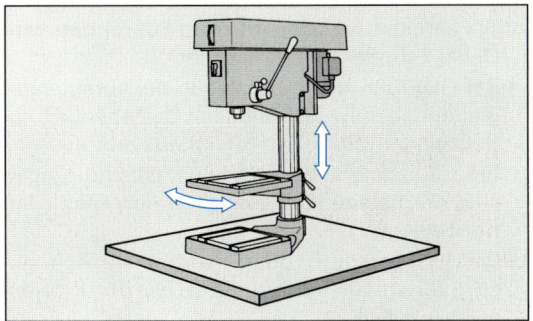

5 Warum tritt bei hydrodynamisch geschmierten Führungen häufig Mischreibung auf?

Infolge der meist geringen Gleitgeschwindigkeiten kann sich zwischen den Gleitteilen kein ununterbrochener Schmierfilm bilden: Die Gleitflächen berühren sich an einzelnen Stellen.

6 Warum ist das Ruckgleiten (Stick-Slip-Effekt) bei Führungen unerwünscht?

Durch Ruckgleiten wird z.B. das genaue Positionieren eines Werkzeugschlittens oder eines Handhabungsgerätes erschwert bzw. unmöglich gemacht.

7 Bei welchen Führungen ist ein Ruckgleiten nicht möglich?

Bei Gleitführungen, die hydrostatisch oder aerostatisch gelagert sind, kommt das Ruckgleiten wegen der nur minimalen Reibung nicht vor.

8 Wie funktionieren Wälzführungen für unbegrenzte Verschiebewege?

Wälzführungen für unbegrenzte Verschiebewege besitzen eine Wälzkörperrückführung. Dadurch wird ein Wälzkörperkreislauf erzielt.

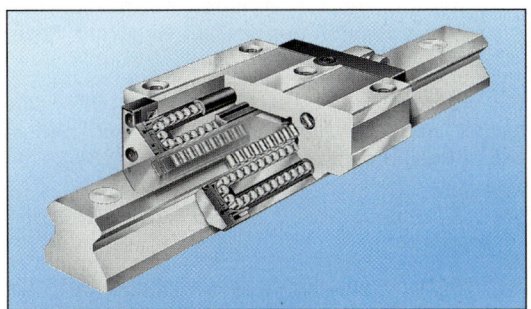

9 Wie werden kunststoffbeschichtete Schlittenführungen durch Gießen mit Epoxidharz hergestellt?

Die Führungsbahn eines Drehmaschinenbettes z.B. wird geschliffen und mit einem Trennmittel versehen. Die gegenpassende Form des Werkzeugschlittens wird nur geschruppt. Beide Teile werden dann so ausgerichtet und fixiert, dass zwischen ihnen ein Abstand von etwa 2,5 mm vorhanden ist. Nach dem Abdichten der Seiten wird der so entstandene Hohlraum mit Epoxidharz ausgegossen. Nach dem Aushärten wird die Kunststoffoberfläche überschabt, damit sich in den dadurch entstehenden muldenförmigen Vertiefungen der Schmierstoff festsetzen kann.

10 Welche Taschen im Bild sind erforderlich, um den Schlitten bei Belastung durch die Kraft _F_ in der richtigen Höhe zu halten?

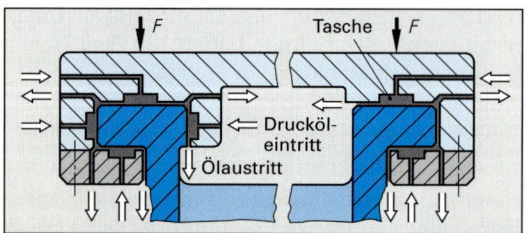

Für die Höhenlage sind die Taschen oben und unten an der Führungsbahn erforderlich.

11 Warum bleibt der Schlitten im obigen Bild, auch wenn die Kraft _F_ größer wird, in gleicher Höhenlage?

Bei größer werdender Kraft wird der Schlitten geringfügig nach unten gedrückt. Dadurch verengen sich die Spalte der oberen Taschen. Wegen des konstanten Volumenstroms steigt der Druck in diesen Spalten an und drückt den Schlitten wieder in seine Normallage.

12 Welche Taschen im obigen Bild werden benötigt, um den Schlitten bei nicht senkrechten Bearbeitungskräften in seiner Position zu halten?

Bei waagrechten Kraftkomponenten halten die seitlich angeordneten Taschen den Schlitten in seiner Position.

13 Wie funktionieren aerostatische Gleitführungen?

Aerostatische Gleitführungen funktionieren wie hydrostatische. Anstelle von Öl wird bei ihnen jedoch Druckluft durch die Taschen gepresst. Die Reibung ist deshalb noch geringer als bei hydrostatischen Führungen.

Ergänzende Fragen zu Führungen

14 Wie werden Gleitführungen geschmiert?

Gleitführungen werden wie Gleitlager entweder hydrodynamisch oder hydrostatisch geschmiert.

Bei hydrodynamisch geschmierten Führungen ist der Öldruck zwischen den gleitenden Teilen wegen der geringen Gleitgeschwindigkeit häufig gering. Dadurch kommt es zur Mischreibung und erhöhtem Verschleiß.
Bei hydrostatisch geschmierten Führungen wird der erforderliche Öldruck außerhalb der Führungen in besonderen Pumpen erzeugt.

15 Wie funktioniert eine verdrehfeste Kugelführung?

Eine verdrehfeste Kugelführung besteht im Wesentlichen aus einer Profilwelle, einer Kugelbuchse und den zwischen der Welle und der Kugelbuchse sich befindenden Wälzkörpern. Weil die Wälzkörper zwischen Laufbahnrillen von Profilwelle und Kugelbuchse angeordnet sind, sind solche Führungen verdrehfest.

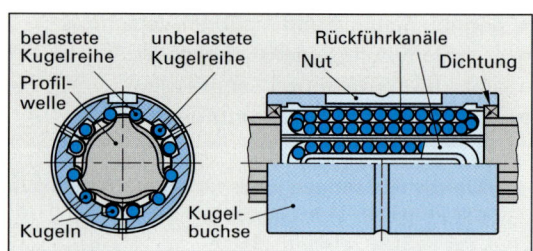

T327 Welche Behauptung zur abgebildeten Führung ist richtig? Das Bild zeigt eine ...

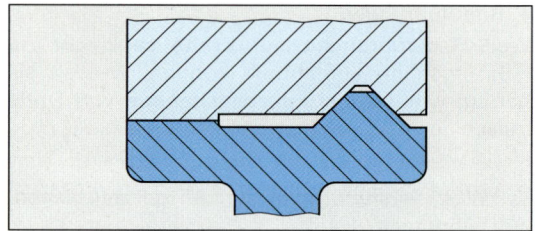

a) Wälzführung
b) Schwalbenschwanzführung
c) hydrostatisch geschmierte Führung
d) eine kombinierte V-Flach-Führung
e) eine geschlossene Führung

T328 Welche Aussage trifft für Führungen zu?

a) Hydrostatisch geschmierte Führungen besitzen als Wälzkörper meist Kugeln
b) Bei aerostatisch geschmierten Führungen wird Öl als Schmierstoff verwendet
c) Bei Gleitführungen, bei denen die aufeinander gleitenden Teile aus Metallen bestehen, ist ein Ruckgleiten (Stick-Slip-Effekt) ausgeschlossen
d) Bei kunststoffbeschichteten Gleitführungen sind die Beläge stets zwischen den Gleitteilen frei beweglich
e) Bei hydrostatisch oder hydrodynamisch geschmierten Gleitführungen ist ein Ruckgleiten nicht möglich

Federn

Fragen aus Fachkunde Metall, Seite 399

1 Wozu werden Federn verwendet?

Federn können in Maschinen verschiedene Aufgaben übernehmen:

- Auffangen von Stößen und Schwingungen (Fahrzeuge, Kupplungen)
- Aufeinanderpressen von Maschinenteilen (Kupplung)
- Speichern von Spannenergie (z.B. beim Stirnmitnehmer)
- Rückholen von Maschinenteilen (Pneumatikzylinder)

2 Wie groß ist die Federrate einer Druckfeder, wenn eine Kraft von 400 N erforderlich ist, um die Feder um 5,5 mm zusammenzudrücken?

Die Federrate berechnet man aus der Federkraft F und dem Federweg s mit der Gleichung

$$R = \frac{F}{s}$$

$$R = \frac{400 \text{ N}}{5,5 \text{ mm}} \approx \textbf{72,7 N/mm}$$

3 Welche Federarten unterscheidet man?

- Nach der Art der Beanspruchung unterscheidet man Druckfedern, Zugfedern, Biegefedern und Drehfedern (Bild unten).
- Nach der äußeren Form unterscheidet man Schraubenfedern, Spiralfedern, Blattfedern, Drehstabfedern, Tellerfedern und Ringfedern.
- Nach der Art des federnden Stoffes unterscheidet man Stahlfedern, Gummifedern und pneumatische Federn.

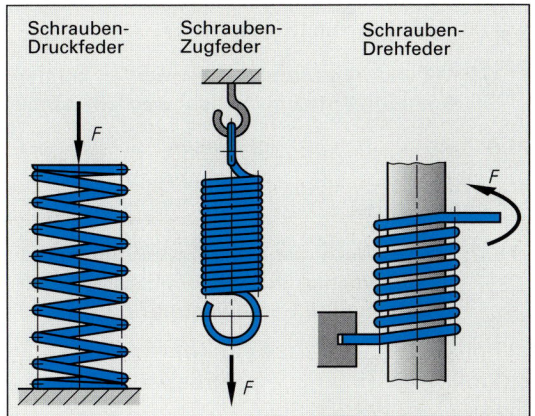

4 Wie kann bei Tellerfedern der Federweg ohne Veränderung der Federkraft vergrößert werden?

Durch wechselsinnige Schichtung von Tellerfedern zu Tellerfederpaketen kann der Federweg vergrößert werden.

Die Federkraft bleibt dabei konstant.

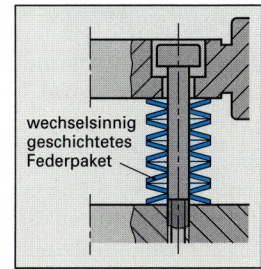

wechselsinnig geschichtetes Federpaket

5 Wie funktioniert die Federung bei Ringfedern?

Ringfedern bestehen aus geschlossenen Stahlringen, die sich an ihren Kegelflächen berühren. Wirkt auf die Ringfedern eine Kraft in axialer Richtung, werden die Außenringe elastisch geweitet, die Innenringe elastisch zusammengedrückt.

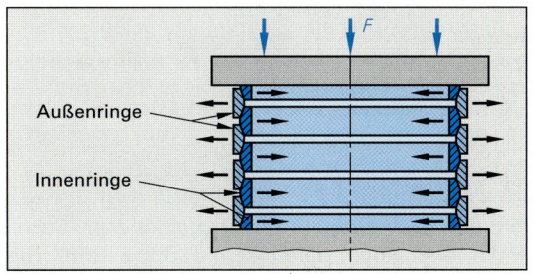

Außenringe

Innenringe

Ergänzende Fragen zu Federn

T329 Bei welcher Feder liegen die Windungen dicht aneinander? Bei der …

a) Scheibenfeder
b) Tellerfeder
c) Druckfeder
d) Zugfeder
e) Blattfeder

T330 Wie arbeiten pneumatische Federn?

a) Wasser wird in einen Federbalg gepresst.
b) Luft wird zusammengepresst und dehnt sich wieder aus.
c) Öl fließt unter der Kraft durch eine enge Düse und wieder zurück.
d) Luft strömt unter der Kraft langsam aus einem Balg aus.
e) Wasser und Luft werden gemischt und anschließend entmischt.

4.3.4 Funktionseinheiten zur Energieübertragung

Achsen und Wellen

Fragen aus Fachkunde Metall, Seite 401

1 Wodurch unterscheiden sich Achsen und Wellen?

Achsen dienen zum Tragen ruhender, umlaufender oder schwingender Maschinenteile.
Wellen übertragen Drehmomente.

Achsen werden vorwiegend auf Biegung, Wellen auf Verdrehung (Torsion) und Biegung beansprucht.

2 Warum sind Getriebewellen meist abgesetzt?

Durch Wellenabsätze können z.B. andere Maschinenteile, wie Zahnräder oder Wälzlager, leichter montiert und in axialer Richtung festgelegt werden.

Maschinenteile mit Übermaß, wie z.B. Wälzlager, müssten bei nicht abgesetzten Wellen bis zu ihrem Sitz über die Welle getrieben werden.

3 Welche Zapfenarten gibt es?

Bei den Wellenzapfen unterscheidet man Stirn-, Hals- und Kugelzapfen sowie Spur- und Kurbelzapfen.

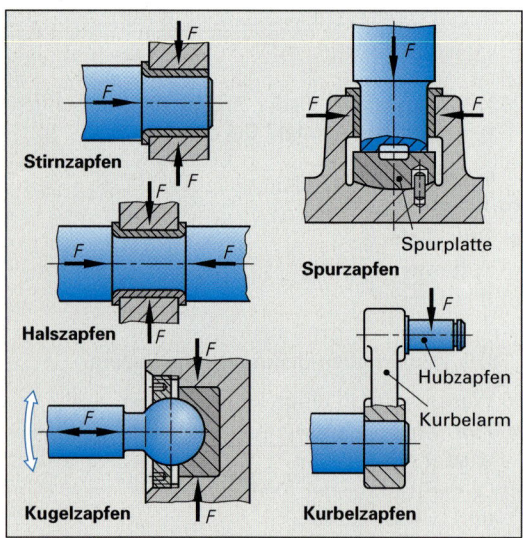

Am Übergang vom Zapfen zur Wellenschulter besteht durch Kerbwirkung Dauerbruchgefahr. Aus diesem Grunde muss der Übergang mit großem Radius oder genormtem Freistich erfolgen.

4 Wozu werden Gelenkwellen verwendet?

Gelenkwellen werden dann zur Drehmomentübertragung verwendet, wenn sich die Lage der Antriebsseite zur Abtriebsseite einer Welle verändern kann.

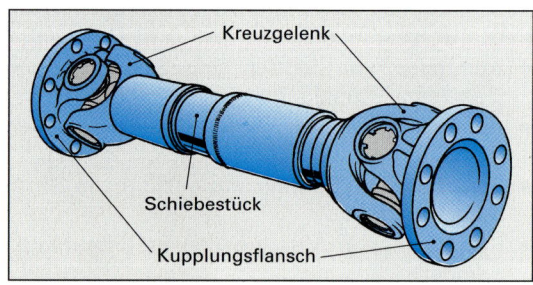

Gelenkwellen werden z.B. bei Achsantrieben von Kraftfahrzeugen verwendet.

Ergänzende Fragen zu Achsen und Wellen

5 Welche Arten von Wellen gibt es?

Man unterscheidet starre Wellen, Gelenkwellen und biegsame Wellen.

Manche Wellen von Werkzeugmaschinen werden auch als Spindel bezeichnet, z.B. Arbeitsspindel.

6 Welche Aufgaben haben Kurbelwellen?

Kurbelwellen wandeln Drehbewegungen in geradlinige Bewegungen oder geradlinige Bewegungen in Drehbewegungen um.

Kurbelwellen werden z.B. bei Kolbenverdichtern und Verbrennungsmotoren verwendet.

7 Woran erkennt man Getriebewellen?

Getriebewellen sind Wellen, die meist mehrfach abgesetzt sind.

Die Wellenabsätze dienen der leichten Montierbarkeit und der axialen Festlegung von Maschinenelementen, wie z.B. Zahnrädern und Kupplungen.

T331 Mit welchen Maschinenelementen können Drehmomente übertragen werden? Mit …

a) Achsen   b) Wellen
c) Bolzen   d) Schrauben
e) Schubstangen

T332 Welche Welle dient zur Umwandlung einer Drehbewegung in eine kurzhubige geradlinige Hin- und Herbewegung? Eine …

a) Hohlwelle   b) Keilwelle
c) Profilwelle   d) Kurbelwelle
e) biegsame Welle

Dichtungen

Fragen aus Fachkunde Metall, Seite 403

1 Welche Dichtungsarten unterscheidet man?

Man unterscheidet ruhende (statische) Dichtungen und Bewegungsdichtungen (dynamische Dichtungen).

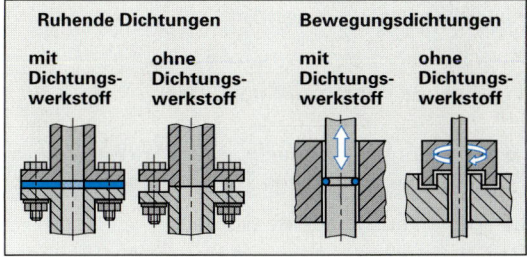

Ruhende Dichtungen		Bewegungsdichtungen	
mit Dichtungs-werkstoff	ohne Dichtungs-werkstoff	mit Dichtungs-werkstoff	ohne Dichtungs-werkstoff

2 Wie wird bei ruhenden Dichtungen die Dichtwirkung erreicht?

Die Dichtwirkung wird durch Aufeinanderpressen der Bauteile an den Dichtflächen erreicht. Dadurch werden Unebenheiten an den Dichtflächen ausgeglichen.

In der Mehrzahl der Fälle ist zwischen die Dichtflächen ein Dichtelement aus elastischem Dichtwerkstoff eingelegt.

3 Wozu werden Radial-Wellendichtringe verwendet?

Sie werden zum Abdichten von Wellendurchgängen, z.B. bei Maschinengehäusen, verwendet. Der Druckunterschied der abzudichtenden Räume darf nicht groß sein.

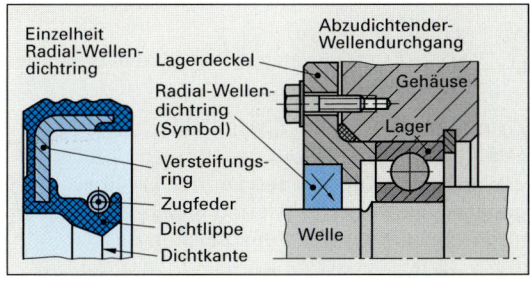

4 Wie dichten Labyrinthdichtungen ab?

Sie dichten durch ineinander greifende Bauteile ab, die einen labyrinthförmigen Spalt zwischen Welle und Gehäuse bilden (Bild).

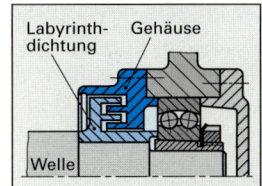

Ergänzende Fragen zu Dichtungen

5 Welche Profildichtungen werden am häufigsten verwendet?

Die am häufigsten verwendeten Profildichtungen sind die Runddichtringe, auch O-Ringe genannt. Sie werden in eine Nut eingelegt und beim Zusammenbau elastisch verformt.

6 Wie wird bei einer Axial-Gleitringdichtung die Dichtwirkung erzielt?

Gegeneinander abdichtende Teile sind zwei aufeinander schleifende Gleitringe. Der eine Gleitring läuft mit der Welle mit, der andere Gleitring ist fest mit dem Gehäuse verbunden.

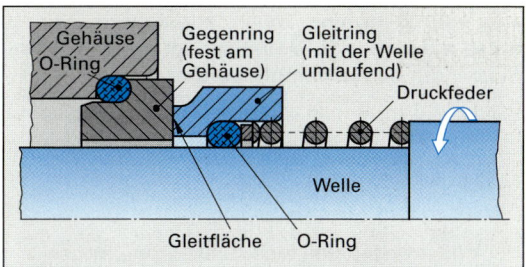

7 Warum können Radial-Wellendichtringe nicht zum Abdichten von Räumen mit hohen Druckunterschieden verwendet werden?

Der flexible Radial-Wellendichtring kann keine großen Druckkräfte aufnehmen. Er würde verformt und die Dichtlippe würde schnell verschleißen.

T333 Welche der genannten Dichtungen ist eine ruhende Dichtung?

a) Gleitringdichtung
b) Labyrinthdichtung
c) Flachdichtung
d) Radial-Wellendichtring
e) Nutring

T334 Welche Aufgabe können Dichtungen *nicht* erfüllen? Sie können nicht …

a) die Reibung vermindern
b) bewegliche Maschinenteile vor Staub schützen
c) Druckverluste verhindern
d) Schmierstoffverluste verhindern
e) Unebenheiten an Dichtflächen ausgleichen

Kupplungen

Fragen aus Fachkunde Metall, Seite 408

1 Welche Aufgaben haben Kupplungen?

Kupplungen verbinden zwei Wellen und übertragen das Drehmoment von der einen zur anderen Welle. Zum Teil dienen sie zum Zu- und Abschalten von Baugruppen, z.B. von Getriebewellen.

Manche Kupplungsarten sind in der Lage, Wellenversetzungen auszugleichen.

2 In welchen Fällen werden elastische Kupplungen eingesetzt?

Elastische Kupplungen werden eingesetzt, wenn z.B. eine Maschine weich angefahren werden muss oder wenn in Umfangsrichtung Stöße und Schwingungen gedämpft werden sollen.

Häufig verwendet man elastische Kupplungen zum Antrieb von Arbeitsmaschinen mit stark schwankender oder stoßartiger Belastung, wie z.B. bei Kolbenpumpen und Kolbenverdichtern.

3 Wie arbeitet eine Einscheibenkupplung?

Bei der Einscheibenkupplung wird eine auf dem einen Wellenende sitzende Kupplungsscheibe mit Reibbelag gegen eine mit dem anderen Wellenende verbundene Reibscheibe gepresst. Zum Lösen der Kupplung werden die beiden Reibbeläge auseinander gedrückt.

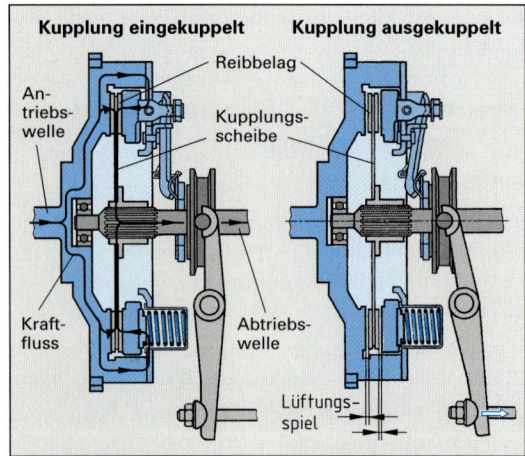

Mehrscheibenkupplungen sind ähnlich wie Einscheibenkupplungen, jedoch mit mehreren Kupplungsscheiben, aufgebaut. Sie können durch die größere Anzahl von Kupplungsscheiben bei gleichem Außendurchmesser höhere Drehmomente übertragen.

4 Wozu werden Sicherheitskupplungen verwendet?

Sicherheitskupplungen werden verwendet, um z.B. hochwertige Maschinenteile bei Überlastung vor Beschädigung zu schützen.

Die einfachsten Sicherheitskupplungen sind der Abscherstift und die Brechbolzenkupplung. Beim Überschreiten des zulässigen Drehmomentes werden die Kupplungselemente abgeschert.

Ergänzende Fragen zu Kupplungen

5 Welche Wellenversetzungen können durch Kupplungen ausgeglichen werden?

Es können ausgeglichen werden:
Radialversetzung, Axialversetzung, Winkelversetzung sowie Kombinationen dieser Versetzungen.

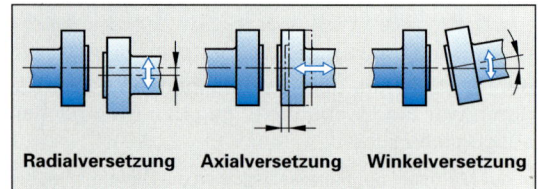

Radialversetzung Axialversetzung Winkelversetzung

6 Wozu werden starre Kupplungen verwendet?

Starre Kupplungen werden zur Kraftübertragung zwischen zwei fluchtenden Wellen eingesetzt, die auch in axialer Richtung fest miteinander verbunden werden sollen.

Starre Kupplungen können keine Wellenversetzungen ausgleichen.

7 Welche Kupplungen gehören zu den drehstarren Kupplungen?

Zu den drehstarren Kupplungen zählen Bogenzahnkupplungen, Gelenkkupplungen und Gelenkwellen. Diese Kupplungen können Drehbewegungen drehstarr übertragen und gleichzeitig Winkel- und Axialversetzungen ausgleichen.

Mit zwei Gelenken auf einer Welle können auch große radiale Versetzungen ausgeglichen werden.

8 Welche Vorteile haben elastische Kupplungen?

Elastische Kupplungen können radiale und axiale Wellenversetzungen ausgleichen sowie Stöße und Schwingungen in Umlaufrichtung dämpfen.

Als elastische Elemente werden Formteile aus Gummi sowie Schrauben- und Blattfedern und druckluftgefüllte Gummibälge eingesetzt.

9 Worin besteht der Unterschied zwischen formschlüssigen und kraftschlüssigen Schaltkupplungen?

Bei den formschlüssigen Schaltkupplungen wird die Verbindung der Wellen durch zwei ineinander passende Formteile hergestellt.

Bei kraftschlüssigen Schaltkupplungen erfolgt die Drehmomentübertragung durch Reibungskräfte.

Zu den formschlüssigen Schaltkupplungen gehören die Klauenkupplung und die Zahnkupplung. Kraftschlüssige Schaltkupplungen sind die Einscheibenkupplung und die Lamellenkupplung.

10 In welchem Bewegungszustand dürfen Klauenkupplungen geschaltet werden?

Klauenkupplungen dürfen nur im Stillstand oder bei geringem Drehzahlunterschied der beiden Wellen geschaltet werden.

Im eingeschalteten Zustand ist keine äußere Schließkraft nötig, um die Kraftübertragung aufrecht zu erhalten.

11 In welchen Fällen verwendet man Lamellenkupplungen?

Lamellenkupplungen werden verwendet, wenn der Kraftfluss der verbundenen Wellen häufig unterbrochen werden muss und große Drehmomente mit einer kompakten Kupplung übertragen werden sollen.

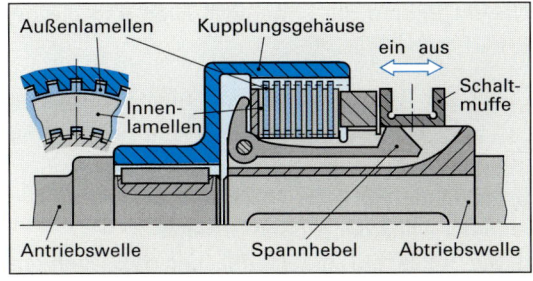

Lamellenkupplungen mit elektromagnetischer Betätigung eignen sich besonders für automatisch gesteuerte Werkzeugmaschinen.

12 Wozu dienen Anlaufkupplungen?

Anlaufkupplungen ermöglichen ein unbelastetes Anlaufen der Kraftmaschine. Sie kuppeln erst ab einer vorgewählten Drehzahl die Arbeitsmaschine zu.

Anlaufkupplungen sind bei Kraftmaschinen erforderlich, die bei niedrigen Drehzahlen ein kleines Drehmoment besitzen, wie z.B. Verbrennungsmotore.

13 In welchen Fällen verwendet man eine Freilauf- bzw. Überholkupplung?

Freilauf- bzw. Überholkupplungen werden dann verwendet, wenn der Abtriebsteil der Kupplung zeitweise schneller läuft als der antreibende Kupplungsteil und der schnellere Lauf nicht durch die Arbeitsmaschine gebremst werden soll.

Freilauf- bzw. Überholkupplungen enthalten Sperrklinken, Klemmkörper oder Kugeln, die bei schnellerem Lauf der Antriebsmaschine eine Verbindung herstellen, bei langsamerem Lauf jedoch die Verbindung lösen.

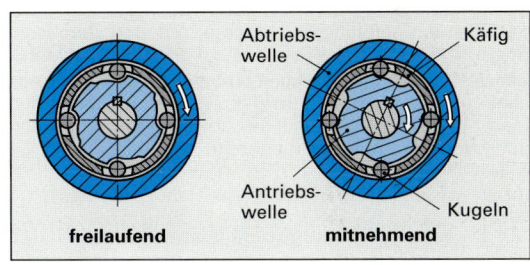

T335 Mit welcher Kupplung kann die Kraftübertragung kurzfristig unterbrochen werden? Mit einer ...

a) Schalenkupplung

b) Scheibenkupplung

c) Lamellenkupplung

d) Kreuzgelenkkupplung

e) Bogenzahnkupplung

T336 Welche Kupplung zählt *nicht* zu den Reibungskupplungen? Die ...

a) Einscheibenkupplung

b) Lamellenkupplung

c) Kegelkupplung

d) Klauenkupplung

e) elektromagnetische Kupplung

T337 Welche Aufgabe hat eine Sicherheitskupplung? Mit ihr werden ...

a) Wellen stoffschlüssig miteinander verbunden

b) Stöße gedämpft

c) Wellen fest miteinander verbunden

d) axiale Verschiebungen zweier Wellen ausgeglichen

e) Maschinenteile vor Beschädigungen geschützt

Riementriebe

Fragen aus Fachkunde Metall, Seite 410

1 Was versteht man bei Riementrieben unter dem Schlupf?

Unter Schlupf versteht man den Geschwindigkeitsunterschied zwischen der Umfangsgeschwindigkeit der Riemenscheibe und der Geschwindigkeit des Riemens.

Der Schlupf wird verursacht durch elastische Dehnung des Riemens infolge der Umfangskraft und durch geringfügiges Gleiten des Riemens auf der Riemenscheibe. Der Schlupf bei Riemenscheiben beträgt etwa 2%. Er ist abhängig von Belastung, Umfangsgeschwindigkeit, Riemen- und Scheibenwerkstoff sowie vom Umschlingungswinkel und der Riemenbreite.

2 Welche Keilriemenprofile gibt es?

Man unterscheidet Normalkeilriemen, Breitkeilriemen, Schmalkeilriemen und Mehrrippenkeilriemen.

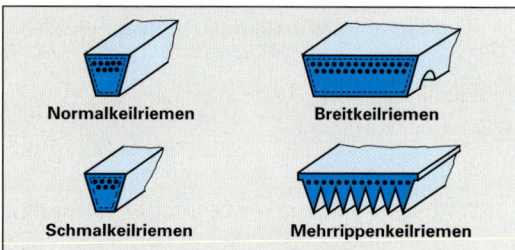

3 Wodurch zeichnen sich Zahnriementriebe aus?

Zahnriementriebe laufen schlupffrei. Sie benötigen nur geringe Riemenvorspannungen und verursachen deshalb nur kleine Lagerbelastungen.

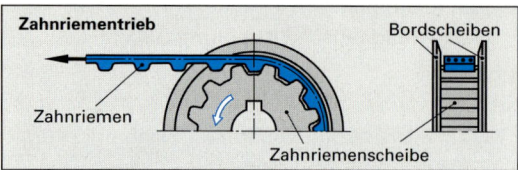

Sie eignen sich zur schlupflosen Übertragung von kleinen und mittleren Leistungen bei Umfangsgeschwindigkeiten bis 80 m/s. Die Übertragung des Drehmomentes erfolgt formschlüssig.

Zahnriementriebe werden bei Vorschubantrieben von NC-Maschinen und bei Pkw-Motoren als Nockenwellenantriebe eingesetzt.

Ergänzende Fragen zu Riementrieben

4 Welche Arten von Riementrieben unterscheidet man?

Man unterscheidet kraftschlüssige Riementriebe und formschlüssige Riementriebe.

Kraftschlüssige Riementriebe übertragen das Drehmoment durch Reibung zwischen Riemenscheibe und Treibriemen. Bei formschlüssigen Riementrieben erfolgt die Drehmomentübertragung durch das formschlüssige ineinander Greifen von Zahnriemen und Zahnriemenscheibe.

5 Warum sind die Laufflächen der Riemenscheibe für Flachriemen leicht gewölbt?

Durch die Laufflächenwölbung läuft der Riemen immer auf der Mitte der Scheibe.

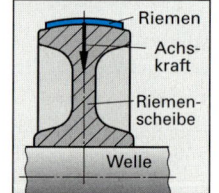

Die Laufflächen müssen glatt sein, weil sonst der Riemenverschleiß durch den Schlupf zu groß wird.

6 Welche Vor- und Nachteile hat der Keilriementrieb im Vergleich zum Flachriementrieb?

Der Keilriementrieb hat folgende Vorteile:

Hohe Übertragungsleistung bei geringer Baugröße, große Durchzugskraft bei geringem Schlupf, sehr hohe Leistungsübertragung durch mehrere nebeneinander angeordnete Keilriemen. Nachteilig sind die höheren Kosten und die begrenzten Achsabstände.

T338 Wo muss bei einem Riementrieb die Spannrolle angeordnet werden?

a) Im losen Trum
b) Im ziehenden Trum
c) In der Nähe der großen Scheibe
d) Sie muss auf die Laufflächen des Riemens drücken
e) Sie muss auf der großen Scheibe laufen

T339 Welche Scheibe erhält bei Keilriementrieben den kleineren Rillenwinkel?

a) Die treibende Scheibe
b) Die getriebene Scheibe
c) Die Scheibe mit der kleineren Drehzahl
d) Die Scheibe mit dem größtzulässigen Durchmesser
e) Die Scheibe mit dem kleinstzulässigen Durchmesser

Kettentriebe

Fragen aus Fachkunde Metall, Seite 412

1 Welche zwei Gruppen von Kettenbauarten werden grundsätzlich unterschieden?

Man unterscheidet Gliederketten und Gelenkketten.

Gliederketten dienen nur als Lastketten, Gelenkketten sind das Zugmittel in Kettentrieben.

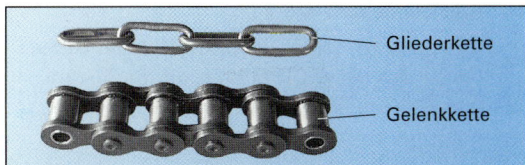

Gliederkette

Gelenkkette

2 Erläutern Sie vier Merkmale, durch welche sich die Ketten von den Riemen unterscheiden.

- Nicht empfindlich gegen Feuchtigkeit, Schmutz und höhere Temperaturen
- Übertragung großer Kräfte im rauen Betrieb
- Konstantes Übersetzungsverhältnis
- Schmierung erforderlich
- Kettengeschwindigkeit begrenzt, Schwingen bei stoßartiger Belastung
- Größere Geräuschentwicklung

3 Erklären Sie den Aufbau einer Rollenkette und erläutern Sie ihre Vorteile.

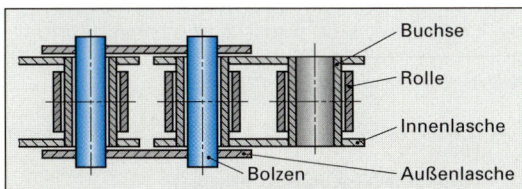

Buchse

Rolle

Innenlasche

Bolzen   Außenlasche

Die Rollenkette hat gegenüber der einfacheren Bolzenkette gehärtete und geschliffene Rollen, die auf den Zahnflanken des Kettenrades abrollen. Rollenketten besitzen eine kleinere Reibung und deshalb einen geringeren Verschleiß als Bolzenketten.

4 Welche Vorteile haben Zahnketten? Nennen Sie einen Einsatzbereich.

Zahnketten laufen geräuscharm und können für Kettengeschwindigkeiten bis 30 m/s eingesetzt werden.

Sie werden z.B. als Steuerketten in Motoren verwendet.

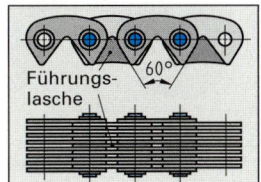

Führungs-lasche

Ergänzende Fragen zu Kettentrieben

5 In welchen Fällen werden Kettentriebe verwendet?

Kettentriebe werden verwendet:

- bei größeren Achsabständen, wenn kein Schlupf auftreten darf
- bei rauem Betrieb oder bei Trieben, die starker Verschmutzung ausgesetzt sind

Kettentriebe haben sich bei Fahrrädern und Motorrädern besonders bewährt. Außerdem werden sie in der Fördertechnik sowie bei Holzbearbeitungs- und Baumaschinen eingesetzt.

6 Wie werden die Kettenräder eines Kettentriebs günstig angeordnet?

Günstig für einen ruhigen Lauf der Kette ist eine waagrechte oder bis 60° geneigte Anordnung der Kettenräder.

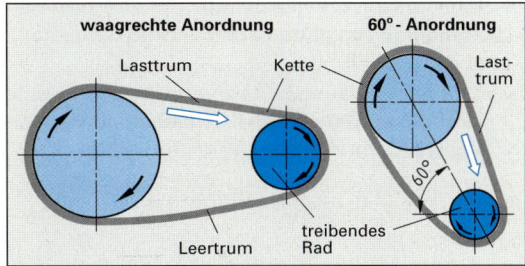

waagrechte Anordnung   60° - Anordnung

Lasttrum   Kette   Last-trum

Leertrum   treibendes
               Rad

7 Wozu dient bei Kettentrieben die Spannrolle?

Sie soll die Kette immer leicht spannen, so dass Schwingungen vermieden werden und Verlängerungen der Kette ausgeglichen werden.

T340 Welche Kette wird eingesetzt, wenn bei einem Antrieb sehr große Kräfte übertragen werden müssen?

a) Buchsenkette
b) Zahnkette
c) Einfachrollenkette
d) Fleyerkette
e) Mehrfachrollenkette

T341 Welche Kette läuft besonders geräuscharm?

a) Zahnkette
b) Rollenkette
c) Mehrfach-Rollenkette
d) Gliederkette
e) Hülsenkette

Zahnradtriebe

Fragen aus Fachkunde Metall, Seite 415

1 Welche Aufgaben haben Zahnräder?

Zahnräder übertragen Drehbewegungen formschlüssig von einer Welle auf eine andere Welle. Dabei ändern sich die Drehzahl, die Drehrichtung und das Drehmoment.

2 Was versteht man unter dem Modul eines Zahnrades?

Der Modul m ist eine Kennzahl einer Verzahnung. Er wird berechnet aus der Teilung p dividiert durch die Zahl π. $\qquad m = \dfrac{p}{\pi}$

Der Modul ist genormt und hat die Einheit einer Länge, z.B. $m = 2$ mm.

3 Für ein Hebezeug, das aus einem Zahnräderpaar mit dem Achsabstand $a = 270$ mm besteht, soll das getriebene Zahnrad hergestellt werden (Bild).

Von dem treibenden Zahnrad sind die Zähnezahl $z_1 = 46$ und der Kopfkreisdurchmesser $d_{a1} = 216$ mm bekannt. Wie groß sind

a) der Modul m beider Zahnräder,

$d_a = m\,(z + 2) \quad \Rightarrow$

$m = \dfrac{d_a}{z + 2}$

$m = \dfrac{216 \text{ mm}}{46 + 2} = \mathbf{4,5 \text{ mm}}$

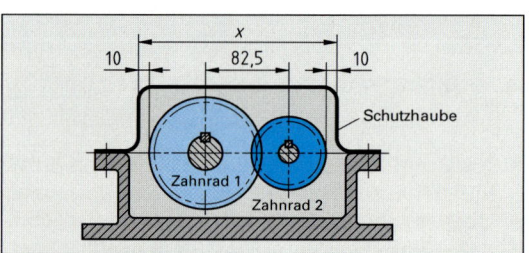

treibendes Zahnrad · d_{a1} · $z_1 = 46$

getriebenes Zahnrad · d_{a2} · z_2 · 270

Hubgewicht

b) die Zähnezahl z_2 des getriebenen Zahnrades,

$a = \dfrac{m \cdot (z_1 + z_2)}{2} \quad \Rightarrow$

$z_2 = \dfrac{2a - m \cdot z_1}{m}$

$z_2 = \dfrac{2 \cdot 270 \text{ mm} - 4,5 \text{ mm} \cdot 46}{4,5} = \mathbf{74}$

c) der Kopfkreisdurchmesser d_{a2} des getriebenen Zahnrades,

$d_{a2} = m \cdot (z + 2) = 4,5 \text{ mm} \cdot (74 + 2) = \mathbf{342 \text{ mm}}$

d) die Teilkreisdurchmesser beider Zahnräder,

$d = m \cdot z; \quad d_1 = 4,5 \text{ mm} \cdot 46 = \mathbf{207 \text{ mm}}$

$d_2 = 4,5 \text{ mm} \cdot 74 = \mathbf{333 \text{ mm}}$

e) die Zahnhöhen h beider Zahnräder für ein Kopfspiel $c = 0,167 \cdot m$.

$h = 2 \cdot m + c = 2 \cdot 4,5 \text{ mm} + 0,167 \cdot 4,5 \text{ mm}$

$= \mathbf{9,75 \text{ mm}}$

4 Ein Zahnrädergetriebe soll eine Schutzhaube erhalten (Bild). Bekannt sind:

Achsabstand $a = 82,5$ mm, Modul $m = 2,5$ mm und Zähnezahl $z_2 = 24$.

Wie groß muss die lichte Weite x der Schutzhaube bei einem Abstand von je 10 mm zu den Zahnrädern sein?

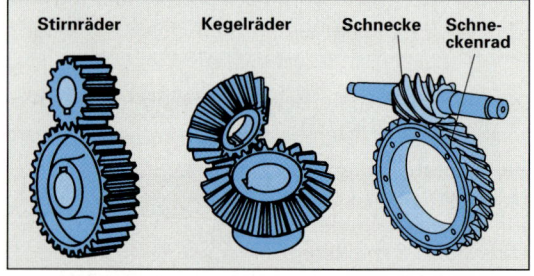

Gegeben:

$a = 82,5$ mm, $m = 2,5$ mm, $z_2 = 24$

$d_2 = m \cdot z_2 = 2,5 \text{ mm} \cdot 24 = 60 \text{ mm}$

$a = \dfrac{d_1 + d_2}{2} \quad \Rightarrow \quad d_1 = 2 \cdot a - d_2$

$d_1 = 2 \cdot 82,5 \text{ mm} - 60 \text{ mm} = 105 \text{ mm}$

$d_{a1} = d_1 + 2 \cdot m = 105 \text{ mm} + 2 \cdot 2,5 \text{ mm} = 110 \text{ mm}$

$d_{a2} = d_2 + 2 \cdot m = 60 \text{ mm} + 2 \cdot 2,5 \text{ mm} = 65 \text{ mm}$

$x = a + \dfrac{d_{a1}}{2} + \dfrac{d_{a2}}{2} + 2 \cdot 10 \text{ mm}$

$= 82,5 \text{ mm} + 55 \text{ mm} + 32,5 \text{ mm} + 20 \text{ mm} = \mathbf{190 \text{ mm}}$

5 Welche Zahnradarten gibt es?

Bei den Zahnrädern unterscheidet man Stirnräder, Kegelräder, Schraubenräder sowie Schnecken und Schneckenräder.

Stirnräder · Kegelräder · Schnecke · Schneckenrad

Stirnräder verwendet man bei parallelen Achsen, Kegelräder bei sich schneidenden Achsen, Schraubenräder sowie Schnecken und Schneckenräder bei sich kreuzenden Achsen.

6 Welche Vorteile hat die Schrägverzahnung gegenüber der Geradverzahnung?

Bei schrägverzahnten Zahnrädern sind immer mehrere Zähne gleichzeitig im Eingriff. Sie können deshalb eine höhere Umfangskraft übertragen und laufen ruhiger als geradverzahnte Räder.

Zahnräder mit Schrägverzahnung erzeugen jedoch Axialkräfte, die von den Lagern aufgenommen werden müssen.

7 Worauf ist bei der Montage von Kegelrädern besonders zu achten?

Es ist auf die richtige axiale Lage der Räder zu achten. Ansonsten klemmen die Zähne oder es herrscht ein zu großes Spiel.

In Kegelradtrieben muss daher die Möglichkeit zur axialen Einstellung des Spiels vorgesehen sein.

Ergänzende Fragen zu Zahnradtrieben

8 Wie berechnet man bei Geradstirnrädern den Teilkreisdurchmesser?

Aus der Zähnezahl z mal den Modul m:

$d = m \cdot z$

Diese Formel gilt nur für Geradstirnräder und für Kegelräder. Bei Schrägstirnrädern muss zusätzlich der Schrägungswinkel β berücksichtigt werden.

9 Was versteht man unter dem „Kopfspiel" eines Zahnradpaares?

Das Kopfspiel ist der Abstand zwischen dem Kopfkreis des einen Zahnrades und dem Fußkreis des Gegenzahnrades.

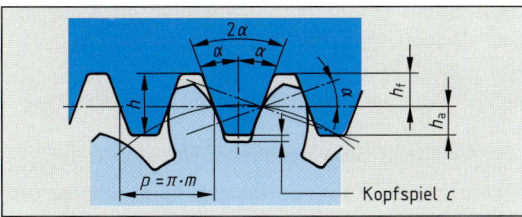

Das Kopfspiel soll 0,1 bis 0,3 mal dem Modul des Zahnradpaares betragen.

10 Welche geometrische Form hat die Zahnflanke?

Der Krümmungsverlauf der Zahnflanke hat entweder die Form einer Evolvente oder die Form einer Zykloide.

Im Maschinenbau sind Zahnräder mit Evolventenverzahnung üblich.

T342 Bei welchen Zahnrädertrieben schneiden sich die Achsen? Bei …

a) Stirnrädern
b) Schraubenrädern
c) Pfeilrädern
d) Kegelrädern
e) Schneckentrieben

T343 Mit welchem Zahnrädertrieb lässt sich bei gleicher Baugröße die größte Übersetzung erreichen? Mit einem …

a) Stirnrädertrieb
b) Schraubenrädertrieb
c) Pfeilrädertrieb
d) Kegelrädertrieb
e) Schneckentrieb

T344 Wie sind die Zähne bei Schrägstirnrädern auf dem Radkörper angeordnet?

a) Gerade im Schrägungswinkel zur Achse
b) Schraubenförmig
c) Kreisbogenförmig
d) Spiralförmig
e) Evolventenförmig

T345 Welches Zahnrad ist im nebenstehenden Bild gezeigt?

a) Geradverzahntes Stirnrad
b) Schrägverzahntes Schneckenrad
c) Pfeilverzahntes Schrägstirnrad
d) Doppelschrägverzahnte Schnecke
e) Schrägverzahntes Kegelrad

T346 Wie bezeichnet man die im Bild oben links mit c benannte Größe?

a) Modul
b) Kopfspiel
c) Zahnkopfhöhe
d) Teilung
e) Kopfkreisdurchmesser

4.3.5 Antriebseinheiten

Elektromotoren

Fragen aus Fachkunde Metall, Seite 421

1 Welche Elektromotorenarten unterscheidet man nach der Stromart und dem Drehverhalten?

Nach der Stromart unterscheidet man Gleichstrommotoren, Einphasen-Wechselstrommotoren und Drehstrommotoren.

Nach dem Drehverhalten, d.h. dem Gleichlauf oder Nichtgleichlauf mit dem Drehfeld des Stroms, unterscheidet man Synchronmotoren und Asynchronmotoren.

2 Welches sind die kennzeichnenden Eigenschaften eines Drehstromasynchronmotors?

- Einfacher, robuster Aufbau, da dem Rotor kein Strom zugeführt werden muss
- Wartungsarm, wenig störungsanfällig
- Anzugsmoment etwa so groß wie das Nennmoment (siehe Motorkennlinie im Bild)
- Hoher Anlaufstrom
- Drehzahl fällt bei Belastung nur wenig ab

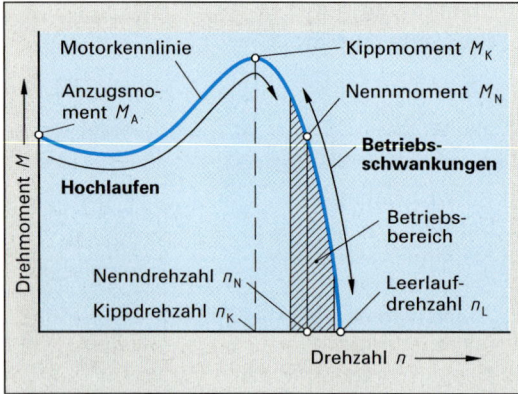

3 Welche Eigenschaften haben Synchronmotoren?

Eigenschaften der Synchronmotoren sind:
- Motorwelle dreht sich synchron, d.h. drehzahlgleich mit der Drehfelddrehzahl
- die Drehzahl bleibt auch bei Lastschwankungen konstant
- bei Überlastung bleibt der Motor stehen
- Synchronmotoren benötigen eine Anlaufhilfe
- Drehzahlsteuerung ist durch elektronische Steuerung möglich

4 Wie kann die Drehzahl von Drehstrommotoren gesteuert werden?

Bei polumschaltbaren Drehstrommotoren kann die Drehzahl in ein oder zwei Stufen umgeschaltet werden.

Mit Frequenzumrichtern kann die Drehzahl von Drehstrommotoren in einem weiten Drehzahlbereich stufenlos verstellt werden.

5 Welche Anforderungen müssen Hauptspindelantriebe von Werkzeugmaschinen erfüllen?

Hauptspindelantriebe von Werkzeugmaschinen sollten folgende Eigenschaften haben:
- große Leistung und konstanter Drehmomentverlauf
- schnelles Anfahren und Bremsen
- stufenlose Drehzahlsteuerung
- Möglichkeit der Winkelpositionierung beim Werkzeugwechsel
- möglichst geringer Wartungsaufwand

6 Wozu werden Servomotoren eingesetzt?

Servomotoren werden für die Vorschubantriebe von Werkzeugmaschinen eingesetzt.

Sie besitzen einen Messwertgeber für die Drehzahl (Tachogenerator) und einen für die Lagemessung (Drehmelder).

Ergänzende Fragen zu Elektromotoren

7 Wie entsteht die elektromagnetische Kraft in einem Elektromotor?

Die elektromagnetische Kraft in einem Elektromotor entsteht durch Zusammenwirken des Magnetfeldes der drehbar gelagerten Leiterspulen im Rotor und des Magnetfeldes des feststehenden Stators.

Die elektromagnetische Kraft bewirkt ein Drehmoment auf den Rotor und führt zur Drehung der Motorwelle.

8 Welche Vorteile besitzen Elektromotoren?

Elektromotoren sind geräuscharm, abgasfrei, umweltfreundlich, preiswert und haben einen hohen Wirkungsgrad.

Sie lassen sich leicht an die jeweilige Antriebsaufgabe anpassen.

9 Welches sind die gebräuchlichsten Drehstrommotoren?

Der Synchronmotor sowie der Asynchronmotor mit Schleifringläufer oder Kurzschlussläufer.

Jede Motorart hat spezifische Eigenschaften, so dass sie sich für ganz besondere Antriebsaufgaben eignet.

10 Welche bauliche Besonderheit hat der Läufer des Kurzschlussmotors?

Die Wicklungen (Al-Stäbe) dieses Motors sind durch angegossene Kurzschlussringe kurzgeschlossen.

Der Kurzschlussläufermotor ist einfach im Aufbau, sehr robust, wartungsarm und preisgünstig.

11 Wie reagiert ein Asynchronmotor auf eine Erhöhung der Belastung?

Seine Drehzahl vermindert sich und sein Drehmoment vergrößert sich bis zu einem maximalen Drehmoment, dem Kippmoment. (Siehe Bild des Betriebsverhaltens des Asynchronmotors, Frage 2, Seite 188).
Der Motor passt sich in diesem Bereich der Belastung an.
Übersteigt die Belastung das Kippmoment, so bleibt der Motor stehen.

12 Welche Aufgabe hat der Stromwender eines Gleichstrommotors?

Der Stromwender sorgt dafür, dass der Strom in den Leiterschleifen des Motors stets in der richtigen Richtung fließt.

Um eine fortlaufende Drehbewegung zu erhalten, muss der Strom jeweils auf eine andere Leiterschleife geleitet werden.

13 Wozu werden Universalmotoren verwendet?

Universalmotoren werden zum Antrieb von Haushaltsmaschinen und Kleingeräten, wie z.B. Staubsaugern, Handbohrmaschinen und Mixern, verwendet.

Universalmotoren können mit Gleichstrom und einphasigem Wechselstrom betrieben werden.

T347 Welche Aufgabe haben Elektromotore?

a) Sie erzeugen elektrischen Strom
b) Sie wandeln Strom mit hoher Spannung in Strom mit niedriger Spannung um
c) Sie erzeugen elektrische Energie
d) Sie wandeln elektrische Energie in mechanische Energie um
e) Sie wandeln chemische Energie in elektrische Energie um

T348 Ein Motor hat das gezeigte Leistungsschild

Welche Kenndaten hat der Motor?

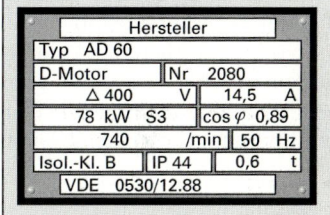

a) 740 V Nennspannung, 14,5 A Nennstrom, 78 kW Nenndrehzahl
b) 400 V Nennspannung, 78 A Nennstrom, 14,5 kW Nennleistung
c) 400 V Nennspannung, 14,5 A Nennstrom, 78 1/min Nenndrehzahl
d) 60 AD Nennspannung, 400 A Nennstrom, 78 kW Nennleistung
e) 400 V Nennspannung, 14,5 A Nennstrom, 78 kW Nennleistung

T349 Was versteht man bei Drehstrom-Asynchronmotoren unter dem Schlupf?

a) Eine besondere Wicklungsart der Rotorwicklung
b) Das Induzieren eines Stroms in der Wicklung
c) Das Kurzschließen der Rotorwicklungen
d) Den Unterschied zwischen der Drehfelddrehzahl und der Motordrehzahl
e) Den Abfall des Drehmoments

T350 Wozu besitzen große Elektromotoren eine Anlasssteuerung?

a) Zum schnellen Hochlaufen
b) Um die Stromaufnahme beim Hochlaufen zu vermindern
c) Zum langsamen Hochlaufen
d) Um Energie zu sparen
e) Um Überhitzung zu vermeiden

Getriebe

Fragen aus Fachkunde Metall, Seite 426

1 Welche Aufgaben haben Getriebe?

Getriebe dienen zur Übersetzung von Drehzahlen und Drehmomenten sowie zur Änderung von Drehrichtungen.

2 Welche Bauarten unterscheidet man bei den mechanischen Getrieben?

Man unterscheidet Getriebe mit gestufter und mit stufenloser Übersetzung.

Getriebe mit gestufter Übersetzung werden unterteilt in schaltbare und nicht schaltbare,

Getriebe mit stufenloser Übersetzung in reibschlüssige und formschlüssige Getriebe.

3 Warum können Schieberädergetriebe nicht während des Laufens geschaltet werden?

Bei diesen Getrieben werden die Zahnräder, die miteinander kämmen sollen, axial ineinander geschoben. Dies ist nur bei Stillstand oder sehr kleinen Drehzahlunterschieden möglich.

Schieberädergetriebe können deshalb auch nicht unter Last geschaltet werden.

4 Wie können 6 gestufte Drehzahlen durch ein Getriebe mit Schieberäderblöcken verwirklicht werden, wenn der Antriebsmotor nur eine Drehzahl aufweist?

Durch die Kombination von einem dreistufigen Getriebe mit einem zweistufigen Vorgelege.

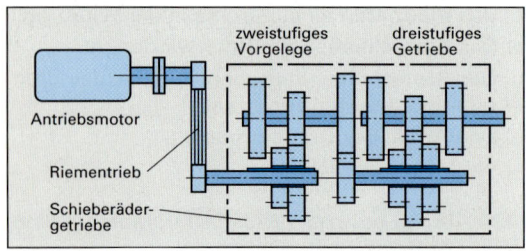

5 Welche Vorteile haben stufenlose Getriebe?

Bei stufenlosen Getrieben können die Abtriebsdrehzahlen bei konstanter Antriebsdrehzahl stufenlos zwischen einer kleinsten und einer größten Drehzahl eingestellt werden.

6 Das Schieberäder-Getriebe (Bild) hat folgende Eingangsgrößen: $P_1 = 40$ kW, $n_1 = 910$/min. Die Zähnezahlen betragen: $z_1 = 34$; $z_2 = 54$; $z_3 = 44$; $z_4 = 44$; $z_5 = 25$; $z_6 = 63$.

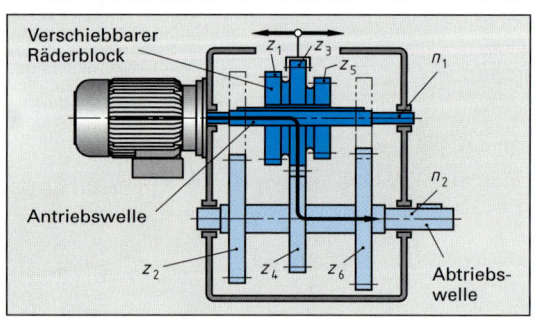

a) Wie groß sind die Übersetzungsverhältnisse der Übersetzungsstufen?

Stufe I (z_1/z_2) : $i = \dfrac{z_2}{z_1} = \dfrac{54}{34} = 1{,}588$

Stufe II (z_3/z_4) : $i = \dfrac{z_4}{z_3} = \dfrac{44}{44} = 1$

Stufe III (z_5/z_6) : $i = \dfrac{z_6}{z_5} = \dfrac{63}{25} = 2{,}52$

b) Wie groß sind die Ausgangsgrößen P_2, M_2 und n_2 für die Stufe mit der größten Übersetzung bei einem Getriebewirkungsgrad $\eta = 0{,}94$?

$P_2 = \eta \cdot P_1 = 0{,}94 \cdot 40$ kW $= \mathbf{37{,}6}$ **kW** $= 37600 \dfrac{\text{N} \cdot \text{m}}{\text{s}}$

$n_2 = \dfrac{n_1}{i} = \dfrac{910/\text{min}}{2{,}52} = \mathbf{361/\text{min}} = \mathbf{6/s}$

$M_2 = \dfrac{P_2}{2 \cdot \pi \cdot n_2} = \dfrac{37600 \dfrac{\text{N} \cdot \text{m}}{\text{s}}}{2 \cdot \pi \cdot 6/\text{s}} = \mathbf{997 \ N \cdot m}$

7 Das einstufige Zahnrädergetriebe (Bild) wird durch einen drehzahlgeregelten Motor angetrieben. Dieser gibt im Drehzahlbereich von 100/min bis 2500/min ein konstantes Drehmoment $M_1 = 65$ N · m ab. Die Zähnezahlen des Zahnrädergetriebes sind $z_1 = 23$ und $z_2 = 81$. Als Wirkungsgrad wird $\eta = 0{,}92$ angenommen.

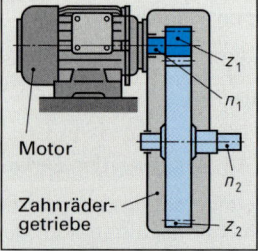

Wie groß sind die Ausgangsgrößen P_2, M_2 und n_2 bei kleinster und größter Motordrehzahl?

Bei $n = 100/\text{min} = 1{,}67/\text{s}$

$$P_2 = 2 \cdot \pi \cdot n \cdot M \cdot \eta = 2 \cdot \pi \cdot 1{,}67 \, \frac{1}{\text{s}} \cdot 65 \, \text{N} \cdot \text{m} \cdot 0{,}92$$

$$P_2 = 627 \, \frac{\text{N} \cdot \text{m}}{\text{s}} = \mathbf{627 \, W}$$

$$M_2 = i \cdot M \cdot \eta; \quad \text{mit } i = \frac{z_2}{z_1} = \frac{81}{23} = 3{,}52$$

$$M_2 = 3{,}52 \cdot 65 \, \text{N} \cdot \text{m} \cdot 0{,}92 = \mathbf{210 \, N \cdot m}$$

$$n_2 = \frac{n_1}{i} = \frac{100/\text{min}}{3{,}52} = \mathbf{28{,}4/min}$$

Bei $n = 2500/\text{min} = 41{,}67/\text{s}$

$$P_2 = 2 \cdot \pi \cdot n \cdot M \cdot \eta = 2 \cdot \pi \cdot 41{,}67 \, \frac{1}{\text{s}} \cdot 65 \, \text{N} \cdot \text{m} \cdot 0{,}92$$

$$P_2 = 15657 \, \frac{\text{N} \cdot \text{m}}{\text{s}} = \mathbf{15657 \, W}$$

$$M_2 = i \cdot M \cdot \eta = 3{,}52 \cdot 65 \, \text{N} \cdot \text{m} \cdot 0{,}92 = \mathbf{210 \, N \cdot m}$$

$$n_2 = \frac{n_1}{i} = \frac{2500/\text{min}}{3{,}52} = 710/\text{min}$$

---

8 Bei dem Breitkeilriemen-Getriebe (Bild) können die wirksamen Durchmesser der beiden Kegelscheibenpaare zwischen $d_{min} = 80$ mm und $d_{max} = 400$ mm stufenlos eingestellt werden. Der Antriebsmotor leistet 4 kW bei einer konstanten Drehzahl von 2700/min.

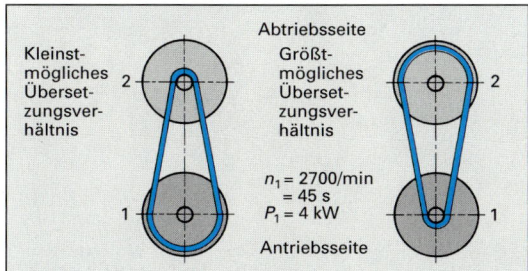

Kleinstmögliches Übersetzungsverhältnis
Abtriebsseite
Größtmögliches Übersetzungsverhältnis
$n_1 = 2700/\text{min} = 45 \, \text{s}$
$P_1 = 4 \, \text{kW}$
Antriebsseite

Wie groß sind Drehzahl, Riemengeschwindigkeit, Leistung und Drehmoment der Antriebswelle für

a) das kleinstmögliche Übersetzungsverhältnis,

$$i = \frac{d_2}{d_1} = \frac{80 \, \text{mm}}{400 \, \text{mm}} = 0{,}2; \qquad d_1 = 400 \, \text{mm} \atop d_2 = 80 \, \text{mm}$$

$$\frac{n_1}{n_2} = \frac{d_2}{d_1} \Rightarrow n_2 = n_1 \cdot \frac{d_1}{d_2} = 2700/\text{min} \cdot \frac{400 \, \text{mm}}{80 \, \text{mm}}$$

$$n_2 = \mathbf{13500/min} = 225/\text{s}$$

$$v_2 = n_2 \cdot \pi \cdot d_2 = 225 \, \frac{1}{\text{s}} \cdot \pi \cdot 0{,}08 \, \text{m} = \mathbf{56{,}5 \, m/s}$$

$$P_2 = P_1 = \mathbf{4 \, kW}$$

$$M_2 = \frac{P_2}{2 \cdot \pi \cdot n_2} = \frac{4000 \, \frac{\text{N} \cdot \text{m}}{\text{s}}}{2 \cdot \pi \cdot 225 \, \frac{1}{\text{s}}} = \mathbf{2{,}83 \, N \cdot m}$$

b) das größtmögliche Übersetzungsverhältnis?

$$i = \frac{d_2}{d_1} = \frac{400 \, \text{mm}}{80 \, \text{mm}} = 5; \qquad d_1 = 80 \, \text{mm} \atop d_2 = 400 \, \text{mm}$$

$$n_2 = n_1 \cdot \frac{d_1}{d_2} = 2700/\text{min} \cdot \frac{80 \, \text{mm}}{400 \, \text{mm}} = \mathbf{540/min} = 9/\text{s}$$

$$v_2 = n_2 \cdot \pi \cdot d_2 = 9/\text{s} \cdot \pi \cdot 0{,}4 \, \text{m} = \mathbf{11{,}3 \, m/s}$$

$$P_2 = P_1 = \mathbf{4 \, kW}$$

$$M_2 = \frac{P_2}{2 \cdot \pi \cdot n_2} = \frac{4000 \, \frac{\text{N} \cdot \text{m}}{\text{s}}}{2 \cdot \pi \cdot 9 \, \frac{1}{\text{s}}} = \mathbf{70{,}74 \, N \cdot m}$$

---

9 Vom Hauptspindel-Antrieb einer Drehmaschine ist die Kennlinie gegeben.

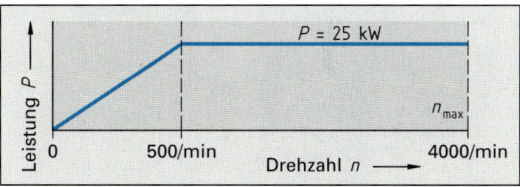

$P = 25$ kW

Leistung P

n_{max}

0   500/min   4000/min

Drehzahl n ⟶

a) Wie groß sind die vom Motor abgegebenen Drehmomente bei den Drehzahlen 500/min, 2000/min und 4000/min?

$$M = \frac{P}{2 \cdot \pi \cdot n}$$

$n = 500/\text{min}$:
$= 8{,}33/\text{s}$
$$M = \frac{25000 \, \frac{\text{N} \cdot \text{m}}{\text{s}}}{2 \cdot \pi \cdot 8{,}33/\text{s}} = \mathbf{477 \, N \cdot m}$$

$n = 2000/\text{min}$:
$= 33{,}33/\text{s}$
$$M = \frac{25000 \, \frac{\text{N} \cdot \text{m}}{\text{s}}}{2 \cdot \pi \cdot 33{,}33/\text{s}} = \mathbf{119 \, N \cdot m}$$

$n = 4000/\text{min}$:
$= 66{,}66/\text{s}$
$$M = \frac{25000 \, \frac{\text{N} \cdot \text{m}}{\text{s}}}{2 \cdot \pi \cdot 66{,}66/\text{s}} = \mathbf{60 \, N \cdot m}$$

b) Der Zahnriementrieb zwischen Motor und Spindel hat ein Übersetzungsverhältnis i = 2,5. Wie wirkt sich dieses auf die Drehzahlen und Drehmomente der Spindel aus?

$$i = \frac{n_1}{n_2} \Rightarrow n_2 = \frac{n_1}{i}; \text{ z.B. } n_2 = \frac{500/min}{2,5} = 200/min = 3,33/s$$

Die Drehzahlen der Spindel sind jeweils um den Faktor 2,5 kleiner als die Drehzahlen des Motors.

$M_2 = M_1 \cdot i$

z.B. M_2 = 477 N · m · 2,5 = 1193 N · m

Die Drehmomente an der Spindel sind jeweils 2,5 mal größer als die Drehmomente am Motor.

Ergänzende Fragen zu Getrieben

10 Warum müssen die Wellen, Lager und Zahnräder von der Antriebswelle des Elektromotors bis zur Abtriebswelle des Getriebes immer kräftiger ausgeführt sein?

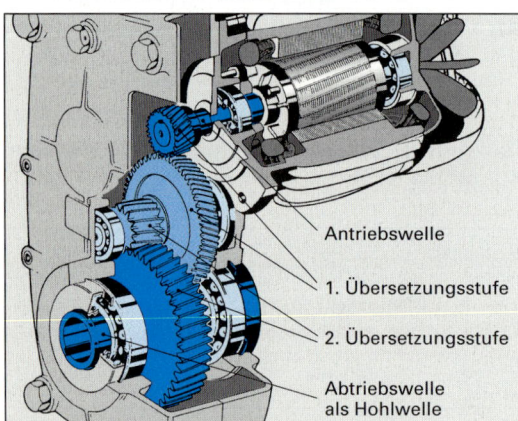

Antriebswelle

1. Übersetzungsstufe

2. Übersetzungsstufe

Abtriebswelle
als Hohlwelle

Weil das kleine Drehmoment an der Antriebswelle des Motors von Übersetzungsstufe zu Übersetzungsstufe immer größer wird.

$$M_2 = \frac{n_1}{n_2} \cdot M_1$$

T351 Woraus besteht der Spindelantrieb einer modernen Drehmaschine?

a) Aus einem polumschaltbaren Elektromotor und einem Reibradgetriebe

b) Aus einem drehzahlfesten Elektromotor mit nicht-schaltbarem Zahnrädergetriebe

c) Aus einem drehzahlfesten Elektromotor und einem Breitkeilriemengetriebe

d) Aus einem drehzahlgesteuerten Elektromotor und einem Kupplungsgetriebe

e) Aus einem drehzahlfesten Elektromotor mit Schieberädergetriebe

Linearantriebe

Fragen aus Fachkunde Metall, Seite 428

1 Welche Antriebsarten für geradlinige Bewegungen gibt es?

- Linearantriebe mit Pneumatik- oder Hydraulikzylindern
- Linearantriebe durch Umwandlung der Drehbewegung eines Elektromotors in eine geradlinige Bewegung, z.B. mit Zahnstangengetrieben oder durch Gewindespindeln mit Mutter.
- Linearmotore

2 Wie kann die Geschwindigkeit eines hydraulischen Vorschubantriebes eingestellt werden?

Die Vorschubgeschwindigkeit v eines Hydrozylinders wird durch Verstellen des zugeführten Volumenstroms Q eingestellt.

Die Regelung des Volumenstroms geschieht über proportionale Stromregelventile.

3 Welche Vorteile hat ein Kugelgewindetrieb?

Kugelgewindetriebe sind leicht gängig, reibungsarm und praktisch spielfrei positionierbar. Auch bei geringen Geschwindigkeiten tritt kein Ruckgleiten (Stick-slip) auf. Positionen können sehr genau angefahren werden. Sie haben einen geringen Verschleiß und eine gleichbleibende Genauigkeit.

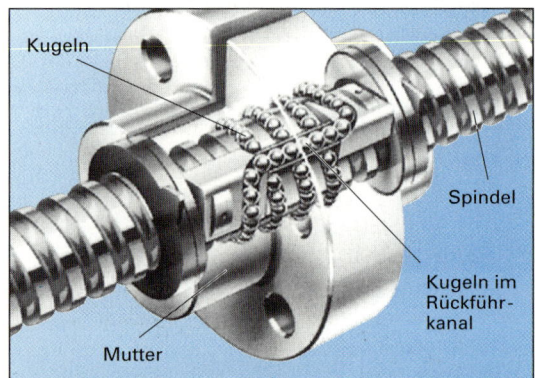

Kugeln

Spindel

Kugeln im Rückführkanal

Mutter

4 Nennen Sie Beispiele für geradlinige Bewegungen an Maschinen.

- Zustell- und Vorschubbewegungen an Werkzeugmaschinen
- Be- und Entladen von Werkzeugmaschinen durch Handhabungsautomaten
- Hub- und Arbeitsbewegungen bei Pressen
- Transport von Werkstücken mit Fördersystemen

5 Der Schlitten einer Maschine soll mit der Geschwindigkeit v = 4000 mm/min verschoben werden. Der eingebaute Kugelgewindetrieb hat die Steigung P = 4 mm. Welche Spindeldrehzahl ist dazu erforderlich?

$$v = n \cdot P \quad \Rightarrow \quad n = \frac{v}{P} = \frac{4000 \text{ mm/min}}{4 \text{ mm}} = \textbf{1000/min}$$

Ergänzende Fragen zu Linearantrieben

6 Ein Förderband soll Werkstücke mit einer Geschwindigkeit von 4,7 cm/s bewegen. Der Elektromotor hat eine Drehzahl von 980/min, die Antriebsriemenscheibe des Förderbandes hat einen Durchmesser von 120 mm.
Wie groß muss das Übersetzungsverhältnis des Getriebes sein?

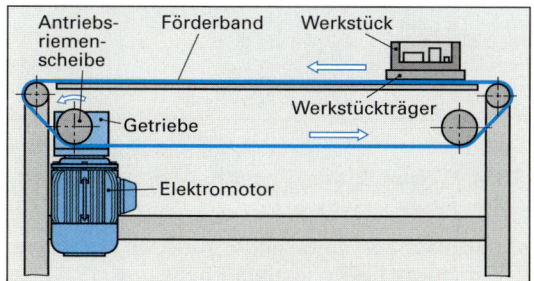

Antriebs-riemen-scheibe   Förderband   Werkstück   Werkstückträger   Getriebe   Elektromotor

$$v_2 = \pi \cdot d \cdot n_2 \quad \Rightarrow \quad n_2 = \frac{v_2}{\pi \cdot d} = \frac{47 \text{ mm/s}}{\pi \cdot 120 \text{ mm}} =$$

$$0{,}125/s = \textbf{7,48/min}; \quad i = \frac{n_1}{n_2} = \frac{980/\text{min}}{7{,}48/\text{min}} = \textbf{131}$$

T352 Welches ist *keine* geradlinige Bewegung?

a) Hochfahren des Pressenstempels

b) Zustellung des Drehmeißels

c) Vorschub eines Bohrers

d) Heben einer Last

e) Arbeitsbewegung eines Bohrers

**T353 Warum werden die Greif- und Hubbewegungen beim Be- und Entladen mit einem Handhabungsgerät (Portallader) von Pneumatikzylindern durchgeführt?
Weil Pneumatikzylinder ...**

a) besonders große Kräfte aufbringen können

b) drehende Bewegungen ausführen können

c) für schnelle Bewegungen mit nur kleinen Kräften am besten geeignet sind

d) besonders geräuscharm arbeiten

e) besonders energiesparend arbeiten

4.3.6 Optische Bauelemente

Fragen aus Fachkunde Metall, Seite 432

1 Welche Farben erscheinen, wenn weißes Licht in einzelne Wellenlängen zerlegt wird?

Weißes Licht wird z.B. durch Lichtbrechung in einem Glasprisma in die Regenbogenfarben Rot, Orange, Gelb, Grün, Blau und Violett zerlegt.

Für das Auge nicht sichtbar sind der ultraviolette und der infrarote Anteil des Lichts.

2 Wie ändert sich die Lichtrichtung beim Übergang in ein optisch dichteres Medium?

Beim Übergang eines Lichtstrahls vom optisch dünneren in ein optisch dichteres Medium wird der Strahl zum Lot hin gebrochen.

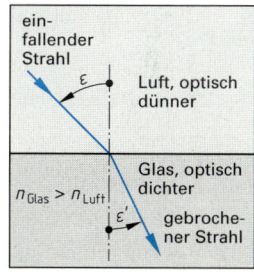

einfallender Strahl ε Luft, optisch dünner   Glas, optisch dichter $n_{Glas} > n_{Luft}$ ε' gebrochener Strahl

Die Ablenkung des Lichtstrahls von der Geraden ist um so größer, je unterschiedlicher die optische Dichte der beiden Medien ist.

3 Wie lautet das Reflexionsgesetz?

Das Reflexionsgesetz lautet: Der Einfallswinkel eines Lichtstrahls auf eine reflektierende glatte Fläche ist so groß wie der Ausfallswinkel.

Raue Flächen ergeben keinen gerichteten reflektierten Strahl, sondern eine diffus streuende Reflexion.

4 Unter welchen Voraussetzungen tritt an Grenzflächen Totalreflexion auf?

Beim Übergang eines Lichtstrahls von einem optisch dichteren in ein optisch dünneres Medium tritt das Licht beim *Überschreiten eines Grenzwinkels* nicht mehr aus dem optisch dichteren Medium heraus, sondern wird in das optisch dichtere Medium reflektiert. Diese Erscheinung nennt man Totalreflexion.

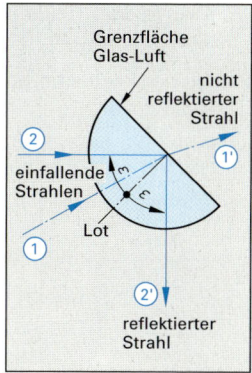

Grenzfläche Glas-Luft   nicht reflektierter Strahl   ②   ①'   einfallende Strahlen   ①   Lot   ②'   reflektierter Strahl

5 Wie sind Reflektoren aufgebaut?

Reflektoren bestehen aus einer unverspiegelten Glasfläche, die aus lauter kleinen Reflexionsprismen in Form einer Würfelecke besteht.

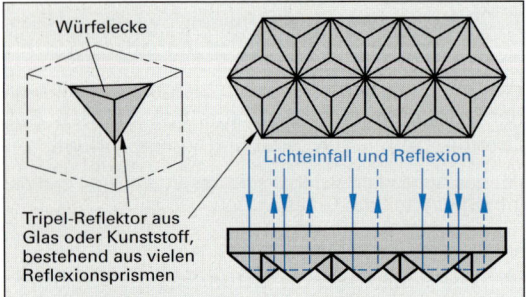

Das Licht wird durch Totalreflexion daran gehindert aus dem Glasprisma auszutreten und in Einfallsrichtung reflektiert.

6 Wozu werden Lichtleiter verwendet?

Technische Anwendungen für Lichtwellenleiter sind z.B. Beobachtungsgeräte für unzugängliche Hohlräume in Karosserien (zur Korrosionsbeurteilung), Kaltlicht-Beleuchtungsquellen, flexible Lichtzuleitungen für Lichtschranken oder die lichtoptische Informationsübermittlung.

Ergänzende Fragen zu optischen Bauelementen

7 Was versteht man unter Lichtbrechung?

Als Lichtbrechung bezeichnet man die Richtungsänderung, die ein Lichtstrahl beim Übergang in ein anderes Medium erfährt.

Die Lichtbrechung ist das physikalisch wirksame Prinzip wichtiger optischer Bauelemente, z.B. von Prismen, Linsen und Lichtwellenleitern.

8 Beschreiben Sie die optische Wirkung von Planspiegel, Teilerspiegel und gekrümmtem Spiegel.

Planspiegel reflektieren das Licht unter dem Reflexionswinkel.

Teilerspiegel lassen einen Teil des Lichtes durch und reflektieren den anderen Lichtanteil.

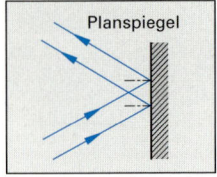

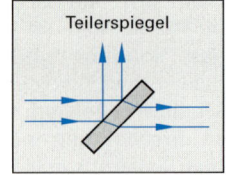

Gekrümmte Spiegel (Bild) verändern den Querschnitt des Lichtbündels: Hohlspiegel haben eine sammelnde Wirkung, Wölbspiegel eine zerstreuende Wirkung.

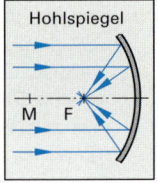

9 Erläutern Sie den Strahlenverlauf beim Durchgang durch ein dreiseitiges Prisma aus Glas.

Beim Eintritt des Lichtstrahls in das Prisma wird der Strahl zum Lot hin gebrochen, beim Austritt vom Lot weg gebrochen. Insgesamt ergibt sich dadurch eine Umlenkung des Lichtstrahls um einen Umlenkwinkel ε.

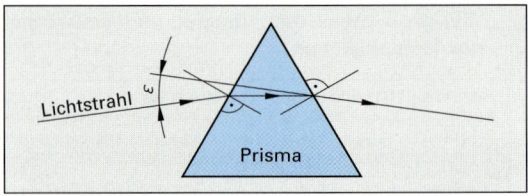

T354 Welche Aussage zum Reflexionsgesetz ist *falsch*?

a) Das Lot, der einfallende und der reflektierte Lichtstrahl liegen in einer Ebene

b) Der Einfallswinkel ist so groß wie der Ausfallswinkel

c) Der Lichtweg ist umkehrbar

d) Das Reflexionsgesetz gilt nur für einfarbiges Licht

e) Das Reflexionsgesetz gilt für alle Wellenlängen

T355 Welche optischen Bauelemente beruhen auf der Totalreflexion des Lichtes?

a) Planspiegel

b) Reflexionsprismen

c) Sammellinsen

d) Hohlspiegel

e) Planparallele Glasplatten

T356 Mit welchem optischen Bauelement kann eine 90°-Ablenkung eines Lichtstrahls erreicht werden? Mit einem …

a) Dreieck- oder Fünfeckprisma

b) Wölbspiegel

c) Trapezprisma

d) Drehspiegel

e) Parallelogrammprisma

4.4 Montagetechnik

Fragen aus Fachkunde Metall, Seite 440

1 Welchen Vorteil hat die Fließmontage?

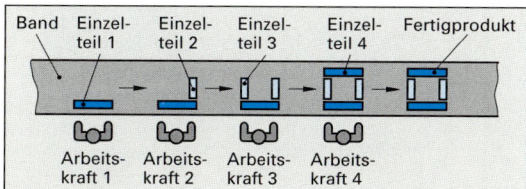

Bei der Fließmontage werden kurze Montagezeiten erreicht.

Die Investitionskosten sind bei der Fließmontage im Vergleich zur stationären Montage höher.

2 Was versteht man unter stationärer Montage?

Bei der stationären Montage erfolgt der Zusammenbau einer Maschine an einem festen Standort.

Die stationäre Montage wird vor allem bei großen Bauteilen oder Baugruppen angewandt.

3 Warum werden große Maschinen stationär montiert?

Die stationäre Montage hat den Vorteil, dass dabei z.B. die schweren Ständer und Maschinenbette der Werkzeugmaschinen während der Montage nicht bewegt werden müssen.

Entscheidend für die Art der Montage ist neben der Größe der zu montierenden Maschine auch die Stückzahl.

4 Welche allgemeinen Regeln sind bei der Getriebemontage zu beachten?

Bei der Getriebemontage sind folgende Regeln zu beachten:

- Bei geschweißten Getriebegehäusen müssen Schweißnähte und innere Gehäuseflächen verputzt werden
- Nach dem Reinigen sollten innere Gehäuseflächen einen Schutzanstrich erhalten
- Bearbeitungsgrate müssen entfernt, alle Kanten gebrochen werden
- Wellen- und Gehäusemaße müssen vor der Montage überprüft werden
- Die Formtoleranzen der Sitzflächen und die Rauheit der Lagersitze müssen kontrolliert werden
- Der Montageplatz muss staubfrei sein
- Das Korrosionsschutzöl an Wälzlagern muss vor der Montage abgewischt werden

5 Warum müssen Dichtungen sorgfältig montiert werden?

Bei nicht fachgerechter Montage können Dichtungen ihre Aufgabe nicht erfüllen, z.B., wenn sie bei der Montage beschädigt wurden.

Beschädigte Dichtungen beeinträchtigen z.B. die Funktionsfähigkeit einer Maschine. Sie müssen deshalb unter oftmals großem Zeitaufwand ausgewechselt werden.

6 In welchen Fällen muss bei Wälzlagern der Außenring vor dem Innenring montiert werden?

Der Außenring wird dann zuerst montiert, wenn im gefügten Zustand zwischen ihm und der Gehäusebohrung Übermaß vorhanden sein muss. Dies ist der Fall bei Lagern, die am Außenring Umfangslast aufnehmen müssen.

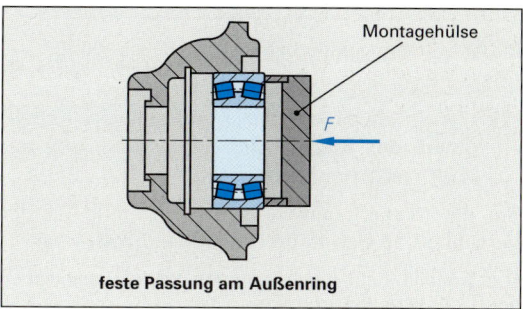

feste Passung am Außenring

7 Welchen Zweck hat der Probelauf einer Maschine?

Beim Probelauf wird die einwandfreie Funktion einer Maschine unter Last geprüft.

Kontrolliert wird beim Probelauf z.B., ob das Gehäuse einer Maschine dicht ist und ob sich die Temperaturerhöhung, hervorgerufen durch Reibung, innerhalb vorgeschriebener Grenzen hält.

Ergänzende Fragen zur Montagetechnik

8 Wie müssen Einzelteile vor dem Zusammenbau vorbereitet werden?

Die Einzelteile müssen, falls erforderlich, vor dem Zusammenbau entgratet und von Spänen, Kühlschmierstoffen und Schmutz gereinigt werden.

Sorgfältig vorbereitete Einzelteile erleichtern die Montage und sichern die Qualität des Endproduktes.

9 In welchen Organisationsformen kann die Montage erfolgen?

Die Montage kann fließend an Bändern und Hängebahnen oder stationär an einem festen Standort erfolgen.

Auch eine Kombination beider Montagearten ist möglich, wenn z.B. die Baugruppen fließend montiert werden und die Endmontage zum Fertigprodukt stationär erfolgt.

10 Womit werden Wälzlager zur leichteren Montage am zweckmäßigsten erwärmt?

Wälzlager werden am zweckmäßigsten im Ölbad oder mit Induktions-Anwärmgeräten erwärmt.

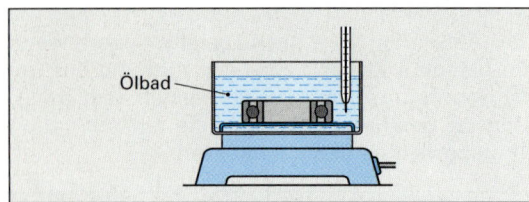

Die Anwärmtemperatur beträgt etwa 80 bis 100 °C.

11 Warum muss bei der Montage von Kegelrädern das Tragbild der Kegelradflanken geprüft werden?

Bei einem nicht einwandfreien Tragbild ist der Verschleiß an den Kegelradflanken groß.

Das Tragbild kann durch geringes axiales Verschieben der Räder verändert werden.

12 Wie werden Radial-Wellendichtringe gefahrlos über Passfedernuten hinweg montiert?

Zur Montage werden Hülsen mit geringer Wanddicke verwendet, die an ihren Enden lange Außenkegel besitzen.

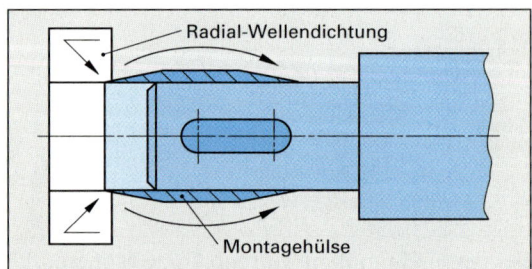

Über diese Hülsen hinweg können die Dichtringe geschoben werden, ohne dass die Gefahr der Beschädigung der Dichtlippen besteht.

13 Warum werden beim Verschrauben eines Maschinenteils die Schrauben über Kreuz angezogen?

Das Anziehen über Kreuz gewährleistet, dass das Maschinenteil gleichmäßig an dem Teil, mit dem es gefügt werden soll, anliegt. Dadurch wird ein Verkanten der Bauteile vermieden.

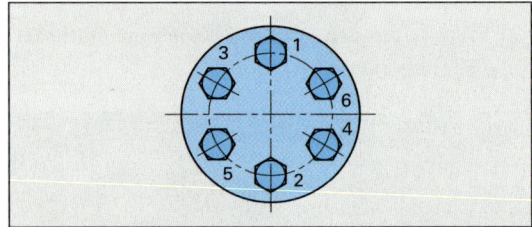

Vor dem endgültigen Anziehen der Schrauben werden diese zunächst leicht angezogen.

T357 Was ist bei der Montage von Dichtelementen zu beachten? Welche Aussage ist *falsch*?

a) Bauteile und Dichtelemente sind vor der Montage einzufetten bzw. einzuölen

b) Bei ungünstigen Einbauverhältnissen sind Montagedorne bzw. Montagehülsen zu verwenden

c) Alle Dichtelemente müssen vor dem Einbau in einem die Oberfläche anlösenden Bad gereinigt werden

d) Bei der Montage dürfen keine scharfkantigen Werkzeuge verwendet werden

e) Die Dichtelemente dürfen nicht überdehnt werden

T358 Was ist bei der Montage von Wälzlagern zu beachten? Welche Antwort ist richtig?

a) Das Korrosionsschutzöl muss ausgewaschen werden

b) Die Fügekraft soll grundsätzlich über den Außenring gehen

c) Die Originalverpackung ist, um Temperaturunterschiede auszugleichen, möglichst 24 Stunden vor der Montage zu entfernen

d) Wälzlager, die einen festen Sitz erfordern, dürfen höchstens auf 300 °C erwärmt werden

e) Der Lagerring mit der größeren Fügekraft wird möglichst zuerst montiert

T359 Welche Antwort zur Montage von Kegelrädern ist *falsch*?

a) Bei ineinander kämmenden Kegelrädern wird der richtige Bauabstand durch Probefügen ermittelt

b) Spiel zwischen den Zähnen der Kegelräder kann durch schnelles Hin- und Herdrehen der Kegelräder festgestellt werden

c) Mit Spaltlehren kann das richtige Einbaumaß ermittelt werden

d) Die Kegelräder müssen so montiert werden, dass ihre Zähne mit Vorspannung aneinander liegen

e) Das Tragbild kann durch geringes axiales Verschieben der Räder verändert werden

T360 Welche Antwort zum Probelauf einer Maschine ist richtig?

a) Der Probelauf erfolgt nie unter Last

b) Der Probelauf wird so lange durchgeführt, bis das Maschinengehäuse eine Temperatur von 50 °C erreicht hat

c) Das Getriebeöl wird nach dem Probelauf nicht gewechselt

d) Beim Probelauf wird festgestellt, ob sich die durch Reibung verursachte Temperaturerhöhung innerhalb vorgeschriebener Grenzen hält

e) Der Probelauf dient dazu, eventuelle Undichtheiten des Maschinengehäuses festzustellen

4.5 Fertigungseinrichtungen

Handhabungseinrichtungen

Fragen aus Fachkunde Metall, Seite 444

1 Welche Unfallgefahren können beim Einsatz von Industrierobotern auftreten?

Unfallgefahren sind:

● Unvorhergesehene Roboterbewegungen und bewegte Bauteile

● Lösen von Werkstücken oder Werkzeugen durch die Fliehkraft oder Schwerkraft bei ungenügender Halterung im Greifer

● Angetriebene Werkzeuge, z.B. Schleifscheiben

● Heiße Werkstücke, Strahlung beim Schweißen

2 Welche Vorteile haben Knickarm-Roboter?

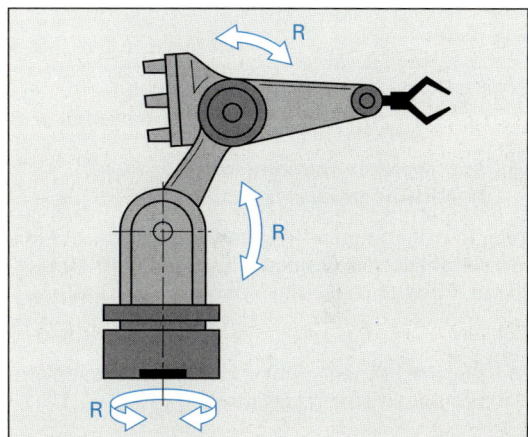

Vorteile der Knickarm-Roboter sind: ein relativ großer Arbeitsraum im Verhältnis zu ihrer Baugröße sowie schnelle Bewegungen und die beliebige Ausrichtung von Greifern oder Werkzeugen im Raum.

3 Welche Leistungsmerkmale von Industrierobotern ergeben sich aus der Bauart?

Leistungsmerkmale, die sich aus der Bauart ergeben, sind z.B.

● die Anzahl der Bewegungsachsen

● der Arbeitsraum

● die Nennlast

● die Geschwindigkeit

● die Wiederholgenauigkeit

● die Positioniergenauigkeit

4 Welche Aufgaben können Sensoren erfüllen?

Je nach Bauart können Sensoren eine Vielzahl von Aufgaben erfüllen:

- Mit der Segmentscheibe bzw. dem Winkelschrittgeber kann die Lage, die Position, die Geschwindigkeit oder die Beschleunigung eines Werkstücks erfasst werden.
- Endschalter und Lichtschranken verhindern Maschinenbeschädigungen oder dienen der Arbeitssicherheit.
- Näherungssensoren bestimmen den Abstand eines Werkstücks oder Bauteils.
- Berührende Sensoren erkennen die Lage und die Bahnführung z.B. von Werkstücken.
- Kamerasysteme erfassen die Lage und den Zustand z.B. von Werkstücken und können Gegenstände identifizieren.
- Kraftsensoren messen Kräfte, Drücke und Drehmomente.

Ergänzende Fragen zur Montagetechnik

5 Auf welche Grundfunktionen lassen sich Handhabungsvorgänge zurückführen?

Alle Handhabungsvorgänge lassen sich auf die Grundfunktionen Greifen, Zuteilen, Ordnen, Einlegen, Positionieren und Spannen zurückführen.

6 Welche Arten von Handhabungseinrichtungen unterscheidet man?

Grundsätzlich unterscheidet man manuell gesteuerte und programmgesteuerte Handhabungseinrichtungen.

7 Wie nennt man manuell gesteuerte Handhabungseinrichtungen?

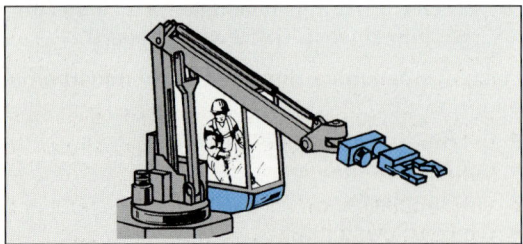

Manuell gesteuerte Handhabungseinrichtungen heißen Manipulatoren.

8 Nennen Sie Einsatzgebiete für Manipulatoren.

Handgesteuerte Manipulatoren können zum Bewegen schwerer Bauteile und gefährlicher Lasten verwendet werden.

Ferngesteuerte Manipulatoren sind in Räumen einsetzbar, die wegen Hitze, Kälte, Druck oder radioaktiver Strahlung nicht betreten werden dürfen.

9 Wofür verwendet man Einlegegeräte?

Einlegegeräte werden in der Großserienfertigung eingesetzt, wenn eine Punkt-zu-Punkt-Bewegung auszuführen ist, z.B. die Werkstück- oder Werkzeugzuführung aus einem Magazin in die Maschine.

Die einfachen Bewegungsabläufe (Hub- bzw. Schwenkbewegungen) können über Anschläge oder Endschalter eingestellt werden.

10 Welche Handhabungsgeräte zeigen die Bilder?

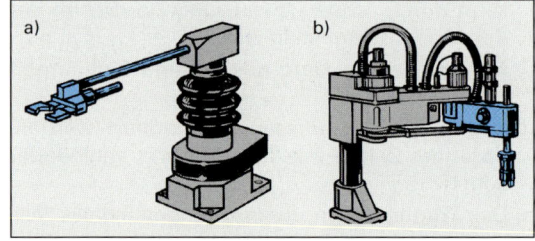

a) Einlegegeräte. Sie sind fest programmiert, die Wegbegrenzung ist mechanisch einstellbar.

b) Industrieroboter. Sie sind frei programmierbar und werden durch Rechner (CNC, SPS) gesteuert.

11 Was versteht man bei Robotern unter translatorischen bzw. rotatorischen Achsen?

Um translatorische Achsen werden lineare (geradlinige) Bewegungen , um rotatorische Achsen Drehbewegungen durchgeführt.

12 Wozu dienen Hautachsen und Nebenachsen?

Über Hauptachsen kann jeder beliebige Punkt im Arbeitsraum des Roboters erreicht werden.

Durch die Nebenachsen erhält ein Greifer oder ein Werkzeug die gewünschte Richtung im Raum.

13 Wie viele Achsen muss ein Industrieroboter besitzen, damit er einen Körper beliebig im Raum verschieben oder drehen kann?

Dazu benötigt er mindestens sechs Bewegungsachsen: drei Hauptachsen des Roboters und drei Nebenachsen des Greifers.

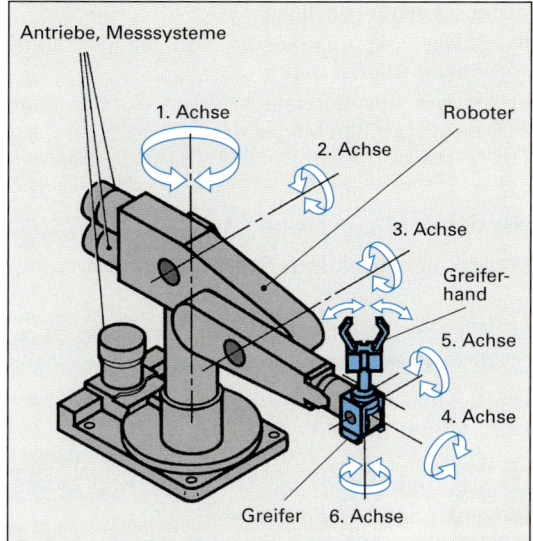

Die Bewegungsmöglichkeiten des Greifers bzw. der Greiferhand werden nicht als Bewegungsachsen des Roboters gezählt.

14 Was versteht man bei Robotern unter dem Arbeitsraum?

Der Arbeitsraum beschreibt den möglichen Bewegungsraum des Roboters, der aus den Verfahrbereichen aller Achsen gebildet wird.

Der Arbeitsraum stellt gleichzeitig den Gefahrenraum des Roboters dar.

15 Welche geometrische Form hat der Arbeitsraum eines Portalroboters?

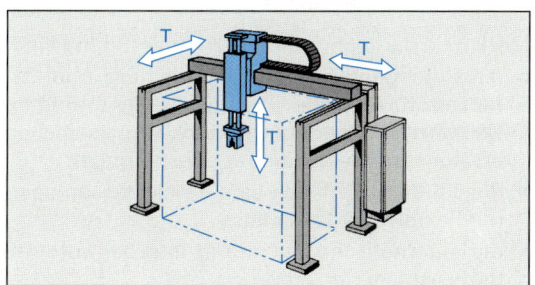

Portalroboter besitzen einen kubischen (quaderförmigen) Arbeitsraum.

16 Was bedeutet Teach-in-Programmierung bei einem Industrieroboter?

Bei der Teach-in-Programmierung werden von Hand mit dem Greifer die gewünschten Raumpunkte angefahren und dort die erforderlichen Greiferbewegungen ausgelöst. Die durchgeführten Verfahr- und Greiferbewegungen werden über Messsignale in der Steuerung als Programm gespeichert und können dann zur Durchführung der Handhabungsvorgänge abgerufen werden.

17 Welche Vorteile haben Portalroboter gegenüber Horizontal-Schwenkarm-Robotern?

Portalroboter besitzen größere Arbeitsräume bei weitgehender Bodenfreiheit. Dadurch können z.B. mehrere Maschinen gleichzeitig bedient werden. Der mechanische und steuerungstechnische Aufwand ist bei Portalrobotern geringer. Außerdem lassen sie sich gut an Transport- und Speichereinrichtungen ankoppeln.

18 Wie erfolgt die Programmierung eines Roboters?

Die Programmierung erfolgt entweder ON-LINE, d.h. direkt am Roboter (Teach-in-Programmierung bzw. Play-back-Programmierung) oder OFF-LINE an einem externen Programmiergerät (Textuelle Programmierung).

T361 Welche Aussage ist richtig?

a) Manipulatoren werden für Schweißarbeiten eingesetzt

b) Lineararm-Roboter besitzen 2 Linearachsen und 1 Drehachse

c) Portalroboter können wegen der hohen Positioniergenauigkeit als Messroboter verwendet werden.

d) Horizontal-Schwenkarm-Roboter werden überwiegend als Montage-Roboter eingesetzt

e) Vertikal-Knickarm-Roboter besitzen einen quaderförmigen Arbeitsraum

T362 Um welche Bauart handelt es sich beim abgebildeten Roboter?

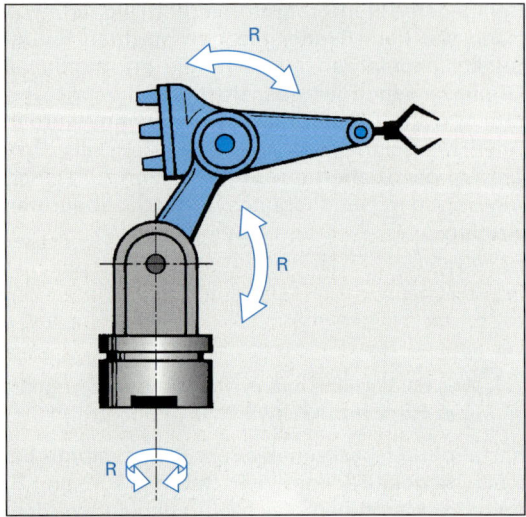

a) Vertikal-Knickarm-Roboter

b) Portalroboter

c) Lineararm-Roboter

d) Horizontal-Schwenkarm-Roboter

e) Positionsroboter

T363 Welche Arbeiten können mit Vertikal-Knickarm-Robotern *nicht* durchgeführt werden?

a) Schweißen

b) Montieren

c) Sägen

d) Entgraten

e) Lackieren

T364 Welche Aussage über Industrieroboter ist richtig?

a) Linearachsen in kleinen Montagerobotern werden meist hydraulisch angetrieben

b) Sonsoren haben die Aufgabe, die Roboter bei Überschreiten ihrer Betriebstemperatur abzuschalten

c) Als Antrieb der Achsen werden häufig Drehstrom-Synchronmotoren verwendet

d) Das Wegmesssystem misst z.B. bei Vertikal-Knickarm-Robotern die Linearbewegung

e) Die Steuerung muss über ein gespeichertes Programm den Bewegungsablauf steuern und überwachen

T365 Welche Aussage ist *falsch*?

a) Je mehr Achsen ein Roboter besitzt, desto beweglicher ist er

b) Alle Roboter sind mit Bahnsteuerungen ausgerüstet

c) Unter Freiheitsgrad versteht man die Anzahl der Bewegungsachsen

d) Achsen sind unabhängig voneinander angetriebene Glieder

e) Roboter mit Bahnsteuerungen können zum Punktschweißen eingesetzt werden

Flexible Fertigungseinrichtungen

Fragen aus Fachkunde Metall, Seite 450

1 Welche Marktbedingungen erfordern eine flexible Fertigung?

Die flexible Fertigung wird durch den Wunsch nach immer größerer Variantenvielfalt und Leistungsfähigkeit der Produkte sowie der Forderung nach kurzen Lieferzeiten bei gleichzeitig kostengünstiger Fertigung erforderlich.

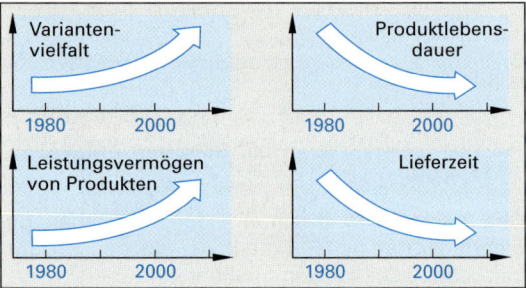

Die Variantenvielfalt der Produkte führt zur Verringerung der Werkstück-Losgröße, d.h. der Menge gleicher Werkstücke.

2 Welche Merkmale kennzeichnen die rechnerintegrierte Fertigung?

Merkmale der rechnerintegrierten Fertigung sind:

● ein durchgängiger Informationsfluss und Datenzugriff auf alle Fertigungseinrichtungen, Werkzeugmagazine und Informationsspeicher, z.B. für Lagerbestände oder Bestellungen

● die Fertigung in flexiblen Fertigungsanlagen mit flexiblem Materialfluss

● die automatische Steuerung und der automatische Ablauf der Fertigung

● eine sensorgesteuerte Überwachung der Fertigung und der Fertigungsanlagen.

3 Wie arbeitet eine Standzeitüberwachung?

Bei der Standzeitüberwachung werden alle Einsatzzeiten eines Werkzeugs von der Maschinensteuerung erfasst und mit der eingegebenen Soll-Standzeit verglichen. Die noch verfügbare und am Monitor angezeigte Rest-Standzeit muss größer sein als die Zeit für den nächsten Arbeitsvorgang eines Werkzeuges. Wenn dies nicht der Fall ist, wird ein Werkzeug in gleicher Ausführung bereitgestellt und bei Bedarf eingewechselt.

4 Worin besteht der wesentliche Unterschied zwischen einer flexiblen Fertigungszelle und einem Bearbeitungszentrum?

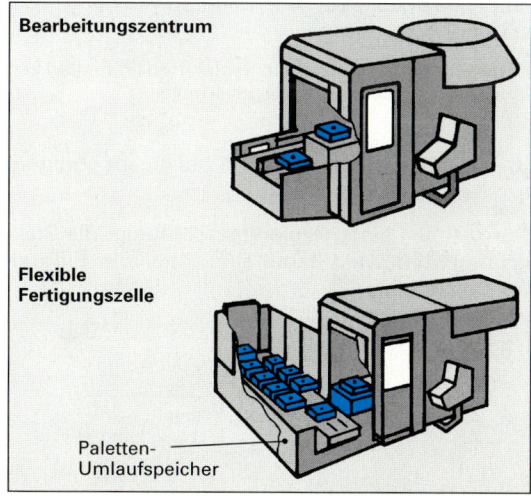

Bearbeitungszentren sind CNC-Fräs- oder Bohrmaschinen, die mit einem Werkzeugwechsler und einem Werkzeugmagazin ausgerüstet sind. Sie ermöglichen, die gesamte Bearbeitung eines Werkstückes ohne manuellen Eingriff auszuführen.

Flexible Fertigungszellen sind wie Bearbeitungszentren aufgebaut. Abweichend von diesen erfolgt der Werkstückwechsel mit einem Paletten-Umlaufspeicher. Der Werkstückspeicher versorgt die Maschine für einen begrenzten Zeitraum, z.B. für eine 8-Stunden-Schicht, mit Rohteilen und nimmt Fertigteile auf. Zusätzlich werden bei flexiblen Fertigungszellen die Werkzeugbereitstellung sowie die Werkstückmaße von einem Rechner gesteuert und überwacht.

Eine noch höhere Stufe der flexiblen Automation ist die flexible Fertigungsinsel und das flexible Fertigungssystem.

5 Warum ist die flexible Fertigungszelle ein Kompromiss zwischen einer Transferstraße und einer NC-Maschine?

Auf einer Transferstraße werden alle Fertigungsschritte immer gleicher Werkstücke mit einem starren Fertigungsablauf automatisch durchgeführt. Dies ist für sehr große Werkstücklose wirtschaftlich. Der Vorteil der Transferstraße ist die hohe Produktivität, ihr Nachteil die fehlende Flexibilität.

Mit einer NC-Maschine wird ein Fertigungsschritt nach einem vom Maschinenführer eingegebenen Programm ausgeführt. Im Anschluss daran kann an einem andersartigen Werkstück ein anderes Fertigungsprogramm gefahren werden. Der Vorteil der NC-Maschine ist die große Flexibilität bei der Fertigung von Einzelwerkstücken oder kleinen Losen. Die Produktivität ist allerdings gering.

Bei einer flexiblen Fertigungszelle sind mehrere Maschinen zu einer Gruppe zusammengefasst und mit automatischem Werkzeug- und Werkstücktransport verknüpft. Dadurch ist Flexibilität gegeben und eine ausreichende Produktivität erreicht.

6 Wie kann der Werkzeugverschleiß überwacht werden?

Der Werkzeugzustand kann bei großen Werkzeugen durch die Spindelantriebsleistung oder über die Stromaufnahme des Antriebsmotors erkannt werden. Bei bruchempfindlichen Werkzeugen, z.B. bei Bohrern, erfasst ein Infrarotstrahl die Bohrerspitze und meldet einen Bohrerbruch.

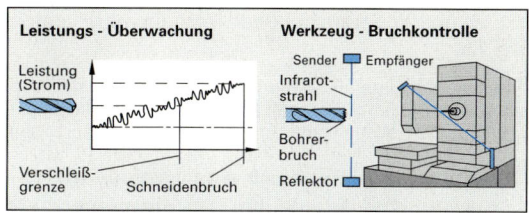

Mit zunehmendem Verschleiß steigt die Stromaufnahme.

7 Mit welchen Fertigungseinrichtungen kann eine hohe Produktivität, mit welchen eine hohe Flexibilität erreicht werden?

Eine hohe Produktivität wird bei hohen Stückzahlen durch starr automatisierte Transferstraßen, Rundtaktmaschinen oder mechanischen Drehautomaten erreicht. Wird wegen kleiner Stückzahlen eine hohe Flexibilität verlangt, so werden bahngesteuerte NC-Maschinen eingesetzt.

5   Steuerungs- und Regelungstechnik

ZP ## 5.1 Grundbegriffe

Fragen aus Fachkunde Metall, Seite 456

1   Welche Eigenschaften hat eine Verknüpfungssteuerung?

Bei einer Verknüpfungssteuerung erfolgt das Weiterschalten in den nächsten Schritt erst durch das Verknüpfen mehrerer Eingangssignale.

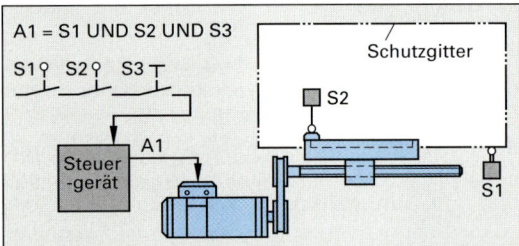

So kann z.B. mit einer UND-Verknüpfung erreicht werden, dass eine Anlage erst in Betrieb genommen wird, wenn das Schutzgitter geschlossen UND ein Werkstück eingelegt UND die Starttaste gedrückt ist.

2   Wodurch unterscheiden sich die beiden Arten der Ablaufsteuerungen?

Ablaufsteuerungen können zeitabhängig oder prozessabhängig sein. Während bei zeitabhängigen Steuerungen das Weiterschalten in den nächsten Schritt durch einen Taktgeber erfolgt, wird bei prozessabhängigen Steuerungen erst weitergeschaltet, wenn der vorausgehende Vorgang abgeschlossen ist.

Prozessabhängige Steuerungen werden auch als Wegplansteuerungen bezeichnet, wenn die Steuerschritte den abgefahrenen Wegen einer Arbeitsmaschine entsprechen.

3   Wie unterscheidet sich eine verbindungsprogrammierte Steuerung von einer speicherprogrammierten Steuerung?

Bei verbindungsprogrammierten Steuerungen ist der Ablauf durch die Bauteile und deren Verbindungen fest vorgegeben.

Bei speicherprogrammierten Steuerungen wird der Ablauf durch ein gespeichertes Programm festgelegt.

Für eine Programmänderung müssen bei verbindungsprogrammierten Steuerungen Bauteile und Leitungsverbindungen gewechselt werden. Bei speicherprogrammierten Steuerungen ist das Programm durch Umprogrammieren änderbar.

4   Wie unterscheiden sich unstetige und stetige Regler?

Ein unstetiger Regler (Zweipunktregler) besitzt nur die Schaltstellungen EIN und AUS. Bei einem stetigen Regler hängt die Größe des Ausgangssignals von der Größe des Eingangssignals ab.

So wird z.B. bei einem Härteofen durch einen unstetigen Regler der Heizstrom nur ein- und ausgeschaltet. Bei einem stetigen Regler wird der Heizstrom in Abhängigkeit von der Temperaturdifferenz verstellt.

5   Welche Eigenschaften hat ein P- bzw. I-Regler?

P-Regler (Proportionalregler) reagieren schnell auf Signaländerungen, besitzen aber eine bleibende Regelabweichung.

I-Regler (Integralregler) sind langsamer als P-Regler, beseitigen aber die Regelabweichung vollständig.

Eine Kombination der beiden Reglerarten (PI-Regler) verbindet die Vorteile beider Regelverhalten.

6   Was bewirkt der D-Anteil bei einem stetigen Regler?

Der D-Anteil eines Reglers beschleunigt die Stellgröße und bewirkt damit ein schnelleres Eingreifen des Reglers.

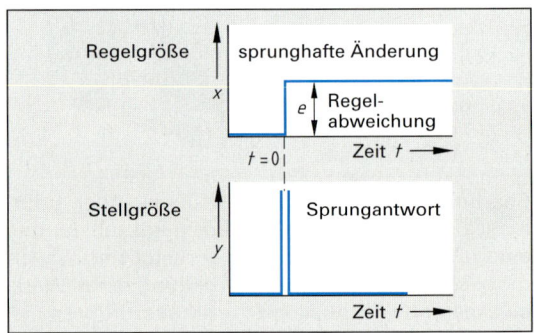

Der D-Anteil kann nur zusammen mit einem P-, I- oder PI-Regler angewendet werden, z.B. in einem PID-Regler.

7   Nennen Sie zwei Anwendungsbeispiele von PID-Reglern.

Mit PID-Reglern kann z.B. die Drehzahl von Motoren oder die Temperatur von Wärmeeinrichtungen unabhängig von der Störgröße konstant gehalten werden.

Auftretende Störungen werden durch eine angepasste Änderung der Stellgröße ausgeglichen.

Ergänzende Fragen zu Grundbegriffe der Steuer- und Regeltechnik

8 Nennen Sie Elemente und Begriffe, aus denen eine Steuerung aufgebaut ist.

- *Signalgeber* erzeugen die Signale für die Steuerbefehle
- die *Stellgröße* ist die physikalische Größe, z.B. die elektrische Stromstärke, die von der Steuerung direkt beeinflusst wird
- die *Steuergröße*, z.B. die Geschwindigkeit und Bewegungsrichtung eines Maschinentisches, ist die Ausgangsgröße einer Steuerung
- die *Steuerstrecke* nennt man den gesamten gesteuerten Bereich einer Anlage

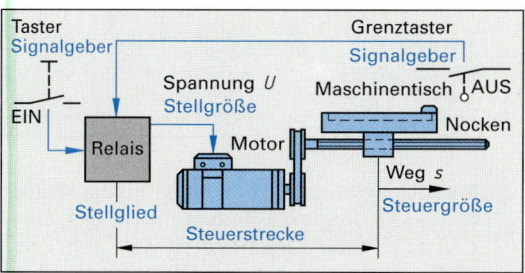

Eine Steuerung stellt einen offenen Wirkungsablauf dar, der durch die Eingabe der Steuersignale über die Änderung der Stellgröße den Wert der Steuergröße beeinflusst.

9 Was wird bei einem Blockschaltplan dargestellt?

Ein Blockschaltplan enthält den vereinfachten Ablauf einer Steuerung oder Regelung.

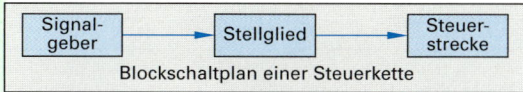

Blockschaltplan einer Steuerkette

Jedes für die Anlage wichtige Element wird als Rechteck dargestellt. Pfeile geben die Wirkungsrichtung an.

10 Welche Vor- und Nachteile haben zeitabhängige Steuerungen?

Vorteilhaft ist der vorausbestimmbare Zeitbedarf, der eine Abstimmung mehrerer Anlagen aufeinander erleichtert.

Nachteilig ist, dass der Taktgeber auch bei Störungen weiterläuft.

Verkehrsampeln werden meist mit einem Taktgeber zeitabhängig gesteuert und können daher nicht auf ein geändertes Verkehrsaufkommen reagieren.

11 Erläutern Sie den Begriff Regeln am Beispiel der Lageregelung eines Maschinentisches.

- Eine Wegmesseinrichtung stellt fortlaufend die momentane Stellung des Maschinentisches fest: Ermitteln des *Istwertes* der Regelgröße
- Die Lageregelung vergleicht den gemessenen Istwert mit dem programmierten *Sollwert* der Regelgröße
- Eine *Regelabweichung* (Differenz zwischen Ist- und Sollwert) bewirkt eine entsprechende Änderung des Vorschubantriebes, bis Istwert und Sollwert übereinstimmen
- Der Wirkungsablauf findet in einem geschlossenen *Regelkreis* statt.

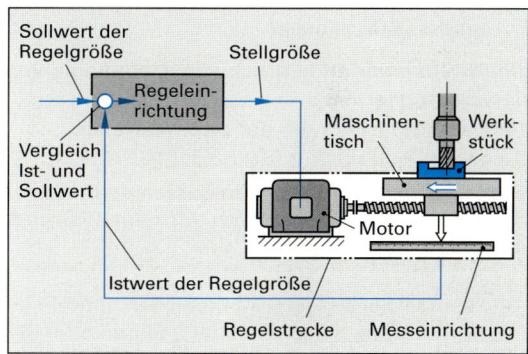

T366 Durch welches Merkmal unterscheidet sich eine Regelung von einer Steuerung?

a) Der Ablauf einer Regelung erfolgt nach einem Programm

b) Eine Regelung kann nur elektrisch erfolgen

c) Für eine Regelung sind Lochkarten oder Lochstreifen erforderlich

d) Bei einer Regelung erfolgt eine Rückwirkung

e) Eine Regelung kann nur mit Hilfe einer Datenverarbeitungsanlage durchgeführt werden

T367 Welche Aussage ist richtig? Ein unstetiger Regler...

a) besitzt stets einen P-Anteil

b) gibt zu jedem Eingangssignal ein entsprechendes Ausgangssignal ab

c) hat nur zwei Schaltstellungen

d) gleicht eine Regelabweichung vollständig aus

e) kann die Regelgröße genauer einhalten als ein stetiger Regler

5.2 Grundlagen für die Lösung von Steuerungsaufgaben

Fragen aus Fachkunde Metall, Seite 466

1 Aus welchen Baugliedern besteht eine Steuerkette?

Eine Steuerkette besteht aus Signalgliedern (z.B. Schalter, Sensoren), Steuergliedern (z.B. Verknüpfungsgliedern, Prozessoren), Stellgliedern (z.B. Schaltgeräten) und Antriebsgliedern (z.B. Motoren, Zylindern).

2 Wodurch unterscheiden sich analoge, binäre und digitale Signale?

Analoge Signale ändern sich stetig, abhängig von der Eingangsgröße.
Binäre Signale nehmen nur zwei Werte an:
0 = kein Signal, AUS; 1 = Signal, EIN
Digitale Signale stellen einen Zahlenwert dar, der durch die Summierung von einzelnen Grundschritten entsteht.

3 Nennen Sie aus Ihrem beruflichen Umfeld je zwei Geräte, die binäre oder analoge oder digitale Signale abgeben.

Binäre Signale werden z.B. von Schaltern für Licht oder Motoren oder von Lichtschranken erzeugt.
Analoge Signale werden von Messgeräten mit Zeigern, z.B. Messuhren, Thermometern, Drehzahlmessern oder Manometern erzeugt.
Digitale Anzeigen (Ziffernanzeigen) findet man häufig bei neueren Messgeräten und Uhren.

4 Wie werden Näherungsschalter nach ihrem Wirkungsprinzip unterteilt?

Näherungsschalter (Sensoren) werden in induktive, kapazitive, optoelektronische, magnetische und Ultraschall-Sensoren unterteilt.

Die verschiedenen Arten unterscheiden sich durch ihre Reichweite und durch das Medium, auf das sie ansprechen.

5 Wodurch werden z.B. bei NC-Fräsmaschinen und Fotoapparaten Sensoren verwendet?

In Fräsmaschinen dienen Sensoren zum Lesen des Glasmaßstabes, zur Drehzahlmessung und zur Wegbegrenzung. Bei Fotoapparaten werden Sensoren zur Einstellung der Belichtungszeit und der Entfernung sowie zum Erkennen der Filmart verwendet.

6 Das Ausgangssignal A soll entstehen, wenn die vier Eingangssignale E1 bis E4 anstehen. Wie kann diese logische Verknüpfung pneumatisch und mit einer Relais-Schaltung verwirklicht werden?

Erforderlich ist eine UND-Verknüpfung (Reihenschaltung) von Ventilen bzw. Schließern.

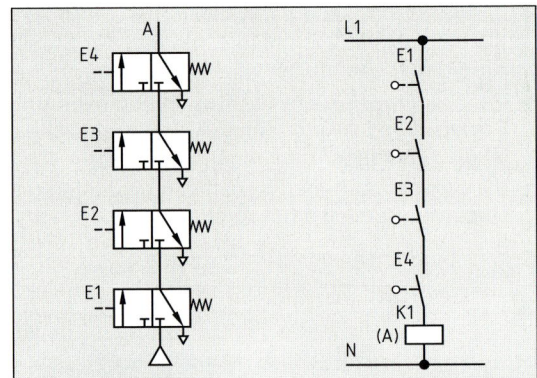

7 Entwickeln Sie den Logikplan und die Wertetabelle für folgende Bedingungen: Der Elektromotor einer Lineareinheit soll von zwei Stellen aus gestartet werden können, wenn ein Werkstück gespannt ist.

Zuordnung:
E1 Starttaster 1
E2 Starttaster 2
E3 Werkstücksensor
A1 zum Motor

E1	E2	E3	A1
0	0	0	0
1	0	0	0
0	1	0	0
1	1	0	0
0	0	1	0
1	0	1	1
0	1	1	1
1	1	1	1

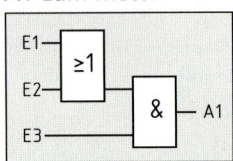

8 Wodurch unterscheiden sich die Funktionspläne von den Funktionsdiagrammen?

Funktionspläne zeigen den Steuerungsablauf in aufeinanderfolgenden Schritten auf übersichtliche Weise. Die Schritte sind untereinander angeordnet, ihre Funktion und Übergangsbedingung wird eingetragen.

In Funktionsdiagrammen wird der Bewegungsablauf der Arbeitsglieder einer Steuerung und das Zusammenwirken aller Bauteile mit genormten Schaltzeichen dargestellt.

Beide Darstellungsarten sind unabhängig von der Energieart und geben keinen Aufschluss über die Bauart der Teile und ihre Verbindung.

9 Beschreiben Sie in Worten, unter welchen Bedingungen an den Ausgängen A1 und A2 des Funktionsdiagramms Signale anstehen.

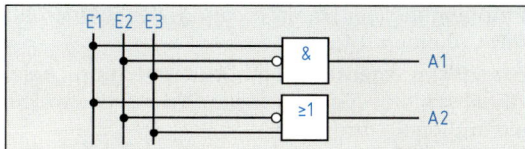

Am Ausgang A1 ist ein Signal vorhanden, wenn an den Eingängen E1 UND E3 UND NICHT E2 ein Signal ansteht.

Am Ausgang A2 ist ein Signal vorhanden, wenn an den Eingängen E1 ODER E3 ODER NICHT E2 ein Signal ansteht.

Die Verknüpfung lässt sich auch als Gleichung der Schaltalgebra ausdrücken:

$$E1 \wedge E3 \wedge \overline{E2} = A1$$
$$E1 \vee E3 \vee \overline{E2} = A2$$

10 Stellen Sie für das Funktionsdiagramm aus Frage 9 die vollständige Wertetabelle auf.

E1	E2	E3	A1	A2
0	0	0	0	1
1	0	0	0	1
0	1	0	0	0
1	1	0	0	1
0	0	1	0	1
1	0	1	1	1
0	1	1	0	1
1	1	1	0	1

Ergänzende Fragen zu Grundlagen für die Lösung von Steuerungsaufgaben

11 Weshalb erfolgt bei Steuerungen und Regelungen meist eine Trennung in Steuer- und Energieteil?

Im Steuerteil der Anlage...

- können ein kleinerer Druck bzw. eine kleinere Spannung verwendet werden. Dies ermöglicht Energieeinsparungen und erübrigt z.B. bei elektrischen Steuerungen Schutzmaßnahmen gegen zu hohe Berührungsspannung.
- können Leitungen und Bauelemente wesentlich kleiner ausgelegt sein. Dadurch ist die Miniaturisierung der Teile möglich.
- ist die mögliche Zahl und Vielfalt, z.B. elektronischer Bauelemente, wesentlich größer.

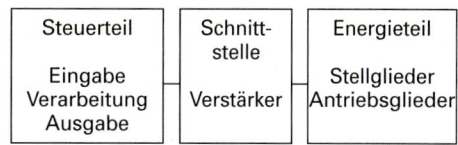

Wegen der kleinen Leistungen im Steuerteil und der erforderlichen großen Leistungen im Energieteil ist zwischen beiden vielfach noch eine Signalverstärkung erforderlich.

12 Welche Vor- und Nachteile haben analoge Signale gegenüber binären Signalen?

Vorteile: Bei der Verwendung analoger Signale ist die Steuergröße proportional der Eingangsgröße. Eine stufenlose Verstellung, z.B. eines Ventils über einen Steuernocken, ist dadurch sehr einfach.

Nachteile. Für viele Steuerstrecken ist eine binäre Steuerung erforderlich, z.B. EIN-AUS, RECHTS-LINKS. In diesem Falle ist eine Signalumwandlung nötig. Zur Umwandlung in digitale Signale müssen für analoge Signale Grenzwerte bestimmt werden.

Die meisten Steuerungen haben binäre Signale als Eingangsgrößen.

13 Wodurch sind digitale Signale gekennzeichnet?

Digitale Signale stellen Zahlenwerte dar. Sie sind als Binärzahlen oder als dezimale Gruppen von Binärzahlen codiert.

Digitale Signale werden meist zum Übertragen und Auswerten von Messergebnissen, z.B. bei Wegmesssystemen, verwendet

14 Welche Bedeutung haben die abgebildeten Schaltzeichen?

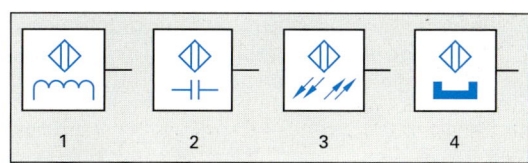

1 *Induktiver Sensor*, reagiert bei Annäherung von Metallen aller Art

2 *Kapazitiver Sensor*, reagiert bei Annäherung von Stoffen aller Art

3 *Optischer Sensor*, reagiert bei Annäherung von Stoffen aller Art

4 *Magnetsensor*, reagiert bei Annäherung eines Dauermagneten

15 Eine Transporteinrichtung kann von zwei Seiten aus durch einen Tastschalter gestartet werden. Stellen Sie die erforderliche Signalverknüpfung durch einen Logikplan, eine Wertetabelle und eine Schaltalgebragleichung dar.

E1	E2	A1
0	0	0
1	0	1
0	1	1
1	1	1

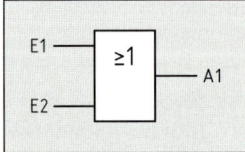

Schaltalgebragleichung: $E1 \lor E2 = A1$

Die Verknüpfung wird mit ODER (OR) bezeichnet.

16 Eine Anlage darf nur in Betrieb gehen, wenn 2 Taster gleichzeitg gedrückt werden. Stellen Sie die erforderliche Signalverknüpfung durch einen Logikplan, eine Wertetabelle und eine Schaltalgebragleichung dar.

E1	E2	A1
0	0	0
1	0	0
0	1	0
1	1	1

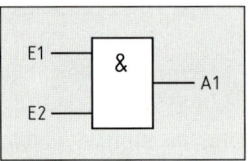

Schaltalgebragleichung: $E1 \land E2 = A1$

Die Verknüpfung wird mit UND (AND) bezeichnet.

17 Eine Kontrolllampe soll leuchten, wenn ein Anschluss ohne Signal ist. Stellen Sie die erforderliche Signalverknüpfung durch einen Logikplan, eine Wertebabelle und eine Schaltalgebragleichung dar.

E1	A1
0	1
1	0

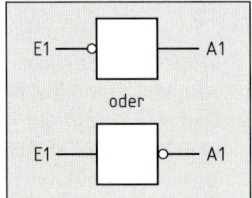

Schaltalgebragleichung: $\overline{E1} = A1$ oder $E1 = \overline{A1}$

Die Verknüpfung wird mit NICHT (NOT) bezeichnet.

18 Erläutern Sie die Wirkungsweise pneumatischer Sensoren.

Luftschranken arbeiten mit einem Sender und Empfänger. Die Unterbrechung des Luftstrahls führt zu einem Signal.

Staudüsen messen die Druckänderung beim Annähern eines Teiles vor die Düse und wandeln sie in Signale um.

Bei *Reflexionsdüsen* wird ein austretender Luftstrahl durch ein sich näherndes Werkstück zum Empfänger umgelenkt.

Alle Bauarten der pneumatischen Sensoren arbeiten berührungslos.

19 Erstellen Sie eine Funktionstabelle, einen Logikplan und die schaltalgebraische Gleichung zu der Schaltung.

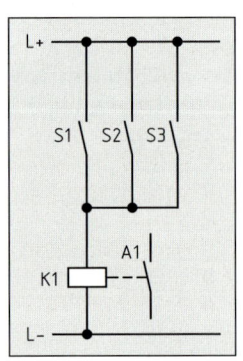

S1	S2	S3	A1
0	0	0	0
1	0	0	1
0	1	0	1
1	1	0	1
0	0	1	1
1	0	1	1
0	1	1	1
1	1	1	1

$S1 \lor S2 \lor S3 = A1$
S1 ODER S2 ODER S3
IST GLEICH A1

20 Was versteht man in der Steuertechnik unter einer Signalverarbeitung?

Die Signalverarbeitung beinhaltet die logische Verknüpfung von Signalen (UND, ODER, NICHT), das Einwirken auf ein Zeitverhalten (Verzögerung, Speicherung) und die Verstärkung von Signalen.

Die Signalverarbeitung kann mit unterschiedlichen Energiearten verwirklicht werden. Die Elektronik bietet dabei die größte Vielfalt an Möglichkeiten.

21 In welcher Weise können Steuersignale verknüpft werden?

Die Grundfunktionen der Verknüpfung sind UND, ODER und NICHT.

Durch Kombinationen der Grundfunktionen sind beliebige Erweiterungen, z.B. NOR und NAND, möglich.

22 Was kann in Funktionsplänen dargestellt werden?

Funktionspläne dienen der grafischen Darstellung von Verknüpfungs- und Ablaufsteuerungen.

Verknüpfungssteuerungen werden mit den Symbolen der logischen Verknüpfungen, Ablaufsteuerungen mit Schritt- oder Befehlssymbolen dargestellt.

23 Erläutern Sie die in dem teilweise dargestellten Funktionsplan getroffenen Angaben.

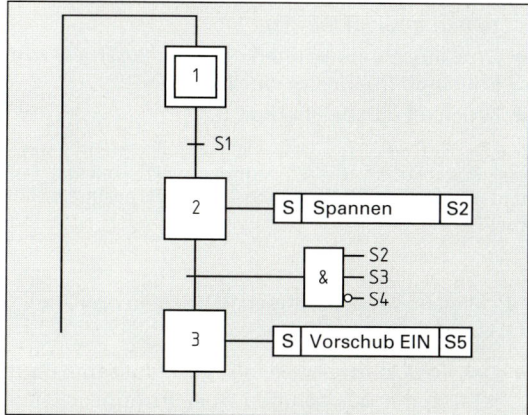

Mit dem Schalter S1 wird der Spannvorgang eingeleitet. Liegen nach dem Abschluss des Spannens die Signale S2 UND S3 UND NICHT S4 an, dann wird der Vorschub eingeschaltet.

24 Erläutern Sie den im Funktionsdiagramm dargestellten Steuerungsablauf.

Bauelemente			Schritt							
Benennung	Nr.	Lage	0	1	2	3	4	5	6	7
Spann-zylinder	1	2 1								
Vorschub-zylinder	2	2 1								
Biege-zylinder	3	2 1								

Schritt 1: Zylinder 1.0 fährt aus
Schritt 2: Zylinder 2.0 fährt im Eilgang vor
Schritt 3: Zylinder 2.0 fährt mit Vorschub-
           geschwindigkeit weiter
Schritt 4: Zylinder 2.0 fährt ein
Schritt 5: Zylinder 3.0 fährt aus
Schritt 6: Zylinder 3.0 fährt ein
Schritt 7: Zylinder 1.0 fährt ein

T368 Welche Funktion ist in der Tabelle dargestellt?

a) UND
b) ODER
c) NICHT
d) NOR
e) NAND

E1	E2	A1
0	0	0
0	1	0
1	0	0
1	1	1

T369 Welche Schaltalgebragleichung entspricht der Funktionstabelle von Aufgabe T368?

a) $E1 \vee E2 = A1$
b) $E1 \vee \overline{E2} = A1$
c) $E1 \wedge E2 = A1$
d) $\overline{E1} \wedge E2 = A1$
e) Keine der genannten Gleichungen passt

T370 Welche Aussage entspricht dem dargestellten Funktionsplan?

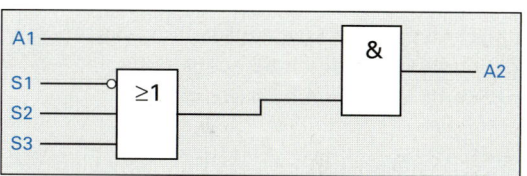

a) $A1 \wedge (\overline{S1} \vee S2 \vee S3) = A2$
b) $A1 \vee (\overline{S1} \wedge S2 \wedge S3) = A2$
c) $A1 \wedge (S1 \vee \overline{S2} \vee \overline{S3}) = A2$
d) $A1 \wedge (S1 \wedge S2 \wedge \overline{S3}) = A2$
e) $A1 \vee (S1 \wedge S2 \wedge S3) = A2$

T371 Welche Aussage zu den abgebildeten Schaltzeichen ist richtig?

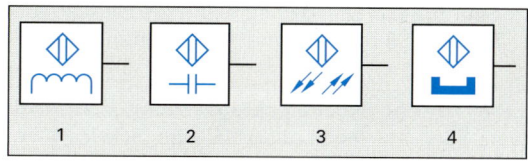

a) Bild 1: Der Sensor reagiert auf Wärme
b) Bild 2: Der Sensor reagiert auf Annäherung
          aller Stoffe
c) Bild 3: Der Sensor reagiert auf Spritzwasser
d) Bild 4: Der Sensor wird durch Nocken betätigt
e) Keine der genannten Antworten ist richtig

T372 Welche Aussage zu dem Funktionsplan ist richtig?

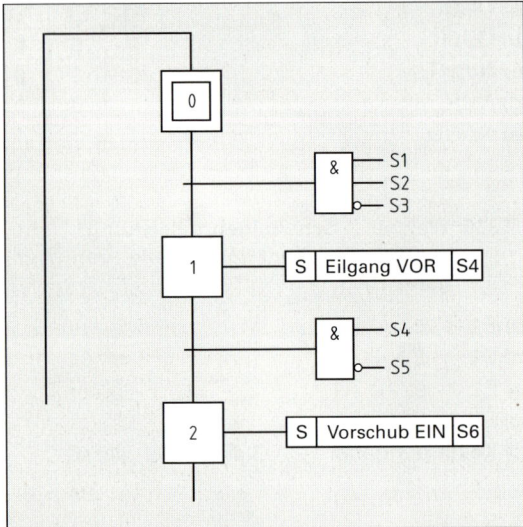

a) Die Schritte 1 und 2 werden in den Speichern S4 und S6 gespeichert.

b) Die Schritte 1 und 2 sind verzögert

c) Schritt 0 ist die Ausgangsstellung der Anlage

d) Schritt 2 wird durch S6 ausgelöst

e) Schritt 1 wird durch S4 ausgelöst

T373 Welche Aussage zum Funktionsplan von Aufgabe T372 ist richtig?

a) Der Start der Anlage erfolgt, wenn die Signalgeber S1, S2 und S3 den Zustand 1 annehmen

b) Schritt 1 wird ausgelöst, wenn die Signalgeber S1, S2 und S3 den Zustand 0 annehmen

c) Schritt 2 wird ausgelöst, wenn die Signalgeber S4 und S5 den Zustand 1 annehmen

d) Schritt 2 wird ausgelöst, wenn Schritt 1 abgeschlossen ist und der Signalgeber S5 den Zustand 0 annimmt

e) Schritt 2 wird ausgelöst, wenn die Signalgeber S4 oder S5 den Zustand 1 annehmen

T374 Welche Schaltalgebragleichung entspricht der Startbedingung für den Schritt 1 im Funktionsplan von Aufgabe T372?

a) $S1 \wedge \overline{S2} \wedge S3 = A1$

b) $S1 \vee \overline{S2} \vee S3 = A1$

c) $S1 \wedge S2 \wedge \overline{S3} = A1$

d) $\overline{S1} \vee S2 \vee S3 = A1$

e) $\overline{S1} \wedge S2 \wedge S3 = A1$

5.3 Pneumatische Steuerungen   ZP

Bauelemente

Fragen aus Fachkunde Metall, Seite 475

1 Welche Vorteile hat die Pneumatik?

Die Pneumatik hat folgende Vorteile:
- Kräfte und Geschwindigkeiten der Zylinder und Motore sind stufenlos einstellbar.
- Es können hohe Geschwindigkeiten und Drehzahlen erreicht werden.
- Druckluftgeräte können ohne Schaden bis zum Stillstand überlastet werden.
- Druckluft ist speicherbar.

Nachteilig sind insbesondere die verhältnismäßig geringen Kolbenkräfte, die Zusammendrückbarkeit der Luft und die Geräuschbelästigung durch die ausströmende Abluft.

2 Welche Anforderungen werden an das Druckluftnetz gestellt?

- Das Druckluftnetz ist als geschlossene Ringleitung mit beidseitigen Absperrmöglichkeiten zu errichten, damit im Schadensfall die Versorgung aufrechterhalten werden kann.
- Die Leitungsquerschnitte müssen ausreichend groß sein, damit der Druckverlust gering bleibt.
- Kondenswasser muss aus der Druckluft abgeschieden und aus dem Druckluftnetz entfernt werden.

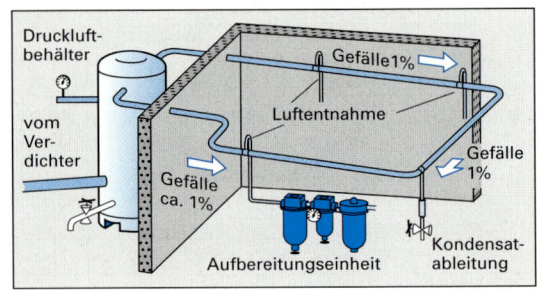

3 Wozu braucht man Aufbereitungseinheiten?

Die Aufbereitungseinheit dient zum Filtern der Druckluft, zum Regeln des Drucks und zum Beimischen von Öl.

Die Aufbereitungseinheit soll möglichst nah vor dem Verbraucher eingebaut werden.

4 Bei welchen pneumatischen Steuerungen wird mit ölfreier Druckluft gearbeitet?

In der Nahrungsmittel- und Computerindustrie ist ölfreie Druckluft zu verwenden.

Zunehmend wird auch zum Schutz der Gesundheit der Mitarbeiter und wegen des Umweltschutzes in anderen Industriezweigen mit ölfreier Luft gearbeitet.

5 Welche wirksame Kolbenkraft hat ein Druckluftzylinder von 100 mm Durchmesser und einem Wirkungsgrad von 90%, der mit p_e = 7 bar betrieben wird?

$$F = p_e \cdot A \cdot \eta \quad \text{mit} \quad p_e = 7 \text{ bar} = 70 \frac{N}{cm^2}$$

$$F = 70 \frac{N}{cm^2} \cdot \frac{(10 \text{ cm})^2 \cdot \pi}{4} \cdot 0,9 = 4948 \text{ N} \approx 5 \text{ kN}$$

6 Welchen Vorteil haben kolbenstangenlose Zylinder?

Kolbenstangenlose Zylinder benötigen weniger Platz als Zylinder mit Kolbenstangen.

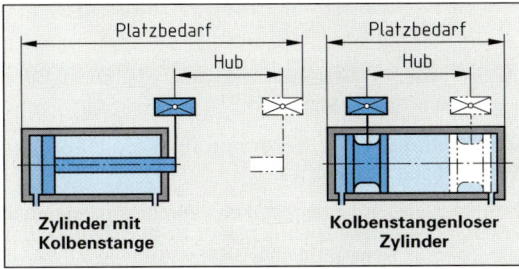

Die Kraftübertragung erfolgt entweder über eine geschlitzte Zylinderwand oder ein Zugband.

7 Mit welchen Bauelementen kann die Geschwindigkeit von Zylindern eingestellt werden?

Mit einem Drosselrückschlagventil lässt sich die Kolbengeschwindigkeit stufenlos einstellen.

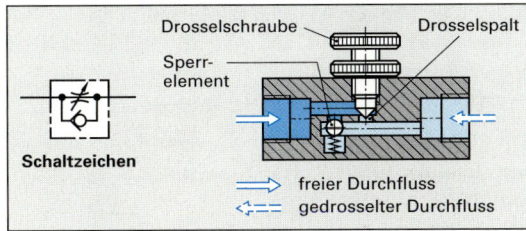

Das Drosselrückschlagventil wird meist in die Abluftleitung des Zylinders eingebaut (Abluftdrosselung).

8 Skizzieren Sie das Schaltzeichen eines 5/3-Wegeventiles, bei dem in der Mittelstellung alle Anschlüsse gesperrt sind und das durch einen Hebel betätigt wird.

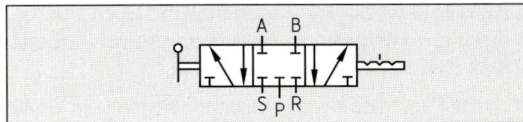

Die Leitungsanschlüsse werden an der Ruhelage der Ventile angezeichnet.

9 Welche Signalverknüpfung ist mit Wechselventilen möglich?

Wechselventile bewirken eine ODER-Verknüpfung.

Die Druckluft strömt von P1 oder P2 nach A.

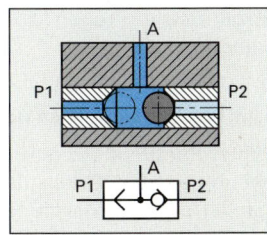

10 Warum bezeichnet man die Funktion von Zweidruckventilen auch als „UND-Verknüpfung"?

Druckluft kann nur durchströmen, wenn die Anschlüsse P1 UND P2 beaufschlagt werden.

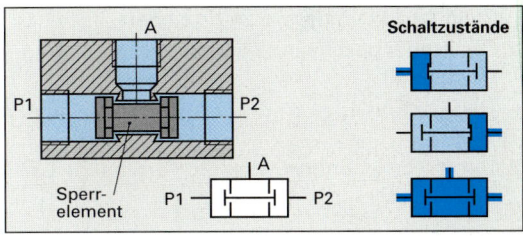

11 Wie kann die UND-Verknüpfung auch mit zwei 3/2-Wegeventilen allein verwirklicht werden?

Die Ventile werden in Reihe geschaltet. Damit kann Druckluft nur durchströmen, wenn beide Ventile betätigt sind.

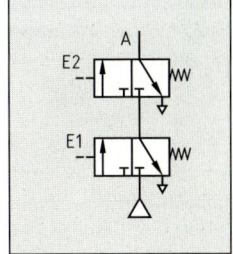

12 Welche Aufgaben haben Druckbegrenzungsventile und Druckregelventile?

Druckbegrenzungsventile schützen die Anlage vor einem unzulässig hohen Druck.

Druckregelventile vermindern den Druck aus der Versorgungsleitung in den benötigten Arbeitsdruck und halten diesen konstant.

In jeder Pneumatikanlage muss mindestens ein Druckbegrenzungsventil sein. Meist wird es am Druckkessel angebracht. Druckregelventile befinden sich vor jeder Entnahmestelle. Sie sind meist in der Aufbereitungseinheit integriert.

Ergänzende Fragen zu Pneumatischen Steuerungen

13 Was versteht man unter Pneumatik?

Unter Pneumatik versteht man die technische Anwendung der Druckluft zum Antrieb und zur Steuerung von Maschinen und Geräten.

Die Druckluft dient dabei z.B. zum Bewegen von Hämmern, Zylindern und Rotoren sowie zur Steuerung dieser Bewegungen.

14 Welche Nachteile hat die Pneumatik?

Nachteile der Pneumatik sind:

- Große Kolbenkräfte sind nur mit sehr großen Zylinderdurchmessern zu erreichen
- Die Kolbengeschwindigkeit ändert sich mit der Gegenkraft
- Genaue Endlagen sind nur mit Festanschlägen möglich
- Die ausströmende Druckluft verursacht Lärm und Ölnebel

15 Welche Zylinderarten unterscheidet man in der Pneumatik nach ihrer Wirkungsweise?

Man unterscheidet einfach- und doppelt wirkende Zylinder.

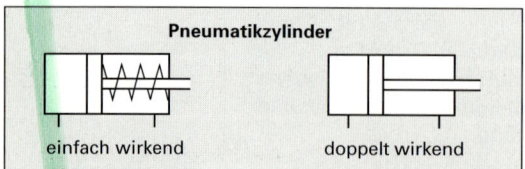

Pneumatikzylinder

einfach wirkend   doppelt wirkend

Einfach wirkende Zylinder haben meist eine Feder zur Kolbenrückführung, doppelt wirkende Zylinder werden in beiden Richtungen durch Druckluft bewegt.

16 Aus welchen Hauptbaugruppen besteht eine Pneumatikanlage?

Eine Pneumatikanlage besteht aus der Verdichteranlage, der Druckluft-Aufbereitung und der eigentlichen Steuerung.

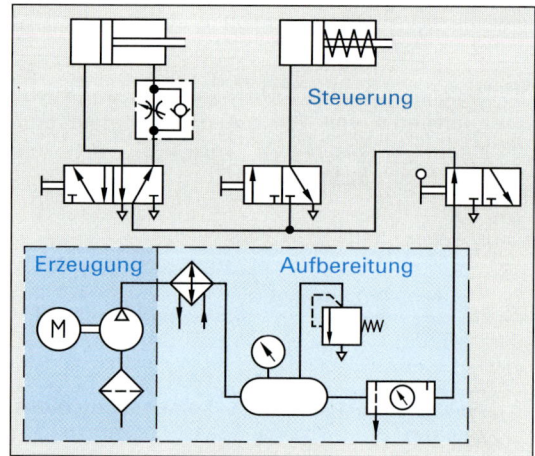

Meist wird eine zentrale Verdichteranlage für viele Verbraucher gemeinsam verwendet.

17 In welche Gruppen werden die Druckluftverdichter unterteilt?

Man unterscheidet Verdrängungsverdichter und dynamische Verdichter.

Verdrängungsverdichter wirken durch Verkleinerung eines abgeschlossenen Raumes, z.B. zwischen Kolben und Zylinder. Dynamische Verdichter wandeln die Bewegungsenergie von schnell bewegter Luft in Druckenergie um.

18 Welchen Zweck hat die Endlagendämpfung eines Pneumatikzylinders?

Sie verringert die Kolbengeschwindigkeit, sodass der Kolben sanft in seine Endlage fährt.

Die Dämpfung ist besonders beim Bewegen großer Massen wichtig. Sie ist meist einstellbar.

19 Wozu werden Druckluftmotore verwendet?

Druckluftmotore werden vorwiegend zum Antrieb von leistungsstarken Handgeräten, z.B. Druckluftschraubern, verwendet.

Druckluftmotore sind klein im Verhältnis zu ihrer Leistung und können ohne Schaden bis zum Stillstand überlastet werden.

20 In welche Gruppen werden Pneumatikventile unterteilt?

Man unterscheidet Wegeventile, Sperrventile, Stromventile und Druckventile.

Es gibt auch Bauelemente, die mehrere dieser Ventilarten vereinen.

21 Auf welche Weise werden die Anschlüsse von Pneumatik-Ventilen gekennzeichnet?

Die Anschlüsse werden mit Buchstaben oder Zahlen gekennzeichnet.

Es bedeuten: P ≙ 1   Druckanschluss
            A ≙ 2   Arbeitsleitung Nr. 1
            B ≙ 4   Arbeitsleitung Nr. 2
            R ≙ 3
            S ≙ 5   Entlüftungen
            Z ≙ 12
            Y ≙ 14   Steuerleitungen

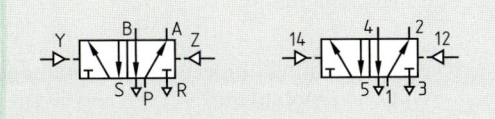

22 Erläutern Sie die Bezeichnung 3/2-Wegeventil.

Das 3/2-Wegeventil ist ein Ventil mit 3 gesteuerten Anschlüssen und 2 Schaltstellungen.

Das Kurzzeichen enthält keine Aussage über die Größe und die Bauart des Ventils.

23 Welche Betätigungsarten gibt es für Wegeventile?

Wegeventile können durch Muskelkraft, mechanisch, durch Druck oder elektrisch betätigt werden.

Die elektrische Betätigung wird vielfach mit Druckbetätigung kombiniert, um größere Betätigungskräfte zu erreichen.

24 Welches Ventil wird durch das Sinnbild dargestellt?

Ein 3/2-Wegeventil mit elektromagnetischer Betätigung und Federrückstellung.

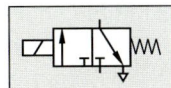

Das Ventil besitzt 3 Anschlüsse und 2 Schaltstellungen. Die Entlüftung mündet direkt ins Freie.

25 Welches Ventil ist zur Steuerung eines einfachwirkenden Zylinders erforderlich?

Erforderlich ist mindestens ein 3/2-Wegeventil.

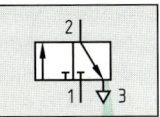

Das Ventil hat einen Anschluss für Druckluft (P ≙ 1), einen für die Arbeitsleitung (A ≙ 2) und einen für die Entlüftung (R ≙ 3).

26 Welches Ventil ist zur Steuerung eines doppeltwirkenden Zylinders erforderlich?

Erforderlich ist ein 4/2-Wegeventil oder ein 5/2-Wegeventil.

Auch Ventile mit 3 Schaltstellungen werden teilweise verwendet.

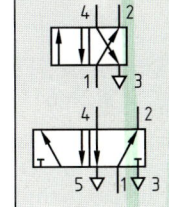

4/2-Wegeventile haben 1 Entlüftungsanschluss, 5/2-Wegeventile 2 Entlüftungsanschlüsse.

27 Mit welchem Pneumatikventil kann eine UND-Verknüpfung verwirklicht werden?

Mit einem Zweidruckventil.

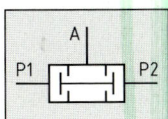

Das Zweidruckventil nimmt nur dann am Arbeitsanschluss A (1) den Zustand 1 an, wenn P1 UND P2 mit Druckluft beaufschlagt sind.

28 Mit welchem Pneumatikventil kann eine ODER-Verknüpfung verwirklicht werden?

Mit einem Wechselventil.

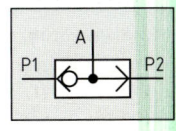

Bei einem Wechselventil hat der Arbeitsanschluss den Zustand 1, wenn P1 ODER P2 mit Druckluft beaufschlagt ist.

Gleichzeitig wird der gegenüberliegende Druckluftanschluss gesperrt.

29 Wie arbeitet ein Druckregelventil?

Die aus der Druckleitung über ein Ventil einströmende Luft wirkt auf eine Membrane, die beim Erreichen des eingestellten Druckes das Ventil schließt.

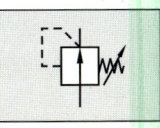

Sinkt der Druck in der Arbeitsleitung, so öffnet das Ventil wieder.

Der gewünschte Druck lässt sich mit Hilfe einer Stellschraube und einer Feder einstellen.

T375 Welches Bauelement wird durch das Sinnbild dargestellt? Ein ...

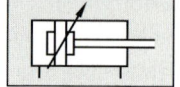

a) einfach wirkender Zylinder ohne Rückfeder

b) doppelt wirkender Zylinder mit Differentialkolben

c) doppelt wirkender Zylinder mit über den ganzen Hub verstellbaren Kolbengeschwindigkeit

d) doppelt wirkender Zylinder mit Ringmagnet zur Steuerung von Kontakten

e) doppelt wirkender Zylinder mit beidseitiger, einstellbarer Endlagendämpfung

T376 Welche Aussage über das Bauelement ist richtig? Das Ventil ...

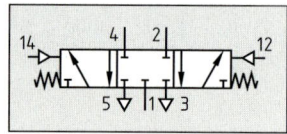

a) ist ein 5/2-Wegeventil mit Druckluftzentrierung

b) ist ein 5/2-Wegeventil mit Federzentrierung

c) ist ein 5/3-Wegeventil mit Druckluftzentrierung

d) ist ein 5/3-Wegeventil mit Federzentrierung

e) verbindet bei entlüfteten Steueranschlüssen den Anschluss 1 mit Anschluss 2

T377 Welches Ventil wird durch das Sinnbild dargestellt?

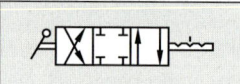

a) 4/2-Wegeventil mit Impulsbetätigung

b) 4/3-Wegeventil mit magnetischer Betätigung

c) 4/2-Wegeventil mit magnetischer Betätigung

d) 5/3-Wegeventil mit Handhebelbetätigung

e) 4/3-Wegeventil mit Handhebelbetätigung

T378 Welche Aussage über das Bauelement ist richtig? Der Durchfluss ...

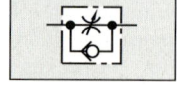

a) wird in einer Richtung gesperrt

b) wird in beiden Richtungen gedrosselt

c) erfolgt in einer Richtung gedrosselt, in der anderen ungehindert

d) erfolgt in beiden Richtungen ungehindert

e) wird verringert und geregelt

T379 Welche Betätigungsart ist im Bild dargestellt?

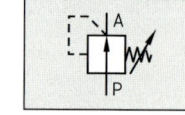

a) Elektromagnetisch mit Vorsteuerung

b) Druckluftbetätigung

c) Elektromagnetisch ohne Vorsteuerung

d) Pedal

e) Hydraulische Betätigung

T380 Welche Aussage über das Bauelement ist richtig? Das Ventil ...

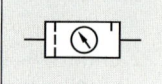

a) dient als Überdruckventil

b) regelt den Druck in der Leitung mit dem Anschluss P

c) regelt den Druck in der Leitung mit dem Anschluss A

d) erzeugt einen konstanten Volumenstrom

e) begrenzt die Geschwindigkeit des angeschlossenen Arbeitselementes

T381 Welches Bauteil einer Pneumatikanlage stellt das Sinnbild dar?

a) Druckminderventil

b) Aufbereitungseinheit

c) Kompressor

d) Wegeventil

e) einstellbare Drossel

T382 Welche Aussage zur Pneumatik ist richtig?

a) Mit kleinen Zylinderdurchmessern lassen sich große Kolbenkräft erzielen

b) Die Kolbengeschwindigkeit ist von der Gegenkraft unabhängig

c) Mit einem Drosselventil lässt sich eine gleichbleibende Kolbengeschwindigkeit einstellen

d) Bei niedriger Kolbengeschwindigkeit kann sich der Kolben ruckartig bewegen

e) Für die Verringerung der Kolbengeschwindigkeit wird stets die Zuluft gedrosselt

T383 Welche Aufgabe wird von einer Aufbereitungseinheit *nicht* erfüllt?

a) Kühlung der Luft

b) Filterung der Luft

c) Druckreduzierung

d) Ölen der Luft

e) Alle genannten Aufgaben werden *nicht* erfüllt

Pneumatische Schaltpläne   **Fragen aus Fachkunde Metall, Seite 478**

1 Entwerfen Sie für die automatische Montage- und Bearbeitungsmaschine

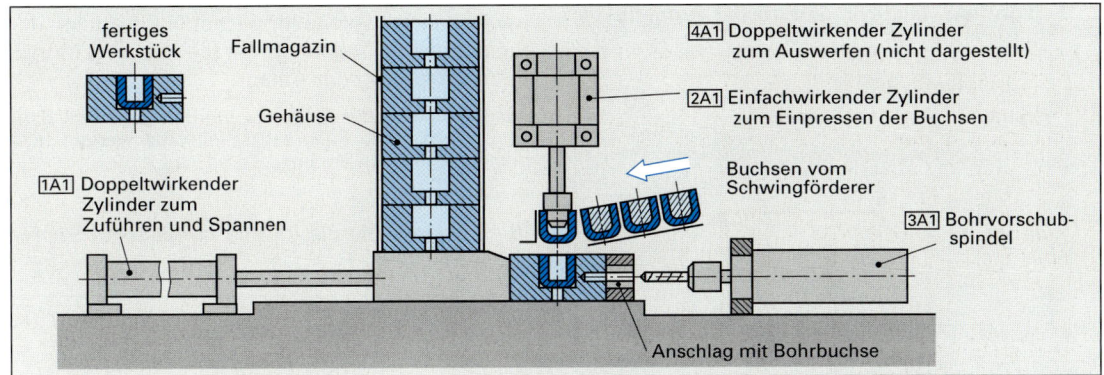

a) den pneumatischen Schaltplan, der auch Ventile mit Leerrücklaufrolle enthalten darf

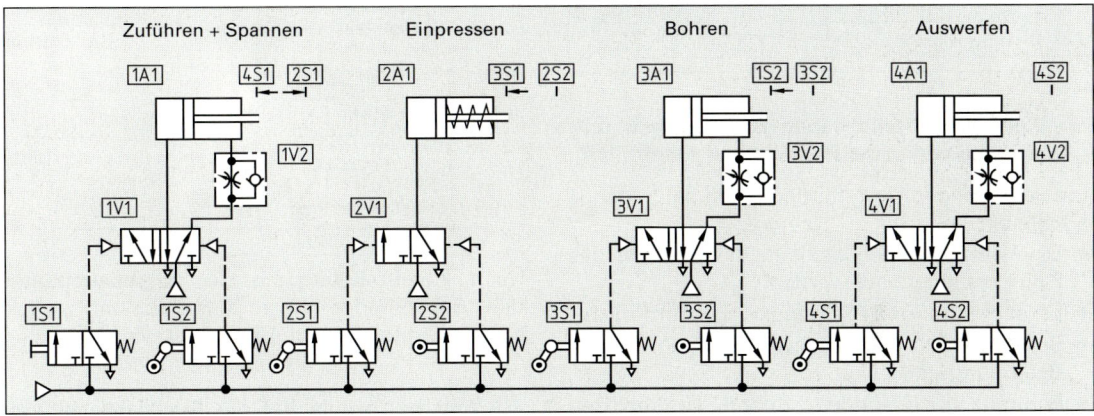

b) den pneumatischen Schaltplan ohne Leerrücklaufrollenventile

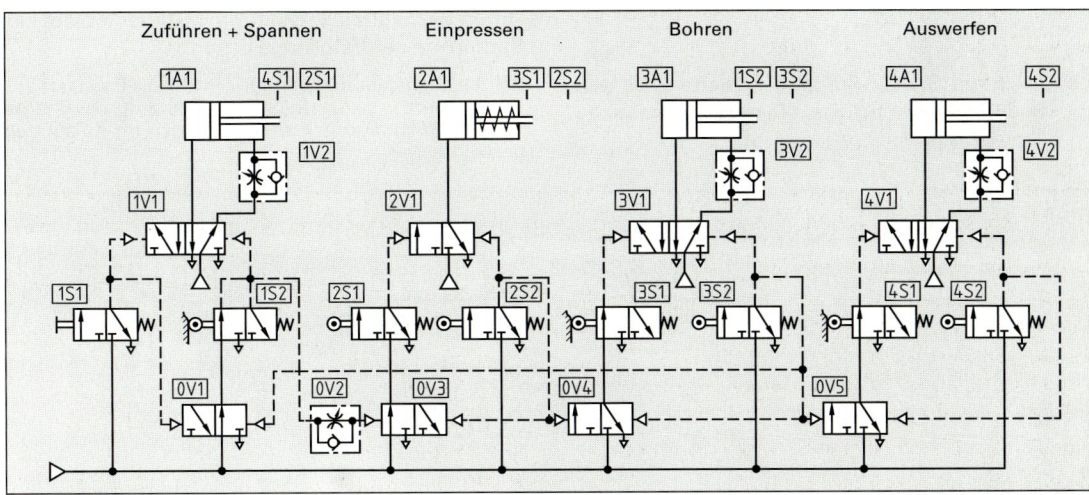

Ergänzende Fragen zu Pneumatischen Schaltplänen

2   Erstellen Sie ein vereinfachtes Funktionsdiagramm (nur Zylinder) zu der Aufgabe 1a (Seite 213).

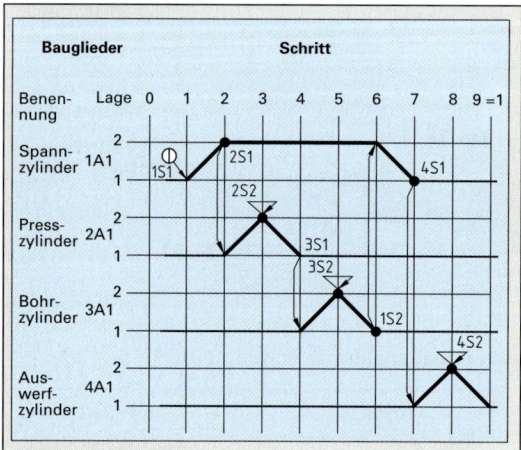

3   Welche Nachteile haben Betätigungen mit einseitig wirkender Rolle (Leerrücklaufrolle)?

Die Betätigung mit Leerrücklaufrollen hat folgende Nachteile:

● Die Ventile können nicht in der Endlage des Zylinders eingebaut werden.

● Es ist ein großer Betätigungsweg erforderlich.

● Bei hohen Kolbengeschwindigkeiten ist die Betätigungszeit zu kurz.

● Schmutz, insbesondere Späne, können den Hebel blockieren.

In hochwertigen Steuerungen wird anstelle von einseitig wirkenden Betätigungen eine Signalabschaltung verwendet.

4   Zeichnen Sie zu Aufgabe 1 (Seite 213) den Pneumatikplan für eine elektropneumatische Steuerung.

5   Welche Aufgabe haben pneumatische Schaltpläne?

Schaltpläne stellen den Wirkzusammenhang einer Pneumatikanlage möglichst übersichtlich dar. Sie dienen als Grundlage für die Planung, Montage und Wartung der Anlage.

Zur Darstellung der Einzelteile werden genormte Sinnbilder verwendet. Pneumatikschaltpläne werden noch durch Gerätelisten ergänzt.

6   Erläutern Sie die im Bild dargestellte Steuerung.

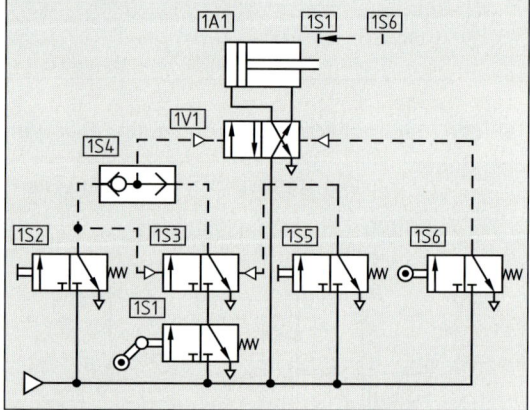

Nach kurzer Betätigung des Signalelementes fährt der Zylinder 1A1 so lange vor und zurück, bis das Signalelement 1S betätigt wird.

7   Welche Vorteile hat die Signalabschaltung bei pneumatischen und elektropneumatischen Ablaufsteuerungen?

Durch die Signalabschaltung wird der Ablauf der Steuerung sehr störungssicher.

Bei der Signalabschaltung erreicht man, dass stets nur für den gerade aktuellen Steuerungsschritt die Energie vorhanden ist. Dadurch sind Störungen im Ablauf ausgeschlossen.

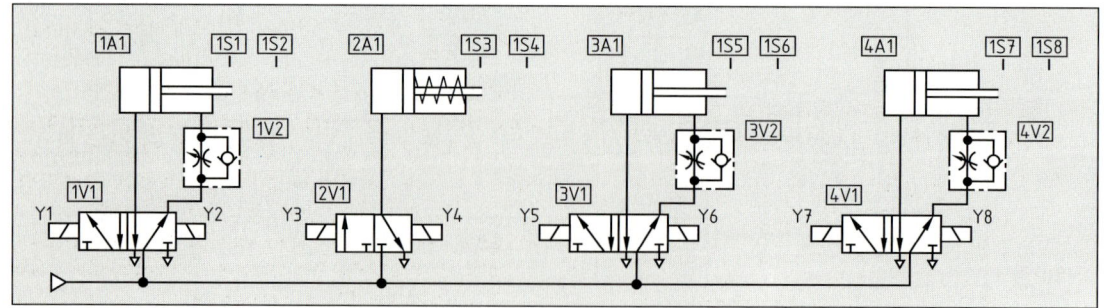

T384 Welche Aussage zu der skizzierten Steuerung ist richtig? Nach kurzem Betätigen von Signalelement 1S1...

a) läuft Kolbenstange 1A1 vor und bleibt so lange ausgefahren, bis Kolbenstange 2A1 vor und wieder zurück gelaufen ist

b) läuft Kolbenstange 1A1 vor und bleibt so lange ausgefahren, bis Kolbenstange 2A1 zweimal vor und wieder zurück gelaufen ist

c) läuft Kolbenstange 1A1 vor und wieder zurück; sodann läuft Kolbenstange 2A1 vor und wieder zurück

d) läuft Kolbenstange 1A1 vor. Sodann läuft Kolbenstange 2A1 vor, Kolbenstange 1A1 zurück und darauf auch Kolbenstange 2A1 zurück

e) läuft zunächst Kolbenstange 2A1 vor und wieder zurück

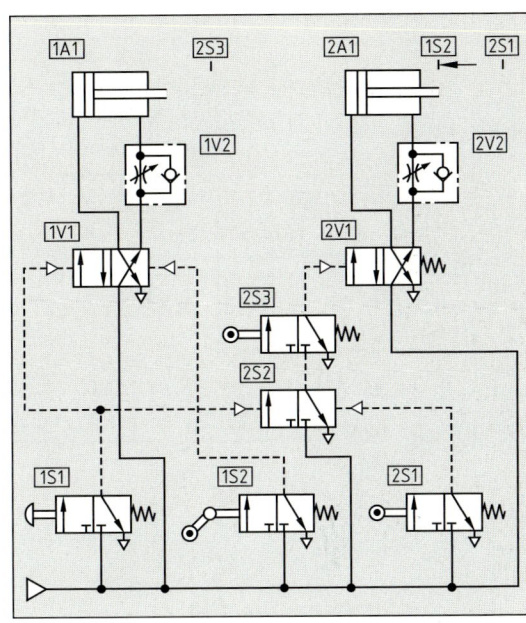

Bild zu den Testaufgaben T384 bis T389

T385 Wodurch erfolgt die Betätigung von Signalelement 1S2?
Die Betätigung erfolgt durch...

a) Hebel

b) Pedal

c) Zweihandsicherheitshebel

d) Schaltnocken und Rolle

e) Rolle, nur in einer Richtung wirkend

T386 Was geschieht, wenn während des Programmablaufes der skizzierten Steuerung die Kolbenstange 1A1 gewaltsam zurückgeschoben wird?

a) Kolbenstange 2A1 fährt im Eilgang zurück

b) Kolbenstange 2A1 fährt mit gedrosselter Geschwindigkeit zurück

c) Das Programm läuft ungestört weiter

d) Nach Rücklauf der Kolbenstange 2A1 läuft das Programm selbsttätig erneut ab

e) Kolbenstange 1A1 fährt sofort ganz zurück

T387 Wann erfolgt die Betätigung von Signalelement 1S2? Es wird betätigt beim...

a) Vorlauf der Kolbenstange 1A1

b) Rücklauf der Kolbenstange 1A1

c) Vorlauf der Kolbenstange 2A1

d) Rücklauf der Kolbenstange 2A1

e) Vor- und Rücklauf der Kolbenstange 2A1

T388 Welche Bezeichnung für Ventil 2V1 ist richtig? Es ist ein...

a) 4/2-Wegeventil mit Steuerung durch Druckluftentlastung und Rückstellfeder

b) 5/2-Wegeventil mit Steuerung durch Druckluftbeaufschlagung und Rückstellfeder

c) 4/2-Wegeventil mit Steuerung durch Druckluftbeaufschlagung und Rückstellfeder

d) 3/2-Wegeventil mit Steuerung durch Druckluftbeaufschlagung und Rückstellfeder

e) 5/2-Wegeventil mit Steuerung durch Druckluftentlastung und Rückstellfeder

T389 Wann erfolgt die Betätigung von Ventil 2V1 durch Druckluftbeaufschlagung?
Bei...

a) Betätigung von Signalelement 1S1

b) Erreichen der Endlage von Kolbenstange 1A1, wenn zuvor Signalelement 1S1 betätigt wurde

c) Erreichen der Endlage von Kolbenstange 1A1, wenn zuvor Signalelement 2S1 betätigt wurde

d) Erreichen der Endlage von Kolbenstange 2A1, wenn zuvor Signalelement 2S1 betätigt wurde

e) Rücklauf der Kolbenstange 2A1

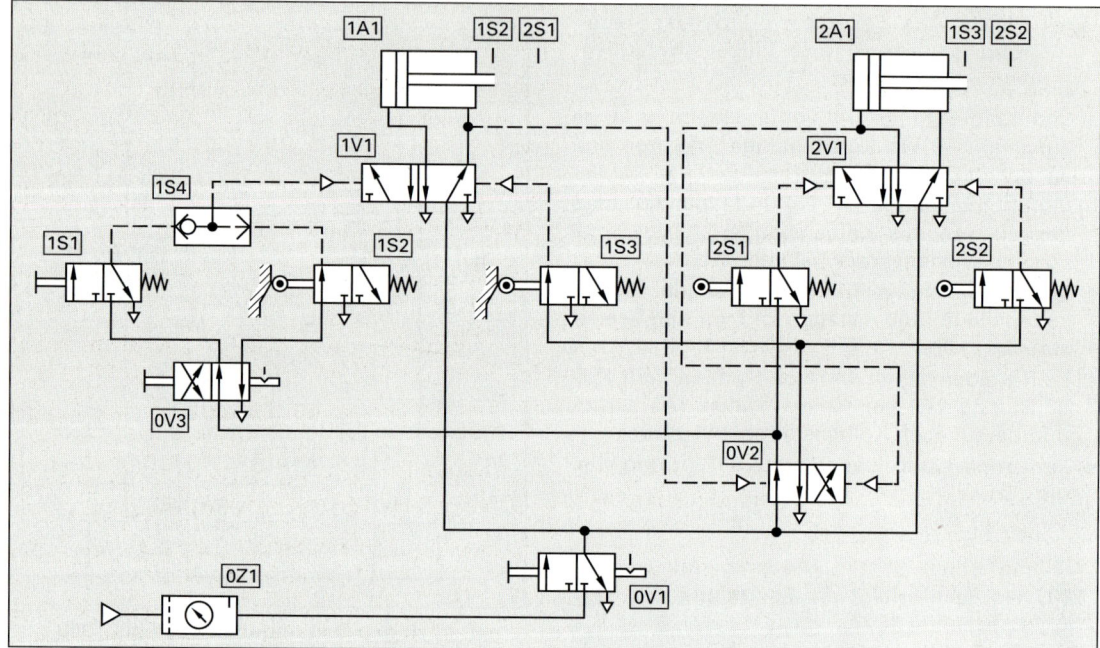

Bild zu den Testaufgaben T390 bis T395

T390 Welche Aufgabe hat Ventil 0V2?

a) Vorhubsteuerung von Zylinder 1A1
b) Rückhubsteuerung von Zylinder 1A1
c) Vorhubsteuerung von Zylinder 2A1
d) Rückhubsteuerung von Zylinder 2A1
e) Signalabschaltung

T391 Welche Aufgabe hat Ventil 0V3? Es …

a) dient als Absperrventil für die Anlage
b) bewirkt die Umschaltung von Einzelhub auf Automatikbetrieb
c) steuert den Rückhub von Zylinder 1A1
d) dient als NOT-AUS-Schalter
e) ist in der Anlage überflüssig

T392 Welche Aussage zur Steuerung ist richtig?

a) Ventil 1S2 bewirkt einen Einzelhub
b) Bauteil 0Z1 ist ein Absperrventil
c) Ventil 0V1 dient als Hauptventil
d) Ventil 0V1 dient als NOT-AUS-Schalter
e) Ventil 0V2 dient als NOT-AUS-Schalter

T393 Welche Angabe zu Schritt 3 des Steuerungsablaufs ist richtig?

a) Zylinder 1A1 fährt zurück
b) Zylinder 1A1 fährt vor
c) Zylinder 2A1 fährt vor
d) Zylinder 2A1 fährt zurück
e) Zylinder 1A1 und 2A1 fahren zurück

T394 Welche Aufgabe hat Signalelement 1S2? Es…

a) steuert den Vorhub von Zylinder 1A1 im Automatikbetrieb
b) steuert den Rückhub von Zylinder 1A1 im Automatikbetrieb
c) steuert den Einzelvorhub von Zylinder 1A1
d) steuert einen Einzelrückhub von Zylinder 1A1
e) dient zur Signalabschaltung

T395 Welche Aussage ist richtig?

a) Signalelement 2S1 müsste eine einseitig wirkende Rolle besitzen
b) Die Signalelemente 1S2 und 1S3 müssten eine einseitig wirkende Rolle besitzen
c) Ventil 0V1 müsste eine Rückstellfeder besitzen
d) Signalelement 1S4 dient zur Signalverknüpfung
e) Ventil 0V2 wird beim Rückhub von Zylinder 2A1 umgeschaltet

5.4 Hydraulische Steuerungen

Fragen aus Fachkunde Metall, Seite 490

1 Welche Aufgaben erfüllen Hydraulikflüssigkeiten?

Die Hydraulikflüssigkeit überträgt die Energie von der Pumpe zu den Arbeitselementen und dient gleichzeitig zur Schmierung der bewegten Teile.

Je nach den Betriebsbedingungen der Hydraulikanlage werden Mineralöle mit Zusätzen, wässerige Emulsionen oder Lösungen sowie synthetische Flüssigkeiten verwendet.

2 Worin besteht der Unterschied zwischen Antrieben mit Konstantpumpen und Antrieben mit Verstellpumpen?

Konstantpumpen haben ein gleich bleibendes (nicht verstellbares) Verdrängungsvolumen. Bei Verstellpumpen kann die Fördermenge dem Bedarf angepasst werden.

Antriebe mit Konstantpumpen haben einen höheren Energieverlust als Antriebe mit Verstellpumpen.

3 Wie sind Hydrospeicher aufgebaut und welche Aufgaben haben sie?

In Hydrospeichern wird die Hydraulikflüssigkeit gegen eine abgeschlossene Stickstoffmenge gedrückt, wobei der Stickstoff durch eine Blase, eine Membrane oder einen Kolben von der Hydraulikflüssigkeit getrennt ist.

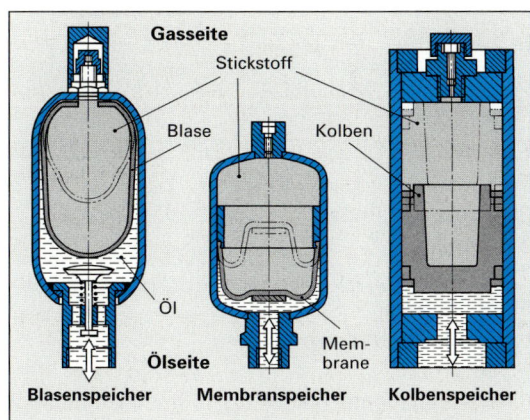

Blasenspeicher   Membranspeicher   Kolbenspeicher

Hydrospeicher nehmen Druckflüssigkeit auf und können bei Ausfall der Pumpe oder bei großem Bedarf diese wieder abgeben. Sie dienen damit als Speicher und auch zur Dämpfung von Stößen oder Schwingungen.

4 In welchen Fällen werden vorgesteuerte Wegeventile eingesetzt?

Vorgesteuerte Wegeventile werden für die elektromagnetische Betätigung größerer Wegeventile verwendet.

Ein kleines Vorsteuerventil wird elektromagnetisch betätigt. Dieses gibt die Druckflüssigkeit für die hydraulische Betätigung des Hauptventils frei.

5 Wofür werden entsperrbare Rückschlagventile eingesetzt?

Mit entsperrbaren Rückschlagventilen können Zylinder in jeder Stellung stillgesetzt werden.

Dies wäre durch Wegeventile allein nicht möglich, da diese stets etwas Leckflüssigkeit durchlassen.

6 Wodurch unterscheidet sich ein Stomregelventil von einem Drosselventil?

Stromregelventile halten im Gegensatz zu Drosselventilen den Volumenstrom konstant.

Beim Drosselventil hängt der Volumenstrom nicht nur vom Durchflussquerschnitt, sondern auch vom Druckunterschied zwischen Zu- und Abfluss ab.

7 Eine hydraulische Presse soll bei einem Druck p_e = 80 bar eine nutzbare Kolbenkraft F = 100 kN erzeugen.

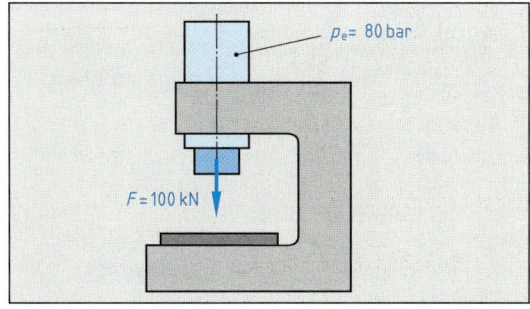

p_e= 80 bar

F = 100 kN

a) Wie groß muss der Kolbendurchmesser sein, wenn als Wirkungsgrad η = 0,92 angenommen wird?

$$F = p_e \cdot A_1 \cdot \eta \quad \Rightarrow \quad A_1 = \frac{F}{p_e \cdot \eta}; \quad d = \sqrt{\frac{A_1 \cdot 4}{\pi}}$$

$$A_1 = \frac{100\,000 \text{ N}}{800\,\dfrac{\text{N}}{\text{cm}^2} \cdot 0,92} = 135,87 \text{ cm}^2$$

$$d = \sqrt{\frac{135,87 \text{ cm}^2 \cdot 4}{\pi}} = 13,15 \text{ cm} = \mathbf{131,5 \text{ mm}}$$

b) Der Zylinder soll aus der folgenden genormten Durchmesserreihe ausgewählt werden: 50, 70, 100, 140, 200, 280, 400 (d in mm).

Gewählt wird $d = 140$ mm

c) Welcher Volumenstrom muss dem gewählten Zylinder zugeführt werden, wenn die Ausfahrgeschwindigkeit des Kolbens $v = 2,5$ m/min sein soll?

$$v = \frac{Q}{A} \Rightarrow Q = v \cdot A; \quad A = 154 \text{ cm}^2 \text{ (Tabellenbuch)}$$

$$Q = 250 \frac{\text{cm}}{\text{min}} \cdot 154 \text{ cm}^2 = 38500 \frac{\text{cm}^3}{\text{min}} = \mathbf{38,5} \frac{\mathbf{l}}{\mathbf{min}}$$

d) Wie schnell fährt der Kolben ein, wenn der Durchmesser der Kolbenstange halb so groß wie der Kolbendurchmesser ist?

$$A_2 = \frac{d^2 \cdot \pi}{4} = \frac{(7 \text{ cm})^2 \cdot \pi}{4} = 38,5 \text{ cm}^2$$

$$A = A_1 - A_2 = 154 \text{ cm}^2 - 38,5 \text{ cm}^2 = 115,5 \text{ cm}^2$$

$$v = \frac{Q}{A} = \frac{38500 \frac{\text{cm}^3}{\text{min}}}{115,5 \text{ cm}^2} = 333,3 \frac{\text{cm}}{\text{min}} = \mathbf{3,3} \frac{\mathbf{m}}{\mathbf{min}}$$

8 Der pneumatisch-hydraulische Druckübersetzzer (Bild) wird mit $p_{e1} = 6$ bar angetrieben.

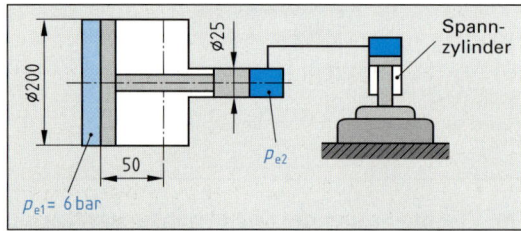

a) Wie groß ist der Druck auf der Hydraulikseite, wenn die Reibungsverluste unberücksichtigt bleiben?

$$p_{e1} \cdot A_1 = p_{e2} \cdot A_2 \quad \Rightarrow \quad p_{e2} = \frac{p_{e1} \cdot A_1}{A_2}$$

$$p_{e2} = \frac{60 \frac{N}{\text{cm}^2} \cdot \frac{(20 \text{ cm})^2 \cdot \pi}{4}}{\frac{(2,5 \text{ cm})^2 \cdot \pi}{4}} = 3840 \frac{N}{\text{cm}^2} = \mathbf{384 \text{ bar}}$$

b) Wie groß ist dieser Druck bei einem Wirkungsgrad von 85%?

$$p_e = p_{e2} \cdot \eta = 384 \text{ bar} \cdot 0,85 = \mathbf{326,4 \text{ bar}}$$

c) Welches Flüssigkeitsvolumen gibt der Druckübersetzer bei einem Kolbenhub $s = 50$ mm ab?

$$V = s \cdot A_2 = 5 \text{ cm} \cdot 4,9 \text{ cm}^2 = \mathbf{24,5 \text{ cm}^3}$$

9 Für die Vorschubsteuerung (Bild) ist eine Liste mit den Namen der Bauelemente zu erstellen.

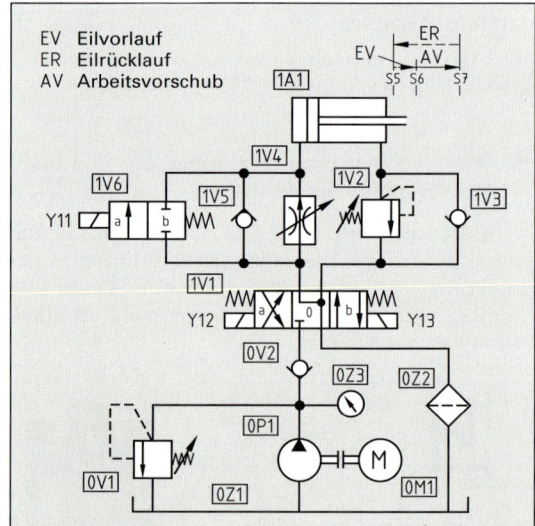

1 Kupplung
2 Konstantpumpe
3 Motor
4, 12 Druckbegrenzungsventil
5 Manometer
6, 10, 13 Sperrventil
7 Filter
8 4/3-Wegeventil, beidseitig magnetisch betätigt und federzentriert
9 Absperrventil, magnetisch betätigt
11 Stromregelventil
Z1 Doppelt wirkender Zylinder

10 Welche Kenngrößen sind bei der Auswahl hydraulischer Bauelemente maßgebend? Beantworten Sie die Frage anhand des Schaltplanes.

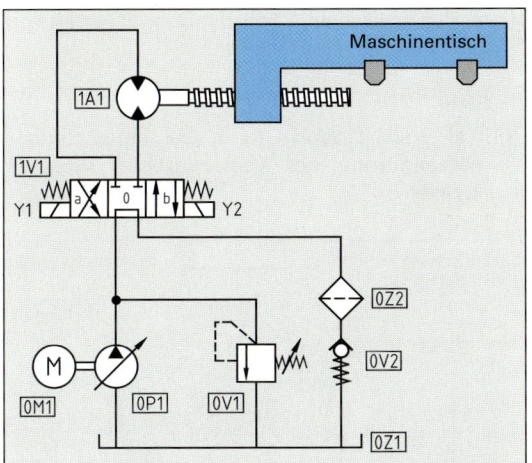

Ausgangswerte sind die gewünschte Vorschubgeschwindigkeit und Vorschubkraft des Maschinentisches. Danach sind zu bestimmen

- Verdrängungsvolumen und Drehzahl von Hydromotor und Pumpe
- Volumenstrom
- Betriebsdruck
- Nennquerschnitte der Bauelemente und Leitungen
- Wirkungsgrad der Anlage
- erforderliche Motorleistung

11 Auf einem Rundschalttisch ist ein Hydraulikzylinder mit Drucköl zu versorgen. Welche Verschraubung braucht man dazu an den Stellen 1, 2 und 3?

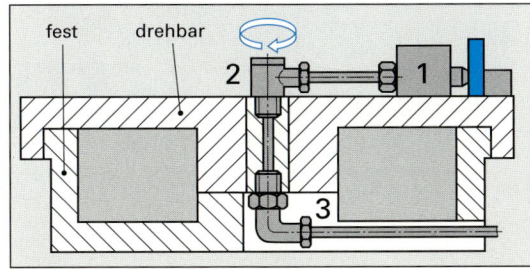

1 Gerade Verschraubung
2 Drehverbindung
3 Winkelverschraubung

Die Abdichtung der Rohrleitungen geschieht meist mit Schneidringen.

12 Welchen Bewegungsablauf hat der Zylinder im Bild und welche Funktion haben dabei die Ventile 1 bis 9?

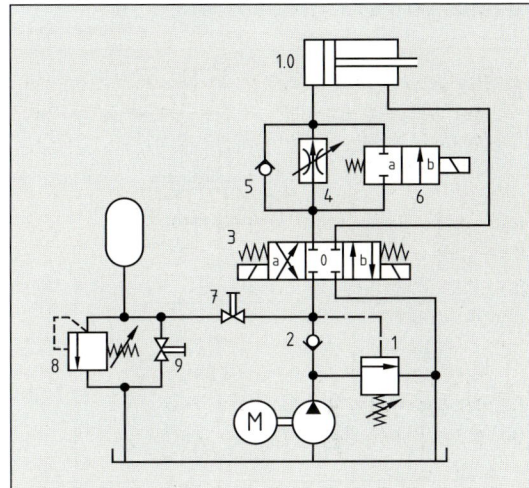

Es sind schaltbar:
Stillstand, Eilvorlauf, Arbeitsvorschub und Eilrücklauf
Ventilfunktionen:
1 begrenzt den Druck in der Anlage
2 verhindert Rücklauf der Hydraulikflüssigkeit
3 steuert den Weg des Hydrauliköls
4 regelt den Volumenstrom
5 sperrt den Durchfluss in einer Richtung
6 umgeht das Stromregelventil im Eilvorlauf
7 schaltet den Hydrospeicher zu oder ab
8 begrenzt den Druck im Hydrospeicher
9 entleert den Hydrospeicher

13 Welche Ventile müssen bei Wartungsarbeiten an der Steuerung im Bild (Frage 12) geschlossen bzw. geöffnet werden?

Für Wartungsarbeiten muss die Anlage drucklos sein. Dazu muss der Motor abgeschaltet, Ventil 3 in Stellung a oder b gebracht und die Ventile 7 und 9 geöffnet werden.

Betreffen die Wartungsarbeiten nur einen Teil der Anlage, so kann auch nur teilweise drucklos geschaltet werden:
Für Arbeiten im linken Teil der Anlage (Druckspeicher) wird zunächst Ventil 7 geschlossen und danach Ventil 9 geöffnet.
Für Arbeiten im rechten Teil der Anlage (Arbeitsteil) wird zunächst Ventil 7 geschlossen und danach Ventil 3 in Stellung a oder b gebracht.

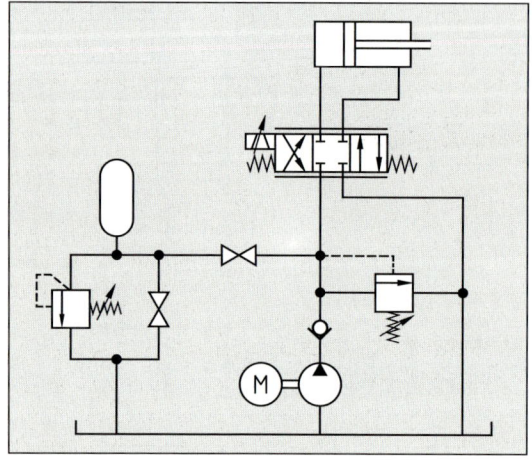

Ergänzende Fragen zu Hydraulischen Steuerungen

Vorteile:
- Große Kräfte auf kleinen Raum
- Gleichförmige Kolbengeschwindigkeiten

Nachteile:
- Lärmentwicklung durch Pumpen, Motore und Ventile
- Verschmutzung und Brandgefahr durch Lecköl
- höhere Kosten für Bauelemente
- höherer Energieverlust

Hydraulikflüssigkeiten müssen möglichst schmierfähig und alterungsbeständig sein. Ihre Viskosität soll sich mit der Temperatur möglichst wenig verändern. Bei Einwirkung höherer Temperaturen müssen sie zusätzlich schwer entflammbar sein. Sie dürfen nicht schäumen und nicht korrodierend wirken.

Verwendet werden Mineralöle mit Zusätzen, Wassermischungen sowie synthetische Flüssigkeiten.

In Zahnrad-, Flügelzellen- und Kolbenpumpen.

Zahnradpumpen haben einen konstanten Volumenstrom, Flügelzellen- und Kolbenpumpen können als Konstant- oder Verstellpumpen gebaut sein.

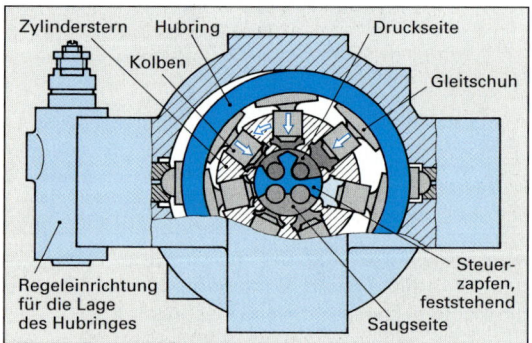

Das Exzentermaß des Hubringes, der den Kolbenweg steuert, kann verstellt werden.

Durch Veränderung des Kolbenweges wird der Volumenstrom stufenlos von Null bis zur maximalen Fördermenge verstellt.

Ein analoges elektrisches Eingangssignal wird in ein stufenloses hydraulisches Ausgangssignal, z.B. Druck oder Volumenstrom, umgesetzt.

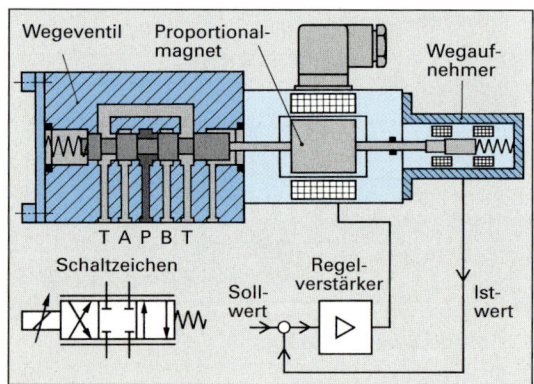

Mit Hilfe eines Regelkreises werden Soll- und Istwert der Ventilstellung verglichen und zur Übereinstimmung gebracht.

T396 Worin bestehen die wesentlichen Vorteile einer hydraulischen Anlage gegenüber einer pneumatischen?

a) Geringere Anschaffungs- und Betriebskosten

b) Größere Kolbenkräfte und genau regelbare Kolbengeschwindigkeiten

c) Geringere Gefahr der Umweltverschmutzung

d) Kleinere Betriebsdrücke und damit einfachere Abdichtung

e) Höhere Kolbengeschwindigkeit

T397 Welchen Einfluss hat eine Erhöhung der Temperatur auf die Eigenschaften des Hydrauliköls?

a) Rohrreibungsverluste werden größer

b) Alterungsbeständigkeit nimmt zu

c) Viskosität nimmt ab

d) Viskosität nimmt zu

e) Wirkungsgrad der Pumpen wird verbessert

T398 Welche der aufgeführten Pumpen kann *nicht* als Pumpe mit veränderlichem Verdrängungsvolumen gebaut werden?

a) Zahnradpumpe

b) Flügelzellenpumpe

c) Radialkolbenpumpe

d) Axialkolbenpumpe

e) Taumelscheibenpumpe

T399 Welche Aussage über eine Pumpe mit konstantem Verdrängungsvolumen ist richtig? Sie...

a) hält die Viskosität des Hydrauliköls konstant

b) hält den Druck konstant

c) hält die Drehzahl des angeschlossenen Verstellmotors konstant

d) liefert einen konstanten Volumenstrom

e) kann nur mit einer konstanten Drehzahl angetrieben werden

T400 Mit welchem der genannten Bauelemente lässt sich eine von der Gegenkraft unabhängige Arbeitsgeschwindigkeit stufenlos einstellen?

a) Zahnradpumpe

b) Stromventil mit veränderlichem Ausgangsstrom

c) Verstellbare Drossel

d) Blende

e) Drosselrückschlagventil

5.5 Elektrische Steuerungen

Fragen aus Fachkunde Metall, Seite 494

1 Welche Aufgaben haben Relais zu erfüllen?

Mit Relais können

- fernbetätigte Steuerungen aufgebaut werden
- Signale verknüpft, vervielfacht, umgekehrt oder gespeichert werden
- schwache Steuersignale zum Schalten großer Leistungen verwendet werden

Relais können mehrere Öffner, Schließer oder Wechsler elektromagnetisch betätigen. Der Stromkreis für die Magnetspule ist von den Kontaktstromkreisen getrennt.

2 Wie werden Relais in einem Schaltplan dargestellt und bezeichnet?

Die Relaisspule wird mit einem Rechteck, die Kontakte werden als Öffner, Schließer oder Wechsler in dem jeweiligen Strompfad eingezeichnet. Die Darstellung erfolgt in der Ausgangsstellung der Steuerung.

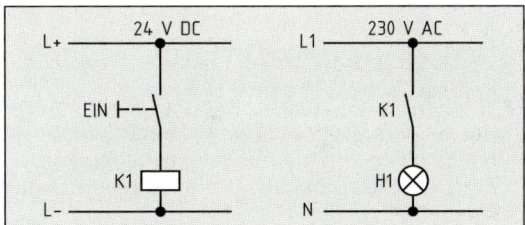

Meist wird eine aufgelöste Darstellung mit getrennten Steuer- und Hauptstromkreisen verwendet.

3 Warum wird zur Steuerung eines Zylinders durch ein Wegeventil mit Federrückstellung eine Selbsthalteschaltung benötigt?

Ein Ventil mit Federrückstellung kann das EIN-Signal nicht speichern. Dies übernimmt die Selbsthaltung des Relais.

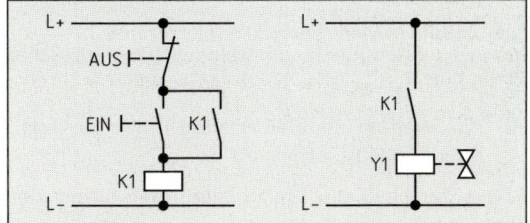

Ohne Selbsthaltung würde beim Loslassen des EIN-Tasters das Ventil sofort wieder zurückschalten.

4 Welche Aufgaben hat eine NOT-AUS-Schaltung?

Mit einer NOT-AUS-Schaltung müssen folgende Bedingungen erfüllt werden:

- Das Programm muss sofort unterbrochen werden.
- Die Steuerung muss energielos geschaltet werden.
- Die Steuerung wird so gerichtet, dass bei einem Wiedereinschalten der Energie erneut gestartet werden kann.

Vielfach wird zusätzlich mit einer NOT-AUS-Schaltung der Arbeitsteil der Anlage, z.B. ein Zylinder, in eine ungefährliche Lage gefahren.

Ergänzende Fragen zu Elektrischen Steuerungen

5 Auf welche Weise können elektrische Signale erzeugt werden?

Durch Öffnen oder Schließen von Kontakten oder durch kontaktlose, elektronische Bauelemente.

Kontakte können z.B. in Schaltern oder Relais enthalten sein, eine Fotozelle liefert ein Signal durch Umwandlung von Licht.

6 Welcher Unterschied besteht zwischen einem Taster und einem Schalter?

Taster werden nach Wegfall der Betätigungskraft durch eine Feder in die Ausgangsstellung zurückgeführt, Schalter behalten die eingenommene Schaltstellung bei.

Das Signal ist bei Tastern nur so lange vorhanden, wie der Taster betätigt wird. Schalter bewirken dagegen ein Dauersignal.

7 Welcher Unterschied besteht zwischen Grenztastern und Näherungsschaltern?

Grenztaster besitzen Springkontakte, die mechanisch oder magnetisch betätigt werden. Näherungsschalter sind kontaktlos. Sie erzeugen durch Induktion oder kapazitive Aufladung ein zum Abstand analoges Signal.

Grenztaster schalten daher bei Erreichen einer bestimmten Stellung schlagartig um, während Näherungsschalter ein allmählich ansteigendes Signal abgeben.

8 Wie werden die elektrischen Kontakte nach ihrer Wirkung unterteilt?

Man unterscheidet Öffner, Schließer und Wechsler.

Die Bezeichnung gibt die Wirkung des Kontaktes im Stromkreis bei Betätigung an. Ein Wechsler vereinigt die Funktion von Öffner und Schließer.

9 Welche Vorteile haben elektronische Bauelemente gegenüber elektromagnetisch betätigten Schaltern?

Die Vorteile elektronischer Bauelemente sind:

- kontaktloses, daher verschleißfreies Schalten
- hohe Schaltgeschwindigkeiten
- kleine Abmessungen der Schaltelemente

Verwendet werden Halbleiterbauelemente, z.B. Transistoren, Thyristoren oder Dioden.

10 Erläutern Sie die im Bild dargestellte Motor-Steuerung!

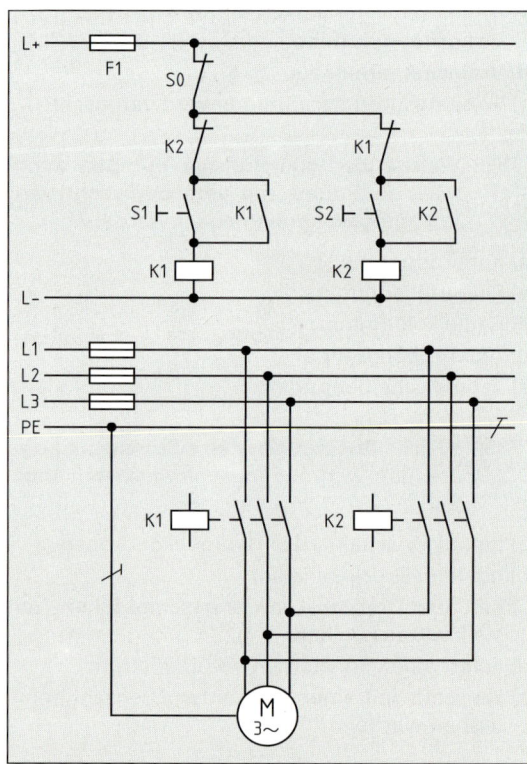

Nach Betätigung des Tasters S1 wird Schütz K1 betätigt. Die Selbsthalteschaltung bewirkt, dass er auch nach Loslassen von S1 weiter betätigt bleibt. Die elektrische Verriegelung verhindert die Betätigung von Schütz K2. Mit Taster S2 wird derselbe Vorgang für den Schütz K2 eingeleitet. Durch den Taster S0 kann der Motor abgeschaltet werden.

Der Hauptstromkreis zeigt die Anwendung der Steuerung für einen Drehstrommotor mit Rechts- und Linkslauf (Wendeschützschaltung).

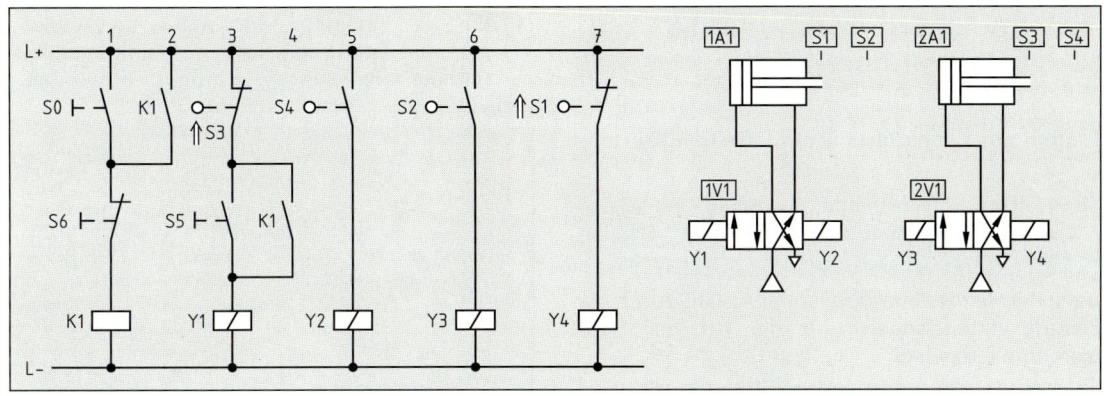

Bild zu den Testaufgaben T400 bis T407

T401 Welche Aussage zu Signalelement S1 im Strompfad 7 ist richtig (Bild oben)? Das Signalelement S1...

a) schaltet Magnet Y1

b) ist in betätigtem Zustand gezeichnet

c) steuert den Vorlauf von Zylinder 2A1

d) steuert den Rücklauf von Zylinder 1A1

e) bewirkt einen Dauerlauf

T402 Welche Aussage zu Kontakt K1 im Strompfad 2 ist richtig (Bild oben)? Der Kontakt K1...

a) bewirkt einen Dauerlauf (Automatikbetrieb)

b) bewirkt eine Selbsthaltung von Y1

c) unterbricht den Programmablauf

d) startet einen Einzelzyklus

e) wird von Zylinder 1A1 betätigt

T403 Mit welchem Schalter kann ein Einzelzyklus gestartet werden (Bild oben)?

a) Schalter S0

b) Schalter S2

c) Schalter S4

d) Schalter S5

e) Schalter S6

T404 Mit welchem Schalter kann die Anlage auf Automatik (Dauerlauf) geschaltet werden (Bild oben)?

a) Schalter S0   b) Schalter S2

c) Schalter S4   d) Schalter S5

e) Schalter S6

T405 Welche Bedingungen für den Start der Anlage sind richtig (Bild oben)? Es muss (müssen) ...

a) beide Zylinder eingefahren sein und Schalter S6 betätigt werden

b) beide Zylinder eingefahren sein und Schalter S0 oder S5 betätigt werden

c) Zylinder 1A1 eingefahren, Zylinder 2A1 ausgefahren sein und Schalter S5 betätigt werden

d) beide Zylinder eingefahren sein. Nach Betätigung von Schalter S0 muss zusätzlich Schalter S5 betätigt werden

e) beide Zylinder ausgefahren sein und Schalter S0 betätigt werden

T406 Wie wird die durch Kontakt K1 in Strompfad 2 bewirkte Schaltung bezeichnet (Bild oben)?

a) NOT-AUS-Schaltung

b) Zweiwegeschaltung

c) Einzelaufschaltung

d) Sicherheitsschaltung

e) Selbsthalteschaltung

T407 Durch welchen Schalter kann ein Dauerlauf der Anlage abgeschaltet werden (Bild oben)?

a) Schalter S0

b) Schalter S2

c) Schalter S4

d) Schalter S5

e) Schalter S6

5.6 Speicherprogrammierte Steuerungen (SPS)

Fragen aus Fachkunde Metall, Seite 502

1 Welche Unterschiede bestehen zwischen einer SPS-Steuerung und einer Relaissteuerung?

Bei einer Relaissteuerung ist der Ablauf durch die Leitungsverbindungen und die Art der Bauelemente festgelegt.

Bei speicherprogrammierten Steuerungen wird der Ablauf durch ein vorher erstelltes und in der SPS gespeichertes Programm bestimmt.

Eine Änderung des Ablaufs ist bei Relaissteuerungen nur durch die Änderung der Leitungsverbindungen möglich, bei einer SPS durch eine Programmänderung.

2 Wodurch unterscheiden sich die Programmiersprachen Funktionsplan und Anweisungsliste?

Ein Funktionsplan zeigt schematisch die Signalverknüpfung und den schrittweisen Ablauf durch genormte Sinnbilder.

Bei einer Anweisungsliste werden die einzelnen Steueranweisungen für die SPS in der erforderlichen Reihenfolge geschrieben.

Die Steueranweisungen einer SPS sind teilweise herstellerabhängig.

3 Erstellen Sie für die folgende Verknüpfungssteuerung die Zuordnungsliste, den Funktionsplan und die Anweisungsliste: Der doppelt wirkende Zylinder einer Spannvorrichtung soll durch den Taster S1 oder den Taster S2 ausfahren, wenn der Sensor B1 meldet, dass ein Werkstück eingelegt ist.

Zuordnungsliste		Funktionsplan	Anweisungsliste
Bauteil	Operand		
S1	E1		
S2	E2		UE1
B1	E3		UE3 O UE2 UE3 =A1
Y1	A1		

4 Für die Hubanlage (Bild) sollen der Ablaufplan, die Zuordnungsliste, der Funktionsplan und die Anweisungsliste aufgestellt werden.

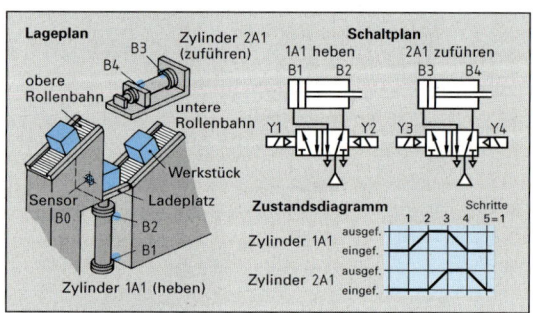

Ablaufplan	Zuordnungsliste	
	Bauteil	Operand
1.0 eingefahren B1	B0	E1
2.0 eingefahren B3	B1	E2
Werkstück vorhanden B0	B2	E3
Zylinder 1.0 AUS		
1.0 ausgefahren B2	B3	E4
Zylinder 2.0 AUS	B4	E5
2.0 ausgefahren B4	Y1	A1
Zylinder 1.0 EIN	Y2	A2
1.0 eingefahren B1	Y3	A3
Zylinder 2.0 EIN	Y4	A4

Ablaufplan	Anweisungsliste
E1 E2 E4 & A1	UE1 UE2 UE4 =A1
E3 E4 & A3	UE3 UE4 =A3
E3 E5 & A2	UE3 UE5 =A2
E2 E5 & A4	UE2 UE5 =A4
	PE

Ergänzende Fragen zu Speicherprogrammierten Steuerungen

5 Welche Vorteile bieten speicherprogrammierte Steuerungen (SPS) im Vergleich zu verbindungsprogrammierten Steuerungen?

Die Verbindungen der Signaleingänge mit den Signalausgängen der Steuerung geschieht bei SPS über ein Programm. Bei einer Programmänderung muss daher nur die neue Software in die Steuerung eingelesen werden.

SPS ist daher besonders flexibel. Der Programmwechsel kann auch automatisiert werden.

6 Welche Aufgaben hat die Verarbeitungseinheit einer SPS?

Die Verarbeitungseinheit einer SPS übernimmt
- den Start der SPS über ein Betriebssystem
- die Abfrage der Eingangssignale bei jedem Steuertakt
- die Verarbeitung der Eingangssignale entsprechend dem gespeicherten Programm
- das Speichern und Abfragen von Zwischenergebnissen in Merkern
- die Ausgabe der Ausgangssignale an die Steuerstrecke

Die Verarbeitungseinheit besteht aus einem Mikroprozessor mit Taktgeber, Steuer- und Rechenwerk.

7 Welche Peripheriegeräte gehören zu einer speicherprogrammierten Steuerung?

Erforderlich sind Geräte für die Programmerstellung, z.B. Handprogrammiergeräte oder Personalcomputer, und Geräte für die Programmdokumentation, z.B. Drucker.

Die Speicherung der Programme erfolgt meist in der SPS.

8 Welche Programmiersprachen werden für die Erstellung von SPS-Programmen verwendet?

Die Programmierung kann mit Hilfe einer *Anweisungsliste*, mit einem *Kontaktplan* oder einem *Funktionsplan* erfolgen.

Die Anweisungsliste kann mit Hilfe einer Tastatur oder einem Handprogrammiergerät direkt in die SPS eingegeben werden. Kontaktpläne oder Funktionspläne werden meist mit einem PC erstellt und über einen Postprozessor an die Steuerung übergeben.

T408 Welche Aussage zu einer speicherprogrammierten Steuerung (SPS) ist richtig?

a) Es können nur analoge Eingangssignale verarbeitet werden
b) Bei einer Programmänderung müssen die Anschlüsse neu verlegt werden
c) Die Programmeingabe erfolgt über getrennte Programmiergeräte
d) Die Steuerung ist nur für elektrische Anlagen verwendbar
e) Der Programmablauf ist hardwaremäßig festgelegt

T409 In welcher Antwort sind für SPS verwendeten Programmiersprachen angegeben?

a) AWL, KOP, FUP   b) AWF, KOP, FUP
c) AWP, KOL, FUL   d) AOL, KWP, FUL
e) AOF, KOL, FMP

**T410 Welche Aussage zur Zuordnungsliste für eine SPS ist richtig?
Die Zuordnungsliste ordnet...**

a) jedem Eingang einen Ausgang zu
b) jedem Eingang eine Funktion zu
c) jeder Funktion einen Ausgang zu
d) jedem Ein- und Ausgang eine Funktion zu
e) jedem Ein- und Ausgang ein Schaltglied zu

T411 Welche Aufgabe kann *nicht* von einer SPS übernommen werden?

a) Abfragen der Eingangssignale
b) Ausgabe von Ausgangssignalen
c) Speichern von Zwischenwerten
d) Verknüpfen von Eingangssignalen und zwischengespeicherten Signalen
e) Alle genannten Aufgaben werden übernommen

T412 Welche Anweisungsliste entspricht dem dargestellten Funktionsplan?

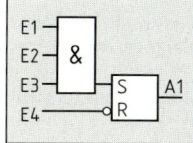

Anweisungsliste				
a)	b)	c)	d)	e)
UE1	UE1	UE1	UNE1	UE1
UE2	UNE2	UNE2	UE2	UE2
UE3	UE3	UE3	UE3	UNE3
SA1	RA1	SA1	RA1	SA1
ONE4	OE4	OE4	ONE4	ONE4
RA1	SA1	RA1	SA1	RA1

5.7   CNC-Steuerungen

5.7.1   Merkmale numerisch gesteuerter Maschinen

Fragen aus Fachkunde Metall, Seite 506

1   Welche Möglichkeiten gibt es, die Drehzahl von Antriebsmotoren zu regeln?

Es können geregelte Gleichstrom- oder Drehstrommotore verwendet werden.

In beiden Fällen wird die Ist-Drehzahl von einem Tachogenerator erfasst, mit der Soll-Drehzahl verglichen und über die Regeleinrichtung geändert.

2   Welche Anforderungen werden an Vorschubantriebe gestellt?

Vorschubantriebe sollen

- große Vorschubkräfte erreichen
- sehr kleine Vorschub- und sehr große Eilganggeschwindigkeiten ermöglichen
- hohe Beschleunigung erzielen
- große Positioniergenauigkeit besitzen
- hohe Steifigkeit aufweisen

3   Warum sind bei Vorschubantrieben zwei Regelkreise erforderlich?

Für die Einhaltung der Schlittengeschwindigkeit ist eine Drehzahlregelung des Vorschubmotors, für die Positionierung des Schlittens eine Lageregelung des Maschinentisches erforderlich.

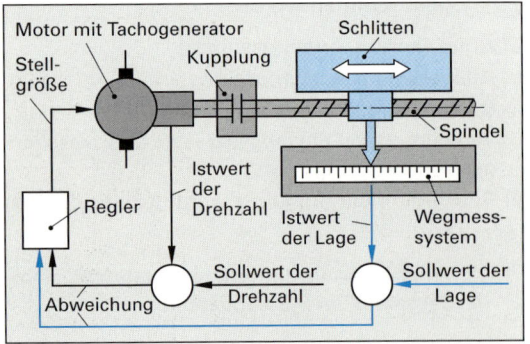

Als Messsysteme werden ein Tachogenerator für die Drehzahl und ein Wegmesssystem für die Lage verwendet.

4   Wodurch unterscheidet sich die indirekte von der direkten Wegmessung?

Bei der indirekten Wegmessung wird die Stellung der Vorschubspindel gemessen, bei der direkten Wegmessung die Lage des Maschinentisches.

5   Welchen Vorteil bieten direkte Wegmesssysteme?

Direkte Wegmesssysteme liefern die genauesten Messwerte.

Das Wegmesssystem wird am Maschinentisch und am Gestell befestigt und muss besonders sorgfältig vor Beschädigungen und Verschmutzung gesichert werden.

6   Wie wirkt sich bei einem inkrementalen Wegmesssystem das Abschalten der Maschine aus?

Die Steuerung verliert die gespeicherte Lageinformation.

Nach dem Wiedereinschalten der Maschine muss ein Referenzpunkt angefahren werden, damit das Wegmesssystem die Stellung des Schlittens ermitteln kann.

7   Welchen Vorteil bieten absolute Wegmesssysteme?

Jedem Teilstrich ist ein Zahlenwert zugeordnet, der der Lage des Maschinentisches entspricht.

Ein Anfahren des Referenzpunktes nach Stromausfall ist daher nicht nötig.

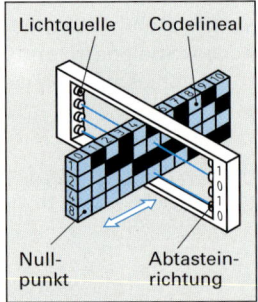

8   In welchen Fällen erfolgt die Dateneingabe in die CNC-Steuerung über eine Schnittstelle?

Eine Schnittstelle dient zur Datenfernübertragung, z.B. von einem Leitrechner oder einem Programmiergerät, zur CNC-Steuerung der Maschine.

9   Welche Aufgabe erfüllt die Anpasssteuerung?

Die Anpasssteuerung verstärkt die Signale der Steuerung und gibt sie an die Stellglieder der Werkzeugmaschine, z.B. Schütze und Ventile, aus.

Die Anpasssteuerung ist die Schnittstelle zwischen der CNC-Steuerung und der Werkzeugmaschine. Die Anpasssteuerung ist von der Bauweise der Werkzeugmaschine abhängig und wird daher vom Maschinenhersteller geliefert.

Ergänzende Fragen zu Merkmalen von CNC-Maschinen

10 Erläutern Sie die Kurzzeichen NC, CNC, DNC.

NC   Numerische Steuerung (numerical control)

CNC NC-Steuerung mit Computer (computerized numerical control)

DNC NC-Steuerung durch übergeordneten Rechner (direct numerical control)

Numerische Maschinen ohne Computer werden heute kaum noch verwendet. Bei CNC-Maschinen kann über die Schnittstelle eine Datenfernübertragung (DNC) erfolgen.

11 Wozu dient das Bedienfeld einer CNC-Steuerung?

Das Bedienfeld enthält einen Bereich für Programmeingabe (Tastatur) und einen Bereich für die Maschinensteuerung (Tasten, Schalter, Drehknöpfe).

In dem Steuerpult ist außerdem ein Bildschirm integriert.

12 Nennen Sie wesentliche Vorteile der CNC-Fertigung.

Wesentliche Vorteile der CNC-Fertigung sind

- hohe Fertigungs- und Wiederholgenauigkeit
- kurze Fertigungszeiten
- Herstellung schwierig geformter Teile an einer Maschine möglich (Komplettbearbeitung)
- einfache Wiederholung gespeicherter Programme
- hohe Wirtschaftlichkeit und Flexibilität

13 Wozu dient der Referenzpunkt bei CNC-Maschinen?

Der Referenzpunkt ist ein fester Punkt auf den Messeinrichtungen der Maschine, der automatisch angefahren werden kann. Er dient als Bezugspunkt für die Festlegung des Werkstücknullpunktes.

Bei inkrementaler Wegmessung muss nach jeder Abschaltung der Maschine der Referenzpunkt angefahren werden, damit die Lage der Schlitten bestimmt werden kann.

5.7.2 Koordinaten, Null- und Bezugspunkte

5.7.3 Steuerungsarten, Korrekturen

Fragen aus Fachkunde Metall, Seite 511

1 In welcher Richtung bewegt sich das Werkzeug (Bild), wenn bei der Drehmaschine Z-20 programmiert wird?

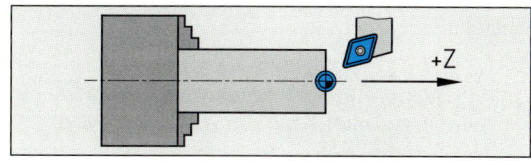

Das Werkzeug bewegt sich nach links.

Bei Drehmaschinen ist die positive Richtung der Achsen so festgelegt, dass sich das Werkzeug vom Werkstück weg bewegt.

2 Die Drehbewegung der Arbeitsspindel einer Drehmaschine kann gesteuert werden.

a) Wie wird diese Drehachse bezeichnet?

Die Drehachse wird mit C bezeichnet.

Die Zuordnung der Drehachsen zu den Linearachsen von NC-Maschinen ist genormt: A zu X, B zu Y, C zu Z. Die Z-Achse entspricht der Achse der Arbeitsspindel.

b) In welcher Richtung dreht sich die Arbeitsspindel, wenn der Drehwinkel mit 30° angegeben wird?

Die Arbeitsspindel dreht sich gegen den Uhrzeigersinn um 30°.

Da bei der Programmierung stets angenommen wird, dass sich das Werkzeug bewegt, müsste sich bei Drehung in positiver C-Richtung das Werkzeug im Uhrzeigersinn drehen. Da dies nicht möglich ist, dreht sich die Spindel gegen den Uhrzeigersinn.

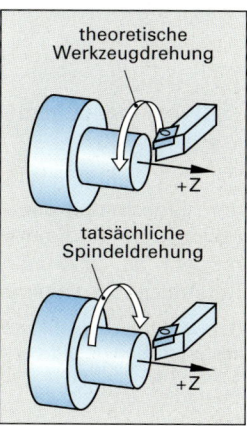

theoretische Werkzeugdrehung

+Z

tatsächliche Spindeldrehung

+Z

3 Bei einer Senkrechtfräsmaschine führt der Maschinentisch die Verfahrwege in X- und Z-Richtung aus (Bild).

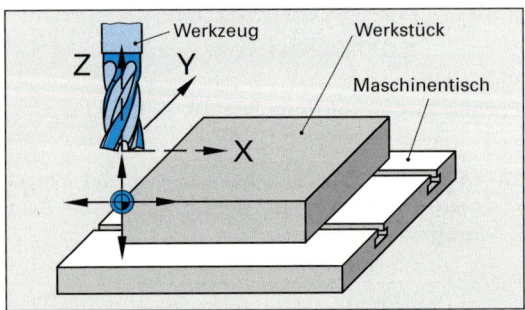

a) In welcher Richtung bewegt sich der Maschinentisch, wenn X100 programmiert wird?

Der Maschinentisch bewegt sich nach links.

b) In welcher Richtung bewegt sich der Maschinentisch, wenn Z-10 programmiert wird?

Der Maschinentisch bewegt sich nach oben.

Bei der Programmierung geht man stets davon aus, dass sich das Werkzeug bewegt. Bewegt sich bei einer Maschine anstelle des Werkzeuges das Werkstück (der Maschinentisch), dann erfolgt dessen Bewegung in der Gegenrichtung.

4 Wo liegt bei CNC-Maschinen der gemeinsame Nullpunkt der Maschinenkoordinaten?

Bei Drehmaschinen liegt der Maschinennullpunkt meist an der Anschlagfläche des Spannfutters, bei Fräsmaschinen am Rand des Arbeitsraumes.

Die Lage des Maschinennullpunktes wird vom Hersteller festgelegt und kann nicht verändert werden.

5 Wozu benötigen NC-Maschinen einen Referenzpunkt?

Bei inkrementalen Wegmesssystemen muss nach dem Einschalten der Steuerung der Maschinennullpunkt angefahren werden. Da dies meist nicht möglich ist, wird auf dem Wegmesssystem ein Referenzpunkt angegeben, der anfahrbar ist.

Das Anfahren des Referenzpunktes geschieht über eine Taste am Bedienfeld der Steuerung. Die Abstände vom Maschinen-Nullpunkt zum Referenzpunkt sind in der Steuerung gespeichert und werden von dieser verrechnet.

6 Bei einer Drehmaschine liegt der Referenzpunkt an der angegebenen Stelle (Bild).

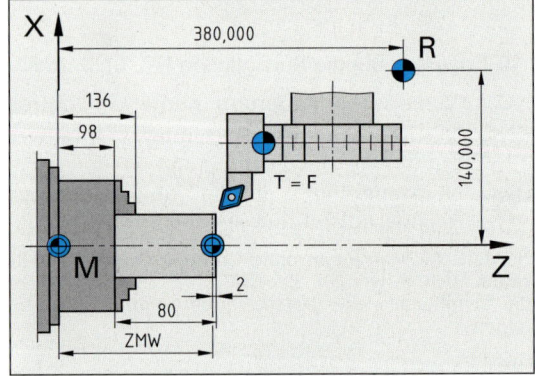

a) Welcher Bezugspunkt der NC-Maschine deckt sich mit dem Referenzpunkt, wenn dieser ohne wirksame Werkzeugkorrekturen angefahren wird?

Bezugspunkt für die Maschinenbewegungen ist der Werkzeugträgerpunkt.

Die Lage des Werkzeugträgerpunktes T ist in der Steuerung gespeichert.

b) Welche Koordinatenwerte werden angezeigt, wenn der Referenzpunkt angefahren ist? Die X-Koordinate wird als Durchmesser angezeigt.

Die angezeigten Werte sind X280 Z380.

7 Auf welchen Nullpunkt beziehen sich die in die Steuerung eingegebenen Koordinatenmaße, wenn keine Nullpunktverschiebung wirksam ist?

Die eingegebenen Werte geben die Lage des Werkzeugträgerpunktes zum Maschinennullpunkt an.

Durch eine Nullpunktverschiebung verrechnet die Steuerung den Unterschied zwischen Maschinennullpunkt und einem vom Programmierer bestimmten Werkstücknullpunkt.

8 Das Spannfutter hat die angegebenen Maße (Bild Aufgabe 6). Bestimmen Sie die Nullpunktverschiebung ZMW, wenn die Rohlänge des Werkstücks 80 mm beträgt. Für das Plandrehen werden 2 mm benötigt.

X = 0; Z = 98 + 80 - 2 = 176

Als Werkstücknullpunkt wird beim Drehen meist die Planfläche des fertigen Werkstücks festgelegt.

9 Wonach richtet sich der Programmierer bei der Festlegung des Werkstücknullpunktes?

Der Werkstücknullpunkt wird so gelegt, dass möglichst viele Maße ohne Umrechnung aus der Zeichnung übernommen werden können.

10 Welche Steuerungsart ist mindestens erforderlich, wenn ein Kegel gedreht werden soll?

Es ist eine 2D-Bahnsteuerung erforderlich.

Die Steuerung muss die X- und Z-Koordinatenwerte für alle Bahnpunkte aus den Start- und Zielpunktkoordinaten errechnen und laufend überwachen.

11 Erklären Sie den Unterschied zwischen interner und externer Werkzeugvermessung.

Bei der internen Vermessung in der Maschine wird der Werkzeugschneidenpunkt unter das Fadenkreuz der Messlupe gefahren. Auf Knopfdruck übernimmt die Steuerung die Korrekturwerte.

Bei der externen Vermessung wird das Werkzeug in einem Adapter der Messeinrichtung vermessen. Die angezeigten Werte müssen in den Werkzeugkorrekturspeicher der Steuerung übertragen werden.

12 Auf dem Werkzeugeinstellgerät wurden die zwei Werkzeuge vermessen (Bild). Ermitteln Sie die Werkzeugkorrekturwerte X und Z für beide Werkzeuge mit dem richtigen Vorzeichen.

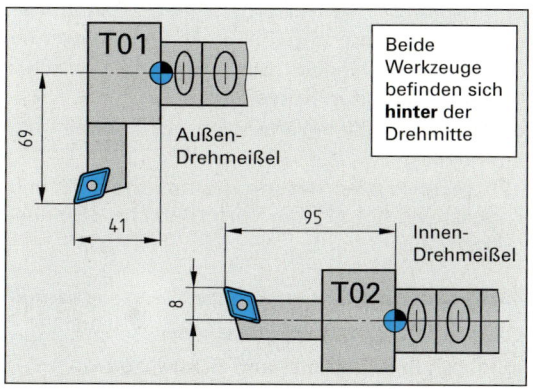

T01: X = 69; Z = 41
T02: X = -8; Z = 95

Die Korrekturwerte geben den notwendigen Verstellweg an, damit anstelle des Werkzeugträgerpunktes T der Werkzeugschneidenpunkt P an der Werkstückkontur ist.

Ergänzende Fragen zu Bezugspunkten und Steuerungsarten bei CNC-Maschinen

13 Mit welchen Wegbedingungen werden die Werkzeugbahnkorrekturen angewählt?

G41: Werkzeug links der Kontur

G42: Werkzeug rechts der Kontur

G40: Aufheben der Werkzeugbahnkorrektur

Die Werkzeugbahnkorrektur gleicht den Unterschied zwischen der programmierten Werkstückkontur und dem tatsächlichen Weg des Werkzeugs aus.

14 Wie wird die Nullpunktverschiebung durchgeführt?

Mit den Wegbedingungen G54 bis G59 werden die programmierten Koordinatenwerte auf die zugehörigen, in der Steuerung gespeicherten Nullpunkte bezogen. Die Nullpunktverschiebung wird mit G53 wieder aufgehoben.

Nullpunktverschiebungen erlauben die Bearbeitung mehrerer gleichartiger Werkstückkonturen mit dem gleichen Programm.

15 Welche Steuerungsarten unterscheidet man bei NC-Maschinen?

Punktsteuerung, Streckensteuerung und Bahnsteuerung.

Bei Punktsteuerung erfolgt die Bearbeitung nur am Zielpunkt, bei Streckensteuerung nur parallel zu einer Maschinenachse, bei Bahnsteuerung entlang einer beliebigen geraden oder gekrümmten Werkzeugbahn.

16 Für welche Maschinen kann eine Punktsteuerung verwendet werden?

Punktsteuerungen sind für Bohr- und Blechbearbeitungsmaschinen geeignet.

Bei einer Punktsteuerung wird das Werkstück oder Werkzeug in eine vorgegebene Position gebracht und in dieser gehalten, bearbeitet und anschließend neu positioniert.

17 Weshalb ist bei einer Bahnsteuerung Einzelantrieb für jede Achse einer NC-Maschine erforderlich?

Die Bewegung in den einzelnen Achsen muss unabhängig voneinander steuerbar sein.

Mit Hilfe von Bahnsteuerungen können beliebige Werkstückformen, z.B. Rundungen, Kegel und Kurven, gefertigt werden.

T413 Bei einer numerisch gesteuerten Stanzmaschine wird das Werkstück in eine Position gebracht, gestanzt und anschließend wieder positioniert.
Wie bezeichnet man diese Steuerungsart?

a) Bahnsteuerung   b) Streckensteuerung
c) Punktsteuerung   d) Positionssteuerung
e) Führungssteuerung

T414 Welche Bedingung muss eine Maschine mit numerischer Bahnsteuerung in jedem Fall erfüllen?

a) Wegmessung durch Linearmaßstab
b) Wegmessung durch Drehmelder
c) Dateneingabe durch Lochstreifen
d) Besondere Führungsbahnen
e) Getrennt regelbare Vorschubantriebe

T415 Eine numerisch gesteuerte Drehmaschine besitzt eine Streckensteuerung.
Welche Aussage trifft zu?

a) Es können nur zylindrische Werkstücke und Fasen mit ca. 45 ° gefertigt werden
b) Die Maschine ist besonders zum Drehen kegeliger Werkstücke ausgerüstet
c) Auf der Maschine können Kegel und Rundungen jeder Art gedreht werden
d) Neben Rundungen können auch beliebige Kurven gedreht werden
e) Es können Kugeln gedreht werden

T416 Welchen Zweck erfüllt bei CNC-Maschinen die Werkzeugvermessung?

a) Die ermittelten Werkzeugmaße sind für die Konturprogrammierung erforderlich
b) Die Werkzeugmaße werden für den Austausch verschlissener Werkzeuge benötigt
c) Die Werkzeugmaße dienen zur Ermittlung des Werkzeugverschleißes
d) Durch die im Maschinenspeicher abgelegten Werkzeugmaße kann die Programmierung der Werkstückkontur unabhängig von den eingesetzten Werkzeugen erfolgen
e) Keine der genannten Angaben ist richtig

T417 Wie wird bei einer CNC-Maschine die Richtung der Hauptspindel genannt?

a) A   b) B
c) X   d) Y
e) Z

T418 Welche Aussage zu einer $2\,^1/_2$ D-Bahnsteuerung ist richtig?

a) Die Steuerung kann keine Kreisbahnen erzeugen
b) Die Steuerung kann nur in der XY-Ebene interpolieren
c) Die Steuerung kann in allen Ebenen gleichzeitig interpolieren
d) Die Steuerung kann nur in der XZ-Ebene interpolieren
e) Die Steuerung kann wahlweise in jeweils zwei der drei Hauptebenen interpolieren

T419 Welche Aussage zum Referenzpunkt ist richtig?

a) Der Referenzpunkt muss vor jedem Programmstart angefahren werden
b) Bei absoluten Wegmesssystemen muss der Referenzpunkt nach jedem Einschalten der Maschine angefahren werden
c) Der Referenzpunkt ist nur bei Maschinen ohne Maschinennullpunkt vorhanden
d) Bei inkrementalen Wegmesssystemen muss der Referenzpunkt nach jedem Einschalten der Maschine angefahren werden
e) Der Referenzpunkt ist der Bezugspunkt für die Werkzeugkorrekturen

T420 Welchen Zweck hat der Interpolator einer CNC-Steuerung?
Der Interpolator ...

a) gleicht durch ungenaue Eingaben entstandene Bahnabweichungen aus
b) berechnet die erforderlichen Bahnpunkte zwischen Start- und Zielpunkt einer Bewegung
c) berechnet fehlende Übergangspunkte zwischen programmierten Kurventeilen
d) berechnet die Werte von Quadraten und Wurzeln
e) berechnet aus der programmierten Schnittgeschwindigkeit die erforderliche Spindeldrehzahl

T421 Worauf beziehen sich die Werkzeugkorrekturmaße? Auf den Abstabd zwischen ...

a) Maschinennullpunkt und Referenzpunkt
b) Werkzeugbezugspunkt und Schneidenpunkt
c) Werkzeugbezugspunkt und Referenzpunkt
d) Werkzeugbezugspunkt und Maschinennullpunkt
e) Werkzeugbezugspunkt und Werkstücknullpunkt

5.7.4 Erstellen von CNC-Programmen

Fragen aus Fachkunde Metall, Seite 516

1 Welche Aufgaben haben G-Funktionen in CNC-Programmen?

Die G-Funktionen sind Wegbedingungen, die die Art der Bewegung bestimmen.

Beispiele:

G00 Punktsteuerverhalten
Werkzeuge oder Maschinentisch werden im Eilgang verfahren, bis die Zielpunktkoordinaten erreicht sind

G01 Geradeninterpolation (geradlinige Bewegung)

G02 Kreisbewegung im Uhrzeigersinn

G03 Kreisbewegung gegen den Uhrzeigersinn

G41 Werkzeug-Bahnkorrektur oder Schneidenradiuskompensation:
Werkzeug links von der Kontur

G42 Werkzeug-Bahnkorrektur oder Schneidenradiuskompensation:
Werkzeug rechts von der Kontur

2 Erklären Sie die Wirkung gespeichert wirksamer G-Funktionen.

Gespeicherte (modal wirksame) G-Funktionen sind so lange aktiv, bis sie durch die entgegengerichtete G-Funktion aufgehoben werden.

Beispiel: G00 (Positionierung im Eilgang) wirkt so lange, bis es durch die Programmierung von G01, G02 oder G03 aufgehoben wird.

3 Wie lautet die Programmieranweisung, wenn ein Werkstück mit konstanter Schnittgeschwindigkeit von v_c = 220 m/min gedreht werden soll?

G96 S220

Die Wegbedingung G96 bewirkt, dass die Steuerung die S-Anweisung als Schnittgeschwindigkeit (in m/min) auswertet.

4 Warum werden die Koordinaten von Unterprogrammen oft als Inkrementalmaß eingegeben?

Werden Unterprogramme inkremental eingegeben, dann können sie von jeder beliebigen Stelle aus wiederholt und auch in andere Programme übernommen werden.

Auf diese Weise kann z.B. ein Unterprogramm für einen Gewindefreistich unabhängig vom Werkstückdurchmesser für jedes Gewinde mit der gleichen Steigung eingesetzt werden.

5 Ermitteln Sie für die Punkte 1 bis 5 auf dem Lochkreis im Bild die Polarkoordinaten im Absolutmaß.

Punkt	R	φ
1	40	20
2	40	90
3	40	128
4	40	230
5	40	-35

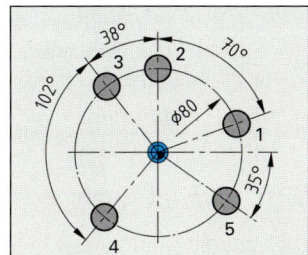

Für Polarkoordinaten wird der Radius mit R bezeichnet. Der Winkel j ist gegen den Uhrzeigersinn von der rechten Abszisse aus positiv, im Uhrzeigersinn negativ anzugeben.

6 Die Werkstückkontur des Achsbolzens (Bild) soll mit Polarkoordinaten programmiert werden. Ermitteln Sie die Polarwinkel φ_1 bis φ_5.

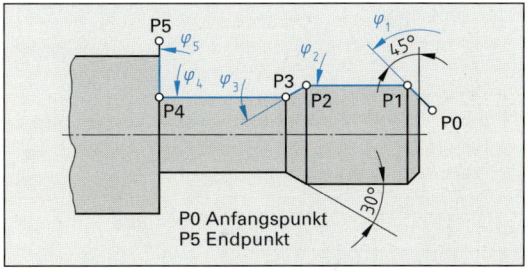

P0 Anfangspunkt
P5 Endpunkt

Weg	φ
P0 ⇒ P1	135
P1 ⇒ P2	180
P2 ⇒ P3	210
P3 ⇒ P4	180
P4 ⇒ P5	90

Der Winkel wird im Absolutmaß stets von der waagrechten, rechten Abszisse aus angegeben. Er ist gegen den Uhrzeigersinn positiv.

7 Welche Angaben benötigt eine Steuerung zur Ausführung einer kreisförmigen Bahn?

Die Steuerung benötigt

● die Wegbedingung für die Kreisbewegung
G02 Kreis im Uhrzeigersinn
G03 Kreis im Gegenuhrzeigersinn

● die Koordinaten des Zielpunktes (Kreisendpunktes)

● die Lage des Kreismittelpunktes:
I ≙ Abstand in X-Richtung
J ≙ Abstand in Y-Richtung
K ≙ Abstand in Z-Richtung

Bei den meisten Steuerungen werden I, J und K als Abstände vom Anfangspunkt der Kreisbahn aus angegeben.

8 Eine Stahlplatte soll mit einem Fräskopf mit einem Durchmesser von 63 mm und 9 Schneiden überfräst werden. Die Schnittgeschwindigkeit beträgt 120 m/min, der Vorschub 0,15 mm/Zahn. Mit welchen Wörtern müssen die Drehzahl und die Vorschubgeschwindigkeit programmiert werden?

$$n = \frac{v_c}{\pi \cdot d} = \frac{120 \text{ m/min}}{\pi \cdot 0,063 \text{ m}} = 606/\text{min}$$

$$v_f = f_z \cdot z \cdot n = 0,15 \text{ mm} \cdot 9 \cdot 606/\text{min} = 818 \frac{\text{mm}}{\text{min}}$$

G97 S606 Spindeldrehzahl in 1/min
G94 F818 Vorschubgeschwindigkeit in mm/min

9 Bestimmen Sie für die Kreisbögen (Bild) jeweils die G-Funktion und die Mittelpunktsparameter.

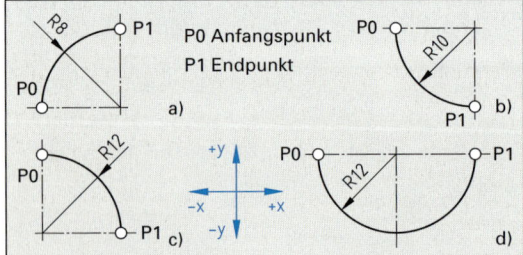

P0 Anfangspunkt
P1 Endpunkt

Kreis	G	I	J
a)	G02	I8	J0
b)	G03	I10	J0
c)	G02	I0	J-12
d)	G03	I12	J0

Für die meisten Steuerungen sind die Werte für I, J und K als Entfernungen vom Kreisanfangspunkt aus anzugeben.

10 Programmieren Sie die Sätze für das Schlichten der Werkstückkontur (Bild). Es sind nur die notwendigen Wegbedingungen, Koordinaten und Mittelpunktsparameter zu programmieren.

Weg	G	X	Y	I	J
P0 ⇒ P1	G01	X8	Y24		
P1 ⇒ P2	G01	X24	Y24		
P2 ⇒ P3	G03	X40	Y40	I0	J16
P3 ⇒ P4	G01	X40	Y56		
P4 ⇒ P5	G02	X50	Y66	I10	J0
P5 ⇒ P6	G01	X92	Y66		
P6 ⇒ P7	G01	X92	Y42,21		
P7 ⇒ P8	G01	X46	Y10		
P8 ⇒ P9	G01	X8	Y10		

Die Y-Koordinate für Punkt 7 ist zu berechnen aus

$$\tan \alpha = \frac{a}{b}; \quad a = b \cdot \tan \alpha = 46 \text{ mm} \cdot 0,7002 = 32,21 \text{ mm}$$

$$Y_7 = a + 10 \text{ mm} = 42,21 \text{ mm}$$

11 Programmieren Sie die Sätze mit den Wegbedingungen, Koordinaten und Mittelpunktsangaben der Radien für das Schlichten des Wellenzapfens (Bild).

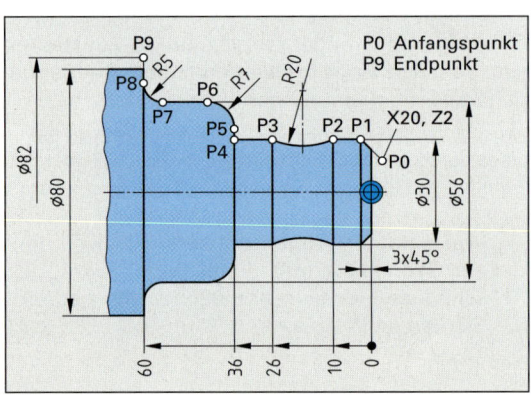

P0 Anfangspunkt
P9 Endpunkt

Weg	G	∅X	Z	I	K
P0 ⇒ P1	G01	X30	-3		
P1 ⇒ P2	G01	X30	Z-10		
P2 ⇒ P3	G02	X30	Z-26	I18,33	K-8
P3 ⇒ P4	G01	X30	Z-36		
P4 ⇒ P5	G01	X42	Z-36		
P5 ⇒ P6	G03	X56	Z-43	I0	K-7
P6 ⇒ P7	G01	X56	Z-55		
P7 ⇒ P8	G02	X66	Z-60	I5	K0
P8 ⇒ P9	G01	X82	Z-60		

Ergänzende Fragen zum Erstellen von CNC-Programmen

12 Was versteht man bei NC-Programmen unter einem Wort?

Ein Wort besteht aus einem Adressbuchstaben und einem Zahlenwert.

Das Wort enthält in verschlüsselter Form einen Steuerbefehl für die Maschine, wobei der Buchstabe die Art und die Zahl den Betrag der Anweisungen enthält.

13 Wie werden bei NC-Maschinen die Wegbedingungen gekennzeichnet?

Durch den Buchstaben G und eine zweistellige Schlüsselnummer von 00 bis 99.
So bedeutet z.B. G00 Positionieren im Eilgang, G01 Geradeninterpolation und G02 sowie G03 Kreisinterpolation im Uhrzeigersinn bzw. im Gegenuhrzeigersinn.

14 Welche Informationen sind in einem NC-Satz enthalten?

Die Schaltinformationen, Wegbedingungen und Weginformationen für einen Arbeitsschritt.

Schaltinformationen dienen z.B. zur Wahl von Drehzahl und Vorschub, Weginformationen zur Eingabe der Verfahrwege in den einzelnen Achsen.

15 Welche Bedeutung hat die Wegbedingung G90?

Absolutmaßeingabe für die Zielpunktkoordinaten.

Alle Maßeingaben beziehen sich auf den festgelegten Werkstücknullpunkt. Beim Einrichten der Maschine wird am Werkstücknullpunkt das Wegmesssystem der Steuerung auf Null gesetzt.

16 Was versteht man unter Inkremental- oder Kettenmaßen?

Die Angabe des Zielpunktes vom jeweils letzten Standpunkt aus.

Bei dieser Maßangabe wird also der jeweils folgende Verfahrweg eingegeben (Wegbedingung G91).

17 Erläutern Sie den Unterschied zwischen G94 und G95!

G94 legt fest, dass der Zahlenwert hinter F die Vorschubgeschwindigkeit in mm/min ist. Mit G95 wird die Vorschubeingabe in mm/Umdrehung festgelegt.

18 Mit welchen Adressbuchstaben werden Schaltinformationen angegeben?

F Vorschub
S Spindeldrehzahl
T Werkzeug
M Zusatzfunktion

Mit den Schaltinformationen werden die technologischen Werte für den Bearbeitungsvorgang programmiert.

19 Welche Werte müssen in die Steuerung einer CNC-Fräsmaschine eingegeben werden, damit eine Werkzeugkorrektur möglich ist?

Für die Werkzeug-Längenkorrektur muss der Abstand von der Werkzeugschneide bis zum Werkzeug-Bezugspunkt, für die Bahnkorrektur des Fräsradius gespeichert sein.

Die Längenkorrektur wird beim Werkzeugaufruf verrechnet, der Fräsradius bei der Wahl einer Bahnkorrektur (G41, G42).

T422 Welche Aussage über den Werkstücknullpunkt ist richtig?

a) Bei Absolutbemaßung beziehen sich alle Maßangaben auf diesen Punkt
b) Bei Kettenbemaßung beziehen sich alle Maßangaben auf diesen Punkt
c) Der Werkstücknullpunkt kann *nicht* verschoben werden
d) Der Werkstücknullpunkt ist stets der Startpunkt für das NC-Programm
e) Werkstücknullpunkt und Maschinennullpunkt fallen stets zusammen

T423 Welche Bedeutung besitzen die mit den Buchstaben I, J und K beginnenden Wörter eines NC-Satzes? Die Wörter ...

a) kennzeichnen den Beginn eines Unterprogramms
b) sind Bestandteile eines Zyklus
c) kennzeichnen die Lage eines Kreismittelpunktes
d) dienen zur Angabe der Spanungstiefe
e) sind Bestandteil einer Geradeninterpolation

T424 Welche Bedeutungen haben bei numerisch gesteuerten Dreh- und Fräsmaschinen die Wörter G40, G41 und G42?

a) Werkzeugbahn- bzw. Schneidenradiuskorrektur
b) Nullpunktverschiebung
c) Aufruf von Arbeitszyklen
d) Werkzeuglängenkorrektur
e) Wahl konstanter Schnittgeschwindigkeit oder Spindeldrehzahl

5.7.5 Zyklen und Unterprogramme

5.7.6 Programmieren von NC-Drehmaschinen

Fragen aus Fachkunde Metall, Seite 519

1   Welche Größen müssen in den Werkzeugkorrekturspeicher eingegeben werden, damit die SRK durchgeführt werden kann?

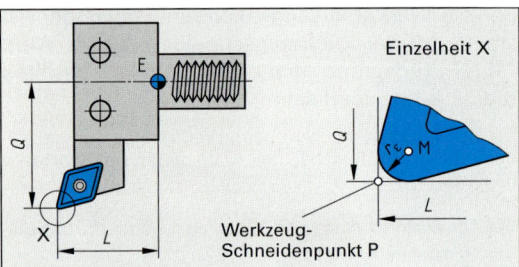

Jedem Werkzeug zugeordnet werden:

- Querablage Q der X-Achse (Abstand Werkzeugschneidenpunkt zum Werkzeugeinstellpunkt E in X-Richtung)
- Längenkorrektur L (Abstand Werkzeugschneidenpunkt zum Werkzeugeinstellpunkt E in Z-Richtung)
- Schneidenradius r_ε
- Lage des Schneidenpunktes P zum Schneidenradiusmittelpunkt M

2   Das Anstellen des Werkzeuges erfolgt mit aktiver SRK (Bild). Bestimmen Sie die zu programmierenden Koordinatenwerte Z für das Längsdrehen und X für das Plandrehen.

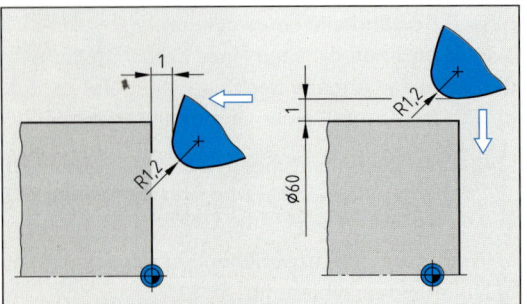

Längsdrehen Z1; Querdrehen X62

Bei aktiver SRK stellt die Steuerung den Schneidenpunkt P auf das programmierte Maß. Der Programmierer muss den Sicherheitsabstand berücksichtigen.

Fragen aus Fachkunde Metall Seite 521

1   Warum werden beim Gewindedrehen Ein- und Auslaufwege benötigt?

Die Wege sind zum Beschleunigen und Abbremsen des Revolverschlittens erforderlich.

Für eine maßgenaue Gewindesteigung müssen die Spindelumdrehung und der Meißelvorschub im richtigen Verhältnis zueinander stehen, bevor der Meißel in das Werkstück eintritt. Den Auslaufweg benötigt der Revolverschlitten zum Abbremsen.

2   Von welchen Größen ist die Länge dieser Wege abhängig?

Die Größe des Ein- und Auslaufweges sind von der Masse des Revolverschlittens und der erforderlichen Vorschubgeschwindigkeit abhängig.

Der erforderliche Einlaufweg Z_E kann aus der Spindeldrehzahl n, der Gewindesteigung P und der Maschinenkenngröße K ermittelt werden.

$$Z_E = \frac{P \cdot n}{K}$$

3   Durch welche Maßnahmen können der Ein- und Auslaufweg beim Gewindedrehen verringert werden?

Die Verringerung der Spindeldrehzahl ergibt kürzere Ein- und Auslaufwege.

Je kleiner die Spindeldrehzahl beim Gewindedrehen ist, desto geringer wird die Vorschubgeschwindigkeit des Revolverschlittens.

4   Erstellen Sie einen Auszug eines Teileprogramms für das Vor- und Fertigdrehen des Achsbolzens (Bild) und das zugehörige Unterprogramm für die Fertigkontur.

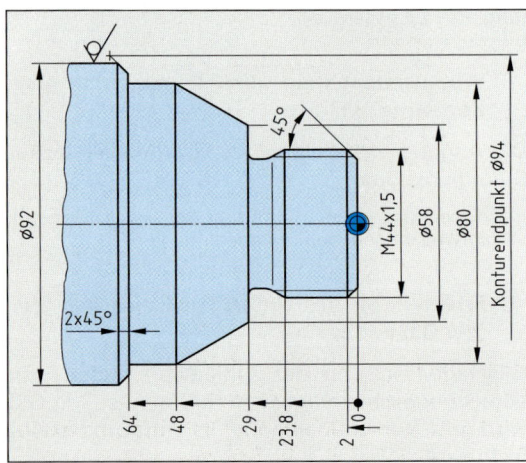

Parameter für den Abspanzyklus	
R20	Unterprogrammnummer der Fertigkontur
R21	Startpunkt X der Fertigkontur (P0)
R22	Startpunkt Z der Fertigkontur (P0)
R24	Schlichtaufmaß X
R25	Schlichtaufmaß Z
R26	Schnitttiefe
R27	Wegbedingung für SRK
R29	Abspanart (31 Schruppen, 21 Schlichten)
L95	Zyklusaufruf

Zyklen

		Unterprogramm	
:		L 10	
:			
N25	G0 X94 Z5	N5	G01 X44 Z-2
N30	G96 S200 F0.4	N10	Z-23.8
N35	R2010 R2140 R222	N15	X41.5 Z-26
N40	R240.5 R250.1	N20	Z-29
N45	R265 R2742 R2931	N25	X58
N50	L95	N30	N80 Z-48
:		N35	Z-64
N65	G0 X94 Z5	N40	X88
N70	G96 S250 F0.1	N45	X94 Z-67
N75	R2010 R2140 R222	N50	M17
N80	R240 R250 R2742		
N85	R2921		
N90	L95		

---

5 Das Gewinde des Achsbolzens (Bild Frage 4) wird mit v_c = 150 m/min gedreht. Die Maschinenkenngröße K beträgt 600/min. Bestimmen Sie die Parameter für den Gewindezyklus.

Parameter für den Gewindezyklus	
R0	Gewindesteigung
R21	Startpunkt X (absolut)
R22	Startpunkt Z (absolut)
R23	Anzahl der Leerschritte
R24	Gewindetiefe (inkremental, mit Vorzeichen)
R25	Schlichtspantiefe (inkremental, ohne Vorzeichen)
R26	Einlaufweg Z_E (inkremental, ohne Vorzeichen)
R27	Auslaufweg (0: von Steuerung gewählt)
R28	Anzahl der Schruppschritte
R29	Zustellwinkel (inkremental, ohne Vorzeichen)
R31	Endpunkt in X
R32	Endpunkt in Z
L97	Zyklusaufruf

$$n = \frac{v_c}{\pi \cdot d} = \frac{150 \text{ m/min}}{\pi \cdot 0{,}044 \text{ m}} = 1085/\text{min}$$

$$Z_E = \frac{P \cdot n}{K} = \frac{1{,}5 \text{ mm} \cdot 1085/\text{min}}{600/\text{min}} = 2{,}7 \text{ mm}$$

Gewindetiefe h_3 = 0,92 mm (Tabellenbuch)
Parameter für Gewindezyklus:
R201.5 R2144 R220 R232 R24-0.92 R250.05 R262.7
R270 R286 R2929 R3144 R32-26

Programmbeispiele für NC-Drehmaschinen

Fragen aus Fachkunde Metall, Seite 524

1 Programmieren Sie die Fertigkontur (Bild) mit Polarkoordinaten.

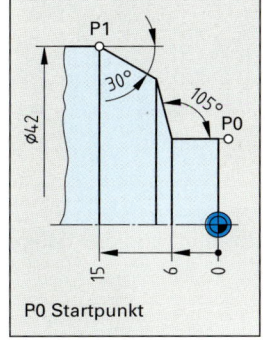

Ein Satz mit Polarkoordinaten enthält den Kennbuchstaben A und den Winkel, gemessen von der positiven Z-Achse aus gegen den Uhrzeigersinn sowie die Koordinaten des Zielpunktes.

N10 G01 Z-6
N20 A105 A150 X42 Z-15

2 Programmieren Sie die Ansätze (Bild) mit Polarkoordinaten und Übergangsradius.

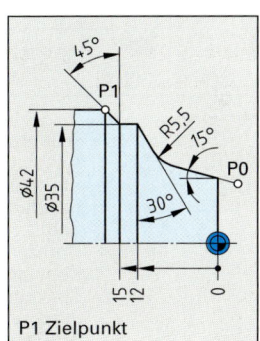

Zwei aufeinander folgende Verfahrwege können mit den beiden Winkelangaben aneinandergehängt werden. Die Steuerung berechnet den Übergangspunkt selbständig. Übergangsradien werden mit dem Kennbuchstaben B und dem Radius angehängt.

N10 G01 A165 A120 X35 Z-12 B5.5
N15 Z-15
N20 A135 X42

3 Warum muss ein Stechdrehmeißel an beiden Schneidenecken vermessen sein, wenn der Einstich Schrägen oder Radien enthält?

Eine Schneidenecke fertigt die rechte, die andere die linke Flanke des Einstichs. Die beiden Ecken haben unterschiedliche Lage zum Mittelpunkt ihres Radius.

Die vermessenen Werte werden im Werkzeugkorrekturspeicher zwei verschiedenen Korrekturnummern zugeordnet.

4 Erstellen Sie ein Unterprogramm für das Drehen der Kontur des Gewindebolzens (Bild).

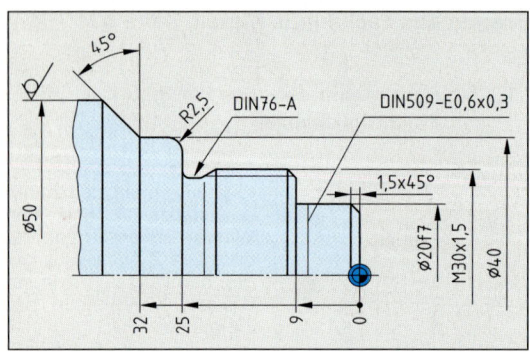

Unterprogramm für Konturzug

L 10
N10 G01 X19.97 Z-1.5
N15 Z-6.5
N20 A195 A180 X19.35 Z-9 B0.6 B0.6
N25 A90 A135 X29.9 Z-10.5
N30 Z-19.8
N35 A210 A180 X27.68 Z-25 B0.8. B0.8
N40 X40 B2.5
N45 Z-32
N50 A135 X52
N55 M17

5 Erstellen Sie das Einrichteblatt und das Teileprogramm für die Herstellung des Gewindebolzens (Bild Frage 4).

Eingesetzte Werkzeuge		
Wz.-Nr.	Wz-Benennung	
T606	Plandrehmeißel r_ε 0.8 HC-P20, links	
T707 T808	Seitendrehmeißel r_ε 0.6 Seitendrehmeißel r_ε 0.4 HC-P20, links, 55°	
T1111	Gewindedrehmeißel HC-P20, rechts	über Kopf gespannt

Zusätzliche Parameter für Drehmaschine		
R18 Schutzzone (Radius X)		
R19 Schutzzone Z		
L910 Rückzug auf Werkzeugwechselposition Z-X		
L920 Rückzug auf Werkzeugwechselposition X-Z		
Einrichteblatt für Gewindebolzen Programm Nr. 100		
Nullpunkt X0 Z180	Schutzzone Radius 28 Z5	
Arbeitsgang	Werkz.	v_c m/min	f mm
1 Plandrehen	T0606	200	0,2
2 Kontur vordrehen	T0707	145	0,5
3 Kontur fertigdrehen	T0808	200	0,1
4 Gewindedrehen	T1111	120	1.5

%100
Nr. 5 G90 G00 G53 X300 Z400 T0

N10   G59 X0 Z180
N15   R1828 R195
N20   G92 S3500
N25   G96 S200 T0606 M04
N30   X52 Z0 M08
G35   G01 X-1.6 F0.2
G40   G0 Z2
G45   L920
N50   G96 S145 T0707 M04
N55   G00 X55 Z5 M08
N60   R2010 R2112.97 R222 R240.5
N65   R250.2 R263 R2742 R2931
N70   L95 F0.5
N75   L920
N80   G96 S200 T 0808 M04
N85   G00 X25 Z5 M08
N90   R2010 R240 R250 R2742 R2921
N95   L95 F0.1
N100   L920
N105   G97 S1273 T0707 M03
N110   G0 X30 Z5 M08
N115   R201.5 R2130 R220 R232
N120   R240.92 R250.05 R265 R270
N125   R285 R2929 R3130 R3222
N130   L97
N135   G0 G53 X300 Z400 T0 M30

Teileprogramm Nr. 100
Absolutmaß, Eilgang, Nullpunktverschiebung AUS, Anfahren des Startpunktes, Werkzeugkorrektur AUS
Nullpunktverschiebung
Schutzzone festlegen
Drehzahlbegrenzung
Konstante Schnittgeschw. 200 m/min, Werkzeug, Spindel LINKS
Startpunkt für Plandrehen, Kühlmittel EIN
Plandrehen
Abheben
Rückzug auf Werkzeugwechselpunkt
Werkzeugwechsel, Wiedereinstieg in Programm
Anfahren des Zyklusstartpunktes
Unterprogr. Nr. 10, Startpunkt X12.97 Z 2, Schlichtaufmaß X 0,5
Schlichtaufmaß Z 0,2, Schnitttiefe 3, G42, Abspanen längs
Zyklusaufruf, Vorschub 0,5 mm
Rückzug auf Wechselposition
Konstante Schnittgeschw. 200 m/min, Werkzeug, Spindel LINKS
Anfahren des Zyklusstartpunktes, Kühlmittel EIN
Unterprogr. Nr. 10, Schlichtaufmaß X und Z 0, G42, Schlichten
Aufruf Zyklus, Vorschub 0,1
Rückzug auf Wechselposition
Konstante Drehzahl 1273/min, Werkzeug, Spindel RECHTS
Anfahren Startpunkt Gewindedrehen, Kühlmittel EIN
Gewindesteigung 1,5, Gewindeanfang X30 Z0, 2 Leerschritte
Gewindetiefe 0,92, Schlichtaufmaß 0,05, Einlauf 5, Auslauf 0
5 Schruppschnitte, Zustellwinkel 29°, Endpunkt X30, Z-22
Zyklusaufruf
Anfahren Werkzeugwechselpunkt im Eilgang, Nullpunktverschiebung und Werkzeugkorrektur AUS, Programmende

Ergänzende Fragen zum Programmieren von NC-Drehmaschinen

T425 Welcher Satz N30 beschreibt den Weg von P4 nach P5 richtig (Werkzeuge hinter Drehmitte)?

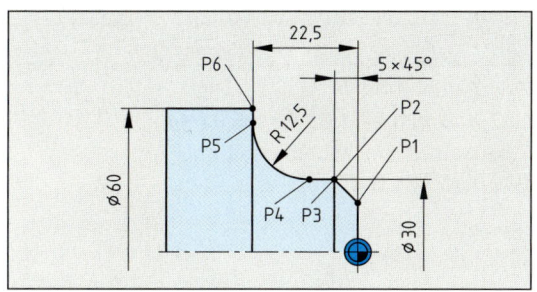

a) G02   X60   Z-22.5   I12.5   K-12.5
b) G03   X60   Z-22.5   I12.5   K-12.5
c) G02   X55   Z-22.5   I12.5   K0
d) G03   X55   Z-22.5   I12.5   K0
e) G02   X55   Z22.5   I0   K-12.5

T426 Bei welchen Formelementen ist beim Fertigdrehen eine Schneidenradiuskorrektur erforderlich?

a) Nur bei Zylinder- und Planflächen
b) Bei allen nicht achsparallelen Konturelementen
c) Nur bei Kegelflächen
d) Nur bei Rundungen
e) Bei allen Flächen mit Schleifaufmaß

T427 Wo liegt der Werkzeugträgerbezugspunkt bei Drehmaschinen?

a) An der Anschlagfläche des Revolverkopfes
b) Am Drehpunkt des Revolverkopfes
c) Auf der Führungsbahn des Revolverkopfes in X-Richtung
d) Auf der Führungsbahn des Revolverkopfes in Z-Richtung
e) Am Referenzpunkt der Drehmaschine

T428 Welche Bedeutung hat die Wegbedingung G96 bei Drehmaschinen?

a) Punktsteuerverhalten
b) Spindel im Uhrzeigersinn
c) Spindel im Gegenuhrzeigersinn
d) Konstante Schnittgeschwindigkeit
e) Drehzahl in 1/min

T429 Welcher der Bezugspunkte einer Drehmaschine ist richtig zugeordnet?

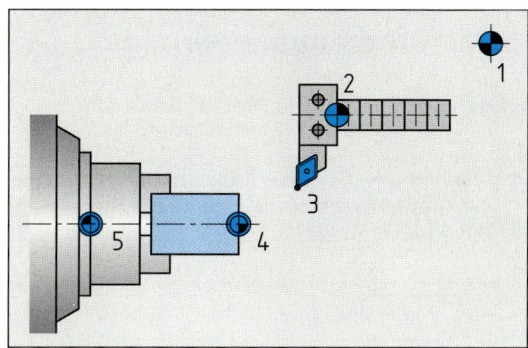

a) 1 ≙ Werkzeugträgerbezugspunkt
b) 2 ≙ Werkzeugschneidenpunkt
c) 3 ≙ Maschinennullpunkt
d) 4 ≙ Werkstücknullpunkt
e) 5 ≙ Referenzpunkt

T430 Welches Sinbild für den Referenzpunkt einer CNC-Drehmaschine ist richtig dargestellt?

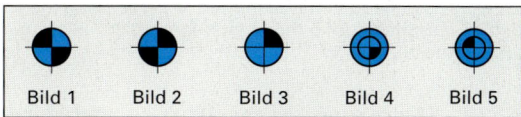

Bild 1   Bild 2   Bild 3   Bild 4   Bild 5

a) Bild 1   b) Bild 2
c) Bild 3   d) Bild 4
e) Bild 5

T431 Welche Bedeutung hat die Angabe G92 S2500 bei einem Drehprogramm?

a) Maximale Schnittgeschwindigkeit 2500 m/min
b) Maximale Spindeldrehzahl 2500 min^{-1}
c) Konstante Schnittgeschwindigkeit 2500 m/min
d) Gewählte Spindeldrehzahl 2500 min^{-1}
e) Konstante Drehzahl 2500 min^{-1}

T432 Welcher Korrekturwert ist bei Drehwerkzeugen *nicht* erforderlich?

a) Querablage Q zur X-Achse
b) Werkzeuglängenkorrektur L der Z-Achse
c) Einstellwinkel $\varkappa$ der Drehmeißelschneide
d) Schneidenradius r
e) Lage des Werkzeugschneidenpunktes P zum Mittelpunkt des Schneidenradius

5.7.7 Programmieren von NC-Fräsmaschinen

5.7.8 Programmierverfahren

Fragen aus Fachkunde Metall, Seite 525

> **1 Bestimmen Sie die Koordinatenwerte der Nullpunktverschiebung für die angezeigten Positionen im Bild.**

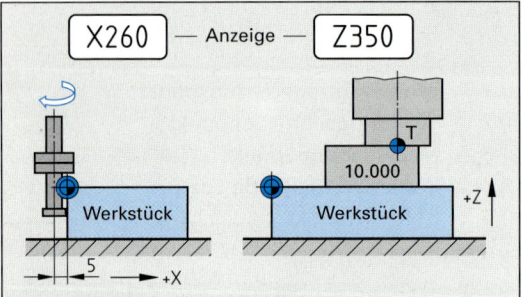

Die Nullpunktverschiebung ist X265 und Z340.

Zu den angezeigten Wegen ist der Abstand von der Werkstückfläche zu berücksichtigen: In X-Richtung müsste die Frässpindel um 5 mm weiter fahren, in Z-Richtung um 10 mm zurück.

Fragen aus Fachkunde Metall, Seite 527

> **1 An welchem Punkt steht das Werkzeug am Ende eines Bearbeitungszyklus?**

Am Zyklusende fährt die Maschine in die Lage zurück, die sie am Zyklusanfang hatte.

> **2 Die Tasche (Bild) soll im Gleichlauf gefräst werden. Definieren Sie den Taschenzyklus und rufen Sie ihn mit G79 an der angegebenen Position auf.**

Taschenfräszyklus (steuerungsabhängig)	
G87	Definition des Zyklus
X, Y, Z	
B	Sicherheitsabstand in Z
R	Taschenradius
I	Schnittbreite des Fräsers in %
J1	Gleichlauffräsen
J-1	Gegenlauffräsen
K	Schnitttiefe
G79	Aufruf des Zyklus in Taschenposition

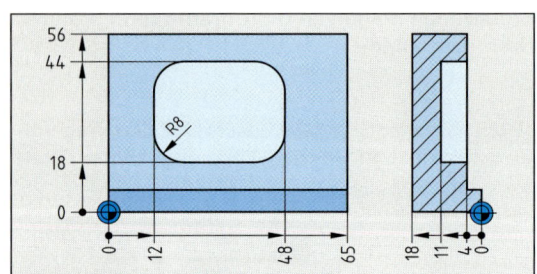

Zyklusdefinition
G87 X36 Y26 Z-11 B2 R8 I65 J1 K4
Zyklusaufruf in Taschenposition
G79 X30 Y31 Z-4

Fragen aus Fachkunde Metall, Seite 530

> **1 Mit welcher G-Funktion wird die Bahnkorrektur aktiviert, wenn ein rechtsschneidender Fräser im Gleichlauf fräsen soll?**

Erforderlich ist die Wegbedingung G41.

G41 bewirkt, dass der Fräser in Vorschubrichtung links von der zu bearbeitenden Kontur geführt wird.

> **2 Welche Position wird vom Fräsermittelpunkt nach Aktivieren der Bahnkorrektur angefahren?**

Der Fräser fährt nach Aktivieren von G41 oder G42 an den Beginn des nächsten Bearbeitungsweges.

Der Fräsermittelpunkt befindet sich damit auf einem Punkt, der um den Fräserradius rechtwinklig vom nächsten Anfangspunkt der Fräserbahn entfernt liegt.

> **3 Beschreiben Sie zwei Möglichkeiten, beim Schruppen das Schlichtaufmaß zu erzeugen.**

● Programmieren der um das Schlichtaufmaß größeren Kontur

● Verringerung der Werkzeugkorrekturmaße (Fräserradius und -länge) um das Schlichtaufmaß

Die Änderung der Werkzeugkorrektur erlaubt die Verwendung des gleichen Konturzuges für Schruppen und Schlichten. Dem Fräser werden für das Schruppen und das Schlichten zwei verschiedene Werkzeugnummern zugeteilt, z.B. T01 und T02. Diesen Werkzeugen werden die unterschiedlichen Korrekturmaße zugeordnet.

4 Wie muss der Fräser beim Schlichten die Kontur anfahren, um Konturmarkierungen zu vermeiden?

Das Anfahren soll tangential geschehen (in Richtung der folgenden Bahn)

Beim Anfahren an Ecken wird der Startpunkt in Verlängerung der ersten Bearbeitung gelegt. Muss an einer Fläche angefahren werden, z.B. beim Taschenfräsen, dann erfolgt dies in einem Viertelkreis.

5 Welche Angaben enthält das Einrichteblatt?

Im Einrichteblatt sind die Arbeitsfolgen, die Werkzeuge und deren Schnittwerte festgelegt.

Das Einrichteblatt ist die Grundlage für die Programmerstellung. Es enthält vielfach auch noch Angaben über die verwendeten Spannmittel und das Einrichten des Werkstücks.

6 Wozu dient die Simulation von CNC-Programmen?

Durch die Simulation werden Programmabläufe grafisch auf dem Monitor sichtbar und damit vor dem Einsatz an der Maschine getestet.

Dadurch können Fehler erkannt und Bearbeitungsabläufe optimiert werden.

7 Welche Vorteile bieten werkstattorientierte Programmierverfahren?

Mit Hilfe von werkstattorientierten Programmierverfahren (WOP) wird nicht mit NC-Anweisungen, sondern mit Hilfe einer grafischen Bedienerführung ein Programm erstellt.

WOP eignet sich sowohl für die Programmierung an der Maschine als auch an besonderen Programmierplätzen.

8 Erstellen Sie das Teileprogramm für das Konturfräsen und Bohren der Abdeckplatte (Bild) aus Einsatzstahl C15.

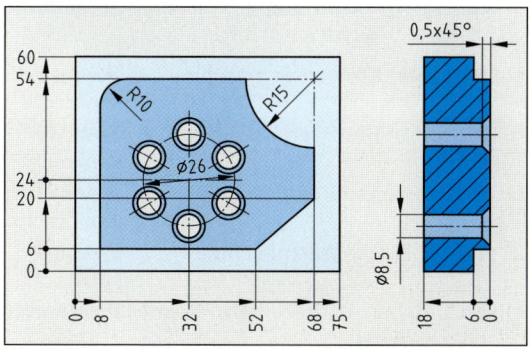

Eingesetzte Werkzeuge		
Wz.-Nr.	Wz-Benennung	
T1	NC-Anbohrer Ø 16 HSS, rechts	
T4	Schaftfräser Ø 25 HC-P20; Z = 3	
T12	Spiralbohrer Ø 8,5 HSS, rechts	

Bohrzyklus (steuerungsabhängig)	
G81	Definition des Zyklus
X	Verweilzeit in Sekunden
Y	Sicherheitsabstand über Werkstück
Z	Bohrungstiefe

Lochkreiszyklus (steuerungsabhängig)	
G77	Lochkreisdefinition
X Y Z	Lage des Lochkreismittelpunktes
R	Lochkreisradius
I	Anfangswinkel
J	Anzahl der Bohrungen

Einrichteblatt für Abdeckplatte Programm Nr. 200			
Arbeitsgang	Werkz.	n 1/min	v_f mm/min
1 Kontur fräsen	T4	2000	600
2 Anbohren	T1	1300	200
3 Bohren	T12	1500	200

Teileprogramm
%200

N1	G17	
N2	G90	
N3	G52	
N4		F600 S2000 T4 M6
N5	G00	X-5 Y-15 M03
N6		Z-6 M08
N7	G41	
N8	G01	X8 Y6
N9		Y44
N10	G02	X17 Y54 I10 J0
N11	G01	X53
N12	G02	X68 Y39 I15 J0
N13	G01	Y20
N14		X52 Y6
N15		X-15
N16	G40	
N17	G00	Z100
N18		F200 S1300 T1 M6
N19	G81	X0,2 Y3 Z-4.75
N20	G77	X32 Y24 Z0 R13 I30 J6
N21		F200 S1500 T12 M6
N22	G81	X0 Y2 Z-21
N23	G77	X32 Y24 Z0 R13 I30 J6
N24	G51	M09
N25		M5
N26		T0 M6
N27		M30

Ergänzende Fragen zum Programmieren von NC-Fräsmaschinen

T433 Welche Bedeutung haben bei einer numerisch gesteuerten Fräsmaschine die Worte G17, G18, G19?

a) Angabe von Werkzeugbahnkorrekturen

b) Bestimmung einer Kreisinterpolation

c) Ebenenauswahl für die Geraden- und Kreisinterpolation

d) Wahl von Arbeitszyklen

e) Auswahl von Nullpunktverschiebungen

T434 Wozu wird bei NC-Fräsmaschinen eine 4. Achse verwendet?

a) Steuerung eines NC-Rundtisches

b) Antrieb eines Teilapparates

c) Fräsen von Gesenken

d) Antrieb von Nutenstoßwerkzeugen

e) Fräsmaschinen können nicht mehr als 3 Achsen haben

T435 Durch welche Wegbedingung wird erreicht, dass sich die Fräserachse nicht auf der Werkstückkontur, sondern auf der parallel verlaufenden Äquidistanten bewegt?

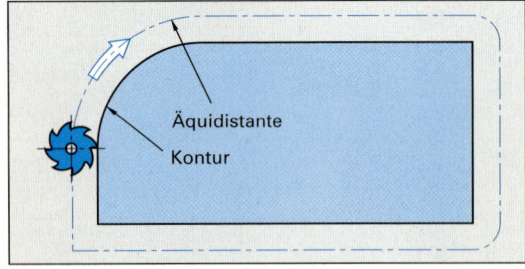

a) G02   b) G03

c) G40   d) G41

e) G42

T436 Wie lautet die Wegbedingung für die Auswahl der Interpolation in XY-Richtung?

a) G91   b) G96

c) G17   d) G18

e) G19

T437 Ein Werkstück soll entlang der Außenkontur mit einem NC-Anbohrer eine Fase 2,5 × 45° erhalten.

Welcher Fräserradius muss in dem Werkzeugspeicher eingetragen werden und auf welche Tiefe ist der Fräser zu programmieren?

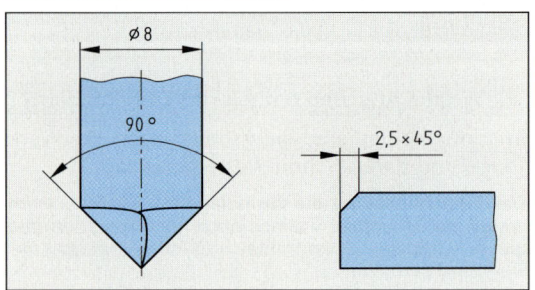

a) R = 4mm;   Z = − 4

b) R = 2,5 mm;   Z = − 2,5

c) R = 5 mm;   Z = − 4

d) R = 2,5 mm;   Z = − 2,5

e) R = 2,5 mm;   Z = − 2,5

T438 In welchen Fällen ist in Fräsprogrammen die Verwendung von Unterprogrammen vorteilhaft?

a) Wenn an der Kontur ein Schlichtmaß erforderlich ist

b) Für Werkstückformen, die am Frästeil mehrmals vorkommen

c) Unterprogramme sind für alle Zyklen empfehlenswert

d) Wenn mehrere verschiedene Fräser zum Einsatz kommen

e) Wenn die Fräsmaschine mit einer Horizontalspindel ausgestattet ist

T439 Welche Zuordnung von Spindelrichtung und Z-Achse ist richtig?

a) Horizontal-Konsolfräsmaschine ≙ Z-Achse senkrecht

b) Horizontal-Bettfräsmaschine ≙ Z-Achse senkrecht

c) Vertikal-Konsolfräsmaschine ≙ Z-Achse waagrecht

d) Vertikal-Konsolfräsmaschine ≙ Z-Achse senkrecht

e) Die Z-Achse ist bei allen Fräsmaschinenarten senkrecht

6 Informationstechnik

6.1 Technische Kommunikation

Fragen aus Fachkunde Metall, Seite 534

1 Was bedeutet die Abkürzung DIN?

DIN ist die Abkürzung für Deutsches Institut für Normung.

DIN gibt nationale Normen heraus (gültig für Deutschland) und übernimmt internationale Normen in das Deutsche Normenwerk.

2 Welche Vorteile haben Normen, die international gültig sind?

Der Austausch von Waren und Dienstleistungen zwischen den Ländern wird durch die einheitliche Normung wesentlich erleichtert.

Internationale Normen (ISO-Normen) und Europäische Normen (EN-Normen) werden zunehmend in das deutsche Normenwerk übernommen (DIN ISO-, DIN EN-, DIN EN ISO-Normen).

3 Welche Informationen enthält eine Teilzeichnung?

Teilzeichnungen enthalten alle für die Fertigung des Werkstücks notwendigen Angaben.

Dies sind z.B. Angaben über Maße, Oberflächen, Werkstoff und Bearbeitungsverfahren.

4 Welche Aufgaben erfüllen Stücklisten?

Stücklisten ergeben einen Überblick über die in einer Gruppenzeichnung enthaltenen Bauteile.

Pos.	Menge	Benennung	Norm-Kurzbezeichnung
1	1	Laufrolle	1C45 (C 45)
2	1	Abstandsring	S235JR (St 37-2)
3	2	Rillenkugellager	DIN 625-6004-2RS
4	1	Bolzen	E295 (St 50-2)
5	1	Sicherungsring	DIN 471-20 x 1.2
6	1	Lagerdeckel	E295 (St 50-2)
7	3	Zylinderschraube	ISO 4762-M4 x 12-8.8

In der Stückliste sind alle Teile einer Gruppenzeichnung aufgeführt. Sie enthält die Positionsnummer, die Anzahl, die Bezeichnung und den Werkstoff aller Werkstücke und Normteile dieser Zeichnung. Bei Normteilen sind die Norm-Kurzbezeichnungen der Teile aufgeführt.

5 Wie lautet der vollständige Montageplan (unten) zum Zusammenbau der Laufrollenlagerung (Bild)?

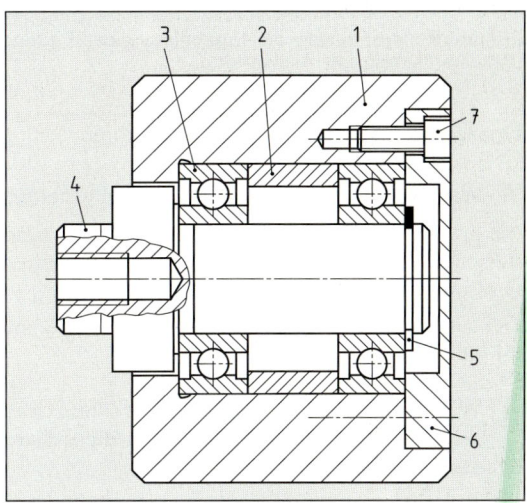

Montageplan	
Auftrag-Nr. 2238	
Bezeichnung: Laufrollenlagerung	
Nr.	Arbeitsgang
1	Einzelteile auf Vollständigkeit prüfen, ggf. reinigen
2	Welle (4) leicht einfetten
3	1. Rillenkugellager (3) mit Presshülse (Fügekraft auf Innenring) auf Bolzen (4) schieben
4	Abstandring (2) einlegen
5	2. Rillenkugellager (3) mit Presshülse auf Bolzen (4) schieben
6	Sicherungsring (5) einsetzen
7	Baugruppe Bolzen mit Lager von rechts in Laufrolle (1) schieben
8	Lagerdeckel (6) einlegen
9	Zylinderschrauben (7) mit Winkelschraubendreher SW 3 anziehen
10	Laufrolle drehen, auf Leichtgängigkeit und zulässiges Spiel prüfen.

6 Wozu werden Wartungspläne erstellt?

Wartungspläne beschreiben die erforderlichen Tätigkeiten zum Erhalt der Funktionsfähigkeit einer Einrichtung.

Ein Schmierplan einer Werkzeugmaschine gibt z.B. die Schmierstoffe, Schmierstellen und Schmierintervalle an.

7 Wozu dienen Prüfprotokolle?

Prüfprotokolle dienen zur Qualitätssicherung der Fertigung und als Dokumentation beim Verkauf oder bei einer Reklamation.

Prüfprotokolle enthalten die Ergebnisse einer Prüfung und deren statistische Auswertung.

Ergänzende Fragen zur Technischen Kommunikation

8 Was wird in grafischen Darstellungen gezeigt?

Mit grafischen Darstellungen (Schaubildern) werden die Zusammenhänge von veränderlichen Größen bildlich dargestellt.

Formen grafischer Darstellungen sind z.B. Nomogramme und Diagramme.

9 Wie wird die abgebildete Darstellung bezeichnet und welchen Zweck hat diese Darstellungsart?

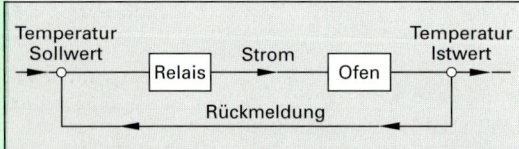

Dargestellt ist ein Blockschaltbild. Blockschaltbilder dienen zur übersichtlichen Darstellung von Wirkungsabläufen.

T440 Welche Aussage ist richtig?

a) Teilzeichnungen enthalten keine Angaben über Werkstoffe

b) Kreisflächendiagramme sind besonders zur Angabe von Prozentwerten geeignet

c) Explosionsdarstellungen sind eine besondere Form von Teilzeichnungen

d) Aus Arbeitsplänen ist die Reihenfolge der Fertigungsschritte nicht zu entnehmen

e) Wartungspläne erfassen die Dauer von Arbeitsunterbrechungen

T441 Welche Aussage zu Explosionsdarstellungen ist richtig? Explosionsdarstellungen ...

a) werden vielfach für Ersatzteilkataloge verwendet

b) zeigen alle Einzelheiten eines Bauteils

c) dienen als Unterlage für die Teilefertigung

d) sind nur von besonders geschulten Fachleuten zu erkennen

e) sind als Überblick zu einer Baugruppe ungeeignet

6.2 Grundlagen der Computertechnik

Arbeiten mit dem Computer

Fragen aus Fachkunde Metall, Seite 541

1 Beschreiben Sie das Grundprinzip der Arbeitsweise eines Computers.

Der Arbeitsablauf kann in die Schritte

- Eingabe von Daten
- Verarbeitung von Daten
- Ausgabe der Daten

eingeteilt werden.

Nach den Anfangsbuchstaben der Schritte wird dies auch als EVA-Prinzip bezeichnet.

2 Erklären Sie die Begriffe Bit und Byte.

Ein Bit ist die kleinste Informationseinheit. Es besteht aus den Werten 0 und 1 (AUS-EIN). Ein Byte ist eine Dualzahl mit 8 Bit.

Mit einem Byte lassen sich $2^8 = 256$ Werte darstellen.

3 Wie werden in Computern Buchstaben verarbeitet?

Die Buchstaben werden mit den Zahlenwerten von 0 bis 255 (1 Byte) verschlüsselt dargestellt (codiert).

Dualzahl		1	0	0	1	1
Bit Nr.		5	4	3	2	1
Stellenwert		2^4	2^3	2^2	2^1	2^0
Dezimalwert		16	8	4	2	1
Bitwert		1 · 16	0 · 8	0 · 4	1 · 2	1 · 1
Gesamtwert (Dezimalzahl)		16 +	0 +	0 +	2 +	1
				= 19		

Die Zuordnung ist im ASCII-Code (Amerikanischer Standard-Code) festgelegt.

4 Aus welchen Geräteeinheiten ist ein Computer aufgebaut?

Ein Computer besteht aus der Zentraleinheit (CPU), den Peripheriegeräten und der Schnittstelle zwischen beiden (Interface). Zusätzlich ist noch eine Stromversorgung erforderlich.

Auf der Zentraleinheit sind der Mikroprozessor, der Taktgenerator, die Speicherbausteine, die Busleitungen und die Steckplätze für Zusatzkarten angebracht.

5 Welcher Unterschied besteht zwischen einem ROM- und einem RAM-Speicher?

Der ROM-Speicher (Festwertspeicher) kann nur gelesen und nicht gelöscht werden. Der RAM-Speicher kann gelesen, gelöscht und wieder beschrieben werden. Seine Daten gehen bei Stromausfall verloren.

Im ROM sind z.B. das Startprogramm des Computers und die Umgebungsvariablen (Bios) enthalten. Das RAM nimmt die Arbeitsprogramme und laufenden Daten auf.

6 Wodurch wird die Leistungsfähigkeit eines Computers bestimmt?

Die Leistungsfähigkeit wird vor allem durch den Prozessortyp, die Taktfrequenz, das Bussystem und die Speichergröße des Computers bestimmt.

Zusätzlich spielen noch die Zeiten für den Bildaufbau am Monitor und die Zugriffszeiten auf den Datenträger eine Rolle.

7 Welche Schnittstellenarten unterscheidet man?

Man unterscheidet parallele und serielle Schnittstellen.

Parallele Schnittstellen übertragen 8 Bit gleichzeitig, serielle Schnittstellen übertragen die einzelnen Bits nacheinander.

8 Wie müssen Disketten behandelt werden?

Disketten müssen vor Magnetfeldern, Staub, Feuchtigkeit, Wärme und mechanischer Beschädigung geschützt werden.

Unsachgemäße Behandlung führt zu Datenverlust.

9 Wozu dient ein Modem?

Ein Modem wird zur Fernübertragung von Daten über das Telefonnetz verwendet.

Für Telefaxdienste und den Zugang zum INTERNET ist ein Modem erforderlich.

10 Welche Aufgabe hat die Caps-Lock-Taste?

Die Caps-Lock-Taste bewirkt Dauerumschaltung auf die oberen Zeichen der Tastatur (Großbuchstaben).

Damit wird z.B. die Programmerstellung bei Computersprachen erleichtert, die Befehlsworte nur in Großbuchstaben annehmen.

11 Welche Funktion hat die linke Maustaste?

Die linke Taste der Maus dient zur Befehlsbestätigung (ENTER)

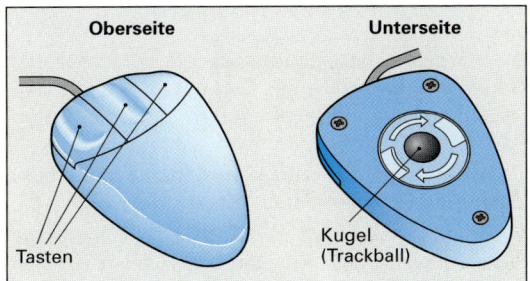

Oberseite   Unterseite

Tasten   Kugel (Trackball)

Die Funktion der übrigen Tasten ist programmabhängig oder frei programmierbar.

12 Wozu ist für einen Computer ein Betriebssystem erforderlich?

Das Betriebssystem steuert die Verwaltung der Ein- und Ausgabe von Daten.

Da das Betriebssystem den gesamten Datenfluss steuert, müssen die auf dem Computer eingesetzten Programme zu dem verwendeten Betriebssystem passen.

13 Wie sind in DOS Dateinamen aufgebaut?

Die Dateibezeichnungen bestehen in DOS aus höchstens 8 Zeichen, einem Punkt und 3 angehängten Zeichen für die Dateiart.

Die Dateibezeichnung ADRESS_1.BAS könnte z.B. für das Adressverwaltungsprogramm Nr. 1 in BASIC verwendet werden.

14 Wie werden in DOS die Laufwerke gekennzeichnet?

Die Laufwerke werden durch Buchstaben und einen folgenden Doppelpunkt gekennzeichnet.

A: und B: sind meist die Bezeichnungen der Diskettenlaufwerke, C: ist für die Festplatte, weitere Buchstaben dienen als Namen für die übrigen Laufwerke.

15 Welche Wirkung hat der Befehl COPY A:\NAMEN*.* C:\ADRESSEN?

Von der Diskette im Laufwerk A: werden aus dem Verzeichnis Namen alle Dateien auf die Festplatte C: in das Verzeichnis ADRESSEN kopiert.

Ergänzende Fragen zum Arbeiten mit dem Computer

16 Erklären Sie die Begriffe Hardware und Software.

Als Hardware bezeichnet man die verschiedenen Geräte und Bauteile eines Computers, z.B. die Zentraleinheit, die Peripheriegeräte und die Datenträger.

Software sind die zur Verarbeitung dienenden Daten und Programme.

Zur Software gehören die im Rechner gespeicherte Systemsoftware, das beim Start des Rechners zu ladende Betriebssystem sowie die Anwenderprogramme mit ihren Daten.

17 Über welche Geräte werden bei einem Computer Daten eingegeben bzw. ausgegeben?

Die wichtigsten *Eingabegeräte* sind die Tastatur, das Grafiktablett, die Maus, ein CD-Laufwerk oder ein Lesegerät (Scanner).

Die wichtigsten *Ausgabegeräte* sind der Bildschirm (Monitor), der Drucker und der Plotter.

Ein- und Ausgabegeräte sind Datenspeichergeräte, z.B. Magnetbandgeräte, Disketten- und Festplattenlaufwerke sowie Lochstreifenleser und -stanzer.

Zur Grundausrüstung eines Computers gehören Tastatur, Bildschirm, Diskettenlaufwerk und Drucker.

18 Wozu dienen bei Computern die Funktionstasten?

Den Funktionstasten können beliebige Zeichenfolgen oder Anweisungen zugewiesen werden.

Durch Betätigen der Funktionstasten sind daher auch umfangreiche Anweisungen mit einem einzigen Tastendruck einzugeben. Die Belegung der Funktionstasten ist durch den Benutzer bzw. Programmierer frei wählbar.

19 Was bewirkt die Escape-Taste (ESC) bei einem Computer?

Die Escape-Taste bewirkt eine Steueranweisung. Die Art der Anweisung ist vom Programm abhängig, meist bewirkt sie einen Rücksprung innerhalb des Programms.

So wird z.B. ESC vielfach zum Verlassen eines Programmteiles oder zum Abbruch eines Programms verwendet.

T442 Welche Bedeutung hat bei einem Mikrocomputer die CPU?

a) Sie ist die Zentraleinheit des Computers

b) Sie dient als Arbeitsspeicher für Daten

c) Sie dient als Festwertspeicher für unveränderbare Programme

d) Sie bestimmt die Taktfrequenz des Rechners

e) Sie dient als Datensammelleitung

T443 In welcher Ablaufbeschreibung ist die Arbeitsweise eines Computers richtig angegeben?

a) Datenverarbeitung, Datenausgabe, Dateneingabe

b) Dateneingabe, Datenausgabe, Datenverarbeitung

c) Datenausgabe, Dateneingabe, Datenverarbeitung

d) Datenverarbeitung, Dateneingabe, Datenausgabe

e) Dateneingabe, Datenverarbeitung, Datenausgabe

28.10.01

T444 Was versteht man unter einem Bit?

a) Die kleinste binäre Informationseinheit

b) Die kleinste analoge Informationseinheit

c) 1 Billion Informationseinheiten

d) Einen binären Informationstransfer

e) Eine binäre Zeitinformation

T445 Welcher der angegebenen Begriffe ist der Software zuzuordnen?

a) Unformatierte Diskette

b) Programm auf einer Diskette

c) Mikroprozessor

d) Monitor

e) Tastatur

T446 Welche Aufgabe hat das DOS?

a) Bildschirmsteuerung

b) Datenübertragung zwischen ROM und RAM

c) Diskettensteuerung

d) Druckersteuerung

e) Übersetzung von Programmiersprachen

Programmerstellung

Fragen aus Fachkunde Metall, Seite 547

1 Was ergibt die BASIC-Anweisung INPUT AS?

Der Rechner fordert die Eingabe der Zahlenvariablen AS an.

INPUT ist die Aufforderung zur Werteingabe, AS der Name der Variablen.

2 Wie können in BASIC Schleifen programmiert werden?

Am Schleifenanfang kommt die Anweisung DO, am Schleifenende LOOP UNTIL ...

Die zwischen DO und LOOP stehenden Anweisungen werden so lange wiederholt, bis die nach UNTIL folgende Abbruchbedingung erfüllt ist.

3 Ändern Sie das Programm HYP-03.BAS (unten) ab: Es soll entweder die Hypotenuse oder eine fehlende Kathete berechnen.

Programm HYP-03.BAS

```
DO
     CLS : CLEAR
     PRINT "Hypotenusenberechnung"
     INPUT "Kathete a (mm)"; a
     INPUT "Kathete b (mm)"; b
     LET c = SQR(a ^ 2 + b ^ 2)
     PRINT "Hypotenuse c = "; c; "mm"
     INPUT "Weiter (j/n) ", ok$
LOOP UNTIL ok$ = "n"
```

Programm HYP-03.BAS mit Ergänzung

```
DO
     CLS : CLEAR
     PRINT "Dreiecksberechnung"
     PRINT "Unbekannte Seite mit 0 eingeben"
     INPUT "Kathete a (mm) "; a
     INPUT "Kathete b (mm) "; b
     IF a = 0 OR b = 0 THEN
          INPUT "Hypotenuse c (mm) "; c
     END IF
     IF a = 0 THEN LET a = SQR(c ^ 2 - b ^ 2)
     IF b = 0 THEN LET b = SQR(c ^ 2 - a ^ 2)
     IF c = 0 THEN LET c = SQR(a ^ 2 + b ^ 2)
     PRINT "Kathete a = "; a; "mm"
     PRINT "Kathete b = "; b; "mm"
     PRINT "Hypotenuse c = "; c; "mm"
     INPUT "Weiter (j/n) ", ok$
LOOP UNTIL ok$ = "n"
```

4 Aufgaben zum Programm GEW_BER.BAS (unten):

Programm GEW_BER.BAS (Hauptprogramm)

```
REM  Gewichtsberechnung für Profile
REM  erstellt ...... von ......
REM  gespeichert Disk2\GEW_BER.BAS
REM  RD, K4, RO, FL, T, L Profilkurzzeichen
REM  ST, AL, MS, KU Werkstoffkurzzeichen
REM  antw$, ok$, read$ Steuervariable
REM  name$, M1$, M2$, M3$, D$ Bezeichnungen
REM  M1, M2, M3, D, G Profilmasse
REM  ------------------ Hauptprogramm ----------------
DO
     CLS : CLEAR : PRINT : LET PI = 3.14159
     PRINT "Gewichtsberechnung für Profile"
     PRINT "Eingabe der Masse in mm"
REM  --------------- Eingabe der Profilart ---------------
     DO
          PRINT "Vorhandene Profile"
          PRINT "Rund (RD), Vierkant (K4), Flach (FL)"
          PRINT "Rohr (RO), Winkel (L), T-Profil (T)"
          PRINT "Abbruch mit ENTER": PRINT
          LET ok$ = "n"
          INPUT "Profilzeichen eingeben ", antw$
          IF antw$ = "" THEN END
          GOSUB Profildef
     LOOP UNTIL ok$ = "j"
REM  ------------- Eingabe der Werkstoffart ------------
     DO
          PRINT "Vorhandene Werkstoffe"
          PRINT "Stahl (ST), Aluminium (AL),"
          PRINT "Messing (MS), Kunststoff (KU)"
          LET ok$ = "n"
          INPUT "Werkstoffzeichen eingeben ", antw$
          GOSUB Werkstoffdef
     LOOP UNTIL ok$ = "j"
REM  ------------ Eingabe der Abmessungen ----------
     CLS
     PRINT: PRINT "Bitte Groessen eingeben:": PRINT
     PRINT name$; "-Profil: "; M1$; : INPUT M1
     IF M2$ <> "" THEN PRINT M2$; : INPUT M2
     IF M3$ <> "" THEN PRINT M3$; : INPUT M3
     INPUT "Laenge in mm: "; L
     GOSUB Berechnen
REM  ------------------ Ergebnisausgabe -----------------
     CLS : PRINT
     PRINT "Ergebnis der Berechnung: " : PRINT
     PRINT name$; "-Profil aus "; WST$
     PRINT M1$; " "; M1; "mm"
     IF M2$ <> "" THEN PRINT M2$; " "; M2; " mm"
     IF M3$ <> "" THEN PRINT M3$; " "; M3; " mm"
     PRINT "Länge "; L; " mm"
     PRINT "Gewicht "; G; " kg" : PRINT
     INPUT "Neue Berechnung? (j/n)"; weiter$
LOOP UNTIL UCASE$(weiter$) = "N"
END
```

Programm GEW_BER.BAS (Unterprogramme)

```
REM ------------ Unterprogramm Profildef ----------
Profildef:
DO
    READ read$, name$, M1$, M2$, M3$
    IF read$ = UCASE$(antwo$) THEN
        ok$ = "j"
        RESTORE
        RETURN
    END IF
LOOP UNTIL read$ = "Ende"
RESTORE
CLS:BEEP: PRINT "ungueltige Eingabe"
RETURN
REM ---------- Unterprogramm Werkstoffdef --------
Werkstoffdef:
DO
    READ read$, WST$, D$, A$, A$
    IF read$ = UCASE$(antw$) THEN
        ok$ = "j"
        D = VAL(D$)
        RESTORE
        RETURN
    END IF
LOOP UNTIL read$ = "Ende"
RESTORE
CLS: BEEP: PRINT "Ungueltige Eingabe"
RETURN
REM ----------- Unterprogramm Berechnen ----------
Berechnen:
SELECT CASE name$
    CASE "Rund"
        G = M1^2 * PI / 4 * L * D / 1000000
    CASE "Rohr"
        G = (M1^2*PI/4 - M2^2*PI/4)*L*D/1000000
    CASE "Vierkant"
        G = M1 ^ 2 * L * D / 1000000
    CASE "Flach"
        G = M1 * M2 * L * D / 1000000
    CASE "T", "L"
        G = (M1 + M2 - M3) * M3 * L * D / 100000
    END SELECT
RETURN
REM --------------- Liste mit Datensaetzen ------------
DATA RD,Rund,Durchmesser,"",""
DATA K4,Vierkant,Kantenlaenge,"",""
DATA RO,Rohr,Aussendurchm.,Innendurchm.,""
DATA FL,Flach,Breite,Dicke,""
DATA T,T,Breite,Steghoehe,Profildicke
DATA L,L,Schenkel_1,Schenkel_2,Profildicke
DATA ST,Stahl,7.85,"",""
DATA AL,Aluminium,2.7,"",""
DATA KU,Kunststoff,1.35,"",""
DATA MS,Messing,8.5,"",""
DATA Ende,"","","",""
```

a) Erstellen Sie einen Programmablaufplan und ein vereinfachtes Struktogramm.

b) Ergänzen Sie die Profilauswahl mit einem U-Profil.

a)
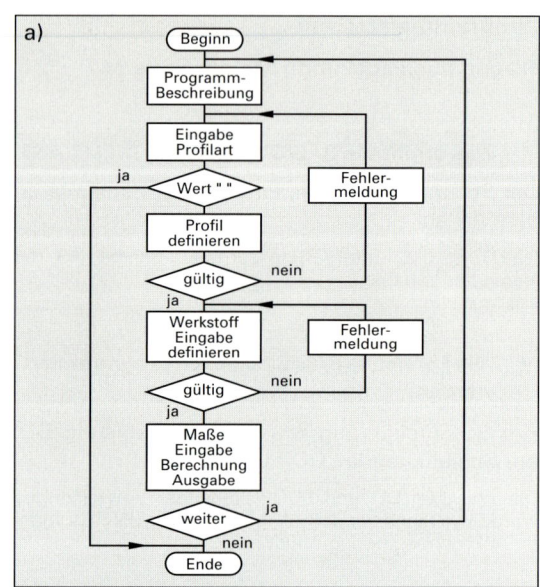

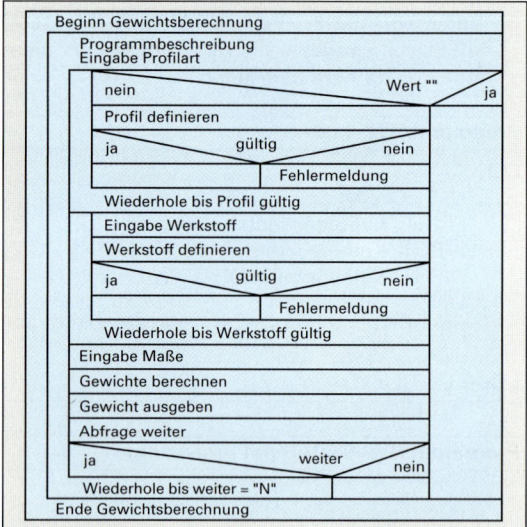

b) Es sind 4 Programmzeilen zu ändern bzw. zu ergänzen:

Im Programmkopf und bei der Eingabe der Profilart die Erläuterung für U einfügen:
REM RD, K4 RO, FL, T, L, U Profilkurzzeichen
PRINT "Rohr" (RO), Winkel (L), T-Profil (T), U-Profil (U)"

Bei der Auswahl des Berechnungsverfahrens eine neue Zeile für die Berechnung des U-Profils CASE "U"
G = (M1 + 2 * (M2 - M3)) * M3 * L * D/1000000

im Datensatz eine neue Zeile für das U-Profil
DATA U,U,Breite,Steghoehe,Profildicke

5 Aufgaben zum Programm MEWE_ER.BAS (unten):

Programm MEWE_ER.BAS (QBASIC)
Hauptprogramm und Unterprogramme

```basic
REM Programm Messwerterfassung und -Auswertung
REM erstellt am .............. von ................
REM gespeichert Disk3\MEWE_ER.BAS
REM ------------------- Hauptprogramm -------------------
Anfang:
CLS : CLEAR : PRINT
DIM M(100): DIM K(11): DIM Nk(11): DIM Fk(11)
LET Mgr = 0: LET Mkl = 999: LET K(11) = 999
REM ------------- Eingabe der Pruefmasse -------------
PRINT "Auswertung einer Messreihe": PRINT
INPUT "Hoechstmass in mm", Mhoe
INPUT "Mindestmass in mm", Mmin
IF Mhoe <= Mmin THEN
    PRINT "Ungueltige Eingabe"
    INPUT "Weiter (j/n)", ok$
    IF ok$ <> "j" THEN END ELSE GOTO Anfang
END IF
FOR i = 0 TO 10
    LET K(i) = Mmin + i * (Mhoe - Mmin) / 10
NEXT i
REM -------- Ein- und Ausgabe der Messwerte -------
CLS : LET N = 1
DO
    REM --- Ersetzen durch Schnittstellenabfrage ---
    PRINT N; : INPUT ".Messwert ", M(N)
    REM ----------- Ende des Ersetzungsteils ----------
    IF M(N) = 0 THEN
        IF N = 1 THEN GOTO Neustart
        N = N - 1
        EXIT DO
    END IF
    GOSUB Klassenzuordnung
    GOSUB Einzelausgabe
    LET N = N + 1
LOOP UNTIL N = 100
GOSUB Abschlussberechnung
GOSUB Abschlussausgabe
Neustart:
INPUT "Neue Messreihe? (j/n)", ok$
IF ok$ = "j" THEN GOTO Anfang
END
REM ---- Unterprogramm Abschlussberechnung ---
Abschlussberechnung:
LET Rat = Mgr - Mkl
LET j = 0
FOR i = 1 TO N
    LET j = j + M(i)
NEXT i
LET Mmit = j / N
FOR i = 0 TO 11
    LET Fk(i) = Nk(i) / N * 100
NEXT i
LET j = 0
FOR i = 1 TO N
    LET j = j + M(j) ^ 2
NEXT i
LET Saw = SQR(j / N - Mmit ^ 2)
RETURN
```

```basic
REM ------- Unterprogramm Klassenzuordnung -----
Klassenzuordnung:
IF M(N) > Mgr THEN Mgr = M(N)
IF M(N) < Mkl THEN Mkl = M(N)
IF M(N) < Mmin THEN Nk(0) = Nk(0) + 1: RETURN
FOR i = 1 TO 10
    IF M(N) <= K(i) THEN Nk(i) = Nk(i) + 1: RETURN
NEXT i
IF M(N) > Mhoe THEN Nk(11) = Nk(11) + 1
RETURN
REM ---------- Unterprogramm Einzelausgabe --------
Einzelausgabe:
IF N = 1 THEN
    LPRINT "Messreihe vom "; DATE$
    LPRINT "Hoechstmass "; USING "###.##"; Mhoe
    LPRINT "Mindestmass "; USING "###.##"; Mmin
    LPRINT TAB(5); "Teil"; TAB(10); "Messwert";
    LPRINT TAB(20); "Ausschuss"
END IF
LET ok$ = ""
IF M(N) < Mmin THEN
    LET ok$ = CHR$(60) + STR$(Mmin): BEEP
END IF
IF M(N) > Mhoe THEN
    LET ok$ = CHR$(62) + STR$(Mhoe): BEEP
END IF
LPRINT TAB(5); N; TAB(10);
LPRINT USING "###.##"; M(N);
LPRINT TAB(20); ok$;
RETURN
REM ------ Unterprogramm Abschlussausgabe -----
Abschlussausgabe:
LPRINT : LPRINT "Ergebnis der Messreihe"
LPRINT "Anzahl:"; TAB(20); N
LPRINT "Groesstes Mass:"; TAB(20);
LPRINT USING "###.##"; Mgr
LPRINT "Kleinstes Mass:"; TAB(20);
LPRINT USING "###.##"; Mkl
LPRINT "Spanne:"; TAB (20);
LPRINT USING "###.##"; Rat
LPRINT "Mittelwert:"; TAB(20);
LPRINT USING "###.##"; Mmit
LPRINT "Standardabweichung:"; TAB(20);
LPRINT USING "###.##"; Saw
LPRINT
LPRINT "Klasse"; TAB(8); "ueber"; TAB(18);
LPRINT "bis"; TAB(24);
LPRINT "Stueck"; TAB(34); "%"; TAB(40);
LPRINT " Histogramm": LPRINT
FOR i = 0 TO 11
    IF i = 0 OR i = 11 THEN
        LPRINT "Ausschuss";
    ELSE
        LPRINT i; TAB(7);
        LPRINT USING "###.##"; K(i - 1);
        LPRINT TAB(17); USING "###.##"; K(i);
    END IF
    LPRINT TAB(26); Nk(i); TAB(32);
    LPRINT USING "###.##"; Fk(i); TAB(40);
    FOR j = 1 TO Nk(i)
        LPRINT CHR$(124);
    NEXT j
    LPRINT
NEXT i
LPRINT CHR$(12)
RETURN
```

a) Erstellen Sie einen vereinfachten Programmablaufplan und ein vereinfachtes Struktogramm.

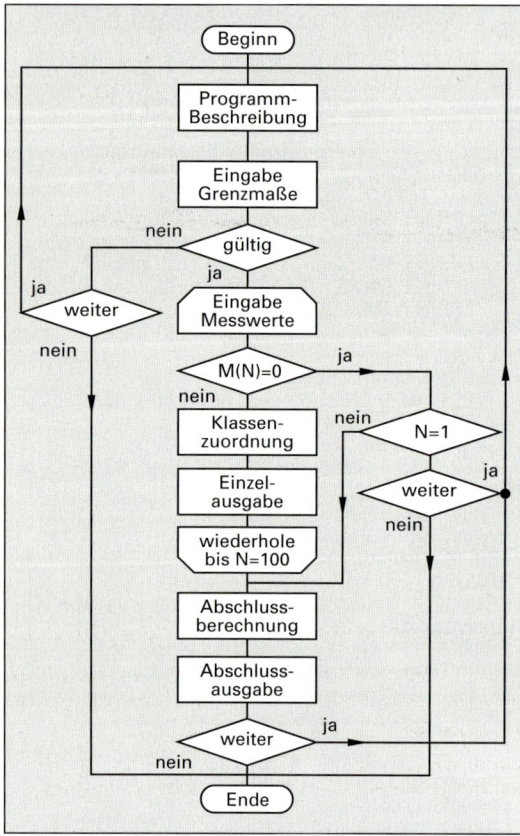

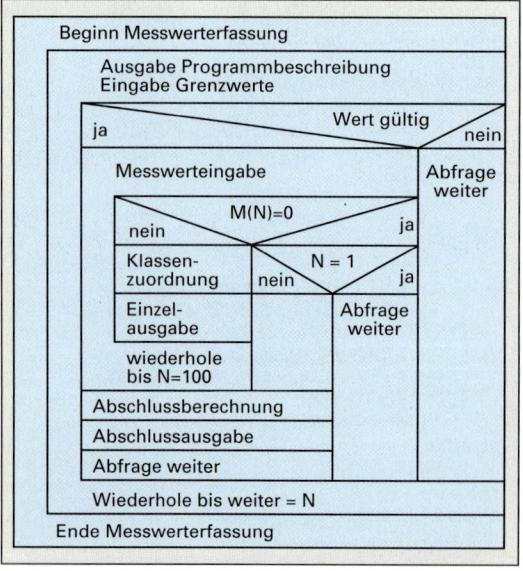

b) Ergänzen Sie die Bildschirmausgabe um eine Fehlermeldung bei Ausschussteilen.

Im Unterprogramm Einzelausgabe sind 2 Zeilen einzufügen:

Nach Zeile IF M(N) < Mmin THEN
   PRINT "Werkstueck zu klein, Ausschuss"
Nach Zeile IF M(N) > Mhoe THEN
   PRINT "Werkstueck zu gross, Ausschuss"

c) Ergänzen Sie die Druckerausgabe um eine grafische Darstellung der Lage des Istmaßes.

Innerhalb der Einzelausgabe der Messwerte kann z.B. ein Kreuz bei der jeweiligen Maßklasse eingetragen werden. Hierzu wird im Unterprogramm Einzelausgabe

im Block IF N = 1 vor END IF eingetragen

```
LPRINT TAB(40); "Lage des Istmasses in Klasse"
FOR i = 1 TO 10
    LPRINT TAB(30 + i * 4); i;
NEXT i
```

vor RETURN (am Ende des Unterprogramms) wird eingefügt

```
IF M(N) < Mmin THEN RETURN
FOR i = 1 TO 10
    IF M(N) <= K(i) THEN
        LPRINT TAB(31 + i * 4); "X";
        RETURN
    END IF
NEXT i
```

d) Begrenzen Sie die Messwerteingabe auf Teile, die nicht mehr als 10 % über dem Höchstmaß bzw. unter dem Mindestmaß liegen. Dadurch soll die Fehleingabe von Messwerten aus anderen Messreihen ausgeschlossen werden.

Bei der Eingabe der Messwerte (im Ersetzungsteil) ist eine Schleife einzutragen:

```
DO
    ok$ = "j"
    PRINT N; : INPUT ".Messwert", M(N)
    IF M(N) = 0 THEN EXIT DO
    IF M(N) < .9 * Mmin OR M(N) > 1.1 * Mhoe THEN
        ok$ = "n"
        PRINT "Ungueltige Eingabe": BEEP
    END IF
LOOP UNTIL ok$ = "j"
```

e) Ersetzen Sie die Tastatureingabe der Messwerte durch die Abfrage der seriellen Schnittstelle (Hilfsmittel: Datenblatt des Messmittelherstellers und BASIC-Handbuch).

Bei der Abfrage der Messwerte ist im Ersetzungsteil einzutragen:

```
OPEN "COM1:9600,n,8,1,p" FOR INPUT AS #1
COM(1) ON
ON COM1 GOSUB ausgabe
COM(1) OFF
END
ausgabe:
FOR i = 1 TO 100
GET #1, a
PRINT a
NEXT i
CLOSE #1
```

Die erforderliche Eintragung ist von dem Übergabeprotokoll der Messeinrichtung abhängig.

Ergänzende Fragen zur Programmerstellung

T447 Was bewirkt der Befehl SAVE in einem BASIC-Programm?

a) Speichern eines Datensatzes
b) Schreibschutz für eine Diskette
c) Programmspeicherung auf Diskette
d) Programmausgabe auf Drucker
e) Programmausgabe auf Bildschirm

T448 Was bewirkt bei einem Computer folgende Eingabe: PRINT 3*"6"
Am Bildschirm wird ausgegeben:

a) 18   b) 3*"16"
c) 3.6   d) 0.5
e) SYNTAX ERROR

T449 Welche Wirkung hat die Zeile 100 REM Z80A in einem BASIC-Programm?

a) Wartezeit 100 ms
b) 80 Zeichen im Programm werden übersprungen
c) Der Mikroprozessor Z80A wird aktiviert
d) Das Zeichen A wird 80mal ausgegeben
e) Der Programmablauf wird nicht beeinflusst

T450 In einem Programmablaufplan ist nebenstehendes Sinnbild. Was bedeutet es?

a) Programmbeginn
b) Programmende
c) Programmverzweigung
d) Eingabe
e) Ausgabe

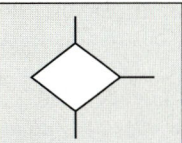

T451 In einem BASIC-Programm stehen die Programmzeilen
0100 FOR X = 20 TO 30 STEP 0.5
...
0200 NEXT X
Für welche Werte der Variablen X wird die Programmschleife ausgeführt?

a) 20.0, 20.5 ... 29.5, 30.0
b) 20.5, 21.0 ... 29.0, 29.5
c) 19.5, 20.0 ... 30.0, 30.5
d) 20.0, 21.0 ... 29.0, 30.0
e) 20.0, 20.5 ... 30.0, 30.5

Software

Fragen aus Fachkunde Metall, Seite 551

1 Erklären Sie den Begriff Anwendersoftware.

Unter Anwendersoftware versteht man Programme, die die Computernutzung ohne besondere EDV-Fachkenntnisse ermöglichen.

Die Anwendersoftware wird unterteilt in Standardsoftware, Branchensoftware und individuelle Software.

2 Was versteht man unter Editieren und Formatieren von Texten?

Editieren ist das Verändern geschriebener Texte, Formatieren das Gestalten der äußeren Form.

Zum Editieren gehört z.B. die Rechtschreibprüfung, das Einfügen, Löschen und Korrigieren von Textstellen. Beim Formatieren werden Absätze, Schriftgrößen und Schriftarten gestaltet.

3 Welche wirtschaftlichen und sozialen Auswirkungen kann der Einsatz von Rechnern haben?

Der Einsatz von Rechnern kann bewirken
- Günstigere Produktionskosten
- Höhere Fertigungsqualität
- Höhere Flexibilität
- Humanisierung des Arbeitsplatzes
- Verluste veralteter und Schaffung neuer Arbeitsplätze

Der Computereinsatz verändert alle Bereiche des menschlichen Lebens, z.B. in der Industrie, im Haushalt und in der Freizeit.

4 Welche Maßnahmen müssen für den Datenschutz getroffen werden?

Zum Schutz des Bürgers sind verschiedene Kontrollen erforderlich:
- Welche Daten werden von welchen Personen gespeichert?
- Wer hat Zugang zu diesen Daten?
- An wen werden die Daten weitergegeben?

Der Schutz vor unbefugtem Umgang mit Daten wird in eigenen Datenschutzgesetzen geregelt.

5 Welche Rechte hat der Bürger bei der Erfassung seiner persönlichen Daten?

- Auskunftsrecht über die gespeicherten Daten
- Recht zur Berichtigung bei unzulässiger Speicherung oder falschen Daten
- Recht auf Löschung bei nicht erforderlichen Daten
- Recht auf Benachrichtigung über die Speicherung

6 Nennen Sie Einsatzbereiche der Computertechnik.

Computer werden in allen Bereichen der Produktion, im Dienstleistungs- und Privatbereich eingesetzt. Beispiele sind CNC-Maschinen, Bürotechnik, Wissenschaft, Verkehr, Haustechnik, Telebanking und Informationstechnik

---

Ergänzende Fragen zur Software

T452 Was versteht man unter einem File?

a) Inhaltsverzeichnis der Diskette
b) Computerprogramm
c) Datei auf einer Diskette
d) Spur auf einer Diskette
e) Teil des Betriebssystems

T453 Welchen Zweck erfüllen die Datenbanksysteme?

a) Speicherung des Betriebssystems
b) Speicherung von Anwenderprogrammen
c) Speicherung unterschiedlicher Texte, z.B. Briefe
d) Speicherung von einheitlich strukturierten Daten, z.B. Adressen
e) Verknüpfung unterschiedlicher Betriebssysteme von Rechnern

6.3 Computerunterstütztes Zeichnen und Konstruieren

Fragen aus Fachkunde Metall, Seite 557

1 Erläutern Sie den Begriff CAD/CAM.

Unter CAD/CAM versteht man den Verbund von rechnerunterstütztem Zeichnen und Konstruieren (CAD) mit rechnerunterstützter Fertigung (CAM).

Dadurch kann z.B. die durch CAD erstellte Zeichnung für die NC-Programmierung genutzt werden.

2 Welche Hardware benötigt ein CAD-Arbeitsplatz?

Für CAD-Anwendungen sind eine Zentraleinheit (CPU) mit mindestens 16 Bit Wortlänge, ein hochauflösender Grafikbildschirm, eine leistungsfähige Festplatte, ein grafisches Eingabegerät, z.B. ein Grafiktablett, sowie ein Plotter erforderlich.

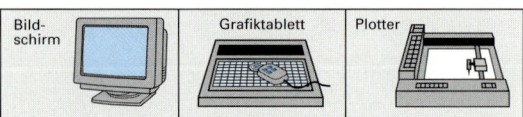

Im Vergleich zu allgemeinen Datenverarbeitungsgeräten, z.B. einem PC, ist für CAD eine wesentlich leistungsfähigere Anlage erforderlich.

3 Wozu dient ein Digitalisiertablett?

Mit dem Digitalisiertablett wird das Fadenkreuz positioniert oder ein Zeichnungselement ausgewählt.

In einfacheren Programmen kann anstelle des Tablettes eine Maus zur Positionierung des Fadenkreuzes verwendet werden.

4 Welche Besonderheiten weisen Grafikbildschirme auf?

Der Grafikbildschirm besitzt eine wesentlich höhere Auflösung als ein Bildschirm für die Darstellung von Schriftzeichen. Er wird von einer speziellen Grafikkarte gesteuert.

Für CAD-Anlagen werden häufig großflächige Farbbildschirme verwendet.

5 Für welche Anwendungen können CAD-Daten weiter verwendet werden?

Die Daten können zur Erstellung von Teil- und Gruppenzeichnungen, für Schrägbilder, zur Erstellung von Stücklisten, Arbeits- und Prüfplänen, für NC-Programme und Konstruktionsberechnungen verwendet werden.

Die Möglichkeiten der Datennutzung ist vom Aufbau der verwendeten CAD-Anwendersoftware abhängig.

6 Welcher Unterschied besteht zwischen einem Bildschirmmenü und einem Tablettmenü?

Ein Bildschirmmenü bietet eine begrenzte Auswahl von Befehlen. Es ist meist in einer Baumstruktur in Untermenüs aufgeteilt.

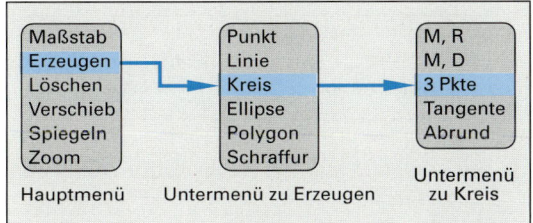

Maßstab	Punkt	M, R
Erzeugen	Linie	M, D
Löschen	Kreis	3 Pkte
Verschieb	Ellipse	Tangente
Spiegeln	Polygon	Abrund
Zoom	Schraffur	

Hauptmenü / Untermenü zu Erzeugen / Untermenü zu Kreis

Das Tablettmenü ordnet eine große Zahl von Befehlen einzelnen Feldern des Digitalisiertabletts zu.

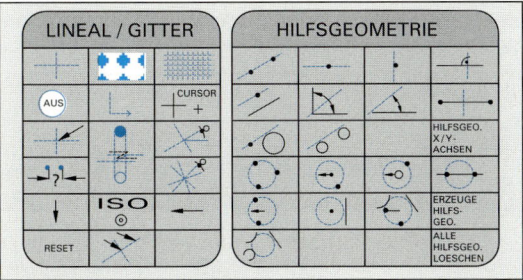

Viele CAD-Systeme erlauben die wahlweise Verwendung der unterschiedlichen Menüarten.

7 Wozu sind Schnittstellen erforderlich?

Schnittstellen sind für das Zusammenarbeiten des CAD-Systems mit verschiedenen Ein- und Ausgabegeräten (Tablett, Bildschirm, Plotter) sowie für den Datenaustausch erforderlich.

Bei der Zusammenstellung von Systemen ist auf die richtige Auswahl der erforderlichen Schnittstellen besonders zu achten.

8 Welche Modellarten können rechnerintern von Werkstücken gebildet werden?

Die Darstellung von Objekten erfolgt in zwei oder drei Dimensionen durch Kanten-, Flächen- oder Volumenmodelle.

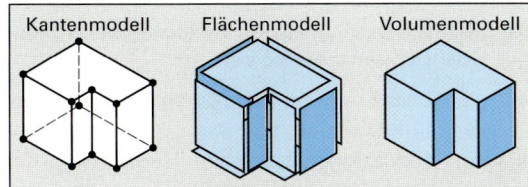

Kantenmodell   Flächenmodell   Volumenmodell

Eine eindeutige Information über die Form eines Objektes ist nur durch ein 3D-Volumenmodell möglich.

9 Durch welche Operationen können CAD-Geometrien verändert werden?

Die Veränderung von CAD-Geometrien erfolgt durch EDITIER-Befehle, z.B. TRIMMEN, SKALIEREN, DEHNEN, VERSCHIEBEN, KOPIEREN, SPIEGELN und DREHEN.

Die Möglichkeit, Zeichnungsteile vielfältig zu verändern, ist ein wesentlicher Vorteil der CAD-Technik gegenüber dem konventionellen Zeichnen.

10 Wie wirkt sich eine assoziative Bemaßung aus?

Eine Änderung eines Zeichnungsteiles führt gleichzeitig zu einer entsprechenden Änderung in der Maßeintragung.

Durch diese automatische Maßanpassung sind Änderungen in bereits fertig bemaßten Zeichnungen besonders einfach durchzuführen.

Ergänzende Fragen zum computerunterstützten Zeichnen und Konstruieren

T454 Was wird mit dem Kurzzeichen CAD/CAM bezeichnet?

a) Rechnerintegrierte Verwaltung und Steuerung eines ganzen Betriebes

b) Zeichnen mit Hilfe eines Computers

c) Verbund von rechnerunterstütztem Zeichnen, Planen und Fertigen

d) Rechnerunterstützte kaufmännische Betriebsorganisation

e) Rechnerunterstützte Qualitätsplanung

T455 Welche Aufgabe hat ein Plotter? Ein Plotter dient zum ...

a) Einlesen von Zeichnungen

b) Übertragen von Daten zwischen unterschiedlichen CAD-Systemen

c) Verbund von Rechnern

d) Speichern von Daten

e) Erstellen von Zeichnungen auf Papier

T456 Für welchen Anwendungsbereich können CAD-Daten *nicht* verwendet werden?

a) Arbeitsvorbereitung

b) Bauteilberechnung

c) NC-Programmerstellung

d) Erstellen von Prüfplänen

e) CAD-Daten sind für alle genannten Bereiche nutzbar

7 Elektrotechnik

7.1 bis 7.3 Grundlagen der Elektrotechnik

Fragen aus Fachkunde Metall, Seite 561

1 Unter welchen Voraussetzungen fließt elektrischer Strom?

Strom fließt, wenn in einem geschlossenen Stromkreis eine elektrische Spannung vorhanden ist.

Ein Stromkreis besteht aus einer Spannungsquelle, Verbrauchern und Verbindungsleitungen.

2 Wie ist der spezifische elektrische Widerstand definiert?

Der spezifische elektrische Widerstand ist der Widerstand eines Leiters von 1 m Länge und 1 mm² Querschnittsfläche.

Die Leiterwerkstoffe, wie Kupfer und Aluminium, haben einen sehr kleinen spezifischen elektrischen Widerstand, während die Isolierwerkstoffe, wie Glas oder Kunststoff, einen sehr großen spezifischen elektrischen Widerstand besitzen.

3 Der Draht für eine Heizwicklung ist 6 m lang. Bei einer angelegten Spannung von 230 V fließt ein Strom von 2,9 A. Aus Festigkeitsgründen darf der Drahtdurchmesser nicht kleiner als 0,2 mm sein. Welchen spezifischen elektrischen Widerstand muss der Draht haben?

$$R = \frac{\varrho \cdot l}{A} \implies \varrho = \frac{R \cdot A}{l} = \frac{R \cdot \pi \cdot d^2}{l \cdot 4}$$

$$\text{mit } R = \frac{U}{I} = \frac{230 \text{ V}}{2,9 \text{ A}} = 79,3 \text{ }\Omega$$

$$\varrho = \frac{79,3 \text{ }\Omega \cdot \pi \cdot 0,2^2 \text{ mm}^2}{6 \text{ m} \cdot 4} = \mathbf{0,415} \text{ } \frac{\Omega \cdot \text{mm}^2}{\text{m}}$$

4 Welche Wirkungen des elektrischen Stromes nutzt man beim Elektroschweißen, bei Leuchtdioden und beim Elektromotor?

Beim Elektroschweißen nutzt man die Wärmewirkung des Stroms.

Bei Leuchtdioden kommt es auf die lichterzeugende Wirkung des Stroms an.

In Elektromotoren kommt die magnetische Wirkung des Stroms zum Einsatz.

Darüber hinaus kann Strom noch chemische Wirkungen haben.

5 Zeichnen Sie den zeitlichen Verlauf der Spannung für Gleichstrom und Wechselstrom!

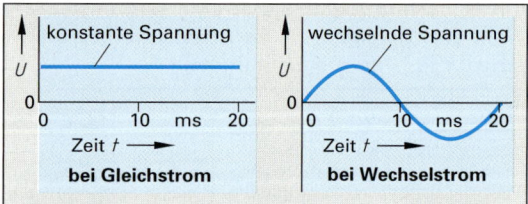

6 Was versteht man bei Wechselstrom unter den Begriffen Amplitude, Periode und Frequenz?

Die **Amplitude** ist der positive bzw. negative Höchstwert (Scheitelwert) der Spannung. Die **Periode** bezeichnet einen vollen Hin- und Hergang der Spannung. Die **Frequenz** ist die Anzahl der periodischen Schwingungen der elektrischen Spannung pro Sekunde.

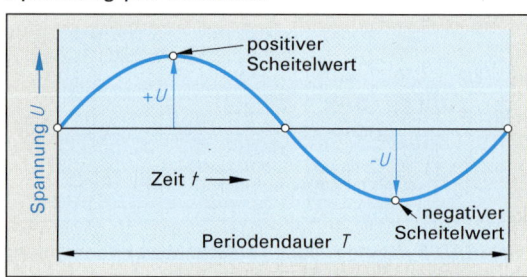

7 Wie kann man aus Wechselstrom Gleichstrom erzeugen?

Die Umformung von Wechselstrom in Gleichstrom erfolgt in Gleichrichtern oder elektronischen Umformern.

8 Wozu verwendet man Dreiphasen-Wechselstrom?

Dreiphasen-Wechselstrom dient zum Betrieb von Maschinen und Geräten hoher Leistung: Hauptantriebsmotoren von Werkzeugmaschinen, elektrische Schmelzöfen, Walzwerksantriebe, Kranantriebe, Fördersystemantriebe usw.

9 In welchen technischen Bereichen setzt man Hochfrequenzenergie ein?

- Zum Schmelzen von Metallschrott im Hochfrequenz-Induktionsofen
- Beim Induktionshärten zum Erwärmen der Randschicht von Werkstücken
- Beim Kunststoff-Hochfrequenzschweißen zum Erwärmen der Schweißnaht

Ergänzende Fragen zu Grundlagen der Elektrotechnik

10 Welches sind die drei wichtigsten Größen in der Elektrotechnik?

Die drei wichtigsten Größen sind:
Elektrische Spannung, elektrische Stromstärke und elektrischer Widerstand.

Bei einem Vergleich des Stromkreises mit einer Wasserleitung entspricht die elektrische Spannung dem Druck des Wassers, die elektrische Stromstärke der Wassermenge und der elektrische Widerstand der Reibung in den Rohrleitungen.

11 In welcher Einheit wird die elektrische Spannung gemessen?

Die elektrische Spannung U wird in Volt (V) gemessen.

Die Licht- und Kraftanlagen haben meist Spannungen von 230 Volt oder 400 Volt. Hochspannungsleitungen führen Spannungen bis zu 400 000 V = 400 kV.

12 Was ist ein Phasenprüfer?

Ein einfaches Prüfgerät, das anzeigt, ob eine Leitung elektrische Spannung führt.

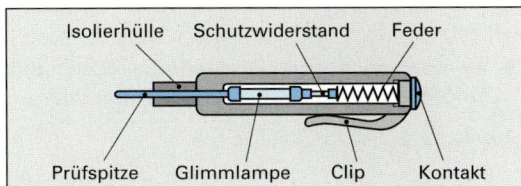

Liegt eine Spannung an der Prüfspitze an, so leuchtet ein Glimmlämpchen auf.

13 In welcher Einheit wird der elektrische Widerstand gemessen?

Die Einheit des elektrischen Widerstands ist das Ohm (Ω). $\qquad 1\,\Omega = 1\,\dfrac{V}{A}$

14 Wozu werden die verschiedenen Stromarten eingesetzt?

- Gleichstrom wird z.B. zum Antrieb drehzahlgeregelter Elektromotoren und zum Galvanisieren verwendet.
- Wechselstrom benützt man zum Betrieb von Lichtquellen und elektrischen Kleingeräten.
- Mit Dreiphasen-Wechselstrom werden Maschinen und Apparate mit großem Energiebedarf angetrieben.
- Hochfrequenzstrom dient z.B. zum Betrieb von Induktionsspulen in Anlagen zum Randschichthärten.

15 Bei welchen Maschinen bzw. Geräten wird die magnetische Wirkung des elektrischen Stromes genutzt?

Die magnetische Wirkung wird genutzt:
bei Elektromotoren, bei Magnetventilen, bei Magnetspannplatten, bei Relais, bei Klingeln.

Durch die magnetische Wirkung kann die im elektrischen Strom gespeicherte Arbeit in mechanische Arbeit umgewandelt werden.

T457 Von welchen Größen hängt der elektrische Widerstand eines metallischen Leiters ab?

a) Querschnitt, Länge, Leiterwerkstoff, Temperatur
b) Masse, Länge, spezifischer Widerstand
c) Spannung, Querschnitt, Länge und Temperatur
d) Stromstärke, Querschnitt, spezifischer Widerstand
e) Länge, Querschnitt, Temperatur

T458 Welches der genannten Geräte beruht auf der magnetischen Wirkung des Stromes?

a) Bimetallthermostat
b) Heizspirale
c) Akkumulator
d) Galvanobad
e) Drehstrommotor

T459 Bei welchem Vorgang wird die chemische Wirkung des Stromes genutzt?

a) Anodisches Oxidieren (Eloxieren)
b) Induktionshärten
c) Beheizen eines Salzbadofens
d) Betrieb einer Leuchtstofflampe
e) Temperaturmessung mit Widerstandsthermometer

T460 Welches der folgenden Zeichen ist das Sinnbild für Drehstrom?

a)   b)   c)   d)   e)
3~   ≈   ~   −   ≈

T461 Welche Stromart wird beim Galvanisieren angewendet?

a) Wechselstrom
b) Gleichstrom
c) Drehstrom
d) Hochfrequenzstrom
e) Wirbelstrom

ZP 7.4 Verbraucher im Stromkreis

Fragen aus Fachkunde Metall, Seite 563

1 Nennen Sie elektrische Verbraucher.

Elektrische Verbraucher sind Geräte, die in einen Stromkreis geschaltet, elektrische Energie umwandeln: Glühlampen, Tauchsieder, Schmelzöfen, Werkzeugmaschinen, Motoren.

2 Wie kann man elektrische Geräte vor zu hohen Spannungen und zu hohen Stromstärken schützen?

Vor zu hohen Spannungen kann ein elektrisches Gerät durch einen parallel geschalteten Innenwiderstand geschützt werden.

Vor zu hoher Stromstärke wird ein elektrisches Gerät entweder mit einem in Reihe geschalteten Innenwiderstand oder mit einer Überstrom-Schutzeinrichtung (Sicherung) geschützt.

3 Wie lautet das ohmsche Gesetz?

Das ohmsche Gesetz lautet: $I = \dfrac{U}{R}$

$$\text{Stromstärke} = \frac{\text{Spannung}}{\text{Widerstand}}$$

Es besagt, dass der in einem Stromkreis fließende elektrische Strom umso größer ist, je größer die angelegte Spannung und je kleiner sein elektrischer Widerstand ist.

4 Welchen Widerstand hat ein Tauchsieder, durch den beim Anschluss an 230 V Spannung ein elektrischer Strom von 3 A fließt?

$$I = \frac{U}{R} \;\Rightarrow\; \boldsymbol{R} = \frac{U}{I} = \frac{230\,\text{V}}{3\text{A}} = 76{,}7\ \Omega$$

5 Wie berechnet man Stromstärke, Spannung und Widerstand bei Reihenschaltungen?

Strom: $I = I_1 = I_2 = I_3 = \dots$
Spannung: $U = U_1 + U_2 + U_3 + \dots$
Widerstand: $R = R_1 + R_2 + R_3 + \dots$

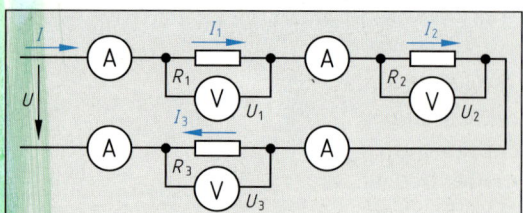

6 Ein Gerät mit einem Widerstand von $R = 20\ \Omega$ liegt an einer Spannung von 230 V an. Die elektrische Stromstärke, mit der es betrieben wird, soll stufenlos zwischen 2 A und 6 A einstellbar sein. Dazu wird ein Schiebewiderstand R_S in Reihe geschaltet. Welche Grenzwerte muss dieser Widerstand haben?

Die beiden Widerstände sind in Reihe geschaltet:

$$R_{ges} = R + R_S$$

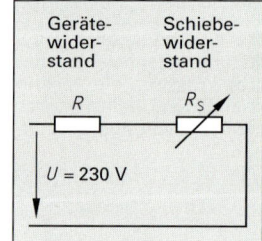

Der Strom beträgt im gesamten Stromkreis:

$$I = \frac{U}{R_{ges}} \;\Rightarrow\; R_{ges} = \frac{U}{I}$$

$$\Rightarrow R + R_S = \frac{U}{I} \;\Rightarrow\; R_S = \frac{U}{I} - R$$

$$\boldsymbol{R_{S1}} = \frac{230\,\text{V}}{2\text{A}} - 20\ \Omega = 115\ \Omega - 20\ \Omega = \boldsymbol{95}\ \Omega$$

$$\boldsymbol{R_{S2}} = \frac{230\,\text{V}}{6\text{A}} - 20\ \Omega = 38{,}3\ \Omega - 20\ \Omega = \boldsymbol{18{,}3}\ \Omega$$

7 Wie berechnet man Stromstärke, Spannung und Widerstand bei Parallelschaltungen?

Strom: $I = I_1 + I_2 + I_3 + \dots$

Spannung: $U = U_1 = U_2 = U_3 = \dots$

Widerstand: $\dfrac{1}{R} = \dfrac{1}{R_1} + \dfrac{1}{R_2} + \dfrac{1}{R_3} + \dots$

8 Zwei parallel geschaltete Widerstände mit den Größen $R_1 = 60\ \Omega$ und $R_2 = 90\ \Omega$ sollen durch einen Widerstand R_3 ersetzt werden (Bild). Welche Größe muss der Ersatzwiderstand haben?

$$\frac{1}{R} = \frac{1}{R_1} + \frac{1}{R_2}$$

$$\frac{1}{R} = \frac{1}{60\ \Omega} + \frac{1}{90\ \Omega}$$

$$= 0{,}02778\ \frac{1}{\Omega}$$

$$\boldsymbol{R} = \frac{1}{0{,}02778\ \dfrac{1}{\Omega}} = 36\ \Omega$$

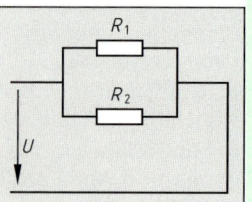

Ergänzende Fragen zu Verbraucher im Stromkreis

T462 Welches Schaltbild zeigt eine reine Reihenschaltung von Widerständen?

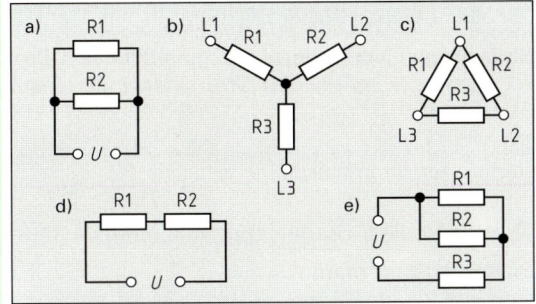

T463 Welches Schaltbild in Aufgabe T419 zeigt eine reine Parallelschaltung von Widerständen?

a)   b)   c)   d)   e)

T464 Durch Umlegen des Schalters S in die Position 2 wird der Widerstand R_2 in den Stromkreis eingeschaltet. Wie ändert sich der Gesamtwiderstand R? Er beträgt:

a) $R = \dfrac{1}{R_1} + \dfrac{1}{R_2}$

b) $R = R_1 + R_2$

c) $R = R_1 + \dfrac{1}{R_2}$

d) $R = \dfrac{1}{R_1} + R_2$

e) $R = R_1 = R_2$

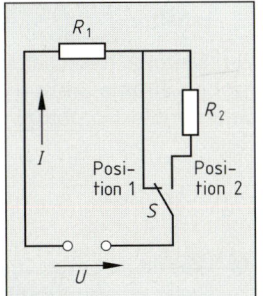

T465 Welche Folgen hat es, wenn in der skizzierten Schaltung der Widerstand R1 durchbrennt?

a) Die Gesamtspannung U nimmt zu

b) Die Gesamtspannung U nimmt ab

c) Die Gesamtstromstärke I nimmt zu

d) Die Gesamtstromstärke I nimmt ab

e) Es verändert sich nichts

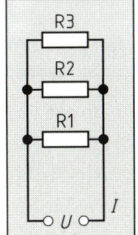

Elektrische Leistung und Arbeit

Fragen 1 bis 5 aus Fachkunde Metall, Seite 565

1 Wie lautet die Formel zur Berechnung der elektrischen Leistung für einen Stromkreis mit Wechselstrom und induktivem Widerstand?

Die Formel lautet: $P = U \cdot I \cdot \cos\varphi$

Der Wert $\cos\varphi$ ist der Leistungsfaktor. Er berücksichtigt die Verminderung der Leistung durch induktive und kapazitive Widerstände.

2 Auf dem Leistungsschild eines elektrischen Gerätes für Wechselstrom stehen folgende Daten: $P = 60$ W, $\cos\varphi = 0{,}8$ $U = 230$ V. Wie groß ist die Stromstärke I, wenn das Gerät in Betrieb ist?

$$P = U \cdot I \cdot \cos\varphi \;\; \Rightarrow \;\; I = \frac{P}{U \cdot \cos\varphi}$$

$$I = \frac{60 \text{ W}}{230 \text{ V} \cdot 0{,}8} = \mathbf{0{,}326 \text{ A}}$$

3 Ein Drehstrommotor nimmt bei der Betriebsspannung $U = 400$ V einen elektrischen Strom $I = 3{,}5$ A auf. Sein Leistungsfaktor ist $\cos\varphi = 0{,}83$. Wie groß ist die elektrische Leistung des Motors?

$$P = \sqrt{3} \cdot U \cdot I \cdot \cos\varphi = \sqrt{3} \cdot 400 \text{ V} \cdot 3{,}5 \text{ A} \cdot 0{,}83 = \mathbf{2013 \text{ W}}$$

4 Ein Wechselstrommotor hat die Leistung $P = 1$ kW. Bei der Betriebsspannung $U = 230$ V beträgt die Stromstärke $I = 5$ A. Wie groß ist der Leistungsfaktor des Motors?

$$P = U \cdot I \cdot \cos\varphi \;\; \Rightarrow \;\; \cos\varphi = \frac{P}{U \cdot I}$$

$$\cos\varphi = \frac{1000 \text{ W}}{230 \text{ V} \cdot 5 \text{ A}} = \mathbf{0{,}87}$$

5 Ein Drehstrommotor hat bei der Betriebsspannung $U = 400$ V die Leistung $P = 5{,}5$ kW. Sein Leistungsfaktor beträgt $\cos\varphi = 0{,}83$. Wie groß ist die elektrische Stromstärke I, die der Motor aufnimmt?

$$P = \sqrt{3} \cdot U \cdot I \cdot \cos\varphi \;\; \Rightarrow \;\; I = \frac{P}{\sqrt{3} \cdot U \cdot \cos\varphi}$$

$$I = \frac{5500 \text{ W}}{\sqrt{3} \cdot 400 \text{ V} \cdot 0{,}83} = \mathbf{9{,}56 \text{ A}}$$

Ergänzende Fragen zu elektrischer Leistung und elektrischer Arbeit

---

T466 Aus dem Leistungsschild eines Wechselstrommotors (Bild) können die Leistungsdaten entnommen werden.
Wie groß ist die Nennleistung des Motors?

a) 3,188 kW

b) 4,518 kW

c) 11,709 kW

d) 16,595 kW

e) 6,027 kW

Hersteller		
Typ OC 7468		
C-Motor	IP 44	Nr. 2467124
230 V		16,5 A
		cos φ 0,8
1430 min⁻¹	50 Hz	Isol.-Kl.B
VDE 0530		Made in Germany

T467 Wie kann man die elektrische Leistung eines Gleichstromverbrauchers berechnen?

a) Durch Messung der Spannung und Stromstärke und Berechnung mit $P = \dfrac{U}{I}$

b) Durch Messung der Spannung und Stromstärke und Berechnung mit $P = \dfrac{I}{U}$

c) Durch Messen der Spannung und Stromstärke und Berechnung mit $P = U \cdot I$

d) Durch Messung der Stromstärke und des Leistungsfaktors cos φ und Berechnung mit $P = \dfrac{U \cdot I}{\cos\varphi}$

e) Durch Messung der Stromstärke und des elektrischen Widerstands und Berechnung mit $P = R \cdot I$

T468 Welche Größen müssen bekannt sein, um die elektrische Arbeit eines Heizofens berechnen zu können?

a) Spannung und Strom
b) Spannung und Leistung
c) Leistung und Einschaltdauer
d) Spannung und Widerstand
e) Strom und Einschaltdauer

T469 In welcher Einheit wird die elektrische Arbeit von einem Zähler gemessen?

a) kW   b) N · m
c) V · A   d) k Ω
e) kWh

7.5 Leitungen und Sicherungen   ZP

Fragen 6 bis 8 aus Fachkunde Metall, Seite 565

6 Wozu dienen Sicherungen?

Sicherungen verhindern ein gefährliches Überschreiten der zulässigen Stromstärke in einem Stromkreis.

Bei Überschreiten der zulässigen Stromstärke unterbrechen sie den Stromkreis.

7 Wie ist ein Sicherungsautomat aufgebaut?

Sicherungsautomaten sind mit einem Bimetallschalter und einem magnetischen Schalter ausgestattet. Der Bimetallschalter wird mit Verzögerung bei Überlastung wirksam. Der magnetische Schalter unterbricht den Stromkreis sofort bei höheren Stromwerten, z.B. bei einem Kurzschluss.

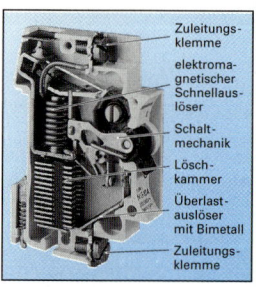

Zuleitungsklemme
elektromagnetischer Schnellauslöser
Schaltmechanik
Löschkammer
Überlastauslöser mit Bimetall
Zuleitungsklemme

8 Welche Aufgaben erfüllt ein Motorschutzschalter?

Ein Motorschutzschalter schaltet bei unzulässig großen Stromstärken die Stromzufuhr ab. Dadurch wird der Elektromotor vor Zerstörung geschützt.

Ergänzende Fragen zu Leitungen und Sicherungen

9 Was ist zu tun, wenn eine Sicherung in einem Gerät durchgebrannt ist?

Die defekte Sicherung ist durch eine neue Sicherung mit derselben abzusichernden Stromstärke zu ersetzen.

Sicherungen dürfen nicht geflickt und nicht überbrückt werden.

T470 Wo müssen Motorschutzschalter eingebaut werden?

a) Direkt vor dem Motor
b) Direkt hinter dem Motor
c) Am Anfang der Motorzuleitung
d) Im Motorgehäuse
e) In die Motorwicklung

ZP

7.6 Messen elektrischer Größen

Fragen aus Fachkunde Metall, Seite 567

1 Wie ist die elektrische Spannung definiert?

Die elektrische Spannung ist die Energie W, die zum Trennen oder zum Transport je Ladungseinheit Q erforderlich ist.

$$U = \frac{W}{Q}$$

Elektrische Spannungen werden mit Spannungsmessgeräten (Voltmeter) gemessen.

2 Wie müssen Strom- und Spannungsmessgeräte im elektrischen Stromkreis geschaltet sein?

Strommessgeräte (Amperemeter, Symbol Ⓐ) sind in Reihe mit dem Verbraucher im Stromkreis zu schalten.

Spannungsmessgeräte (Voltmeter, Symbol Ⓥ) sind parallel zum Verbraucher im Stromkreis zu schalten.

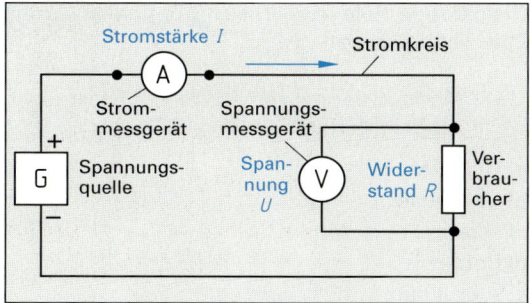

3 Warum haben Strommessgeräte einen sehr kleinen Innenwiderstand?

Der Innenwiderstand von Strommessgeräten ist sehr klein, damit der Spannungsabfall am Gerät gering ist.

Das Strommessgerät wirkt wie ein in Reihe geschalteter Widerstand. Es verändert die fließenden Ströme im Stromkreis. Durch einen sehr kleinen Innenwiderstand des Strommessgeräts kann die Veränderung klein gehalten werden.

4 Wozu dient ein Vielfachmessgerät?

Mit einem Vielfachmessgerät können Spannungen, Stromstärken und Widerstände in verschiedenen Größenbereichen gemessen werden. Durch Einstellen des Wählschalters und des Größenbereichs wird die gewählte Messgröße in einem Messbereich angezeigt.

5 Wie kann man die Größe eines elektrischen Widerstandes indirekt ermitteln?

Durch Messen der Spannung U am Widerstand und der Stromstärke I im Stromkreis und anschließende Berechnung des Widerstandes nach dem ohmschen Gesetz.

$$R = \frac{U}{I}$$

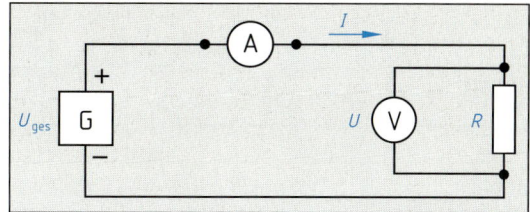

6 Wie kann die elektrische Leistung von Verbrauchern direkt und indirekt ermittelt werden?

Die **direkte Leistungsmessung** erfolgt mit einem Leistungsmessgerät. Hierbei wird die Spannung und die Stromstärke gemessen und daraus intern die Leistung berechnet und angezeigt.

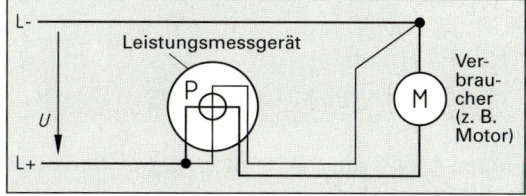

Indirekt ermittelt man die Leistung eines Verbrauchers in einem Stromkreis durch die Messung der Spannung und der Stromstärke (Bild von Frage 5) und anschließende Berechnung mit $P = U \cdot I$.

7 Bei einer 6 V-Fahrradbeleuchtung wurde ein elektrischer Strom von 0,4 A gemessen. Wie groß ist die dazu notwendige Leistung?

$P = U \cdot I = 6 \text{ V} \cdot 0,4 \text{ A} = \textbf{2,4 W}$

8 Ein elektrischer Heizofen hat eine Leistung von 3 kW. Sein Widerstand beträgt 17,63 Ω. Für welche Spannung ist der Ofen gebaut?

$$P = \frac{U^2}{R} \implies U = \sqrt{P \cdot R} = \sqrt{3000 \text{ W} \cdot 17,63 \text{ Ω}}$$

mit $1 \text{ W} = 1 \text{ V} \cdot 1 \text{ A}$ und $1 \text{ Ω} = \frac{1 \text{ V}}{1 \text{ A}}$

$$\boldsymbol{U} = \sqrt{3000 \text{ V} \cdot \text{A} \cdot 17,63 \frac{\text{V}}{\text{A}}} = \textbf{223 V}$$

Ergänzende Fragen zum Messen elektrischer Größen

T471 Wo muss ein Spannungsmessgerät in der gezeigten Schaltung angeschlossen werden?

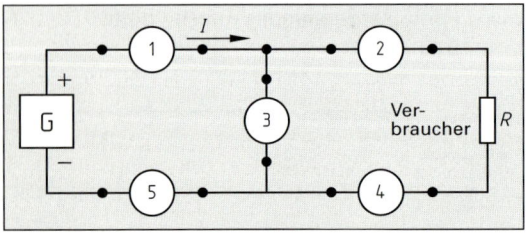

a) bei 1
b) bei 2
c) bei 3
d) bei 4
e) bei 5

T472 Mit welchem Messgerät können die Spannung und die Stromstärke gemessen werden?

a) Voltmeter
b) Amperemeter
c) Ohmmeter
d) Kilowattzähler
e) Vielfachmessgerät

ZP ## 7.7 Magnetismus, Elektromagnetismus

Fragen 1 bis 3 aus Fachkunde Metall, Seite 573

1 Was versteht man unter Magnetismus und Elektromagnetismus?

Als Magnetismus bezeichnet man die Fähigkeit einiger Stoffe, andere Stoffe, wie z.B. Eisenwerkstoffe, Nickel, Cobalt und einige ihrer Legierungen, anzuziehen und festzuhalten.

Elektromagnetismus ist der durch den elektrischen Strom bewirkte Magnetismus.

2 Welche Richtung haben die Feldlinien um einen stromdurchflossenen Leiter?

Die magnetischen Feldlinien um einen stromdurchflossenen Leiter bilden konzentrische Ringe um den Leiter. In Blickrichtung der technischen Stromrichtung verlaufen die Feldlinien rechtsdrehend.

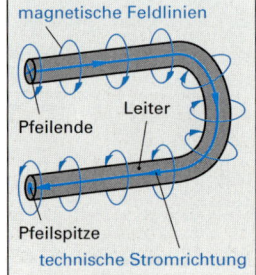

3 Wie ändert sich das Magnetfeld einer Spule, wenn ein Eisenkern eingebracht wird?

Das Magnetfeld verstärkt sich um ein Vielfaches. Ursache ist die Ausrichtung der Elementarmagnete im Weicheisenkern und die dadurch bedingte Verstärkung des Magnetfeldes der Spule.

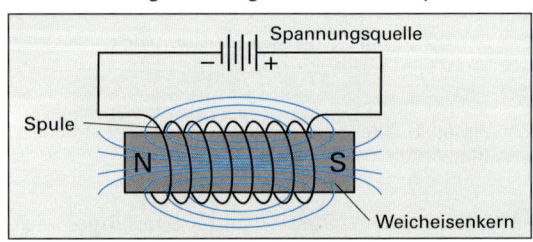

Ergänzende Fragen zum Magnetismus

4 Welche Kräfte wirken zwischen den Polen von zwei Stabmagneten?

Gleichartige Pole stoßen sich ab, ungleichartige Pole ziehen sich an.

T473 Welcher der genannten Werkstoffe ist *nicht* magnetisierbar?

a) Unlegierter Stahl
b) Grauguss
c) Nickel
d) Cobalt
e) Aluminium

T474 Welches Gerät beruht *nicht* auf der magnetischen Wirkung des elektrischen Stroms?

a) Relais
b) Hauptspindelantriebsmotor
c) Tauchsieder
d) Generator
e) Fahrraddynamo

T475 Wodurch unterscheidet sich ein Elektromagnet von einem Dauermagneten?

a) Durch die Wirkung der Feldlinien
b) Er wirkt anders auf magnetisierbare Stoffe
c) Durch die Richtung der Feldlinien
d) Die Richtung der Feldlinien kann durch Änderung der Stromrichtung geändert werden
e) Seine elektromagnetischen Wirkungen nehmen mit steigender Temperatur zu

ZP 7.8 Leiter, Isolatoren, Halbleiter

Fragen 4 bis 10 aus Fachkunde Metall, Seite 573

4 Welche Stoffe leiten den elektrischen Strom gut?

Gute elektrische Leiter sind: Silber, Kupfer, Aluminium.

Sie werden als Leiterwerkstoffe verwendet. Auch die anderen Metalle, wie z.B. die Stähle, oder Kohlenstoff leiten den Strom. Ihre Leitfähigkeit ist aber wesentlich kleiner.

5 Wie entstehen freie Elektronen in einem Metall?

Metallatome besitzen locker gebundene Elektronen, die sich vom einzelnen Atom lösen können. Diese frei beweglichen Elektronen umgeben den Metallionenverband als Elektronenwolke. Sie können durch eine angelegte Spannung innerhalb des Metallkörpers (Leiters) leicht verschoben werden.

Freie, leicht bewegliche Elektronen sind Voraussetzung für die Leitfähigkeit eines Stoffes.

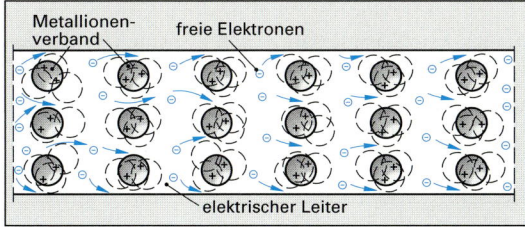

6 Welche Richtung hat der elektrische Strom in Metallen?

In einem Stromkreis bewegen sich die Elektronen vom Minuspol(–) der Spannungsquelle zum Pluspol (+).

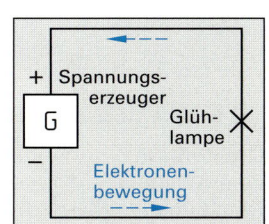

Die technische Stromrichtung ist umgekehrt festgelegt: vom Pluspol (+) zum Minuspol (–).

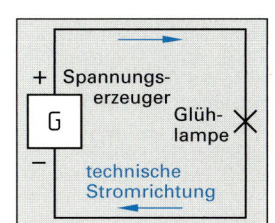

Für viele technische Geräte hat die Stromrichtung keine Bedeutung. Dort wo sie von Belang ist, sind die Anschlussklemmen des Geräts mit dem Zeichen + oder – gekennzeichnet.

7 Erklären Sie das Prinzip des Aufbaus eines Halbleiters.

Halbleiter sind Stoffe mit speziellen elektrischen Eigenschaften. Sie bestehen aus einem Grundwerkstoff, z.B. Silicium (Si), dem genau dosierte, sehr geringe Gehalte an Antimon (Sb) oder Indium (In) beigemischt sind.

Auf diese Weise erhält man entweder P-dotierte oder N-dotierte Halbleiter.

Fügt man einen P-Halbleiter an einen N-Halbleiter, so erhält man ein elektronisches Halbleiter-Bauelement: eine Halbleiterdiode mit einem PN-Übergang (Bild).

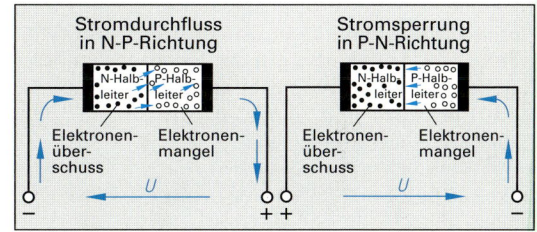

8 Wozu werden Dioden hauptsächlich verwendet?

Halbleiterdioden werden als Wechselstrom-Gleichrichter und zur Verknüpfung und Entkopplung elektrischer Signale eingesetzt.

Dioden können als einzelnes Bauelement oder als Bestandteil integrierter Schaltungen (IC) eingesetzt werden.

9 Welche Aufgaben erfüllen Transistoren?

Transistoren wirken als elektronische Verstärker. Mit ihnen kann mit einem kleinen Steuerstrom ein z.B. 1000fach größerer Arbeitsstrom gesteuert werden.

10 Was sind integrierte Schaltkreise (IC)?

Ein integrierter Schaltkreis (kurz IC) ist ein kleines Siliciumplättchen, auf dem eine Vielzahl von elektronischen Bauelementen mit Leitungen zu einer vollständigen elektronischen Funktionseinheit zusammengefasst sind.

Das Siliciumplättchen ist in ein Kunststoffgehäuse mit Anschlüssen eingeschweißt (Bild).
Auf einem IC können z.B. durch die Kombination von Dioden, Transistoren, Widerständen und Kondensatoren komplette Verstärkerschaltungen, Rechenwerke, Speicherbausteine usw. untergebracht sein.

integrierter Schaltkreis

Ergänzende Fragen zu Leiter, Isolatoren, Halbleiter

7.9 Erzeugung elektrischer Energie `ZP`

11 Nennen Sie einige Isolierwerkstoffe.

Isolierwerkstoffe sind: Kunststoffe, Gummi, Glas, Porzellan, Öl, Luft und andere Gase.

12 Warum leuchtet eine Glühlampe beim Einschalten sofort auf, obwohl sich die Elektronen im Leiter nur mit einer Geschwindigkeit von einigen Millimetern pro Sekunde bewegen?

Beim Anlegen einer Spannung an die Anschlussleitungen einer Glühlampe werden Elektronen in den Leiter gedrückt (Bild). Sie stoßen die im Leiter vorhandenen Elektronen vor sich her. Der Stoß pflanzt sich annähernd mit der Lichtgeschwindigkeit von 300 000 km/s im Leiter fort, so dass der Elektronenfluss und damit das Aufleuchten der Glühlampe sofort einsetzt.

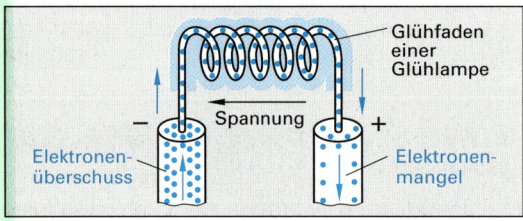

T476 Worauf beruht die Leitfähigkeit der Metalle für den elektrischen Strom?

a) Auf den frei beweglichen Elektronen in metallischen Werkstoffen
b) Auf der hohen Dichte der Metalle
c) Auf der elektrostatischen Aufladung der Metalle
d) Auf der magnetischen Wirkung der Metalle Eisen, Kobalt und Nickel
e) Auf dem Legieren der Metalle mit Leiterwerkstoffen.

T477 Welchen Hauptvorteil hat die Verwendung eines IC's gegenüber einer herkömmlichen Schaltung aus Einzelbauteilen?

a) Der IC arbeitet schneller
b) Der IC kann geöffnet und die Verschaltung verändert werden
c) Der IC ist bis zu sehr hohen Temperaturen einsetzbar
d) Der IC enthält auf sehr kleinem Raum vollständige Geräteverschaltungen
e) Der IC ist besonders gegen elektromagnetische Einflüsse geschützt

Fragen 11 bis 14 aus Fachkunde Metall, Seite 573

11 Wie ist eine handelsübliche Batterie mit 1,5 V Nennspannung aufgebaut?

Eine handelsübliche Zink-Kohle-Batterie besteht aus einer Kohlestab-Elektrode und einer Zinkbecher-Elektrode. Elektrolyt ist eine Ammoniumchloridpaste. Die Kohlestab-Elektrode ist zur Depolarisation mit einer Braunsteinmasse umgeben. Die Zinkbecher-Elektrode ist mit einer bedruckten Papierlage nach außen isoliert.

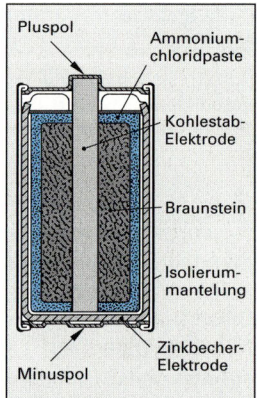

12 Wie ist ein Thermoelement aufgebaut?

Ein Thermoelement besteht aus zwei Drähten, die an einem Ende verbunden sind.

An den freien Drahtenden wird bei Erwärmung der Verbindungsstelle eine Spannung erzeugt (im mV-Bereich), die um so größer ist, je höher der Temperaturunterschied zwischen der Verbindungsstelle und den freien Drahtenden ist. Diese Thermospannung wird gemessen und ist ein Maß für die Temperatur.

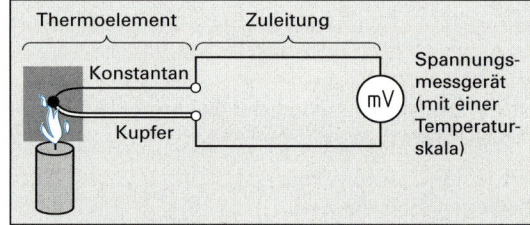

13 Erklären Sie das Generator-Prinzip.

Dreht man eine Spule mit Weicheisenkern in einem Magnetfeld, so wird in den Wicklungen der Spule eine Wechselspannung induziert.

Über Schleifringe auf der Welle und Kohlebürsten wird die Spannung an einen Stromkreis angelegt. Nach dem Dynamoprinzip arbeiten der Fahrraddynamo, die Lichtmaschine im Pkw und der Generator im Kraftwerk.

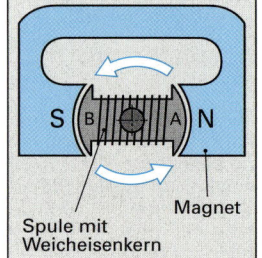

14 Der Transformator für eine Steuerung soll die Netzspannung U = 230 V auf 6 V heruntertransformieren. Die Primärspule besteht aus 1000 Windungen. Wieviele Windungen muss die Sekundärspule haben?

$$\frac{U_1}{U_2} = \frac{N_1}{N_2} \quad \Rightarrow \quad N_2 = N_1 \cdot \frac{U_2}{U_1}$$

$$N_2 = 1000 \cdot \frac{6\ V}{230\ V} = 26$$

Ergänzende Fragen zur Erzeugung elektrischer Energie

T478 Wie erfolgt die Spannungserzeugung durch Induktion?

a) Durch Reiben eines Nichtleiters mit einem Leiterwerkstoff
b) Durch Verbinden zweier Metalle über eine Elektrolyt-Flüssigkeit
c) Durch Bewegen eines Leiters in einem Magnetfeld.
d) Durch unterschiedlich starkes Erwärmen zweier Metalldrähte
e) Durch Drehen eines Kunststoffstabs in einem Magnetfeld.

T479 Welche Aufgabe hat ein Transformator?

a) Er dient zur Spannungserzeugung
b) Er dient zur Änderung der Spannung
c) Er dient zur Umwandlung von Gleichstrom in Wechselstrom
d) Er dient zur Erhöhung der Wechselstromfrequenz
e) Er dient zur Umwandlung von Wechselstrom in Gleichstrom

T480 Wie erfolgt die Spannungserzeugung in einem Generator?

a) Durch chemische Energie
b) Durch Reibung
c) Durch Sonnenlicht
d) Durch Induktion
e) Durch Wärme

T481 Welches der genannten Geräte kann *nur* mit Wechselstrom betrieben werden?

a) Galvanisches Bad
b) Elektromotor
c) Glühlampe
d) Transformator
e) Heizofen

7.10 Fehler an elektrischen Anlagen und Schutzmaßnahmen

Fragen aus Fachkunde Metall, Seite 577

1 Wie können Unfälle durch elektrischen Strom entstehen?

Unfälle durch elektrischen Strom entstehen meist durch technische Mängel an elektrischen Geräten und Anlagen, aber auch durch Unachtsamkeit beim Umgang mit elektrischen Einrichtungen.

2 Welche Wirkungen hat der elektrische Strom auf den menschlichen Körper?

Durch den menschlichen Körper fließender elektrischer Strom lähmt die Muskulatur.

Dies kann Atemstillstand (bei Lähmung der Atemmuskulatur), Herzstillstand (bei Lähmung des Herzmuskels) und Nichtloslassenkönnen durch Verkrampfung zur Folge haben.

3 Wie entstehen Kurzschluss, Erdschluss, Leiterschluss und Körperschluss?

Kurzschluss: zwei unter Spannung stehende elektrische Leiter berühren sich.
Erdschluss: ein spannungsführender Leiter hat Kontakt mit der Erde oder geerdeten Geräteteilen.
Leiterschluss: In einem elektrischen Bauteil, z.B. einem Schalter, liegt eine schadhafte Überbrückung vor.
Körperschluss: Maschinenteile (z.B. Gehäuse) haben durch Isolationsfehler elektrischen Kontakt und führen damit eine nicht zulässige Spannung.

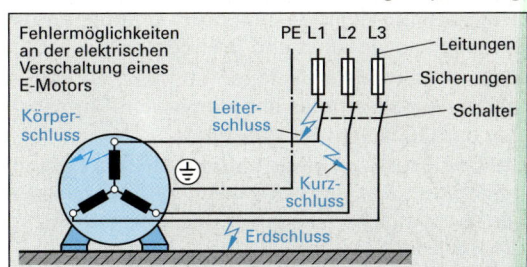

4 Für welche Anlagen sind Schutzmaßnahmen gegen zu hohe Berührungsspannung vorgeschrieben?

Für alle Anlagen mit Betriebsspannungen über 50 V Wechselspannung bzw. 120 V Gleichspannung sind Schutzmaßnahmen vorgeschrieben.

5   Was versteht man unter Schutzmaßnahmen im TN-Netz?

Schutzmaßnahmen im TN-Netz sind Schutzeinrichtungen für Betriebsmittel, die an ein TN-Stromnetz (Stromnetz mit Schutzleiter PE) angeschlossen sind.

Die Schutzkontakt-Steckverbindung (Schuko-Steckverbindung) z.B. besitzt eine Schutzmaßnahme im TN-Netz.

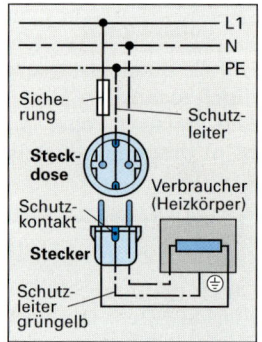

Über den Schutzleiter im Stecker und der Zuleitung (grüngelb) ist das Gehäuse des Geräts mit dem Erdleiter PE des TN-Netzes verbunden.

Bei einem Körperschluss fließt der Fehlerstrom über den Schutzleiter und den PE-Leiter zur Erde ab.

6   Wie erfolgt beim Körperschluss im TN-Netz der Schutz des Menschen?

Beim TN-Netz sind die Gehäuse der angeschlossenen Geräte über den Geräteschutzleiter (Farbe grüngelb) und den PE-Netzleiter geerdet. Kommt es im Falle eines Defektes im Gerät zu einem spannungsführenden Gehäuse (Körperschluss), so wird der Strom über den Geräteschutzleiter und den PE-Netzleiter zur Erde abgeleitet. Hat ein Mensch gleichzeitig mit dem spannungsführenden Gehäuse Kontakt, so fließt nur ein kleiner ungefährlicher Strom durch den menschlichen Körper.

7   Warum dürfen Leitungen nicht geflickt werden?

Behelfsmäßig geflickte Leitungen sind häufig die Ursache von Unfällen und Bränden.

Nicht sachgemäße Isolation an der Flickstelle führt zu Körperschluss und damit beim Anfassen zu einem tödlichen Stromschlag.

Die Überbrückung einer unterbrochenen Leitung durch Verdrillen der Leiter kann wegen zu geringer Kontaktfläche zu Funken und Überhitzung an der Flickstelle führen. Dadurch können Brände und Explosionen verursacht werden.

8   Woran erkennt man Elektrogeräte der Schutzklasse I?

Elektrogeräte der Schutzklasse I erkennt man am entsprechenden Kennzeichen.

Sie haben als Schutzmaßnahme einen geerdeten Schutzleiter.

9   Wodurch erreicht man die Unverwechselbarkeit von Steckverbindungen?

Die Unverwechselbarkeit von Steckverbindungen wird durch die Anordnung der Schutzkontaktbuchse zur Führungsnut (Unverwechselbarkeitsnut) erreicht.

Dadurch ist gewährleistet, dass nur die zueinander gehörenden Leitungen miteinander verbunden werden.

Ergänzende Fragen zu Schutzmaßnahmen

T482 Das Anschlusskabel eines ortsveränderlichen Universalmotors enthält Leiter mit den Kennfarben schwarz, hellblau und gelb/grün. Welcher Leiter ist an die mit dem Symbol ⏚ gekennzeichnete Klemme des Motors anzuschließen?

a) schwarz   b) hellblau

c) gelb/grün   d) hellblau oder gelb/grün

e) jeder beliebige Leiter

T483 Wie funktioniert ein Fehlerstromschutzschalter (FI-Schutzschalter)? Er ...

a) schaltet bei Kurzschluss durch einen Fremdstromschalter ab

b) unterbricht die Stromzufuhr durch Schmelzen eines Drahtes

c) schaltet beim Auftreten von Spannungsfehlern magnetisch ab

d) vergleicht die Größe des Stroms in der Zu- und Rückführungsleitung und schaltet bei Stromdifferenz ab

e) schützt empfindliche Geräte durch einen Schnell-Handschalter

T484 Welche Aufgabe hat ein Motorschutzschalter? Er schützt ...

a) vor zu großer Berührungsspannung

b) den Motor vor Überlastung

c) das Stromnetz vor Überlastung

d) die angetriebene Maschine vor Überlastung

e) den Motor vor zu hoher Spannung

T485 Welches Symbol ist das Kennzeichen für Schutzisolierung?

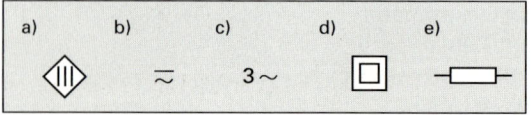

Teil II   Aufgaben zur technischen Mathematik

1 Grundlagen der technischen Mathematik

1.1 Dreisatz, Zins- und Prozentrechnung

1 Ein Dreher benötigt für die Fertigung eines Werkstücks 4,5 Minuten. Wieviele Werkstücke fertigt er in 6 Arbeitsstunden?

Lösung:

4,5 min für 1 Werkstück

360 min für n Werkstücke

$$n = \frac{1 \text{ Werkstück} \cdot 360 \text{ min}}{4,5 \text{ min}} = \textbf{80 Werkstücke}$$

2 Auf einem Bearbeitungszentrum werden pro Stunde 8 Meißelhalter mit einem Gewicht von insgesamt 20 kg gefertigt. Welches Gewicht befindet sich auf einer Palette mit 56 Meißelhaltern?

Lösung:

8 Meißelhalter wiegen 20 kg

56 Meißelhalter wiegen $m = 56 \cdot \dfrac{20 \text{ kg}}{8} = \textbf{140 kg}$

3 Der Werkstoffverbrauch für drei Drehautomaten eines Betriebes beträgt pro Woche 7,5 Tonnen. Wie groß ist der Werkstoffverbrauch in 4 Wochen, wenn die Anzahl der Drehautomaten auf 5 erhöht wurde?

Lösung:

3 Drehautomaten benötigen pro Woche $m = 7,5$ t

5 Drehautomaten benötigen in 4 Wochen

$$m = \frac{7,5 \text{ t} \cdot 5 \cdot 4}{3} = \textbf{50 t}$$

4 Die Fertigungszeit für ein Frästeil beträgt 2 min 30 s. Wieviele Teile werden pro Stunde gefertigt?

Hinweis: 1 min = 60 s; 1 h = 60 min = 3600 s

Lösung:

2 min 30 s = 2 · 60 s + 30 s = 150 s

In 150 s wird $n = 1$ Frästeil gefertigt

In 3600 s werden

$$n = 1 \text{ Frästeil} \cdot \frac{3600 \text{ s}}{150 \text{ s}} = \textbf{24 Frästeile} \text{ gefertigt}$$

5 Beim Zuschneiden von Blechteilen ergab sich ein Verschnitt von 8,5%. Wie viel wiegt der Verschnitt, wenn insgesamt 176 kg Blech verbraucht wurden?

Gegeben: Grundwert   = 176 kg

             Prozentsatz = 8,5%

Gesucht: Prozentwert

Lösung:

Prozentwert $= \dfrac{\text{Grundwert} \cdot \text{Prozentsatz}}{100\%} \Rightarrow$

Prozentwert $= \dfrac{176 \text{ kg} \cdot 8,5\%}{100\%}$ **14,96 kg**

6 Von 625 Drehteilen wurden durch die Kontrolle 15 Stück an den Dreher zur Nacharbeit zurückgegeben. Wie viel % waren das?

Gegeben: Grundwert   = 625 Stück

             Prozentwert = 15 Stück

Gesucht: Prozentsatz

Lösung:

Prozentwert $= \dfrac{\text{Grundwert} \cdot \text{Prozentsatz}}{100\%} \Rightarrow$

Prozentsatz $= \dfrac{100\% \cdot \text{Prozentwert}}{\text{Grundwert}}$

$= \dfrac{100\% \cdot 15}{625} = \textbf{2,4\%}$

7 Welchen Zinswert bringen 480,– DM in $2\frac{1}{2}$ Jahren, wenn der Zinssatz $3\frac{1}{2}\%$ beträgt (ohne Zinseszinsen)?

Gegeben: Kapital   = 480,– DM

             Zinssatz = $3\frac{1}{2}$ % pro Jahr;

             Laufzeit = $2\frac{1}{2}$ Jahre

Gesucht: Zinswert

Lösung:

Zinswert $= \dfrac{\text{Kapital} \cdot \text{Zinssatz} \cdot \text{Laufzeit}}{100\%} \Rightarrow$

Zinswert $= \dfrac{480 \text{ DM} \cdot 3,5\%/a \cdot 2,5 \text{ a}}{100\%} = \textbf{42,– DM}$

T1 Vier Monteure benötigen für die Montage einer Werkzeugmaschine 9 Tage. Wie lange dauert die Arbeit, wenn ein Monteur ausfällt?

Die Montage dauert dann

a) 6,75 Tage   b) 12 Tage

c) 14,4 Tage   d) 15 Tage

e) 18 Tage

T2 Die Ausbildungsvergütung wird um 31,50 DM von 620,– DM auf 651,50 DM erhöht. Wie viel Prozent Steigerung entspricht das?

a) 6,98%   b) 3,61%
c) 5,5%   d) 5,08%
e) 13,33%

16.2.2002

T3 Wie groß ist der Wirkungsgrad η eines 2-zähnigen Schneckentriebes, wenn die zugeführte Leistung $P_1 = 32$ kW und die abgegebene Leistung $P_2 = 24$ kW ist?

T3.1 Welche Formel zur Berechnung von η (in Prozent) ist richtig?

a) $\eta = \dfrac{P_2}{P_1} \cdot 100\%$ b) $\eta = \dfrac{P_1 \cdot P_2}{100\%}$

c) $\eta = \dfrac{100\%}{P_1 \cdot P_2}$ d) $\eta = \dfrac{P_1}{100\% \cdot P_2}$

e) $\eta = \dfrac{P_1}{P_2} \cdot 100\%$

14.2.2002

T3.2 Welches Ergebnis für η ist richtig?

a) 13,3%   b) 72%
c) 75%   d) 87%
e) 96%

14.2.2002

T4 Wie viel Zinsen bringen 5600,– DM Kapital in 9 Monaten, wenn der Zinssatz 6,5% beträgt?

T4.1 Welche Formel zur Berechnung des Zinswertes ist richtig?

a) Zinswert $= \dfrac{\text{Kapital} \cdot \text{Zeit in Monaten} \cdot 12}{100 \cdot \text{Zinssatz}}$

b) Zinswert $= \dfrac{\text{Kapital} \cdot \text{Zinssatz} \cdot 12}{100 \cdot \text{Zeit in Monaten}}$

c) Zinswert $= \dfrac{\text{Zinssatz} \cdot \text{Zeit in Monaten} \cdot 12 \cdot 100}{\text{Kapital}}$

d) Zinswert $= \dfrac{\text{Zinssatz} \cdot 12 \cdot 100}{\text{Kapital} \cdot \text{Zeit in Monaten}}$

e) Zinswert $= \dfrac{\text{Kapital} \cdot \text{Zinssatz} \cdot \text{Zeit in Monaten}}{100 \cdot 12}$

14.2.2002

T4.2 Welches Ergebnis ist richtig?

a) 125,35 DM   b) 154,80 DM
c) 273,00 DM   d) 485,33 DM
e) 929,93 DM

16.2.2002

1.2 Umstellen von Gleichungen   `ZP`

1 Stellen Sie die Gleichungen um:

a) $W_K = \dfrac{1}{2} m \cdot v^2$ b) $R = \dfrac{\varrho \cdot l}{A}$

Gesucht ist v
Lösung:

$$v^2 = \frac{2\,W_K}{m} \;\Rightarrow\; v = \sqrt{\frac{2\,W_K}{m}}$$

Gesucht ist ϱ
Lösung:

$$\varrho = \frac{R \cdot A}{l}$$

14.2.02

T5 Stellen Sie die Formel nach p_2 um. Wie lautet das Ergebnis? $\Delta V = \dfrac{V \cdot (p_1 - p_2)}{p_{amb}}$

a) $p_2 = p_{amb} - \dfrac{\Delta V}{V} \cdot p_1$ b) $p_2 = \dfrac{V \cdot (p_1 - p_{amb})}{\Delta V}$

c) $p_2 = p_1 - \dfrac{\Delta V}{V} \cdot p_{amb}$ d) $p_2 = (\Delta V \cdot p_{amb} - V \cdot p_1)$

e) $p_2 = (\Delta V \cdot p_{amb} - V \cdot p_1) \cdot V$

14-2.02

2 Physikalisch-technische Berechnungen

2.1 Umrechnen von Größen   `ZP`

1 Rechnen Sie in Meter (m) um:
6,8 mm;   5 μm;   0,24 cm.

Hinweis: 1 mm = 0,001 m; 1 μm = 0,000 001 m
6,8 mm = 6,8 · 0,001 m = **0,0068 m**
5 μm = 5 · 0,000 001 m = **0,000 005 m**
0,24 cm = 0,24 · 0,01 m = **0,0024 m**   *15.2.02*

2 Wie viel Millimeter sind $^3/_4$ inch?

Hinweis: 1 inch = 25,4 mm
$^3/_4$ **inch** = $^3/_4$ · 25,4 mm = **19,05 mm**   *nicht bei original*   *15.2.02*

3 Rechnen Sie in cm³ um: 0,25 m³; 2360 mm³.

Hinweis: 1 m³ = 1 000 000 cm³;
          1 mm³ = 0,001 cm³.
0,25 m³ = 0,25 · 1 000 000 cm³ = **250 000 cm³**
2360 mm³ = 2360 · 0,001 cm³ = **2,36 cm³**   *15.2.02*

4 Wie viel Gramm sind 2,5 kg und wie viel Kilogramm sind 3,42 t?

Hinweis: 1 kg = 1000 g;   1 t = 1000 kg
2,5 kg = 2,5 · 1000 g = **2500 g**
3,42 t = 3,42 · 1000 kg = **3420 kg**

15.2.02

5   Wie groß ist die Summe der Winkel 20° 45′ 30″ und 45° 30′ 45″?

$20° \ 45′ \ 30″$
$+ \ \underline{45° \ 30′ \ 45″}$
$65° \ 75′ \ 75″ = 65° \ 76′ \ 15″ = \textbf{66° 16′ 15″}$

1δ. 2. 02

6   Von 90° sind 36° 40′ 30″ abzuziehen.

$90° = 89° \ 59′ \ 60″$
$\ \ \ - \ \underline{36° \ 40′ \ 30″}$
$\ \ \ \ \ \ \textbf{53° 19′ 30″}$

1δ. 2. 02

7   Wie viel Minuten (′) und Sekunden (″) sind 0,18°?

$0,18° = 0,18 \cdot 60′ = 10,8′ = 10′ + 0,8′$
$0,8′ \ = 0,8 \cdot 60″ = 48″$
$\textbf{0,18° = 10′ 48″}$

1δ. 2. 02

8   Wie viel Grad, in einer Dezimalzahl· ausgedrückt, sind 12° 36′ 54″?

$36′ = 36′ \cdot \dfrac{1°}{60′} = 0,6°$

$54″ = 54″ \cdot \dfrac{1°}{3600″} = 0,015°$

$\textbf{12°36′54″} = 12,000° + 0,600° + 0,015° = \textbf{12,615°}$

1δ. 2. 02

T6   Wie groß ist der verbleibende Winkel, wenn ein Winkel von 16,57° um 9°52′45″ verkleinert wird?

T6.1 Der Winkel 16,57° beträgt in Grad, Minuten und Sekunden ausgedrückt

a) 16° 30′ 27″   b) 16° 34′ 12″
c) 16° 50′ 0,07″   d) 16° 50′ 7″
e) 16° 57′ 0″

1δ. 2.02

T6.2 Der verbleibende Winkel beträgt:

a) 6° 37′ 42″   b) 6° 41′ 27″
c) 6° 57′ 15,07″   d) 6° 57′ 22″
e) 7° 4′ 15″

1δ. 2. 2002

T7 Welcher Winkel ergibt sich, wenn die beiden Winkelendmaße 45° und 5′ mit ihren dünnen Enden zusammengeschoben und die 3 Winkelendmaße 3°, 40′ und 20″ mit ihren dicken Enden an die dünnen Enden der beiden ersten geschoben werden?

a) 48° 45′ 20″   b) 47° 15′ 40″
c) 42° 20′ 20″   d) 41° 24′ 40″
e) 41° 19′ 40″

1δ· 2.2002

2.2 Längen und Flächen   `ZP`

1   Eine Grundplatte mit den Abmessungen 840 x 620 x 65 mm soll im Maßstab 1 : 5 gezeichnet werden. Wie groß sind die einzelnen Maße zu zeichnen?

Hinweis: Maßstab 1 : 5 bedeutet, dass 1 mm in der Zeichnung 5 mm am Werkstück entspricht.
840 mm : 5 = **168 mm**
620 mm : 5 = **124 mm**
 65 mm : 5 = **13,0 mm**

1δ. 2.2002

2   Wie groß sind Flächeninhalt A und Umfang U eines Quadrats, dessen Seitenlänge l = 36 mm beträgt?

Gegeben:	$l = 36$ mm
Gesucht:	A und U
Lösung:	$A = l^2$
	$A = (36 \text{ mm})^2$
	$= \textbf{1296 mm}^2$
	$U = 4 \cdot l$
	$U = 4 \cdot 36$ mm $= \textbf{144 mm}$

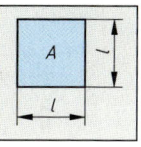

1δ.2.2002

3   Der Flächeninhalt A eines Quadrats beträgt 9082,09 cm². Wie groß ist seine Seitenlänge l in mm?

Gegeben: $A = 9082,09 \text{ cm}^2 = 908\ 209 \text{ mm}^2$
Gesucht: l
Lösung: $A = l^2 \ \Rightarrow \ l = \sqrt{A}$

$l = \sqrt{908209 \text{ mm}^2} = \textbf{953 mm}$

1δ. 2.2002

4   An einem Rundstab von 34 mm Durchmesser soll ein scharfkantiger Vierkant angefräst werden. Wie groß wird dessen Schlüsselweite s?

Gegeben: $e_1 = 34$ mm
Gesucht: s
Lösung: $e_1^2 = s^2 + s^2 = 2s^2 \ \Rightarrow$

$s^2 = \dfrac{e_1^2}{2} \ \Rightarrow \ s = \sqrt{\dfrac{e_1^2}{2}} = \dfrac{e_1}{\sqrt{2}}$

$s \approx \dfrac{34 \text{ mm}}{1,4142} \approx \textbf{24,04 mm}$

1δ. 2.2002

5   Auf welchen Durchmesser muss ein Ansatz gedreht werden, wenn an ihn ein Sechskant mit einer Schlüsselweite von 32 mm angefräst werden soll?

Gegeben: $s = 32$ mm
Gesucht: e_2
Lösung: $e_2 = 1,155 \cdot s$
$e_2 = 1,155 \cdot 32$ mm $= \textbf{36,96 mm}$

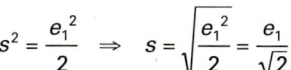

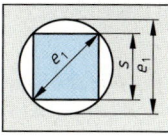

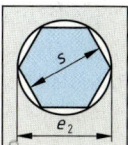

1δ 2.2002

6 **Eine Stahltür erhält eine Diagonalverstrebung. Wie lang muss diese sein, wenn die Tür die Maße 1,10 m mal 2,10 m hat?**

Gegeben: l = 1,10 m;
$\quad\quad\quad\quad b$ = 2,10 m

Gesucht: e

Lösung: $e^2 = l^2 + b^2$

$\quad\quad\Rightarrow e = \sqrt{l^2 + b^2}$

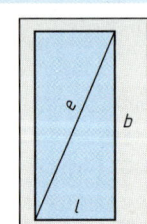

$e = \sqrt{(1100\ \text{mm})^2 + (2100\ \text{mm})^2}$

$\quad = \sqrt{5\ 620\ 000\ \text{mm}^2} \approx \textbf{2371 mm}$

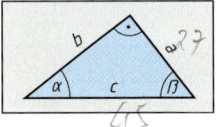

7 **In einem rechtwinkligen Dreieck ist die Kathete a = 27 mm und die Hypotenuse c = 45 mm lang. Die Kathete b und die Winkel α und β sind zu berechnen.**

Gegeben: a = 27 mm
$\quad\quad\quad\quad c$ = 45 mm

Gesucht: b, α und β

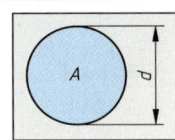

Lösung: $c^2 = a^2 + b^2 \Rightarrow b^2 = c^2 - b^2$

$b = \sqrt{c^2 - a^2} = \sqrt{(45\ \text{mm})^2 - (27\ \text{mm})^2}$

$\quad = \sqrt{2025\ \text{mm}^2 - 729\ \text{mm}^2} = \textbf{36 mm}$

$\sin \alpha = \dfrac{a}{c} = \dfrac{27\ \text{mm}}{45\ \text{mm}} = 0,6$

$\alpha = 36,869898° = \textbf{36° 52′ 12″}$

$\cos \beta = \dfrac{a}{c} = \dfrac{27\ \text{mm}}{45\ \text{mm}} = 0,6$

$\beta = 53,130102° = \textbf{53° 7′ 48″}$

8 **Wie groß sind Durchmesser und Umfang eines Kreises, dessen Flächeninhalt 2355 mm² ist?**

Gegeben: A = 2355 mm²

Gesucht: d und U

Lösung:

$A = \dfrac{\pi \cdot d^2}{4} \Rightarrow d^2 = \dfrac{4 \cdot A}{\pi} \Rightarrow d = \sqrt{\dfrac{4 \cdot A}{\pi}}$

$d = \sqrt{\dfrac{4 \cdot 2355\ \text{mm}^2}{\pi}} \approx \sqrt{3000\ \text{mm}^2} \approx \textbf{54,77 mm}$

$U = \pi \cdot d$
$\quad = \pi \cdot 54,77\ \text{mm} \approx \textbf{172,06 mm}$

9 **Ein Dreieck hat bei einem Flächeninhalt von 17,94 cm² eine Grundlinie von 78 mm. Wie groß ist seine Höhe?**

Gegeben: A = 17,94 cm² = 1794 mm²;
$\quad\quad\quad\quad l$ = 78 mm

Gesucht: b

Lösung: $A = \dfrac{l \cdot b}{2} \Rightarrow b = \dfrac{2 \cdot A}{l}$

$\quad\quad\quad b = \dfrac{2 \cdot 1794\ \text{mm}^2}{78\ \text{mm}} = \textbf{46 mm}$

10 **Ein Trapez hat einen Flächeninhalt von 780 mm² und eine Breite von 26 mm. Wie lang ist die zweite seiner parallelen Seiten l_2, wenn die Länge der ersten l_1 = 37 mm beträgt?**

Gegeben: A = 780 mm²
$\quad\quad\quad\quad b$ = 26 mm
$\quad\quad\quad\quad l_1$ = 37 mm

Gesucht: l_2

Lösung: $A = \dfrac{l_1 + l_2}{2} \cdot b$

$\quad\quad\Rightarrow l_2 = \dfrac{2 \cdot A}{b} - l_1$

$l_2 = \dfrac{2 \cdot 780\ \text{mm}^2}{26\ \text{mm}} - 37\ \text{mm} = \textbf{23 mm}$

11 **Wie groß ist bei nebenstehender Dreharbeit der Spanungsquerschnitt?**

Gegeben: d_1, d_2, f

Gesucht: A

Lösung: $A = f \cdot a$

$a = \dfrac{d_1 - d_2}{2}$

$\quad = \dfrac{52\ \text{mm} - 40\ \text{mm}}{2} = \textbf{6 mm}$

$A = 0,4\ \text{mm} \cdot 6\ \text{mm} = \textbf{2,4 mm}^2$

T8 **Wie groß ist die Diagonale e eines Rechteckes in mm mit einer Länge l = 84 mm und einer Breite b = 33 mm?**

T8.1 **Welche Formel dient zur Berechnung der Diagonalen e?**

a) $e = \sqrt{(l + b)^2}$ $\quad\quad$ b) $e = \sqrt{(l - b)^2}$

c) $e = \sqrt{2 \cdot l \cdot b}$ $\quad\quad$ d) $e = \sqrt{l^2 - b^2}$

e) $e = \sqrt{l^2 + b^2}$

T8.2 Welche eingesetzten Zahlenwerte sind richtig?

a) $e = \sqrt{(84 \text{ mm})^2 + (33 \text{ mm})^2}$

b) $e = \sqrt{(84 \text{ mm} + 33 \text{ mm})^2}$

c) $e = \sqrt{2 \cdot 84 \text{ mm} \cdot 33 \text{ mm}}$

d) $e = \sqrt{(84 \text{ mm} - 33 \text{ mm})^2}$

e) $e = \sqrt{(84 \text{ mm})^2 - (33 \text{ mm})^2}$

T8.3 Welches gerundete Ergebnis für e ist richtig?

a) 71 mm   b) 75 mm

c) 77 mm   d) 90 mm

e) 117 mm

T9 Die Fläche A eines Trapezes beträgt 4080 mm², die kurze Seite l_2 = 56 mm und seine Breite b = 60 mm.

T9.1 Welche Formel dient zum Berechnen der Fläche A?

a) $A = \dfrac{l_1 + l_2}{b} \cdot 2$

b) $A = \dfrac{l_1 - l_2}{2} \cdot b$

c) $A = \dfrac{l_1 - l_2}{b} \cdot 2$

d) $A = \dfrac{l_1 + b}{2} \cdot l_2$

e) $A = \dfrac{l_1 + l_2}{2} \cdot b$

T9.2 Welche umgestellte Formel zum Berechnen von l_1 ist richtig?

a) $l_1 = \dfrac{2\,(l_2 - b)}{A}$

b) $l_1 = \dfrac{2\,(l_2 + b)}{A}$

c) $l_1 = \dfrac{A \cdot b}{2 \cdot l_2}$

d) $l_1 = \dfrac{A \cdot b}{2} - l_2$

e) $l_1 = \dfrac{2 \cdot A}{b} - l_2$

T9.3 Welcher Wert für l_1 ist richtig?

a) 72 mm   b) 80 mm

c) 96 mm   d) 104 mm

e) 112 mm

T10 Der Durchmesser D eines Hydraulikkolbens beträgt 72 mm. Welchen Durchmesser d muss die Kolbenstange erhalten, wenn die wirksame Kolbenringfläche A = 3267 mm² sein soll?

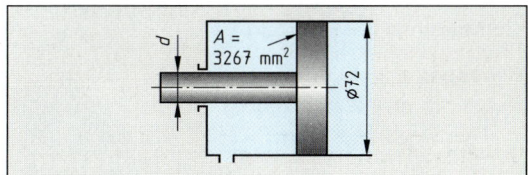

T10.1 Nach welcher Formel wird die Kolbenringfläche (Kreisringfläche) A berechnet?

a) $A = \dfrac{\pi \cdot D^2}{4} - d^2$

b) $A = \dfrac{\pi \cdot D^2}{4} + d^2$

c) $A = \dfrac{\pi \cdot d^2}{4} - D^2$

d) $A = \dfrac{\pi}{4}\,(D^2 - d^2)$

e) $A = \dfrac{\pi}{4}\,(D^2 + d^2)$

T10.2 Welche umgestellte Formel zur Berechnung des Kolbenstangendurchmessers d ist richtig?

a) $d = \dfrac{\pi}{4}\sqrt{D^2 - A}$

b) $d = \dfrac{4}{\pi}\sqrt{D^2 - A}$

c) $d = \sqrt{D^2 - \dfrac{4 \cdot A}{\pi}}$

d) $d = \sqrt{\dfrac{\pi \cdot D^2}{4} - A}$

e) $d = \sqrt{\dfrac{4 \cdot A}{\pi} - D^2}$

T10.3 Welcher, auf volle mm gerundete Wert ergibt sich für den Durchmesser d der Kolbenstange?

a) 28 mm   b) 32 mm

c) 34 mm   d) 58 mm

e) 56 mm

ZP

2.3 Körpervolumen, Dichte, Masse

1 Es soll ein Werkstück mit der Masse 2 kg aus einem Messingvierkantstab mit der Seitenlänge 40 mm hergestellt werden. Wie lang muss das Vierkantstück sein? (Dichte des Messings ϱ = 8,5 g/cm³)

Gegeben: a = 40 mm;
$\qquad m$ = 2 kg = 2000 g
$\qquad \varrho$ = 8,5 g/cm³

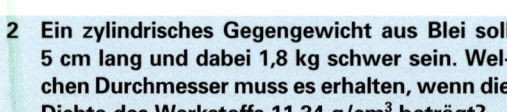

Lösung: $\quad m = \varrho \cdot V \Rightarrow V = \dfrac{m}{\varrho}$

$$V = \frac{2000 \text{ g} \cdot \text{cm}^3}{8,5 \text{ g}} = 235,3 \text{ cm}^3$$

$$V = a^2 \cdot l \quad \Rightarrow \quad l = \frac{V}{a^2} = \frac{235,3 \text{ cm}^3}{(4 \text{ cm})^2} = \mathbf{14,7 \text{ cm}}$$

2 Ein zylindrisches Gegengewicht aus Blei soll 5 cm lang und dabei 1,8 kg schwer sein. Welchen Durchmesser muss es erhalten, wenn die Dichte des Werkstoffs 11,34 g/cm³ beträgt?

Gegeben: m = 1,8 kg; l = 5 cm;
$\qquad \varrho$ = 11,34 g/cm³

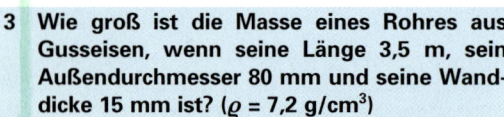

Lösung:

$$m = \varrho \cdot V; \quad V = \frac{\pi \cdot d^2}{4} \cdot l$$

$$m = \varrho \cdot \frac{\pi \cdot d^2}{4} \cdot l \quad \Rightarrow$$

$$d = \sqrt{\frac{4 \cdot m}{\pi \cdot \varrho \cdot l}}$$

$$= \sqrt{\frac{4 \cdot 1800 \text{ g}}{\pi \cdot 11,34 \text{ g/cm}^3 \cdot 5 \text{ cm}}} \approx 6,36 \text{ cm} \approx \mathbf{63,6 \text{ mm}}$$

3 Wie groß ist die Masse eines Rohres aus Gusseisen, wenn seine Länge 3,5 m, sein Außendurchmesser 80 mm und seine Wanddicke 15 mm ist? (ϱ = 7,2 g/cm³)

Gegeben: D = 80 mm;
$\qquad s$ = 15 mm;
$\qquad l$ = 350 cm;
$\qquad \varrho$ = 7,2 g/cm³

Lösung:

$d = D - 2s$ = 80 mm −
$\qquad$ 2 · 15 mm = 50 mm

$$m = \varrho \cdot V = \varrho \cdot \frac{\pi \cdot l}{4} \cdot (D^2 - d^2)$$

$$m = 7,2 \, \frac{\text{g}}{\text{cm}^3} \cdot \frac{\pi \cdot 350 \text{ cm}}{4} \cdot [(8 \text{ cm})^2 - (5 \text{ cm})^2]$$

$$\approx 77\,188,93 \text{ g} \approx \mathbf{77,19 \text{ kg}}$$

4 Eine Rolle Stahldraht wiegt 1,85 kg. Wie viel Meter Draht sind auf der Rolle, wenn der Drahtdurchmesser 2 mm und seine Dichte 7,85 g/cm³ ist?

Gegeben: m = 1850 g; $\quad d$ = 2 mm = 0,2 cm
$\qquad \varrho$ = 7,85 g/cm³

Gesucht: l

Lösung: $\quad m = \varrho \cdot V; \quad V = \dfrac{\pi \cdot d^2}{4} \cdot l$

einsetzen und umstellen:

$$m = \varrho \cdot \frac{\pi \cdot d^2}{4} \cdot l \quad \Rightarrow \quad l = \frac{4 \cdot m}{\pi \cdot \varrho \cdot d^2}$$

$$l = \frac{4 \cdot 1850 \text{ g}}{\pi \cdot 7,85 \text{ g/cm}^3 \cdot (0,2 \text{ cm})^2}$$

$$\approx 7501,57 \text{ cm} \approx \mathbf{75 \text{ m}}$$

5 Ein kegelförmiger Messbecher soll ¹/₂ l Wasser fassen. Wie tief muss er sein, wenn seine obere Weite 120 mm ist?

Gegeben: V = 500 cm³;
$\qquad d$ = 120 mm

Gesucht: h

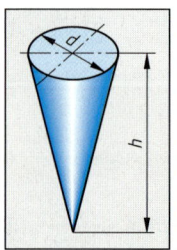

Lösung:

$$V = \frac{\pi \cdot d^2}{4} \cdot \frac{h}{3} \quad \Rightarrow \quad h = \frac{12 \cdot V}{\pi \cdot d^2}$$

$$h = \frac{12 \cdot 500 \text{ cm}^3}{\pi \cdot (12 \text{cm})^2} \approx \mathbf{13,26 \text{ cm}}$$

6 Ein Gehäuse aus Gusseisen mit einer Dichte von ϱ_G = 7,25 g/cm³ hat eine Masse von 21,75 kg. Was würde dasselbe Gehäuse aus einer Leichtmetall-Legierung mit einer Dichte von ϱ_L = 2,65 g/cm³ wiegen und wie viel % würde die Gewichtsersparnis betragen?

Gegeben: m_G = 21,75 kg; $\quad \varrho_G$ = 7,25 g/cm³
$\qquad \varrho_L$ = 2,65 g/cm³

Gesucht: m_L und Gewichtsersparnis in %

Lösung: $\quad m_G = \varrho_G \cdot V \quad \Rightarrow \quad V = \dfrac{m_G}{\varrho_G}$

$$m_L = \varrho_L \cdot V$$

einsetzen: $m_L = \varrho_L \cdot \dfrac{m_G}{\varrho_G}$

$$m_L = 2,65 \text{ g/cm}^3 \cdot \frac{21750 \text{ g}}{7,25 \text{ g/cm}^3}$$

$$= 7950 \text{ g} = \mathbf{7,95 \text{ kg}}$$

Gewichtsersparnis in kg = 21,75 kg − 7,95 kg
$$= \mathbf{13,8 \text{ kg}}$$

Gewichtsersparnis in % $= \dfrac{13,8 \text{ kg} \cdot 100\%}{21,75 \text{ kg}}$

$$= \mathbf{63,45\%}$$

7 Ein Wälzlager hat 18 Kugeln mit einem Durchmesser von 8 mm. Ihre Dichte beträgt 7,85 kg/dm³. Wie groß ist ihre Masse?

Gegeben: $d = 8$ mm; Anzahl $= 18$;
$\varrho = 7,85$ kg/dm³ $= 7,85$ g/cm³

Gesucht: m

Lösung: $V = \dfrac{\pi}{6} \cdot d^3$; $m = \varrho \cdot V$

$V = \dfrac{\pi}{6} \cdot (8 \text{ mm})^3 \approx 268,08 \text{ mm}^3 \approx 0,26808 \text{ cm}^3$

$m \approx 18 \cdot 7,85 \text{ g/cm}^3 \cdot 0,268\,08 \text{ cm}^3 \approx \textbf{37,88 g}$

8 Mit Hilfe der längenbezogenen Masse soll die Masse eines 8,2 m langen IPB-Trägers (IPB 220) berechnet werden.

Gegeben: l $= 8,2$ m
$m' = 71,5$ kg/m

Gesucht: m
Lösung: $m = m' \cdot l$
$m = 71,5$ kg/m $\cdot 8,2$ m
$= \textbf{586,3 kg}$

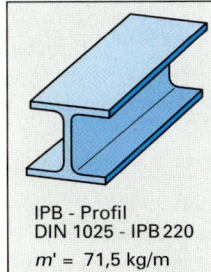

IPB - Profil
DIN 1025 - IPB 220
$m' = 71,5$ kg/m

T11 Mit welcher Formel berechnet man das Volumen V eines Kegels der Grundfläche A und der Höhe h?

a) $V = 3 \cdot A \cdot h$ b) $V = 6 \cdot A \cdot h$
c) $V = A \cdot h$
e) $V = 2 \cdot A \cdot h$ d) $V = \dfrac{A \cdot h}{3}$

T12 Eine Kugel aus Kupfer mit einem Durchmesser $d = 30$ mm besitzt in der Mitte eine durchgehende Bohrung mit $d_1 = 8$ mm. Wie groß sind das Volumen V und die Masse m, wenn für die Länge l der Bohrung der Kugeldurchmesser d eingesetzt wird?
(Dichte des Kupfers: $\varrho = 8,9$ g/cm³)

T12.1 Nach welcher Formel wird das Volumen V der durchbohrten Kugel berechnet?

a) $V = \dfrac{\pi \cdot d^3}{4} - \dfrac{\pi \cdot d_1{}^2}{6} \cdot l$

b) $V = \dfrac{6 \cdot d^3}{\pi} - \dfrac{4 \cdot d_1{}^3}{\pi \cdot l}$

c) $V = \dfrac{4 \cdot d^3}{\pi} - \dfrac{d_1{}^2}{\pi \cdot 6} \cdot l$

d) $V = \dfrac{\pi \cdot d^2}{6} - \dfrac{d_1{}^2}{\pi \cdot 4} \cdot l$

e) $V = \dfrac{\pi \cdot d^3}{6} - \dfrac{\pi \cdot d_1{}^2}{4} \cdot l$

T12.2 Welches Ergebnis für das Volumen V ist richtig?

a) 4,56 cm³   b) 12,63 cm³
c) 34,28 cm³   d) 49,12 cm³
e) 20,2 cm³

T12.3 Nach welcher Formel wird die Masse m der Kugel berechnet?

a) $m = V + \varrho$ b) $m = V - \varrho$
c) $m = \dfrac{V}{\varrho}$ d) $m = V \cdot \varrho$
e) $m = \dfrac{\varrho}{V}$

T12.4 Welcher Wert ergibt sich für die Masse m in g?

a) 40,6 g   b) 112,40 g
c) 179,8 g   d) 305,1 g
e) 437,2 g

2.4 Geradlinige und kreisförmige Bewegungen

ZP

1 Die Vorschubgeschwindigkeit eines Werkzeugmaschinentisches beträgt $v_f = 1100$ mm/min. Wie groß ist die Vorschubgeschwindigkeit in m/s?

Hinweis: 1 mm $= 0,001$ m; 1 min $= 60$ s
$v_f = 1100 \dfrac{\text{mm}}{\text{min}} = 1100 \cdot \dfrac{0,001 \text{ m}}{60 \text{ s}} \approx \textbf{0,0183} \dfrac{\textbf{m}}{\textbf{s}}$

2 Aus einem Kunststoffextruder tritt das extrudierte Profil mit einer gleich bleibenden Geschwindigkeit von 12 cm/s aus. Wie lange muss der Extruder laufen, um einen Auftrag von 2,5 km Profil zu fertigen?

Gegeben: $v = 12$ cm/s; $s = 2,5$ km
Gesucht: t

Lösung: $v = \dfrac{s}{t} \Rightarrow t = \dfrac{s}{v}$

$t = \dfrac{2500 \text{ m}}{0,12 \text{ m/s}} \approx 20833 \text{ s} \approx \textbf{5 h 47 min 13 s}$

3 Zwei Kraftwagen fahren sich aus 330 km Entfernung entgegen, der erste mit 90 km/h, der zweite mit 75 km/h. Nach welcher Zeit und in welcher Entfernung von ihren Startpunkten treffen sie sich?

Gegeben: $v_1 = 90$ km/h; $v_2 = 75$ km/h;
$\qquad\quad s = 330$ km

Gesucht: t, s_1 und s_2

Lösung: $v = \dfrac{s}{t} \Rightarrow t = \dfrac{s}{v}$

mit $v = v_1 + v_2$ folgt: $t = \dfrac{s}{v_1 + v_2}$

$$t = \frac{330 \text{ km}}{90 \text{ km/h} + 75 \text{ km/h}} = \frac{330 \text{ km}}{165 \text{ km/h}} = \mathbf{2 \text{ h}}$$

$s_1 = t \cdot v_1 = 2 \text{ h} \cdot 90 \text{ km/h} = \mathbf{180 \text{ km}}$

$s_2 = t \cdot v_2 = 2 \text{ h} \cdot 75 \text{ km/h} = \mathbf{150 \text{ km}}$

---

4 Zum Bohren des Loches 2 muss der Bohrer einer numerisch gesteuerten Werkzeugmaschine ausgehend von Loch 1 verfahren werden. Er soll nach höchstens 0,8 s die Position 2 erreicht haben. Wie groß muss die mittlere Verfahrgeschwindigkeit in mm/min mindestens sein?

Gegeben: $\alpha = 30°$;
$\qquad\quad y = 42$ mm;
$\qquad\quad t = 0{,}8$ s

Gesucht: v

Lösung: $v = \dfrac{s}{t}$

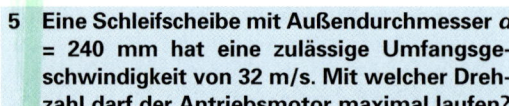

$\sin \alpha = \dfrac{y}{s} \Rightarrow s = \dfrac{y}{\sin \alpha}$

$$s = \frac{42 \text{ mm}}{\sin 30°} = \frac{42 \text{ mm}}{0{,}5} = 84 \text{ mm}$$

$$v = \frac{s}{t} = \frac{84 \text{ mm}}{0{,}8 \text{ s}} = 105 \frac{\text{mm}}{\text{s}} = \mathbf{6300 \frac{\text{mm}}{\text{min}}}$$

---

5 Eine Schleifscheibe mit Außendurchmesser d = 240 mm hat eine zulässige Umfangsgeschwindigkeit von 32 m/s. Mit welcher Drehzahl darf der Antriebsmotor maximal laufen?

Gegeben:
$d = 240$ mm $= 0{,}24$ m
$v_{c.zul} = 32$ m/s $= 1920$ m/min

Gesucht: n_{max}

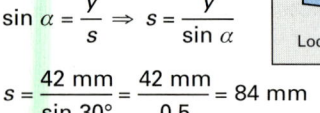

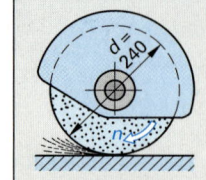

Lösung: $v_c = \pi \cdot d \cdot n \Rightarrow n = \dfrac{v_c}{\pi \cdot d}$

$$n_{max} = \frac{1920 \text{ m/min}}{\pi \cdot 0{,}24 \text{ m}} \approx 2546 \frac{1}{\text{min}}$$

T13 Ein Auto legt eine Strecke $s = 70$ km in der Zeit $t = 35$ min zurück.
Wie groß ist die Geschwindigkeit v in km/h?

T13.1 Welche Formel dient zur Berechnung der Geschwindigkeit?

a) $v = \dfrac{s}{t}$

b) $v = \dfrac{t}{s}$

c) $v = t \cdot s$

d) $v = s - t$

e) $v = s + t$

T13.2 Welches Ergebnis ist richtig?

a) 100 km/h
b) 110 km/h
c) 120 km/h
d) 130 km/h
e) 140 km/h

T14 Ein Verbrennungsmotor mit einem Kolbenhub von 39 mm hat eine Drehzahl von 4200 1/min.

T14.1 Welche Formel dient zur Berechnung der mittleren Kolbengeschwindigkeit?

a) $v_m = s \cdot n$

b) $v_m = \dfrac{s \cdot n}{2}$

c) $v_m = \dfrac{2 \cdot s}{n}$

d) $v_m = 2 \cdot s \cdot n$

e) $v_m = \dfrac{2 \cdot n}{s}$

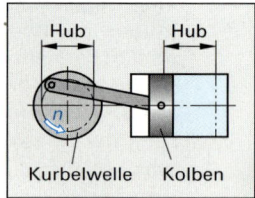

T14.2 Wie groß ist die mittlere Kolbengeschwindigkeit v_m in m/s?

a) $v_m = 2{,}73$ m/s
b) $v_m = 1{,}37$ m/s
c) $v_m = 5{,}46$ m/s
d) $v_m = 0{,}001$ m/s
e) $v_m = 3{,}59$ m/s

2.5 Kräfte, Drehmomente

1 An einem Punkt greifen die gleichgerichteten Kräfte F_1 = 40 N und F_2 = 80 N sowie die entgegengesetzt gerichtete Kraft F_3 = 60 N an. Senkrecht zu diesen Kräften wirkt eine weitere Kraft F_4 = 80 N. Wie groß ist die Resultierende F_R?

Gegeben:

F_1 = 40 N; F_2 = 80 N;
F_3 = 60 N; F_4 = 80 N

Gesucht: F_R

Lösung: Die Resultierende F_r der Kräfte F_1, F_2 und F_3 kann durch Addieren und Subtrahieren berechnet werden:

$F_r = F_1 + F_2 - F_3$

F_r = 40 N + 80 N – 60 N = **60 N**

Die Resultierende F_R wird durch das Kräfteparallelogramm bestimmt.

Dort gilt: $F_R^2 = F_4^2 + F_r^2$ $\Rightarrow$ $F_R = \sqrt{F_4^2 + F_r^2}$

$F_R = \sqrt{(80\ \text{N})^2 + (60\ \text{N})^2} = \sqrt{10000\ \text{N}^2} =$ **100 N**

2 Ein Fräsdorn wird im Hauptlager der Arbeitsspindel (A) und im Gegenlager (B) abgestützt. Die beiden Lager sind 420 mm voneinander entfernt. Der Fräser, dessen Mitte vom Hauptlager einen Abstand von 180 mm hat, muss eine Schnittkraft von 4 kN aufnehmen. Wie groß sind die in den Lagern A (Hauptlager) und B (Gegenlager) auftretenden Kräfte?

Gegeben:

l_{AB} = 420 mm;
l = 180 mm;
F_s = 4 kN

Gesucht: F_A; F_B

Hinweis:

Es muss Momenten-Gleichgewicht herrschen.

Lösung:

Momentengleichgewicht
im Drehpunkt A:

$\overset{\frown}{M} = \overset{\frown}{M}$

$F_B \cdot l_{AB} = F_s \cdot l$

$\Rightarrow F_B = \dfrac{F_s \cdot l}{l_{AB}} = \dfrac{4\ \text{kN} \cdot 180\ \text{mm}}{420\ \text{mm}} =$ **1,714 kN**

$F_A + F_B = F_s$ $\Rightarrow$ $F_A = F_s - F_B$

F_A = 4 kN – 1,714 kN = **2,286 N**

2.6 Arbeit, Leistung, Wirkungsgrad

1 Ein Arbeiter zieht innerhalb 20 s mit einer festen Rolle eine Last von 60 kg um 3 m hoch. Welche Hubarbeit ist in der Last gespeichert und welche Leistung hat der Arbeiter beim Hochziehen aufgebracht?

Gegeben: m = 60 kg
$\quad\quad\quad$ h = 3 m
$\quad\quad\quad$ t = 20 s

Gesucht: W, P

Lösung:

$F_G = m \cdot g = 60\ \text{kg} \cdot 9,81\ \dfrac{\text{m}}{\text{s}^2}$

$= 588,6\ \dfrac{\text{kg} \cdot \text{m}}{\text{s}^2} =$ **588,6 N**

$W = F_G \cdot h = 588,6\ \text{N} \cdot 3\ \text{m}$

$= 1765,8\ \text{N} \cdot \text{m} =$ **1765,8 J**

$P = \dfrac{W}{t} = \dfrac{1765,8\ \text{N} \cdot \text{m}}{20\ \text{s}} = 88,29\ \dfrac{\text{N} \cdot \text{m}}{\text{s}} =$ **88,29 W**

2 Einem Schneckengetriebe wird die Leistung P_1 = 25 kW zugeführt. Wie groß ist sein Wirkungsgrad η, wenn seine abgegebene Leistung P_2 = 18 kW beträgt?

Gegeben: P_1 = 25 kW; P_2 = 18 kW

Gesucht: η

Lösung: $\eta = \dfrac{P_2}{P_1} = \dfrac{18\ \text{kW}}{25\ \text{kW}} = 0,72 =$ **72%**

T15 Ein Kran hebt eine Maschine mit der Gewichtskraft F_G = 22 kN in der Zeit t = 50 s auf die Höhe h = 4,5 m.

T15.1 Welche Arbeit wird dabei verrichtet?

a) 22 000 J   b) 24 450 J
c) 26 500 J   d) 90 000 J
e) 99 000 J

T15.2 Wie groß ist die dabei wirksame Leistung am Lasthaken?

a) 0,530 kW   b) 1,800 kW
c) 1,900 kW   d) 1,980 kW
e) 20,000 kW

T15.3 Welche Leistung muss vom Antriebsmotor abgegeben werden, wenn der Wirkungsgrad η des Krans 0,7 beträgt?

a) 0,760 kW   b) 12,2 kW
c) 2,83 kW   d) 1,43 kW
e) 3,2 kW

ZP 2.7 Einfache Maschinen

1 Eine Last mit der Gewichtskraft F_G = 2400 N soll mit dem im Bild gezeigten Flaschenzug 2 m hochgezogen werden. Die Unterflasche mit Haken hat eine Gewichtskraft von 250 N. Welche Zugkraft muss aufgebracht werden und welche Seillänge ist zu ziehen?

Gegeben: F_G = 2400 N
$\quad\quad\quad$ F_F = 250 N
$\quad\quad\quad$ h = 2 m
Anzahl der Rollen: n = 4
Gesucht: F, s

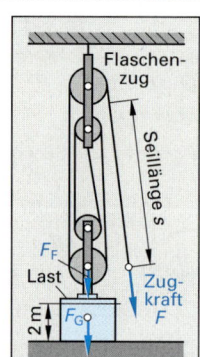

Lösung:

$$F = \frac{F_G + F_F}{n}$$

$$F = \frac{2400 \text{ N} + 250 \text{ N}}{4} = \textbf{662,4 N}$$

$$s = n \cdot h = 4 \cdot 2 \text{ m} = \textbf{8 m}$$

2 Ein zweiseitiger Hebel, dessen Hebelarme l_1 = 85 mm und l_2 = 1275 mm lang sind, wird am kurzen Hebelarm mit einer Kraft F_1 = 750 N belastet. Welche Kraft F_2 muss am langen Hebelarm wirken, wenn Gleichgewicht herrschen soll?

Gegeben:
l_1 = 85 mm
l_2 = 1275 mm
F_1 = 750 N
Gesucht: F_2

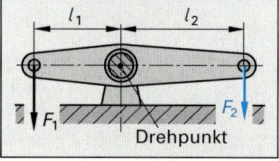

Lösung:

$$F_1 \cdot l_1 = F_2 \cdot l_2 \Rightarrow F_2 = \frac{F_1 \cdot l_1}{l_2} = \frac{750 \text{ N} \cdot 85 \text{ mm}}{1275 \text{ mm}}$$

$$F_2 = \textbf{50 N}$$

3 Eine schiefe Ebene hat eine Länge s = 6 m und eine Höhe von h = 1,2 m. Welche Kraft F ist notwendig, um auf ihr eine Last F_G von 4000 N am Abrollen zu hindern?

Gegeben: s = 6 m
$\quad\quad\quad$ h = 1,2 m
$\quad\quad\quad$ F_G = 4000 N
Gesucht: F

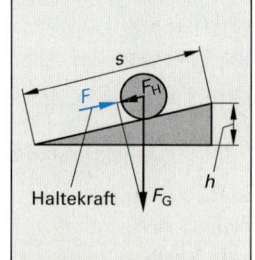

Lösung:

$$F \cdot s = F_G \cdot h \Rightarrow F = \frac{F_G \cdot h}{s}$$

$$= \frac{4000 \text{ N} \cdot 1,2 \text{ m}}{6 \text{ m}} = \textbf{800 N}$$

4 An einer Gewindespindel mit Trapezgewinde Tr 28 x 5 wirkt an einem 0,6 m langen Hebel eine Kraft F_1 = 250 N. Welche Kraft F_2 übt die Spindel bei einem Wirkungsgrad η = 0,3 aus?

Gegeben: r = 600 mm
$\quad\quad\quad$ P = 5 mm
$\quad\quad\quad$ F_1 = 250 N
$\quad\quad\quad$ η = 0,3
Gesucht: F_2

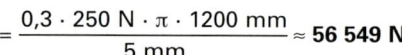
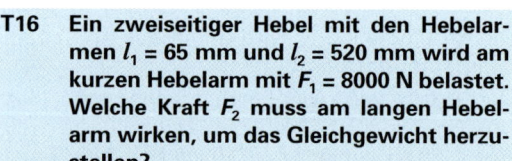

Lösung:

$$\eta \cdot F_1 \cdot \pi + d = F_2 \cdot P \Rightarrow$$

$$F_2 = \frac{\eta \cdot F_1 \cdot \pi \cdot d}{P}$$

$$= \frac{0,3 \cdot 250 \text{ N} \cdot \pi \cdot 1200 \text{ mm}}{5 \text{ mm}} \approx \textbf{56 549 N}$$

T16 Ein zweiseitiger Hebel mit den Hebelarmen l_1 = 65 mm und l_2 = 520 mm wird am kurzen Hebelarm mit F_1 = 8000 N belastet. Welche Kraft F_2 muss am langen Hebelarm wirken, um das Gleichgewicht herzustellen?

T16.1 Welche Grundformel ist anzuwenden?

a) $F_2 \cdot l_1 = F_1 \cdot l_2$

b) $F_1 - l_1 = F_2 - l_2$

c) $F_1 \cdot l_1 = F_2 \cdot l_2$

d) $F_1 + l_1 = F_2 + l_2$

e) $\dfrac{F_1}{l_1} = \dfrac{F_2}{l_2}$

T16.2 Welche nach F_2 umgestellte Formel ist richtig?

a) $F_2 = \dfrac{F_1 \cdot l_1}{l_2}$ $\quad\quad$ b) $F_2 = \dfrac{F_1 \cdot l_2}{l_1}$

c) $F_2 = \dfrac{l_1 \cdot l_2}{F_1}$ $\quad\quad$ d) $F_2 = \dfrac{F_1 \cdot l_1}{l_2}$

e) $F_2 = \dfrac{F_1}{l_1 + l_2}$

T16.3 Welches Ergebnis für die Kraft F_2 ist richtig?

a) 120 N $\quad\quad\quad\quad$ b) 900 N
c) 1000 N $\quad\quad\quad$ d) 1150 N
e) 1200 N

2.8 Reibung

1 Ein Lager wird mit einer Kraft F_N = 2000 N belastet. Welche Kraft F_R ist zur Überwindung der Reibung notwendig, wenn

a) ein Gleitlager mit einer Gleitreibungszahl μ_1 = 0,03,

b) ein Wälzlager mit einer Rollreibungszahl μ_2 = 0,002 verwendet wird?

Gegeben: F_N = 2000 N;
$\qquad\mu_1$ = 0,03;
$\qquad\mu_2$ = 0,002

Gesucht: F_R

Lösung: $\quad F_R = \mu \cdot F_N$

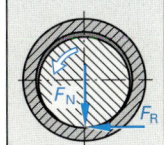

a) $F_{R1} = \mu_1 \cdot F_N$ = 0,03 $\cdot$ 2000 N = 60 N

b) $F_{R2} = \mu_2 \cdot F_N$ = 0,002 $\cdot$ 2000 N = 4 N

2.9 Druck, Auftrieb, Gasinhalt

1 Ein Kolben mit d = 16 mm wirkt mit einer Kraft von 200 N auf eine Flüssigkeit. Wie groß ist der Druck p in der Flüssigkeit?

Gegeben:
d = 16 mm;
F = 200 N
Gesucht: p
Lösung:

$$A = \frac{\pi \cdot d^2}{4}$$

$$= \frac{\pi \cdot (16\text{ mm})^2}{4} = 201,1\text{ mm}^2 = 2,011\text{ cm}^2$$

$$p = \frac{F}{A} = \frac{200\text{ N}}{2,011\text{ cm}^2} = 99,45\ \frac{\text{N}}{\text{cm}^2} \approx \textbf{9,95 bar}$$

2 Ein Härtebad ist 600 mm lang, 400 mm breit und ist 500 mm hoch mit Öl gefüllt. Zu ermitteln sind der hydrostatische Druck p am Boden des Härtebads und die Bodenkraft F. (Dichte des Öls: ϱ = 0,91 g/cm³)

Gegeben: l = 60 cm; b = 40 cm; h = 50 cm;
$\qquad\varrho$ = 0,91 kg/dm³; g = 9,81 m/s²
Gesucht: p, F
Lösung: $\quad p = g \cdot \varrho \cdot h$
p = 9,81 m/s² $\cdot$ 910 kg/m³ $\cdot$ 0,5 m
$\quad$ = 4463,5 N/m² $\approx$ **45 mbar**

$$p = \frac{F}{A} \;\Rightarrow\; F = p \cdot A$$

F = 4463,5 N/m² $\cdot$ 0,6 m $\cdot$ 0,4 m = **1071,2 N**

3 Wie groß ist der Auftrieb F_A eines waagrecht liegenden Kernes für eine zu gießende Bohrung mit d = 92 mm und einer Länge l = 220 mm, wenn die Dichte ϱ des flüssigen Metalls 7,2 kg/dm³ beträgt?

Gegeben: d = 92 mm; l = 220 mm;
$\qquad\varrho$ = 7,2 kg/dm³; g = 9,81 m/s²
Gesucht: F_A
Lösung:

$$V = \frac{\pi \cdot d^2}{4} \cdot l = \frac{\pi \cdot (0,092\text{ m})^2}{4} \cdot 0,22\text{ m} = 0,001463\text{ m}^3$$

$$F_A = g \cdot \varrho \cdot V$$

$$F_A = g \cdot \varrho \cdot V = 9,81\ \frac{\text{m}}{\text{s}^2} \cdot 7200\ \frac{\text{kg}}{\text{m}^3} \cdot 0,001463\text{ m}^3$$

$$\boxed{F_A \approx 103,3\ \frac{\text{kg} \cdot \text{m}}{\text{s}^2} \approx \textbf{103,3 N}}$$

4 Eine Druckgasflasche mit 50 l Rauminhalt ist mit Schweißgas von 180 bar Überdruck gefüllt. Welches Gasvolumen kann bei 20 °C und einem Umgebungsdruck von 1 bar entnommen werden?

Gegeben: V_1 = 50 l; p_1 = 181 bar; p_2 = 1 bar
Gesucht: V_2
Lösung:

$$p_1 \cdot V_1 = p_2 \cdot V_2 \;\Rightarrow\; V_2 = \frac{p_1 \cdot V_1}{p_2}$$

$$V_2 = \frac{181\text{ bar} \cdot 50\text{ l}}{1\text{ bar}} = \textbf{9050 l}$$

Da 50 l in der Flasche verbleiben, können **9000 l** entnommen werden.

T17 Das Sperrelement eines Druckbegrenzungsventils wird mit einer Federkraft von 184,7 N geschlossen gehalten. Das kreisförmige Sperrelement hat einen Durchmesser von 14 mm.

T17.1 Wie groß ist die Querschnittsfläche des Sperrelements?

a) 138 mm² $\qquad\qquad$ b) 154 mm²

c) 184 mm² $\qquad\qquad$ d) 196 mm²

e) 314 mm²

T17.2 Bei welchem Druck öffnet das Ventil?

a) 8,3 bar $\qquad\qquad$ b) 9,3 bar

c) 11,5 bar $\qquad\qquad$ d) 12,0 bar

e) 14,7 bar

2.10 Wärmeausdehnung, Wärmemenge

1 Ein Messingring hat bei 20 °C einen Durchmesser von d_1 = 320 mm. Wie groß wird sein Durchmesser d_2, wenn er zum Warmaufziehen auf 300 °C erwärmt wird?
($\alpha_{Messing}$ = 0,000 018/°C)

Gegeben: d_1 = 320 mm; $\Delta\vartheta$ = 280 °C
Gesucht: d_2
Lösung: $d_2 = d_1 + \Delta d$ mit $\Delta d = \alpha \cdot d_1 \cdot \Delta\vartheta$
$\quad\quad\quad d_2 = d_1 + \alpha \cdot d_1 \cdot \Delta\vartheta = d_1 \cdot (1 + \alpha \cdot \Delta\vartheta)$

d_2 = 320 m · (1 + 0,000018 $\frac{1}{°C}$ · 280 °C) = **321,6 mm**

---

2 Ein Schwungrad aus Stahlguss soll einen Durchmesser von d = 3,2 m erhalten. Welchen Durchmesser d_1 muss das Gießmodell haben, wenn das Schwindmaß 2% beträgt?

Gegeben: d = 3200 mm; Schwindmaß 2%
Gesucht: d_1
Hinweis: Der Durchmesser d des Schwungrades beträgt 98% des Modelldurchmessers d_1.

Lösung: $d = 0,98 \cdot d_1 \Rightarrow d_1 = \frac{d}{0,98}$

$d_1 = \frac{3200 \text{ mm}}{0,98}$ = **3265,3 mm**

---

3 Welche Wärmemenge muss einem 12,5 kg schweren Stück Stahl zugeführt werden, um es von 20 °C auf 780 °C zu erwärmen?

Die spezifische Wärmekapazität von Stahl beträgt: c_{Stahl} = 0,5 $\frac{kJ}{kg \; °C}$.

Gegeben: m = 12,5 kg; ϑ_1 = 20 °C; ϑ_2 = 780 °C
Gesucht: Q
Lösung: $Q = m \cdot c \cdot \Delta\vartheta = m \cdot c \cdot (\vartheta_2 - \vartheta_1)$

Q = 12,5 kg · 0,5 $\frac{kJ}{kg \; °C}$ · (780 °C – 20 °C) = **4750 kJ**

---

4 Welche Wärmemenge wird bei der Verbrennung von 12 kg Steinkohle in einem Ofen nutzbar, wenn der spezifische Heizwert H der Steinkohle 30 000 kJ/kg und der Wirkungsgrad der Verbrennung im Ofen 65% beträgt?

Gegeben: m = 12 kg; H = 30 000 kJ/kg; η = 65%
Gesucht: Q
Lösung: $Q = \eta \cdot m \cdot H$
Q = 0,65 · 12 kg · 30 000 kJ/kg = **234 000 kJ**

---

5 Welche Wärmemenge Q muss aufgebracht werden, um 3,2 kg Kupfer von 20 °C so zu erhitzen, dass es schmilzt?

Die Stoffwerte von Kupfer sind:

Schmelztemperatur: $\quad\quad \vartheta_s$ = 1083 °C

Spezifische Wärmekapazität: c = 0,39 $\frac{kJ}{kg \; °C}$

Spezifische Schmelzwärme: q = 213 $\frac{kJ}{kg}$

Gegeben: m = 3,2 kg; ϑ_1 = 20 °C; ϑ_s = 1083 °C; c = 0,39 kJ/kg °C; q = 213 kJ/kg
Gesucht: Q
Lösung:
Wärmemenge zum Erwärmen von 20 °C auf die Schmelztemperatur ϑ_s = 1083 °C:

$Q_1 = m \cdot c \cdot \Delta t = m \cdot c \cdot (\vartheta_s - \vartheta_1)$

$\quad$ = 3,2 kg · 0,39 $\frac{kJ}{kg \; °C}$ · (1083 °C – 20 °C)

$\quad$ = **1323,6 kJ**

Wärmemenge zum Schmelzen:
$Q_2 = m \cdot q$

$\quad$ = 3,2 kg · 213 $\frac{kJ}{kg}$ = **681,6 kJ**

Insgesamt erforderliche Wärmemenge:
$Q = Q_1 + Q_2$ = 1326,6 kJ + 681,6 kJ
$\quad$ = **2008,2 kJ**

T18 Ein Werkstück aus Stahl mit l = 100 mm hat kurz nach der Bearbeitung eine Temperatur von 40 °C. Wie groß ist der Messfehler, wenn es mit einer Tiefenmessschraube gemessen wird, die eine Temperatur von 20 °C hat?
(α_{St} = 0,000 012/°C)

a) 0,018 mm $\quad\quad\quad$ b) 0,024 mm
c) 0,038 mm $\quad\quad\quad$ d) 0,048 mm
e) 0,056 mm

T19 Welchen Durchmesser muss das Gussmodell einer Riemenscheibe mit 480 mm Durchmesser haben, wenn das Schwindmaß der verwendeten Legierung G-AlSi12 1,25% beträgt?

a) 470 mm $\quad\quad\quad$ b) 474 mm
c) 486 mm $\quad\quad\quad$ d) 494 mm
e) 496 mm

3 Festigkeitsberechnungen

1 Eine runde Zugstange aus E360 (St 70-2) mit R_e = 355 N/mm² soll mit einer Kraft von 98 000 N belastet werden.

Wie groß muss der Durchmesser der Zugstange sein, damit die zulässige Zugspannung $\sigma_{z\,zul}$ nicht überschritten wird?

Es ist 1,6fache Sicherheit vorgeschrieben.

Gegeben: F = 98 000 N; R_e = 355 N/mm²; ν = 1,6

Gesucht: $\sigma_{z\,zul}$, d

Lösung:

$$\sigma_{z\,zul} = \frac{R_e}{\nu}$$

$$\sigma_{z\,zul} = \frac{355 \text{ N/mm}^2}{1,6} \approx 221,9 \text{ N/mm}^2$$

$$\sigma_{z\,zul} = \frac{F}{S} \quad \Rightarrow \quad S = \frac{F}{\sigma_{z\,zul}}$$

$$S \approx \frac{98\,000 \text{ N}}{221,9 \text{ N/mm}^2} \approx 441,6 \text{ mm}^2$$

$$S = \frac{\pi \cdot d^2}{4} \quad \Rightarrow \quad d = \sqrt{\frac{4 \cdot S}{\pi}}$$

$$d \approx \sqrt{\frac{4 \cdot 441,6 \text{ mm}^2}{\pi}} \approx \textbf{23,7 mm}$$

Gewählt wird ein warmgewalzter Rundstahl mit d = 24 mm.

2 Mit welcher Zugkraft kann eine Schraube M12 der Festigkeitsklasse 8.8 bei 2-facher Sicherheit belastet werden?

Gegeben: Schraube M12-8.8

ν = 2

Aus dem Tabellenbuch kann für eine Schraube M12-8.8 der tragende Querschnitt (Spannungsquerschnitt) A_s = 84,3 mm² und die Streckgrenze R_e = 640 N/mm² abgelesen werden.

Gesucht: F

Lösung:

$$\sigma_{z\,zul} = \frac{R_e}{\nu} = \frac{640 \text{ N/mm}^2}{2} = 320 \frac{\text{N}}{\text{mm}^2}$$

$$\sigma_{z\,zul} = \frac{F_{zul}}{A_s} \quad \Rightarrow \quad F_{zul} = \sigma_{z\,zul} \cdot A_s$$

$$F_{zul} = 320 \frac{\text{N}}{\text{mm}^2} \cdot 84,3 \text{ mm}^2 = \textbf{26 976 N} \approx \textbf{26,976 kN}$$

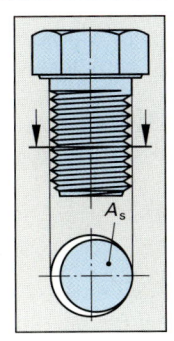

3 Eine Presse mit einer Gewichtskraft von 220000 N soll auf 4 Unterlegeklötzchen aufgesetzt werden. Welche Querschnittfläche muss ein Klötzchen mindestens haben, wenn eine zulässige Druckspannung von $\sigma_{d\,zul}$ = 20 N/mm² zugelassen ist?

Gegeben: F_{zul} = 220 000 N; $\sigma_{d\,zul}$ = 20 N/mm²

Gesucht: S

Lösung: $\sigma_{d\,zul} = \dfrac{F_{zul}}{A} = \dfrac{F_{zul}}{4 \cdot S} \quad \Rightarrow \quad S = \dfrac{F_{zul}}{4 \cdot \sigma_{d\,zul}}$

$$S = \frac{220\,000 \text{ N}}{4 \cdot 20 \text{ N/mm}^2} = \textbf{2750 mm}^2$$

4 Eine aus einem Lager herausragende Welle wird im Abstand von 180 mm mit einer Kraft von 9600 N belastet. Welchen Durchmesser muss die Welle erhalten, wenn die in der Welle auftretende Biegespannung 84 N/mm² nicht überschreiten darf?

Gegeben:

F = 9600 N

l = 180 mm

$\sigma_{d\,zul}$ = 84 N/mm²

Gesucht: d

Lösung:

$$M_b = F \cdot l = 9600 \text{ N} \cdot 180 \text{ mm} = 1728000 \text{ N} \cdot \text{mm}$$

$$\sigma_{d\,zul} = \frac{M_b}{W} \quad \Rightarrow \quad W = \frac{M_b}{\sigma_{d\,zul}} = \frac{1728000 \text{ N} \cdot \text{mm}}{84 \text{ N/mm}^2}$$

$$W = 20571 \text{ mm}^3$$

$$W = \frac{\pi \cdot d^3}{32} \quad \Rightarrow \quad d^3 = \frac{32 \cdot W}{\pi} \quad \Rightarrow \quad d = \sqrt[3]{\frac{32 \cdot W}{\pi}}$$

$$d = \sqrt[3]{\frac{32 \cdot 20\,571 \text{ mm}^3}{\pi}} = \textbf{59,4 mm}$$

Gewählter Wellendurchmesser d = 60 mm

5 Ein Zylinderstift im Vorschubgetriebe einer Werkzeugmaschine wird auf Abscherung beansprucht. Welche Kraft kann er übertragen, wenn sein Durchmesser 3 mm und die zulässige Scherspannung 90 N/mm² betragen?

Gegeben:

d = 3 mm

$\tau_{a\,zul}$ = 90 N/mm²

Gesucht: F_{zul}

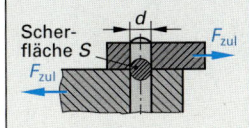

Lösung: $\tau_{a\,zul} = \dfrac{F_{zul}}{S} \quad \Rightarrow \quad F_{zul} = \tau_{a\,zul} \cdot S$

$$F_{zul} = \tau_{a\,zul} \cdot \frac{\pi \cdot d^2}{4} = 90 \text{ N/mm}^2 \cdot \frac{\pi \cdot (3 \text{ mm})^2}{4}$$

$$\approx \textbf{636,2 N}$$

6 Der Stutzen eines Druckbehälters hat einen Durchmesser von 40 cm. In ihm herrscht ein Überdruck von 6 bar. Wie viele Schrauben M12 müssen den Verschlussdeckel des Stutzens halten, wenn die auftretende Zugspannung in den Schrauben $\sigma_{z\,zul}$ = 75 N/mm² nicht überschreiten darf?

Gegeben:

d = 40 cm

p_e = 6 bar = 60 N/cm²

$\sigma_{z\,zul}$ = 75 N/mm²

A_s = 84,3 mm

Gesucht:

Druckkraft F auf den Stutzendeckel, Anzahl der Schrauben n

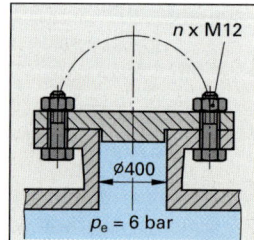

Lösung:

$$F_{zul} = A \cdot p_e = \frac{\pi \cdot d^2}{4} \cdot p_e$$

$$= \frac{\pi \cdot (40\ cm)^2}{4} \cdot 60\ N/cm^2 \approx \mathbf{75\,398\ N}$$

$$\sigma_{z\,zul} = \frac{F_{zul}}{n \cdot A_s} \quad \Rightarrow \quad n = \frac{F_{zul}}{\sigma_{z\,zul} \cdot A_s}$$

$$n = \frac{75\,398\ N}{75\ N/mm^2 \cdot 84,3\ mm^2} \approx \mathbf{11,93}$$

Es werden zwölf Schrauben gewählt.

T20 Ein Rundstab aus S235JRG2 (St37-2) mit der Streckgrenze R_e = 225 N/mm² und einem Durchmesser d = 26 mm soll bei 1,8-facher Sicherheit auf Zug belastet werden.

T20.1 Welche Formel dient zur Berechnung der zulässigen Zugbelastung?

a) $F_{zul} = S \cdot v$

b) $F_{zul} = \frac{\pi \cdot d^2}{4} \cdot R_e$

c) $F_{zul} = \frac{S}{R_e}$

d) $F_{zul} = \frac{\pi \cdot d^2}{4} \cdot \frac{R_e}{v}$

e) $F_{zul} = \frac{S \cdot v}{R_e}$

T20.2 Welches Ergebnis für F_{zul} ist richtig?

a) 25,8 kN

b) 66,4 kN

c) 88,4 kN

d) 180,1 kN

e) 230,7 kN

T21 Auf den Kopf eines Schneidstempels mit der Fläche A = 12 mm x 18 mm wirkt die Schneidkraft F = 21 600 N.

T21.1 Welche Formel dient zur Berechnung der Flächenpressung p?

a) $p = F \cdot A$

b) $p = \frac{A}{F}$

c) $p = \frac{F}{A}$

d) $p = \frac{F \cdot A}{2}$

e) $p = F + A$

T21.2 Welches Ergebnis für p ist richtig?

a) 10 N/mm²

b) 21,6 N/mm²

c) 100 N/mm²

d) 216 N/mm²

e) 1000 N/mm²

T22 Eine runde Zugstange aus E295 (St 50-2) mit der Streckgrenze R_e = 285 N/mm² und einer Breite von 25 mm wird mit 30 kN auf Zug beansprucht. Es soll 2-fache Sicherheit vorliegen.

T22.1 Wie lautet die Formel zur Berechnung der zulässigen Zugspannung?

a) $\sigma_{z\,zul} = \frac{R_e}{v}$

b) $\sigma_{z\,zul} = R_e \cdot v$

c) $\sigma_{z\,zul} = \frac{v}{R_e}$

d) $\sigma_{z\,zul} = \tau \cdot v$

e) $\sigma_{z\,zul} = \frac{\tau}{v}$

T22.2 Wie groß ist die zulässige Zugspannung?

a) 80 N/mm²

b) 100 N/mm²

c) 142,5 N/mm²

d) 190 N/mm²

e) 500 N/mm²

T22.3 Wie lautet die Formel zur Berechnung des erforderlichen Querschnitts?

a) $S = \frac{\sigma_{z\,zul}}{F}$

b) $S = \frac{F}{\sigma_{z\,zul} \cdot v}$

c) $S = F \cdot \sigma_{z\,zul}$

d) $S = \frac{F \cdot v}{\sigma_{z\,zul}}$

e) $S = \frac{F}{\sigma_{z\,zul}}$

T22.4 Wie dick muss die Zugstange sein?

a) 2,5 mm

b) 8,42 mm

c) 9,6 mm

d) 12,30 mm

e) 14,1 mm

4 Berechnungen zur Fertigungstechnik

ZP

4.1 Maßtoleranzen und Passungen

1 Eine Bohrung mit dem Nennmaß N = 64 mm hat die Grenzabmaße ES = – 14 μm und EI = – 33 μm.

Wie groß sind das Höchstmaß G_{oB}, das Mindestmaß G_{uB} und die Toleranz T_B?

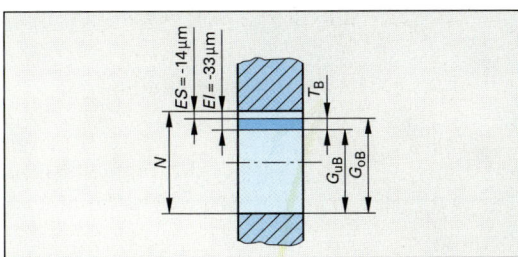

Lösung:

G_{oB} = $N + ES$ = 64,000 mm + (–0,014 mm)

  = **63,986 mm**

G_{uB} = $N + EI$ = 64,000 mm + (–0,033 mm)

  = **63,967 mm**

T_B = $ES – EI$ = –14 μm – (–33 μm) = **19 μm**

oder

T_B = $G_{oB} – G_{uB}$ = 63,986 mm – 63,967 mm

  = 0,019 mm = **19 μm**

15. 12. 01

T23 Für die Passung 90H7/j6 sind die Grenzabmaße für H7 = 0 μm und +35 μm, für j6 = +13 μm und – 9 μm.

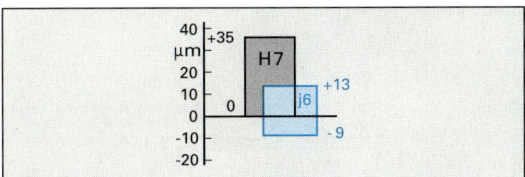

T23.1 Wie groß wird das Höchstübermaß?

a) – 9 μm   b) – 13 μm
c) – 22 μm   d) – 35 μm
e) – 44 μm

15, 12. 01

T23.2 Wie groß wird das Höchstspiel?

a) 0   b) 9 μm
c) 13 μm   d) 44 μm
e) 48 μm

15, 12 01

4.2 Umformen

ZP

1 Ein Biegeteil aus 2 mm dickem Blech wird im rechten Winkel abgebogen. Der Biegeradius beträgt 4 mm, die Länge des Teiles am langen Schenkel a = 25 mm, am kurzen Schenkel b = 12 mm. Wie groß ist die gestreckte Länge L?

Aus einem Tabellenbuch kann der Ausgleichswert v = zu 4,5 mm abgelesen werden.

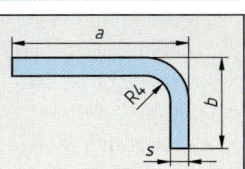

Gesucht: L

Lösung: L = a + b – v

L = 25 mm + 12 mm – 4,5 mm = **32,5 mm**

2 Wie groß ist die gestreckte Länge des gezeigten Biegeteils?

(Berechnung ohne den Ausgleichswert v)

Lösung:

$L = l_1 + l_2 + l_3 + l_4 + l_5$

l_1 = 64 mm – 2

· (20 mm + 4 mm)

– 6 mm = 10 mm

$l_2 = \dfrac{1}{4} \cdot 2r = \dfrac{1}{2} \cdot \pi \cdot r = \dfrac{1}{2} \cdot \pi \cdot 8$ mm ≈ 12,56 mm

l_3 = 44 mm – 20 mm – 4 mm – 6 mm – 2 mm = 12 mm

$l_4 = \dfrac{1}{2} \cdot \pi \cdot 2r = \pi \cdot r = \pi \cdot 22$ mm ≈ 69,16 mm

l_5 = 44 mm – 20 mm – 4 mm = 20 mm

L ≈ 10 mm + 12,56 mm + 12 mm + 69,16 mm + 20 mm

  ≈ **123,72 mm**

3 Es soll eine Kappe aus Blech gezogen werden, deren Form einem Kugelabschnitt entspricht. Der innere Kappenrand-Durchmesser d beträgt 100 mm, die Kappenhöhe 30 mm. Wie groß ist der Durchmesser D des kreisförmigen Zuschnitts?

Gegeben:

d = 100 mm; h = 30 mm

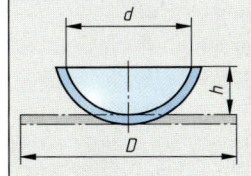

Gesucht: D

Lösung:

$D = \sqrt{d^2 + 4 \cdot h^2}$

$D = \sqrt{(100 \text{ mm})^2 + 4 \cdot (30 \text{ mm})^2} = \sqrt{13600 \text{ mm}^2}$

  = **116,6 mm**

4 An einem Flachstahl mit den Maßen 80 mm x 120 mm soll auf einer Länge von 140 mm ein Ansatz von 40 mm x 60 mm angeschmiedet werden.

    a) Wie lang muss die Zugabe l_1 für diesen Ansatz ohne Berücksichtigung des Abbrandes sein?

    b) Wie lang wird die Rohlänge l_R, wenn der Längenzuschlag l_Z für Abbrand 12% beträgt?

Gegeben:

A_1 = 80 mm x 120 mm
A_2 = 40 mm x 60 mm
l_2 = 140 mm
Abbrand = 12%

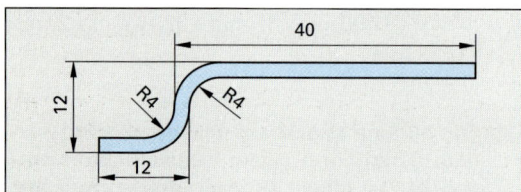

Gesucht:

a) Länge der Zugabe l_1
b) Rohlänge l_R

Lösung:

a) $V_1 = V_2$; $A_1 \cdot l_1 = A_2 \cdot l_2$ $\Rightarrow$

$$l_1 = \frac{A_2}{A_1} \cdot l_2 = \frac{40 \text{ mm} \cdot 60 \text{ mm}}{80 \text{ mm} \cdot 120 \text{ mm}} \cdot 140 = \textbf{35 mm}$$

b) $l_R = l_1 + l_Z = 35 \text{ mm} + \dfrac{12}{100} \cdot 35 \text{ mm}$

     $= 35 \text{ mm} + 4{,}2 \text{ mm} = \textbf{39,2 mm}$

T24 Aus einem 2 mm dicken Blech soll das gezeigte Winkelblech gefertigt werden.

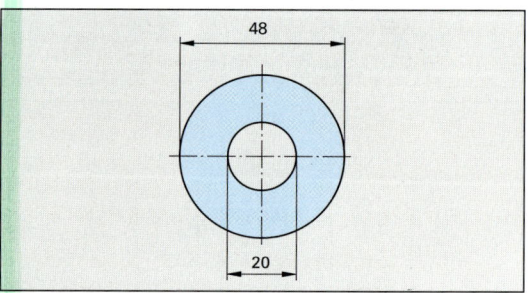

T24.1 Wie groß ist der Ausgleichswert v in mm nach DIN 6935?

a) 3,7   b) 4,2
c) 4,5   d) 4,9
e) 5,9

T24.2 Wie groß ist die gestreckte Länge des Blechs?

a) 44 mm   b) 48,5 mm
c) 51 mm   d) 53,5 mm
e) 55 mm

4.3 Schneiden

1 Aus einem 1,5 mm dicken Blech mit einer Scherfestigkeit τ_{aB} = 325 N/mm^2 soll das gezeigte Schnittteil gefertigt werden.

Wie groß ist

    a) der Schneidplattendurchbruch D für das Loch? (Durchbruch mit Freiwinkel)

    b) das Stempelmaß d für das Ausschneiden?

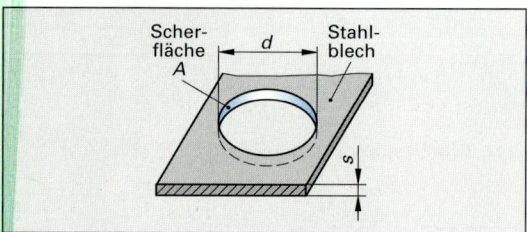

Lösung:

Aus einem Tabellenbuch wird für s = 1,5 mm und τ_{aB} = 325 N/mm^2 der Schneidspalt zu u = 0,04 mm ermittelt.

a) $D = d + 2 \cdot u = 20 \text{ mm} + 2 \cdot 0{,}04 \text{ mm} = \textbf{20,08 mm}$

b) $d = D - 2 \cdot u = 48 \text{ mm} - 2 \cdot 0{,}04 \text{ mm} = \textbf{47,92 mm}$

---

2 Auf einer Presse sollen aus 4 mm dickem Stahlblech mit τ_{aB} = 360 N/mm^2 Scherfestigkeit Scheiben mit einem Durchmesser von 320 mm ausgeschnitten werden. Wie groß ist die erforderliche Pressenkraft F?

Gegeben: d = 320 mm; s = 4 mm;
        τ_{aB} = 360 N/mm^2

Gesucht: Pressenkraft F

Lösung: $F = S \cdot \tau_{aB}$

mit $S = \pi \cdot d \cdot s$ folgt $F = \pi \cdot d \cdot s \cdot \tau_{aB}$

$F = \pi \cdot 320 \text{ mm} \cdot 4 \text{ mm} \cdot 360 \text{ N/mm}^2$

    = **1447 646 N** ≈ **1,45 MN**

Es muss mindestens eine 1,5 MN-Presse verwendet werden.

3 Aus einem 0,5 mm dicken Blechstreifen sollen Formstücke ausgeschnitten werden.

Es sind zu bestimmen:

a) Die Randbreite a und die Stegbreite e aus einem Tabellenbuch

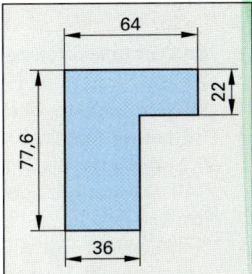

b) Die Streifenbreite B

c) Der Streifenvorschub V und der Ausnutzungsgrad η für einreihigen Ausschnitt

Lösung:

a) Steglänge l_e = 77,6 mm, Randlänge l_a = 64 mm, Blechdicke s = 0,5 mm; $\Rightarrow$

a = 1,2 mm; e = 1,0 mm

b) **B** = $b + 2a$ = 77,6 mm + 2 · 1,2 mm = **80 mm**

c) Einreihiger Ausschnitt:

V = $l + e$
  = 64 mm + 1 mm
  = **65 mm**

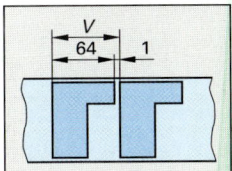

$$\eta = \frac{R \cdot A}{V \cdot B}$$

A = 77,6 mm · 36 mm + 28 mm · 22 mm
  = 3409,6 mm²

$$\eta = \frac{1 \cdot 3409{,}6 \text{ mm}^2}{65 \text{ mm} \cdot 80 \text{ mm}} = 0{,}656 = \mathbf{65{,}6\%}$$

T25 Das Formstück von Aufgabe 3 (oben) soll zweireihig ausgeschnitten werden.

T25.1 Wie groß ist der Streifenvorschub?

a) 65 mm
b) 102 mm
c) 104 mm
d) 128 mm
e) 130 mm

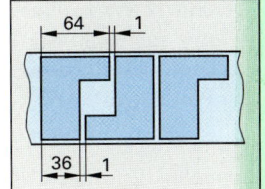

T25.2 Wie groß ist der Ausnutzungsgrad?

a) 72,7%   b) 82,8%
c) 75,4%   d) 83,6%
e) 81,3%

4.4 Schnittgeschwindigkeiten und Drehzahlen beim Spanen

1 Eine Welle mit einem Durchmesser von 100 mm soll mit einer Schnittgeschwindigkeit von 18 m/min überdreht werden. Wie groß muss die Drehzahl je Minute sein?

Gegeben: v_c = 18 m/min; d = 100 mm
Gesucht: n

Lösung: $\quad v_c = \pi \cdot d \cdot n \quad \Rightarrow \quad n = \dfrac{v_c}{\pi \cdot d}$

$$n = \frac{18 \text{ m/min}}{\pi \cdot 0{,}1 \text{ m}} \approx \mathbf{57{,}3/min}$$

2 Eine geschmiedete Turbinenwelle soll mit einer Schnittgeschwindigkeit von v_c = 60 m/min auf einen Außendurchmesser von d = 150 mm abgedreht werden. An der Drehmaschine befindet sich das gezeigte Drehzahl-Schaubild. Wie groß ist die einzustellende Drehzahl?

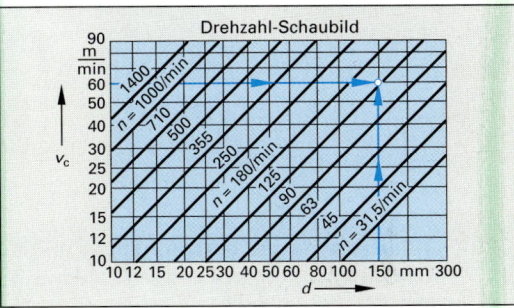

Gegeben: v_c = 60 m/min; d = 150 mm
Gesucht: n
Lösung: Die einzustellende Drehzahl kann aus dem **Drehzahl-Schaubild** abgelesen werden.
Man geht vom v_c-Wert waagrecht und vom d-Wert senkrecht bis zum Schnittpunkt der Hilfslinien. Dort liest man die Drehzahl auf der Drehzahllinie ab.
n = 125/min

3 Ein Walzenfräser mit d = 60 mm Durchmesser soll mit einer Schnittgeschwindigkeit von v_c = 18 m/min arbeiten. Wie groß muss die Drehzahl n der Frässpindel sein?

Gegeben: d = 60 mm; v_c = 18 m/min
Gesucht: n
Lösung: $\quad v_c = \pi \cdot d \cdot n$

$$n = \frac{v_c}{\pi \cdot d} = \frac{18 \text{ m/min}}{\pi \cdot 0{,}06 \text{ m}} \approx \mathbf{95{,}5/min}$$

4   Wie groß darf der Durchmesser eines Kreissägeblattes höchstens sein, wenn bei einer Drehzahl von 20/min die Schnittgeschwindigkeit von 25 m/min nicht überschritten werden soll?

Gegeben: $n = 20$/min; $v_c = 25$ m/min

Gesucht: d

Lösung: $v_c = \pi \cdot d \cdot n \;\Rightarrow\; d = \dfrac{v_c}{\pi \cdot n}$

$d = \dfrac{25 \text{ m/min}}{\pi \cdot 20\text{/min}} \approx 0{,}398 \text{ m} \approx \mathbf{398 \text{ mm}}$

T26   Wie hoch darf die Drehzahl n_s einer Schleifscheibe mit $d_s = 250$ mm sein, wenn die Schnittgeschwindigkeit $v_c = 30$ m/s nicht überschreiten darf?

T26.1 Nach welcher Formel wird die Schnittgeschwindigkeit v_c berechnet?

a) $v_c = \pi \cdot d_s \cdot n_s$ b) $v_c = \dfrac{d_s}{\pi \cdot n_s}$

c) $v_c = \dfrac{\pi \cdot d_s}{n_s}$ d) $v_c = d_s + \pi \cdot n_s$

e) $v_c = \dfrac{\pi \cdot n_s}{d_s}$

T26.2 Wie ist die Formel nach n_s richtig umgestellt und wo sind die richtigen Zahlen eingesetzt?

a) $n_s = 1800 \text{ m/min} \cdot \pi \cdot 0{,}25 \text{ m}$

b) $n_s = \dfrac{1800 \text{ m/min}}{\pi \cdot 0{,}25 \text{ m}}$

c) $n_s = \dfrac{\pi \cdot 1800 \text{ m/min}}{0{,}25 \text{ m}}$

d) $n_s = \dfrac{1800 \text{ m/min}}{\pi + 0{,}25 \text{ m}}$

e) $n_s = \dfrac{1800 \text{ m/min} \cdot 0{,}25 \text{ m}}{\pi}$

T26.3 Wie groß ist die gerundete Drehzahl n_s in der Einheit 1/min?

a) 1440/min   b) 2292/min
c) 3920/min   d) 4000/min
e) 6400/min

4.5 Schnittkräfte, Leistung beim Zerspanen

1   Es soll eine Welle mit dem Durchmesser $d = 74$ mm aus dem Rundstahl Rd 80-DIN 1013-E295 in einem Schnitt gedreht werden. Der Einstellwinkel soll $\varkappa = 70°$, der Vorschub $f = 0{,}4$ mm und die Schnittgeschwindigkeit $v_c = 140$ m/min betragen. Die spezifische Schnittkraft k_c ist 2400 N/mm². Wie groß sind die Schnitttiefe a, die Spanungsdicke h, die Schnittkraft F_c und die Schnittleistung P_c?

Gegeben:

$d = 74$ mm; $d_1 = 80$ mm;

$\varkappa = 70°$; $f = 0{,}4$ mm;

$k_c = 2400$ N/mm²;

$v_c = 140 \dfrac{\text{m}}{\text{min}} = 2{,}333 \dfrac{\text{m}}{\text{s}}$

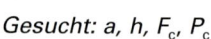

Gesucht: a, h, F_c, P_c

Lösung:

$a = \dfrac{d_1 - d}{2} = \dfrac{80 \text{ mm} - 74 \text{ mm}}{2} = \mathbf{3 \text{ mm}}$

$h = f \cdot \sin \varkappa = 0{,}4 \text{ mm} \cdot \sin 70° = \mathbf{0{,}376 \text{ mm}}$

$b = \dfrac{a}{\sin \varkappa} = \dfrac{3 \text{ mm}}{\sin 70°} = 3{,}193 \text{ mm}$

$A = a \cdot f = 3 \text{ mm} \cdot 0{,}4 \text{ mm} = 1{,}2 \text{ mm}^2$

$F_c = A \cdot k_c = 1{,}2 \text{ mm}^2 \cdot 2400 \dfrac{\text{N}}{\text{mm}^2} = \mathbf{2880 \text{ N}}$

$P_c = F_c \cdot v_c = 2880 \text{ N} \cdot 2{,}333 \text{ m/s}$

$= 6719 \dfrac{\text{N} \cdot \text{m}}{\text{s}} = \mathbf{6{,}72 \text{ kW}}$

---

2   Das Drehen der Welle aus Aufgabe 1 wird in einem Betrieb durchgeführt, der Drehmaschinen mit den Antriebsleistungen 8 kW, 10 kW und 12 kW zur Verfügung hat.
Auf welchen der Drehmaschinen kann die Dreharbeit ausgeführt werden, wenn ihr Wirkungsgrad 82% beträgt?

Gegeben: $P_c = 6{,}72$ kW; $\eta = 0{,}82$

Gesucht: Erforderliche Antriebsleistung P_1

Lösung:

$P_1 = \dfrac{P_c}{\eta} = \dfrac{6{,}72 \text{ kW}}{0{,}82} \approx \mathbf{8{,}2 \text{ kW}}$

Die Dreharbeit kann auf den Maschinen mit 10 kW oder 12 kW durchgeführt werden.

3 Eine Führungsschiene aus C60 soll mit einem Walzenstirnfräser überfräst werden. Der Spanungsquerschnitt beträgt $A = 2,4$ mm², die Schnittkraft $F_c = 2450$ N und die Schnittgeschwindigkeit $v_c = 70$ m/min.

    a) Welche Leistung wird am Fräser aufgebracht?

    b) Wie groß muss die Antriebsleistung des Fräsmaschinenmotors bei einem Wirkungsgrad der Fräsmaschine von 78% mindestens sein?

    c) Wie groß ist das Zeitspanungsvolumen?

Gegeben: $A = 2,4$ mm²; $F_c = 2450$ N;
                 $v_c = 70$ m/min; $\eta = 0,78$

Gesucht: P_c; P_e; Q

Lösungen:

a) $P_c = F_c \cdot v_c = 2450$ N $\cdot$ 70 m/min

$$= 171\,500\ \frac{\text{N} \cdot \text{m}}{60\ \text{s}} = 2\,858\ \text{W} \approx \mathbf{2{,}86\ kW}$$

b) $P_e = \dfrac{P_c}{\eta} = \dfrac{2,86\ \text{kW}}{0,78} \approx \mathbf{3{,}66\ kW}$

c) $Q = A \cdot v_c = 2,4$ mm² $\cdot$ 70 m/min

$$Q = 168\ \frac{\text{mm}^2 \cdot \text{m}}{\text{min}} = 168 \cdot \frac{0,01\ \text{cm}^2 \cdot 100\ \text{cm}}{\text{min}}$$

$$= \mathbf{168\ \frac{cm^3}{min}}$$

T27 Ein Werkstück aus Stahlguss wird auf einer Drehmaschine bei einem Vorschub von 0,6 mm und einer Spanungstiefe von 3 mm mit einer Schnittgeschwindigkeit von 120 m/min gedreht. Der Wirkungsgrad der Maschine beträgt 70%, die spezifische Schnittkraft $k_c = 1800$ N/mm².

T27.1 Wie groß ist die Schnittleistung?

a) 4830 W   b) 5220 W
c) 5735 W   d) 6216 W
e) 6480 W

T27.2 Wie groß ist die Antriebsleistung des Motors?

a) 6216 W   b) 8190 W
c) 8822 W   d) 9257 W
e) 9863 W

4.6 Kegeldrehen

1 Wie groß ist die Kegelverjüngung C, wenn der Kegelansatz einen großen Durchmesser von 400 mm, einen kleinen Durchmesser von 300 mm und eine Länge von 200 mm hat?

Gegeben:
$D = 400$ mm;
$d = 300$ mm;
$L = 200$ mm

Gesucht: C

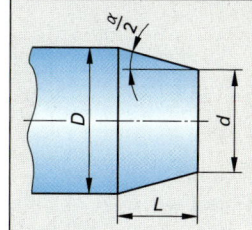

Lösung: $C = \dfrac{D - d}{L}$

$$C = \frac{400\ \text{mm} - 300\ \text{mm}}{200\ \text{mm}}$$

$$= \frac{100\ \text{mm}}{200\ \text{mm}} = \frac{1}{2} = \mathbf{1 : 2}$$

---

2 Ein Kegel mit einem großen Durchmesser von 200 mm, einem kleinen Durchmesser von 120 mm und einer Länge von 140 mm soll mit Oberschlittenverstellung gedreht werden.

Wie groß ist der Kegel-Erzeugungswinkel $\dfrac{\alpha}{2}$? (Einstellwinkel)

Gegeben:
$D = 200$ mm; $d = 120$ mm; $L = 140$ mm

Gesucht: $\dfrac{\alpha}{2}$

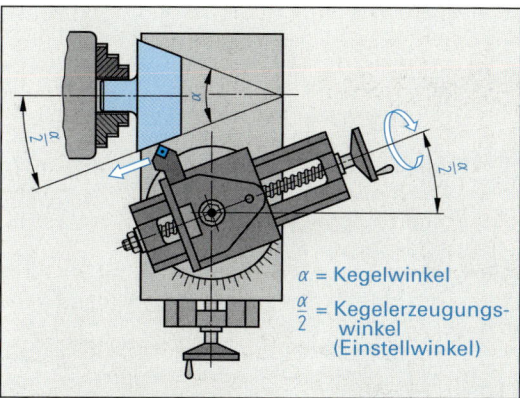

α = Kegelwinkel
$\dfrac{\alpha}{2}$ = Kegelerzeugungswinkel (Einstellwinkel)

Lösung: $\tan \dfrac{\alpha}{2} = \dfrac{D - d}{2 \cdot L}$

$$\tan \frac{\alpha}{2} = \frac{(200 - 120)\ \text{mm}}{2 \cdot 140\ \text{mm}} \approx 0,2857$$

$$\frac{\alpha}{2} \approx \mathbf{15{,}95°}$$

3 Eine Kegelreibahle hat eine Gesamtlänge von 220 mm, die Länge des kegeligen Teiles beträgt 130 mm, die Durchmesser betragen $D = 34$ mm und $d = 30$ mm. Wie groß muss die Reitstockverstellung V_R zum Drehen des kegeligen Teiles sein?

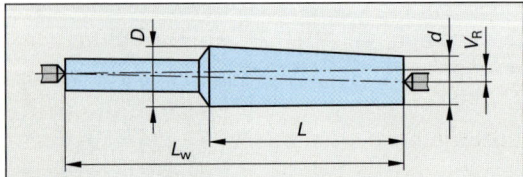

Gegeben: D = 34 mm; $d = 30$ mm;
  $L_W = 220$ mm; $L = 130$ mm

Gesucht: V_R

Lösung: $V_R = \dfrac{D - d}{2 \cdot L} \cdot L_W$

$V_R = \dfrac{34 \text{ mm} - 30 \text{ mm}}{2 \cdot 130 \text{ mm}} \cdot 220 \text{ mm} \approx \mathbf{3{,}38 \text{ mm}}$

T28 Eine kegelige Bohrung hat folgende Maße: $D = 52$ mm, $L = 125$ mm, $C = 1{:}20$.

T28.1 Welche Grundformel zur Berechnung der Verjüngung C ist richtig?

a) $C = \dfrac{D - L}{d}$ b) $C = \dfrac{D - d}{L}$

c) $C = \dfrac{d - L}{D}$ d) $C = \dfrac{L - d}{D}$

e) $C = \dfrac{D - d}{2 \cdot L}$

T28.2 Mit welcher Formel berechnet man den Durchmesser d, auf den höchstens vorgebohrt werden darf?

a) $d = \dfrac{D - L}{C}$

b) $d = D - 2 \cdot L \cdot C$

c) $d = D \cdot C + L$

d) $d = L - D \cdot C$

e) $d = D - C \cdot L$

T28.3 Welches Ergebnis für d ist richtig?

a) 51,86 mm b) 48,8 mm
c) 45,75 mm d) 42,6 mm
e) 39,5 mm

T29 An eine Welle mit $D = 24$ mm Durchmesser und einer Länge von $L_W = 300$ mm soll durch Reitstockverstellung ein Kegel mit einer Länge $L = 120$ mm und einem kleinen Durchmesser $d = 20$ mm gedreht werden.

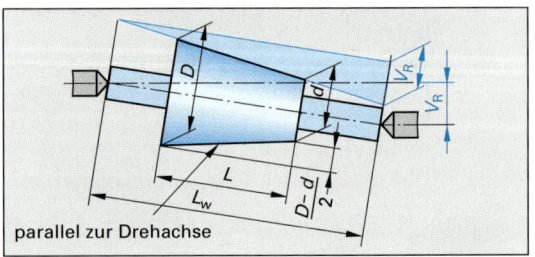

parallel zur Drehachse

T29.1 Wie groß ist die Kegelverjüngung C?

a) 1 : 27,3 b) 1 : 30
c) 1 : 40 d) 1 : 50
e) 1 : 54,5

T29.2 Wie groß ist die Reitstockverstellung?

a) 0,8 mm b) 3,2 mm
c) 5 mm d) 5,5 mm
e) 8,8 mm

T29.3 Wie lautet die Grundformel zur Berechnung der höchstzulässigen Reitstockverstellung $V_{R\,max}$?

a) $V_{R\,max} = \dfrac{C}{2} \cdot L_W$

b) $V_{R\,max} = \dfrac{L_W}{50}$

c) $V_{R\,max} = \dfrac{L_W}{25}$

d) $V_{R\,max} = \dfrac{C}{2} \cdot L$

e) $V_{R\,max} = \dfrac{C}{2} \cdot L \cdot L_W$

T29.4 Wie groß ist die höchstzulässige Reitstockverstellung?

a) 4 mm b) 5 mm
c) 6 mm d) 7 mm
e) 8 mm

4.7 Teilen mit dem Teilkopf

Hinweis:

Bei allen folgenden **Teilkopfberechnungen** wird ein Übersetzungsverhältnis des Teilkopfes von $i = 40$ angenommen.

Die Lochscheiben haben folgende Lochkreise:

Lochscheibe I: 15, 16, 17, 18, 19, 10.
Lochscheibe II: 21, 23, 27, 29, 31, 33.
Lochscheibe III: 37, 39, 41, 43, 47, 49.

---

1 In einer Welle sollen am Umfang gleichmäßig verteilt 8 Nuten durch direktes Teilen gefräst werden. Welcher Teilschritt muss an der Teilscheibe mit 24 Löchern eingestellt werden?

Gegeben:

$T = 8$
$n_L = 24$

Gesucht:
Teilschritt n_i

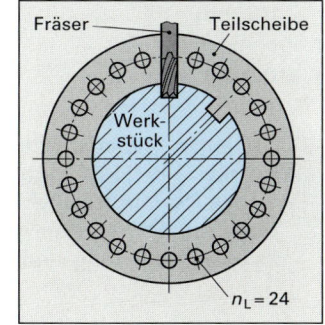

Fräser — Teilscheibe
Werkstück
$n_L = 24$

Lösung:

$$n_i = \frac{n_L}{T} \quad \Rightarrow$$

$$n_i = \frac{24}{8} = 3$$

Die Anzahl der weiterzuschaltenden Lochabstände (Teilschritte) beträgt 3.

---

2 Wie viele Teilkurbelumdrehungen sind notwendig, wenn ein Zahnrad mit 35 Zähnen durch indirektes Teilen gefräst werden soll?

Gegeben: $i = 40$; $T = 35$

Gesucht: n_K

Lösung: $n_K = \dfrac{i}{T}$

$$n_K = \frac{40}{35} = 1\frac{5}{35} = 1\frac{1}{7}$$

Durch Erweitern erhält man

$$n_K = 1\frac{1}{7} = 1\frac{1 \cdot 3}{7 \cdot 3} = 1\frac{3}{21} \text{ oder}$$

$$n_K = 1\frac{1}{7} = 1\frac{1 \cdot 7}{7 \cdot 7} = 1\frac{7}{49}$$

Die Kurbel muss um **eine** volle Umdrehung und 3 Lochabstände auf dem **21er** Lochkreis oder um eine volle Umdrehung und **7** Lochabstände auf dem **49er** Lochkreis weitergedreht werden.

---

3 Durch Differential-Teilen soll eine 67er Teilung (Zahnrad mit 67 Zähnen) hergestellt werden. Als Hilfsteilzahl wird 70 gewählt.

Vorhandene Wechselräder:

24, 24, 28, 32, 36, 40, 44, 48, 56, 64, 72, 86 und 100.

Gegeben: $i = 40$; $T = 67$; $T' = 70$

Gesucht: n_K und $\dfrac{z_t}{z_g}$

Lösung: $n_K = \dfrac{i}{T'}$ $n_K = \dfrac{40}{70} = \dfrac{4}{7} = \dfrac{\textbf{12}}{\textbf{21}}$

(**12** Lochabstände auf dem **21er** Lochkreis)

$$\frac{z_t}{z_g} = \frac{i}{T'} \cdot (T' - T)$$

$$\frac{z_t}{z_g} = \frac{40}{70}(70 - 67) = \frac{4}{7} \cdot 3 = \frac{12}{7}$$

Zerlegen des Bruches:

$$\frac{z_t}{z_g} = \frac{12}{7} = \frac{3 \cdot 4}{2 \cdot 3,5}$$

Durch Erweitern erhält man:

$$\frac{z_t}{z_g} = \frac{z_1 \cdot z_3}{z_2 \cdot z_4} = \frac{3 \cdot 24 \cdot 4 \cdot 16}{2 \cdot 24 \cdot 3,5 \cdot 16} = \frac{\textbf{72} \cdot \textbf{64}}{\textbf{48} \cdot \textbf{56}}$$

(Weil T' größer als T ist, müssen Teilkurbel und Lochscheibe gleichen Drehsinn haben.)

T30 In einer Welle sollen 2 Nuten, die um einen Winkel $\alpha = 29°15'$ zueinander versetzt sind, mit Hilfe des indirekten Teilens gefräst werden. Übersetzungsverhältnis des Teilkopfes $i = 40 : 1$; die Lochscheibe hat 15, 16, 17, 18, 19 und 20 Löcher.

T30.1 Welche Formel zum Berechnen der Teilkurbelumdrehungen n_K ist richtig?

a) $n_K = \dfrac{i}{360° \cdot \alpha}$

b) $n_K = \dfrac{360° \cdot \alpha}{i}$

c) $n_K = \dfrac{i}{\alpha}$

d) $n_K = \dfrac{\alpha}{9°}$

e) $n_K = \dfrac{9°}{\alpha}$

T30.2 Durch welchen unechten Bruch lässt sich der Winkel 29° 15' in Grad ausdrücken?

a) $\dfrac{82°}{3}$ b) $\dfrac{117°}{4}$

c) $\dfrac{146°}{5}$ d) $\dfrac{175°}{6}$

e) $\dfrac{233°}{8}$

T30.3 Welche beiden Ergebnisse für n_K sind richtig?

a) $2\dfrac{5}{15}$ und $2\dfrac{6}{18}$

b) $2\dfrac{9}{18}$ und $2\dfrac{10}{20}$

c) $3\dfrac{12}{16}$ und $3\dfrac{15}{20}$

d) $3\dfrac{4}{16}$ und $3\dfrac{5}{20}$

e) $3\dfrac{3}{15}$ und $3\dfrac{4}{20}$

4.8 Hauptnutzungszeiten, Kostenberechnung

1 Wie groß ist die Hauptnutzungszeit zum einmaligen Überdrehen eines Werkstücks, dessen Durchmesser 100 mm und dessen Drehlänge 300 mm betragen, wenn mit einem Vorschub von 0,6 mm und einer Schnittgeschwindigkeit von 30 m/min gearbeitet wird?

An der Drehmaschine können folgende Drehzahlen eingestellt werden: 31,5 – 45 – 63 – 90 – 125 – 180 – 250 – 355 – 500 – 710 – 1000 – 1400/min

Gegeben: d = 100 mm; L = 300 mm; v_c = 30 m/min; f = 0,6 mm; i = 1

Gesucht: Hauptnutzungszeit t_h

Lösung: Drehzahl $v_c = \pi \cdot d \cdot n \Rightarrow$

$$n = \frac{v_c}{\pi \cdot d} = \frac{30 \text{ m/min}}{\pi \cdot 0{,}1 \text{ m}} \approx \textbf{95,5/min}$$

eingestellt wird die Drehzahl **n = 90/min**

Hauptnutzungszeit:

$$t_h = \frac{L \cdot i}{n \cdot f} = \frac{300 \text{ mm} \cdot 1}{90\text{/min} \cdot 0{,}6 \text{ mm}} \approx \textbf{5,56/min}$$

2 Durch eine 34 mm dicke Gusseisenplatte sind 12 Löcher mit einem Durchmesser von 20 mm zu bohren. Die Bohrspindeldrehzahl beträgt 160/min, der Vorschub 0,2 mm. Zu berechnen ist die Hauptnutzungszeit t_h und die Nebennutzungszeit t_n, wenn zum Einstellen für jedes Loch 0,5 min gebraucht werden. Der Anschnitt am Bohrer beträgt 0,3 · d. An- und Überlauf des Bohrers werden nicht berücksichtigt.

Gegeben: d = 20 mm; l = 34 mm; n = 160/min; f = 0,2 mm; i = 12; t = 0,5 min
$L = l + 0{,}3 \cdot d = 34 \text{ mm} + 0{,}3 \cdot 20 \text{ mm} = 40 \text{ mm}$

Gesucht: t_h und t_n

Lösung: Hauptnutzungszeit: $t_h = \dfrac{L \cdot i}{f \cdot n}$

$$t_h = \frac{40 \text{ mm} \cdot 12}{0{,}2 \text{ mm} \cdot 160\text{/min}} = \textbf{15 min}$$

Nebennutzungszeit:

$t_n = 0{,}5 \text{ min} \cdot 12 = \textbf{6 min}$

3 Bei einer Fräsarbeit beträgt der Fräsweg 600 mm. Die Vorschubgeschwindigkeit v_f beträgt nach Tabellenbuch 100 mm/min. Wie groß ist die Hauptnutzungszeit, wenn zwei Schnitte nötig sind?

Gegeben: L = 600 mm; v_f = 100 mm/min; i = 2

Gesucht: t_h

Lösung: Hauptnutzungszeit: $t_h = \dfrac{L \cdot i}{v_f}$

$$t_h = \frac{600 \text{ mm} \cdot 2}{100 \text{ mm/min}} = \textbf{12 min}$$

4 Die Führungsbahn eines Maschinenbetts mit l = 640 mm und b = 80 mm ist mit einer Schleifzugabe t = 0,1 mm vorgefräst. Sie soll durch Umfangs-Planschleifen mit einem Querhub von f = 4 mm und einer Vorschubgeschwindigkeit von v_f = 8,16 m/min in einem Schnitt geschliffen werden. Die Schleifscheibenbreite beträgt 24 mm, der An- bzw. Überlauf 20 mm. Es sind zu bestimmen: die Schleifbreite B, der Vorschubweg L, die Hubzahl n, die Hauptnutzungszeit t_h.

Lösung:

Schleifbreite: $B = b - \dfrac{b_s}{3} = 80 \text{ mm} - \dfrac{24 \text{ mm}}{3}$

$\qquad\qquad\qquad = \textbf{72 mm}$

Vorschubweg: $L = l + 2 \cdot l_a = 640 \text{ mm} + 2 \cdot 20 \text{ mm}$

$\qquad\qquad\qquad = \textbf{680 mm}$

Hubzahl: $n = \dfrac{v_f}{L} = \dfrac{8,16 \text{ m/min}}{680 \text{ mm}} = \textbf{12/min}$

Hauptnutzungszeit: $t_h = \dfrac{i}{n} \cdot \left(\dfrac{B}{f} + 1 \right)$

$t_h = \dfrac{1}{12/\text{min}} \cdot \left(\dfrac{72 \text{ mm}}{4 \text{ mm}} + 1 \right) \approx \textbf{1,58 min}$

---

5 **Auf einer CNC-Drehmaschine soll ein Auftrag von 150 Werkstücken ausgeführt werden. Die Rüstzeit der Maschine beträgt 1,5 Stunden, die Ausführungszeit je Werkstück 3,5 Minuten. Der Maschinenstundensatz ist 62 DM pro Stunde, die Lohnkosten 18,40 DM/Stunde. Die Fertigungs-Gemeinkosten belaufen sich auf 220% der Lohnkosten. Wie groß ist die Auftragszeit und wie hoch sind die Fertigungskosten je Stück sowie die Arbeitsplatzkosten je Stunde?**

Gegeben:

Rüstzeit .... 1,5 h = 90 min

Ausführungszeit .... 3,5 min je Stück

Werkstückzahl 150

Maschinenstundensatz ...... 62 DM/h

Lohnkosten .... 18,40 DM/h

Fertigungs-
Gemeinkosten .... 220% der Lohnkosten

Gesucht:

Auftragszeit, Fertigungskosten je Stück, Arbeitsplatzkosten pro Stunde.

Lösung:

Auftragszeit = Rüstzeit + Ausführungszeit

$\quad T = 90 \text{ min} + 150 \cdot 3,5 \text{ min}$

$\quad T = 615 \text{ min} = \textbf{10,25 h}$

Fertigungskosten = Fertigungslöhne
$\qquad\qquad\qquad\quad$ + Gemeinkosten

Fertigungslöhne = 10,25 h · 18,40 DM/h
$\qquad\qquad\qquad$ = 188,60 DM

Gemeinkosten = 2,2 · 188,40 DM = 414,92 DM

Fertigungskosten = 188,60 DM + 414,92 DM
$\qquad\qquad\qquad\quad$ = 603,52 DM

**Fertigungskosten
je Stück** $= \dfrac{603,52 \text{ DM}}{150} = \textbf{4,02 DM}$

Arbeitsplatzkos- $=$ Maschinen- $+$ Fertigungs-
ten je Stunde $\quad$ stundensatz $\quad$ kosten je Stunde

$= 62 \dfrac{\text{DM}}{\text{h}} + \dfrac{603,52 \text{ DM}}{10,25 \text{ h}}$

**Arbeitsplatzkos-
ten je Stunde** $= \textbf{120,88} \dfrac{\textbf{DM}}{\textbf{h}}$

T31 **Eine Welle aus S235JRG2 (St 37-2) mit d = 40 mm und l = 1,2 m wird mit einer Drehzahl n = 318/min überdreht. Der Vorschub f je Umdrehung beträgt 0,8 mm.**

T31.1 Welche Formel dient zur Berechnung der Hauptnutzungszeit t_h?

a) $t_h = \dfrac{L \cdot f}{i \cdot n}$ $\qquad\qquad$ b) $t_h = \dfrac{i \cdot n}{L \cdot f}$

c) $t_h = \dfrac{L \cdot i}{f \cdot n}$ $\qquad\qquad$ d) $t_h = \dfrac{f \cdot i}{L \cdot n}$

e) $t_h = \dfrac{f \cdot n}{L \cdot i}$

T31.2 Welche Hauptnutzungszeit wird für einen Schnitt benötigt?

a) 3 min $\qquad\qquad$ b) 4,7 min
c) 6,5 min $\qquad\qquad$ d) 8,5 min
e) 8,7 min

T32 **In eine Welle ist eine geschlossene Nut für eine Passfeder (Form A, rundstirnig) von 70 mm Länge und 18 mm Breite zu fräsen. Die Wellennut ist 7 mm tief. Die Zustellung je Schnitt beträgt a = 0,5 mm und die Vorschubgeschwindigkeit v_f = 140 mm/min.**

T32.1 Wie groß ist der Fräsweg L?

a) 52 mm $\qquad\qquad$ b) 61 mm
c) 70 mm $\qquad\qquad$ d) 79 mm
e) 88 mm

T32.2 Welche Formel dient zur Berechnung der Hauptnutzungszeit t_h?

a) $t_h = L \cdot i \cdot v_f$ $\qquad\qquad$ b) $t_h = \dfrac{L \cdot v_f}{i}$

c) $t_h = \dfrac{i \cdot v_f}{L}$ $\qquad\qquad$ d) $t_h = \dfrac{v_f}{L \cdot i}$

e) $t_h = \dfrac{L \cdot i}{v_f}$

T32.3 Welches Ergebnis für t_h ist richtig?

a) 0,2 min $\qquad\qquad$ b) 0,37 min
c) 3,2 min $\qquad\qquad$ d) 5,2 min
e) 37,7 min

5 Berechnungen an Maschinenelementen

5.1 Gewinde

1 Eine Gummidichtung wird durch einen Deckel, der mit 6 Schrauben M 12 befestigt ist, zusammengepresst. Um welche Länge wird die Gummidichtung bei 1,5 Umdrehungen der Schrauben zusammengedrückt?

Gegeben: Umdrehungen der Schrauben $n = 1,5$
$P = 1,75$ mm (nach Tabellenbuch)

Gesucht: l

Lösung: $l = n \cdot P = 1,5 \cdot 1,75$ mm = **2,625 mm**

2 Der Werkzeugschlitten eines Bearbeitungszentrums wird mit einem Kugelgewindespindeltrieb verfahren. Die Kugelgewindespindel hat eine Steigung von 10 mm und eine Drehzahl von 60/min. Welche Vorschubgeschwindigkeit in m/min hat der Werkzeugschlitten?

Gegeben: $P = 10$ mm
$n = 60/min$

Gesucht: v

Lösung:

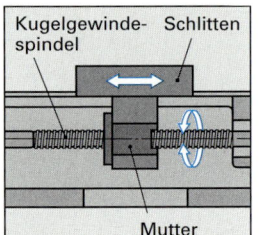

$v = n \cdot P = \dfrac{60}{min} \cdot 10$ mm

$v = 600 \, \dfrac{mm}{min} = \mathbf{0,6} \, \dfrac{\mathbf{m}}{\mathbf{min}}$

T33 Für ein Trapezgewinde errechnet sich der Kerndurchmesser d_3 des Bolzengewindes, wenn vom Außendurchmesser d die Steigung P und das doppelte Spitzenspiel a_c subtrahiert werden.

T33.1 Wie lässt sich diese Aussage durch eine Formel ausdrücken?

a) $d_3 = d - P + 2 \cdot a_c$
b) $d_3 = d - (P + 2 \cdot a_c)$
c) $d_3 = d - 2 \cdot P \cdot a_c$
d) $d_3 = d - (P - 2 \cdot a_c)$
e) $d_3 = d - P - 2 - a_c$

T33.2 Wie groß ist der Kerndurchmesser für das Trapezgewinde Tr 28 x 5 mit einem Spitzenspiel von $a_c = 0,25$ mm?

a) 17,5 mm   b) 19,25 mm
c) 20,5 mm   d) 22,5 mm
e) 23,5 mm

5.2 Riementriebe

1 Der Durchmesser der treibenden Riemenscheibe eines Riementriebs beträgt 270 mm, sie läuft mit 420/min. Wie groß ist das Übersetzungsverhältnis i und wie groß muss der Durchmesser der getriebenen Scheibe sein, wenn diese mit 1260/min laufen soll?

Gegeben:
$d_1 = 270$ mm
$n_1 = 420/min$
$n_2 = 1260/min$

treibend   getrieben

Gesucht: i, d_2

Lösung:

Übersetzungsverhältnis: $i = \dfrac{n_1}{n_2}$

$i = \dfrac{420/min}{1260/min} = \dfrac{1}{3} = 1 : 3 = \mathbf{0,333}$

Durchmesser: $\dfrac{n_1}{n_2} = \dfrac{d_2}{d_1} \;\Rightarrow\; d_2 = \dfrac{n_1 \cdot d_1}{n_2}$

$d_2 = \dfrac{420/min \cdot 270 \text{ mm}}{1260/min} = \mathbf{90 \text{ mm}}$

2 Die Umfangsgeschwindigkeit einer Schleifscheibe soll 30 m/s betragen. Ihr Durchmesser ist 300 mm. Sie wird von einem Elektromotor mit einer Drehzahl von 1440/min und einer Riemenscheibe mit einem Durchmesser von 70 mm angetrieben. Wie groß muss die Drehzahl der Schleifscheibe sein und welchen Durchmesser muss die Riemenscheibe auf die Schleifwelle haben?

Gegeben:
$v = 30$ m/s
$d = 300$ mm
$d_1 = 70$ mm
$n_1 = 1440/min$

Gesucht:
n_2, d_2

Lösung:

Umfangsgeschwindigkeit: $v = \pi \cdot d \cdot n \;\Rightarrow$

$n_2 = \dfrac{v}{\pi \cdot d} = \dfrac{1800 \text{ m/min}}{\pi \cdot 0,3 \text{ m}} \approx \mathbf{1910/min}$

Drehzahlen und Durchmesser:

$d_1 \cdot n_1 = d_2 \cdot n_2 \;\Rightarrow\; d_2 = \dfrac{d_1 \cdot n_1}{n_2}$

$d_2 = \dfrac{70 \text{ mm} \cdot 1440/min}{1910/min} \approx \mathbf{52,77 \text{ mm}}$

T34 Die Gesamtübersetzung eines Riementriebes mit doppelter Übersetzung soll 1:15 betragen.

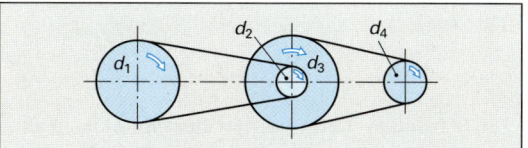

T34.1 Welche Formel für das Gesamtübersetzungsverhältnis ist richtig?

a) $i = \dfrac{d_2 \cdot d_4}{d_1 \cdot d_3}$

b) $i = \dfrac{d_2 \cdot d_3}{d_1 \cdot d_4}$

c) $i = \dfrac{d_1 \cdot d_2}{d_3 \cdot d_4}$

d) $i = \dfrac{d_1 \cdot d_3}{d_2 \cdot d_4}$

e) $i = \dfrac{d_1 \cdot d_4}{d_2 \cdot d_3}$

T34.2 Wie groß muss die letzte getriebene Scheibe d_4 sein, wenn $d_1 = 400$ mm, $d_2 = 100$ mm und $d_3 = 450$ mm ist?

a) 60 mm

b) 75 mm

c) 120 mm

d) 180 mm

e) 270 mm

5.3 Zahnradtriebe

1 Das Übersetzungsverhältnis eines Zahnradtriebes soll 1,6 betragen. Das getriebene Rad hat 72 Zähne. Wie viele Zähne muss das treibende Rad haben?

Gegeben: $i = 1,6$; $z_2 = 72$

Gesucht: z_1

Lösung:

$i = \dfrac{z_2}{z_1} \quad \Rightarrow \quad z_1 = \dfrac{z_2}{i}$

$z_1 = \dfrac{72}{1,6} = $ **45 Zähne**

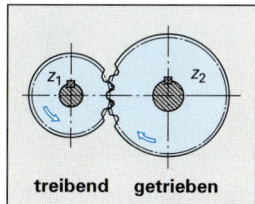

treibend   getrieben

2 Das Übersetzungsverhältnis eines Schneckengetriebes (Bild rechts oben) soll 24:1 sein. Die Schnecke hat 2 Zähne (Gänge) und läuft mit 300/min. Wie viele Zähne muss das Schneckenrad erhalten und wie groß wird seine Drehzahl?

Gegeben: $i = 24$; $z_1 = 2$; $n_1 = 300$/min

Gesucht: n_2, z_2

Lösung:

$i = \dfrac{n_1}{n_2} \quad \Rightarrow \quad n_2 = \dfrac{n_1}{i}$

$n_2 = \dfrac{300/\text{min}}{24} = $ **12,5/min**

$i = \dfrac{z_2}{z_1} \quad \Rightarrow \quad z_2 = i \cdot z_1$

$z_2 = 24 \cdot 2 = $ **48 Zähne**

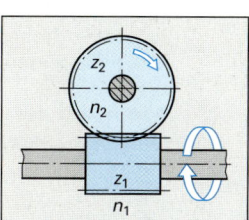

3 Der Spindelantrieb einer Drehmaschine besteht aus einem Elektromotor, dem ein Riementrieb und ein Zahnrad-Kupplungsgetriebe vorgeschaltet sind. Der Elektromotor hat eine Nenndrehzahl von 1440/min. Mit welcher Drehzahl läuft bei Motor-Nenndrehzahl die Arbeitsspindel, wenn die Zahnradpaare z_1/z_2 des Kupplungsgetriebes geschaltet sind?

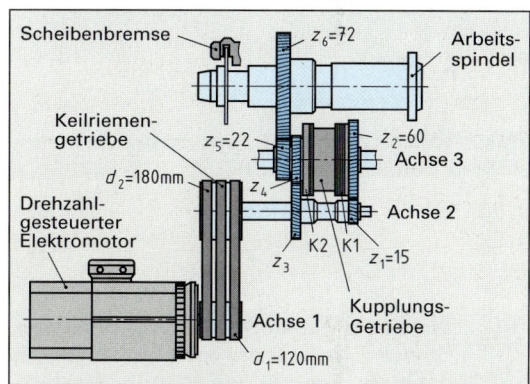

Gegeben: Durchmesser der Riemenscheiben und Zähnezahlen der Zahnräder $n_M = 1440$/min

Gesucht: Drehzahl der Arbeitsspindel n_{AS}

Lösung:

Drehzahl Achse 2: $\dfrac{n_M}{n_2} = \dfrac{d_2}{d_1} \quad \Rightarrow \quad n_2 = n_M \cdot \dfrac{d_1}{d_2}$

$n_2 = 1440/\text{min} \cdot \dfrac{120\ \text{mm}}{180\ \text{mm}} = 960/\text{min}$

Drehzahl Achse 3: $\dfrac{n_2}{n_3} = \dfrac{z_2}{z_1} \quad \Rightarrow \quad n_3 = n_2 \cdot \dfrac{z_1}{z_2}$

$n_3 = 960/\text{min} \cdot \dfrac{15}{60} = 240/\text{min}$

Drehzahl Arbeitsspindel: $\dfrac{n_3}{n_{AS}} = \dfrac{z_6}{z_5} \quad \Rightarrow \quad n_{AS} = n_3 \cdot \dfrac{z_5}{z_6}$

$n_{AS} = 240/\text{min} \cdot \dfrac{22}{72} = $ **73,3/min**

T35 Ein Zahnrädertrieb soll eine Abtriebs-drehzahl von $n_2 = 60/min$ liefern. Die Drehzahl des treibenden Zahnrades ist $n_1 = 120/min$, seine Zähnezahl $z_1 = 40$.

T35.1 Wie lautet die Grundformel zur Berechnung des Zahnrädertriebes?

a) $n_1 : z_1 = z_2 : n_2$

b) $n_1 : n_2 = z_1 : z_2$

c) $n_1 \cdot z_2 = n_2 \cdot z_1$

d) $n_1 \cdot n_2 = z_1 \cdot z_2$

e) $n_1 \cdot z_1 = n_2 \cdot z_2$

T35.2 Nach welcher umgestellten Formel wird z_2 berechnet?

a) $z_2 = \dfrac{n_1 \cdot z_1}{n_2}$

b) $z_2 = \dfrac{n_2 \cdot z_1}{n_1}$

c) $z_2 = \dfrac{n_1 \cdot n_2}{z_1}$

d) $z_2 = \dfrac{z_1}{n_1 \cdot z_2}$

e) $z_2 = \dfrac{n_1}{n_2 \cdot z_1}$

T35.3 Welche Zähnezahl z_2 muss das Abtriebs-Zahnrad haben?

a) 20

b) 45

c) 60

d) 80

e) 90

T36 Bei einem Zahnrädertrieb mit doppelter Übersetzung läuft das erste treibende Rad mit einer Drehzahl $n_1 = 900/min$, das letzte getriebene Rad mit einer Drehzahl $n_4 = 120/min$. Das Übersetzungsverhältnis i_1 des ersten Räderpaares ist 2,5 : 1.

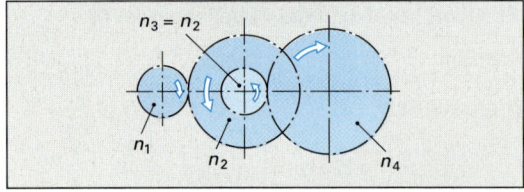

T36.1 Nach welcher Formel wird das Gesamt-Übersetzungsverhältnis i berechnet?

a) $i = \dfrac{n_1}{n_4}$

b) $i = \dfrac{n_4}{n_1}$

c) $i = \dfrac{n_1}{n_4 \cdot i_1}$

d) $i = \dfrac{n_1 \cdot i_1}{n_4}$

e) $i = \dfrac{n_4 \cdot i_1}{n_1}$

T36.2 Welcher Wert für i ist richtig?

a) 0,333 : 1

b) 3 : 1

c) 0,133 : 1

d) 7,5 : 1

e) 9 : 1

T36.3 Nach welcher Formel berechnet man das Teilübersetzungsverhältnis i_2?

a) $i_2 = \dfrac{n_1}{n_4 \cdot i}$

b) $i_2 = \dfrac{n_1}{n_4}$

c) $i_2 = \dfrac{n_4}{n_1}$

d) $i_2 = \dfrac{i}{i_1}$

e) $i_2 = \dfrac{i_1}{i}$

T36.4 Welches Ergebnis für i_2 ist richtig?

a) 0,333 : 1

b) 0,133 : 1

c) 1 : 1

d) 7,5 : 1

e) 3 : 1

T37 Eine Schnecke mit $z_1 = 3$ Zähnen (Gängen) treibt ein Schneckenrad mit $z_2 = 96$ Zähnen. Das Schneckenrad soll eine Drehzahl $n_2 = 90/min$ erhalten.

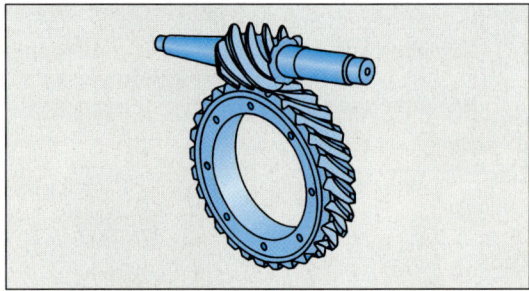

T37.1 Nach welcher Formel wird die Drehzahl n_1 des Schneckentriebs berechnet?

a) $n_1 = \dfrac{n_2 \cdot z_2}{z_1}$

b) $n_1 = \dfrac{z_1 \cdot z_2}{n_2}$

c) $n_1 = \dfrac{n_2 \cdot z_1}{z_2}$

d) $n_1 = \dfrac{n_2}{z_1 \cdot z_2}$

e) $n_1 = \dfrac{z_2}{n_2 \cdot z_1}$

T37.2 Wie groß muss die Drehzahl der Schnecke n_1 sein?

a) $2820 \dfrac{1}{min}$ 　　 b) $2880 \dfrac{1}{min}$

c) $3100 \dfrac{1}{min}$ 　　 d) $3200 \dfrac{1}{min}$

e) $3520 \dfrac{1}{min}$

T37.3 Welche Formel dient zum Berechnen des Übersetzungsverhältnisses i?

a) $i = \dfrac{n_2}{n_1}$ 　　 b) $i = \dfrac{z_2}{z_1}$

c) $i = \dfrac{z_1}{z_2}$ 　　 d) $i = \dfrac{z_1 \cdot n_1}{z_2}$

e) $i = \dfrac{z_1 \cdot n_2}{z_2}$

T37.4 Welcher Wert für i ist richtig?

a) 0,036 : 1 　　 b) 0,031 : 1

c) 9 : 1 　　 d) 28 : 1

e) 32 : 1

5.4 Zahnradmaße

1 Ein Zahnrad soll 24 Zähne erhalten und nach Modul 2,5 mm gefräst werden. Wie groß werden der Teilkreisdurchmesser d, der Kopfkreisdurchmesser d_a und die Zahnhöhe h, wenn das Kopfspiel $c = 0{,}2 \cdot m$ betragen soll?

Gegeben:
$z = 24$,
$m = 2{,}5$ mm,
$c = 0{,}2 \cdot m$

Gesucht: d, d_a, h

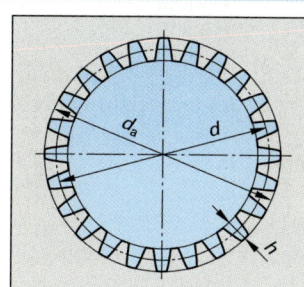

Lösung:
Teilkreisdurchmesser:
$d = m \cdot z = 2{,}5 \text{ mm} \cdot 24 = \textbf{60 mm}$

Kopfkreisdurchmesser:
$d_a = m \cdot (z + 2) = 2{,}5 \text{ mm} \cdot (24 + 2) = \textbf{65 mm}$

Zahnhöhe:
$h = 2 \cdot m + c = 2 \cdot m + 0{,}2 \cdot m = 2{,}2 \cdot m$
$\textbf{h} = 2{,}2 \cdot 2{,}5 \text{ mm} = \textbf{5,5 mm}$

2 Der Achsenabstand zweier Zahnräder (außenverzahnte Geradstirnräder) beträgt 107,5 mm. Das eine Zahnrad hat 32 Zähne und ist nach Modul 2,5 mm gefräst. Wie viel Zähne muss das andere Rad erhalten und wie groß werden Teilkreisdurchmesser und Kopfkreisdurchmesser?

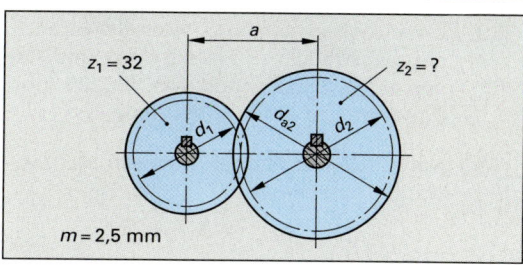

Gegeben: $a = 107{,}5$ mm; $z_1 = 32$; $m = 2{,}5$ mm

Gesucht: z_2, d_2 und d_{a2}

Lösung:

Achsabstand:

$$a = \frac{m \,(z_1 + z_2)}{2} \;\Rightarrow\; z_1 + z_2 = \frac{2\,a}{m} \;\Rightarrow$$

$$z_2 = \frac{2\,a}{m} - z_1 = \frac{2 \cdot 107{,}5 \text{ mm}}{2{,}5 \text{ mm}} - 32 = \textbf{54 Zähne}$$

Teilkreisdurchmesser:
$d_2 = z_2 \cdot m = 54 \cdot 2{,}5 \text{ mm} = \textbf{135 mm}$

Kopfkreisdurchmesser:
$d_{a2} = d_2 + 2\,m = 135 \text{ mm} + 2 \cdot 2{,}5 \text{ mm} = \textbf{140 mm}$

T38 Ein Zahnrad mit $z = 48$ Zähnen und einem Kopfkreisdurchmesser von $d_a = 125$ mm soll gefräst werden.

T38.1 Nach welcher Formel wird der Kopfkreisdurchmesser d_a berechnet?

a) $d_a = m \cdot (z + 2)$ 　　 b) $d_a = 2 \cdot (m + z)$

c) $d_a = z \cdot (m + 2)$ 　　 d) $d_a = 2 \cdot m + z$

e) $d_a = 2 \cdot z + m$

T38.2 Welche umgestellte Formel ergibt den Modul m?

a) $m = \dfrac{d_a - 2}{z}$ 　　 b) $m = \dfrac{d_a + 2}{z}$

c) $m = \dfrac{d_a - z}{2}$ 　　 d) $m = \dfrac{d_a}{z + 2}$

e) $m = \dfrac{d_a}{z - 2}$

T38.3 Nach welchem Modul ist das Zahnrad gefräst?

a) $m = 1,5$ mm

b) $m = 2,5$ mm

c) $m = 3$ mm

d) $m = 4$ mm

e) $m = 5$ mm

T39   Zwei außenverzahnte Geradstirnräder, die nach Modul $m = 3$ mm gefräst sind, haben einen Achsabstand von $a = 135$ mm. Das erste Rad hat $z_1 = 36$ Zähne.

T39.1 Nach welcher Formel wird der Achsabstand a berechnet?

a) $a = \dfrac{2 \cdot (z_1 + z_2)}{m}$

b) $a = \dfrac{z_1 + z_2}{2\,m}$

c) $a = \dfrac{2 \cdot (z_1 + m)}{z_2}$

d) $a = \dfrac{z_1\,(z_2 + 2)}{m}$

e) $a = \dfrac{m\,(z_1 + z_2)}{2}$

T39.2 Welche umgestellte Formel dient zum Berechnen von z_2?

a) $z_2 = \dfrac{2 \cdot a}{m} - z_1$

b) $z_2 = \dfrac{2 \cdot z_1}{m} - a$

c) $z_2 = \dfrac{a - z_1}{2\,m}$

d) $z_2 = \dfrac{2\,a}{z_1} - m$

e) $z_2 = \dfrac{2 \cdot (a - m)}{z_1}$

T39.3 Welche Zähnezahl für z_2 ist richtig?

a) 27

b) 45

c) 54

d) 63

e) 72

5.5 Elektromotoren

1   Auf dem Leistungsschild eines Drehstrom-asynchronmotors sind seine Kenndaten angegeben. Es ist zu ermitteln:

a) **die vom Motor aus dem Stromnetz aufgenommene Leistung**

b) **der Wirkungsgrad des Motors**

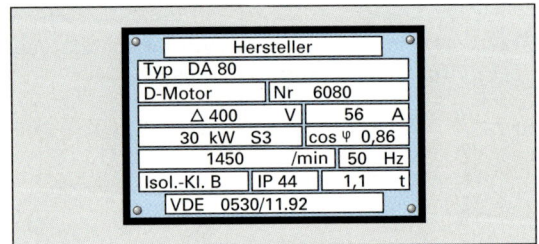

Hersteller		
Typ DA 80		
D-Motor	Nr 6080	
△ 400	V	56 A
30 kW S3	cos ψ 0,86	
1450	/min	50 Hz
Isol.-Kl. B	IP 44	1,1 t
VDE 0530/11.92		

Gegeben: $U = 400$ V; $I = 56$ A; $P_N = 30$ kW; $\cos \varphi = 0,86$

Gesucht: P_1; η

Lösung:

a) $P_1 = \sqrt{3} \cdot U \cdot I \cdot \cos \varphi$

$\quad = \sqrt{3} \cdot 400\text{ V} \cdot 56\text{ A} \cdot 0,86 = \textbf{33,37 kW}$

b) $\eta = \dfrac{P_N}{P_1} = \dfrac{30\text{ kW}}{33,37\text{ kW}} = 0,899 \approx \textbf{90\%}$

T40   Ein Elektromotor, der aus dem Stromnetz eine Leistung von $P_1 = 0,8$ kW aufnimmt, treibt eine Ölpumpe an. Der Wirkungsgrad des Elektromotors beträgt $\eta_1 = 85\%$, der Pumpenwirkungsgrad $\eta_2 = 80\%$.

T40.1 Welche Formel dient zur Berechnung der Abgabeleistung der Ölpumpe?

a) $P_2 = P_1 \cdot \dfrac{\eta_1}{\eta_2}$

b) $P_2 = P_1 \cdot \dfrac{\eta_2}{\eta_1}$

c) $P_2 = P_1 \cdot \dfrac{\eta_1}{P_1 \cdot \eta_2}$

d) $P_2 = P_1 \cdot \eta_1 \cdot \eta_2$

e) $P_2 = \dfrac{\eta_2}{P_1 \cdot \eta_2}$

T40.2 Wie groß ist die Leistungsabgabe P_2 der Ölpumpe?

a) 0,362 kW

b) 0,544 kW

c) 0,753 kW

d) 0,850 kW

e) 0,986 kW

6 Berechnungen zur Hydraulik und Pneumatik

1 In einem Hydraulikzylinder bewegt sich ein Kolben mit 35 mm Außendurchmesser. Die Kolbenstange hat einen Durchmesser von 20 mm. Wie groß wird die Kolbengeschwindigkeit im Vor- und Rückhub, wenn der Volumenstrom $Q = 4$ l/min beträgt?

Gegeben:

$D = 35$ mm; $d = 20$ mm;

$Q = 4$ l/min $= 4\,\dfrac{dm^3}{min}$

Gesucht: v_1; v_2

Lösung:

$$v = \frac{Q}{A}\,;\quad A_1 = \frac{\pi \cdot D^2}{4}\,;\quad A_2 = \frac{\pi \cdot (D^2 - d^2)}{4}$$

$$A_1 = \frac{\pi \cdot (35\ mm^2)}{4} \approx 962\ mm^2 \approx 0{,}0962\ dm^2$$

$$A_2 = \frac{\pi \cdot (35^2\ mm^2 - 20^2\ mm^2)}{4} \approx 647{,}95\ mm^2$$
$$\approx 0{,}0648\ dm^2$$

$$v_1 \approx \frac{4\ dm^3/min}{0{,}0962\ dm^2} \approx 41{,}58\ dm/min \approx 4{,}2\,\frac{m}{min}$$

$$v_2 \approx \frac{4\ dm^3/min}{0{,}0648\ dm^2} \approx 61{,}7\ dm/min \approx 6{,}2\,\frac{m}{min}$$

2 Ein einfachwirkender Pneumatikzylinder mit $D = 50$ mm und einem Hub $s = 115$ mm wird mit einem Überdruck $p_e = 6$ bar und einer Hubzahl $n = 55$/min betätigt. Wie viele Liter unverdichtete Luft benötigt der Zylinder pro Minute?

Gegeben: $D = 50$ mm; $s = 115$ mm; $p_e = 6$ bar;
$\qquad\qquad n = 55$/min

Gesucht: Q

Lösung:

$$Q = A \cdot s \cdot n \cdot \frac{p_e + p_{amb}}{p_{amb}}$$

$$\text{mit}\quad A = \frac{\pi \cdot D^2}{4} = \frac{\pi \cdot (50\ mm)^2}{4} \approx 1963{,}5\ mm^2$$

$$Q \approx 1963{,}5\ mm^2 \cdot 115\ mm \cdot 55\,\frac{1}{min} \cdot \frac{6\ bar + 1\ bar}{1\ bar}$$

$$\boldsymbol{Q} \approx 86933963\,\frac{mm^3}{min} \approx 86{,}9\,\frac{dm^3}{min} \approx \boldsymbol{86{,}9\,\frac{l}{min}}$$

3 Welchen Durchmesser muss ein Hydraulikkolben haben, der bei einem Druck von 100 bar und einem Wirkungsgrad von 80% eine Kraft von 40 kN erzeugen soll?

Gegeben: $p_e = 100$ bar; $F = 40$ kN; $\eta = 0{,}8$

Gesucht: D

Lösung: $F = p_e \cdot A \cdot \eta$

$$\Rightarrow\quad A = \frac{F}{p_e \cdot \eta} = \frac{40000\ N}{1000\ N/cm^2 \cdot 0{,}8} = 50\ cm^2$$

$$\text{mit } A = \frac{\pi \cdot D^2}{4} \quad \Rightarrow \quad D = \sqrt{\frac{4 \cdot A}{\pi}}$$

$$\boldsymbol{D} = \sqrt{\frac{4 \cdot 50\ cm^2}{\pi}} \approx \boldsymbol{7{,}98\ cm} \approx \boldsymbol{79{,}8\ mm}$$

T41 Ein doppeltwirkender Pneumatikkolben mit einem Außendurchmesser von 50 mm und einem Kolbenstangendurchmesser von 20 mm wird bei einem Überdruck von 6 bar und einem Wirkungsgrad von 80% betrieben.

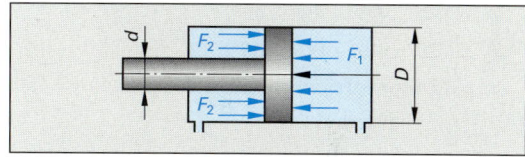

T41.1 Welche Grundformel dient zur Berechnung der Kolbenkräfte?

a) $F = \dfrac{\eta}{A \cdot p_e}$ b) $F = \dfrac{p_e \cdot A}{\eta}$

c) $F = \dfrac{p_e \cdot \eta}{A}$ d) $F = \dfrac{F}{p_e \cdot \eta}$

e) $F = p_e \cdot A \cdot \eta$

T41.2 Wie groß ist die Kolbenkraft F_1?

a) 724 N b) 896 N
c) 942 N d) 1024 N
e) 1178 N

T41.3 Wie groß ist die Rückzugskraft F_2?

a) 775 N b) 792 N
c) 935 N d) 1025 N
e) 1200 N

7 Berechnungen zur CNC-Technik

1 Die unten gezeigte Platte soll auf einer numerisch gesteuerten Werkzeugmaschine gefertigt werden.

a) Wie groß sind die fehlenden Winkel und Maße?

b) Wie lauten die rechtwinkeligen Koordinaten der Punkte P_1, P_2, P_3, P_4?

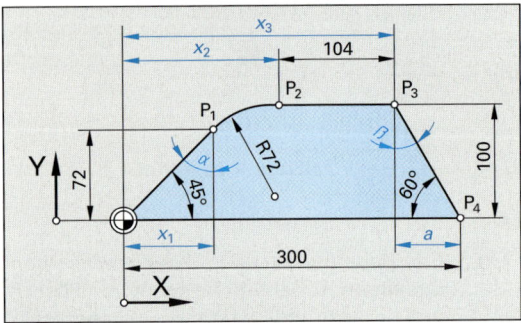

Lösung:

a) *Hinweis:* In einem Dreieck ist die Summe der Winkel 180°.

$\alpha = 180° - 90° - 45° = \mathbf{45°}$

$\beta = 180° - 90° - 60° = \mathbf{30°}$

$x_1 = \mathbf{72\ mm}$ (gleichschenkliges Dreieck)

$\tan 60° = \dfrac{100\ mm}{a} \quad \Rightarrow$

$a = \dfrac{100\ mm}{\tan 60°} \approx \dfrac{100\ mm}{1{,}732} \approx \mathbf{57{,}7\ mm}$

$x_2 = 300\ mm - 104\ mm - 57{,}7\ mm$
$\quad = \mathbf{138{,}3\ mm}$

$x_3 = 300\ mm - 57{,}7\ mm = \mathbf{242{,}3\ mm}$

b) Rechtwinklige Koordinaten der Punkte gemäß Zeichnung und der Strecken aus a)

Punkte	Absolutmaße	
P_1	X 72	Y 72
P_2	X 138,3	Y 100
P_3	X 242,3	Y 100
P_4	X 300	Y 0

2 Die Punkte der Bodenplatte (Bild rechts oben) sind in folgenden Koordinaten anzugeben:

a) Rechtwinklige Koordinaten im Absolut- und Kettenmaß

b) Polarkoordinaten im Absolut- und Kettenmaß

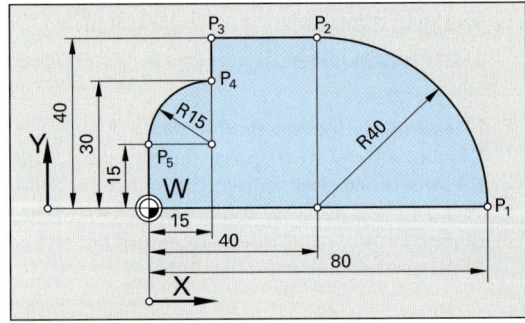

Lösung:

a) Rechtwinklige Koordinaten

Punkte	Absolutmaße		Kettenmaße	
P_1	X 80	Y 0	X 80	Y 0
P_2	X 40	Y 40	X – 40	Y 40
P_3	X 15	Y 40	X – 25	Y 0
P_4	X 15	Y 30	X 0	Y – 10
P_5	X 0	Y 15	X – 15	Y – 15

b) Polarkoordinaten
(als Pol dient der Werkstücknullpunkt)

Punkte	Absolutmaße		Kettenmaße	
P_1	R 80	α 0	R 80	α 0
P_2	R 56,6	α 45	R 56,6	α 45
P_3	R 42,7	α 69,4	R 42,7	α 24,4
P_4	R 33,6	α 63,4	R 33,6	α –6
P_5	R 15	α 90	R 15	α 26,6

Erläuterung: Die Polarkoordinaten werden mit den Winkelfunktionen bestimmt. Beispiel Punkt P_2:

$\tan \alpha = \dfrac{40\ mm}{40\ mm} = 1 \quad \Rightarrow \quad \alpha = \mathbf{45°}$

$\sin \alpha = \dfrac{40\ mm}{R_2} \quad \Rightarrow \quad R_2 = \dfrac{40\ mm}{\sin \alpha} \approx \dfrac{40\ mm}{0{,}707}$

$\quad\quad\quad\quad\quad\quad\quad \approx \mathbf{56{,}6\ mm}$

T42 An der abgebildeten Welle soll eine Fase vom Punkt P_1 nach P_2 angedreht werden. Wie lauten die Koordinaten im Absolutmaß für den Punkt P_1? (X ≙ Durchmesser)

a) X 0   Z 0

b) X 0   Z – 12

c) X – 36   Z 0

d) X – 24   Z – 12

e) X – 60   Z – 12

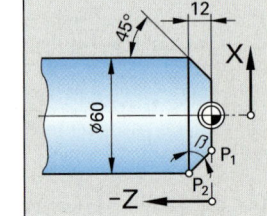

8 Berechnungen zur Elektrotechnik

1 Ein 800 m langer Kupferdraht hat einen elektrischen Widerstand von 5,6 Ω. Welchen Querschnitt hat der Draht?

$$\varrho_{Cu} = 0{,}0179 \; \frac{\Omega \cdot mm^2}{m}$$

Gegeben: $l = 800$ m; $R = 5{,}6$ Ω; *Gesucht:* A

Lösung: $R = \dfrac{\varrho \cdot l}{A} \Rightarrow A = \dfrac{\varrho \cdot l}{R}$

$A = \dfrac{0{,}0179 \; \Omega \cdot mm^2/m \cdot 800 \; m}{5{,}6 \; \Omega} = \textbf{2,557 mm}^2$

2 Der elektrische Widerstand der Lampe eines Kraftfahrzeugscheinwerfers beträgt 5 Ω. Welcher Strom fließt durch die Lampe, wenn diese von einer Batterie mit 12 V Spannung gespeist wird?

Gegeben: $R = 5$ Ω; $U = 12$ V; *Gesucht:* I

Lösung: $I = \dfrac{U}{R} = \dfrac{12 \; V}{5 \; \Omega} = \textbf{2,4 A}$

3 An einem Netzstecker mit 230 V Spannung sind 3 Verbraucher mit 40 W, 75 W und 300 W parallel angeschlossen.
   a) Welche Spannung herrscht an den einzelnen Verbrauchern?
   b) Welche Ströme fließen durch die einzelnen Verbraucher?

Gegeben: $U = 230$ V; $P_1 = 40$ W; $P_2 = 75$ W
$P_3 = 300$ W

Gesucht: a) U_1, U_2, U_3 b) I_1, I_2, I_3

Lösung:

a) $U = U_1 = U_2 = U_3 = \textbf{230 V}$

b) $P = U \cdot I \Rightarrow I = \dfrac{P}{U};$ $I_1 = \dfrac{40 \; W}{230 \; V} \approx \textbf{0,17 A}$

$I_2 = \dfrac{75 \; W}{230 \; V} \approx \textbf{0,33 A};$ $I_3 = \dfrac{300 \; W}{230 \; V} \approx \textbf{1,30 A}$

4 Das Leistungsschild eines Gleichstrommotors enthält die Angaben: $U = 230$ V, $I = 24$ A. Wie groß ist die aus dem Netz aufgenommene elektrische Leistung P des Motors?

Gegeben: $U = 230$ V; $I = 24$ A; *Gesucht:* P

Grundformel: $P = U \cdot I$

$P = 230 \; V \cdot 24 \; A = 5520 \; W = \textbf{5,52 kW}$

5 Die Heizwicklung eines elektrisch beheizten Ölbads nimmt bei einer Spannung von 230 V einen Strom von 2 A auf. Wie groß ist der elektrische Widerstand der Heizwicklung und welche täglichen Kosten entstehen, wenn bei einem Tarif von 0,24 DM/kWh täglich 8 Stunden geheizt wird?

Gegeben: $U = 230$ V; $I = 2$ A; Zeit $t = 8$ h
Tarif = 0,24 DM/kWh

Gesucht: Widerstand R und Stromkosten

Lösung: $I = \dfrac{U}{R} \Rightarrow R = \dfrac{U}{I}$

$R = \dfrac{230 \; V}{2 \; A} = \textbf{115 Ω}$

Stromkosten = Tarif x elektr. Leistung x Zeit
= Tarif $\cdot P \cdot t$

$P = U \cdot I = 230 \; V \cdot 2 \; A = 460 \; W = 0{,}46 \; kW$

Stromkosten $= 0{,}24 \; \dfrac{DM}{kWh} \cdot 0{,}46 \; kW \cdot 8 \; h$

$= \textbf{0,88 DM}$

6 Von einem Wechselstrommotor sind folgende Werte bekannt: $U = 230$ V; $I = 16$ A; $\cos \varphi = 0{,}82$; $\eta = 87\% = 0{,}87$

Gesucht wird die aus dem Stromnetz entnommene Leistung P_1 und die vom Motor abgegebene Leistung P_2.

Lösung:
$P_1 = U \cdot I \cdot \cos \varphi$
$P_1 = 230 \; V \cdot 16 \; A \cdot 0{,}82 = \textbf{3017,6 W}$

$\eta = \dfrac{P_2}{P_1} \Rightarrow P_2 = \eta \cdot P_1$

$P_2 = 0{,}87 \cdot 3017{,}6 \; W = \textbf{2625 W}$

T43 Im Heizdraht eines Glühofens fließt bei einer Netzspannung von 230 V ein Strom von 10 A.

T43.1 Wie groß ist der Widerstand?

a) 230 Ω   b) 23 Ω
c) 2,3 Ω   d) 0,23 Ω
e) 0,043 Ω

T43.2 Welche Leistung nimmt der Heizdraht auf?

a) 2,3 kW   b) 23 kW
c) 0,23 kW   d) 230 kW
e) 2300 kW

Tabelle: Einheiten im Messwesen				
Gesetzliche Einheiten (SI-Einheiten)				
Basisgröße Größe	Formel- zeichen DIN 1304	SI-Einheiten Basiseinheiten und abgeleitete Einheiten	DIN 1301	Beziehung
		Name	Einheiten- zeichen	
Länge Weglänge (Weg)	l s	Meter	m	1 m = 10 dm = 100 cm = 1000 mm
Fläche	A, S	Quadratmeter	m^2	1 m^2 = 10 000 cm^2 = 1 000 000 mm^2
		Ar	a	1 a = 100 m^2
		Hektar	ha	1 ha = 100 a = 10 000 m^2
Volumen	V	Kubikmeter	m^3	1 m^3 = 1000 dm^3 = 1 000 000 cm^3
		Liter	l	1 l = 1 dm^3 = 0,001 m^3
ebener Winkel (Winkel)	α, β, γ ...	Radiant	rad	1 rad = 1 m/m = 57,2957...°
		Vollwinkel	–	1 Vollwinkel = 2 π · rad
		Gon	gon	1 gon = (π/200) rad
		Grad	°	$1° = \dfrac{\pi}{180}$ rad = 60′ = 3600″
		Minute	′	1′ = 1°/60 = 60″
		Sekunde	″	1″ = 1′/60 = 1°/3600
Masse, Gewicht als Wägeergebnis	m	Kilogramm	kg	1 kg = 1000 g
		Gramm	g	1 g = 0,001 kg
		Tonne	t	1 t = 1000 kg
Dichte (volumenbezogene Masse)	ϱ	Kilogramm durch Kubikmeter	kg/m^3	1000 kg/m^3 = 1 t/m^3 = 1 kg/dm^3 = 1 g/cm^3
Zeit, Zeitspanne, Dauer	t	Sekunde	s	
		Minute	min	1 min = 60 s
		Stunde	h	1 h = 60 min = 3600 s
		Tag	d	1 d = 24 h
Frequenz	f, ν (nü)	Hertz	Hz	1 Hz = 1 s^{-1} = 1/s
Umdrehungsfrequenz Drehzahl	n	Sekunde hoch minus 1	s^{-1}	1 s^{-1} = 1/s = 60/min
		Minute hoch minus 1	min^{-1}	1 min^{-1} = 1/min = 1/60 s
Geschwindigkeit	v, u	Meter durch Sekunde	m/s	1 m/s = 60 m/min = 3,6 km/h
		Meter durch Minute	m/min	1 m/min = 1 m/60 s
		Kilometer durch Stunde	km/h	
Beschleunigung Fallbeschleunigung	a g	Meter durch Sekunde hoch zwei	m/s^2	$1 \text{ m/s}^2 = \dfrac{1 \text{ m/s}}{1 \text{ s}}$
Kraft Gewichtskraft	F F_G, G	Newton (njuten)	N	$1 \text{ N} = 1 \text{ kg} \cdot \dfrac{1 \text{ m/s}}{1 \text{ s}} = 1 \dfrac{\text{kg} \cdot \text{m}}{\text{s}^2}$
Drehmoment	M	Newton mal Meter	N · m	1 N · m = 1 N · 1 m
Druck	p	Pascal	Pa	1 Pa = 1 N/m^2
		Bar	bar	1 bar = 100 000 N/m^2 = 10 N/cm^2
mechanische Spannung	σ, τ	Newton durch Millimeter hoch zwei	N/mm^2	1 N/mm^2 = 10 bar = 1 MN//m^2
Energie, Arbeit Wärmemenge	E, W Q	Kilowattstunde	kW · h	1 kW · h = 3 600 000 W · s = 3,6 MJ
		Joule (dschul)	J	1 J = 1 N · m = 1 W · s
Leistung	P	Watt	W	1 W = 1 J/s = 1 N · m/s
Elektrische Stromstärke	I	Ampere	A	
Elektrische Spannung	U	Volt	V	1 V = 1 W/1 A
Elektrischer Widerstand	R	Ohm	Ω	1 Ω = 1 V/1 A
Temperatur	T, Θ	Kelvin	K	0 K ≙ − 273 °C
	t, ϑ	Grad Celsius	°C	0 °C ≙ 273 K
Stoffmenge (Teilchenmenge)	n, ν	Mol	mol	1 mol entspricht rund 6 · 10^{23} Teilchen
Lichtstärke	I_v	Candela	cd	

Tabelle: Einheiten im Messwesen

Bemerkung	Formel-zeichen DIN 1304	Einheit	Ein-heiten-zeichen	Umrechnung in SI-Einheiten
	l	Angström	Å	$1\ \text{Å} = 10^{-10}\ \text{m}$
	s	Zoll	″	$1″ \,\hat{=}\, 25{,}4\ \text{mm}$
Zeichen *S* nur für Querschnittsflächen	*A, S*			
Nur für Flächen von Grundstücken				
Meist für Flüssigkeiten und Gase	*V*			
1 rad ist der Winkel, der aus einem um den Scheitelpunkt geschlagenen Kreis mit 1 m Radius einen Bogen von 1 m Länge schneidet.	$\alpha, \beta, \gamma\ ...$	Neugrad	g	$1^{\mathrm{g}} = \dfrac{\pi}{200}\ \text{rad}$
		Neuminute	c	$1^{\mathrm{c}} = 1^{\mathrm{g}}/100$
		Neusekunde	cc	$1^{\mathrm{cc}} = 1^{\mathrm{c}}/100$
Gewicht im Sinne eines Wäge-ergebnisses oder eines Wägestückes ist eine Größe von der Art der Masse (Einheit kg).	*m*	Pfund		1 Pfund = 0,5 kg
		Zentner		1 Zentner = 50 kg
		Doppelzentner		1 Doppelzentner = 100 kg
	ϱ			
3 h bedeutet eine Zeitspanne (3 Std.). 3^{h} bedeutet einen Zeitpunkt (3 Uhr). Werden Zeitpunkte in gemischter Form, z.B. $3^{\mathrm{h}}\ 24^{\mathrm{m}}\ 10^{\mathrm{s}}$ geschrieben, so kann das Zeichen min auf m verkürzt werden.	*t*			
1 Hz $\hat{=}$ 1 Schwingung in 1 Sekunde.	*f, ν*			
	n			
	v, u			
Formelzeichen *g* nur für Fallbeschleu-nigung $g = 9{,}80665\ \text{m/s}^2 \approx 10\ \text{m/s}^2$	*a*			
	g			
Die Kraft 1 N bewirkt bei der Masse 1 kg in 1 s eine Geschwindigkeits-änderung von 1 m/s.	*F*	Kilopond	kp	**1 kg = 9,81 N ≈ 10 N**
	F_{G}, *G*	Pond	p	1 p = 0,00981 N ≈ 0,01 N
	M	Kilopondmeter	kp · m	1 kp · m ≈ 10 N · m
Unter Druck versteht man die Kraft je Flächeneinheit. Für Überdruck wird das Formelzeichen p_{e} verwendet, z.B. $p_{\mathrm{e}} = 6$ bar, für den atmosphärischen Luftdruck das Zeichen p_{amb}.	*p*	techn. Atmosphäre	at	1 at = 0,981 bar **1 at ≈ 1 bar**
		Torr	Torr	1 Torr = 1 mmHg = 1,33 mbar
	σ, τ	Kilopond je Millimeter hoch zwei	kp/mm²	$1\ \text{kp/mm}^2 \approx 10\ \text{N/mm}^2$
Joule für jede Energieart, kW · h bevorzugt für elektrische Energie.	*W*	Kilopondmeter	kp · m	**1 kg · m = 9,81 J ≈ 10 J**
	Q	Kilokalorie	kcal	**1 kcal = 4186,8 J ≈ 4,2 kJ**
	P	Kilopondmeter durch Sekunde	kp · m/s	1 kp · m/s = 9,81 W ≈ 10 W
		Pferdestärke	PS	1 PS = 736 W = 0,736 kW
	I			
	U			
	R			
Kelvin (K) und Grad Celsius (°C) werden für Temperaturen und Temperaturdifferenzen verwendet.	T, Θ	Grad	grd	1 grd = 1 K
	t, ϑ	Grad Kelvin	°K	1°K = 1 K
1 mol von Sauerstoff (O_2) wiegt 32 g, da die relative Molekülmasse (Moleku-largew.) von Sauerstoff $M_{\mathrm{r}} = 32$ ist.	*n, ν*			
	I_{v}	Kerze (Neue Kerze)	K	1 K $\hat{=}$ 1 cd

Nicht mehr zugelassene Einheiten

Teil III   Aufgaben zur Arbeitsplanung

(Die Anordnung der Ansichten entspricht der Projektionsmethode 1, d.h. der in den meisten europäischen Ländern angewandten Darstellungsmethode)

1   Welche Ansicht (ohne verdeckte Kanten) passt zum Schrägbild?

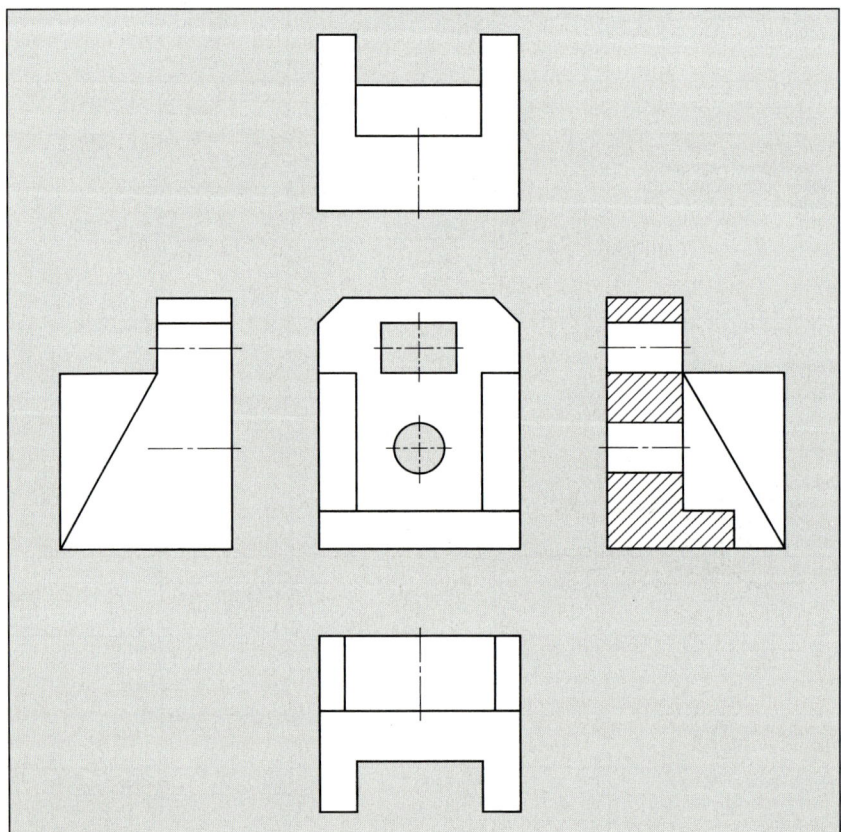

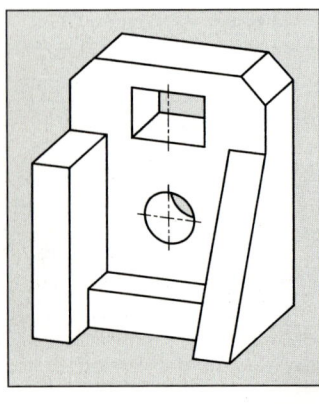

a) Vorderansicht
b) Draufsicht
c) Untersicht
d) Seitenansicht (von rechts)
e) Seitenansicht (von links)

herausgefunden
10. 1. 2002

2 Welche Ansicht entspricht dem Schrägbild?

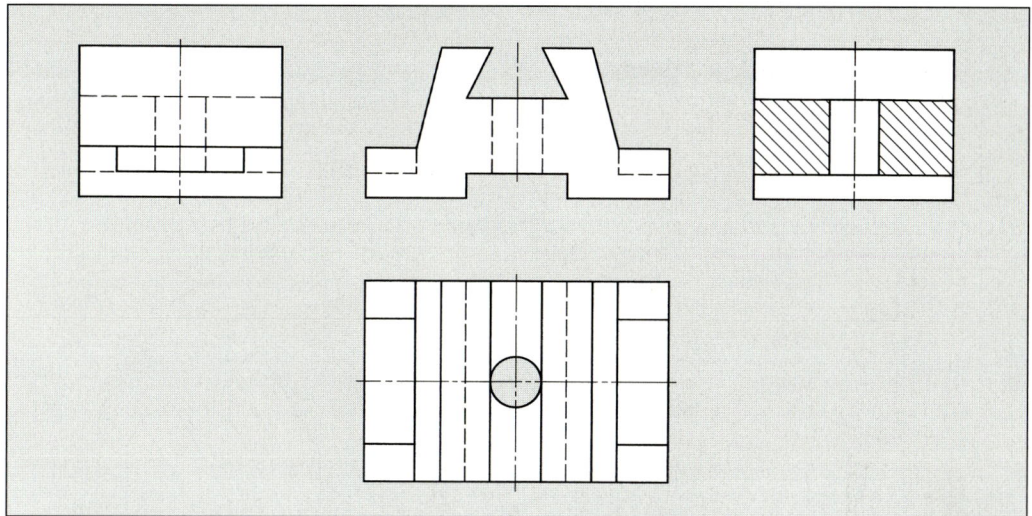

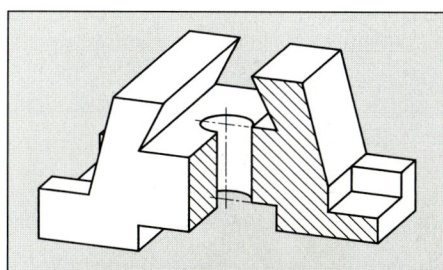

a) Nur die Vorderansicht
b) Nur die Draufsicht
c) Nur die Seitenansicht von links
d) Nur die Seitenansicht von rechts
e) Alle Ansichten

3 Welches Bild zeigt die richtige Vorderansicht?

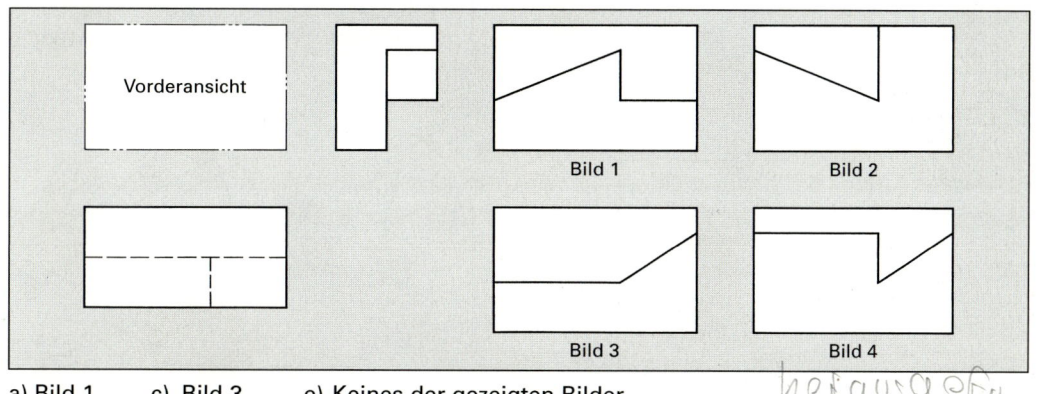

a) Bild 1   c) Bild 3   e) Keines der gezeigten Bilder
b) Bild 2   d) Bild 4

4 Welches Schrägbild entspricht dem Werkstück, das in der technischen Zeichnung dargestellt ist?

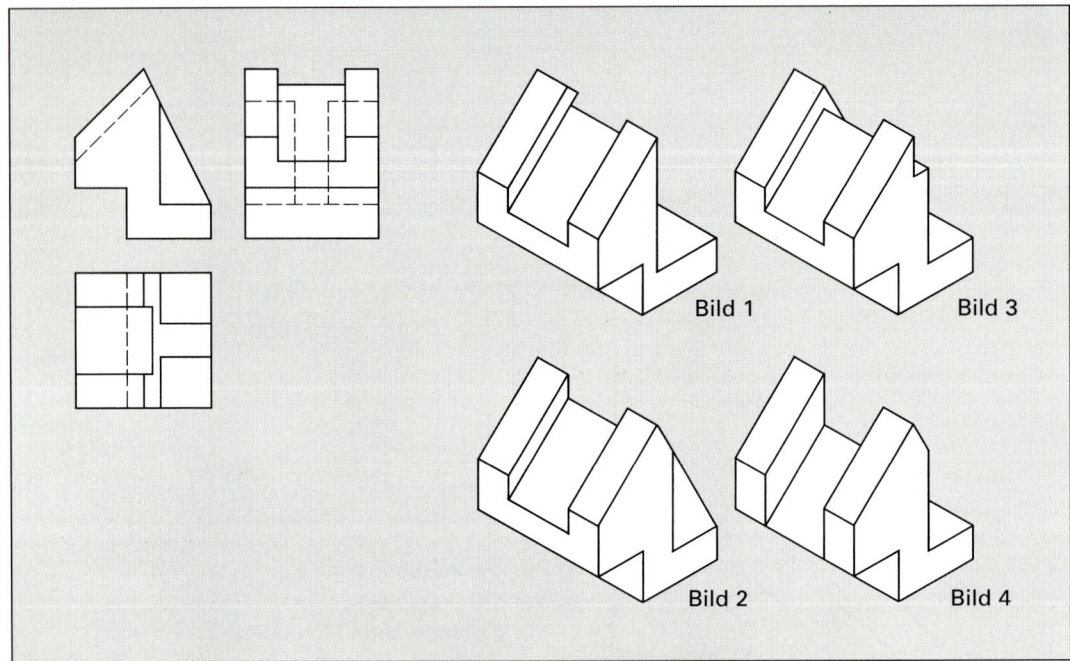

a) Bild 1   c) Bild 3   e) Keines der gezeigten Bilder
b) Bild 2   d) Bild 4

5 Welches Schrägbild entspricht dem Werkstück, das in der technischen Zeichnung dargestellt ist?

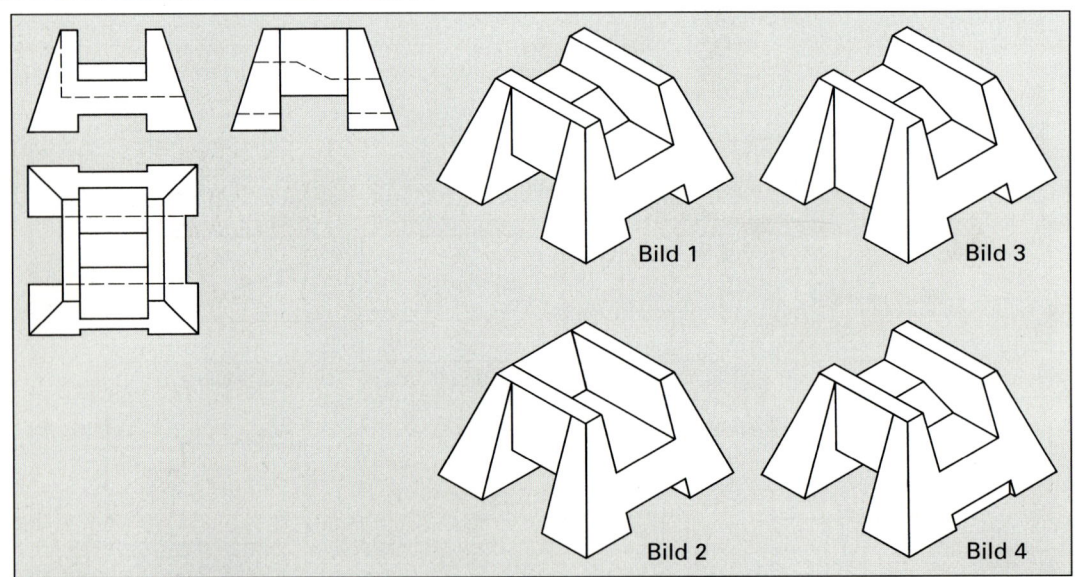

a) Bild 1   c) Bild 3   e) Keines der gezeigten Bilder
b) Bild 2   d) Bild 4

6 Welches Bild zeigt die richtige Seitenansicht?

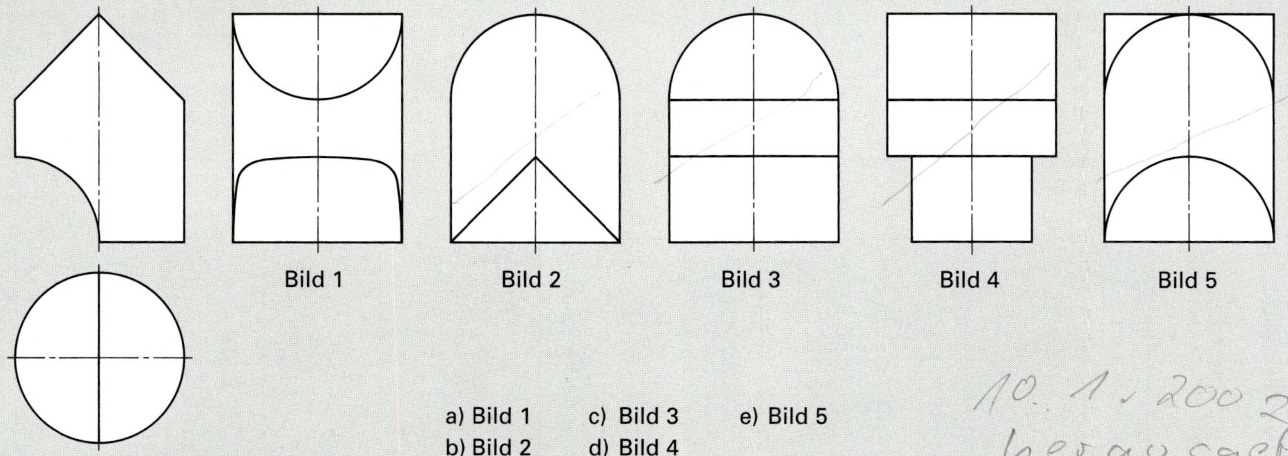

Bild 1 Bild 2 Bild 3 Bild 4 Bild 5

a) Bild 1   c) Bild 3   e) Bild 5
b) Bild 2   d) Bild 4

7 Welches Bild zeigt die richtige Seitenansicht?

Bild 1 Bild 2 Bild 3 Bild 4 Bild 5

a) Bild 1   c) Bild 3   e) Bild 5
b) Bild 2   d) Bild 4

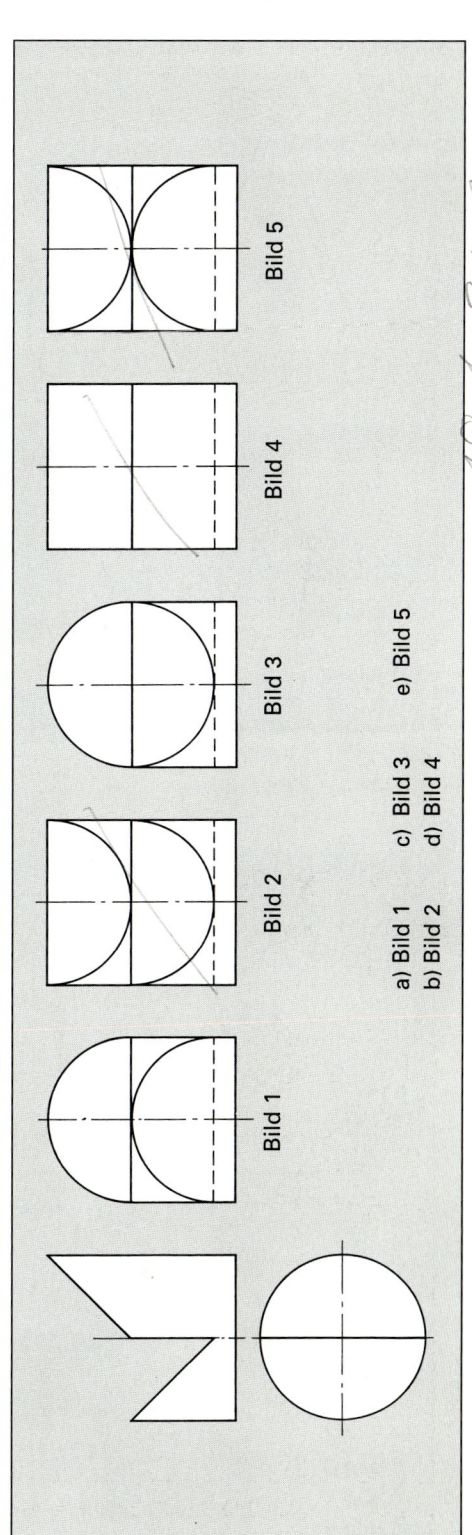

8   Welches Bild zeigt die richtige Seitenansicht (ohne verdeckte Kanten)?

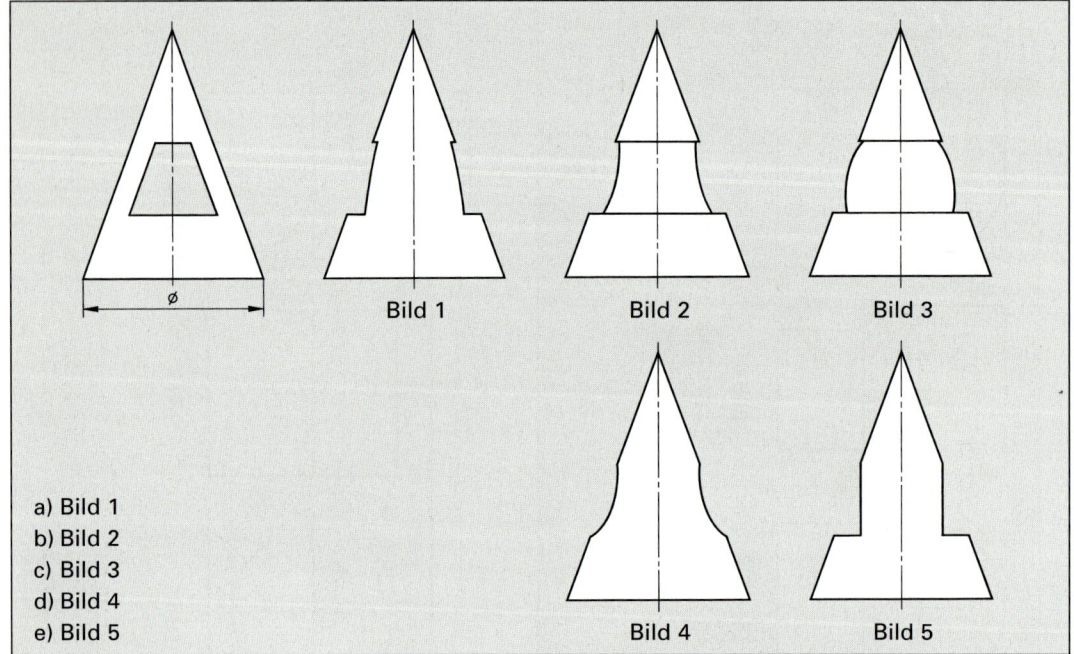

Bild 1   Bild 2   Bild 3

a) Bild 1
b) Bild 2
c) Bild 3
d) Bild 4
e) Bild 5

Bild 4   Bild 5

9   Welches Bild zeigt die richtige Seitenansicht (ohne verdeckte Kanten)?

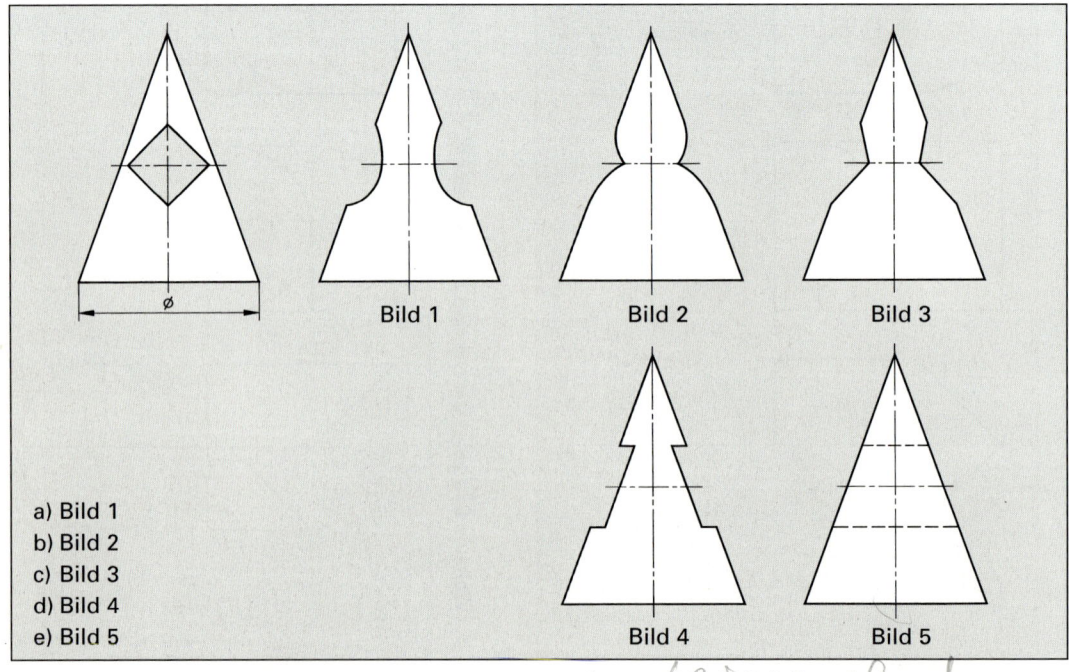

Bild 1   Bild 2   Bild 3

a) Bild 1
b) Bild 2
c) Bild 3
d) Bild 4
e) Bild 5

Bild 4   Bild 5

10 Welches Bild zeigt die richtige Seitenansicht?

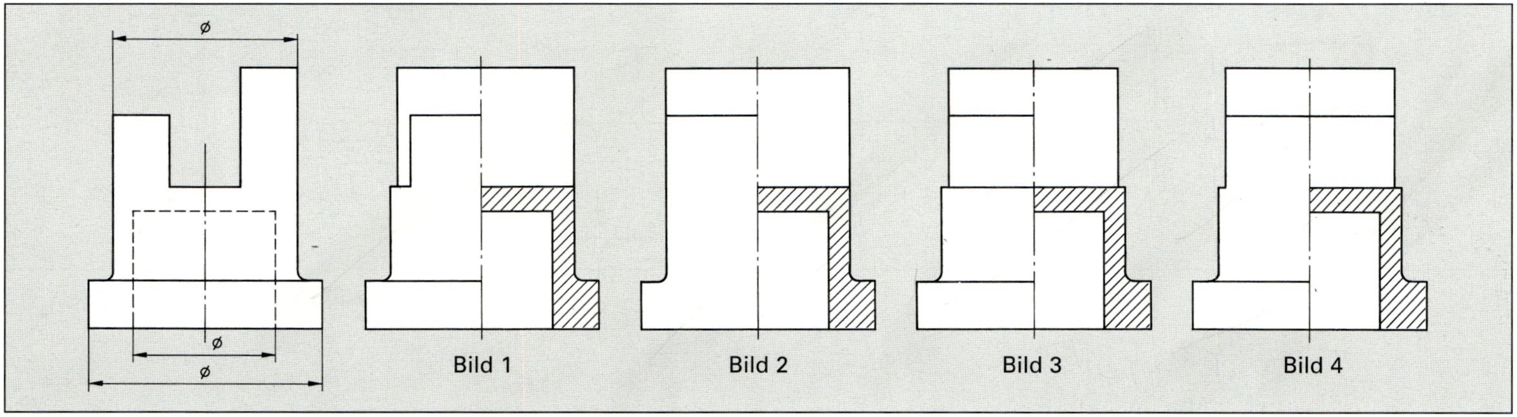

Bild 1 Bild 2 Bild 3 Bild 4

a) Bild 1 c) Bild 3 e) Keines der Bilder
b) Bild 2 d) Bild 4

11 Welches Bild zeigt die richtige Seitenansicht?

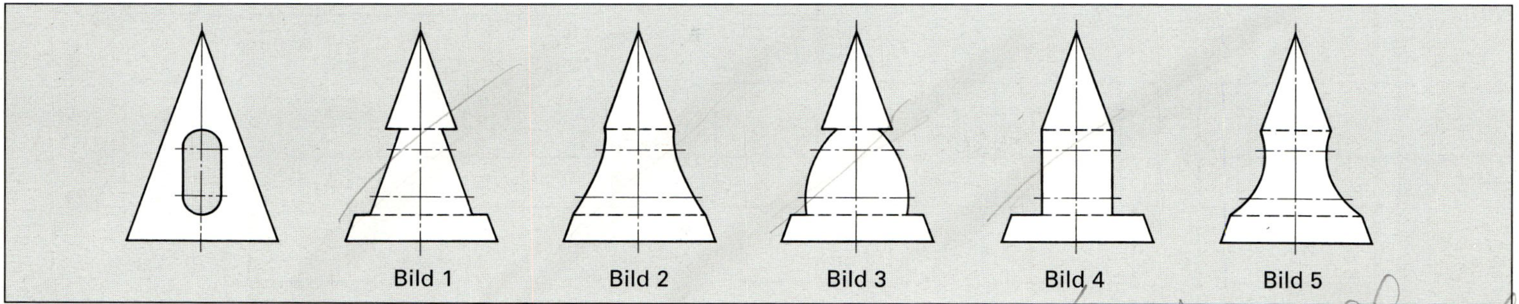

Bild 1 Bild 2 Bild 3 Bild 4 Bild 5

a) Bild 1 c) Bild 3 e) Bild 5
b) Bild 2 d) Bild 4

12 Welches Bild zeigt die richtige Seitenansicht?

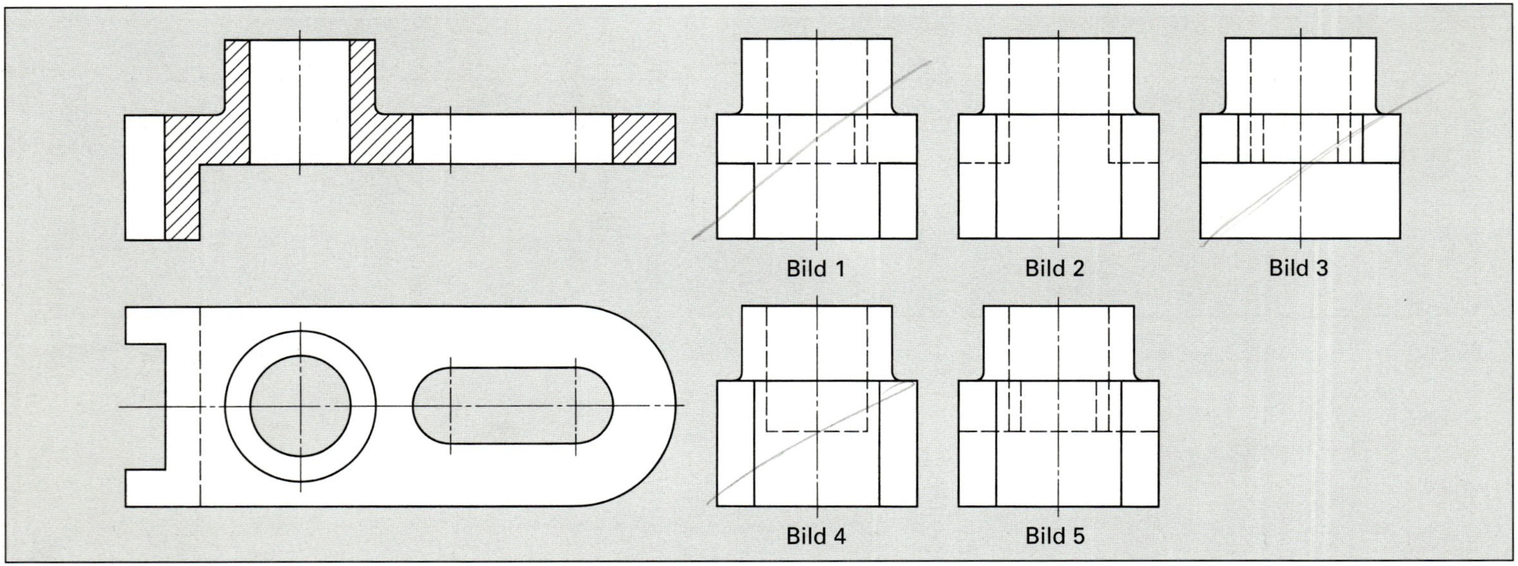

Bild 1   Bild 2   Bild 3

Bild 4   Bild 5

a) Bild 1   b) Bild 2   c) Bild 3   d) Bild 4   e) Bild 5

13 Welches Bild zeigt die richtige Seitenansicht?

Bild 1   Bild 2   Bild 3   Bild 4   Bild 5

a) Bild 1   b) Bild 2   c) Bild 3   d) Bild 4   e) Bild 5

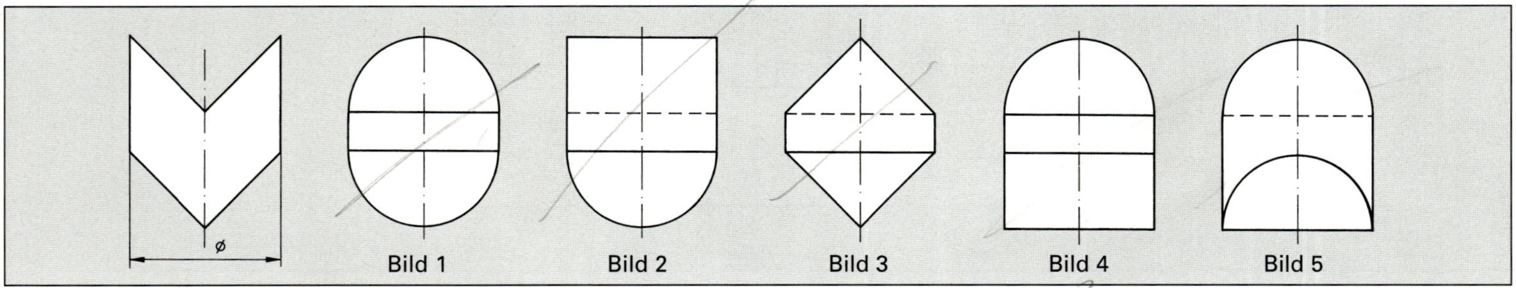

10.1.2002
bei ausgeben

10.1.2002
herausgefunden

14 Welches Bild zeigt die richtige Draufsicht?

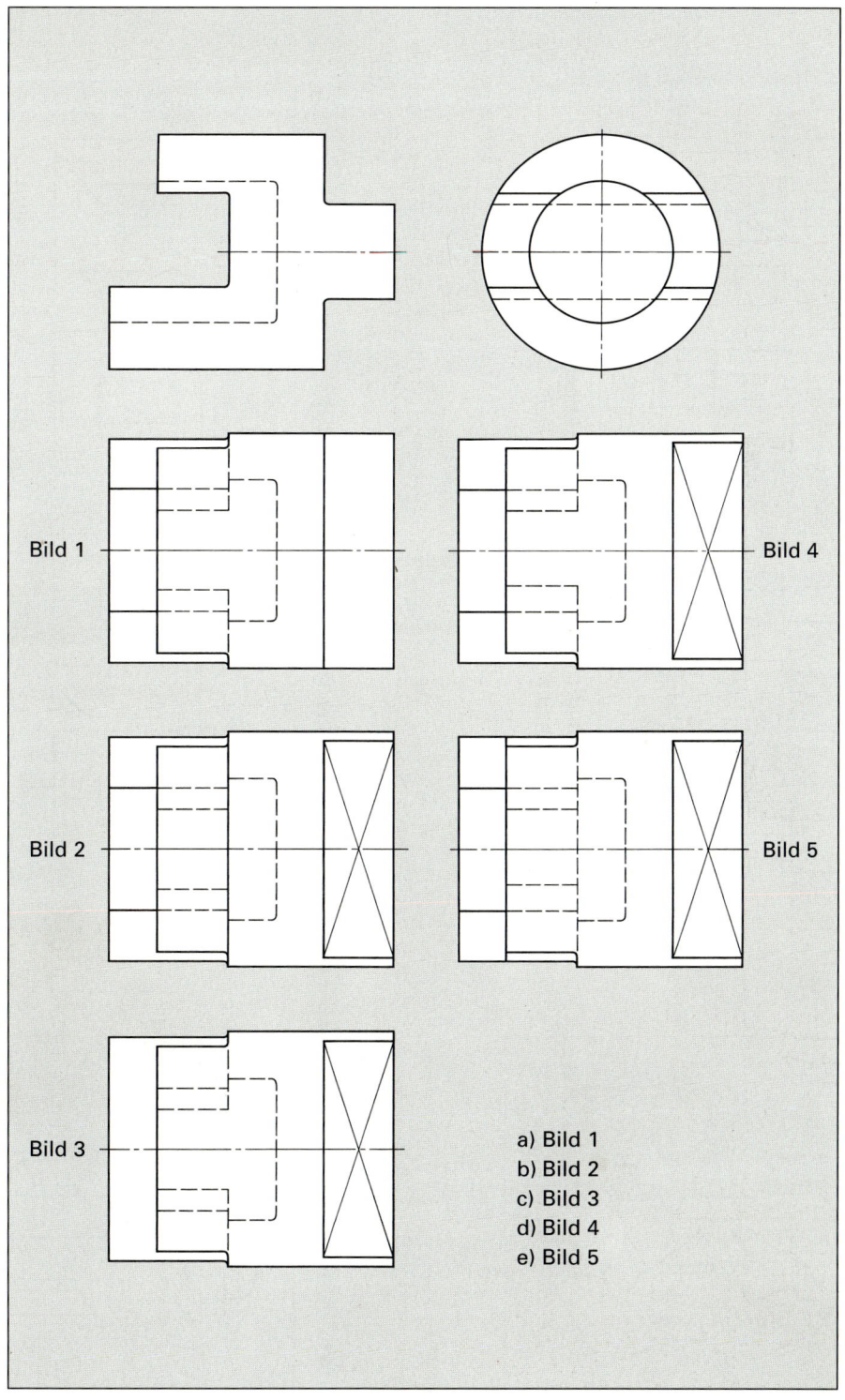

Bild 1

Bild 2

Bild 3

Bild 4

Bild 5

a) Bild 1
b) Bild 2
c) Bild 3
d) Bild 4
e) Bild 5

15 In welchem Bild ist die Vorderansicht des im Schrägbild gezeigten Werkstücks richtig dargestellt?

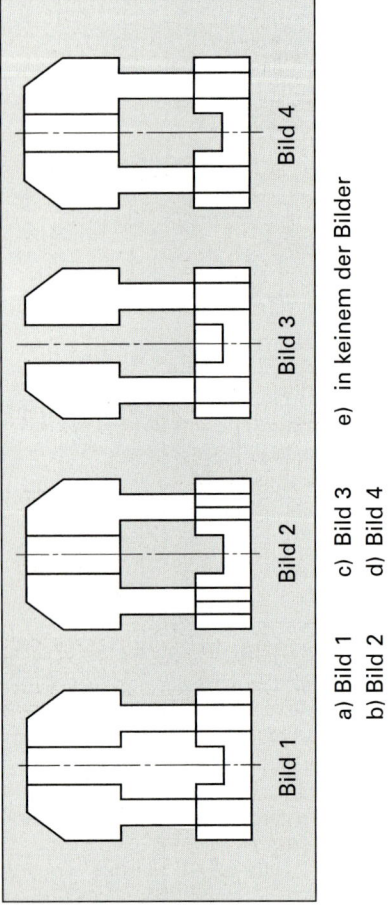

Bild 1   Bild 2   Bild 3   Bild 4

a) Bild 1   c) Bild 3   e) in keinem der Bilder
b) Bild 2   d) Bild 4

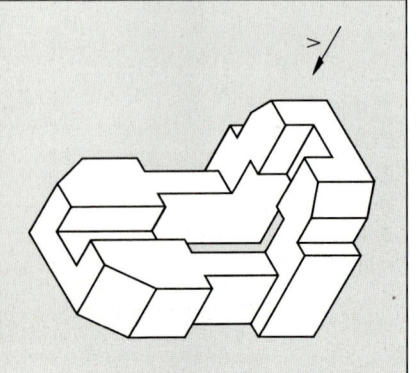

16 In welchem Bild ist die Vorderansicht des im Schrägbild gezeigten Werkstücks richtig dargestellt?

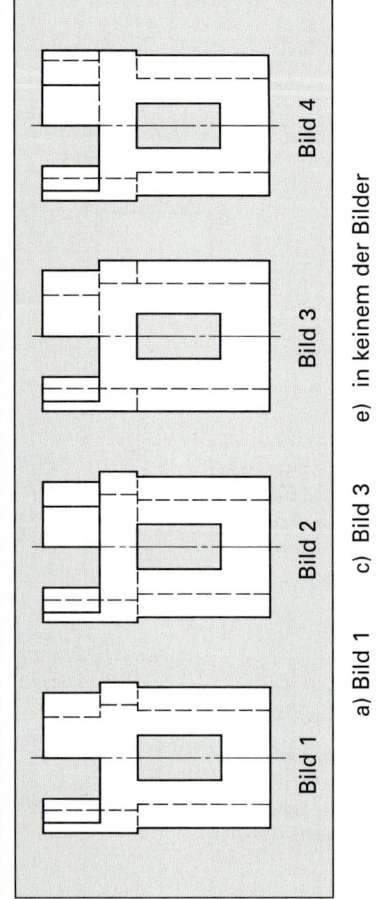

Bild 1   Bild 2   Bild 3   Bild 4

a) Bild 1   c) Bild 3   e) in keinem der Bilder
b) Bild 2   d) Bild 4

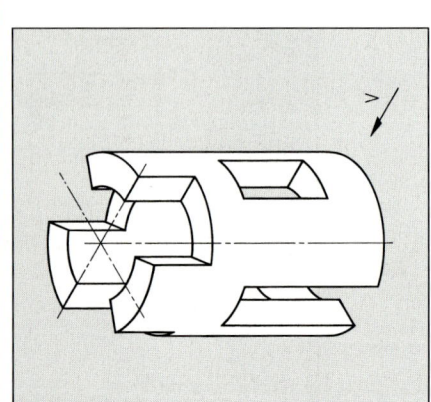

17 In welchem Bild ist die Vorderansicht des im Schrägbild gezeigten Werkstücks richtig dargestellt?

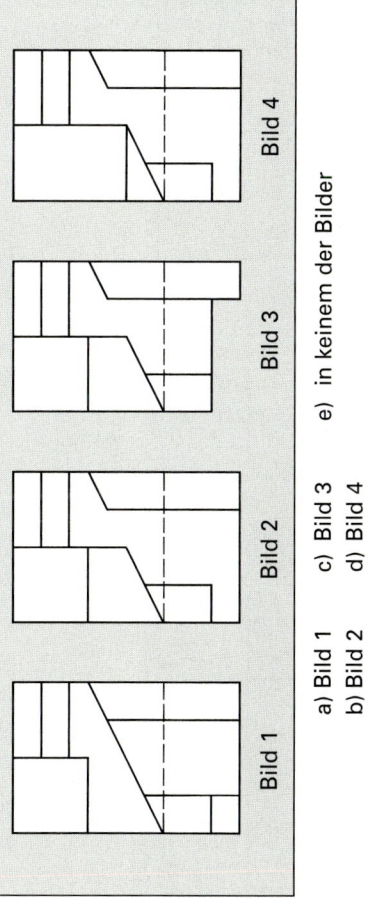

Bild 1   Bild 2   Bild 3   Bild 4

a) Bild 1   c) Bild 3   e) in keinem der Bilder
b) Bild 2   d) Bild 4

18 In welchem Bild ist die Vorderansicht des im Schrägbild gezeigten Werkstücks richtig dargestellt?

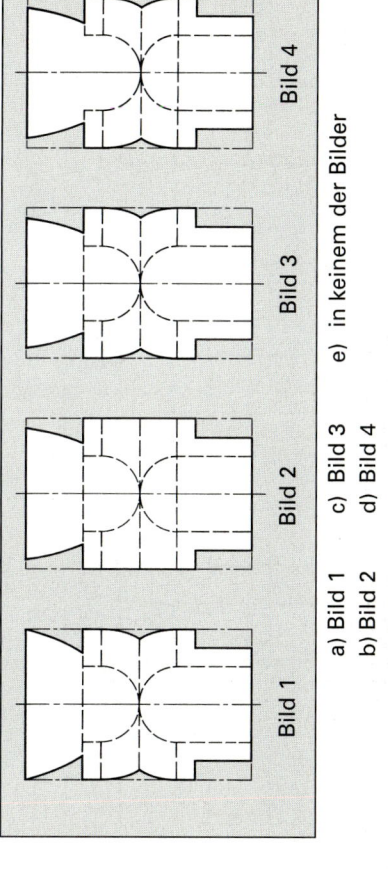

Bild 1   Bild 2   Bild 3   Bild 4

a) Bild 1   c) Bild 3   e) in keinem der Bilder
b) Bild 2   d) Bild 4

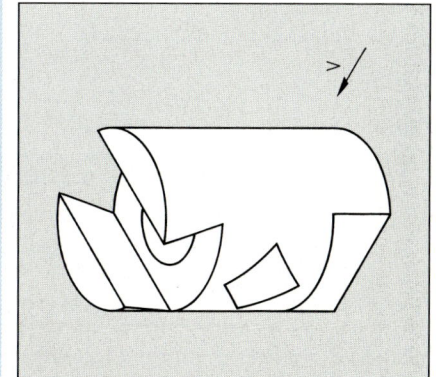

19 Welches Bild zeigt die richtige Seitenansicht?

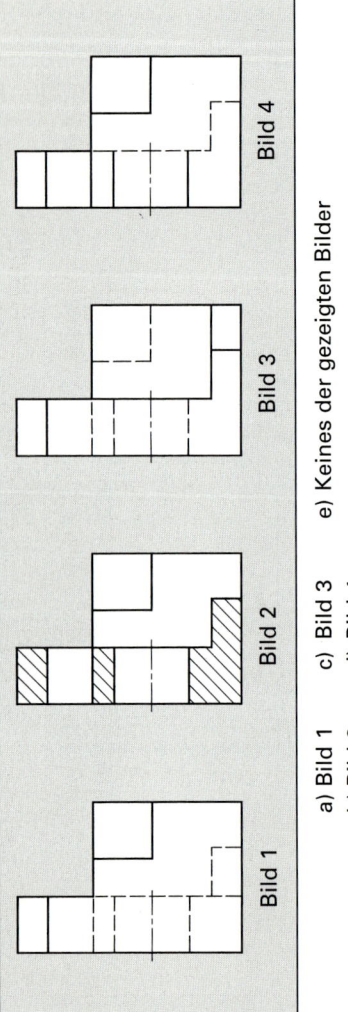

Bild 1   Bild 2   Bild 3   Bild 4

a) Bild 1   c) Bild 3   e) Keines der gezeigten Bilder
b) Bild 2   d) Bild 4

20 Welches Bild zeigt die richtige Seitenansicht?

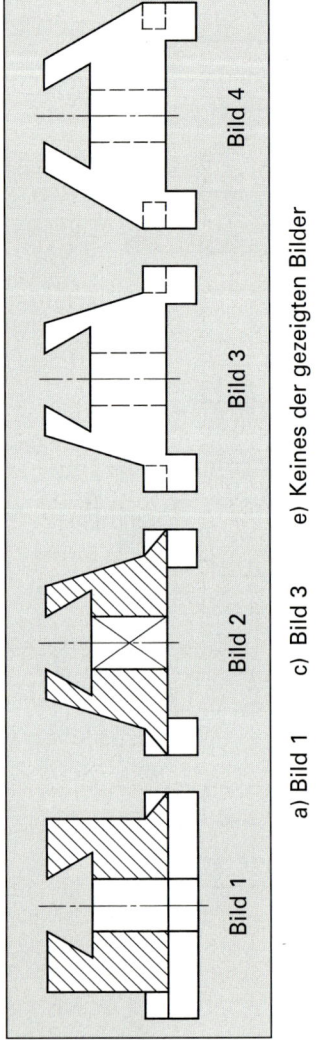

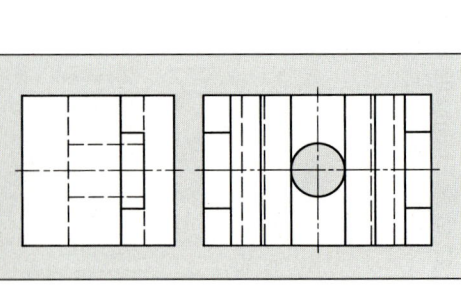

Bild 1   Bild 2   Bild 3   Bild 4

a) Bild 1   c) Bild 3   e) Keines der gezeigten Bilder
b) Bild 2   d) Bild 4

21 Welche Blattgröße nach DIN 476 besitzt eine beschnittene Zeichnung im DIN-Format A 3 (Fertigformat)?

a) 841 mm × 1189 mm
b) 594 mm × 841 mm
c) 420 mm × 594 mm
d) 297 mm × 420 mm
e) 210 mm × 297 mm

22 Eine Werkstückoberfläche soll durch ein materialabtrennendes Fertigungsverfahren einen maximalen Mittenrauwert von 3,2 μm erhalten.
Welche Angabe hierzu ist richtig?

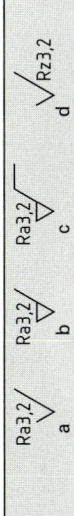

23 Welche Aussage ist richtig?

a) Die in der Schnittebene liegende Fläche wird als Schraffurfläche bezeichnet
b) Schnittflächen werden mit schmalen Volllinien unter 60° zur Achse schraffiert
c) Die Schraffur ist für Maßzahlen und Beschriftung zu unterbrechen
d) Fällt bei einem Schnitt eine Körperkante auf die Mittellinie, so darf die Körperkante nicht gezeichnet werden
e) Der Schnittverlauf muss immer angegeben werden

24 Wie erfolgt die Darstellung eines Werkstückes in der isometrischen Projektion nach DIN 5?

a) Seitenverhältnisse 1 : 1 : 1;   Winkel 30° und 30°
b) Seitenverhältnisse 1 : 1 : 0,5; Winkel 7° und 42°
c) Seitenverhältnisse 1 : 1 : 2;   Winkel 7° und 42°
d) Seitenverhältnisse 1 : 1 : 1;   Winkel 0° und 45°
e) Seitenverhältnisse 1 : 1 : 2;   Winkel 30° und 30°

25 Welches Bild zeigt die richtige Seitenansicht?

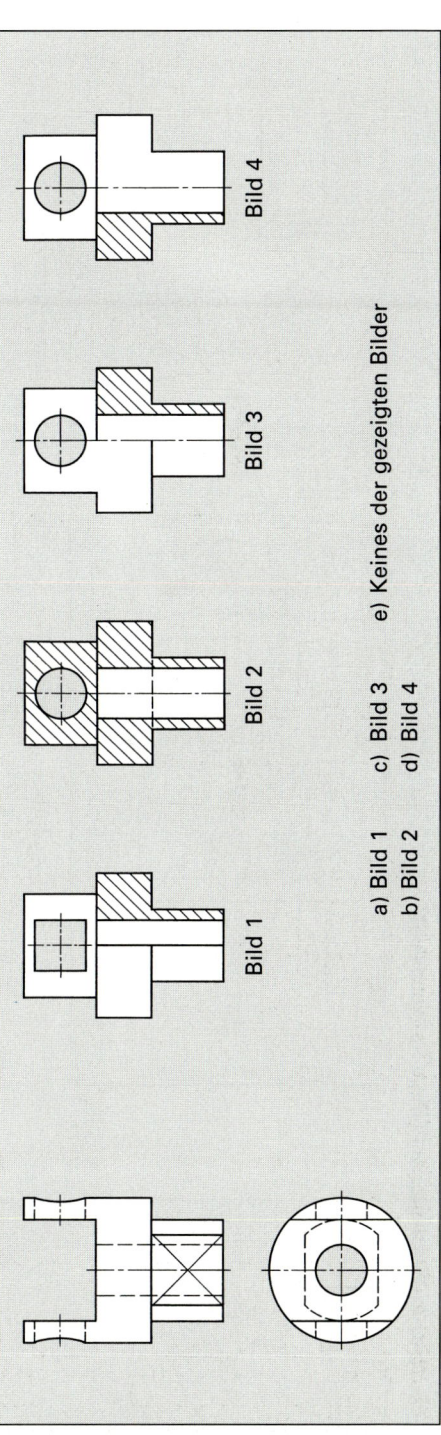

Bild 1   Bild 2   Bild 3   Bild 4

a) Bild 1   c) Bild 3
b) Bild 2   d) Bild 4
e) Keines der gezeigten Bilder

26 Welches Bild zeigt die richtige Seitenansicht?

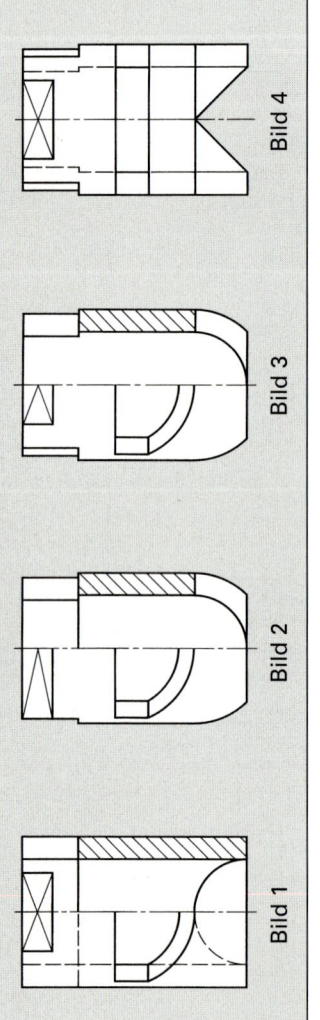

Bild 1   Bild 2   Bild 3   Bild 4

a) Bild 1   c) Bild 3   e) Keines der gezeigten Bilder

b) Bild 2   d) Bild 4

27 Welche Bedeutung nach DIN 406 hat eine Maßzahl, die unterstrichen ist?

a) Das Maß wird besonders gelehrt

b) Fertigungsmaß mit einer Toleranz von 0,1 mm

c) Das Maß wird vom Besteller besonders geprüft

d) Das Maß ist nicht maßstäblich gezeichnet

e) Das Maß wird vom Empfänger 100% geprüft

28 Welche Aussage ist *falsch*?

a) Die Strichpunktlinie (breit) dient zur Kennzeichnung des Schnittverlaufs

b) Alle Schnittflächen des gleichen Teiles werden in allen Ansichten in gleicher Art schraffiert

c) Biegelinien werden als breite Volllinien dargestellt

d) Die Strich-Zweipunktlinie (schmal) dient zur Kennzeichnung von Teilen, die vor der Schnittebene liegen

e) Oberflächenstrukturen, z.B. Rändel, werden mit breiten Volllinien dargestellt

29 Welche Aussage ist richtig?

a) Ein eingerahmtes Maß ist ein nicht maßstäblich gezeichnetes Maß

b) Gewindesenkungen müssen immer gezeichnet und bemaßt werden

c) Werkstücke werden in Teilzeichnungen vorzugsweise in der Fertigungslage dargestellt

d) Das Diagonalkreuz (breite Volllinie) kennzeichnet eine Passfläche

e) Sichtbare Kanten werden in schmalen Volllinien dargestellt

30 Welcher Maßstab ist nach DIN-ISO 5455 ein genormter Verkleinerungsmaßstab?

a) M 1 : 5

b) M 5 : 1

c) M 2 : 1

d) M 1 : 4

e) M 1 : 2,5

31 Welches Bild zeigt die richtige Draufsicht?   **32 Welches Bild zeigt die richtige Draufsicht?**

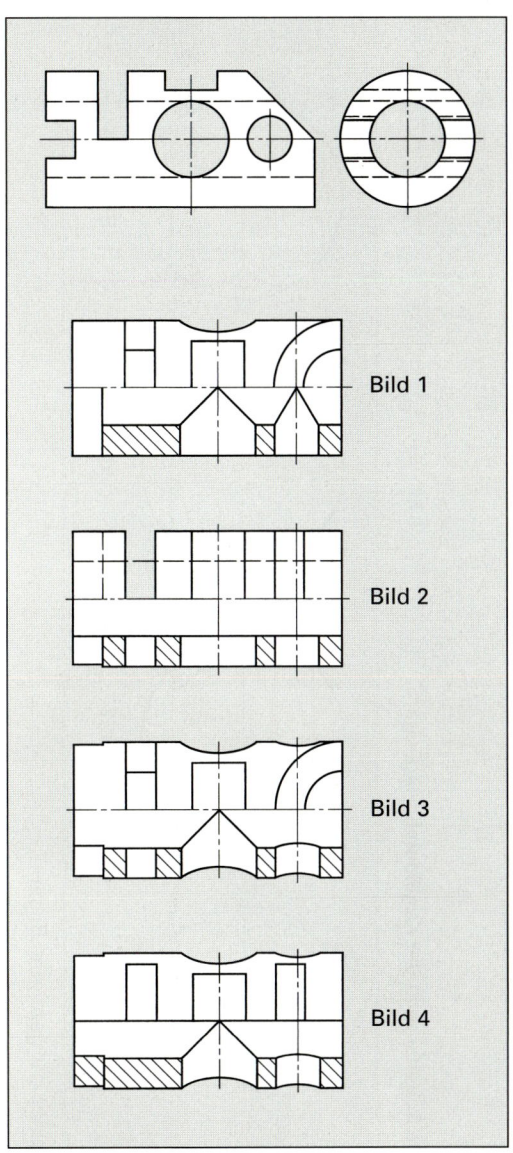

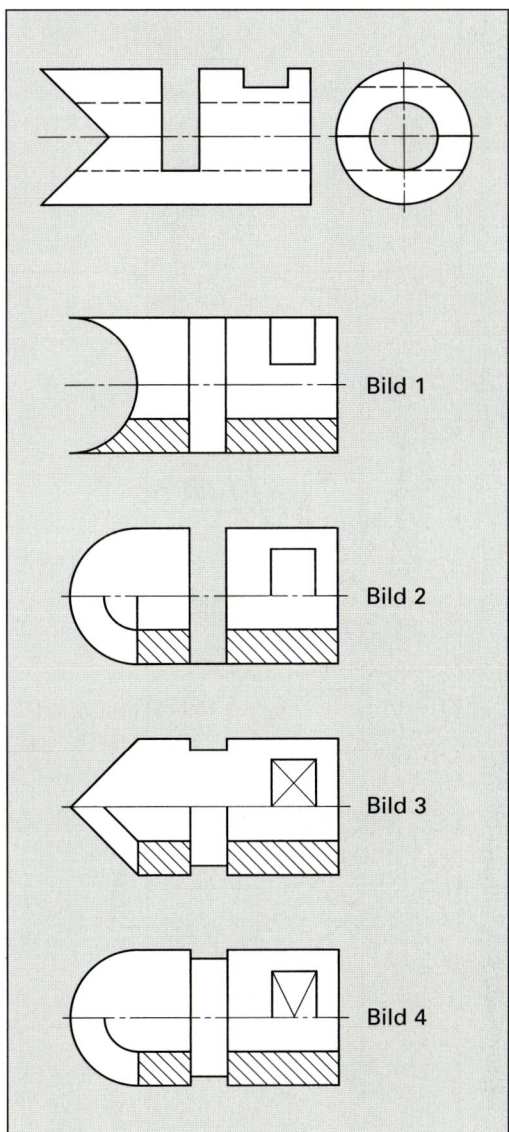

a) Bild 1

b) Bild 2

c) Bild 3

d) Bild 4

e) Keines der gezeigten Bilder

a) Bild 1

b) Bile 2

c) Bild 3

d) Bild 4

e) Keines der gezeigten Bilder

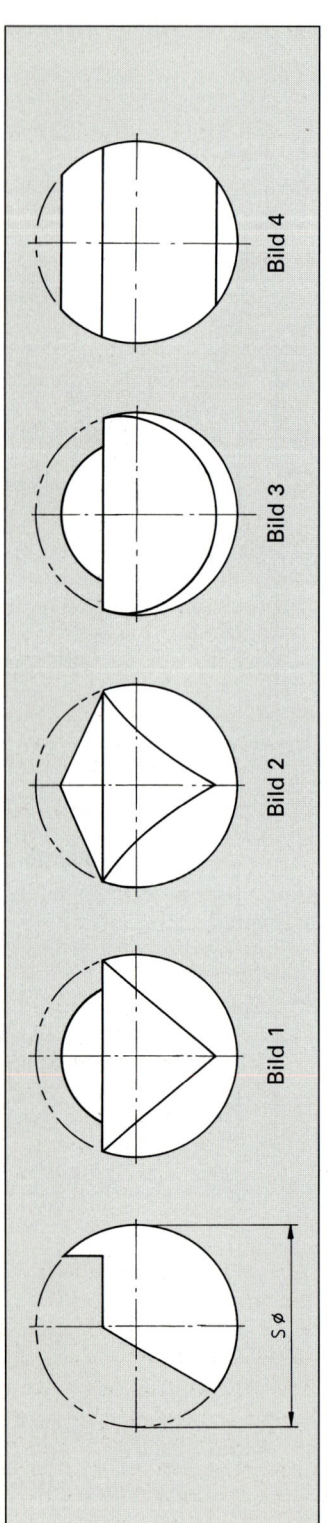

33 Welches Bild zeigt die richtige Seitenansicht des Kugelschnittes?

Bild 1   Bild 2   Bild 3   Bild 4

a) Bild 1   c) Bild 3   e) Keines der gezeigten Bilder
b) Bild 2   d) Bild 4

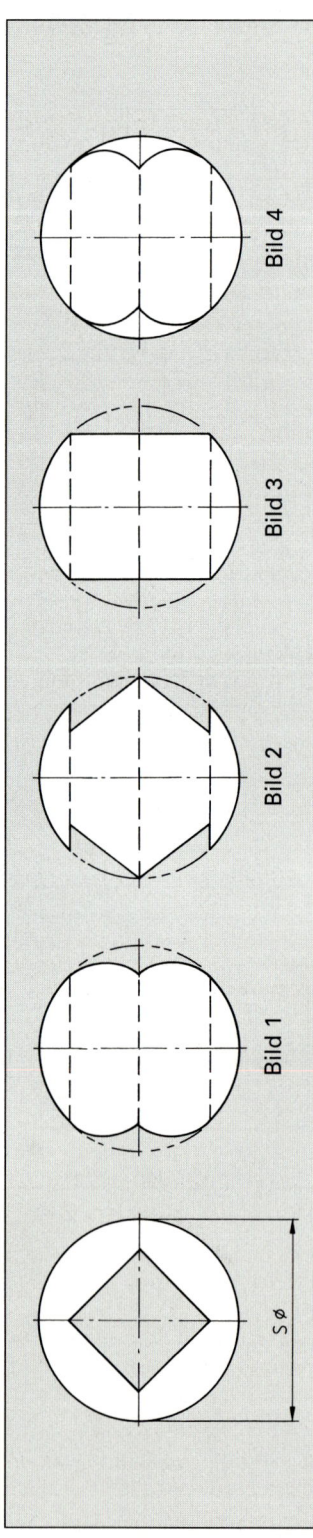

34 Welches Bild zeigt die richtige Seitenansicht der Kugeldurchdringung?

Bild 1   Bild 2   Bild 3   Bild 4

a) Bild 1   c) Bild 3   e) Keines der gezeigten Bilder
b) Bild 2   d) Bild 4

Teil IV: Wirtschafts- und Sozialkunde

1 Berufliche Bildung

1 Welche Vorteile bietet eine Berufsausbildung? Zeigen Sie die Vorteile an drei Beispielen auf.

Beispiele für die Vorteile einer Berufsausbildung:
- Das Einkommen eines Facharbeiters ist meist höher als das eines ungelernten Arbeitnehmers.
- Die Arbeitslosenquote ist bei Facharbeitern geringer als bei ungelernten Arbeitnehmern.
- Die von Facharbeitern ausgeführten Tätigkeiten sind in der Regel interessanter und anspruchsvoller.
- Die Aufstiegsmöglichkeiten sind für Facharbeiter größer.

2 In der Bundesrepublik hat man sich bei der Berufsbildung für das „duale System" entschieden. Zeigen Sie anhand von drei Argumenten die Vorzüge dieses Bildungssystems auf.

Vorteile des dualen Systems der Berufsausbildung:
- Die Ausbildung ist sehr stark an der Praxis orientiert.
- Die Ausbildung im Betrieb ermöglicht eine schnelle Anpassung an neue technische und wirtschaftliche Entwicklungen.
- Bei einer Übernahme nach der Ausbildung kann oft die Einarbeitungszeit entfallen.
- Die Ausbildung in der Berufsschule ergänzt die betriebliche Ausbildung

3 Durch den technischen Fortschritt wird die berufliche Mobilität immer wichtiger. Führen Sie drei Gründe für diese Forderung an.

Gründe für die Notwendigkeit der beruflichen Mobilität sind
- Veränderung der Arbeitswelt durch neue Werkstoffe und Telekommunikationsmittel
- Entwicklung neuer Produkte
- Wegfall bestimmter Berufe
- Verlagerung von Produktion aufgrund hoher Produktionskosten
- Einführung neuer Produktionsverfahren

4 Welche Aufgaben kommen der beruflichen Fortbildung im Rahmen des technischen Wandels zu?

Die berufliche Fortbildung soll z.B. helfen
- den Arbeitsplatz zu sichern
- mit den geänderten Anforderungen der Arbeitswelt fertig zu werden
- mit der Entwicklung der Technik Schritt zu halten

5 Auf welche Förderungen kann ein Arbeitnehmer zurückgreifen, wenn er sich für eine berufliche Fortbildung entschließt?

Fortbildungsmöglichkeiten:
- Die **innerbetriebliche Fortbildung** wird von den Unternehmen bezahlt
- Die **überbetriebliche Fortbildung** kann durch die Bundesanstalt für Arbeit gefördert werden (Rechtsgrundlage ist das Arbeitsförderungsgesetz)

6 Aus welchen Gründen könnte für Sie eine Umschulung notwendig werden?

Eine Umschulung kann erforderlich werden,
- wenn jemand durch einen Unfall oder eine dauerhafte Krankheit seinen Beruf nicht mehr ausüben kann
- wenn jemand arbeitslos wird und in seinem erlernten Beruf keine Vermittlungschance besteht

7 Der § 5 des Berufsbildungsgesetzes bestimmt, dass „eine Vereinbarung, die den Auszubildenden für die Zeit nach Beendigung des Berufsausbildungsverhältnisses in der Ausübung seiner beruflichen Tätigkeit beschränkt", nichtig ist. Unter welchen Bedingungen gilt dies nicht? Nennen Sie zwei Beispiele hierfür.

Diese Bestimmung trifft nicht zu,
- wenn sich der Auszubildende innerhalb der letzten drei Monate seiner Ausbildung verpflichtet, nach dem Ende seiner Ausbildung ein unbefristetes Arbeitsverhältnis einzugehen.
- wenn der Auszubildende sich unter oben genannten Bedingungen verpflichtet hat, ein Arbeitsverhältnis für die Dauer von höchstens fünf Jahren einzugehen, sofern der Ausbildende für eine weitere Berufsausbildung des Auszubildenden die Kosten übernimmt.

8 Nennen Sie zwei Bedingungen, unter denen ein Auszubildender ohne Schadenersatzleistung vorzeitig ein Ausbildungsverhältnis kündigen kann.

Während der Probezeit kann das Berufsausbildungsverhältnis generell gelöst werden, ohne dass Schadenersatzpflicht entsteht.

Wird das Berufsausbildungsverhältnis nach der Probezeit gelöst, kann der Arbeitgeber keinen Schadenersatz verlangen, wenn der Auszubildende die Berufsausbildung aufgeben oder sich für einen anderen Beruf ausbilden lassen will.

9 Was geschieht, wenn ein Auszubildender nach Bestehen seiner Berufsabschlussprüfung in seinem Betrieb weiterarbeitet, ohne dass hierfür ausdrücklich etwas vereinbart wurde?

Nach § 17 Berufsbildungsgesetz gilt damit ein Arbeitsverhältnis auf unbestimmte Zeit als begründet.

T1 Um eine umfassende und bundeseinheitliche Grundlage für die berufliche Bildung zu schaffen, beschloss 1969 der Bundestag die entsprechende Rechtsgrundlage. Wie heißt dieses Gesetz?

a) Arbeitnehmerüberlassungsgesetz
b) Arbeitsplatzschutzgesetz
c) Arbeitsförderungsgesetz
d) Beschäftigungsgesetz
e) Berufsbildungsgesetz

T2 Welche Aufgabe übernimmt im Rahmen des „Dualen Systems" der Berufsausbildung der Ausbildungsbetrieb?

a) Vermittlung der fachtheoretischen Kenntnisse, die für den Ausbildungsgang erforderlich sind
b) Vermittlung der notwendigen fachlichen Fertigkeiten und Kenntnisse, die zum Erreichen des Ausbildungszieles erforderlich sind
c) Vermittlung der fachlichen Fertigkeiten, die zum Bestehen der Zwischenprüfung erforderlich sind
d) Vermittlung der fachtheoretischen Kenntnisse und einer Fremdsprache
e) Vermittlung einer umfassenden Allgemeinbildung

T3 Wer einen Minderjährigen zur Berufsausbildung einstellt, hat mit dem Auszubildenden einen Berufsausbildungsvertrag zu schließen.

Der Vertrag muss unterzeichnet werden ...

a) von dem Ausbildenden, dem Auszubildenden und dessen gesetzlichen Vertreter
b) nur vom Ausbildenden
c) vom Ausbildenden und der Industrie- und Handelskammer bzw. Handwerkskammer
d) nur vom Auszubildenden
e) nur von der Industrie- und Handelskammer bzw. Handwerkskammer

T4 Ein Ausbildungsvertrag muss schriftlich niedergelegt werden ...

a) sofort bei Zusage des Ausbildenden
b) spätestens vor Beginn der Berufsausbildung
c) mit dem Schulbeginn der Berufsschule
d) nach bestandener Probezeit
e) nach bestandener Zwischenprüfung

T5 Welche Vereinbarung ist in einem Ausbildungsvertrag *unzulässig*?

a) Dauer und Probezeit
b) Voraussetzungen, unter denen der Berufsausbildungsvertrag gekündigt werden kann
c) Verpflichtung des Auszubildenden, für die Berufsausbildung eine Entschädigung zu zahlen
d) Dauer des Urlaubs
e) Ausbildungsmaßnahmen außerhalb der Ausbildungsstätte

T6 Der Ausbildende übernimmt *nicht* die Verpflichtung ...

a) selbst auszubilden oder einen Ausbilder ausdrücklich damit zu beauftragen
b) dem Auszubildenden kostenlos die Ausbildungsmittel zur Verfügung zu stellen
c) den Auszubildenden zum Besuch der Berufsschule anzuhalten
d) dafür zu sorgen, dass der Auszubildende charakterlich gefördert wird
e) den Auszubildenden eine ausreichende Verpflegung kostenlos zur Verfügung zu stellen

**T7 Wo ist die Dauer einer Berufsausbildung fest-
gelegt?**

In ...

a) dem Berufsbildungsgesetz
b) dem Bürgerlichen Gesetzbuch
c) der Gewerbeordnung
d) dem Jugendarbeitsschutzgesetz
e) der Ausbildungsordnung

**T8 Welche Verpflichtungen übernimmt ein Aus-
zubildender bei Abschluss eines Berufsaus-
bildungsvertrages *nicht*?**

Die Verpflichtung ...

a) die aufgetragenen Arbeiten sorgfältig auszuführen
b) die Werkzeuge und Werkstoffe, die zum Able-
gen der Abschlussprüfung erforderlich sind,
selbst zu bezahlen
c) über Betriebsgeheimnisse Stillschweigen zu
wahren
d) Weisungen vom Ausbildenden im Rahmen der
Berufsausbildung zu befolgen
e) die Betriebsordnung einzuhalten

**T9 Das Berufsausbildungsverhältnis beginnt mit
der Probezeit. Welche Zeit muss diese mindestens betragen und wie lange darf sie
höchstens sein?**

a) mindestens einen Monat und höchstens sechs
Monate
b) mindestens zwei Wochen und höchstens drei
Monate
c) mindestens eine Woche und höchstens drei
Monate
d) mindestens einen Monat und höchstens drei
Monate
e) mindestens drei Monate und höchstens sechs
Monate

**T10 Welche Kündigungsfrist gilt für die Kündi-
gung eines Berufsausbildungsverhältnisses
während der Probezeit?**

a) Keine, jederzeit ohne Einhaltung einer Kündigungsfrist
b) Sieben Tage
c) Zwei Wochen
d) Einen Monat
e) Drei Monate

**T11 Ein Auszubildender will nach Ablauf der
Probezeit seine Berufsausbildung aufgeben.
Wie kann das Berufsausbildungsverhältnis
gekündigt werden?**

a) Schriftlich ohne Angabe von Gründen und einer
Kündigungsfrist von vier Wochen
b) Mündlich, mit Angabe von Gründen
c) Schriftlich, mit Angabe von Gründen und ohne
Kündigungsfrist
d) Mündlich, ohne Angabe von Gründen
e) Schriftlich, mit Angabe von Gründen und mit
einer Kündigungsfrist von vier Wochen

**T12 Ein Auszubildender besteht die Abschluss-
prüfung nicht. Welche der folgenden Aussagen ist richtig?**

a) Das Ausbildungsverhältnis kann nicht verlängert werden.
b) Das Ausbildungsverhältnis kann auf sein Verlangen bis zur nächstmöglichen Wiederho-
lungsprüfung, höchstens um ein Jahr verlängert werden.
c) Das Ausbildungsverhältnis kann beliebig oft
verlängert werden.
d) Bei Verlängerung der Ausbildungszeit hat der
Auszubildende die zusätzlichen Kosten zu übernehmen.
e) Das Ausbildungsverhältnis kann nur nach Ge-
nehmigung des Arbeitsamtes verlängert werden.

**T13 Dem Auszubildenden ist nach Beendigung
des Berufsausbildungsverhältnisses ein
Zeugnis auszustellen. Was wird in dieses
Zeugnis nur auf Verlangen des Auszubildenden aufgenommen?**

a) Art der Ausbildung
b) Ziel der Ausbildung
c) Dauer der Ausbildung
d) Erworbene Fähigkeiten und Kenntnisse
e) Angaben über Führung, Leistung und besondere fachliche Fähigkeiten

2 Betriebswirtschaft

1 Welche Hauptaufgaben soll der Markt in unserem Wirtschaftssystem erfüllen? Nennen Sie drei Aufgaben.

Aufgaben des Marktes sind z.B.
- Bildung der Preise nach Angebot und Nachfrage
- Ausgleich zwischen Angebot und Nachfrage über den Preis
- Versorgung der Verbraucher mit Gütern und Dienstleistungen
- Lenkung der Herstellung und Verteilung von Gütern und Dienstleistungen
- Zwang für die Unternehmer zur Fortentwicklung ihres Angebotes

2 Welche Voraussetzungen müssen erfüllt sein, damit auf dem Markt Wettbewerb herrscht?

Wettbewerb herrscht dann, wenn eine möglichst große Zahl von selbstständig entscheidenden Marktteilnehmern mit den erlaubten Mitteln des Wettbewerbs (Preis, Qualität, Lieferfrist, Serviceleistungen, Zahlungsbedingungen u.a.) wetteifert.

Der Zutritt zum Markt muss auch neuen Marktteilnehmern möglich sein.

3 Welche Vorteile hat der Verbraucher vom Leistungswettbewerb?

Der Wettbewerb zwischen den Anbietern kann für den Verbraucher zu günstigeren Preisen, zu besserer Produktqualität und zu besserer Versorgung führen.

4 Im Marktgeschehen hat der Verbraucher meist die schwächere Position. Erläutern Sie an zwei Beispielen, wie der Staat durch Verbraucherschutzgesetze den Verbraucher zu schützen versucht.

Gesetz zur Regelung des Rechts der Allgemeinen Geschäftsbedingungen: Der Verbraucher soll vor unangemessenen Klauseln geschützt werden.

Produkthaftungsgesetz: Der Hersteller ist verpflichtet, die durch technische Fehler des Produktes entstandenen Schäden zu ersetzen.

5 Was unternimmt der Staat, um den Wettbewerb zu schützen?

Der Staat muss zum einen die Existenz des Wettbewerbs und zum anderen die Qualität des Wettbewerbs sicherstellen.

Er versucht dies mit dem „Gesetz gegen Wettbewerbsbeschränkungen" und dem „Gesetz gegen den unlauteren Wettbewerb" zu erreichen.

6 Um Ziele zu erreichen, die vom einzelnen Unternehmen nicht erreicht werden können, setzt man in vielen Bereichen der Wirtschaft auf Kooperation. Nennen Sie für diese Bemühungen drei Beispiele und erläutern Sie, welche Ziele dabei verfolgt werden.

Beispiele für die Kooperation von Unternehmen sind:
- zur Steigerung des Absatzes
  gemeinsame Werbung, gemeinsame Vermarktung landwirtschaftlicher Produkte
- für größere Wirtschaftlichkeit
  die Verwendung baugleicher Teile bei der LKW-Produktion
- zur Erhaltung der Konkurrenzfähigkeit gegenüber anderen Großunternehmen
  die Verlagerung der Produktion in das Ausland, z.B. in die USA
- zur Sicherung der Beschäftigung
  die Übernahme von Großaufträgen, die die Leistungsfähigkeit eines einzelnen Unternehmens übersteigen würde, durch eine Arbeitsgemeinschaft für eine Großbaustelle

7 Welche Nachteile können Unternehmenszusammenschlüssen zugeordnet werden? Erläutern Sie diese anhand von zwei Beispielen.

Beispiele für Nachteile durch Unternehmenszusammenschlüsse sind:
- Die Preise können überhöht sein, wenn kein ausreichender Wettbewerb mehr gegeben ist.
- Die Vielfalt des Angebots der Waren und Dienstleistungen wird vermindert.
- Rückständige Betriebe verhindern den technischen Fortschritt.
- Die Auslese unwirtschaftlich arbeitender Betriebe wird verzögert.

8 Jeder Mensch hat eine Vielzahl von Bedürfnissen. Diese werden u.a. nach dem Grad der Dringlichkeit in verschiedene Gruppen unterteilt. Nehmen Sie eine entsprechende Einteilung vor und führen Sie jeweils ein Beispiel an.

Existenzbedürfnisse: z.B. Essen, Trinken, Kleidung

Kulturbedürfnisse: z.B. Kino, Zeitung, Fernsehen

Luxusbedürfnisse: z.B. Genussmittel, Schmuck, Sportwagen

9 Erklären Sie den Unterschied zwischen einem Konsum- und einem Produktionsgut (Investitionsgut) an je einem Beispiel.

Konsumgüter sind Güter, die für den Verbraucher zur Befriedigung seiner Bedürfnisse dienen (z.B. Kaffee, Herd, Tisch ...)

Investitionsgüter sind Güter, die Unternehmen zur Erzeugung und Verteilung anderer Güter einsetzen (z.B. Werkzeugmaschinen, LKW, ...)

10 Zeigen Sie an vier Beispielen, dass das gleiche Gut sowohl als Konsumgut als auch als Investitionsgut verwendet werden kann.

Bett: Konsumgut im eigenen Haushalt, Investitionsgut im Hotel

Fotoapparat: Konsumgut im eigenen Haushalt, Investitionsgut für Fotojournalist

Auto: Konsumgut im eigenen Haushalt, Investitionsgut im Taxiunternehmen

Handbohrmaschine: Konsumgut im eigenen Haushalt, Investitionsgut für Handwerksbetrieb

11 Warum bietet die Beachtung des ökonomischen Prinzips eine gewisse Gewähr für eine optimale Bedarfsdeckung der Gesamtwirtschaft?

Die Beachtung des ökonomischen Prinzips bewirkt:
- Die Unternehmen versuchen mit möglichst geringem Mitteleinsatz einen bestimmten Ertrag zu erzielen.
- Sie sind an der Erhaltung bzw. Vermehrung ihres Kapitals interessiert und wollen deshalb Verluste vermeiden.
- Das Unternehmensrisiko führt zu einem Streben nach Sicherheit und damit zu einer Gewähr für optimale Bedarfsdeckung.

12 Unter welchen Bedingungen könnte es, abweichend vom ökonomischen Prinzip, im Unternehmen zu Unwirtschaftlichkeit kommen? Nennen Sie drei Beispiele.

Ein Abweichen vom ökonomischen Prinzip ist z.B. möglich, wenn
- das Unternehmen sozialen Zielen verpflichtet ist
- es durch Nachlässigkeit zur Unwirtschaftlichkeit kommt
- Fehlplanungen vorgekommen sind
- Planungen durch unvorhersehbare Änderungen im Marktgeschehen überholt werden

13 Erklären Sie anhand von Beispielen, wie in einer modernen Produktion der Produktionsfaktor Arbeit durch den Faktor Kapital ersetzt wird.

Beispiel für den Ersatz des Produktionsfaktors Arbeit durch den Faktor Kapital sind:
- In einer Dreherei werden herkömmliche Drehmaschinen durch CNC-Maschinen ersetzt.
- Das Schweißen von Hand wird ersetzt durch einen Schweißroboter.
- Post- und Botendienste werden durch neue Medien ersetzt

14 Worin unterscheidet sich in der Aufgabenstellung ein Betrieb der öffentlichen Hand von einem Privatbetrieb?

Öffentliche Betriebe orientieren sich an den Bedürfnissen der Gemeinschaft. Sie sollen zu einem angemessenen Preis den Bedarf an Dienstleistungen und Gütern decken, für deren Erzeugung private Unternehmen kein Interesse haben oder deren Produktion man privaten Unternehmen nicht überlassen möchte.

Gemeinwirtschaftliche Betriebe arbeiten nach dem Versorgungsprinzip, sie streben keinen Gewinn, lediglich Kostendeckung bzw. Kostenminimierung an.

15 Welche Probleme entstehen, wenn der Produktionsfaktor Arbeit durch Maschinen ersetzt wird? Nennen Sie drei Folgen.

Folgen des Ersatzes von Arbeit durch Kapital sind z.B.
- Arbeitslosigkeit
- Rückgang der Steuereinnahmen und der Einnahmen der Sozialversicherungen
- Anstieg der Sozialhilfekosten

16 Wozu wären die Unternehmen gezwungen, wenn das Betriebsmittel Energie zum Schutze der Umwelt bewusst verteuert werden würde? Zeigen Sie an zwei Beispielen auf, wie die Unternehmen diese Belastung auffangen könnten.

Verteuerung der Energiekosten könnte aufgefangen werden durch

- Entwicklung energiesparender Produktionsverfahren
- Energierückgewinnung
- Kostensenkung in anderen Bereichen, um höhere Energiekosten auszugleichen

17 Erklären Sie die Begriffe Rentabilität und Wirtschaftlichkeit.

Rentabilität ist das Verhältnis zwischen erzieltem Reingewinn und eingesetztem Kapital. Der Prozentsatz, der sich daraus ergibt, gibt die Höhe der Verzinsung des Kapitals an.

Wirtschaftlichkeit ist das Verhältnis von erzieltem Ertrag zum benötigten Aufwand. Ein Unternehmen arbeitet wirtschaftlich, wenn die Verkaufserlöse die Gesamtaufwendungen übersteigen.

18 Was wird mit der betrieblichen Kenngröße Produktivität gemessen und wie beeinflusst sie die Arbeitslosenstatistik? Erklären Sie den Zusammenhang zwischen Produktivitätszuwachs und Beschäftigtenzahl.

Produktivität misst man, indem man ein Verhältnis zwischen erzeugten Gütern und der dafür benötigten Arbeitszeit bildet.

Wenn die Produktivität steigt, wird die gleiche Gütermenge von weniger Arbeitskräften erzeugt. Eine Erhöhung der Produktivität kann daher ein Grund für den Abbau des Personals sein.

19 Der starke Konkurrenzdruck zwingt viele Firmen dazu, alle Rationalisierungsmöglichkeiten in ihrem Betrieb zu nutzen. Beschreiben Sie Maßnahmen, die eine Rationalisierung der Produktion zum Ziel haben.

Automation: Einsatz von Maschinen und Computern zur Durchführung von Arbeitsvorgängen

Normierung und Typisierung: Vereinheitlichung von Teilen und Baugruppen

Spezialisierung: Beschränkung der Produktion auf bestimmte Produkte

20 Nennen Sie die Vorteile der Fließfertigung und führen Sie zwei Beispiele an, bei denen die Fließfertigung typisch ist.

Vorteile der Fließfertigung:

- hohe Produktivität
- übersichtlicher Produktionsprozess
- genaue Kalkulation der Kosten möglich
- schneller Durchlauf der Werkstücke
- niedrige Lagerkosten

Beispiele für Fließfertigung:

- Automobilproduktion
- Computerproduktion
- Herstellung von Geräten der Unterhaltungselektronik

21 Viele Unternehmen sehen in der Arbeitsteilung ein Hilfsmittel für die Rationalisierung ihrer Fertigung. Nennen Sie drei Vorteile, die sich aus der Arbeitsteilung für ein Unternehmen ergeben können.

Unternehmerische Vorteile der Arbeitsteilung sind:

- kürzere Fertigungszeit
- Kostenersparnis
- bessere Möglichkeiten zum Einsatz von Maschinen
- kürzere Einarbeitungszeiten
- höhere Qualität der Produkte

22 Angemessene Arbeitsbedingungen sind nicht nur eine humanitäre und soziale Aufgabe. Sie sind auch ein Gebot wirtschaftlicher Vernunft. Zeigen Sie an zwei Beispielen, wie in einem Fertigungsprozess eintönige Tätigkeiten vermieden und eine größere Selbstständigkeit der Arbeitnehmer erreicht werden kann.

Arbeitserweiterung: Zusammenfassung gleichartiger Tätigkeit, die früher von verschiedenen Arbeitnehmern erledigt wurden

Arbeitsplatzwechsel: Arbeitnehmer nach einer gewissen Zeit den Arbeitsplatz wechseln lassen

Teilautonome Gruppen: Eine Arbeitsgruppe erledigt eine größere Teilaufgabe oder die Gruppenmitglieder können ihre Arbeitsplätze tauschen

Selbstständige Gruppen: Eine Arbeitsgruppe erledigt selbstständig eine Gesamtaufgabe

23 In der Betriebswirtschaft wird zwischen „fixen Kosten" und „variablen Kosten" unterschieden. Was versteht man unter diesen Begriffen und nennen Sie dazu je eine typische Kostenart.

Fixe Kosten fallen in gleich bleibender Höhe an und sind unabhängig von der Produktion, z.B. Mieten für Geschäftsräume, Zinsen für langfristiges Fremdkapital

Variable Kosten sind abhängig von der erzeugten Leistung (Gütermenge oder Dienstleistungen), z.B. Verbrauch an Fertigungsmaterial, Akkordlöhne, Energiekosten

24 Welche Probleme bringt ein hoher Fixkostenanteil bei einem deutlichen Rückgang des Auslastungsgrads? Zeigen Sie die Auswirkungen an einem Beispiel auf.

Durch den Rückgang der Auslastung werden weniger Produkte hergestellt. Die fixen Kosten müssen auf eine geringere Zahl von Gütern verteilt werden. Damit steigen die eigenen Kosten. Wenn die am Markt erzielten Erlöse dies nicht mehr decken, entstehen Verluste.

25 Bei welchen Betrieben ist der Anteil der „fixen Kosten" besonders hoch? Nennen Sie zwei Beispiele und erläutern Sie diese.

Hohe „fixe Kosten" sind typisch für
- Betriebe, die mit hohem Kapitaleinsatz arbeiten, z.B. Energieversorgungsunternehmen
- Betriebe, die einen hohen Anteil im Zeitlohn beschäftiger Arbeitnehmer aufweisen, z.B. Verkehrsbetriebe
- Betriebe, die in großem Umfang mit gemieteten Anlagen arbeiten, z.B. Rechenzentren

26 Um im internationalen Wettbewerb bestehen zu können, verstärken viele Unternehmen die Gruppenarbeit. Nennen Sie drei Vorteile für die Arbeitnehmer, die üblicherweise der Gruppenarbeit zugeschrieben werden.

Vorteile der Gruppenarbeit für den Arbeitnehmer sind:
- Abbau von eintönigen Tätigkeiten und Gesundheitsbelastungen
- Qualifizierungschancen
- verbesserte Arbeitszufriedenheit
- größere Möglichkeit der Selbstverwirklichung
- Sicherung des Arbeitsplatzes
- höheres Einkommen

27 Was bringt die Einführung der Gruppenarbeit für das Unternehmen? Nennen Sie drei Vorteile.

Vorteile der Gruppenarbeit für den Unternehmer sind:
- Steigerung der Produktivität
- höhere Flexibilisierung
- geringere Fehlzeiten
- Verringerung der Stillstandszeiten
- bessere Qualität

28 Erklären Sie die wesentlichen Unterschiede zwischen einer Personengesellschaft und einer Kapitalgesellschaft.

Bei der Personengesellschaft steht die persönliche Mitarbeit und die Haftung der Teilhaber im Vordergrund. Es gibt wenigstens einen Teilhaber, der voll haftet.
Bei den Kapitalgesellschaften haften die Teilhaber oder Aktionäre nur mit ihrer Kapitaleinlage.
Die Geschäftsführung wird bei der AG durch den Vorstand und bei der GmbH durch den Geschäftsführer ausgeübt.

29 Nennen Sie drei Gründe, eine Einzelunternehmung in eine Personengesellschaft umzuwandeln.

Gründe für die Umwandlung können sein
- die Erweiterung der Eigenkapitalbasis
- eine Erhöhung der Kreditwürdigkeit
- eine Verteilung des wirtschaftlichen Risikos
- die Bindung oder Beteiligung von leitenden Mitarbeitern

30 Über den Aufsichtsrat sind die Arbeitnehmer einer Aktiengesellschaft mit über 500 Beschäftigten an dem Überwachungsorgan einer Aktiengesellschaft beteiligt. Nennen Sie die wichtigsten Aufgaben, die der Aufsichtsrat zu erfüllen hat.

Der Aufsichtsrat...
- bestellt und überwacht den Vorstand
- hat den Jahresabschluss, den Geschäftsbericht und den Vorschlag des Vorstands zur Verwendung des Gewinnes zu prüfen
- hat der Hauptversammlung das Ergebnis seiner Prüfungen schriftlich zu berichten

31 Wie wird in den Organen einer Aktiengesellschaft der Produktionsfaktor „Arbeit" durch gesetzliche Bestimmungen berücksichtigt? Nennen Sie zwei Beispiele.

Nach dem **Betriebsverfassungsgesetz** von 1952 werden in Aktiengesellschaften mit bis zu 2000 Beschäftigten ein Drittel der Aufsichtsratsmitglieder von den Arbeitnehmern des Unternehmens gestellt.

Nach dem **Mitbestimmungsgesetz** von 1976 wird bei Aktiengesellschaften mit mehr als 2000 Mitarbeitern die Hälfte der Aufsichtsratsmitglieder von den Beschäftigten gewählt.

Nach dem **Montan-Mitbestimmungsgesetz** von 1951 wird in Unternehmen des Bergbaus und der Hüttenindustrie ein Arbeitsdirektor im Einvernehmen mit den Arbeitnehmern in den Vorstand gewählt.

32 Erklären Sie das Prinzip der Einheitsgewerkschaft und nennen Sie zwei Argumente, die für dieses Prinzip sprechen.

Nach dem 2. Weltkrieg sollte mit der Gründung des Deutschen Gewerkschaftsbundes die weltanschauliche und politische Zersplitterung verhindert werden. Alle Arbeitnehmer sollten sich in einer Einheitsgewerkschaft, die „demokratisch und unabhängig" von Unternehmern, Regierungen, Konfessionen, Parteien ist, zusammenfinden.

- Gewerkschaften können sich unabhängig von den Parteien für die Interessen ihrer Mitglieder einsetzen.
- Es gibt keine Konkurrenz zwischen verschiedenen Gewerkschaften – kein Zwang zu einer Radikalität.
- Den Arbeitgebern steht bei Tarifverhandlungen nur ein Verhandlungspartner gegenüber
- Grundsatz: Ein Betrieb – eine Gewerkschaft

33 Welche Ziele verfolgen die Arbeitgeberverbände? Nennen Sie drei Ziele.

Arbeitgeberverbände verfolgen u. a. folgende Ziele:

- Flexibilisierung der Arbeitszeiten
- Senkung der Lohnnebenkosten
- Verringerung der Unternehmenssteuern
- Kürzung der Fortzahlung des Arbeitsentgelts bei Krankheit
- Ausbau der betrieblichen Berufsbildung

34 Welche Aufgaben übernehmen die Gewerkschaften im Rahmen der Interessenvertretung der Arbeitnehmer? Nennen Sie drei Beispiele.

Aufgaben der Gewerkschaften sind z.B.:

- Verhandlung und Abschluss von Tarifverträgen
- Beratung von Arbeitnehmern in arbeitsrechtlichen Fragen
- Durchführung von Bildungsmaßnahmen für Arbeitnehmer
- Vertretung der Arbeitnehmer in Ausschüssen und Aufsichtsratsgremien
- Abgabe von Stellungnahmen im Rahmen der Gesetzgebung

35 Die Industrie- und Handelskammer (IHK) hat im Rahmen der Berufsausbildung eine wichtige Rolle. Begründen Sie dies anhand von drei Beispielen.

Die IHK überwacht die Berufsausbildung in den Betrieben und

- nimmt die Facharbeiterprüfungen ab
- führt das Verzeichnis der Ausbildungsbetriebe
- kann auf Antrag des Auszubildenden die Ausbildungszeit verlängern, wenn dies zum Erreichen des Ausbildungsziels erforderlich ist
- fördert die Berufsausbildung durch Beratung der Auszubildenden und Ausbildenden

T14 Was bestimmt die Eigenkapitalrentabilität eines Unternehmens?

a) Die Lohnkosten und der Ertrag
b) Die Lohnquote
c) Die Produktivität
d) Der Gewinn und das eingesetzte Eigenkapital
e) Allein der erwirtschaftete Ertrag

T15 Welche der genannten Maßnahmen eines Betriebs dient der Steigerung der Arbeitsproduktivität?

a) Erhöhung der Arbeitszeit
b) Arbeitszeitverkürzung
c) Neueinstellung von Mitarbeitern
d) Rationalisierung der Fertigung
e) Minderung der Materialkosteneinsparung

T16 Mit welcher Gleichung lässt sich die Arbeitsproduktivität eines Unternehmens ermitteln?

a) Produktivität = $\dfrac{\text{Produktionsleistung}}{\text{Arbeitszeit}}$

b) Produktivität = $\dfrac{\text{Gesamtaufwand}}{\text{Verkaufserlöse}}$

c) Produktivität = $\dfrac{\text{Produktionsleistung}}{\text{Gesamtaufwand}}$

d) Produktivität = $\dfrac{\text{Gewinn}}{\text{Arbeitszeit}}$

e) Produktivität = $\dfrac{\text{Produktionsleistung}}{\text{Kapitaleinsatz}}$

T17 Ein Zulieferbetrieb ist einem starken Preisdruck ausgesetzt. Er muss seine Produkte billiger anbieten. Welche Aussage ist richtig?

a) Die Wirtschaftlichkeit steigt
b) Die Rentabilität wird größer
c) Die Produktivität sinkt
d) Die Rentabilität des Unternehmens wird geringer
e) Die Umsatzrentabilität wird größer

T18 Welche Faktoren haben keinen unmittelbaren Einfluss auf die Kapazität eines Unternehmens?

a) Die Leistungsfähigkeit der technischen Betriebsmittel
b) Die zeitliche Ausnutzung der Betriebsanlagen
c) Die Geschwindigkeit des Fließbandes
d) Die Leistungsfähigkeit und -bereitschaft der Beschäftigten
e) Die Eigenkapitalausstattung

T19 Welcher Vorteil ist mit der Rechtsform der Einzelunternehmung für den Eigner eines Unternehmens verbunden?

a) Für das Einzelunternehmen gilt das Betriebsverfassungsgesetz nicht.
b) Der Einzelunternehmer haftet für die Verbindlichkeiten nur mit dem Betriebsvermögen.
c) Einzelunternehmen müssen keine Beiträge an die IHK entrichten.
d) Der Einzelunternehmer kann frei und rasch entscheiden.
e) Beim Einzelunternehmen ist das Risiko geringer als bei einer Kapitalgesellschaft.

T20 Auf einem Firmenschild steht:

Herbert Müller KG

Welche Rechtsform hat diese Unternehmung?

a) Aktiengesellschaft
b) Kommanditgesellschaft
c) Komplementärgesellschaft
d) Genossenschaft
e) Offene Handelsgesellschaft

T21 Welche Aussage über eine offene Handelsgesellschaft ist richtig?

a) Für die Verbindlichkeiten haften die Gesellschafter nur mit ihrem Geschäftsvermögen.
b) Jeder Gesellschafter ist verpflichtet, die Geschäfte der Gesellschaft zu führen.
c) Jeder Gesellschafter muss mindestens eine Kapitaleinlage von € 100.000 leisten.
d) Für die Verbindlichkeiten haftet nur der Kommanditist.
e) Bei einem Konkurs haftet für die Verbindlichkeiten keiner der Gesellschafter.

T22 Welche Unternehmensform eignet sich am besten bei einem großen Kapitalbedarf?

a) Genossenschaft
b) Aktiengesellschaft
c) Einzelunternehmung
d) Kommanditgesellschaft
e) Offene Handelsgesellschaft

T23 Welche Aussage über die Gründung einer AG ist richtig?

a) Die Aktiengesellschaft kann von einer oder mehreren Personen gegründet werden.
b) Das Grundkapital muss mindestens 50.000 € betragen.
c) Aktiengesellschaften sind für Unternehmungen mit mehr als 1 000 Beschäftigten zulässig.
d) Wer sich an einer Aktiengesellschaft beteiligt, muss seine kaufmännischen Fähigkeiten beim Amtsgericht nachweisen.
e) Es müssen mindestens 5 Gründer sein und ein Grundkapital von DM 100.000,– ($\triangleq$ 51.129 €) aufbringen.

T24 Bei welcher Unternehmensform gibt es mindestens einen Gesellschafter, der unbeschränkt und einen, der beschränkt haftet?

a) KG

b) AG

c) OHG

d) Genossenschaft

e) GmbH

T25 Welche Aussage über die Kommanditgesellschaft ist richtig?

a) KG ist eine Kapitalgesellschaft.

b) Die Vollhafter der KG heißen Kommanditisten.

c) Die Komplementäre haften auch mit ihrem Privatvermögen.

d) Bei der KG sind alle Gesellschafter allein zur Geschäftsführung berechtigt.

e) Die KG ist nur für Betriebe mit bis zu 50 Mitarbeitern zulässig.

T26 Bei welcher Unternehmensform wird die Kapitaleinlage von Teil- und Vollhaftern aufgebracht?

a) Einzelunternehmung

b) Gesellschaft mit beschränkter Haftung

c) Aktiengesellschaft

d) Kommanditgesellschaft

e) Offene Handelsgesellschaft

T27 Welche Aussage über den Aufsichtsrat einer Aktiengesellschaft ist richtig?

a) Der Aufsichtsrat wird jährlich neu bestellt.

b) In Aktiengesellschaften, die mehr als 2000 Arbeitnehmer beschäftigen, setzt sich der Aufsichtsrat zu zwei Drittel aus Vertretern der Anteilseigner und einem Drittel aus Vertretern der Arbeitnehmer zusammen.

c) Der Aufsichtsrat ist im Wesentlichen ein Organ zur Überwachung des Vorstands.

d) In den Aufsichtsrat einer Aktiengesellschaft können nur Vertreter der dort Beschäftigen gewählt werden.

e) Die Mitglieder des Aufsichtsrates sind zur Geschäftsführung berechtigt.

T28 Welche Aufgabe hat der Aufsichtsrat einer AG *nicht*?

a) Der Aufsichtsrat bestellt den Vorstand der AG.

b) Er überwacht die Geschäftsführung des Vorstandes.

c) Er beruft den Vorstand ab, wenn ein wichtiger Grund vorliegt.

d) Er hat wie der Vorstand eine Sorgfaltspflicht und eine entsprechende Schadensersatzpflicht.

e) Er führt die Geschäfte der Gesellschaft.

T29 Welche Aussage über die Hauptversammlung einer AG ist *falsch*?

a) Die Hauptversammlung beschließt über die Verwendung des Bilanzgewinnes.

b) Die Hauptversammlung ist Versammlung aller Aktionäre der Gesellschaft.

c) Die Hauptversammlung wählt die Aufsichtsratsmitglieder der Anteilseigner.

d) Die Hauptversammlung legt den Börsenkurs der Aktie fest.

e) Die Hauptversammlung beschließt die Entlastung der Vorstand- und Aufsichtsratsmitglieder.

T30 Welche Aussage über die Aktie ist *falsch*?

a) Aktien können auf einen festen Betrag lauten.

b) Mit dem Erwerb einer Aktie wird man Anteilseigner der AG.

c) Der Börsenwert einer Aktie entspricht immer ihrem Nennwert.

d) Mit dem Erwerb einer Aktie erwirbt man das Recht, an der Hauptversammlung teilzunehmen.

e) Die Aktie ist ein Wertpapier.

T31 Welche Gruppe ist im Aufsichtsrat einer AG, die 5000 Beschäftigte hat und nicht zum Geltungsbereich der Montanindustrie gehört, *nicht* vertreten?

a) Gewerkschaftsvertreter der im Betrieb vertretenen Gewerkschaft

b) Leitende Angestellte der AG

c) Arbeiter und Angestellte der AG

d) Mitglieder des Vorstandes der AG

e) Vertreter der Aktionäre

T32 Das Mitbestimmungsgesetz sieht vor, dass für alle Betriebe außerhalb des Geltungsbereichs der Montanmitbestimmung der Aufsichtsrat aus der gleichen Zahl von Vertretern der Anteilseigner und der Arbeitnehmer besteht. Was geschieht, wenn sich bei einer Abstimmung im Aufsichtsrat eine Pattsituation ergibt?

a) Die Entscheidung wird dann vom Betriebsrat getroffen.

b) Der Vorsitzende entscheidet bei erneuter Abstimmung mit seiner Zweitstimme.

c) Der Vorstandsvorsitzende der AG entscheidet.

d) Ein neutraler Schlichter entscheidet.

e) Die Entscheidung wird vom Arbeitsgericht getroffen.

T33 Welche Aussage über die Gesellschaft mit beschränkter Haftung (GmbH) ist *falsch*?

a) Die GmbH ist eine Personengesellschaft.

b) Die GmbH ist eine Gesellschaft, deren Gesellschafter mit ihrer Stammeinlage am Stammkapital beteiligt sind, ohne persönlich für die Verbindlichkeiten der Gesellschaft zu haften.

c) Das Stammkapital muss mindestens 50.000 DM ($\triangleq$ 25.565 €) betragen.

d) Die Gesellschafter haben Anspruch auf den Jahresüberschuss im Verhältnis ihrer Geschäftsanteile.

e) Die GmbH ist eine juristische Person.

T34 Im GmbH-Gesetz ist die Bildung eines Aufsichtsrats nicht zwingend vorgeschrieben. In welchem Fall ist die Bildung eines Aufsichtsrats dennoch gesetzlich vorgeschrieben?

a) Wenn die Gesellschaft mit ihren Produkten marktbeherrschend ist.

b) Wenn die GmbH im Besitz der öffentlichen Hand ist.

c) Wenn die Gesellschaft ständig mehr als 500 Arbeitnehmer beschäftigt.

d) Wenn der Eigentümer der Gesellschaft eine Religionsgemeinschaft ist.

e) Wenn die Geschäftsleitung nicht aus Vollkaufleuten besteht.

T35 Welche Organe sind für eine GmbH mit über 500 Arbeitnehmern vorgeschrieben?

a) Geschäftsführer und Aufsichtsrat

b) Aufsichtsrat, Gesellschafterversammlung, Geschäftsführung

c) Geschäftsführung und Gesellschafterversammlung

d) Gesellschafterversammlung und Beirat

e) Aufsichtsrat, Gesellschafterversammlung und Beirat

T36 Welche Aussage über die eingetragene Genossenschaft (eG) ist *falsch*?

a) Zweck der eG ist nicht eigene Gewinnerzielung, sondern Unterstützung der Genossen in deren wirtschaftlichen Betätigung.

b) Die eG hat drei notwendige Organe: den Vorstand, den Aufsichtsrat und die Generalversammlung.

c) Bei der eG handelt es sich um eine juristische Person.

d) Die Generalversammlung wählt nicht nur den Aufsichtsrat, sondern auch den Vorstand.

e) Die eingetragenen Genossenschaften sind Gesellschaften mit gesetzlich begrenzter Mitgliederzahl.

T37 Mehrere Unternehmen vereinbaren zur Förderung ihrer wirtschaftlichen Interessen Preisabsprachen für die von ihnen vertriebenen Produkte. Wie nennt man eine solche Unternehmensverbindung?

a) Stiftung

b) Kartell

c) Konzern

d) Konsortium

e) Arbeitsgemeinschaft

T38 Welche Aussage über die Forderungen des Deutschen Gewerkschaftsbundes (DGB) ist *falsch*?

Der DGB fordert:

a) kürzere Arbeitszeiten

b) höheres Renteneintrittsalter

c) mehr Arbeitsplatzsicherheit

d) mehr Mitbestimmung

e) größere soziale Sicherheit

T39 Welcher Vorteil ist mit der Mitgliedschaft in einer Gewerkschaft verbunden?

a) Besserer Kündigungsschutz

b) Längerer Urlaub

c) Geringerer Krankenkassenbeitrag

d) Rechtsschutz bei Streitigkeiten mit dem Arbeitgeber

e) Anspruch auf übertarifliche Entlohnung

T40 Was ist die wichtigste Finanzquelle der Gewerkschaften?

a) Beiträge von der Bundesanstalt für Arbeit

b) Mitgliedsbeiträge

c) Einkünfte aus Firmenbeteiligungen

d) Abgaben von gewerkschaftlich organisierten Aufsichtsräten

e) Zuschüsse aus dem Bundeshaushalt

T41 Welche Arbeitnehmerorganisation gehört dem DGB an?

a) Deutscher Lehrerverband

b) Christlicher Gewerkschaftsbund

c) Gewerkschaft Handel, Banken und Versicherungen

d) Deutscher Beamtenbund

e) Deutscher Bundeswehr-Verband

T42 Welche Aufgaben können *nicht* vom Deutschen Gewerkschaftsbund wahrgenommen werden?

a) Einflussnahme auf das Gesetzgebungsverfahren im Bereich des Arbeitsrechts

b) Abschluss von Tarifverträgen

c) Vertretung gesamtgewerkschaftlicher Interessen

d) Aus- und Fortbildung von Gewerkschaftsmitgliedern

e) Mitarbeit im „Bündnis für Arbeit"

T43 Bei welchem wirtschaftlichen Interessenverband gibt es eine Zwangsmitgliedschaft?

a) Bundesvereinigung der Deutschen Arbeitgeberverbände

b) Industrie- und Handelskammern

c) Bundesverband der Deutschen Industrie

d) Deutscher Gewerkschaftsbund

e) Deutscher Beamtenbund

T44 Herr Meier ist als Industriemechaniker in einem großen Chemieunternehmen beschäftigt. Welcher Einzelgewerkschaft könnte er beitreten?

a) Der Industriegewerkschaft Metall

b) Dem Deutschen Gewerkschaftsbund

c) Der Industriegewerkschaft Chemie, Papier, Keramik

d) Der Gewerkschaft Holz und Kunststoff

e) Der Industriegewerkschaft Medien

T45 Welche der folgenden Aussagen gehört nicht zum Zuständigkeitsbereich von Arbeitgeber- und Arbeitnehmerorganisationen?

a) Beratung der Mitglieder in Arbeitsrechtsfragen

b) Abschluss von Tarifverträgen

c) Einflussnahme bei der sozialpolitischen Gesetzgebung

d) Vertretung der Mitglieder bei Streitigkeiten vor Arbeits- und Sozialgerichten

e) Auswahl der hauptamtlichen Richter an Arbeitsgerichten

T46 Welches Ziel verfolgen unter anderem die Arbeitgeberverbände?

a) Ausbau der betrieblichen Mitbestimmung

b) Anpassung der Sozialpolitik an die Leistungsfähigkeit der Wirtschaft

c) Abbau der Subventionen für Wirtschaftsunternehmen

d) Verkürzung der Arbeitszeit bei vollem Lohnausgleich

e) Verlängerung der Ausbildungszeit von Azubis

T47 Welches Ziel stimmt *nicht* mit den Interessen der Arbeitgeber überein?

a) Abschaffung der Gewerbesteuer

b) Beibehaltung des Verbots der Sonn- und Feiertagsarbeit

c) Anpassung der Sozialgesetze an die Leistungsfähigkeit der Wirtschaft

d) Verbot der Aussperrung

e) Senkung der Lohnnebenkosten

T48 Was ist *nicht* die Aufgabe der IHK?

a) Förderung der gewerblichen Wirtschaft

b) Unterstützung von Behörden durch Gutachten

c) Beratung bei Existenzgründungen

d) Finanzielle Unterstützung von bestreikten Betrieben

e) Durchführung der Facharbeiterprüfung

T49 Welche Aussage über die Industrie- und Handelskammern ist richtig?

a) Sie wirken bei den Tarifverhandlungen mit

b) Sie vertreten die Interessen der Handwerksbetriebe im Kammerbereich

c) Sie fördern die wirtschaftlichen Interessen der Industrie- und Handelsbetriebe ihres Bezirks

d) Sie nehmen die sozialpolitischen Interessen ihrer Mitglieder wahr

e) Sie vertreten ihre Mitglieder bei arbeitsrechtlichen Streitigkeiten

T50 Wer finanziert die Kosten der Industrie- und Handelskammer?

a) Das Bundeswirtschaftsministerium

b) Der Arbeitgeberverband

c) Arbeitnehmer und Arbeitgeber gemeinsam durch Beiträge

d) Die Handwerksbetriebe des jeweiligen Kammerbezirks

e) Die Industrie- und Handelsunternehmen des jeweiligen Bezirks

T51 Das Berufsbildungsgesetz schreibt die Bildung eines Berufsbildungsausschusses vor, der in allen wichtigen Angelegenheiten der beruflichen Bildung zu unterrichten und zu hören ist.
Welche Institutionen haben diesen Ausschuss zu errichten?

a) Arbeitgeberverband

b) Industrie- und Handelskammer und Handwerkskammer

c) Bundesanstalt für Arbeit

d) Amtsgericht

e) Berufsschule

3 Arbeits- und Tarifrecht

1 In einem Arbeitsvertrag wird das Rechtsverhältnis zwischen Arbeitgeber und Arbeitnehmer geregelt. Nennen Sie mindestens drei wichtige Punkte, die in einem solchen Vertrag geregelt werden sollten.

In einem Arbeitsvertrag sollten geregelt werden:
- Beginn und Dauer des Arbeitsverhältnisses
- Dauer der Probezeit
- Art und Höhe der Entlohnung
- Bezeichnung der Tätigkeit und des Aufgabengebietes
- Beschäftigungsort
- ggf. weitere Vergütungen

2 Sie arbeiten als Facharbeiter in einem Industriebetrieb und wollen, um Ihr Einkommen zu verbessern, eine Nebenbeschäftigung bei einer Versicherungsgesellschaft annehmen. Ist dies zulässig und wenn ja, begründen Sie Ihre Meinung mit einem Argument.

Die Nebentätigkeit ist zulässig: Mit der Nebenbeschäftigung wird dem Arbeitgeber keine unlautere Konkurrenz gemacht.
Bedingung ist jedoch, dass die Pflichten aus dem Arbeitsverhältnis noch ordnungsgemäß erfüllt werden können.

3 Der Bundeswirtschaftsminister sieht in Tarifabschlüssen über der Preissteigerungsrate eine Gefahr für die Beschäftigung. Kann er den Tarifparteien die höchstzulässige Lohnerhöhung vorschreiben? Begründen Sie Ihre Auffassung mit einem Argument.

Der Wirtschaftsminister kann nicht in die Tarifautonomie eingreifen.
Es gehört zum verfassungsrechtlichen Betätigungsrecht der Tarifparteien, die Arbeits- und Wirtschaftsbedingungen durch den Abschluss von Tarifverträgen zu regeln.

4 In einem Betrieb der Chemieindustrie sind auch mehrere Arbeitnehmer als Industriemechaniker beschäftigt. Nach welchem Tarifvertrag werden diese Arbeitnehmer entlohnt? Begründen Sie Ihre Aussage mit einem Argument.

Da in einem Betrieb nach dem Willen der Tarifvertragsparteien im Allgemeinen nur ein Tarifvertrag zur Anwendung kommt, unterstehen auch die Industriemechaniker dem Chemietarif.

5 Die Bedeutung des Tarifvertrages für die betriebliche Praxis zeigt sich darin, dass rund 90% sämtlicher Arbeitsverhältnisse durch Tarifverträge gestaltet werden. Welche drei wesentlichen Funktionen soll der Tarifvertrag erfüllen?

Schutzfunktion: Der Tarifvertrag soll den Arbeitnehmer davor schützen, dass der wirtschaftlich stärkere Arbeitgeber sich bei der Festlegung der Arbeitsbedingungen einseitig durchsetzt.

Ordnungsfunktion: Die Tarifverträge führen zu einer Vereinheitlichung und Überschaubarkeit der Personalkosten.

Friedensfunktion: Während der Laufzeit des Tarifvertrags sind Arbeitskämpfe ausgeschlossen.

6 Nur der Arbeitnehmer, der Mitglied der vertragsschließenden Gewerkschaft ist, hat bei Tarifgebundenheit des Arbeitgebers einen unmittelbaren Anspruch auf den vorgesehenen Tariflohn. Warum zahlt der Arbeitgeber auch den nicht organisierten Arbeitnehmern den Tariflohn? Begründen Sie Ihre Aussage.

Die nicht organisierten Arbeitnehmer würden in die Gewerkschaft eintreten. Der Organisationsgrad der Belegschaft würde sich stark erhöhen und würde die Position der Gewerkschaft bei einem Streik stärken.

7 Der Akkordlohn ist seit eh und je umstritten. Nennen Sie jeweils zwei Argumente, die für bzw. gegen eine Entlohnung im Akkord sprechen.

Vorteile des Akkordlohnes:
- Leistungsanreiz
- Lohnkosten je Werkstück sind genau kalkulierbar

Nachteile des Akkordlohnes:
- Gefahr der Überforderung von Mensch und Maschine
- Gefahr der Qualitätsminderung
- großer Aufwand für die Kalkulation der Vorgabezeiten

8 Ein Arbeitnehmer hält bei Prämienentlohnung seine Arbeitskraft bewusst zurück, weil er sich durch die höhere Arbeitsleistung nur selbst schädigt. Ist dies zulässig? Begründen Sie Ihre Aussage.

Ein Arbeitnehmer ist nicht berechtigt, seine Arbeitskraft bewusst zurückzuhalten. Er muss unter angemessener Anspannung seiner Kräfte und Fähigkeiten arbeiten. Er muss aber nicht Raubbau mit seinen Kräften treiben.

9 Ein Unternehmen bietet seinen Beschäftigten eine Arbeitsplatzgarantie, wenn sie sich mit einem Jahresurlaub von 18 Werktagen begnügen. Begründen Sie Ihre Meinung hierzu anhand eines Arguments.

Nach § 3 des Bundesurlaubsgesetzes beträgt der jährliche Mindesturlaub 24 Werktage. Als Werktage gelten alle Kalendertage, die nicht Sonn- oder gesetzliche Feiertage sind.

10 Ein Arbeitnehmer hat im September bereits seinen ganzen Jahresurlaub genommen und wechselt zum 1. Oktober seinen Arbeitgeber. Steht ihm für die letzten drei Monate des Kalenderjahres noch Urlaub zu? Begründen Sie Ihre Aussage.

Ein Anspruch auf Urlaub besteht nicht, wenn dem Arbeitnehmer für das laufende Kalenderjahr bereits Urlaub von einem früheren Arbeitgeber gewährt worden ist.

Zum Nachweis eines noch vorhandenen Urlaubsanspruches ist eine Bestätigung des früheren Arbeitgebers vorzulegen.

11 Ein Arbeitnehmer erkrankt während seines Urlaubs. Er kann dies durch ein ärztliches Zeugnis nachweisen. Werden die Krankheitstage auf seinen Jahresurlaub angerechnet? Begründen Sie Ihre Aussage.

Nach § 9 Bundesurlaubsgesetz werden durch ärztliches Zeugnis nachgewiesene Krankheitstage nicht auf den Jahresurlaub angerechnet.

Der Zeitpunkt für den restlichen Jahresurlaub ist mit dem Arbeitgeber zu vereinbaren.

12 Erklären Sie den Begriff „technischer Arbeitsschutz" und zeigen Sie an einem Beispiel die beiden Schwerpunkte des verfassungsrechtlich geforderten Schutzes auf.

Der technische Arbeitsschutz soll die Arbeitnehmer vor gesundheitlichen Gefährdungen durch die Arbeit und bei der Arbeit schützen. Beispiele:

- Schutz vor Verletzungen durch Unfallverhütungsvorschriften
- Schutz vor Erkrankungen durch Schutzmaßnahmen beim Umgang mit gefährlichen Stoffen

T54 Welche Pflichten übernimmt ein Arbeitnehmer durch einen Arbeitsvertrag *nicht*?

a) Er muss bei Erkrankung einen Ersatzmann schicken.

b) Er muss die vereinbarte Arbeitszeit einhalten.

c) Er muss die Arbeitspflicht höchstpersönlich erfüllen.

d) Er darf nicht über geschäftliche Belange des Arbeitgebers berichten, wenn dadurch dessen Interessen nachteilig betroffen werden.

e) Er ist in Notfällen verpflichtet, über den Rahmen seiner arbeitsvertraglichen Pflicht hinaus zu arbeiten.

T52 Welche Aussage über den Arbeitsvertrag ist *falsch*?

a) Die Arbeitsvergütung kann je nach Vereinbarung in Geld oder in Sachbezügen gewährt werden.

b) Der Arbeitgeber hat gegenüber dem Arbeitnehmer eine Pflicht zur Rücksichtnahme (Fürsorgepflicht).

c) Der Abschluss eines Arbeitsvertrags bedarf immer der Schriftform.

d) Der Inhalt des Arbeitsvertrages unterliegt grundsätzlich der privaten Gestaltungsfreiheit innerhalb der geltenden Arbeitnehmerschutzrechte und Tarifverträge.

e) Der Arbeitnehmer hat gegenüber dem Arbeitgeber eine Treuepflicht.

T55 Sie bewerben sich bei einem neuen Arbeitgeber. Der Arbeitnehmer muss dabei alle Umstände wahrheitsgemäß darlegen, die für die Erfüllung der arbeitsvertraglichen Leistungsverpflichtung wesentlich sind. Welche Frage ist *nicht* gestattet?

Nicht gestattet ist eine Frage nach ...

a) der Gewerkschaftszugehörigkeit

b) einer Körperbehinderung, wenn sie eine Beeinträchtigung der Eignung des Bewerbers für die vorgesehene Tätigkeit wäre

c) Berufserfahrungen

d) dem letzten Monatseinkommen

e) dem Familienstand

T53 Welche Aussage über das Arbeitsrecht trifft zu?

a) Das Arbeitsrecht soll in erster Linie den Schutz der abhängigen Arbeitnehmer im Arbeitsleben sichern.

b) Das Arbeitsrecht gilt nur für deutsche Arbeitnehmer.

c) Das Arbeitsrecht gilt für alle Arbeitnehmer und Beamte.

d) Alle Gesetze des Arbeitsrechts sind in einem einheitlichen Gesetzbuch der Arbeit zusammengefasst.

e) Die Entwicklung des Arbeitsrechts ist abgeschlossen.

T56 Welche Pflicht übernimmt der Arbeitgeber im Rahmen des Arbeitsvertragsrechts *nicht*?

a) Der Arbeitgeber muss dem Arbeitnehmer auf dessen Verlangen Einsicht in seine Personalakte gewähren.

b) Der Arbeitgeber hat die Pflicht zur Urlaubsgewährung.

c) Der Arbeitgeber ist verpflichtet, dem Arbeitnehmer den Bruttolohn auszubezahlen.

d) Nach Kündigung hat der Arbeitgeber dem Arbeitnehmer eine angemessene Zeit zur Stellensuche zu gewähren.

e) Nach Beendigung eines Arbeitsverhältnisses muss der Arbeitgeber dem Arbeitnehmer ein Zeugnis ausstellen.

T57 Das Arbeitsrecht soll in erster Linie den Schutz des Arbeitnehmers im Arbeitsverhältnis sicherstellen. Welches Schutzbedürfnis deckt das Arbeitsrecht *nicht* ab?

Schutz des Arbeitnehmers vor:

a) Benachteiligung bei Schwerbehinderung

b) Entlassung bei Schwangerschaft

c) Verpflichtung zu Schichtarbeit

d) Lohnausfall bei Konkurs des Arbeitgebers

e) gefährlichen Stoffen am Arbeitsplatz

T58 Welche der nachfolgenden Aussagen über den Akkordlohn ist richtig?

a) Er berücksichtigt mehr als der Zeitlohn das Leistungsprinzip.

b) Die Lohnberechnung ist einfacher als beim Zeitlohn.

c) Der Akkordlohn ist von der Leistung des Arbeitnehmers unabhängig.

d) Dem Arbeitnehmer fehlt beim Akkordlohn der Anreiz zur Steigerung des Arbeitstempos.

e) Dem Arbeitnehmer ist ein festes Einkommen gesichert.

T59 Welche Feststellung über den Zeitlohn trifft zu?

a) Der Zeitlohn bietet dem Betrieb eine genauere Kalkulationsgrundlage bei der Berechnung der Stückkosten.

b) Der Zeitlohn erfordert eine umfangreichere Lohnbuchhaltung.

c) Durch den Leistungsanreiz beim Zeitlohn kann die Qualität der Arbeit leiden.

d) Der Betrieb ist vom Arbeitswillen des einzelnen stark abhängig.

e) Bei Zeitlohn können die Qualitätskontrollen gänzlich entfallen.

T60 Bei welcher der folgenden Lohnformen handelt es sich um einen Leistungslohn?

a) Stundenlohn

b) Monatsgehalt

c) Tariflohn

d) Akkordlohn

e) Soziallohn

T61 Was gehört *nicht* zu den Lohnnebenkosten?

a) Beiträge zur Krankenversicherung

b) Lohnsteuer

c) Urlaubsgeld

d) Arbeitgeberanteil zur Arbeitslosenversicherung

e) Kosten für die Lohnfortzahlung im Krankheitsfall

T62 Was muss der Unternehmer bei der Lohnabrechnung des Arbeitnehmers einbehalten und abführen?

a) Arbeitgeberanteil zur Krankenversicherung

b) Beiträge zur privaten Haftpflichtversicherung

c) Arbeitnehmeranteil zur Rentenversicherung

d) Kindergeld

e) Beitrag zur gesetzlichen Unfallversicherung

T63 Was wird vom Arbeitgeber *nicht* vom Lohn abgezogen?

a) Lohnsteuer

b) Krankenkassenbeitrag

c) Kirchensteuer

d) Beitrag zur gesetzlichen Unfallversicherung

e) Anteil zur Rentenversicherung

T64 Das Bürgerliche Gesetzbuch legt fest, wann der Anspruch des Arbeitnehmers auf Arbeitsentgelt verjährt. Wann verjähren Lohn- und Gehaltsforderungen nach dem BGB?

a) Nach 1 Jahr

b) Nach 2 Jahren

c) Nach 3 Jahren

d) Nach 5 Jahren

e) Nach 10 Jahren

T65 Bis zu welchem Lebensalter schützt den Jugendlichen das Jugendarbeitsschutzgesetz?

Bis zur Vollendung des ...

a) 15. Lebensjahres

b) 16. Lebensjahres

c) 18. Lebensjahres

d) 21. Lebensjahres

e) 24. Lebensjahres

T66 Trotz des allgemeinen Verbots der Beschäftigung von Kindern dürfen diese in besonders benannten Fällen beschäftigt werden. Welche Aussage entspricht *nicht* dem Jugendarbeitsschutzgesetz?

Kinder dürfen mit der Einwilligung ihrer Eltern...

a) in der Landwirtschaft täglich bis zu 3 Stunden arbeiten

b) bei der Ernte bis zu 3 Stunden werktäglich arbeiten

c) bis zu 2 Stunden werktäglich Zeitungen austragen

d) auch zwischen 18.00 und 8.00 Uhr tätig sein

e) täglich 2 Stunden Handreichungen bei einem Sportverein verrichten

T67 Für welchen Personenkreis gilt das Jugendarbeitsschutzgesetz?

a) Für einen 17-jährigen Schüler

b) Für einen 16-jährigen Schüler, der an einem Berufsgrundbildungsjahr teilnimmt

c) Für einen 15-jährigen Jugendlichen, der gelegentlich für seinen Nachbarn das Einkaufen besorgt

d) Für einen 16-jährigen Jugendlichen, der zum Industriemechaniker in einem Betrieb ausgebildet wird

e) Für eine 17-jährige Schülerin, die als Sportvereinsmitglied Hilfeleistungen erbringt

T68 Wie lange darf die tägliche Arbeitszeit für Jugendliche im Durchschnitt höchstens sein?

a) 6 Stunden

b) 7,5 Stunden

c) 8 Stunden

d) 9 Stunden

e) 10 Stunden

T69 Der Jugendliche hat Anspruch auf eine im Voraus feststehende Ruhepause. Wie lange muss eine Arbeitsunterbrechung mindestens sein, um als Ruhepause zu gelten?

a) 5 Minuten

b) 10 Minuten

c) 15 Minuten

d) 30 Minuten

e) 45 Minuten

T70 Welche der genannten Personen wird *nicht* durch das Jugendarbeitsschutzgesetz geschützt?

a) Ein 19-jähriger Auszubildender eines Handwerksbetriebes

b) Eine 16-jährige Heimarbeiterin

c) Ein 16-jähriger Auszubildender in der Niederlassung einer ausländischen Firma

d) Ein 17-jähriger Schüler bei einem Berufspraktikum

e) Ein 17-jähriger Teilnehmer an einem überbetrieblichen Ausbildungslehrgang

T71 Das Jugendarbeitsschutzgesetz regelt unter anderem auch den Mindesturlaubsanspruch der Betroffenen. Welche Aussage ist richtig?

Der Urlaub beträgt jährlich mindestens ...

a) 30 Werktage, wenn der Jugendliche zu Beginn des Kalenderjahres noch nicht 18 Jahre alt ist

b) 27 Werktage, wenn der Jugendliche nicht 16 Jahre alt ist

c) 30 Werktage, wenn der Jugendliche noch nicht 16 Jahre alt ist

d) 24 Werktage, wenn der Jugendliche noch nicht 18 Jahre alt ist

e) 25 Werktage, wenn der Jugendliche noch nicht 17 Jahre alt ist

T72 Welche Behörde übt die Aufsicht über die ordnungsgemäße Anwendung und Ausführung des Jugendarbeitsschutzgesetzes aus?

a) Das Arbeitsamt

b) Die zuständige Industrie- und Handelskammer

c) Die Berufsgenossenschaft

d) Das Gewerbeaufsichtsamt

e) Das Jugendamt

T73 Welche Zeit für Ruhepausen müssen einem 27-jährigen Arbeitnehmer bei einer regelmäßigen täglichen Arbeitszeit von 7,5 Stunden gewährt werden?

a) Eine Pause von 45 Minuten

b) Drei Pausen von 15 Minuten

c) Eine Pause von 30 Minuten oder 2 Pausen von 15 Minuten

d) Zwei Pausen von 30 Minuten

e) Eine Pause von 60 Minuten

T74 Welche Aussage entspricht dem Jugendarbeitsschutzgesetz?

a) Der Arbeitgeber ist nicht verpflichtet, die Unterrichtszeit in einer Berufsschule auf die Arbeitszeit anzurechnen.

b) Für den arbeitsfreien Tag vor der Abschlussprüfung darf das Entgelt gekürzt werden.

c) Die Kosten für die ärztliche Untersuchung beim Eintreten in das Berufsleben hat der Jugendliche zu tragen.

d) Jugendliche dürfen keine Arbeiten verrichten, die ihre Leistungsfähigkeit übersteigen.

e) Die Ruhepausen für Jugendliche müssen bei einer Arbeitszeit von mehr als sechs Stunden mindestens 45 Minuten betragen.

T75 Welche Aussage *widerspricht* dem Arbeitszeitgesetz?

a) Arbeitszeit im Sinne des Arbeitszeitgesetzes ist die Zeit vom Beginn bis zum Ende der Arbeit ohne die Ruhepausen.

b) Länger als sechs Stunden hintereinander dürfen Arbeitnehmer nicht ohne Ruhepausen beschäftigt werden.

c) Die Ruhepausen können in Zeitabschnitte von jeweils 10 Minuten aufgeteilt werden.

d) Das Arbeitszeitgesetz gilt auch für Auszubildende über 18 Jahren.

e) Arbeitnehmer dürfen in der Regel an Sonn- und gesetzlichen Feiertagen von 0 – 24 Uhr nicht beschäftigt werden.

T76 Welche Behörde überwacht die Einhaltung des Arbeitszeitgesetzes?

a) Das Gewerbeaufsichtsamt

b) Das Arbeitsgericht

c) Die Handwerkskammer

d) Das Arbeitsamt

e) Das Landratsamt bzw. die Stadtverwaltung

T77 Der Tarifvertrag regelt die Rechte und Pflichten der Tarifvertragsparteien. Wer sind die Tarifvertragsparteien?

a) Arbeitgeber und Arbeitsamt

b) Gewerkschaften, einzelne Arbeitgeber sowie Vereinigungen von Arbeitgebern

c) Der Bundesminister und Arbeitgebervereinigungen

d) Der Betriebsrat und einzelne Arbeitgeber

e) Gewerkschaften und Industrie- und Handelskammern

T78 Wer kann Tarifverträge abschließen?

a) Der Deutsche Gewerkschaftsbund

b) Der Bundesminister für Arbeit und Sozialordnung

c) Der einzelne Arbeitnehmer

d) Die Industrie- und Handelskammer

e) Der betroffene Arbeitgeberverband

T79 Welche Aussage stimmt mit dem Tarifvertragsgesetz überein?

a) Tarifverträge bedürfen keiner Schriftform.

b) Tarifverträge gelten uneingeschränkt für alle Betriebe.

c) Der Bundesminister für Arbeit und Sozialordnung kann einen Tarifvertrag im Einvernehmen mit dem Arbeitgeberverband für allgemein verbindlich erklären.

d) Die Arbeitgeber sind verpflichtet, die für ihren Betrieb geltenden Tarifverträge an geeigneter Stelle im Betrieb auszulegen.

e) Tarifverträge dürfen keine günstigeren Bedingungen aufweisen, als es den gesetzlichen Regelungen entspricht.

T80 Welche Vorschrift entspricht dem Schwerbehindertengesetz?

a) Der Arbeitgeber ist verpflichtet, die Einrichtung von Zeitarbeitsplätzen für Schwerbehinderte zu fördern.

b) Die Kündigung eines Schwerbehinderten bedarf der vorherigen Zustimmung der Hauptfürsorgestelle.

c) Schwerbehinderte sind auf ihr Verlangen von der Mehrarbeit freizustellen.

d) Schwerbehinderte haben Anspruch auf einen bezahlten Zusatzurlaub von 5 Tagen.

e) Der gesetzliche Schutz von Schwerbehinderten erlischt, wenn sich der Grad der Behinderung um 50% erhöht.

T81 Ein Privatbetrieb weist 1 000 Arbeitsplätze auf. Wieviele Schwerbeschädigte muss der Unternehmer nach dem Schwerbehindertengesetz in seinem Betrieb beschäftigen?

a)   10

b)   30

c)   60

d) 100

e) 150

T82 Was kann in einem Tarifvertrag bestimmt werden?

a) Der Jahresurlaub für alle Jugendlichen beträgt 24 Werktage.

b) Die tägliche Arbeitszeit für Arbeitnehmer beträgt 12 Stunden.

c) Den Arbeitnehmern ist es generell untersagt, eine Nebenbeschäftigung auszuüben.

d) Das Urlaubsentgelt bemisst sich nach dem 1,5fachen des durchschnittlichen Arbeitsverdienstes.

e) 10% des Nettolohns der Arbeitnehmer müssen einer karitativen Organisation überwiesen werden.

T83 Welche Aussage stimmt *nicht* mit dem Schwerbehindertengesetz überein?

a) Jeder behinderte Arbeitnehmer hat einen persönlichen Einstellungsanspruch.

b) Jeder Arbeitgeber, der über mindestens 16 Arbeitsplätze verfügt, muss Schwerbehinderte einstellen.

c) Der Arbeitgeber hat den Schwerbehinderten so zu beschäftigen, dass er seine Fähigkeiten voll verwerten und entwickeln kann.

d) Der Arbeitgeber ist verpflichtet den Arbeitsplatz der Schwerbehinderten mit den erforderlichen technischen Arbeitshilfen auszustatten.

e) Der Arbeitgeber hat dem Schwerbehinderten einen zusätzlichen bezahlten Urlaub von einer Woche im Jahr zu gewährleisten.

T84 Welcher Personenkreis wird durch das Mutterschutzgesetz *nicht* geschützt?

a) Eine ausländische Angestellte
b) Eine unverheiratete Verkäuferin
c) Eine 35jährige Unternehmerin
d) Eine Praktikantin
e) Eine Auszubildende

T85 Wie lange besteht nach einer Entbindung im Normalfall das Beschäftigungsverbot?

a) 3 Wochen
b) 4 Wochen
c) 6 Wochen
d) 8 Wochen
e) 12 Wochen

T86 Welche Aussage widerspricht dem Mutterschutzgesetz?

a) Werdende Mütter sollen dem Arbeitgeber ihre Schwangerschaft und den mutmaßlichen Tag ihrer Entbindung mitteilen, sobald ihnen ihr Zustand bekannt ist.

b) Das Mutterschutzgesetz gilt für alle weiblichen Beschäftigten

c) Der Arbeitgeber darf Dritte über die ihm mitgeteilte Schwangerschaft unterrichten, wenn dies im Interesse der Arbeitnehmerin erforderlich ist.

d) Der Arbeitgeber kann von der Arbeitnehmerin verlangen, dass sie ein Zeugnis eines Arztes über eine bestehende Schwangerschaft vorlegt.

e) Werdende Mütter dürfen in den letzten sechs Wochen vor der Entbindung nicht mehr beschäftigt werden, es sei denn, dass sie sich zur Arbeitsleistung ausdrücklich bereit erklären.

T87 Welche Kündigungsschutzfrist sieht das Mutterschutzgesetz nach einer Schwangerschaft vor?

a) 1 Monat
b) 3 Monate
c) 4 Monate
d) 6 Monate
e) 12 Monate

T88 Welche Aussage steht im Widerspruch zum Arbeitsplatzschutzgesetz?

a) Der Arbeitgeber darf das Arbeitsverhältnis nicht aus Anlass des Wehrdienstes kündigen.

b) Ein befristetes Arbeitsverhältnis wird durch die Einberufung zum Wehrdienst nicht verlängert.

c) Nach Beendigung des Grundwehrdienstes sollten die entlassenen Soldaten bei der Einstellung im öffentlichen Dienst bevorzugt werden.

d) Bei Einberufung zum Wehrdienst erlischt das Recht auf Lohnfortzahlung durch den Arbeitgeber.

e) Erholungsurlaub, der dem Arbeitnehmer aus dem Arbeitsverhältnis zusteht, bleibt bei Ableistung des Wehrdienstes voll erhalten.

T89 Für welchen Personenkreis soll das Arbeitsplatzschutzgesetz einen besonderen Schutz sicherstellen?

a) Für Schwerbeschädigte

b) Für werdende Mütter

c) Für Wehr- und Zivildienstleistende

d) Für Betriebsräte

e) Für Jugendvertreter

T90 Welche Aussage stimmt mit dem Arbeitsplatzschutzgesetz überein?

a) Der Arbeitgeber darf das Arbeitsverhältnis aus Anlass des Wehrdienstes kündigen.

b) Ein befristetes Arbeitsverhältnis wird durch die Einberufung zum Grundwehrdienst verlängert.

c) Wird ein Arbeitnehmer zum Grundwehrdienst einberufen, so ruht das Arbeitsverhältnis während des Wehrdienstes.

d) Die Zeit des Grundwehrdienstes wird nicht auf die Betriebszugehörigkeit angerechnet.

e) Das Arbeitsplatzschutzgesetz gilt nur für werdende Mütter und Schwerbehinderte.

T91 Ein Arbeitnehmer wird auf Grund der Wehrpflicht von der Erfassungsbehörde aufgefordert, sich persönlich vorzustellen. Wer hat für die dadurch ausfallende Arbeitszeit das Arbeitsentgelt zu zahlen?

a) das Bundesministerium für Arbeit

b) die Erfassungsbehörde

c) die Bundesanstalt für Arbeit

d) die Wohnortgemeinde

e) der Arbeitgeber

T92 In welchem Fall ist das Arbeitsgericht zuständig?

Bei Streitigkeiten ...

a) mit der Bundesanstalt für Arbeit und einem Arbeitslosengeldempfänger

b) über die Kostenübernahme bei einem Unfall auf dem Weg zur Arbeit

c) mit dem Finanzamt über die Anerkennung von Werbungskosten

d) wegen einer Kündigung eines Arbeitsverhältnisses

e) mit der Krankenkasse über die Selbstkostenbeteiligung bei einer Zahnarztrechnung

T93 Das Arbeitsgericht besteht aus der erforderlichen Zahl von Berufsrichtern und ehrenamtlichen Richtern. In welcher Auswahlantwort werden die richtigen Gruppen genannt, aus denen die ehrenamtlichen Richter ausgewählt werden?

a) Arbeitnehmer und Kommunalpolitiker

b) Unternehmer und Betriebsratsmitglieder

c) Arbeitnehmer und Arbeitgeber

d) Arbeitgeber und Sozialpolitiker

e) Vertreter der Bundesanstalt für Arbeit und Betriebsräte

T94 Welche Voraussetzung muss eine Person für die Berufung als ehrenamtlicher Richter an einem Arbeitsgericht erfüllen?

a) Vollendung des 18. Lebensjahrs

b) Ausbildung zum Juristen

c) Mitgliedschaft in einem karitativen Verein

d) Tätigkeit als Arbeitnehmer oder Arbeitgeber im Bezirk des Arbeitsgerichts

e) Ungekündigtes Arbeitsverhältnis

T95 Welche Aussage über die Zusammensetzung einer Kammer des Arbeitsgerichtes ist richtig?

Die Kammer eines Arbeitsgerichts besteht aus ...

a) einem Berufsrichter und je einem Laienrichter aus dem Kreis der Arbeitgeber und der Arbeitnehmer

b) drei Berufsrichtern

c) fünf Berufsrichtern

d) zwei Berufsrichtern und einem Laienrichter

e) einem Berufsrichter

T96 Welche Aussage über ehrenamtliche Richter am Arbeitsgerichten ist *falsch*?

Die ehrenamtlichen Richter ...

a) wirken an allen drei Instanzen der Arbeitsgerichtsbarkeit mit

b) genießen dieselbe Unabhängigkeit wie die Berufsrichter

c) haben das Recht auf Akteneinsicht

d) werden auf die Dauer von zwei Jahren berufen

e) erhalten für ihre Tätigkeit eine den Berufsrichtern vergleichbare Bezahlung

T97 Welche Aussage über das Verfahren in den Gerichten für Arbeitssachen entspricht *nicht* den gesetzlichen Vorgaben?

a) Das Arbeitsgerichtsverfahren wird durch eine schriftliche oder zu Protokoll der Geschäftsstelle des zuständigen Arbeitsgerichts erklärte Klage eingeleitet.

b) Die Klageschrift muss mindestens eine Woche vor dem Gerichtstermin zugestellt sein.

c) Die mündliche Verhandlung beginnt mit einer Güteverhandlung zum Zwecke der gütlichen Einigung der beiden Parteien.

d) Die Verhandlung vor dem Arbeitsgericht ist grundsätzlich nicht öffentlich.

e) Erscheint eine Partei in der Verhandlung nicht, so ergeht auf Antrag der anderen Partei ein Versäumnisurteil.

T98 Wer ersetzt einem ehrenamtlichen Richter am Arbeitsgericht die mit der Wahrnehmung seiner Tätigkeit verbundenen Kosten?

a) Das Arbeitsamt

b) Der Staat

c) Die Industrie- und Handelskammer

d) Die zuständige Gewerkschaft

e) Der Arbeitgeberverband

T99 Jedes Gerichtsverfahren bringt Kosten mit sich. Welche der nachfolgenden Aussagen ist für das Arbeitsgerichtsverfahren gültig?

In der Arbeitsgerichtsbarkeit ...

a) fallen keine Gerichtskosten an

b) werden Kostenvorschüsse erhoben

c) sind die Gerichtskosten besonders niedrig

d) werden die Gerichtskosten immer vom Arbeitgeber getragen

e) werden die Gerichtskosten immer vom Arbeitnehmer getragen

4 Betriebliche Mitbestimmung

1 Der Betriebsrat kann einer ordentlichen Kündigung eines Arbeitnehmers widersprechen, wenn bestimmte Gründe vorliegen. Nennen Sie zwei solcher Gründe.

● Der Arbeitgeber hat bei der Auswahl des zu kündigenden Arbeitnehmers soziale Gründe nicht ausreichend berücksichtigt.

● Der Arbeitnehmer könnte an einem anderen Arbeitsplatz im selben Betrieb weiterbeschäftigt werden.

● Wenn eine Weiterbeschäftigung des Arbeitnehmers nach einer zumutbaren Umschulungs- oder Fortbildungsmaßnahme möglich ist.

2 Der Personalchef einer Maschinenbaufirma mit 150 Mitarbeitern möchte die tägliche Arbeitszeit von 6.00 – 14.00 h in 6.30 h bis 14.30 h ändern. Kann er dies nach freiem Ermessen tun, oder braucht er dafür die Zustimmung des Betriebsrats? Begründen Sie Ihre Aussage.

Der Betriebsrat hat nach § 87 ein Mitbestimmungsrecht bei der Festlegung der täglichen Arbeitszeit. Der Personalchef kann also nicht nach freiem Ermessen die Arbeitszeit verlegen.

3 In einer Maschinenfabrik mit 300 Mitarbeitern soll das Produktionsprogramm verändert werden. Hat der Betriebsrat in diesem Zusammenhang ein Mitbestimmungsrecht? Begründen Sie Ihre Auffassung.

Der Betriebsrat hat kein Mitbestimmungsrecht. In wirtschaftlichen Angelegenheiten hat der Betriebsrat nur ein Informationsrecht.

4 Was kann z.B. in freiwilligen Betriebsvereinbarungen geregelt werden? Nennen Sie zwei Beispiele hierzu.

In Betriebsvereinbarungen können geregelt werden:

● zusätzliche Maßnahmen zur Unfallverhütung

● Errichtung von Sozialeinrichtungen

● Maßnahmen zur Förderung der Vermögensbildung bei den Arbeitnehmern

5   Sie arbeiten in einem Kleinbetrieb, in dem neben dem Chef, dessen Ehefrau und Ihnen noch weitere drei Personen beschäftigt sind. Kann in Ihrem Betrieb ein Betriebsrat eingerichtet werden? Wie ist die Rechtslage? Begründen Sie Ihre Aussage.

Ein Betriebsrat kann in Betrieben mit in der Regel mindestens fünf ständigen wahlberechtigten Arbeitnehmern eingerichtet werden. In oben genanntem Betrieb wird die Zahl nicht erreicht, weil die Ehefrau nicht als Arbeitnehmer gilt (§ 5 Betriebsverfassungsgesetz).

6   Erklären Sie den Begriff „Einigungsstelle" und zeigen Sie anhand von zwei Beispielen auf, in welchen Angelegenheiten dieses Organ tätig werden kann.

Die Einigungsstelle ist im Bedarfsfall zu gründen und ist paritätisch mit Beisitzern der Arbeitgeber- und der Arbeitnehmerseite sowie mit einem unparteiischen Vorsitzenden besetzt. Sie soll zur Beilegung von Streitigkeiten zwischen dem Betriebsrat und dem Arbeitgeber im Rahmen des erzwingbaren Mitbestimmungsrechts des Betriebsrats dienen. Sie wird vor allem in folgenden Angelegenheiten tätig:
● Mitbestimmung in sozialen Angelegenheiten
● Ausgleichsmaßnahmen wegen Arbeitsplatzänderungen
● Schaffung von personellen Auswahlkriterien
● Aufstellung eines Sozialplans

7   In Unternehmen mit in der Regel mehr als einhundert ständig beschäftigten Arbeitnehmern ist ein Wirtschaftsausschuss zu bilden. Erläutern Sie die Aufgabe dieses Gremiums anhand von zwei Beispielen.

Der Wirtschaftsausschuss hat die Aufgabe, wirtschaftliche Angelegenheiten mit dem Unternehmer zu beraten und den Betriebsrat zu informieren. Zu den wirtschaftlichen Angelegenheiten gehören insbesondere
● die wirtschaftliche Lage des Unternehmens
● die Produktions- und Absatzlage
● das Produktions- und Investitionsprogramm
● die Verlegung von Betriebsteilen
● die Einschränkung oder Stilllegung von Betrieben oder Betriebsteilen

8   Verstößt ein Arbeitgeber gegen das Betriebsverfassungsgesetz, wenn er ohne Zustimmung des Betriebsrates allgemeine Beurteilungsgrundsätze festlegt? Begründen Sie Ihre Aussage.

Es liegt ein Verstoß vor. Das Betriebsverfassungsgesetz bestimmt in § 94, dass die Aufstellung allgemeiner Beurteilungsgrundsätze der Zustimmung des Betriebsrats bedarf.

9   Erläutern Sie die Aufgabe eines Sozialplanes anhand von zwei Beispielen und erklären Sie, was in einem Sozialplan berücksichtigt werden kann.

Der Sozialplan soll einen Ausgleich oder die Milderung von wirtschaftlichen Nachteilen, die den Arbeitnehmern bei geplanten Betriebsänderungen entstehen, bewirken.
So sollen mit dem Sozialplan Nachteile ausgeglichen oder gemildert werden, die dadurch entstehen, dass
● Sonderleistungen und
● Anwartschaften auf betriebliche Altersversorgung wegfallen
● Umzugskosten oder erhöhte Fahrtkosten entstehen

T100 In welchem Gesetz wird die Zusammenarbeit zwischen dem Arbeitgeber und den Arbeitnehmern eines Betriebes geregelt?

a) Arbeitsgerichtsgesetz
b) Arbeitsplatzschutzgesetz
c) Betriebsverfassungsgesetz
d) Sozialgesetzbuch
e) Beschäftigungsförderungsgesetz

T101 Welche Betriebe werden vom Betriebsverfassungsgesetz erfasst?

a) Betriebe mit mindestens fünf ständig wahlberechtigten Arbeitnehmern, von denen drei wählbar sind
b) Betriebe deutscher Unternehmen im Ausland
c) Gemeindeverwaltungen
d) Betriebe von Religionsgemeinschaften
e) Kommunale Verkehrs- und Versorgungsbetriebe

T102 Wer besitzt bei der Wahl zum Betriebsrat die Wählbarkeit?

Wählbar sind ...

a) alle im Betrieb tätigen Arbeitnehmer
b) alle Beschäftigen des Betriebs einschließlich der dort als Leiharbeitnehmer Beschäftigten
c) alle Beschäftigten, die 12 Monate dem Betrieb angehören
d) alle Beschäftigten, die das 24. Lebensjahr vollendet haben
e) alle Arbeitnehmer, die das 18. Lebensjahr vollendet haben und sechs Monate dem Betrieb angehören

T103 Was wird im Betriebsverfassungsgesetz von 1972 nicht geregelt?

***Nicht* geregelt ist ...**

a) die Einrichtung von Betriebsräten
b) der arbeitsrechtliche Schutz von leitenden Angestellten
c) die Aufgaben der Jugend- und Auszubildendenvertretung
d) die Grundsätze über die Zusammenarbeit von Arbeitgeber und Betriebsrat
e) die Förderung der Berufsbildung

T104 Welche Personen können an der Betriebsratswahl teilnehmen?

Teilnehmen können ...

a) alle Arbeitnehmer, die das 15. Lebensjahr vollendet haben
b) alle Arbeitnehmer, die sechs Monate dem Betrieb angehören
c) nur Arbeitnehmer, die das 21. Lebensjahr vollendet haben
d) alle Arbeitnehmer, die das 18. Lebensjahr vollendet haben
e) nur Arbeitnehmer, die das 18. Lebensjahr vollendet haben und 6 Monate dem Betrieb angehören

T105 Wer hat die Kosten und den Sachaufwand für die Betriebsratstätigkeit zu tragen?

a) Alle wahlberechtigten Arbeitnehmer
b) Die gewerkschaftlich organisierten Arbeitnehmer des Betriebs
c) Die Arbeitnehmer und der Arbeitgeber je zur Hälfte
d) Die Gewerkschaften
e) Der Arbeitgeber

T106 Welche Personen gelten nach dem Betriebsverfassungsgesetz *nicht* als Arbeitnehmer?

Nicht als Arbeitnehmer zählen ...

a) die Auszubildenden
b) die Angestellten
c) der Ehegatte, der in häuslicher Gemeinschaft mit dem Arbeitgeber lebt
d) die ausländischen Arbeiter
e) übertariflich entlohnte Angestellte

T107 Welche Aussage über die Wahl des Betriebsrats ist richtig?

a) Die Kosten der Betriebsratswahl trägt der Arbeitgeber.
b) Eine Betriebsratswahl kann nur mit Einwilligung des Arbeitgebers stattfinden.
c) Die Arbeitszeit, die zur Ausübung des Wahlrechts erforderlich ist, berechtigt den Arbeitgeber zur Minderung des Arbeitsentgelts.
d) Bei der Betriebsratswahl können nur Gewerkschaftsmitglieder kandidieren.
e) Der Arbeitgeber darf dem Wahlvorstand die erforderlichen Unterlagen zur Aufstellung der Wählerliste verweigern.

T108 Wie werden nach dem Betriebsverfassungsgesetz die Entscheidungen des Betriebsrats gefasst?

Die Entscheidungen werden gefasst ...

a) mit der Mehrheit der Stimmen der anwesenden Mitglieder. Bei Stimmengleichheit ist ein Antrag angenommen.
b) mit der absoluten Mehrheit seiner gesetzlich vorgeschriebenen Mitgliederzahl
c) mit der Mehrheit der Stimmen der anwesenden Mitglieder. Bei Stimmengleichheit ist ein Antrag abgelehnt
d) mit der absoluten Mehrheit seiner gesetzlich vorgeschriebenen Mitgliederzahl. Bei Stimmengleichheit entscheiden die Stimmen der teilnehmenden Jugend- und Auszubildenden-Vertretung.
e) nur mit Einstimmigkeit

T109 Für welche Dauer wird der Betriebsrat regelmäßig gewählt?

a) 2 Jahre b) 3 Jahre
c) 4 Jahre d) 5 Jahre
e) 6 Jahre

T110 Welche Aussage über die Sprechstunden des Betriebsrats ist richtig?

a) Der Betriebsrat kann Sprechstunden nur außerhalb der Arbeitszeit einrichten.

b) Die Zeit und den Ort der Sprechstunden bestimmt allein der Betriebsratsvorsitzende.

c) Versäumnis der Arbeitszeit zum Besuch der Sprechstunden des Betriebsrats berechtigt den Arbeitgeber, den Lohn entsprechend zu kürzen.

d) Der Betriebsrat kann während der Arbeitszeit Sprechstunden einrichten. Zeit und Ort sind mit dem Arbeitgeber zu vereinbaren.

e) Zeit und Ort von Sprechstunden des Betriebsrats bestimmt allein der Arbeitgeber nach betrieblichen Gesichtspunkten.

T111 Welche Aussage über die Sitzungen des Betriebsrats ist *falsch*?

a) Die Sitzungen werden vom Vorsitzenden einberufen und geleitet.

b) Die Sitzungen des Betriebsrats sind öffentlich.

c) Die Sitzungen des Betriebsrats finden in der Regel während der Arbeitszeit statt.

d) Der Arbeitgeber nimmt an den Sitzungen, die auf sein Verlangen anberaumt sind, und an den Sitzungen, zu denen er ausdrücklich eingeladen ist, teil.

e) Der Betriebsrat hat bei der Ansetzung von Betriebsratssitzungen auf die betrieblichen Notwendigkeiten Rücksicht zu nehmen.

T112 Der Arbeitgeber kann über seine Beschäftigten Personalakten führen. Welche Aussage entspricht den gesetzlichen Bestimmungen?

a) Der Arbeitnehmer kann seine Personalakte generell nicht einsehen.

b) Der Arbeitnehmer darf nur in Anwesenheit eines Betriebsrats eine Personalakte einsehen.

c) Der Arbeitnehmer muss seinen Wunsch auf Einsicht einen Monat vorher beantragen.

d) Die Personalakte darf der zum Stillschweigen verpflichtete Betriebsrat einsehen.

e) Der Arbeitnehmer hat das Recht, in seine Personalakte Einsicht zu nehmen und Erklärungen zum Inhalt seiner Akte beifügen zu lassen.

T113 Welches Thema kann in der Betriebsversammlung nicht behandelt werden?

Nicht behandelt werden können ...

a) die Fragen der Tarifpolitik, die den Betrieb und seine Arbeitnehmer unmittelbar betreffen

b) die Fragen der Frauenförderung

c) eine Wahlempfehlung für die anstehende Bundestagswahl

d) der Tätigkeitsbericht des Betriebsrats

e) die wirtschaftliche Lage und Entwicklung des Betriebs

T114 Welche Aussage entspricht *nicht* den gesetzlichen Vorgaben über das Beschwerderecht?

a) Über die Berechtigung der Beschwerde eines Arbeitnehmers hat nur der Betriebsrat zu entscheiden.

b) Jeder Arbeitnehmer hat das Recht, sich zu beschweren, wenn er sich vom Arbeitgeber oder von einem Arbeitnehmer des Betriebs benachteiligt oder in sonstiger Weise beeinträchtigt fühlt.

c) Der Arbeitgeber muss dem Arbeitnehmer über die Behandlung der Beschwerde einen Bescheid erteilen.

d) Der Betriebsrat hat Beschwerden von Arbeitnehmern entgegenzunehmen.

e) Wegen der Erhebung einer Beschwerde dürfen dem Arbeitnehmer keine Nachteile entstehen.

T115 Was ist *nicht* Aufgabe des Betriebsrats?

a) Den Anteil der in einer Gewerkschaft organisierten Arbeitnehmer zu erhöhen

b) Darüber zu wachen, dass die zugunsten der Arbeitnehmer geltenden Rechte und Unfallverhütungsvorschriften durchgeführt werden

c) Die Beschäftigung älterer Arbeitnehmer zu fördern

d) Maßnahmen, die dem Betrieb und der Belegschaft dienen, beim Arbeitgeber zu beantragen

e) Die Wahl einer Jugend- und Auszubildendenvertretung vorzubereiten und durchzuführen

T116 Ein Arbeitnehmer fühlt sich im Betrieb ungerecht behandelt und möchte sich beschweren. Wo ist das Recht des Arbeitnehmers auf eine Beschwerde verankert?

Im ...

a) Arbeitsgerichtsgesetz

b) Arbeitsplatzschutzgesetz

c) Arbeitszeitgesetz

d) Arbeitsstättenverordnung

e) Betriebsverfassungsgesetz

T117 Wer kann in die Jugend- und Auszubildendenvertretung gewählt werden?

Wählbar sind ...

a) Mitglieder des Betriebsrates, die das 24. Lebensjahr noch nicht vollendet haben

b) nur die Arbeitnehmer, die das 18. Lebensjahr noch nicht vollendet haben

c) alle Arbeitnehmer des Betriebs, die das 25. Lebensjahr noch nicht vollendet haben und sechs Monate dem Betrieb angehören

d) alle Arbeitnehmer des Betriebs, die das 21. Lebensjahr noch nicht vollendet haben.

e) nur die Auszubildenden, die das 25. Lebensjahr noch nicht vollendet haben

T118 Wieviele Jahre beträgt die regelmäßige Amtszeit der Jugend- und Auszubildendenvertretung?

a) 1 Jahr   b) 2 Jahre

c) 3 Jahre   d) 4 Jahre

e) 6 Jahre

T119 Welche Möglichkeiten eröffnet das Betriebsverfassungsgesetz einer Jugend- und Auszubildendenvertretung?

a) Sie kann zu allen Betriebsratssitzungen einen Vertreter entsenden.

b) Sie hat bei allen vom Betriebsrat zu fassenden Beschlüssen volles Stimmrecht.

c) Verletzt nach Auffassung der Mehrheit der Jugend- und Auszubildendenvertreter ein Beschluss des Betriebsrats wichtige Interessen der Jugendlichen, kann sie diesen aufheben.

d) Sie kann ohne Abstimmung mit Betriebsrat und Arbeitgeber jederzeit eine Jugend- und Auszubildendenversammlung einberufen.

e) Sie kann ohne Rücksprache mit Betriebsrat und Arbeitgeber Sprechstunden während der Arbeitszeit einrichten.

T120 Welche der genannten Personengruppen sind bei der Wahl einer Jugend- und Auszubildendenvertretung wahlberechtigt?

Wahlberechtigt sind ...

a) alle Arbeitnehmer eines Betriebs, die das 18. Lebensjahr noch nicht vollendet haben

b) alle Arbeitnehmer, die das 18. Lebensjahr noch nicht vollendet haben oder zu ihrer Berufsausbildung beschäftigt sind und das 25. Lebensjahr noch nicht vollendet haben

c) alle Auszubildenden eines Betriebes, unabhängig vom Lebensalter

d) alle Arbeitnehmer, die das 18. Lebensjahr noch nicht vollendet haben und sechs Monate dem Betrieb angehören

e) alle Arbeitnehmer, die das 25. Lebensjahr noch nicht vollendet haben und Mitglied einer Gewerkschaft sind

T121 Wer sind die beiden Vertragsparteien beim Abschluss einer Betriebsvereinbarung?

Vertragsparteien sind ...

a) die im Betrieb vertretenen Gewerkschaften und der Arbeitgeber

b) die Arbeitnehmer eines Betriebs und der Betriebsrat

c) Die Arbeitgeber und der Betriebsrat

d) die Gewerkschaft und der Arbeitgeberverband

e) die Berufsgenossenschaft und der Betriebsrat

T122 Der Betriebsrat kann über freiwillige Betriebsvereinbarungen viele soziale Fragen regeln. Welche Anliegen können *nicht* mit einer Betriebsvereinbarung geregelt werden?

a) Maßnahmen zur Verhütung von Gesundheitsschäden, die über die gesetzlichen Vorschriften hinausgehen

b) Richtlinien für die Vergabe von Werkswohnungen

c) Kürzung des bezahlten Jahresurlaubs auf 18 Werktage

d) Fahrtkostenerstattung für die Arbeitnehmer

e) Zuschüsse zur Vermögensbildung der Arbeitnehmer

T123 Das Betriebsverfassungsgesetz gibt dem Betriebsrat in den verschiedenen Angelegenheiten unterschiedliche Einflussmöglichkeiten. In welcher Auswahlantwort sind Angelegenheit und Einflussmöglichkeit richtig zugeordnet?

a) Einführung von Stechuhren - Mitbestimmungsrecht

b) Entlohnungsmethode – Mitwirkungsrecht

c) Werkmietwohnung – Mitwirkungsrecht

d) Kündigung von Arbeitnehmern – Mitwirkungsrecht

e) Verlegung von Betriebsteilen – Mitbestimmungsrecht

T124 Welches Vorhaben eines Unternehmers unterliegt *nicht* dem Mitbestimmungsrecht des Betriebsrats?

a) Änderung von Beginn und Ende der täglichen Arbeitszeit

b) Einführung eines Prämienlohnsystems

c) Einführung eines betrieblichen Vorschlagswesens

d) Gewinnbeteiligung für leitende Angestellte

e) Einführung von Rauchverboten

T125 In welchem Fall hat der Betriebsrat *kein* Mitbestimmungsrecht?

a) Bei Einführung von Betriebsbußen im Rahmen der Betriebsordnung

b) Bei Errichtung von Erweiterungsbauten für die Verwaltung

c) Bei Änderung der Art der Auszahlung der Arbeitsentgelte

d) Bei Erstellung von allgemeinen Urlaubsgrundsätzen

e) Bei der Entscheidung, ob im Zeitlohn oder im Akkordlohn gearbeitet werden soll

T126 Bei welchen personellen Einzelmaßnahmen hat der Betriebsrat in Betrieben mit in der Regel weniger als 20 wahlberechtigten Arbeitnehmern *kein* Beteiligungsrecht?

Bei der ...

a) Einstellung

b) Kündigung

c) Eingruppierung

d) Umgruppierung

e) Versetzung

T127 Was versteht das Betriebsverfassungsgesetz unter dem Begriff „Mitbestimmung"?

a) Der Arbeitgeber muss die im Betrieb beschäftigten Arbeitnehmer rechtzeitig vor der Durchführung einer Maßnahme unterrichten.

b) Der Arbeitgeber kann auch ohne Zustimmung des Betriebsrats eine Maßnahme durchführen, wenn er diesen vorher ausreichend informiert hat.

c) Der Arbeitgeber muss nach Durchführung einer Maßnahme den Betriebsrat umfassend informieren.

d) Der Arbeitgeber kann Maßnahmen nur mit Zustimmung der im Betrieb vertretenen Gewerkschaften treffen.

e) Der Arbeitgeber kann eine Maßnahme nur durchsetzen, wenn der Betriebsrat zustimmt.

T128 Über welche personelle Einzelmaßnahme hat der Betriebsrat in einem Betrieb mit über 100 ständigen Mitarbeitern *kein* Mitbestimmungsrecht?

Über die ...

a) Kündigung eines leitenden Angestellten

b) Einstellung eines Arbeitnehmers

c) Eingruppierung eines Arbeitnehmers

d) Versetzung eines Arbeitnehmers

e) Kündigung eines Arbeitnehmers

T129 Welche Aussage über die Mitbestimmung des Betriebsrates bei Kündigungen entspricht *nicht* dem Betriebsverfassungsgesetz?

a) Der Betriebsrat ist vor jeder Kündigung zu hören.

b) Der Arbeitgeber ist nicht verpflichtet, dem Betriebsrat die Gründe für eine Kündigung mitzuteilen.

c) Eine ohne Anhörung des Betriebsrats ausgesprochene Kündigung ist unwirksam.

d) Der Betriebsrat kann einer ordentlichen Kündigung widersprechen, wenn der Arbeitnehmer an einem anderen Arbeitsplatz im selben Betrieb weiterbeschäftigt werden kann.

e) Legt der Betriebsrat gegen die Kündigung eines Arbeitnehmers innerhalb einer Woche keinen Widerspruch ein, so gilt die Zustimmung als erteilt.

T130 In welchem Fall hat der Betriebsrat nur ein Unterrichtungs- und Beratungsrecht?

Unterrichtungs- und Beratungsrecht besteht ...

a) bei der Planung des künftigen Personalbedarfs durch eine anstehende Erweiterung der Produktion

b) bei der Durchführung von Maßnahmen der betrieblichen Berufsbildung

c) bei der Zuweisung und Kündigung von Werksmietwohnungen

d) bei der Einführung bargeldloser Lohnzahlung

e) bei der Verteilung der Arbeitszeit auf die einzelnen Wochentage

T131 Was kann ein Arbeitgeber unternehmen, wenn der Betriebsrat ordnungsgemäß der Kündigung eines Arbeitnehmers widersprochen hat?

a) Er kann die Einigungsstelle anrufen.

b) Er muss die Kündigung zurücknehmen.

c) Er kann die Kündigung auch ohne Zustimmung des Betriebsrats aussprechen.

d) Er kann beim Arbeitsgericht beantragen, die Zustimmung des Betriebsrats zu ersetzen.

e) Er kann beim Gewerbeaufsichtsamt gegen den Betriebsrat klagen.

T132 Der Unternehmer hat in Betrieben mit in der Regel mehr als 20 wahlberechtigten Arbeitnehmern bei bestimmten Betriebsänderungen mit dem Betriebsrat einen Sozialplan zu vereinbaren.

Ein Sozialplan ist auszuarbeiten ...

a) bei Betriebserweiterung

b) bei Stilllegung des ganzen Betriebs

c) bei Einführung eines Drei-Schicht-Betriebs

d) bei Anmeldung von Kurzarbeit

e) bei Stilllegung eines unwesentlichen Betriebsteils

T 133 Was kann *nicht* Inhalt eines Sozialplans sein?

a) Abfindungen bei Entlassungen

b) Abfindungen bei Entlassung nur für Gewerkschaftsmitglieder

c) Lohnausgleich bei der Zuweisung einer anderen Arbeit

d) Fahrgeldzuschuss zu einer neuen Arbeitsstelle

e) Bezahlte Umschulungsmaßnahmen

5 Sozialversicherungen

1 Welche Finanzierungsprobleme sind mit der Gewährung der „dynamischen" Alterssicherung verbunden? Zeigen Sie zwei Risiken auf.

Finanzierungsprobleme treten auf

● bei stagnierenden oder abnehmenden Arbeitnehmereinkommen

● bei rückläufiger Beschäftigungszahl

● bei Geburtenrückgang

● bei steigender Lebenserwartung der Rentner

2 Beschäftigte einer Metallbaufirma fahren gemeinsam mit dem PKW zur Arbeit und erleiden dabei einen schweren Verkehrsunfall. Welche Sozialversicherung muss in diesem Fall leisten? Begründen Sie Ihre Meinung und nennen Sie zwei Leistungen, die von der Versicherung zu bezahlen sind.

Als Arbeitsunfall gilt auch ein Unfall auf dem Weg von und zur Arbeitsstätte. Damit muss die gesetzliche Unfallversicherung leisten. Nach Eintritt eines Arbeitsunfalls gewährt der Träger der Unfallversicherung folgende Leistungen:

Heilbehandlung, Übergangsgeld, Berufshilfe, Verletztenrente, Sterbegeld.

3 Unter welchen Bedingungen zählt ein Unfall auf dem Wege zur Arbeitsstätte als Arbeitsunfall, obwohl vom unmittelbaren Weg zwischen Wohnung und Arbeitsstätte abgewichen wurde? Nennen Sie einen zulässigen Grund.

Beispiele für die Anerkennung eines Wegeunfalles:

● Wenn der Versicherte mit anderen versicherten Personen gemeinsam ein Fahrzeug für den Weg von und zur Arbeitsstelle benutzt, also eine Fahrgemeinschaft bildet.

● Wenn der Versicherte wegen seiner Berufstätigkeit z.B. ein Kind in den Kindergarten bringen muss.

4   Es gibt immer wieder Umstände, die eine wirtschaftliche Not des Einzelnen zur Folge haben können und nicht durch die Sozialversicherungen aufgefangen werden. Wie hilft in diesen Fällen die staatliche Gemeinschaft? Nennen Sie zwei staatliche Hilfen.

Beispiele für öffentliche Hilfen sind:
- Sozialhilfe
- Erziehungsgeld
- Wohngeld
- Ausbildungsförderung

5   Mit dem Arbeitsförderungsgesetz (AFG) vom Juni 1969 will die Bundesregierung im Rahmen der Sozial- und Wirtschaftspolitik einen hohen Beschäftigungsstand erzielen, die Beschäftigungsstruktur verbessern und das Wachstum der Wirtschaft fördern. Nennen Sie drei Maßnahmen, die zum Erreichen dieser Ziele beitragen sollen.

- Sicherung der beruflichen Mobilität der Erwerbstätigen
- Ausgleich und Vermeidung von nachteiligen Folgen des technischen und wirtschaftlichen Wandels für Arbeitnehmer
- Unterstützung bei der Eingliederung älterer Arbeitnehmer
- Bekämpfung der illegalen Beschäftigung
- Förderung der Frauen im Arbeitsleben

6   Die berufliche Mobilität der Arbeitnehmer wird zunehmend wichtiger. Die Bundesanstalt für Arbeit fördert deshalb berufliche Fortbildungsmaßnahmen. Unter welchen Bedingungen unterstützt sie die Teilnahme an solchen Maßnahmen. Nennen Sie zwei solche Fortbildungsziele.

Das Arbeitsamt fördert die Teilnahme, wenn die Fortbildungsmaßnahmen Folgendes zum Ziel haben:
- einen beruflichen Aufstieg
- die Anpassung der Kenntnisse und Fähigkeiten an die beruflichen Anforderungen
- den Abschluss einer fehlenden Berufsausbildung
- Heranbildung und Fortbildung von Arbeitskräften

7   Das Arbeitsamt fördert die Arbeitsaufnahme von Arbeitslosen und von Arbeitslosigkeit unmittelbar bedrohten Arbeitssuchenden. Nennen Sie drei Leistungen, die das Arbeitsamt diesem Personenkreis gewährt.

- Zuschuss zu den Bewerbungskosten
- Zuschuss zu den Umzugskosten
- Arbeitsausrüstung
- Familienheimfahrten
- bei Härtefällen eine Überbrückungshilfe
- Lohnkostenzuschüsse für den Arbeitgeber

8   Ein Unternehmen hat das Konkursverfahren beantragt. Die Beschäftigten des Unternehmens haben in den zurückliegenden zwei Monaten keinen Lohn erhalten. Welche Möglichkeit bleibt ihnen ihre Ansprüche auf den rückständigen Lohn durchzusetzen?

Die Arbeitnehmer müssen beim zuständigen Arbeitsamt einen Antrag auf Konkursausfallgeld beantragen. Es wird zum Ausgleich von Ansprüchen auf rückständigen Lohn für die letzten drei vorausgehenden Monate vor Eröffnung des Konkursverfahrens gezahlt.

9   Versicherungspflichtige und Versicherungsberechtigte können sich im Rahmen des § 173 des Sozialgesetzbuches V ihre Krankenkasse selbst auswählen. Nennen Sie ein Argument für diese Wahlmöglichkeit.

Der Versicherte kann die für ihn kostengünstigste Versicherung auswählen.

Die Krankenkassen sind durch die Konkurrenzsituation besonders gezwungen, wirtschaftlich zu arbeiten, um niedrige Beitragssätze anbieten zu können

10 Warum gibt es für die bedeutendsten Risiken des Arbeitslebens eine Versicherungspflicht? Begründen Sie Ihre Aussage anhand eines Arguments.

Die Versicherten könnten ggf. aus Ersparnisgründen diese Risiken nicht durch eine Versicherung abdecken. Im Falle einer eintretenden Notsituation müsste dann die Allgemeinheit für eine menschenwürdige Existenz der Betroffenen einstehen.

Die Pflichtversicherung soll weite Bevölkerungsschichten bei Not durch Krankheit, Pflegebedürftigkeit, Arbeitslosigkeit, Alter und Unfall schützen.

11 Erklären Sie anhand von zwei Argumenten die Gründe für die Selbstbeteiligung der Versicherten an den Kosten der von den Krankenkassen zugelassenen Arzneimitteln.

Zuzahlungen bei Arzneimitteln sollen

- die Krankenkassen finanziell entlasten
- den Versicherten zum sparsamen Gebrauch von Arzneimitteln veranlassen

T134 Welche Folge hatte die schnelle Industrialisierung Deutschlands im 19. Jahrhundert?

a) Deutliche Abnahme der Bevölkerung in den Städten
b) Steigendes Einkommen der Arbeitnehmer durch die neuen Produktionsmethoden
c) Ein Aufblühen der Zünfte
d) Entwurzelung der Menschen durch Auflösung von Familien und dadurch die Auflösung der alten Formen der sozialen Sicherung
e) Eine Humanisierung des Arbeitslebens

T135 Welche Risiken werden *nicht* durch die Sozialversicherungen abgedeckt?

a) Verlust der privaten Rücklagen für das Alter durch eine Inflation
b) Arbeitslosigkeit
c) Kosten für einen Krankenhausaufenthalt
d) Längere Arbeitsunfähigkeit durch einen Arbeitsunfall
e) Frühinvalidität

T136 Welche der folgenden Versicherungen gehört zur Sozialversicherung?

a) Hausratversicherung
b) Rechtsschutzversicherung
c) Arbeitslosenversicherung
d) Insassenversicherung
e) Krankenhaustagegeldversicherung

T137 Welche der genannten Versicherungen ist *nicht* Teil der Sozialversicherung?

a) Haftpflichtversicherung
b) Pflegeversicherung
c) Unfallversicherung
d) Krankenversicherung
e) Rentenversicherung

T138 Das System der Sozialversicherungen basiert auf den Grundprinzipien „Solidarität" und „Subsidiarität". Welche der nachfolgenden Aussagen entspricht dem Solidaritätsprinzip?

a) Jedes Versicherungsmitglied ist verpflichtet, mit seinem Privatvermögen in Not geratene Mitglieder zu unterstützen.
b) Jedes Mitglied hat den gleichen Beitrag zur Risikoabdeckung zu zahlen.
c) Die Gemeinschaft der Versicherten hilft jedem Mitglied nach dem Grundsatz: „Einer für alle, alle für einen."
d) Die einzelne Person muss sich zunächst einmal selbst helfen.
e) Staat, Arbeitnehmer und Arbeitgeber teilen sich zu gleichen Teilen die finanzielle Last der Sozialversicherungen.

T139 Welche Absicht verfolgte der Gesetzgeber mit der Verabschiedung des Sozialgesetzbuchs (SGB)?

a) Alle etwa 800 dem Sozialrecht dienenden Gesetze und Verordnungen sollten in einem Buch vereint werden.
b) Das Sozialgesetzbuch sollte eine Zusammenfassung und eine Harmonisierung des geltenden Sozialrechts sein.
c) Mit dem Sozialgesetzbuch sollten die unterschiedlichen Sozialgesetze der alten und neuen Bundesländer zusammengeführt werden.
d) Ziel des Sozialgesetzbuches sollte die Anpassung deutscher Sozialgesetze an die Normen der Europäischen Union sein.
e) Das neue Sozialrecht sollte dem industriellen Wandel angepasst werden.

T140 Jeder Beschäftigte erhält einen Sozialversicherungsausweis. Wozu soll unter anderem der Sozialversicherungsausweis dienen?

a) Bei Kontrollen zur Aufdeckung von illegalen Beschäftigungsverhältnissen
b) Zum automatischen Abruf personenbezogener Daten
c) Zur Aufdeckung von nicht genehmigten Nebenbeschäftigungen
d) Zur Verhinderung von Steuerhinterziehung
e) Zur Erleichterung einer Arbeitsaufnahme in einem EU-Mitgliedstaat

T141 Welche Selbstverwaltungsorgane weisen die meisten Sozialversicherungsträger auf?

a) Arbeitnehmervertreterversammlung und Vorstand

b) Vorstand und Geschäftsführer

c) Vertreterversammlung und Vorstand

d) Arbeitgeberrat und Geschäftsführung

e) Verwaltungsbeirat und Geschäftsführung

T142 Welche Personengruppen besitzen das Wahlrecht für die Vertreterversammlung?

a) Arbeitgeberverbände

b) die Sozialminister der Bundesländer

c) Gewerkschaften und Rentner

d) Versicherte über 16 Jahre und Rentner

e) Versicherte über 16 Jahre, Rentner und Arbeitgeber

T143 Für wie viele Jahre werden die Mitglieder der Vertreterversammlung gewählt?

a) 2 Jahre

b) 6 Jahre

c) 1 Jahr

d) 4 Jahre

e) 3 Jahre

T144 Welche Aufgaben hat unter anderem die Vertreterversammlung eines Sozialversicherungsträgers *nicht*?

a) Überwachung und Prüfung der laufenden Geschäftsführung

b) Aufstellung und Änderung der Satzung

c) Beschluss über die Höhe des Beitragssatzes

d) Kontrolle des Jahresabschlusses

e) Wahl des Vorstandes

T145 Wie werden die meisten Sozialversicherungen finanziert?

a) Allein durch den Etat des Sozialministeriums des Bundes

b) Hauptsächlich aus den Beiträgen der Versicherten und deren Arbeitgeber

c) Allein durch Arbeitgeberverbände und Pflichtversicherte

d) Überwiegend durch Gewerkschaften und Versicherte

e) Ausschließlich durch Versicherte und Sozialministerium

T146 Für welche Sozialversicherung wird dem Arbeitnehmer *kein* Beitrag von seinem Lohn abgezogen?

a) Krankenversicherung

b) Rentenversicherung

c) Unfallversicherung

d) Arbeitslosenversicherung

e) Pflegeversicherung

T147 Welcher Personenkreis ist in der gesetzlichen Krankenkasse *nicht* pflichtversichert?

a) Arbeitslose, die Arbeitslosengeld oder -hilfe beziehen

b) Auszubildende

c) Rentner der Arbeiter- und Angestelltenversicherung

d) Arbeiter und Angestellte, deren regelmäßiges Arbeitsentgelt 75 % der für die Rentenversicherung festgelegten Beitragsbemessungsgrenze nicht übersteigt.

e) Beamte

T148 Welche der folgenden Aussagen zum Beitrag an gesetzliche Krankenkassen ist *falsch*?

a) Die Beitragssätze werden von der jeweiligen Krankenkasse festgelegt.

b) Die Festlegung eines einheitlichen Beitragssatzes für alle gesetzlichen Krankenkassen ist Aufgabe des Bundesministers für Arbeit und Sozialordnung.

c) Arbeitgeber und beitragspflichtige Arbeitnehmer tragen die Beiträge je zur Hälfte. Die Berechnung erfolgt vom Bruttoverdienst, aber nur bis zur Bemessungsgrenze.

d) Für Arbeitslose übernimmt das Arbeitsamt die Beiträge.

e) Für Wehr- und Zivildienstleistende hat der Bund die Beiträge aufzubringen.

T149 Welche Leistung kann *nicht* von den gesetzlichen Krankenkassen in Anspruch genommen werden?

a) Regelmäßige Untersuchungen zur Früherkennung von Krankheiten

b) Krankengeld

c) Kosten für den Krankentransport

d) Kostenzuschüsse bei Zahnersatz

e) Verletztenrente

T150 Mit dem 1.1.96 trat eine wesentliche Änderung der Zugehörigkeit eines versicherungspflichtigen Arbeitnehmers zu einer gesetzlichen Krankenkasse in Kraft.

Seit dem 1.1.96 ...

a) werden alle Arbeitnehmer entsprechend ihren Berufen den Krankenkassen zugeordnet

b) darf der Arbeitgeber die kostengünstigste Krankenversicherung für seine Beschäftigten zur Pflichtversicherung erklären

c) entscheidet der Betriebsrat allein über die zuständige Krankenkasse

d) ist Arbeitern nur noch die Mitgliedschaft in einer Allgemeinen Ortskrankenkasse erlaubt

e) können die Versicherten entscheiden, welcher Krankenkasse sie angehören wollen.

T151 Welche der nachfolgend genannten Krankenkassen ist *nicht* Träger der gesetzlichen Krankenversicherung?

a) Allgemeine Ortskrankenkasse (AOK)

b) Barmer Ersatzkasse

c) Techniker Krankenkasse

d) Volksfürsorge

e) Betriebskrankenkasse

T152 Was beeinflusst die Beitragshöhe zur gesetzlichen Krankenversicherung?

a) Die gewünschten Leistungen

b) Der Bruttoverdienst des Arbeitnehmers

c) Die Anzahl der mitversicherten Familienmitglieder

d) Der Familienstand

e) Das Kostenrisiko durch bei Versicherten festgestellte Krankheiten

T153 Welche Beitragsregelung gilt für einen pflichtversicherten Arbeitnehmer in der Krankenversicherung?

a) Der Arbeitnehmer zahlt den gesamten Beitrag.

b) Der Arbeitgeber zahlt einen mit dem Arbeitnehmer zu vereinbarenden Betrag.

c) Der Arbeitgeber zahlt den gesamten Beitrag.

d) Der Arbeitnehmer hat immer den gleichen Festbetrag zu entrichten.

e) Arbeitgeber und Arbeitnehmer zahlen bis zur Bemessungsgrenze jeweils die Hälfte des am Bruttolohn orientierten Beitrages.

T154 Welche Aussage über das von den gesetzlichen Krankenkassen zu zahlende Krankengeld entspricht dem Sozialgesetzbuch?

a) Versicherte haben Anspruch auf Krankengeld, wenn die Krankheit sie arbeitsunfähig macht. Der Anspruch auf Fortzahlung des Arbeitsentgelts bei Arbeitsunfähigkeit richtet sich nach den arbeitsrechtlichen Vorschriften.

b) Das Krankengeld beträgt 60 % des erzielten regelmäßigen Arbeitsentgelts.

c) Das Krankengeld darf das Nettoarbeitsentgelt übersteigen.

d) Versicherte erhalten bei Arbeitsunfähigkeit wegen derselben Krankheit Krankengeld ohne zeitliche Begrenzung.

e) Der Anspruch auf Krankengeld ruht, wenn der Versicherte zur Behandlung in ein Krankenhaus eingewiesen wird.

T155 Wer ist u.a. für die Leistungen der gesetzlichen Unfallversicherung zuständig?

a) Ersatzkassen

b) Berufsgenossenschaften

c) Gewerbeaufsichtsamt

d) Landesversicherungsanstalt

e) Bundesanstalt für Arbeit

T156 Wer ist *nicht* in der gesetzlichen Unfallversicherung pflichtversichert?

a) Schüler öffentlicher und privater allgemein bildender Schulen

b) Heimarbeiter

c) Alle Arbeiter, Angestellten und Auszubildenden

d) Beamte

e) Kinder beim Besuche von Kindergärten

T157 Welche Aussage über die Höhe des Beitrags zur gesetzlichen Unfallversicherung ist richtig?

a) Die Beiträge zur Berufsgenossenschaft sind ausschließlich vom Unternehmen zu entrichten. Die Höhe wird durch ein Umlageverfahren ermittelt.

b) Einzelnen Betrieben mit überdurchschnittlicher Unfallzahl kann ein Nachlass bewilligt werden.

c) Der Beitrag ist unabhängig von der Unfallgefahr für alle Unternehmen gleich.

d) Der Beitrag ist nur von den im Unternehmen beschäftigten Arbeitnehmern abhängig.

e) Der Beitrag zur Berufsgenossenschaft beträgt generell 5 % des Arbeitnehmerlohns.

T158 Welche Unfälle werden durch die gesetzliche Unfallversicherung *nicht* abgedeckt?

a) Unfälle auf dem Weg zum Betrieb

b) Unfälle beim Freizeitsport

c) Unfälle auf dem Weg zur Berufsschule

d) Unfälle im Betrieb

e) Unfälle auf der Heimfahrt vom Betrieb

T159 Wer hat die Beiträge für die gesetzliche Unfallversicherung von gewerblichen Arbeitnehmern zu erbringen?

a) Der Arbeitnehmer allein

b) Die Berufsgenossenschaften

c) Die Unfallversicherung der Gemeinden

d) Arbeitgeber und Arbeitnehmer je zur Hälfte

e) Allein der Arbeitgeber

T160 Welche Leistung kann nach dem geltenden Recht *nicht* von der gesetzlichen Unfallversicherung in Anspruch genommen werden?

a) Maßnahmen zur Verhütung und zur Ersten Hilfe bei Arbeitsunfällen

b) Altersrente

c) Renten wegen Minderung der Erwerbsunfähigkeit

d) Maßnahmen zur Wiederherstellung der Erwerbsfähigkeit

e) Verletztengeld

T161 Welche Aussage über die Aufgaben der gesetzlichen Unfallversicherung ist *falsch*?

a) Die wichtigste Aufgabe der Berufsgenossenschaften ist die Verhütung von Unfällen.

b) Die Berufsgenossenschaften überwachen die Einhaltung der Unfallverhütungsvorschriften.

c) Für Verstöße gegen die Unfallverhütungsvorschriften können die Berufsgenossenschaften Bußgelder bis zu 20.000 DM (≙ 10.226 €) verhängen.

d) Die Berufsgenossenschaften erlassen Unfallverhütungsvorschriften.

e) Den Berufsgenossenschaften obliegt die Überwachung des Jugendarbeitsschutzgesetzes.

T162 Welche Aufgabe entspricht *nicht* dem Auftrag der gesetzlichen Rentenversicherung?

a) Die Erwerbsfähigkeit ihrer Mitglieder durch Heilbehandlung, Berufsförderung und andere Hilfen zu erhalten und wiederherzustellen

b) Die Gewährung einer Rente wegen Erwerbsunfähigkeit im Alter

c) Die Unterstützung der Hinterbliebenen von Versicherten

d) Die Übernahme der Kosten der Umschulung für einen Versicherten nach einem Arbeitsunfall

e) Die Auskunftspflicht gegenüber den Versicherten über ihre Rentenansprüche

T163 Wer bestimmt den Beitrag und die Bemessungsgrenze für die gesetzliche Rentenversicherung?

a) Der Bundestag

b) Der Aufsichtsrat

c) Die Bundesversichertenanstalt in Berlin

d) Der Vorstand der Rentenversicherung

e) Die Vertreterversammlung

T164 Wer sind die Träger der gesetzlichen Rentenversicherung?

a) Für die Arbeiter die Landesversicherungsanstalten und für die Angestellten die Bundesversicherungsanstalt in Berlin

b) Die Bundesanstalt für Arbeit

c) Das Bundessozialministerium

d) Die Sozialämter der Kommunen

e) Die Bundesversicherungskammer

T165 Welche Aussage über die Mitgliedschaft in der gesetzlichen Rentenversicherung ist *richtig*?

Versicherungspflichtig sind ...

a) Personen, die eine Vollrente wegen Alters beziehen

b) Beamte, Berufssoldaten und Soldaten auf Zeit

c) Personen, die gegen Arbeitsentgelt oder zu ihrer Berufsausbildung beschäftigt sind

d) Personen, die sich als Austauschschüler in Deutschland befinden

e) Deutsche, die für unbegrenzte Zeit im Ausland bei einer ausländischen Firma beschäftigt sind

T166 Welche Aussage über den Anspruch auf Rente von der gesetzlichen Rentenversicherung ist *falsch*?

a) Versicherte haben Anspruch auf Regelaltersrente, wenn sie das 65. Lebensjahr vollendet und die Wartezeit von 35 Jahren erfüllt haben.

b) Versicherte haben Anspruch auf Altersrente, wenn sie das 55. Lebensjahr vollendet haben.

c) Versicherte haben Anspruch auf Altersrente, wenn sie das 60. Lebensjahr vollendet haben, arbeitslos sind und innerhalb der letzten eineinhalb Jahre vor Beginn der Rente insgesamt 52 Wochen arbeitslos waren.

d) Versicherte haben bis zur Vollendung des 65. Lebensjahres Anspruch auf Rente wegen Erwerbsunfähigkeit, wenn sie erwerbsunfähig sind und die allgemeine Wartezeit erfüllt haben.

e) Die Erfüllung der allgemeinen Wartezeit von fünf Jahren ist Voraussetzung für einen Anspruch auf Rente wegen Todes.

T167 Wie werden die Leistungen der gesetzlichen Rentenversicherung finanziert?

a) allein durch die Arbeitnehmer

b) Arbeitnehmer und Arbeitgeber über Beiträge und durch einen Zuschuss des Bundes

c) der Bund allein

d) die Arbeitgeber allein

e) die Arbeitnehmer gemeinsam mit dem Bund

T168 Welcher Träger soll die vom Arbeitsförderungsgesetz vorgegebenen Aufgaben durchführen?

a) Die Arbeitskammern

b) Die Bundesanstalt für Arbeit

c) Die Landesversicherungsanstalten

d) Das Bundesministerium für Arbeit und Sozialordnung

e) Die Regierungen der Bundesländer

T169 Welche Wartezeit gilt für den Anspruch auf Altersrente für langjährig Versicherte?

a) 25 Jahre

b) 30 Jahre

c) 35 Jahre

d) 40 Jahre

e) 45 Jahre

T170 Der Gesetzgeber hat sich mit dem Arbeitsförderungsgesetz (AFG) Ziele gesetzt. Welches Ziel stimmt *nicht* mit dem AFG überein?

a) Erreichung eines hohen Beschäftigungsstandes

b) Verbesserung der Beschäftigungsstruktur

c) Abbau beschäftigungsbehindernder Tarifvertragsbestimmungen

d) Förderung der Eingliederung älterer Erwerbstätiger

e) Bekämpfung der illegalen Beschäftigung

T171 Die Bundesanstalt für Arbeit erhebt zur Erfüllung ihrer Aufgaben Beiträge. Welche der nachfolgend genannten Gruppen ist von der Beitragspflicht befreit?

Befreit sind ...

a) grundsätzlich alle Erwerbstätigen unter 18 Jahren

b) alle Auszubildenden

c) Arbeitnehmer, die das 65. Lebensjahr vollendet haben

d) Personen, deren Einkommen über der Beitragsbemessungsgrenze liegt

e) Personen, die als Arbeitnehmer gegen Entgelt oder zu ihrer Berufsausbildung beschäftigt sind

T172 Die Bundesanstalt für Arbeit ist eine rechtsfähige Körperschaft des öffentlichen Rechts mit Selbstverwaltung. Wie setzen sich die Organe der Selbstverwaltung zusammen?

a) Zu je einem Drittel aus Vertretern der Arbeitnehmer, der Arbeitgeber und der öffentlichen Körperschaften

b) Je zur Hälfte aus Vertretern der Arbeitnehmer und Arbeitgeber

c) Je zur Hälfte aus Vertretern des Bundesministeriums für Arbeit und Soziales und der Arbeitgeber

d) Nur aus Vertretern der Arbeitnehmer

e) Nur aus Vertretern der Arbeitgeber

T173 Welche Personengruppe ist in der Arbeitslosenversicherung pflichtversichert?

a) Beamte

b) Schüler an allgemein bildenden Schulen

c) Auszubildende

d) Berufssoldaten

e) selbständige Unternehmer

T174 Die Bundesanstalt für Arbeit erhebt zur Aufbringung der Mittel für die Durchführung ihrer Aufgaben Beiträge. Wie viel Prozent des fälligen Beitrags müssen im Normalfall vom Arbeitgeber übernommen werden?

a) 100 %   b) 75 %

c) 50 %   d) 25 %

e) 0 % – der gesamte Beitrag wird vom Arbeitnehmer entrichtet

T175 Welche Aufgaben werden von der Bundesanstalt für Arbeit *nicht* durchgeführt?

a) Förderung der beruflichen Bildung

b) Gewährung von Verletztenrente bei Erwerbsunfähigkeit

c) Arbeitsvermittlung

d) Gewährung von Arbeitslosengeld

e) Gewährung von Konkursausfallgeld

T176 Das AFG regelt den Beginn und das Ende der Beitragspflicht. Ab welchem Lebensalter müssen Arbeitnehmer keinen Beitrag mehr entrichten? Nach Ablauf des Monats, in dem sie das folgende Lebensjahr vollenden:

a) 55. Lebensjahr   b) 60. Lebensjahr

c) 63. Lebensjahr   d) 65. Lebensjahr

e) 67. Lebensjahr

T177 Die Beiträge des Arbeitnehmers zur Arbeitslosenversicherung trägt der Arbeitgeber bei:

a) Wehr- und Ersatzdienstleistenden

b) Rentnern wegen Erwerbsunfähigkeit

c) Richtern

d) Auszubildenden

e) Beamten

T178 Woran orientiert sich die Höhe des Beitrags zur Arbeitslosenversicherung?

An ...

a) dem Nettolohn des Arbeitnehmers

b) der Steuerklasse des Arbeitnehmers

c) dem Lebensalter des Arbeitnehmers

d) dem Bruttoverdienst des Arbeitnehmers, jedoch nur bis zur Beitragsbemessungsgrenze

e) der Anzahl der Beitragsjahre

T179 Der Anspruch auf Arbeitslosengeld ist an bestimmte Bedingungen geknüpft. Welche der nachfolgenden Voraussetzungen muss *nicht* erfüllt sein, um Arbeitslosengeld zu erhalten?

Anspruch auf Arbeitslosengeld hat nur, wer ...

a) das Arbeitsamt täglich aufsuchen kann und für das Arbeitsamt erreichbar ist

b) der Arbeitsvermittlung zur Verfügung steht

c) sich bereiterklärt, jede Beschäftigung anzunehmen

d) sich persönlich beim zuständigen Arbeitsamt arbeitslos gemeldet hat

e) die Anwartschaftszeit erfüllt hat

T180 Welche Arbeitnehmer sind vom Anspruch auf Arbeitslosengeld ausgeschlossen?

a) Arbeitnehmer, die auf Grund einer Krankheit zwei Wochen arbeitsunfähig sind

b) Arbeitnehmer, die auf Kosten der Krankenkasse bis zu sechs Wochen stationär behandelt werden

c) Arbeitnehmer, deren Einkommen über der Bemessungsgrundlage liegt

d) Arbeitnehmer, die die Anwartschaftszeit nicht erfüllt haben

e) Arbeitnehmer, die auf Grund eines Konkurses arbeitslos geworden sind

T181 Die Anwartschaftszeit hat erfüllt, wer innerhalb der Rahmenfrist von drei Jahren eine bestimmte Anzahl von Tagen in einer Beitragspflicht begründenden Beschäftigung gestanden hat. Wie viel Kalendertage muss ein Versicherter nachweisen?

a) 90 Tage   b) 120 Tage

c) 180 Tage   d) 360 Tage

e) 720 Tage

T182 Arbeitslosengeld erhält nur, wer die geforderten Voraussetzungen erfüllt und Arbeitslosengeld beantragt hat.

Das Arbeitslosengeld ist zu beantragen ...

a) beim Sozialamt

b) beim letzten Arbeitgeber

c) beim Finanzamt

d) bei der Bundesanstalt für Arbeit

e) bei der Landesversicherungsanstalt

T183 Ein Auszubildender hat die Abschlussprüfung bestanden und wird nach einer dreieinhalbjährigen Ausbildung vom Ausbildungsbetrieb nicht übernommen. Er wird arbeitslos.

Bemessungsgrundlage für sein Arbeitslosengeld ist ...

a) das durchschnittliche Nettoeinkommen in den letzten 6 Beschäftigungsmonaten
b) 100% des Bruttotariflohnes für einen Facharbeiter
c) 100% des Nettotariflohns für einen Facharbeiter mit der Lohnsteuerklasse 1
d) 50% des erreichbaren Tariflohns für einen Facharbeiter
e) 150% der letzten Ausbildungsvergütung

T184 Die Dauer des Anspruchs auf Arbeitslosengeld ist auf 832 Tage begrenzt. Welche Bedingungen muss ein Versicherter erfüllen, um diese maximale Anspruchsdauer zu erreichen?

a) Er muss das 54. Lebensjahr vollendet haben.
b) Er muss mindestens 1920 Kalendertage pflichtversichert gewesen sein.
c) Er muss in den letzten sieben Jahren 1800 Kalendertage pflichtversichert gewesen sein.
d) Er muss auf dem Arbeitsmarkt langfristig nicht vermittelbar sein und das 50. Lebensjahr vollendet haben.
e) Er muss in den letzten sieben Jahren 1920 Kalendertage pflichtversichert gewesen sein und das 54. Lebensjahr vollendet haben.

T185 Wenn ein Arbeitnehmer sein Beschäftigungsverhältnis gelöst und dadurch vorsätzlich die Arbeitslosigkeit herbeiführt, so hat dies für die Gewährung des Arbeitslosengeldes Folgen. Welche der folgenden Aussagen ist richtig?

Der Arbeitslose ...

a) erhält ein um die Hälfte reduziertes Arbeitslosengeld
b) erhält nur Arbeitslosenhilfe
c) erhält für die Dauer seiner Arbeitslosigkeit keine Leistung der Bundesanstalt für Arbeit
d) eine Ermahnung, aber trotzdem sofort Arbeitslosengeld
e) erhält erst nach einer Sperrzeit von 12 Wochen Arbeitslosengeld

T186 Welche Aussage über das Kurzarbeitergeld *widerspricht* dem Arbeitsförderungsgesetz?

a) Kurzarbeitergeld wird Arbeitnehmern bei vorübergehendem Arbeitsausfall gewährt, wenn zu erwarten ist, dass dadurch den Arbeitnehmern die Arbeitsplätze erhalten werden.
b) Kurzarbeitergeld wird gewährt, wenn der Arbeitsausfall auf betriebsorganisatorischen Gründen beruht.
c) Kurzarbeitergeld kann normalerweise in einem Betrieb nur bis zum Ablauf von sechs Monaten gewährt werden.
d) Das Kurzarbeitergeld wird für die Ausfallstunden gewährt.

T187 Wieviele Prozent des um die gesetzlichen Abzüge verminderten Arbeitsentgelts erhält ein verheirateter Arbeitsloser, der mindestens ein Kind hat?

a) 100%
b) 75%
c) 70%
d) 67%
e) 60%

T188 Wie hoch ist die Arbeitslosenhilfe, die ein allein stehender Arbeitsloser ohne Kind erhält?

a) 80 % des um die gesetzlichen Abzüge verminderten Arbeitsentgelts
b) 75 %
c) 67 %
d) 63 %
e) 53 %

T189 Arbeitnehmer haben bei Zahlungsunfähigkeit ihres Arbeitgebers Anspruch auf Ausgleich ihres ausgefallenen Arbeitsentgelts (Konkursausfallgeld). Bei welcher Institution müssen sie ihren Antrag auf Gewährung von Konkursausfallgeld stellen?

a) Arbeitgeberverband
b) Bundesanstalt für Arbeit
c) Industrie- und Handelskammer
d) Arbeitsgericht
e) Sozialamt der Gemeinde

Teil V   Prüfungseinheiten

Hinweise für die Bearbeitung

Die Prüfungseinheiten ab Seite 339 dienen zur unmittelbaren Vorbereitung auf die Abschlussprüfungen. Sie sollen mit der Prüfungssituation vertraut machen, eventuell bestehende Lücken aufzeigen und eine gezielte Beseitigung dieser Lücken ermöglichen.

Die bei jeder Prüfungseinheit angegebene **Bearbeitungszeit** ist eine **Richtzeit**. Sie sollte am Ende der Prüfungsvorbereitung eingehalten werden.

Die Prüfungseinheiten bestehen aus jeweils 2 Teilen, die unabhängig voneinander bearbeitet werden können:

Teil 1:   Testaufgaben mit Auswahlantworten
Teil 2:   Ungebundene Aufgaben

Bei den Testaufgaben mit Auswahlantworten in Teil 1 der Prüfungseinheiten ist jeweils **nur eine Lösung** richtig.

Die Lösungen der ungebundenen Aufgaben aus Teil 2 der Prüfungseinheiten sind **schriftlich auf getrennten Blättern** zu erarbeiten. Zur Korrektur können die in Teil VI des Buches aufgeführten Lösungen nur als Richtlinie dienen; andere Formulierungen und auch andere Lösungswege sind durchaus möglich. Für die Leistungsbewertung der Aufgaben aus Teil 2 der Prüfungseinheiten sind je nach Schwierigkeitsgrad der Aufgabe und Umfang der Lösung Punkte von 0 bis zur Höchstpunktzahl der jeweiligen Aufgabe zu vergeben. Anschließend wird mit Hilfe der Gesamtpunktzahl des Prüfungsteiles der Prozentsatz der erreichten Punkte ermittelt:

$$\text{Prozentsatz} = \frac{\text{erreichte Punktzahl} \cdot 100\%}{\text{Gesamtpunktzahl}}$$

Mit Hilfe des Bewertungsschlüssels auf der hinteren Umschlagseite kann der Prozentsatz in eine Note umgerechnet werden.

Zur **Erleichterung der Bearbeitung** und der anschließenden Kontrolle anhand des Lösungsschlüssels können die Seiten mit den Prüfungseinheiten und die Lösungen aller Aufgaben aus dem Buch **herausgetrennt** werden.

Für eine Leistungskontrolle unter Prüfungsbedingungen ist zu empfehlen, die Prüfungseinheiten und deren Lösungen vor der Verwendung des Buches herauszutrennen und die Prüfungseinheiten erst zum Zeitpunkt der Leistungskontrolle auszugeben. Dadurch lassen sich gleiche Ausgangsbedingungen wie bei einer Abschlussprüfung schaffen. Anhand der Lösungen kann anschließend die Nachbereitung der Aufgaben erfolgen.

Prüfungseinheit Technologie 1.1

Bearbeitungszeit: 60 min
Erlaubte Hilfsmittel: Tabellenbuch, Taschenrechner

1 Die Einheit der Masse ist:

a) 1 W   b) 1 dm^3

c) 1 m^3 d) 1 kg

e) 1 N

2 Was versteht man unter dem Begriff Kohäsion?

a) Die Haftung eines Klebstoffes auf einer Oberfläche

b) Das Einziehen des Lotes in den Lötspalt

c) Die Zusammenhangskraft der Teilchen eines Stoffes

d) Die Zähflüssigkeit eines Schmiermittels

e) Das Erstarren einer Schmelze

3 Welche Größe hat in der Skizze die Ersatzkraft F?

a) 6 N

b) 17,5 N

c) 175 N

d) 350 N

e) 1750 N

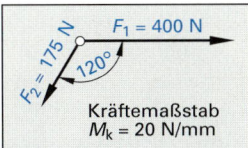

$F_1 = 400\ N$
$F_2 = 175\ N$
$120°$
Kräftemaßstab
$M_k = 20\ N/mm$

4 In welcher Skizze ist die Richtung der Fliehkraft (Zentrifugalkraft) F_z richtig eingezeichnet?

a)
b)
c)
d)
e)

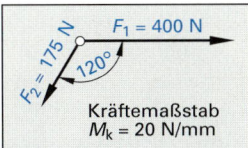

5 Welcher Bestandteil ist bei Gießereiroheisen für die Ausscheidung des Grafits in Lamellenform wesentlich?

a) Silicium

b) Phosphor

c) Mangan

d) Schwefel

e) Sauerstoff

6 In welcher Skizze ist ein Lichtbogenofen dargestellt?

a)
b)
c)
d)
e)

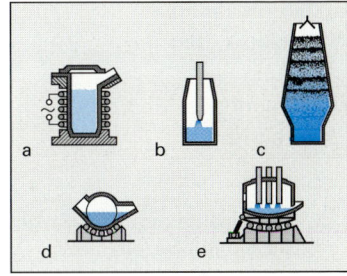

7 Welche Kurzbezeichnung gehört zu einem Werkzeugstahl?

a) 35S20

b) C70W2

c) 32CrMo12

d) 16MnCr5

e) Ck10

8 Welcher der angegebenen Aluminiumwerkstoffe ist am beständigsten gegen Korrosion?

a) AlCuMgPb

b) AlCuMg1

c) GD-AlSi6Cu4

d) AlZnMgCu1,5

e) Al99,5H

9 In welcher Skizze ist das Sauerstoff-Aufblasverfahren zur Stahlgewinnung dargestellt?

a)
b)
c)
d)
e)

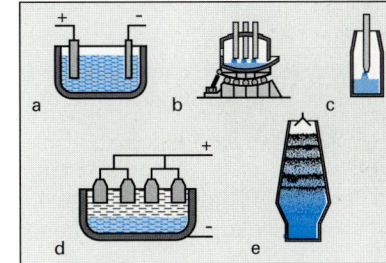

10 Hartmetalle werden hergestellt durch ...

a) Druckgießen

b) Kokillengießen

c) Strangpressen

d) Vakuumgießen

e) Pressen und Sintern

11 Welcher der genannten Stoffe ist *nicht* als Schleifmittel geeignet?

a) Calziumkarbid
b) Siliciumkarbid
c) Korund
d) Diamant
e) Bornitrid

12 Wie wird das im Bild dargestellte Diagramm (Schaubild) bezeichnet?

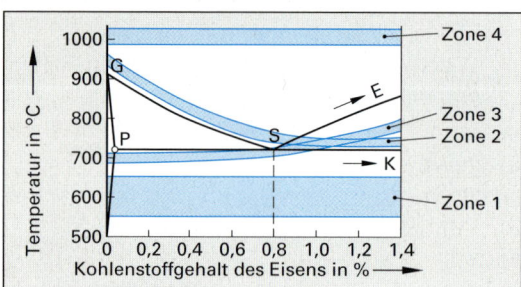

a) Stahlschaubild
b) Roheisenschaubild
c) Eisen-Kohlenstoff-Zustandsdiagramm
d) Eisenschaubild
e) Kohlenstoff-Schaubild

13 Welches Gefüge besitzt Stahl oberhalb der Linie GSE in obigem Bild?

a) Perlit   b) Ferrit
c) Zementit   d) Austenit
e) Nur eutektisches Gefüge

14 Welche der Zonen in obigem Bild entspricht dem Temperaturbereich für das Spannungsarmglühen?

a) Zone 1   b) Zone 2
c) Zone 3   d) Zone 4
e) Keine der eingezeichneten Zonen

15 Welche Linie in obigem Bild zeigt die Temperatur an, bei der beim langsamen Erwärmen eines unlegierten Stahles die erste Gefügeumwandlung erfolgt?

a) Linie PSK   b) Linie GS
c) Linie SE   d) Linie GSE
e) senkrechte Linie unter Punkt S

16 Welcher der genannten Kunststoffe ist für das Spritzgießen besonders geeignet?

a) Phenolharz
b) Polystyrol
c) Polytetrafluorethylen
d) Epoxydharz
e) Polyesterharz

17 In welcher Skizze ist die Struktur eines duroplastischen Kunststoffs dargestellt?

a)
b)
c)
d)
e)

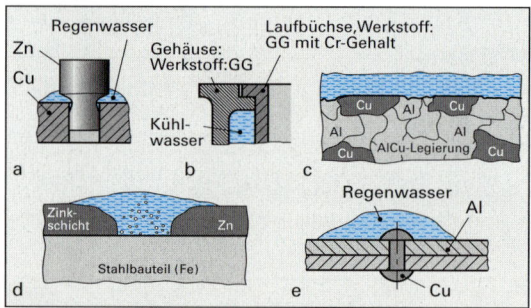

18 In welchen Bildern laufen elektrochemische Vorgänge ab?

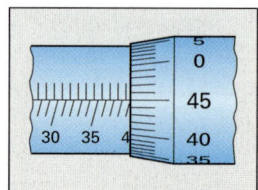

a) Bild a und e
b) Bild a, b und e
c) Nur in Bild c
d) Nur in Bild d
e) In allen Bildern

19 Welcher Ablesewert für die Messschraube ist richtig?

a) 35,45 mm
b) 38,45 mm
c) 38,95 mm
d) 39,45 mm
e) 39,95 mm

20 Welche Verwendung finden die im Bild mit X bezeichneten Teile? Sie dienen ...

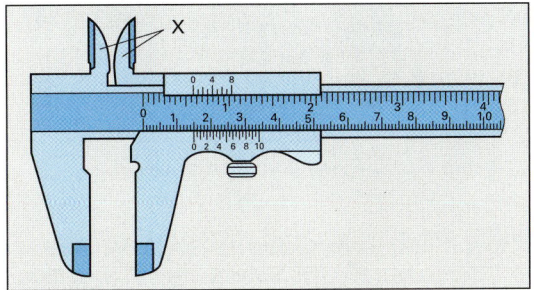

a) als fest einstellbare Lehre

b) zum Messen von Nutbreiten

c) zum Messen von Gewinden

d) zum Messen von Außenmaßen

e) zum Schutz des Messschiebers

21 Welche Aussage über das abgebildete Gerät ist richtig?

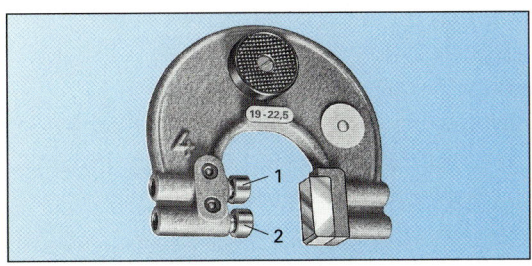

a) Mit ihm wird das Istmaß eines Werkstücks ermittelt

b) Es dient zum Prüfen von Innenmaßen

c) Teil 2 ist auf das Maß 22,5 mm, Teil 1 auf das Maß 19,0 mm fest eingestellt

d) Teil 1 wird auf das Größtmaß, Teil 2 auf das Kleinstmaß einer Passwelle eingestellt

e) Keine der genannten Antworten ist richtig

22 Was versteht man unter Läppen?

a) Polieren mit Stoffscheiben

b) Feinschleifen mit losem Schleifmittel

c) Reinigung von Messzeugen mit Stofflappen

d) Verfahren zum Korrosionsschutz

e) Elektrochemisches Abtrageverfahren

23 Bei welchen der dargestellten Passungen kann Spiel auftreten?

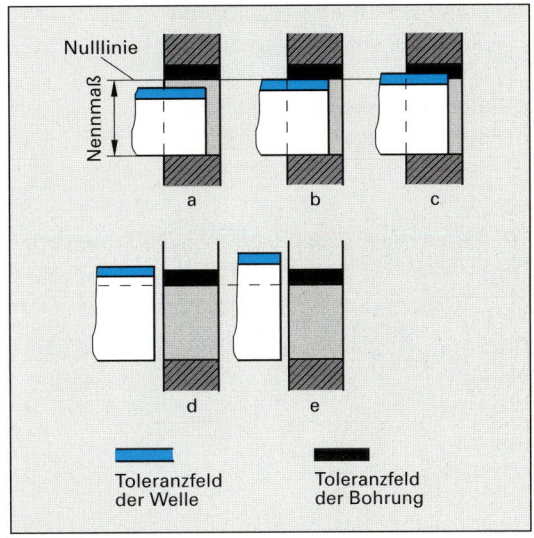

a) Nur Bild a

b) Bild a und b

c) Nur Bild c

d) Bild a, b, c, d

e) Nur Bild e

24 Welche Aussage zu dem dargestellten Schneidkeil ist richtig?

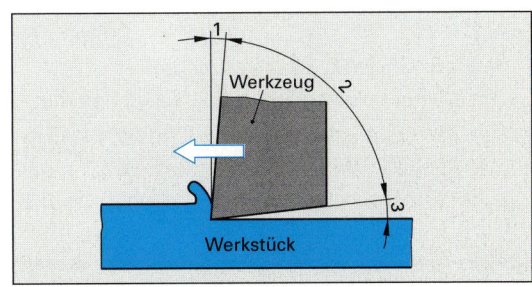

a) Zur Bearbeitung harter Werkstoffe muss der Winkel 1 vergrößert werden

b) Je härter der zu bearbeitende Werkstoff, desto größer muss der Winkel 2 sein

c) Je härter der zu bearbeitende Werkstoff, desto größer muss der Winkel 3 sein

d) Je weicher der zu bearbeitende Werkstoff, desto kleiner müssen die Winkel 1 und 3 sein

e) Die Größe der Winkel hängt nicht vom Werkstück, sondern nur vom Schneidstoff ab

25 Welche Regel gilt für die Auswahl der Feilen für harte Werkstoffe?

a) Grober Hieb, kleine Hiebteilung

b) Feiner Hieb, große Hiebteilung

c) Grober Hieb, große Hiebteilung

d) Feiner Hieb, kleine Hiebteilung

e) Keine der genannten Antworten ist richtig

26 Welches der dargestellten Sägeblätter ist geschränkt?

a)
b)
c)
d)
e)

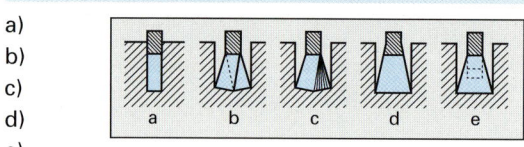

27 Im Bild ist ein in Sand geformtes Gießmodell dargestellt. Welche Aufgabe haben die mit X gekennzeichneten Stellen?

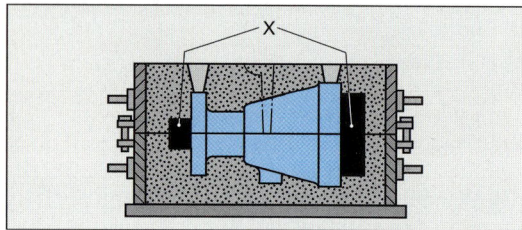

a) Sie dienen als Auflagestellen für den Kern

b) Durch die dadurch erreichten Materialanhäufungen werden Lunker vermieden

c) Sie stellen den Anschnitt des Gussteiles dar

d) Sie nehmen die in der Form enthaltene Luft auf

e) Sie gehören zum Werkstück (Gussteil)

28 Welche der dargestellten Schrauben ist besonders für dynamische Beanspruchung geeignet?

a)
b)
c)
d)

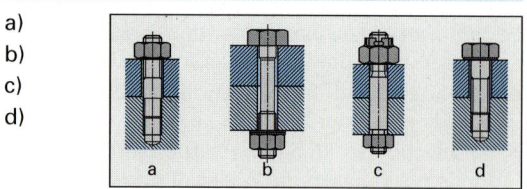

e) Jede der Schrauben a bis d ist gleich gut geeignet

29 Welche der dargestellten Schrauben ist eine Vierkantschraube mit Bund?

a)
b)
c)
d)

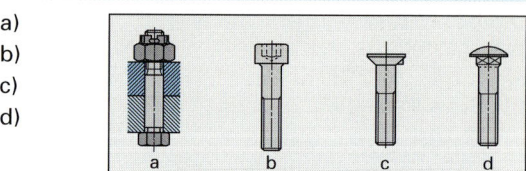

e) Keine der dargestellten Schrauben

30 Welches der dargestellten Gewindeprofile ist besonders für eine Bewegung mit einseitiger Belastung geeignet?

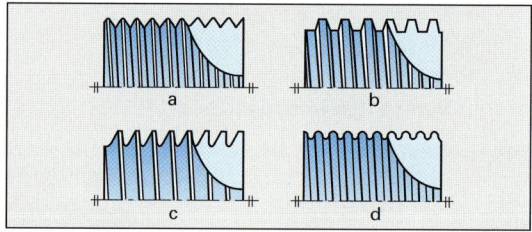

a) Gewinde a

b) Gewinde b

c) Gewinde c

d) Gewinde d

e) Alle dargestellten Gewinde

31 Welche der abgebildeten Schraubensicherungen ist eine Setzsicherung?

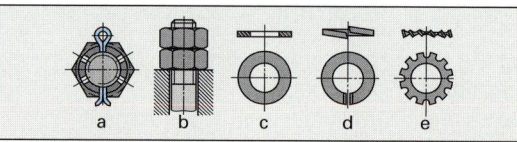

a) Nur Teil a

b) Nur Teil b

c) Teil a, b und c

d) Nur Teil d

e) Teil d und e

32 Welches der abgebildeten Verbindungselemente stellt *keine* Schraubensicherung dar?

a)
b)
c)
d)
e)

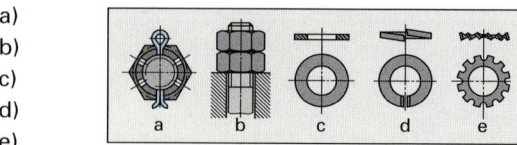

33 Welcher Schlüssel ist zum Anziehen der dargestellten Schraube erforderlich?

a) Maulschlüssel

b) Gabelschlüssel

c) Winkelschraubendreher mit Sechskantprofil

d) Ringschlüssel

e) Hakenschlüssel

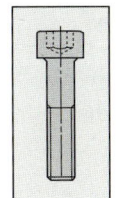

34 Wodurch entsteht die Kapillarwirkung beim Löten?

a) Kohäsionskräfte im flüssigen Lot

b) Kohäsionskräfte im erwärmten Werkstück

c) Adhäsionskräfte im flüssigen Lot

d) Adhäsionskräfte zwischen Lot und Werkstückoberfläche

e) Desoxidation durch das Flussmittel

35 Welche Aussage zu der Injektordüse eines Schweißbrenners trifft zu?

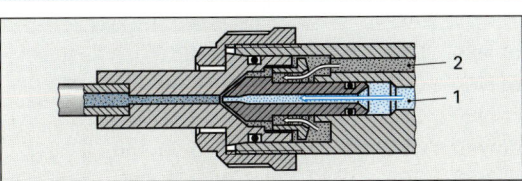

a) Bei 1 strömt Sauerstoff mit hohem Druck zu und saugt Brenngas an

b) Bei 1 strömt Brenngas mit hohem Druck zu und saugt Sauerstoff an

c) Bei 2 strömt Sauerstoff mit hohem Druck zu und saugt Brenngas an

d) Bei 2 strömt Brenngas mit hohem Druck zu und saugt Sauerstoff an

e) Brenngas und Sauerstoff strömen mit gleichem Druck zu

36 Welche Skizze stellt einen Schneckentrieb dar?

a)
b)
c)
d)
e)

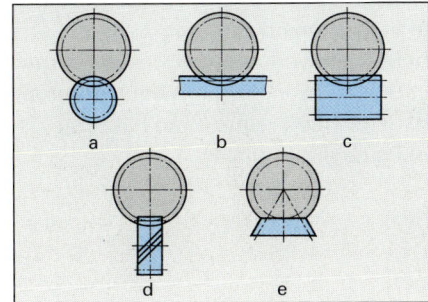

37 Welches Wälzlager ist _nur_ in axialer Richtung belastbar?

a)
b)
c)
d)
e)

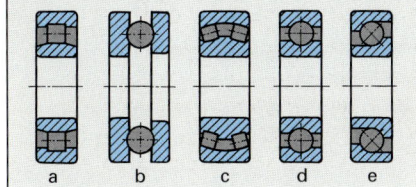

38 Was versteht man unter Funkenerosion?

a) Abtragen von Werkstoff durch elektrisch erzeugte Funken

b) Einbrand beim Lichtbogenschweißen

c) Korrosionserscheinung an elektrischen Kontakten

d) Verfahren zur Werkstoffprüfung

e) Verfahren zum Metallspritzen

39 Welcher Wert wird durch den Punkt R_e im dargestellten Spannungs-Dehnungs-Diagramm gekennzeichnet?

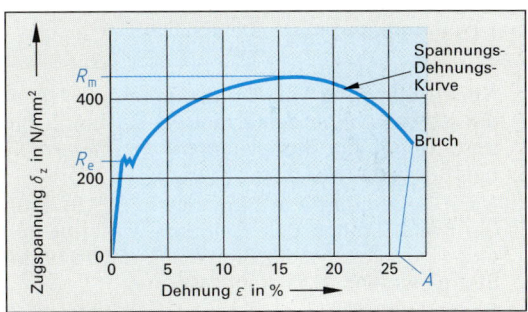

a) Bruchgrenze

b) Dehngrenze

c) Streckgrenze

d) Zulässige Spannung

e) Proportionalitätsgrenze

40 Was bewirkt die Anweisung REM in einem BASIC-Programm?

a) Ausdruck eines Wertes

b) Verweilzeit im Programm

c) Sprung an eine anschließend angegebene Adresse

d) Folgender Teil der Programmzeile wird ignoriert

e) Rücksprung auf vorhergehende Programmzeile

41 Welche Aussage zu dem skizzierten Schaltplan ist richtig?

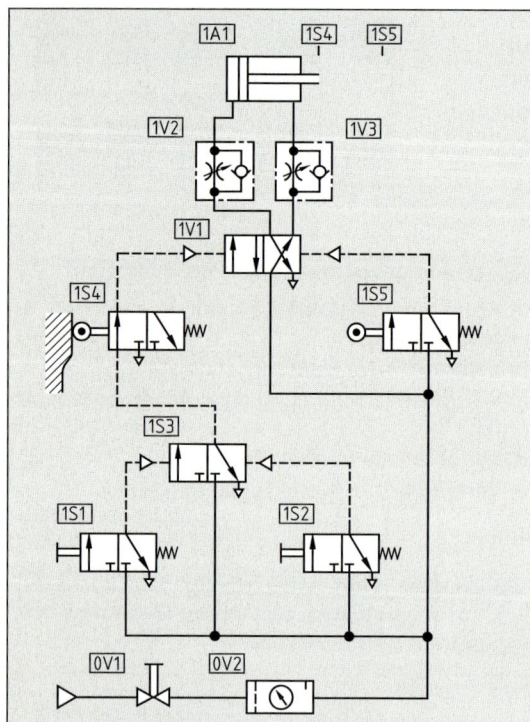

a) Nach Betätigung von Signalelement 1S1 läuft die Kolbenstange des Zylinders so lange hin und zurück, bis Signalelement 1S1 abermals betätigt wird

b) Nach Betätigung von Signalelement 1S1 läuft die Kolbenstange des Zylinders so lange hin und zurück, bis wieder Signalelement 1S1 oder Signalelement 1S2 betätigt werden

c) Nach Betätigung von Signalelement 1S1 läuft die Kolbenstange des Zylinders einmal vor und wieder zurück in die Ausgangslage, in der sie dann stehen bleibt

d) Nach Betätigung von Signalelement 1S1 läuft die Kolbenstange des Zylinders so lange vor und wieder zurück, bis Signalelement 1S2 betätigt wird

e) Nach Betätigung von Signalelement 1S1 oder 1S2 läuft die Kolbenstange des Zylinders vor und wieder in die Ausgangslage zurück, in der sie bis zur erneuten Betätigung von Signalelement 1S1 oder 1S2 verbleibt

42 Welches der Sinnbilder kennzeichnet einen Universalmotor?

a)
b)
c)
d)
e)

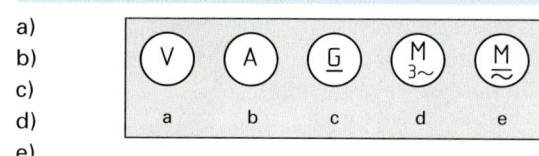

a   b   c   d   e

43 In einem NC-Programm ist der Fräsweg von Punkt P2 nach Punkt P3 der gezeichneten Platte zu programmieren. Welcher Satz N80 ist richtig (Einschaltbedingung G90)?

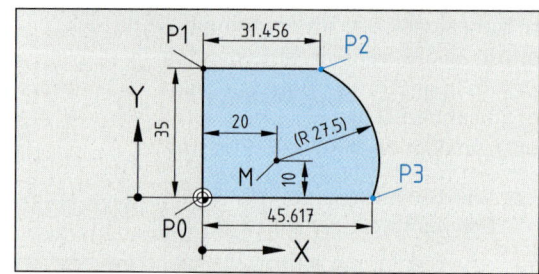

a) N80	G02	X45.617	Y0	I20	J10
b) N80	G03	X45.617	Y0	I14.161	J7,5
c) N80	G02	X45.617	Y0	I11.456	K25
d) N80	G02	X45.617	Y0	I-11.456	J-25
e) N80	G02	X45.617	Y0	I11.456	J25

44 Wie wird das dargestellte Schneidwerkzeug bezeichnet?

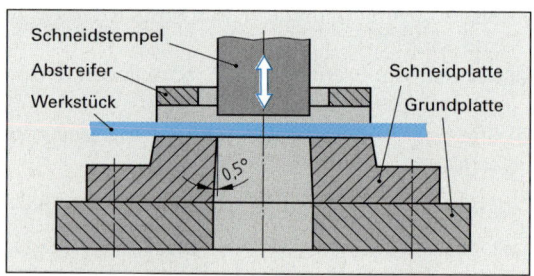

a) Folgeschneidwerkzeug

b) Schneidwerkzeug mit Plattenführung

c) Schneidwerkzeug mit Säulenführung

d) Schneidwerkzeug ohne Führung

e) Plattenführungslocher

45 Ein Spiralbohrer ist mit gleich langen Schneiden, aber ungleichem Schneidenwinkel angeschliffen. Welche Folgen hat dies?

a) Der Bohrer bohrt nicht in Achsrichtung, er „verläuft"
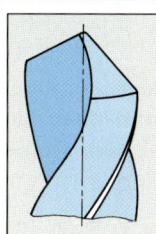
b) Die Bohrung wird zu groß
c) Die Schneiden haken ein und brechen aus oder stumpfen frühzeitig ab
d) Der Bohrer drückt, da der Freiwinkel zu klein ist
e) Eine Schneide nützt sich stärker ab als die andere, da sie alleine die gesamte Schneidarbeit verrichten muss

46 In welchem Bild ist ein Walzenstirnfräser dargestellt?

a)
b)
c)
d)
e)

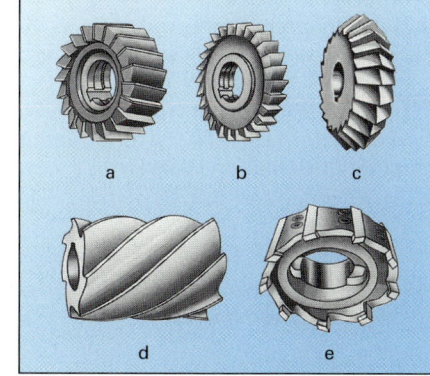

47 In welchem Bild ist das Wälzfräsen dargestellt?

a)
b)
c)
d)

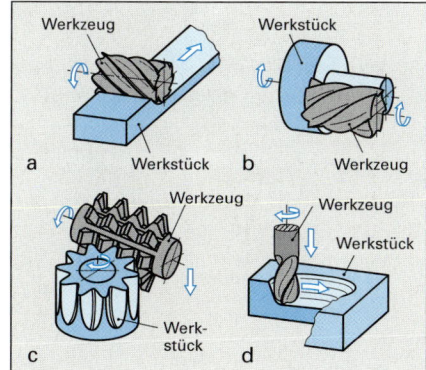

48 Welche Aufgabe hat die Schlossmutter beim Drehen?

a) Sie führt den Planschlitten
b) Sie dient zum Festklemmen des Bettschlittens auf dem Drehmaschinenbett beim Plandrehen (Querdrehen)
c) Sie schließt den Kraftfluss für den Vorschub beim Längsdrehen
d) Sie schließt den Kraftfluss für den Vorschub beim Gewindedrehen
e) Sie verschließt den Wechselräderkasten

49 Welche Behauptung zu einer speicherprogrammierten Steuerung ist richtig? Bei einer SPS ...

a) werden die Eingänge abgefragt und die Ausgänge nach Programm geschaltet
b) werden die Ausgänge nach Programm abgefragt
c) werden die Eingänge nach Programm angesteuert
d) ist bei Programmänderungen eine Änderung der Verdrahtung nötig
e) sind maximal 8 Ein- und Ausgänge möglich

50 Wie wird das dargestellte Werkzeug normgerecht bezeichnet?

a) Führungssenker
b) Flachsenker
c) Aufsteck-Aufbohrer
d) Pendelreibahle
e) spiralgenutete Reibahle

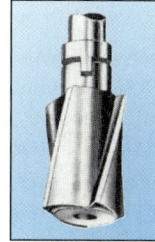

51 Welcher Arbeitsvorgang ist in der Skizze dargestellt?

a) Läppen
b) Einstechschleifen
c) Schwingschleifen
d) Innen-Rundschleifen
e) Honen

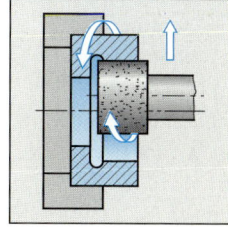

52 Welches Werkzeug ist im Bild dargestellt?

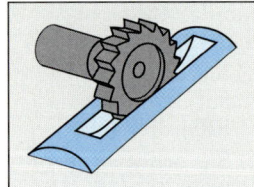

a) Formfräser
b) Walzenfräser
c) Metallkreissäge
d) Schlitzfräser
e) Scheibenfräser

53 Wie wird die abgebildete Schere bezeichnet?

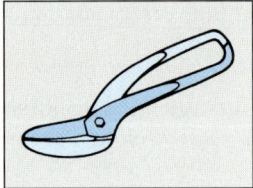

a) Hebeltafelschere
b) Durchlaufschere
c) Lochschere
d) Gerade Handschere
e) Hebelschere

54 Welches Fertigungsverfahren ist im Bild dargestellt?

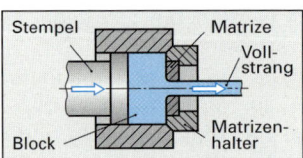

a) Strangpressen
b) Tiefziehen
c) Warmkammer-Druckgießen
d) Drücken
e) Gleitziehen

55 Welche Steuerungsart ist bei einer NC-Maschine wirksam, wenn Bearbeitungsstellen im Eilgang ohne Werkzeugeingriff angesteuert werden?

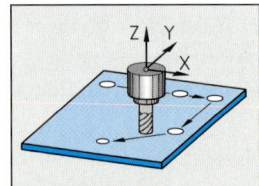

a) 2-Achsen-Bahnsteuerung
b) 3-Achsen-Bahnsteuerung
c) Punktsteuerung
d) Streckensteuerung
e) $2^1/_2$-D-Bahnsteuerung

56 Welches Gerät kann bei einem Computer für Dateneingabe und Datenausgabe verwendet werden?

a) Tastatur
b) Bildschirm
c) Maus
d) Diskettenlaufwerk
e) Digitalisiertablett

57 Ein Prüfkörper hat in einer Werkstückoberfläche den dargestellten Eindruck verursacht. Um welches Prüfverfahren handelt es sich?

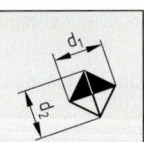

a) Druckprobe
b) Erichsen-Tiefungsversuch
c) Härteprüfung nach Brinell
d) Härteprüfung nach Rockwell
e) Härteprüfung nach Vickers

58 Welche Zusammensetzung hat ein Werkstoff mit dem Kurzzeichen X45CrNiW18-9?

a) Chrom-Nickellegierung mit 45% Chrom, 18% Nickel, 9% Wolfram, Rest Eisen
b) Hochlegierter Stahl mit 4,5% Kohlenstoff, 18% Chrom, 9% Nickel, Rest Wolfram
c) Hochlegierter Stahl mit 0,45% Kohlenstoff, 4,5% Chrom, 2,25% Nickel und einem nicht genannten Gehalt an Wismut
d) Hochlegierter Stahl mit 0,45% Kohlenstoff, 18% Chrom, 9% Nickel und einem nicht genannten Gehalt an Wismut
e) Hochlegierter Stahl mit 0,45% Kohlenstoff, 18% Chrom, 9% Nickel und einem nicht genannten Gehalt an Wolfram

59 Welcher der genannten Schneidstoffe hat die höchste Warmhärte?

a) Schneidkeramik
b) Schnellarbeitsstahl
c) Hartmetall
d) Unlegierter Werkzeugstahl
e) Niedrig legierter Werkzeugstahl

60 Wie lautet die Wegbedingung einer NC-Maschine für die dargestellte Bahn?

a) G 00
b) G 01
c) G 02
d) G 03
e) G 90

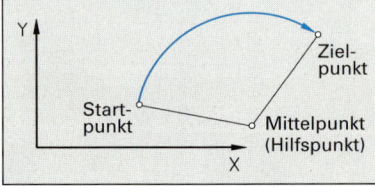

Anzahl der Aufgaben: 60. Davon richtig gelöst: . . . . ($\triangleq$ Note . . . .)

Prüfungseinheit Technologie 1.2

Bearbeitungszeit: 90 min
Erlaubte Hilfsmittel: Tabellenbuch, Formelsammlung, Taschenrechner

Baugruppe: Lagerung eines Kegelradritzels

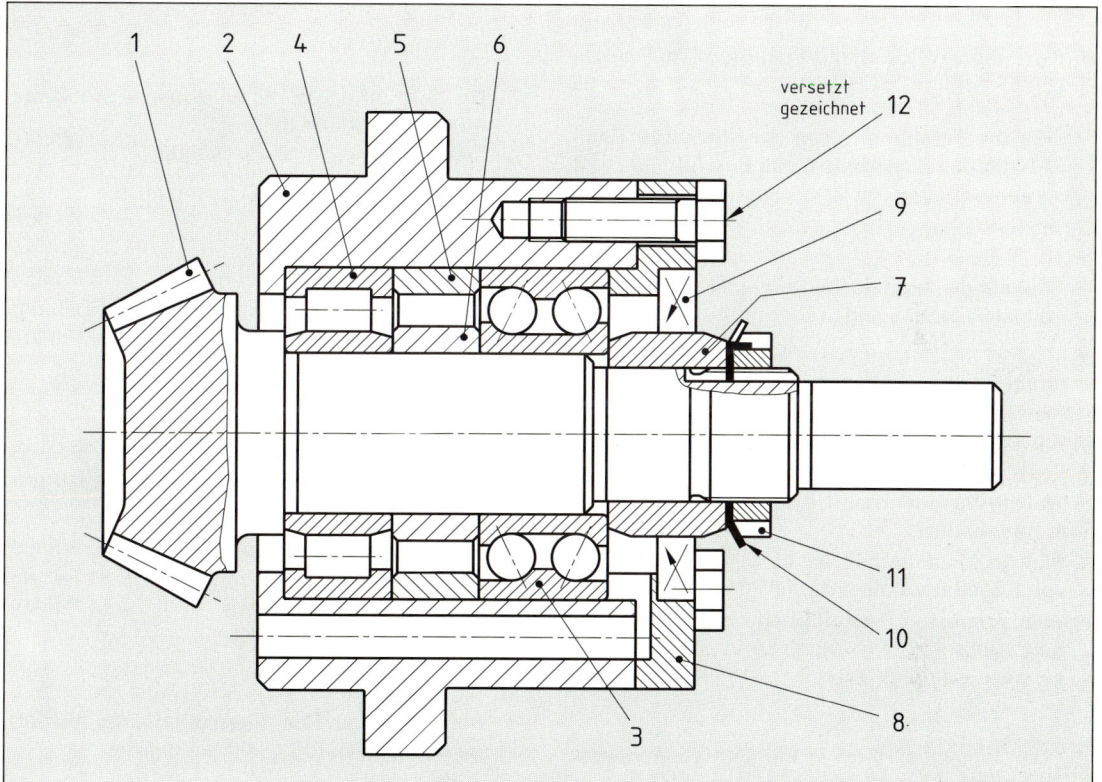

Stückliste			
Pos.	Men-ge	Benennung	Werkstoff Norm-Kurzzeichen
1	1	Kegelradritzel	16MnCr5
2	1	Lagergehäuse	S235J2G3
3	1		DIN 628-3206
4	1		DIN 5412-NU2206
5	1	Distanzring	S235J2G3
6	1	Distanzring	S235J2G3
7	1	Buchse	S235J2G3
8	1	Lagerdeckel	S235J2G3
9	1		DIN 3760-AS38 x 62 x 7
10	1	Sicherungsblech	DIN 5406-MB5
11	1	Nutmutter	DIN 981-KM5
12	4	Sechskantschraube	ISO 4017-M8 x 20-8.8

Hinweis: Die Fragen 1 bis 10 beziehen sich auf oben stehende Gruppenzeichnung.

1 Für das Kegelradritzel Pos. 1 ist in der Stückliste die Werkstoffangabe 16MnCr5 eingetragen.

a) Um welchen Werkstoff handelt es sich dabei?
(3 Punkte)

b) Welche Wärmebehandlung ist für die Zahnrad-flanken erforderlich? (4 Punkte)

c) Welche Vorteile bietet dieses Wärmebehand-lungsverfahren? (5 Punkte)

d) Ein Verfahren für diese Wärmebehandlung ist zu erläutern. (8 Punkte)

2   Die Lagerung des Kegelradritzels Pos. 1 erfolgt durch die Lager Pos. 3 und Pos. 4.

a) Wie werden diese Lager bezeichnet?

(4 Punkte)

b) Welche Aufgaben erfüllt das Lager Pos. 3?

(6 Punkte)

c) Welche Aufgabe erfüllt das Lager Pos. 4?

(6 Punkte)

d) Wozu dienen Pos. 5 und Pos. 6?   (6 Punkte)

3   Welche Aufgaben haben die Nutmutter Pos. 11 und das Sicherungsblech Pos. 10?

(10 Punkte)

4   Die auf der Vorderseite dargestellte Baugruppe ist Teil eines Kegelrädergetriebes.

a) In einer Skizze sind Paare verschiedener Zahnradarten darzustellen und die Anordnung der Achsen einzutragen.   (4 Punkte)

b) Wie können bei Kegelrädern die Zähne auf dem Radkörper angeordnet sein?   (3 Punkte)

c) Welche Besonderheit besitzen hypoidverzahnte Kegelräder?   (2 Punkte)

d) Welche Einstellarbeit ist beim Zusammenbau von Kegelrädern erforderlich?   (3 Punkte)

e) Wie kann diese Einstellarbeit beim Einbau der Baugruppe Kegelradlagerung in das Getriebegehäuse erfolgen?   (5 Punkte)

5   Die Baugruppe wird in ein Getriebegehäuse montiert, das teilweise mit Öl gefüllt ist.

a) Welche Eigenschaften muss der für Pos. 9 verwendete Kunststoff besitzen?   (3 Punkte)

b) Welche Oberflächengüte ist für Pos. 7 an der Berührungsfläche zu Pos. 9 vorgeschrieben?

(3 Punkte)

c) Wie kann das Austreten von Öl an der Anlagefläche zwischen Pos. 2 und Pos. 8 verhindert werden?   (3 Punkte)

d) Wie ist gewährleistet, dass durch Abrieb verschmutztes Öl aus den Lagern abfließen kann?

(3 Punkte)

e) Welche besonderen Anforderungen müssen Schmieröle für hochbelastete Kegelrädergetriebe erfüllen?   (3 Punkte)

6   An den Absätzen der Kegelradwelle (Pos. 1) sind in der Zeichnung schmale Volllinien eingetragen.

a) Was wird durch diese Linien dargestellt?

(3 Punkte)

b) Welche Aufgabe haben diese Formelemente bei der Fertigung?   (8 Punkte)

7   Die Schraube Pos. 12 wird in der Stückliste mit der Kurzbezeichnung ISO 4017-M8x20-8.8 bezeichnet.

a) Aus welchem Werkstoff bestehen die Schrauben?   (2 Punkte)

b) Der Bereich des Kohlenstoffgehalts ist für den Schraubenwerkstoff anzugeben.   (4 Punkte)

c) In welchen Stufen erfolgt die Wärmebehandlung des Schraubenwerkstoffes?   (4 Punkte)

8   Für die Lageraufnahme im Gehäuse (Pos. 2) ist ein maximaler Mittenrauwert von 0,8 μm vorgeschrieben.

a) Welchen Grund hat dies?   (6 Punkte)

b) Durch welches Fertigungsverfahren ist der Rauheitswert zu erreichen?   (4 Punkte)

9   Die Schrauben Pos. 12 sollen bei der Montage durch Klebstoff gesichert werden.

a) In welche Gruppen werden die Schraubensicherungen eingeteilt?   (8 Punkte)

b) In welche Gruppen werden Reaktionsklebstoffe für Metalle eingeteilt?   (4 Punkte)

c) Welche Arbeitsregeln sind beim Kleben von Metallen zu beachten?   (10 Punkte)

d) Welche Vorteile haben Klebeverbindungen gegenüber anderen Fügeverfahren?   (6 Punkte)

10   Durch welche Maßnahmen kann Korrosion in den Lagern Pos. 3 und Pos. 4 verhindert werden?

(7 Punkte)

Gesamtpunktzahl: 150. Davon erreicht: . . . .   Punkte ≙ . . . .% ≙ Note . . . .

Prüfungseinheit Technologie 2.1

Bearbeitungszeit: 60 min

Erlaubte Hilfsmittel: Tabellenbuch, Taschenrechner

1　Welche Formel gibt die Beziehung zwischen Gasvolumen und Gasdruck an?

a) $p_1 : T_1 = p_2 : T_2$

b) $V_1 : T_1 = V_2 : T_2$

c) $p_1 \cdot T_1 = p_2 \cdot T_2$

d) $p_1 \cdot V_1 = p_2 \cdot V_2$

e) $p_1 : V_1 = p_2 : V_2$

2　In welchem Bild wird eine Beanspruchung auf Knickung dargestellt?

a)
b)
c)
d)
e)

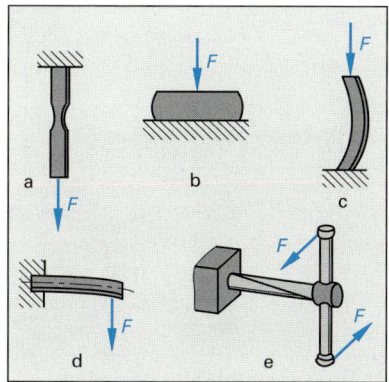

3　Welche Schutzmaßnahme gegen zu hohe Berührungsspannung ist im Bild dargestellt?

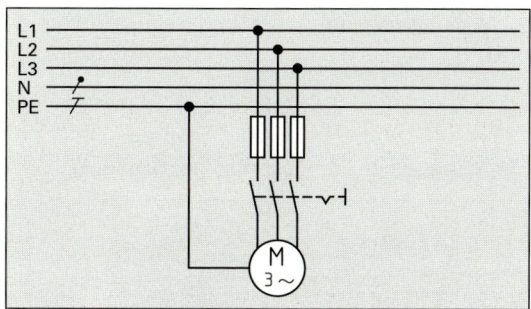

a) Schutz durch Abschaltung mit Überstrom-Schutzeinrichtungen

b) Fehlerstromschutzschaltung

c) Schutzisolierung

d) Schutztrennung

e) Schutzkleinspannung

4　Welcher Fehler an elektrischen Anlagen ist im Bild bei X dargestellt?

a) Kurzschluss

b) Körperschluss

c) Magnetschluss

d) Windungs-schluss

e) Überstrom-schluss

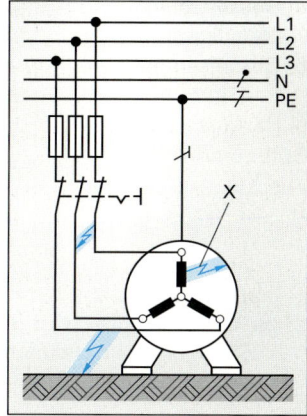

5　Welches Hochofenerzeugnis wird an der mit X gekennzeichneten Stelle entnommen?

a) Gießerei-roheisen

b) Stahlroheisen

c) Schlacke

d) Gichtgas

e) Heißwind

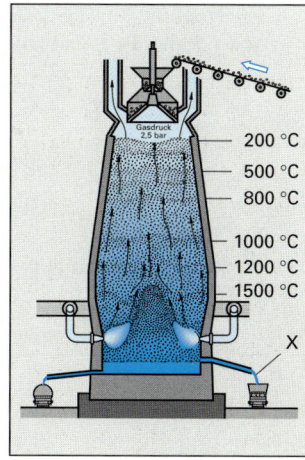

6　Welches Reduktionsmittel wird bei der Reduktion von Erz zu Eisen im Hochofen verwendet?

a) Luft

b) Koks und Kohlenmonoxid

c) Steinkohle

d) Braunkohle

e) Erdöl

7 Das abgebildete Schema zeigt die Weiterverarbeitung des Roheisens zu ...

a) Gusseisen mit Lamellengraphit
b) Gusseisen mit Kugelgraphit
c) Hartguss
d) Temperguss
e) Stahlguss

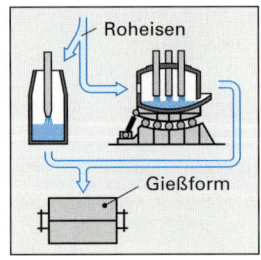

8 Welche Stahlsorte wird durch den Kurznamen 9SMn36 gekennzeichnet?

a) Unlegierter Stahl
b) Kesselblech
c) Automatenstahl
d) Niedrig legierter Werkzeugstahl
e) Nicht rostender Stahl

9 Welche Gefügebestandteile besitzt unlegierter Stahl im Bereich zwischen den Linien PS und GS des Fe-C-Zustandsdiagramms?

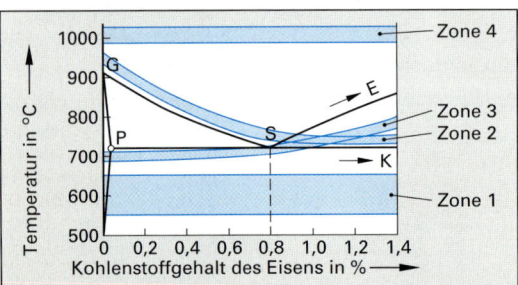

a) Perlit
b) Ferrit und Perlit
c) Ferrit und Austenit
d) Austenit
e) Austenit und Zementit

10 Welche Zone in obigem Bild entspricht den Härtetemperaturen für einen unlegierten Stahl?

a) Zone 1
b) Zone 2
c) Zone 3
d) Zone 4
e) Keine der eingezeichneten Zonen

11 Wie wird das mit X gekennzeichnete Teil fachgerecht benannt?

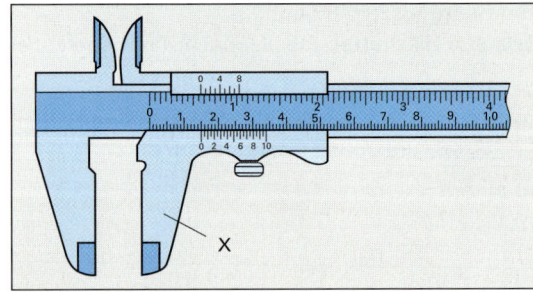

a) Messschneide
b) Fester Messschenkel
c) Beweglicher Messschenkel
d) Tiefenmaß
e) Messspitze

12 Welches Teil ist dargestellt?

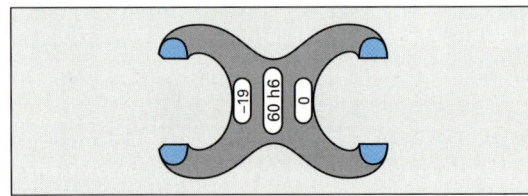

a) Grenzrachenlehre, beidseitig
b) Gutseite einer zweiteiligen Grenzrachenlehre
c) Ausschussseite einer zweiteiligen Grenzrachenlehre
d) Grenzlehrdorn
e) Wellenmessgerät

13 Wie wird das dargestellte Teil benannt?

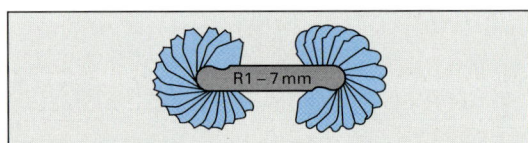

a) Fühlerlehre
b) Gewindelehre
c) Profillehre
d) Rundungslehre
e) Gewindemeißellehre

14 Welches Werkzeug ist dargestellt?

a) Läppkluppe
b) Halter für Außenhonsteine
c) Gewindeschneidkluppe
d) Schneideisenhalter
e) Windeisen, verstellbar

15 Welches Gewindemaß wird mit der dargestellten Methode gemessen?

a) Außendurchmesser
b) Kerndurchmesser
c) Flankendurchmesser
d) Flankenwinkel
e) Steigung

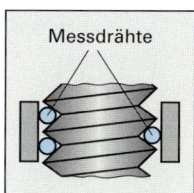

16 Welche Methode zur Gewindeherstellung ist dargestellt?

a) Gewindedrehen
b) Gewindewalzen
c) Kurzgewindefräsen
d) Gewindeschneiden
   mit Schneideisen
e) Gewindebohren

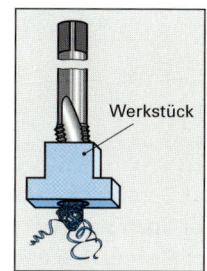

17 Welches Verfahren zur Werkstoffprüfung wirkt zerstörungsfrei?

a) Härteprüfung nach Brinell
b) Tiefungsversuch
c) Spektralanalyse
d) Zugversuch
e) Magnetpulverprüfung

18 Bei welchem Härteprüfverfahren wird die bleibende Eindringtiefe einer Stahlkugel gemessen?

a) Brinellprüfung HBW
b) Prüfung nach HRB
c) Prüfung nach HRC
d) Brinellprüfung HBS
e) Vickersprobe HV

19 Welche Aussage zur Kontaktkorrosion ist richtig? Kontaktkorrosion kann auftreten ...

a) an der Berührungsstelle von 2 verschiedenen Metallen
b) beim Zutritt von Luft an eine Stahloberfläche
c) an der Berührungsstelle von Metallen und Kunststoffen
d) durch elektrische Schaltvorgänge
e) durch Berühren eines Metalls mit feuchten Händen

20 Welche Behauptung zum Korrosionsschutz ist richtig?

a) Beim Phosphatieren wird ein metallischer Überzug erzeugt
b) Eloxieren (Anodisieren) lassen sich nur Aluminium und seine Legierungen
c) Kunststoffüberzüge sind besonders widerstandsfähig gegen mechanische Beschädigungen
d) Bei einer Beschädigung der Chromschicht auf Stahl wird das Überzugsmetall Chrom elektrochemisch zerstört
e) Nickelschichten werden vorzugsweise im Schmelztauchverfahren aufgetragen

21 Wie wird die mit X gekennzeichnete Fläche benannt?

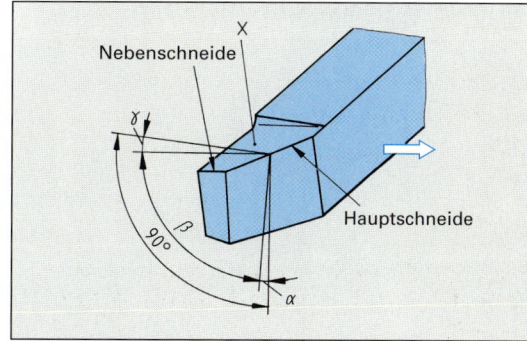

a) Schnittfläche
b) Spanfläche
c) Hauptfreifläche
d) Nebenfreifläche
e) Keilfläche

**22 Welche Behauptung über die mit X gekenn-
zeichnete Stelle eines Drehmeißels ist richtig?**

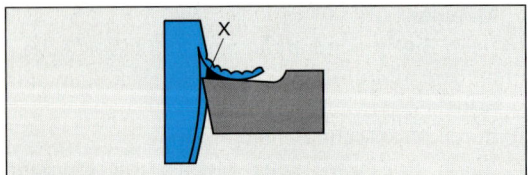

a) Zum Verschleißschutz wurde Hartmetall aufge-
   schweißt
b) Diese Formveränderung eines Schneidwerk-
   zeuges wird als Kolk bezeichnet
c) Es ist eine durch den ablaufenden Span gebildete Verschleißmulde
d) Es handelt sich um eine durch Werkstoffabla-
   gerung gebildete Aufbauschneide
e) Dargestellt ist der Schneidenanschliff zur Bearbeitung sehr weicher Werkstoffe

**23 In welchem Bild ist ein Kreuzmeißel darge-
stellt?**

a)
b)
c)
d)
e)

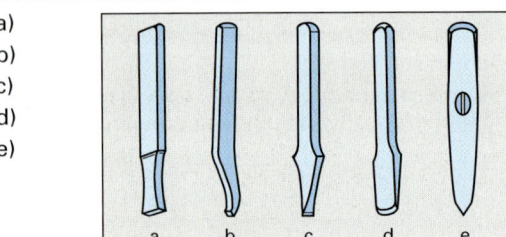

24 Welches Werkzeug ist dargestellt?

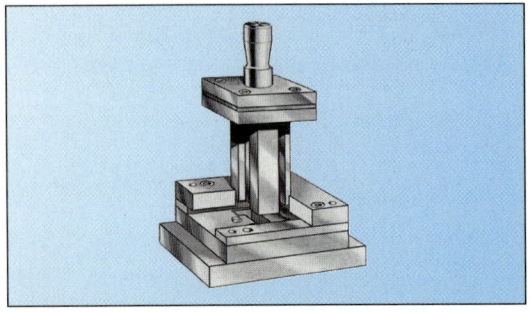

a) Schneidwerkzeug ohne Führung
b) Säulenführungsschneidwerkzeug
c) Schneidwerkzeug mit Plattenführung
d) Gesamtschneidwerkzeug
e) Rollwerkzeug

**25 Welcher Umformvorgang ist im Bild darge-
stellt?**

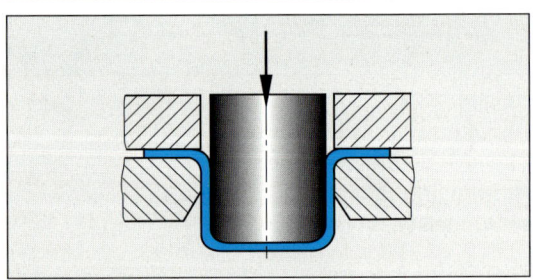

a) Tiefziehen
b) Strangpressen
c) Gesenkumformen
d) Gleitziehen
e) Verschieben

**26 Wie wird die mit X gekennzeichnete Linie be-
zeichnet?**

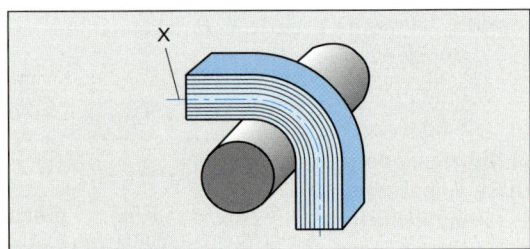

a) Gestreckte Faser
b) Neutrale Faser
c) Gestauchte Faser
d) Biegelinie
e) Biegeradius

**27 In welchen Fällen werden die dargestellten
Teile vorzugsweise verwendet?**

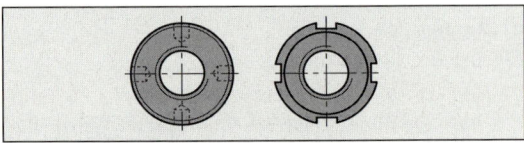

a) Für Schraubenverbindungen
b) In Fällen, in denen die Mutter von Hand angezogen werden soll
c) Zur Sicherung gegen axiale Verschiebung auf
   Wellen
d) Für Gewinde mit großen Steigungswinkeln
e) Als Gegenmuttern bei Schraubenverbindungen

28 Welche der angegebenen Maschinen zählt zu den Arbeitsmaschinen?

a) Verbrennungsmotor

b) Gasturbine

c) Strömungsverdichter

d) Druckluftmotor

e) Elektromotor

29 In welchem Bild ist ein Gewindestift darge-stellt?

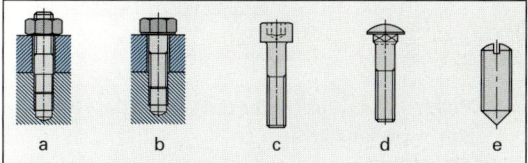

a) Bild a

b) Bild b

c) Bild c

d) Bild d

e) Bild e

30 Welches Teil gehört zu den Verliersicherun-gen?

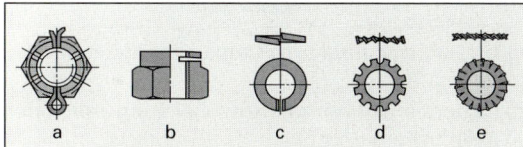

a) Nur Teil a

b) Nur Teil b

c) Nur Teil c

d) Teil a und b

e) Keines der dargestellten Teile

31 Welches Verbindungselement ist in dem Bild dargestellt?

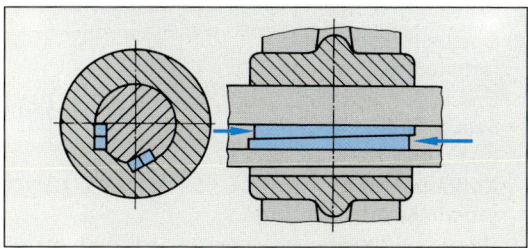

a) Querkeil   b) Treibkeil

c) Keilwelle   d) Tangentkeil

e) Kerbverzahnung

32 Wie wird der dargestellte Schraubenschlüs-sel bezeichnet?

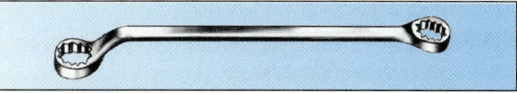

a) Ringschlüssel

b) Steckschlüssel

c) Maulschlüssel

d) Gabelschlüssel

e) Innen-Zwölfkant-Schlüssel

33 Welcher der dargestellten Stifte besitzt einen auf die Toleranzklasse m 6 geschliffenen Durchmesser?

a) Nur Stift a

b) Nur Stift b

c) Stift a und Stift b

d) Nur Stift c

e) Stift b und Stift c

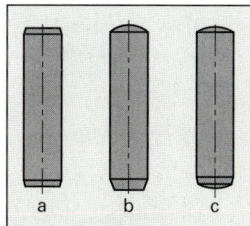

34 In dem unten abgebildeten Schaubild ist das Schmelzverhalten von Zinn-Blei-Legierungen dargestellt. Bei welchem Zinngehalt geht ei-ne Sn-Pb-Legierung unmittelbar vom festen in den flüssigen Zustand über?

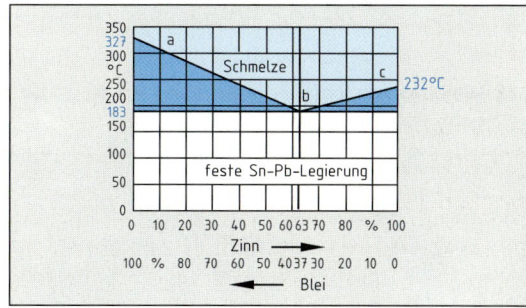

a) 10 % Zinn   b) 35 % Zinn

c) 50 % Zinn   d) 63 % Zinn

e) 85 % Zinn

35 Welches der genannten Lote ist ein Weichlot?

a) L-Ag8   b) S-Sn63Pb37

c) L-CuZn40   d) L-Ag40Cd

e) L-CuP8

36 Durch welche Elektroden- und Schutzgasart ist das MAG-Schweißen gekennzeichnet?

a) Wolframelektrode und Argon
b) Wolframelektrode und CO_2-Mischgas
c) Drahtelektrode und Argon
d) Drahtelektrode und CO_2-Mischgas
e) Drahtelektrode und Stickstoff

37 Bei welcher der dargestellten Passungen kann Übermaß auftreten?

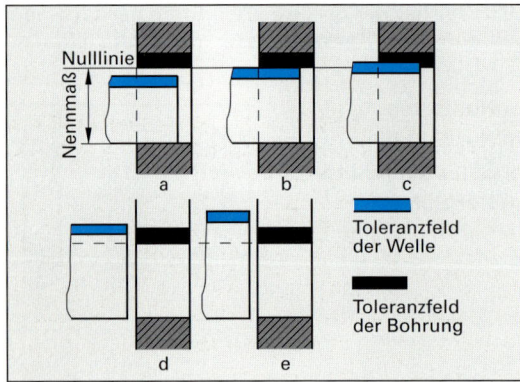

a) Bild a und b
b) Nur in Bild c
c) Bild d und e
d) Nur in Bild e
e) Bild c, d und e

38 Welches Maschinenelement ist im Bild dargestellt?

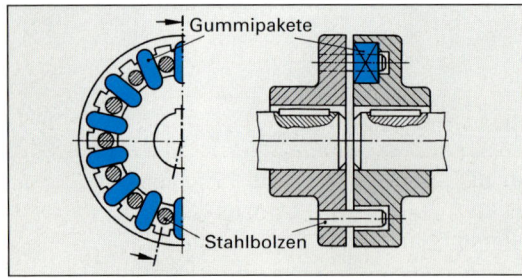

a) Kreuzgelenk
b) Elektromagnetkupplung
c) Nadelgelenk
d) Elastische Kupplung
e) Ausrückbare Kupplung

39 Welches der Sinnbilder stellt eine Hydropumpe mit konstantem Verdrängungsvolumen und zwei Stromrichtungen dar?

a)
b)
c)
d)
e)

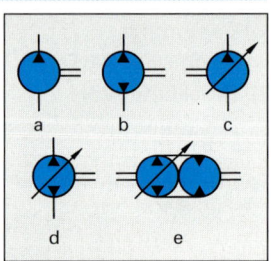

40 Welche Aussage zu der dargestellten Hydraulikpumpe ist richtig? Die Pumpe ...

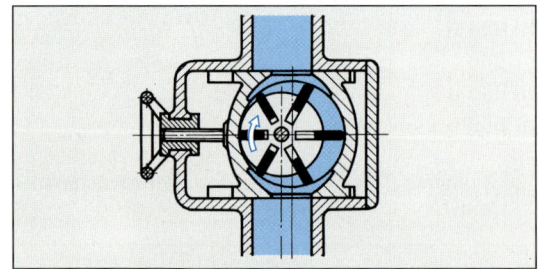

a) fördert mit ihrer größten Leistung von oben nach unten
b) fördert mit ihrer kleinsten Leistung von oben nach unten
c) fördert mit ihrer größten Leistung von unten nach oben
d) fördert mit ihrer kleinsten Leistung von unten nach oben
e) ist eine Konstantpumpe

41 Welche Aussage über das dargestellte Wälzlager ist richtig?

a) Das Lager ist nur für radiale Kräfte geeignet
b) Das Lager ist nur für axiale Kräfte geeignet
c) Das Lager kann axiale Kräfte von oben und radiale Kräfte aufnehmen

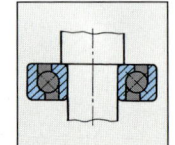

d) Das Lager kann axiale Kräfte von unten und radiale Kräfte aufnehmen
e) Das Lager kann axiale und radiale Kräfte von allen Richtungen aufnehmen

**42 Im Bild ist ein Teil einer Drehmaschine darge-
stellt. Wozu dienen die mit X gekennzeichneten Rollen?**

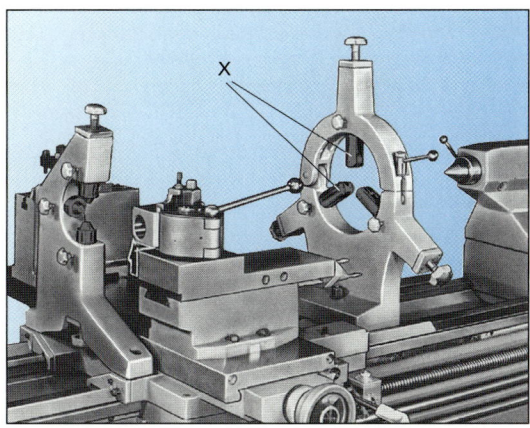

a) Zum Abstützen langer, schlanker Wellen beim
Längsdrehen

b) Zum Rändeln einer Grifffläche

c) Als Stütze eines langen Drehteiles beim Aus-
bohren

d) Zum Übertragen eines Drehmomentes

e) Als Hilfsmittel zum Drehen steiler Kegel

**43 Welche der dargestellten Drehmeißel eignen
sich zum Längs- *und* Querdrehen? Die Drehmeißel der ...**

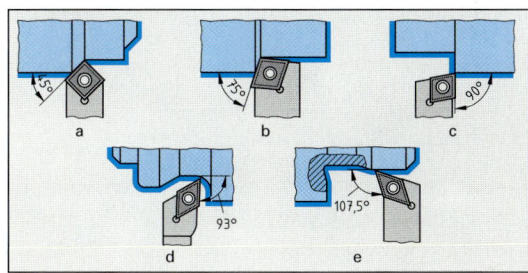

a) Bilder a, b und c

b) Bilder b, d und e

c) Bilder a, b und d

d) Bilder a, b und e

e) Bilder a, c und e

44 Wie heißt das abgebildete Fräswerkzeug?

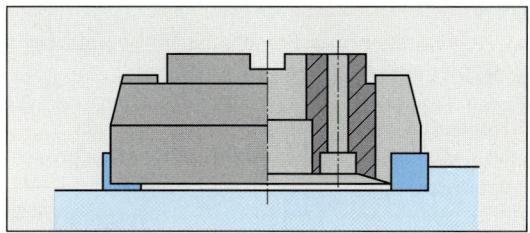

a) Eckfräskopf

b) Winkelfräser

c) Planfräskopf

d) Scheibenfräser

e) Walzenstirnfräser

**45 Welche Behauptung zu dem dargestellten
Bohrer ist richtig? Der Bohrer ist besonders
zum Bohren von ...**

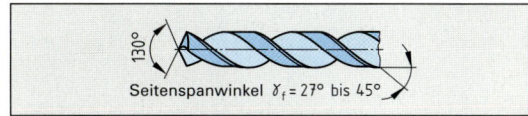

a) Stahl und Gusseisen geeignet

b) CuZn42 (Messing) geeignet

c) Aluminium geeignet

d) harten Werkstoffen geeignet

e) Duromeren geeignet

**46 Bei welchem Fertigungsverfahren werden lei-
stenförmige Schleifelemente an die Werkstückoberfläche gepresst und drehend hin
und her bewegt?**

a) Läppen   b) Polieren

c) Rollieren   d) Honen

e) Feinschleifen

**47 Wie wird das dargestellte Werkzeug norm-
gerecht bezeichnet?**

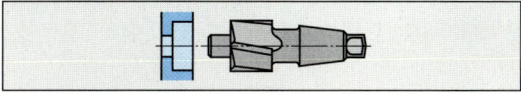

a) Flachsenker mit Zapfen

b) Stirnsenker mit Zapfen

c) Walzenstirnfräser mit Führungszapfen

d) Aufbohrer (Aufsenker) mit Führung

e) Führungssenker

48 Welche Behauptung über das Gleichlauffräsen ist *falsch*?

a) Die Standzeit des Fräsers ist länger als beim Gegenlauffräsen

b) Die Welligkeit der Oberflächen ist geringer als beim Gegenlauffräsen

c) Die Werkstücke werden auf den Aufspanntisch gedrückt

d) Die Werkstücke können in das Werkzeug hineingezogen werden

e) Die Späne haben Sichelform

49 Wie wird beim Längsdrehen die mit X gekennzeichnete Bewegung genannt?

a) Hauptbewegung

b) Schnittbewegung

c) Vorschubbewegung

d) Zustellbewegung

e) Längsbewegung

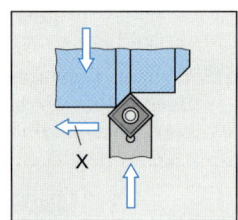

50 In welchen Bildern sind V-Führungen dargestellt?
In den Bildern ...

a) a und b

b) b und d

c) b und c

d) c und e

e) c und d

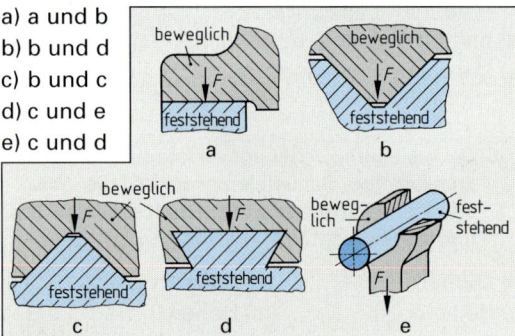

51 Welches Schleifverfahren ist dargestellt?

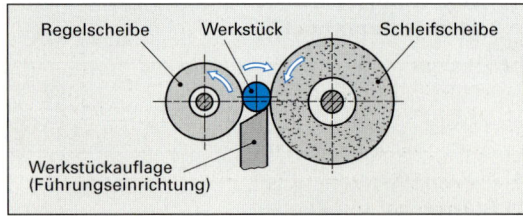

a) Profilschleifen   b) Gewindeschleifen

c) Einstechschleifen   d) Außenhonen

e) Spitzenloses Rundschleifen

52 Wie wird die im Bild dargestellte Fügetechnik bezeichnet?

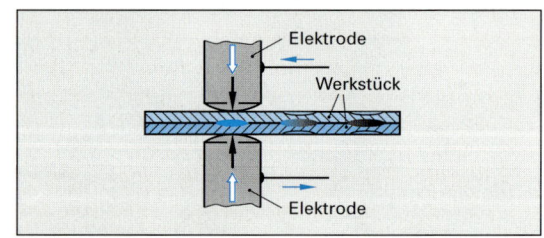

a) Reibschweißen

b) Druckschweißen

c) Punktschweißen

d) Blindnieten

e) Hochtemperatur-löten

53 Welchen Vorteil bietet die dargestellte Niettechnik?

a) Das verwendete Verbindungselement ist billiger als andere Niete

b) Die Verbindung ist gasdicht

c) Die Verbindung ist fester als andere Nietverbindungen

d) Die Korrosionsgefahr ist bei dieser Verbindung geringer als bei anderen Nietverfahren

e) Die Verbindung lässt sich auch fertigen, wenn die Nietstelle nur von einer Seite zugänglich ist

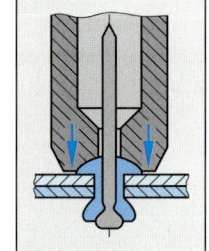

54 Wie heißt das mit X bezeichnete Spannelement?

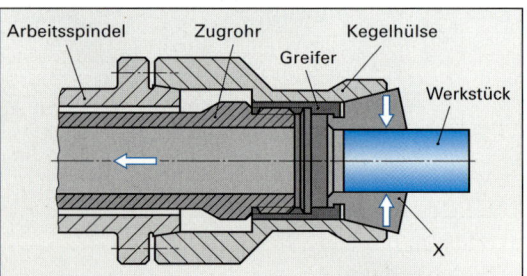

a) Spanneisen   b) Drehdorn

c) Spannzange   d) Spanndorn

e) Spannbuchse

55 Welcher Wert wird durch das dargestellte Prüfverfahren auf dem Teststreifen aufgezeichnet?

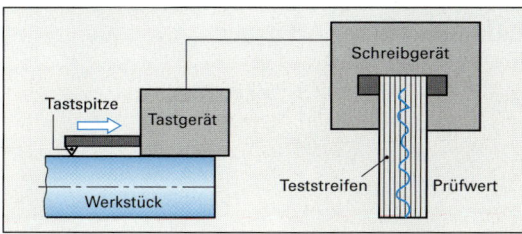

a) Rauheit
b) Brinellhärte
c) Rockwellhärte
d) Einhärtungstiefe
e) Gefügeart

56 Was gilt für die Auswahl einer Feile?

a) Weicher Werkstoff – feiner Hieb
b) Harter Werkstoff – grober Hieb
c) Kleine Feilfläche – kleine Hiebnummer
d) Große Feilfläche – große Hiebnummer
e) Weicher Werkstoff – kleine Hiebnummer

57 Bei dem dargestellten Werkstück soll der Fräser im Eilgang von der Mitte der Bohrung zu dem linken Mittelpunkt des Langloches verfahren werden (Absolutmaßangabe G 90). Welcher NC-Satz ist richtig?

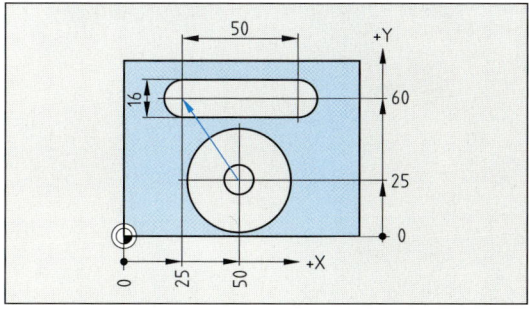

a) N10 G00 X–25 Y35
b) N10 G01 X–35 Y85
c) N10 G00 X25   Y60
d) N10 G00 X–25 Y60
e) N10 G00 X25   Y85

58 Welche Aussage über das dargestellte Maschinenelement ist richtig?

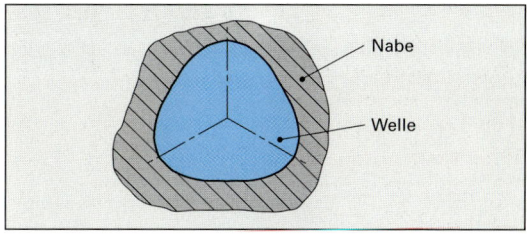

a) Die Verbindung kann nur geringe Kräfte übertragen
b) Die Verbindung genügt nur geringen Anforderungen an den Rundlauf
c) Die Verbindung ist besonders für schwingende Belastung geeignet
d) Diese Verbindung verhindert ein axiales Verschieben der Welle
e) Diese Verbindungsart ist nur für die Übertragung kleiner Drehmomente bei niedrigen Drehzahlen geeignet

59 Welche Regel für die Behandlung von Disketten ist *falsch*? Disketten müssen geschützt werden vor ...

a) starkem Licht, insbesondere UV-Strahlen
b) Feuchtigkeit
c) starken Magnetfeldern
d) hohen Temperaturen
e) Staub- und Fingerabdrücken

60 Auf einer NC-Drehmaschine soll das dargestellte Werkstück gefertigt werden. Welche Steuerungsart ist dafür geeignet?

a) Punkt- oder Streckensteuerung
b) Strecken- oder Bahnsteuerung
c) Nur Bahnsteuerung
d) Nur Streckensteuerung
e) Punkt-, Strecken- oder Bahnsteuerung

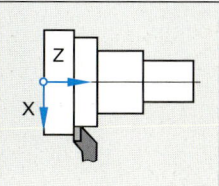

Anzahl der Aufgaben: 60. Davon richtig gelöst: . . . . (≙ Note . . . .)

Prüfungseinheit Technologie 2.2

Bearbeitungszeit: 90 min
Erlaubte Hilfsmittel: Tabellenbuch, Taschenrechner

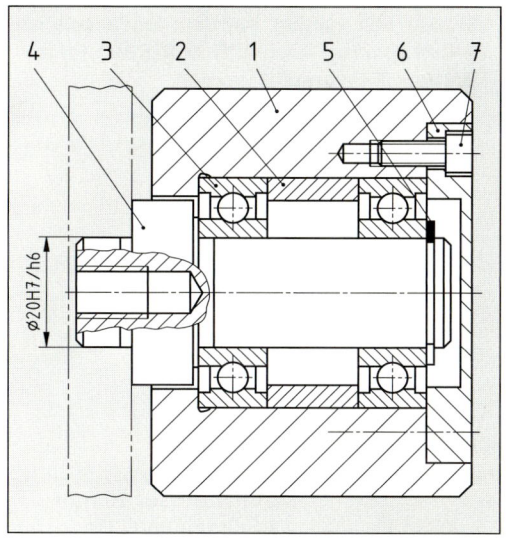

Stückliste			
Pos.	Men- ge	Benennung	Werkstoff Norm-Kurzzeichen
1	1	Laufrolle	38Cr2
2	1	Abstandring	S235JR
3	2	Rillenkugellager	DIN 625-6004.2 RSR
4	1	Bolzen	E295
5	1	Sicherungsring	DIN 471-20x1.2
6	1	Lagerdeckel	E295
7	3	Zylinderschraube	ISO 4762-M4x12-8.8

Hinweis: Die Fragen beziehen sich teilweise auf obenstehende Gesamtzeichnung.

1 In der Gesamtzeichnung steht die Maßangabe ∅ 20H7/h6.

a) Mit welchen Prüfmitteln werden diese Werkstückmaße üblicherweise geprüft? (4 Punkte)

b) Welche Maße werden von der Gutseite und der Ausschussseite eines Grenzlehrdornes verkörpert? (3 Punkte)

c) Welche Maße werden von der Gutseite und der Ausschussseite einer Grenzrachenlehre verkörpert? (3 Punkte)

d) Welche Passung ergibt sich beim Fügen der Bohrung ∅ 20H7 und der Welle ∅ 20h6? (3 Punkte)

e) Warum ist es nicht sinnvoll, die Oberflächen der angegebenen Maße nach der dargestellten Oberflächenangabe zu fertigen? (5 Punkte)

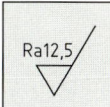

2 Auf den Bolzen (Pos. 4) ist ein Sicherungsring montiert.

a) Welche Aufgabe hat der Sicherungsring (Pos. 5)? (4 Punkte)

b) Welche Bedeutung hat die Bezeichnung 20 x 1,2 in der Stückliste bei Pos. 5? (4 Punkte)

c) Wie kann bei der Montage ein zu großes Längsspiel zwischen den Pos. 2 und 3 ausgeglichen werden? (6 Punkte)

3 Der Bolzen (Pos. 4) wird an den Durchmessern, die einen Freistich aufweisen, geschliffen.

a) Welches Schleifmittel ist zu verwenden? (5 Punkte)

b) Welche Körnung sollte die Schleifscheibe besitzen, wenn die Oberflächen eine gemittelte Rautiefe von höchstens 25 μm erhalten sollen? (6 Punkte)

c) Wie hoch darf die Umfangsgeschwindigkeit einer Schleifscheibe sein, wenn diese einen blauen Farbstreifen aufweist? (5 Punkte)

4 Die Laufrolle (Pos. 1) wurde nach dem Randschichthärten angelassen.

a) Welche Eigenschaften besitzt ein randschichtgehärtetes Werkstück? (5 Punkte)

b) Welche Härteverfahren werden hauptsächlich zur Randschichthärtung angewendet? (4 Punkte)

c) Ein mögliches Härteverfahren ist zu beschreiben. (6 Punkte)

d) Warum wird ein Werkstück nach dem Härten angelassen? (5 Punkte)

5 Die Laufrolle (Pos. 1) soll an den Laufflächen auf 48 + 4 HRC randschichtgehärtet werden.

a) Mit welchem Verfahren wird die Härteprüfung durchgeführt? (5 Punkte)

b) Die Durchführung dieser Härteprüfung ist zu erläutern. (8 Punkte)

6 Zum Fügen des Lagerdeckels (Pos. 6) mit der Laufrolle (Pos. 1) werden Zylinderschrauben ISO 4762 verwendet.

Welche Bedeutung hat die Angabe M4 x 12-8.8? (12 Punkte)

7 Zur Lagerung der Laufrolle (Pos. 1) sind 2 Rillenkugellager (Pos. 3) eingebaut.

a) Was muss bei der Montage der Lager beachtet werden? (6 Punkte)

b) Welche Vor- und Nachteile hätte es, wenn statt der Rillenkugellager einreihige Zylinderrollenlager der Bauart N oder NU (ohne Borde an den Innen- bzw. Außenringen) verwendet würden? (8 Punkte)

8 Die Schrauben (Pos. 7) weisen keine besondere Schraubensicherung auf.

a) Warum ist beim kontrollierten Anziehen keine Schraubensicherung erforderlich? (5 Punkte)

b) Welche Arten von Schraubensicherungen unterscheidet man? (6 Punkte)

c) Was versteht man unter dem streckgrenzengesteuerten Anziehen von Schrauben? (5 Punkte)

9 Welche Bedeutung haben die Werkstoffbezeichnungen für die Positionen 1 und 4?

(12 Punkte)

10 Die Außenkontur einer Erodier-Elektrode (Skizze) soll gefräst werden. Dazu soll ein CNC-Programm nach DIN 66025 bei folgenden Vorgaben erstellt werden:

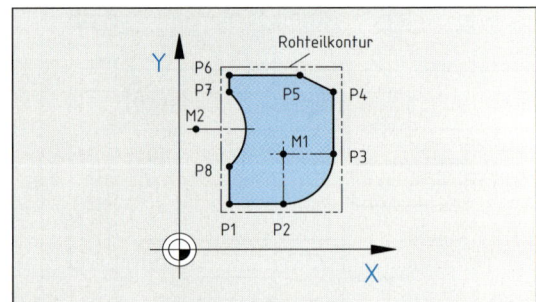

Elektroden-Werkstoff: Cu99,99

Werkzeug: Schaftfräser, Durchmesser 10 mm, 3 Schneiden (T1)

Frästiefe: 8 mm

Fräsart: Gegenlauffräsen mit Fräserradiuskorrektur

Ausgangspunkt: X0, Y0, Z100

Einschaltzustand: G90; G94; G17

Drehzahl: $n = 3550/min$

Vorschubgeschwindigkeit: $v_f = 550$ mm/min

Koordinatenmaße:

	P_1	P_2	P_3	P_4	P_5
X	10	22	34,5	34,5	24,474
Y	10	10	22,5	34,5	40
	P_6	P_7	P_8	M_1	M_2
X	10	10	10	22	3,5
Y	40	36,246	19,754	22,5	28

(15 Punkte)

Gesamtpunktzahl: 150. Davon erreicht: . . . . Punkte ≙ . . . .% ≙ Note . . . .

Prüfungseinheit Technologie 3.1

Bearbeitungszeit: 90 min
Erlaubte Hilfsmittel: Tabellenbuch, Taschenrechner

1   In welcher Einheit wird eine Beschleunigung angegeben? In ...

a) m/s
b) km/h
c) m/s^2
d) m/min
e) km/s

2   Die Bilder zeigen eine ...

a) Hohlnaht
b) V-Naht
c) X-Naht
d) Kehlnaht
e) Bördelnaht

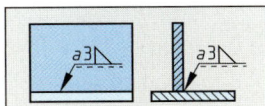

3   Welche Aussage über die Kraft ist *falsch*?

a) Kraft = Masse mal Beschleunigung
b) Die Einheit der Kraft ist das Newton
c) Gewichtskraft = Masse mal Fallbeschleunigung
d) Die Gewichtskräfte sind an jedem Ort gleich
e) Die Masse von 1 kg hat auf dem Mond eine Gewichtskraft von rund 1,7 N

4   Welche Voraussetzungen müssen gegeben sein, damit der Winkelhebel im Gleichgewicht ist?

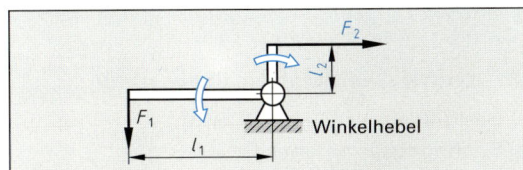

a) Die Summe der linksdrehenden Momente muss kleiner sein als die Summe der rechtsdrehenden Momente
b) $\Sigma M_r < \Sigma M_l$
c) $F_1 \cdot l_1 = F_2 \cdot l_2$
d) $F_1 + l_1 = F_2 + l_2$
e) $\Sigma M_r > \Sigma M_l$

5   Welche Beanspruchungsart ist im Bild dargestellt?

a) Zug
b) Druck
c) Verdrehung
d) Biegung
e) Abscherung

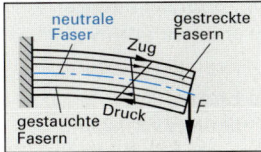

6   Das Bild zeigt eine Spannungserzeugung durch ...

a) Deduktion
b) ein galvanisches Element
c) Reduktion
d) Induktion
e) Spulenreduktion

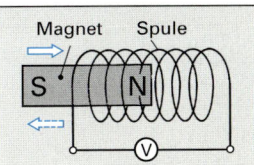

7   Zu welchem Elektromotor passt der abgebildete Läufer?

a) Gleichstrommotor
b) Universalmotor
c) Schleifringmotor
d) Kurzschluss-läufermotor
e) Schrittmotor

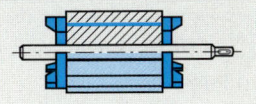

8   Welches Stahlgewinnungsverfahren ist im Bild dargestellt?

a) Sauerstoff-Aufblas-Verfahren
b) Siemens-Martin-Verfahren
c) Lichtbogen-Verfahren
d) Direktreduktions-Verfahren
e) OBM-Verfahren

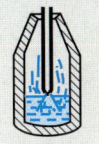

9   Welcher der angegebenen Stähle ist ein Automatenstahl?

a) S235JR
b) 10S20
c) 1C60 (C 60)
d) 34CrNiMo6
e) 50CrV4

10   Welcher der angegebenen Stähle ist ein Werkzeugstahl?

a) 100Cr6
b) X6Cr13
c) 16MnCr5
d) 42CrMo4
e) E335

11   Welcher Werkstoff eignet sich zur Herstellung einer Schrauben-Druckfeder aus Stahl?

a) S235JRG2
b) C10
c) 15Cr3
d) AlMg1 F15
e) 55Si7

12 Bei welchem Punkt im Spannungs-Dehnungs-Schaubild beginnt der Werkstoff zu fließen? Bei ...

a) Punkt 1
b) Punkt 2
c) Punkt 3
d) Punkt 4
e) Punkt 5

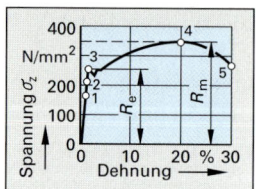

13 Bei welchem Punkt im Spannungs-Dehnungs-Schaubild (Bild oben) bricht der Werkstoff? Bei ...

a) Punkt 1   b) Punkt 2
c) Punkt 3   d) Punkt 4
e) Punkt 5

14 Welches Verhältnis von Messlänge zum Durchmesser haben in der Regel die Proportionalstäbe beim Zugversuch?

a) 1 : 1   b) 2 : 1
c) 3 : 1   d) 5 : 1
e) 8 : 1

15 Das Bild zeigt eine Härteprüfung nach ...

a) Brinell HBW
b) Rockwell HRC
c) Rockwell HRA
d) Brinell HBS
e) Vickers HV

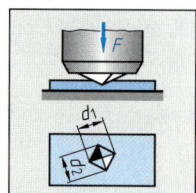

16 In dem gezeigten galvanischen Element wird zerfressen ...

a) die Zuleitung
b) das Zink
c) das Kupfer
d) der Elektrolyt
e) Kupfer und Zink gleichzeitig

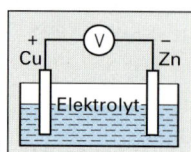

17 Welches Korrosionsschutzverfahren erzeugt einen nichtmetallischen Überzug?

a) Galvanisieren   b) Phosphatieren
c) Plattieren   d) Schmelztauchen
e) Diffundieren

18 Welche Aussage über das Bild ist *falsch*?

a) Es handelt sich hier um eine elektrochemische Korrosion
b) Zink wird zerstört
c) Das Bild zeigt eine Kontaktkorrosion
d) Kupfer als Pluspol wird zerstört
e) Das Zink bildet den Minuspol

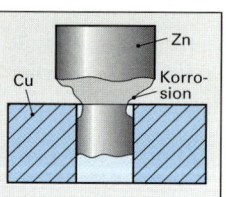

19 Welches Korrosionsschutzverfahren wird im Bild dargestellt?

a) Emaillieren
b) Phosphatieren
c) Chromieren
d) Galvanisieren
e) Anodisieren

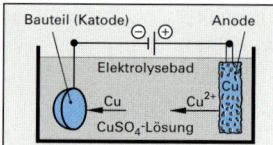

20 Welcher Kristallgittertyp ist im Bild dargestellt?

a) Kubisch-flächenzentriertes Gitter
b) Kubisch-raumzentriertes Gitter
c) Verspanntes flächenzentriertes Gitter
d) Kugelzentriertes Gitter
e) Hexagonales Gitter

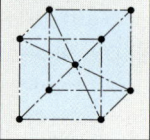

21 Welches Glühverfahren gibt es *nicht*?

a) Hartglühen
b) Spannungsarmglühen
c) Weichglühen
d) Normalglühen
e) Normalisieren

22 Welche Schaltung von Widerständen ist im Bild dargestellt?

a) Reihenschaltung
b) Parallelschaltung
c) Sternschaltung
d) Dreieckschaltung
e) Stern-Dreieckschaltung

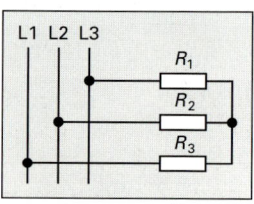

23 Welches Messergebnis zeigt der dargestellte Messschieberausschnitt?

a) 35,0 mm
b) 32,3 mm
c) 32,4 mm
d) 32,5 mm
e) 41,2 mm

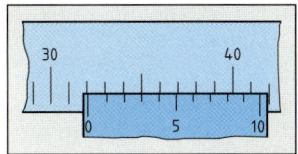

24 Welches Messergebnis zeigt die dargestellte Messschraube?

a) 65,36 mm
b) 65,84 mm
c) 65,34 mm
d) 63,84 mm
e) 63,36 mm

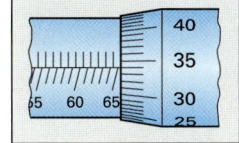

25 Wie groß wird im Bild das Höchstspiel?

a) 0,01 mm
b) 0,04 mm
c) 0,06 mm
d) 0,05 mm
e) 0,07 mm

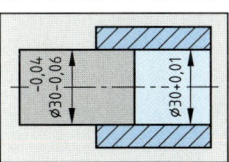

26 Wie groß ist bei dem Passmaß 28f7 die Toleranz?

a) 0,020 mm
b) 0,021 mm
c) 0,041 mm
d) 0,061 mm
e) – 0,041 mm

Passmaß	Abmaße
56 js12	0,150
30 H7	+0,021 0
28 f7	–0,020 –0,041

27 Welche Passungsart zeigt das Bild?

a) Spielpassung
b) Übergangspassung
c) Übermaßpassung
d) Einheitsbohrung
e) Einheitswelle

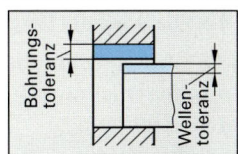

28 Welche Aussage über eine digitale Messwertanzeige ist *falsch*? Die Anzeige ...

a) erlaubt ein leichtes Verfolgen von Maßänderungen
b) erlaubt das Ablesen von Zwischenwerten
c) kann auf Datenträger gespeichert werden
d) verringert die Zahl der Ablesefehler
e) erfolgt sprunghaft

29 Das dargestellte Bild zeigt ein ...

a) Spitzgewinde
b) Sägengewinde
c) Trapezgewinde
d) Rundgewinde
e) Flachgewinde

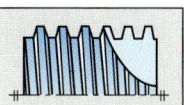

30 Bei einem dreigängigen Gewinde entspricht die Steigung ...

a) der Teilung
b) $\frac{1}{3}$ mal der Teilung
c) 3 mal der Teilung
d) 6 mal der Teilung
e) $\frac{1}{6}$ mal der Teilung

31 Welche Aussage ist *falsch*?

a) Die Maßeinheit des Winkels ist der Grad
b) Ein Grad ist der 360. Teil des Vollkreises
c) Ein Grad hat 60 Minuten bzw. 3600 Sekunden
d) Unter Prüfen versteht man das Messen und das Lehren
e) Beim Zehntel-Nonius sind 10 mm am Lineal in 9 gleiche Teile am Schieber eingeteilt

32 Welche Aussage ist richtig?

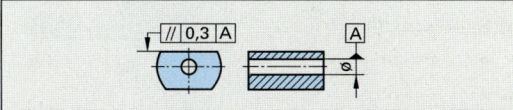

a) Bezugselement ist die obere Werkstückfläche
b) Das tolerierte Element ist die Bohrung
c) Die Toleranzzone befindet sich zwischen zwei zueinander parallelen Ebenen
d) Der Toleranzwert beträgt 0,3 μm
e) Die tolerierte Eigenschaft ist die Ebenheit der oberen Werkstückfläche

33 Welches Prüfgerät wird im Bild gezeigt?

a) Gewindelehrring
b) Gewindegrenzlehrdorn
c) Rachenlehre
d) Steigungslehre
e) Gewinde-Grenzrollenlehre

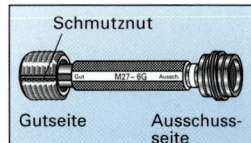

34 Welche Bezeichnung muss für X (3 Ringe oder kein Ring) im nebenstehenden Bild stehen?

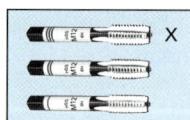

a) Vorschneider
b) Nachschneider
c) Mittelschneider
d) Fertigschneider
e) Maschinengewindebohrer

35 Welche Aussage über das Gewindewalzen ist richtig?

a) Die Gewinde werden spanend gefertigt
b) Es eignet sich nur für Innengewinde
c) Gewalzte Gewinde haben eine geringere Festigkeit als geschnittene Gewinde
d) Durch das Gewindewalzen wird der Werkstoff verfestigt und die Werkstofffasern werden nicht durchschnitten
e) Es sind nur Werkstoffe geeignet, deren Dehnung kleiner als 2% ist

36 Wie wird der mit 2 bezeichnete Winkel genannt?

a) Drallwinkel
b) Freiwinkel
c) Keilwinkel
d) Scherwinkel
e) Spanwinkel

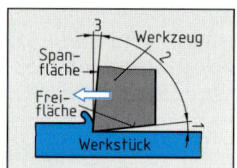

37 Der im Bild gezeigte Feilenzahn wurde hergestellt durch ...

a) Fräsen
b) Sägen
c) Räumen
d) Hauen
e) Hobeln

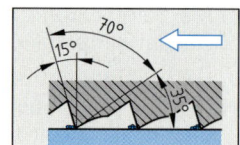

38 Zu welchem Umformverfahren zählt das im Bild dargestellte Tiefziehen?

a) Druckumformen
b) Zugumformen
c) Zugdruckumformen
d) Biegeumformen
e) Schubumformen

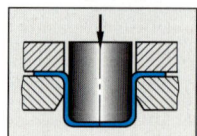

39 Welche Aussage über das Gießen ist richtig?

a) Gießen gehört zur spanenden Fertigung
b) Zur Erzeugung eines Gussstückes wird festes Metall in eine Form gegossen
c) Zur Anfertigung einer Sandform benötigt man ein fertiges Werkstück
d) Das Gussstück wird um das Schwindmaß kleiner als das Modell
e) Beim Warmkammerverfahren steht das Metallbad neben der Maschine

40 Welche Aussage über den Referenzpunkt einer NC-Maschine ist richtig? Der Referenzpunkt ...

a) liegt im Schnittpunkt der Maschinenachsen
b) kann vom Programmierer frei gewählt werden
c) ist Bezugspunkt für die Werkzeugbahnkorrektur
d) ist Bezugspunkt für die Werkstückmaße
e) muss beim Wiedereinschalten einer Maschine angefahren werden

41 Warum haben die Säulen bei einem Schneidwerkzeug mit Säulenführung unterschiedliche Durchmesser?

a) Um ein falsches Zusammenstecken des Werkzeuges zu verhindern
b) Damit man größere Werkstücke schneiden kann
c) Damit das Oberteil auch um 180° gedreht werden kann
d) Damit das Oberteil um 90° gedreht werden kann
e) Um den Schneidstempel an der Schneidplatte befestigen zu können

42 Wie wird die dargestellte Schraube genannt?

a) Sechskantschraube
b) Zylinderschraube
c) Passschraube
d) Dehnschraube
e) Kronenschraube

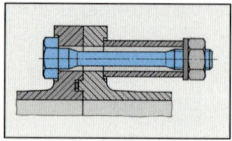

43 Welche Mutter ist im Bild dargestellt?

a) Vierkantmutter
b) Kronenmutter
c) Flügelmutter
d) Rändelmutter
e) Hutmutter

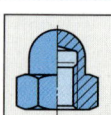

44 Welches der Bilder zeigt eine Überwurfmutter?

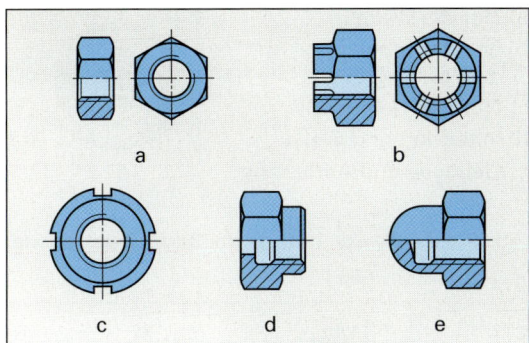

a) Bild a
b) Bild b
c) Bild c
d) Bild d
e) Bild e

45 Welche Sicherung wird in der dargestellten Schraubenverbindung verwendet?

a) Sicherungsblech
b) Federring
c) Spannscheibe
d) Sperrzahnmutter
e) Fächerscheibe

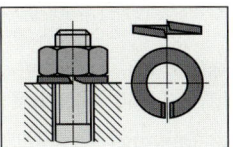

46 Welches Fertigungsverfahren ist im Bild dargestellt?

a) Profilfräsen
b) Stirn-Planfräsen
c) Umfangs-
   Planfräsen
d) Formfräsen
e) Stirn-Umfangs-
   Planfräsen

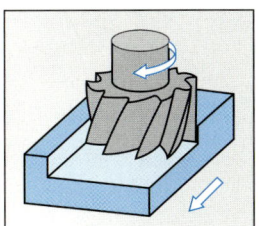

47 Welche Bezeichnung muss für X gesetzt werden?

a) Spitzenwinkel
b) Nebenschneide
c) Hauptschneide
d) Querschneide
e) Spiralwinkel

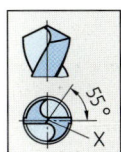

48 Welches Werkzeug ist im Bild dargestellt?

a) Kegelsenker
b) Aufstecksenker mit Zapfen
c) Zapfenbohrer
d) Spiralsenker
e) Flachsenker

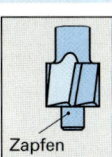

49 Welche schaltalgebraische Gleichung passt zu dem abgebildeten Funktionsplan?

a) $E1 \vee E2 = A1$
b) $E1 \wedge E2 = A1$
c) $E1 \wedge \overline{E2} = A1$
d) $E1 \vee \overline{E2} = A1$
e) $\overline{E1} \vee \overline{E2} = A1$

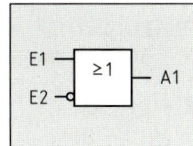

50 Das Bild zeigt eine ...

a) Formschluss-Verbindung
b) Vorgespannte
   Formschluss-Verbindung
c) Kraftschluss-Verbindung
d) Stoffschluss-Verbindung
e) Stirnzahn-Verbindung

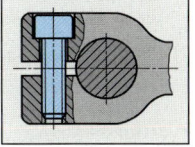

51 Für welche Dreharbeit wird der dargestellte Zentrierbohrer verwendet? Für ...

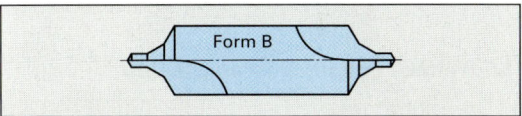

a) Zentrierbohrungen ohne Schutzsenkung
b) Zentrierbohrungen mit Schutzsenkung
c) Zentrierbohrungen mit Rundung (ohne Schutzsenkung)
d) Zentrierbohrungen mit Rundung (mit Schutzsenkung)
e) Radiuszentrierbohrungen

52 Was bedeutet das abgebildete Sinnbild

a) Verbandszeichen der
   Deutschen Elektroingenieure
b) Prüfzeichen des Verbandes
   Deutscher Elektrotechniker
c) Kennzeichen für
   energiesparende Geräte
d) Verein Deutscher Elektroniker
e) Vereinigung der Elektrofachgeschäfte

53 Was bedeutet das in den Farben blau und weiß angelegte Zeichen?

a) Schutzhandschuhe tragen

b) Rechte Hand schützen

c) Zutritt nur für Rechtshänder

d) In der kalten Jahreszeit Handschuhe tragen

e) Wegen Unfallgefahr sind keine Handschuhe zu tragen

54 Zu welcher Hauptgruppe zählt das im Bild dargestellte Fertigungsverfahren?

a) Urformen

b) Umformen

c) Trennen

d) Fügen

e) Beschichten

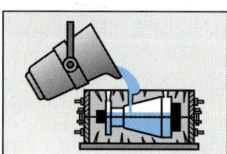

55 Zu welcher Hauptgruppe zählt das im Bild dargestellte Fertigungsverfahren?

a) Trennen

b) Fügen

c) Stoffeigenschaft ändern

d) Umformen

e) Urformen

Salz-bad

56 Welches Prüfmittel ist abgebildet?

a) Grenzlehrdorn

b) Grenzrachenlehre

c) Schraubenschlüssel-lehre

d) Formlehre

e) Radiuslehre

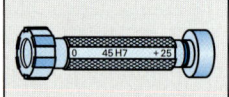

57 Welches Symbol nach DIN ISO 1101 ist angegeben?

a) Parallelität

b) Ebenheit

c) Winkeltoleranz

d) Rechtwinkligkeit

e) Schiefwinkligkeit

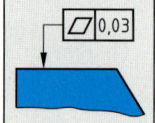

58 Welches Bauteil hat in dem gezeichneten Bild Umfangslast?

a) Nur die Welle

b) Nur der Innenring des Wälzlagers

c) Nur das Gehäuse

d) Innenring und Welle

e) Gehäuse und Außenring

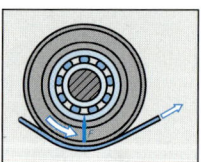

59 Wie heißt der mit ⊕ im Bild eingetragene Punkt?

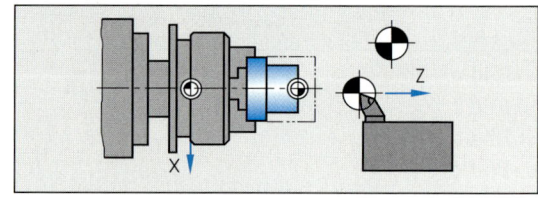

a) Werkzeugnullpunkt

b) Referenzpunkt

c) Maschinennullpunkt

d) Werkstücknullpunkt

e) Programmnullpunkt

60 Welcher Begriff zählt zur System-*Software* eines Computers?

a) Tastatur

b) Bildschirm

c) Diskettenlaufwerk

d) Zentraleinheit

e) Betriebssystem

Anzahl der Aufgaben: 60. Davon richtig gelöst: . . . . (≙ Note . . . .)

Prüfungseinheit Technologie 3.2

Bearbeitungszeit: 90 min
Erlaubte Hilfsmittel: Tabellenbuch, Formelsammlung, Taschenrechner

Baugruppe: Mitlaufende Zentrierspitze

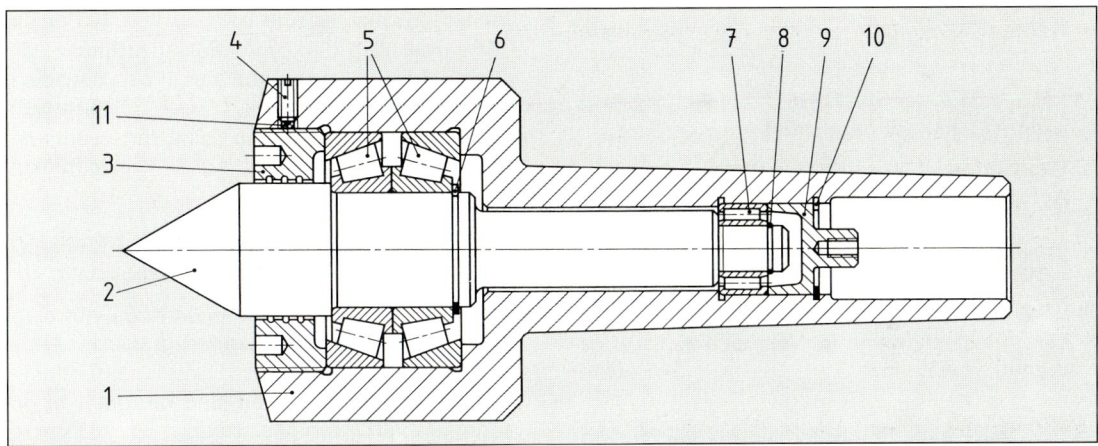

Stückliste							
Pos.	Menge	Benennung	Werkstoff Norm-Kurzzeichen	Pos.	Menge	Benennung	Werkstoff Norm-Kurzzeichen
1	1	Gehäuse	46Cr2	7	1		DIN 617-Na 4901
2	1	Zentrierspitze	18CrNi8E	8	1	Sprengring	DIN 9045-12
3	1	Zweilochschraube	M64 x 1,5-St	9	1	Abstandstück	E295
4	1	Gewindestift	ISO 4766-M5 x 10-5.8	10	1	Sicherungsring	DIN 472-25 x 1,2
5	2		DIN 720-30206	11	1	Druckstück	Vulkanfiber Ø 4 x 4
6	1	Sicherungsring	DIN 471-30 x 15				

Hinweis: Die folgenden Fragen beziehen sich teilweise auf obige Gesamtzeichnung.

1 Für die Zentrierspitze (Pos. 2) ist in der Stückliste das Werkstoffkurzzeichen 18CrNi8E enthalten.

a) Welche Bedeutung hat dieses Kurzzeichen?
(4 Punkte)

b) Welchen Vorteil würde die Bestückung der Zentrierspitze mit einer Hartmetallspitze bringen?
(4 Punkte)

c) Aus welchen Ausgangsstoffen und mit welchem Fertigungsverfahren werden Hartmetalle hergestellt?
(6 Punkte)

2 Für das Gehäuse (Pos. 1) ist in der Stückliste das Werkstoffkurzzeichen 46Cr2 enthalten.

a) Welche Bedeutung hat dieses Kurzzeichen?
(4 Punkte)

b) Für welches Wärmebehandlungsverfahren ist der Werkstoff geeignet?
(4 Punkte)

c) Aus welchen Arbeitsschritten besteht dieses Wärmebehandlungsverfahren?
(4 Punkte)

d) Welche besonderen Eigenschaften erhält der Werkstoff durch die Wärmebehandlung?
(4 Punkte)

e) Welche Zugfestigkeit erreicht der Werkstoff durch die Wärmebehandlung?
(4 Punkte)

3 Die Lagerung der Zentrierspitze erfolgt durch die Pos. 5 und 7.

a) Wie wird Pos. 5 bezeichnet?
(3 Punkte)

b) Wie wird Pos. 7 bezeichnet?
(3 Punkte)

c) Welche besonderen Vorteile hat das Lager Pos. 5?
(6 Punkte)

d) Welche besonderen Vorteile hat das Lager Pos. 7? (6 Punkte)

e) Welches Lager nimmt die axiale Spannkraft der Zentrierspitze auf? (4 Punkte)

f) Welche Folgen hätte es, wenn eines der beiden Lager Pos. 5 umgekehrt eingebaut würde? (4 Punkte)

g) Wie kann die Zentrierspitze Pos. 2 ausgebaut werden? (8 Punkte)

4   Pos. 6 ist in der Stückliste mit Sicherungsring DIN 471-30 x 1,5 bezeichnet.

a) Welche Maße muss der Einstich in Pos. 2 zur Aufnahme des Sicherungsringes haben? (6 Punkte)

b) Welche Regeln sind beim Spannen von Stechdrehmeißeln zu beachten? (6 Punkte)

c) Wie sind Schnittgeschwindigkeit und Vorschub beim Einstechdrehen im Vergleich zum Längsdrehen zu wählen? (4 Punkte)

5   Die Baugruppe Zentrierspitze ist ein Spannmittel an der Drehmaschine.

a) In welche Baugruppe der Drehmaschine wird die Zentrierspitze eingesetzt? (3 Punkte)

b) Für welche Dreharbeiten wird die Zentrierspitze verwendet? (4 Punkte)

c) Welche Formen von Werkstückzentrierungen gibt es und wozu werden sie verwendet? (6 Punkte)

d) Welche Arbeitsregeln gelten für das Zentrieren? (4 Punkte)

6   Bei einer Umrüstung der Drehmaschine wird die mechanische Betätigung der Zentrierspitze durch eine pneumatische ersetzt.

a) Zu erstellen ist ein Pneumatikplan für einen doppelt wirkenden Zylinder und ein elektromagnetisch betätigtes 5/2-Wegeventil mit Federrückstellung. (6 Punkte)

b) Für die Steuerung des Pneumatikventils sind die Taster EIN und AUS sowie ein Relais für 24 V DC vorhanden. Zu zeichnen ist der erforderliche elektrische Schaltplan. (8 Punkte)

c) Welches Automatisierungsgerät wäre erforderlich, wenn die elektropneumatische Betätigung der Zentrierspitze von einem CNC-Programm aus erfolgen soll? (4 Punkte)

7   Die Bauteile der Zentrierspitze sollen nach der Wärmebehandlung auf ihre Werkstoffeigenschaften geprüft werden.

a) Welche Härteprüfverfahren sind für die Prüfung gehärteter Stahlteile einsetzbar? (6 Punkte)

b) Das Härteprüfverfahren, das die fertig geschliffene Zentrierspitze Pos. 2 möglichst wenig beschädigt, ist zu erläutern. (8 Punkte)

c) Wie lässt sich die Zugfestigkeit ermitteln, die beim Vergüten des Gehäuses (Pos. 1) erreicht wurde? (5 Punkte)

d) Wie lassen sich eventuell beim Härten entstandene Risse ermitteln? (6 Punkte)

8   An der abgebildeten Baugruppe Zentrierspitze sind mehrere Kegelformen dargestellt.

a) Mit welchen Verfahren können Kegel auf einer Universaldrehmaschine gefertigt werden? (6 Punkte)

b) Für welche Kegelformen sind die unter a) genannten Verfahren geeignet? (6 Punkte)

c) Welche Vorteile bieten CNC-Drehmaschinen beim Kegeldrehen? (4 Punkte)

9   Welche Unfallverhütungsmaßnahmen sind beim Arbeiten an Drehmaschinen zu beachten?

(10 Punkte)

10 Moderne Drehmaschinen sind mit einer CNC-Steuerung ausgerüstet. Ihre Konstruktion unterscheidet sich von konventionellen Drehmaschinen.

a) Welche Motoren dienen zum Antrieb der Arbeitsspindel? (4 Punkte)

b) Welche Besonderheit besitzen die Spindeln zum Vorschubantrieb? (6 Punkte)

c) Welche Eigenschaften besitzt das Maschinenbett? (6 Punkte)

d) Welche Steuerungsart ist für das Drehen von Kegeln und Rundungen erforderlich? (4 Punkte)

e) Wie sind die Achsen einer CNC-Drehmaschine festgelegt? (6 Punkte)

f) Welche Vorteile bietet eine zusätzliche C-Achse an einer Drehmaschine? (4 Punkte)

Gesamtpunktzahl: 200. Davon erreicht: . . . . Punkte ≙ . . . .% ≙ Note . . . .

Prüfungseinheit Technologie 4.1

Bearbeitungszeit: 60 min
Erlaubte Hilfsmittel: Tabellenbuch, Taschenrechner

1 In welchem Satz N12 ist das Drehen des Radius R5 richtig programmiert (Werkzeug hinter Drehmitte)?

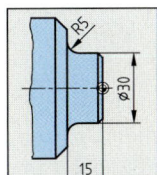

a) N12 G3 X40 Z-15 I5 K0
b) N12 G2 X40 Z-15 I5 K0
c) N12 G3 X40 Z-15 I0 K-5
d) N12 G2 X35 Z15 I0 K5
e) N12 G3 X35 Z15 I0 K5

2 Welches Verbindungselement wird im Bild verwendet?

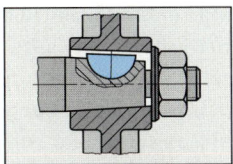

a) Scheibenfeder
b) Zapfenfeder
c) Gleitfeder
d) Passfeder
e) Einlegekeil

3 Welches Schweißverfahren ist abgebildet?

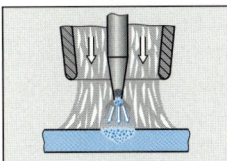

a) UP-Schweißung
b) WP-Schweißung
c) MIG-Schweißung
d) WIG-Schweißung
e) MAG-Schweißung

4 Wie groß ist der Flankenwinkel beim metrischen ISO-Gewinde?

a) 55°   b) 3°   c) 30°   d) 60°   e) 33°

5 Wie groß ist der Winkel α für die einfache Zentrierspitze?

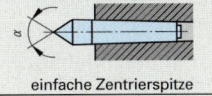

einfache Zentrierspitze

a) $\alpha = 30°$ b) $\alpha = 45°$
c) $\alpha = 50°$ d) $\alpha = 60°$
e) $\alpha = 75°$

6 Welche Funktion wird bei einem Computer durch die Taste Alt Gr ausgelöst?

a) Die Eingabe wird bestätigt
b) Das Programm wird abgebrochen
c) Eine Programmpause wird begonnen
d) Es werden Grafikzeichen erzeugt
e) Der Bildschirminhalt wird ausgedruckt

7 Welche Kupplung ist hier abgebildet?

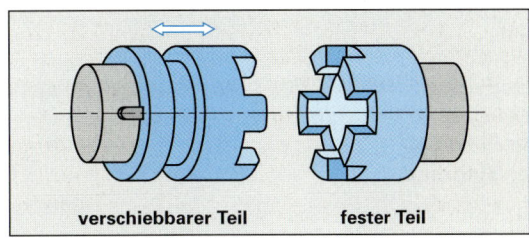

verschiebbarer Teil   fester Teil

a) Schalenkupplung
b) Scheibenkupplung
c) Kreuzgelenkkupplung
d) Klauenkupplung
e) Kegelkupplung

8 Wie wird die dargestellte Feder bezeichnet?

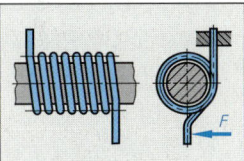

a) Spiralfeder
b) Wendelfeder
c) Schraubendrehfeder
d) Kegelstumpffeder
e) Tellerfeder

9 Welcher Zahnrädertrieb ist im Bild dargestellt?

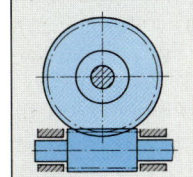

a) Stirnrädertrieb mit Außenverzahnung
b) Schraubenrädertrieb
c) Schneckentrieb
d) Kegelrädertrieb
e) Stirnrädertrieb mit Innenverzahnung

10 Der Krümmungsverlauf der Zahnflanken entspricht meist einer ...

a) Evolvente   b) Zykloide
c) Parabel   d) Hyberbel
e) Ellipse

11 Welches Zahnradmaß wird im Bild mit c bezeichnet?

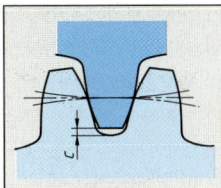

a) Außendurchmesser
b) Zahnhöhe
c) Zahnkopfhöhe
d) Kopfspiel
e) Teilung

12 Wie wird das im Bild gezeigte Drehverfahren bezeichnet?

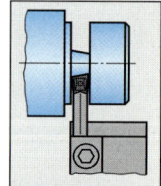

a) Quer-Einstechdrehen
b) Quer-Abstechdrehen
c) Längs-Einstechdrehen
d) Ablängen
e) Nutdrehen

13 Wie wird der Winkel ϰ im Bild genannt?

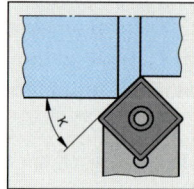

a) Freiwinkel
b) Keilwinkel
c) Einstellwinkel
d) Neigungswinkel
e) Spanwinkel

14 Welches Verfahren zählt *nicht* zu den Fräsverfahren?

a) Formfräsen   b) Planfräsen
c) Wälzfräsen   d) Vorfräsen
e) Rundfräsen

15 In welchem Bild ist die Querschnittsform einer Messer-Werkstattfeile dargestellt?

a)   b)
c)   d)
e)

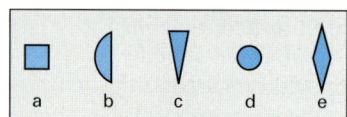

16 Die Bearbeitung des abgebildeten Werkstückes erfolgt mit einem ...

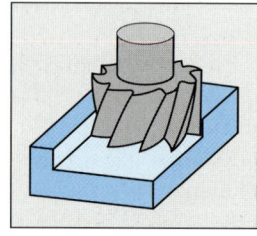

a) Schaftfräser
b) Walzenstirnfräser
c) Winkelstirnfräser
d) Messerkopf
e) Formfräser

17 Wozu wird der abgebildete Drehmeißel verwendet?
Mit ihm kann man ...

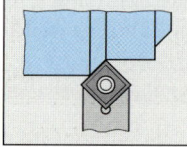

a) Längs- und Querdrehen
b) Nur Längsdrehen
c) Freistiche drehen
d) Nur Querdrehen
e) einstechen

18 In welchem Bild ist eine Fräserschneidplatte abgebildet, die zum Fertigfräsen (Schlichten) geeignet ist?

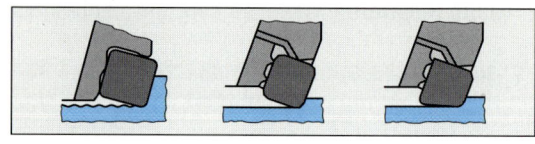

Bild 1   Bild 2   Bild 3

a) Nur Bild 1
b) Nur Bild 2
c) Nur Bild 3
d) Bilder 1 und 2
e) Bilder 2 und 3

19 Was versteht man unter Plandrehen (Querdrehen)?

a) Drehen der Stirnflächen
b) Drehen der Mantelfläche parallel zur Achse
c) Nach Plan (Zeichnung) drehen
d) Das Werkstück kegelig drehen
e) Das Werkstück zentrieren

20 Das Bild zeigt den Arbeitsvorgang des ...

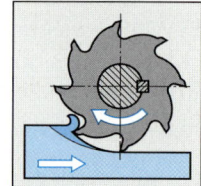

a) Stirnfräsens
b) Gegenlauffräsens
c) Gleichlauffräsens
d) Stirnens
e) Formfräsens

21 Welches der genannten Lager ist für große Kräfte in radialer und einseitig axialer Richtung besonders geeignet?

a) Rillenkugellager
b) Kegelrollenlager
c) Zylinderrollenlager
d) Pendelkugellager
e) Nadellager

22 Wie wird der dargestellte Fräser bezeichnet?

a) Langlochfräser
b) Schaftfräser
c) Nutenfräser
d) Schlitzfräser
e) Formfräser

23 Wie wird die abgebildete Schleifscheibe bezeichnet?

a) Flachscheibe

b) Tellerscheibe

c) Topfscheibe

d) Deckelscheibe

e) Rundscheibe

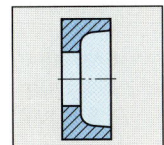

24 Welcher Stoff wird *nicht* als Schleifmittel verwendet?

a) Siliciumkarbid   b) Edelkorund

c) Diamant   d) Bornitrid

e) Dolomit

25 Auf welche Bearbeitung weisen die Bearbeitungsriefen im Bild hin?

a) Langhubhonen

b) Stirn-Umfangsfräsen

c) Querplandrehen

d) Bohren

e) Läppen

26 Der dargestellte Schraubenschlüssel ist ein ...

a) Doppelmaulschlüssel

b) Ringschlüssel

c) Gabelsteckschlüssel

d) Drehmomentschlüssel

e) Inbusschlüssel

27 Wie heißt das Drehverfahren zur Herstellung kegeliger Werkstücke?

a) Runddrehen

b) Formdrehen

c) Einstechdrehen

d) Plandrehen

e) Profildrehen

29 Welches Bild zeigt eine Zylinderschraube mit Schlitz (ISO 1207)?

a)

b)

c)

d)

e)

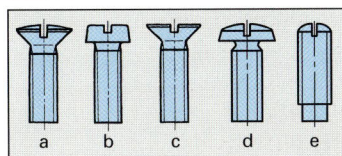

30 Welcher Bearbeitungsvorgang wird im Bild dargestellt?

a) Schleifen eines Stirnfräsers mittels Tellerscheibe

b) Schleifen eines Stirnfräsers mittels Topfscheibe

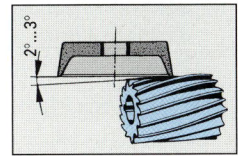

c) Schleifen eines Walzenfräsers mittels Tellerscheibe

d) Schleifen eines Walzenfräsers mittels Topfscheibe

e) Schlichtfräsen einer Schleifscheibe

31 Das dargestellte Werkstück besitzt einen ...

a) Rändel mit achsparallelen Riefen

b) Kreuzrändel

c) Links-Rechts-Rändel

d) Keilrändel

e) Schrägungsrändel

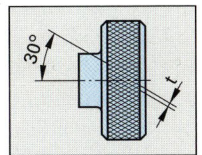

32 Wie unterscheiden sich funkenerosives Senken und funkenerosives Schneiden? Beim funkenerosiven Schneiden ...

a) ist kein Funkenspalt erforderlich

b) wird mit einer Drahtelektrode gearbeitet

c) wird kein Dielektrikum benötigt

d) können nichtleitende Werkstoffe bearbeitet werden

e) werden kleine Späne abgehoben

28 Bei welchem Bild ist der Spanungsquerschnitt hinsichtlich der Standzeit am günstigsten, wenn alle Bilder dieselbe Größe des Spanungsquerschnittes zeigen?

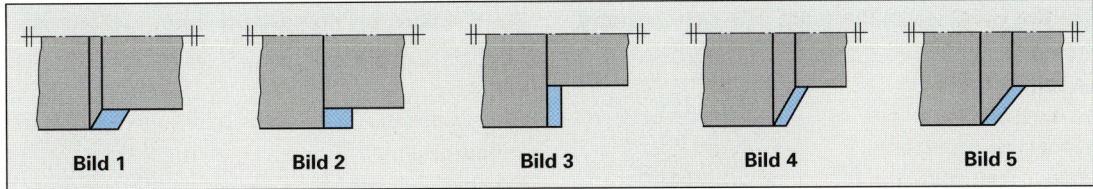

Bild 1   Bild 2   Bild 3   Bild 4   Bild 5

a) Bild 1   b) Bild 2   c) Bild 3   d) Bild 4   e) Bild 5

33 Nach welcher Formel kann der Strom I für die im Bild gezeigte Schaltung berechnet werden?

a) $I = U \cdot R$
b) $I = R : U$
c) $I = U + R$
d) $I = U : R$
e) $I = U - R$

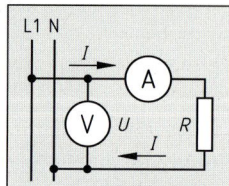

34 Der Gesamtwiderstand für die im Schaltbild gezeigte Anordnung berechnet sich nach der Formel ...

a) $R = R_1 + R_2 + R_3$
b) $R = R_1 - R_2 - R_3$
c) $R = R_1 \cdot R_2 \cdot R_3$
d) $1/R = 1/R_1 + 1/R_2 + 1/R_3$
e) $1/R = 1/R_1 - 1/R_2 - 1/R_3$

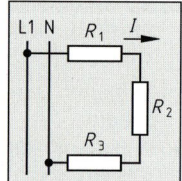

35 Welche Aussage trifft für das gezeichnete Bild zu?

a) Das Bild zeigt eine Flammhärtung
b) Durch die Schleife wird Gleichstrom geführt
c) Das Werkstück wird durch Deduktion gehärtet
d) Das Bild zeigt eine Erwärmung durch Induktion
e) Das Bild zeigt einen Nitrierhärtevorgang

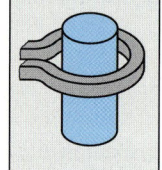

36 Welche Werkstoffeigenschaft kann mit dem im Bild dargestellten Versuch ermittelt werden?

a) Tiefziehfähigkeit
b) Härte nach Brinell
c) Härte nach Rockwell HRC
d) Kerbschlagzähigkeit
e) Mindestzugfestigkeit

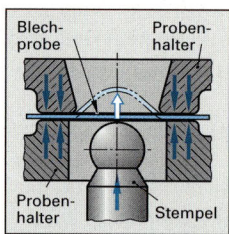

37 Das dargestellte Bild zeigt eine Härteprüfung nach ...

a) Brinell
b) Rockwell HRA
c) Vickers
d) Rockwell HRC
e) Knoop

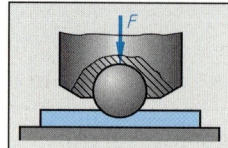

38 Zwei Bleche aus Zn und Cu werden ungeschützt miteinander verbunden. Es kommt ein Elektrolyt dazu. Welcher Werkstoff wird zerstört und wie hoch ist die entstehende Spannung?
(Spannung gegenüber Wasserstoff: Kupfer +0,34 V, Zinn −0,14 V, Zink −0,76 V).

a) Zink; 1,1 V
b) Zinn; 0,48 V
c) Kupfer; 0,48 V
d) Kupfer; −0,42 V
e) Zink; −0,42 V

39 Wozu kann das dargestellte Messmittel verwendet werden? Zum ...

a) Übertragen des Messwertes
b) Prüfen eines Bohrungsdurchmessers
c) direkten Messen des Bohrungsdurchmessers eines Grundloches
d) Messen der Breite einer Innennut
e) direkten Messen einer Innennutlänge

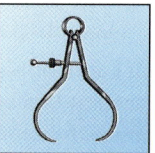

40 Welches Maß zeigt der Messschieberausschnitt an?

a) 6,33 mm
b) 60,3 mm
c) 63,25 mm
d) 63,35 mm
e) 68,00 mm

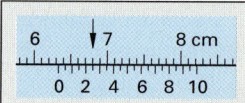

41 Wodurch haften die Endmaße aneinander? Durch ...

a) Kohäsion
b) Adhäsion
c) Expansion
d) Explosion
e) Klebstoff

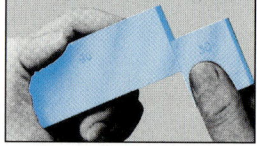

42 Wie wird das dargestellte Prüfmittel bezeichnet?

a) Fühlerlehre
b) Grenzfühler
c) Radiuslehre
d) Längenlehre
e) Spalt-Schieblehre

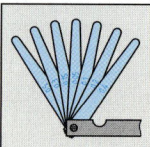

43 Welches Prüfmittel ist im Bild dargestellt?

a) Grenzrachenlehre
b) Grenzlehrdorn
c) Lehre für
   Sechskantschlüsselweiten
d) Anschlagwinkel
e) Gehrungswinkel

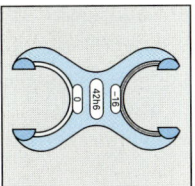

44 Welche Zuordnung der Null- und Bezugspunkte einer CNC-Drehmaschine ist richtig?

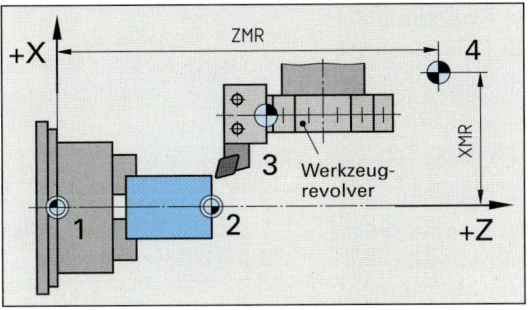

a) 1 ≙ Werkstücknullpunkt W
b) 2 ≙ Werkzeugträger-Bezugspunkt T
c) 3 ≙ Maschinennullpunkt M
d) 4 ≙ Referenzpunkt R
e) Keine der genannten Zuordnungen

45 Wie wird die dargestellte Säge bezeichnet?

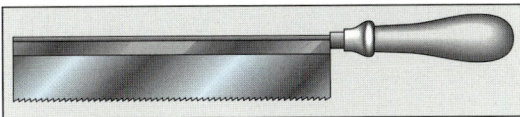

a) Wolfschwanz   b) Bügelsäge
c) Nutensäge   d) Schlitzsäge
e) Einstreichsäge

46 Welches Bild zeigt einen Prismenfräser?

a)
b)
c)
d)
e)

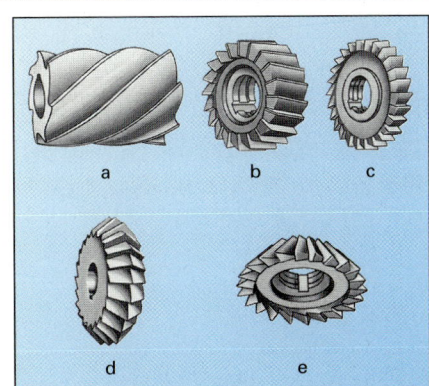

47 Das dargestellte Ventil ist ein ...

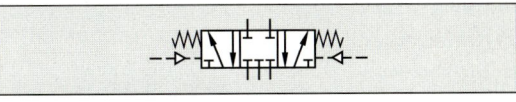

a) handbetätigtes 5/3-Wegeventil
b) druckbetätigtes 5/3-Wegeventil
c) mechanisch betätigtes 5/3-Sperrventil
d) elektrisch betätigtes 5/3-Druckventil
e) druckbetätigtes 5/3-Sperrventil

48 Welches Sinnbild kennzeichnet eine I-Naht?

a)
b)
c)
d)
e)

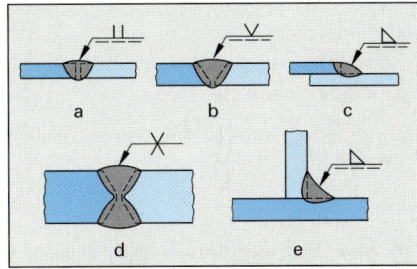

49 Welches Gas wird als Schutzgas beim MAG-Schweißen verwendet?

a) Argon   b) Helium
c) Wasserstoff   d) Kohlendioxid
e) Stickstoff

50 Welche Aussage trifft auf einen Drehstrom-Asynchronmotor zu? Er ...

a) hat einen niedrigen Anlaufstrom
b) ist robust und einfach im Aufbau
c) benötigt einen Schleifring für die Stromzufuhr zum Läufer
d) hat ein niedriges Anzugsmoment
e) benötigt eine Anlaufhilfe

51 Das Freischneiden des abgebildeten Sägeblattes wird erzielt durch ...

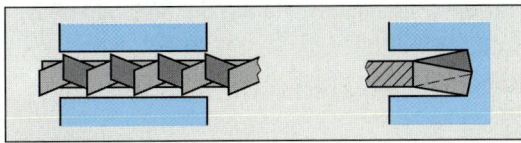

a) Wellen des Blattes
b) Schränken der Zähne
c) Hohlschleifen des Blattes
d) Stauchen des Blattes
e) Einsetzen von Zahnsegmenten

52 Auf welche Art wird im Bild die Kraft übertragen? Durch ...

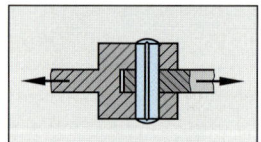

a) Kraftschluss

b) Stoffschluss

c) Masseschluss

d) Formschluss

e) Kurzschluss

53 Wie heißt die Schraube, die in der gezeigten Verbindung verwendet wird?

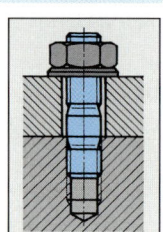

a) Kopfschraube

b) Durchsteckschraube

c) Zylinderschraube
   mit Innensechskant

d) Zylinderschraube
   mit Überwurfmutter

e) Stiftschraube

54 Welche Schraubensicherung zeigt das Bild?

a) Kronenmutter
   mit Splint

b) Überwurfmutter
   mit Steckbolzen

c) Sechskantmutter
   mit Stift

d) Sechskantmutter mit Drahtsicherung

e) Sechskantmutter mit Quersicherung

55 Welcher Schraubenschlüssel ist abgebildet?

a) Überwurfschlüssel

b) Sechskantschlüssel

c) Maulschlüssel

d) Steckschlüssel

e) Hakenschlüssel

56 Welches Toleranzfeld hat der abgebildete Zylinderstift?

a) H8

b) h11

c) d7

d) m6

e) H7

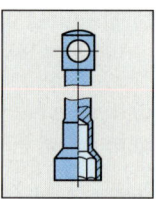

57 Wie bezeichnet man den abgebildeten Stift?

a) Kegelspannstift

b) Knebelkerbstift

c) Passkerbstift

d) Steckkerbstift

e) Zylinderkerbstift

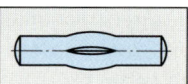

58 Welche Wellensicherung ist dargestellt?

a) Stellring

b) Kegelstift

c) Sprengring

d) Sicherungsring

e) Sicherungsscheibe

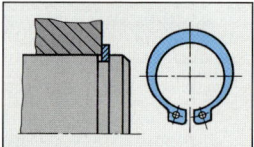

59 Welches Prüfmittel ist abgebildet?

a) Grenzlehrdorn

b) Grenzlehrhülse

c) Grenzlehrring

d) Kegellehrhülse

e) Kegellehrdorn

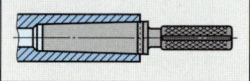

**60 Welche Antwort ist richtig?
Zur Herstellung des Kegels auf einer CNC-Drehmaschine benötigt man eine ...**

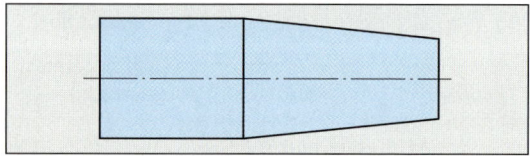

a) Streckensteuerung

b) Schneidenradius-Korrektur

c) Werkzeugbahnkorrektur

d) Werkzeuglängenkorrektur

e) Punktsteuerung

Anzahl der Aufgaben: 60. Davon richtig gelöst: . . . . (≙ Note . . . .)

Prüfungseinheit Technologie 4.2

Bearbeitungszeit: 90 min
Erlaubte Hilfsmittel: Tabellenbuch, Taschenrechner

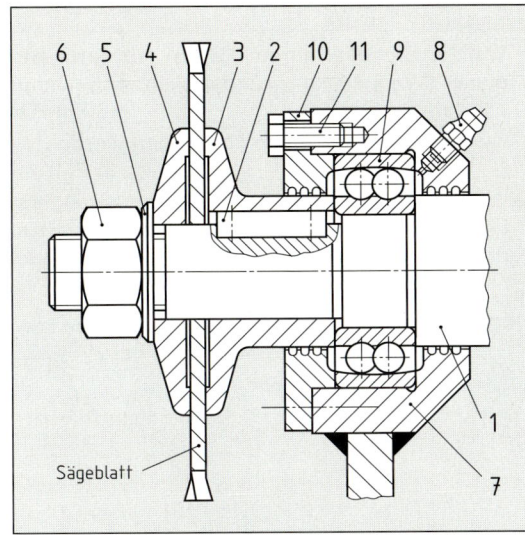

Kreissägewelle mit Lagerung

Hinweis: Die Fragen 1 bis 8 beziehen sich teilweise auf obenstehende Gesamtzeichnung.

Stückliste

Pos.	Menge	Benennung	Werkstoff Norm-Kurzzeichen
1	1	Welle	E295
2	1	Passfeder	DIN 6885-A8x7 x 30
3	1	Anlage	S275JR
4	1	Spannscheibe	S275JR
5	1	Scheibe	DIN 125-B21-St
6	1	Sechskantmutter	ISO 4032-M20x1,5-LH
7	1	Lagergehäuse	S235J2G3 (St 44-3N)
8	1	Schmiernippel	DIN 71412-AM6
9	1	Pendelkugellager	DIN 630-2206 TV
10	1	Deckel	S275JR
11	6	Sechskantschraube	ISO 4017-M6x16-8.8

1 Bei der Kreissägewelle wird das Drehmoment von der Welle (Pos. 1) über die Anlage (Pos. 3) auf das Kreissägeblatt übertragen.

a) Welche Arten der Kraftübertragung unterscheidet man bei Welle-Nabe-Verbindungen?
(8 Punkte)
b) Zu welcher Art der Kraftübertragung gehört die Welle-Nabe-Verbindung bei der Kreissäge (Pos. 1, 2 und 3)? (4 Punkte)

2 Das Pendelkugellager (Pos. 9) wird über den Schmiernippel (Pos. 8) mit Schmierstoff versorgt.

a) Welche Schmierstoffart wird für diese Lager verwendet? (3 Punkte)
b) Welche Aufgaben hat der Schmierstoff?
(6 Punkte)
c) Wie werden schnell laufende Wälzlager geschmiert? (6 Punkte)

3 Die Übertragung des Drehmoments von Pos. 1 zu Pos. 3 erfolgt mit einer Passfeder.

a) Welche Bedeutung hat die in der Stückliste angegebene Bezeichnung der Passfeder (Pos. 2)? (8 Punkte)
b) Bestimmen Sie
die Wellennuttiefe t_1
die Nabennuttiefe t_2
die Höhe der Passfeder h (Toleranzgrad h9)
das Höchstspiel P_{SH} und das Mindestspiel P_{SM} zwischen dem Rücken der Passfeder und dem Grund der Nabennut (10 Punkte)

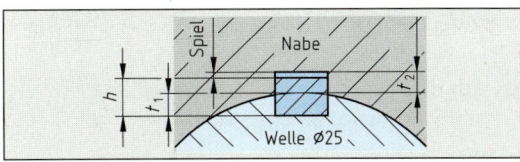

4 Mit der Mutter (Pos. 6) wird das Sägeblatt zwischen Anlage (Pos. 3) und Spannscheibe (Pos. 4) gespannt.

a) Aus welchem Grund wird für die Mutter kein Regelgewinde verwendet? (5 Punkte)
b) Was bedeutet in der Gewindebezeichnung die Abkürzung „LH" und aus welchem Grund wird ein „LH"-Gewinde verwendet? (5 Punkte)
c) Warum wird zum Festspannen des Sägeblattes keine Rändelmutter verwendet? (3 Punkte)

5 Beim Sägen besteht die Gefahr, dass sich das Sägeblatt im Werkstück verklemmt.

a) Wie wird beim dargestellten Sägeblatt das Verklemmen vermieden? (4 Punkte)

b) Welche Zahnform besitzen Metallkreissägeblätter und welchen Vorteil haben solche Zähne? (5 Punkte)

c) Warum werden zum Sägen von S235, bei langen Schnitten auch zum Sägen von E360, Sägeblätter mit grober Zahnteilung verwendet? (6 Punkte)

6 Das Lagergehäuse (Pos. 7) wird durch Schweißen mit dem angedeuteten Lagerträger verbunden.

a) Zu welcher Hauptgruppe der Fertigungsverfahren zählt das Schweißen? (4 Punkte)

b) Das Metall-Lichtbogenschweißen ist zu erläutern. (5 Punkte)

c) Warum darf das Lagergehäuse (Pos. 7) erst nach dem Anschweißen an den Lagerträger fertigbearbeitet werden? (6 Punkte)

7 Der Innenring des Pendelkugellagers (Pos. 9) muss bei Sägebetrieb Umfangslast aufnehmen.

a) Warum muss zwischen der Welle (Pos. 1) und dem Lagerinnenring Übermaß vorhanden sein? (5 Punkte)

b) Welche Toleranzlagen wären bei mittlerer Belastung möglich? (3 Punkte)

c) Welche Montagemöglichkeiten gibt es, wenn das Pendelkugellager (Pos. 9) ohne Kraftaufwand auf die Welle (Pos. 1) montiert werden soll? (5 Punkte)

8 Die Lagerung der Kreissägewelle erfolgt mit dem Pendelrollenlager (Pos. 9).

a) Welcher Unterschied besteht zwischen einem Pendelkugellager und einem zweireihigen Rillenkugellager? (5 Punkte)

b) Weshalb ist bei der Lagerung der Kreissägewelle ein Pendelkugellager erforderlich? (5 Punkte)

c) Wie ist das Pendelkugellager (Pos. 9) gegen das Eindringen von Sägespänen geschützt? (5 Punkte)

9 Für eine Schweißkonstruktion werden gebogene Stahlbleche (Skizze) benötigt.

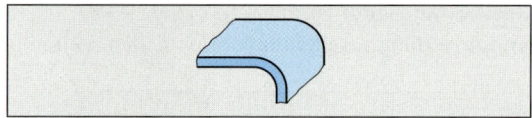

a) Welche Biegeverfahren können zur Fertigung dieser Werkstücke grundsätzlich angewandt werden? (5 Punkte)

b) Warum muss das Blech überbogen werden? (4 Punkte)

c) Warum darf ein bestimmter Mindestbiegeradius nicht unterschritten werden und wovon ist der Mindestbiegeradius abhängig? (5 Punkte)

10 Das Spannen und Biegen der Stahlbleche von Aufgabe 9 soll pneumatisch mit der skizzierten Anordnung erfolgen.

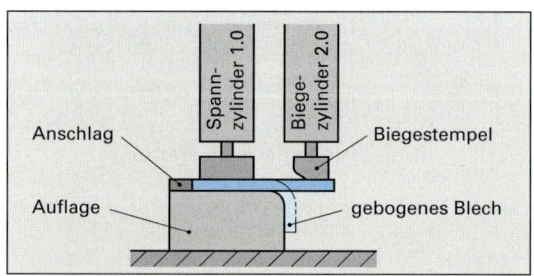

Zu diesem Zweck soll ein Schaltplan für eine pneumatische Steuerung nach folgenden Bedingungen entworfen werden: Bei Erreichen der Endlage soll der Spannzylinder 1.0 ein 3/2-Wegeventil 2.2 betätigen, welches die Umsteuerung des 4/2-Wegeventils 2.1 bewirkt und so den Biegezylinder 2.0 zum Ausfahren veranlasst. Zum abluftgedrosselten Ausfahren soll ein Drosselrückschlagventil 2.0.1 verwendet werden. Der Biegezylinder 2.0 soll in seiner Ausfahr-Endlage das 3/2-Wegeventil 2.3 betätigen, welches das 4/2-Wegeventil 2.1 umsteuert und den Biegezylinder einfahren lässt. In der Einfahr-Endlage soll durch die Betätigung des 3/2-Wegeventils 1.3 das 4/2-Wegeventil 1.1 umgesteuert und dadurch der Spannzylinder 1.0 zum Einfahren veranlasst werden. Um der Unfallgefahr vorzubeugen, sind zum Ausfahren des Spannzylinders 1.0 zwei 3/2-Wegeventile 1.2 und 1.4 von Hand gleichzeitig zu betätigen, die über ein Zweidruckventil 1.5 das 4/2-Wegeventil 1.1 umsteuern. (20 Punkte)

Gesamtpunktzahl: 150. Davon erreicht: . . . . Punkte △ . . . .% △ Note . . . .

Prüfungseinheit Technische Mathematik 1.1

Bearbeitungszeit: 60 min
Erlaubte Hilfsmittel: Taschenrechner, Formelsammlung, Tabellenbuch

1   **Wie groß ist die gestreckte Länge des skizzierten Ringes?**

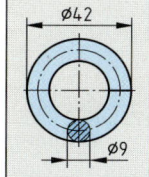

a) 57,3 mm   b) 70,8 mm
c) 84,0 mm   d) 103,7 mm
e) 125,2 mm

2   **Für die Passung Ø 40 H7/j6 sind das Höchstübermaß und das Höchstspiel zu bestimmen.**

Passung	oberes Abmaß μm	unteres Abmaß μm
Ø 40H7	+25	0
Ø 40j6	+11	−5

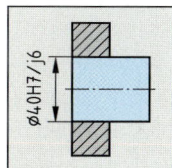

2.1 Wie groß ist das Höchstübermaß?

a) 0,005 mm   b) 0,011 mm
c) 0,016 mm   d) 0,030 mm
e) 0,036 mm

2.2 Wie groß ist das Höchstspiel?

a) 0   b) 0,011 mm
c) 0,016 mm   d) 0,030 mm
e) 0,036 mm

3   **Die Diagonale e des skizzierten Rechtecks ist zu bestimmen.**

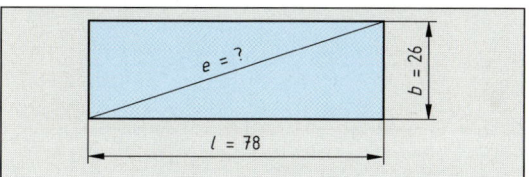

3.1 Welche Formel dient zur Berechnung der Diagonalen e?

a) $e = \sqrt{(l + b)^2}$ b) $e = \sqrt{(l - b)^2}$
c) $e = \sqrt{2\, l \cdot b}$ d) $e = \sqrt{l^2 - b^2}$
e) $e = \sqrt{l^2 + b^2}$

3.2 Welches gerundete Ergebnis für die Diagonale e ist richtig?

a) 68 mm   b) 73 mm
c) 76 mm   d) 82 mm
e) 98 mm

4   **Der Einstellwinkel $\frac{\alpha}{2}$ zum Drehen des skizzierten Kegels und die Kegelverjüngung C sollen berechnet werden.**

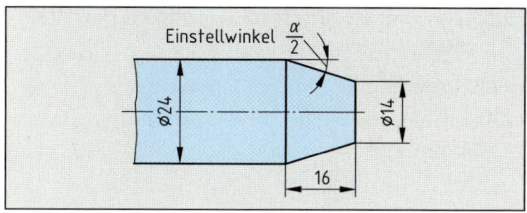

4.1 Nach welcher Formel wird der Einstellwinkel $\frac{\alpha}{2}$ berechnet?

a) $\tan \frac{\alpha}{2} = \dfrac{D - d}{2 \cdot L}$

b) $\tan \frac{\alpha}{2} = \dfrac{D + d}{2 \cdot L}$

c) $\tan \frac{\alpha}{2} = \dfrac{2 \cdot L}{D + d}$

d) $\tan \frac{\alpha}{2} = \dfrac{2 \cdot L}{D - d}$

a) $\tan \frac{\alpha}{2} = \dfrac{D - d}{L}$

4.2 Welches Ergebnis für $\frac{\alpha}{2}$ ist richtig?

a) 10,62°   b) 17,35°
c) 32,00°   d) 40,10°
e) 49,90°

4.3 Wie groß ist die Kegelverjüngung C des skizzierten Kegels?

a) $C = 16 : 1$
b) $C = 1,6 : 1$
c) $C = 1 : 1,6$
d) $C = 1 : 10$
e) $C = 1 : 16$

5 Der Werkzeugschlitten einer Fräsmaschine legt die Vorschubstrecke von 0,24 m in einer Zeit von 35 s zurück.

5.1 Welche Formel dient zur Berechnung der Vorschubgeschwindigkeit?

a) $v = \dfrac{t}{s}$ b) $v = s - t$

c) $v = t \cdot s$ d) $v = \dfrac{s}{t}$

e) $v = s + t$

5.2 Wie groß ist die Geschwindigkeit des Werkzeugschlittens in mm/min?

a) 627 mm/min b) 7 mm/min

c) 411 mm/min d) 84 mm/min

e) 204 mm/min

6 Ein Werkstück wird mit dem skizzierten Spannzeug gespannt.

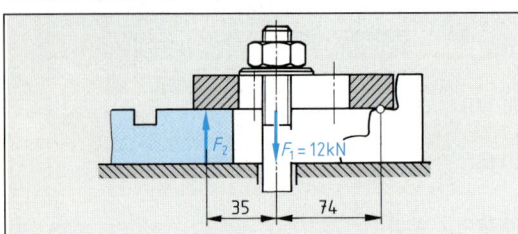

6.1 Welche Formel ist zur Berechnung der Spannkraft F_2 anzuwenden?

a) $F_1 \cdot l_1 = F_2 \cdot l_2$

b) $F_1 \cdot l_2 = F_2 \cdot l_1$

c) $F_2 - l_1 = F_1 - l_2$

d) $F_1 + l_1 = F_2 + l_2$

e) $\dfrac{F_1}{l_1} = \dfrac{F_2}{l_2}$

6.2 Welches Ergebnis für die Spannkraft F_2 ist richtig?

a) 8,1 kN

b) 16,2 kN

c) 25,4 kN

d) 35 kN

e) 74 kN

7 Für den gezeigten Flansch sind die Koordinatenwerte X und Y der Bohrung 1 zu bestimmen.

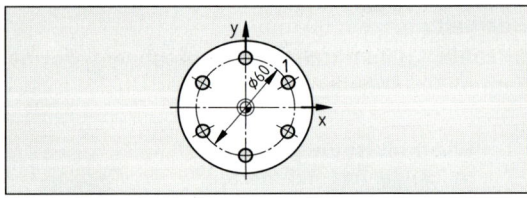

7.1 Welche Winkelfunktionen können zur Berechnung verwendet werden?

a) Sinus und Tangens

b) Sinus und Cosinus

c) Tangens und Cosinus

d) Tangens und Cotangens

e) Sinus und Cotangens

7.2 Welche Ergebnisse sind richtig?

a) X = 30,00 mm, Y = 15,00 mm

b) X = 25,98 mm, Y = 30,00 mm

c) X = 15,00 mm, Y = 25,98 mm

d) X = 25,98 mm, Y = 15,00 mm

e) X = 30,00 mm, Y = 25,98 mm

8 Der Achsabstand a des skizzierten Stirnrädertriebes ist zu berechnen.

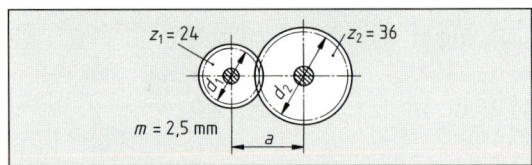

8.1 Nach welcher Formel wird der Achsabstand a berechnet?

a) $a = \dfrac{2 \cdot (z_1 + z_2)}{m}$ b) $a = \dfrac{z_1 + z_2}{2 \cdot m}$

c) $a = \dfrac{2 \cdot (z_1 + m)}{z_2}$ d) $a = \dfrac{z_1 \cdot (z_2 + 2)}{m}$

e) $a = \dfrac{m \cdot (z_1 + z_2)}{2}$

8.2 Welches Ergebnis für a ist richtig?

a) 30 mm b) 60 mm

c) 75 mm d) 90 mm

e) 150 mm

9 Eine Flachstahl-Zugstange aus E335 (St 60-2) mit einer Streckgrenze $R_e = 325$ N/mm^2 und einer Breite von 30 mm wird mit 30 kN auf Zug beansprucht.

9.1 Wie groß ist die zulässige Zugspannung bei 1,3facher Sicherheit?

a) 100 N/mm^2 b) 150 N/mm^2

c) 200 N/mm^2 d) 250 N/mm^2

e) 300 N/mm^2

9.2 Wie groß muss der Querschnitt der Zugstange sein?

a)   80 mm^2 b) 100 mm^2

c) 120 mm^2 d) 140 mm^2

e) 160 mm^2

9.3 Wie dick muss der Flachstahl sein?

a) 3 mm   b) 4 mm

c) 5 mm   d) 6 mm

e) 8 mm

10 Wie hoch muss der Nennstrom einer Sicherung für einen elektrischen Heizstrahler mit einer Leistung von 2000 W bei einer Spannung von 230 V mindestens sein?

a)   6 A

b) 10 A

c) 16 A

d) 20 A

e) 25 A

11 Ein Werkstück aus Stahl mit einer Länge von 120 mm hat kurz nach der Bearbeitung eine Temperatur von 42 °C. Wie groß ist der Messfehler, wenn es mit einer Tiefenschraublehre gemessen wird, die eine Temperatur von 20 °C hat?

$$\left(\alpha_{St} = 0{,}000\ 012\ \frac{1}{°C} \right)$$

a) 0,012 mm

b) 0,029 mm

c) 0,032 mm

d) 0,044 mm

e) 0,060 mm

12 Wie groß ist die Masse des gezeichneten Werkstücks aus G-AlMg 9? ($\varrho = 2{,}6$ kg/dm^3)

a) 400 g

b) 416 g

c) 500 g

d) 512 g

e) 516 g

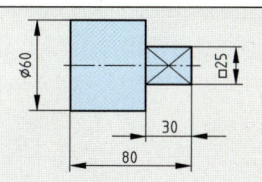

13 Der Arbeitskolben der skizzierten hydraulischen Presse wird um die Strecke s_2 angehoben, wenn der Druckkolben um die Strecke $s_1 = 32$ mm nach unten verfahren wird.

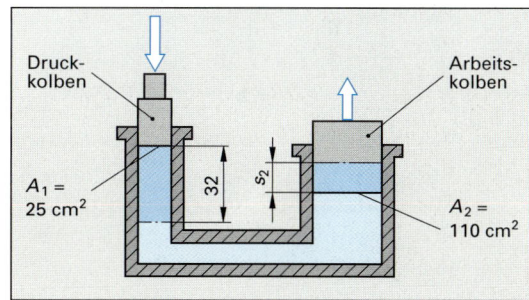

13.1 Nach welcher Formel wird die Berechnung der Strecke s_2 durchgeführt?

a) $\dfrac{s_2}{s_1} = \dfrac{A_2}{A_1}$

b) $\dfrac{s_1}{s_2} = \dfrac{A_1}{A_2}$

c) $\dfrac{s_1}{s_2} = A_2 \cdot A_1$

d) $s_2 \cdot s_1 = \dfrac{A_2}{A_1}$

e) $\dfrac{s_1}{s_2} = \dfrac{A_2}{A_1}$

13.2 Welches Ergebnis für s_2 ist richtig?

a) 7,3 mm

b) 8 mm

c) 9,4 mm

d) 10 mm

e) 11 mm

14 Mit dem skizzierten Keilriementrieb soll ein Gesamtübersetzungsverhältnis von 0,1 (1 : 10) erzielt werden.

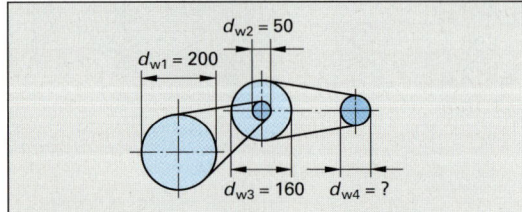

14.1 Welche Formel für das Gesamtübersetzungsverhältnis ist richtig?

a) $i = \dfrac{d_{W2} \cdot d_{W3}}{d_{W1} \cdot d_{W4}}$

b) $i = \dfrac{d_{W1} \cdot d_{W4}}{d_{W2} \cdot d_{W3}}$

c) $i = \dfrac{d_{W1} \cdot d_{W2}}{d_{W3} \cdot d_{W4}}$

d) $i = \dfrac{d_{W2} \cdot d_{W4}}{d_{W1} \cdot d_{W3}}$

e) $i = \dfrac{d_{W1} \cdot d_{W3}}{d_{W2} \cdot d_{W4}}$

14.2 Welchen Wirkdurchmesser d_{W4} muss das letzte Keilriemenrad haben?

a) 32 mm
b) 48 mm
c) 64 mm
d) 80 mm
e) 96 mm

15 Wie viel Lochabstände sind bei einem Teilkopf mit einem Übersetzungsverhältnis $i = 40 : 1$ auf dem 49er Lochkreis weiterzukurbeln, wenn ein Zahnrad mit 56 Zähnen gefräst wird?

a) 35
b) 40
c) 45
d) 49
e) 56

16 Ein Fräskopf zum Fräsen von Leichtmetall besitzt $z = 22$ Zähne und einen Durchmesser $d = 420$ mm. Er arbeitet mit einer Schnittgeschwindigkeit $v_c = 950$ m/min und einer Vorschubgeschwindigkeit $v_f = 1100$ mm/min.

16.1 Nach welcher Formel wird die Drehzahl n des Fräskopfs berechnet?

a) $n = \dfrac{d}{\pi \cdot v_c}$

b) $n = \dfrac{\pi}{d \cdot v_c}$

c) $n = \dfrac{v_c}{\pi \cdot d}$

d) $n = v_c \cdot \pi \cdot d$

e) $n = \dfrac{v_c \cdot d}{\pi}$

16.2 Welche Formel ergibt sich, wenn in die Formel $f_z = \dfrac{v_f}{z \cdot n}$, die zum Berechnen des Vorschubes je Fräserzahn dient, die Formel für die Drehzahl n eingesetzt wird?

a) $f_z = \dfrac{v_f \cdot d \cdot z}{\pi \cdot v_c}$

b) $f_z = \dfrac{v_f \cdot \pi \cdot v_c}{d \cdot z}$

c) $f_z = \dfrac{v_f \cdot \pi}{z \cdot d \cdot v_c}$

d) $f_z = \dfrac{v_f}{z \cdot v_c \cdot \pi \cdot d}$

e) $f_z = \dfrac{v_f \cdot \pi \cdot d}{z \cdot v_c}$

16.3 Wie groß ist der gerundete Wert für den Vorschub f_z je Fräserzahn?

a) 0,035 mm
b) 0,07 mm
c) 0,28 mm
d) 0,36 mm
e) 0,44 mm

Anzahl der Aufgaben: 30.   Davon richtig gelöst: . . . . ($\triangleq$ Note . . . .)

Prüfungseinheit Technische Mathematik 1.2

Bearbeitungszeit: 90 min
Erlaubte Hilfsmittel: Taschenrechner, Tabellenbuch, Formelsammlung

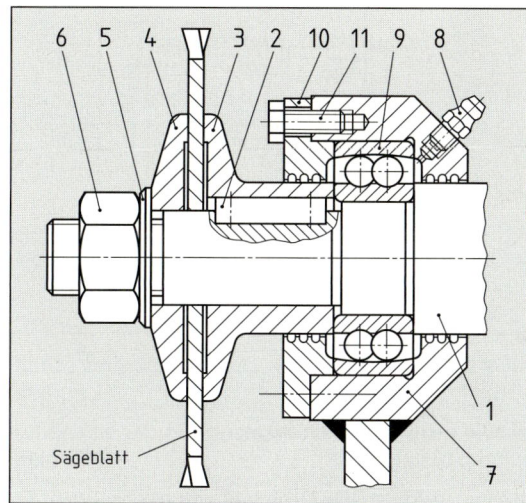

Kreissägewelle mit Lagerung

Stückliste			
Pos.	Men-ge	Benennung	Werkstoff Norm-Kurzzeichen
1	1	Welle	E295 (St50-2)
2	1	Passfeder	DIN 6885-A8 x 7 x 30
3	1	Anlage	S275JR (St44-2)
4	1	Spannscheibe	S275JR (St44-2)
5	1	Scheibe	DIN 125-B21-St
6	1	Sechskantmutter	ISO 4032-M20 x 1,5-LH
7	1	Lagergehäuse	S235J2G3 (St44-3N)
8	1	Schmiernippel	DIN 71412-AM6
9	1	Pendelkugellager	DIN 630-2206 TV
10	1	Deckel	S275JR (St44-2)
11	6	Sechskantschraube	ISO 24017-M6 x 16-8.8

Hinweis: Die Aufgaben 1 bis 4 beziehen sich auf die oben gezeigte Kreissägewelle.

1 Das Nenndrehmoment des Kreissägemotors beträgt M_N = 25 N · m. Es wird über die Passfeder (Pos. 2) auf die Anlage (Pos. 3) übertragen. Der Wellenzapfen mit der Passfedernut hat den Durchmesser 32 mm.

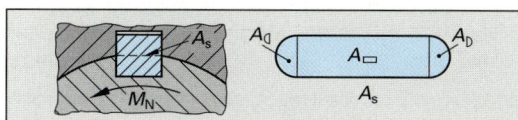

Welche Scherspannung herrscht in der Passfeder bei Nennbetrieb?   (10 Punkte)

2 Das Sägeblatt wird von der Anpresskraft der Spannscheibe (Pos. 4) auf die Anlage (Pos. 3) gespannt. Der innere Durchmesser der Anpressfläche der Spannscheibe beträgt 70 mm, der äußere Durchmesser 86 mm.

Wie groß ist die Anpressfläche der Spannscheibe?   (4 Punkte)

3 Die Feststellmutter (Pos. 6) wird mit einem Schraubenschlüssel mit einer wirksamen Hebellänge von 262 mm und einer Handkraft von 100 N angezogen.

Wie groß ist die Spannkraft auf die Spannscheibe, wenn 85% Reibungsverluste angenommen werden?   (6 Punkte)

4 Wie groß ist die Flächenpressung der Spannscheibe (Pos. 4) auf das Sägeblatt?

          (4 Punkte)

5 Aus einem kaltgewalzten Stahlband DIN 1623-Fe360B 45 x 1,5 werden durch Ausschneiden die skizzierten Laschen gefertigt.
Die längenbezogene Masse m' des Stahlbandes beträgt 0,53 kg/m, seine Dichte ϱ = 7,85 kg/dm³.

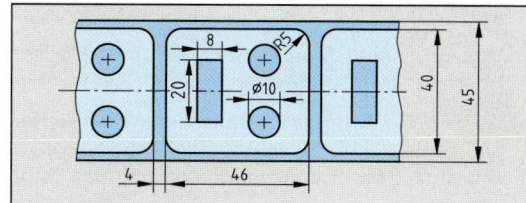

a) Wie viel wiegt eine Lasche?   (8 Punkte)
b) Wie groß ist der Streifenvorschub?   (2 Punkte)
c) Wie viel Prozent beträgt der Ausnutzungsgrad?   (6 Punkte)

6 Die Lasche von Aufgabe 5 wird mit einem Folge-Schneidwerkzeug hergestellt, wobei im 1. Schnitt die Durchbrüche gelocht werden und im 2. Schnitt das Werkstück ausgeschnitten wird.

a) Die maximale Scherfestigkeit des Werkstoffs S235JO ist zu ermitteln.   (4 Punkte)

b) Wie groß ist die Schneidkraft für das Lochen?   (4 Punkte)

c) Wie groß ist die Schneidkraft für das Ausschneiden des Werkstücks?   (4 Punkte)

7 Eine Radnabe soll auf einer CNC-Drehmaschine gefertigt werden.

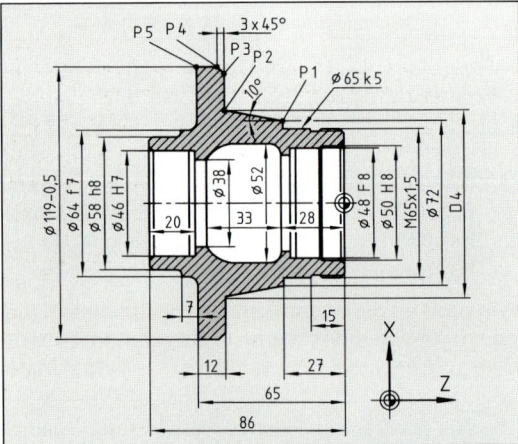

a) Wie groß ist das fehlende Maß D_4?   (5 Punkte)

b) Welche Koordinatenmaße haben die Punkte P1 bis P5 (Wegbedingung G90)?   (5 Punkte)

8 Die Radnabe (Bild oben) soll in die Bohrung Ø 46 H7 einen Wellenzapfen Ø 46 s6 aufnehmen.

a) Wie groß sind die Grenzabmaße für Bohrung und Welle?   (4 Punkte)

b) Wie groß sind Mindestübermaß und Höchstübermaß?   (4 Punkte)

c) Auf welche Temperatur muss der Wellenzapfen aus Stahl gekühlt werden, damit die Montage mit einem Spiel von mindestens 10 µm erfolgen kann?   (6 Punkte)
(Ausgangstemperatur: 20 °C)

9 Das skizzierte Getriebe dient zum Antrieb einer Werkzeugmaschine.

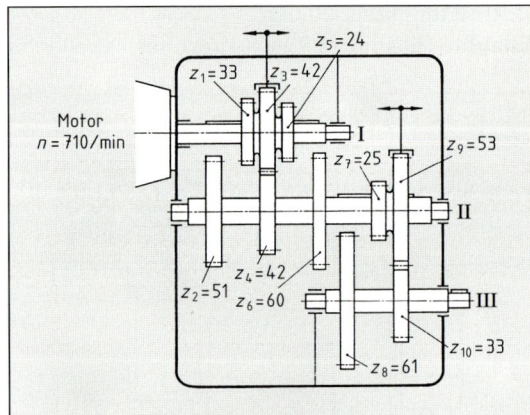

a) Wie viel verschiedene Drehzahlen sind schaltbar?   (4 Punkte)

b) Wie groß ist die Übersetzung in der skizzierten Schaltstellung?   (4 Punkte)

c) Wie groß ist die Drehzahl der Welle III in der skizzierten Schaltstellung?   (4 Punkte)

10 Eine glatte Welle 1C60 (C60) mit einem Außendurchmesser von 60 mm und einer Länge von 462 mm soll mit einer unbeschichteten Schneidplatte (P10) in einem Schnitt längs abgedreht werden. Der Vorschub beträgt 0,4 mm.

a) Mit welchem Richtwert der Schnittgeschwindigkeit sollte gedreht werden?   (3 Punkte)

b) Welche Drehzahl ist an einer Drehmaschine mit den Drehzahlstufen 280/min, 355/min, 450/min, 560/min, 710/min, 900/min, 1120/min einzustellen?   (3 Punkte)

c) Wie groß ist die Hauptnutzungszeit, wenn An- und Überlauf je 3 mm betragen?   (6 Punkte)

Gesamtpunktzahl: 100.   Davon erreicht: . . . . Punkte ≙ . . . .% ≙ Note . . . .

Prüfungseinheit Technische Mathematik 2.1

Bearbeitungszeit: 90 min
Erlaubte Hilfsmittel: Taschenrechner, Formelsammlung, Tabellenbuch

1 Von dem Winkel 18,53° soll der Winkel 8° 47′ 30″ abgezogen werden.

1.1 Wie viel Grad, Minuten und Sekunden hat der Winkel 18,53°?

a) 18° 30′ 23″   b) 18° 31′ 48″
c) 18° 50′ 3″   d) 18° 50′ 0,3″
e) 18° 53′

1.2 Wie groß ist der verbleibende Winkel nach der Subtraktion der beiden Winkel?

a) 9° 43′ 37″   b) 9° 44′ 18″
c) 10° 3′ 27″   d) 10° 30′ 33″
e) 10° 6′ 30″

2 Bei dem skizzierten Hydraulikzylinder soll die Kolbenkraft F berechnet werden. Der Reibungsverlust beträgt 15%.

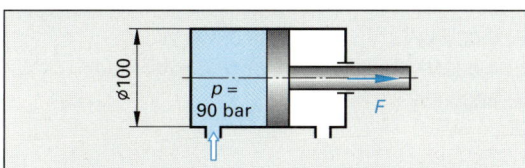

p =
90 bar

F

2.1 Nach welcher Formel wird die Kolbenkraft F berechnet?

a) $F = \dfrac{p \cdot \eta}{A}$ b) $F = p \cdot \eta + A$

c) $F = p + A \cdot \eta$ d) $F = p \cdot A \cdot \eta$

e) $F = \dfrac{A \cdot p}{\eta}$

2.2 Welches gerundete Ergebnis für F ist richtig?

a) 46 kN   b) 60 kN
c) 70 kN   d) 80 kN
e) 92 kN

3 Der Wirkungsgrad η eines 2-zähnigen Schneckentriebes ist zu berechnen. Die dem Getriebe zugeführte Leistung beträgt 35,7 kW, die abgegebene Leistung 25 kW.

3.1 Welche Formel zur Berechnung des Wirkungsgrades in Prozent ist richtig?

a) $\eta = \dfrac{P_2 \cdot 100}{P_1}\%$ b) $\eta = \dfrac{P_1 \cdot P_2}{100}\%$

c) $\eta = \dfrac{100}{P_1 \cdot P_2}\%$ d) $\eta = \dfrac{P_1}{100 \cdot P_2}\%$

e) $\eta = \dfrac{P_1 \cdot 100}{P_2}\%$

3.2 Wie groß ist der Wirkungsgrad?

a) 10,7%   b) 25%
c) 35,7%   d) 60,7%
e) 70%

4 Auf einer Bohrmaschine sollen in ein 47 mm dickes Stahlwerkstück fünfzehn Durchgangslöcher mit 10 mm Durchmesser gebohrt werden. Der Vorschub beträgt 0,18 mm, die Drehzahl 560/min. Der An- und Überlauf betragen jeweils 2 mm.

4.1 Mit welcher Formel wird die Hauptnutzungszeit berechnet?

a) $t_h = \dfrac{n \cdot i}{L \cdot f}$ b) $t_h = \dfrac{i \cdot f}{n \cdot L}$

c) $t_h = \dfrac{L \cdot i}{n}$ d) $t_h = \dfrac{L}{n}$

e) $t_h = \dfrac{L \cdot i}{n \cdot f}$

4.2 Welche Ergebnisse für den Vorschubweg L und den Anschnitt l_s sind richtig?

a) $L = 47$ mm, $l_s = 4$ mm
b) $L = 40$ mm, $l_s = 3$ mm
c) $L = 54$ mm, $l_s = 3$ mm
d) $L = 44$ mm, $l_s = 4$ mm
e) $L = 50$ mm, $l_s = 2$ mm

4.3 Welches Ergebnis für die Hauptnutzungszeit ist richtig?

a) 29,09 min
b) 8,04 min
c) 12,62 min
d) 5,96 min
e) 7,44 min

5   Ein Kran hebt eine Werkzeugmaschine mit der Masse 2,45 t in 40 Sekunden 3,5 m hoch (g = 9,81 m/s²).

5.1 Welche mechanische Arbeit wird dabei verrichtet?

a) 24,73 kJ   b) 26,40 kJ
c) 48,04 kJ   d) 60,00 kJ
e) 84,12 kJ

5.2 Wie groß ist die mechanische Hubleistung?

a) 0,63 kW   b) 0,66 kW
c) 1,28 kW   d) 2,10 kW
e) 9,61 kW

6   Die Flächenpressung am Kopf eines Schneidstempels mit der Fläche A = 14 mm x 22 mm soll bei einer Schneidkraft F = 26 200 N berechnet werden.

6.1 Welche Formel dient zur Berechnung der Flächenpressung p?

a) $p = F \cdot A$ b) $p = \dfrac{A}{F}$

c) $p = \dfrac{F \cdot A}{2}$ d) $p = \dfrac{F}{A}$

e) $p = F + A$

6.2 Welches Ergebnis für p ist richtig?

a)   36 N/mm²
b)   85 N/mm²
c)   92 N/mm²
d) 262 N/mm²
e) 308 N/mm²

7   Bei der skizzierten schiefen Ebene verhindert eine Kraft F das Abrollen der Last.

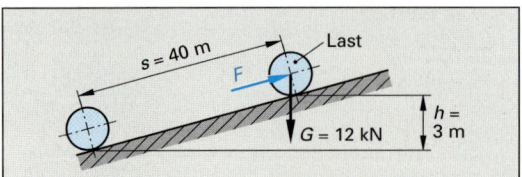

7.1 Wie lautet die Formel zur Berechnung der Kräfte und Strecken bei der schiefen Ebene? (Reibung bleibt unberücksichtigt)

a) $F \cdot h = G \cdot s$ b) $F \cdot G = h \cdot s$
c) $F + s = G + h$ d) $F \cdot s = G \cdot h$
e) $F : s = G : h$

7.2 Welches Ergebnis für F ist richtig?

a)   600 N   b) 1450 N
c)   900 N   d) 9000 N
e) 1020 N

8   Durch den Heizdraht eines Glühofens, der an eine Netzspannung von 400 V angeschlossen ist, fließt ein Strom von 10 A.

8.1 Wie groß ist der Widerstand des Heizdrahts?

a) 4000 Ω   b) 400 Ω
c) 40 Ω   d) 27,3 Ω
e) 0,027 Ω

8.2 Welche elektrische Leistung nimmt der Heizdraht auf?

a) 0,027 kW   b) 0,40 kW
c) 4,0 kW   d) 40,0 kW
e) 4000 kW

9   Bei einer Schleifscheibe mit dem Durchmesser d = 300 mm darf die Umfangsgeschwindigkeit v = 35 m/s nicht überschritten werden.

9.1 Mit welcher Formel wird die maximal zulässige Drehzahl der Schleifscheibe berechnet?

a) $v = \pi \cdot d \cdot n$ b) $v = \dfrac{\pi \cdot d}{n}$

c) $v = \dfrac{\pi \cdot n}{d}$ d) $v = \pi \cdot d^2 \cdot n$

e) $v = \dfrac{\pi \cdot d^2}{n}$

9.2 Wie groß ist die zulässige Drehzahl?

a) 1440/min   b) 2230/min
c) 3000/min   d) 3500/min
e) 4460/min

10 Für den skizzierten Zahnrädertrieb ist die Zähnezahl z_2 zu berechnen.

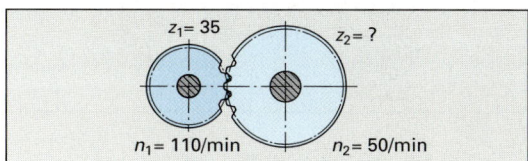

10.1 Wie lautet die Formel zur Berechnung eines einfachen Zahnrädertriebes?

a) $n_1 : z_1 = z_2 : n_2$

b) $n_1 : n_2 = z_1 : z_2$

c) $n_1 \cdot z_2 = n_2 \cdot z_1$

d) $n_1 \cdot n_2 = z_1 \cdot z_2$

e) $n_1 \cdot z_1 = n_2 : z_2$

10.2 Welche Zähnezahl ergibt sich für z_2?

a) 77

b) 85

c) 110

d) 145

e) 160

11 Zur Vorbereitung des Kegeldrehens der skizzierten kegeligen Bohrung soll der Durchmesser d bestimmt werden.

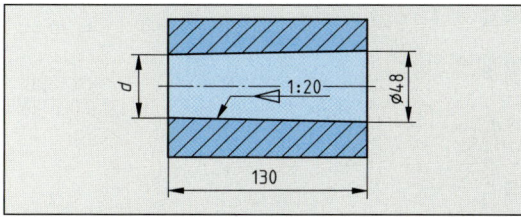

11.1 Welche Formel zur Berechnung der Kegelverjüngung ist richtig?

a) $C = \dfrac{D - L}{d}$

b) $C = \dfrac{D - d}{2 \cdot L}$

c) $C = \dfrac{d - L}{D}$

d) $C = \dfrac{L - d}{D}$

e) $C = \dfrac{D - d}{L}$

11.2 Welches Ergebnis für d ist richtig?

a) 41,5 mm

b) 42,5 mm

c) 43,5 mm

d) 44,0 mm

e) 48,0 mm

12 Die Seite l_1 des skizzierten Trapezes ist zu berechnen.

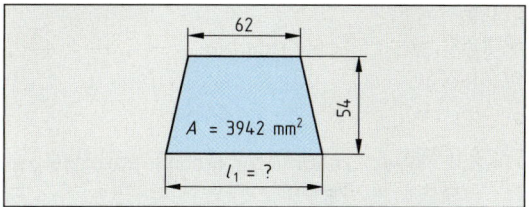

12.1 Welche Formel dient zum Berechnen des Flächeninhaltes des Trapezes?

a) $A = \dfrac{l_1 + l_2}{b} \cdot 2$

b) $A = \dfrac{l_1 - l_2}{2} \cdot b$

c) $A = \dfrac{l_1 - l_2}{b} \cdot 2$

d) $A = \dfrac{l_1 + b}{2} \cdot l_2$

e) $A = \dfrac{l_1 + l_2}{2} \cdot b$

12.2 Welcher Wert für l_1 ist richtig?

a) 84 mm

b) 88 mm

c) 92 mm

d) 102 mm

e) 108 mm

13 Wie groß ist das Maß l des skizzierten Werkstücks?

a) 37,5 mm

b) 55,0 mm

c) 68,5 mm

d) 75,5 mm

e) 95,0 mm

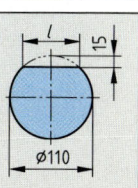

14 Eine Welle wird auf 1,1 m Länge mit einer Drehzahl von 355/min überdreht. Der Spanungsquerschnitt A beträgt 2,4 mm², die Schnitttiefe a = 3 mm

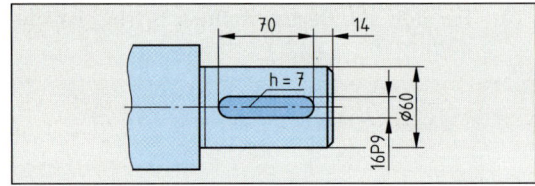

14.1 Wie groß sollte der eingestellte Vorschub sein?

a) 0,08 mm

b) 0,72 mm

c) 0,8 mm

d) 1,25 mm

e) 1,62 mm

14.2 Welches Ergebnis für die Hauptnutzungszeit t_h ist richtig?
(An- und Überlauf werden nicht berücksichtigt.)

a) 3,5 min

b) 3,9 min

c) 4,2 min

d) 4,8 min

e) 7,2 min

15 Wie groß ist die Masse des skizzierten Ringes aus legiertem Stahl?
(ϱ = 8,1 kg/dm³)

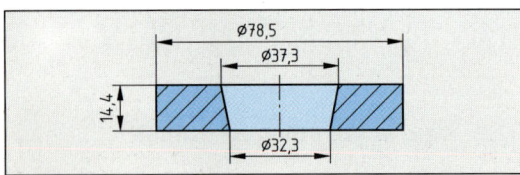

a) 453 g

b) 552 g

c) 591 g

d) 620 g

e) 904 g

16 In die rechts oben gezeigte Welle aus 1C45 (C45) soll eine Passfedernut gefräst werden. Die Vorschubgeschwindigkeit des Fräsers beträgt 70 mm/min, die Zustellung je Schnitt 0,6 mm.

16.1 Wie groß ist die Fräslänge L?

a) 84 mm

b) 70 mm

c) 62 mm

d) 56 mm

e) 54 mm

16.2 Wie groß ist die Anzahl der Schnitte i bei einem Anlauf von 0,5 mm?

a) 10

b) 11

c) 12

d) 13

e) 14

16.3 Nach welcher Formel wird die Hauptnutzungszeit t_h berechnet?

a) $t_h = L \cdot i \cdot v_f$

b) $t_h = \dfrac{L \cdot v_f}{i}$

c) $t_h = \dfrac{v_f \cdot i}{L}$

d) $t_h = \dfrac{v_f}{L \cdot i}$

e) $t_h = \dfrac{L \cdot i}{v_f}$

16.4 Welches Ergebnis für t_h ist richtig?

a) 10 min

b) 12 min

c) 15 min

d) 18 min

e) 22 min

Anzahl der Aufgaben: 34.   Davon richtig gelöst: . . . . ($\triangleq$ Note . . . .)

Prüfungseinheit Technische Mathematik 2.2

Bearbeitungszeit: 90 min
Erlaubte Hilfsmittel: Taschenrechner, Formelsammlung, Tabellenbuch

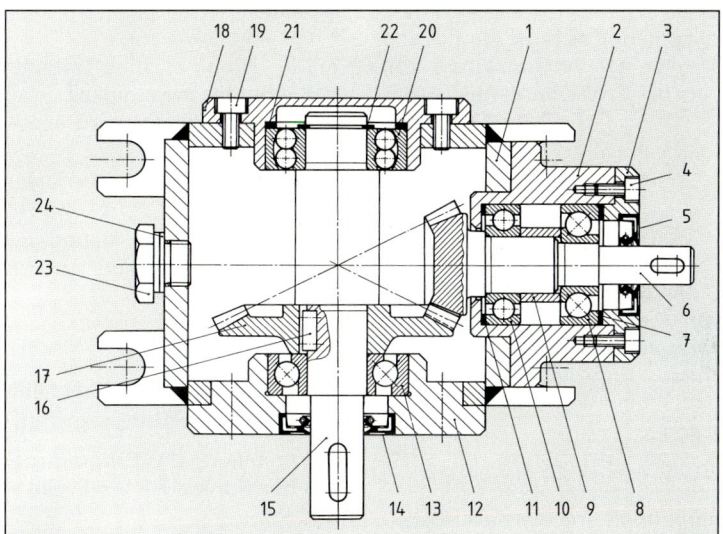

Kegelradgetriebe

Pos.	Menge	Benennung	Pos.	Menge	Benennung	Pos.	Menge	Benennung
Stückliste: Kegelradgetriebe								
1	1	Getriebegehäuse	9	1	Abstandsring	17	1	Kegelrad
2	1	Lagergehäuse	10	1	Rillenkugellager	18	1	Lagergehäuse
3	1	Lagerdeckel	11	1	Passscheibe	19	12	Zylinderschraube
4	6	Zylinderschraube	12	1	Lagergehäuse	20	1	Pendelkugellager
5	1	Radial-Wellendichtring	13	1	Schrägkugellager	21	1	Abstandsscheibe
6	1	Kegelradritzel	14	1	Radial-Wellendichtring	22	1	Sicherungsring
7	1	Passscheibe	15	1	Welle	23	1	Verschlussschraube
8	1	Schrägkugellager	16	1	Passfeder	24	1	Flachdichtring

Hinweis: Die Aufgaben 1 bis 3 beziehen sich auf das oben gezeigte Kegelradgetriebe.

1 Mit dem Kegelradgetriebe soll eine Mischtrommel angetrieben werden. Das von einem Elektromotor mit Nenndrehmoment M_N = 124 N · m bei einer Nenndrehzahl n = 470/min angetriebene Kegelradritzel (Pos. 6) hat 18 Zähne, das Kegelrad (Pos. 17) der getriebenen Welle (Pos. 15) hat 63 Zähne.

a) Wie groß ist das Übersetzungsverhältnis des Kegelradgetriebes? (2 Punkte)

b) Welche Drehzahl hat die Mischtrommel? (3 Punkte)

c) Welches Drehmoment liegt an der Welle der Mischtrommel (Pos. 15) an? (2 Punkte)

d) Welche Leistung wird vom Elektromotor auf die Ritzelwelle (Pos. 6) übertragen? (3 Punkte)

e) Welche Leistung steht an der Mischtrommel zur Verfügung, wenn der Wirkungsgrad des Kegelradgetriebes 87% beträgt? (3 Punkte)

2 Im Getriebegehäuse befindet sich eine Ölfüllung von 3,6 L. Sie erwärmt sich bei Nennbetrieb des Kegelradgetriebes von 20 °C auf 46 °C.
($\varrho_{Öl} = 0,91$ kg/dm³, $c_{Öl} = 2,09$ kJ/kgK)

a) Welche Wärmemenge wurde dabei auf die Ölfüllung übertragen? (3 Punkte)
b) Um welche Strecke dehnt sich die getriebene Welle (Pos. 15) mit einer Anfangslänge von 468 mm (20 °C) bei der Erwärmung aus? (3 Punkte)

3 Der Innenring des Schrägkugellagers (Pos. 13) ist mit einer Übermaßpassung auf dem Wellenzapfen (Pos. 15) montiert.

Bauteil	Grenzabmaße in μm	
Lagerinnenring Ø 20 P6	0	– 10
Wellenzapfen Ø 20 k6	+ 15	+ 2

a) Welches Mindestübermaß und welches Höchstübermaß liegen vor? (4 Punkte)
b) Auf welche Temperatur muss der Innenring des Lagers bei der Montage mindestens erwärmt werden, um ihn mit einem Spiel von mindestens 10 μm über den Wellenzapfen zu schieben? (Ausgangstemperatur: 20 °C) (6 Punkte)

4 Eine gelieferte Werkzeugmaschine ($m = 2,6$ t) soll mit einer Laufkatze an einem Stahldraht-Rundlitzenseil (aus 6 x 7 = 42 Einzeldrähten mit 0,7 mm Durchmesser) an ihren Standplatz gehoben werden. Der Stahldraht hat eine Nennfestigkeit (Dehngrenze $R_{p0,2}$) von 1770 N/mm², der Sicherheitsfaktor beträgt 2.

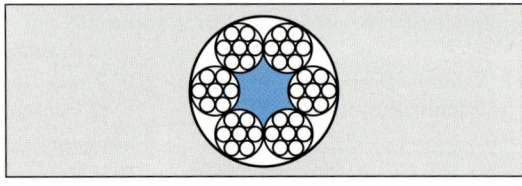

Seilquerschnitt

Kann die Werkzeugmaschine mit dem Stahldrahtseil transportiert werden? (10 Punkte)

5 Ein Stahlflansch aus 42CrMo4 mit einem Außendurchmesser von 360 mm und einem Innendurchmesser von 160 mm soll beidseitig plangedreht werden.

Es wird mit einem beschichteten Hartmetallwerkzeug P 25 C gespant; der Vorschub beträgt 0,3 mm.

a) Welche Schnittgeschwindigkeit sollte verwendet werden? (2 Punkte)
b) Die Drehmaschine arbeitet mit konstanter Schnittgeschwindigkeit (Wegbedingung G96). Welche Drehzahl wird am Außendurchmesser erreicht? (3 Punkte)
c) Welche Drehzahl wird am Innendurchmesser erreicht? (2 Punkte)
d) Wie groß ist die Hauptnutzungszeit für diese Dreharbeit, wenn der An- und Überlauf je 4 mm betragen? (6 Punkte)

6 Der gezeigte Umlenkhebel soll auf einem CNC-Bearbeitungszentrum gefertigt werden.

Zur Erstellung des Programms sind die Koordinaten der Punkte P1 bis P7 im Absolutmaß zu ermitteln. (10 Punkte)

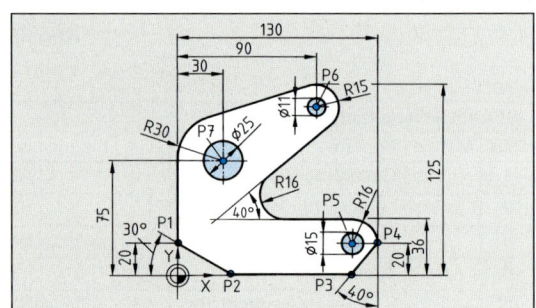

7 Aus Stahlband FeP03 (RRSt13) mit 3 mm Banddicke soll das skizzierte Biegeteil geformt werden.

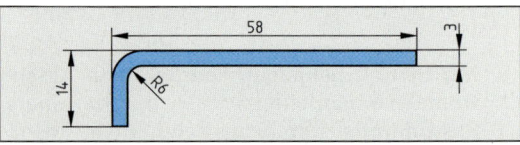

a) Wie lang ist das vom Stahlband abzuschneidende Stück? (3 Punkte)
b) Um welchen Winkel muss überbogen werden, um die Rückfederung auszugleichen? (3 Punkte)
c) Ist der Biegeradius R6 zulässig? (3 Punkte)

8 Der Hauptantriebsmotor einer Werkzeugmaschine hat das gezeigte Leistungsschild.

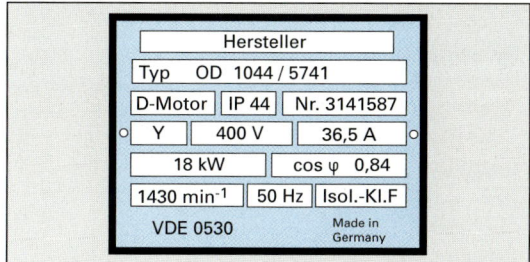

a) Wie groß ist die bei Nennbetrieb aus dem Leitungsnetz entnommene elektrische Leistung?
(3 Punkte)

b) Welchen Wirkungsgrad hat der Elektromotor?
(3 Punkte)

c) Welche Energiekosten fallen pro Tag an, wenn die reine Laufzeit des Motors 6 h 45 min und der Energiepreis 0,18 DM/kWh beträgt?
(3 Punkte)

9 Der Stößel der gezeigten hydraulischen Presse wird von einem Hydraulikkolben bewegt. Der Wirkungsgrad des Hydraulikzylinders beträgt 88%. Die Masse des Stößels und des Kolbens beträgt zusammen 450 kg.

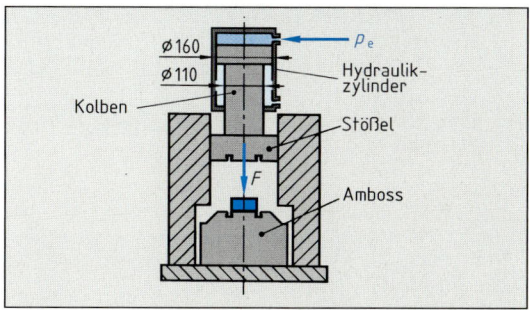

a) Mit welchem Druck muss der Hydraulikkolben beaufschlagt werden, wenn der Stößel eine Kraft von 48 000 N auf ein Werkstück ausüben soll?
(8 Punkte)

b) Welcher Druck muss auf der Kolbenstangenseite des Zylinders aufgegeben werden, um den Stößel hochzuheben?
(6 Punkte)

10 Der Hydraulikzylinder von Aufgabe 9 wird von einer Zahnradpumpe mit dem konstanten Volumenstrom 50 l/min angetrieben.

a) Mit welcher Geschwindigkeit fährt der Stößel nach unten?
(3 Punkte)

b) Mit welcher Geschwindigkeit wird der Stößel angehoben?
(3 Punkte)

Gesamtpunktzahl: 100. Davon erreicht: . . . . Punkte ≙ . . . .% ≙ Note . . . .

Prüfungseinheit
Arbeitsplanung 1.1

Bearbeitungszeit: 60 min
Erlaubte Hilfsmittel: Tabellenbuch, Taschenrechner

1 Welche Linie ist nach DIN 15 für die Angabe des Schnittverlaufes vorgeschrieben?

a)
b)
c)
d)
e)

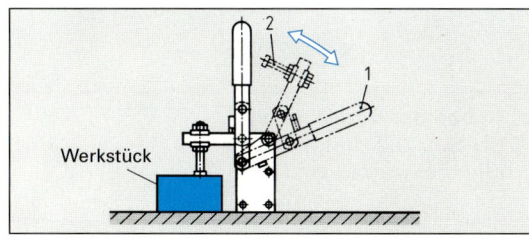

2 In welcher Linienbreite ist eine Maßlinie zu zeichnen, wenn die Zeichnung in der Liniengruppe 0,5 gefertigt wird?

a) 0,7 mm
b) 0,5 mm
c) 0,35 mm
d) 0,25 mm
e) 0,18 mm

3 Welche Aussage zu der dargestellten Spanneinrichtung ist richtig?

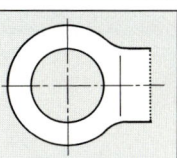

a) Das mit 1 bezeichnete Teil müsste mit einer breiten Volllinie gezeichnet werden
b) Das mit 2 gekennzeichnete Teil müsste mit einer schmalen Volllinie gezeichnet werden
c) Die mit schmalen Strich-Zweipunktlinien gezeichneten Teile stellen eine beliebige Zwischenlage der Spannvorrichtung dar
d) Die mit schmalen Strich-Zweipunktlinien gezeichneten Teile stellen die Endlage der geöffneten Spannvorrichtung dar
e) Keine der genannten Antworten ist richtig

4 In welcher Linienart muss in Maschinenbau-Zeichnungen die mit Punkten dargestellte Abbruchlinie gezeichnet werden?

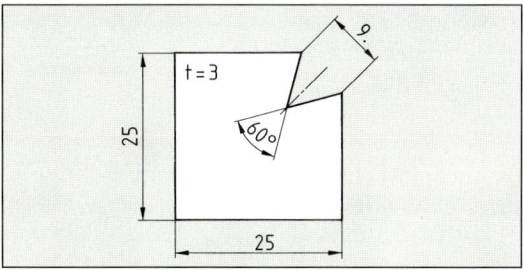

a) Freihandlinie
b) Schmale Strichpunktlinie
c) Breite Strichpunktlinie
d) Breite Volllinie
e) Schmale Volllinie

5 Welcher der genannten Maßstäbe ist nach DIN ISO 5455 *nicht* genormt?

a) 2 : 1   b) 1 : 2
c) 1 : 5   d) 1 : 10
e) 1 : 25

6 Welche Bedeutung hat der Punkt hinter der Maßzahl 9?

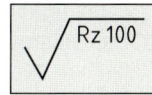

a) Das Maß wird besonders geprüft
b) Eine Verwechslung mit der Zahl 6 soll vermieden werden
c) Der Punkt kennzeichnet die symmetrische Lage der Kerbe
d) Die Kerbe ist nicht maßstäblich dargestellt
e) An die Lagetoleranz der Kerbe werden besondere Anforderungen gestellt

7 Welche Aussage zu dem Sinnbild ist richtig?

a) Das Bearbeitungsverfahren ist freigestellt, die zulässige gemittelte Rautiefe darf 100 µm nicht überschreiten
b) Spanende Fertigung ist vorgeschrieben, die zulässige gemittelte Rautiefe darf 100 µm nicht überschreiten
c) Spanlose Fertigung ist vorgeschrieben, die zulässige gemittelte Rautiefe darf 100 µm nicht überschreiten
d) Der zulässige Biegeradius ist 100 mm
e) Die höchstzulässige Rücklaufgeschwindigkeit ist 100 m/min

8 In welchem der Bilder ist das Durchmessermaß normgerecht eingetragen?

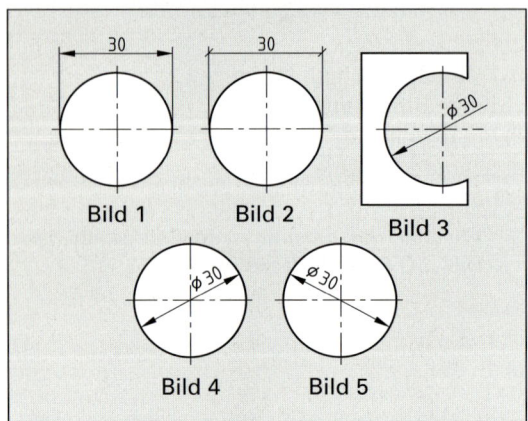

Bild 1   Bild 2

Bild 3

Bild 4   Bild 5

a) Nur in den Bildern 1 und 2
b) Nur in den Bildern 3, 4 und 5
c) Nur in Bild 3
d) Nur in den Bildern 3 und 4
e) In allen Bildern

9 Welche Aussage zu dem dargestellten Teil ist richtig?

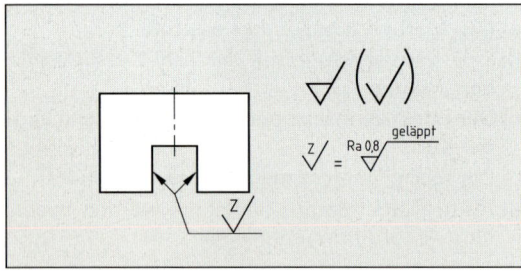

a) Alle Flächen müssen spanend gefertigt werden; die Seitenflächen der Nut werden geläppt, Läppzugabe 0,8 µm
b) Die Bearbeitung ist freigestellt; die Seitenflächen der Nut werden geläppt, zulässiger Mittenrauwert 0,8 mm
c) Alle Flächen müssen spanend gefertigt werden; die Seitenflächen der Nut werden mit einem maximalen Mittenrauwert von 0,8 µm geläppt
d) Alle Flächen mit Ausnahme der Seitenflächen der Nut werden geläppt; zulässiger Mittenrauwert 0,8 µm
e) Diese Art der Eintragung von Oberflächenangaben entspricht nicht DIN ISO 1302

10 Welche Aussage zu dem Sinnbild ist richtig?

a) Die Bearbeitungszugabe beträgt 0,8 µm
b) Der zulässige Mittenrauwert R_a beträgt 0,8 µm
c) Die zulässige gemittelte Rautiefe R_z beträgt 0,8 µm
d) Die zulässige Rautiefe R_t beträgt 0,8 µm
e) Der Vorschub darf bis 0,8 µm betragen

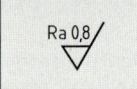

11 Bei der gezeichneten Laufrolle soll die Bohrung mit einem höchstzulässigen Mittenrauwert von 1,6 µm bearbeitet werden. Die übrigen Flächen bleiben entweder unbearbeitet oder es genügt die durch die üblichen Fertigungsverfahren erzielbare Rauheit. Welche Behauptung ist hierzu richtig?

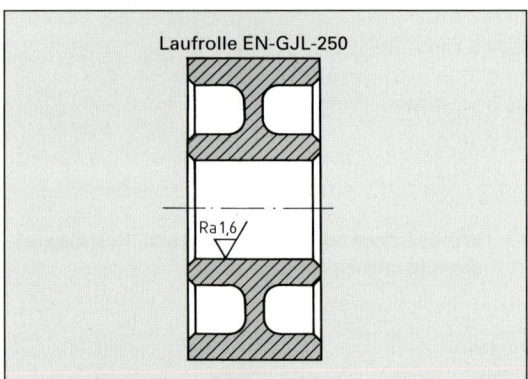

Laufrolle EN-GJL-250

a) Neben der Bezeichnung EN-GJL-250 sind die Sinnbilder einzutragen

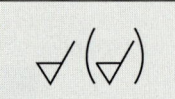

b) Neben der Bezeichnung EN-GJL-250 sind die Sinnbilder einzutragen

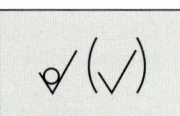

c) Zusätzlich zum Eintrag wie bei a) sind alle Bearbeitungsflächen mit Oberflächenangaben zu versehen
d) Zusätzlich zum Eintrag wie bei b) sind alle Bearbeitungsflächen mit Oberflächenangaben zu versehen
e) Es ist kein zusätzlicher Eintrag erforderlich

12 Welche Behauptung zu nebenstehender Zeichnung ist richtig?

a) Zeichnung und Maßeintragung sind normgerecht

b) Die Maßeintragung ist unvollständig; das Teil kann nicht gefertigt werden

c) Die Maßeintragung 5 x 45° ist nicht normgerecht

d) Die Länge 30 des zylindrischen Ansatzes ist nicht normgerecht eingetragen

e) Für den Eintrag der Nutbreite 30 darf die Mittellinie nicht unterbrochen werden

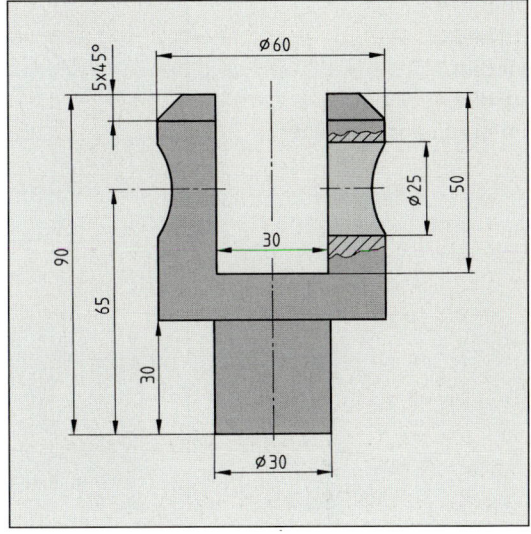

13 In welchem Bild ist eine Verschraubung normgerecht dargestellt?

a) Nur in Bild 1

b) Nur in Bild 2

c) Nur in Bild 3

d) In keinem der 4 Bilder

e) In allen 4 Bildern

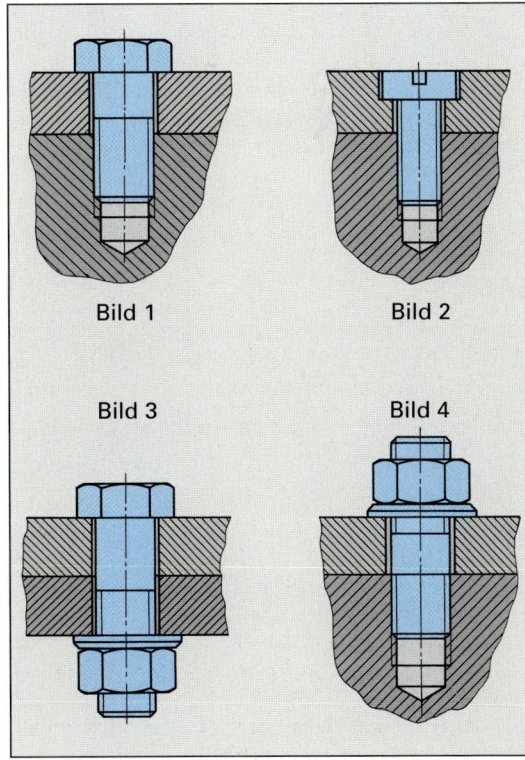

14 In welchem der Bilder ist die Verbindung normgerecht dargestellt?

a) Bild 1
b) Bild 2
c) Bild 3
d) Bild 4
e) In keinem der Bilder

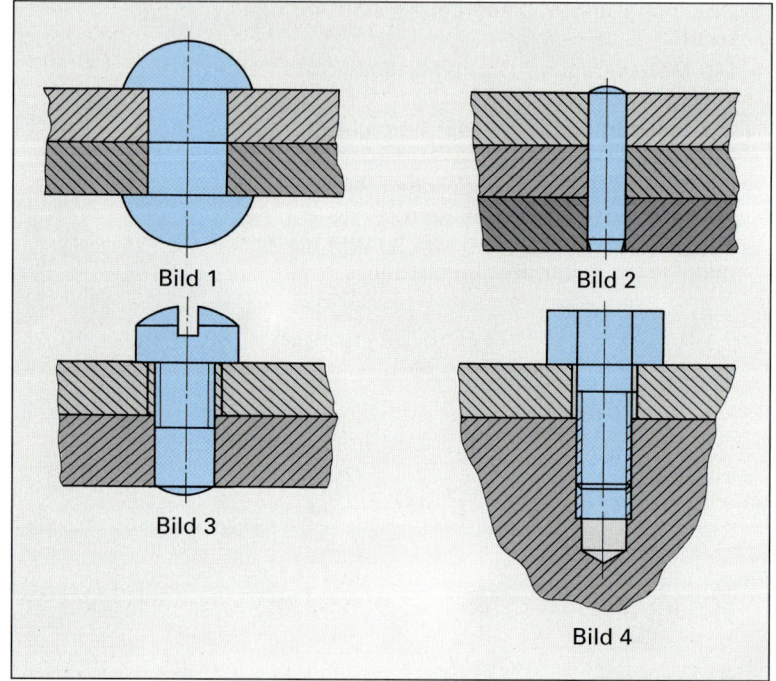

15 In welchem Bild stimmen Darstellung und Benennung überein?

a) Bild 1
b) Bild 2
c) Bild 3
d) Bild 4
e) Bild 5

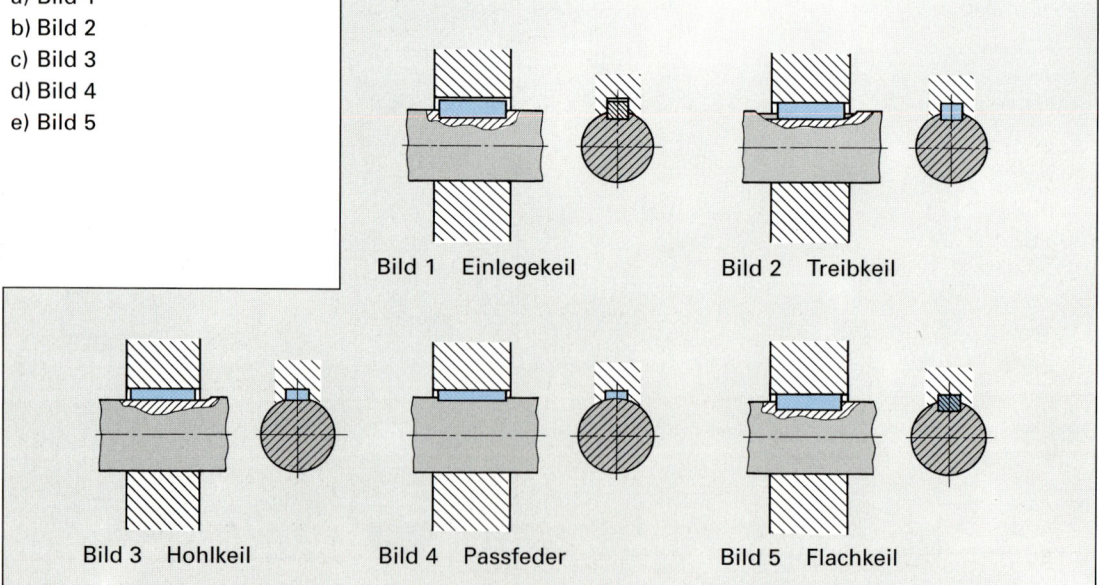

16 Welche Bedeutung hat der Zeichnungseintrag?

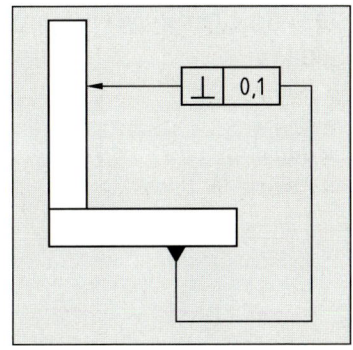

a) Die mit dem Pfeil versehene senkrechte Fläche darf um 0,1 mm vom rechten Winkel zur Unterseite des Werkstückes abweichen

b) Die mit dem Pfeil versehene senkrechte Fläche darf um 0,1 Grad vom rechten Winkel zur Unterseite des Werkstückes abweichen

c) Die rechte und die linke Seite des Steges dürfen um 0,1 mm vom rechten Winkel zur Unterseite des Werkstückes abweichen

d) Die Lage des senkrechten Steges muss auf 0,1 mm mit der Position in der Zeichnung übereinstimmen

e) Die Höhe des senkrechten Steges darf um 0,1 mm von den Maßen in der Zeichnung abweichen.

17 Welche Bedeutung hat das abgebildete Sinnbild?

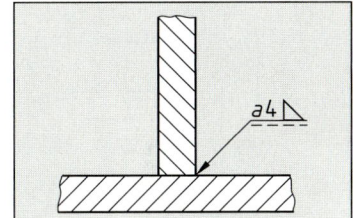

a) Ecknaht, Schweißfuge 4 mm

b) Kehlnaht, Bewertungsgruppe 4

c) Kehlnaht, Nahtdicke 4 mm

d) Kehlnaht, Nahtlänge 4 mm

e) Ecknaht, Nahtlänge 4 mm

18 In welchem Bild ist eine Stirnräderpaarung normgerecht dargestellt?

a) Bild 1
b) Bild 2
c) Bild 3
d) Bild 4
e) Bild 5

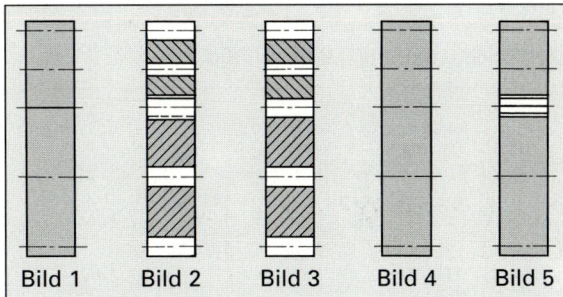

19 In welchem Bild ist das Drehteil normgerecht dargestellt?

a) Bild 1
b) Bild 2
c) Bild 3
d) Bild 4
e) Bild 5

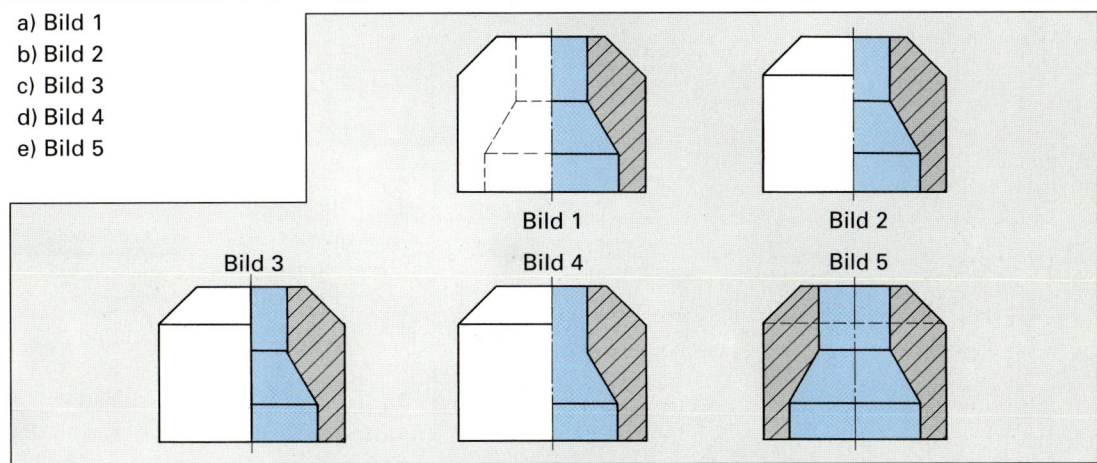

20 Welche Ansicht in Pfeilrichtung ist richtig? (Verdeckte Kanten sind nicht gezeichnet.)

a) Bild 1
b) Bild 2
c) Bild 3
d) Bild 4
e) Keines der Bilder

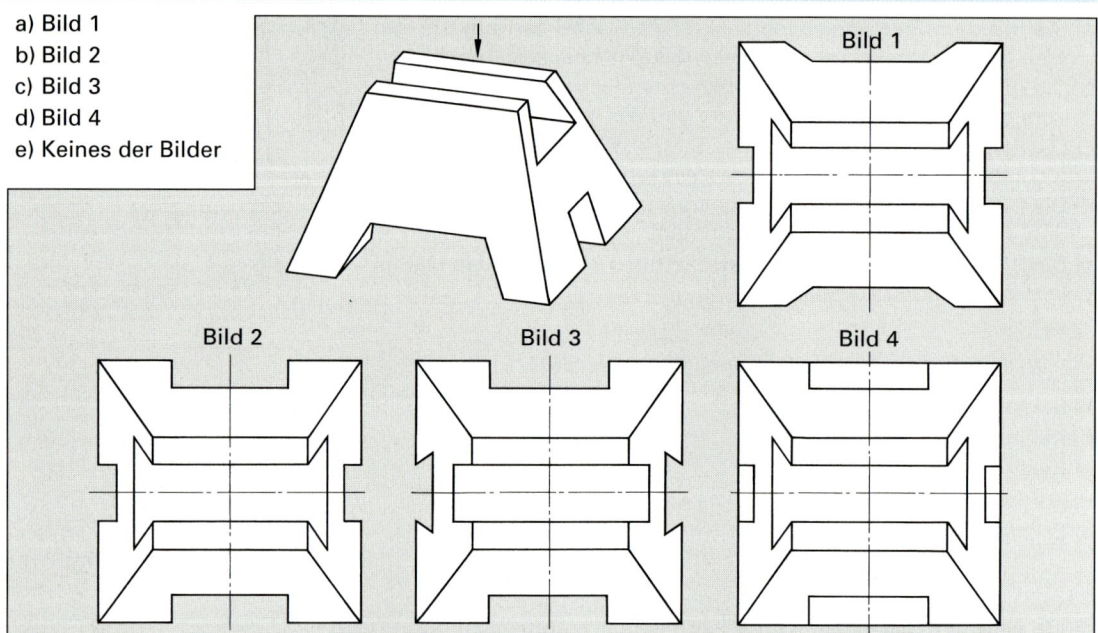

21 Welcher Schnitt C-C ist richtig?

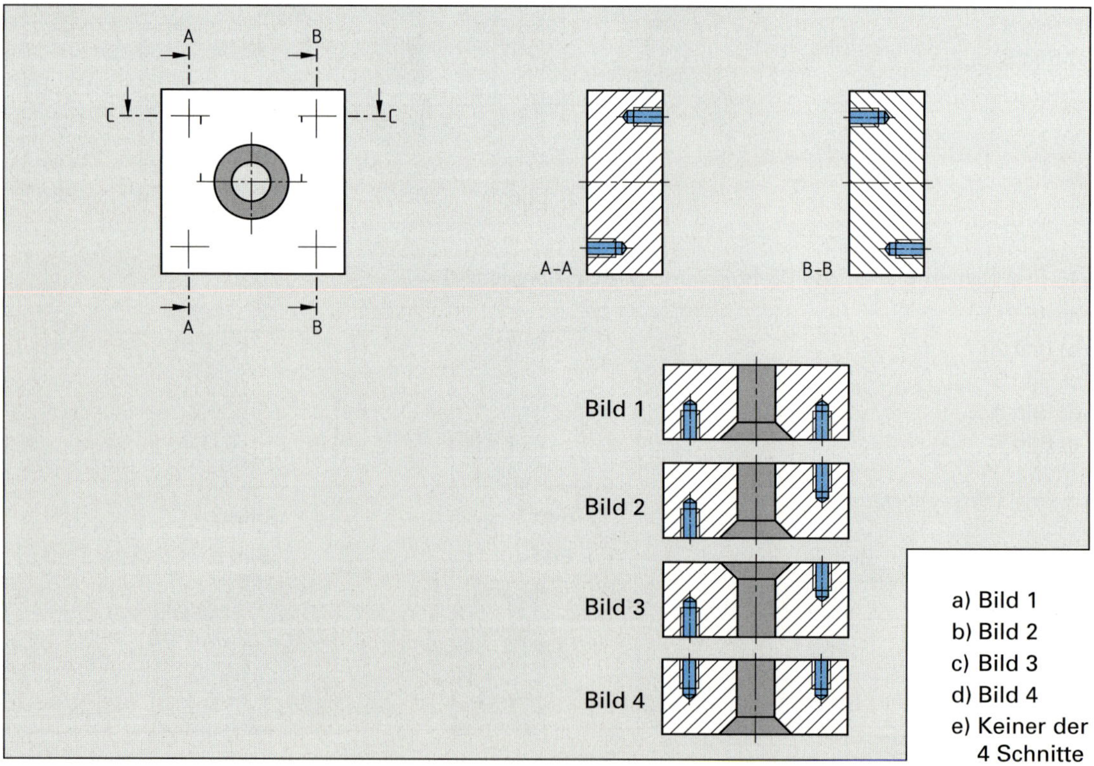

Bild 1
Bild 2
Bild 3
Bild 4

a) Bild 1
b) Bild 2
c) Bild 3
d) Bild 4
e) Keiner der
4 Schnitte

22 Welche Seitenansicht von links ist richtig?

a) Bild 1
b) Bild 2
c) Bild 3
d) Bild 4
e) Bild 5

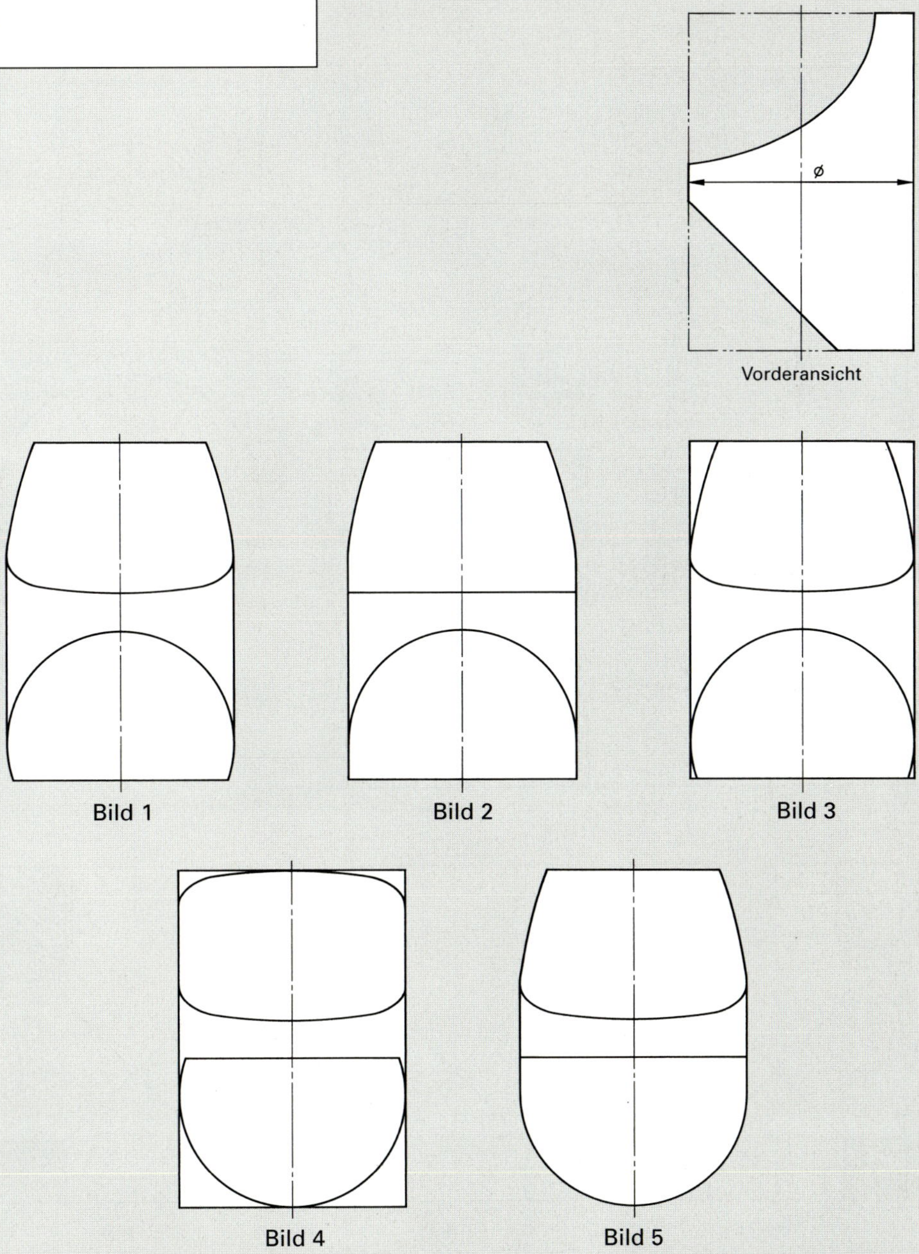

Vorderansicht

Bild 1

Bild 2

Bild 3

Bild 4

Bild 5

23 Welche Seitenansicht von links (im Schnitt) ist richtig?

a) Bild 1
b) Bild 2
c) Bild 3
d) Bild 4
e) Bild 5

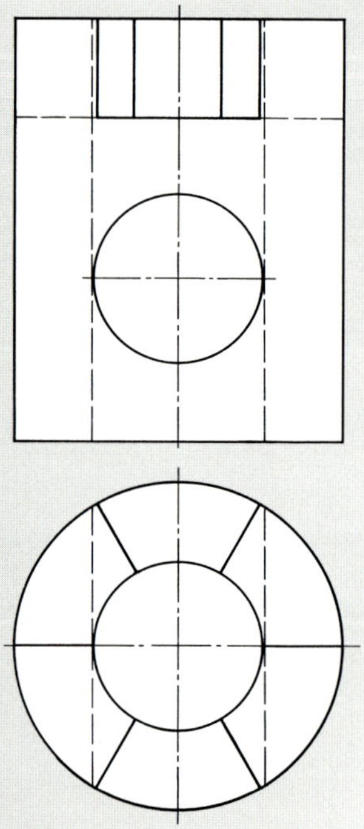

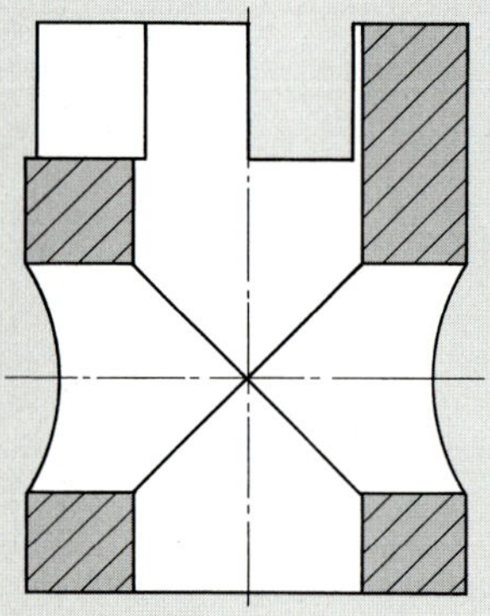

Bild 1

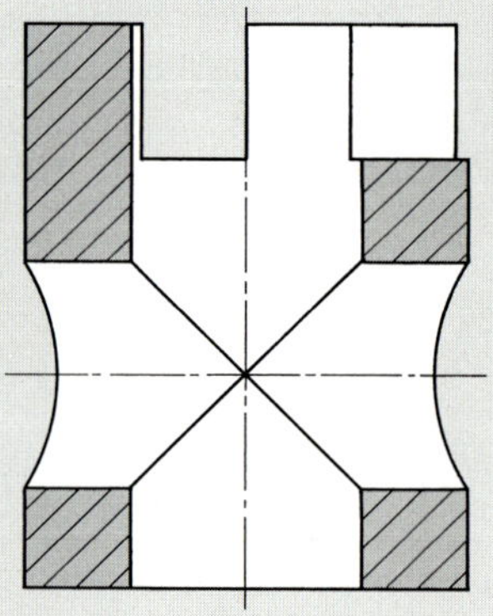

Bild 2

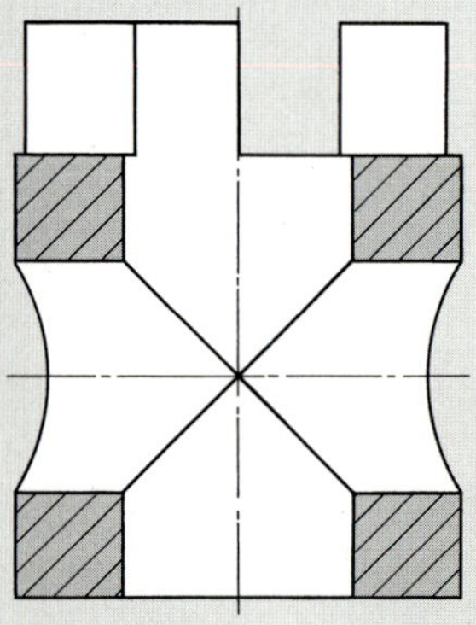

Bild 3

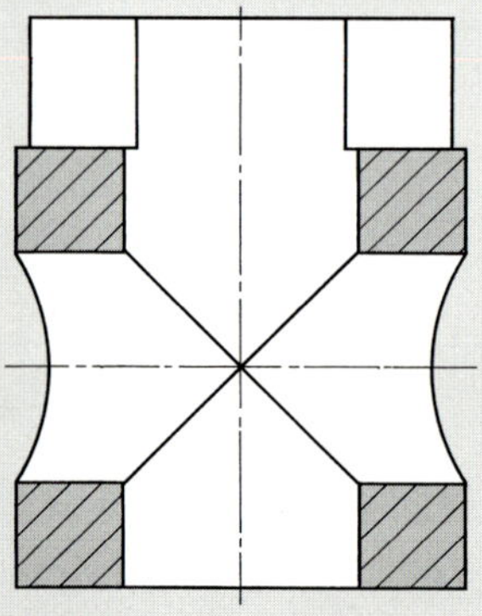

Bild 4

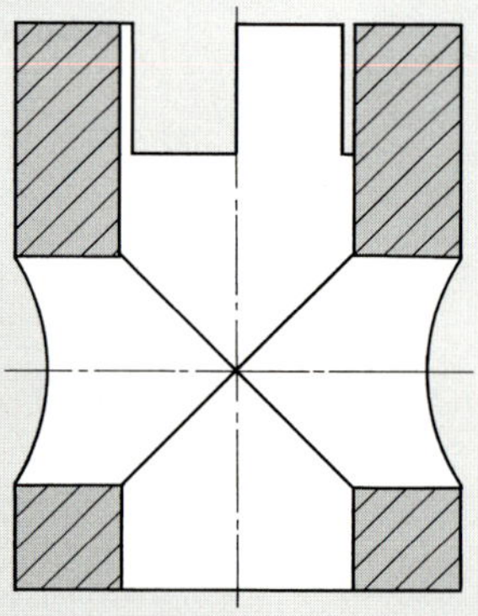

Bild 5

24 Welche Draufsicht ist richtig?

a) Bild 1
b) Bild 2
c) Bild 3
d) Bild 4
e) Bild 5

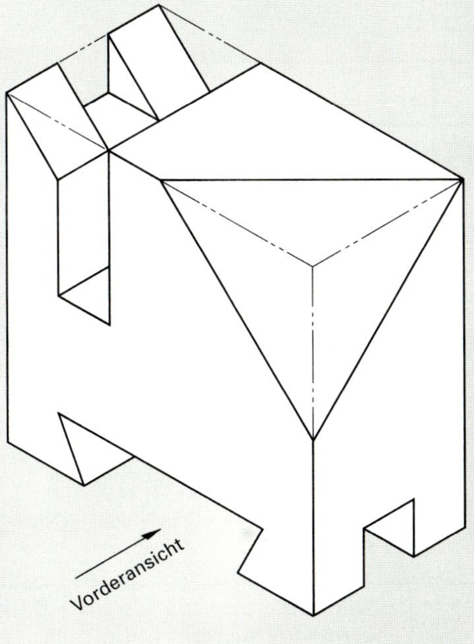

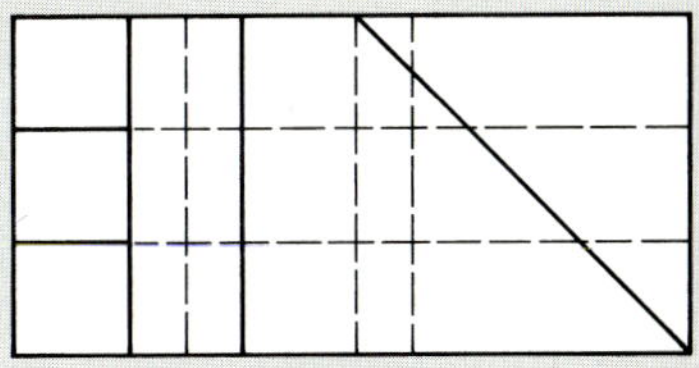

Bild 1

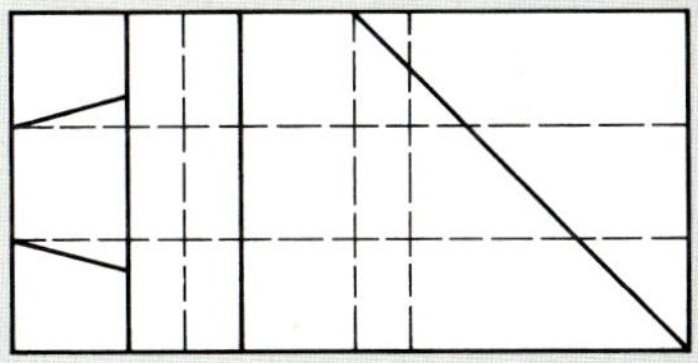

Bild 2

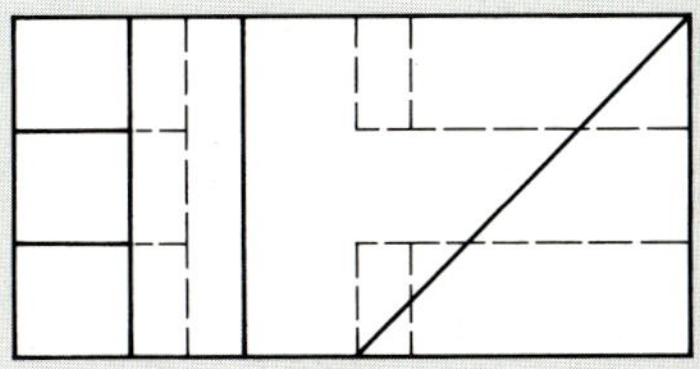

Bild 3

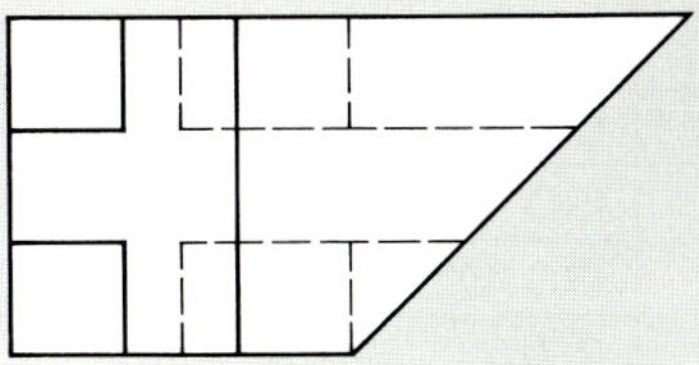

Vorderansicht

Bild 4

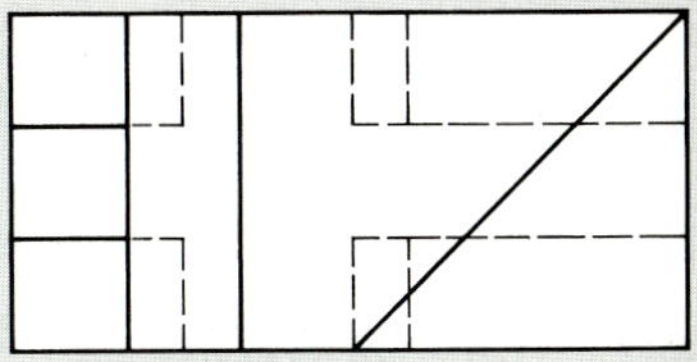

Bild 5

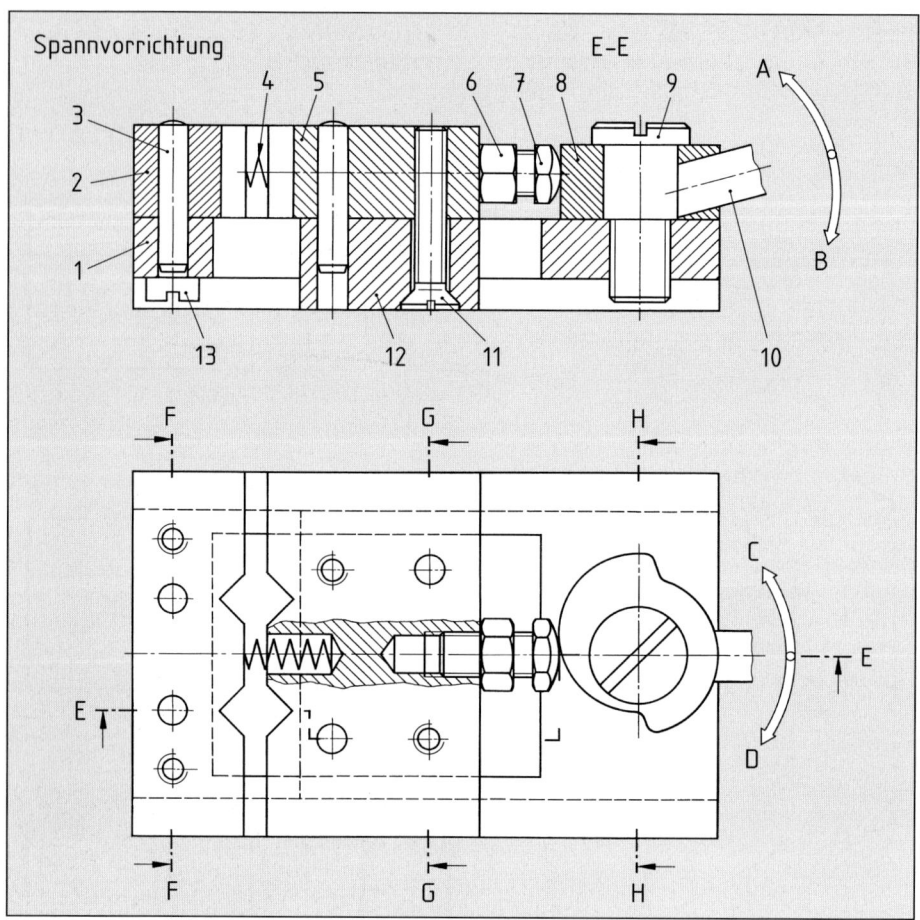

Pos. Nr.	Menge Einheit	Benennung	Werkstoff Norm-Kurzzeichen	Bemerkung
1	1	Grundplatte	S235JR	
2	1	Fester Spannbacken	C60W	gehärtet
3	4	Zylinderstift	ISO 2338-A-4x20	
4	1	Druckfeder	DIN 2098-0,5x4x15	
5	1	Beweglicher Spannbacken	C60W	gehärtet
6	1	Sechskantmutter	ISO 4032-M6-8	
7	1	Sechskantschraube	ISO 4017-M6x12-8.8	
8	1	Kurvenscheibe	C60W	gehärtet
9	1	Flachkopfschraube	DIN 923-M8x10	
10	1	Hebel	DIN 670-E295-8	
11	2	Senkschraube	ISO 2009-M4x25-5.8	
12	1	Führungsteil	S235JR	
13	2	Zylinderschraube	ISO 1207-M4x20-5.8	

25 In welche Richtung muss der Hebel (Pos. 10) gedreht werden, um die Spannvorrichtung zu schließen?

a) Richtung A
b) Richtung B
c) Richtung C
d) Richtung D
e) Richtung C oder D

26 Welchen Zweck hat die Schraube (Pos. 7)?

a) Sie begrenzt die Drehbewegung der Kurvenscheibe (Pos. 8)
b) Sie dient zum Einstellen der Spannvorrichtung auf verschiedene Werkstückdurchmesser
c) Sie dient zur Veränderung der Hublänge der Spannvorrichtung
d) Sie dient zum Einstellen der Federkraft
e) Sie dient zum Festspannen der Werkstücke

27 Welche Behauptung zu der Spannvorrichtung ist richtig?

a) In den prismatischen Aussparungen der Spannbacken können 1 oder 2 runde Werkstücke gespannt werden
b) Es kann stets nur 1 Teil gespannt werden, da sonst der bewegliche Spannbacken klemmt
c) Beim Drehen des Hebels (Pos. 10) in Richtung D schließt die Vorrichtung
d) Dreht man den Hebel in Richtung D, so öffnet die Vorrichtung nicht mehr weiter, da die Feder entspannt ist
e) Die Flachkopfschraube (Pos. 9) muss stets locker sein, da sonst die Kurvenscheibe klemmt

28 In welchem Bild ist der Schnitt F-F durch Pos. 1 richtig dargestellt?

a) Bild 1
b) Bild 2
c) Bild 3
d) Bild 4
e) Bild 5

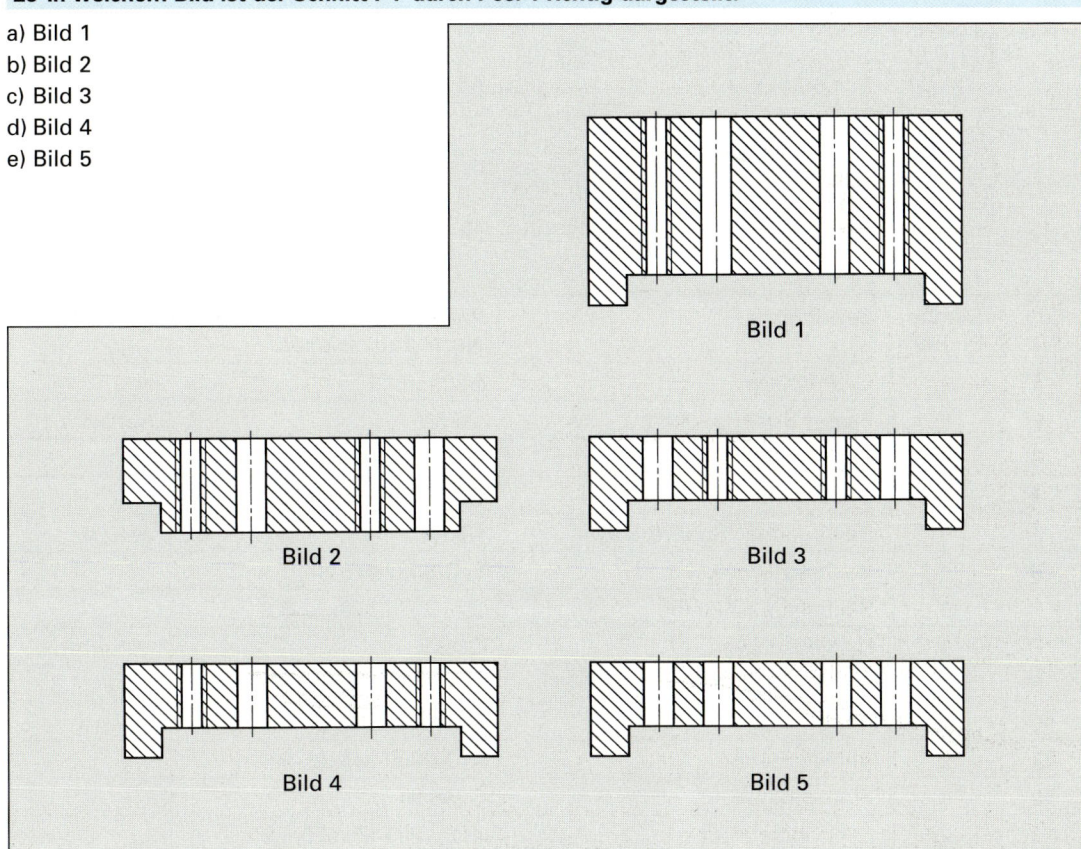

Bild 1

Bild 2   Bild 3

Bild 4   Bild 5

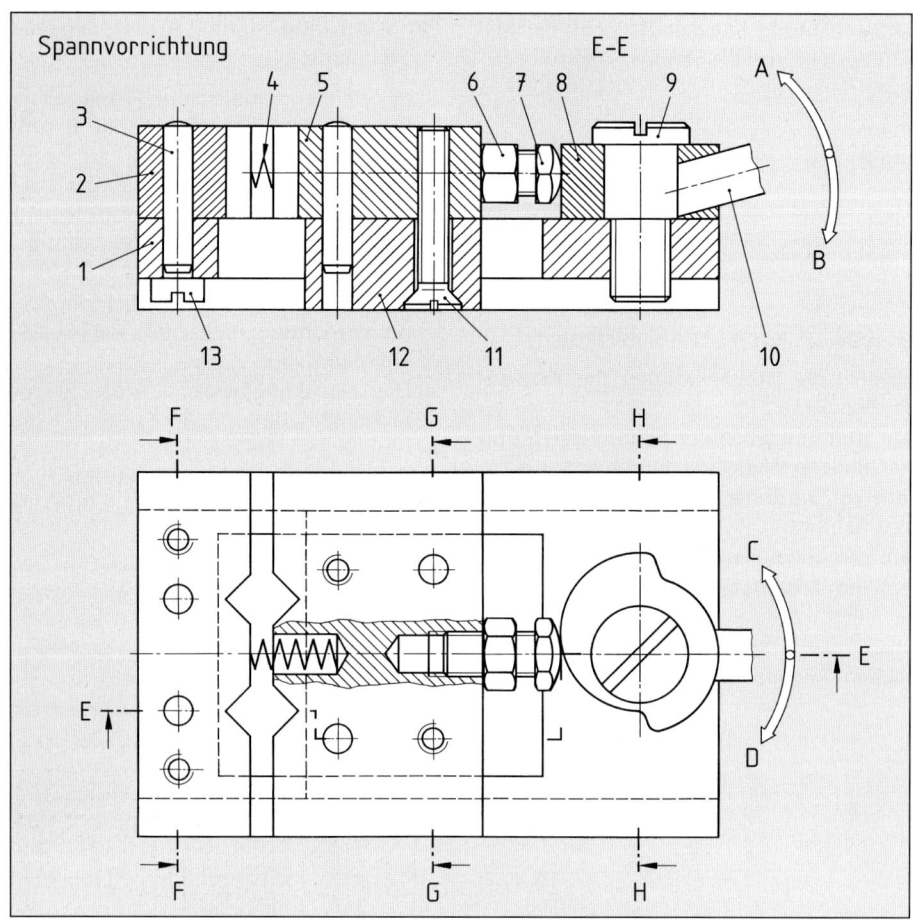

Pos. Nr.	Menge Einheit	Benennung	Werkstoff Norm-Kurzzeichen	Bemerkung
1	1	Grundplatte	S235JR	
2	1	Fester Spannbacken	C60W	gehärtet
3	4	Zylinderstift	ISO 2338-A-4x20	
4	1	Druckfeder	DIN 2098-0,5x4x15	
5	1	Beweglicher Spannbacken	C60W	gehärtet
6	1	Sechskantmutter	ISO 4032-M6-8	
7	1	Sechskantschraube	ISO 4017-M6x12-8.8	
8	1	Kurvenscheibe	C60W	gehärtet
9	1	Flachkopfschraube	DIN 923-M8x10	
10	1	Hebel	DIN 670-E295-8	
11	2	Senkschraube	ISO 2009-M4x25-5.8	
12	1	Führungsteil	S235JR	
13	2	Zylinderschraube	ISO 1207-M4x20-5.8	

29 In welchem Bild ist der Schnitt G-G durch das Führungsteil (Pos. 12) richtig?

a) Bild 1
b) Bild 2
c) Bild 3
d) Bild 4
e) Bild 5

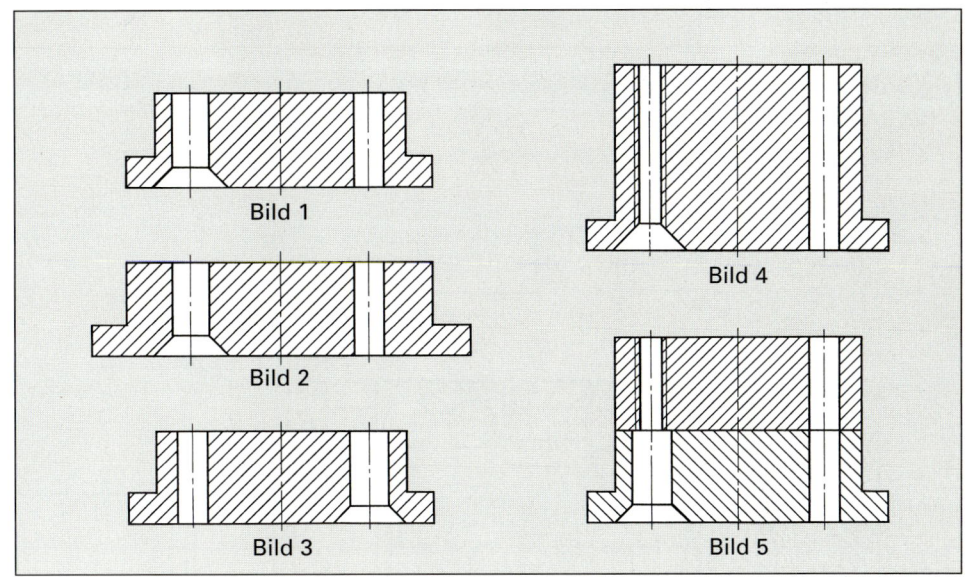

30 In welchem Bild ist der Schnitt H-H durch die Grundplatte (Pos. 1) richtig?

a) Bild 1
b) Bild 2
c) Bild 3
d) Bild 4
e) Bild 5

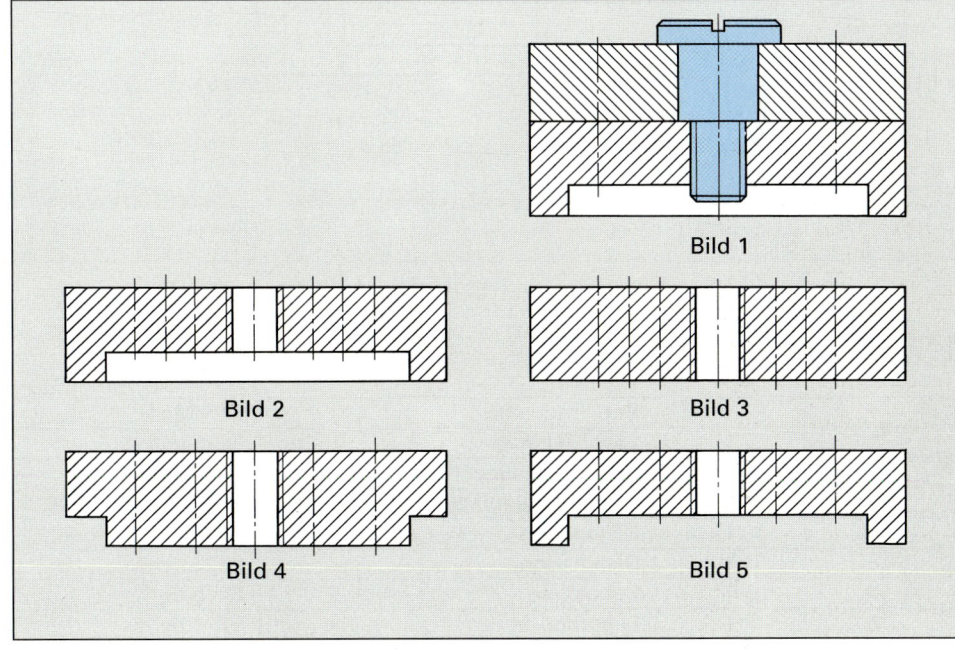

Anzahl der Aufgaben: 30. Davon richtig gelöst: . . . . (△ Note . . . .)

Prüfungseinheit Arbeitsplanung 1.2

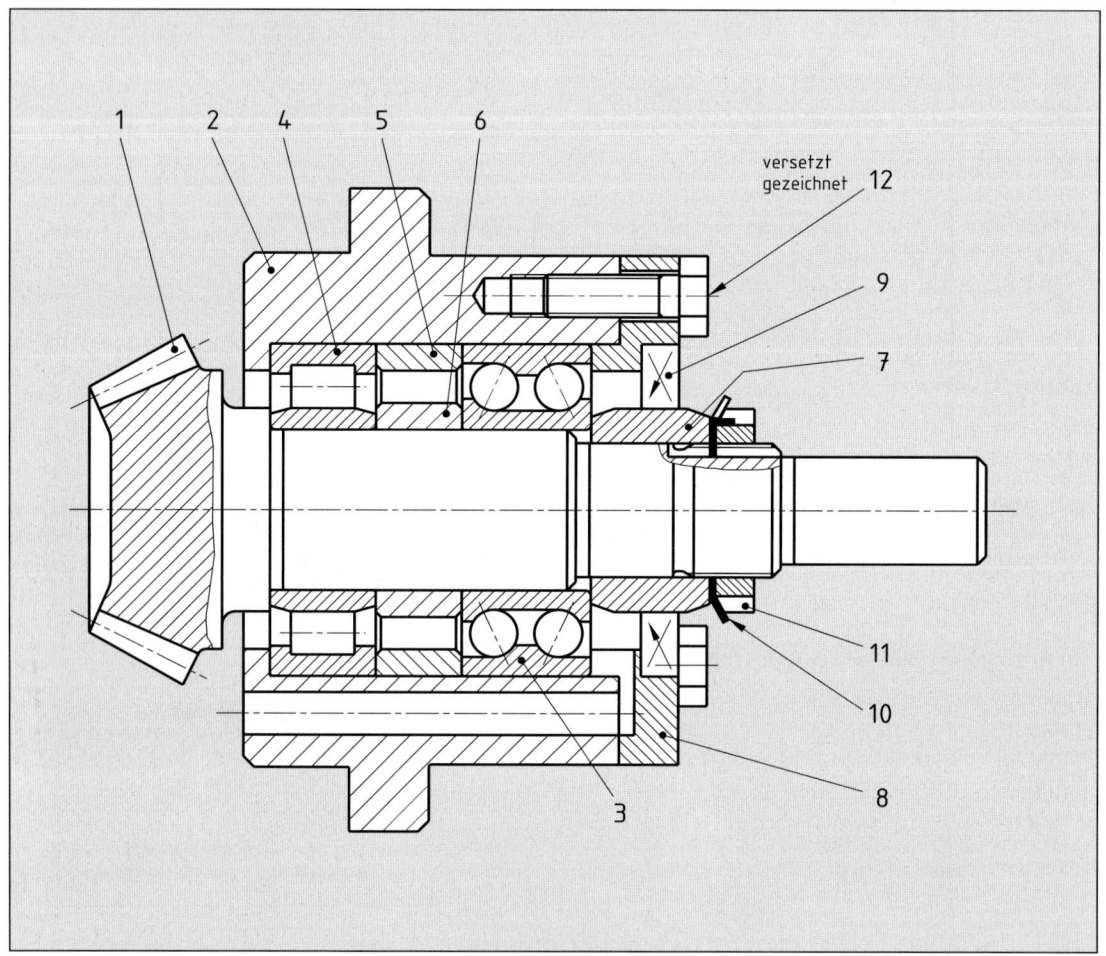

versetzt gezeichnet

Kegelradlagerung

Position	Menge	Benennung	Werkstoff/Norm-Kurzzeichen
1	1	Kegelradwelle	34CrMo4
2	1	Lagergehäuse	S275JR
3	1	Schrägkugellager	DIN 628-3206
4	1	Zylinderrollenlager	DIN 5412-NU 2206
5	1	Distanzring	S275JR
6	1	Distanzring	S275JR
7	1	Buchse	S275JR
8	1	Lagerdeckel	S275JR
9	1		DIN 3760-AS38x62x7-NB
10	1	Sicherungsblech	DIN 5406-MB5
11	1		DIN 981-KM5
12	4	Sechskantschraube	ISO 4017-M8x20-8.8

Bearbeitungszeit: 150 min
Erlaubte Hilfsmittel: Tabellenbuch, Taschenrechner
Hinweis: Alle Fragen beziehen sich auf die umseitige Zeichnung.

1 Um die Kegelradwelle (Pos. 1) bearbeiten zu können, erhält diese Zentrierbohrungen und Freistiche.

a) Die Zentrierbohrungen sind durch ein Sinnbild und die Normbezeichnung in der Teilzeichnung eingetragen:

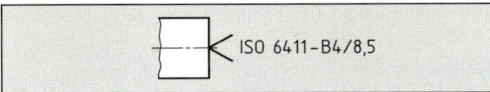

ISO 6411–B4/8,5

Welche Bedeutung haben die einzelnen Teile des Zeichnungseintrages? (8 Punkte)

b) Die Anlageflächen der Welle (Pos. 1, Durchmesser und Wellenschulter) für den Innenring des Zylinderrollenlagers (Pos. 4) müssen geschliffen werden. Wie lautet der Zeichnungseintrag für den Freistich? (4 Punkte)

c) Form und Maße des Gewindefreistichs für M 25 x 1,5 (Regelfall) sind in einer Skizze einzutragen. (8 Punkte)

2 Zur Aufnahme der Lager müssen die entsprechenden Durchmesser von Kegelradwelle (Pos. 1) und Lagergehäuse (Pos. 2) Passungen aufweisen.

a) Welcher Ring des Zylinderrollenlagers muss Umfangs-, welcher Punktlast aufnehmen? (4 Punkte)

b) Welche Toleranzfeldlagen zur Aufnahme von Innenring und Außenring empfehlen sich nach Tabellenbuch, wenn hohe Belastung angenommen wird? (6 Punkte)

c) Welche Passungsart entsteht beim Fügen des Außenrings des Zylinderrollenlagers (Ø 62–0,015 mm) mit dem Lagergehäuse (Ø 62H7)? (3 Punkte)

d) Wie groß sind dabei Höchst- und Mindestübermaß bzw. Höchst- und Mindestspiel? (4 Punkte)

e) Welche Passungsart entsteht beim Fügen des Innenrings des Zylinderrollenlagers (Ø 30–0,010 mm) mit der Welle (Ø 30r6)? (3 Punkte)

f) Wie groß sind dabei Höchst- und Mindestübermaß bzw. Höchst- und Mindestspiel? (4 Punkte)

3 Die Lagerung der Kegelradwelle (Pos. 1) erfolgt mit den Lagern Pos. 4 und Pos. 3.

a) Welchen Vorteil bringt die Verwendung des Zylinderrollenlagers gegenüber einem Rillenkugellager? (4 Punkte)

b) Warum kann statt des Schrägkugellagers (Pos. 3) kein Axial-Rillenkugellager verwendet werden? (4 Punkte)

c) Welches Lager kann die temperaturbedingten Längenänderungen der Kegelradwelle ausgleichen? (3 Punkte)

4 Um die Wälzlager in axialer Richtung in der Bohrung des Lagergehäuses (Pos. 2) festspannen zu können, muss zwischen den Planflächen der Pos. 2 und Pos. 8 mindestens 0,05 mm Spiel vorhanden sein (Skizze).

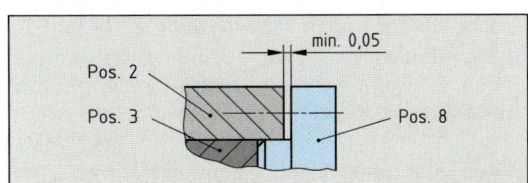

a) Welches Nennmaß und welche Abmaße müssen in die Teilzeichnung des Distanzringes (Pos. 5) eingetragen werden, wenn die Längentoleranz von Pos. 5 0,05 mm betragen soll?

Folgende Maße sind gegeben:
Lagerdeckel Ø 62:   Länge 5–0,05 mm
Zylinderrollenlager: Breite 20,000 mm
Schrägkugellager: Breite 23,800 mm
Lagerbohrung: Länge 65–0,05 mm
(4 Punkte)

b) Welche Bedeutung hat das in der Teilzeichnung von Pos. 5 eingetragene Sinnbild für die Lagetoleranz (Skizze)? (3 Punkte)

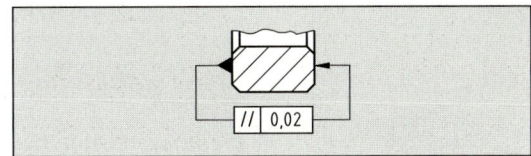

// 0,02

5 Das Normteil Pos. 9 in der Zeichnung „Kegelradlagerung" ist vereinfacht dargestellt.

a) Welche Bezeichnung ist in der Stückliste für Pos. 9 einzutragen?   (4 Punkte)

b) Welche Bedeutung haben die Pfeile in dem Sinnbild?   (4 Punkte)

c) Worauf ist bei der Montage von Pos. 9 mit Pos. 7 und Pos. 8 besonders zu achten?
     (6 Punkte)

6 Für eine Variante soll der Lagerdeckel (Pos. 8) statt mit Sechskantschrauben nunmehr mit Schrauben nach ISO 4762 (gleicher Gewindedurchmesser; Festigkeitsklasse 8.8) mit dem Lagergehäuse (Pos. 2) verbunden werden.

a) Die Maße für die erforderlichen Senkungen in Pos. 8 (Ausführung mittel) sind in einer Skizze einzutragen (Schnitt).   (8 Punkte)

b) Welche Flanschdicke ist erforderlich, wenn zwischen Pos. 2 und der Auflagefläche des Schraubenkopfes 7 mm Werkstoff verbleiben sollen?   (3 Punkte)

c) Welche Schraubenlänge ist erforderlich (Einschraublänge nach Tabellenbuch)?   (4 Punkte)

d) Die Mindestmaße der Grundlochbohrung in Pos. 2 für die ermittelte Schraubenlänge nach Aufgabe 6c) sind in eine Skizze einzutragen.   (4 Punkte)

e) Wie lautet die Normbezeichnung der erforderlichen Schrauben?   (3 Punkte)

7 Die Einzelteile Pos. 4, 5, 6 und 3 werden mit den Pos. 11 und 10 auf der Kegelradwelle befestigt.

a) Wie lautet die Normbezeichnung für Pos. 11?   (3 Punkte)

b) Warum besitzt Pos. 11 ein Feingewinde?   (3 Punkte)

c) Welche Aufgabe hat Pos. 10?   (3 Punkte)

d) Warum befindet sich im Gewindebereich der Kegelradwelle (Pos. 1) eine Längsnut?   (3 Punkte)

8 Der Lagerdeckel (Pos. 8) ist im Maßstab 2 : 1 im Schnitt zu zeichnen. In die Zeichnung sind alle erforderlichen Maße und Oberflächenangaben sowie eine Abmaßtabelle einzutragen.

Grundmaße: $\varnothing$ 95 – 0,2 x $\varnothing$ 52 x 16 mm

Fasen: 1 x 45°

Absatzmaße: $\varnothing$ 62g6 x 5 – 0,05 mm

Ausdrehung für Pos. 9: Maße nach Stückliste, Längentoleranz + 0,2 mm, Passung nach Tabellenbuch, Anfasung 1,5 x 10°

Lochkreis für Schraubenbohrungen $\varnothing$ 80 ± 0,2 mm

Allgemeintoleranzen ISO 2768-m

Oberflächen: R_a – Höchstwert 3,2 µm

     (30 Punkte)

9 Für die Innenbearbeitung von Pos. 8 ist ein CNC-Programm zu erstellen.

a) Anhand einer Skizze ist der Durchmesser der Fase 1,5 x 10° zu errechnen.   (6 Punkte)

b) Das CNC-Programm für die Fertigbearbeitung der Innenkontur ist zu schreiben:

Werkzeug: Innendrehmeißel T06 mit Wendeschneidplatte P10, $\varkappa$ = 95°

Werkzeug hinter Drehmitte

Spannmittel: Spannzange $\varnothing$ 62 mm

Werkstücknullpunkt: vordere Planfläche

Einschaltzustand: G90, G95

Werkzeugwechselpunkt: X100, Z100

     (20 Punkte)

10 Für die Drehbearbeitung des Lagerdeckels (Pos. 8) auf einer Universaldrehmaschine ist ein Arbeitsplan zu erstellen.

Rohteilabmessungen: $\varnothing$ 100 x 20 lang

Erforderliche Werkzeuge, Spann- und Prüfmittel sind anzugeben.   (40 Punkte)

Gesamtpunktzahl: 200. Davon erreicht: . . . . Punkte $\triangleq$ . . . .% $\triangleq$ Note . . . .

Integrierte Prüfungseinheit Klappbohrvorrichtung

Die integrierte Prüfungseinheit Klappbohrvorrichtung umfasst die Lerngebiete Technologie, Technische Mathematik und Arbeitsplanung.

Alle Aufgaben aus diesen Lerngebieten beziehen sich auf die Gesamtzeichnung der Klappbohrvorrichtung (Seiten 408 und 409) und die zugehörige Stückliste (unten).

Die Aufgaben können insgesamt oder nach Lerngebieten getrennt gelöst werden. Als Hilfsmittel sind Tabellenbuch, Formelsammlung und Taschenrechner erforderlich.

Lösungsvorschläge sind auf Seite 441 dieses Buches zu finden.

Klappbohrvorrichtung: Stückliste			
Pos.	Menge	Benennung	Werkstoff/ Norm-Kurzzeichen
1	1	Grundkörper	S235JR
2	1	Seitenplatte	S235JR
3	2	Deckel	S235JR
4	2	Kolben	20MnCr5
5	2	Druckfeder	DIN 2098-2x10x55
6	2	Runddichtring	DIN 3770-25x3,15 B-NB70
7	1	Zylinderstift	ISO 8734-8x130-A-St
8	2	Runddichtring	DIN 3770-16x2,5 B-NB70
9	1	Bohrklappe	S235JR
10	6	Auflagebolzen	DIN 6321-A16x8
11	1	Spannstück	Hartgummi
12	2	Bohrbuchse	DIN 179-A18x16
13	1	Steckbohrbuchse	DIN 173-K6x18x20
14	1	Steckbohrbuchse	DIN 173-K11,8x18x20
15	2	Zylinderschraube	ISO 4762-M6x20-10.9
16	2	Spannbuchse	DIN 173-10,1x16
17	1	Auflage	C60W
18	1	Auflage	C60W
19	1	Schnapper	S355JR
20	1	Ballengriff	DIN 98-E20-FS
21	1	Druckfeder	DIN 2098-1,6x10x40,5
22	1	Seitenplatte, mit Pos. 23 verschweißt	S235JR
23	1	Lager, mit Pos. 22 verschweißt	S235JR
24	1	Zylinderstift	ISO 8734-6x35-A-St
25	1	Druckfeder	DIN 2098-1,6x8x45
26	4	Fuß	DIN 6320-15xM8
27	2	Senkschraube	ISO 2009-M5x10-St
28	10	Senkschraube	ISO 2009-M4x10-St
29	1	Runddichtring	DIN 3770-5,6x1,6 B-NB70
30	1	Scheibe	C60W

Klappbohrvorrichtung
mit automatischer
Werkstückpositionierung

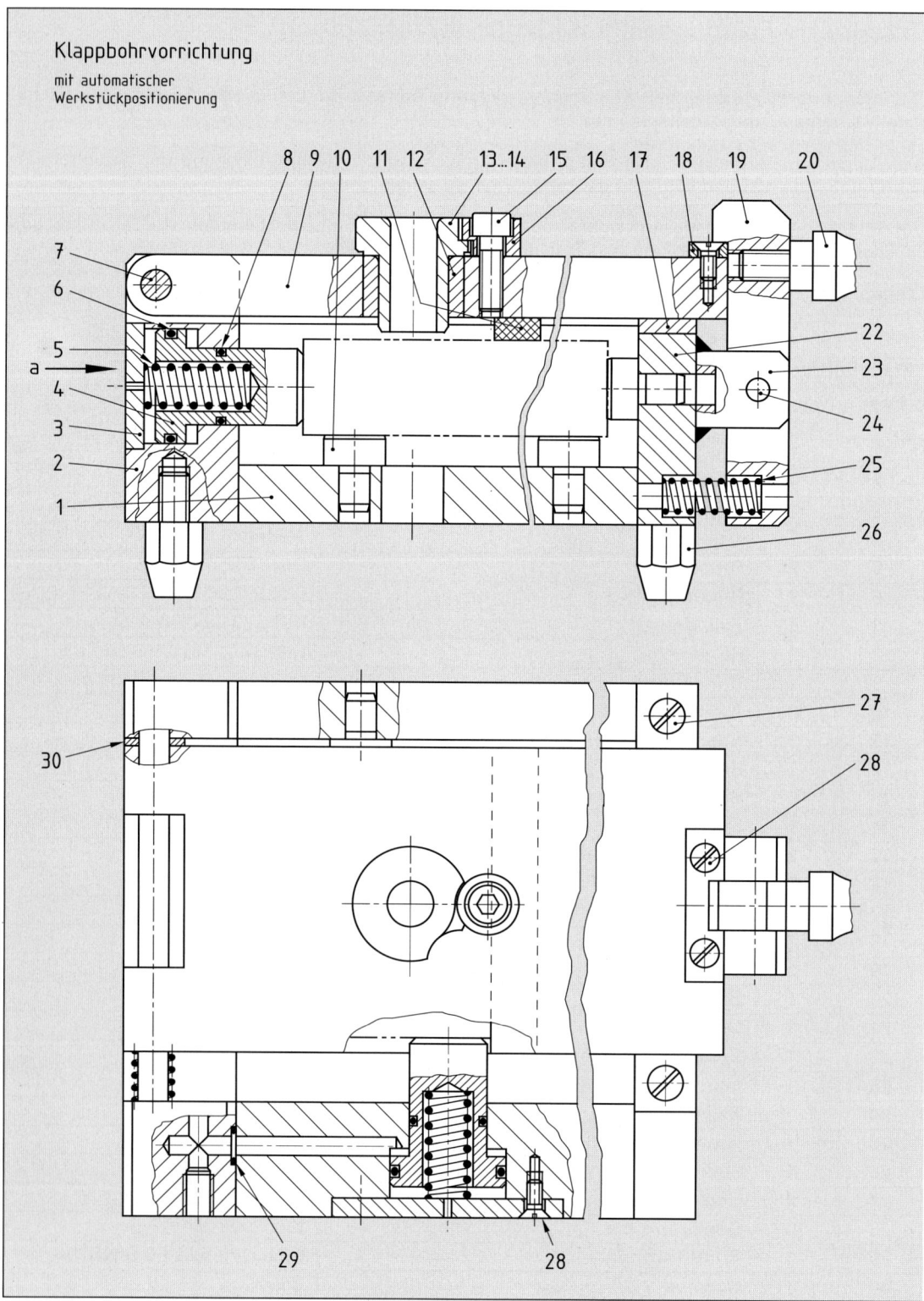

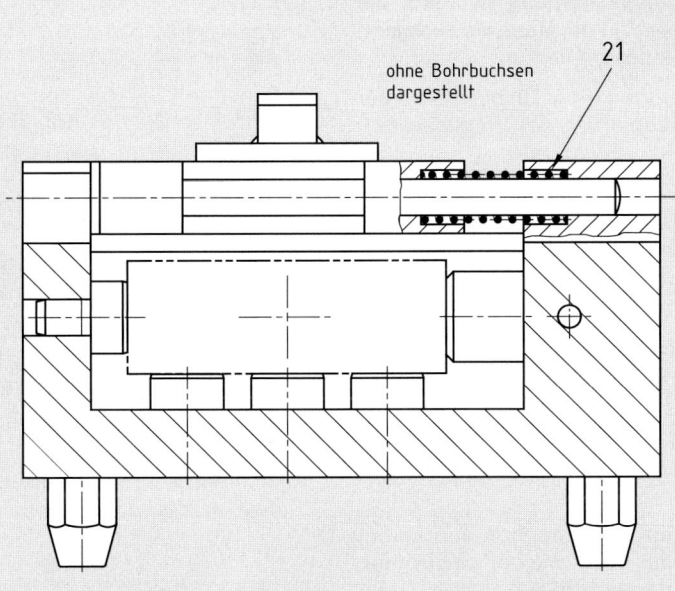

ohne Bohrbuchsen
dargestellt

21

Werkstück (mit Lage der Auflagebolzen und Bohrungen)

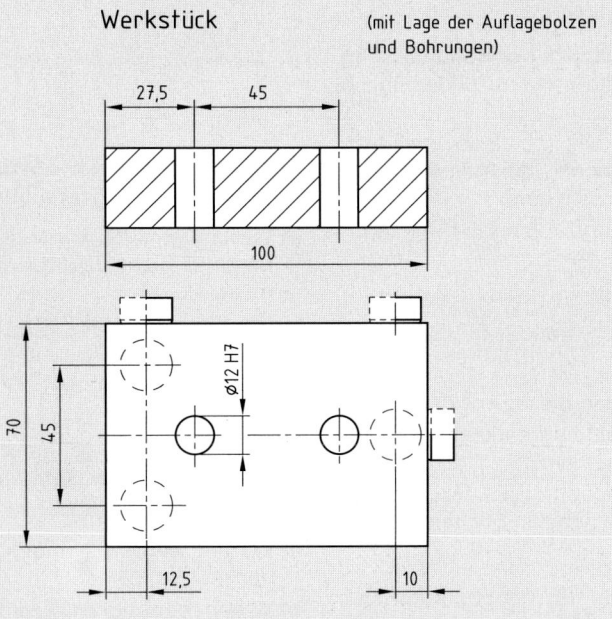

Fragen zur Technologie

1 In der Klappbohrvorrichtung werden die Werkstücke sowohl in der Höhe als auch seitlich automatisch positioniert.

a) Wie viel Auflagebolzen (Pos. 10) besitzt die Vorrichtung zur Positionierung des Werkstückes in der Höhe und seitlich?

b) Warum werden die Auflagebolzen in großer Entfernung voneinander angeordnet?

c) Welche Lagebestimmung (in der Höhe und seitlich) liegt vor?

2 Vor dem Einlegen der Werkstücke werden die Kolben (Pos. 4) mit Druckluft beaufschlagt.

a) Welche Kolbenfläche wird mit Druckluft beaufschlagt?

b) Was bewirkt die Beaufschlagung dieser Fläche mit Druckluft?

c) Welche Positionen der Klappbohrvorrichtung kommen der Reihe nach mit der einströmenden Druckluft in Berührung?

3 In der Klappbohrvorrichtung sind verschiedene Dichtringe eingebaut.

a) Wodurch unterscheidet sich der Runddichtring (Pos. 6) vom Runddichtring (Pos. 29) bezüglich der Dichtungsart?

b) Stellen Sie mit Hilfe eines Tabellenbuches fest, aus welchem Kunststoff die verwendeten Runddichtringe hergestellt sind.

c) Zu welcher Kunststoffart zählt der für die Runddichtringe verwendete Kunststoff?

4 In den Kolben (Pos. 4) befinden sich Druckfedern (Pos. 5).

a) Welche Aufgaben haben diese Druckfedern?

b) Warum darf beim Positionieren kein Druckluft-Druck auf die Kolben wirken?

c) Erklären Sie die Bezeichnung der Druckfedern (Pos. 5) mit Hilfe eines Tabellenbuches.

5 Nach dem Einlegen in die Klappbohrvorrichtung und nach dem Positionieren müssen die Werkstücke zum Bohren in der Klappbohrvorrichtung gespannt werden.

Erklären Sie, wie die Werkstücke gespannt werden.

6 Die Auflagen (Pos. 17 und 18) sind aus C60W hergestellt.

a) Begründen Sie diese Werkstoffwahl.

b) Erläutern Sie die Wärmebehandlung dieses Werkstoffs, wenn er eine Oberflächenhärte HRC 58 aufweisen soll.

c) Benennen Sie das Härteprüfverfahren und beschreiben Sie den Ablauf der Härteprüfung.

d) Erklären Sie die Werkstoffbezeichnung.

7 In die Bohrklappe (Pos. 9) sind Bohrbuchsen eingebaut.

a) Welche Aufgabe haben Bohrbuchsen?

b) Zu welcher Gruppe von Bohrbuchsen zählen die beiden Bohrbuchsen (Pos. 12)?

c) Aus welchem Grund besitzen die Bohrbuchsen Einlaufradien?

d) Erklären Sie die Bezeichnung der Steckbohrbuchse (Pos. 13).

8 Die Lage der Werkstückbohrungen wird durch die Lage der Bohrklappe (Pos. 9) in der Vorrichtung beeinflusst.

a) Welches Bauteil führt die Bohrklappe?

b) Welche Aufgabe hat die Druckfeder (Pos. 21)?

9 In die Klappbohrvorrichtung sind 4 Füße (Pos. 26) eingeschraubt.

a) Warum wird die Unterseite der Klappbohrvorrichtung nicht direkt auf den Maschinentisch gelegt?

b) Warum werden 4 Füße und nicht 3 Füße verwendet?

10 In der Stückliste zur Klappbohrvorrichtung sind unter 2 Positionen Steckbohrbuchsen aufgeführt.

a) Warum werden 2 unterschiedliche Steckbohrbuchsen verwendet?

b) Warum benötigt man zur Führung der Reibahle 12 H7 keine Bohrbuchse?

c) Woran erkennen Sie, dass es sich bei den aufgeführten Steckbohrbuchsen um solche für rechtsdrehende Werkzeuge handelt?

11 Seitenplatte (Pos. 22) und Lager (Pos. 23) sind miteinander verschweißt.

a) Wie beeinflusst der C-Gehalt die Schweißbarkeit des Stahles?
b) Aus welcher Stahlart sind Seitenplatte und Lager hergestellt?
c) Erklären Sie die Werkstoffbezeichnung S235JR.

12 Zur Befestigung der Spannbuchse (Pos. 16) auf der Bohrklappe (Pos. 9) werden Zylinderschrauben (Pos. 15) verwendet.

a) Erklären Sie die Schraubenbezeichnung.
b) Woran erkennt man die Festigkeitsklasse der verwendeten Zylinderschraube?

13 In der Klappbohrvorrichtung befinden sich einfach wirkende Zylinder.

a) Was versteht man unter einfach wirkenden Zylindern?
b) Mit welcher Wegeventil-Bauart können einfach wirkende Zylinder gesteuert werden?

14 Bei geschlossener Bohrklappe beträgt der Abstand zwischen der Werkstückoberfläche und der Bohrbuchse (Pos. 13) etwa 2 mm.

a) Welche Gefahr bestünde, wenn dieser Abstand zu groß wäre?
b) Warum soll der Abstand bei langspanenden Werkstoffen größer sein als bei normalspanenden?
c) Wie wird verhindert, dass Späne die Bohrbuchsen (Pos. 13 und 14) nach oben drücken?

15 Auf dem Zylinderstift (Pos. 24) ist der Schnapper (Pos. 19) drehbar gelagert.

a) Stellen Sie mit Hilfe eines Tabellenbuches fest, welche Oberflächengüte der Zylinderstift besitzt.
b) Skizzieren Sie die Form des Zylinderstiftes.
c) Wodurch unterscheidet sich ein Zylinderstift ISO 8734 – außer durch seine Form – von einem Zylinderstift ISO 2338?
d) Warum wurde für die Klappbohrvorrichtung ein Zylinderstift ISO 8734 gewählt?

16 In die Klappbohrvorrichtung ist die Druckfeder (Pos. 21) eingebaut.

a) Welche Aufgabe hat diese Druckfeder?
b) Erklären Sie die in der Stückliste angegebene Federbezeichnung.
c) Aus welchen Werkstoffen werden Federn hergestellt?

17 In verschiedenen Bauteilen der Klappbohrvorrichtung befinden sich Innengewinde.

a) Nennen Sie die Pos.-Nummern aller Bauteile, die Innengewinde enthalten.
b) Aus welchen Werkstoffen werden Gewindebohrer hergestellt?
c) Wofür werden Gewindebohrer mit Linksdrall verwendet? Begründen Sie Ihre Antwort.

18 Der Schnapper (Pos. 19) muss auf dem Zylinderstift (Pos. 24) drehbar sein. Der Zylinderstift soll im Lager (Pos. 23) festgehalten werden.

a) Welche Toleranzklasse besitzt der Zylinderstift?
b) Welche Toleranzklasse schlagen Sie vor für die Bohrung im Schnapper bzw. die Bohrung im Lager?
c) Skizzieren Sie das Toleranzfeld des Zylinderstiftes und die Toleranzfelder der von Ihnen vorgeschlagenen Toleranzklassen von Schnapper und Lagerbohrung.
d) Welche Passungsarten ergeben die Paarungen von Zylinderstift und Schnapperbohrung bzw. Zylinderstift und Lagerbohrung?
e) Berechnen Sie für die jeweilige Paarung Höchst-/Mindestspiel bzw. Höchst-/Mindestübermaß.

19 Die Auflagen (Pos. 17 und 18) müssen jeweils gebohrt und eingesenkt werden.

a) Welchen Kühlschmierstoff verwenden Sie für diese Bearbeitung?
b) Warum ist die Standzeit der Bohrwerkzeuge höher, wenn ein geeigneter Kühlschmierstoff verwendet wird?

20 Die Aufnahmebohrungen für die Auflagebolzen (Pos. 10) werden nach dem Aufbohren gerieben.

a) Aus welchem Grund müssen diese Bohrungen gerieben werden?

b) Welche Reibahlen-Schneidrichtung schlagen Sie vor? Begründen Sie Ihre Antwort.

21 Die für die Klappbohrvorrichtung verwendeten Druckfedern besitzen unterschiedliche Federraten. Für die Pos. 5 und 25 beträgt die Federrate $R = 10{,}4$ N/mm, für die Pos. 21 ist $R = 7{,}88$ N/mm.

a) Was versteht man unter der Federrate R?

b) Zeichnen Sie ein Diagramm mit den Achsen „Federkraft F" und „Federweg s" und tragen Sie in dieses die Federkennlinien der verwendeten Druckfedern ein, die alle einen linearen Kennlinienverlauf besitzen.

c) Entnehmen Sie aus dem von Ihnen gezeichneten Diagramm die Größe der Kraft, die notwendig ist, um die härtere der beiden Federn vom unbelasteten Zustand um 7 mm zusammenzudrücken.

2 Das Werkstück wird mit Hilfe eines Spannstückes (Pos. 11) gespannt.

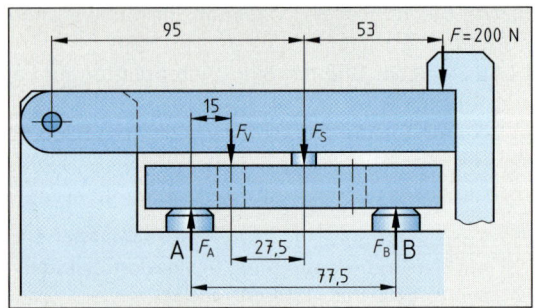

a) Berechnen Sie die Spannkraft F_S, wenn der Schnapper (Pos. 19) eine Kraft von $F = 200$ N über die Auflage (Pos. 18) auf die Bohrklappe (Pos. 9) ausübt und die in der Skizze angegebenen Abstände an der Bohrklappe vorhanden sind.

b) Welche Auflagekräfte F_A und F_B wirken auf die unteren 3 Auflagebolzen (Pos. 10) beim Bohren der linken 11,8 mm-Bohrung, wenn außer der Spannkraft beim Aufbohren eine Vorschubkraft $F_V = 65$ N wirkt?

Fragen zur Mathematik

1 Die Druckfeder (Pos. 25) drückt den Schnapper (Pos. 19) gegen die geschlossene Bohrklappe (Pos. 9).

a) Berechnen Sie mit Hilfe eines Tabellenbuches die Größe der Federkraft, wenn die Feder im unbelasteten Zustand 45 mm lang ist, 12,5 federnde Windungen besitzt und im eingebauten Zustand auf 32 mm Länge zusammengedrückt ist (Reibung wird vernachlässigt).

b) Welche maximale Handkraft F_H (Skizze) muss am Ballengriff aufgebracht werden, wenn zum Schließen der Bohrklappe der Schnapper um den Zylinderstift (Pos. 24) gedreht wird und dabei die Feder um 4 mm gegenüber dem gezeichneten Zustand verkürzt wird? (Reibung wird vernachlässigt).

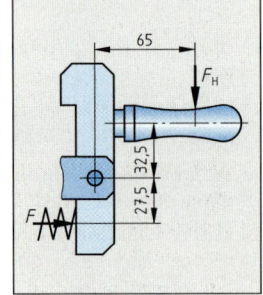

3 Zum Einlegen der Werkstücke in die Klappbohrvorrichtung müssen die Kolben (Pos. 4) zurückfahren.

a) Berechnen Sie die Federkraft der Druckfeder (Pos. 5), wenn die Kolben am Deckel (Pos. 3) anliegen und folgende Werte gegeben sind: Federlänge $L_2 = 25$ mm; Anzahl der federnden Windungen $i_f = 12{,}5$.

b) Wie groß muss der Luftdruck im Zylinder sein, wenn außer der Federkraft eine Reibungskraft $F_R = 20$ N überwunden werden muss? Die Durchmesser des Kolbens sind der Skizze zu entnehmen.

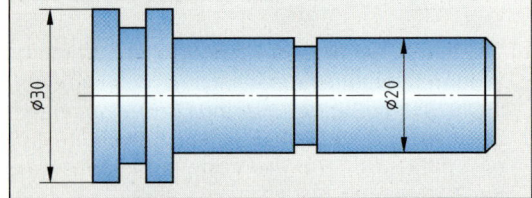

4 Der Abstand der Werkstückbohrungen soll überprüft werden.

Berechnen Sie das Höchstmaß a_H und das Mindestmaß a_M (Skizze), wenn Bohrungen und Abstand

a) Höchstmaß aufweisen

b) Mindestmaß aufweisen.

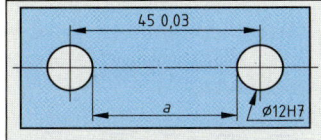

5 Zum Bohren der Werkstücke werden die Steckbohrbuchsen (Pos. 13 und 14) in die Bohrbuchsen (Pos. 12) gesteckt.

a) Stellen Sie fest, welche Nennmaße und Toleranzklassen die entsprechenden Durchmesser der Buchsen besitzen.

b) Skizzieren Sie die Toleranzfelder dieser Toleranzklassen und tragen Sie die Abmaße in die Skizze ein.

c) Welche Passungsart ergibt sich bei dieser Paarung?

d) Wie groß sind Höchst-/Mindestspiel bzw. Höchst-/Mindestübermaß?

6 Die Bohrungen 8 H7 für die Auflagebolzen müssen gebohrt und gerieben werden.

a) Ermitteln Sie mit Hilfe eines Tabellenbuches die Schnittgeschwindigkeit v_c für HSS-Spiralbohrer.

b) Mit welchen Drehzahlen sind die Vorbohrungen $d_1 = 6$ mm und die Aufbohrungen $d_2 = 7{,}9$ mm an einer stufenlos einstellbaren Bohrmaschine zu bohren?

c) Berechnen Sie die Hauptnutzungszeit zum Bohren und Reiben der Auflagebolzen-Bohrungen. Die zu durchbohrenden Werkstückwandungen sind 15 mm dick. Alle erforderlichen Werte sind dem Tabellenbuch oder einem Fachkundebuch zu entnehmen.

7 Die Masse der Klappbohrvorrichtung beträgt $m = 7{,}5$ kg. Die Werkstückabmessungen betragen 70 mm x 100 mm x 25 mm. Beim Bohren wirkt eine Vorschubkraft von 65 N.

a) Berechnen Sie die Masse des Werkstückes ohne Berücksichtigung der Bohrungen.

b) Welche Kraft müssen die Füße (Pos. 26) beim Bohren auf den Maschinentisch übertragen?

c) Welche Flächenpressung tritt beim Bohren zwischen den Auflageflächen der Füße und dem Maschinentisch auf, wenn der Fuß-Durchmesser 10 mm beträgt?

Fragen zur Arbeitsplanung

1 Zur Abstützung der Federn (Pos. 5) dienen die Deckel (Pos. 3), deren genaue Form in der Gesamtzeichnung nicht ersichtlich ist.

a) Skizzieren Sie einen Deckel so, dass er in die entsprechenden Ausfräsungen von Grundkörper (Pos. 1) und Seitenplatte (Pos. 2) eingebaut werden kann.

b) Aus welchem Grund befindet sich im Schnitt der Deckel-Symmetrielinien eine Bohrung?

c) Mit welchem Fräser (beachten Sie Ihre Skizze) stellen Sie die Ausfräsungen für die Deckel her? Geben Sie auch den Fräser-Durchmesser an, den Sie verwenden.

2 Beim Prüfen wird festgestellt, dass die Lage der Werkstückbohrungen nicht stimmt.

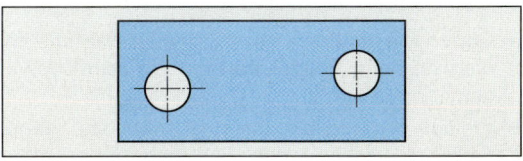

a) Welche Ursachen wären denkbar, wenn die Bohrungen wie in der Skizze (übertrieben dargestellt) vorliegen?

b) Was würden Sie an der Klappbohrvorrichtung ändern, wenn die Werkstückbohrungen wie in der folgenden Skizze vorliegen?

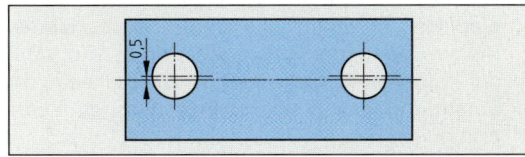

3 Nach dem Lösen des Schnappers (Pos. 19) kann die Bohrklappe (Pos. 9) geöffnet werden.

a) Warum ist die Bohrklappe auf der linken Seite abgerundet?

b) Schätzen Sie den Öffnungswinkel, um den die Bohrklappe um den Zylinderstift (Pos. 7) bis zur Anlage am Seitenteil (Pos. 2) und Deckel (Pos. 3) gedreht werden kann.

c) Wie beurteilen Sie diesen Öffnungswinkel?

d) Durch eine möglichst einfache und billige konstruktive Änderung soll der Öffnungswinkel der Bohrklappe auf etwa 110° beschränkt werden. Skizzieren Sie Ihren Änderungsvorschlag.

4 Zur Fertigung von Innengewinden müssen Werkzeugabmessungen und Hilfsmittel festgelegt werden.

a) Ermitteln Sie mit Hilfe eines Tabellenbuches die Größe des Kerndurchmessers derjenigen Gewinde, in die die Füße (Pos. 26) eingeschraubt werden.

b) Bestimmen Sie den Durchmesser des erforderlichen Kernlochbohrers.

c) Nennen Sie ein Kühlschmiermittel, das beim Schneiden dieser Gewinde verwendet werden kann.

d) In der Werkzeugausgabe wurden Gewindebohrer für Stahl und solche für Leichtmetalle durcheinander gebracht. Worin unterscheiden sich Gewindebohrer für Stahl von Gewindebohrern für Leichtmetalle?

5 Vor dem Einlegen eines Werkstücks strömt Druckluft in die Klappbohrvorrichtung.

a) Geben Sie die Pos.-Nummern aller Bauteile an, die sich beim Einströmen der Druckluft bewegen.

b) Welche Vorteile hat die pneumatische Steuerung im vorliegenden Fall gegenüber einer hydraulischen Steuerung?

6 Zur Steuerung der Kolben ist ein pneumatischer Schaltplan erforderlich.

a) Wählen Sie die notwendigen Bauelemente, erstellen Sie einen Schaltplan und bezeichnen Sie die Bauelemente. Der Vor- und der Rücklauf der Kolben soll unterschiedlich schnell sein; die Betätigung des Stellgliedes soll durch Pedal erfolgen.

b) Zeichnen Sie zum Schaltplan ein Funktionsdiagramm.

7 Infolge einer Konstruktionsänderung sollen in der Klappbohrvorrichtung nunmehr 80 mm (statt bisher 70 mm) breite Werkstücke so gebohrt werden, dass sich die Bohrungen 12 H7 wieder auf der Mittelachse befinden.

a) Welches Bauteil der Vorrichtung müsste dazu geändert werden?

b) Welche Bauteile müssten durch andere ersetzt werden?

c) Nennen Sie das entsprechende neue Maß desjenigen Bauteiles, das zu ändern ist.

8 In der Stückliste ist kein Eintrag für die Sechskantschrauben und die Zylinderstifte zum Verschrauben der Seitenplatte (Pos. 2) am Grundkörper (Pos. 1) vorhanden.

a) Legen Sie die Mindestlänge für die Zylinderschrauben DIN 912-M6, Festigkeitsklasse 10.9, fest (Dicke von Pos. 2: 25 mm) und nennen Sie die vollständige Normbezeichnung dieser Schrauben.

b) Aus welchem Grund sind für höhere Festigkeitsklassen größere Mindesteinschraubtiefen erforderlich?

9 Das Lager (Pos. 23) ist mit der Seitenplatte (Pos. 22) verschweißt.

a) Warum werden Lager und Seitenplatte nicht aus einem Stück hergestellt?

b) Die Schweißnaht ist mit folgendem Sinnbild gekennzeichnet. Erklären Sie die Bedeutung der Angaben im Sinnbild.

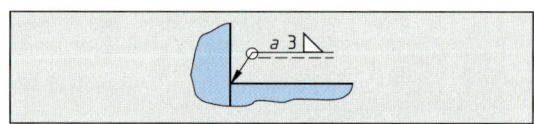

10 Die Seitenplatte (Pos. 2) wird mit 4 Sechskantschrauben DIN 912-M6 und mit 2 Zylinderstiften ISO 8734-6 am Grundkörper (Pos. 1) befestigt.

Zeichnen Sie von der Seitenplatte eine normgerechte Einzelteilzeichnung mit allen Maßen und Oberflächenangaben. Ordnen Sie dabei Sechskantschrauben und Zylinderstifte sinnvoll an. Verlangt werden

• Vorderansicht (= Ansicht aus Richtung a)

• Draufsicht   • Seitenansicht von rechts

Erforderliche Schnitte, Toleranzklassen, Lagetoleranzen und Oberflächenangaben legen Sie bitte selbst fest.

11 Erstellen Sie einen Fertigungsplan zur Herstellung der Kolben (Pos. 4) und geben Sie die erforderlichen Werkzeuge und Prüfmittel an.

12 Zur Montage der Klappbohrvorrichtung stehen alle Teile einbaufertig zur Verfügung. Die Bohrungen für die Zylinderstifte zum Verstiften der Seitenplatten (Pos. 2 und 22 mit 23) sind bereits gefertigt.

Erstellen Sie einen Montageplan, in dem auch die benötigten Werkzeuge und Hilfsmittel aufgeführt sind.

Prüfungseinheit Wirtschafts- und Sozialkunde 1.1

1 Grundsätzlich besteht in der Bundesrepublik das Recht, den Beruf und die Ausbildungsstätte frei zu wählen. Auf welche Rechtsgrundlage gründet sich dieses Recht?

a) Berufsbildungsgesetz

b) Grundgesetz

c) Jugendarbeitsschutzgesetz

d) Sozialgesetzbuch

e) Beschäftigungsförderungsgesetz

2 Wann endet das Berufsausbildungsverhältnis, wenn der letzte Prüfungsteil vor Vertragsende abgelegt wird?

Das Ausbildungsverhältnis endet ...

a) mit dem Bestehen der schriftlichen Prüfung

b) mit Ablauf des Monats nach dem Bestehen der Abschlussprüfung

c) mit dem Bestehen der Abschlussprüfung

d) mit dem Ablauf der Ausbildungszeit

e) mit Ablauf der Woche nach dem Bestehen der praktischen Prüfung

3 Wer stellt das Ergebnis der Abschlussprüfung in einem anerkannten Ausbildungsberuf fest?

a) Der Vertreter der berufsbildenden Schule

b) Die Industrie- und Handelskammer

c) Der Beauftragte der Arbeitgeber im Prüfungsausschuss

d) Der Prüfungsausschuss

e) Das Wirtschaftsministerium

4 Welche Aussage über die Arbeitsproduktivität ist richtig?

a) Sie ist ein Maß für die Wirtschaftlichkeit eines Unternehmens.

b) Eine hohe Arbeitsproduktivität ist immer eine Voraussetzung für die Erzielung eines Gewinns.

c) Sie ist das Verhältnis von eingesetztem Kapital zur bezahlten Lohnsumme.

d) Liegt die Steigerung der Arbeitsproduktivität deutlich unter der Nachfragesteigerung, ist mit einem Anstieg der Arbeitslosigkeit zu rechnen.

e) Die Produktionsleistung je Arbeitsstunde ist die Arbeitsproduktivität.

5 Ein Unternehmen weist in seiner Bilanz „rote Zahlen" aus. Was wird damit zum Ausdruck gebracht?

a) Das Unternehmen ist nicht mehr zahlungsfähig.

b) Das Unternehmen erzielt zu geringe Gewinne.

c) Die Auslastung des Unternehmens ist unbefriedigend.

d) Das Unternehmen arbeitet unwirtschaftlich.

e) Die Umsatzrentabilität ist bedenklich gestiegen.

6 Mit welchem Überbegriff müsste das mit 1 gekennzeichnete Feld in der Unternehmungsformübersicht ergänzt werden?

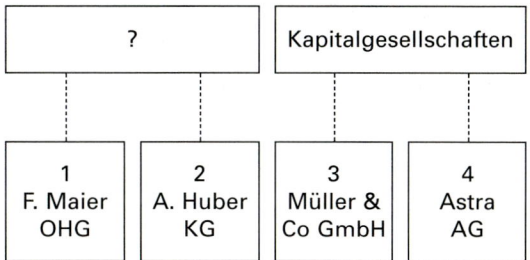

a) Juristische Personen

b) Personengesellschaften

c) Handelsgesellschaften

d) Aktiengesellschaften

e) Genossenschaften

7 Bei welcher Unternehmensform haften alle Gesellschafter mit ihrem Geschäftsvermögen und ihrem Privatvermögen?

a) AG

b) KG

c) OHG

d) GmbH

e) Genossenschaft

8 Welche der folgenden Arbeitnehmerorganisationen gehört nicht dem Deutschen Gewerkschaftsbund an?

a) IG Metall

b) Gewerkschaft der Polizei

c) Deutsche Postgewerkschaft

d) Christlicher Gewerkschaftsbund

e) Gewerkschaft Erziehung und Wissenschaft

9 Welche Aussage über die Haftung bei einer Aktiengesellschaft ist richtig?

a) Der Vorstand haftet für die Verbindlichkeiten der AG
b) Die Aktionäre haften mit ihrem Privatvermögen für die Verbindlichkeiten
c) Der Aufsichtsrat haftet für die Verbindlichkeiten
d) Für die Verbindlichkeiten haften Vorstand und Aktionäre auch mit ihrem Privatvermögen
e) Die Aktionäre riskieren lediglich ihren Kapitaleinsatz

10 Bei welchem Interessenverband gibt es eine Zwangsmitgliedschaft?

a) Bundesvereinigung der Deutschen Arbeitgeberverbände
b) Christlicher Gewerkschaftsbund
c) Deutscher Gewerkschaftsbund
d) Industrie- und Handelskammer
e) Bundesverband der Deutschen Industrie

11 In welcher Zeile sind die Tarifvertragsparteien richtig zugeordnet?

a) Industrie- und Handelskammern – Betriebsräte
b) Arbeitgeberverbände – Betriebsräte
c) Industrie- und Handelskammern – Gewerkschaften
d) Sozialministerien – Gewerkschaften
e) Arbeitgeberverbände – Gewerkschaften

12 Welche Aussage über die Akkordarbeit von Jugendlichen ist richtig?

a) Jugendliche dürfen mit ihrer Zustimmung mit Akkordarbeiten beschäftigt werden
b) Jugendliche dürfen Akkordarbeiten verrichten, wenn dadurch ihre Ausbildungsvergütung erhöht wird
c) Jugendliche dürfen auf keinen Fall Akkordarbeiten verrichten
d) Die Beschäftigung Jugendlicher in einer Akkordgruppe mit erwachsenen Arbeitnehmern ist zulässig, wenn dies zur Erreichung ihres Ausbildungszieles erforderlich ist
e) Jugendliche dürfen grundsätzlich Akkordarbeiten verrichten, wenn dies nicht in einer Arbeitsgruppe geschieht

13 Welche Vereinbarung ist in einem Arbeitsvertrag rechtlich *nicht* zulässig?

a) Die tägliche Arbeitszeit beträgt 8 Stunden
b) Dem Arbeitnehmer wird eine Nebenbeschäftigung grundsätzlich nicht erlaubt
c) Der Urlaubsanspruch beträgt abweichend vom Tarifvertrag 35 Tage im Jahr
d) Die Vertragsparteien verzichten auf die Vereinbarung eines Probearbeitsverhältnisses
e) Der Arbeitnehmer ist zur Arbeitsleistung höchstpersönlich verpflichtet und darf deshalb keinen Ersatzmann schicken

14 Was ist unter dem Begriff „Nettolohn" zu verstehen?

a) Der Lohn nach Abzug der Steuern
b) Der Verdienst nach Abzug der Steuern und Sozialversicherungsabgaben
c) Die Summe der Abzüge vom Bruttolohn
d) Der Verdienst nach Abzug der Steuerfreibeträge
e) Der Lohn vor Abzug von Steuern und Sozialversicherungsabgaben

15 Welche Aussage über die Lohnsteuer ist richtig?

a) Die Lohnsteuer wird vom Arbeitgeber einbehalten und an das Finanzamt abgeführt
b) Die Lohnsteuer hat unabhängig von der Lohnhöhe den gleichen Steuersatz
c) Die Lohnsteuer berücksichtigt den Familienstand nicht
d) Die Lohnsteuer wird je zur Hälfte vom Arbeitgeber und vom Arbeitnehmer entrichtet
e) Bei der Berechnung der Lohnsteuer wird nur der Tariflohn zugrunde gelegt

16 Welche der folgenden Aussagen entspricht dem Jugendarbeitsschutzgesetz?

a) Das Jugendarbeitsschutzgesetz gilt für Personen, die noch nicht 21 Jahre sind
b) Kind im Sinne des Gesetzes ist, wer noch nicht 14 Jahre alt ist.
c) Jugendlicher ist, wer 15, aber noch nicht 18 Jahre alt ist
d) Jugendliche dürfen nicht mehr als 40 Stunden wöchentlich beschäftigt werden
e) Beginnt der Berufsschulunterricht erst um 8.30 Uhr, darf der Arbeitgeber den Jugendlichen vorher beschäftigen

17 Was versteht man unter „Tarifautonomie"?

a) Das Recht der Tarifparteien, ohne Eingriffe des Staates Tarifverträge abzuschließen

b) Das Recht des Staates, ohne Rücksicht auf Gewerkschaften und Arbeitgeber die Lohn- und Gehaltsbedingungen zu bestimmen

c) Das Recht der Gewerkschaften, jederzeit für Lohnerhöhungen streiken zu können

d) Die Unverbindlichkeit der Tarifverträge für alle Arbeitgeber

e) Das Recht der Arbeitgeber, übertarifliche Löhne zahlen zu können

18 Was ist in einem Lohntarif geregelt?

a) die regelmäßige Arbeitszeit

b) die Höhe des Ecklohns

c) Zuschläge für Mehr-, Sonntags-, Feiertags- und Nachtarbeit

d) Lohngruppeneinteilung

e) Lohnabrechnung und -auszahlung

19 Welche Aussage über die Betriebsversammlung *widerspricht* dem Betriebsverfassungsgesetz?

a) Die Betriebsversammlung besteht aus den Arbeitnehmern des Betriebs

b) Der Betriebsrat hat einmal in jedem Kalendervierteljahr eine Betriebsversammlung einzuberufen und ihr einen Tätigkeitsbericht zu erstatten

c) Die Betriebsversammlungen sind öffentlich.

d) Beauftragte der im Betrieb vertretenen Gewerkschaften haben Anspruch darauf, an allen Betriebsversammlungen beratend teilzunehmen

e) Der Betriebsratsvorsitzende leitet die Betriebsversammlung

20 In welcher Auswahlantwort ist die Beitragsaufteilung zwischen Arbeitgeber und Arbeitnehmer richtig?

a) Arbeitslosenversicherung
Arbeitnehmer 0%; Arbeitgeber 100%

b) Rentenversicherung
Arbeitnehmer 100%; Arbeitgeber 0%

c) Krankenversicherung
Arbeitnehmer 70%; Arbeitgeber 30%

d) Unfallversicherung
Arbeitnehmer 50%; Arbeitgeber 50%

e) Krankenversicherung
Arbeitnehmer 50%; Arbeitgeber 50%

21 Welche Voraussetzungen müssen erfüllt sein, damit ein Betriebsrat eingerichtet werden kann?

a) Es müssen wenigstens 50% der Arbeitnehmer des Betriebs gewerkschaftlich organisiert sein

b) Der Betrieb muss im Besitz der öffentlichen Hand sein

c) Im Betrieb müssen mindestens 10 Arbeitnehmer mit deutscher Staatsangehörigkeit ständig beschäftigt sein

d) Der Betrieb muss einem Arbeitgeberverband angeschlossen sein

e) Der Betrieb muss 5 ständige wahlberechtigte Arbeitnehmer, von denen drei wählbar sind, beschäftigen

22 Welche Aussage über die Wahl des Betriebsrats stimmt *nicht* mit dem Betriebsverfassungsgesetz überein?

a) Der Betriebsrat wird in geheimer und unmittelbarer Wahl gewählt

b) Die regelmäßigen Betriebsratswahlen finden alle 4 Jahre statt

c) Zur Wahl können nur die im Betrieb vertretenen Gewerkschaften Wahlvorschläge machen

d) Die Geschlechter sollen im Betriebsrat entsprechend ihrem zahlenmäßigen Verhältnis im Betrieb vertreten sein

e) In Betrieben, deren Betriebsrat nur aus einer Person besteht, wird dieser mit einfacher Stimmenmehrheit gewählt

23 Die gesetzliche Unfallversicherung gewährt auch Schutz für so genannte Wegeunfälle. In welchen der genannten Fälle wird dennoch keine Leistung durch die gesetzliche Unfallversicherung gewährt?

a) Ein Arbeitnehmer verletzt sich schwer durch eine Unachtsamkeit an seiner Werkzeugmaschine

b) Nach einer Betriebsfeier erleidet ein Arbeitnehmer unter starkem Alkoholeinfluss auf dem Heimweg einen Autounfall

c) Ein Auszubildender verunglückt durch eigenes Verschulden auf dem Weg zur Berufsschule

d) Ein Angestellter verletzt sich in der Mittagspause auf dem Weg zur Kantine

e) Ein Arbeiter nimmt regelmäßig einen Arbeitskollegen mit und muss dadurch einen Umweg fahren. Auf diesem Umweg verunglückt er und wird verletzt

24 In welcher Auswahlantwort ist bei der Sozialversicherung *nicht* das richtige Jahr ihrer gesetzlichen Regelung angegeben?

a) Rentenversicherung   1889

b) Krankenversicherung für Arbeiter   1883

c) Unfallversicherung   1884

d) Arbeitslosenversicherung   1927

e) Pflegeversicherung   1967

25 Ein Arbeitnehmer war in der Zeit vom 9. Januar bis zum 20. Januar infolge derselben Krankheit mit Unterbrechungen insgesamt 10 Wochen unverschuldet arbeitsunfähig erkrankt. Für wie viele Krankheitswochen muss der Arbeitgeber Entgeltfortzahlung leisten?

a) 14 Wochen   b) 12 Wochen

c) 10 Wochen   d) 6 Wochen

e) 4 Wochen

26 Welche Vertragsparteien müssen bei Volljährigkeit des Auszubildenden den Ausbildungsvertrag unterschreiben?

a) Der Ausbildende, der Auszubildende und der Vertreter der Industrie- und Handelskammer oder Handwerkskammer

b) Der Ausbildende, der Auszubildende und dessen gesetzlicher Vertreter

c) Nur der Ausbildende und der Auszubildende

d) Der Ausbildende, der Auszubildende und der Klassenlehrer der Berufsschule

e) Nur der Auszubildende und der gesetzliche Vertreter des Auszubildenden

27 Wer ist für die Überwachung der Berufsausbildung zuständig?

a) Gewerbeaufsichtsamt

b) Berufsgenossenschaft

c) Arbeitsamt

d) Industrie- und Handelskammer oder Handwerkskammer

e) Kultusministerium des Bundeslandes

28 Welche Steuer ist bei der Wahl des betrieblichen Standortes in Deutschland von Bedeutung?

a) Umsatzsteuer   b) Einkommensteuer

c) Vermögenssteuer   d) Gewerbesteuer

e) Körperschaftssteuer

29 Welches sind die Grundfunktionen eines Betriebes?

a) Produktion und Montage von Produkten

b) An- und Verkauf von Waren und Gütern

c) Verwalten und Verkaufen von produzierten Waren

d) Beschaffung, Produktion, Absatz und Verwaltung

e) Einkauf, Fertigung, Verwaltung und Verkauf

30 Ein Betriebsrat und ein ausländischer Arbeitnehmer unterhalten sich.

Welche Aussage ist richtig?

a) Betriebsrat: Ihr könnt an unseren allgemeinen Wahlen teilnehmen

b) Arbeitnehmer: Nichts da, nicht einmal den Betriebsrat können wir mitwählen

c) Betriebsrat: Doch, und wir vertreten auch eure Interessen.

d) Arbeitnehmer: Aber keiner von uns kann in den Betriebsrat gewählt werden.

e) Betriebsrat: Der Betriebsrat muss paritätisch aus allen Nationalitäten im Betrieb zusammengesetzt sein.

Anzahl der Aufgaben: 30, davon zu bearbeiten: 25.   Richtig gelöst: . . . . (≙ Note . . . .)

Prüfungseinheit Wirtschafts- und Sozialkunde 1.2

1 Ein Auszubildender hat seine Ausbildung vollendet und hat damit einen Anspruch auf ein Zeugnis. Welche Angaben muss das Zeugnis enthalten und welche Angaben kann das Zeugnis auf Verlangen des Auszubildenden enthalten?

(10 Punkte)

2 Nennen Sie die wichtigsten drei Merkmale einer Einzelunternehmung.

(10 Punkte)

3 Nennen Sie jeweils mindestens zwei Pflichten, die Arbeitgeber und Arbeitnehmer aus dem Arbeitsvertrag übernehmen.

(10 Punkte)

4 Man unterscheidet zwei verschiedene Kündigungsarten: die ordentliche und die außerordentliche (fristlose) Kündigung. Nennen Sie drei Gründe, die zu einer außerordentlichen Kündigung führen können.

(10 Punkte)

5 Das Mitbestimmungsgesetz gibt dem Betriebsrat in sozialen Angelegenheiten ein Mitbestimmungsrecht. Führen Sie drei Beispiele hierfür an.

(10 Punkte)

6 Ein wesentliches Merkmal der gesetzlichen Krankenversicherung ist das Solidaritätsprinzip. Erläutern Sie dieses Prinzip anhand eines Beispiels.

(10 Punkte)

Gesamtpunktzahl: 60. Davon erreicht: . . . . Punkte ≙ . . . .% ≙ Note . . . .

Teil VI Lösungen

Testaufgaben Technologie

Lösungen zu 1 Längenprüftechnik · Testaufgaben T1 bis T43

1	2	3	4	5	6	7	8	9	10	11	12	13	14	15
d	c	b	b	d	d	a	c	e	b	c	a	b	d	e

16	17	18	19	20	21	22	23	24	25	26	27	28	29	30
b	c	d	e	d	c	a	d	a	c	a	a	e	e	b

31	32	33	34	35	36	37	38	39	40	41	42	43		
d	d	d	c	d	e	d	d	c	b	a	b	e		

Lösungen zu 2 Fertigungstechnik · Testaufgaben T44 bis T202

44	45	46	47	48	49	50	51	52	53	54	55	56	57	58
e	c	b	d	b	d	a	c	e	b	e	d	e	a	b

59	60	61	62	63	64	65	66	67	68	69	70	71	72	73
b	d	a	e	c	d	b	b	a	b	a	b	c	c	c

74	75	76	77	78	79	80	81	82	83	84	85	86	87	88
d	b	a	e	c	a	d	a	d	a	c	b	b	e	c

89	90	91	92	93	94	95	96	97	98	99	100	101	102	103
c	e	a	e	d	e	a	e	e	e	a	b	a	c	c

104	105	106	107	108	109	110	111	112	113	114	115	116	117	118
c	b	b	b	e	c	c	c	c	a	c	b	d	b	e

119	120	121	122	123	124	125	126	127	128	129	130	131	132	133
a	d	d	e	e	b	d	b	e	e	c	b	c	e	d

134	135	136	137	138	139	140	141	142	143	144	145	146	147	148
d	d	d	e	c	e	c	b	d	a	e	a	e	a	e

149	150	151	152	153	154	155	156	157	158	159	160	161	162	163
d	b	e	d	b	c	a	d	c	d	e	e	d	b	b

164	165	166	167	168	169	170	171	172	173	174	175	176	177	178
d	b	d	e	d	d	c	a	c	b	e	b	d	b	c

179	180	181	182	183	184	185	186	187	188	189	190	191	192	193
e	d	a	e	e	d	b	a	c	d	b	e	e	d	d

194	195	196	197	198	199	200	201	202						
b	e	a	b	e	c	b	e	b						

Lösungen zu 3 Werkstofftechnik · Testaufgaben T203 bis T300

203	204	205	206	207	208	209	210	211	212	213	214	215	216	217
b	e	c	c	b	a	a	b	b	d	b	a	a	b	d

218	219	220	221	222	223	224	225	226	227	228	229	230	231	232
a	e	c	b	b	d	d	d	c	c	a	c	d	d	d

Testaufgaben Technologie (Fortsetzung)

233	234	235	236	237	238	239	240	241	242	243	244	245	246	247
b	a	c	b	d	c	e	c	b	a	b	c	c	e	b

248	249	250	251	252	253	254	255	256	257	258	259	260	261	262
a	d	c	e	c	d	a	d	a	e	c	a	d	b	a

263	264	265	266	267	268	269	270	271	272	273	274	275	276	277
c	d	e	b	d	d	b	b	e	e	c	b	c	e	d

278	279	280	281	282	283	284	285	286	287	288	289	290	291	292
e	c	c	b	b	a	b	e	b	d	b	e	c	a	e

293	294	295	296	297	298	299	300
a	b	c	e	e	d	c	e

Lösungen zu 4 Maschinen- und Gerätetechnik   Testaufgaben T301 bis T365

301	302	303	304	305	306	307	308	309	310	311	312	313	314	315
c	d	a	c	b	d	c	b	a	e	d	b	d	a	c

316	317	318	319	320	321	322	323	324	325	326	327	328	329	330
b	e	c	d	e	b	e	d	e	b	b	d	e	d	b

331	332	333	334	335	336	337	338	339	340	341	342	343	344	345
b	d	c	a	c	d	e	a	e	e	a	d	e	a	c

346	347	348	349	350	351	352	353	354	355	356	357	358	359	360
b	d	e	d	b	d	e	c	d	b	a	c	e	d	d

361	362	363	364	365
d	a	c	e	b

Lösungen zu 5 Steuerungs- und Regeltechnik   Testaufgaben T366 bis T439

366	367	368	369	370	371	372	373	374	375	376	377	378	379	380
d	c	a	c	a	b	c	d	c	e	d	e	c	a	c

381	382	383	384	385	386	387	388	389	390	391	392	393	394	395
b	d	a	a	e	a	d	c	b	e	b	c	d	a	d

396	397	398	399	400	401	402	403	404	405	406	407	408	409	410
b	c	a	d	b	b	a	d	a	b	e	e	c	a	e

411	412	413	414	415	416	417	418	419	420	421	422	423	424	425
e	a	c	e	a	d	e	e	d	b	b	a	c	a	c

426	427	428	429	430	431	432	433	434	435	436	437	438	439
b	a	d	d	b	b	c	c	a	d	c	e	b	d

Testaufgaben Technologie (Fortsetzung)

Lösungen zu 6 Informationstechnik — Testaufgaben T440 bis T456

440	441	442	443	444	445	446	447	448	449	450	451	452	453	454
b	a	a	e	a	b	c	c	e	e	c	a	c	d	c

455	456
e	e

Lösungen zu 7 Elektrotechnik — Testaufgaben T457 bis T485

457	458	459	460	461	462	463	464	465	466	467	468	469	470	471
a	e	a	a	b	d	a	b	d	a	c	c	e	c	c

472	473	474	475	476	477	478	479	480	481	482	483	484	485
e	e	c	d	a	d	c	b	d	d	c	d	b	d

Testaufgaben Technische Mathematik — Testaufgaben T1 bis T43

1	2	3.1	3.2	4.1	4.2	5	6.1	6.2	7	8.1	8.2	8.3	9.1	9.2
b	d	a	c	e	c	c	b	b	d	e	a	d	e	e

9.3	10.1	10.2	10.3	11	12.1	12.2	12.3	12.4	13.1	13.2	14.1	14.2	15.1	15.2
b	d	c	b	d	e	b	d	b	a	c	d	c	e	d

15.3	16.1	16.2	16.3	17.1	17.2	18	19	20.1	20.2	21.1	21.2	22.1	22.2	22.3
c	c	a	c	b	d	b	c	d	b	c	c	a	c	e

22.4	23.1	23.2	24.1	24.2	25.1	25.2	26.1	26.2	26.3	27.1	27.2	28.1	28.2	28.3
b	b	d	c	e	b	d	a	b	b	e	d	b	e	c

29.1	29.2	29.3	29.4	30.1	30.2	30.3	31.1	31.2	32.1	32.2	32.3	33.1	33.2	34.1
b	c	b	c	d	b	d	c	b	a	e	d	b	d	a

34.2	35.1	35.2	35.3	36.1	36.2	36.3	36.4	37.1	37.2	37.3	37.4	38.1	38.2	38.3
c	e	a	d	a	d	d	e	a	b	b	e	a	d	b

39.1	39.2	39.3	40.1	40.2	41.1	41.2	41.3	42	43.1	43.2
e	a	c	d	b	e	c	b	c	b	a

Testaufgaben Arbeitsplanung — Testaufgaben T1 bis T34

1	2	3	4	5	6	7	8	9	10	11	12	13	14	15
d	e	d	e	a	a	a	a	b	e	b	e	e	d	e

16	17	18	19	20	21	22	23	24	25	26	27	28	29	30
a	b	c	e	c	d	b	c	a	c	c	d	c	c	a

31	32	33	34
c	d	c	a

Testaufgaben Wirtschafts- und Sozialkunde

Lösungen zu **1 Berufliche Bildung** — Testaufgaben T1 bis T13

1	2	3	4	5	6	7	8	9	10	11	12	13
e	b	a	b	c	e	e	b	d	a	e	b	e

Lösungen zu **2 Betriebswirtschaft** — Testaufgaben T14 bis T51

14	15	16	17	18	19	20	21	22	23	24	25	26	27	28
d	d	a	d	e	d	b	b	b	e	a	c	d	c	e

29	30	31	32	33	34	35	36	37	38	39	40	41	42	43
d	c	d	b	a	c	b	e	b	b	d	b	c	b	b

44	45	46	47	48	49	50	51
c	e	b	b	d	c	e	b

Lösungen zu **3 Arbeits- und Tarifrecht** — Testaufgaben T52 bis T99

52	53	54	55	56	57	58	59	60	61	62	63	64	65	66
c	a	a	a	c	c	a	d	d	b	c	d	b	c	d

67	68	69	70	71	72	73	74	75	76	77	78	79	80	81
d	c	c	a	c	d	c	d	c	a	b	e	d	d	c

82	83	84	85	86	87	88	89	90	91	92	93	94	95	96
d	a	c	d	b	c	e	c	c	e	d	c	d	a	e

97	98	99
d	b	c

Lösungen zu **4 Betriebliche Mitbestimmung** — Testaufgaben T100 bis T133

100	101	102	103	104	105	106	107	108	109	110	111	112	113	114
c	a	e	b	d	e	c	a	c	c	d	b	e	c	a

115	116	117	118	119	120	121	122	123	124	125	126	127	128	129
a	e	c	b	a	b	c	c	a	d	b	b	e	a	b

130	131	132	133
a	d	b	b

Lösungen zu **5 Sozialversicherungen** — Testaufgaben T134 bis T189

134	135	136	137	138	139	140	141	142	143	144	145	146	147	148
d	a	c	a	c	b	a	c	e	b	a	b	c	e	b

149	150	151	152	153	154	155	156	157	158	159	160	161	162	163
e	e	d	b	e	a	b	d	a	b	e	b	e	d	a

164	165	166	167	168	169	170	171	172	173	174	175	176	177	178
a	c	b	b	b	c	c	c	a	c	c	b	d	a	d

179	180	181	182	183	184	185	186	187	188	189
c	d	d	d	a	e	e	b	d	e	b

Lösungen der Prüfungseinheit Technologie 1.1 — Seiten 347 bis 354

1	2	3	4	5	6	7	8	9	10	11	12	13	14	15
d	c	d	a	a	e	b	e	c	e	a	c	d	a	a

16	17	18	19	20	21	22	23	24	25	26	27	28	29	30
b	b	e	c	b	e	b	d	b	d	b	a	b	e	c

31	32	33	34	35	36	37	38	39	40	41	42	43	44	45
e	c	c	d	a	c	b	a	c	d	d	e	d	d	e

46	47	48	49	50	51	52	53	54	55	56	57	58	59	60
a	c	d	a	c	d	d	b	a	c	d	e	e	a	c

Lösungen der Prüfungseinheit Technologie 1.2 — Seiten 355 und 356

1 a) Einsatzstahl mit 0,16% C, 1,25% Mn und geringer Menge Chrom

b) Einsatzhärtung

c) Die Außenschicht der Zahnflanken wird hart und verschleißfest, der Kern bleibt zäh.

d) Die Zahnradflanken werden im Kasteneinsatz (oder Bad- oder Gaseinsatz) in kohlenstoffabspaltenden Stoffen aufgekohlt, anschließend gehärtet und angelassen. Nur die kohlenstoffreichere Randschicht wird hart.

2 a) Pos. 3: zweireihiges Schrägkugellager
Pos. 4: Zylinder-Rollenlager

b) Das Schrägkugellager nimmt radiale und beidseitige axiale Kräfte auf.

c) Das Zylinderrollenlager nimmt die großen Radialkräfte in der Nähe des Kegelrades auf.

d) Die Distanz- oder Abstandsringe sichern den Abstand zwischen den beiden Lagerstellen.

3 Die Nutmutter (Pos. 11) ermöglicht ein spielfreies Einstellen der Lager. Sie wird mit dem Sicherungsblech (Pos. 10) auf der Welle formschlüssig gesichert.

4 a)

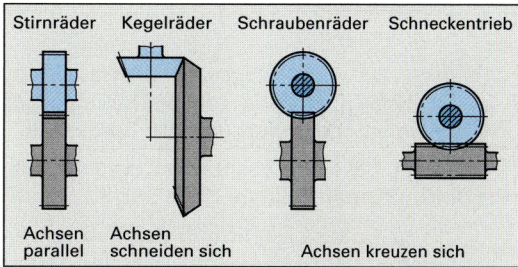

b) Kegelräder können geradverzahnt, schrägverzahnt und bogenförmig verzahnt sein.

c) Bei Hypoidverzahnungen schneiden sich die Achsen nicht in einem Punkt.

d) Bei der Montage von Kegelrädern ist das Spiel an den Zahnflanken einzustellen.

e) Zwischen dem Lagergehäuse (Pos. 2) und dem Getriebegehäuse werden Passringe beigelegt. Durch rasches Drehen der Kegelradwelle kann das Spiel kontrolliert werden.

5 a) Der Kunststoff für den Radial-Wellendichtring muss formstabil, abriebfest und ölbeständig sein und muss gute Gleitfähigkeit auf Metall besitzen.

b) Die Buchse (Pos. 7) muss drallfrei geschliffen werden mit einer maximalen gemittelten Rautiefe $R_z = 4$ μm.

c) Vor dem Zusammenbau der Pos. 2 mit Pos. 8 muss auf der Anlagefläche Dichtungspaste (flüssige Dichtung) aufgetragen werden.

d) Das Lagergehäuse (Pos. 2) enthält unten eine Bohrung zur Ölrückführung.

e) Wegen der hohen Flächenpressung an den Flanken muss, besonders bei hypoidverzahnten Kegelrädern, ein Schmierstoff mit erhöhter Druckfestigkeit (Zusatzbezeichnung EP) verwendet werden.

6 a) Die Linien stellen sinnbildlich Freistiche nach DIN 509 dar.

b) Die Freistiche sind zur Erleichterung beim Rundschleifen der Welle und zur Verminderung der Kerbwirkung am Wellenabsatz erforderlich.

7 a) Die Schrauben sind aus Vergütungsstahl (unlegiert oder niedrig legiert) hergestellt.

b) Vergütungsstähle besitzen 0,2 bis 0,6% Kohlenstoffgehalt.

c) Das Vergüten besteht aus den Fertigungsstufen Erwärmen, Abschrecken und Anlassen auf verhältnismäßig hohe Temperaturen.

8 a) Bei zu großer Rauheit werden die Werkstoffspitzen beim Fügen eingeebnet. Die gewünschte Lagerpassung wird nicht erreicht.

b) Die Rauheit kann durch Innen-Rundschleifen eingehalten werden.

9 a) Schraubensicherungen werden eingeteilt in Setzsicherungen, Losdrehsicherungen und Verliersicherungen.

b) Klebstoffe für Metalle werden in Warm- und Kaltkleber eingeteilt.

c) Arbeitsregeln für das Kleben:

Die Fügeflächen müssen sorgfältig gereinigt werden und leicht aufgeraut sein.

Der Kleber ist nach Herstellungsvorschrift zu verarbeiten, z.B. aus 2 Komponenten zu mischen.

Die Berührung des Klebstoffs mit der Haut oder den Augen ist zu vermeiden.

Es ist für ausreichende Lüftung am Arbeitsplatz zu sorgen.

Nach dem Fügen muss der Klebstoff genügend lange aushärten.

d) Beim Kleben tritt keine Gefügeänderung ein. Die Verarbeitung ist relativ einfach. Die Klebstellen sind flüssigkeits- und gasdicht. Es können unterschiedliche Werkstoffe gefügt werden.

10 Die Lagerstellen müssen durch Dichtungen gegen das Eindringen von Wasser und Schmutz gesichert sein.

Das verwendete Schmieröl muss frei von korrosiven Stoffen sein.

Durch regelmäßigen Ölwechsel entsprechend der Betriebsanleitung werden Verschmutzungen und Kondenswasser aus dem Getriebe beseitigt.

Lösungen der Prüfungseinheit Technologie 2.1 Seiten 357 bis 365

1	2	3	4	5	6	7	8	9	10	11	12	13	14	15
d	c	a	b	c	b	e	c	c	b	c	a	d	d	c

16	17	18	19	20	21	22	23	24	25	26	27	28	29	30
e	e	b	a	b	b	d	c	c	a	b	c	c	e	d

31	32	33	34	35	36	37	38	39	40	41	42	43	44	45
d	a	e	d	b	d	e	d	b	a	c	c	e	a	c

46	47	48	49	50	51	52	53	54	55	56	57	58	59	60
d	a	e	c	c	e	c	e	c	a	e	c	c	a	b

Lösungen der Prüfungseinheit Technologie 2.2 Seiten 367 und 368

1 a) 20H7: Grenzlehrdorn oder Innenmessschraube

20h6: Bügelmessschraube oder Grenzrachenlehre

b) Die Gutseite des Grenzlehrdorns verkörpert das Mindestmaß

Die Ausschussseite des Grenzlehrdorns verkörpert das Höchstmaß

c) Gutseite verkörpert das Höchstmaß
Ausschussseite verkörpert das Mindestmaß

d) Spielpassung

e) Die Oberflächen sind zu rau. Beim Fügen werden die Oberflächen eingeebnet; Maße und Passung stimmen nicht mehr.

2 a) Er verhindert, dass sich die Pos. 1 bis 3 sowie die Pos. 6 und 7 nach rechts verschieben.

b) 20: Nennmaß (Bolzendurchmesser in mm)
1,2: Dicke des Sicherungsrings in mm

c) Durch die Verwendung von Passscheiben zwischen Lager (Pos. 3) und Sicherungsring (Pos. 5).

3 a) Edelkorund

b) Körnung 50 ... 100

c) Die Umfangsgeschwindigkeit darf maximal 45 m/s betragen.

4 a) Das Werkstück besitzt eine harte, verschleißfeste Oberfläche und einen zähen, elastischen Kern.

b) Induktionshärten und Flammhärten

c) **Induktionshärten:** Wirbelströme, hervorgerufen durch hochfrequenten Wechselstrom, erwärmen das Werkstück in der Randschicht auf Härtetemperatur. Anschließend wird mit einer Brause abgeschreckt.

Flammhärten: Die Randschicht wird durch Brennerflammen auf Härtetemperatur erwärmt und mit einer Wasserbrause abgeschreckt.

d) Durch das Anlassen werden Sprödigkeit und Spannungen vermindert; die Härte nimmt dabei nur geringfügig ab.

5 a) Mit dem Rockwell C-Härteprüfverfahren (Kurzzeichen HRC)

b) Ein Prüfkegel aus Diamant mit einem Spitzenwinkel von 120° wird in die Oberfläche gedrückt. Die bleibende Eindringtiefe wird gemessen und direkt als Rockwellhärte am Prüfgerät abgelesen.

6 M4: Metrisches ISO-Regelgewinde mit 4 mm Nenndurchmesser

12: Länge des Schraubenschaftes in mm

8.8: Der Schraubenwerkstoff besitzt eine Mindestzugfestigkeit R_m = 800 N/mm^2 und eine Mindeststreckgrenze
R_e = 0,8 · 800 N/mm^2 = 640 N/mm^2

7 a) Lager bis zum Einbau in der Originalverpackung aufbewahren.
Bei der Montage auf peinliche Sauberkeit
achten.
Korrosionsschutzöl nicht abwaschen.
Die Fügekraft darf nicht durch die Wälzkörper übertragen werden.

b) Vorteile:
Höhere Belastung möglich
Größere Steifigkeit
Nachteile:
Größerer Einbau-Durchmesser
Größere Lagerbreite
Zylinderrollenlager der Bauart N oder NU
können keine Axialkräfte aufnehmen.
Die Laufrolle muss zusätzlich gegen axiale
Verschiebung gesichert werden.

8 a) Im Schraubenschaft wird beim kontrollierten Anziehen eine so hohe Vorspannkraft erzeugt, dass eine zusätzliche Sicherung nicht
nötig ist.

b) Setzsicherungen
Losdrehsicherungen
Verliersicherungen

c) Beim streckgrenzengesteuerten Anziehen
wird die Schraube so stark angezogen, bis
im Schraubenschaft die Streckgrenze erreicht ist.

9 Pos. 1: 38Cr2: Legierter Vergütungsstahl
(Edelstahl) mit 0,38% Kohlenstoff und
2/4 = 0,5% Chrom

Pos. 4: E295: Maschinenbaustahl, Mindeststreckgrenze R_e = 295 N/mm^2

10

N1	G00	F550	S3350	T01	M3
N2	G00	X0 Y0 Z-8			
N3	G42				
N4	G01	X10 Y10			
N5	G01	X22			
N6	G03	X34,5 Y22,5	I0	J12,5	
N7	G01	Y34,5			
N8	G01	X24,474 Y40			
N9	G01	X10			
N10	G01	Y36,246			
N11	G02	X10 Y19,754	I-6,5	J-8,246	
N12	G01	Y8			
N13	G40				
N14	G00	X0 Y0 Z100	M30		

Lösungen der Prüfungseinheit Technologie 3.1													Seiten 369 bis 374	
1	2	3	4	5	6	7	8	9	10	11	12	13	14	15
c	d	d	c	d	d	d	a	b	a	e	c	d	d	e
16	17	18	19	20	21	22	23	24	25	26	27	28	29	30
b	b	d	d	b	a	c	b	c	e	b	a	a	c	c
31	32	33	34	35	36	37	38	39	40	41	42	43	44	45
e	c	b	d	d	c	d	c	d	e	a	d	e	d	b
46	47	48	49	50	51	52	53	54	55	56	57	58	59	60
e	d	e	d	c	b	b	a	a	c	a	b	e	d	e

Lösungen der Prüfungseinheit Technologie 3.2	Seiten 375 und 376

1 a) Einsatzstahl mit 0,8% C, 2% Cr und etwas Ni, einsatzgehärtet

b) Geringere Abnutzung und höhere Warmfestigkeit

c) Ausgangsstoffe für Hartmetalle sind Metallcarbide, z.B. TiC und WC sowie Cobalt als Bindemetall.
Die Herstellung geschieht durch Pressen der pulverförmigen Mischung der Ausgangsstoffe und anschließendes Sintern.

2 a) Vergütungsstahl mit 0,46% C und 2/4 = 0,5% Cr

b) Der Werkstoff kann vergütet werden.

c) Vergüten besteht aus Härten mit nachfolgendem Anlassen auf hohe Temperaturen.

d) Vergütete Werkstücke besitzen hohe Zugfestigkeit und hohe Zähigkeit.

e) 800 bis 950 N/mm^2

3 a) Kegelrollenlager

b) Nadellager

c) Kegelrollenlager nehmen große radiale und einseitig axiale Kräfte auf. Sie sind nachstellbar.

d) Der Platzbedarf ist wegen der kleinen Durchmesser der Nadeln sehr gering.

e) Das rechte der beiden Kegelrollenlager

f) Die Zentrierspitze Pos. 2 wäre axial nicht mehr gesichert.

g) Nach Lösen der Teile 4, 11 und 3 lässt sich die Zentrierspitze Pos. 2 nach links herausziehen.

4 a) Einstichdurchmesser 28,6 mm; Einstichbreite mindestens 1,6 mm

b) Einstellung genau auf Werkstückmitte und rechtwinklig zur Drehachse, Einspannlänge möglichst kurz

c) Schnittgeschwindigkeit und Vorschub sind wesentlich kleiner als beim Längsdrehen zu wählen.

5 a) Die Zentrierspitze wird in die Pinole des Reitstocks eingesetzt.

b) Zum Drehen zwischen Spitzen und zum Abstützen langer Drehteile bei allen Einspannungen

c) Form A: ohne Schutzsenkung, für allgemeine Dreharbeiten
Form B: mit Schutzsenkung 120° bei nicht ebener Planfläche
Form R: Zum Kugeldrehen mit Reitstockverstellung

d) Zentriert wird mit hoher Drehzahl und kleinem Vorschub.

6 a)

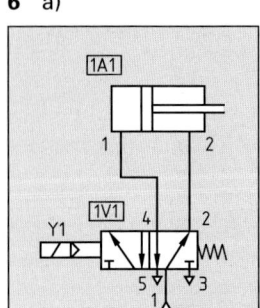

b)

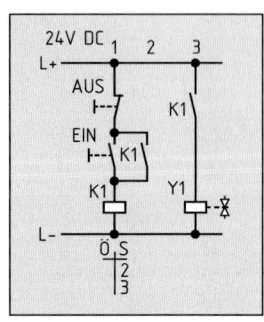

c) Eine speicherprogrammierte Steuerung (SPS)

7 a) Härteprüfung nach Rockwell C und Vickers

b) Bei der Vickersprüfung wird eine viereckige Diamantpyramide mit 136° Spitzenwinkel in das Prüfteil gedrückt. Aus Prüfkraft und Eindruckdiagonale wird die Vickershärte HV ermittelt.

c) Aus den Ergebnissen der Härteprüfung kann mit einer Umwertungstabelle nach DIN 50 150 (Tabellenbuch) die Zugfestigkeit ermittelt werden.

d) Durch das Magnetpulververfahren, das Ultraschallverfahren oder die Farbeindringprüfung

8 a) Kegeldrehen durch Verstellen des Oberschlittens, durch Reitstockverstellung oder mit Hilfe eines Leitlineals

b) Oberschlittenverstellung: kurze Kegel mit beliebigem Kegelwinkel
Reitstockverstellung: schlanke Kegel bis zu einer Kegelverjüngung $C = 1 : 50$
Leitlineal: schlanke Kegel bis ca. 20° Kegelwinkel

c) Bei CNC-Maschinen mit Bahnsteuerung ist keine Umrüstung zum Kegeldrehen erforderlich.

9 Spannbacken dürfen nicht weit vorstehen.
Der Schlüssel des Futters muss immer abgezogen werden.
Die Werkstücke und Werkzeuge müssen ausreichend fest gespannt werden.
Weite Kleidung und offene lange Haare sind nicht zulässig.
Die Späne dürfen nur mit einem Spanhaken entfernt werden.

Bei kurzspanenden Werkstoffen ist eine Schutzbrille zu tragen.

10 a) Stufenlos regelbare Gleichstrommotore oder frequenzgesteuerte Drehstrommotore hoher Leistung

b) Es werden spielfreie, leichtgängige Kugelumlaufspindeln verwendet.

c) Das Maschinenbett ist besonders starr und schwingungsarm gebaut.

d) Es ist mindestens eine 2D-Bahnsteuerung erforderlich.

e) Die positive Z-Achse entspricht der Achse Arbeitsspindel-Reitstock. Die positive X-Achse ist rechtwinklig von der Z-Achse (Drehmitte) zum Drehwerkzeug gerichtet.

f) An der Drehmaschine können Teilungen ähnlich wie an einem Teilapparat vorgenommen werden. Außerdem ist das Unrunddrehen möglich.

Lösungen der Prüfungseinheit Technologie 4.1

Seiten 377 bis 382

1	2	3	4	5	6	7	8	9	10	11	12	13	14	15
b	a	d	d	d	d	d	c	c	a	d	b	c	d	c

16	17	18	19	20	21	22	23	24	25	26	27	28	29	30
b	a	e	a	b	b	b	c	e	a	a	b	e	b	d

31	32	33	34	35	36	37	38	39	40	41	42	43	44	45
c	b	d	a	d	a	a	a	a	c	b	a	a	d	e

46	47	48	49	50	51	52	53	54	55	56	57	58	59	60
d	b	a	d	b	b	d	e	a	d	d	b	d	e	b

Lösungen der Prüfungseinheit Technologie 4.2

Seiten 383 und 384

1 a) Formschluss-Verbindungen
Vorgespannte Formschluss-Verbindungen
Kraftschluss-Verbindungen
Stoffschluss-Verbindungen

b) Formschluss-Verbindungen

2 a) Wälzlagerfett

b) Verminderung der Reibung
Korrosionsschutz
Verhinderung des Eindringens von Staub, Schmutz usw.

c) Ölnebelschmierung
Öl-Luft-Schmierung

3 a) DIN 6885: Normblatt
A: Form A; d.h., die Passfeder ist rundstirnig
8: Breite der Passfeder
7: Höhe der Passfeder
30: Passfederlänge

b) t_1 = 4 + 0,2 mm
t_2 = 3,3 + 0,2 mm
h = 7 h9
P_{SH} = 0,736 mm
P_{SM} = 0,3 mm

4 a) Feingewinde ergeben eine größere (Vor-)Spannkraft.

b) Mit LH (Left Hand) werden Linksgewinde gekennzeichnet.
Durch die Reibung wird das Drehmoment vom Sägeblatt über die Pos. 4 und 5 auf die Mutter übertragen. Bei Verwendung eines Rechtsgewindes könnte sich die Mutter

geringfügig losschrauben. Die Klemmung des Sägeblatts wäre dadurch aufgehoben.

c) Rändelmuttern werden von Hand angezogen. Die erreichbare (Vor-)Spannkraft ist viel niedriger als die Vorspannkraft, die beim Anziehen einer Sechskantmutter mit dem Schraubenschlüssel zu erreichen ist.

5 a) Das Sägeblatt besitzt einen Freischnitt durch Schränken.

b) Maschinensägeblätter besitzen meist Bogenzähne, die widerstandsfähiger sind als Winkelzähne.

c) Bei weichen Werkstoffen, z.B. bei St. 33, muss der Spanraum wegen des größeren Vorschubs mehr Spanvolumen aufnehmen. Bei Stählen mit höherer Festigkeit, z.B. bei St 70-2, ist der Vorschub geringer. Wegen des langen Schnittes ist dennoch ein großer Spanraum, d.h. eine große Zahnteilung, erforderlich.

6 a) Schweißen gehört zur Hauptgruppe Fügen.

b) Ein elektrischer Lichtbogen zwischen einer Elektrode und den zu verbindenden Werkstücken dient als Wärmequelle. Durch die hohe Temperatur des Lichtbogens werden die Werkstoffe der zu verbindenden Werkstücke aufgeschmolzen. Gleichzeitig schmilzt die Elektrode als Zusatzwerkstoff ab und bildet die Schweißraupe. Die Ummantelung der Elektrode bewirkt einen gleichmäßigen Stromfluss in der Lichtbogenstrecke, erzeugt eine Schutzgashülle und bildet an der Schweißstelle eine Schlacke zum Schutz des Schweiß-Schmelzbades.

c) Durch das Schweißen verzieht sich das Lagergehäuse. Außerdem würde durch die groben Toleranzen beim Schweißen das Lagergehäuse nicht mehr fluchten.

7 a) Gefahr des Wanderns des Lager-Innenrings auf der Welle

b) Toleranzlagen für Kugellager bei mittlerer Belastung: j; k; m

c) Erwärmen des Pendelkugellagers im Ölbad oder mit Hilfe eines Induktionsanwärmgerätes auf ca. 80 ... 100 °C bzw. Kühlen der Welle mit Trockeneis auf ca. – 50 °C.

8 a) Pendelkugellager sind im Gegensatz zu Rillenkugellagern winkelbeweglich und eignen sich deshalb besonders für Lagerungsfälle, bei denen mit größeren Wellendurchbiegungen oder Fluchtungsfehlern zu rechnen ist.

b) Pendelkugellager erlauben höhere Drehzahlen als zweireihige Rillenkugellager.

c) Durch die mit Wälzlagerfett gefüllten Rillendichtungen des Lagerdeckels (Pos. 10) und des Lagergehäuses (Pos. 7).

9 a) Freies Biegen, Gesenkbiegen und Schwenkbiegen

b) Der Werkstoff federt um die Größe der elastischen Verformung zurück.

c) Um Rissbildung und eine unzulässige Querschnittsveränderung in der Biegezone zu verhindern, darf der Mindestbiegeradius, der hauptsächlich von der Werkstoffdehnung und der Blechdicke abhängt, nicht unterschritten werden.

10

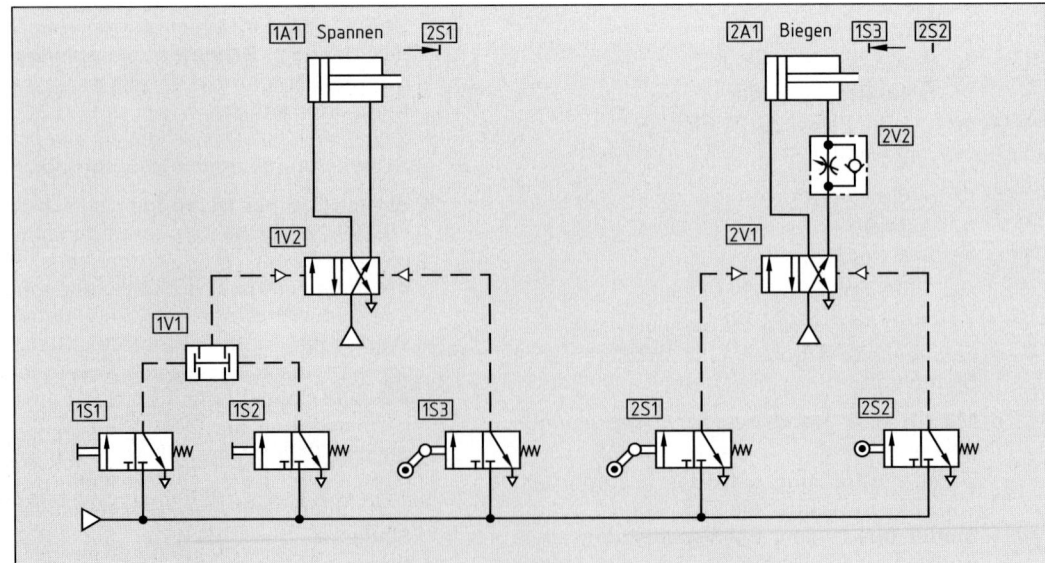

Lösungen der Prüfungseinheit Technische Mathematik 1.1													Seiten 385 bis 388	
1	2.1	2.2	3.1	3.2	4.1	4.2	4.3	5.1	5.2	6.1	6.2	7.1	7.2	8.1
d	b	d	e	d	a	b	c	d	c	a	a	b	d	e
8.2	9.1	9.2	9.3	10	11	12	13.1	13.2	14.1	14.2	15	16.1	16.2	16.3
c	d	c	b	b	c	b	e	a	d	c	a	c	e	b

Lösungen der Prüfungseinheit Technische Mathematik 1.2	Seiten 389 und 390

1

Gegeben: $M_N = 25\ \text{N}\cdot\text{m};\quad d = 32\ \text{mm}$

Lösung:

$$M_N = \frac{F_U \cdot d}{2};\quad F_U = \frac{2\,M_N}{d}$$

$$F_U = \frac{2 \cdot 25\ \text{N}\cdot\text{m}}{0,032\ \text{m}} = 1562,5\ \text{N}$$

$$A_S = A_{\square} + 2 \cdot A_{\mathrm{d}} = b \cdot l + 2 \cdot \frac{\pi}{8}\,b^2$$

$$= 8\ \text{mm} \cdot 22\ \text{mm} + 2 \cdot \frac{\pi}{8} \cdot (8\ \text{mm})^2 \approx 226{,}3\ \text{mm}^2$$

$$\tau_a = \frac{F_U}{A_S} \approx \frac{1562{,}5\ \text{N}}{226{,}3\ \text{mm}^2} \approx \mathbf{6{,}90\ N/mm^2}$$

2

Gegeben: $d = 70\ \text{mm},\quad D = 86\ \text{mm}$

Lösung:

$$\mathbf{A} = \frac{\pi}{4} \cdot (D^2 - d^2) = \frac{\pi}{4}\,[(86\ \text{mm})^2 - (70\ \text{mm})^2]$$

$$\approx \mathbf{1960{,}35\ mm^2}$$

3

Gegeben: $d = 2 \cdot 262\ \text{mm} = 524\ \text{mm},$
$\qquad\quad F_H = 100\ \text{N},\quad \eta = 15\%,\quad P = 1{,}5$

Lösung:

$$\eta \cdot F_H \cdot \pi \cdot d = F_{Sp} \cdot P$$

$$F_{Sp} = \frac{\eta \cdot F_H \cdot \pi \cdot d}{P}$$

$$\mathbf{F_{Sp}} = \frac{0{,}15 \cdot 100\ \text{N} \cdot \pi \cdot 524\ \text{mm}}{1{,}5\ \text{mm}} \approx \mathbf{16\ 462\ N}$$

4

Lösung:

Aus Aufgabe 2: $A = 1960{,}35\ \text{mm}^2$

$$\mathbf{p} = \frac{F_{Sp}}{A} = \frac{16\ 462\ \text{N}}{1960{,}35\ \text{mm}^2} \approx \mathbf{13{,}80\ N/mm^2}$$

5

Gegeben: $m' = 1{,}26\ \text{kg/m};\quad \varrho = 7{,}85\ \text{kg/dm}^3;$
$\qquad\quad$ Maße gemäß Skizze; $\quad s = 1{,}5\ \text{mm};$
$\qquad\quad b = 45\ \text{mm}$

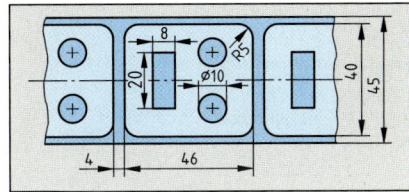

Lösung:

a) $A_{\textbf{Lasche}} = A_{Ges} - A_{\square} - 2A_{\bigcirc} - 4 \cdot A_{\square}$

$\qquad = 46\ \text{mm} \cdot 40\ \text{mm} - 20\ \text{mm} \cdot 8\ \text{mm}$

$\qquad\quad - 2 \cdot \frac{\pi}{4} \cdot (10\ \text{mm})^2$

$\qquad\quad - 4\,[5\ \text{mm} \cdot 5\ \text{mm}\,\frac{1}{4} - \frac{\pi}{4}(10\ \text{mm})^2]$

$\qquad = \mathbf{1501{,}44\ mm^2}$

$m = \varrho \cdot V = \varrho \cdot s \cdot A$

$\mathbf{m} = 7{,}85\ \dfrac{\text{g}}{\text{cm}^3} \cdot 0{,}15\ \text{cm} \cdot 15{,}01\ \text{cm}^2 = \mathbf{17{,}67\ g}$

b) $\mathbf{V} = l + e = 46\ \text{mm} + 4\ \text{mm} = \mathbf{50\ mm}$

c) A = Fläche der Lasche mit Lochungen

$A = 46\ \text{m} \cdot 40\ \text{mm} - 4 \cdot [5\ \text{mm} \cdot 5\ \text{mm}$

$\qquad - \frac{1}{4}\,\frac{\pi}{4}(10\ \text{mm})^2] = 1818{,}52\ \text{mm}^2$

$\eta = \dfrac{R \cdot A}{V \cdot B} = \dfrac{R \cdot A}{(l+e) \cdot B} \cdot 100\%$

$\boldsymbol{\eta} = \dfrac{1 \cdot 1818{,}52\ \text{mm}^2}{(46\ \text{mm} \cdot 4\ \text{mm}) \cdot 45\ \text{mm}} \cdot 100\% = \mathbf{80{,}8\%}$

6

Lösung:

a) Hinweis: Die maximale Zugfestigkeit des Stahls ist aus einem Tabellenbuch zu entnehmen: $R_{m\,max} = 470\ \text{N/mm}^2$. Daraus berechnet man mit der Gleichung $\tau_{aB\,max} = 0{,}8 \cdot R_{m\,max}$ die maximale Scherfestigkeit.

$\boldsymbol{\tau_{aB\,max}} = 0{,}8 \cdot 470\ \text{N/mm}^2 = \mathbf{376\ N/mm^2}$

b) $F = S \cdot \tau_{aB\,max}$

$S = U_{Löcher} \cdot s = (U_{\square} + 2 \cdot U_{\bigcirc}) \cdot s$

$\quad = [(2 \cdot 20\ mm + 2 \cdot 8\ mm) + 2 \cdot \pi \cdot 10\ mm]$

$\qquad \cdot 1,5\ mm \approx 178\ mm^2$

$F \approx 178\ mm^2 \cdot 376\ N/mm^2 \approx \mathbf{66\,928\ N}$

c) $F = S \cdot \tau_{aB\,max}$

$S = U_{außen} \cdot s$

$\quad = (2 \cdot 36\ mm + 2 \cdot 30\ mm$

$\qquad + 4 \cdot \dfrac{1}{4} \cdot \pi \cdot 10\ mm) \cdot 1,5\ mm \approx 245\ mm^2$

$F \approx 245\ mm^2 \cdot 376\ N/mm^2 \approx \mathbf{92\,120\ N}$

7

Gegeben: Maße gemäß Zeichnung

Lösung:

a) $\tan \dfrac{\alpha}{2} = \dfrac{D - d}{2 \cdot L}$

$D = 2 \cdot L \cdot \tan \dfrac{\alpha}{2} + d$

$\dfrac{\alpha}{2} = 10°, \quad d = 72\ mm$

$L = 65\ mm - 27\ mm - 12\ mm = 26\ mm$

$D_4 = 2 \cdot 26\ mm \cdot \tan 10° + 72\ mm$

$\quad \approx \mathbf{81,169\ mm}$

b)

P1	X 72	Z -27
P2	X 81,169	Z -53
P3	X 113	Z -53
P4	X 118,75	Z -56
P5	X 118,75	Z -65

Anmerkung zu P4 und P5: X 118,75
Programmiert wird Mitte der Toleranz

8

Gegeben: ⌀ 46H7/s6

Lösung:

a) ⌀ 46H7: $ES = +25\ \mu m; \quad EI = 0\ \mu m$

   ⌀ 46s6: $es = +59\ \mu m; \quad ei = +43\ \mu m$

b) $P_{ÜM} = ES - ei = 25\ \mu m - 43\ \mu m = \mathbf{-18\ \mu m}$

   $P_{ÜH} = EI - es = \ \ 0\ \mu m - 59\ \mu m = \mathbf{-59\ \mu m}$

c) Damit die Montage mindestens mit einem Spiel von 10 µm erfolgen kann, muss der Wellendurchmesser $d = 46$ mm um

$\Delta l = 59\ \mu m + 10\ \mu m = 69\ \mu m$ schrumpfen.

$\alpha_{Stahl} = 0,000012\ \dfrac{1}{°C}$

$\Delta l = \alpha \cdot l_1 \cdot \Delta t \quad \Rightarrow \quad \Delta t = \dfrac{\Delta l}{\alpha \cdot l_1}$

$\Delta t = \dfrac{0,069\ mm}{0,000012\ \dfrac{1}{°C} \cdot 46\ mm} = 125\ °C$

$t = 20\ °C - 125\ °C = \mathbf{-105\ °C}$

9

Gegeben: $z_3 = 42; \quad z_4 = 42; \quad z_9 = 53; \quad z_{10} = 33$

$\qquad\qquad n_I = 710/min$

Lösung:

a) Anzahl der schaltbaren Drehzahlen: 6

b) $i = i_1 \cdot i_2$

$i_1 = \dfrac{z_4}{z_3} = \dfrac{42}{42} = 1$

$i_2 = \dfrac{z_{10}}{z_9} = \dfrac{33}{53} = 0,6226$

$i = i_1 \cdot i_2 \approx 1 \cdot 0,6226 \approx \mathbf{0,6226}$

c) $i = \dfrac{n_I}{n_{III}}$

$n_{III} = \dfrac{n_I}{i} \approx \dfrac{710/min}{0,6226} \approx \mathbf{1140/min}$

10

Gegeben: $d = 60\ mm; \quad l = 462\ mm; \quad f = 0,4\ mm$

Werkstoff: 1C60 (C 60)

Schneidwerkstoff: P 10

Lösung:

a) aus Tabellenbuch: $v_c = 145\ m/min$

b) aus Tabellenbuch: $n = 710/min$

c) $L = l + l_d + l_a$

$\quad = 462\ mm + 3\ mm + 3\ mm = 468\ mm$

$t_h = \dfrac{L \cdot i}{n \cdot f} = \dfrac{468\ mm \cdot 1}{710/min \cdot 0,4\ mm} = \mathbf{1,65\ min}$

Lösungen der Prüfungseinheit Technische Mathematik 2.1															Seiten 391 bis 394	
1.1	1.2	2.1	2.2	3.1	3.2	4.1	4.2	4.3	5.1	5.2	6.1	6.2	7.1	7.2	8.1	8.2
b	b	d	b	a	e	e	c	b	e	d	d	b	d	c	c	c

9.1	9.2	10.1	10.2	11.1	11.2	12.1	12.2	13	14.1	14.2	15	16.1	16.2	16.3	16.4
a	b	e	a	e	a	e	a	d	c	b	a	e	d	e	a

Lösungen der Prüfungseinheit Technische Mathematik 2.2	Seiten 395 bis 397

1 *Gegeben:* $M_N = 124\,\text{N} \cdot \text{m}$, $n_N = 470/\text{min}$
$z_1 = 18$, $z = 63$

Lösung:

a) $i = \dfrac{z_2}{z_1} = \dfrac{63}{18} = \mathbf{3{,}5}$

b) $i = \dfrac{n_1}{n_2}$; $\Rightarrow$ $n_2 = \dfrac{n_1}{i}$

$n_2 = \dfrac{470/\text{min}}{3{,}5} \approx \mathbf{134/min}$

c) $M_2 = i \cdot M_1 = 3{,}5 \cdot 124\,\text{N} \cdot \text{m} = \mathbf{434\,N \cdot m}$

d) $P = 2\pi \cdot n \cdot M = 2\pi \cdot \dfrac{470}{60\,\text{s}} \cdot 124\,\text{N} \cdot \text{m}$

$\approx 6103\,\dfrac{\text{N} \cdot \text{m}}{\text{s}} \approx \mathbf{6{,}103\,kW}$

e) $\eta = \dfrac{P_2}{P_1}$ $\Rightarrow$ $P_2 = \eta \cdot P_1$

$P_2 \approx 0{,}87 \cdot 6{,}103\,\text{kW} \approx \mathbf{5{,}31\,kW}$

2 *Gegeben:* $V_{\text{Öl}} = 3{,}6\,\text{l}$, $\Delta t = 26\,°\text{C}$
$\varrho_{\text{Öl}} = 0{,}91\,\text{kg/dm}^3$, $c_{\text{Öl}} = 2{,}09\,\text{kJ/kg} \cdot \text{K}$

Lösung:

a) $Q = c \cdot m \cdot \Delta t$

$m_{\text{Öl}} = \varrho_{\text{Öl}} \cdot V_{\text{Öl}} = 0{,}91\,\text{kg/dm}^3 \cdot 3{,}6\,\text{dm}^3$
$= 3{,}276\,\text{kg}$

$Q = 2{,}09\,\dfrac{\text{kJ}}{\text{kg} \cdot \text{K}} \cdot 3{,}276\,\text{kg} \cdot 26\,\text{K} \approx \mathbf{178\,kJ}$

b) *Gegeben:* $l_1 = 468\,\text{mm}$,

$\alpha_{\text{Stahl}} = 0{,}000012\,\dfrac{1}{°\text{C}}$

$\Delta l = \alpha \cdot l_1 \cdot \Delta t$
$= 0{,}000012\,\dfrac{1}{°\text{C}} \cdot 468\,\text{mm} \cdot 26\,°\text{C} \approx \mathbf{0{,}146\,mm}$

3 *Gegeben:*
Lagerinnenring $\varnothing$ 20P6;
$ES = 0\,\mu\text{m}$; $EI = -10\,\mu\text{m}$
Wellenzapfen $\varnothing$ 20k6;
$es = +15\,\mu\text{m}$; $ei = +2\,\mu\text{m}$

Lösung:

a)
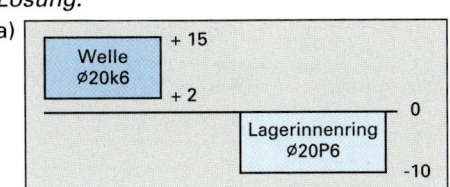

$P_{\text{ÜM}} = ES - ei = 0\,\mu\text{m} - 2\,\mu\text{m} = \mathbf{-2\,\mu m}$
$P_{\text{ÜH}} = EI - es = -10\,\mu\text{m} - 15\,\mu\text{m} = \mathbf{-25\,\mu m}$

b) Damit die Montage mindestens mit einem Spiel von $10\,\mu\text{m}$ (= 0,010 mm) erfolgen kann, muss der innere Durchmesser des Lagerinnenrings sich um

$\Delta l = 25\,\mu\text{m} + 10\,\mu\text{m} = 35\,\mu\text{m}$ dehnen.

$\alpha_{\text{Stahl}} = 0{,}000012\,\dfrac{1}{°\text{C}}$

$\Delta l = \alpha \cdot l_1 \cdot \Delta t$ $\Rightarrow$ $\Delta t = \dfrac{\Delta l}{\alpha \cdot l_1}$

$\Delta t = \dfrac{0{,}035\,\text{mm}}{0{,}000012\,\dfrac{1}{°\text{C}} \cdot 20\,\text{mm}} \approx \mathbf{146\,°C}$

$t = 20\,°\text{C} + 146\,°\text{C} = \mathbf{166\,°C}$

4 *Gegeben:* $m = 2600\,\text{kg}$; $R_{\text{p}\,0,2} = 1770\,\text{N/mm}^2$
$n = 42$; $d = 0{,}7\,\text{mm}$

Lösung:

$\sigma_{\text{zul}} = \dfrac{R_{\text{p}\,0,2}}{\nu} = \dfrac{1770\,\text{N/mm}^2}{2} = \mathbf{885\,N/mm^2}$

$F_G = g \cdot m = 9{,}81\,\dfrac{\text{m}}{\text{s}^2} \cdot 2600\,\text{kg} = 25\,506\,\text{N}$

$S = n \cdot \dfrac{\pi}{4} \cdot d^2 = 42 \cdot \dfrac{\pi}{4} \cdot (0{,}7\,\text{mm})^2 \approx 16{,}16\,\text{mm}^2$

$\sigma_z = \dfrac{F_G}{S} = \dfrac{25\,506\,\text{N}}{16{,}16\,\text{mm}^2} \approx \mathbf{1578\,N/mm^2}$

Die Werkzeugmaschine darf mit dem Seil nicht hochgehoben werden, da $\sigma_z > \sigma_{\text{zul}}$.

5 *Gegeben:* D = 360 mm; d = 160 mm
f = 0,3 mm
Werkstoff: 42CrMo4
Schneidstoff: P 25 C
Lösung:

a) aus Tabellenbuch: v_c = **105 m/min**

b) $v_c = \pi \cdot D \cdot n \Rightarrow n = \dfrac{v_c}{\pi \cdot D}$

$n = \dfrac{105 \text{ m/min}}{\pi \cdot 0,36 \text{ m}} =$ **92,8/min**

c) $n = \dfrac{105 \text{ m/min}}{\pi \cdot 0,16 \text{ m}} =$ **208,9/min**

d) l_a = 4 mm, l_u = 4 mm

$L = \dfrac{D-d}{2} + l_a + l_u$

$= \dfrac{360 \text{ mm} - 160 \text{ mm}}{2} + 4 \text{ mm} + 4 \text{ mm}$

= **108 mm**

$n = \dfrac{v_c}{\pi \cdot d_m} = \dfrac{105 \text{ m/min}}{\pi \cdot 0,26 \text{ m}} =$ **128,5/min**

$t_h = \dfrac{L \cdot i}{n \cdot f} = \dfrac{108 \text{ mm} \cdot 2}{128,5/\text{min} \cdot 0,3 \text{ mm}} =$ **5,6 min**

6 *Lösung:*

P1	X 0	Y 20
P2	X 34,641	Y 0
P3	X 113,218	Y 0
P4	X 130	Y 20
P5	X 114	Y 20
P6	X 90	Y 110
P7	X 30	Y 75

zu P2:

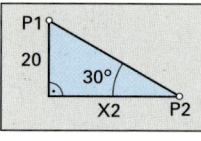

$\tan \alpha = \dfrac{20 \text{ mm}}{X2}$

$X2 = \dfrac{20 \text{ mm}}{\tan 30°}$

$= 34,641 \text{ mm}$

zu P3:

$X3 = 130 - X3'$

$\tan 40° = \dfrac{X3'}{20 \text{ mm}}$

$X3' = 20 \text{ mm} \cdot \tan 40°$

$= 16,782 \text{ mm}$

$X3 = 130 \text{ mm} - 16,782 \text{ mm}$

$= 113,218 \text{ mm}$

zu P5: X5 = 130 mm − 16 mm = 114 mm
zu P6: Y6 = 125 mm − 15 mm = 110 mm

7 *Gegeben:* Maße in Zeichnung, USt 1203
Lösung:

a) $L = a + b - n \cdot v$ = 14 mm + 58 mm
$- 1 \cdot 6,7 \text{ mm} =$ **65,3 mm**

b) $\alpha_1 = \dfrac{\alpha_2}{k_r}$; $\dfrac{r_2}{s} = \dfrac{6}{3} = 2 \Rightarrow k_r = 0,99$
(aus Tabellenbuch)

$\alpha_1 = \dfrac{90°}{0,99} + 90,91°$

$\Delta\alpha = \alpha_1 - \alpha_2 \approx 90,91° - 90° \approx$ **0,91°**

c) aus Tabellenbuch: r_{min} = 3 mm
Der Biegeradius R6 ist zulässig.

8 *Gegeben:* U = 400 V; I = 36,5 A
$\cos \varphi$ = 0,84; P_2 = 18 kW
Lösung:

a) $P = \sqrt{3} \cdot U \cdot I \cdot \cos \varphi$

$= \sqrt{3} \cdot 400 \text{ V} \cdot 36,5 \text{ A} \cdot 0,84 =$ **21,24 kW**

b) $\eta = \dfrac{P_2}{P_1} = \dfrac{18 \text{ kW}}{21,24 \text{ kW}} =$ **85%**

c) $W = P \cdot t = 21,24 \text{ kW} \cdot 6,75 \text{ h} = 143,4 \text{ kWh}$
$K = W \cdot$ Tarif = 143,4 kWh $\cdot$ 0,18 DM/kWh
= **25,81 DM**

9 *Gegeben:* m = 450 kg; F = 48 000 N, η = 88%
A_1 = 201,06 cm²; A_2 = 95,03 cm²
(Tabellenbuch)
Lösung:

a) $F_G = m \cdot g = 450 \text{ kg} \cdot 9,81 \dfrac{\text{N}}{\text{kg}} = 4414 \text{ N}$

$F_{Hydr} = F - F_G = 48\,000 \text{ N} - 4414,5 \text{ N}$
= 43 585,5 N

$p_e = \dfrac{F_{Hydr}}{A_1 \cdot \eta} = \dfrac{43\,585,5 \text{ N}}{201,06 \text{ cm}^2 \cdot 0,88} \approx 246,3 \dfrac{\text{N}}{\text{cm}^2}$

$\approx$ **24,63 bar**

b) $A = A_1 - A_2 = 201,06 \text{ cm}^2 - 95,03 \text{ cm}^2$
= 106,03 cm²

$p_e = \dfrac{F_G}{A \cdot \eta} = \dfrac{4414,5 \text{ N}}{106,03 \text{ cm}^2 \cdot 0,88} \approx 47,31 \dfrac{\text{N}}{\text{cm}^2}$

$\approx$ **4,731 bar**

10 *Gegeben:* Q = 50 l/min = 50 000 $\dfrac{\text{cm}^3}{\text{min}}$
Lösungen:

a) $v = \dfrac{Q}{A} = \dfrac{50\,000 \text{ cm}^3/\text{min}}{201,06 \text{ cm}^2} =$ **248,7** $\dfrac{\text{cm}}{\text{min}}$

b) $v = \dfrac{Q}{A} = \dfrac{50\,000 \text{ cm}^3/\text{min}}{106,03 \text{ cm}^2} =$ **471,6** $\dfrac{\text{cm}}{\text{min}}$

Lösungen der Prüfungseinheit Arbeitsplanung 1.1													Seiten 399 bis 411	
1	2	3	4	5	6	7	8	9	10	11	12	13	14	15
b	d	d	a	e	b	a	b	c	b	e	d	e	e	b
16	17	18	19	20	21	22	23	24	25	26	27	28	29	30
a	c	b	b	a	b	a	b	e	c	b	a	e	a	e

Lösungen der Prüfungseinheit Arbeitsplanung 1.2	Seiten 412 bis 414

1 a) Sinnbild: Zentrierbohrung muss am Fertig-
teil verbleiben
DIN 332: Normblatt
B: Form: gerade Laufflächen, kegelförmi-
ge Schutzsenkung
4: Durchmesser der Zentrierung
8,5: Senkdurchmesser

b) DIN 509-F0,8 x 0,3

c)

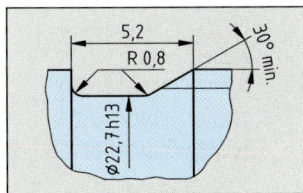

2 a) Umfangslast: Innenring
Punktlast: Außenring

b) Innenring: mögliche Toleranzfeldlagen:
n, p, r
Außenring: mögliche Toleranzfeldlagen:
J, H, G, F

c) Außenring
Spielpassung

d) Höchstspiel: 45 µm
Mindestspiel: 0

e) Innenring
Übermaßpassung

f) Höchstübermaß −51 µm
Mindestübermaß −28 µm

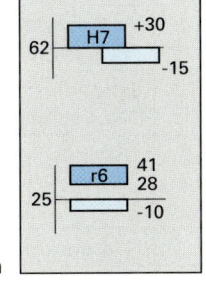

3 a) Das Zylinderrollenlager kann eine größere
Radialkraft aufnehmen.

b) Durch den Eingriff der Zähne entsteht im
Betrieb auch ein Drehmoment in Längsrich-
tung. Der Drehpunkt befindet sich auf der
Achse von Pos. 1 im Bereich des Lagers
(Pos. 4). Deshalb muss das zweite Lager
neben der Axialkraft eine Radialkraft aufnehmen. Axial-Rillenkugellager können
aber keine radialen Kräfte übertragen.

c) Das Zylinderrollenlager, weil sich die Zylinderrollen auf dem bordlosen Innenring in
axialer Richtung verschieben können.

4 a) 16,3 + 0,05

b) Parallelität der beiden Planflächen
$t \leq 0,02$ mm

5 a) Radial-Wellendichtring mit Schutzlippe

b) Die Pfeile geben die Dichtrichtung an.

c) Die Dichtlippe muss nach innen zeigen. Einpressen in Bohrung ohne Verkanten. Bei
der Montage ist die Buchse (Pos. 7) einzufetten, damit die Dichtlippe beim Fügen
nicht verletzt wird.

6 a)

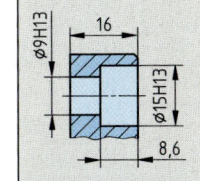

b) 16 mm

c) l = 16 mm

d)

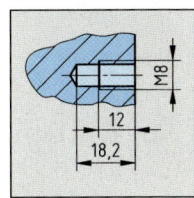

e) Zylinderschraube mit Innensechskant
ISO 4762-M 8 x 16-8.8

7 a) Nutmutter (Wellenmutter)

b) Mit Feingewinden können größere Axialkräfte und feiner gestufte Einstellwege als
mit Regelgewinden erzielt werden.

c) Pos. 10 sichert die Nutmutter (Pos. 11)
formschlüssig.

d) In die Längsnut greift die Nase des Siche-
rungsblechs (Pos. 10) ein; dieses kann sich
dadurch nicht verdrehen.

8

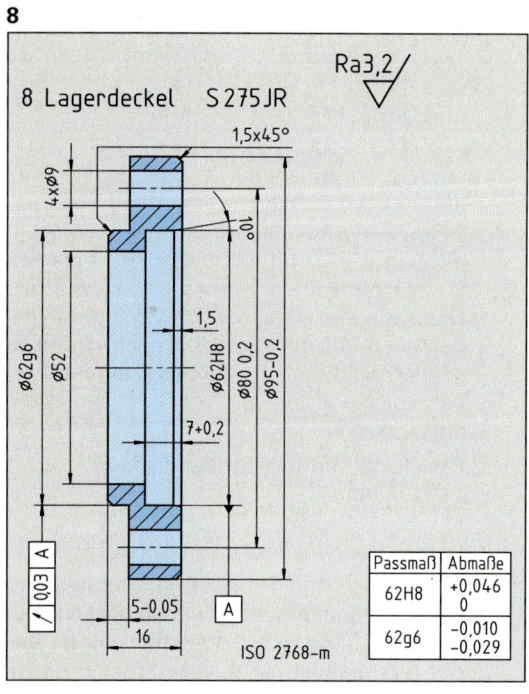

8 Lagerdeckel   S 275 JR   Ra 3,2

1,5x45°

4 x ø9

ø62g6   ø52   ø62H8   ø80 0,2   ø95 -0,2

10°

1,5

7 +0,2

/ 0,03 A

5 -0,05   A

16

ISO 2768-m

Passmaß	Abmaße
62H8	+0,046 / 0
62g6	-0,010 / -0,029

9 a)

$x = 1{,}5 \text{ mm} \cdot \tan 10°$

$x = 1{,}5 \text{ mm} \cdot 0{,}176$

$x = 0{,}264 \text{ mm}$

$d = 62 \text{ mm} + 2 \cdot 0{,}264 \text{ mm}$

$d = 62{,}528 \text{ mm}$

b) %9

N10	T06	M06		
N20	G96	F0,1	S745	M04
N30	G00	X62,528	Z2	
N40	G01	Z0		
N50	G01	X62,023	Z-1,5	
N60	G01	Z-7		
N70	G01	X52		
N80	G01	Z-17		
N90	G00	X50		
N100	G00	Z2		
N110	G00	X100	Z100	M30

10	**Arbeitsplan** für Lagerdeckel	
Nr.	Arbeitsschritt	Werkzeug, Prüfmittel
1	Rohteil absägen Rd 100 x 20 lang	Maschinenbügelsäge, Stahlmaßstab
2	Rohteil spannen am ∅ 100, ungefähr 8 mm lang	Backenfutter
3	Vorbohren und aufbohren	Spiralbohrer ∅ 8 und ∅ 50
4	Außen-∅ und Planfläche schruppen	Außendrehmeißel, hartmetallbestückt; Messschieber
5	Beide Innen-∅ vordrehen	Innendrehmeißel, hartmetallbestückt; Messschieber
6	Werkstück ausspannen, kühlen und wieder einspannen (Werkstück darf sich dabei nicht verformen)	Kühlflüssigkeit; Backenfutter
7	Außen-∅, Planfläche und Fase fertigdrehen	Außendrehmeißel; Messschieber
8	Innen-∅ 62H8 und 52 sowie Fase fertigdrehen	Innendrehmeißel; Messschieber; Innen-messschraube; Grenzlehrdorn
9	Werkstück umspannen: am ∅ 95 ungefähr 10 mm lang spannen	Weiche, ausgedrehte Backenfutterbacken
10	Planfläche und ∅ 62 vordrehen	Außendrehmeißel; Messschieber
11	Länge 16 und ∅ 62 fertigdrehen; anfasen	Messschieber; Messschraube; Grenzrachenlehre
12	Werkstück ausspannen	
13	Qualitätskontrolle	Messzeuge

Lösungen Technologie

1 a) Die Klappbohrvorrichtung besitzt zur Höhenpositionierung und zur seitlichen Positionierung jeweils 3 Auflagebolzen.

b) Die Bestimmgenauigkeit ist umso größer, je weiter die Bestimmelemente auseinanderliegen.

c) Das Werkstück ist jeweils vollbestimmt.

2 a) Die Kolbenringfläche wird mit Druckluft beaufschlagt.

b) Der Kolben wird, entgegen der Druckfederkraft von Pos. 5, in Richtung Deckel (Pos. 3) verschoben. Dadurch wird Platz geschaffen zur Einlage des Werkstücks in die Vorrichtung.

c) Es sind dies die Positionen 2, 29, 1 und 4.

3 a) Der Dichtring (Pos. 6) dichtet ab bei der Kolbenbewegung (Bewegungsdichtung), während sich der Dichtring (Pos. 29) nicht bewegt (ruhende Dichtung).

b) Die Runddichtringe bestehen aus Nitril-Butadien-Kautschuk mit Shore-A-Härte 70.

c) Nitril-Butadien-Kautschuk ist ein Elastomer.

4 a) Die Druckfedern drücken die Kolben gegen das Werkstück und dieses gegen die Auflagebolzen (Pos. 10). Dadurch wird das Werkstück positioniert.

b) Die Druckfedern können die Kolben nicht gegen die Kraft, die die Druckluft bewirkt, verschieben.

c)
```
                          DIN 2098-2 x 10 x 55
DIN-Nr. ─────────────────────┘    │    │    │
Drahtdurchmesser ─────────────────┘    │    │
Mittl. Windungsdurchmesser ────────────┘    │
Länge der unbelasteten Feder ───────────────┘
```

5 Die geöffnete Bohrklappe (Pos. 9) wird nach unten geschwenkt, bis das Spannstück (Pos. 11) auf der Werkstückoberfläche aufliegt. Dabei muss der Schnapper (Pos. 19) mit dem Ballengriff (Pos. 20) gegen die Kraft der Feder (Pos. 25) etwas nach rechts gedreht werden. Durch Handkrafteinwirkung auf die Bohrklappe wird das Spannstück aus Hartgummi so weit zusammengedrückt, bis die Bohrklappe die Auflage (Pos. 17) berührt. Jetzt kann der Schnapper über die Auflage (Pos. 18) gedreht werden. Die Druckfeder (Pos. 25) sichert die Lage des Schnappers.

6 a) Der Werkstoff C60W ist ein Werkzeugstahl und kann gehärtet werden.

b) Der Werkstoff wird auf 800...830 °C erwärmt, anschließend in Öl abgeschreckt und bei 100 °C angelassen.

c) Die Härte wird nach dem Rockwellverfahren geprüft. Dabei dringt ein Diamantkegel unter einer Prüfvorkraft in die zu prüfende Oberfläche ein. Die Skale wird danach auf Null gestellt. Anschließend wird der Prüfkörper mit der eigentlichen Prüfkraft belastet; er drückt dadurch weiter in die Werkstückoberfläche ein. Durch das anschließende Abheben der Prüfkraft geht der Messzeiger wieder etwas zurück; diese Zeigerstellung zeigt den Härtewert an.

d) Unlegierter Werkzeugstahl mit 0,6% C-Gehalt.

7 a) Bohrbuchsen führen Werkzeuge und bestimmen die Lage der Werkstückbohrungen.

b) Bei den Bohrbuchsen (Pos. 12) handelt es sich um feste Bohrbuchsen.

c) Durch die Einlaufradien werden die Bohrwerkzeuge geschont.

d)
```
                          DIN 173-K6 x 18 x 16
DIN-Nr. ─────────────────────┘   │    │    │
für rechtsschneid. Werkzeuge ────┘    │    │
Innendurchmesser ─────────────────────┘    │
Außendurchmesser ──────────────────────────┘
Länge ─────────────────────────────────────┘
```

8 a) Die Bohrklappe (Pos. 9) wird durch den Zylinderstift (Pos. 7) geführt.

b) Die Druckfeder (Pos. 21) bewirkt, dass die Bohrklappe immer an der Scheibe (Pos. 30) anliegt. Dadurch ist gewährleistet, dass die Werkstückbohrungen 35 mm von der Auflagefläche entfernt liegen.

9 a) Wenn sich Schmutz oder Späne zwischen dem Maschinentisch und der Vorrichtung befinden, liegt die Vorrichtung nicht richtig auf: sie wackelt. Außerdem könnten durch das Verschieben der Vorrichtung Schmutz oder Späne unter die Vorrichtung gelangen.

b) Bei 4 Füßen ist die Standsicherheit größer. Außerdem wackelt die Vorrichtung auf dem Maschinentisch, wenn sich unter einem der Füße z.B. ein Span befindet. Bei 3 Füßen wackelt die Vorrichtung auch dann nicht, wenn sie auf Spänen oder in einer Vertiefung des Maschinentisches steht.

10 a) Mit Hilfe der Steckbohrbuchse (Pos. 13) wird mit einem 6-mm-Bohrer vorgebohrt. Zum Aufbohren auf 11,8 mm wird die Steckbohrbuchse (Pos. 14) benützt.

b) Selbstzentrierende Werkzeuge, wie z.B. Reibahlen, müssen nicht geführt werden.

c) Rechtsschneidende Werkzeuge drehen sich bei der Draufsicht auf das Werkstück im Uhrzeigersinn. Durch die Reibung zwischen Bohrer-Führungsfasen und Bohrbuchsen-Innendurchmesser wird die Steckbohr-buchse immer in der gezeichneten Stellung (Draufsicht der Gesamtzeichnung) gehal-ten. Beim Herausfahren des Bohrers kann die Steck-Bohrbuchse nicht aus der Bohr-buchse (Pos. 12) herausgezogen werden.

11 a) Je niedriger der C-Gehalt, desto besser die Schweißbarkeit.

b) Seitenplatte und Lager sind aus Grundstahl hergestellt.

c) Unlegierter Baustahl, $\qquad$ S235JR
Mindeststreckgrenze in N/mm²
Kerbschlagarbeit 27 Joule bei 20 °C ⌐

12 a) $\qquad$ ISO 4762-M6 × 20-10.9
Norm-Nr.
Gewinde-Nenndurchmesser
Schraubenlänge
Festigkeitsklasse
  10: Mindestzugfestigkeit
    R_m = 1000 N/mm²
  9: Mindeststreckgrenze
    R_e = 0,9 · 1000 N/mm² = 900 N/mm²

b) Die Festigkeitsklasse ist am Kopfumfang der Schraube eingeprägt.

13 a) Der Kolben wird nur auf einer Seite mit Druckluft beaufschlagt; die Rückstellung erfolgt durch Federkraft.

b) Einfachwirkende Zylinder können mit 3/2-Wegeventilen gesteuert werden.

14 a) Die Führung des Werkzeugs ist nicht mehr so gut; der Bohrer kann evtl. ausweichen.

b) Der Abstand soll bei langspanenden Werk-stoffen größer sein, weil dann die Späne besser abfließen können.

c) Steckbohrbuchsen besitzen seitliche Ausfrä-sungen. Die Steckbohrbuchsen werden in die Bohrungen eingeführt und verdreht. Durch den Anschlag an der Schraube ist eine axiale Bewegung dann nicht mehr möglich.

15 a) Der größte Mittenrauwert des Zylinderstif-tes darf Ra = 0,8 μm betragen.

b)
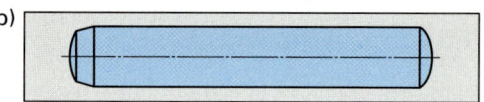

c) Zylinderstifte ISO 8734 sind gehärtet, Zylin-derstifte ISO 2338 sind nicht gehärtet.

d) Durch die dauernde Drehbewegung des Schnappers (Pos. 19) würde ein ungehärte-ter Zylinderstift schnell verschleißen.

16 a) Die Druckfeder gewährleistet, dass die Bohrklappe (Pos. 9) immer an der Scheibe (Pos. 30) anliegt. Dadurch ist der Abstand der Werkstückbohrungen von den seitli-chen Anlagebolzen immer gleich groß.

b) $\qquad$ DIN 2098-1,6 × 10 × 40,5
DIN-Nr.
Drahtdurchmesser
Mittl. Windungsdurchmesser
Länge der unbelasteten Feder

c) Federn werden aus Federstählen herge-stellt. Dies sind meist unlegierte oder mit Silicium und Chrom legierte Stähle.

17 a) Innengewinde enthalten die Pos. 1, 2, 9, 19 und 22.

b) Als Werkstoffe werden verwendet: HSS, Hartmetalle und pulvermetallurgisch her-gestellte Schnellarbeitsstähle.

c) Gewindebohrer mit Linksdrall können für Durchgangsbohrungen verwendet werden. Durch den Linksdrall werden die anfallen-den Späne vor dem Gewindebohrer her aus dem Bohrloch geschoben.

18 a) Der Zylinderstift besitzt die Toleranzklasse m6.

b) Bohrung im Schnapper: 8 H7
   Bohrung im Lager: 8 E9

c)
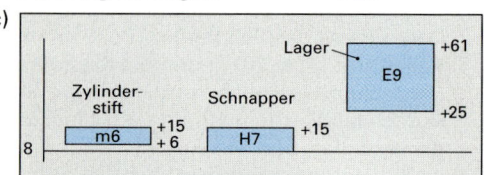

d) Die Paarung Zylinderstift/Schnapperboh-rung ergibt eine Übergangspassung, die Paarung Zylinderstift/Lagerbohrung ergibt eine Spielpassung.

e) Zylinderstift/Schnapperbohrung

Höchstspiel:

$P_{SH} = G_{oB} - G_{uW}$ = 8,015 mm – 8,006 mm
= 0,009 mm

Höchstübermaß:

$P_{ÜH} = G_{uB} - G_{oW}$ = 8,000 mm – 8,015 mm
= –0,015 mm

Zylinderstift/Lagerbohrung

Höchstspiel:

$P_{SH} = G_{oB} - G_{uW}$ = 8,061 mm – 8,006 mm
= 0,055 mm

Mindestspiel:

$P_{SM} = G_{uB} - G_{oW}$ = 8,025 mm – 8,015 mm
= 0,010 mm

19 a) Geeignet ist ein wassermischbarer Kühlschmierstoff.

b) Durch die Schmierwirkung des Kühlschmierstoffes wird die Reibung herabgesetzt. Es entstehen keine hohen Bearbeitungstemperaturen. Außerdem wird entstandene Wärme durch die Kühlwirkung des Kühlschmierstoffes abgeführt.

20 a) Durch das Reiben werden passgenaue Bohrungen mit hoher Oberflächengüte erzeugt. Die geschliffenen Durchmesser der Aufnahmebolzen würden in mit Spiralbohrern erzeugten Bohrungen, die eine raue Oberfläche aufweisen, nicht festsitzen.

b) Bei Durchgangsbohrungen kann die Reibahle linksdrallgenutet sein. Die Späne werden dabei in Vorschubrichtung aus der Bohrung geschoben.

21 a) Die Federrate R ist das Verhältnis der Federkraft F zum Federweg s. $R = \dfrac{F}{s}$

b)

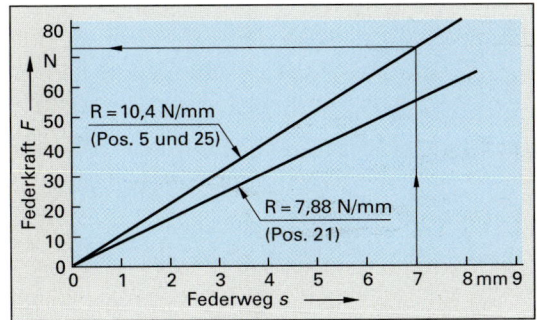

c) Nach 7 mm Federweg beträgt die Kraft $F \approx 73$ N.

Lösungen Mathematik

1 a) s = 45 mm – 32 mm = 13 mm
R = 10,4 N/mm (nach Tabellenbuch)
F = $R \cdot s$ = 10,4 N/mm · 13 mm = **135,2 N**

b) s = 13 mm + 4 mm = 17 mm
F = $R \cdot s$ = 10,4 N/mm · 17 mm = 176,8 N
$F_H \cdot 65$ mm = $F \cdot 27{,}5$ mm

$$F_H = \frac{F \cdot 27{,}5 \text{ mm}}{65 \text{ mm}} = \frac{176{,}8 \text{ N} \cdot 27{,}5 \text{ mm}}{65 \text{ mm}}$$

= **74,8 N**

2 a) $F_S \cdot 95$ mm = $F \cdot 148$ mm

$$F_S = \frac{F \cdot 148 \text{ mm}}{95 \text{ mm}}$$

$$F_S = \frac{200 \text{ N} \cdot 148 \text{ mm}}{95 \text{ mm}}$$

= **312 N**

b) (Drehpunkt in A angenommen)
$F_B \cdot 77{,}5$ mm = $F_V \cdot 15$ mm + $F_S \cdot 42{,}5$ mm

$$F_B = \frac{F_V \cdot 15 \text{ mm} + F_S \cdot 42{,}5 \text{ mm}}{77{,}5 \text{ mm}}$$

$$F_B = \frac{65 \text{ N} \cdot 15 \text{ mm} + 312 \text{ N} \cdot 42{,}5 \text{ mm}}{77{,}5 \text{ mm}}$$

= **184 N**

$2 \cdot F_A = F_S + F_V - F_B$

$$F_A = \frac{F_S + F_V - F_B}{2}$$

$$F_A = \frac{312 \text{ N} + 65 \text{ N} - 184 \text{ N}}{2}$$

= **96,5 N**

Auf den rechten Auflagebolzen wirkt eine Kraft von 184 N, auf die beiden linken Auflagebolzen eine Kraft von je 96,5 N.

3 a) s = 45 mm – 25 mm = 20 mm
R = 10,4 N/mm (nach Tabellenbuch)
F = $R \cdot s$ = 10,4 N/mm · 20 mm = **208 N**

b) $A = \dfrac{\pi}{4}(D^2 - d^2)$

$A = \dfrac{\pi}{4} \cdot \left((30 \text{ mm}^2) - (20 \text{ mm}^2)\right)$

$A = 392{,}7 \text{ mm}^2 = 3{,}927 \text{ cm}^2$

$F_{ges} = F + F_R = 208 \text{ N} + 20 \text{ N} = 228 \text{ N}$

$p = \dfrac{F_{ges}}{A} = \dfrac{228 \text{ N}}{3{,}927 \text{ cm}^2} = 58 \text{ N/cm}^2 = \textbf{5,8 bar}$

4 a) a_H = 45,03 mm – 12,00 mm = **33,03 mm**

b) a_M = 44,970 mm – 12,018 mm = **32,952 mm**

5 a) Bohrbuchse (Pos. 12):
Bohrung 18F7
Steckbohrbuchsen (Pos. 13 und 14):
Außendurchmesser 18m6

b)

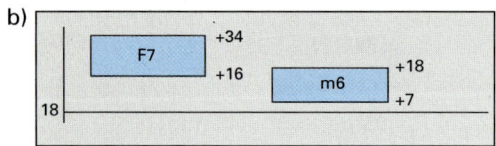

c) Übergangspassung

d) Höchstspiel:
$$P_{SH} = G_{oB} – G_{uW}$$
$$= 18,034 \text{ mm} – 18,007 \text{ mm} = \textbf{0,027 mm}$$

Höchstübermaß:
$$P_{ÜH} = G_{uB} – G_{oW}$$
$$= 18,016 \text{ mm} – 18,018 \text{ mm} = \textbf{– 0,002 mm}$$

6 a) v_c = 35 m/min

b) $v_c = \pi \cdot d \cdot n$

$$n_1 = \frac{v_c}{\pi \cdot d_1} = \frac{35 \text{ m/min}}{\pi \cdot 0,006 \text{ m}} = \textbf{1857/min}$$

$$n_2 = \frac{v_c}{\pi \cdot d_2} = \frac{35 \text{ m/min}}{\pi \cdot 0,0079 \text{ m}} = \textbf{1410/min}$$

c) $t_h = \dfrac{L \cdot i}{n \cdot f}$

$L_1 = l_u + l + l_a + l_s$

$l_a + l_u = 1 \text{ mm};\quad l_s = 0,3 \cdot d$

$L_1 = 1 \text{ mm} + 15 \text{ mm} + 1 \text{ mm} + 0,3 \cdot 6 \text{ mm}$

$\quad = 18,8 \text{ mm}$

$f_1 = 0,12 \text{ mm};\quad f_2 = 0,15 \text{ mm}$

$$t_{h1} = \frac{18,8 \text{ mm} \cdot 6 \cdot \text{min}}{1856 \cdot 0,12 \text{ mm}} = 0,51 \text{ min}$$

$L_2 = 1 \text{ mm} + 15 \text{ mm} + 1 \text{ mm} + 0,3 \cdot 7,8 \text{ mm}$

$\quad = 19,4 \text{ mm}$

$$t_{h2} = \frac{19,4 \text{ mm} \cdot 6 \cdot \text{min}}{1856 \cdot 0,15 \text{ mm}} = 0,54 \text{ min}$$

$L_{Reiben} = l_u + l + l_a + l_s$

v_{Reiben} = 10 m/min; f_{Reiben} = 0,15 mm

$$n_{Reiben} = \frac{v_{Reiben}}{\pi \cdot d} = \frac{10 \text{ m/min}}{\pi \cdot 0,008 \text{ m}} = 398\text{/min}$$

$$t_{hReiben} = \frac{19 \text{ mm} \cdot 6 \cdot \text{min}}{398 \cdot 0,15 \text{ mm}} = 1,91 \text{ min}$$

$t_h = t_{h1} + t_{h2} + t_{hReiben}$

$\quad = 0,51 \text{ min} + 0,54 \text{ min} + 1,91 \text{ min}$

$\quad = 2,96 \text{ min}$

$\quad \approx \textbf{3 min}$

7 a) $V = l \cdot b \cdot h$

$\quad = 100 \text{ mm} \cdot 70 \text{ mm} \cdot 25 \text{ mm}$

$\quad = 175000 \text{ mm}^3 = 175 \text{ cm}^3$

$m = V \cdot \varrho = 175 \text{ cm}^3 \cdot 7,85 \text{ g/cm}^3 \approx \textbf{1374 g}$

b) 1. Gewichtskraft der Bohrvorrichtung:
$F_B = m \cdot g = 7,5 \text{ kg} \cdot 9,81 \text{ m/s}^2 \approx 73,6 \text{ N}$

2. Gewichtskraft des Werkstücks:
$F_W = m \cdot g = 1,374 \text{ kg} \cdot 9,81 \text{ m/s}^2 \approx 13,5 \text{ N}$

3. Vorschubkraft:
F_V = 65 N

Gesamtkraft:
$F_{ges} = F_B + F_W + F_V$

$\quad = 73,6 \text{ N} + 13,5 \text{ N} + 65 \text{ N}$

$\quad \approx \textbf{152 N}$

c) $p = \dfrac{F_{ges}}{A}$

$$A = 4 \cdot \frac{\pi \cdot d^2}{4} = 4 \cdot \frac{\pi \cdot (10 \text{ mm})^2}{4} = 314 \text{ mm}^2$$

$$p = \frac{152 \text{ N}}{314 \text{ mm}^2} = \textbf{0,48 N/mm}^2$$

Lösungen zur Arbeitsplanung

1 a)

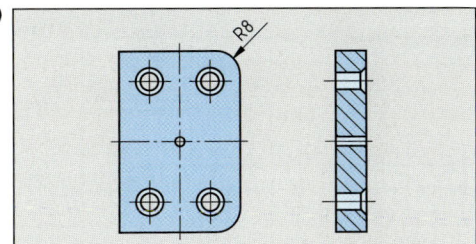

b) Die Bohrung bewirkt, dass Luft in den Zylinderraum nachströmen kann, wenn der Kolben (Pos. 4) durch die Federkraft an das Werkstück gedrückt wird. Ohne Bohrung würde im Zylinderraum ein Vakuum entstehen.

c) Verwendet wird ein Schaftfräser mit 15 mm Durchmesser.

2 a) Als Ursache könnte in Frage kommen:
1. eine zu große Bohrung für den Zylinderstift (Pos. 7).
2. eine falsche Lage der Bohrungen für die Bohrbuchsen in der Bohrklappe (Pos. 9).
3. eine unterschiedliche Größe der seitlichen Auflagebolzen.

b) In diesem Fall müsste die Scheibe (Pos. 30) ausgetauscht und durch eine um 0,5 mm dickere ersetzt werden.

3 a) Ohne Abrundung könnte die Bohrklappe nicht ganz geöffnet werden.

b) Der Öffnungswinkel beträgt etwa 200°

c) Unnötig großer Öffnungswinkel bedeutet Zeitverlust. Außerdem liegt die Bohrklappe an den Kanten von Seitenteil und Deckel auf: dadurch werden diese gequetscht.

d)

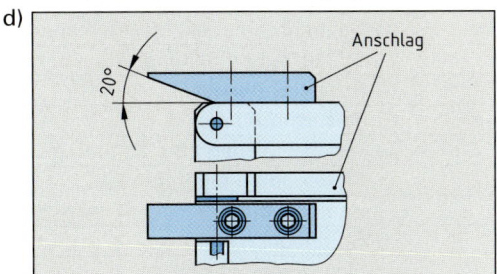

4 a) Für Gewinde M8 beträgt $D_1 = 6,65$ mm

b) Der Kernlochbohrer muss einen Durchmesser von $d = 6,8$ mm aufweisen.

c) Als Kühlschmiermittel eignet sich Schneidöl.

d) Gewindebohrer für Stahl besitzen kleinere Spanwinkel und kleinere Spannuten.

5 a) Beim Einströmen der Druckluft bewegen sich die Pos.-Nummern 4, 5, 6 und 8.

b) ● Keine Rückleitung erforderlich
● Druckluftnetz steht überall zur Verfügung
● Kein Lecköl

6 a)

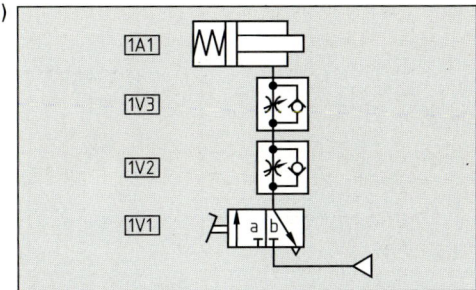

b)

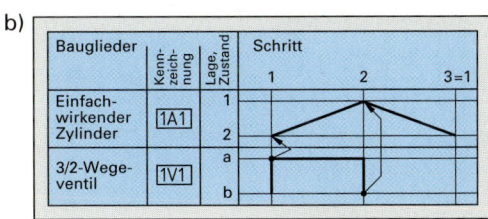

7 a) Der seitliche Kolben (Pos. 4).

b) Die seitlichen Auflagebolzen (Pos. 10).

c) Der Kolben (Pos. 4) muss durch Abdrehen des kleinen Außendurchmessers um 10 mm verkürzt werden.

8 a) Zylinderschraube DIN 912-M6x35-10.9

b) Bei Schrauben mit höheren Festigkeitsklassen ist die maximale Vorspannkraft größer. Damit das Muttergewinde nicht ausreißt, ist eine größere Einschraubtiefe erforderlich.

9 a) Wenn Lager und Seitenplatte aus einem Teil bestünden, müsste dieses Bauteil aus dem Vollen gefräst werden. Dazu müsste wesentlich mehr Werkstoff zerspant werden. Somit wäre das Teil teurer.

b)

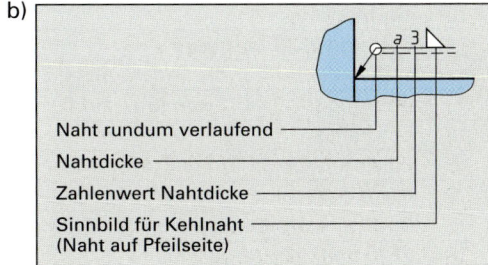

Naht rundum verlaufend

Nahtdicke

Zahlenwert Nahtdicke

Sinnbild für Kehlnaht
(Naht auf Pfeilseite)

10 2 Seitenplatte S235JR

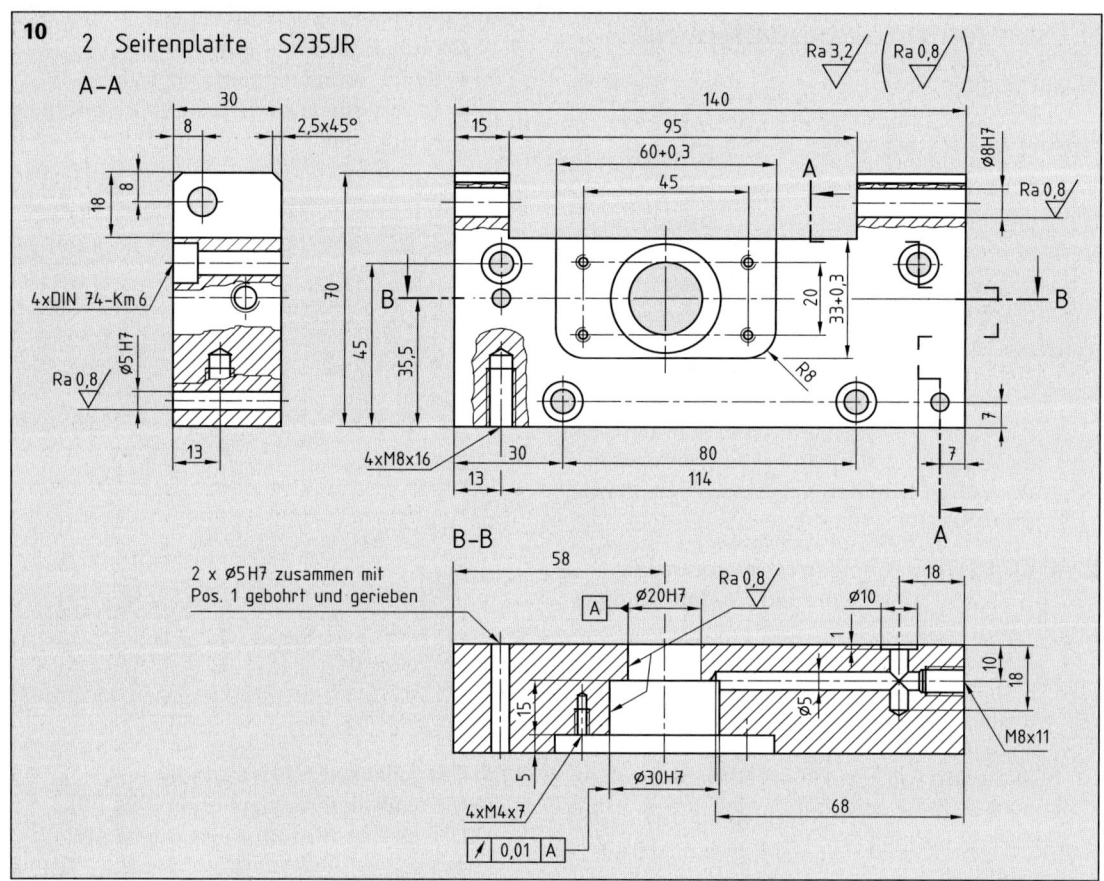

11	**Arbeitsplan** für Kolben	
Nr.	Arbeitsschritt	Werkzeug, Prüfmittel
1	Stangenmaterial Ø 35 bereitstellen	
2	Stangenmaterial im Dreibackenfutter spannen, 50 mm vorstehend	Maßstab
3	Plandrehen, zentrieren	Plandrehmeißel, Zentrierbohrer
4	Ø 30 und Ø 20 vordrehen, Schlichtzugabe 0,3 mm	Seitendrehmeißel, Messschieber
5	Nutendrehen und anfasen	Einstech- und Seitendrehmeißel
6	Freistich DIN 509 drehen	Profildrehmeißel
7	Abstechen	Abstechdrehmeißel
8	Spannen am vorgedrehten Ø 20	weiche, ausgedrehte Spannbacken
9	Kolben auf Länge drehen; außen anfasen	Plan- und Seitendrehmeißel
10	Zentrieren	Zentrierbohrer
11	Bohrung Ø 13 bohren	Spiralbohrer Ø 13
12	Planeinsenken für die Federauflage	Flachsenker Ø 13
13	Bohrung Ø 13 ca. 1 mm breit auf 60° ansenken	Innenseitendrehmeißel
14	Entgraten	
15	Einsetzen (beide Außendurchmesser und die Planfläche)	
16	Härten	
17	Spannen zwischen Spitzen der Schleifmaschine	
18	Ø 20 und Ø 30 fertigschleifen	Messschraube, Rachenlehren

12	Montageplan für Klappbohrvorrichtung		
Nr.	Arbeitsgang	Betriebsmittel	Montagehinweis
1	Einzelteile ggf. entgraten und reinigen, auf Vollständigkeit sowie auf Maß- und Formgenauigkeit prüfen		
2	5 Auflagebolzen (Pos. 10) in Grundkörper (Pos. 1) und 1 Auflagebolzen in Seitenplatte (Pos. 22) fügen		Für seitliche Auflagebolzen Abstützung verwenden
3	Auflage (Pos. 17) mit Senkschrauben (Pos. 27) an Seitenteil (Pos. 22) schrauben	Schraubendreher	
4	Bohrbuchse (Pos. 12) in Bohrklappe (Pos. 9) fügen	Hydraulische Presse	
5	Spannstück (Pos. 11) mit Bohrklappe (Pos. 9) verkleben	Zweikomponenten-Kleber	Zur rechtwinkligen Verklebung Anschlag mit Schraubzwingen an Pos. 9 anbringen
6	Auflage (Pos. 18) mit Senkschrauben (Pos. 28) an Bohrklappe (Pos. 9) schrauben	Schraubendreher	
7	Ballengriff (Pos. 20) mit Schnapper (Pos. 19) verschrauben		
8	Runddichtung (Pos. 29) in Ansenkung der Seitenplatte (Pos. 2) legen; anschließend Pos. 2 mit dem Grundkörper (Pos. 1) verschrauben und verstiften	Bankhammer Winkelschraubendreher SW5	Runddichtring durch Einfetten in Ansenkung „kleben"
9	Runddichtringe (Pos. 6 und 8) in die Nuten der Kolben (Pos. 4) montieren		Durchmesser der Kolben einfetten
10	Kolben (Pos. 4) in die entsprechenden Bohrungen von Grundkörper (Pos. 1) und Seitenplatte (Pos. 2) einführen		
11	Druckfedern (Pos. 5) in die Kolbenbohrungen legen; mit Deckel (Pos. 3) Federn zusammendrücken, bis Deckel in den entsprechenden Ausfräsungen anliegt. Deckel mit Senkschrauben (Pos. 28) an Grundkörper bzw. Seitenteil schrauben		Schraubendreher
12	Druckfeder (Pos. 25) in entsprechende Bohrung des Seitenteils (Pos. 22) legen		
13	Zylinderstift (Pos. 24) von einer Seite her ca. 4 mm weit in Bohrung des Lagers (Pos. 23) einführen		Bohrungen leicht einfetten
14	Schnapper mit Ballengriff (Pos. 19 und 20) in Nut von Lager (Pos. 23) führen; gleichzeitig Druckfeder (Pos. 25) in Bohrung des Schnappers zentrieren und zusammendrücken. Zylinderstift (Pos. 24) durch die Bohrung des Schnappers schlagen	Bankhammer	Bohrung leicht einfetten
15	Zylinderstift (Pos. 7) ca. 15 mm in die längere der beiden Bohrungen der Seitenplatte (Pos. 2) einschlagen	Bankhammer	Bohrung leicht einfetten
16	Druckfeder (Pos. 21) in die Bohrung der Bohrklappe (Pos. 9) stecken. Feder zusammendrücken und mit Bohrklappe in die Nut der Seitenplatte (Pos. 2) einführen, bis Druckfeder in die entsprechende Bohrung der Seitenplatte einfedert.		

12	**Montageplan** für Klappbohrvorrichtung (Fortsetzung)		
Nr.	Arbeitsgang	Betriebsmittel	Montagehinweis
17	Zylinderstift (Pos. 7) vorsichtig bis kurz vor Austritt aus der zweiten Bohrung in der Bohrklappe (Pos. 9) durchschlagen	Bankhammer	
18	Bohrklappe (Pos. 9) gegen Druckfeder (Pos. 21) drücken; Scheibe (Pos. 30) in der richtigen Lage zwischen Bohrklappe und Ausfräsung im Seitenteil (Pos. 2) spannen		
19	Zylinderstift (Pos. 7) vorsichtig durch die Bohrung der Scheibe (Pos. 30) in die zweite Zylinderstiftbohrung des Seitenteils (Pos. 2) schlagen	Bankhammer	
20	Füße (Pos. 26) einschrauben	Maulschlüssel SW 13	
21	Spannbuchse (Pos. 16) mit Zylinderschraube (Pos. 15) und Bohrbuchse (Pos. 13) an Bohrklappe (Pos. 9) schrauben		
22	Funktionen der Klappbohrvorrichtung einschließlich Gängigkeit der Kolben durch Anschluss an die pneumatische Steuerung bzw. das Druckluftnetz überprüfen		

Lösungen zu **Prüfungseinheit Wirtschafts- und Sozialkunde 1.1**												Seiten 423 bis 426		
1	2	3	4	5	6	7	8	9	10	11	12	13	14	15
b	c	d	e	d	b	c	d	e	d	e	d	b	b	a
16	17	18	19	20	21	22	23	24	25	26	27	28	29	30
d	a	b	c	e	e	c	b	e	d	c	d	d	d	c

Lösungen zu **Prüfungseinheit Wirtschafts- und Sozialkunde 1.2**	Seite 427

1 Das **Pflichtzeugnis** (einfaches Zeugnis) enthält Art, Dauer, Ziel der Berufsausbildung und die erworbenen Fertigkeiten und Kenntnisse des Auszubildenden.

Das **qualifizierte Zeugnis** enthält auf Verlangen des Auszubildenden Angaben über Führung, Leistung und besondere fachliche Fähigkeiten.

2 Merkmale eines Einzelunternehmers sind
- Das Kapital wird vom Unternehmer allein aufgebracht.
- Der Unternehmer haftet allein mit seinem Geschäfts- und Privatvermögen.
- Zur Geschäftsführung ist nur der Unternehmer befugt.
- Den Gewinn behält allein der Unternehmer ein.

3 Pflichten des Arbeitnehmers:
- Dienstleistungspflicht
- Treuepflicht
- Wahrung von Betriebsgeheimnissen
- Weisungsrecht des Arbeitgebers anerkennen

Pflichten des Arbeitgebers:
- pünktliche Zahlung des Lohns
- Fürsorgepflicht
- Gewährung von Urlaub
- Pflicht zur Ausstellung eines Zeugnisses
- Pflicht, die vorgeschriebenen Sozialversicherungsbeiträge abzuführen

4 Mögliche Gründe für eine außerordentliche Kündigung sind:
- Arbeitsverweigerung
- Verrat von Betriebsgeheimnissen
- Diebstahl
- Körperverletzung

5 Der Betriebsrat hat u.a. in folgenden sozialen Angelegenheiten ein Mitbestimmungsrecht:
- Fragen der Betriebsordnung
- Beginn und Ende der täglichen Arbeitszeit
- Zeit, Ort und Art der Auszahlung der Arbeitsentgelte
- Form, Ausgestaltung und Verwaltung von Sozialeinrichtungen
- Fragen der betrieblichen Lohngestaltung
- Grundsätze über das betriebliche Vorschlagswesen

6 Grundlage des Solidaritätsprinzips ist der Ausgleich zwischen dem finanziell stärkeren und schwächeren Versicherten. Dies geschieht dadurch, dass die Versicherten nach ihrem Einkommen zur Beitragsleistung herangezogen werden, alle aber den gleichen Versicherungsschutz haben.